H. Happoldt · D. Oeding

Elektrische Kraftwerke und Netze

Fünfte, völlig neubearbeitete Auflage

Springer-Verlag Berlin Heidelberg New York 1978

Dr.-Ing. Hans Happoldt

Direktor i.R. der Abteilung Centralen der Brown, Boveri & Cie. AG, Mannheim

Dipl.-Ing. Dietrich Oeding

Oberingenieur und Leiter der Abteilung Elektroberatung
im Zentralbereich Forschung und Entwicklung der Brown, Boveri & Cie. AG, Mannheim

Bisher erschienene Auflagen:

Elektrische Kraftwerke und Netze
1. Auflage 1938. Von Th. Buchhold
2. Auflage 1952. Von Th. Buchhold, unter Mitwirkung von H. Happoldt

Buchhold/Happoldt, Elektrische Kraftwerke und Netze
3. Auflage 1956. Von H. Happoldt
4. Auflage 1963. Von H. Happoldt

Mit 508 Abbildungen

ISBN 3-540-08305-7 Springer Verlag Berlin Heidelberg New York
ISBN 0-387-08305-7 Springer-Verlag New York Heidelberg Berlin

ISBN 3-540-02950-8 4. Auflage Springer-Verlag Berlin Heidelberg New York
ISBN 0-387-02950-8 4th edition Springer-Verlag New York Heidelberg Berlin

Library of Congress Cataloging in Publication Data. Happoldt, Hans, Elektrische Kraftwerke und Netze. Previous editions by T. Buchhold. Bibliography: p. Includes index. 1. Electric power systems. 2. Electric powerplants. 3. Electric networks. I. Oeding, Dietrich, 1928– joint author. II. Buchhold, Theodor, 1900– Elektrische Kraftwerke und Netze. III. Title. TK1001. B8 1978 621.31 77-18108

Printed in Germany

Gesamtherstellung: Universitätsdruckerei H. Stürtz AG, Würzburg
2061/3020 – 543210

Vorwort zur fünften Auflage

Die rasche Weiterentwicklung der elektrischen Energieerzeugung, ebenso wie die Entwicklungen auf dem Gebiet der Energie-Übertragung und -Verteilung, haben eine vollständige Neubearbeitung des Buches „Elektrische Kraftwerke und Netze“ von Buchhold/Happoldt notwendig gemacht.

Steigende Einheitenleistungen beim Bau von Kraftwerken, insbesondere bei Kernkraftwerken, ebenso wie steigende Einheitenleistungen bei Block- und Netztransformatoren und anderen Betriebsmitteln erzwingen die Steigerung der Übertragungsleistungen für Freileitungen und Kabel. Auf der einen Seite beobachtet man die verstärkte Erschließung großer abgelegener Wasserkräfte in Kraftwerken bis zu einigen Tausend MW mit der Übertragung der Leistung über Fernleitungen mit Drehstrom bis 765 kV und Gleichstrom bis ± 533 kV, während auf der anderen Seite verbrauchernahe große thermische Kraftwerke entstehen mit nur verhältnismäßig geringen Übertragungsentfernungen und hohen Anforderungen an die Verfügbarkeit und an die Beherrschung der Kurzschluß- und Erdkurzschlußströme.

Bei der Neubearbeitung wurde in verstärktem Maße die Darstellung und Berechnung der Drehstromnetze mit Hilfe der symmetrischen Komponenten aufgenommen. Die Berechnungsgleichungen wurden weitgehend den VDE-Bestimmungen angepaßt. Hier wurde damit zahlreichen Anregungen aus dem Leserkreis Rechnung getragen. Formelzeichen und Indizes wurden ausgehend von DIN 4897 „Elektrische Energieversorgung-Formelzeichen“ gewählt. Um den Umfang der bisherigen Darstellung nicht wesentlich auszuweiten, wurde der Relais-Schutz von elektrischen Maschinen und Netzen nicht behandelt; hier ist auf die einschlägige Literatur zu verweisen.

Das Buch wendet sich an Ingenieure, die sich mit der Projektierung, dem Bau und dem Betrieb von Anlagen zur Erzeugung und Verteilung elektrischer Energie beschäftigen. Wir hoffen, daß es auch eine wertvolle Hilfe für die Studierenden der Fachrichtung Energietechnik sein wird.

Zum Dank sind die Verfasser zahlreichen Fachleuten verpflichtet, die Material und Anregungen beigesteuert haben. Hier sind besonders zu nennen die Herren Dr.-Ing. H. Schweikert, der den Abschnitt Wasserturbinen neu gestaltete, Dipl.-Ing. K. H. Schüller und Mitarbeiter, die die Neufassung des Abschnittes Wärmekraftwerke unterstützten, Dipl.-Ing. W. Haller, der zum Abschnitt über die Generatorregelung wesentlich beigetragen hat, Dipl.-Ing. R.-D. Steckel und Stud.-Ass. E. Zimmermann, die wertvolle Anregungen gegeben und den Abschnitt über die Kabelbelastbarkeit neu bearbeitet haben, Dipl.-Ing. J. Stenzel, der den Abschnitt Sternpunktbehandlung und Erdung in Hochspannungsnetzen neu zusammengestellt hat, und Dipl.-Ing. H. P. Lips, der den Abschnitt Hochspannungs-Gleichstrom-Übertragung überarbeitet hat, sowie weiterhin den Fachkollegen, die sich der Mühe der Durchsicht und Korrektur unterzogen haben.

Die Verfasser danken den Firmen, die Unterlagen und Bildmaterial zur Verfügung gestellt haben.

Für die gute Ausstattung und die sorgfältige Ausführung der Zeichnungen danken die Verfasser dem Springer-Verlag und wünschen dem neubearbeiteten Buch eine gute Aufnahme bei den Ingenieuren der Praxis und den Studierenden der Energietechnik.

Weinheim, Mannheim H. Happoldt D. Oeding
Dezember 1977

Inhaltsverzeichnis

1. Allgemeines zur Elektrizitätsversorgung

1.1 Einführung

Die Erzeugung, Übertragung und Verteilung elektrischer Energie hat sich in den vergangenen Jahrzehnten in den industrialisierten Ländern zu einem Wirtschaftszweig von größter Bedeutung entwickelt. Von den Investitionen sind etwa $\frac{1}{3}$ für die Erzeugung und $\frac{2}{3}$ für die Übertragung und Verteilung der elektrischen Energie notwendig.

Wie in den vergangenen Jahrzehnten rechnet man auch für die kommenden Jahre mit einer Steigerung des Gesamtenergiebedarfs und einer Steigerung der elektrischen Energieerzeugung. Bild 1.1 zeigt diese Entwicklung für den Zeitraum 1920 bis 1975 im Vergleich zum Wachstum der Weltbevölkerung. Dabei nimmt man an, daß eine Steinkohleneinheit (SKE) einer Energie von 29 300 kJ = 8,14 kWh entspricht. In der öffentlichen Elektrizitätserzeugung rechnet man unter Berücksichtigung des Gesamtwirkungsgrades mit einem spezifischen Kohleverbrauch von etwa 0,33 kg/kWh.

Der Anteil der elektrischen Energie an der Gesamtenergie betrug 1920 etwa 7 %, erreichte 1970 etwa 25 % und wird für 1985 auf 35 % und um das Jahr 2000 auf etwa 50 % ansteigen.

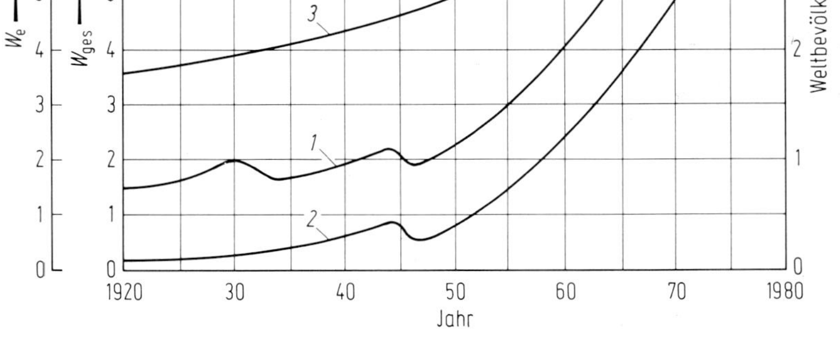

Bild 1.1. Gesamtenergieverbrauch, elektrische Energieerzeugung und Bevölkerungsentwicklung in der Welt von 1920 – 1975.

1 Gesamtenergieverbrauch W_{ges}; *2* elektrische Energieerzeugung W_e; *3* Weltbevölkerung (Einwohner)

Tabelle 1.1 enthält Angaben zur elektrischen Energieerzeugung in verschiedenen Ländern für die Jahre 1960 und 1970 sowie eine Vorausschätzung für einen Zeitpunkt um das Jahr 1980. Im Mittel ergibt sich daraus eine Steigerung von etwa 7,2% pro Jahr, also eine Verdoppelung in 10 Jahren. Langfristige Sättigungstendenzen waren bisher auch in hochindustrialisierten Ländern nicht zu erkennen.

Tabelle 1.2 zeigt als Beispiel für ein industrialisiertes Land den gesamten elektrischen Energiebedarf aufgeteilt auf einzelne Abnehmergruppen [1.16]. Man erkennt, daß sich im Zeitraum 1952 bis 1970 die einzelnen Abnehmergruppen recht unterschiedlich entwickelt haben. Die größte Zunahme ergab sich bei der Gruppe „Haushalt" mit 14% im Jahresmittel, entsprechend einer Verdoppelung in etwa 5 Jahren. Bei einer anhaltenden raschen Steigerungsrate für diese Gruppe wird sie im Jahre 2000 etwa $\frac{1}{3}$ des Gesamtverbrauchs übernehmen. Im gleichen Zeitraum von 1952 bis 1970 hat sich der Gesamtenergiebedarf (Primärenergiebedarf) im Mittel um 4,6% pro Jahr erhöht.

Tabelle 1.1. Zeitliche Entwicklung der elektrischen Energieerzeugung einzelner Länder

Land	Elektrische Energieerzeugung in TWh/a		
	1960	1970	≈1980
Belgien	14,1	27,5	56
Bundesrepublik Deutschland	108	218	430
Dänemark	4,4	13,6	28
Frankreich	72	139	275
Großbritannien	114	217	440
Italien	55	120	243
Norwegen	31	66	132
Polen	27	60	122
Schweden	35	67	127
Spanien	18	60	115
UdSSR	≈300	≈700	1400
USA	780	1530	3100
Welt	≈2500	≈4900	≈10000

Tabelle 1.2. Entwicklung des elektrischen Energiebedarfs in der Bundesrepublik Deutschland im Zeitraum von 1952 bis 1970 [Elektrizitätswirtschaft 1953 bis 1971 „Die Entwicklung der Elektrizitätswirtschaft in der Bundesrepublik Deutschland"]

Abnehmergruppe	1952		1970		Steigerung	
	TWh	%	TWh	%	1952/70	%/a
Industrie	36,0	74,1	131,8	60,2	3,66	7,5
Verkehr	2,0	4,1	7,9	3,6	3,95	8,0
Öffentl. Einrichtungen	2,3	4,7	11,3	5,2	2,26	4,6
Landwirtschaft	1,0	2,1	5,1	2,4	5,10	9,5
Haushalt	4,1	8,4	43,1	19,7	10,50	14,0
Handel u. Gewerbe	3,2	6,6	19,4	8,9	6,06	10,5
Gesamtwerte	48,6	100,0	218,6	100,0	4,50	8,7

Der Prokopfverbrauch elektrischer Energie wird weitgehend vom Lebensstandard und der Industrialisierung eines Landes bestimmt. Besonders Industriezweige mit hohem Stromverbrauch, wie die Aluminiumherstellung und der Einsatz von Lichtbogenöfen zur Herstellung von Massenstahl ebenso wie Elektrolyseverfahren der chemischen Industrie, können einen hohen Prokopfverbrauch bewirken. Für das Jahr 1970 sollen folgende Beispiele genannt werden: USA: 7360 kWh/EW · a, Schweden: 7040 kWh/EW · a, Schweiz: 3950 kWh/EW · a, Großbritannien: 3840 kWh/EW · a, BRD: 3545 kWh/EW · a, DDR: 3213 kWh/EW · a, Österreich: 2830 kWh/EW · a, UdSSR: 2790 kWh/EW · a, Frankreich: 2563 kWh/EW · a.

Der Zuwachs des elektrischen Energiebedarfs, insbesondere in Industrieländern, hängt nicht so sehr vom Bevölkerungszuwachs ab, als vielmehr vom steigenden Bruttosozialprodukt pro Einwohner und Jahr. Dieser Zusammenhang wird manchmal verwendet, um den Gesamtenergiebedarf oder auch den elektrischen Energiebedarf zu extrapolieren. Bild 1.2 zeigt diese Zusammenhänge [1.14, 1.16]. Die angegebenen Streubänder dieser Darstellung können selbstverständlich nur Mittelwerte sein.

Die langfristige Entwicklung des Energiebedarfs (Gesamtenergie und Anteil der elektrischen Energie) wird durch die Verknappung der Primärenergie insbesondere durch die Verknappung des Erdöls und die damit steigenden Kosten sowie die Wärmebeeinflussung der Umwelt an den Erzeugungs- und Verbrauchsorten stark beeinflußt.

Um die steigenden Anforderungen des elektrischen Energiebedarfs zu decken, wurden im Laufe der vergangenen Jahrzehnte immer höhere Übertragungsspan-

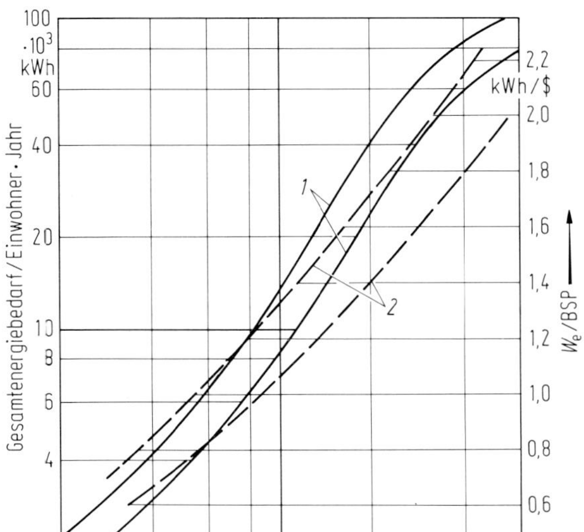

Bild 1.2. Zusammenhang zwischen dem Bruttosozialprodukt (BSP) pro Einwohner und Jahr und dem Gesamtenergiebedarf sowie dem elektrischen Energiebedarf (mittlere Tendenz).

1 Gesamtenergiebedarf/Einwohner und Jahr; *2* Elektrischer Energiebedarf (W_e) bezogen auf das Bruttosozialprodukt (BSP)

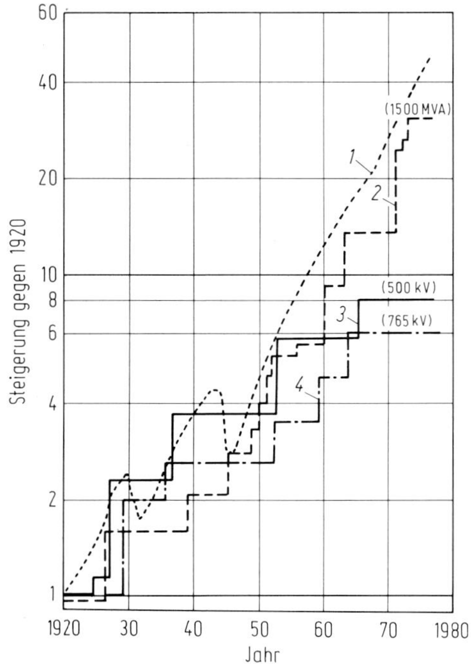

Bild 1.3. Grenzwerte der Blockleistung und der Übertragungsspannungen von Freileitungen und Kabeln in der Welt im Vergleich zum elektrischen Energiebedarf in der BR Deutschland [1.12].

1 Elektrischer Energiebedarf in der BR Deutschland ($W_{1920}=8{,}2\,\text{TWh}$); *2* Blockleistungen ($S_{1920}=50\,\text{MVA}$); *3* Kabel ($U_{1920}=60\,\text{kV}$); *4* Freileitungen ($U_{1920}=110\,\text{kV}$)

nungen [1.5, 1.7, 1.13] eingeführt sowohl für Freileitungen als auch für Kabel. Diese Entwicklung zeigt Bild 1.3. Eingezeichnet sind auch Steigerungen der Blockleistungen der thermischen Kraftwerke im Vergleich zum jährlichen Energiebedarf im Gebiet der Bundesrepublik Deutschland bezogen auf 1920.

1.2 Grundüberlegungen zur Energieerzeugung, -übertragung und -verteilung

Die benötigte elektrische Energie für die öffentliche Versorgung und die Industrie wird in Dampf- und Wasserkraftwerken erzeugt. In Europa erfolgt die Bereitstellung im Dreileiter-Drehstromsystem von 50 Hz. In Amerika liegt die Nennfrequenz des Drehstromes bei 60 Hz. Andere Stromarten werden nur in Sonderfällen angewendet, so Gleichstrom für Straßen- und Schnellbahnen, für chemische Prozesse und bei der Hochspannungs-Gleichstrom-Übertragung (HGÜ) und Einphasenwechselstrom $16\frac{2}{3}$ Hz für elektrische Vollbahnen. Daneben wurde in einigen Ländern auch 50-Hz-Einphasenstrom für die Vollbahnversorgung eingeführt (z. B. Frankreich und UdSSR). Der Betrieb von Schnellbahnen spielt für die Energieversorgung großer Städte eine beachtliche Rolle (Metro Paris 1970: 550 GWh, 185 MW Spitzenlast).

Gleichstrom wird heute kaum mehr direkt in Kraftwerken erzeugt, sondern über Gleichrichter gewonnen. Einphasenwechselstrom $16\frac{2}{3}$ Hz wird teilweise aus Einphasengeneratoren oder über Umformersätze oder Umrichter bereitgestellt. In der Bundesrepublik Deutschland ist zur Vollbahnversorgung ein eigenes Wechselstromübertragungsnetz mit 110-kV-Freileitungen vorhanden.

Wegen der vorherrschenden Stellung des Drehstroms mit 50 Hz oder 60 Hz bei der Erzeugung, Übertragung und Verteilung elektrischer Energie werden sich die Betrachtungen dieses Buches vorwiegend auf Drehstrom beziehen. Bei der Darstellung werden Schaltkurzzeichen für Generatoren, Transformatoren, Leitungen und andere Betriebsmittel verwendet, ohne daß jeweils besonders auf die Dreileiter-Drehstrom-Eigenschaften hingewiesen wird (Tabelle A.1).

Die Speisung von Niederspannungsnetzen durch Niederspannungsgeneratoren kommt vor allem in bestimmten Industriezweigen dann vor, wenn beim Fabrikationsprozeß auch Dampf benötigt wird (z.B. in Zucker- und Papierfabriken). Zu beachten ist, daß die Nennspannung der Niederspannungsgeneratoren 5% höher liegt als die Netznennspannung (z.B. $U_{\mathrm{nG}} = 400$ V, $U_{\mathrm{nN}} = 380$ V). Neben der Spannung 380 V werden in der Industrie auch 500 V verwendet. Die neu in die Normung aufgenommene Niederspannungsstufe 660 V (Tabelle 1.3) verspricht wirtschaftliche Vorteile bei der Anwendung in der Industrie für den Anschluß größerer Niederspannungsmotoren.

Durch den Zusammenschluß einzelner Netzteile und Landesnetze zu einem Verbundnetz kann man Kraftwerke mit größerer Leistung als früher bauen. Die Kraftwerke werden damit relativ billiger und die Wirkungsgrade besser. Erst durch den Kraftwerksverbundbetrieb gelingt es, die Bereitstellung einer oder mehrerer Maschineneinheiten als Reserve wirtschaftlich tragbar zu machen [1.3, 1.10].

Bei der Zusammenfassung vieler Einzelverbraucher durch Anschluß an ein gemeinsames Netz nutzt man die Tatsache aus, daß nicht alle Verbraucher gleichzeitig ihre installierte Leistung aus dem Netz entnehmen, sondern daß ein Gleichzeitigkeitsfaktor kleiner als eins auftritt. Die einzelnen Verbraucherleistungen addieren sich im Laufe eines Tages zu einer Tagesbelastungskurve (Bild 1.4). Insbesondere in der Mittags- und Abendspitze müssen dann die verschiedenartigen Kraftwerke so zusammenarbeiten, daß alle Verbraucher ausreichend und wirtschaftlich versorgt werden können.

Die räumliche Lage einzelner Kraftwerke (Standorte) wird u.a. durch die folgenden Punkte beeinflußt [1.11, 1.15, 1.17]:

a) Primärenergieorientierte Kraftwerke: z.B. Braunkohlenkraftwerke, Laufwasser- und Speicherkraftwerke.

b) Kraftwerke an Flüssen oder in Meeresnähe, um den Kühlwasserbedarf günstig decken zu können und Brennstoffe (Steinkohle, Öl) leicht antransportieren zu können: z.B. Steinkohlenkraftwerke mit Importkohle, Kernkraftwerke.

c) Geologisch orientierte Kraftwerke: Pumpspeicher-Kraftwerke, Gezeiten-Kraftwerke.

d) Kraftwerke, deren Aufstellungsort hauptsächlich von den Netzanschlußbedingungen bestimmt wird (380-kV-Netzknotenpunkt oder Verbrauchernähe): z.B. Gasturbinenkraftwerke, Mittellastkraftwerke oder auch Kernkraftwerke.

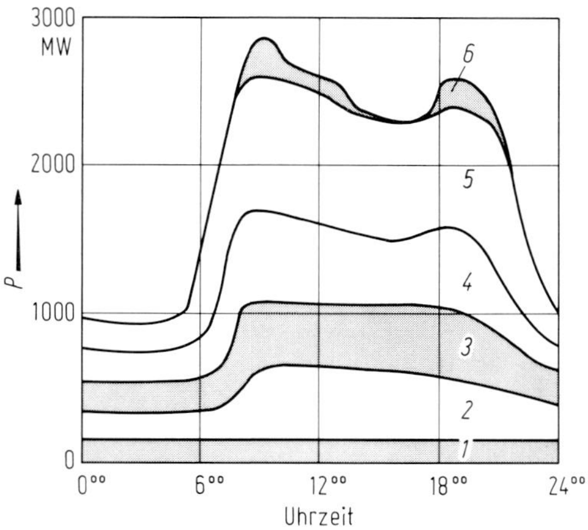

Bild 1.4. Tagesbelastungskurve eines Elektrizitäts-Versorgungs-Unternehmens (EVU) mit einem Versorgungsgebiet, in dem verhältnismäßig wenig Industrie vorhanden ist, und Aufteilung der Bedarfsdeckung auf verschiedene Kraftwerke (Beispiel).

1 Laufwasserkraftwerke; *2* Kraftwerke mit Erdgasfeuerung; *3* Kraftwerke mit Ölfeuerung; *4* Kraftwerke mit Braunkohlenfeuerung; *5* Kraftwerke mit Steinkohlenfeuerung (z.T. ältere Kraftwerke); *6* Spitzenlastdeckung aus Pumpspeicherwerken oder Gasturbinenkraftwerken (beim Einsatz von Pumpspeicherwerken kann das Nachttal zum Teil gefüllt werden – Pumpstrombedarf)

Braunkohlenkraftwerke werden immer als standortgebundene Kraftwerke in der Nähe der Gruben errichtet. Zur Kühlung müssen Kühltürme eingesetzt werden. Kraftwerke mit Steinkohlenfeuerung, Öl- oder Gasfeuerung werden häufig an Flüssen errichtet, wobei neben der Kühlwasserbereitstellung auch die Verbrauchernähe und der Gesichtspunkt des Netzanschlusses für die Standortwahl von Bedeutung sind. Bei begrenzten Möglichkeiten zur Kühlwasserentnahme müssen auch hier Kühltürme gebaut werden. Zusätzlich zu den genannten Gesichtspunkten für die Standortwahl der Kraftwerke gewinnen in neuerer Zeit in zunehmendem Maße auch Umweltgesichtspunkte an Bedeutung.

Große Kraftwerke bzw. große Kraftwerksblöcke werden häufig an die höchste in einem Land vorhandene Spannungsebene angeschlossen. Neben anderen Überlegungen spielt in eng vermaschten Netzen der Anteil der Kurzschlußleistung, der von den einzelnen Blöcken ins Netz geliefert wird, eine Rolle bei der Zuordnung der Generatornennscheinleistung zur Netzspannung auf der Oberspannungsseite des Blocktransformators. Bild 1.5 enthält dazu Überlegungen unter der Annahme, daß mehrere Blöcke auf engem Gebiet einspeisen und daß die bezogenen Kurzschlußreaktanzen der Generatoren und Blocktransformatoren mit steigender Leistung und Spannung zunehmen.

Bei der Einspeisung von Kraftwerksleistung über weite Entfernungen in ein Netz (z.B. bei abgelegenen Wasserkräften) kann man die Leitungen meist nur bis zur natürlichen Leistung (Abschnitt 9.5.2) belasten. Bei der Wahl der Spannung ist also hierauf und auf Stabilitätsüberlegungen Rücksicht zu nehmen, während die eingespeisten Kurzschlußleistungen keine entscheidende Rolle spielen.

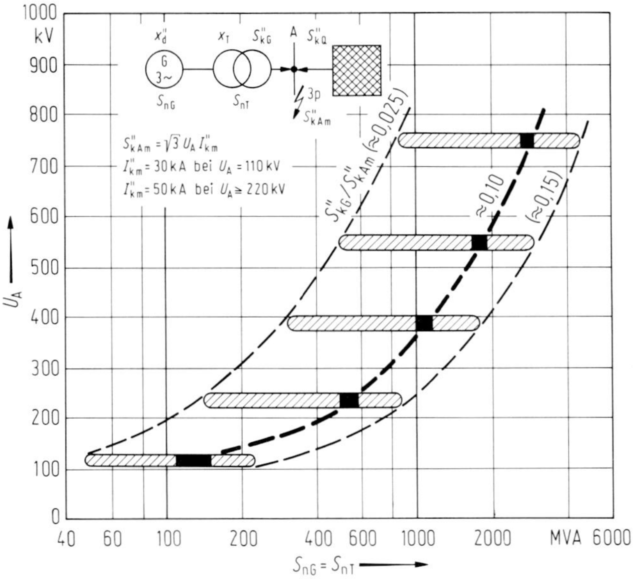

Bild 1.5. Wahl der Spannungsebene beim Anschluß großer Kraftwerksblöcke an ein Netz. Richtwerte mit Rücksicht auf den Beitrag S''_{kG} des Blockes zur Kurzschlußleistung an der Anschlußstelle $S''_{kAm} = \sqrt{3}\, U_A I''_{km}$. Einspeisung in ein vermaschtes Netz mit geringen Stationsabständen

Tabelle 1.3. Empfohlene Spannungsstufen (europäische Praxis) nach VDE/IEC

Niederspannung (Drehstrom-vierleiter- oder Dreileiter-system)	380 V (nach IEC: 230/400 V)	Versorgung von Kleinverbrauchern im Haushalt, in der Landwirtschaft und der Industrie.
	500 V	Industrienetze mit Motoren.
	660 V	Industrienetze oder Kraftwerkseigenbedarf, in der BR Deutschland bisher nicht eingeführt.
Mittelspannung (Sprachgebrauch)	6 kV [7,2 kV]	Industrienetze mit Hochspannungsmotoren und im Kraftwerkseigenbedarf.
	10 kV [12 kV] 20 kV [24 kV]	Öffentliche Netze und Industrienetze (städtische Netze hauptsächlich 10 kV).
	30 kV [36 kV]	Spannung großer Industriebetriebe z.B. zum Anschluß von Stromrichterantrieben, Öfen und Elektrolyseanlagen.
Hochspannung (Spannungen über 1 kV)	110 kV [123 kV] 220 kV [245 kV] 380 kV [420 kV]	Zur Landesversorgung, für Verbundnetze je nach der räumlichen Größe und Leistungsfähigkeit[a].
Höchstspannung (Sprachgebrauch)	765 kV[b] und darüber[c]	Landesnetze, Transport großer Leistungen, Transport über große Entfernungen.

[a] Je nach der räumlichen Ausdehnung können alle drei Stufen zweckmäßig sein. Bei geringer räumlicher Ausdehnung nur 110 kV und 380 kV. Allgemein sollte ein Abstand um den Faktor 2 bis 3 gewählt werden.

[b] Höchste Spannung für Betriebsmittel U_m (z.T. auch 735 kV, angestrebt 800 kV).

[c] In der Diskussion befinden sich Spannungen über 1000 kV (z.B. 1200 kV)

Beim Ausbau und beim Neuaufbau von Netzen oder Netzteilen sollte man die Spannung im Rahmen der nach IEC/VDE vorgeschlagenen, „genormten" Netzspannungen wählen. Zu beachten ist dabei, daß sich in den angelsächsischen Ländern andere Spannungsstufen eingeführt haben als in Europa. In Tabelle 1.3 werden die Netznennspannungen und in eckigen Klammern dazu die höchsten für Betriebsmittel zulässigen Spannungen U_m angegeben [17.32, 17.72], wobei $U_{b\,max} \leqq U_m$ bleiben muß.

Bei bestimmten Übertragungsaufgaben (große Übertragungsentfernungen beim Ausbau abgelegener Wasserkräfte oder z.B. bei der Überquerung von Meeresarmen) kann es aus wirtschaftlichen oder technischen Gründen zweckmäßig bzw. zwingend sein, die elektrische Energieübertragung als Hochspannungs-Gleichstrom-Übertragung (HGÜ) [1.9] auszuführen (Kapitel 19).

2. Berechnungen im Drehstromnetz, mathematische Grundlagen

2.1 Überblick

Bei der Planung und beim Betrieb elektrischer Energieversorgungsnetze, aufgebaut aus einzelnen elektrischen Betriebsmitteln, ist ein gewisses Maß elektrotechnisch-mathematischer Grundlagen erforderlich, um die Funktionsfähigkeit prüfen und betriebliche Entscheidungen durchführen zu können. Die mathematischen Grundlagen sollen hier auf das Notwendigste beschränkt werden. Der Spezialliteratur bleibt es vorbehalten, mathematische Methoden zur Behandlung elektrischer Netze im einzelnen darzustellen und zu begründen [2.3, 2.4, 2.6, 2.8, 2.11 bis 2.15 und 2.17].

Eingeführt werden das Verbraucherzählpfeilsystem (VZS) und das Erzeugerzählpfeilsystem (EZS) [2.9]. Im allgemeinen soll das Verbraucherzählpfeilsystem angewendet werden. Im Kapitel 5 „Drehstromgeneratoren" wird das EZS benutzt.

Die Grundlagen der symmetrischen Komponenten zur Darstellung und rechnerischen Behandlung der Drehstromnetze werden angegeben [2.1, 2.3, 2.4]. Zum Teil wird die Matrizenschreibweise verwendet. Ausführliche Darstellungen dazu findet man in [2.5, 2.6 und 2.8].

2.2 Komplexe Größen

2.2.1 Die Transformation zeitlich sinusförmig verlaufender Größen in die komplexe Ebene

Der zeitliche Verlauf einer sinusförmigen Spannung $u(t)$ mit der Kreisfrequenz $\omega = 2\pi f$ kann durch die folgende cos-Funktion dargestellt werden, wobei φ_u der Winkel zur Zeit $t=0$ ist:

$$u(t) = \hat{u} \cos(\omega t + \varphi_u) \tag{2.1}$$

$\hat{u}$ ist der Scheitelwert der Spannung $u(t)$. In der komplexen Zahlenebene kann die Spannung durch den komplexen Drehzeiger $\underline{\tilde{\hat{u}}}$ entsprechend Bild 2.1 dargestellt werden.

$$\underline{\tilde{\hat{u}}} = \hat{u}\, e^{j(\omega t + \varphi_u)} = \hat{u}\, e^{j\omega t} (\cos\varphi_u + j \sin\varphi_u) \tag{2.2}$$

Der Drehzeiger $\underline{\tilde{\hat{u}}}$ rotiert mit der Winkelgeschwindigkeit ω entgegen dem Uhrzeigersinn. Die Projektion auf die reelle Achse ergibt $u(t)$ nach Gl. (2.1).

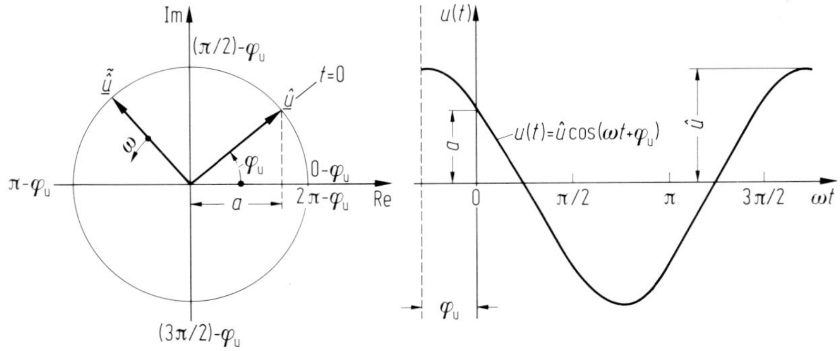

Bild 2.1. Darstellung der Spannungsschwingung nach Gl. (2.1) als Drehzeiger in der komplexen Zahlenebene.

$\underline{\hat{u}}$ Komplexer Anfangszeiger; $\underline{\tilde{\hat{u}}}$ komplexer Drehzeiger; a Realteil des komplexen Anfangszeigers $a = \mathrm{Re}\{\underline{\hat{u}}\} = \mathrm{Re}\{\hat{u}\,\mathrm{e}^{\mathrm{j}\varphi_u}\}$

Bezeichnet man den Drehzeiger zur Zeit $t=0$ mit $\underline{\hat{u}}$ und seinen Betrag mit $\hat{u}$, so ergibt sich:

$$\underline{\hat{u}} = \hat{u}(\cos\varphi_u + \mathrm{j}\sin\varphi_u) \tag{2.3}$$

$\underline{\hat{u}}$ ist damit ein komplexer Zeitzeiger (zur Zeit $t=0$), der die Spannung $u(t)$ nach Amplitude und Phasenlage eindeutig festlegt. Die Dreheigenschaft des Drehzeigers $\underline{\tilde{\hat{u}}}$, ausgedrückt durch den Faktor

$$\mathrm{e}^{\mathrm{j}\omega t}$$

in Gl. (2.2), interessiert dann nicht mehr.

Anstelle des Scheitelwertzeigers $\underline{\hat{u}}$ läßt sich bei sinusförmiger Spannung der Effektivwertzeiger $\underline{U}$ einführen.

$$\underline{U} = \frac{\underline{\hat{u}}}{\sqrt{2}} = \frac{\hat{u}}{\sqrt{2}}(\cos\varphi_u + \mathrm{j}\sin\varphi_u) \tag{2.4}$$

Für beliebige andere, zeitlich sinusförmig verlaufende Größen gelten entsprechende Darstellungen.

So wie die Spannung $u(t)$ in die komplexe Zahlenebene transformiert werden kann, so läßt sich auch die Summe von zeitlich sinusförmig veränderlichen Größen gleicher Frequenz transformieren. In der komplexen Ebene werden dann die Zeitzeiger addiert.

Die Differentiation bzw. die Integration von Zeitfunktionen, wie sie bei der Behandlung von Induktivitäten und Kapazitäten in Wechselstromkreisen vorkommt, werden bei der Transformation in die komplexe Zahlenebene durch Drehen von Zeigern durchgeführt. Gewöhnliche Differentialgleichungen werden zu algebraischen Gleichungen.

Als Ausgangsfunktion wird der Strom $i(t)=\hat{i}\cos(\omega t+\varphi_i)$ behandelt. Die Differentiation ergibt:

$$\frac{\mathrm{d}\,i(t)}{\mathrm{d}t}=-\omega\,\hat{i}\sin(\omega t+\varphi_i)=\omega\,\hat{i}\cos\left(\omega t+\varphi_i+\frac{\pi}{2}\right) \tag{2.5}$$

Geht man von der Zeigerdarstellung aus, bei der

$$i(t)=\mathrm{Re}\{\hat{\underline{i}}\,\mathrm{e}^{\mathrm{j}\omega t}\}$$

gilt, so erhält man:

$$\frac{\mathrm{d}}{\mathrm{d}t}\,\mathrm{Re}\{\hat{\underline{i}}\,\mathrm{e}^{\mathrm{j}\omega t}\}=\mathrm{Re}\left\{\frac{\mathrm{d}(\hat{\underline{i}}\,\mathrm{e}^{\mathrm{j}\omega t})}{\mathrm{d}t}\right\}=\mathrm{Re}\{\mathrm{j}\omega\hat{\underline{i}}\,\mathrm{e}^{\mathrm{j}\omega t}\} \tag{2.6}$$

Der Voreilung um $\pi/2$ in Gl. (2.5) entspricht die Multiplikation des Zeigers mit $+\mathrm{j}$. Der Zeiger $\hat{\underline{i}}$ wird also in der komplexen Zahlenebene um 90° entgegen dem Uhrzeigersinn gedreht.

Während für die Spannung an einem ohmschen Widerstand $\underline{U}=R\underline{I}$ gilt, d.h. Spannungs- und Stromzeiger sind gleichgerichtet und liegen in der reellen Achse, so gilt für die Spannung an einer Induktivität:

$$u(t)=L\frac{\mathrm{d}\,i(t)}{\mathrm{d}t} \tag{2.7}$$

oder

$$\mathrm{Re}\{\sqrt{2}\,\underline{U}\,\mathrm{e}^{\mathrm{j}\omega t}\}=L\,\mathrm{Re}\{\mathrm{j}\omega\sqrt{2}\,\underline{I}\,\mathrm{e}^{\mathrm{j}\omega t}\} \tag{2.8}$$

Durch Vereinfachung wird

$$\underline{U}=\mathrm{j}\omega L\underline{I}=\mathrm{j}X_L\underline{I} \tag{2.9}$$

$X_L=\omega L$ ist die induktive Reaktanz. Der Zeiger $\underline{U}$ eilt dem Stromzeiger $\underline{I}$ im VZS um 90° vor.

Für einen Stromkreis mit der Kapazität C gilt:

$$u(t)=\frac{1}{C}\int i(t)\,\mathrm{d}t \quad \text{oder} \quad i(t)=C\frac{\mathrm{d}u(t)}{\mathrm{d}t} \tag{2.10}$$

Nach der Transformation in die komplexe Zahlenebene ergibt sich:

$$\underline{U}=\frac{1}{\mathrm{j}\omega C}\underline{I}=-\mathrm{j}X_C\underline{I} \quad \text{oder} \quad \underline{I}=\mathrm{j}\omega C\underline{U} \tag{2.11}$$

Im VZS eilt der Spannungszeiger $\underline{U}$ dem Stromzeiger $\underline{I}$ um 90° nach, oder wenn $\underline{U}$ wieder in der reellen Achse liegt, eilt $\underline{I}$ um 90° vor. $X_C=1/\omega C$ ist die kapazitive Reaktanz.

Ausgehend von den vorstehenden Gleichungen können den Impedanzen $\underline{Z}$, die sich aus $\underline{U}/\underline{I}$ ergeben, und den Admittanzen $\underline{Y}$, die sich aus $\underline{I}/\underline{U}$ ergeben, Zeiger zugeordnet werden. In Bild 2.2 sind R, X_L und X_C sowie $\underline{Z}$ und $\underline{Y}$ dargestellt.

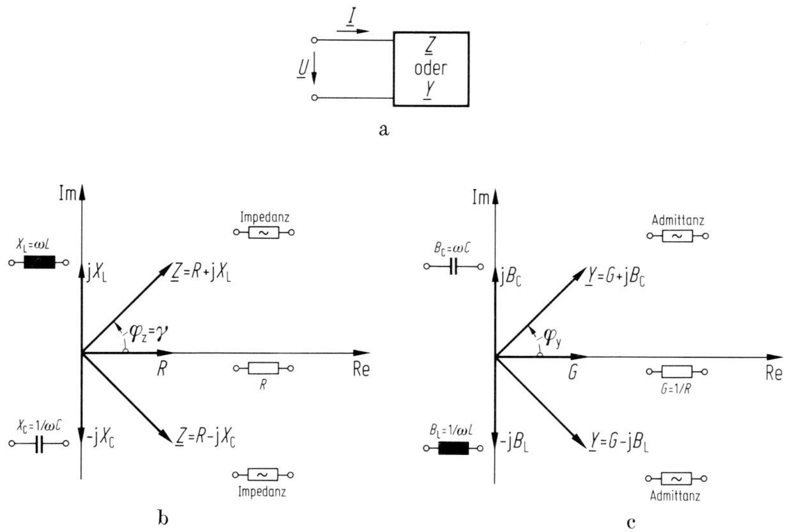

Bild 2.2. Widerstandsoperator $\underline{Z}$ und Leitwertoperator $\underline{Y}$ in der komplexen Zahlenebene.
(**a**) Passiver Zweipol (VZS): $\underline{U}=\underline{Z}\,\underline{I}$, $\underline{I}=\underline{Y}\,\underline{U}$; (**b**) Widerstandsoperator $\underline{Z}$; (**c**) Leitwertoperator $\underline{Y}$

Folgende Bezeichnungen haben sich allgemein durchgesetzt:

$\underline{Z}$ Scheinwiderstand (Impedanz) $\underline{Z}=Z(\cos\varphi_Z+\mathrm{j}\sin\varphi_Z)$
mit $Z=\sqrt{R^2+X^2}$ und $\varphi_Z=\arctan(X/R)=\gamma$
R Wirkwiderstand (Resistanz) $R=\mathrm{Re}\{\underline{Z}\}$
X Blindwiderstand (Reaktanz) $X=\mathrm{Im}\{\underline{Z}\}$
$\underline{Y}$ Scheinleitwert (Admittanz) $\underline{Y}=Y(\cos\varphi_Y+\mathrm{j}\sin\varphi_Y)$
mit $Y=\sqrt{G^2+B^2}$ und $\varphi_Y=\arctan(B/G)$
G Wirkleitwert (Konduktanz) $G=\mathrm{Re}\{\underline{Y}\}$
B Blindleitwert (Suszeptanz) $B=\mathrm{Im}\{\underline{Y}\}$

2.2.2 Die komplexe Leistung im Wechsel- und Drehstromnetz

Der Leistungsbegriff wird im Wechselstromnetz definiert. Eine Übertragung auf das Drehstromnetz wird am Ende dieses Abschnitts vorgenommen.

Die Zeitfunktion des Augenblickswertes der Leistung wird festgelegt als Produkt der Zeitfunktionen von Spannung und Strom

$$p(t)=u(t)\cdot i(t)=\hat{u}\cos(\omega t+\varphi_u)\cdot\hat{i}\cos(\omega t+\varphi_i) \tag{2.12}$$

Führt man $\hat{u}=\sqrt{2}U$ und $\hat{i}=\sqrt{2}I$ ein, so erhält man durch Umformung der Gl. (2.12):

$$p(t)=UI[\cos(2\omega t+\varphi_u+\varphi_i)+\cos(\varphi_u-\varphi_i)] \tag{2.13}$$

Nach Abschnitt 2.2.1 kann man einführen:

$$u(t) = \mathrm{Re}\{\sqrt{2}\underline{U}\,\mathrm{e}^{\mathrm{j}\omega t}\} = \mathrm{Re}\{\sqrt{2}\underline{\tilde{U}}\} \tag{2.14}$$

$$i(t) = \mathrm{Re}\{\sqrt{2}\underline{I}\,\mathrm{e}^{\mathrm{j}\omega t}\} = \mathrm{Re}\{\sqrt{2}\underline{\tilde{I}}\} \tag{2.15}$$

Setzt man $u(t)$ und $i(t)$ in Gl. (2.12) ein und berücksichtigt man zusätzlich

$$\mathrm{Re}\{\underline{U}\} = \frac{\underline{U} + \underline{U}^*}{2} \quad \text{und} \quad \mathrm{Re}\{\underline{I}\} = \frac{\underline{I} + \underline{I}^*}{2} \tag{2.16}$$

so findet man

$$p(t) = \tfrac{1}{2} \cdot (\underline{\tilde{U}} + \underline{\tilde{U}}^*)(\underline{\tilde{I}} + \underline{\tilde{I}}^*) = \tfrac{1}{2}(\underline{U}\,\mathrm{e}^{\mathrm{j}\omega t} + \underline{U}^*\,\mathrm{e}^{-\mathrm{j}\omega t})(\underline{I}\,\mathrm{e}^{\mathrm{j}\omega t} + \underline{I}^*\,\mathrm{e}^{-\mathrm{j}\omega t}) \tag{2.17}$$

und weiter

$$p(t) = \tfrac{1}{2}[\underline{U}\,\underline{I}\,\mathrm{e}^{\mathrm{j}2\omega t} + (\underline{U}\,\underline{I})^*\,\mathrm{e}^{-\mathrm{j}2\omega t}] + \tfrac{1}{2}[\underline{U}\,\underline{I}^* + (\underline{U}\,\underline{I}^*)^*] \tag{2.18a}$$

$$p(t) = \mathrm{Re}\{\underline{U}\,\underline{I}\,\mathrm{e}^{\mathrm{j}2\omega t}\} + \mathrm{Re}\{\underline{U}\underline{I}^*\} \tag{2.18b}$$

$$p(t) = \mathrm{Re}\{\underline{\tilde{S}}\} + \mathrm{Re}\{\underline{S}\} \tag{2.18c}$$

Die Augenblicksleistung $p(t)$ kann man sich damit vorstellen als die Summe der Realteile zweier Zeiger. Der erste Zeiger $\underline{\tilde{S}}$ ist der komplexe Drehzeiger der schwingenden Leistung

$$\underline{\tilde{S}} = \underline{U}\,\underline{I}\,\mathrm{e}^{\mathrm{j}2\omega t} \tag{2.19}$$

Der zweite Zeiger $\underline{S}$ ist der Operator der konstanten komplexen Leistung (oder kurz: die komplexe Leistung)

$$\underline{S} = \underline{U}\,\underline{I}^* = U\,I\,\mathrm{e}^{\mathrm{j}(\varphi_u - \varphi_i)} = U\,I\cos(\varphi_u - \varphi_i) + \mathrm{j}\,U\,I\sin(\varphi_u - \varphi_i) \tag{2.20}$$

Bild 2.3 zeigt die Darstellung der Leistung in der komplexen Zahlenebene. Führt man $\varphi_u - \varphi_i = \varphi$ ein, so wird

$$\underline{S} = U\,I\cos\varphi + \mathrm{j}\,U\,I\sin\varphi = P + \mathrm{j}Q \tag{2.21}$$

mit $P = U\,I\cos\varphi$ als Wirkleistung

$$P = \mathrm{Re}\{\underline{S}\} = \tfrac{1}{2}(\underline{U}\,\underline{I}^* + \underline{U}^*\underline{I})$$

und $Q = U\,I\sin\varphi$ als Blindleistung

$$Q = \mathrm{Im}\{\underline{S}\} = -\mathrm{j}\tfrac{1}{2}(\underline{U}\,\underline{I}^* - \underline{U}^*\underline{I})$$

und weiterhin

$$S = |\underline{S}| = UI = \sqrt{P^2 + Q^2}; \qquad P = S\cos\varphi; \qquad Q = S\sin\varphi \tag{2.22}$$

Der Betrag von $\underline{\tilde{S}}$, also $|\underline{\tilde{S}}| = UI$ ist gleich dem Betrag von $\underline{S}$. Der komplexe Leistungsoperator $\underline{S}$ reicht also allein aus, um die Leistungen des Wechselstrom-

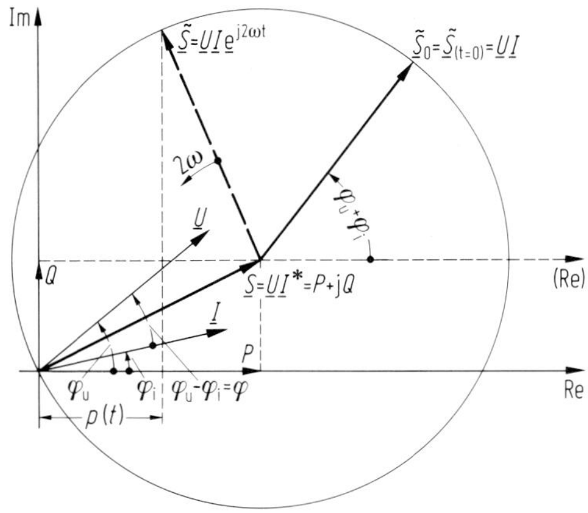

Bild 2.3. Leistungsbegriffe im Wechselstromnetz.
Komplexe schwingende Leistung: $\tilde{\underline{S}}$; Anfangswert ($t=0$): $\tilde{\underline{S}}_0$; Komplexe zeitlich konstante Leistung: $\underline{S}=\underline{U}\,\underline{I}^*=P+\mathrm{j}Q$; Augenblicksleistung: $p(t)$

kreises zu kennzeichnen. Bei konstanter Frequenz kann auf den rotierenden Drehzeiger $\tilde{\underline{S}}$ verzichtet werden. Vorausgesetzt wurde, daß die Spannungs- und Stromschwingung $u(t)$ und $i(t)$ gleiche konstante Frequenz haben.

In einem symmetrischen Drehstromnetz mit den drei Spannungen $\underline{U}_\mathrm{R}$, $\underline{U}_\mathrm{S}$ und $\underline{U}_\mathrm{T}$ Leiter gegen Erde und den drei Strömen $\underline{I}_\mathrm{R}$, $\underline{I}_\mathrm{S}$ und $\underline{I}_\mathrm{T}$ nach Bild 2.4 berechnet man den Augenblickswert der Drehstromleistung aus der Summe der Augenblicksleistungen der drei Leiter.

Mit

$$u(t)=u=\mathrm{Re}\{\sqrt{2}\,\underline{U}\,e^{\mathrm{j}\omega t}\} \quad \text{und} \quad i(t)=i=\mathrm{Re}\{\sqrt{2}\,\underline{I}\,e^{\mathrm{j}\omega t}\}$$

für die Leiter R, S und T gilt:

$$p(t)=u_\mathrm{R}\,i_\mathrm{R}+u_\mathrm{S}\,i_\mathrm{S}+u_\mathrm{T}\,i_\mathrm{T} \tag{2.23}$$

Unter Verwendung der Überlegungen, die von der Gl. (2.12) zur Gl. (2.18b) geführt haben, erhält man für das Dreileiter-Drehstromnetz:

$$\begin{aligned} p(t)=&\mathrm{Re}\{\underline{U}_\mathrm{R}\,\underline{I}_\mathrm{R}\,e^{\mathrm{j}2\omega t}\}+\mathrm{Re}\{\underline{U}_\mathrm{S}\underline{I}_\mathrm{S}e^{\mathrm{j}2\omega t}\}+\mathrm{Re}\{\underline{U}_\mathrm{T}\,\underline{I}_\mathrm{T}e^{\mathrm{j}2\omega t}\}\\ &+\mathrm{Re}\{\underline{U}_\mathrm{R}\,\underline{I}_\mathrm{R}^*\}+\mathrm{Re}\{\underline{U}_\mathrm{S}\,\underline{I}_\mathrm{S}^*\}+\mathrm{Re}\{\underline{U}_\mathrm{T}\,\underline{I}_\mathrm{T}^*\}\end{aligned} \tag{2.24}$$

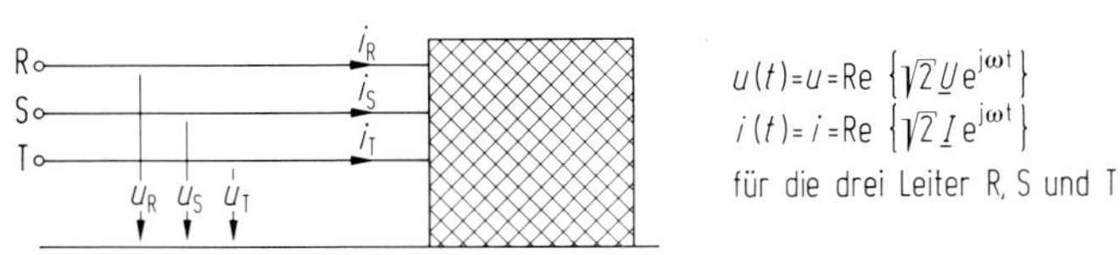

Bild 2.4. Zur Definition der Drehstromleistung

Der Augenblickswert der Leistung setzt sich also aus den drei schwingenden und den drei konstanten komplexen Leistungen zusammen. Ähnlich wie in Bild 2.3 lassen sich auch für die drei Leiter R, S und T Leistungsdiagramme in der komplexen Zahlenebene zeichnen. Zur eindeutigen Kennzeichnung reichen die konstanten komplexen Leistungen $\underline{S}_R$, $\underline{S}_S$ und $\underline{S}_T$ aus:

$$\underline{S}=\underline{S}_R+\underline{S}_S+\underline{S}_T=\underline{U}_R\,\underline{I}_R^*+\underline{U}_S\,\underline{I}_S^*+\underline{U}_T\,\underline{I}_T^* \tag{2.25}$$

In einem symmetrischen Dreileiter-Drehstromnetz mit symmetrischen Spannungen und Strömen wird die Summe der schwingenden Leistungen der drei Leiter in jedem Augenblick zu Null.

Behandelt man die komplexen Leistungen nach Gl. (2.25) unter Einführung der Symmetriebedingungen für die Ströme und Spannungen[1] mit

$$\underline{I}_S^*=(\underline{a}^2\underline{I}_R)^*=\underline{a}\,\underline{I}_R^* \quad \text{und} \quad \underline{I}_T^*=(\underline{a}\,\underline{I}_R)^*=\underline{a}^2\underline{I}_R^*$$

sowie

$$\underline{U}_S=\underline{a}^2\,\underline{U}_R \quad \text{und} \quad \underline{U}_T=\underline{a}\,\underline{U}_R$$

so ergibt sich:

$$\underline{S}=\underline{U}_R\,\underline{I}_R^*+\underline{a}^2\,\underline{U}_R\,\underline{a}\,\underline{I}_R^*+\underline{a}\,\underline{U}_R\,\underline{a}^2\underline{I}_R^*=3\,\underline{U}_R\,\underline{I}_R^*=P+\mathrm{j}Q \tag{2.26}$$

Die gesamte komplexe Leistung des symmetrisch aufgebauten und betriebenen Dreileiter-Drehstromnetzes ist also gleich der dreifachen Strangleistung.

Die Wirkleistung P und die Blindleistung Q werden als Drehstromleistungen eingeführt ($\underline{S}=P+\mathrm{j}Q$), so daß dann gilt:

$$\underline{S}=3\,U_R\,I_R\cos\varphi+\mathrm{j}\,3\,U_R\,I_R\sin\varphi=\sqrt{3}\,U\,I\cos\varphi+\mathrm{j}\sqrt{3}\,U\,I\sin\varphi=P+\mathrm{j}Q \tag{2.27}$$

Eingeführt wurde hier anstelle der Spannung Leiter gegen Erde die Dreieckspannung U (verkettete Spannung).

2.3 Zählpfeile und Zählpfeilsysteme

2.3.1 Definition

Bei der Berechnung elektrischer Netze und bei der Darstellung elektrischer Maschinen durch Ersatzschaltungen sind für Ströme und Spannungen sowie Leistungen Vorzeichenregeln anzuwenden, um eindeutige Aussagen über die Richtung der ihnen zugeordneten Feldvektoren zu erhalten. Durch die Zählpfeile wird ein bestimmter Richtungssinn vorgegeben.

Die gegenseitige Zuordnung der Zählpfeile U und I für Spannung und Strom wird als Zählpfeilsystem bezeichnet. Man unterscheidet das Verbraucherzählpfeil-

[1] Von symmetrischen Spannungen und Strömen spricht man, wenn gilt: $\underline{U}_S=\underline{a}^2\,\underline{U}_R$, $\underline{U}_T=\underline{a}\,\underline{U}_R$ und $\underline{I}_S=\underline{a}^2\underline{I}_R$, $\underline{I}_T=\underline{a}\,\underline{I}_R$, wobei eingeführt wurde: $1+\underline{a}+\underline{a}^2=0$ mit $\underline{a}=-\frac{1}{2}+\mathrm{j}\frac{1}{2}\sqrt{3}$ und $\underline{a}^2=-\frac{1}{2}-\mathrm{j}\frac{1}{2}\sqrt{3}$ (Abschnitt 2.4).

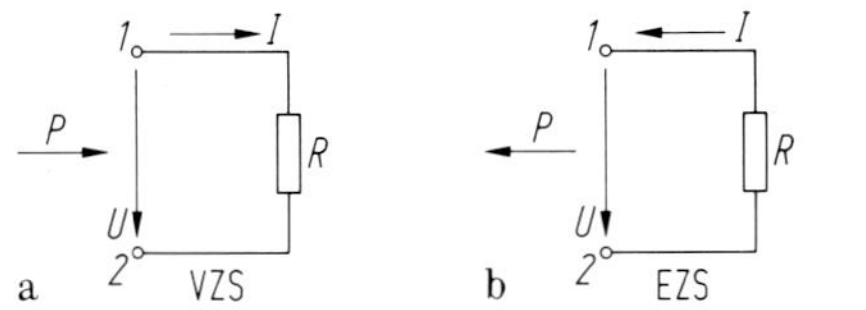

Bild 2.5. Zählpfeilsysteme.
(**a**) Verbraucherzählpfeilsystem (VZS); (**b**) Erzeugerzählpfeilsystem (EZS)

system (VZS) und das Erzeugerzählpfeilsystem (EZS). Beide Zählpfeilsysteme kann man auf Verbraucher oder Erzeuger anwenden. Bei Netzberechnungen wird meist das Verbraucherzählpfeilsystem (VZS) verwendet, weil bei ihm Spannungs- und Stromzählpfeile an einem Netzelement in die gleiche Richtung zeigen und man somit nur einen Zählpfeil, nämlich den Stromzählpfeil, anzugeben braucht [2.9].

Die Stromzählpfeile in Bild 2.5 zeigen an, daß ein Wechselstrom mit der Zeitfunktion $i=\sqrt{2}I\sin\omega t$ positiv ist, wenn er in Richtung des Zählpfeils I fließt.

Die Klemmenspannung $u(t)$ ist eine skalare Größe. Sie ist das Linienintegral der elektrischen Feldstärke über den Weg, also $u=\int_1^2 \boldsymbol{E}\cdot\mathrm{d}\boldsymbol{s}$. Wählt man den Integrationsweg bei der Schaltung in Bild 2.5 von der Klemme 1 zur Klemme 2 in Richtung der elektrischen Feldstärke, so ergibt sich für u ein positiver Wert. Der Zählpfeil U kann also als Integrationsrichtung verstanden werden. Die positive Halbwelle der Spannung wird der Integrationsrichtung in Richtung des Zählpfeils U zugeordnet. Stimmt die Feldstärke zwischen den Klemmen 1 und 2 mit der Richtung des Spannungszählpfeils überein, so fließt im Widerstand R ein Strom gleicher Richtung. Im Verbraucherzählpfeilsystem erhält damit der Stromzählpfeil

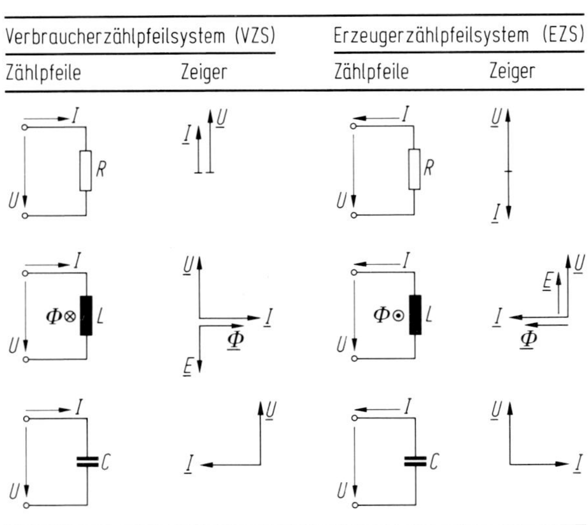

Bild 2.6. Zählpfeile und Zeigerdarstellungen für Schaltungen mit R, L oder C

I die gleiche Richtung wie der Spannungszählpfeil U. Die vom Widerstand R aufgenommene Leistung wird positiv. Zugehörig zu den Zählpfeilen für Spannung und Strom kann man in Bild 2.5 auch Zählpfeile für die Leistung (hier für die Wirkleistung P) eintragen.

Beim Erzeugerzählpfeilsystem (EZS) wird bei Beibehaltung des Spannungszählpfeiles U der Stromzählpfeil I entsprechend Bild 2.5b umgedreht. Die vom Widerstand R aufgenommene Leistung wird negativ (sie ist der positiven Richtung des Zählpfeiles P entgegengerichtet). Teilweise wird das EZS auch so verwendet, daß der Stromzählpfeil wie beim VZS beibehalten wird, während der Spannungszählpfeil dann umgedreht wird und mit der Spitze zur Klemme 1 zeigt [2.16].

Bei der Untersuchung von Netzen sind neben den ohmschen Widerständen auch induktive und kapazitive Reaktanzen bzw. Impedanzen vorhanden. Die Festlegungen für die Zählpfeilsysteme werden dadurch nicht geändert. Die Leistungszählpfeile gelten dann für die Scheinleistung bzw. getrennt für Wirk- und Blindleistung (Abschnitt 2.3.3). Bild 2.6 zeigt diese einfachen Zusammenhänge im VZS und EZS.

Sowohl für das VZS als auch für das EZS soll das Induktionsgesetz in der Form $e = -L\,\mathrm{d}i/\mathrm{d}t = -\mathrm{d}\Phi/\mathrm{d}t$ gelten. Die Zeiger für $\underline{I}$ und $\underline{\Phi}$ sind gleichgerichtet, die induzierte Spannung $\underline{E}$ kann dann um 90° nacheilend gegen $\underline{I}$ eingezeichnet werden.

2.3.2 Zählpfeilfestlegungen bei Synchronmaschinen

Werden außer den passiven Elementen R, L und C auch Synchronmaschinen eingeführt, so soll die innere Spannung mit U_p (Polradspannung) bezeichnet werden.

Für die Behandlung der Synchronmaschine soll vorzugsweise das Erzeugerzählpfeilsystem verwendet werden. Damit ergibt sich dann das Zeigerdiagramm des Generators in gewohnter Weise (Kapitel 5). Weiterhin wird damit der Anschluß an den international ausgearbeiteten Vorschlag [2.16] hergestellt.

Für die Darstellung im EZS nach Bild 2.7a gilt:

$$\underline{U}_1 = -(R_{SM} + \mathrm{j}X_{SM})\underline{I} + \underline{U}_p \tag{2.28}$$

Für die Darstellung im VZS nach Bild 2.7b ergibt sich dagegen:

$$\underline{U}_1 = +(R_{SM} + \mathrm{j}X_{SM})\underline{I} + \underline{U}_p \tag{2.29}$$

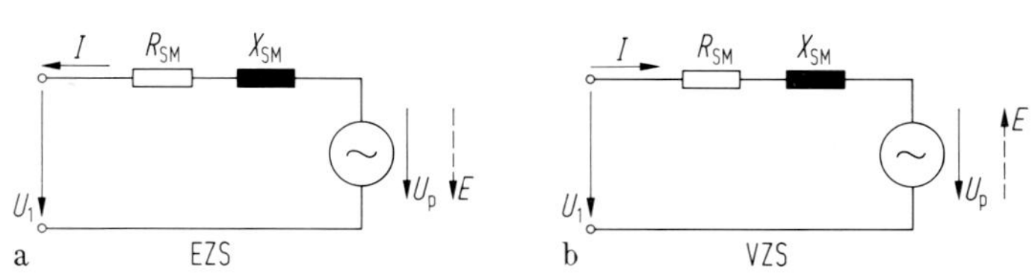

Bild 2.7. Zählpfeile im EZS und VZS bei der Behandlung von Synchronmaschinen mit einer Polradspannung U_p

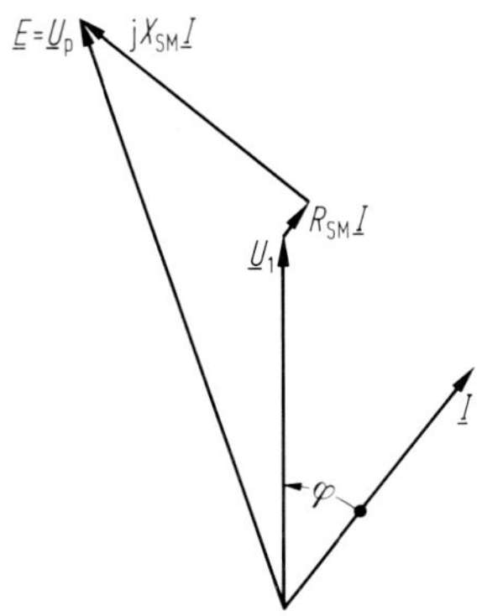

Bild 2.8. Vereinfachtes Zeigerdiagramm eines übererregten Synchrongenerators im EZS mit den Zählpfeilen nach Bild 2.7a

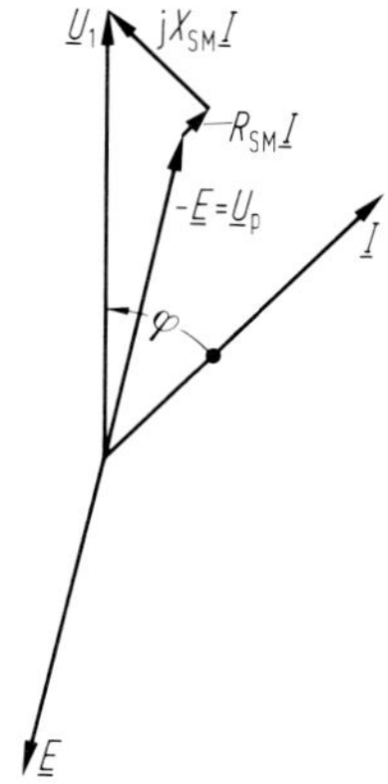

Bild 2.9. Vereinfachtes Zeigerdiagramm eines untererregten Synchronmotors im VZS mit den Zählpfeilen nach Bild 2.7b

Die Bilder 2.8 und 2.9 zeigen als Beispiele die Zeigerdiagramme eines übererregten Synchrongenerators (Gl. (2.28)) und eines untererregten Synchronmotors (Gl. (2.29)) ausgehend von den vereinfachten Ersatzschaltungen im Bild 2.7.

Beim Generatorbetrieb entspricht die EMK $\underline{E}$ der Polradspannung $\underline{U}_p$, beim Motorbetrieb der negativen Polradspannung.

2.3.3 Zeigerdiagramme, Zählpfeile und Leistungen

Bei einer Nachbildung des Drehstromnetzes durch einpolige Ersatzschaltungen im Mit-, Gegen- und Nullsystem der symmetrischen Komponenten (Abschnitt 2.4) lassen sich erst dann eindeutige Zeigerdiagramme aufstellen, wenn vorher in der Ersatzschaltung für die Elemente sowie für die Ein- und Ausgangsklemmen einzelner Abschnitte der Ersatzschaltung *U*- und *I*-Zählpfeile eingetragen werden oder Vereinbarungen über das Zählpfeilsystem vorliegen (z.B. gleiche Richtung der *U*- und *I*-Zählpfeile an den einzelnen Elementen einer Ersatzschaltung bei Anwendung des VZS).

Sowohl für das VZS als auch für das EZS kann man die komplexe Zahlenebene in Bereiche einteilen, in denen jeweils die Vorzeichen für Wirk- und Blindleistung festgelegt sind. Diese Festlegungen in den Bildern 2.10 und 2.11 erscheinen nützlich, insbesondere um Verständigungsschwierigkeiten bei der Angabe zu Wirk- und Blindleistungen von über- und untererregten Synchronmaschinen im Generator- und Motorbetrieb zu vermeiden.

Die Bilder 2.10 und 2.11 legen die den Leistungen $\underline{S}$ zugeordneten Betriebszustände fest. Die Zuordnung der Betriebszustände zu den Zeigern $\underline{U}$ und $\underline{I}$ geht aus Tabelle 2.1 hervor. Für beide Fälle VZS und EZS wurde die Spannung $\underline{U}_1$ in die positive reelle Achse der komplexen Zahlenebene gelegt. Der Winkel φ liegt zwischen dem Stromzeiger $\underline{I}_1$ und dem Spannungszeiger $\underline{U}_1$, wie in den Bildern 2.10 und 2.11 eingezeichnet. Tabelle 2.1 gibt eine Zusammenstellung für die Synchronmaschine.

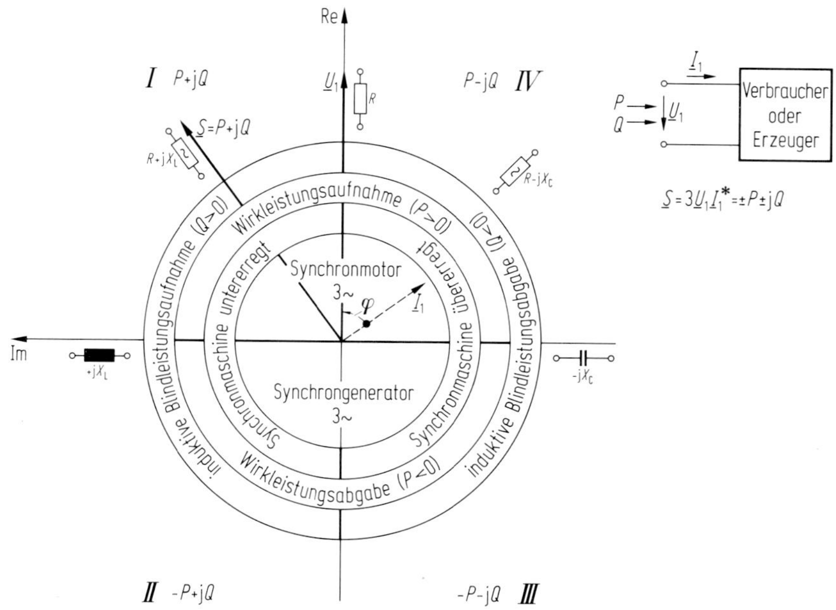

Bild 2.10. Komplexe Ebene mit Leistungen im Verbraucherzählpfeilsystem (VZS). Die Bereiche kennzeichnen die Vorzeichen der Wirk- und Blindleistungen

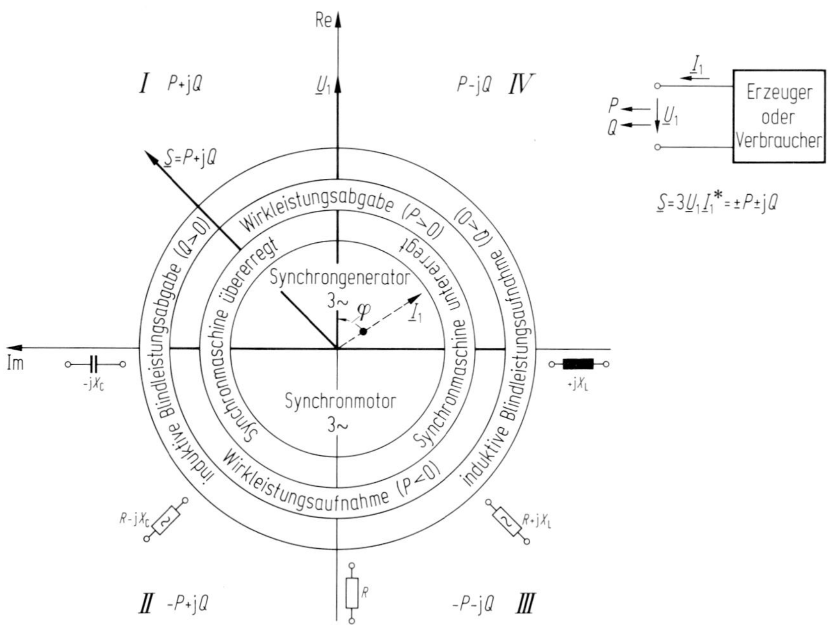

Bild 2.11. Komplexe Ebene mit Leistungen im Erzeugerzählpfeilsystem (EZS). Die Bereiche kennzeichnen die Vorzeichen der Wirk- und Blindleistungen

Tabelle 2.1. Synchronmaschine über- und untererregt im Generator- und Motorbetrieb. Spannungen, Ströme und Leistungen in der komplexen Zahlenebene beim EZS und VZS.

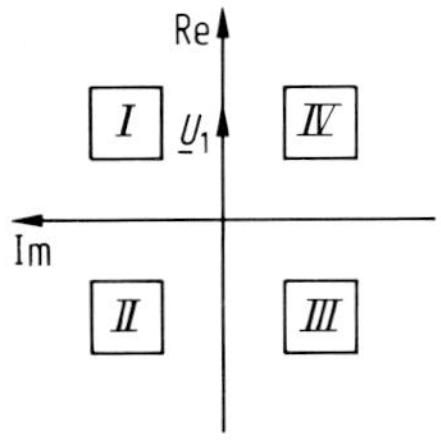

Quadranten in der komplexen Zahlenebene;

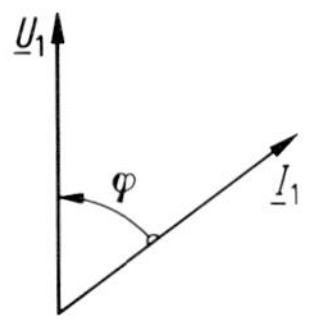

Winkel φ zwischen Strom- und Spannungszeiger

Betriebszustand der Synchronmaschine	Erzeugerzählpfeilsystem EZS	Verbraucherzählpfeilsystem VZS
Generator übererregt	$\underline{U}_1 = U_1$; $\underline{I}_1$ in IV $0 < \varphi < \pi/2$ $P > 0$; $Q > 0$	$\underline{U}_1 = U_1$; $\underline{I}_1$ in II $\pi < \varphi < 3\pi/2$ $P < 0$; $Q < 0$
Generator untererregt	$\underline{U}_1 = U_1$; $\underline{I}_1$ in I $3\pi/2 < \varphi < 2\pi$ $P > 0$; $Q < 0$	$\underline{U}_1 = U_1$; $\underline{I}_1$ in III $\pi/2 < \varphi < \pi$ $P < 0$; $Q > 0$
Motor übererregt	$\underline{U}_1 = U_1$; $\underline{I}_1$ in III $\pi/2 < \varphi < \pi$ $P < 0$; $Q > 0$	$\underline{U}_1 = U_1$; $\underline{I}_1$ in I $3\pi/2 < \varphi < 2\pi$ $P > 0$; $Q < 0$
Motor untererregt	$\underline{U}_1 = U_1$; $\underline{I}_1$ in II $\pi < \varphi < 3\pi/2$ $P < 0$; $Q < 0$	$\underline{U}_1 = U_1$: $\underline{I}_1$ in IV $0 < \varphi < \pi/2$ $P > 0$; $Q > 0$

Aus den Bildern 2.10 und 2.11 sowie aus Tabelle 2.1 erkennt man

im VZS: Der ohmsche Widerstand nimmt Wirkleistung auf. Der induktive Widerstand nimmt induktive Blindleistung auf. Der kapazitive Widerstand gibt induktive Blindleistung ab (er nimmt kapazitive Blindleistung auf). Der übererregte Synchrongenerator nimmt negative Wirk- und negative induktive Blindleistung auf: $P < 0$ und $Q < 0$ im VZS;

im EZS: Der ohmsche Widerstand gibt „negative Wirkleistung“ ab. Der induktive Widerstand gibt „negative induktive Blindleistung“ ab. Der kapazitive Widerstand gibt positive induktive Blindleistung ab (er nimmt kapazitive Blindleistung auf). Der übererregte Synchrongenerator gibt positive Wirk- und positive induktive Blindleistung ab: $P > 0$, $Q > 0$ im EZS.

2.4 Symmetrische Komponenten, Grundlagen

2.4.1 Allgemeines

Die Einführung der symmetrischen Komponenten wird C.L. Fortescue zugeschrieben [2.1]. Er veröffentlichte 1918 eine Arbeit, in der die Nullkomponente eingeführt wurde (Ströme und Spannungen im Nullsystem) und damit eine Methode für Berechnungen in Mehrleitersystemen. Arbeiten waren vorausgegangen, in denen die Möglichkeit zur Zerlegung des Stromes in ein Mit- und ein Gegensystem angegeben wurde, um unsymmetrische Betriebszustände zu erfassen. Durch Veröffentlichungen in der ganzen Welt wurde diese Rechenmethode schnell verbreitet. Eine eingehende Darstellung der symmetrischen Komponenten findet man in [2.3, 2.4]. Zur Vereinfachung und Abkürzung wird teilweise die Matrizenschreibweise eingeführt [2.6, 2.8].

2.4.2 Symmetrierung und Entsymmetrierung

Die Methode der symmetrischen Komponenten erlaubt es, ein Dreileiter-Drehstromnetz, zusammengesetzt aus einzelnen elektrischen Betriebsmitteln, mit seinen induktiven und kapazitiven Kopplungen zwischen den drei Leitern unter Einbeziehung des Erdreiches und geerdeter Leiter (Erdseile, Kabelmäntel, Nulleiter usw.) in drei voneinander unabhängige einpolige Systeme, nämlich das Mit-, Gegen- und Nullsystem zu zerlegen.

Jedes symmetrisch aufgebaute Drehstromnetz R, S, T kann man in ein in bezug auf die Phasenfolge von R, S, T mitläufiges System, ein in bezug auf die Phasenfolge gegenläufiges System und ein gleichphasiges System zerlegen. Meist spricht man von der Zerlegung in ein Mit-, Gegen- und Nullsystem der Ströme und Spannungen.

Eingeführt werden nach Bild 2.12 drei Zeiger in der komplexen Zahlenebene, die um 120° gegeneinander verschoben sind und jeweils den Betrag 1 haben.

Ausgehend von Bild 2.12 gilt:

$$\underline{a} = -\tfrac{1}{2} + \mathrm{j}\tfrac{1}{2}\sqrt{3} = e^{\mathrm{j}2\pi/3} \tag{2.30a}$$

$$\underline{a}^2 = -\tfrac{1}{2} - \mathrm{j}\tfrac{1}{2}\sqrt{3} = e^{\mathrm{j}4\pi/3} \tag{2.30b}$$

$$1 + \underline{a} + \underline{a}^2 = 0 \tag{2.30c}$$

Bild 2.13 zeigt beliebig gewählte Ströme im Mit-, Gegen- und Nullsystem. Der erste Index kennzeichnet jeweils das System (1, 2, 0), während der zweite Index die drei Leiter R, S, T des Drehstromnetzes kennzeichnet.

Mit Hilfe der Einheitszeiger 1, $\underline{a}$ und $\underline{a}^2$ liest man aus Bild 2.13 ab:

$$\begin{aligned} \underline{I}_{1\mathrm{S}} &= \underline{a}^2 \underline{I}_{1\mathrm{R}} & \underline{I}_{1\mathrm{T}} &= \underline{a}\, \underline{I}_{1\mathrm{R}} \\ \underline{I}_{2\mathrm{S}} &= \underline{a}\, \underline{I}_{2\mathrm{R}} & \underline{I}_{2\mathrm{T}} &= \underline{a}^2 \underline{I}_{2\mathrm{R}} \\ \underline{I}_{0\mathrm{S}} &= \underline{I}_{0\mathrm{R}} & \underline{I}_{0\mathrm{T}} &= \underline{I}_{0\mathrm{R}} \end{aligned} \tag{2.31}$$

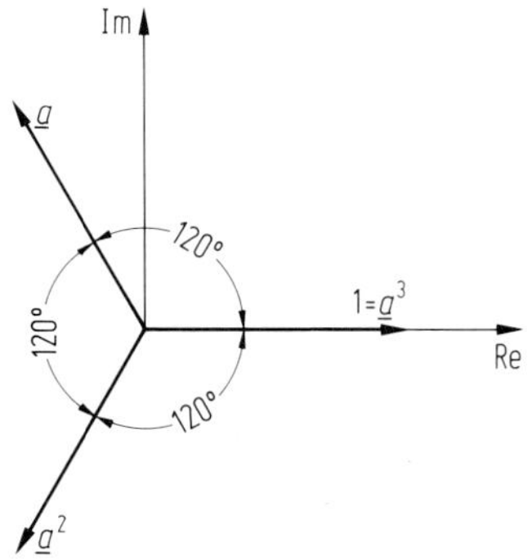

Bild 2.12. Symmetrisches System aus drei um 120° gegeneinander verschobenen Einheitszeigern 1, $\underline{a}$, $\underline{a}^2$

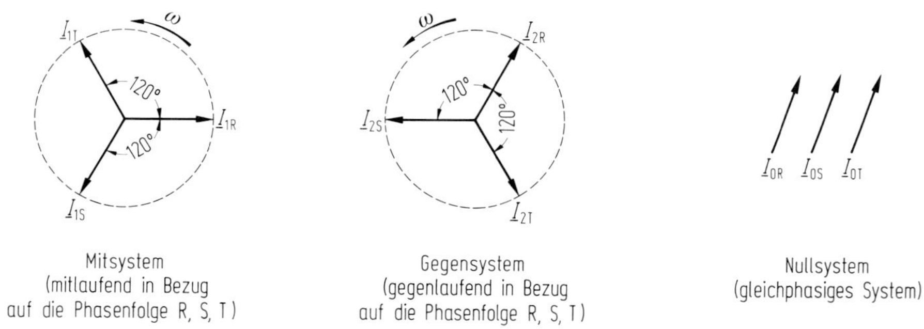

Bild 2.13. Willkürlich angenommene Ströme im Mit-, Gegen- und Nullsystem

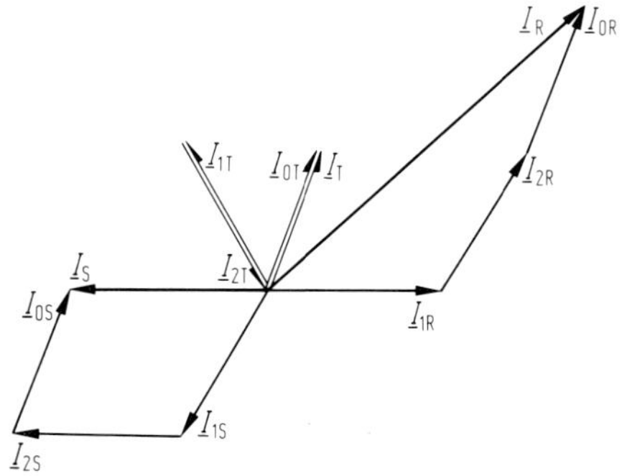

Bild 2.14. Zeichnerische Zusammensetzung der Komponentenströme nach Bild 2.13 zum Drehstromsystem $\underline{I}_R$, $\underline{I}_S$ und $\underline{I}_T$

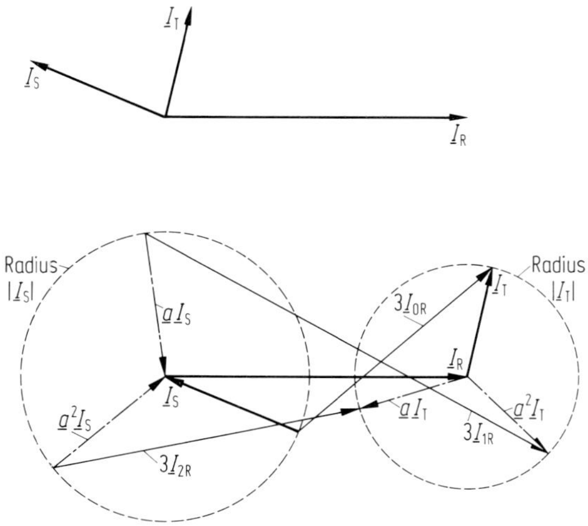

Bild 2.15. Zeichnerische Zerlegung der Ströme $\underline{I}_R$, $\underline{I}_S$ und $\underline{I}_T$ in die Komponentenströme $\underline{I}_{1R}$, $\underline{I}_{2R}$ und $\underline{I}_{0R}$

Der Leiter R wird als Bezugsleiter eingeführt [2.3, 2.4, 2.7, 2.12]. Damit gilt:

$$\underline{I}_R = \underline{I}_{1R} + \underline{I}_{2R} + \underline{I}_{0R} \tag{2.32}$$

$$\underline{I}_S = \underline{I}_{1S} + \underline{I}_{2S} + \underline{I}_{0S} = \underline{a}^2 \underline{I}_{1R} + \underline{a}\underline{I}_{2R} + \underline{I}_{0R} \tag{2.33}$$

$$\underline{I}_T = \underline{I}_{1T} + \underline{I}_{2T} + \underline{I}_{0T} = \underline{a}\underline{I}_{1R} + \underline{a}^2 \underline{I}_{2R} + \underline{I}_{0R} \tag{2.34}$$

Aus den Gln. (2.32) bis (2.34) berechnet man durch Auflösung nach den Komponentenströmen:

$$\underline{I}_{1R} = \tfrac{1}{3}(\underline{I}_R + \underline{a}\underline{I}_S + \underline{a}^2 \underline{I}_T) \tag{2.35}$$

$$\underline{I}_{2R} = \tfrac{1}{3}(\underline{I}_R + \underline{a}^2 \underline{I}_S + \underline{a}\underline{I}_T) \tag{2.36}$$

$$\underline{I}_{0R} = \tfrac{1}{3}(\underline{I}_R + \underline{I}_S + \underline{I}_T) \tag{2.37}$$

$\underline{I}_{1S}$, $\underline{I}_{2S}$, $\underline{I}_{0S}$ und $\underline{I}_{1T}$, $\underline{I}_{2T}$, $\underline{I}_{0T}$ ergeben sich aus $\underline{I}_{1R}$, $\underline{I}_{2R}$ und $\underline{I}_{0R}$ mit Hilfe der Gl. (2.31). Man erkennt, daß bei Wahl des Bezugsleiters R für die Komponentenströme $\underline{I}_{1R}$, $\underline{I}_{2R}$ und $\underline{I}_{0R}$ der zweite Index R entfallen kann.

Die Gln. (2.35) bis (2.37) ergeben bereits die Vorschrift für die zeichnerische Zerlegung der Ströme $\underline{I}_R$, $\underline{I}_S$ und $\underline{I}_T$ in die Komponentenströme $\underline{I}_{1R}$, $\underline{I}_{2R}$ und $\underline{I}_{0R}$.

Die drei Stromzeiger $\underline{I}_R$, $\underline{I}_S$ und $\underline{I}_T$ in Bild 2.15 oben werden durch Parallelverschiebung, wie in Bild 2.15 unten gezeigt, so angeordnet, daß sich der Zeiger $3\underline{I}_{0R}$ direkt durch Addition der drei Zeiger $\underline{I}_S + \underline{I}_R + \underline{I}_T$ ergibt (Gl. (2.37)). Dann schlägt man Kreise um die Endpunkte des Zeigers $\underline{I}_R$ mit den Radien $|\underline{I}_S|$ und $|\underline{I}_T|$. Ausgehend von Bild 2.12 lassen sich $\underline{a}\underline{I}_S$, $\underline{a}^2\underline{I}_S$ und $\underline{a}\underline{I}_T$, $\underline{a}^2\underline{I}_T$ einzeichnen (strichpunktiert). Entsprechend den Gln. (2.35) und (2.36) findet man dann $3\underline{I}_{1R}$ und $3\underline{I}_{2R}$. Die Komponentenströme $\underline{I}_{1R}$, $\underline{I}_{2R}$ und $\underline{I}_{0R}$ lassen sich entsprechend Bild 2.13 zu den drei Systemen der Ströme im Mit-, Gegen- und Nullsystem ergänzen.

Tabelle 2.2. Entsymmetrierung und Symmetrierung der Ströme und Spannungen beim Rechnen mit symmetrischen Komponenten

$$\begin{bmatrix} \underline{I}_R \\ \underline{I}_S \\ \underline{I}_T \end{bmatrix} = \begin{bmatrix} 1 & 1 & 1 \\ \underline{a}^2 & \underline{a} & 1 \\ \underline{a} & \underline{a}^2 & 1 \end{bmatrix} \begin{bmatrix} \underline{I}_1 \\ \underline{I}_2 \\ \underline{I}_0 \end{bmatrix}; \quad \mathbf{I}_{RST} = \mathbf{T}\mathbf{I}_{120} \tag{2.40}$$

$$\begin{bmatrix} \underline{I}_1 \\ \underline{I}_2 \\ \underline{I}_0 \end{bmatrix} = \frac{1}{3} \begin{bmatrix} 1 & \underline{a} & \underline{a}^2 \\ 1 & \underline{a}^2 & \underline{a} \\ 1 & 1 & 1 \end{bmatrix} \begin{bmatrix} \underline{I}_R \\ \underline{I}_S \\ \underline{I}_T \end{bmatrix}; \quad \mathbf{I}_{120} = \mathbf{S}\mathbf{I}_{RST} \tag{2.41}$$

$$\begin{bmatrix} \underline{U}_R \\ \underline{U}_S \\ \underline{U}_T \end{bmatrix} = \begin{bmatrix} 1 & 1 & 1 \\ \underline{a}^2 & \underline{a} & 1 \\ \underline{a} & \underline{a}^2 & 1 \end{bmatrix} \begin{bmatrix} \underline{U}_1 \\ \underline{U}_2 \\ \underline{U}_0 \end{bmatrix}; \quad \mathbf{U}_{RST} = \mathbf{T}\mathbf{U}_{120} \tag{2.42}$$

$$\begin{bmatrix} \underline{U}_1 \\ \underline{U}_2 \\ \underline{U}_0 \end{bmatrix} = \frac{1}{3} \begin{bmatrix} 1 & \underline{a} & \underline{a}^2 \\ 1 & \underline{a}^2 & \underline{a} \\ 1 & 1 & 1 \end{bmatrix} \begin{bmatrix} \underline{U}_R \\ \underline{U}_S \\ \underline{U}_T \end{bmatrix}; \quad \mathbf{U}_{120} = \mathbf{S}\mathbf{U}_{RST} \tag{2.43}$$

Analog zu den Gleichungen für die Ströme gelten entsprechende Gleichungen auch für die Spannungen $\underline{U}_R$, $\underline{U}_S$, $\underline{U}_T$ bzw. $\underline{U}_{1R}$, $\underline{U}_{2R}$, $\underline{U}_{0R}$.

Führt man zur Vereinfachung der Schreibweise die Entsymmetrierungsmatrix **T** und die Symmetrierungsmatrix **S** ein, so ergeben sich die Grundgleichungen in Tabelle 2.2, wenn man bei den Komponentenströmen und -spannungen den Index R (Hinweis auf den Bezugsleiter) wegläßt.

$$\mathbf{T} = \begin{bmatrix} 1 & 1 & 1 \\ \underline{a}^2 & \underline{a} & 1 \\ \underline{a} & \underline{a}^2 & 1 \end{bmatrix} \quad \text{Entsymmetrierungsmatrix} \tag{2.38}$$

$$\mathbf{S} = \tfrac{1}{3} \begin{bmatrix} 1 & \underline{a} & \underline{a}^2 \\ 1 & \underline{a}^2 & \underline{a} \\ 1 & 1 & 1 \end{bmatrix} \quad \text{Symmetrierungsmatrix} \tag{2.39}$$

Multipliziert man die beiden Matrizen **S** und **T** miteinander, so ergibt sich die Einheitsmatrix. Es gilt daher $\mathbf{S}^{-1} = \mathbf{T}$ und $\mathbf{T}^{-1} = \mathbf{S}$ sowie $\mathbf{ST} = \mathbf{E}$.

2.4.3 Impedanzen im Mit-, Gegen- und Nullsystem

Die Impedanzen im Mit-, Gegen- und Nullsystem der symmetrischen Komponenten für einzelne Betriebsmittel kann man entweder berechnen oder meßtechnisch ermitteln.

Der Zusammenhang zwischen den Eigenimpedanzen und Koppelimpedanzen eines Drehstromsystems auf der einen Seite und den Mit-, Gegen- und Nullimpedanzen der symmetrischen Komponenten auf der anderen Seite soll für ein beliebig unsymmetrisch aufgebautes Vierleitersystem R, S, T mit Nulleiter gezeigt werden. Das Vierleitersystem nach Bild 2.16 wird durch die drei Spannungen $\underline{E}_R$, $\underline{E}_S$ und $\underline{E}_T$ gespeist. Berücksichtigt werden neben den Eigenimpedanzen $\underline{z}_{RR}$, $\underline{z}_{SS}$ und $\underline{z}_{TT}$ auch die gegenseitigen induktiven Koppelimpedanzen $\underline{z}_{RS}$, $\underline{z}_{RT}$, $\underline{z}_{RM}$ usw. Die gegenseitigen kapazitiven Kopplungen werden vernachlässigt.

Bei der Aufstellung der Maschengleichungen für die Schaltung nach Bild 2.16 geht man von den Gleichungen für Maschenumläufe aus und führt $\underline{I}_R+\underline{I}_S+\underline{I}_T+\underline{I}_M=0$ ein. Man findet:

$$\begin{bmatrix} \underline{E}_R \\ \underline{E}_S \\ \underline{E}_T \end{bmatrix} = \begin{bmatrix} \underline{Z}_{RR} & \underline{Z}_{RS} & \underline{Z}_{RT} \\ \underline{Z}_{SR} & \underline{Z}_{SS} & \underline{Z}_{ST} \\ \underline{Z}_{TR} & \underline{Z}_{TS} & \underline{Z}_{TT} \end{bmatrix} \cdot \begin{bmatrix} \underline{I}_R \\ \underline{I}_S \\ \underline{I}_T \end{bmatrix}; \qquad \mathbf{E}=\mathbf{Z}\,\mathbf{I} \tag{2.44}$$

Dabei sind:

$$\begin{aligned} \underline{Z}_{RR} &= \underline{z}_{RR}+\underline{z}_{MM}+2\,\underline{z}_{RM}; & \underline{Z}_{RS} &= \underline{Z}_{SR} = \underline{z}_{MM}-\underline{z}_{RS}+\underline{z}_{RM}+\underline{z}_{SM} \\ \underline{Z}_{SS} &= \underline{z}_{SS}+\underline{z}_{MM}+2\,\underline{z}_{SM}; & \underline{Z}_{ST} &= \underline{Z}_{TS} = \underline{z}_{MM}-\underline{z}_{ST}+\underline{z}_{SM}+\underline{z}_{TM} \\ \underline{Z}_{TT} &= \underline{z}_{TT}+\underline{z}_{MM}+2\,\underline{z}_{TM}; & \underline{Z}_{RT} &= \underline{Z}_{TR} = \underline{z}_{MM}-\underline{z}_{RT}+\underline{z}_{RM}+\underline{z}_{TM} \end{aligned}$$

Gl. (2.44) gilt im allgemeinen Fall, also auch für ein unsymmetrisch aufgebautes und gespeistes Netz. Für die Drehstromnetze der elektrischen Energieversorgung kann man jedoch meist voraussetzen:

(a) Die Drehstromnetze sind symmetrisch aufgebaut.

(b) Die Drehstromnetze werden symmetrisch gespeist.

Gelten die Voraussetzungen (a) und (b), so kann man schreiben:

$$\left.\begin{aligned} \underline{z}_{RR} &= \underline{z}_{SS} = \underline{z}_{TT} \neq \underline{z}_{MM} \\ \underline{z}_{RS} &= \underline{z}_{ST} = \underline{z}_{TR} \\ \underline{z}_{RM} &= \underline{z}_{SM} = \underline{z}_{TM} \end{aligned}\right\} \text{ und damit: } \begin{aligned} \underline{Z}_{RR} &= \underline{Z}_{SS} = \underline{Z}_{TT} = \underline{Z}_p \\ \underline{Z}_{RS} &= \underline{Z}_{ST} = \underline{Z}_{TR} = \underline{Z}_m \end{aligned}$$

$$\underline{E}_S = \underline{a}^2\,\underline{E}_R; \qquad \underline{E}_T = \underline{a}\,\underline{E}_R; \qquad \underline{E}_R+\underline{E}_S+\underline{E}_T=0$$

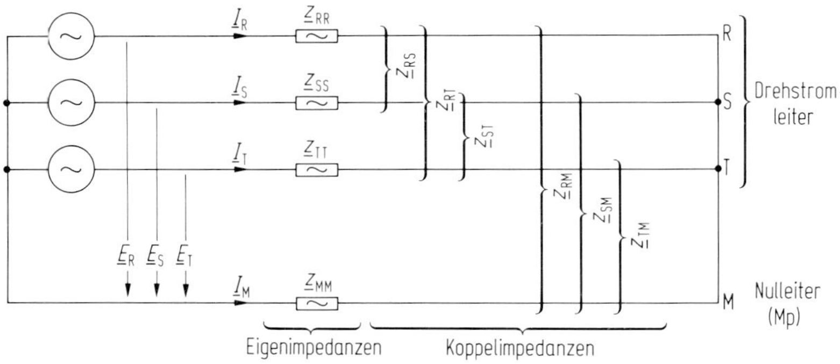

Bild 2.16. Vierleitersystem mit Eigenimpedanzen und Koppelimpedanzen

Führt man die Voraussetzung des symmetrischen Netzaufbaus ein, so ergibt sich für die Impedanzmatrix (Schleifenimpedanzen) des Drehstromsystems:

$$\mathbf{Z}_{\mathrm{RST}}=\begin{bmatrix} \underline{Z}_\mathrm{p} & \underline{Z}_\mathrm{m} & \underline{Z}_\mathrm{m} \\ \underline{Z}_\mathrm{m} & \underline{Z}_\mathrm{p} & \underline{Z}_\mathrm{m} \\ \underline{Z}_\mathrm{m} & \underline{Z}_\mathrm{m} & \underline{Z}_\mathrm{p} \end{bmatrix} \tag{2.45}$$

Das symmetrisch aufgebaute Drehstromsystem mit einem Nulleiter läßt sich also durch ein äquivalentes Netz ersetzen, das in jedem Leiter R, S, T die Impedanz $\underline{Z}_\mathrm{p}$ als Eigenimpedanz hat und zwischen den Leitern R, S, T die Koppelimpedanzen $\underline{Z}_\mathrm{m}$ aufweist (Bild 2.17).

Für den Aufbau nach Bild 2.17 gilt folgende Gleichung:

$$\begin{bmatrix} \underline{E}_\mathrm{R} \\ \underline{E}_\mathrm{S} \\ \underline{E}_\mathrm{T} \end{bmatrix} = \begin{bmatrix} \underline{Z}_\mathrm{p} & \underline{Z}_\mathrm{m} & \underline{Z}_\mathrm{m} \\ \underline{Z}_\mathrm{m} & \underline{Z}_\mathrm{p} & \underline{Z}_\mathrm{m} \\ \underline{Z}_\mathrm{m} & \underline{Z}_\mathrm{m} & \underline{Z}_\mathrm{p} \end{bmatrix} \begin{bmatrix} \underline{I}_\mathrm{R} \\ \underline{I}_\mathrm{S} \\ \underline{I}_\mathrm{T} \end{bmatrix} + \begin{bmatrix} \underline{U}_\mathrm{R} \\ \underline{U}_\mathrm{S} \\ \underline{U}_\mathrm{T} \end{bmatrix} \tag{2.46}$$

Zur Überführung dieser Gleichung in eine Gleichung der symmetrischen Komponenten (Komponentenströme, Komponentenspannungen und Impedanzen im Mit-, Gegen- und Nullsystem) verwendet man die Symmetrierungsmatrix **S** und die Entsymmetrierungsmatrix **T** (Gl. (2.39) und (2.38)):

$$\mathbf{S}\begin{bmatrix} \underline{E}_\mathrm{R} \\ \underline{E}_\mathrm{S} \\ \underline{E}_\mathrm{T} \end{bmatrix} = \mathbf{S}\begin{bmatrix} \underline{Z}_\mathrm{p} & \underline{Z}_\mathrm{m} & \underline{Z}_\mathrm{m} \\ \underline{Z}_\mathrm{m} & \underline{Z}_\mathrm{p} & \underline{Z}_\mathrm{m} \\ \underline{Z}_\mathrm{m} & \underline{Z}_\mathrm{m} & \underline{Z}_\mathrm{p} \end{bmatrix} \mathbf{T} \begin{bmatrix} \underline{I}_1 \\ \underline{I}_2 \\ \underline{I}_0 \end{bmatrix} + \mathbf{S}\begin{bmatrix} \underline{U}_\mathrm{R} \\ \underline{U}_\mathrm{S} \\ \underline{U}_\mathrm{T} \end{bmatrix} \tag{2.47}$$

Der Stromvektor $\mathbf{I}_{\mathrm{RST}}$ wurde nach Tabelle 2.2 durch $\mathbf{T}\mathbf{I}_{120}$ ersetzt. Führt man die Matrixoperation aus, so wird:

$$\begin{bmatrix} \underline{E}_1 \\ \underline{E}_2 \\ \underline{E}_0 \end{bmatrix} = \begin{bmatrix} \underline{Z}_\mathrm{p}-\underline{Z}_\mathrm{m} & 0 & 0 \\ 0 & \underline{Z}_\mathrm{p}-\underline{Z}_\mathrm{m} & 0 \\ 0 & 0 & \underline{Z}_\mathrm{p}+2\underline{Z}_\mathrm{m} \end{bmatrix} \begin{bmatrix} \underline{I}_1 \\ \underline{I}_2 \\ \underline{I}_0 \end{bmatrix} + \begin{bmatrix} \underline{U}_1 \\ \underline{U}_2 \\ \underline{U}_0 \end{bmatrix} \tag{2.48 a}$$

oder in abgekürzter Schreibweise:

$$\mathbf{E}_{120}=\mathbf{Z}_{120}\mathbf{I}_{120}+\mathbf{U}_{120} \tag{2.48 b}$$

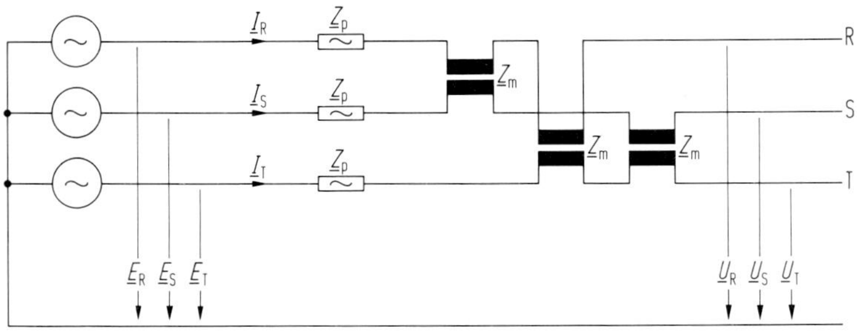

Bild 2.17. Symmetrisch aufgebautes Drehstromsystem mit den Impedanzen $\underline{Z}_\mathrm{p}$ und $\underline{Z}_\mathrm{m}$

Für die Impedanzmatrix $\mathbf{Z}_{120}$ der symmetrischen Komponenten gilt also:

$$\mathbf{Z}_{120}=\begin{bmatrix}\underline{Z}_1 & 0 & 0\\ 0 & \underline{Z}_2 & 0\\ 0 & 0 & \underline{Z}_0\end{bmatrix}=\mathbf{S}\mathbf{Z}_{\mathrm{RST}}\mathbf{T}=\mathbf{S}\mathbf{Z}_{\mathrm{RST}}\mathbf{S}^{-1} \tag{2.49}$$

Mitimpedanz: $\underline{Z}_1=R_1+\mathrm{j}X_1$
Gegenimpedanz: $\underline{Z}_2=R_2+\mathrm{j}X_2$
Nullimpedanz: $\underline{Z}_0=R_0+\mathrm{j}X_0$

Führt man weiter die symmetrische Speisung des Drehstromsystems nach Bild 2.17 ein, so wird:

$$\begin{bmatrix}\underline{E}_1\\ \underline{E}_2\\ \underline{E}_0\end{bmatrix}=\tfrac{1}{3}\begin{bmatrix}1 & \underline{a} & \underline{a}^2\\ 1 & \underline{a}^2 & \underline{a}\\ 1 & 1 & 1\end{bmatrix}\cdot\begin{bmatrix}\underline{E}_{\mathrm{R}}\\ \underline{a}^2\underline{E}_{\mathrm{R}}\\ \underline{a}\,\underline{E}_{\mathrm{R}}\end{bmatrix}=\begin{bmatrix}\underline{E}_{\mathrm{R}}\\ 0\\ 0\end{bmatrix}=\begin{bmatrix}\underline{E}\\ 0\\ 0\end{bmatrix} \tag{2.50}$$

Gl. (2.48a) geht mit Hilfe der Gln. (2.49) und (2.50) über in

$$\begin{bmatrix}\underline{E}\\ 0\\ 0\end{bmatrix}=\begin{bmatrix}\underline{Z}_1 & 0 & 0\\ 0 & \underline{Z}_2 & 0\\ 0 & 0 & \underline{Z}_0\end{bmatrix}\begin{bmatrix}\underline{I}_1\\ \underline{I}_2\\ \underline{I}_0\end{bmatrix}+\begin{bmatrix}\underline{U}_1\\ \underline{U}_2\\ \underline{U}_0\end{bmatrix} \tag{2.51}$$

Die voneinander unabhängigen einpoligen Systeme nach Bild 2.18 erfüllen die Bedingungen der Gl. (2.51) und stellen somit einen Ersatz für ein symmetrisch aufgebautes und symmetrisch gespeistes Drehstromnetz dar. Gegenseitige induktive Kopplungen treten nicht mehr auf. Die Speisespannung tritt nur im Mitsystem auf. Die Unabhängigkeit der Systeme bleibt auch dann erhalten, wenn $\underline{Z}_2 \neq \underline{Z}_1$ ist, die Netzkapazitäten in die Betrachtung einbezogen werden, und wenn man den Fall des beliebig vermaschten Drehstromnetzes betrachtet.

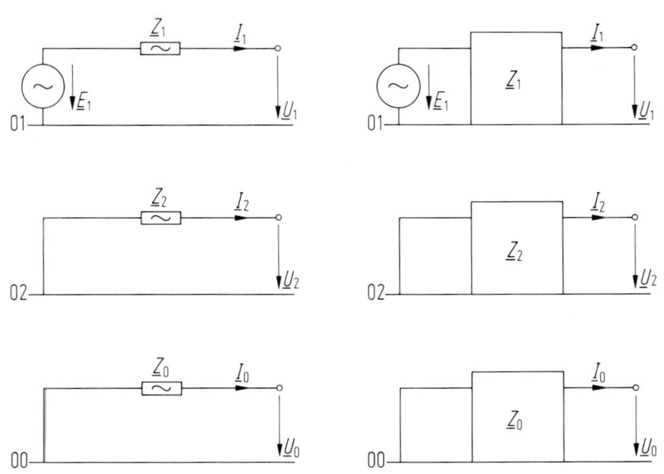

Bild 2.18. Komponentensysteme (Mit-, Gegen- und Nullsystem) eines Drehstromnetzes mit symmetrischem Aufbau und symmetrischer Speisung.

01 Nullschiene des Mitsystems (Mp); 02 Nullschiene des Gegensystems (Mp); 00 Nullschiene des Nullsystems (Erde)

2.4.4 Drehstromleistung und Komponentenleistungen

Zur Festlegung der Drehstromleistung genügt allein die konstante komplexe Leistung (Abschnitt 2.2.2):

$$\underline{S}_{\mathrm{RST}} = \underline{U}_{\mathrm{R}} \underline{I}_{\mathrm{R}}^* + \underline{U}_{\mathrm{S}} \underline{I}_{\mathrm{S}}^* + \underline{U}_{\mathrm{T}} \underline{I}_{\mathrm{T}}^* \tag{2.52}$$

Bei symmetrischem Betrieb mit $\underline{U}_{\mathrm{S}} = \underline{a}^2 \underline{U}_{\mathrm{R}}$, $\underline{U}_{\mathrm{T}} = \underline{a}\,\underline{U}_{\mathrm{R}}$ und $\underline{I}_{\mathrm{S}}^* = (\underline{a}^2 \underline{I}_{\mathrm{R}})^* = \underline{a}\,\underline{I}_{\mathrm{R}}^*$, $\underline{I}_{\mathrm{T}}^* = (\underline{a}\,\underline{I}_{\mathrm{R}})^* = \underline{a}^2 \underline{I}_{\mathrm{R}}^*$ wird aus Gl. (2.52):

$$\underline{S}_{\mathrm{RST}} = \underline{U}_{\mathrm{R}} \underline{I}_{\mathrm{R}}^* + \underline{a}^2 \underline{U}_{\mathrm{R}} \cdot \underline{a}\,\underline{I}_{\mathrm{R}}^* + \underline{a}\,\underline{U}_{\mathrm{R}} \cdot \underline{a}^2 \underline{I}_{\mathrm{R}}^* = 3\,\underline{U}_{\mathrm{R}} \underline{I}_{\mathrm{R}}^* \tag{2.53}$$

Bei der Berechnung mit symmetrischen Komponenten ergibt sich für unsymmetrischen Betrieb die folgende komplexe Scheinleistung $\underline{S}'_{120}$, wenn man die komplexen Leistungen der drei Komponentensysteme addiert.

$$\underline{S}'_{120} = \underline{U}_1 \underline{I}_1^* + \underline{U}_2 \underline{I}_2^* + \underline{U}_0 \underline{I}_0^* \tag{2.54}$$

Die Leistung nach Gl. (2.54) wird $\frac{1}{3}$ so groß wie die Leistung nach Gl. (2.52). Will man Invarianz der Leistung im Drehstromnetz R, S, T und im System der symmetrischen Komponenten erreichen, muß man die komplexe Leistung der kompletten Komponentensysteme einsetzen.

$$\begin{aligned} \underline{S}_{120} = {} & \underline{U}_{1\mathrm{R}} \underline{I}_{1\mathrm{R}}^* + \underline{U}_{1\mathrm{S}} \underline{I}_{1\mathrm{S}}^* + \underline{U}_{1\mathrm{T}} \underline{I}_{1\mathrm{T}}^* + \underline{U}_{2\mathrm{R}} \underline{I}_{2\mathrm{R}}^* + \underline{U}_{2\mathrm{S}} \underline{I}_{2\mathrm{S}}^* + \underline{U}_{2\mathrm{T}} \underline{I}_{2\mathrm{T}}^* \\ & + \underline{U}_{0\mathrm{R}} \underline{I}_{0\mathrm{R}}^* + \underline{U}_{0\mathrm{S}} \underline{I}_{0\mathrm{S}}^* + \underline{U}_{0\mathrm{T}} \underline{I}_{0\mathrm{T}}^* \end{aligned} \tag{2.55a}$$

$$\underline{S}_{120} = 3\,\underline{U}_{1\mathrm{R}} \underline{I}_{1\mathrm{R}}^* + 3\,\underline{U}_{2\mathrm{R}} \underline{I}_{2\mathrm{R}}^* + 3\,\underline{U}_{0\mathrm{R}} \underline{I}_{0\mathrm{R}}^* = \underline{S}_{\mathrm{RST}} \tag{2.55b}$$

Teilweise werden auch normierte symmetrische Komponenten verwendet. Die Spannungen und Ströme der normierten Komponenten sind um $\sqrt{3}$ größer als die Spannungen und Ströme der bisher behandelten symmetrischen Komponenten [2.8]. Bei Verwendung der normierten symmetrischen Komponenten ergibt sich die komplexe Scheinleistung zwanglos aus der Addition der Scheinleistung der drei Komponentensysteme.

3. Wärmekraftwerke

3.1 Allgemeines

Elektrische Energie wird im wesentlichen in Wärmekraftwerken und Wasserkraftwerken erzeugt. Windkraftwerke, Gezeitenkraftwerke oder Sonnenkraftwerke spielen eine untergeordnete Rolle. In Wärmekraftwerken werden Braunkohle, Steinkohle, Öl, Gas und in steigendem Maße in Kernkraftwerken auch spaltbares Material verwendet.

In der Bundesrepublik Deutschland wird elektrische Energie hauptsächlich in Wärmekraftwerken erzeugt. Tabelle 3.1 gibt einige Anhaltswerte für die Jahre 1960 und 1970. In anderen Ländern wie z.B. in Schweden und in der Schweiz überwiegt die Wasserkrafterzeugung.

Bild 3.1 zeigt schematisch die Umwandlung der Brennstoffenergie in elektrische Energie in einem Dampfkraftwerk.

Wasser bzw. Wasserdampf wird als Arbeitsmedium im Kreislauf zwischen Kessel und Turbine geführt. Das durch Pumpen (Speisepumpen) geförderte Wasser (Kondensat) wird bei hohem Druck in einem Dampferzeuger (Kessel) verdampft

Tabelle 3.1. Bereitstellung elektrischer Energie und Engpaßleistung in der BR Deutschland [3.16]

Jahr →		1960	1970
Gesamt-Stromerzeugung	TWh	116,4	242,6
davon in Wärmekraftwerken	%	89,0	92,7
in Wasserkraftwerken	%	11,0	7,3
Brennstoffe in Wärmekraftwerken			
Braunkohle	%	27,0	24,6
Steinkohle	%	54,0	40,2
Öl, Gas, Sonstiges	%	8,0	25,4
Kernenergie	%	–	2,5
Beteiligung an der Stromerzeugung			
Öffentliche Kraftwerke	%	61,0	67,0
Industrielle Eigenanlagen	%	38,0	31,0
Bundesbahn	%	1,0	2,0
Engpaßleistungen	MW	27500	50830
Öffentliche Kraftwerke	MW	17200	33700
Industrielle Eigenanlagen	MW	10000	16250
Bundesbahn	MW	300	880
Wärmekraftwerke	MW	24100	46050
Wasserkraftwerke	MW	3400	4780

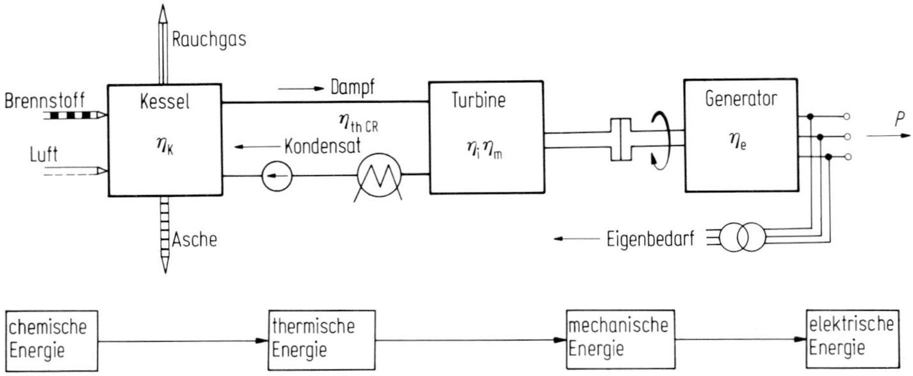

Bild 3.1. Energieumwandlung in einem Dampfkraftwerk.
η Wirkungsgrade; $\eta_{th\,CR}$ nach Gl. (3.10); η_i nach Gl. (3.13)

und überhitzt. Durch Entspannen in einer Turbine wird mechanische Energie zum Antrieb des Generators gewonnen. Der entspannte Dampf kondensiert in einem Kondensator bei hohem Vakuum. Durch die Speisepumpen wird das Kondensat dann dem Kessel wieder zugeführt. Dieser grob geschilderte Kreislauf entspricht dem eines Kondensationskraftwerkes. In Industriebetrieben sind daneben Gegendruckkraftwerke zweckmäßig, wenn der gesamte in der Turbine verarbeitete Dampf vornehmlich zu Fabrikationszwecken benötigt wird. Weiter werden Kondensationskraftwerke mit teilweiser Dampfentnahme zu Heizzwecken (Fernheizung) betrieben. Die Schaltungen sind vielfältig abwandelbar. Einen Überblick enthält der folgende Abschnitt.

3.2 Grundlast-, Mittellast- und Spitzenlastanlagen. Einsatz und Prozeßführung

Man unterscheidet bei der Kraftwerksauslegung je nach der Einsatzweise Grundlastanlagen, Mittellastanlagen und Spitzenlastanlagen.

3.2.1 Grundlastanlagen

Bei Grundlastanlagen wird die Auslegung und die Prozeßführung so ausgerichtet, daß ein geringer Brennstoffbedarf pro erzeugte kWh erreicht wird. Ein häufig gebrauchter Vergleichswert ist der spezifische Wärmeverbrauch q in kJ/kWh, ausgehend vom unteren Heizwert des Brennstoffes H_u in kJ/kg und dem stündlichen Brennstoffbedarf B in kg/h:

$$q = \frac{B \cdot H_u}{P} \tag{3.1}$$

Der untere Heizwert liegt für Steinkohle im Bereich 27000 bis 33000 kJ/kg, für Braunkohle bei 7000 bis 12000 kJ/kg, für Öl bei 38000 bis 44000 kJ/kg und für Erdgas bei 34000 bis 42000 kJ/nm^3. Bei Grundlast-Anlagen erreicht man spezifische Wärmeverbräuche von 8000 bis 12000 kJ/kWh. Optimale Werte liegen bei 8000 kJ/kWh. Als Kehrwert des spezifischen Wärmeverbrauchs erhält man mit den Einzelwirkungsgraden nach Bild 3.1 den Dampfkraftwerkswirkungsgrad ohne Eigenbedarf:

$$\eta_{DKW} = \eta_K \cdot \eta_{th} \cdot \eta_i \cdot \eta_m \cdot \eta_e = \frac{P}{BH_u} = \frac{1}{q} \qquad (3.2)$$

Bei $q = 10500$ kJ/kWh $= 2{,}91$ kJ/kWs ergibt sich z.B. $\eta_{DKW} = 0{,}34$ (1 kJ = 1 kWs).

Bild 3.2 zeigt den Dampfkreislauf eines Kondensationskraftwerkes mit Zwischenüberhitzung (Rauchgaszwischenüberhitzung) des Arbeitsdampfes sowie Hochdruck- und Niederdruckvorwärmern (Speisewasservorwärmer durch Anzapfdampf). Zwischenüberhitzung wird bei hohem Druck am Eingang der Turbine angewendet, um im Niederdruckteil am Turbinenaustritt eine Dampfnässe von etwa 10 % nicht zu überschreiten. Durch die stufenweise Speisewasservorwärmung (bis zu zehn Vorwärmestufen) sind Energieeinsparungen von einigen Prozent möglich, es ergeben sich konstruktive Vorteile für die Turbine, der Kondensator erhält kleinere Abmessungen und der Kühlwasserbedarf sinkt (Abschnitt 3.3). Übliche Frischdampfdrücke liegen bei (180 bis 250) bar vor der Turbine bei Dampftemperaturen von (530 bis 550) °C. Bei Höchstdrücken wird teilweise auch zweifache Zwischenüberhitzung vorgesehen.

Bild 3.3 zeigt einen kombinierten Dampf-Gasturbinenprozeß für den Grundlastbetrieb. Dem Dampfprozeß mit hohem Frischdampfdruck und hoher Temperatur ist eine Gasturbine vorgeschaltet, deren Abgas als Verbrennungsluft im Dampfkessel benutzt wird. Um möglichst niedrige Kesseltemperaturen zu erreichen, ist es hier notwendig, einen Teil des Speisewassers in rauchgasbeheizten Teilstromvorwärmern zu erwärmen. Der zur Kühlung der Rauchgase nicht benötigte Speisewasserteilstrom kann wie auch in Bild 3.2 durch Anzapfdampf aus der Turbine erwärmt werden. Die bei diesem kombinierten Prozeß erreichbare

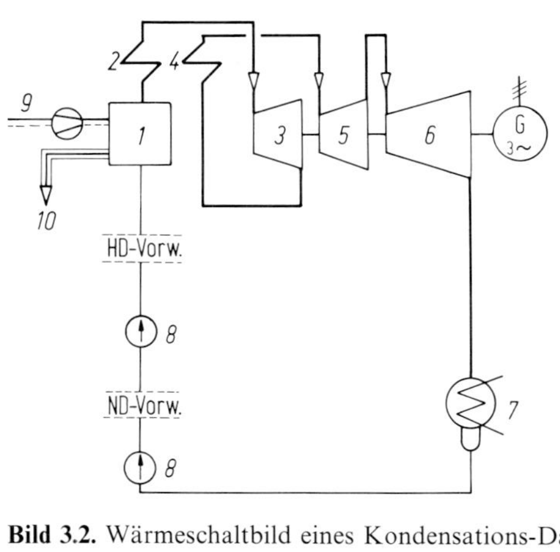

Bild 3.2. Wärmeschaltbild eines Kondensations-Dampfkraftwerkes mit Zwischenüberhitzung.

1 Verdampfer (Dampfkessel); *2* Überhitzer; *3* HD-Teil der Turbine; *4* Zwischenüberhitzer; *5* MD-Teil der Turbine; *6* ND-Teil der Turbine; *7* Kondensator; *8* Speisepumpe; *9* Luftzufuhr mit Gebläse; *10* Rauchgas

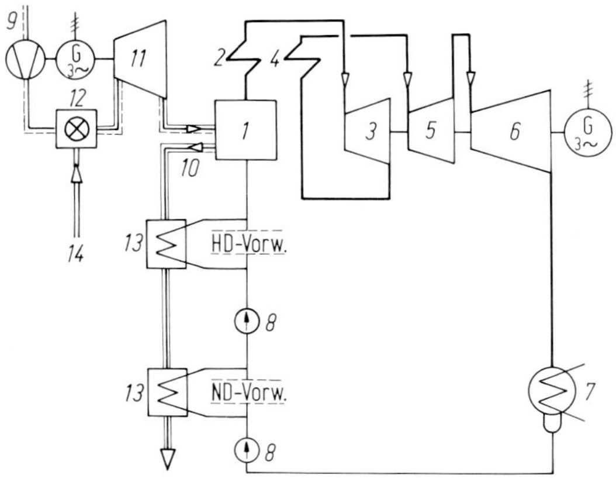

Bild 3.3. Wärmeschaltbild eines kombinierten Dampf-Gasturbinenprozesses für ein Grundlastkraftwerk.

1 bis *10* wie in Bild 3.2; *11* Gasturbine; *12* Brennkammer; *13* Teilstromvorwärmer, rauchgasbeheizt; *14* Brennstoffzufuhr

thermische Verbesserung beträgt etwa 4 % gegenüber dem vergleichbaren hochgezüchteten Dampfprozeß. Abwandlungen des kombinierten Dampf-Gasturbinenprozesses sind möglich. Die komprimierte Luft kann z.B. dem Kessel als Verbrennungsluft zugeführt werden. Nach dem Austritt der Rauchgase aus dem Kessel werden sie dann in einer Gasturbine entspannt. Die Abwärme der Gasturbine wird in Teilstromvorwärmern dem Speisewasser des Dampfkessels übertragen.

3.2.2 Mittellastanlagen

Mittellast-Anlagen enthalten als Grundelement einen einfachen Dampfprozeß ohne Zwischenüberhitzung und möglicherweise eine zusätzlich im Prozeß arbeitende Gasturbine.

In Bild 3.4 ist dem Dampfprozeß eine Gasturbinengruppe vorgeschaltet. Im Abgas der Gasturbine sind noch etwa 80 % Luft enthalten, so daß dieses Abgas als Verbrennungsluft für den nachgeschalteten Kessel verwendet werden kann. Der Vorteil dieser Schaltung ist die Verbesserung des thermischen Wirkungsgrades η_{th} um etwa 10 % gegenüber dem vergleichbaren einfachen Dampfprozeß, wobei der Frischdampfdruck mit 60 bis 90 bar und die Frischdampftemperatur mit 450 bis 500 °C angenommen wurde.

Eine Abwandlung dieser Schaltung ist möglich mit einem Kessel, der gasseitig unter Druck (z.B. 6 bis 10 bar) steht. Die Druckluft für den Kessel wird von einem Verdichter geliefert. Das unter Druck stehende Kesselabgas wird über eine Gasturbine auf Atmosphärendruck entspannt. Die Prozeßtemperatur der Gasturbine wird so gewählt, daß Leistungsgleichgewicht zwischen Verdichter und Gasturbine besteht. Von der Gasturbine wird also keine Leistung nach außen ins Netz abgegeben. Die Investitionskosten für den Kessel liegen günstig.

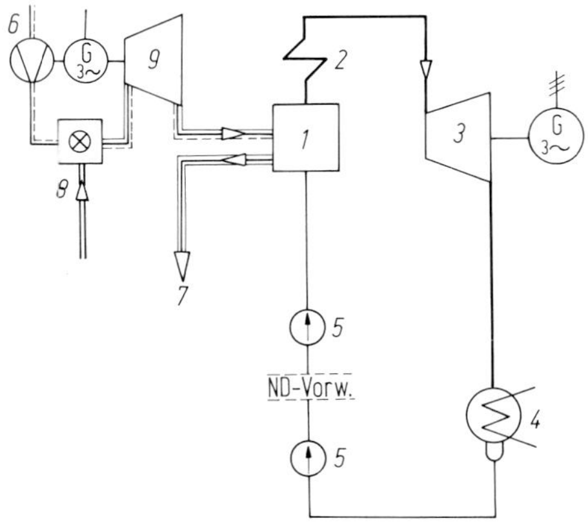

Bild 3.4. Dampfprozeß mit vorgeschalteter Gasturbine zur Erhöhung des thermischen Wirkungsgrades eines einfachen Dampfprozesses.

1 Kessel; *2* Überhitzer; *3* Turbine; *4* Kondensator; *5* Kondensatpumpe; *6* Verbrennungsluft; *7* Rauchgas; *8* Brennkammer; *9* Gasturbine

Bild 3.5 zeigt einen kombinierten Dampf-Gasturbinenprozeß. Im Abgasstrom der Gasturbine ist ein Abhitzekessel vorgesehen. Der im Abhitzekessel erzeugte Dampf wird über eine Dampfturbine geführt und nach Austritt aus der Dampfturbine in einem wassergekühlten Kondensator niedergeschlagen. Die Leistung der Dampfturbine muß der Leistung der Gasturbine angepaßt sein, da der Gasturbinenprozeß über den Abhitzekessel mit dem Dampfprozeß gekoppelt ist. Man kann die Leistung der Dampfturbine jedoch erhöhen, wenn man dem Abhitzekessel einen Nachbrenner vorschaltet, oder aber wenn der Abhitzekessel eine Zusatzfeuerung erhält.

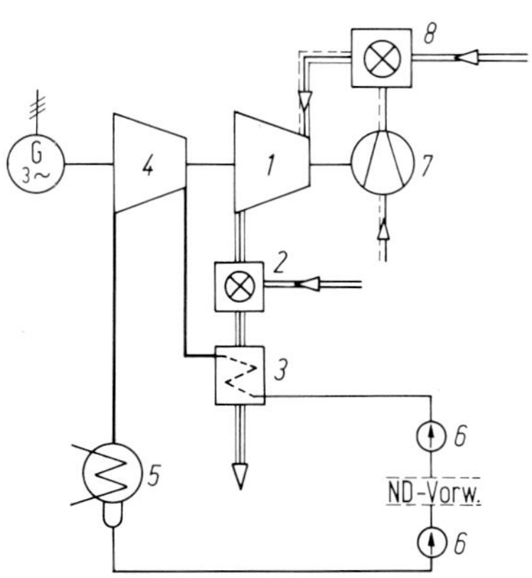

Bild 3.5. Kombinierter Gas-Dampfturbinen-Prozeß.

1 Gasturbine; *2* Nachbrenner; *3* Abhitzekessel; *4* Dampfturbine; *5* Kondensator; *6* Kondensatpumpe; *7* Luftverdichter; *8* Brennkammer

3.2.3 Spitzenlastanlagen

Spitzenlastanlagen können zur Erfüllung verschiedener Aufgaben im Netz herangezogen werden. Bei Pumpspeicherwerken ist meist ein täglicher Einsatz zur Mittags- und Abendspitze vorgesehen, während nachts mit Pumpstrom aus Grundlast-Anlagen (z.B. Braunkohlenkraftwerken) das Oberbecken wieder gefüllt wird. Gasturbinen mit ebenfalls kurzen Anfahrzeiten von 3 bis 5 Minuten können ihren Einsatz für kurzzeitige Spitzen und als Schnellreserve finden. Ihre Einsatzdauer pro Jahr ist dann häufig noch wesentlich geringer als bei Pumpspeicherwerken. Bei thermischen Spitzenlastanlagen müssen deshalb die Investitionskosten möglichst gering sein. Ihr spezifischer Wärmeverbrauch spielt eine weniger wichtige Rolle als bei Grundlast-Anlagen.

In Bild 3.6 ist der offene Gasturbinenprozeß dargestellt. Als Brennstoff kommen Erdgas, Raffineriegas und leichtes Heizöl zur Anwendung. Die Arbeitstemperatur der Gasturbine liegt bei etwa 850 °C. Der thermische Wirkungsgrad erreicht etwa 28 %, ist also wesentlich niedriger als bei Grundlastkraftwerken. Der Druck der komprimierten Luft beträgt etwa 10 bar.

Nur etwa $\frac{1}{3}$ der Leistung der Gasturbine wird an den Generator abgegeben, während $\frac{2}{3}$ zur Luftverdichtung benötigt werden. Der Kühlwasserbedarf und die Energie zum Anfahren sind sehr gering. Gasturbinen eignen sich sehr gut für die Fernbedienung. Ihr Standort kann deshalb weitgehend frei gewählt und den Anforderungen der Versorgungsnetze angepaßt werden. Gasturbinen werden z.T. auch zur Sicherung des Eigenbedarfs großer Kernkraftwerke eingesetzt.

Den Gedanken des Pumpspeicherwerkes verfolgt die Lösung nach Bild 3.7 für ein Luftspeicher-Gasturbinenkraftwerk. Während der Schwachlastzeiten im Netz läuft die Synchronmaschine als Motor zum Antrieb des Luftverdichters. Die Gasturbine ist während der Aufladezeit des unterirdischen Speichers abgekuppelt. In Spitzenlastzeiten dagegen arbeitet die Synchronmaschine als Generator. Hier ist dann der Verdichter abgekuppelt. Durch Brennstoffzufuhr wird die aus dem Speicher entnommene Druckluft auf die notwendige Arbeitstemperatur gebracht und in der Gasturbine auf Atmosphärendruck entspannt.

Die Luftverdichtung wird man nicht, wie vereinfacht dargestellt, in einer Stufe, sondern in mehreren Stufen durchführen, und die verdichtete Luft jeweils zwischenkühlen. Auch die Expansion wird man zweistufig durchführen, wenn entsprechend hohe Speicherdrücke gewählt werden können. Der Speicherdruck

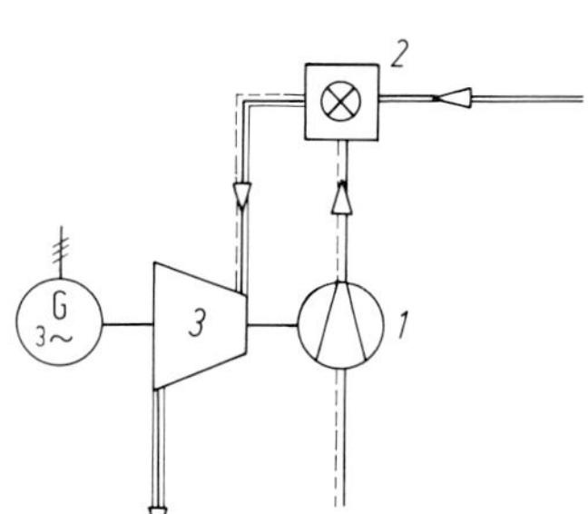

Bild 3.6. Offener Gasturbinenprozeß.
1 Luftverdichter; *2* Brennkammer; *3* Gasturbine

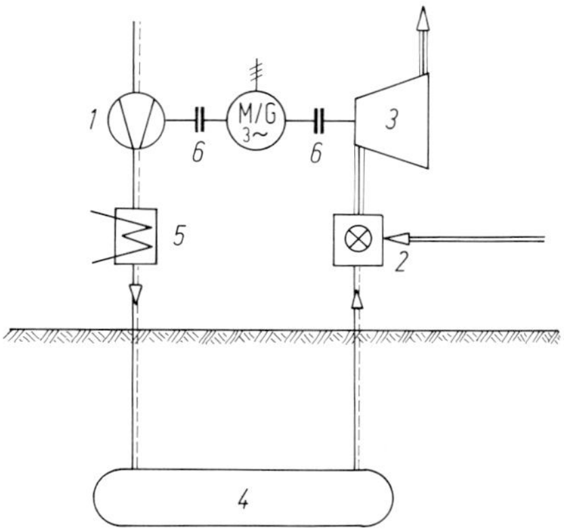

Bild 3.7. Luftspeicher-Gasturbinenkraftwerk.
1 bis *3* wie in Bild 3.6; *4* unterirdischer Luftspeicher; *5* Kühlung der verdichteten Luft; *6* Kupplung

erhöht sich laufend beim Speichervorgang und erniedrigt sich entsprechend während der Leistungserzeugung. Benutzt man Wasser als Verdrängungsmittel im Speicher, so kann man konstanten Luftdruck erreichen (Gleichdruckspeicher) [3.20]. Ein Luftspeicher-Gasturbinenkraftwerk mit einer Generatorleistung von 300 MW wird in der Nähe von Bremen gebaut. Die Speicherräume werden aus einem Salzstock ausgewaschen. Luftverdichtung und Abgabe elektrischer Leistung werden zeitlich getrennt durchgeführt.

Grundlast-, Mittellast- und Spitzenlast-Kraftwerke können in einem Netz zur wirtschaftlichen Deckung der Netzlast zusammenarbeiten. Durch eine Kraftwerksausbauplanung kann sichergestellt werden, daß unter Berücksichtigung der vorhandenen Kraftwerke wirtschaftlich günstige Einheiten zum Ausbau vorgesehen werden.

3.3 Thermischer Dampfkraftwerksprozeß, Wirkungsgrad

Der Arbeitsprozeß im Dampfkraftwerk ist ein Kreisprozeß, d.h. die Energieumformung wird durch periodische Zustandsänderungen des Arbeitsmediums (z.B. Wasser/Dampf) herbeigeführt. Dabei ist es gleichgültig, ob immer das gleiche Arbeitsmittel im Kreislauf geführt wird, oder ob das Arbeitsmittel jeweils erneuert wird wie z.B. beim offenen Gasturbinenprozeß (Bild 3.6) oder beim Verbrennungsmotor. Wichtig ist dagegen, daß immer wieder die gleichen Zustände des Prozesses durchlaufen werden (periodisch ablaufender Prozeß).

Einige grundlegende thermodynamische Gesetzmäßigkeiten sollen hier besprochen werden. Ausführliche Darstellungen findet man in [3.5, 3.8, 3.19, 3.23]. Die Ergebnisse der Thermodynamik gehen auf die „Hauptsätze" zurück, die in verschiedenen Fassungen formuliert werden. Für unsere Aufgabe wählen wir die Formulierungen:

1. Hauptsatz: „Wärme ist eine Energieform, sie kann aus mechanischer Arbeit erzeugt und in solche umgewandelt werden."

2. Hauptsatz: „Wärme kann nie von selbst von einem Körper niederer Temperatur auf einen Körper höherer Temperatur übergehen.“

Mit dem zweiten Hauptsatz erfährt der erste Hauptsatz, der die Äquivalenz von Wärme und mechanischer Arbeit feststellt, eine Einschränkung derart, daß die Umwandlung von Wärme in mechanische Arbeit an ein Temperaturgefälle gekoppelt ist.

Wenn auch der Wasserdampf bei den in der Technik üblichen Betriebsbedingungen nicht wie ein ideales Gas anzusehen ist, so sind die Grundüberlegungen aus der Thermodynamik der Gase doch für das Verständnis des Dampfkraftprozesses nützlich.

Der Zustand eines idealen Gases wird durch die drei einfachen thermischen Zustandsgrößen Druck (p), Temperatur (T) und Volumen (V) bzw. spezifisches Volumen (v) bestimmt. Mit der Gaskonstanten R ergibt sich der bekannte Zusammenhang der einfachen Zustandsgrößen in der thermischen Zustandsgleichung $pv=RT$.

Die Umwandlung von Wärme in mechanische Arbeit erfolgt in der Technik durch Expansion von Gasen und Dämpfen. Die Expansion kann man im p, v-Diagramm nach Bild 3.8 darstellen.

Wird einem Gas von außen Wärme zugeführt bei konstantem Volumen, so steigt der Druck des Gases. Läßt man das Gasvolumen expandieren von v_1 nach v_2 (Bild 3.8), so ergibt sich die äußere Arbeit als Fläche unter der Kurve 1 – 2 zu:

$$l_{12}=\int_1^2 p\,\mathrm{d}v \tag{3.3}$$

Bezeichnet man mit u die spezifische innere Energie eines Gases, die allein von der Temperatur T abhängig ist, und die nach einer Zustandsänderung des Gases, wenn der alte Zustand wieder erreicht wird, immer ihren Wert beibehält, so kann man die Aussage des ersten Hauptsatzes wie folgt schreiben:

$$\mathrm{d}q=\mathrm{d}u+p\,\mathrm{d}v \tag{3.4}$$

Dabei ist angenommen, daß einem Gas mit der inneren Energie u die Wärmemenge $\mathrm{d}q$ zugeführt wird, und daß es dabei expandiert und äußere Arbeit $p\,\mathrm{d}v$ leistet. Bei konstantem Volumen würde $\mathrm{d}q$ nur zur Erhöhung der inneren Energie führen.

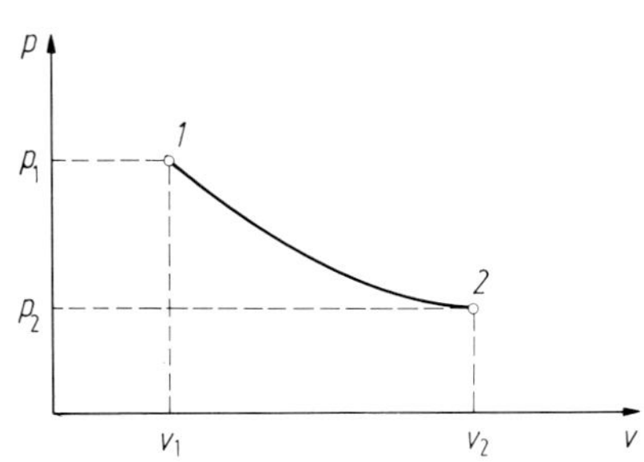

Bild 3.8.
Expansion eines Gases, dargestellt im p, v-Diagramm (Arbeitsdiagramm)

Die äußere Arbeit l_{12} ist nach Bild 3.8 vom Verlauf der Zustandsänderung zwischen 1 und 2 abhängig, sie ist deshalb keine Zustandsgröße.

Eine weitere Zustandsgröße (abgeleitete Zustandsgröße) ist die spezifische Enthalpie h. Sie ist definiert als

$$h = u + p v \tag{3.5}$$

Diese neue Zustandsgröße wird eingeführt, weil das Rechnen mit ihr in den meisten Fällen zweckmäßiger ist als das Rechnen mit der inneren Energie eines Gases (s. h, s-Diagramm des Wasserdampfes in Bild 3.15).

Betrachtet man Bild 3.9 für die Energiebilanz einer Arbeitsmaschine, so muß nach dem ersten Hauptsatz die Summe der nach außen abgegebenen Energien, wenn dort kein Wärmeaustausch mit der Umgebung stattfindet, gleich sein zur Differenz der inneren Energien des Gases bei Ein- und Austritt. Es muß also gelten:

$$u_1 - u_2 = l_{12} \tag{3.6a}$$

Setzt man u_1 und u_2 nach Gl. (3.5) ein, so ergibt sich

$$h_1 - h_2 = l_{12} + p_1 v_1 - p_2 v_2 = l \tag{3.6b}$$

l bezeichnet im Gegensatz zur äußeren Arbeit eines Gasvolumens die mechanische Arbeit eines Prozesses. Man erkennt aus Gl. (3.6b), daß die mechanische Arbeit bei verlustfreier Entspannung, also ohne Wärmeaustausch mit der Umgebung, dem Enthalpiegefälle $h_1 - h_2$ gleich ist.

Als weitere abgeleitete Zustandsgröße wird in der Thermodynamik die spezifische Entropie s eingeführt. Sie ist ein Maß für die Reversibilität einer Zustandsänderung. Ist eine Zustandsänderung reversibel, so bleibt die Entropie des Gesamtsystems konstant. Ist die Zustandsänderung jedoch irreversibel, wie bei allen wirklichen Vorgängen, so nimmt die Entropie zu (Drosselung und Reibung sind Beispiele für irreversible Vorgänge). Für das Differential dieser Zustandsgröße gilt nach Clausius:

$$\mathrm{d}s = \frac{\mathrm{d}q}{T} = \frac{\mathrm{d}u + p\,\mathrm{d}v}{T} \tag{3.7}$$

Man kann nun für ideale Gase im p, v-Diagramm und im T, s-Diagramm den Verlauf von Zustandsänderungen zeichnen, wenn jeweils eine Zustandsgröße konstant gehalten wird. Bild 3.10 gibt einen Überblick.

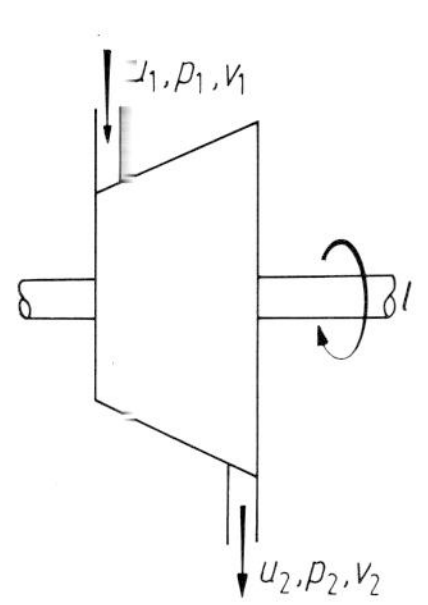

Bild 3.9.
Energien einer Arbeitsmaschine

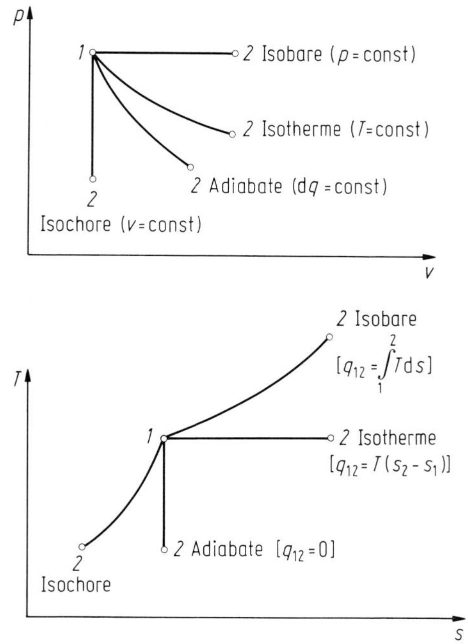

Bild 3.10. Zustandsänderungen idealer Gase im p, v- und T, s-Diagramm (konstante spezifische Wärme)

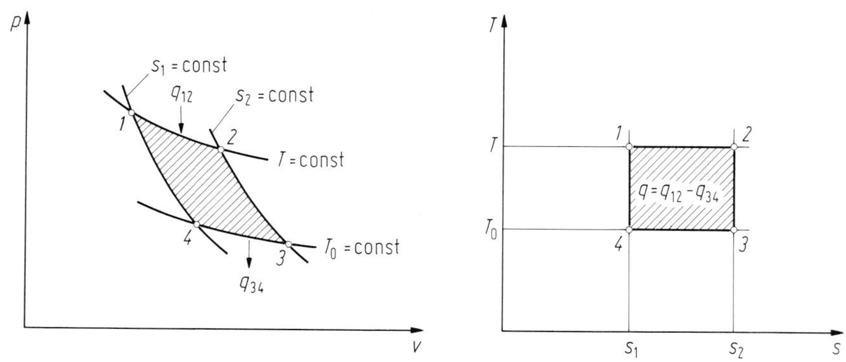

Bild 3.11. Der Carnotsche Kreisprozeß (idealer Vergleichsprozeß)

Bei einem Kreisprozeß werden nicht wie bisher die Zustandsänderungen eines Gases von einem Zustand 1 in den Zustand 2 betrachtet, sondern aufeinanderfolgende Zustandsänderungen, die wieder auf den Ausgangszustand zurückführen. Im p, v- und T, s-Diagramm des Bildes 3.11, das den Carnotschen Kreisprozeß darstellt, muß sich also ein geschlossener Linienzug ($1-2-3-4-1$) ergeben und damit $u = 0$.

Der Carnotsche Kreisprozeß besteht aus zwei Isothermen und zwei Adiabaten. Von 1 ausgehend expandiert das Gas isotherm unter Wärmeaufnahme q_{12} von außen und dann von 2 noch weiter adiabat mit $q_{23} = 0$. Vom Punkt 3 bis zum Punkt

4 wird das Gas isotherm komprimiert unter Wärmeabgabe q_{34} nach außen. Die Rückführung von 4 auf den Ausgangszustand 1 erfolgt unter Temperaturerhöhung mit $q_{41}=0$.

Die bei dem Carnotschen Kreisprozeß genutzte Wärmemenge wird $q=q_{12}-q_{34}=q_{zu}-q_{ab}$. Der thermische Wirkungsgrad als Quotient aus genutzter zu aufgenommener Wärmemenge ergibt sich damit zu:

$$\eta_{thC}=\frac{q_{zu}-q_{ab}}{q_{zu}}=\frac{l}{q_{zu}}=\frac{T(s_2-s_1)-T_0(s_2-s_1)}{T(s_2-s_1)}=\frac{T-T_0}{T}=1-\frac{T_0}{T}. \tag{3.8}$$

Der Wirkungsgrad η_{thC} des Carnotschen Kreisprozesses ist der optimale, der bei einem Prozeß zwischen den Temperaturen T und T_0 erreicht werden kann. Er wird um so höher, je höher die Temperatur T und je niedriger die Temperatur T_0 wird. Jede bei einem technischen Kreisprozeß auftretende Abweichung vom isothermen bzw. adiabaten Verlauf der Zustandsänderungen kann nur eine Verschlechterung des thermischen Wirkungsgrades zur Folge haben. Der Carnotsche Kreisprozeß ist reversibel. Die Entropie s des Arbeitsgases erreicht nach jedem Arbeitszyklus wieder ihren Anfangswert.

Für reale Gase und Dämpfe (Wasserdampf) ist die thermische Zustandsgleichung für ideale Gase nicht mehr gültig. Das Verhalten von Wasser/Wasserdampf ist theoretisch schwer zu erfassen, aber durch praktische Versuche genügend bekannt. Die wichtigsten Werte für Wasser und Wasserdampf sind in den VDI-Wasserdampftafeln zu finden [3.1]. Bild 3.12 zeigt das p, v-Diagramm des Wasserdampfes.

Man erkennt stark ausgezogen die Grenzkurve und den kritischen Punkt P_k. Der kritische Punkt ist der Scheitelpunkt der Grenzkurve im p, v-Diagramm. In diesem Punkt wird die Dichte von Wasser und Wasserdampf gleich. Der

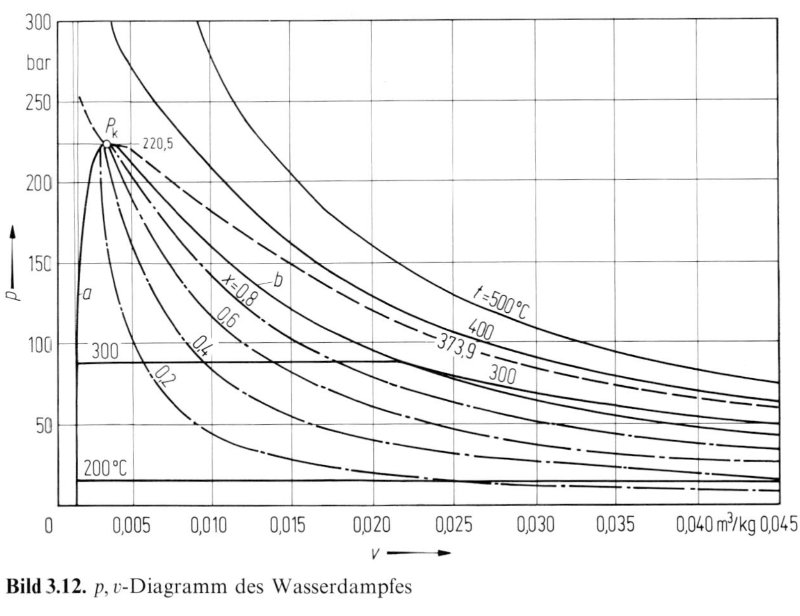

Bild 3.12. p, v-Diagramm des Wasserdampfes

Unterschied zwischen der dampfförmigen und flüssigen Phase verschwindet. Am kritischen Punkt gelten die „kritischen Werte“ [3.23]:

$$p_k = 220{,}45\,\text{bar}; \quad t_k = 373{,}86\,°\text{C}; \quad v_k = 0{,}00311\,\text{m}^3/\text{kg}$$

Von der Grenzkurve wird das Naßdampfgebiet umschlossen. Links außerhalb von a liegt das Flüssigkeitsgebiet, rechts außerhalb von b das Gebiet des überhitzten Dampfes (Bild 3.12). Bei Drücken oberhalb von 220,45 bar geht das Wasser bei wachsender Temperatur und wachsendem Druck ohne Zwischenphase in überhitzten Dampf über. Bezeichnet man mit v' das spezifische Volumen des Wassers zu Beginn der Verdampfung und mit v'' das spezifische Volumen des Sattdampfes, so ergibt sich für das spezifische Volumen v des nassen Dampfes, wenn x Gewichtsanteile bereits verdampft sind,

$$v = (1 - x)\,v' + x\,v'' \tag{3.9}$$

Dabei wird x auch als Dampfgehalt bezeichnet; $x = 0$ gilt für den linken Ast der Grenzkurve, während $x = 1$ für den rechten Teil gilt.

Bild 3.13 zeigt das T, s-Diagramm des Wasserdampfes (Glockenkurve), in dem die Isobaren ($p = \text{const}$) über der Entropie aufgetragen sind. Im linken Teil fallen die Isobaren praktisch mit der Grenzkurve zusammen. Die Entropie des Wassers ist vereinbarungsgemäß gleich Null bei 0 °C im Sättigungszustand.

Bild 3.14 zeigt einen einfachen Dampfprozeß und dazu den Clausius-Rankine-Prozeß im p, v- und T, s-Diagramm. Der Clausius-Rankine-Prozeß ist der theoretische Vergleichsprozeß des Dampfkraftwerksprozesses, so wie der Carnot-

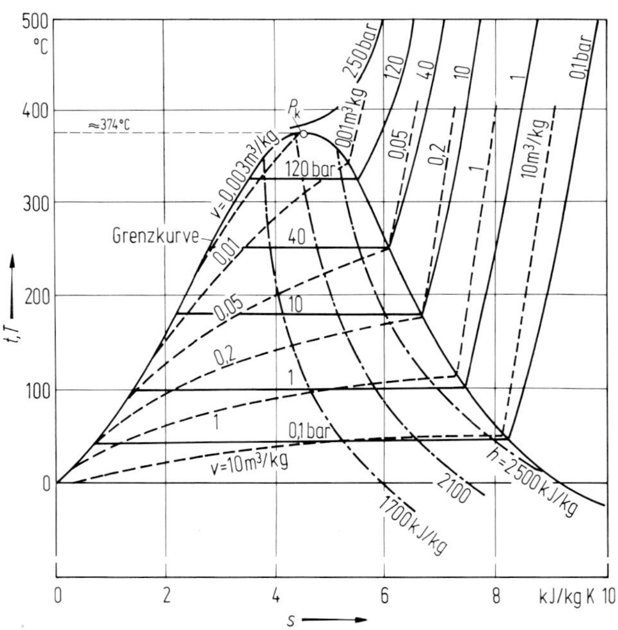

Bild 3.13. T, s-Diagramm des Wasserdampfes mit Isobaren (ausgezogen), Isochoren (gestrichelt) und Kurven gleichen Wärmeinhalts (strichpunktiert) [3.8, 3.23]

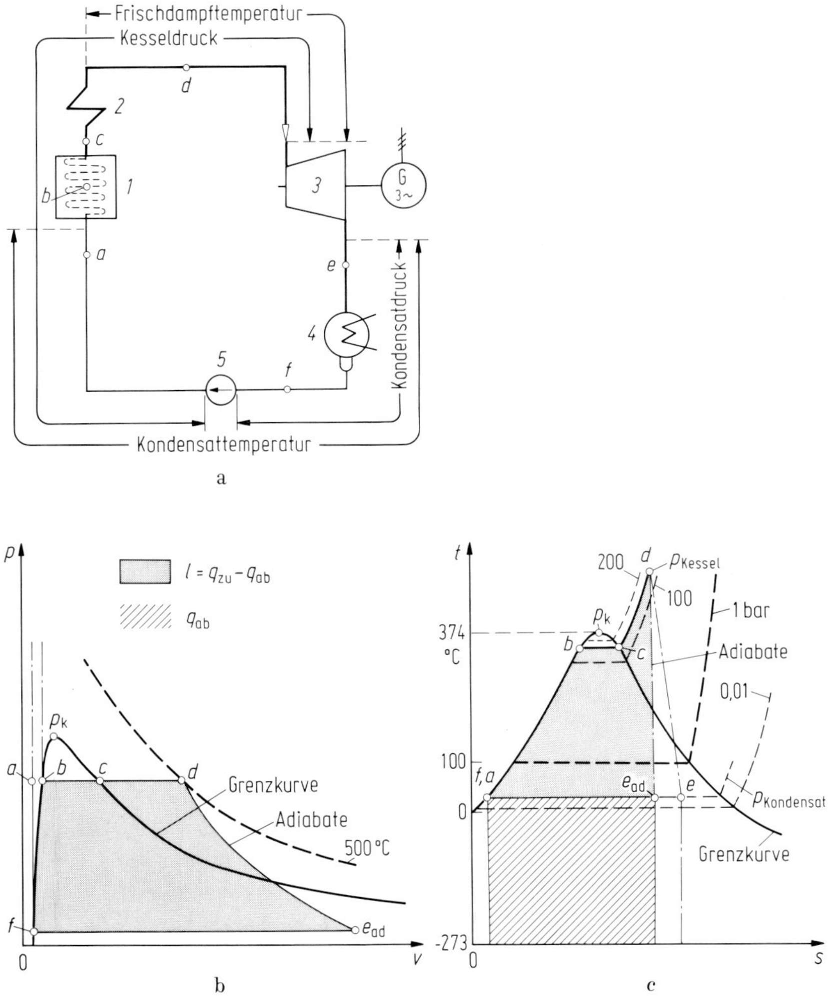

Bild 3.14. Einfacher Dampfprozeß (Clausius-Rankine-Prozeß) im p, v- und T, s-Diagramm.
(**a**) Schaltung; (**b**) p, v-Diagramm; (**c**) T, s-Diagramm.
1 Verdampfer; *2* Überhitzer; *3* Dampfturbine; *4* Kondensator; *5* Speisewasserpumpe; *a ... f* Wasser-/Dampf-Zustände im Kreislauf

sche Kreisprozeß als theoretischer Vergleichsprozeß für Gase gilt. Beim Clausius-Rankine-Prozeß werden die praktisch auftretenden Abweichungen von den isobaren und adiabaten Zustandsänderungen insbesondere bei der Expansion vernachlässigt.

Im Verdampfer des Dampfkessels wird dem unter Kesseldruck und Kondensattemperatur stehenden Speisewasser die Flüssigkeitswärme $q_{fl}(a-b)$ und darauf, nachdem die dem Druck entsprechende Siedetemperatur erreicht ist, die Verdampfungswärme $q_v(b-c)$ zugeführt. Im Überhitzer wird die Überhitzungswärme $q_ü(c-d)$ zugeführt, bis die Frischdampftemperatur erreicht wird. Insgesamt wird also die Wärmemenge $q_{zu} = q_{fl} + q_v + q_ü$ zugeführt. Entlang der Adiabate $(d - e_{ad})$ wird der überhitzte Dampf in der Turbine entspannt (ideale Entspannung) bis in das Naßdampfgebiet unter der Grenzkurve auf den Kondensatdruck (z.B. 0,05 bar). Zwischen e_{ad} und f wird der aus der Turbine austretende Dampf im Kondensator isobar und isotherm kondensiert. Dabei wird die Wärmemenge q_{ab} an das Kühlwasser abgegeben. Um den Kreisprozeß zu schließen, wird das Kondensat längs $(f - a)$ mit der Speisewasserpumpe isochor wieder auf den Kesseldruck gebracht. Im T, s-Diagramm fallen f und a praktisch zusammen.

Im T, s-Diagramm ergibt sich die zugeführte Wärmemenge q_{zu} als Fläche unter *abcd*. Die abgeführte Wärmemenge ist die Fläche unter $e_{ad} - f$. Für den theoretischen thermischen Wirkungsgrad η_{thCR} des Clausius-Rankine-Prozesses ergibt sich hier ähnlich wie beim Carnotschen Prozeß (Gl. (3.8)):

$$\eta_{thCR} = \frac{q_{zu} - q_{ab}}{q_{zu}} = \frac{l}{q_{zu}} = \frac{h_d - h_{e,ad}}{h_d - h_a} \tag{3.10}$$

Der letzte Teil der Gl. (3.10) läßt sich günstig aus dem h, s-Diagramm des Wasserdampfes ablesen. In Bild 3.15 ist der Clausius-Rankine-Prozeß im h, s-Diagramm skizziert. Das h, s-Diagramm (Mollier-Diagramm) erhält man aus dem T, s-Diagramm durch Integration längs der Isobaren $(\mathrm{d}h = T\,\mathrm{d}s)$. Für die längs der Isobaren *abcd* in Bild 3.14c zugeführte Wärmemenge q_{zu} ergibt sich im h, s-Diagramm als Differenz der Enthalpien:

$$q_{zu} = \int_a^d (\mathrm{d}h + v\,\mathrm{d}p) = \int_a^d \mathrm{d}h = h_d - h_a \tag{3.11}$$

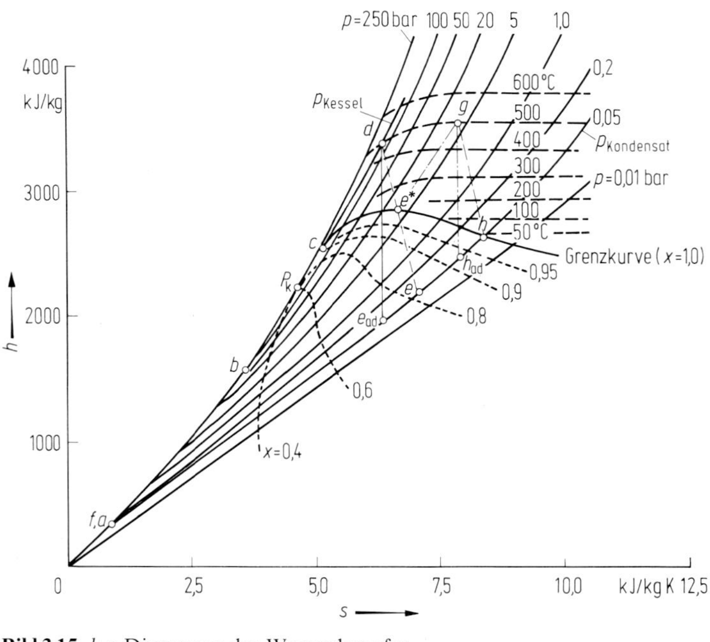

Bild 3.15. h, s-Diagramm des Wasserdampfes (eingezeichnete Beispiele s. Text)

Für die isobare ($\mathrm{d}p=0$) Wärmeabführung von e_{ad} bis f ergibt sich entsprechend

$$q_{\mathrm{ab}}=\int_{\mathrm{f}}^{\mathrm{e_{ad}}}(\mathrm{d}h+v\,\mathrm{d}p)=\int_{\mathrm{f}}^{\mathrm{e_{ad}}}\mathrm{d}h=h_{\mathrm{e,ad}}-h_{\mathrm{f}} \tag{3.12}$$

Da $h_{\mathrm{f}}\approx h_{\mathrm{a}}$ ist, erhält man $q_{\mathrm{zu}}-q_{\mathrm{ab}}=h_{\mathrm{d}}-h_{\mathrm{a}}-h_{\mathrm{e,ad}}+h_{\mathrm{f}}\approx h_{\mathrm{d}}-h_{\mathrm{e,ad}}$ (Gl. (3.10)). Aus dem h, s-Diagramm kann man also η_{th} einfach ermitteln. Bei einem Frischdampfdruck von 150 bis 200 bar und einer Frischdampftemperatur von 500 °C erreicht der Clausius-Rankine-Prozeß $\eta_{\mathrm{thCR}}\approx(43$ bis $45)\,\%$, wenn der Kondensatdruck 0,04 bar beträgt. Bei einem offenen Prozeß mit Kondensatdruck 1 bar und sonst gleichen Frischdampfdaten geht η_{thCR} auf 35 bis 37 % zurück.

In Bild 3.14c und Bild 3.15 ist angedeutet, daß man den Clausius-Rankine-Prozeß praktisch nicht vollständig durchführen kann, weil vor allem die adiabate Expansion, bedingt durch Wärmeströmung und Drosselung, nicht verlustlos erfolgt. In praktischen Prozessen geht die Expansion etwa entlang d – e vor sich. Das Enthalpie-Gefälle wird dadurch geringer. Die Verluste bei der Expansion kann man durch den inneren Wirkungsgrad der Turbine η_{i} (Bild 3.1) berücksichtigen. Es ergibt sich:

$$\eta_{\mathrm{i}}=\frac{h_{\mathrm{d}}-h_{\mathrm{e}}}{h_{\mathrm{d}}-h_{\mathrm{e,ad}}} \tag{3.13}$$

Für η_{th} erhält man:

$$\eta_{\mathrm{th}}=\eta_{\mathrm{thCR}}\,\eta_{\mathrm{i}}=\frac{h_{\mathrm{d}}-h_{\mathrm{e}}}{h_{\mathrm{d}}-h_{\mathrm{a}}} \tag{3.14}$$

Folgende Verbesserungsmöglichkeiten für den Wirkungsgrad η_{th} werden hauptsächlich angewendet:

Temperatur- und Druckerhöhung des Frischdampfes,
Speisewasservorwärmung (stufenweise Vorwärmung durch Anzapfdampf),
Zwischenüberhitzung des Dampfes (einfach oder mehrfach),
Kombinierter Dampf-Gasturbinenprozeß (Bild 3.4 und 3.5).

Temperatur- und Druckerhöhung des Frischdampfes. Für den Carnotschen Kreisprozeß zeigt Gl. (3.8), daß durch Erhöhung der Frischdampf-Anfangstemperatur T eine Wirkungsgradverbesserung möglich ist. Grundsätzlich gilt dies auch für den Dampfkraftwerksprozeß. Für Grundlastanlagen mit Zwischenüberhitzung sind heute Frischdampfdrücke von (180 bis 250) bar und Frischdampftemperaturen von (530 bis 550) °C üblich (Abschnitt 3.2.1). Die höchsten bei einem vorgegebenen Druck noch zulässigen Überhitzungstemperaturen sind abhängig von den verwendeten Werkstoffen. Bei Temperaturen über ≈550 °C sind hochwarmfeste, legierte Stähle z.B. mit hohem Cr-Ni-Gehalt zu verwenden (austenitische Stähle).

Speisewasservorwärmung. Aus dem Vergleich zwischen dem T, s-Diagramm für den Carnot-Prozeß in Bild 3.11 mit dem T, s-Diagramm des Clausius-Rankine-Prozesses in Bild 3.14 erkennt man, daß die Fläche $q_{\mathrm{zu}}-q_{\mathrm{ab}}$ im Dampfkraftwerksprozeß stark von der idealen Form in Bild 3.11 abweicht. Eine Annäherung des Dampfkraftwerksprozesses an den Carnot-Prozeß und entsprechende Anhebung von η_{th} erreicht man durch stufenweise Speisewasservorwärmung mit Anzapfdampf. Verbesserungen im Wirkungsgrad bis 10 % sind möglich.

Zwischenüberhitzung des Dampfes. Aus Bild 3.15 erkennt man, daß mit steigendem Kesseldruck und gleichbleibend niedrigem Kondensatdruck das Enthalpiegefälle zunimmt. Am Ende der Expansion am Turbinenaustritt befindet man sich dann jedoch weit im Naßdampfgebiet. Als Maßnahmen gegen zu hohe Dampfnässe kann man die Frischdampftemperatur erhöhen und eine Zwischenüberhitzung mit Anzapfdampf durchführen.

Bei der Einführung der Zwischenüberhitzung muß eine zwei- oder mehrstufige Turbine eingeführt werden. Im Hochdruckteil (HD) expandiert der überhitzte Dampf dann bis in die Nähe der Grenzkurve (z.B. bis auf einen Druck von 15 bis 30 bar). Die daran anschließende, im allgemeinen mit Rauchgas durchgeführte Zwischenüberhitzung geht dann isobar wieder etwa bis zur Frischdampftemperatur. Die endgültige Expansion geht im Niederdruckteil (ND) oder aber im Mittel- und Niederdruckteil (MD + ND) vor sich. Am Ende der Expansion ist dann eine Dampffeuchte kleiner als 0,1 zu erreichen. In Bild 3.15 ist dieser Prozeßverlauf strichpunktiert eingetragen. Für den thermischen Wirkungsgrad mit Zwischenüberhitzung erhält man:

$$\eta_{\mathrm{th,z}} = \eta_{\mathrm{thCR,z}}\,\eta_{\mathrm{i}} = \frac{(h_{\mathrm{d}} - h_{\mathrm{e}}^{*}) + (h_{\mathrm{g}} - h_{\mathrm{h}})}{(h_{\mathrm{d}} - h_{\mathrm{a}}) + (h_{\mathrm{g}} - h_{\mathrm{e}}^{*})} \tag{3.15}$$

Dabei ist h_{e}^{*} die Enthalpie des Dampfes vor dem Eintritt in die Zwischenüberhitzung (Bild 3.15). Durch einfache Zwischenüberhitzung läßt sich resultierend ein Wirkungsgradgewinn von etwa 3 bis 5% erreichen.

Beispiel für die Ermittlung des Dampfkraftwerk-Wirkungsgrades

Daten des Kraftwerksblockes: Generatornennwirkleistung 150 MW, Frischdampfzustand vor der Turbine 180 bar bei 530 °C. Temperatur nach Zwischenüberhitzung am Turbineneintritt 530 °C. Kaltwassertemperatur 21 °C, Aufwärmung im Kondensator 8,5 °C, für die Wärmezufuhr im Kondensator notwendige Temperaturdifferenz 4 °C, somit Dampftemperatur im Kondensator 33,5 °C. Dem entspricht ein Druck von 0,053 bar. Die Turbine erhält sieben Anzapfungen. In sieben Vorwärmestufen wird das Speisewasser von 33,5 °C auf 252 °C vorgewärmt. Der Gefällverlust (Enthalpiedifferenz) Δh durch Vorwärmung beträgt 268 kJ/kg.

Entsprechend Gl. (3.15) wird der thermische Wirkungsgrad mit Zwischenüberhitzung:

$$\eta_{\mathrm{th,z}} = \frac{(h_{\mathrm{d}} - h_{\mathrm{e,ad}}^{*})\,\eta_{\mathrm{iHD}} + (h_{\mathrm{g}} - h_{\mathrm{h,ad}} - \Delta h)\,\eta_{\mathrm{i(MD+ND)}}}{(h_{\mathrm{d}} - h_{\mathrm{Sp}}) + (h_{\mathrm{g}} - h_{\mathrm{e}}^{*})\,r} \tag{3.16}$$

In Gl. (3.15) wurde, da Speisewasser-Vorwärmung vorgesehen ist, h_{a} durch die Enthalpie des Speisewassers h_{Sp}, die 1095,3 kJ/kg beträgt, ersetzt. Eine Anzapfung liegt vor der Zwischenüberhitzung, wodurch die Wärmezufuhr im Zwischenüberhitzer des Kessels reduziert wird. Dieser Reduktionsfaktor r beträgt in diesem Beispiel 0,926. Somit wird entsprechend dem h, s-Diagramm in Bild 3.16 nach Gl. (3.16):

$$\eta_{\mathrm{th,z}} = \frac{[(3366{,}8 - 2974{,}9)\,0{,}79 + (3512 - 2196{,}1 - 268)\,0{,}87]\ \mathrm{kJ/kg}}{[(3366{,}8 - 1095{,}3) + (3512 - 3057)\,0{,}926]\ \mathrm{kJ/kg}} = \frac{1221{,}3}{2692{,}8} = 0{,}453$$

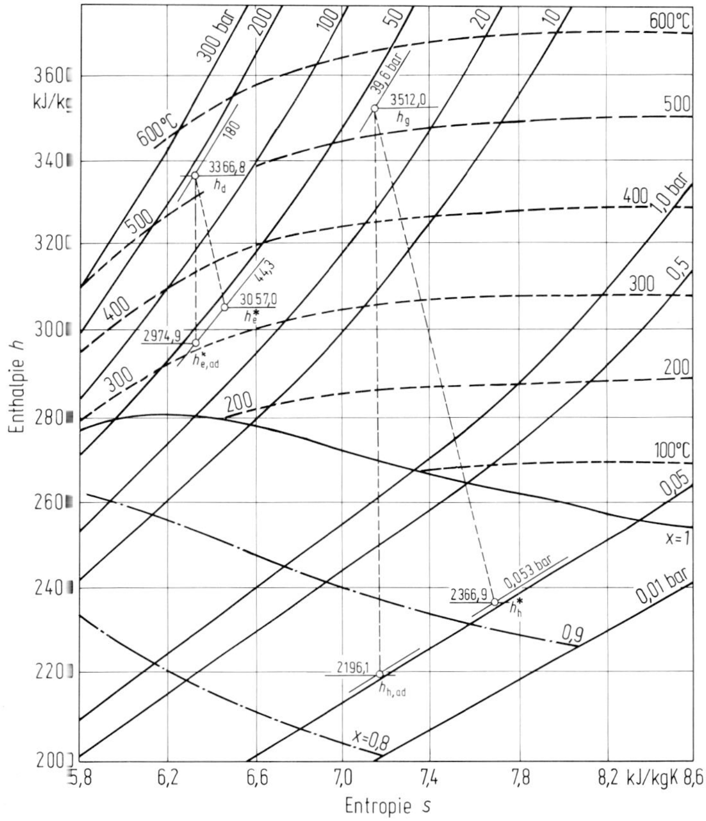

Bild 3.16. Ausschnitt aus dem h,s-Diagramm des Wasserdampfes mit eingezeichnetem Beispiel für den Kreisprozeß eines 150-MW-Blockes mit einem Frischdampfzustand 180 bar und 530 °C vor dem Eintritt in den Hochdruckteil der Turbine

Der Dampfzustand nach dem Austritt aus dem HD-Teil ist: 44,3 bar, 340 °C, h_e^* $=(3366{,}8-309{,}8)$ kJ/kg $=3057$ kJ/kg. Der Zähler von $\eta_{th,z}$ ist das ausgenützte Gefälle $\Delta h_{res}=1221{,}3$ kJ/kg Frischdampf, der Nenner die gesamte Wärmezufuhr von 2692,8 kJ/kg.

Die Frischdampfmenge G in kg/h für die Leistung $P=154500$ kW an den Generatorklemmen unter Berücksichtigung des mechanischen Wirkungsgrades η_m der Turbine und des Generatorwirkungsgrades η_e (Bild 3.1) wird:

$$G=\frac{P}{\Delta h_{res}}=\frac{154500\,\text{kW}}{1221{,}3\,\text{kJ/kg}}=126{,}5\,\text{kg/s}=455{,}4\cdot 10^3\,\text{kg/h}$$

Der Wärmeverbrauch des Turbosatzes beträgt $Q=126{,}5$ kg/s$\cdot$(2692,8 kJ/kg) $=340{,}6\cdot 10^3$ kJ/s. Der spezifische Wärmeverbrauch q, bezogen auf die Generatornennwirkleistung $P_{nG}=150000$ kW wird

$$q=\frac{Q}{P_{nG}}=\frac{340{,}6\cdot 10^3\,\text{kJ/s}}{150000\,\text{kW}}=2{,}271\,\text{kJ/kWs}$$

entsprechend einem Wirkungsgrad $\eta = 1/q = 1/2{,}271 = 0{,}44 = 0{,}453 \cdot 150000$ kW/154500 kW.

Der Wirkungsgrad unter Berücksichtigung der Verluste im Kessel einschließlich der Verluste in den Rohrleitungen ($\eta_K = 0{,}90$) wird dann nach Gl. (3.2) $\eta_{DKW} = 0{,}90 \cdot 0{,}44 = 0{,}396$. Bezieht man den Eigenbedarf (z.B. $\eta_{EB} = 0{,}93$) mit in die Betrachtung ein und den Wirkungsgrad des Blocktransformators ($\eta_{BT} \approx 0{,}995$), so ergibt sich ein Gesamtwirkungsgrad an den Oberspannungsklemmen des Blocktransformators von $\eta_{ges} = \eta_{DKW} \cdot \eta_{EB} \cdot \eta_{BT} = 0{,}396 \cdot 0{,}93 \cdot 0{,}995 = 0{,}366$. Dem entspricht ein spezifischer Wärmeverbrauch von $q_{ges} = 2{,}732$ kJ/kWs. Ohne Zuschläge für Änderung des Wirkungsgrades bei Teillasten und für An- und Abfahren und mögliche Störungen beträgt die erforderliche Brennstoffmenge B_{ges} bei einem unteren Heizwert $H_u = 28000$ kJ/kg nach Gl. (3.1):

$$B_{ges} = \frac{q_{ges} \cdot P}{H_u} = \frac{2{,}732\,\text{kJ/kWs} \cdot 150000\,\text{kW}}{28000\,\text{kJ/kg}} = 14{,}64\,\text{kg/s} = 52700\,\text{kg/h}$$

3.4 Dampfkessel

Aufgabe der Dampfkesselanlage in einem thermischen Kraftwerk ist es, das ihm zugeführte Speisewasser vorzuwärmen, zu verdampfen und auf die gewünschte Austrittstemperatur (Frischdampftemperatur) zu überhitzen. Bei Kreisprozessen mit Zwischenüberhitzung wird zusätzlich der aus der Turbine entnommene Dampf wieder auf eine Temperatur erhitzt, die im allgemeinen der Frischdampftemperatur entspricht (Abschnitt 3.3).

Der Aufbau der Dampfkessel wird von den Eigenschaften des Brennstoffes wesentlich beeinflußt, wobei Beschaffenheit – fest, flüssig, gasförmig – sowie Heizwert und Ballastgehalt die Haupteigenschaften darstellen. Erdgas, Heizöl, Steinkohle, Steinkohlenmittelprodukte, Braunkohle und Abfälle aus Produktionsbetrieben wie z.B. Gichtgas, kennzeichnen die Variationsbreite der verfeuerten Brennstoffe, wobei in vielen Fällen auch der Einsatz mehrerer Brennstoffe in einer Kesselanlage gefordert wird. Durch eine gezielte Auslegung ist man in der Lage, Dampferzeuger für verschiedene Brennstoffkombinationen aufzubauen.

Bei Großkesselanlagen, wie sie beim Blockkraftwerk zum Einsatz kommen, wird der Brennstoff dem Brennraum im zündfähigen Zustand zugeführt. Gasförmige und flüssige Brennstoffe benötigen dazu, wenn man von einer Vorwärmung dickflüssiger Öle zur Verbesserung der Zerstäubung absieht, keine besondere Aufbereitung. Anders liegen die Verhältnisse bei Kohle. Hier ist eine Vermahlung und Trocknung mit anschließendem Einblasen in den Feuerraum die Regel (Kohlestaubfeuerung). Vermahlung und Trocknung erfolgen meist gleichzeitig in den Kohlemühlen. Als Trocknungs- und Fördermedium wird dabei ein Teilstrom der vorgewärmten Verbrennungsluft benutzt, oder bei sehr feuchter Kohle, wie z.B. bei der Braunkohle, zurückgesaugtes heißes Rauchgas aus dem Kessel. Die im Kohlenstaub nach Vermahlung und Trocknung verbleibende Restfeuchte bestimmt neben dem Gehalt an flüchtigen Bestandteilen und der Staubfeinheit die Zündfähigkeit des Kohlenstaubes. Steinkohle mit einem Gehalt an flüchtigen Bestandteilen von 15 bis 40% wird dabei auf etwa 1% Restfeuchte abgetrocknet,

Braunkohle mit 50 bis 60% flüchtigen Bestandteilen auf etwa 15 bis 25% Restfeuchte. Die Korngröße der gemahlenen Kohle unterliegt ähnlichen Forderungen: Je schlechter der Staub zündet, um so feiner muß gemahlen werden.

Steinkohlen-Mahlanlagen werden mit Schläger- oder Fremdkraftmühlen ausgerüstet, bei Braunkohle wird fast ausschließlich die Gebläseschlagradmühle verwendet. Die in der Mahlanlage aufbereitete Kohle wird meist direkt in den Feuerraum eingeblasen, seltener in einem Zwischenbunker gespeichert und von dort in der erforderlichen Menge abgezogen. Direkte Einblasung ist kostengünstiger, im Aufbau und Betrieb einfacher und genügt den normalen Anforderungen an die Regelfähigkeit der Kesselanlagen.

Die Abführung von Verbrennungsrückständen aus der Brennkammer bei aschehaltigen festen Brennstoffen kann in fester oder flüssiger Form erfolgen. Bei flüssigem Ascheabzug wird durch Verminderung der Wärmeübertragung an die Heizflächen im Brennkammerbereich die Feuerraumtemperatur so gesteigert, daß der Schmelzpunkt der Asche erreicht wird. Bei beiden Abzugsverfahren wird die Asche im Wasserbad abgekühlt. Der Vorteil des flüssigen Ascheabzuges liegt in den Eigenschaften des anfallenden „Granulats", das sauber verladen und transportiert und darüber hinaus z. B. als Füllstoff in der Baustoffindustrie verwendet werden kann.

Braunkohlenfeuerungen werden in der Regel mit trockenem Ascheabzug betrieben. Hier wird die Eckenfeuerung, d. h. die Anordnung der Brenner in oder nahe bei den Feuerraumecken mit Blasrichtung auf einen Brennkreis verwendet. Der dadurch entstehende Flammenwirbel unterstützt Zündung und Ausbrand des Kohlenstaubes. Bei Öl- und Gasverbrennung ist man in der Anordnung der Brenner freizügiger, ein Grund für die Vielzahl der bestehenden Feuerungsbauformen, wie Front-, Ecken-, Boden- und Boxeranordnung.

Die von den Rauchgasen mitgeführte Flugasche wird in Elektrofiltern abgeschieden, wobei Abscheidegrade über 99% gefordert und erreicht werden.

Das Drucksystem des Kessels kann als Umlauf- oder Durchlaufsystem gebaut werden, wobei eine Reihe von Zweigsystemen besteht, wie Natur- und Zwangsumlauf bzw. Durchlauf mit überlagertem Umlauf.

Naturumlaufkessel haben eine oder mehrere hochliegende Trommeln, an denen unten Fallrohre angeschlossen sind. Die Fallrohre liegen unbeheizt hinter der Brennkammerwand und sind mit den Steigrohren verbunden. Diese Steigrohre bilden die Feuerraumwände und werden kräftig beheizt. Durch die unterschiedliche Erwärmung stellt sich eine Strömung (Umlauf) ein. In den Steigrohren bildet sich ein Gemisch aus Dampf und Wasser, welches in die Trommel geführt wird. Aus der Trommel strömt der Dampf in die Überhitzer. Dieses Umlaufsystem arbeitet zufriedenstellend bis fast zum kritischen Druck, wo sich das spezifische Gewicht des Dampfes nicht mehr von dem des siedenden Wassers unterscheidet, also eine Trennung von Wasser und Dampf in der Trommel nicht mehr möglich ist. Praktisch ergibt sich jedoch schon eine Begrenzung dieses Prinzips bei Drücken unterhalb des kritischen Druckes dadurch bedingt, daß der Anteil der Überhitzungswärme bei höheren Drücken stark zunimmt. Ein Teil der Überhitzerheizfläche muß dann u. U. in die Brennkammer gelegt werden.

Bei Drücken oberhalb 160 bar werden Zwangsdurchlaufkessel gebaut. Die Strömung wird durch die Speisepumpe erzwungen. Hält man den Endpunkt der

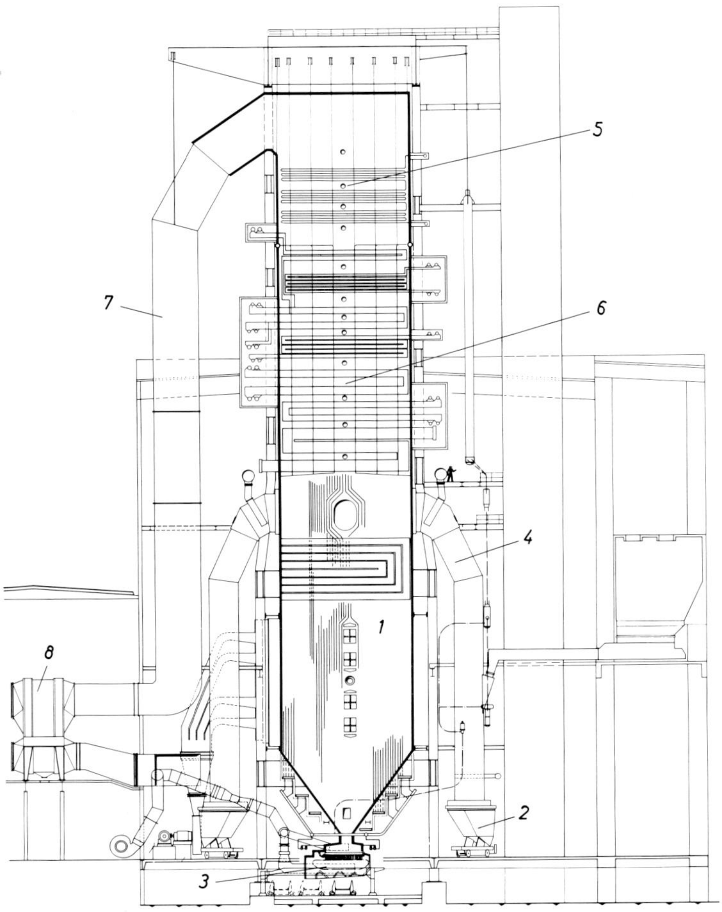

Bild. 3.17. Braunkohlengefeuerter Zwangsdurchlaufkessel (Bauart KSG/EVT). Dampfleistung 927/986 t/h, 200 bar, Frischdampftemperatur 530°, Zwischenüberhitzertemperatur 530 °C.

1 Feuerraum; *2* Kohlemühle; *3* Ascheaustragrost; *4* Rauchgasrücksaugekanal; *5* Speisewasser-Vorwärmer-Heizfläche; *6* Überhitzer-Heizfläche; *7* Rauchgas-Kanal; *8* Regenerativ-Luftvorwärmer

Verdampfung im Rohrsystem bei allen Lastpunkten fest, so entspricht dies dem Prinzip des Sulzerkessels. Gleitet dieser Punkt im Rohrsystem, so erhält man den reinen Bensonkessel.

Wichtig für Durchlaufkessel ist, daß alle Rohre bei kleinen Kessellasten gleichmäßig durchströmt und ausreichend gekühlt werden. Diese Forderung zwingt dazu, im Kessel eine ausreichende Strömungsgeschwindigkeit vorzusehen, die einen entsprechenden Druckabfall von etwa 45 bis 50 bar bei Vollast zur Folge hat.

Naturumlaufkessel haben folgende charakteristische Merkmale:

Kleinerer Druckverlust als beim Zwangsdurchlaufkessel,

die Mindestlast wird durch die Feuerung und nicht durch das Verdampfer-Rohrsystem bestimmt,

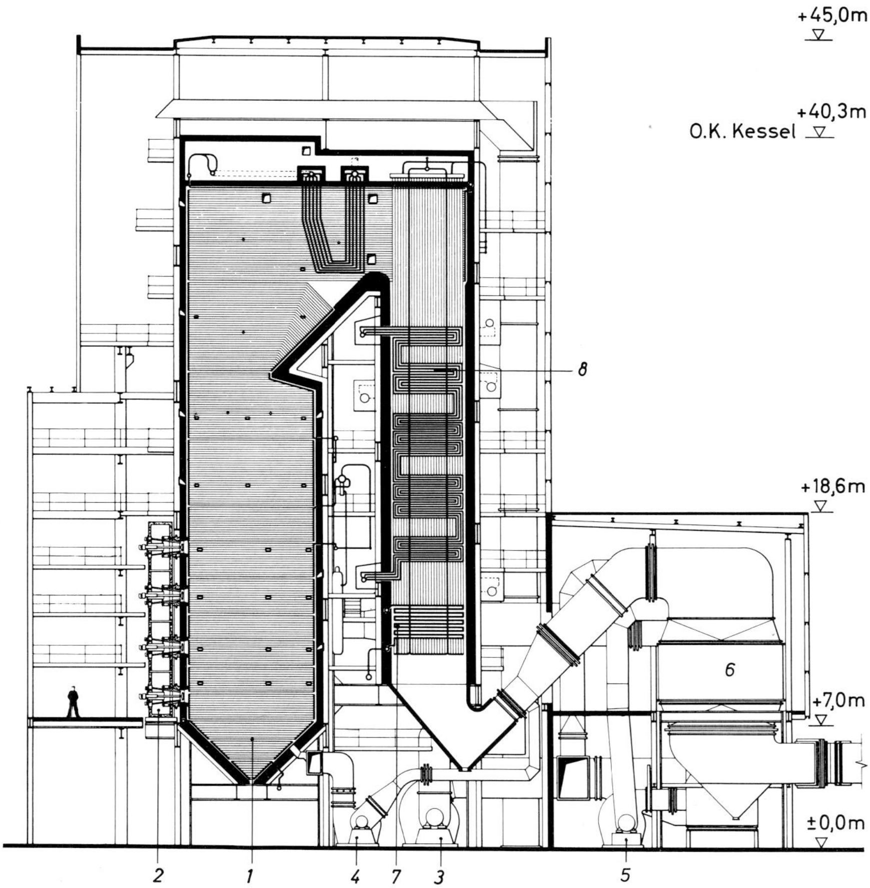

Bild 3.18. Zwangsdurchlaufkessel mit kombinierten mehrfach Lanzenbrennern für die Verfeuerung von Erdgas und Schweröl (Werkbild Babcock-Wilcox). Dampfleistung 465 t/h, 210 bar, Frischdampftemperatur 540 °C, Zwischenüberhitzertemperatur 540 °C.

1 Feuerraum; *2* Öl-Gas-Brenner; *3* Verbrennungsluftgebläse; *4* Rauchgas-Rückführgebläse; *5* Heißluft-Rückführgebläse; *6* Regenerativ-Luftvorwärmer; *7* Speisewasser-Vorwärmer-Heizfläche; *8* Überhitzer-Heizfläche

bei einer Drucksenkung kann eine verhältnismäßig große Speicherdampfmenge entnommen werden,
schnelles Anfahren aus dem warmen oder halbwarmen Zustand ist möglich.

Kennzeichnend für einen Zwangsdurchlaufkessel sind demgegenüber folgende Eigenschaften:

Der Arbeitsdruck (Frischdampfdruck) darf über dem kritischen Druck liegen,
die Frischdampftemperatur kann für den gesamten Lastbereich konstant gehalten werden,
die zulässige Drucksenkungsgeschwindigkeit ist größer als beim Umlaufkessel,
gute Leistungsregelfähigkeit,
kurze Anfahrzeit aus jedem thermischen Zustand.

Trotz der unterschiedlichsten äußeren Einflüsse ist die Bauform der Kessel in großen Bereichen frei wählbar. Das Bauvolumen eines Braunkohlenkessels ist bei gleicher Dampfleistung größer als das eines Steinkohlenkessels und dies wiederum größer als das bei Kesseln, die mit Öl oder Erdgas gefeuert werden.

Zwei Beispiele für moderne Kesselbauarten werden in den Bildern 3.17 (Braunkohlekessel) und 3.18 (Kessel für die Verfeuerung von Erdgas und Schweröl) gezeigt.

Die früher bei allen Kesseln verwendete äußere Einmauerung als Element für die Rauchgasführung und Wärmedämmung wurde bei modernen Kesseln verlassen und durch gasdichte, verschweißte und außen isolierte Rohrwände ersetzt, die Bestandteil des Kesseldruckkörpers sind. Diese Konstruktion erlaubt bei Gas- und Ölfeuerung den Betrieb der Kesselanlage mit rauchgasseitigem Überdruck in der Brennkammer und den Rauchgaszügen. Auf Gebläse zur Rauchgasführung kann dann verzichtet werden.

Die Brennstoffausnutzung bei konventioneller Dampferzeugung ist wesentlich von der Art des Brennstoffes und der Feuerung abhängig. Einige Zahlen, die die Größenordnung angeben sollen, seien zur Erläuterung genannt. Bei einer Leistung von 300 MW in Blockschaltung kann bei Steinkohle mit einem unteren Heizwert $H_u = 25\,000$ kJ/kg ein thermischer Kesselwirkungsgrad von etwa 93% erwartet werden; die Abgastemperatur beträgt dabei etwa 120 °C. Bei Braunkohle mit $H_u = 7500$ kJ/kg kann der Wirkungsgrad etwa 88% erreichen. Gichtgas mit $H_u = 4000$ kJ/norm m^3 und 130 °C Abgastemperatur ermöglicht eine Brennstoffausnutzung von etwa 92%, Erdgas mit $H_u = 33\,500$ kJ/norm m^3 und 120 °C Abgastemperatur etwa 94,5% und Heizöl mit $H_u = 40\,000$ kJ/kg etwa 94%.

Zur Versorgung der Kesselfeuerung mit der notwendigen Verbrennungsluft dienen Frischluftgebläse. Diese können ersetzt werden durch Gasturbinen, wobei die mit hohem Luftüberschuß und hoher Abgastemperatur anfallenden Abgase der Gasturbine als „Verbrennungsluft" für den Kessel verwendet und in diesem bis auf niedrige Abgastemperaturen abgekühlt werden (Bild 3.5). Ein so gebildeter „Kombiblock" (Gasturbinenanlage mit Dampfkesselanlage kombiniert) erreicht höhere Wirkungsgrade als ein einfacher Prozeß. Dieser Prozeß ist jedoch beschränkt auf die Verwendung der Brennstoffe Öl und Erdgas. Ist der Dampfkessel der Gasturbine vorgeschaltet, dient er also als Brennkammer der Gasturbine, so wird er mit erheblichem Überdruck betrieben.

3.5 Dampfturbine

In der Dampfturbine wird die potentielle Energie des hochgespannten Dampfes in mechanische Energie zum Antrieb des Generators umgewandelt. Bei der Expansion des Dampfes erhält dieser eine der Druckminderung entsprechende Strömungsgeschwindigkeit. Durch Umlenkung des strömenden Dampfes in gekrümmten Schaufeln wird auf diese eine Kraft ausgeübt. Der Wirkungsgrad der Energieumsetzung ist abhängig von dem Verhältnis der Umfangsgeschwindigkeit der Schaufeln zu der Strömungsgeschwindigkeit des Dampfes. Da man die Umfangsgeschwindigkeit nicht beliebig groß wählen kann, darf man beim Einhalten eines guten Wirkungsgrades auch die Strömungsgeschwindigkeit des

Dampfes nicht beliebig groß wählen. Der im Frischdampf vorhandene Druck muß also stufenweise abgebaut werden. In jeder Turbinenstufe (Hochdruck-, Mitteldruck-, Niederdruckstufe) wird ein ganz bestimmtes Druckgefälle verarbeitet. Eine solche Stufe besteht aus einem feststehenden Leitrad mit Leitschaufeln und einem mit der Welle verbundenen Laufrad mit Laufschaufeln. Die Krümmung der Schaufeln muß so ausgebildet sein, daß der aus dem Leitrad austretende Dampfstrom unter Berücksichtigung der Umfangsgeschwindigkeit des Laufrades möglichst stoßfrei in die Laufschaufeln eintritt. Das gleiche gilt für die Strömung vom Laufrad zum nachfolgenden feststehenden Leitrad.

Die Verarbeitung des Druckgefälles in einer Stufe kann auf zwei Arten vorgenommen werden. Entweder erfolgt die Druckabsenkung ausschließlich im Leitrad, wobei dann im Laufrad der Dampfstrom nur umgelenkt wird bei gleichzeitiger Erzeugung eines Drehmomentes, oder die Druckabsenkung erfolgt zu gleichen Teilen im Leitrad und im Laufrad. Im ersten Fall herrscht am Eintritt und am Austritt des Laufrades der gleiche Druck, und man spricht dann von einer Gleichdruckturbine. Im zweiten Fall ist der Druck am Eintritt in das Laufrad größer als am Austritt, und man spricht dann von einer Überdruck- oder Reaktionsturbine. Bei der praktischen Ausführung wird auch in der Gleichdruckbeschaufelung dem Laufrad ein kleines Druckgefälle zugeordnet, weil die beschleunigte Strömung günstigere Verhältnisse gibt.

Der Wirkungsgrad bei der Energieumsetzung in der Beschaufelung ist bei der Reaktionsturbine höher als bei der Gleichdruckturbine. Unter Berücksichtigung aller Faktoren sind beide Turbinen jedoch als gleichwertig zu betrachten.

Turbinen, welche ein großes Druckgefälle zu verarbeiten haben, benötigen eine große Anzahl von Stufen. Diese Stufenzahl kann nicht immer auf einer Welle untergebracht werden. Es ergibt sich u. U. ein zu großer Lagerabstand für die Welle und zu große Temperaturunterschiede für das Gehäuse. Das zwingt zur Ausführung von Turbinen mit mehreren Gehäusen, wobei die einzelnen Wellenteile starr gekuppelt werden (Bild 3.19).

Bei der Expansion des Dampfes vergrößert sich dessen Volumen. Die Schaufeln müssen deshalb, in Strömungsrichtung des Dampfes gesehen, länger werden. Wie bereits erwähnt, spielt für den Wirkungsgrad der Energieumsetzung in der Beschaufelung auch die Umfangsgeschwindigkeit eine Rolle. Bei sehr langen Schaufeln ist deshalb dieser Wirkungsgrad über der Schaufellänge nicht konstant. Um die großen Volumina im Niederdruckteil von Kondensationsturbinen beherrschen zu können, muß auch der Laufraddurchmesser vergrößert werden. Bei großen Leistungseinheiten ist man dann gezwungen, mehrere parallel geschaltete Niederdruckteile anzuordnen, um den erforderlichen Endquerschnitt zu erreichen. In Bild 3.19 ist eine Turbine mit zweiflutigem Austritt dargestellt, bei der der Dampf dem Niederdruckteil (rechts in Bild 3.19) von der Mitte her zugeführt wird und von hier aus die beiden symmetrischen Hälften nach außen durchströmt.

Da bei Reaktionsturbinen eine Druckdifferenz zwischen Eintritt und Austritt aus dem Laufrad herrscht, wirkt eine Kraft in Strömungsrichtung des Dampfes auf die Welle der Turbine. Dieser Axialschub kann nicht ausschließlich in einem Drucklager aufgenommen werden. Die einzelnen Gehäuse müssen deshalb so geschaltet und angeordnet werden, daß sich der Schub der Wellen ausgleicht. Wenn diese Maßnahme nicht ausreicht, vor allen Dingen bei Eingehäusemaschinen, muß

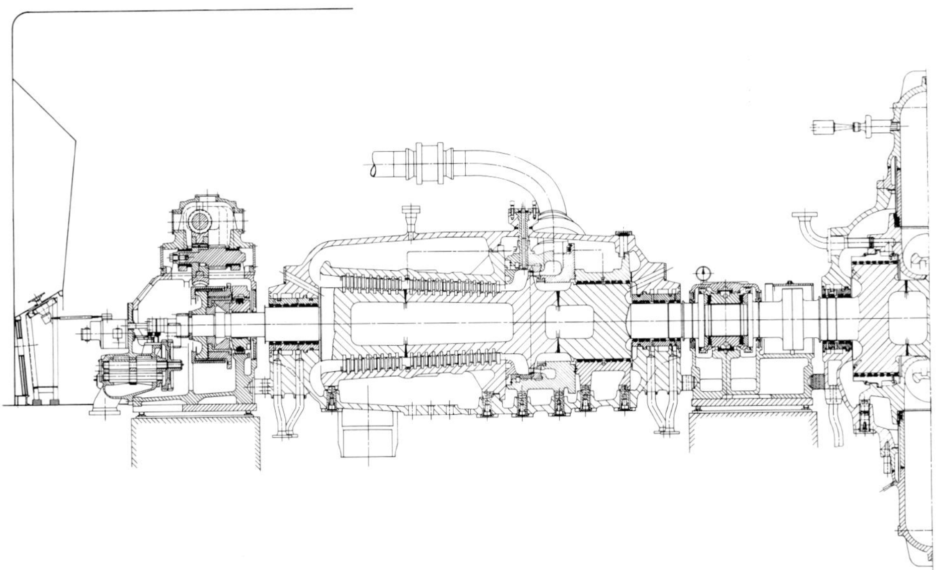

Bild 3.19. Schnittbild einer dreigehäusigen Hochdruck-Kondensationsturbine mit Zwischenüberhit-

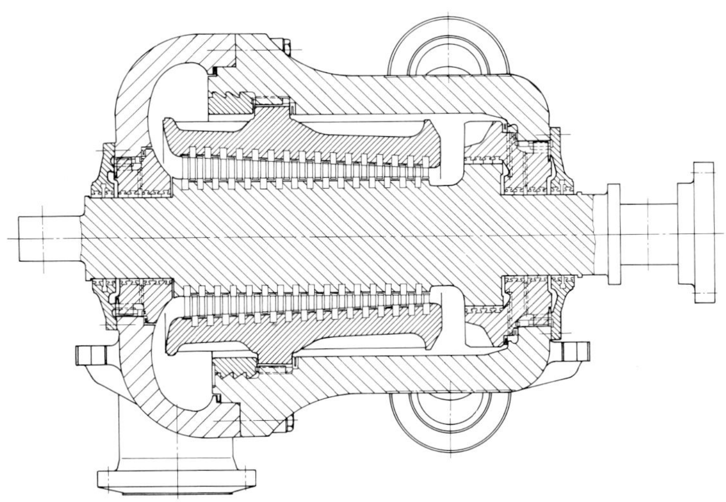

Bild 3.20. Hochdruckteil einer dreigehäusigen Kondensationsturbine 630 MW mit einfacher Zwischenüberhitzung in Topfbauweise (Werkbild KWU)

ein Ausgleichkolben angeordnet werden. Er erzeugt entgegengesetzt zur Strömungsrichtung des Dampfes den gleichen Axialschub wie die einzelnen Laufräder.

Eine andere Konstruktion des Hochdruckgehäuses einer dreigehäusigen Kondensationsturbine mit Zwischenüberhitzung in Topfbauweise zeigt Bild 3.20.

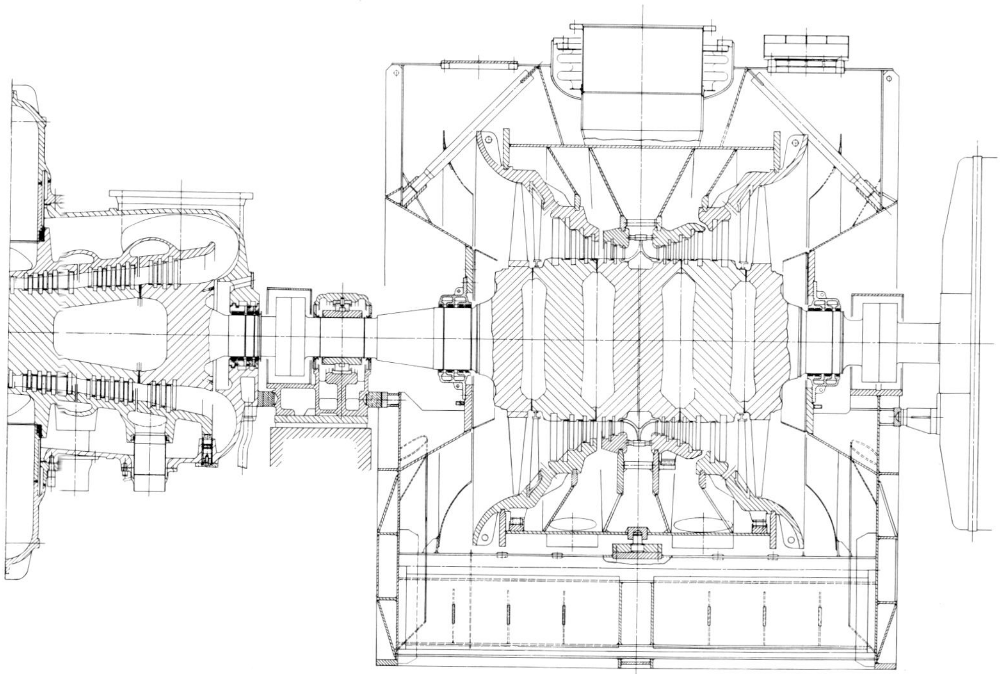

zung und zweiflutigem Niederdruckteil (Werkbild BBC)

Maschinen großer Leistung für fossil gefeuerte Kraftwerke werden ausschließlich mit einer Drehzahl von 3000 min^{-1} für 50 Hz bzw. 3600 min^{-1} für 60 Hz betrieben, wobei der Generator starr gekuppelt ist. Maschineneinheiten von 300 MW bis 800 MW werden gebaut und sind in Betrieb. Die Grenzleistungen für solche Einwellen-Turbogruppen sind jedoch noch nicht erreicht.

In Kernkraftwerken sind Einwellen-Einheiten von 600 MW bis 1200 MW in Betrieb. Diese Gruppen für 1500 min^{-1} sind direkt mit einem vierpoligen Generator gekuppelt. Beim heutigen Stand der Entwicklung der Turbinen-Schaufeln für die Endstufen sind auch 1200 MW Einheiten mit 3000 min^{-1} wirtschaftlich ausführbar.

3.6 Nukleare Dampferzeugung – Kernkraftwerke

Die Umwandlung von Atomenergie in Wärmeenergie und elektrische Energie gewinnt zunehmende Bedeutung besonders in Ländern und Gebieten, in denen nicht genügend wirtschaftlich nutzbare Wasserkräfte oder Kohlevorräte vorhanden sind.

Die vollständige Spaltung von 1 kg Uran-235 ergibt eine thermische Energie von etwa 24000 MWh. Dies entspricht dem Energieinhalt von ungefähr 3000 t Steinkohle. Im Natururan sind jedoch nur etwa 0,7 % des Isotops U-235 enthalten. In Anreicherungsanlagen kann dieser Anteil erhöht werden.

Gebaut wurden Leichtwasserreaktoren in der Form des Siedewasserreaktors (z.B. Würgassen, KKW) oder in der Form des Druckwasserreaktors (z.B. Stade, KKS) und weiter gasgekühlte graphitmoderierte Reaktoren (z.B. in Großbritannien). Mit dem Bau der THTR-Demonstrationsanlage 300 MWe in der BRD soll als weiteres Reaktorprinzip der gasgekühlte (He) graphitmoderierte Hochtemperaturreaktor mit einem Kugelhaufenkern erprobt werden. Der THTR-Reaktor wird zunächst als Zweikreisreaktor ausgeführt, bei dem aus heißem Heliumgas über Wärmetauscher Dampf mit üblichen Frischdampfdaten (181 bar bei 530 °C) gewonnen wird.

Allen Reaktoren gemeinsam ist ein Reaktordruckbehälter, der aus Stahl oder Spannbeton hergestellt wird und den Reaktorkern sowie die Kühleinrichtungen und Sicherheitseinrichtungen enthält. Dieser Reaktorbehälter muß druck- und strahlungssicher ausgeführt werden.

Beim Siedewasserreaktor dient das leichte Wasser zur Moderation und Kühlung. Es wird durch die Brennstäbe bis zum Sieden erhitzt. Der erzeugte Sattdampf wird entweder einem Wärmetauscher oder ohne Zwischenschaltung eines Wärmetauschers direkt der Turbine zugeleitet.

Der Druckwasserreaktor, für den Bild 3.21 ein vereinfachtes Schema zeigt, arbeitet mit leichtem Wasser unter hohem Druck, um einen guten Wärmeübergang zu erreichen. Das Wasser dient auch hier als Moderator und Kühlmedium. Der Dampfkreislauf der Turbine ist vom Reaktorkreislauf durch einen Wärmetauscher getrennt.

Bei Siedewasser- und Druckwasserreaktoren können ohne Zusatzmaßnahmen nur merklich niedrigere Frischdampfdrücke und -temperaturen erreicht werden als bei Dampfkesseln (Bild 3.17 und 3.18). Wegen des dadurch bedingten größeren Dampfvolumens und der Dampfnässe in den Endstufen werden für die Turbine und den Generator meist eine Drehzahl von 1500 min^{-1} (50 Hz) vorgesehen. Darüber hinaus werden doppelflutige Niederdruckteile der Turbine und entsprechende Abmessungen notwendig.

Beim Hochtemperatur-Reaktor HTR dient Graphit als Moderator und Helium als Kühlgas. Das im Reaktor hocherwärmte Heliumgas gibt seine Wärmeenergie in einem Dampferzeuger an den Dampfkreislauf der Turbine ab. Der Dampferzeuger wird zusammen mit dem Reaktor in einem gemeinsamen Druckgefäß untergebracht. Beim THTR 300 MW, Schmehausen, sind die Brennelemente nicht wie sonst üblich stabförmig, sondern kugelförmig. Die Kugeln bestehen aus Graphit mit eingelagerten Teilen aus hochangereichertem U-235 und Th 232. Bei dem 300-MW-Reaktor ist ein Kugelhaufen mit 675000 Brennelementen vorgesehen. Das Kühlgas beim THTR soll auf 795 °C erwärmt werden, so daß dann ein Frischdampfzustand von 181 bar und 530 °C möglich wird. Eine Weiterentwicklung ist der Hochtemperaturreaktor mit Heliumturbine im Direktkreislauf.

Die geschätzten Uranvorräte (U_3O_8) in der Welt werden bei tragbaren Kosten für die Gewinnung und dem geplanten Ausbau der Kernkraftwerke nur einige Jahrzehnte ausreichen [3.13]. Neue Lagerstätten müssen erschlossen und neue Anreicherungsanlagen gebaut werden. Um hier einen Ausweg zu finden, konzentrieren sich die Forschungsarbeiten auf die Entwicklung der schnellen Brüter. In den Brütern soll der Spaltprozeß so ablaufen, daß mehr Spaltmaterial erzeugt wird als für die Aufrechterhaltung des Prozesses notwendig ist. Bei natriumge-

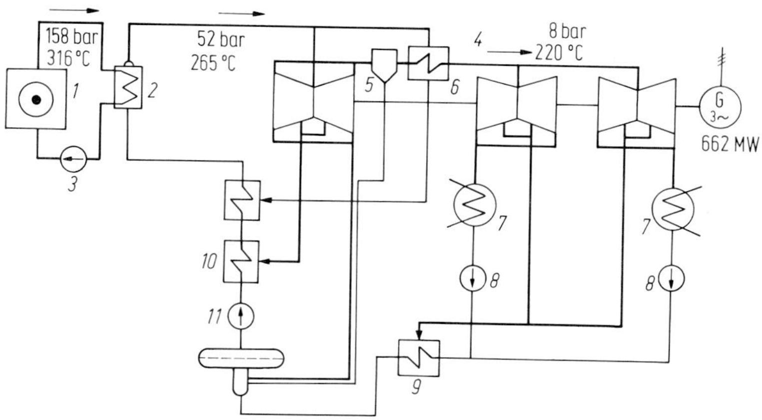

Bild 3.21. Kreislauf beim Druckwasserreaktor (vereinfacht) – Beispiel Stade (KKS) [3.6].
1 Druckwasserreaktor; *2* Dampferzeuger; *3* Hauptumwälzpumpe; *4* Sattdampfturbine; *5* Wasserabscheider; *6* Zwischenüberhitzer; *7* Kondensator; *8* Hauptkondensatpumpe; *9* ND-Vorwärmer; *10* HD-Vorwärmer; *11* Speisepumpe

kühlten schnellen Brütern wird mit einem erhöhten Kapitalbedarf für die Errichtung, jedoch mit geringeren Brennstoffkosten gerechnet.

Physikalische und andere vorbereitende Untersuchungen sollen die Frage klären, ob es später möglich sein wird, Kernkraftwerke mit Fusionsreaktoren zur elektrischen Energieerzeugung einzusetzen [3.2]. Das Atomgesetz regelt die friedliche Anwendung der Kernenergie in der BR Deutschland und den Schutz vor ihren Gefahren. Alle kerntechnischen Anlagen bedürfen nach diesem Gesetz einer Genehmigung, welche die Behörden nur erteilen, wenn u. a. die nach dem neuesten Stand der Wissenschaft und Technik mögliche Vorsorge gegen Schäden getroffen, die Zuverlässigkeit aller wichtigen Teile vom Errichter und Betreiber nachgewiesen und gewährleistet ist, daß die berechtigten Belange des Umweltschutzes voll gewahrt werden [3.22].

Zuverlässige Wiederaufbereitungs- und Entsorgungsanlagen für den Kernbrennstoff müssen zur Verfügung stehen.

3.7 Allgemeine Anordnungen in thermischen Kraftwerken

Bei großen Einheiten wird heute fast ausschließlich die Blockbauweise angewandt. Kessel, Turbinen und Speisepumpen sind einander eindeutig zugeordnet. Bei der Kühlwasserversorgung wird manchmal der Sammelschienenbetrieb beibehalten. Meistens sind aber auch die Kühlwasserpumpen und die Kühltürme blockgebunden. In Industriebetrieben mit Heizdampfabgabe können andere Verhältnisse herrschen, die auch heute noch den Sammelschienenbetrieb sinnvoll erscheinen lassen.

Hinsichtlich der Baukörper unterscheidet man Kesselbau, Maschinenhaus, Schwerbau und Schaltanlage. Der Schwerbau, so genannt, weil er als Stahlbetonbau ausgeführt ist und erhebliche Lasten zu tragen hat, ist nur bei Kohlekraftwerken erforderlich. Er kann zwischen dem Kesselhaus und dem Maschinenhaus stehen. Kesselhaus und Maschinenhaus können dann in Stahlkonstruktion ausgeführt und auf dem Kesselgerüst und Schwerbau abgestützt werden.

Große Kraftwerksblöcke für feste Brennstoffe werden in der sogenannten Flachbauweise erstellt. Hierbei steht das Elektrofilter hinter dem Kesselhaus auf einem niedrigen Gerüst. Der Schornstein erhält eine gesonderte Gründung.

Die Kesselanlagen für große Blockeinheiten werden manchmal im oberen Bereich, wo keine Rußbläser vorhanden sind, in Freiluftbauweise erstellt. Für Erdgas- oder Ölkraftwerke ohne Schwerbau und Elektrofilter wird für das Kesselhaus auch die Pylonbauweise verwendet. Hierbei wird der Kessel in 2 Stahlbetonpylone eingehängt, welche oben über ein Verbindungsjoch den Schornstein tragen. Als Vorder- und Rückwand des Kesselhauses dient eine Leichtverkleidung, welche den Forderungen des Schallschutzes genügen muß. Anstelle der Pylone kann auch ein Faltbauwerk treten, welches als Kesselhaus den Dampferzeuger umschließt. Auch diese Konstruktion trägt den Schornstein und der Kessel wird eingehängt.

Das Maschinenhaus kann durchgehend für das gesamte Kraftwerk vorgesehen werden oder jeder Kraftwerksblock erhält sein eigenes Maschinenhaus. Im ersten Fall ist es bei großen Einheiten erforderlich, den Turbosatz parallel zur Maschinenhausachse aufzustellen, da sonst der Maschinenhauskran mit zu großen Spannweiten ausgeführt werden müßte. In jedem Fall erhält das Turbinenfundament eine vom Maschinenhaus getrennte Gründung.

Die Vorwärmer werden im Maschinenhaus neben der Turbine angeordnet, um kurze Rohrleitungen zu erhalten. Die Speisepumpen können im Maschinenhaus, im Schwerbau oder, wenn dieser nicht vorhanden ist, in einem eigenen Pumpenzwischenbau aufgestellt werden.

Für den Dampfkreislauf muß eine Zusatzwassermenge von etwa 1% des maximalen Dampfstromes bereitgestellt werden. Bei Neuanlagen wird man mit Rücksicht auf die Inbetriebsetzung eine größere Kapazität vorsehen. Man wählt heute meist eine chemische Aufbereitung, in der das Rohwasser entsalzt wird. Das Reinwasser hat praktisch die gleiche Qualität wie gutes Kondensat. Es muß allerdings noch entgast werden. Das kann im Kondensator der Turbine oder in einem eigenen Entgaser geschehen. Um Versalzungen der Turbinen zu vermeiden, sind Kondensatentsalzungsanlagen üblich. Es handelt sich hierbei um chemische Aufbereitungsanlagen mit vorgeschalteten mechanischen Filtern, welche in den Kreislauf eingefügt werden.

Die Schaltanlage für den Eigenbedarf wird entweder in einem gesonderten Schalthaus untergebracht, oder im Schwerbau, wenn dieser genügend Platz bietet. Häufig wird die 6-kV-(10-kV-)Verteilung auch in einem gesonderten Schalthaus aufgestellt und die 0,4-kV-Verteilung im Schwerbau oder im Kesselhaus. Maßgebend für die Anordnung sind die Lage der Verbraucher sowie die erforderlichen Kabellängen. Die Mehrzahl der Niederspannungsverbraucher befindet sich im Kesselhaus.

Bild 3.22 dient als ein Beispiel für den Aufbau eines Kraftwerkes, das jedoch nicht verallgemeinert werden kann. Der Kühlwasserkreislauf (Flußwasserkühlung, Rückkühlung in Kühltürmen oder Luftkondensation), die Bodenverhältnisse, die Schornsteinhöhe und andere Randbedingungen beeinflussen den Aufbau eines

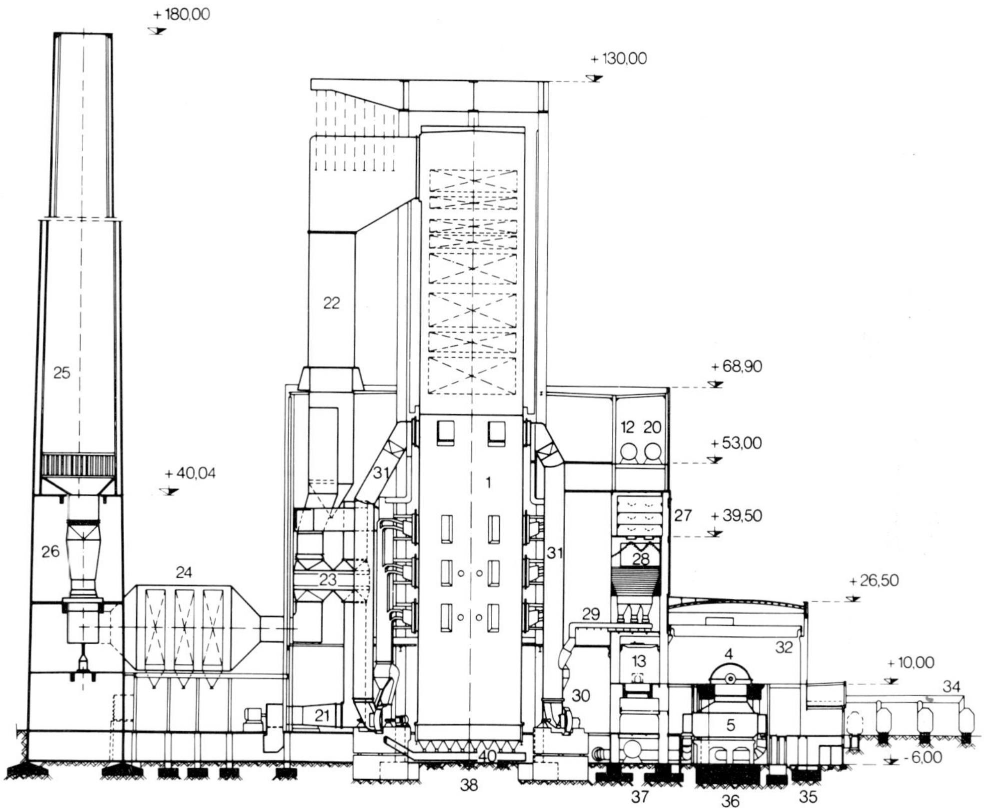

Bild 3.22. Thermisches Kraftwerk 600 MW/780 MVA mit Braunkohlenfeuerung, Gesamtquerschnitt (Beispiel).

1 Dampferzeuger (Bensonkessel), *4* Turbogruppe mit Kondensationsturbine und einfacher Zwischenüberhitzung, *5* Kondensator, *12* Speisewasserbehälter und -entgaser, *13* Speisewasserpumpen, *20* Speisewasserhochbehälter, *21* Frischdampfgebläse, *22* Rauchgaskanal, *23* Luftvorwärmer, *24* Elektrofilter, *25* Kamin, *26* Saugzuggebläse, *28* Kohlebunker, *29* Mühlenzuteiler, *30* Kohlemühlen, *31* Rauchgas-Rücksaugeschacht, *32* Maschinenhauskran, *34* Maschinentransformatoren, *35* Schaltanlagenvorbau, *36* Maschinenhaus, *37* Zwischenbau, *38* Kesselhaus, *40* Naßentschlacker

Kraftwerkes erheblich. Die Fragen des Umweltschutzes erlangen immer größere Bedeutung und beeinflussen damit auch den Aufbau der Kraftwerke (z. B. Schornsteinhöhe von 300 m und mehr).

Um die Lärmemissionen einzudämmen, sind Schallschutzmaßnahmen erforderlich, besonders bei Kraftwerken in der Nähe von Wohngebieten. Bei Brennstoffen mit hohen Schwefelgehalten wird man in Zukunft nicht auf Rauchgasentschwefelungsanlagen verzichten können. Um die Aufwärmung der Flüsse in Grenzen zu halten, werden in verstärktem Maße Kühltürme eingesetzt [3.12, 3.17, 3.18]. Da selbst die erforderlichen Zusatzwassermengen für Naßkühltürme oft nur mit großen Schwierigkeiten beschafft werden können, ist zu erwarten, daß der Trockenkühlturm in Zukunft verstärkt zur Anwendung kommen wird.

Der Aufbau von Kernkraftwerken wird weitgehend durch die Reaktortechnik und die Sicherheitsanforderungen bestimmt. Der Reservebrennstoff wird im Reaktorgebäude gelagert. Äußere Brennstofflager, wie z. B. bei Kohlekraftwerken, entfallen damit.

4. Wasserkraftwerke

4.1 Bedeutung

Bei der Elektrizitätsversorgung eines Landes ist stets der Gedanke naheliegend, die verfügbaren Wasserkräfte auszunutzen. Fluß- und Speicherkraftwerke tragen deshalb je nach den topografischen Gegebenheiten in mehr oder weniger hohem Maße zur elektrischen Energieerzeugung der einzelnen Länder bei. Bei besonders günstigen Verhältnissen (wie z.B. in den Alpenländern und Skandinavien) ist ihr Anteil an der Elektrizitätserzeugung sogar größer als der durch thermische Kraftwerke aufgebrachte Anteil.

Während in Europa im Laufe der vergangenen Jahrzehnte die Laufwasserkraftwerke weitgehend ausgebaut wurden, eröffnen sich in anderen Erdteilen, z.B. in Amerika, Afrika und Asien, noch große Möglichkeiten für die Nutzung vorhandener Wasserkräfte. Wasserreiche Ströme erfordern Wasserturbinen von bisher ungewohnter Größe, so daß sich teilweise ganz neue konstruktive und fertigungstechnische Probleme ergeben.

Die Entwicklung in Industrieländern mit vornehmlich thermischer Energieerzeugung führt dagegen immer mehr zum Bau großer Pumpspeicherkraftwerke, die zur Deckung des Spitzenbedarfs und als Regelkraftwerke mit Anschluß an die Sekundärregelung der Netze von entscheidender Bedeutung sind (Abschnitt 6.3.2). Mit zunehmendem Anteil der Leistung von Kernkraftwerken an der gesamten Erzeugerleistung fällt den Pumpspeicherkraftwerken die Aufgabe zu, eine möglichst gleichbleibende Belastung der Kernkraftwerke zu unterstützen [1.15, 4.16, 4.23].

4.2 Wasserkraftgeneratoren

Die Entwicklung der Wasserkraftgeneratoren zu größeren Einheiten ist an die hydraulischen Verhältnisse gebunden. Immerhin ist in den vergangenen Jahren insbesondere im niedrigen Drehzahlbereich (z.B. Wasserkraftgeneratoren in der UdSSR im Kraftwerk Krasnojarsk mit 500 MW, 15,75 kV, $\cos\varphi = 0{,}85$ bei einer Drehzahl von $93{,}8\,\text{min}^{-1}$ (64 Pole) oder Wasserkraftgeneratoren in Kanada nach Bild 4.16) und bei Pumpspeicherkraftwerken eine sehr bedeutende Vergrößerung der Einheitenleistungen zu verzeichnen. Auch hier konnte wie bei Turbogeneratoren die Ausnutzung der Maschinen erheblich gesteigert werden durch Maßnahmen zur Reduzierung der Zusatzverluste und durch Übergang zur Wasserkühlung der Ständerwicklung und zum Teil auch des Ständereisens und der Läuferwicklung.

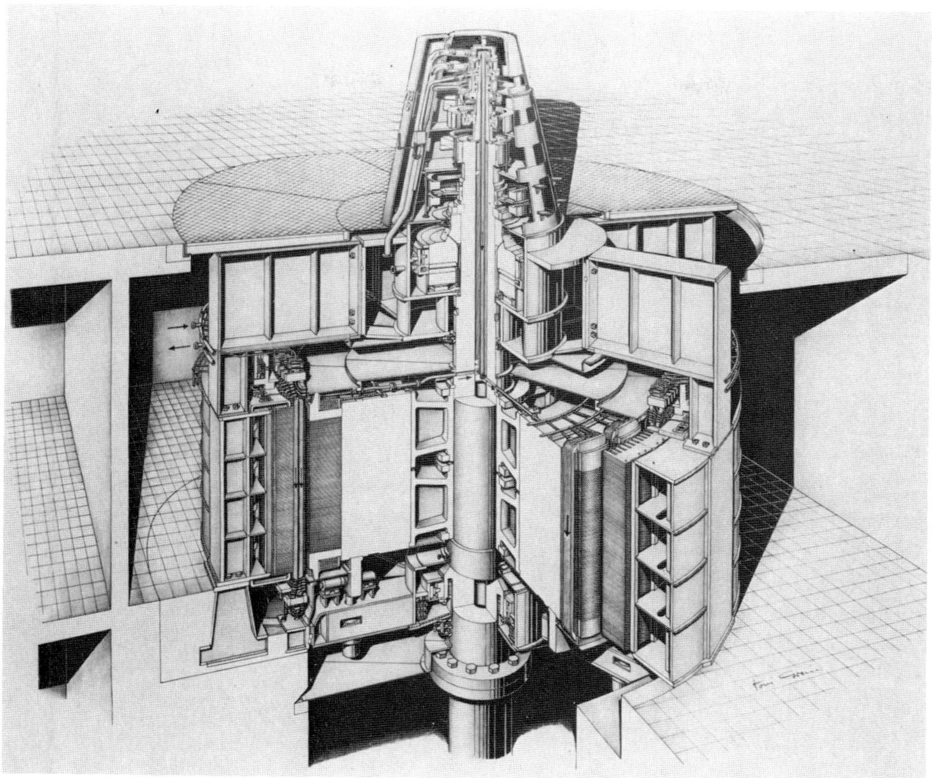

Bild 4.1. Wasserkraftgenerator 230 MVA, 50 Hz, 375 min^{-1} mit wassergekühlten Spulen des Polrades und Wasserkühlung der Statorwicklung und des Stator-Blechkörpers [4.18] (Werkbild NEBB Oslo)

Dies führte zu Generatoren mit erhöhtem Wirkungsgrad oder kleineren Abmessungen. Bild 4.1 zeigt ein Beispiel für einen Generator mit Wasserkühlung.

Der Übergang zu Pumpturbinen in zahlreichen Pumpspeicherwerken ergab neue Anlaufprobleme. Während der Anlauf im Generatorbetrieb durch die Pumpturbinen geschieht, ist für den Übergang zum Pumpbetrieb ein unabhängiger Anlauf erforderlich. Von den verschiedenen Anlaufverfahren nach Bild 4.2, wie Anwurfturbine, Anwurfmotor, Frequenzanlauf, Anlauf mit Stromrichter oder durch Ungersatz und asynchronen Anlauf hat letzteres an Bedeutung gewonnen. Es zeigt sich, daß in vielen Fällen die Ausführung des Läufers mit massiven Polen statt mit lamellierten Polen und Dämpferwicklung, günstige Anlaufverhältnisse ergibt [4.12, 4.21]. Je nach der zugelassenen Absenkung der Netzspannung beim asynchronen Anlauf wird man die Synchronmaschine direkt oder über eine Drossel an das Netz schalten.

4.3 Wasserturbinen

In den Wasserkraftwerken werden, von Sonderfällen abgesehen, entweder Freistrahl- (Pelton-), Francis- oder Kaplan- bzw. Rohrturbinen eingesetzt. Ihre

Anlaufverfahren →	Anwurf-Turbine	Anwurf-Motor	Synchroner Anlauf				Asynchroner Anlauf	
			mit benachbartem Maschinensatz		mit statischem Umrichter	mit Unger-Satz	mit direkter Einschaltung	mit Einschaltung über eine Vordrossel
			Frequenzanlauf	Teilfrequenzanlauf				
Anlaufschaltung	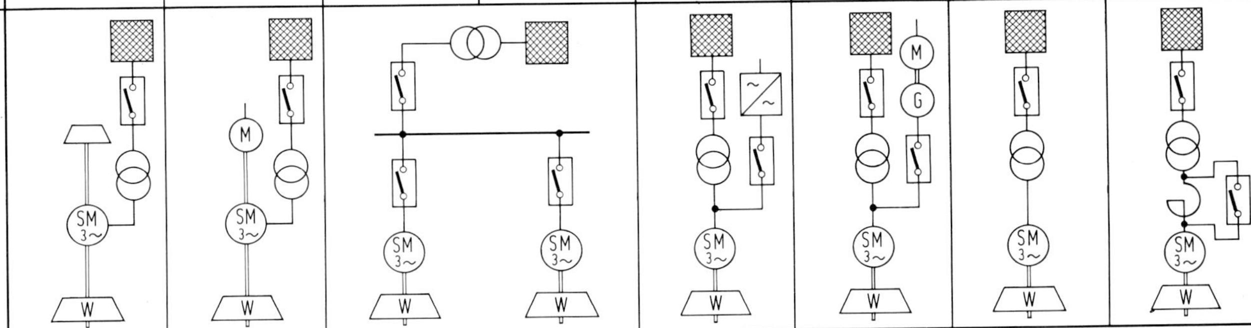							
Energiequelle für den Anlauf	Oberbecken	Netz	Oberbecken		Netz	je nach Antrieb	Netz	
Stoßbelastung des Netzes	—	gering	—		gering	gering	groß	
Technischer Aufwand mit Raumbedarf								
- am Maschinensatz	ja	ja	nein		nein	nein	nein	
- durch elektrische Ausrüstung im Krafthaus	nein	(ja)	ja		ja nein[2]	ja nein[2]	nein	
- außerhalb des Krafthauses	nein	nein	nein		nein ja[2]	nein ja[2]	ja	
bezogene Schätzkosten einer Anlaufeinrichtung[1] (Anwurfmotor ≙ 100)	100	100	10	15	> 300	120	5	30 ... 80[3]

Bild 4.2. Anlaufschaltungen für Pumpspeichersätze [4.21]. SM Synchronmaschine; M Motor; W Wasserkraftmaschine (Turbine + Pumpe oder Pumpturbine).

[1]) Bei vergleichbaren Anlaufzeiten. [2]) Bei Aufstellung der Anlaufeinrichtung außerhalb des Krafthauses.
[3]) Abhängig von den anlagenbedingten Kosten für den Einsatz einer Drossel

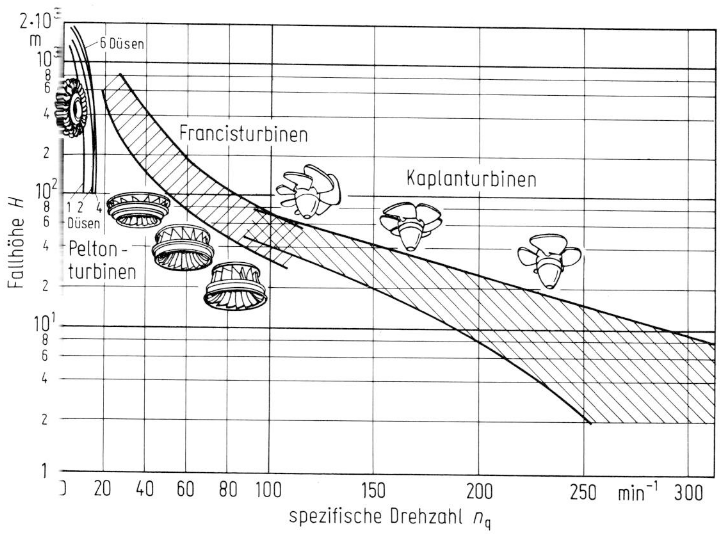

Bild 4.3. Anwendungsbereiche der Wasserturbinen-Bauarten.
Die Skizzen deuten die charakteristische Laufradform zugehörig zur spezifischen Drehzahl an; n_q bezieht sich auf den Vollastauslegungspunkt

Anwendungsbereiche sind in Bild 4.3 dargestellt. Die „spezifische Drehzahl n_q" läßt sich aus der Ähnlichkeitstheorie der Strömungsmaschine herleiten und gibt die Drehzahl eines dem betrachteten geometrisch ähnlichen Laufrades an, das bei 1 m Fallhöhe den Volumenstrom 1 m³/s verarbeitet [3.8, 4.8].

Die spezifische Drehzahl n_q, die sich auf den Vollastauslegungspunkt bezieht, ist eine Kennziffer, die zur Auswahl der Turbinenbauart herangezogen wird, wenn eine gegebene Wasserdarbietung bei einer gewünschten Drehzahl n nutzbar gemacht werden soll. Bezeichnet Q den Volumenstrom, H die Fallhöhe und n die Drehzahl der Turbine, so gilt für die spezifische Drehzahl:

$$n_q = n \frac{\sqrt{\dfrac{Q}{\mathrm{m^3/s}}}}{\left(\dfrac{H}{\mathrm{m}}\right)^{3/4}} \tag{4.1}$$

Für die sechsdüsige Peltonturbine nach Bild 4.4 ergibt sich z.B. mit $Q = 46{,}12\ \mathrm{m^3/s}$ und $H = 413$ m sowie $n = 180\ \mathrm{min^{-1}}$ eine spezifische Drehzahl

$$n_q = 180\ \mathrm{min^{-1}} \cdot \sqrt{46{,}12}/(413)^{3/4} = 13{,}4\ \mathrm{min^{-1}}$$

Für große Fallhöhen werden meist Freistrahl-(Pelton-)Turbinen verwendet (Bild 4.4).

Bei dieser Turbinenart wird in einer Düse durch Ausbildung eines freien Strahls die potentielle Energie des Wassers vollkommen in Geschwindigkeitsenergie umgewandelt. Der Strahl trifft tangential auf das Laufrad, wird in den am

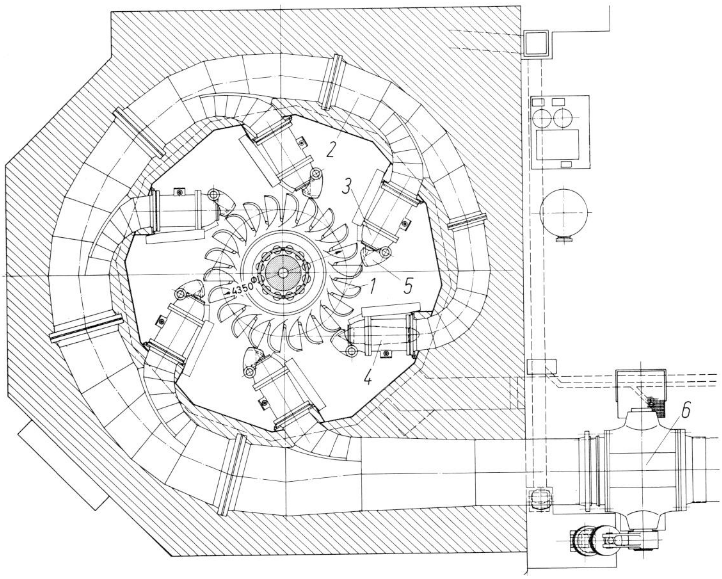

Bild 4.4. Sechsdüsige Freistrahlturbine New Colgate am Yuba River, Kalifornien (Werkbild Voith). $H = 413$ m, $Q = 46{,}12\,\text{m}^3/\text{s}$, $n = 180\,\text{min}^{-1}$, $P = 167$ MW.
1 Laufrad; *2* Ringleitung; *3* Düse; *4* innenregulierte Düsennadel; *5* Strahlablenker; *6* Absperrorgan

Umfang verteilten becherförmigen Schaufeln des Laufrades umgelenkt und gibt dabei seine Energie ab. Je nach dem zu verarbeitenden Volumenstrom ist die Freistrahlturbine mit einer oder mehreren Düsen ausgerüstet, wobei deren Austrittsquerschnitte zur Leistungsregulierung über axial verschiebbare Nadeln verändert werden können. Die Verschiebung erfolgt entweder mechanisch, wobei die Nadeln den Abzweigkrümmer durchstoßen und von außen betätigt werden, oder durch vom Wasser umströmte innen angeordnete Servomotoren. Diese in Bild 4.4 dargestellte zweite Möglichkeit ist technisch komplizierter, hat aber den Vorteil, daß der Krümmungsradius der Abzweigung größer werden kann und deshalb die Strahlqualität infolge verminderter Sekundärströmungen verbessert wird.

Die Strahlablenker greifen ein, wenn bei plötzlicher Lastverringerung die Maschine schnell nachreguliert werden soll, der Druckstoß in der Zuleitung ein bestimmtes Maß jedoch nicht überschreiten darf. Die Strahlablenker schneiden von der Seite her in den Strahl, lenken einen Teil des Wasserstromes ab und verringern damit sehr schnell die Antriebsleistung der Turbine. Gleichzeitig werden die Düsennadeln, wenn auch wesentlich langsamer, auf den neuen Betriebszustand eingestellt.

Im Gegensatz zu den teilbeaufschlagten Freistrahlturbinen, in deren Laufrad die Energieumwandlung bei gleichbleibendem Druck abläuft (Gleichdruckmaschine), sind Francis- und Kaplan-Turbinen Überdruckmaschinen. Ihre Laufräder sind bei allen Betriebszuständen voll beaufschlagt. Der Druck am Laufradeintritt ist höher als am Laufradaustritt.

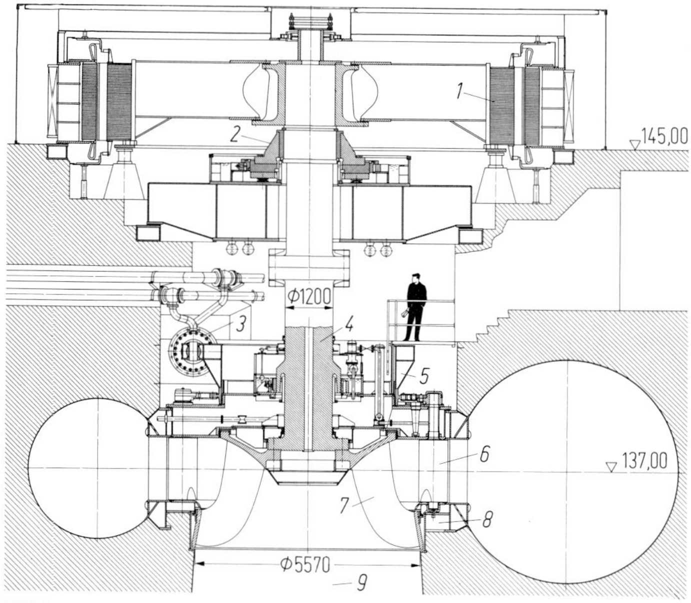

Bild 4.5. Vertikaler Maschinensatz mit Francis-Turbine, Paulo Alfonso III am Rio Sao Francisco, Brasilien (Werkbild Voith).
$H = 87{,}5$ m, $Q = 284\,\mathrm{m^3/s}$, $n = 138{,}5\,\mathrm{min^{-1}}$, $P = 221$ MW.
1 Generator; *2* Spurlager; *3* Leitrad-Servomotor; *4* selbstschmierendes Führungslager; *5* Regelring; *6* Leitschaufeln; *7* geschweißtes Laufrad; *8* geschweißter Traversenring mit Spirale; *9* Saugrohr

Die Francis-Turbine wird bei Fallhöhen zwischen etwa 60 und 600 m eingesetzt.

Bei der Francisturbine nach Bild 4.5 durchströmt das Wasser zunächst die Einlaufspirale, danach den Leitapparat, das Laufrad und schließlich das Saugrohr. Die Spirale sorgt für axialsymmetrische Geschwindigkeitsverteilung vor den Leitschaufeln, die, tragflügelähnlich profiliert, über einen gemeinsamen Regelring um ihre Längsachse verdreht werden können. Zwei (seltener vier) hydraulische Servomotoren, die auf dem Turbinendeckel angeordnet sind und am Regelring angreifen, üben die Stellkraft aus. Neuere Ausführungen besitzen Einzelservomotoren für jede Leitschaufel.

Mit dieser Verstellung wird die Turbine reguliert: Beim Betrieb im Auslegungspunkt sind die Leitschaufeln wirkungsfrei, und die Strömung verläßt das Laufrad ohne Drall. Für andere Betriebszustände (Teil- bzw. Überlast) werden die Leitschaufeln soweit verstellt, bis sich durch Änderung des Dralls vor dem Laufrad und des Volumenstroms (durch Veränderung des Durchflußquerschnittes) die geforderte Antriebsleistung (bzw. sinngemäß die Anpassung an andere Fallhöhen oder Volumenströme) ergibt. Die Abströmung nach dem Laufrad ist dann wegen dessen gleichbleibender Drehzahl nicht mehr drallfrei. Dadurch können Erschütterungen der Maschine und des gesamten Bauwerks auftreten. Bei Entwicklungsarbeiten muß dieser Erscheinung deshalb besondere Aufmerksamkeit geschenkt werden.

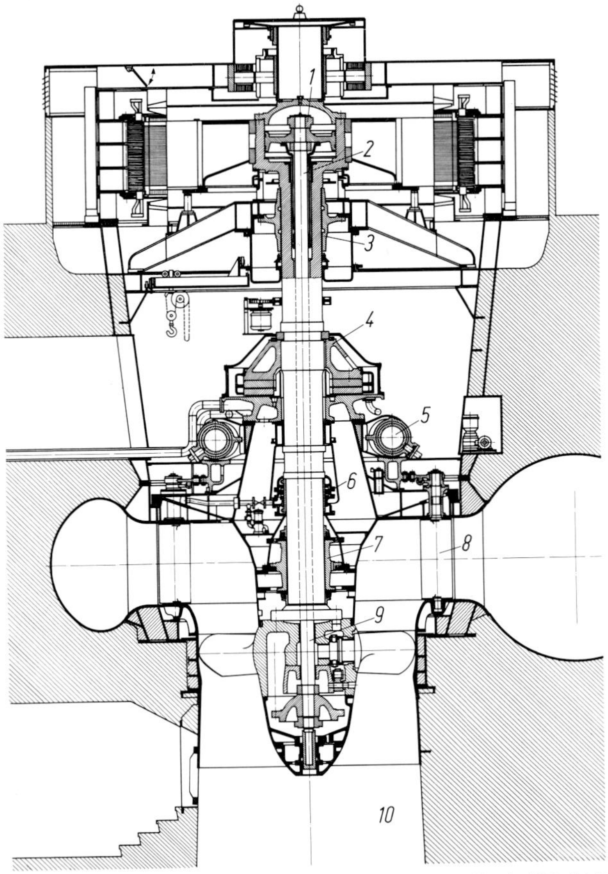

Bild 4.6. Vertikale Kaplanturbine Roßhaupten am Lech (Werkbild Voith).
$H = 38$ m, $Q = 75\ m^3/s$, $n = 200\ min^{-1}$, $P = 24{,}8$ MW.

1 Laufrad-Servomotor; *2* Verstellspindel; *3* oberes Führungslager mit Servomotorölzufuhr; *4* Spurlager; *5* Leitrad-Servomotor; *6* Wellendichtung; *7* unteres Führungslager; *8* Leitschaufel; *9* Laufrad mit verstellbaren Schaufeln und Verstellkreuz; *10* Saugrohr

Das Saugrohr hat die Aufgabe, einen Teil der am Laufradaustritt vorhandenen Geschwindigkeitsenergie durch Diffusorwirkung zurückzugewinnen.

Bei der Auslegung von Überdruckturbinen, somit also auch Francismaschinen, ist besonders die Erscheinung der Kavitation zu beachten: Durch Verdampfen des strömenden Wassers an Stellen besonders niedrigen Drucks (vorwiegend im Laufrad) und anschließender schlagartiger Kondensation der Dampfblasen kann es zu erheblichen Schäden an den umströmten Flächen (Schaufeln, Laufradkranz) kommen.

Die Kaplanturbine nach Bild 4.6 verarbeitet Volumenströme bei schwankenden und relativ geringen Fallhöhen (bis zu etwa 70 m). Sie ist damit die für Laufkraftwerke am besten geeignete Maschine.

Gegenüber der Francisturbine hat die Kaplanturbine den Vorteil, daß sie bei grundsätzlich gleichem Aufbau (Spirale, Leitapparat, Laufrad, Saugrohr) über

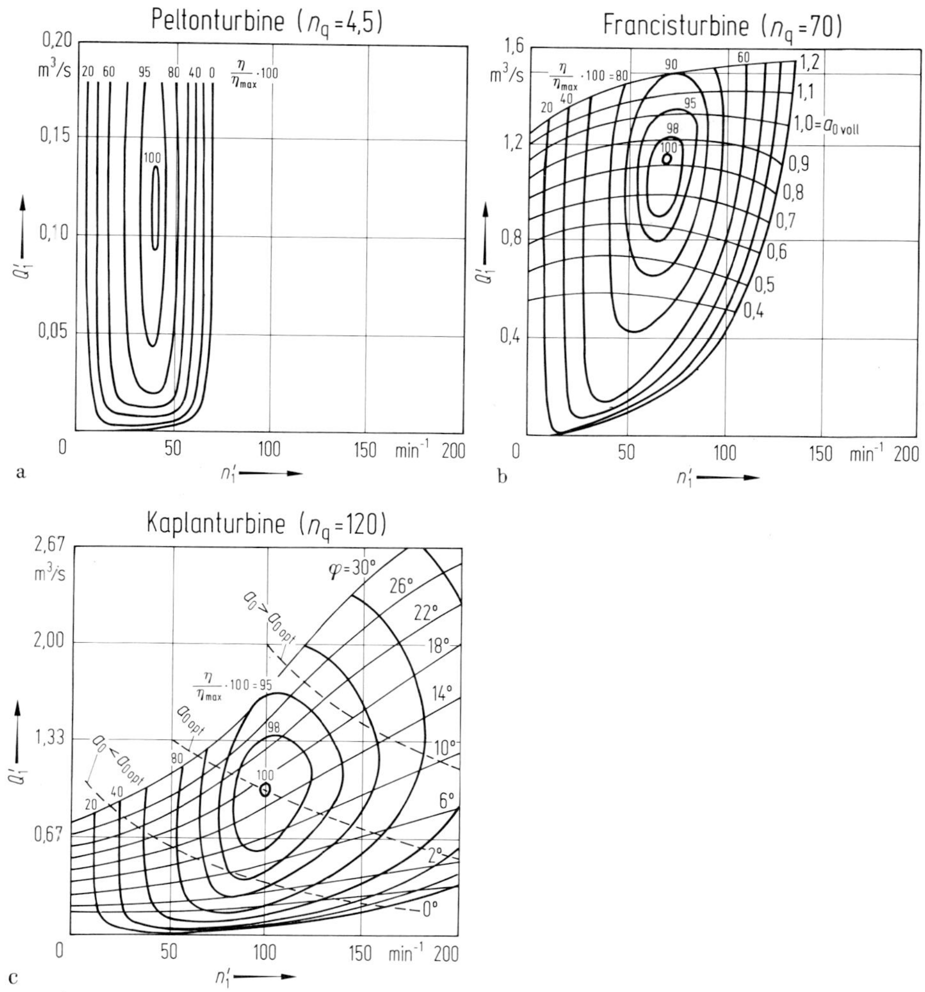

Bild 4.7. Einheitsvolumenströme Q_1', abhängig von der Einheitsdrehzahl n_1' für eine Peltonturbine ($n_q = 4{,}5\,\text{min}^{-1}$), eine Francisturbine ($n_q = 70\,\text{min}^{-1}$) und eine Kaplanturbine ($n_q = 120\,\text{min}^{-1}$). Kennfelder mit η/η_{max} als Parameter.

a_0 Leitradöffnung der Francisturbine, Änderung durch Verstellung der Leitschaufeln (*6* in Bild 4.5); φ Laufradwinkel der Kaplanturbine, Änderung durch Verstellung der Schaufeln (*9* in Bild 4.6)

verstellbare Laufradschaufeln verfügt. Sie kann sich damit durch Doppelregelung wechselnden Betriebsbedingungen sehr viel besser anpassen. Ihr Kennfeld ist wesentlich weiter ausgedehnt, d.h. der Wirkungsgrad fällt auch bei starker Teil- bzw. Überlast nur relativ wenig ab.

Die Regelung erfolgt auch hier durch Verstellung der Leitschaufeln (mit in der Regel zwei Servomotoren, die den Regelring drehen). Über eine Kurvenscheibe werden die Laufradschaufeln soweit nachgesteuert, bis die optimale Zuordnung erreicht ist. Hierfür dient ebenfalls ein Servomotor, der entweder am oberen Ende der Turbinenwelle (Bild 4.6) oder in der Abstromhaube des Laufrades angeordnet ist.

Bild 4.7 zeigt typische Kennfelder der beschriebenen Turbinenarten [4.8].

Wie die spezifische Drehzahl n_q sind auch der Einheitsvolumenstrom Q'_1 und die Einheitsdrehzahl n'_1 Begriffe, die im Rahmen der Modellgesetze [3.8] zur Auslegung der Wasserturbinen dienen. Ausgehend vom Volumenstrom Q und der Fallhöhe H ergibt sich mit Gl. (4.1) die spezifische Drehzahl n_q und damit die geeignete Turbinentype (Bild 4.3). Über die zweckmäßige Dimensionierung der ausgewählten Turbinentype lassen sich jedoch daraus noch keine Aussagen machen. Angestrebt wird, daß die Turbine ein Maximum des Wirkungsgrades (η_{max}) erreicht, bei einer Durchflußmenge, die dem Mittelwert (Jahresmittel) entspricht. Hierzu wird das „Muscheldiagramm" (Bild 4.7) herangezogen. Zur Aufstellung des Muscheldiagramms wird eine strömungsähnliche Turbine mit dem Raddurchmesser $D_1 = 1$ m und der Fallhöhe $H_1 = 1$ m entworfen und gebaut. An dieser Modellturbine ($D_1 = 1$ m und $H_1 = 1$ m) kann man dann z.B. für die Francisturbine Kurvenscharen $Q'_1(n'_1)$ und $\eta(n'_1)$ aufnehmen für verschiedene Leitradöffnungen a_0. Daraus wird dann z.B. Bild 4.7b konstruiert. Für Q'_1 und n'_1 gelten folgende Gleichungen:

$$Q'_1 = \frac{Q}{\sqrt{\frac{H}{\text{m}}}\left(\frac{D}{\text{m}}\right)^2} \tag{4.2}$$

$$n'_1 = \frac{n}{\sqrt{\frac{H}{\text{m}}}}\left(\frac{D}{\text{m}}\right) \tag{4.3}$$

Sind Q und H bekannt und das Diagramm nach Bild 4.7, also Q'_1 bei η_{max}, so berechnet man den Durchmesser D aus Gl. (4.2), für den die Turbine auszulegen ist. Mit D und n'_1 bei η_{max} folgt aus Gl. (4.3) die Drehzahl n für die Turbine. Setzt man n in Gl. (4.1) ein, so soll das Ergebnis möglichst gut mit der spezifischen Drehzahl n_q übereinstimmen, die man zur Festlegung der Turbinentype zugrunde gelegt hat.

Deutlich ist aus Bild 4.7 zu erkennen, daß die optimalen Betriebsbereiche bei verschiedenen spezifischen Drehzahlen und Einheitsvolumenströmen Q'_1 liegen. Eine vorgegebene Fallhöhe/Wasserstrom-Kombination verlangt also einen ganz bestimmten Turbinentyp. Mit Hilfe solcher Kennfelder ist Bild 4.3 zusammengestellt worden. An den Überschneidungsstellen der Anwendungsbereiche sind dabei grundsätzlich die beiden Turbinentypen verwendbar. In diesen Fällen geben dann spezielle Gesichtspunkte den Ausschlag für die Wahl (örtliche Betriebsbedingungen, Kostenfragen u.ä.).

4.4 Laufwasser- und Speicherkraftwerke

Bei den Wasserkraftwerken unterscheidet man Laufwasserkraftwerke (Laufkraftwerke) und Speicherkraftwerke. Bei Laufwasserkraftwerken an Flüssen treten im Laufe eines Jahres starke Schwankungen der zur Verfügung stehenden Wasserströme (Durchflußmengen) auf, wobei es zudem noch wasserreiche und wasserarme Jahre gibt. Weiter ist die Verteilung der Durchflußmenge über ein Jahr zu beachten, die sich bei einem Hochgebirgsfluß (größte Durchflußmenge im Sommer) wesentlich anders verhält als bei einem Mittelgebirgsfluß und einem Flachlandfluß (größte Durchflußmengen im Frühjahr und Winter). Die Turbinen werden deshalb für eine Ausbauwassermenge Q_a ausgelegt, die sich aus Wirtschaftlichkeitsüberlegungen ergibt unter Beachtung der Tatsache, daß die Durchflußmenge meist nur zum Teil zur Energieerzeugung herangezogen werden kann (Fischpässe, Schleusenbetrieb, Restwassermengen bei Umleitungskraftwerken (Bild 4.12) zur Verhütung der Austrocknung des alten Flußbettes). Abzuwägen ist zwischen der Forderung nach möglichst hoher Benutzungsdauer der Ausbauwassermenge (kleines Q_a) und der Forderung nach hoher Ausnutzung des Wasserangebots (großes Q_a).

Bei Wasserkraftwerken wird die potentielle Energie einer Wassermenge der Höhe H ausgenutzt. Die Fallhöhe H (geodätische Fallhöhe) bezeichnet dabei den Niveau-Unterschied zwischen dem Oberwasser (OW) und dem Unterwasser (UW). In einem Flußlauf kann man das natürliche Gefälle zu einer nutzbaren Fallhöhe machen durch Aufstauung des Oberwassers, durch Absenkung des Unterwassers oder durch Umleitung des Wassers (Bilder 4.8, 4.12 und 4.13).

Das Arbeitsvermögen einer Wassermenge ist ihrer potentiellen Energie gleich. Als Leistung ergibt sich dann die Rohleistung einer Wasserkraft:

$$P=\frac{W}{t}=\frac{g\,m\cdot H}{t}=g\,\varrho\,Q H \tag{4.4}$$

Dabei ist $Q=V/t$ der Volumenstrom und $\varrho=m/V$ die Dichte (für Wasser $\varrho=10^3\ \mathrm{kg/m^3}$). Berücksichtigt man die Verluste durch Reibung und die elektrischen Verluste im Generator (und Transformator), so erhält man die Effektivleistung einer Wasserkraft

$$P_{\mathrm{eff\,WKW}}=\eta_{\mathrm{ges}}\,g\,\varrho\,Q H \tag{4.5}$$

Der Gesamtwirkungsgrad ergibt sich dabei als Produkt der Einzelwirkungsgrade (z.B. für die Rohrleitungen $\eta_R \approx (0{,}93\ldots 0{,}99)$, für die Turbine $\eta_T \approx (0{,}85\ldots 0{,}94)$, für den Generator $\eta_G \approx (0{,}95\ldots 0{,}99)$). Der Gesamtwirkungsgrad liegt etwa im Bereich 0,75 bis 0,92. Nimmt man $\eta_{\mathrm{ges}}=0{,}82$ an, so findet man für die Effektivleistung eines Wasserkraftwerks:

$$\frac{P_{\mathrm{eff\,WKW}}}{\mathrm{kW}}\approx 8\left(\frac{Q}{\mathrm{m^3/s}}\right)\left(\frac{H}{\mathrm{m}}\right) \tag{4.6}$$

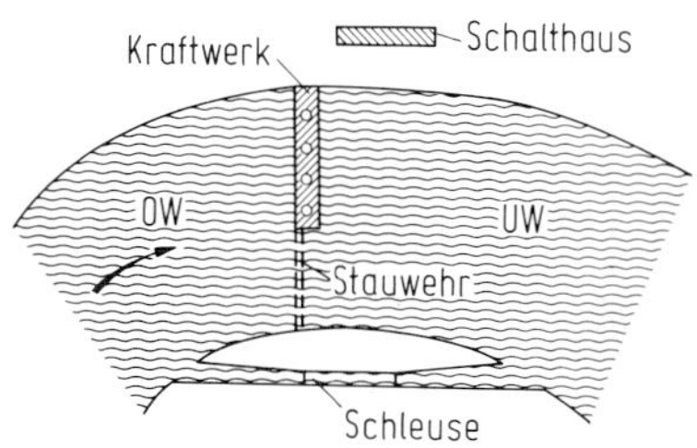

Bild 4.8. Laufkraftwerk in einem Fluß mit genügendem Gefälle (schematisch). OW Oberwasser, UW Unterwasser

Die einfachste Anordnung eines Laufkraftwerkes ist möglich, wenn ein Fluß mit genügendem Gefälle und steilen Ufern an geeigneter Stelle gestaut werden kann. Bild 4.8 zeigt schematisch ein solches Staukraftwerk.

Kraft- und Stauwerk sind quer in den Fluß hineingebaut. Dabei kann es zweckmäßig sein, die Schaltanlage nicht unmittelbar mit dem Kraftwerk zu vereinigen, sondern am Ufer zu errichten. Bei schiffbaren Flüssen ist eine Schleuse erforderlich.

Bild 4.9 zeigt ein Laufkraftwerk mit Vertikalgeneratoren und Francisturbinen.

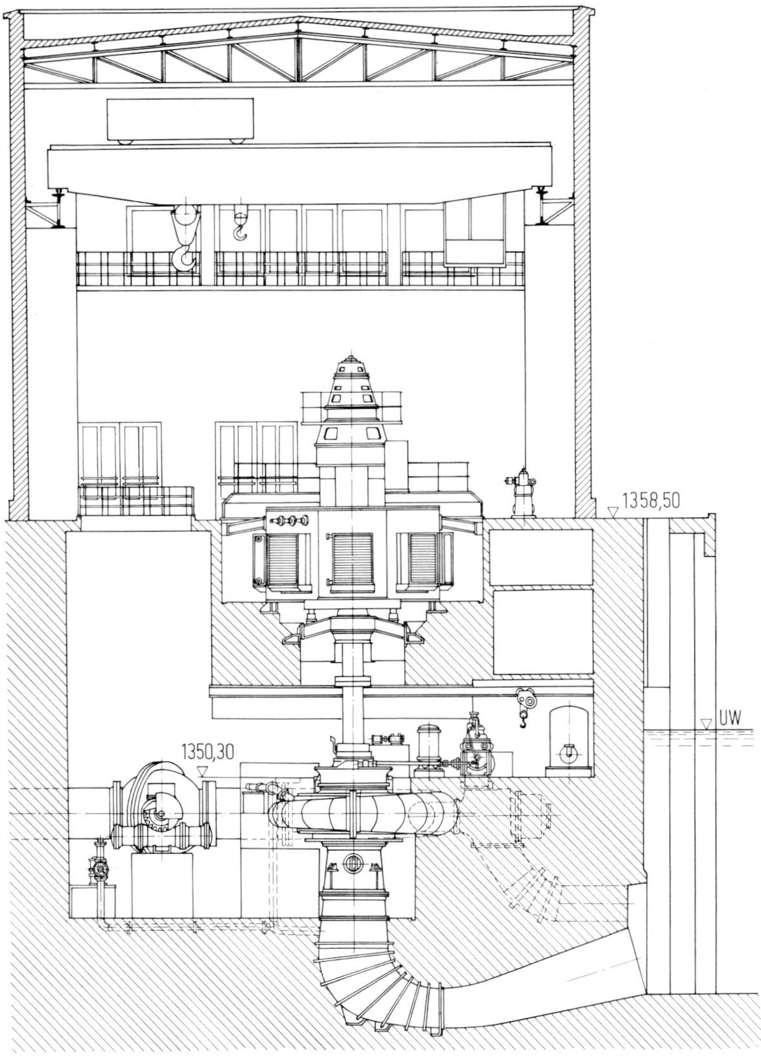

Bild 4.9. Schnitt durch ein Kraftwerk in Hochbauweise mit Francisturbine, Ixtapantongo, Mexiko (Werkbild Voith).
$H = 311$ m, $Q = 20{,}35\,m^3/s$, $n = 500\,min^{-1}$, $P = 56$ MW

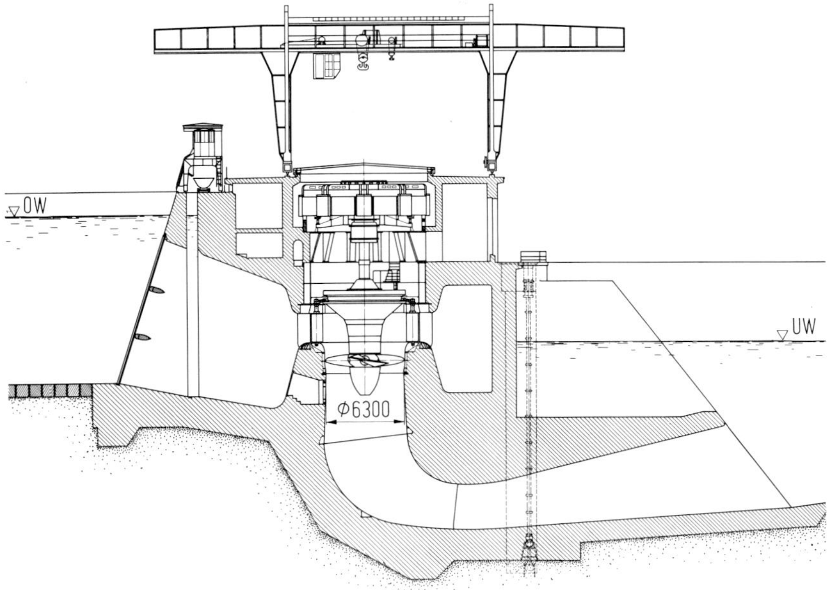

Bild 4.10. Hochbauloses Laufkraftwerk mit 4 Kaplan-Turbinen, Generatoren in Schirmbauweise, Innkraftwerk Braunau (Werkbild Voith).
$H=11$ m, $Q=251{,}5\,\mathrm{m^3/s}$, $n=83{,}4\,\mathrm{min^{-1}}$, $P=24$ MW

Bild 4.11. Schnitt einer Rohrturbine mit über Planetengetriebe angetriebenem Generator (Werkbild Escher Wyss)

Zur Verringerung der Baukosten und aus Gründen des Landschaftsschutzes sollte das Krafthaus möglichst niedrig sein. Da die Höhe jedoch durch die Krananlage bestimmt ist, mit der Maschinenteile über die anderen Generatoren gehoben werden müssen, verwendet man häufig getrennt aufgestellte Erregungseinrichtungen. Weiterentwicklungen führten zum hochbaulosen Kraftwerk, bei dem die Maschinen unmittelbar über dem Generator mit transportablen Hauben abgedeckt werden und der Portalkran im Ruhezustand möglichst unsichtbar in Ufernähe steht.

Eine sehr niedrige Bauweise ist auch bei Verwendung von Rohrturbinen möglich. Bild 4.11 zeigt den Schnitt durch eine Rohrturbine.

Die Rohrturbine ähnelt hydraulisch der Kaplanturbine. Leit- und Laufrad sind ebenfalls verstellbar. Die gesamte Maschine ist jedoch nahezu axial durchflossen. Das fast gerade Saugrohr hat bei hohen Wasserströmen einen besseren Wirkungsgrad zur Folge. Da eine Einlaufspirale nicht erforderlich ist, kann der Achsabstand zwischen den einzelnen Maschinen gering gehalten werden. Der Generator ist vom Wasser umströmt. Da er aus hydraulischen Gründen möglichst klein sein soll, wird zwischen Turbine und Generator bei sehr niedriger Drehzahl ein Getriebe gesetzt, das die Generatordrehzahl erhöht.

Falls das Ufergelände eines Flusses für ein reines Staukraftwerk ungeeignet ist, kann man u.U. ein Kanalkraftwerk ausführen. An geeigneter Stelle des Flusses wird ein Stauwehr errichtet und das Wasser seitlich in den Oberwasserkanal, den man mit möglichst geringem Gefälle ausbildet, geleitet. Den Abschluß des Oberwasserkanals bildet das Kraftwerk, welches das zwischen Ober- und Unterwasserkanal vorhandene Gefälle ausnutzen kann (Bild 4.12). Beim Ausbau eines Gebirgsflusses ist es nicht immer möglich oder zweckmäßig, das Kraftwerk in den Fluß zu bauen oder einen Kanal vorzusehen. Man wird in solchen Fällen einen Wasserstollen durch das Gebirge treiben, der in einem Wasserschloß endet. Von hier aus wird das Wasser in Rohrleitungen dem Kraftwerk zugeführt (Bild 4.13).

Bei ausgedehnten Flußsystemen in Gebirgsländern werden häufig Ketten von Wasserkraftwerken ausgebaut, wie z.B. an den Alpenflüssen. Bei einem lückenlosen Ausbau wird dann das Unterwasser einer Stufe zum Oberwasser der nächsten Stufe in der Kette. Bild 4.14 zeigt einen solchen Ausbau einer Kraftwerkskette am Rhein zwischen dem Bodensee und Basel [3.8].

Eine solche Kraftwerkskette wird mit Rücksicht auf die Wasserführung meist nur zur Grundlastdeckung im Netz herangezogen. Ist ein Becken oberhalb

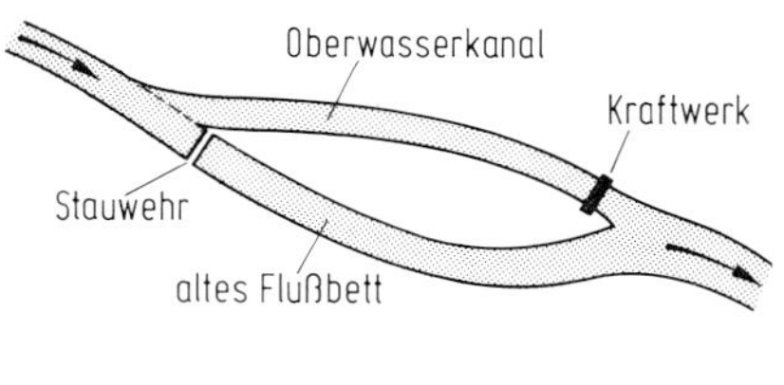

Bild 4.12

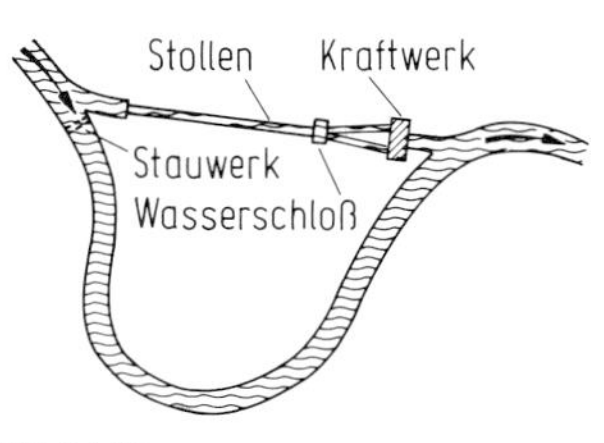

Bild 4.13

Bild 4.12. Laufkraftwerk mit Oberwasserkanal (schematisch)

Bild 4.13. Laufkraftwerk mit Wasserzuführung durch einen Stollen und Rohrleitungen (schematisch)

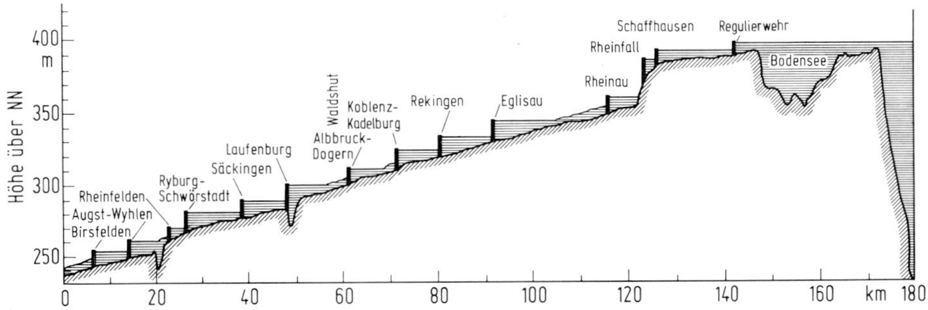

Bild 4.14. Kraftwerkskette am Rhein zwischen dem Bodensee und Basel mit lückenlosem und z.T. übergreifendem Ausbau, um das Gesamtgefälle möglichst vollständig zu nutzen

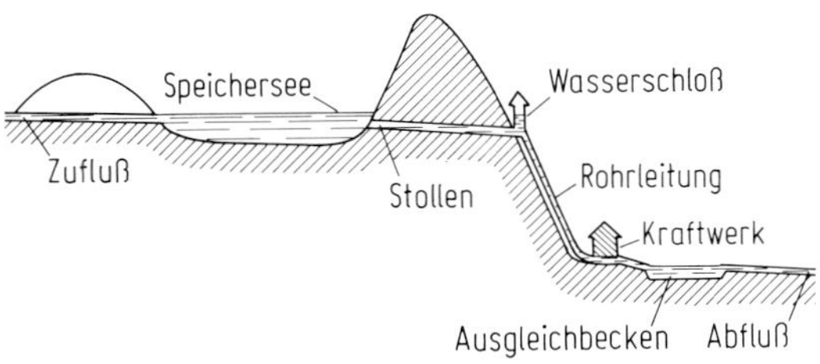

Bild 4.15. Schematische Darstellung eines Speicherkraftwerkes

der ersten und unterhalb der letzten Stufe vorhanden, so läßt sich ein Schwellbetrieb durchführen, um damit bei entsprechender Auslegung der Kraftwerke auch einen Beitrag zur Spitzenlasterzeugung beizusteuern.

Günstige Verhältnisse für die Elektrizitätserzeugung liegen vor, wenn ein hochgelegener See mit Zu- und Abfluß vorhanden ist. Sperrt man den Abfluß aus dem See ganz oder teilweise ab und führt das Wasser durch Stollen und Rohrleitungen zum Kraftwerk und erst von hier aus in den Unterlauf des Abflusses, so erhält man ein Speicherkraftwerk nach Bild 4.15.

Im Gegensatz zu einem Laufkraftwerk braucht das zufließende Wasser nicht unmittelbar ausgenutzt zu werden, sondern es kann sich in Zeiten geringer Belastung in dem Speichersee ansammeln. Dafür kann bei erhöhtem Energiebedarf dem Speicher mehr Wasser entnommen werden als hinzukommt. Solche Becken eignen sich somit gut zur Spitzendeckung. Je nach der Größe des Speicherbeckens unterscheidet man zwischen Jahres-, Monats-, Wochen- und Tagesspeichern. Da bei dieser Betriebsart der Abfluß des Wassers sehr stark schwankt, wird man mit Rücksicht auf die Anlieger am Unterlauf des Flusses ein Ausgleichsbecken anbringen. Bei Speicherkraftwerken, wie allgemein bei Hochdruckanlagen, muß man am Ende des Wasserstollens vor Beginn der Rohrleitungen ein Wasserschloß vorsehen. Dies ist ein Ausgleichsbehälter, in welchem für den Fall, daß das Kraftwerk seine Turbine im Schnellschluß abstellt, das durch den Stollen noch nachströmende Wasser emporsteigen kann. Hierdurch werden unzulässige Druckstöße vermieden.

An großen Flußläufen z.B. in USA (Columbia-Fluß), in Kanada (Manicouagan-Fluß, Churchill-Stromschnellen) und in der UdSSR (Sibirien) sind große

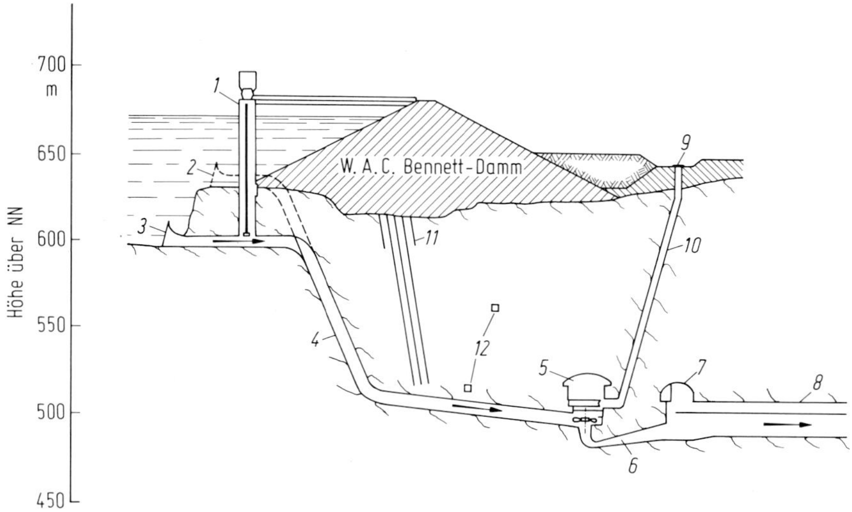

Bild 4.16. Längsschnitt des Wasserkraftwerks Shrum (British-Columbia, Kanada). Staudamm mit 83 m Höhe und einer Breite von 2040 m, vorgesehen für 10 vertikale Maschinen mit je 227 MW bis 260 MW (Francis-Turbinen), Fallhöhe 152 m, Volumenstrom 170 m^3/s, Drehzahl 150 min^{-1} (48 Pole, 60 Hz).

1 Einlaufkontrolle; *2, 3* Einlauf für 10 Maschinen; *4* Druckrohr; *5* Maschinenhaus (Kaverne); *6* Turbinenauslaß; *7* Sammelkammer; *8* Ablaßtunnel; *9* Umspannwerk 500 kV; *10* Kabelschacht; *11* Abdichtungsschirm; *12* Entwässerungstunnel

Wasserkraftwerke ausgebaut oder im Ausbau begriffen. Die Flüsse werden meist zu großen Seen aufgestaut. Die Kraftwerke liegen teilweise in Kavernen. Bild 4.16 zeigt als Beispiel eine solche Anlage am Peace-Fluß in British Columbia (Kanada, etwa 1000 km nördlich von Vancouver).

Der Wasserspeicher hat einen Nutzinhalt von 37 km^3 (Jahresspeicher). Die Energie der zehn Maschineneinheiten (10×227 MW $= 2270$ MW) wird über eine 500-kV-Doppelleitung mit Reihenkondensatoren über 900 km nach Vancouver übertragen. Ein Teil der Maschinen soll zur Spitzenlastdeckung eingesetzt werden [4.24].

Ist der Zufluß bei einem Speicherkraftwerk zu gering oder gar nicht vorhanden, so können bei günstigen geologischen Bedingungen Pumpspeicherwerke (PSW) angelegt werden. Pumpspeicherwerke mit kleinen Leistungen wurden bereits vor 1930 gebaut. Die erste Großanlage war das Pumpspeicherwerk Herdecke an der Ruhr (RWE) mit einer Pumpenleistung 107 MW und einer Turbinenleistung 132 MW (1930), als reines Pumpspeicherwerk ohne natürlichen Zufluß zum Oberbecken (Tagesspeicher).

Bild 4.17 zeigt den schematischen Aufbau eines Pumpspeicherwerks mit Wasserturbine und Pumpe. Die Pumpe ist über eine ausrückbare Kupplung mit dem Maschinensatz verbunden, so daß der Speicher im Pumpbetrieb aufgefüllt werden kann. Die mit dem Generator fest gekuppelte Turbine läuft dann leer mit. Im Generatorbetrieb wird die Pumpe abgekuppelt. Der Übergang vom Pumpbetrieb zum Generatorbetrieb und umgekehrt geht rasch vor sich.

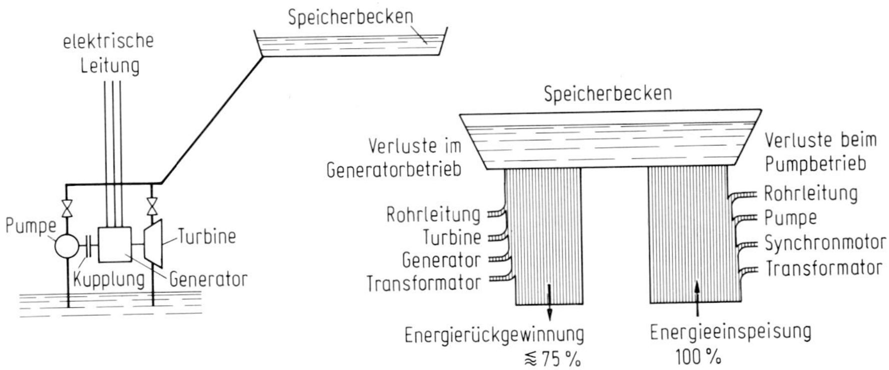

Bild 4.17. Schematische Darstellung eines Pumpspeicherwerkes mit Turbine und Pumpe und Wirkungsgrade (rechts)

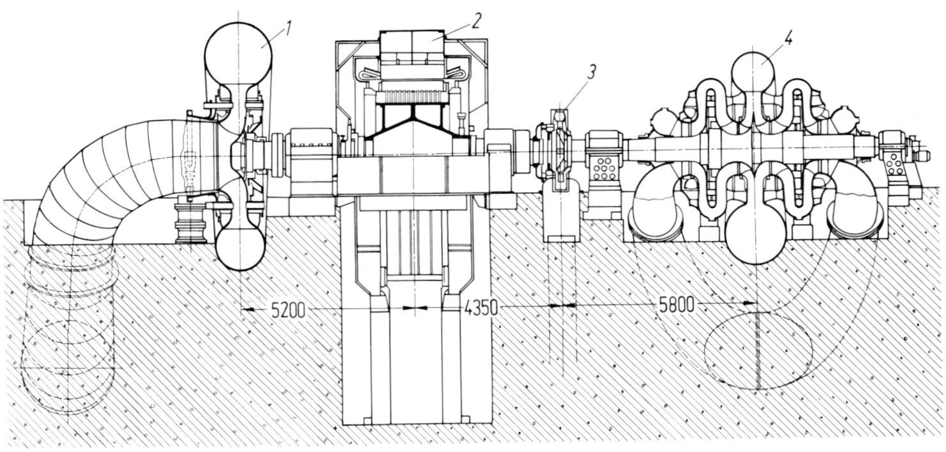

Bild 4.18. Maschinensatz des Pumpspeicherwerks Vianden (Luxemburg).

1 Francis-Spiralturbine, $H=(265-290)$ m, $Q=(37{,}2-39{,}5)\,\mathrm{m^3/s}$, $n=428{,}6\,\mathrm{min^{-1}}$, $P=(90-100)$ MW, $P_{max}=104$ MW;

2 Synchronmaschine (Generator oder Motor);

3 Anwurf-Freistrahlturbine mit Zahnschaltkupplung, $H=288$ m, $Q=1{,}31\,\mathrm{m^3/s}$, $P=2{,}7$ MW;

4 Zweiflutige-zweistufige Speicherpumpe, $P=(67\ldots69)$ MW, $P_{max}=76$ MW

Der Gesamtwirkungsgrad eines Pumpspeicherwerks setzt sich aus den Einzelwirkungsgraden beim Pumpbetrieb und den Einzelwirkungsgraden beim Turbinenbetrieb zusammen (Bild 4.17). Insgesamt kann man $\eta_{PSW}\approx 0{,}75$ erreichen.

Einen von neun Maschinensätzen des Pumpspeicherwerks Vianden zeigt Bild 4.18. Die Francis-Spiralturbine ist fest mit dem Generator gekuppelt. Bei Pumpbetrieb wird die mit Preßluft entleerte Pumpe durch eine Anwurf-Freistrahlturbine bis zum Synchronismus gebracht, worauf dann eine Zahn-Schaltkupplung zwischen der Welle der Synchronmaschine und der Pumpe eingreift.

In neuerer Zeit werden neben den konventionellen Pumpspeichersätzen mit Pumpe und Turbine zunehmend Pumpturbinen verwendet (z.B. Pumpspeicher-

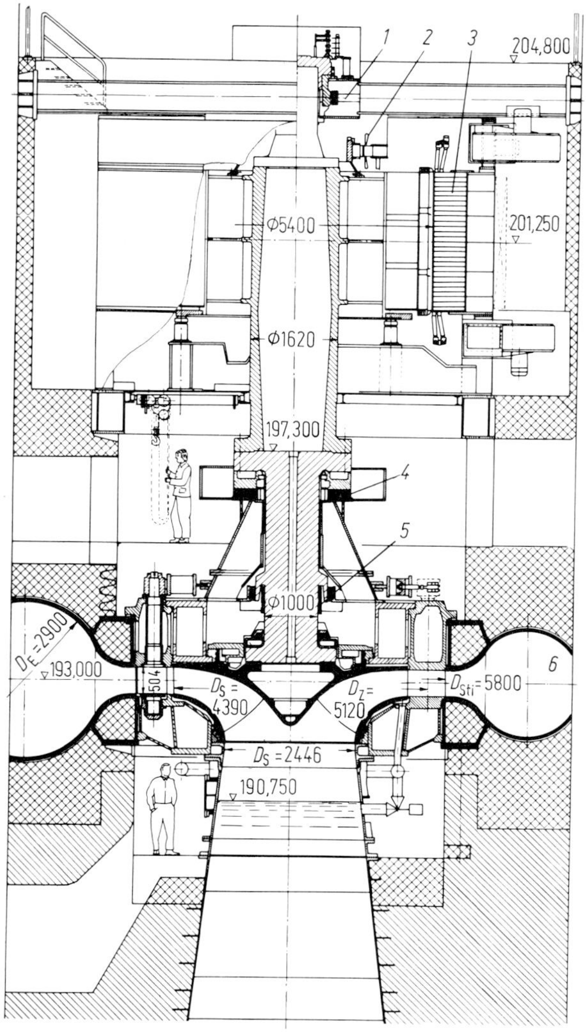

Bild 4.19. Pumpspeicherwerk Vianden, Maschine 10 mit Pumpturbine 215/200 MW und Motor-Generator 230 MVA, 333,3 min^{-1}. (Werkbild Société Électrique de l'Our S.A.).

1 Oberes Führungslager, *2* Hilfsgenerator, *3* Motor-Generator, *4* Spurlager, *5* Unteres Führungslager, *6* Pumpturbine

werk Rönkhausen, zweimal 76,5 MW, 500 min^{-1}). Pumpturbinen sind dabei hydraulische Maschinen, deren Drehrichtung umkehrbar ist, und die somit als Turbine oder als Pumpe laufen können. Beim Übergang zum Pumpbetrieb wird der Maschinensatz direkt am Netz oder mit Hilfe eines Motors hochgefahren (Bild 4.2). Für die Umschaltzeit vom Pumpbetrieb auf den Turbinenbetrieb erreicht man Zeiten von nur 70 s [4.14].

Bild 4.19 zeigt eine Anordnung Pumpturbine – Generator mit vertikaler Welle.

Da aus hydraulischen Gründen die Regelorgane von Wasserturbinen bei plötzlichen Belastungsänderungen nicht so schnell reagieren dürfen wie bei Dampfturbinen, müssen die Turbinen oder meistens die Generatoren mit genügend großer Schwungmasse gebaut werden. Für den Fall, daß bei voller Entlastung die Absperrorgane der Turbine infolge Versagens des Reglers oder durch Ausfall des Öldrucks nicht schließen, muß mit Drehzahlsteigerungen vom Zwei- bis Dreifachen der Nenndrehzahl gerechnet werden. Wasserkraftgeneratoren müssen also je nach Turbinentyp und Regelsystem diese Überdrehzahlen mechanisch aushalten können.

Im Gegensatz zu Dampfkraftanlagen, bei denen die Anlagekosten ziemlich unabhängig von dem Ort des Kraftwerkes sind, hängen die Kosten von Wasserkraftwerken weitgehend von den örtlichen Verhältnissen ab. Bei Wirtschaftlichkeitsüberlegungen ist zu beachten, daß hohen Anlagekosten Vorteile durch den Wegfall der Brennstoffkosten und durch geringe Personalkosten gegenüberstehen. Die Abschreibungszeiträume sind bei Wasserkraftwerken überdies größer als bei thermischen Kraftwerken. Die Wirtschaftlichkeit von Pumpspeicherwerken ist im Zusammenhang mit den thermischen Kraftwerken des Verbundnetzes und den Anforderungen des Netzes zur Spitzenlastdeckung zu beurteilen.

5. Drehstromgeneratoren

5.1 Allgemeines, Aufbau und Kühlung der Generatoren

Die Erzeugung elektrischer Energie erfolgt heute fast ausschließlich mit Drehstromsynchrongeneratoren 50 Hz oder 60 Hz. Nur in den Kraftwerken für den Vollbahnbetrieb findet man abweichend davon in einigen Ländern Mitteleuropas große Wechselstromgeneratoren für $16\frac{2}{3}$ Hz. Kleinwasserkraftwerke mit Leistungen bis zu einigen 100 kW werden z.T. auch mit Asynchrongeneratoren ausgerüstet.

Der Aufbau der Drehstromgeneratoren in den Kraftwerken als Turbogeneratoren oder Schenkelpolgeneratoren richtet sich nach der Drehzahl der Antriebsmaschinen. Nur in Ausnahmefällen bei kleinen Industriedampfturbinen findet man Getriebe zwischen der Turbine und dem Generator. In Dampfkraftwerken mit konventioneller Feuerung (Kohle, Öl, Gas usw.) werden Turbogeneratoren eingesetzt mit einer synchronen Drehzahl $n = 3000\,\text{min}^{-1}$ bei $f = 50$ Hz und der Polpaarzahl $p = 1$. Bei $f = 60$ Hz und $p = 1$ ergibt sich eine synchrone Drehzahl von $3600\,\text{min}^{-1}$. In Kernkraftwerken mit Leichtwasserreaktoren, die Sattdampf erzeugen, werden vierpolige Turbogeneratoren ($p = 2$) eingesetzt mit $n = 1500\,\text{min}^{-1}$ bei 50 Hz. Bei gasgekühlten Hochtemperaturreaktoren kommen wiederum Generatoren mit $3000\,\text{min}^{-1}$ zum Einsatz.

Werden Synchrongeneratoren durch Wasserturbinen oder Dieselmotoren angetrieben, so kommen vielpolige Ausführungen in Betracht, deren synchrone Drehzahlen z.T. sogar unter $100\,\text{min}^{-1}$ liegen. Wasserkraftgeneratoren in Speicher- und Pumpspeicherkraftwerken haben häufig Drehzahlen von 600 bis $750\,\text{min}^{-1}$, während die Generatoren großer Flußkraftwerke Drehzahlen im Bereich 60 bis $125\,\text{min}^{-1}$ aufweisen. Bei $n = 125\,\text{min}^{-1}$ sind z.B. 48 Einzelpole ($p = 24$) vorhanden. Mit abnehmender synchroner Drehzahl steigen die möglichen Bauleistungen.

Bei Turbogeneratoren mit $n = 3000\,\text{min}^{-1}$ treten am Läuferumfang hohe Fliehkraftbeanspruchungen auf. Die höchsten Materialbeanspruchungen sind dabei in den Kappen über den Köpfen der Läuferwicklung vorhanden. Die Läuferdurchmesser sind heute auf etwa 1250 mm begrenzt (≈ 200 m/s Umfangsgeschwindigkeit bei Nenndrehzahl). Die Erregerwicklung (Polradwicklung) wird über den Umfang des Volltrommelläufers (Turboläufers) verteilt.

Turbogeneratoren mit Luftkühlung werden für Leistungen bis etwa 40 MVA gebaut (Industrieturbosätze). Sie können, unter Inkaufnahme eines weniger günstigen Wirkungsgrades, auch bis etwa 170 MVA hergestellt werden. Aus wirtschaftlichen Gründen wird man in der Regel heute jedoch Turbogeneratoren über 50 MVA mit Wasserstoffkühlung (H_2-Kühlung) ausführen. Die Was-

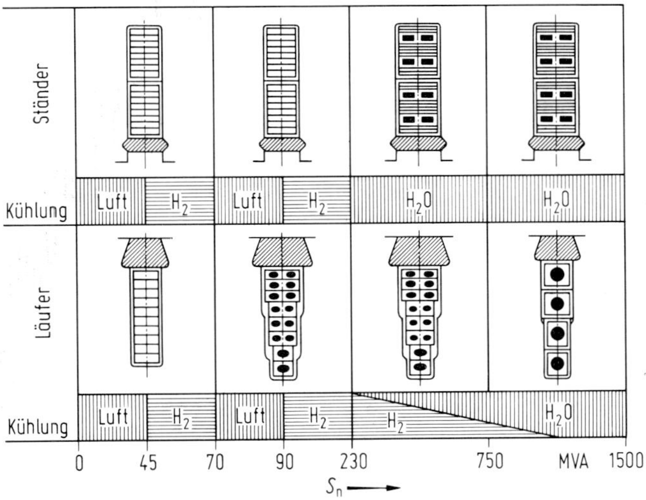

Bild 5.1. Kühlungsarten für Ständer und Läuferwicklungen von Generatoren [5.28]

serstoffkühlung mit geringem H_2-Überdruck wurde kurz vor dem zweiten Weltkrieg in USA bei 40-MVA-Maschinen mit 3600 $\min^{-1}$ eingeführt. Die ersten wasserstoffgekühlten Generatoren kamen in Europa Anfang der fünfziger Jahre in Betrieb [4.18]. Durch Einführung der direkten Leiterkühlung (Hohlleiter) und Erhöhung des H_2-Druckes auf 3 bis 5 bar konnte eine weitere Steigerung der Einheitenleistungen erreicht werden.

Bild 5.1 zeigt Schnitte durch Ständer- und Läuferwicklungen mit Angabe des jeweiligen Kühlmittels und eine grobe Zuordnung zu den Nennscheinleistungen der Generatoren.

Eine noch höhere Ausnutzung der Maschinen wurde durch die Einführung der direkten Wasserkühlung der Ständerwicklung und teils auch der Läuferwicklung ermöglicht. Die Verstärkung der Kühlung erlaubt vor allem eine wesentliche Steigerung des Ständer-Strombelages $A = 3wI/(p\,\tau_p)$, wobei w die Windungszahl pro Strang, p die Polpaarzahl und τ_p die Polteilung ist. Die Ausnutzungsziffer c erhöht sich proportional dem Ständer-Strombelag:

$$c = \frac{S_n}{n\,D^2\,l_i} = \frac{\pi^2}{\sqrt{2}} \cdot \xi \cdot A \cdot B_\delta \tag{5.1}$$

Dabei sind:

- S_n Nennscheinleistung der Synchronmaschine
- n Synchrone Drehzahl
- D Ständerbohrungsdurchmesser
- l_i ideelle Eisenlänge
- ξ resultierender Wicklungsfaktor (bei Turbogeneratoren $\xi \approx 0{,}9$)
- B_δ Luftspaltinduktion } bezogen auf D
- A Ständerstrombelag } bezogen auf D

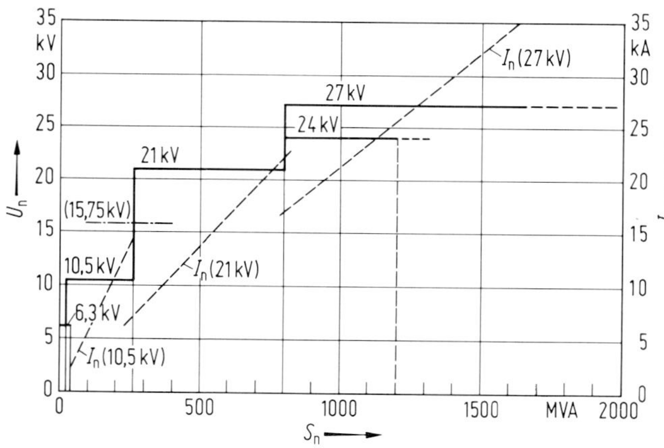

Bild 5.2. Wahl der Generatornennspannungen U_n abhängig von der Nennscheinleistung S_n (Richtwerte)

Bei großen zweipoligen Generatoren hat man den Strombelag auf über $2{,}5 \cdot 10^5$ A/m und die Luftspaltinduktion auf ca. 1,2 Vs/m² gesteigert (um 1900 hatte der erste Turbogenerator mit einer Leistung von 250 kVA folgende Werte: $A = 0{,}123 \cdot 10^5$ A/m und $B_\delta = 0{,}62$ Vs/m²) [4.18].

Eng verknüpft mit der erhöhten Ausnutzung durch forcierte Kühlung sind Maßnahmen zur Verminderung der Zusatzverluste, wie Verdrillung der Teilleiter (Roebelwicklung) der Ständerwicklung über der ganzen Länge und Maßnahmen im Wickelkopfraum, wie nichtmetallische Abstützung des Wickelkopfes, magnetische Abschirmungen und verlustarme Ausführung der Preßplatten des Ständereisens [4.18]. Bei großen Generatoren werden dadurch heute hohe Wirkungsgrade von etwa 98,5% bei Vollast erreicht.

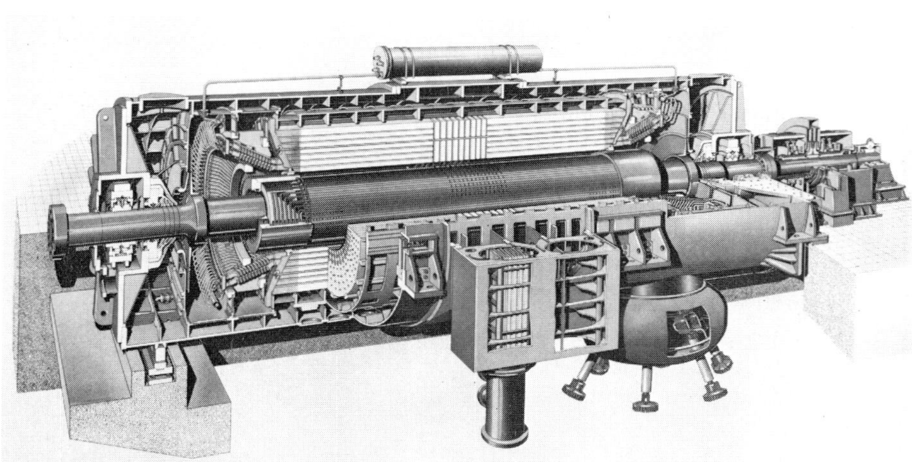

Bild 5.3. Drehstromturbogenerator 400 MVA, 21 kV, 50 Hz mit H_2-Kühlung im Läufer und Wasserkühlung im Ständer (Werkbild BBC)

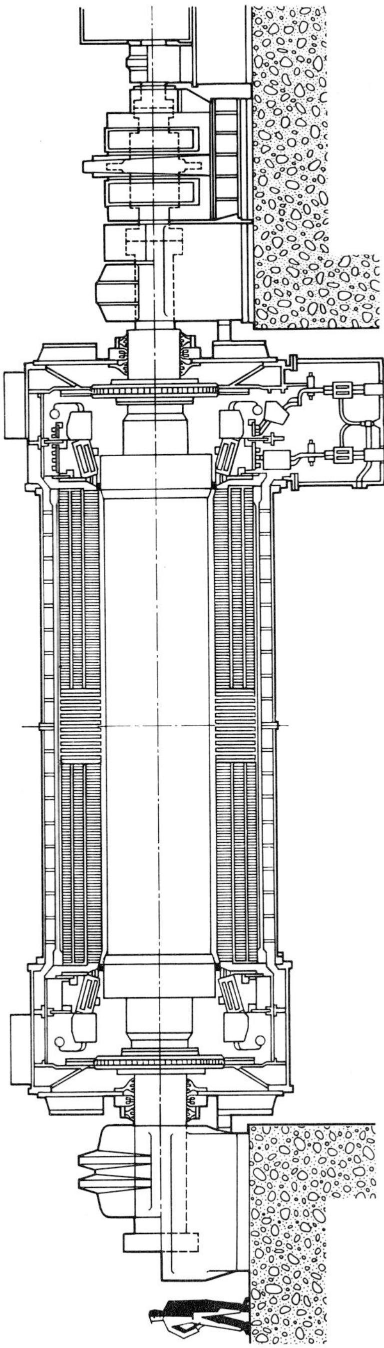

Bild 5.4. Turbogenerator 1490 MVA, $\cos\varphi = 0{,}9$, 24 kV, 60 Hz, 1800 min^{-1} (Werkbild BBC)

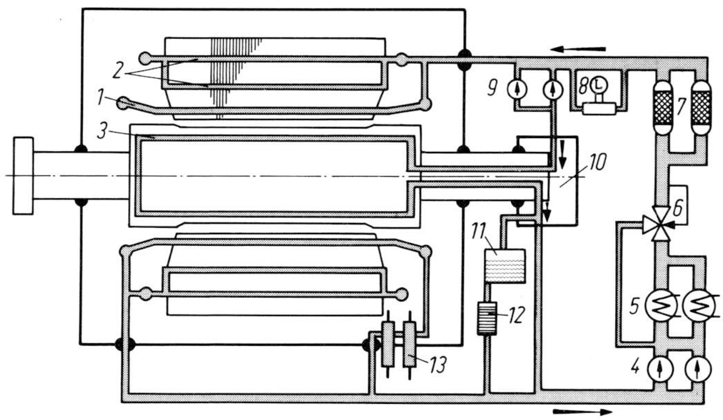

Bild 5.5. Kühlwasserkreislauf, im Ständer und Läufer eines Turbogenerators.
1 Ständerwicklung; *2* Ständerblechpaket; *3* Läuferwicklung; *4* Hauptpumpe; *5* Wasser-Rückkühler; *6* Temperatur-Regelung; *7* Filter; *8* Leitfähigkeitsmessung; *9* Zusatzpumpe; *10* Rotorwasser-Anschlußkopf; *11* Leckwasser; *12* Wasseraufbereitung; *13* Generatordurchführung

Die früher verwendete Isolation mit Glimmer und Schellack wurde ersetzt durch lösungsmittelfreie, thermoelastische Kunstharze auf Polyester-Basis, so daß heute vakuumimprägnierte Statorisolationen hergestellt werden können, die alterungsbeständig und gegen Öl und Wasser völlig unempfindlich sind. Die Nennspannung der Generatoren wird abhängig von der Generatorleistung etwa entsprechend Bild 5.2 gewählt. Als Stellbereich wird meist $\pm 5\%$ vorgesehen. Bei Niederspannungsgeneratoren mit $U_n = 400$ V ist die Leistung auf etwa 2000 kVA begrenzt.

Maschinen mit direkter Wasserkühlung der Ständerwicklung und direkter H_2-Kühlung im Läufer sind heute als typische Bauform für 2polige und 4-polige Großmaschinen anzusehen. Bild 5.3 zeigt als Beispiel dafür einen Schnitt durch einen 400-MVA-Generator, während Bild 5.4 den Aufbau eines 1490-MVA-Generators erkennen läßt.

Eine Steigerung der Einheitenleistung ist mit direkter Wasserkühlung der Ständer- und Läuferwicklung möglich. Das Wärmeabführungsvermögen der Kühlmittel Luft : Wasserstoff : Wasser verhält sich etwa wie 1 : 5 : 50.

Bild 5.5 zeigt das Prinzip des Kühlwasserkreislaufs bei einem Generator mit H_2O-Kühlung der Ständer- und Läuferwicklung. Auch das Ständerblechpaket mit seinen Preßplatten und die Wicklungsverschalungen sind direkt mit Wasser gekühlt. Der Läuferraum ist durch einen Zylinder abgeschlossen [5.24], um diesen Raum auf etwa 0,3 bis 0,5 bar evakuieren zu können. Der Ständerraum wird mit Stickstoff gefüllt. Eine andere Lösung besteht in der direkten Wasserkühlung der Ständer- und Läuferwicklung, während die übrigen Teile wasserstoffgekühlt sind. Bild 5.6 zeigt einen Turbogenerator dieser Bauart.

Bei zweipoliger Ausführung sind Leistungen bis 2000 MVA und bei vierpoliger Ausführung bis 2500 MVA möglich [5.25, 5.35].

Es zeigt sich, daß die Leistungsgrenze der Turbogeneratoren nicht in erster Linie durch kühltechnische Probleme gegeben sein wird, sondern neben einer

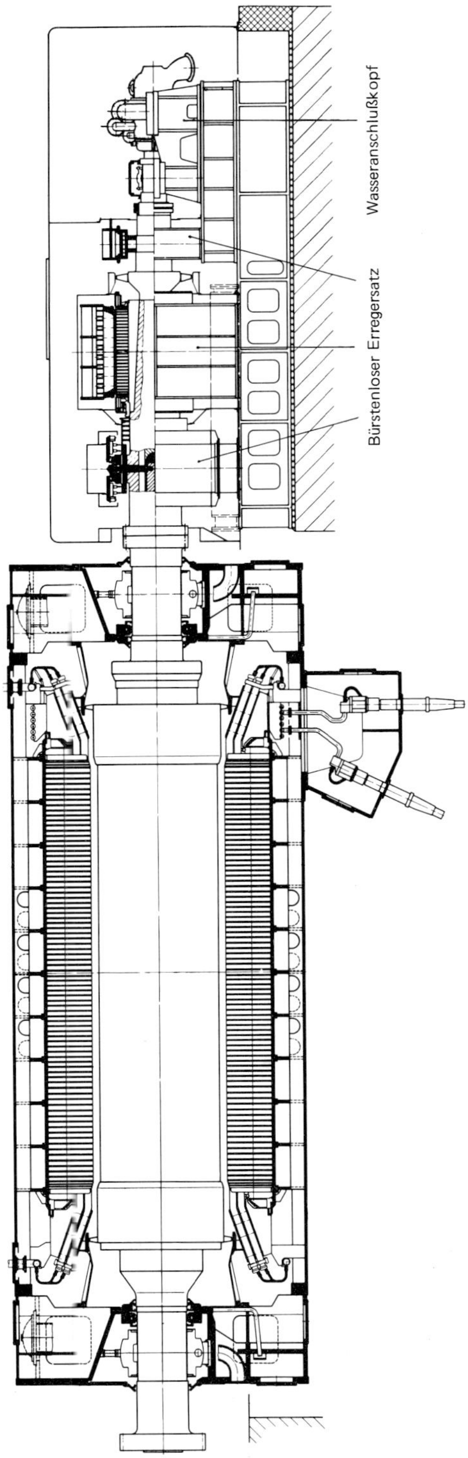

Bild 5.6. Turbogenerator 1530 MVA, $\cos\varphi = 0{,}8$, 27 kV, 50 Hz, 1500 min^{-1} (Werkbild KWU)

Bild 5.7. Mehrteiliger Turboläufer mit zentraler Schrumpfwelle [5.28] (Werkbild BBC)

Reihe von Teilproblemen, wie z.B. die mit der Ausnutzung steigende transiente Reaktanz, im wesentlichen durch die Materialfestigkeit, die Fabrikationsmöglichkeiten und den Transport. Der Rotor eines 1500-MVA-Generators (4polig) hat z.B. ein Gewicht von etwa 200 t. Das Ständertransportgewicht erreicht etwa 370 t. Die Ständerabmessungen liegen bei $4{,}2 \times 4 \times 10{,}6$ m.

Große Turboläufer werden entweder aus einem Monoblock hergestellt oder aus mehreren Teilen zusammengesetzt. Bild 5.7 zeigt einen aus drei Ballenstükken und einer zentralen Schrumpfwelle zusammengesetzten Läufer.

Eine wesentliche Leistungssteigerung über den 2-GVA-Bereich hinaus erscheint heute nur möglich, wenn man die Ausnutzungsziffer noch weiter steigern kann. Der supraleitende Generator, der als konsequente Weiterentwicklung des wassergekühlten Generators angesehen wird, scheint dazu eine Möglichkeit zu bieten. Im MIT (Massachusetts Institute of Technology, Cambridge, USA) wurde ein 80-kVA-Versuchsgenerator mit supraleitender Erregerwicklung gebaut. Es sind Hinweise vorhanden, daß mit einem solchen Generator die Luftspaltinduktion von $1\,\mathrm{Vs/m^2}$ überschritten und Stromdichten von 50 bis $150\,\mathrm{A/mm^2}$ erreicht werden können [4.18]. Für diese Generatoren steht jedoch noch eine Vielzahl von Problemen offen [5.40].

5.2 Zeigerdiagramm und Leistungsdiagramm des Schenkelpol- und Turbogenerators

Große Generatoren zur Bereitstellung elektrischer Energie sind grundsätzlich Innenpolmaschinen. Aus der ruhenden Ständerwicklung (Ankerwicklung) wird die Energie über Generatorableitungen abgeführt. Dem Läufer (Rotor) wird der Erregerstrom im allgemeinen über Schleifringe zugeführt. Bei der Erregung über rotierende Dioden entfallen die Schleifringe. Der unterschiedliche Läuferaufbau bei Schenkelpol- und Turbogeneratoren bedingt unterschiedliches elektrisches Verhalten. Bild 5.8 zeigt zur Veranschaulichung Raumdiagramme mit eingetragenen Wicklungsachsen des Läufers. Die Ständerwicklung mit den Wicklungs-

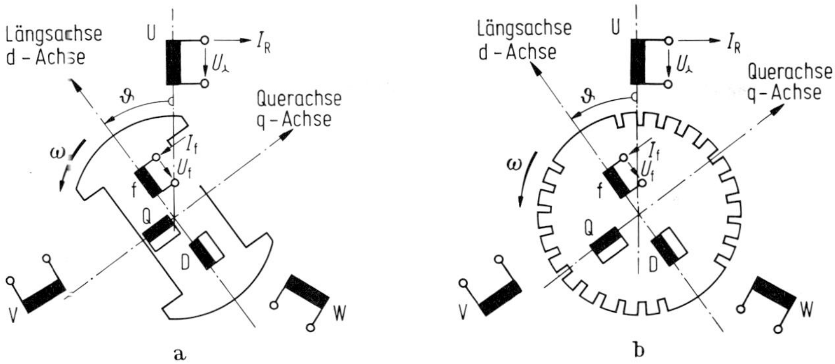

Bild 5.8 Wicklungsachsen von Synchrongeneratoren.
(**a**) Schenkelpolgenerator; (**b**) Turbogenerator.
U, V, W Ständerwicklungen; f Erregerwicklung (Feldwicklung), D, Q Dämpferwicklungen in Längs- und Querrichtung

strängen U, V, W ist in beiden Fällen gleich. Da der Läufer insbesondere bei den Schenkelpolmaschinen nicht rotationssymmetrisch aufgebaut ist, ergeben sich unterschiedliche Reaktanzen der Synchronmaschine mit der Stellung des Polrades. Bevorzugte Achsen sind die Längsachse (d-Achse = direct axis) und die Querachse (q-Achse = quadrature axis). Reaktanzen in der Längsachse erhalten den Index d (D), in der Querachse den Index q (Q).

Bei der Zweiachsentheorie der Synchronmaschine (SM) [5.3] wird die Drehstromwicklung des Ständers durch zwei um 90° elektrisch versetzte Wicklungen ersetzt, deren Achsen in bezug auf die Feldwicklung ruhen und mit der Längs- und Querachse zusammenfallen. Dadurch wird es möglich, das stationäre und transiente Verhalten der Synchronmaschine an einer zweipoligen Modellmaschine zu untersuchen. Der Läufer dieser Modellmaschine hat eine zweipolige Gleichstromwicklung mit einem Kommutator, auf dem ein Bürstenpaar in d-Richtung und ein Bürstenpaar in q-Richtung angebracht ist. Der Ständer hat ein Polpaar in Richtung der d-Achse für die Erregerwicklung. In Bild 5.9a ist diese Modellmaschine skizziert.

Damit der Generator Wirkleistung abgeben kann, muß der Läufer der SM durch das Antriebsmoment auf einen so großen Polradwinkel ϑ (s. Bild 5.9) beschleunigt werden, daß ein bremsendes Moment entsteht, das, abgesehen von den Verlusten, dem Antriebsmoment gleich ist.

Bei der Aufstellung des Zeigerdiagramms für den Schenkelpolgenerator in Bild 5.9 soll von normaler Belastung, d.h. Abgabe von Wirk- und induktiver Blindleistung, ausgegangen werden. Zugrunde gelegt wird das EZS. Der Ständerstrom des Generators $\underline{I}$ eilt dann der Klemmenspannung $\underline{U}_\curlywedge$ um den Winkel φ nach. Vorausgesetzt wird stationärer Betrieb ($U_\curlywedge = U/\sqrt{3}$). Die Resistanzen werden gegen die Reaktanzen vernachlässigt, um das Diagramm möglichst übersichtlich zu halten.

Bei dem Diagramm in Bild 5.9 wurde die Querachse (q-Achse) in die Senkrechte gelegt und als reelle Achse der komplexen Zahlenebene betrachtet.

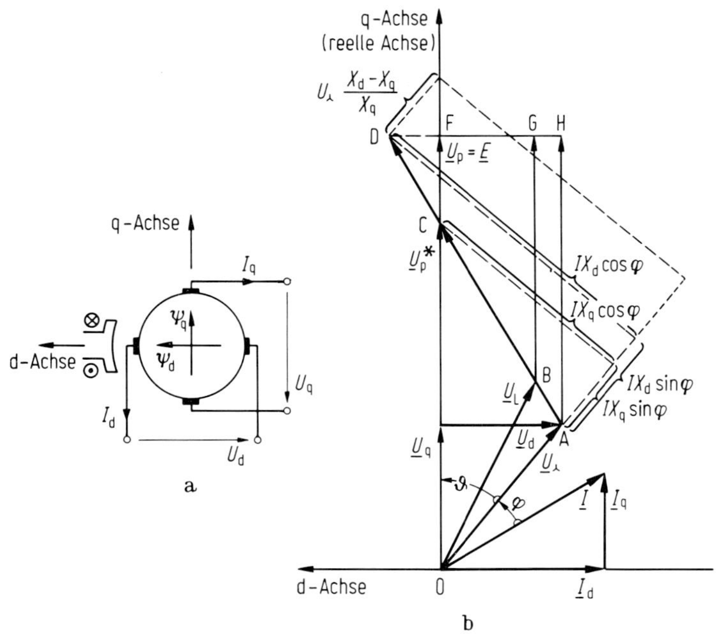

Bild 5.9. Zeigerdiagramm des Schenkelpolgenerators (übererregter Betrieb, EZS) – vereinfacht. (**a**) Modellmaschine; (**b**) Zeigerdiagramm im d, q-Koordinatensystem $\overline{AB}=j\underline{I}X_s$; $\overline{AC}=j\underline{I}X_q$; $\overline{AD}=j\underline{I}X_d$; $\overline{BC}=j\underline{I}X_{aq}$; $\overline{BD}=j\underline{I}X_{ad}$; $\overline{HF}=j\underline{I}_q X_q$; $\overline{AH}=j\underline{I}_d X_d$; $\overline{GF}=j\underline{I}_q X_{aq}$; $\overline{BG}=j\underline{I}_d X_{ad}$

Die Längsachse (d-Achse), die durch die Polradachse bestimmt ist, liegt senkrecht voreilend in der Horizontalen. Folgende Beziehungen liest man ab:

$$\underline{U}_L = \underline{U}_\curlywedge + j\underline{I}X_s \tag{5.2}$$

$$\underline{U}_p^* = \underline{U}_\curlywedge + j\underline{I}X_q \tag{5.3}$$

$$\underline{U}_p = \underline{U}_\curlywedge + j\underline{I}_d X_d + j\underline{I}_q X_q \tag{5.4}$$

$$X_d = X_s + X_{ad} \tag{5.5a}$$

$$X_q = X_s + X_{aq} \tag{5.5b}$$

U_L ist die Luftspaltspannung, X_s die Ständerstreureaktanz und X_{ad} bzw. X_{aq} sind die Ankerrückwirkungsreaktanzen (Hauptreaktanzen) in Längs- bzw. Querrichtung.

Für den Polradwinkel ϑ, die Wirkleistung P und die Blindleistung Q gilt nach Bild 5.9:

$$\tan\vartheta = \frac{IX_q\cos\varphi}{U_\curlywedge + IX_q\sin\varphi} \tag{5.6}$$

$$P = 3P_\curlywedge = \frac{3U_\curlywedge U_p \sin\vartheta}{X_d} + 3\frac{U_\curlywedge^2}{2}\left(\frac{1}{X_q} - \frac{1}{X_d}\right)\sin 2\vartheta \tag{5.7}$$

$$Q = 3Q_\curlywedge = \frac{3U_\curlywedge(U_p\cos\vartheta - U_\curlywedge)}{X_d} + 3\frac{U_\curlywedge^2}{2}\left(\frac{1}{X_q} - \frac{1}{X_d}\right)\cdot(\cos 2\vartheta - 1) \tag{5.8}$$

Das zweite Glied der Gl. (5.7), das unabhängig von der Erregung ist, bestimmt den Reaktionskreis mit dem Durchmesser $(1/X_q - 1/X_d)$. Der Generator mit ausgeprägten Polen kann ohne Erregung eine Wirkleistung abgeben, die man Reaktionsleistung nennt, und deren Höchstwert bei einem Polradwinkel $\vartheta = 45°$ auftritt (Bild 5.15).

Das Spannungsvieleck OBGFO, das die Polradspannung $\overline{OF} = \underline{U}_p$ ergibt, kann auch als Erregungsvieleck angesehen werden, da U_p auch ein Maß ist für den Erregerstrom, der für den gezeichneten Belastungszustand erforderlich ist.

Für viele Betrachtungen ist es nützlich, Impedanzen, Spannungen und Ströme sowie Leistungen auf die Nennwerte der Synchronmaschine zu beziehen und in p.u. (per unit) anzugeben. Die p.u.-Werte sollen mit kleinen Buchstaben bezeichnet werden.

$$z = \frac{Z}{Z_n} = Z \frac{S_n}{U_n^2} \quad \text{mit} \quad Z_n = \frac{U_n}{\sqrt{3} I_n} = \frac{U_{\curlywedge n}}{I_n} = \frac{U_n^2}{S_n} \tag{5.9}$$

$$u_{\curlywedge} = \frac{U_{\curlywedge}}{U_{\curlywedge n}} \tag{5.10}$$

$$i = \frac{I}{I_n} \tag{5.11}$$

$$s = \frac{S}{S_n}; \quad p = \frac{P}{S_n}; \quad q = \frac{Q}{S_n} \quad \text{mit} \quad S_n = 3 U_{\curlywedge n} I_n \tag{5.12}$$

$$u_f = \frac{U_f}{U_{f0,\delta}}; \quad i_f = \frac{I_f}{I_{f0,\delta}} \tag{5.13}$$

$I_{f0,\delta}$ ist der Leerlauferregerstrom bei ungesättigter Synchronmaschine. Nach [5.33] wird $i_{f0,\delta}$ mit i_{fg} bezeichnet. Die bezogenen Reaktanzwerte $x(x_d, x_q, x_s$ usw.) in p.u. oder auch in % angegeben, wobei $x_{\%} = x_{p.u.}\ 100\%$ gilt, schwanken nur wenig in Abhängigkeit von der Leistung oder der Spannung der SM. Es gelingt deshalb, Richtwerte für die bezogenen Reaktanzen der SM anzugeben (Tabelle A.2). Abweichend von der hier getroffenen Festlegung werden in [5.33] die Erregerströme auf den gesättigten Leerlauferregerstrom I_{f0} bezogen.

Die synchrone Reaktanz der SM läßt sich veranschaulichen, wenn man eine ungesättigte Maschine betrachtet, die mit der synchronen Drehzahl und Nennspannung unerregt am Netz läuft (Bild 5.10a). Im Ständer fließt dann ein Strom I_{k0}^*. Die Reaktanz, die die SM dann für Netz darstellt, ist gegeben durch $X_d = U_{\curlywedge n}/I_{k0}^*$. Geht man entsprechend Bild 5.10b so vor, daß man die synchron laufende, ungesättigte Maschine an den Klemmen kurzschließt und mit ihrem Leerlauferregerstrom $I_{f0,\delta}$ speist, so fließt ein gleich großer Strom I_{k0}^*. Bezieht man I_{k0}^* auf den Nennstrom, so ergibt sich das ungesättigte Leerlauf-Kurzschluß-Verhältnis K_C^*. Die synchrone Reaktanz $x_{d(\text{ungesättigt})}$ in p.u. ist der reziproke Wert des ungesättigten Leerlauf-Kurzschlußverhältnisses. x_d wird normalerweise als ungesättigter Wert angegeben:

$$x_d = \frac{U_{\curlywedge n}}{I_{k0}^*} \cdot \frac{I_n}{U_{\curlywedge n}} = \frac{1}{i_{k0}^*} = \frac{1}{K_C^*} \tag{5.14}$$

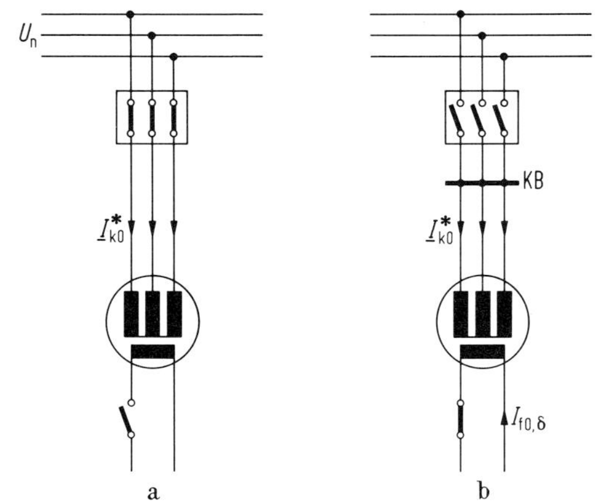

Bild 5.10. Schaltung zur Definition des Leerlauf-Kurzschlußverhältnisses K_C von Generatoren. KB Kurzschlußbrücke

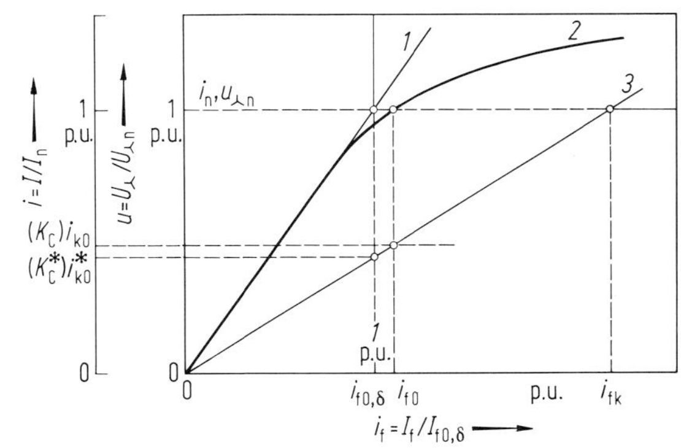

Bild 5.11. Kennlinien des Synchrongenerators.
1 Luftspaltgerade; *2* Leerlaufkennlinie; *3* Kurzschlußkennlinie

Im allgemeinen [5.33] versteht man unter dem Leerlauf-Kurzschlußverhältnis $K_C \doteq I_{k0}/I_n$ den gesättigten Wert, d.h. den auf den Nennstrom bezogenen Dauerkurzschlußstrom I_{k0}, der dem Leerlauferregerstrom I_{f0} des Generators mit Sättigung nach Bild 5.11 zugeordnet ist. Der reziproke Wert des gesättigten Leerlauf-Kurzschluß-Verhältnisses ist der gesättigte Wert der Reaktanz $x_{d(\text{gesättigt})}$. Die Sättigung ist im Betrieb jedoch abhängig von der Belastung (Strom, Spannung, Leistungsfaktor). Der aus der Kurzschlußkennlinie sich ergebende Wert x_d ist nur teilgesättigt.

Bezeichnet man mit i_{fk} den bezogenen Erregerstrom, bei dem der Kurzschlußstrom gleich dem Nennstrom wird, so gilt:

$$K_C = \frac{I_{k0}}{I_n} = i_{k0} = \frac{1}{x_{d(\text{gesättigt})}} \approx \frac{1}{i_{fk}} \qquad (5.15)$$

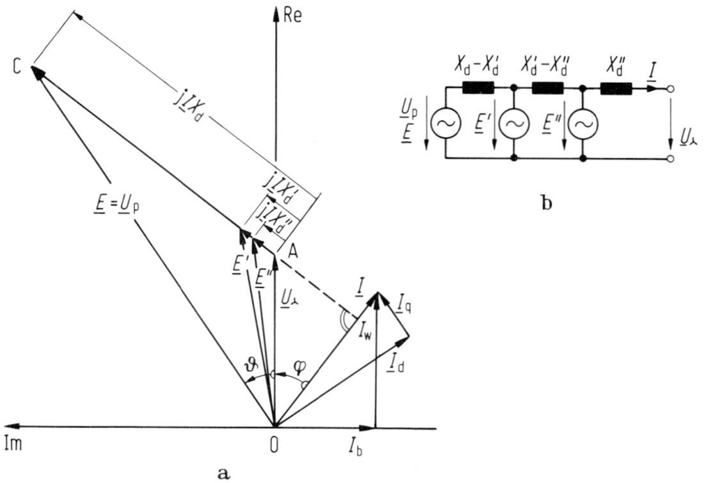

Bild 5.12. Zeigerdiagramm eines Turbogenerators (übererregter Betrieb, EZS) – vereinfacht. (**a**) Zeigerdiagramm; (**b**) Ersatzschaltung für Netzberechnungen

Schenkelpolgeneratoren haben in der Regel $K_C \approx (0{,}8 \ldots 1{,}0)$, während K_C für Turbogeneratoren im Bereich zwischen 0,4 und 0,5 liegt.

Das Zeigerdiagramm des Turbogenerators kann man direkt aus Bild 5.9 ableiten. Im Erzeugerzählpfeilsystem ist $\underline{E}=\underline{U}_p$. Im Gegensatz zum Schenkelpolgenerator, bei dem $x_q < x_d$ ist, gilt beim Turbogenerator $x_q \approx x_d$ (Tabelle A.2). In Bild 5.12a wird $\underline{U}_\perp$, wie vielfach üblich, in die senkrechte Achse (reelle Achse der komplexen Zahlenebene) gelegt.

Die Reaktanzen X_d'' und X_d' sind bei dynamischen Vorgängen wirksam.

Mit $\underline{S}=3\underline{U}_\perp \underline{I}^*$ (Kapitel 2) und $\underline{U}_\perp = U_\perp$ ergibt sich aus Bild 5.12 und wenn man $X_q = X_d$ in Gl. (5.7) und Gl. (5.8) setzt:

$$\underline{S} = 3\,U_\perp I(\cos\varphi + \mathrm{j}\sin\varphi) = \frac{3\,U_\perp U_p}{X_d}\left[\sin\vartheta + \mathrm{j}\left(\cos\vartheta - \frac{U_\perp}{U_p}\right)\right] \tag{5.16}$$

Dividiert man die Spannungszeiger des Diagramms in Bild 5.12a durch $\mathrm{j}X_d$ und bezieht man die sich ergebenden Ströme auf den Nennstrom I_n, so findet man das Stromdiagramm des Turbogenerators in Bild 5.13. Das charakteristische Dreieck wird durch die Seiten $\overline{OA} = -\mathrm{j}\,u_\perp/x_d$, $\overline{AC} = \underline{i}$ und $\overline{OC} = -\mathrm{j}\underline{u}_p/x_d$ gebildet; $u_\perp$ ist die auf $U_{\perp n}$ bezogene Spannung $U_\perp$, während $\underline{u}_p = \underline{U}_p/U_{\perp n}$ und $x_d = X_d I_n/U_{\perp n}$ gilt. Als neue reelle Achse wählt man eine Achse mit dem Ursprung in A. $u_\perp$ und $\underline{i}$ schließen dann den Winkel φ ein. Das Stromdiagramm in Bild 5.13 ist für Nennwerte ($u_{\perp n}$, i_n und φ_n) gezeichnet.

Die Strecke $\overline{OC} = u_{pn}/x_d$ ist bei $i = i_n$ gleich dem auf den Nennstrom bezogenen Dauerkurzschlußstrom i_k bei ungesättigter Maschine und Nennerregung. Entsprechend dem Bild 5.13 gilt hier $\underline{i}_n = i_{wn} - \mathrm{j}\,i_{bn}$. Für den Polradwinkel ϑ_n

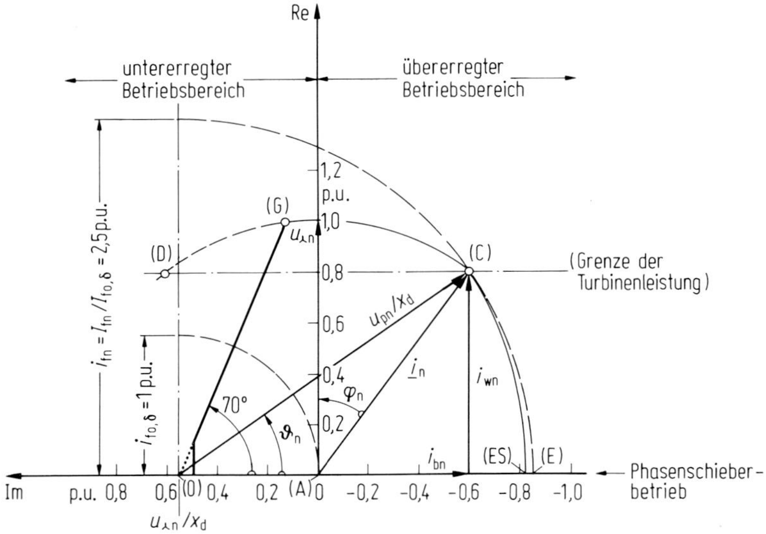

Bild 5.13. Stromdiagramm eines Turbogenerators mit p.u.-Größen (Beispiel: $u_{\curlywedge}=u_{\curlywedge\mathrm{n}}$; $i=i_\mathrm{n}$; $\cos\varphi=\cos\varphi_\mathrm{n}=0{,}8$; $K_\mathrm{C}^*=0{,}55$; $x_\mathrm{d}=1{,}8$ p.u.)

liest man ab:

$$\tan\vartheta_\mathrm{n}=\frac{i_\mathrm{wn}}{\dfrac{u_{\curlywedge\mathrm{n}}}{x_\mathrm{d}}+i_\mathrm{bn}}=\frac{i_\mathrm{n}\,x_\mathrm{d}\cos\varphi_\mathrm{n}}{u_{\curlywedge\mathrm{n}}+i_\mathrm{n}\,x_\mathrm{d}\sin\varphi_\mathrm{n}} \tag{5.17}$$

Gl. (5.6) gilt also auch hier bei $x_\mathrm{q}=x_\mathrm{d}$ und der Berechnung mit p.u.-Werten. Bei $x_\mathrm{d}=1{,}8$ p.u. und $\cos\varphi_\mathrm{n}=0{,}8$ ergibt sich $\vartheta_\mathrm{n}=34{,}7°$.

Die Belastungspunkte für $i=i_\mathrm{n}$ und Leistungsfaktoren $\cos\varphi>\cos\varphi_\mathrm{n}$ sowie Leistungsfaktoren im untererregten Betriebsbereich liegen auf dem Kreisbogen $\overline{\mathrm{CD}}$, wenn nicht durch Leistungsbegrenzung der Turbine entsprechend der Nennwirkleistung (Nennwirkstrom) eine Beschränkung entlang der Geraden $\overline{\mathrm{CD}}$ gegeben ist. Der untererregte Betriebsbereich wird eingeschränkt durch die Forderung nach statischer Stabilität der SM (Kapitel 18). Die vom Punkt O ausgehende Senkrechte in Bild 5.13 (strichpunktiert) wird als theoretische Stabilitätsgrenze bezeichnet. Es gilt $\vartheta=90°$ (Gl. (5.16)). Es ist üblich, als praktische Stabilitätsgrenze die Gerade $\overline{\mathrm{OG}}$ anzugeben und außerdem eine Minimalerregung von mindestens 0,1 $i_{\mathrm{f}0}$ zu fordern. Diese praktische Stabilitätsgrenze ist jedoch nur dann als Grenze zu werten, wenn keine Spannungsregelung vorhanden ist.

Für Leistungsfaktoren $\cos\varphi<\cos\varphi_\mathrm{n}$ ist der Betriebsbereich durch den Kreisbogen $\overline{\mathrm{CE}}$ (Kreis mit dem Radius $\overline{\mathrm{OC}}$ um O) eingeschränkt mit Rücksicht auf die Polraderwärmung. Der Strecke $\overline{\mathrm{OA}}$ wird die Leerlauferregung $i_{\mathrm{f}0,\delta}=1$ p.u. und der Strecke $\overline{\mathrm{OC}}$ die Nennerregung i_fn zugeordnet. Bei Berücksichtigung der Sättigung wird der Leistungsbereich entsprechend dem Kreisbogen $\overline{\mathrm{CES}}$ einge-

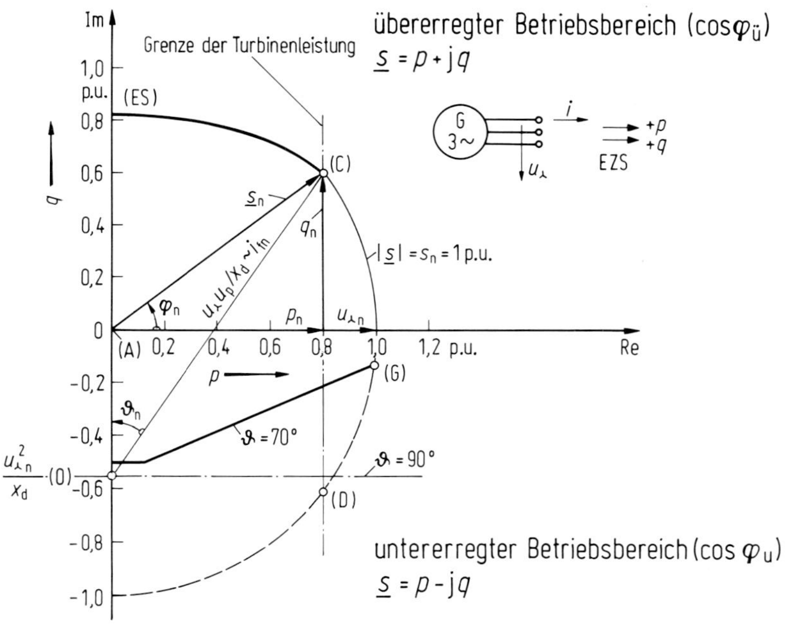

Bild 5.14. Leistungsdiagramm eines Turbogenerators mit p.u.-Größen (Beispiel: $u_{\curlywedge} = u_{\curlywedge n}$; $\underline{s} = \underline{s}_n$; $\cos\varphi = \cos\varphi_n = 0{,}8$; $x_d = 1{,}8$ p.u.)

schränkt. Man erkennt, daß der Blindstrom beim Phasenschieberbetrieb kleiner als der Nennstrom der SM wird. Für das Beispiel in Bild 5.13 darf i_b im übererregten Phasenschieberbetrieb etwa 0,8 p.u. und im untererregten Phasenschieberbetrieb etwa 0,5 p.u. nicht überschreiten.

Aus dem Stromdiagramm des Turbogenerators in Bild 5.13 kann man das Leistungsdiagramm (power chart) gewinnen. Unter Beibehaltung des EZS ergibt sich Bild 5.14, wenn man die zu Bild 5.13 konjugiert komplexen Ströme bildet und diese dann mit $u_{\curlywedge}$ multipliziert; $u_{\curlywedge}$ liegt in der reellen Achse der komplexen Ebene. Es gilt:

$$\underline{s} = u_{\curlywedge}\, \underline{i}^* = p \pm \mathrm{j}\, q \tag{5.18}$$

Die Strecke $\overline{\mathrm{OA}}$ ist auch hier dem Leerlauferregerstrom $i_{\mathrm{f}\,0,\delta} = 1$ p.u. proportional (x_d ungesättigte synchrone Reaktanz). Die Strecke $\overline{\mathrm{OC}}$ ist dann dem Nennerregerstrom $i_{\mathrm{f}\,\mathrm{n}}$ proportional. Auch für jeden anderen Betriebspunkt im Leistungsdiagramm ergibt sich der zugehörige Erregerstrom aus

$$i_{\mathrm{f}} = i_{\mathrm{f}\,0,\delta}\,\frac{\overline{\mathrm{OC}}}{\overline{\mathrm{OA}}} = i_{\mathrm{f}\,0,\delta}\,\frac{u_{\mathrm{p}}}{u_{\curlywedge \mathrm{n}}}$$

Eingetragen sind wie in Bild 5.13 die Stabilitätsgrenzen im untererregten Betriebsbereich ($\vartheta = 70°$ und $\vartheta = 90°$). Die tatsächlich im Einzelfall vorhandene Stabilitätsgrenze hängt vom Erregersystem, der Übertragungsfunktion des Spannungsreglers und der äußeren Reaktanz ab (Kapitel 18).

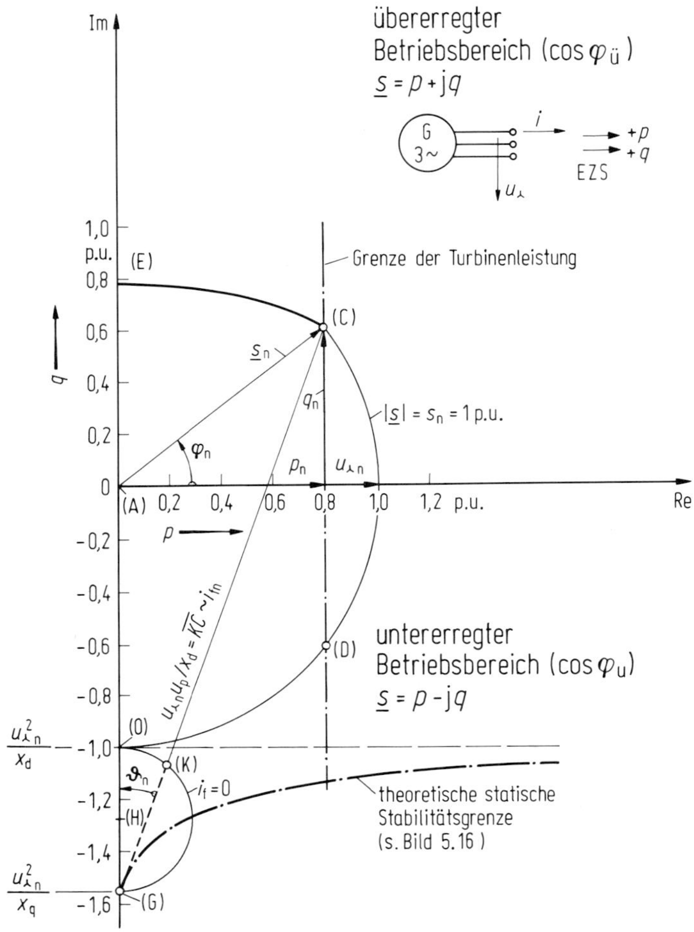

Bild 5.15. Leistungsdiagramm eines Schenkelpolgenerators mit p.u.-Größen. (Beispiel: $u_\perp = u_{\perp n}$; $\underline{s} = \underline{s}_n$; $\cos\varphi = \cos\varphi_n = 0{,}8$; $x_d = 1{,}0$ p.u.; $x_q = 0{,}65$ p.u.)

Das Leistungsdiagramm des Schenkelpolgenerators zeigt Bild 5.15. Der Unterschied zwischen X_d und X_q bestimmt den Reaktionskreis. Für Betriebspunkte außerhalb des Reaktionskreises ist der Erregerstrom $i_f > 0$, für Betriebspunkte innerhalb des Kreises gilt dagegen $i_f < 0$ (negative Erregung), während sich für den Reaktionskreis selbst $i_f = 0$ ergibt.

Die theoretische statische Stabilitätsgrenze, die bei der Vollpolmaschine bei $\vartheta = 90°$ liegt, tritt bei der Schenkelpolmaschine bei $\vartheta < 90°$ auf, weil das Maximum des Wirkstromes bzw. der Wirkleistung bei $\vartheta < 90°$ vorhanden ist. An der theoretischen statischen Stabilitätsgrenze wird die synchronisierende Leistung $p_{syn} = dp/d\vartheta = 0$.

Aus der Gl. (5.7) erhält man bezogen auf $S_n = 3\,U_{\perp n}\,I_n$ in p.u.:

$$p = \frac{u_\perp u_p \sin\vartheta}{x_d} + \frac{u_\perp^2}{2}\left(\frac{1}{x_q} - \frac{1}{x_d}\right)\sin 2\vartheta \tag{5.19}$$

und damit

$$p_{\text{syn}} = \frac{\mathrm{d}p}{\mathrm{d}\vartheta} = \frac{u_{\perp}\, u_{\text{p}} \cos\vartheta}{x_{\text{d}}} + u_{\perp}^2 \left(\frac{1}{x_{\text{q}}} - \frac{1}{x_{\text{d}}}\right) \cos 2\vartheta = 0 \qquad (5.20)$$

Bezeichnet man $\vartheta_{\max}$ als den Polradwinkel, der bei $p = p_{\max}(p_{\text{syn}} = 0)$ auftritt, so ergibt sich aus Gl. (5.20):

$$\cos\vartheta_{\max} = -\frac{u_{\text{p}}\, x_{\text{q}}}{4 u_{\perp}(x_{\text{d}} - x_{\text{q}})} \pm \sqrt{\left[\frac{u_{\text{p}}\, x_{\text{q}}}{4 u_{\perp}(x_{\text{d}} - x_{\text{q}})}\right]^2 + \frac{1}{2}} \qquad (5.21)$$

Setzt man

$$\frac{u_{\perp}\, u_{\text{p}}}{x_{\text{d}}} = -\frac{u_{\perp}^2 \left(\frac{1}{x_{\text{q}}} - \frac{1}{x_{\text{d}}}\right) \cos 2\vartheta_{\max}}{\cos\vartheta_{\max}}$$

aus der Gl. (5.20) in die Leistungsgleichung Gl. (5.19) ein, so erhält man

$$p_{\max} = u_{\perp}^2 \left(\frac{1}{x_{\text{q}}} - \frac{1}{x_{\text{d}}}\right) \cdot \left(-\frac{\cos 2\vartheta_{\max}}{\cos\vartheta_{\max}} \sin\vartheta_{\max} + \frac{1}{2} \sin 2\vartheta_{\max}\right) \qquad (5.22\text{a})$$

und nach Umformung mit

$$-\cos 2\vartheta_{\max} \cdot \tan\vartheta_{\max} = \tan\vartheta_{\max} - \sin 2\vartheta_{\max}:$$

$$p_{\max} = u_{\perp}^2 \left(\frac{1}{x_{\text{q}}} - \frac{1}{x_{\text{d}}}\right) \tan\vartheta_{\max} - \frac{1}{2} u_{\perp}^2 \left(\frac{1}{x_{\text{q}}} - \frac{1}{x_{\text{d}}}\right) \sin 2\vartheta_{\max} \qquad (5.22\text{b})$$

Aus der Gl. (5.22b) ergibt sich die Konstruktion der statischen Stabilitätsgrenze in Bild 5.16 für $u_{\perp} = u_{\perp\text{n}}$.

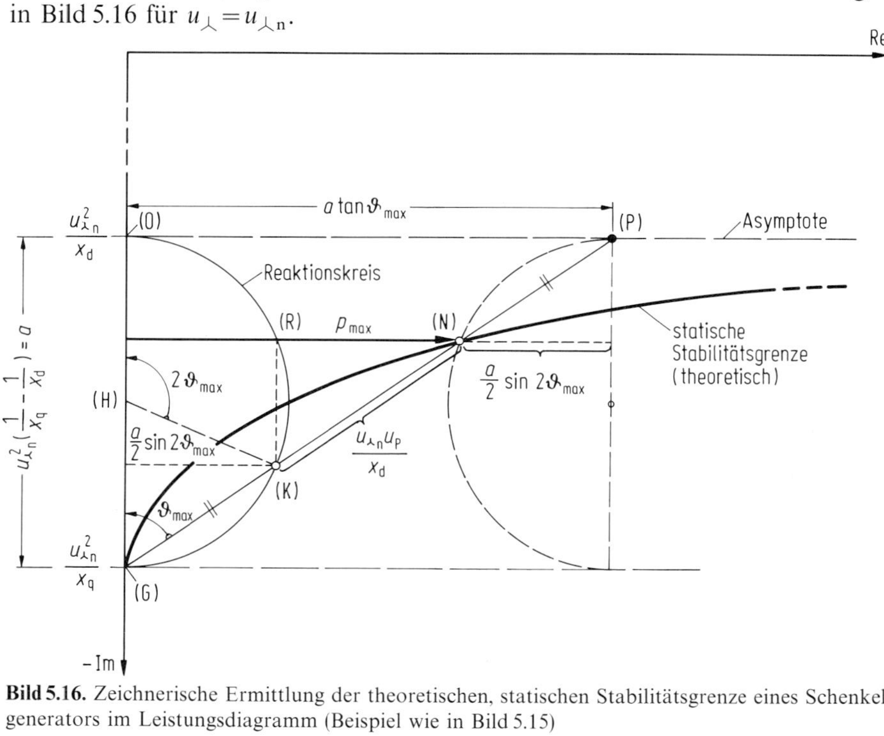

Bild 5.16. Zeichnerische Ermittlung der theoretischen, statischen Stabilitätsgrenze eines Schenkelpolgenerators im Leistungsdiagramm (Beispiel wie in Bild 5.15)

Man zeichnet auf der negativen imaginären Achse den Reaktionskreis, gegeben durch $u_{\perp n}^2/x_d$ und $u_{\perp n}^2/x_q$ sowie den Mittelpunkt H. Bezeichnet man den Durchmesser des Reaktionskreises

$$u_{\perp n}^2 \left(\frac{1}{x_q} - \frac{1}{x_d}\right)$$

mit a, so ergibt sich ausgehend von ϑ_{max} der Abschnitt $\overline{OP} = a \tan \vartheta_{max}$. Zugehörig zu ϑ_{max} findet man den Winkel $2\vartheta_{max}$ und damit $(a/2)\sin 2\vartheta_{max}$ als Senkrechte von K auf die imaginäre Achse. Zugehörig zu ϑ_{max} findet man dann den Punkt N als Endpunkt von p_{max} nach Gl. (5.22b). Zeichnerisch ergibt sich der Punkt N in einfacher Weise als Schnittpunkt der Linie $\overline{GP}$ mit einem parallel verschobenen Reaktionskreis, der die Asymptote $\overline{OP}$ in P berührt (gestrichelt eingezeichnet). Die Strecke $\overline{GK}$ wird damit gleich der Strecke $\overline{PN}$ (jeweils gekennzeichnet durch zwei Querstriche).

Schnell zum Ziel führt auch folgende Konstruktion: Man zieht durch den Kreispunkt K eine Parallele zur imaginären Achse und durch den Schnittpunkt R mit dem Kreis eine Parallele zur reellen Achse, die $\overline{PG}$ in N schneidet.

5.3 Klemmenkurzschluß und unsymmetrische Belastung

5.3.1 Klemmenkurzschluß

Bei einem plötzlich eintretenden Klemmenkurzschluß eines Generators treten im Vergleich zum Nennstrom hohe Kurzschlußströme auf. Dem Kurzschlußwechselstrom ist ein Gleichstromglied des Kurzschlußstromes unterlagert. Beim Kurzschlußwechselstrom unterscheidet man den Anfangs-Kurzschlußwechselstrom (subtransient), den Übergangs-Kurzschlußwechselstrom (transient) und den Dauerkurzschlußstrom. Das Gleichstromglied des Kurzschlußstromes klingt auf Null ab, während das Wechselstromglied in den Dauerkurzschlußstrom übergeht. Bild 5.17 zeigt den Verlauf des Kurzschlußstromes mit maximalem Gleichstromglied.

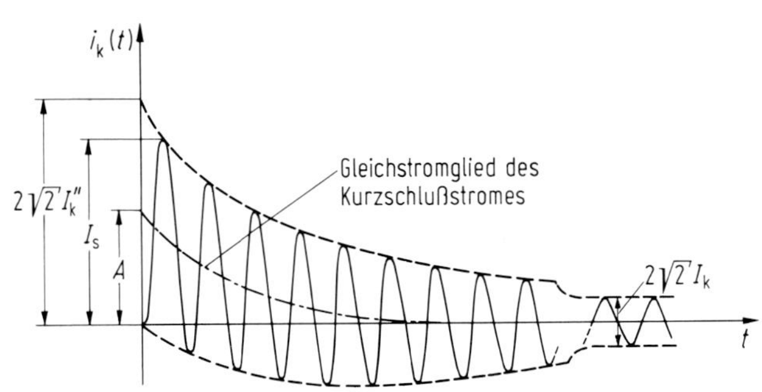

Bild 5.17. Verlauf des Kurzschlußstromes bei Generatorklemmenkurzschluß (Prinzip) [2.15].
I_k'' Anfangs-Kurzschlußwechselstrom; I_s Stoßkurzschlußstrom; I_k Dauerkurzschlußstrom; A Anfangswert des Gleichstromes

Wird eine stromdurchflossene Spule nach Bild 5.18 kurzgeschlossen, so ändern sich Spulenstrom I^{v} und Fluß ψ^{v} (hochgestellter Index v zur Kennzeichnung des Zustands vor dem Kurzschluß) nicht plötzlich, sondern mit der Zeitkonstanten $T=L/R$ des Kreises.

Bei Vernachlässigung des ohmschen Widerstandes R würde der Strom I^{v} auch unbegrenzte Zeit nach dem Kurzschlußbeginn fließen ($\mathrm{d}\psi/\mathrm{d}t=0$: $\psi=\mathrm{const}\rightarrow$ konstante Flußverkettung). Die Vorgänge beim Kurzschluß an den Generatorklemmen kann man im allgemeinen auf den einfachen Fall nach Bild 5.18 zurückführen.

Oszillogramme des Kurzschlußwechselstromes bei Klemmenkurzschluß zeigen im wesentlichen zwei Ausgleichsvorgänge, und zwar den subtransienten und den transienten Vorgang. Der subtransiente Vorgang umfaßt den Ausgleichsvorgang zwischen Ständer- und Dämpferwicklung (bei Turbogeneratoren darf man annehmen, daß die Dämpferwicklungen in Längs- und Querrichtung gleich aufgebaut sind). Diesem Vorgang wird die Zeitkonstante T'' zugeordnet. Der transiente Vorgang dagegen umfaßt den Ausgleichsvorgang zwischen Ständer- und Erregerwicklung und ist deshalb auf die d-Achse beschränkt.

Diesem Vorgang wird die transiente Zeitkonstante T_{d}' zugeordnet. Die transiente Zeitkonstante ist wesentlich größer als die subtransiente Zeitkonstante (Tabelle A.2). Der subtransiente Vorgang klingt dementsprechend schnell ab.

Betrachtet wird eine feststehende Spule d (Ständerwicklung) mit der Induktivität $L_{\mathrm{hd}}\cdot(1+\sigma_{\mathrm{d}})$ und die bewegliche Spule f (Läuferwicklung) mit der Induktivität $L_{\mathrm{hd}}(1+\sigma_{\mathrm{f}})$. Die ohmschen Widerstände werden vernachlässigt. Die bewegliche Spule f sei mit dem Strom i_{f} erregt. Angenommen wird, daß die bewegliche Spule im Kurzschlußaugenblick senkrecht vor der festen Spule steht. Die Flußverkettung zwischen den Spulen ist dann gleich Null. Bei der Drehung der Spule f nimmt die Verkettung des von der Spule f erzeugten Hauptflusses F_{d} der Spule d zu, um nach einer Viertelumdrehung den maximalen Wert zu erreichen. Damit die Flußverkettung Null der Spule d und der Fluß $i_{\mathrm{f}}\,L_{\mathrm{hd}}(1+\sigma_{\mathrm{f}})$ der Spule f erhalten bleibt, gilt für diesen Zeitpunkt:

$$i_{\mathrm{d}}'\,L_{\mathrm{hd}}(1+\sigma_{\mathrm{d}})+i_{\mathrm{f}}'\,L_{\mathrm{hd}}=0 \tag{5.23 a}$$

$$i_{\mathrm{f}}'\,L_{\mathrm{hd}}(1+\sigma_{\mathrm{f}})+i_{\mathrm{d}}'\,L_{\mathrm{hd}}=i_{\mathrm{f}}\,L_{\mathrm{hd}}(1+\sigma_{\mathrm{f}}) \tag{5.23 b}$$

Aus diesen Gleichungen folgt:

$$i_{\mathrm{d}}'=\frac{i_{\mathrm{f}}(1+\sigma_{\mathrm{f}})}{1-(1+\sigma_{\mathrm{f}})(1+\sigma_{\mathrm{d}})}=-\frac{i_{\mathrm{f}}}{(1+\sigma_{\mathrm{d}})\left[1-\dfrac{1}{(1+\sigma_{\mathrm{d}})(1+\sigma_{\mathrm{f}})}\right]}=-\frac{i_{\mathrm{f}}}{(1+\sigma_{\mathrm{d}})\,\sigma'} \tag{5.24 a}$$

$$i_{\mathrm{f}}'=\frac{i_{\mathrm{f}}}{\sigma'} \tag{5.24 b}$$

mit

$$\sigma'=1-\frac{1}{(1+\sigma_{\mathrm{d}})(1+\sigma_{\mathrm{f}})} \tag{5.25}$$

Ist nun i_{f} der Leerlauferregerstrom $i_{\mathrm{f\,0,\delta}}=1$ p.u. des Generators, durch den $U_{\curlywedge\mathrm{n}}$ erzeugt wird, dann wird i_{d}' der transiente Kurzschlußwechselstrom: $i_{\mathrm{d}}'=\sqrt{2}\,I_{\mathrm{k}}'$. Es

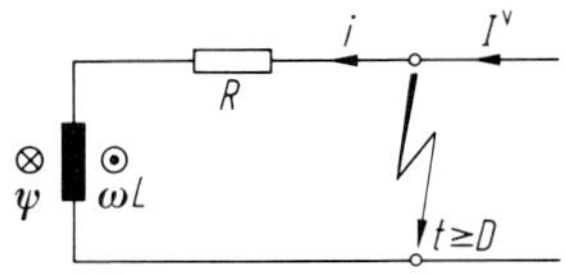

Bild 5.18. Kurzschluß einer stromdurchflossenen Spule mit der Impedanz $R+\mathrm{j}\omega L$.
$t<0$: $i=I^{\mathrm{v}}$; $\psi=\psi^{\mathrm{v}}$
$t \geqq 0$: $i=I^{\mathrm{v}}\,\mathrm{e}^{-t/T}$; $\psi=\psi^{\mathrm{v}}\,\mathrm{e}^{-t/T}$

wird dann mit $i_{\mathrm{f}\,0,\delta}=\sqrt{2}\,U_{\perp\mathrm{n}}/X_{\mathrm{hd}}$ (Feldstrom auf Ankerstrom umgerechnet):

$$\sqrt{2}\,I_{\mathrm{k}}'=\frac{\sqrt{2}\,U_{\perp\mathrm{n}}}{X_{\mathrm{hd}}(1+\sigma_{\mathrm{d}})\sigma'}=\frac{\sqrt{2}\,U_{\perp\mathrm{n}}}{X_{\mathrm{d}}\cdot\sigma'}=\frac{\sqrt{2}\,U_{\perp\mathrm{n}}}{X_{\mathrm{d}}'} \tag{5.26}$$

$X_{\mathrm{d}}\,\sigma'=X_{\mathrm{d}}'$ ist die transiente Generatorreaktanz (Übergangsreaktanz) in der d-Achse. Geht man nicht vom Leerlaufzustand aus, so ergibt in bekannter Weise (Bild 5.12 für $X_{\mathrm{d}}''=0$):

$$I_{\mathrm{k}}'=\frac{E'}{X_{\mathrm{d}}'} \tag{5.27}$$

Bezieht man I_{k}' nach Gl. (5.26) auf das dem Leerlauferregerstrom $i_{\mathrm{f}\,0,\delta}$ entsprechende Leerlauf-Kurzschlußverhältnis nach Gl. (5.14), so erhält man:

$$\frac{I_{\mathrm{k}}'}{I_{\mathrm{k}\,0}^{*}}=\frac{I_{\mathrm{k}}'\,X_{\mathrm{d}}}{U_{\perp\mathrm{n}}}=\frac{X_{\mathrm{d}}}{X_{\mathrm{d}}'}=\frac{1}{\sigma'} \tag{5.28}$$

Entsprechend ergibt sich für den Strom i_{f}' nach Gl. (5.24b) bezogen auf $i_{\mathrm{f}\,0,\delta}=1$ p.u.:

$$\frac{i_{\mathrm{f}}'}{i_{\mathrm{f}\,0,\delta}}=\frac{1}{\sigma'} \tag{5.29}$$

Man erkennt, daß, wie auch beim Transformator, die im Ständer und Läufer auftretenden Ströme gleich groß sind, wenn man sie in p.u. angibt, bezogen auf die Bezugsgrößen des Ständers und Läufers.

Ersetzt man σ_{d} durch $x_{\mathrm{d}\sigma}/x_{\mathrm{hd}}$ und σ_{f} durch $x_{\mathrm{f}\sigma}/x_{\mathrm{hd}}$, so geht σ' nach Gl. (5.25) über in:

$$\sigma'=\frac{x_{\mathrm{d}\sigma}}{x_{\mathrm{d}\sigma}+x_{\mathrm{hd}}}+\frac{x_{\mathrm{f}\sigma}\cdot x_{\mathrm{hd}}}{(x_{\mathrm{d}\sigma}+x_{\mathrm{hd}})(x_{\mathrm{f}\sigma}+x_{\mathrm{hd}})} \tag{5.30}$$

Anstelle von $x_{\mathrm{d}\sigma}$ wird häufig auch $x_{\mathrm{a}\sigma}$ verwendet, wobei der Index a auf den Anker hinweist.

Für die transiente Reaktanz wird dann:

$$x_{\mathrm{d}}'=x_{\mathrm{d}}\,\sigma'=(x_{\mathrm{d}\sigma}+x_{\mathrm{hd}})\,\sigma'=x_{\mathrm{d}\sigma}+\frac{x_{\mathrm{f}\sigma}\cdot x_{\mathrm{hd}}}{x_{\mathrm{f}\sigma}+x_{\mathrm{hd}}} \tag{5.31}$$

Diese Gleichung führt zur Ersatzschaltung nach Bild 5.19.

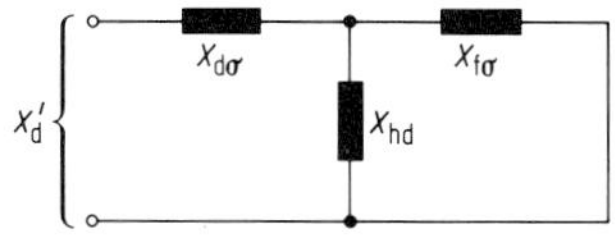

Bild 5.19. Ersatzschaltung für die transiente Generatorreaktanz x'_d

Bezieht man nun zusätzlich die Dämpferwicklung und die Dämpfungswirkung des Läufereisens in die Betrachtung ein, so wird auch die Streuung σ_D wirksam. Ersetzt man σ_D durch $x_{D\sigma}/x_{hd}$, so findet man näherungsweise die subtransiente Generatorreaktanz:

$$x''_d = x_d\,\sigma'' = x_d\left[1 - \frac{1}{(1+\sigma_d)\cdot\left(1+\dfrac{\sigma_f\cdot\sigma_D}{\sigma_f+\sigma_D}\right)}\right] \tag{5.32}$$

und weiter:

$$x''_d = (x_{d\sigma}+x_{hd})\,\sigma'' = x_{d\sigma} + \frac{x_{hd}\,x_{f\sigma}\,x_{D\sigma}}{x_{hd}(x_{f\sigma}+x_{D\sigma})+x_{f\sigma}\,x_{D\sigma}} \tag{5.33}$$

Mit X''_d und E'' erhält man (Bild 5.12) den dreipoligen Anfangs-Kurzschlußwechselstrom bei Klemmenkurzschluß:

$$I''_k = \frac{E''}{X''_d} \tag{5.34}$$

E'' kann man ausgehend von der Belastung des Generators vor dem Kurzschluß berechnen. Es gilt:

$$E'' \approx U^v_{\curlywedge G}\left(1+\frac{I^v_G\,X''_d\sin\varphi^v}{U^v_{\curlywedge G}}\right) \tag{5.35}$$

$U^v_{\curlywedge G}$ ist die Sternspannung des Generators ($U^v_{\curlywedge G}=U^v_G/\sqrt{3}$), I^v_G der Strom des Generators und φ^v der Phasenwinkel zwischen I^v_G und $U^v_{\curlywedge G}$ (φ^v ist positiv bei Übererregung und negativ bei Untererregung des Generators) vor Eintritt des Kurzschlusses.

Die Ersatzschaltung für x''_d in Bild 5.20 genügt zur angenäherten Bestimmung der Größe des Kurzschlußstromes der Ständerwicklung und des Gesamtkurz-

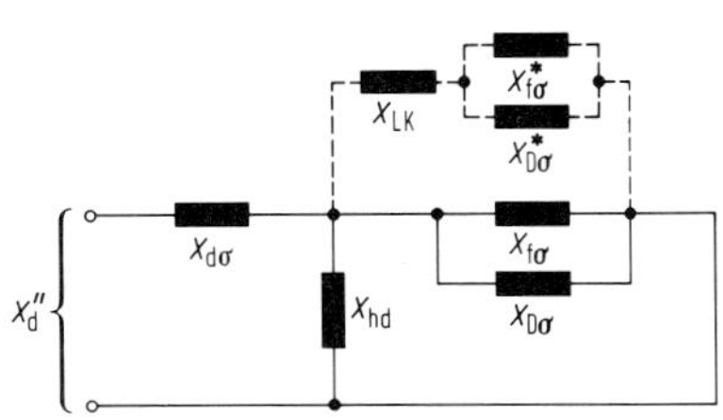

Bild 5.20. Ersatzschaltung für die subtransiente Generatorreaktanz x''_d.
x_{LK} Läuferkopplungsreaktanz;
$x^*_{f\sigma}$, $x^*_{D\sigma}$ Eigenstreureaktanzen [5.20]

schlußstromes im Läuferkreis. Für eine genauere Ermittlung des in der Läuferwicklung induzierten Stromes bei Klemmenkurzschluß des Ständers sind die Streureaktanzen $x_{f\sigma}$ und $x_{D\sigma}$ in die Eigenstreureaktanzen $x^*_{f\sigma}$, $x^*_{D\sigma}$ und die Läuferkopplungsreaktanz x_{LK}, wie in Bild 5.20 gestrichelt angedeutet, aufzuteilen [5.20].

Bisher wurde der Kurzschlußstrom bei der günstigsten Lage der Läufer- und Ständerwicklung behandelt. Liegen bei Eintritt des Kurzschlusses beide Spulen parallel, so wird die Ständerwicklung vom vollen Hauptfluß der Läuferwicklung durchsetzt. Die Verkettung ändert sich cosinusförmig. Der höchste Strom tritt nach einer halben Umdrehung ein mit umgekehrter Richtung des Hauptflusses, so daß doppelt so hohe Ströme induziert werden, um die Anfangsflußverteilung zu erhalten. An die Stelle der Gl. (5.23a) und (5.23b) treten dann:

$$i_{dk} L_{hd}(1+\sigma_d) - i_{fk} L_{hd} = i_f L_{hd} \tag{5.36}$$

$$i_{fk} L_{hd}(1+\sigma_f) - i_{dk} L_{hd} = i_f L_{hd}(1+\sigma_f) \tag{5.37}$$

Damit ergibt sich:

$$i_{dk} = i_f \frac{2}{(1+\sigma_d)\,\sigma'} \tag{5.38}$$

$$i_{fk} = i_f \left(\frac{2}{\sigma'} - 1\right) \tag{5.39}$$

Für σ' gilt auch hier wieder Gl. (5.25).

Man erkennt, daß die Höhe des Kurzschlußstromes abhängig ist vom Augenblick des Kurzschlußeintritts. Für einen Kurzschlußeintritt beim Maximalwert der Spannung ($dU/dt = 0$) erreicht der Augenblickswert des Kurzschlußstromes nach 5 ms (50 Hz) seinen Höchstwert $\sqrt{2}\,I''_k$. Geht beim Kurzschlußeintritt die Spannung durch Null ($U = 0$), so tritt ein maximales Gleichstromglied auf, so daß der Augenblickswert des Kurzschlußstromes nach 10 ms seinen Höchstwert $2\sqrt{2}\,I''_k$ erreicht. Bei dieser Überlegung wurde vorausgesetzt, daß weder der Kurzschlußwechselstrom noch das Gleichstromglied abklingen.

Berücksichtigt man das Abklingen des subtransienten Kurzschlußwechselstromes mit der subtransienten Zeitkonstanten T''_d und das Abklingen des Gleichstromgliedes mit der Gleichstromzeitkonstanten T_a, so erreicht der Kurzschlußstrom nicht mehr $2\sqrt{2}\,I''_k$, sondern nur noch den Stoßkurzschlußstrom I_s. Bezeichnet κ den Stoßfaktor, so gilt:

$$I_s = \kappa \sqrt{2}\, I''_k \tag{5.40}$$

Der κ-Faktor steigt mit steigender Generatorleistung und erreicht höchste Werte [$\kappa = 1{,}8 \ldots 1{,}9 \ldots (1{,}95)$] bei Kurzschluß aus dem Leerlaufbetrieb (Bild 15.19), während bei Kurzschluß aus dem Nennbetrieb nur Werte zwischen $\kappa \approx 1{,}75 \ldots 1{,}85$ auftreten. Bei Kurzschlußstromberechnungen nach [2.15] darf man $\kappa = f(R/X)$ dem Bild 15.18 entnehmen [$R_{sG} = 0{,}07\ X''_d$ für $S_{nG} < 100$ MVA, $R_{sG} = 0{,}05\ X''_d$ für $S_{nG} \geqq 100$ MVA]. Dabei ist der einzusetzende Wirkwiderstand R_{sG} zur Berechnung von I_s ein fiktiver Widerstand, durch den auch das

Abklingen des subtransienten Kurzschlußwechselstromes während der ersten 10 ms nach Kurzschlußeintritt berücksichtigt wird. Die tatsächlichen Wirkwiderstände der Ständerwicklungen großer Generatoren liegen wesentlich niedriger als die fiktiven Werte R_{sG}.

Ausgehend von vorstehenden Überlegungen und davon, daß beim dreipoligen Kurzschluß in allen drei Leitern sowohl Wechselstrom- als auch Gleichstromglieder des Kurzschlußstromes auftreten, erhält man für Generatoren mit vollständiger Dämpferwicklung ($X''_q = X''_d$ und $T''_q = T''_d$) folgenden zeitlichen Verlauf der Kurzschlußströme:

$$i_{kR}(t) = \sqrt{2}\,\{[I''_k - I'_k]\,e^{-t/T''_d} + [I'_k - I_k]\,e^{-t/T'_d} + I_k\} \cdot \sin(\omega t - \varphi) + \sqrt{2}\,I''_k\,e^{-t/T_a}\sin\varphi \tag{5.41a}$$

$$i_{kS}(t) = \sqrt{2}\,\{[I''_k - I'_k]\,e^{-t/T''_d} + [I'_k - I_k]\,e^{-t/T'_d} + I_k\} \cdot \sin(\omega t - \tfrac{2}{3}\pi - \varphi) + \sqrt{2}\,I''_k\,e^{-t/T_a}\sin(\varphi + \tfrac{2}{3}\pi) \tag{5.41b}$$

$$i_{kT}(t) = \sqrt{2}\,\{[I''_k - I'_k]\,e^{-t/T''_d} + [I'_k - I_k]\,e^{-t/T'_d} + I_k\} \cdot \sin(\omega t + \tfrac{2}{3}\pi - \varphi) + \sqrt{2}\,I''_k\,e^{-t/T_a}\sin(\varphi - \tfrac{2}{3}\pi) \tag{5.41c}$$

Dabei sind:

I''_k Anfangs-Kurzschlußwechselstrom (subtransienter Kurzschlußstrom)
I'_k Übergangs-Kurzschlußwechselstrom (transienter Kurzschlußstrom)
I_k Dauerkurzschlußstrom
$T''_d = T''_q$, T'_d und T_a subtransiente, transiente und Gleichstromzeitkonstanten.

Wird der Phasenwinkel φ beim Kurzschlußeintritt $\varphi = 90° = \pi/2$, so tritt im Bezugsleiter R das maximale Gleichstromglied auf. Die Gl. (5.41) gehen dann über in:

$$i_{kR} = -\sqrt{2}\,\{[I''_k - I'_k]\,e^{-t/T''_d} + [I'_k - I_k]\,e^{-t/T'_d} + I_k\}\cos\omega t + \sqrt{2}\,I''_k\,e^{-t/T_a} \tag{5.42a}$$

$$i_{kS} = -\sqrt{2}\,\{[I''_k - I'_k]\,e^{-t/T''_d} + [I'_k - I_k]\,e^{-t/T'_d} + I_k\} \cdot \cos(\omega t - \tfrac{2}{3}\pi) - \tfrac{1}{2}\sqrt{2}\,I''_k\,e^{-t/T_a} \tag{5.42b}$$

$$i_{kT} = -\sqrt{2}\,\{[I''_k - I'_k]\,e^{-t/T''_d} + [I'_k - I_k]\,e^{-t/T'_d} + I_k\} \cdot \cos(\omega t - \tfrac{4}{3}\pi) - \tfrac{1}{2}\sqrt{2}\,I''_k\,e^{-t/T_a} \tag{5.42c}$$

Man erkennt, daß die Summe der drei Wechselstromglieder und die Summe der drei Gleichstromglieder des Kurzschlußstromes in jedem Augenblick zu Null werden, so daß gilt:

$$i_{kR\sim} + i_{kS\sim} + i_{kT\sim} = 0; \qquad i_{kR-} + i_{kS-} + i_{kT-} = 0 \tag{5.43}$$

Für den zeitlichen Verlauf des Wechselstromgliedes (Effektivwert) und des Gleichstromgliedes ergibt sich aus Gl. (5.42a) für den Bezugsleiter R mit maxi-

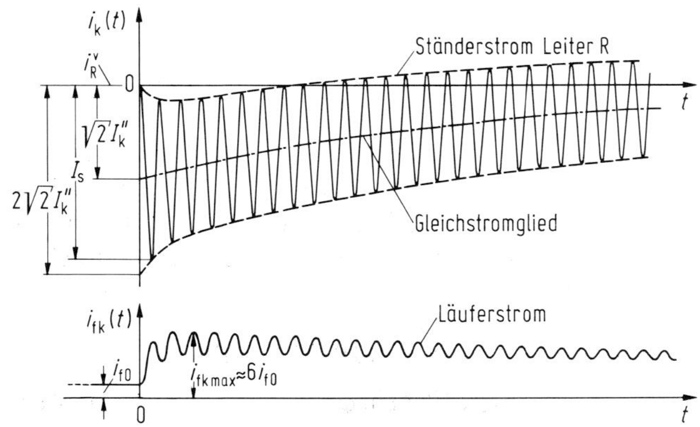

Bild 5.21. Dreipoliger Stoßkurzschluß eines 300-MVA-Turbogenerators 50 Hz ausgehend vom Leerlaufzustand, bei verminderter Spannung.
($x_d = x_q \approx 1{,}8$ p.u.; $x_d' = 0{,}3$ p.u.; $x_d'' = x_q'' = 0{,}2$ p.u.; $T_d' \approx 0{,}8$ s; $T_d'' \approx T_q'' \approx 0{,}03$ s; $T_a \approx 0{,}4$ s; $k \approx 0{,}2 \ldots 0{,}3$; $i_{f\,k\,max} \approx 6 \cdot i_{f\,0}$)

malem Gleichstromglied:

$$I_{k\sim}(t) = (I_k'' - I_k')\, e^{-t/T_d''} + (I_k' - I_k)\, e^{-t/T_d'} + I_k \tag{5.44}$$

$$I_{k-}(t) = I_{k-}\, e^{-t/T_a} = \sqrt{2}\, I_k''\, e^{-t/T_a} \tag{5.45}$$

Tritt ein Kurzschluß ausgehend vom Leerlaufzustand (Index l) des Generators auf, bei konstanter Erregung (auch während des Kurzschlusses), so gilt $E'' = E' = E = U_\perp$. Für den Leiter R mit maximalem Gleichstromglied findet man dann (Gl. (5.42a)):

$$\begin{aligned} i_{k\,R(l)} = &-\sqrt{2}\, U_\perp \left\{ \left(\frac{1}{X_d''} - \frac{1}{X_d'}\right) e^{-t/T_d''} + \left(\frac{1}{X_d'} - \frac{1}{X_d}\right) e^{-t/T_d'} + \frac{1}{X_d} \right\} \cos \omega t \\ &+ \sqrt{2}\, U_\perp \frac{1}{X_d''}\, e^{-t/T_a} \end{aligned} \tag{5.46}$$

Bild 5.21 zeigt als Beispiel das Kurzschlußoszillogramm eines 300-MVA-Generators, $U_n = 21$ kV, 50 Hz für den Leiter R und den zugehörigen Strom in der Erregerwicklung. Dem Gleichstromglied des Kurzschlußstromes in der Erregerwicklung ist ein Wechselstromglied, hervorgerufen durch das Gleichstromglied in der Ständerwicklung, überlagert, das mit T_a abklingt. Der charakteristische Verlauf des Stromes i_{fk} kann dann etwa durch folgende Gleichung beschrieben werden:

$$i_{f\,k(l)} \approx i_{f\,0} \left\{ 1 + \frac{X_d - X_d'}{X_d'} \left[e^{-t/T_d'} - (1-k)\, e^{-t/T_d''} - k\, e^{-t/T_a} \cos \omega t \right] \right\} \tag{5.47}$$

mit

$$k \approx \frac{(x_d'' - x_c)\, x_d'}{(x_d' - x_c)\, x_d''} \qquad \text{für } r_D \ll x_{D\sigma}$$

Der Zusammenhang zwischen x_c und x_{LK} nach Bild 5.20 ist gegeben durch [5.20]

$$\frac{1}{x_c - x_{d\sigma}} = \frac{1}{x_{hd}} + \frac{1}{x_{LK}}$$

Das Wechselstromglied des Kurzschlußstromes mit $T_d'' \approx 0{,}03$ s und $T_d' \approx 0{,}8$ s klingt schneller ab als das Gleichstromglied mit $T_a \approx 0{,}4$ s, so daß für die ersten Perioden nach Kurzschlußeintritt fehlende Nulldurchgänge des Kurzschlußstromes auftreten [5.6]. Bei Generatoren $S_n < 100$ MVA sind fehlende Nulldurchgänge bis maximal ≈ 50 ms zu erwarten, während bei größeren Generatoren fehlende Nulldurchgänge bis maximal ≈ 500 ms möglich sind. Öffnet man einen Drehstromleistungsschalter (Generatorschalter) während dieser Zeit, so ist zu beachten, daß fehlende Nulldurchgänge meist nur in einem Leiter auftreten, daß nach dem Löschen des Stromes in diesem Leiter (mit Nulldurchgängen) ein Phasensprung für die Ströme der anderen beiden Leiter auftritt, so daß dadurch die Zeit fehlender Nulldurchgänge rasch beendet wird. Bei Verwendung von Schaltern mit Lichtbogenspannungen in der Größe von 10% der Spannung $U_\curlywedge$ wird überdies die Gleichstromzeitkonstante merklich verkleinert, z.B. von 500 ms auf etwa 50 ms, so daß Nulldurchgänge dann innerhalb der Ausschaltzeit zu erwarten sind.

In Bild 5.22a ist Gl. (5.44) graphisch für die Effektivwerte des Kurzschlußwechselstromes dargestellt (für die Scheitelwerte gilt eine entsprechende Darstellung). Die subtransiente Zeitkonstante, die durch X_d'' und den Wirkwiderstand der dämpfenden Kreise der Synchronmaschine gegeben ist, beträgt etwa 0,02 bis 0,05 s. Die transiente Zeitkonstante, mit der der Kurzschlußwechselstrom auf den Dauerkurzschlußstrom abklingt, ergibt sich aus der Leerlaufzeitkonstanten T_{d0}':

$$T_d' = T_{d0}' \frac{X_d'}{X_d} \tag{5.48}$$

Die Zeitkonstante T_{d0}' ist angenähert aus der Induktivität der Erregerwicklung (Rotorwicklung) bei offener Ständerwicklung (Ankerwicklung) und Erregung für

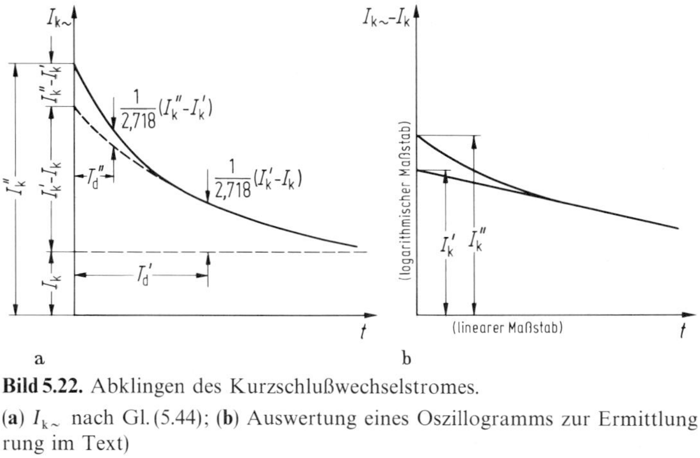

Bild 5.22. Abklingen des Kurzschlußwechselstromes.

(**a**) $I_{k\sim}$ nach Gl. (5.44); (**b**) Auswertung eines Oszillogramms zur Ermittlung von I_k'' und I_k' (Erläuterung im Text)

Nennspannung und dem Widerstand der Erregerwicklung zu bestimmen, sie liegt im Bereich von 5 s bis 15 s (Tabelle A.2).

Bild 5.22 b enthält einen Hinweis zur zweckmäßigen graphischen Auswertung von Kurzschluß-Oszillogrammen. Von dem jeweils zur Zeit t auftretenden Kurzschlußstrom $I_{k\sim}(t)$ zieht man I_k ab und trägt die Ergebnisse mit logarithmisch unterteilter Ordinate auf. Die Meßpunkte für den transienten Vorgang liegen auf einer Geraden, der subtransiente Vorgang hebt sich deutlich ab. Trägt man die Anfangswerte der Gleichstromglieder in den drei Leitern um 120° versetzt auf, so kann man das maximale Gleichstromglied I_{k-} bestimmen, da die Gleichstromglieder der drei Leiter die Projektionen des Raumzeigers $\tilde{I}_{k-}$ auf die drei Wicklungsachsen sind. Eine einzige Kurzschlußmessung in wenigstens zwei Leitern genügt, um unabhängig vom Kurzschlußaugenblick das maximale Gleichstromglied zu bestimmen [5.5].

Anhaltswerte für Reaktanzen und Zeitkonstanten von Synchrongeneratoren sind in der Tabelle A.2 enthalten.

Auf die Veränderung von I_k'', I_k', I_k und T_k'', T_d', T_a abhängig von der Netzimpedanz zwischen den Generatorklemmen und der Fehlerstelle wird in Abschnitt 15.2.1 eingegangen.

Bei unsymmetrischer Belastung eines Generators tritt eine Schieflast auf, die durch das Verhältnis der Gegenkomponente I_2 des Generatorstromes zu seinem Nennstrom I_n definiert ist. Schieflastrelais abhängig vom $(I_2/I_n)^2$ und $(I_2/I_n)^2\,t$ schützen den Generator vor unzulässiger Schieflast.

5.3.2 Der Turbogenerator im asynchronen Betrieb

Für den zeitlichen Verlauf des Kurzschlußstromes bei Klemmenkurzschluß gilt ausgehend von Gl. (5.41 a) bei $\varphi=0$ (der Kurzschlußstrom enthält dann kein Gleichstromglied):

$$i_k(t)=\sqrt{2}\,[(I_k''-I_k')\,e^{-t/T_d''}+(I_k'-I_k)\,e^{-t/T_d'}+I_k]\sin\omega t \tag{5.49}$$

Nimmt man an, daß der Kurzschluß bei leerlaufendem Generator eintritt, so kann man $I_k''=U_\perp/X_d''$, $I_k'=U_\perp/X_d'$ und $I_k=U_\perp/X_d$ setzen und erhält dann bei Übergang auf p.u.-Größen folgende Gleichung ($u_{\perp n}=1$ p.u.):

$$i_k(t)=\sqrt{2}\,u_{\perp n}\left[\left(\frac{1}{x_d''}-\frac{1}{x_d'}\right)e^{-t/T_d''}+\left(\frac{1}{x_d'}-\frac{1}{x_d}\right)e^{-t/T_d'}+\frac{1}{x_d}\right]\sin\omega t \tag{5.50}$$

Will man den Ständerstrom der Synchromaschine bei beliebigen Betriebszuständen ermitteln, z.B. bei asynchronem Betrieb mit dem Schlupf s, wobei $\omega=s\,\omega_n$ gilt, so wandelt man die Zeitabhängigkeit mit Hilfe der Carson-Transformation (Abschnitt 6.2.1 und Tabelle A.3) in eine Frequenzabhängigkeit um. Dabei gehen die Glieder

$$e^{-t/T} \quad \text{über in} \quad \frac{j\,s\,\omega_n\,T}{1+j\,s\,\omega_n\,T}$$

mit ω_n als Nennkreisfrequenz und s als Schlupf.

Aus Gl. (5.50) findet man dann ausgehend von den Gliedern in der eckigen Klammer den reziproken Reaktanz-Operator der d-Achse:

$$\frac{1}{x_d(js\omega_n)} = \left(\frac{1}{x_d''} - \frac{1}{x_d'}\right) \frac{js\omega_n T_d''}{1 + js\omega_n T_d''} + \left(\frac{1}{x_d'} - \frac{1}{x_d}\right) \frac{js\omega_n T_d'}{1 + js\omega_n T_d'} + \frac{1}{x_d} \tag{5.51}$$

Durch Umformung erhält man:

$$\frac{1}{x_d(js\omega_n)} = \frac{1}{x_d} \frac{(1 + js\omega_n T_{d0}')(1 + js\omega_n T_{d0}'')}{(1 + js\omega_n T_d')(1 + js\omega_n T_d'')} \tag{5.52}$$

Dabei sind [5.20]:

$$T_d' \approx \frac{x_d'}{x_d} T_{d0}' \quad \text{und} \quad T_d'' = \frac{x_d''}{x_d'} T_{d0}''$$

In der Querachse wird $x_q' = x_q$, da die Feldwicklung (Erregerwicklung) fehlt. Für den reziproken Reaktanz-Operator in der Querachse gilt deshalb:

$$\frac{1}{x_q(js\omega_n)} = \left(\frac{1}{x_q''} - \frac{1}{x_q}\right) \frac{js\omega_n T_q''}{1 + js\omega_n T_q''} + \frac{1}{x_q} \tag{5.53a}$$

Durch Umformung erhält man:

$$\frac{1}{x_q(js\omega_n)} = \frac{1}{x_q} \cdot \frac{1 + js\omega_n T_{q0}''}{1 + js\omega_n T_q''} \tag{5.53b}$$

Dabei ist:

$$T_q'' = \frac{x_q''}{x_q} T_{q0}''$$

Bild 5.23 zeigt den Verlauf der reziproken Reaktanz-Operatoren $1/x_d(js\omega_n)$ und $1/x_q(js\omega_n)$ für einen Drehstromgenerator mit folgenden Daten:

$S_n = 270$ MVA; $n_n = 3600\ \text{min}^{-1}$; $f_n = 60$ Hz; $x_d = 1{,}72$ p.u.;
$x_d' = 0{,}297$ p.u.; $x_d'' = 0{,}215$ p.u.; $x_q = 1{,}72$ p.u.; $x_q'' = 0{,}222$ p.u.;
$T_d' = 0{,}82$ s; $T_{d0}' = 4{,}74$ s; $T_d'' = 0{,}028$ s; $T_{d0}'' = 0{,}039$ s;
$T_q'' = 0{,}066$ s; $T_{q0}'' = 0{,}511$ s

Die Kenntnis des Stromverlaufs abhängig vom Schlupf kann für den Schutz des Generators bei asynchronem Lauf ausgenützt werden.

Der Ständerstrom der asynchron laufenden Synchronmaschine hat bei offener Feldwicklung näherungsweise die Frequenz $\omega = s\omega_n$ und bestimmt sich aus dem Mittelwert

$$\frac{1}{2}\left[\frac{1}{x_d(j\omega)} + \frac{1}{x_q(j\omega)}\right].$$

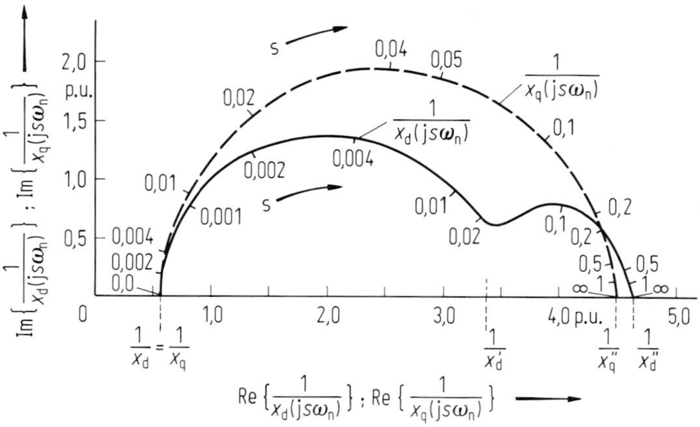

Bild 5.23. Reziproke Reaktanz-Operatoren der Längs- und Querachse eines Turbogenerators 270 MVA, 60 Hz (Parameter ist der Schlupf s)

Ein genauerer Wert, der insbesondere bei kurzgeschlossener Feldwicklung zu berücksichtigen ist, ergibt sich durch Addition des Gliedes

$$\frac{1}{2}\left[\frac{1}{x_d(j\omega)} - \frac{1}{x_q(j\omega)}\right]$$

mit der Frequenz $\omega = 1 + 2s\omega_n$ [5.3].

5.3.3 Kurzschlußmomente und Fundamentbeanspruchung

Beim Auftreten eines mehrpoligen Klemmenkurzschlusses wird die gemeinsame Welle von Generator und Turbine durch Drehmomente beansprucht. Weiter ergeben sich Fundamentbeanspruchungen durch Rüttelmomente. Bei der Berechnung dieser Beanspruchungen wird vereinfachend angenommen, daß der Kurzschlußstrom (3polig oder 2polig) nicht abklingt. Ausgehend von den Gl. (5.42) erhält man, wenn man vor dem Kurzschluß Leerlaufbetrieb mit $E'' = U_{\curlywedge n}$ annimmt, für den dreipoligen Kurzschluß:

$$\begin{aligned} e''_R &= \sqrt{2}\, U_{\curlywedge n} \sin \omega t \\ e''_S &= \sqrt{2}\, U_{\curlywedge n} \sin(\omega t - \tfrac{2}{3}\pi) \\ e''_T &= \sqrt{2}\, U_{\curlywedge n} \sin(\omega t - \tfrac{4}{3}\pi) \end{aligned} \tag{5.54}$$

$$\begin{aligned} i''_{kR} &= -\sqrt{2}\, I''_k \cos \omega t + \sqrt{2}\, I''_k \\ i''_{kS} &= -\sqrt{2}\, I''_k \cos(\omega t - \tfrac{2}{3}\pi) - \tfrac{1}{2}\sqrt{2}\, I''_k \\ i''_{kT} &= -\sqrt{2}\, I''_k \cos(\omega t - \tfrac{4}{3}\pi) - \tfrac{1}{2}\sqrt{2}\, I''_k \end{aligned} \tag{5.55}$$

Bildet man die Summe der Scheinleistungen der drei Leiter, so findet man mit $U_n = \sqrt{3}\, U_{\perp n} = \sqrt{3}\, E''$ und $S''_k = S_k$:

$$S_{k\,3p}(t) = e''_R\, i''_{kR} + e''_S\, i''_{kS} + e''_T\, i''_{kT} = \sqrt{3}\, U_n I''_k \sin \omega t \tag{5.56}$$

Wird das Nennmoment M_n ausgehend von $S_n = \sqrt{3}\, U_n I_n$ gebildet, so gilt $M_n = S_n/\omega$. Für die auf ihren Nennwert (1 p.u.) bezogene Scheinleistung nach Gl. (5.56) und das auf das Nennmoment bezogene Kurzschlußmoment ergibt sich dann bei dreipoligem Klemmenkurzschluß eines Generators:

$$s_{k\,3p}(t) = \frac{S_{k\,3p}(t)}{S_n} = \frac{\sqrt{3}\, U_n I''_k}{\sqrt{3}\, U_n I_n} \sin \omega t = \frac{1}{x''_d} \sin \omega t \tag{5.57a}$$

$$m_{k\,3p}(t) = \frac{M_{k\,3p}(t)}{M_n} = \frac{1}{x''_d} \sin \omega t \tag{5.57b}$$

Beim zweipoligen Klemmenkurzschluß eines Generators mit $x''_q = x''_d$ ergibt sich für die Summe der Scheinleistungen der beiden fehlerbetroffenen Leiter S und T:

$$S_{k\,2p}(t) = e''_S\, i''_{k\,2pS} + e''_T\, i''_{k\,2pT} = \sqrt{3}\, U_n I''_k (\sin \omega t - \tfrac{1}{2} \sin 2\,\omega t) \tag{5.58}$$

Ausgehend von $\cos \omega t$ anstelle von $\sin \omega t$ in den Gl. (5.54) wird $e''_S - e''_T = \sqrt{3}\sqrt{2}\, U_{\perp n} \sin \omega t$. Mit $i''_{k\,2pS} = -i''_{k\,2pT} = -\sqrt{2}\, I''_{k\,2p} \cos \omega t + \sqrt{2}\, I''_{k\,2p}$ ergibt sich der rechte Teil der Gl. (5.58), wenn man $I''_{k\,2p} = \frac{1}{2}\sqrt{3}\, I''_k$ setzt. Für die bezogenen Werte erhält man:

$$s_{k\,2p}(t) = \frac{S_{k\,2p}(t)}{S_n} = \frac{1}{x''_d} (\sin \omega t - \tfrac{1}{2} \sin 2\,\omega t) \tag{5.59a}$$

$$m_{k\,2p}(t) = \frac{M_{k\,2p}(t)}{M_n} = \frac{1}{x''_d} (\sin \omega t - \tfrac{1}{2} \sin 2\,\omega t) \tag{5.59b}$$

Das Maximum von $m_{k\,2p}(t)$ tritt bei $\omega t = \frac{2}{3}\pi$ ($\hat{=}\, 120°$) auf und wird

$$m_{k\,2p\,max} = \frac{3\sqrt{3}}{4 x''_d} = 1{,}3 \cdot m_{k\,3p\,max} \tag{5.60}$$

Bild 5.24 zeigt den zeitlichen Verlauf der Kurzschlußmomente nach Gl. (5.57b) sowie Gl. (5.59b).

Das auf den Läufer des Generators wirkende pulsierende Kurzschlußmoment wird über die gemeinsame Welle des Generators und der Turbine übertragen und hat eine pulsierende Drehbeanspruchung der Welle zur Folge. Sind J_G und J_T die Massenträgheitsmomente des Generators- und Turbinenläufers, c die Federkonstante der Welle und $\gamma = \varphi_T - \varphi_G$ die Differenz der Drehwinkel, so ist $c\gamma$ das Torsionsmoment. Führt man $M_{k\,3p}(t) = M_{k\,3p} \sin \omega t$ ausgehend von Gl. (5.57b) als anregendes Moment ein, so gilt für den vor dem Kurzschluß

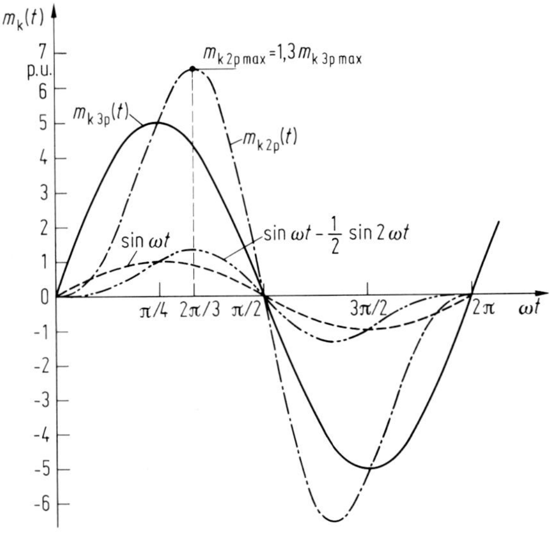

Bild 5.24. Zeitlicher Verlauf der Kurzschlußmomente bezogen auf das Nennmoment $M_n \mathrel{\hat{=}} 1$ p.u. bei dreipoligem und zweipoligem Kurzschluß (Beispiel für $x''_d = 0{,}2$ p.u.)

unbelasteten Turbosatz:

$$J_G \ddot{\varphi}_G - c(\varphi_T - \varphi_G) + M_{k\,3p} \sin \omega t = 0 \tag{5.61a}$$

$$J_T \ddot{\varphi}_T + c(\varphi_T - \varphi_G) = 0 \tag{5.61b}$$

Dividiert man beide Gleichungen durch ihre Trägheitsmomente J und zieht man dann die erste von der zweiten Gleichung ab, so wird

$$\ddot{\gamma} + \Omega_0^2 \gamma = \frac{M_{k\,3p}}{J_G} \sin \omega t \tag{5.62}$$

mit $\gamma = \varphi_T - \varphi_G$ und dem Quadrat der Eigenkreisfrequenz $\Omega_0^2 = c(J_G + J_T)/J_G J_T$.

Die Lösung der Differentialgleichung (5.62) lautet:

$$\gamma = \frac{M_{k\,3p}}{J_G} \left(\frac{\sin \omega t}{\Omega_0^2 - \omega^2} - \frac{\omega}{\Omega_0} \cdot \frac{\sin \Omega_0 t}{\Omega_0^2 - \omega^2} \right) \tag{5.63}$$

Das Wellentorsionsmoment im Bereich der Kupplung zwischen Generator und Turbine $M_{TK\,3p}(t)$ bei dreipoligem Kurzschluß wird dann:

$$M_{TK\,3p}(t) = c\,\gamma = M_{k\,3p} \frac{J_T}{J_T + J_G} \left(\frac{\Omega_0^2}{\Omega_0^2 - \omega^2} \sin \omega t - \frac{\omega}{\Omega_0} \cdot \frac{\Omega_0^2}{\Omega_0^2 - \omega^2} \sin \Omega_0 t \right) \tag{5.64}$$

Führt man $n = \Omega_0/\omega$ zur Abkürzung ein und bezieht $M_{TK\,3p}(t)$ auf $M_n = \sqrt{3}\, U_n I_n/\omega$, so ergibt sich:

$$m_{TK\,3p}(t) = \frac{1}{x''_d} \frac{J_T}{J_T + J_G} \left(\frac{n^2}{n^2 - 1} \sin \omega t - \frac{n}{n^2 - 1} \sin \Omega_0 t \right) \tag{5.65}$$

Bei starrer Welle, also bei $n \to \infty$, wird das Kurzschlußmoment $m_{\mathrm{k\,3p}}(t)$ im Verhältnis J_{T} zu $J_{\mathrm{T}}+J_{\mathrm{G}}$ übertragen. Es gilt dann für das Maximum:

$$m_{\mathrm{TK\,3p(starr)\,max}} = \frac{1}{x''_{\mathrm{d}}} \frac{J_{\mathrm{T}}}{J_{\mathrm{T}}+J_{\mathrm{G}}} \tag{5.66}$$

Die Höchstwerte für das Wellentorsionsmoment $m_{\mathrm{TK\,3p}}(t)$ nach Gl. (5.65), die mit Sicherheit nicht überschritten werden, erhält man durch Addition der Absolutwerte der Sinusschwingungen. Für den dreipoligen Kurzschluß kann man den Verstärkungsfaktor ξ_{3p} einführen:

$$\xi_{\mathrm{3p}} = \left| \frac{n^2}{n^2-1} + \frac{n}{n^2-1} \right| = \left| \frac{n}{n-1} \right| \tag{5.67}$$

Den Verlauf von ξ_{3p} abhängig von $n = \Omega_0/\omega$ zeigt Bild 5.25 mit der Resonanzstelle $n=1$ (Eigenkreisfrequenz $\Omega_0 = \omega$).

Ist der Turbosatz vor der Störung belastet, so ersetzt man $M_{\mathrm{k\,3p}} \sin \omega t$ in Gl. (5.61a) durch $M_{\mathrm{k\,3p}} \sin(\omega t + \alpha)$ und auf der rechten Seite der Gl. (5.61b) die Null durch das Turbinenmoment $M_{\mathrm{T}} = M_{\mathrm{k\,3p}} \sin \alpha$. Während der Störung wird angenommen, daß M_{T} konstant bleibt. Gl. (5.62) geht dann über in:

$$\ddot{\gamma} + \Omega_0^2 \gamma = \frac{M_{\mathrm{k\,3p}}}{J_{\mathrm{G}}} \sin(\omega t + \alpha) + \frac{M_{\mathrm{k\,3p}}}{J_{\mathrm{T}}} \sin \alpha \tag{5.68}$$

Die Lösung dieser Differentialgleichung lautet:

$$\begin{aligned} \gamma = M_{\mathrm{k\,3p}} \Bigg\{ & \frac{\sin(\omega t+\alpha)}{J_{\mathrm{G}}(\Omega_0^2-\omega^2)} + \frac{\sin\alpha}{J_{\mathrm{G}}} \left(\frac{1}{\Omega_0^2} - \frac{1}{\Omega_0^2-\omega^2} \right) \cos \Omega_0 t \\ & - \frac{\cos\alpha}{J_{\mathrm{G}}} \cdot \frac{\omega}{\Omega_0} \cdot \frac{\sin \Omega_0 t}{\Omega_0^2-\omega^2} + \frac{1}{J_{\mathrm{T}}} \cdot \frac{\sin\alpha}{\Omega_0^2} \Bigg\} \end{aligned} \tag{5.69}$$

Führt man das Wellentorsionsmoment $M_{\mathrm{TK\,3p}}(t) = c\gamma$ ein und bezieht man $M_{\mathrm{TK\,3p}}(t)$ auf das Nennmoment M_{n}, so ergibt sich:

$$\begin{aligned} m_{\mathrm{TK\,3p}}(t) = m_{\mathrm{k\,3p}} \Bigg\{ & \frac{J_{\mathrm{T}}}{J_{\mathrm{G}}+J_{\mathrm{T}}} \cdot \frac{1}{1-\left(\dfrac{\omega}{\Omega_0}\right)^2} \left[\sin(\omega t+\alpha) - \sin\alpha \left(\frac{\omega}{\Omega_0}\right)^2 \cos \Omega_0 t \right. \\ & \left. - \cos\alpha \frac{\omega}{\Omega_0} \sin \Omega_0 t \right] + \frac{J_{\mathrm{G}}}{J_{\mathrm{G}}+J_{\mathrm{T}}} \sin\alpha \Bigg\} \end{aligned} \tag{5.70a}$$

$$\begin{aligned} m_{\mathrm{TK\,3p}}(t) = m_{\mathrm{k\,3p}} \Bigg\{ & \frac{J_{\mathrm{T}}}{J_{\mathrm{G}}+J_{\mathrm{T}}} \cdot \frac{1}{1-\left(\dfrac{\omega}{\Omega_0}\right)^2} \left[\sin(\omega t+\alpha) \right. \\ & \left. - \frac{\omega}{\Omega_0} \sqrt{\cos^2\alpha + \left(\frac{\omega}{\Omega_0}\right)^2 \sin^2\alpha}\, \sin(\Omega_0 t + \varepsilon) \right] + \frac{J_{\mathrm{G}}}{J_{\mathrm{G}}+J_{\mathrm{T}}} \sin\alpha \Bigg\} \end{aligned} \tag{5.70b}$$

In der umgeformten Gl. (5.70b) für das Wellentorsionsmoment bei statisch vorgespannter Welle, bedingt durch die Belastung des Turbosatzes vor der Störung ist $\tan\varepsilon = (\omega/\Omega_0)\tan\alpha$. Wird $\alpha = 0$, so gehen die Gl. (5.70) in Gl. (5.64) über, wenn man dort $M_{\mathrm{TK\,3p}}(t)$ auf M_{n} bezieht.

Bei zweipoligem Kurzschluß ist entsprechend Gl. (5.59b) das zusätzliche Glied $-\frac{1}{2}\sin 2\omega t$ zu berücksichtigen. Anstelle der Gl. (5.62) ist dann

$$\ddot{\gamma} + \Omega_0^2\gamma = \frac{M_{\mathrm{k\,2p}}}{J_{\mathrm{G}}}(\sin\omega t - \tfrac{1}{2}\sin 2\omega t) \tag{5.71}$$

zu lösen:

$$\begin{aligned} m_{\mathrm{TK\,2p}}(t) = \frac{1}{x''_{\mathrm{d}}}\frac{J_{\mathrm{T}}}{J_{\mathrm{T}}+J_{\mathrm{G}}}\Bigg[&\frac{n^2}{n^2-1}\sin\omega t - \frac{1}{2}\frac{n^2}{n^2-4}\sin 2\omega t \\ &-\frac{1}{n}\left(\frac{n^2}{n^2-1}-\frac{n^2}{n^2-4}\right)\sin\omega t\Bigg] \end{aligned} \tag{5.72}$$

Bei starrer Welle, also bei $n \to \infty$, findet man das Maximum für $\omega t = \frac{2}{3}\pi$ (Bild 5.24):

$$m_{\mathrm{TK\,2p(starr)\,max}} = \frac{1{,}3}{x''_{\mathrm{d}}}\frac{J_{\mathrm{T}}}{J_{\mathrm{T}}+J_{\mathrm{G}}} \tag{5.73}$$

Der Höchstwert für $m_{\mathrm{TK\,2p}}(t)$ nach Gl. (5.72) kann auch hier dadurch gefunden werden, daß man die Absolutwerte der Sinusschwingungen addiert. Der Verstärkungsfaktor

$$\xi_{\mathrm{2p}} = \left|\frac{n^2}{n^2-1}\right| + \left|\frac{1}{2}\cdot\frac{n^2}{n^2-4}\right| + \left|\frac{n}{n^2-1}-\frac{n}{n^2-4}\right| \tag{5.74}$$

ist ebenfalls in Bild 5.25 aufgetragen. Resonanzstellen liegen bei $n = \Omega_0/\omega = 1$ und $n = 2$.

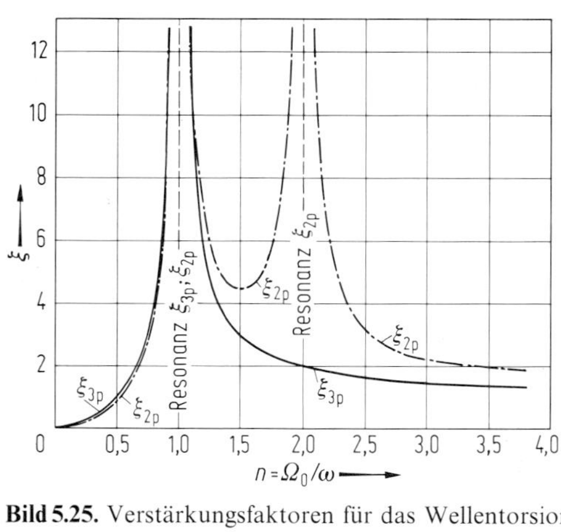

Bild 5.25. Verstärkungsfaktoren für das Wellentorsionsmoment $m_{\mathrm{TK}}(t)$ bei dreipoligem und zweipoligem Kurzschluß.

ξ_{3p} für dreipoligen Kurzschluß nach Gl. (5.67); ξ_{2p} für zweipoligen Kurzschluß nach Gl. (5.74); Ω_0 Eigenkreisfrequenz; $\omega = 2\pi f$

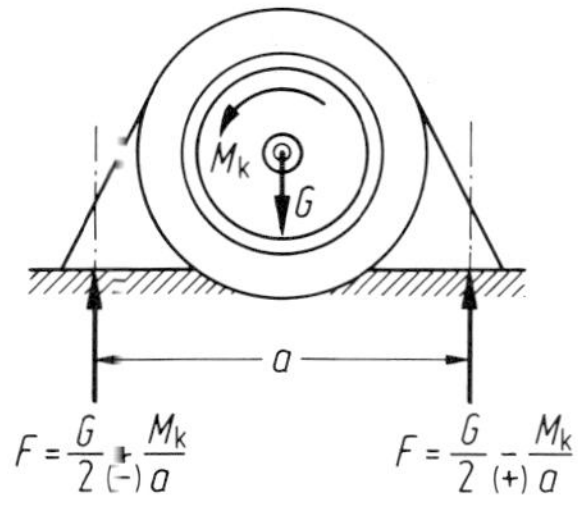

Bild 5.26. Gesamtkräfte F auf das Fundament beim Kurzschluß.
G Gewichtskraft; M_k Kurzschlußmoment

Bei Wechselstromgeneratoren sind die vorgenannten m_{TK}-Werte zu verdoppeln.

Neben den Torsionsmomenten werden durch die Kurzschlußmomente Wechselkräfte auf die Fundamente des Generators hervorgerufen. Geht man von einem starren Fundament aus, so ergibt sich beim Abstand a der Fundamentbolzen nach Bild 5.26 und der Gewichtskraft G des Generators folgende resultierende Kraft F:

$$F = \frac{G}{2} \pm \frac{M_k}{a} \tag{5.75}$$

Beim Maximalwert des zweipoligen Kurzschlußmomentes wird:

$$F_{max} = \frac{G}{2} \pm \frac{1{,}3}{x_d''} \cdot \frac{M_n}{a} \tag{5.76}$$

Die durch den Kurzschluß auf das Fundament wirkenden Kräfte lassen sich durch elastische Verbindung des Generators mit dem Fundament vermindern, wobei auch die Faktoren ξ_{3p} und ξ_{2p} für die Reduktion in Betracht kommen [5.19]. Üblich ist die federnde Aufstellung von Wechselstrombahngeneratoren, die schon im Normalbetrieb pulsierende Momente erzeugen.

Wellentorsionsmomente und Momentenbeanspruchungen für die Kupplung zwischen Generator und Turbine können gegenüber dem Torsionsmoment während des Kurzschlusses dadurch erhöht werden, daß bei wiederkehrender Netzspannung nach der Ausschaltung eines Kurzschlusses im Netz eine Winkeldifferenz zwischen der inneren Generatorspannung und der Netzspannung vorhanden ist, so daß sich dem Ausgleichsvorgang während des Kurzschlusses ein neuer Ausgleichsvorgang bei der Spannungswiederkehr überlagert. Abhängig vom Polradwinkel im Augenblick der Spannungswiederkehr, dem Augenblick der Ausschaltung des Netzfehlers und dem Schwingungszustand des Mehrmassenschwingers Generator- und Turbinenläufer sind Torsionsmomente möglich, die das Torsionsmoment infolge falscher Synchronisierung bei einem Differenzwinkel von ca. 120° noch übersteigen [5.36]. Besonders wichtig ist in diesem Zusammenhang die möglichst kurze Ausschaltzeit bei mehrpoligen Fehlern im Netz auch bei Sammelschienenfehlern, weil damit die Momentenbeanspruchungen merklich herabgesetzt werden können [5.37, 5.39].

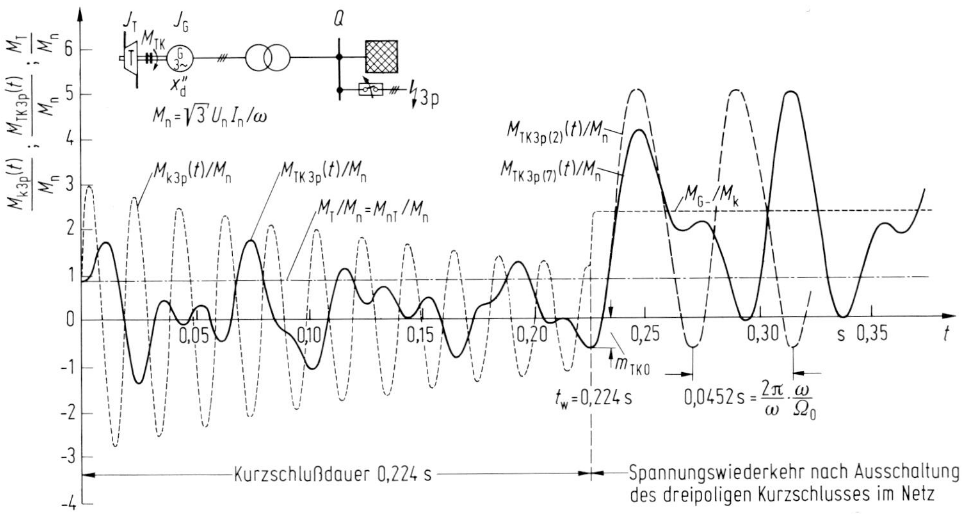

Bild 5.27. Torsionsmoment der Welle im Bereich der Kupplung zwischen Generator und Turbine $M_{TK\,3p}(t)$ bei dreipoligem Kurzschluß im Netz und bei der Spannungswiederkehr nach Ausschaltung des dreipoligen Kurzschlusses (Ausgangsdaten der Betriebsmittel im Text).

$M_{k\,3p}(t)$ Kurzschlußmoment des Generators bei dreipoligem Kurzschluß;

$M_{TK\,3p}(t)$ Torsionsmoment der Welle im Bereich der Kupplung während der Dauer des dreipoligen Kurzschlusses;

$M_{TK\,3p(7)}(t)$ Torsionsmoment nach der Spannungswiederkehr für das 7-Massensystem;

$M_{TK\,3p(2)}(t)$ Torsionsmoment für das 2-Massensystem Generator – Turbine nach Gl. (5.78);

M_T Turbinenmoment, hier konstant, gleich dem Nennmoment $M_{nT}=0{,}85\ M_n$;

M_{G-} Gleichstromglied des Generatormomentes nach der Spannungswiederkehr

Den durch die Winkeldifferenz bedingten Sprung der Torsionsmomente der Welle bei wiederkehrender Spannung nach der Ausschaltung eines dreipoligen Kurzschlusses im Netz zeigt Bild 5.27. Der wirkliche Torsionsmomentenverlauf wurde mit Hilfe eines Digitalprogramms unter Zugrundelegung eines 7-Massensystems ermittelt. Außerdem wurde durch eine Näherungsberechnung für ein 2-Massensystem der Momentenverlauf $M_{TK\,3p(2)}(t)$ festgestellt. Hierbei wurde die Überlagerung der pulsierenden Momente und die Dämpfung vernachlässigt. Die größten Momentensprünge entstehen nach vorausgehendem dreipoligen Kurzschluß und dadurch bedingte dynamische Vorbelastung der Welle, wenn die Netzspannung in ungünstiger Phasenlage gerade bei einem negativen Maximalwert M_{TK0}/M_n (Bild 5.27) des während der Kurzschlußdauer abgeklungenen Torsionsmoments wiederkehrt.

Bei der Näherungsberechnung für das 2-Massensystem mit den Massenträgheitsmomenten J_G für den Generator und J_T für die Turbine wird konstantes Turbinenmoment $m_T=M_T/M_n$ vorausgesetzt. Vom überlagerten Generatormoment hervorgerufen durch die Differenz der inneren Generatorspannung und der wiederkehrenden Netzspannung (s. Abschnitt 18.3.3) wird bei dieser Näherungsberechnung nur die Gleichstromkomponente verwendet und mit $m_{G-}=M_{G-}/M_n$ bezeichnet. Nach Einführung von M_{G-} anstelle von $M_{k\,3p}\sin\omega t$ in Gl. (5.61a) und M_T auf der rechten Seite der Gl. (5.61b) erhält man:

$$\ddot{\gamma}+\Omega_0^2\gamma=M_{G-}\frac{1}{J_G}+M_T\frac{1}{J_T} \tag{5.77}$$

und als Lösung der Differentialgleichung nach Einführung von $M_{TK\,3p(2)}(t)=c\gamma$ bezogen auf M_n für $t \geqq t_w$, wenn t_w den Zeitpunkt bezeichnet, in dem die Netzspannung wiederkehrt:

$$m_{TK\,3p(2)}(t)=\left(m_{TK\,0}-m_{G-}\frac{J_T}{J_G+J_T}-m_T\frac{J_G}{J_G+J_T}\right)\cos\Omega_0 t$$
$$+m_{G-}\frac{J_T}{J_G+J_T}+m_T\frac{J_G}{J_G+J_T} \tag{5.78}$$

Für die Näherungsberechnung nach Gl. (5.78) mit eingetragenem Ergebnis in Bild 5.27 wurde ein 50-Hz-Turbosatz gewählt mit einer subtransienten Generatorreaktanz $x_d''=0{,}2$ und einer Reaktanz des Blocktransformators $x_T=0{,}13$. Bei Betrieb mit Nennleistung und $\cos\varphi_n=0{,}85$ wird $m_{nT}=m_{k\,3p}\sin\alpha=0{,}85$ und bei $m_{k\,3p}=1/(x_d''+x_T)=3$ damit $\sin\alpha=0{,}283$. Weiter wird $\omega/\Omega_0=2{,}26$ sowie $J_T/(J_G+J_T)=0{,}8$ und $J_G/(J_G+J_T)=0{,}2$ vorausgesetzt. Für das Torsionsmoment nach Gl. (5.70b) ergibt sich mit diesen Daten:

$$m_{TK\,3p}(t)=-0{,}583\sin(\omega t+\alpha)+1{,}521\sin(\Omega_0 t+\varepsilon)+0{,}170.$$

Die Addition der Absolutwerte der Scheitelwerte liefert $|m_{TK\,3p}|_{max}=2{,}274$.

Bei einem dreipoligen Klemmenkurzschluß wird $m_{k\,3p}=5$ und das Torsionsmoment $m_{TK\,3p\,max}=3{,}79$.

Bei der Spannungswiederkehr findet man mit $m_{TK\,0}=-0{,}67$ (Bild 5.27) und $m_{G-}=2{,}5$ nach Gl. (5.78) für $t\geqq t_w$:

$$m_{TK\,3p(2)}(t\geqq t_w)=-2{,}84\cos\Omega_0 t+2{,}17.$$

Die Addition der Absolutwerte der Scheitelwerte ergibt 5,01 (Bild 5.27). Der Kurzschlußlichtbogen und das nicht gleichzeitige Schalten der drei Schalterpole führen zu einer Reduktion der Torsionsbeanspruchungen in der Größenordnung von 20% [5.39].

Die Gl. (5.78) geht in eine Näherungsgleichung über für das Torsionsmoment bei Synchronisierung unter einem Fehlwinkel ($\approx 120°$ ergibt die größten Momentenstöße), wenn man m_T und $m_{TK\,0}=0$ setzt. Man erhält

$$m_{TK(\text{Fehlsynchr.})}=m_{G-}\frac{J_T}{J_G+J_T}(1-\cos\Omega_0 t).$$

Schätzt man $m_{G-}=-2{,}5$, so erhält man $m_{TK(\text{Fehlsynchr.})\,max}=4{,}0$.

5.4 Das dynamische Leistungsdiagramm

Das dynamische Leistungsdiagramm beschreibt das Verhalten des Generators bei plötzlichen Laständerungen. Der subtransiente Ausgleichsvorgang wird ver-

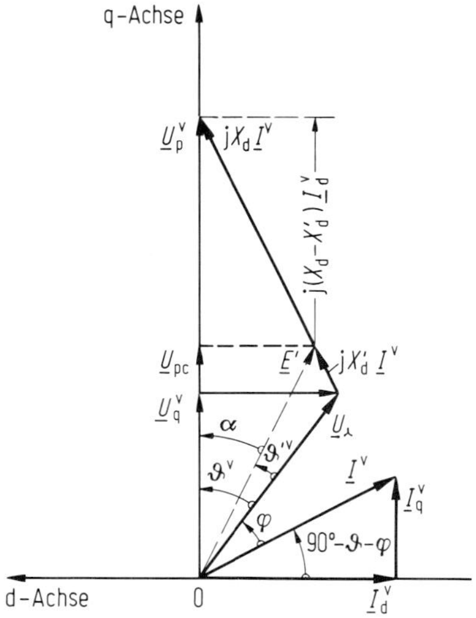

Bild 5.28. Zeigerdiagramm der Vollpolmaschine zur Definition von U_{pc}. Index v: vor der Laständerung

nachlässigt. Der Generator, für den $X_q = X_d$ vorausgesetzt wird, führe vor der Laständerung ($t<0$) den Ständerstrom mit der Komponente I_d^v und den Erregerstrom I_f^v. Die magnetische Flußverkettung in der d-Achse soll für den Zustand nach der Laständerung erhalten bleiben. Angenommen wird also eine widerstandslose Maschine [5.3]. Die Reaktanz X_d verringert sich auf X_d'. $\underline{U}_\perp + jX_d'\underline{I}^v$ ergibt, wie Bild 5.28 zeigt, $\underline{E}'$ und deren Projektion auf die q-Achse die konstant bleibende transiente Polradspannung $\underline{U}_{pc}$.

Das dynamische Leistungsdiagramm ist ähnlich zu konstruieren wie das Leistungsdiagramm des Schenkelpolgenerators (Bild 5.15). An die Stelle von U_p tritt U_{pc} und an die Stelle von X_d die transiente Reaktanz X_d'. Ausgehend von Gl. (5.19) findet man dann die dynamische Leistungsgleichung der Vollpolmaschine mit $X_d = X_q$ in p.u.:

$$p' = \frac{u_\perp u_{pc}}{x_d'} \sin\vartheta + \frac{u_\perp^2}{2}\left(\frac{1}{x_q} - \frac{1}{x_d'}\right)\sin 2\vartheta \tag{5.79}$$

Der dynamische Reaktionskreis nach Bild 5.29 hat bei $u_\perp = u_{\perp n}$ den Durchmesser

$$u_{\perp n}^2\left(\frac{1}{x_d'} - \frac{1}{x_q}\right).$$

Für ϑ zwischen 0 und 90° wird die Reaktionsleistung [zweites Glied in Gl. (5.79)] negativ. Ausgehend von (H′) findet man (K) und damit die negative Reaktionsleistung ($0 < 2\vartheta < 180°$). Es gilt $\overline{OC} = u_{\perp n} u_p/x_d$, während $\overline{KC} = u_{\perp n} u_{pc}/x_d'$ wird. Mit der Strecke $\overline{KC}$ gelingt es, die dynamische Leistung $\underline{s}'$ abhängig von ϑ zu konstruieren. Die theoretische dynamische Stabilitätsgrenze ist eingezeichnet. Ihre Konstruktion ergibt sich aus Bild 5.16. Man findet Grenzwinkel über 90°. Diese theoretische dynamische Stabilitätsgrenze läßt sich auch interpretieren als die theoretisch erreichbare statische Stabilitätsgrenze beim Einsatz eines verzö-

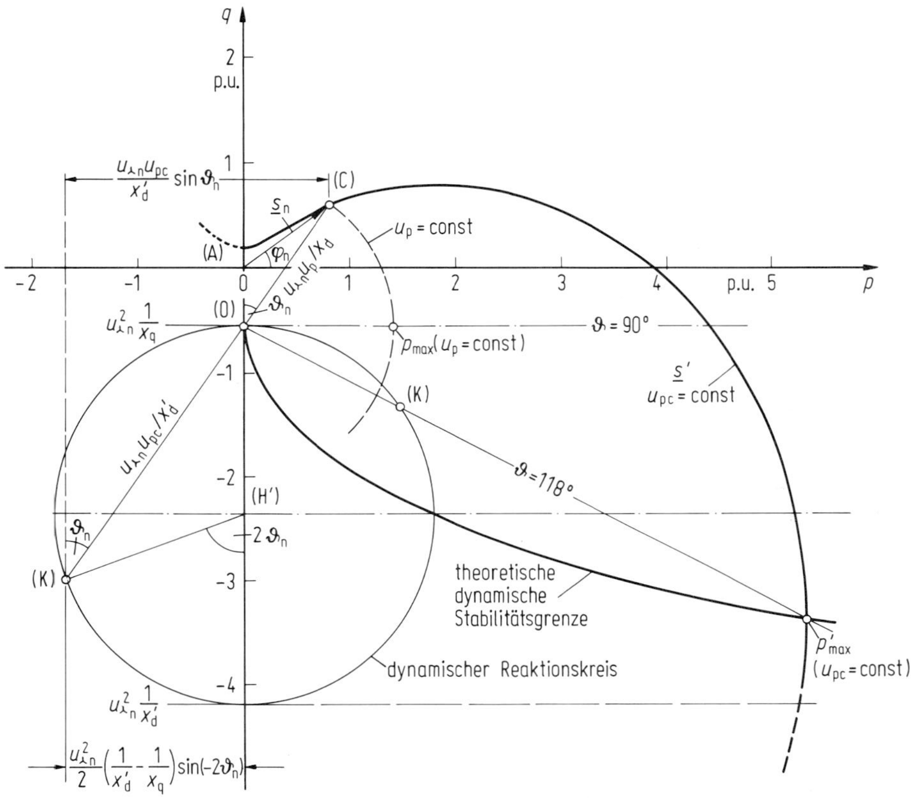

Bild 5.29. Dynamischer Reaktionskreis des Synchrongenerators mit $x_d = x_q$ und konstanter Flußverkettung (U_{pc} = const) für Nennbetrieb vor der Laständerung.
Generatordaten: $u^v = 1{,}0$ p.u.; $s^v = 1{,}0$ p.u.; $\cos\varphi^v = 0{,}8$; $\vartheta^v = 34{,}7°$; $x_d = x_q = 1{,}8$ p.u., $x'_d = 0{,}24$ p.u.

gerungsfrei arbeitenden Erregersystems und Reglers beim Anschluß an ein starres Netz ($\underline{z}_N = 0$). Tatsächlich gelingt es jedoch nur dieser Grenze nahezukommen (Kapitel 18).

Bild 5.30 zeigt den Vergleich zwischen dem statischen und dynamischen Verlauf der Wirkleistung abhängig vom Polradwinkel ϑ. Beide Kurven (1 und 2) schneiden sich bei $p = p^v$ und $\vartheta = \vartheta^v$.

Für Maschinen mit ausgeprägten Polen ($X_q \neq X_d$) ist anstelle von U_p^v die Spannung U_p^{*v} mit $U_p^v = U_p^{*v} X_d / X_q$ einzusetzen. In diesem Falle gilt dann

$$U_{pc} = U_p^v \frac{X_q}{X_d} - (X_q - X'_d)\, I_d^v = \text{const} \tag{5.80}$$

Arbeiten Generatoren nicht wie bisher angenommen direkt auf ein starres Netz ($\underline{z}_N = 0$), so ist bei Stabilitätsuntersuchungen die Impedanz $\underline{z}_N = r_N + \mathrm{j}\,x_N$ zwischen den Klemmen und der praktisch starren Netzspannung zu berücksichtigen. Die Reaktanz x_N ist den Generatorreaktanzen hinzuzufügen. An die Stelle von x_d, x_q und x'_d tritt dann $x_d + x_N$, $x_q + x_N$ und $x'_d + x_N$ mit x_N in p.u. bezogen auf die Generatornenndaten.

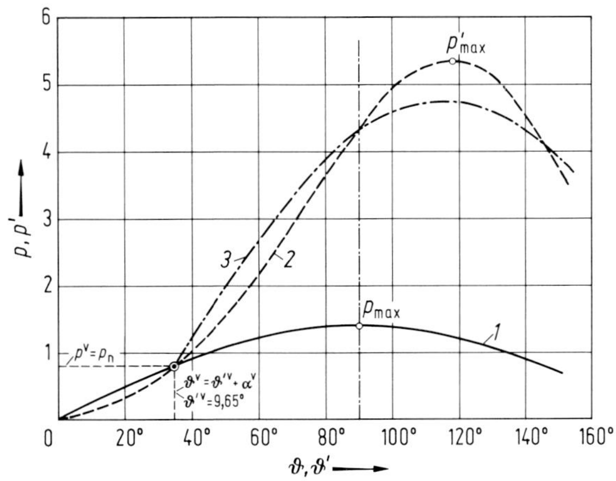

Bild 5.30. Statischer und dynamischer Wirkleistungsverlauf.

1 Gl. (5.7) statische Wirkleistung, $x_d = x_q$, ϑ; *2* Gl. (5.79) dynamische Wirkleistung, x'_d, x_q, ϑ; *3* dynamische Wirkleistung, x'_d, $\vartheta'(x_q = x'_d)$;

Generatordaten: $u^v = 1{,}0$ p.u.; $s^v = 1{,}0$ p.u.; $\cos\varphi^v = 0{,}8$, $\vartheta^v = 34{,}7°$; $x_d = x_q = 1{,}8$ p.u., $x'_d = 0{,}24$ p.u.

Das Wirksamwerden von x'_d anstelle von x_d ($x'_d < x_d$) bei plötzlichen Stromänderungen, z.B. durch Fehler im Netz, wirkt stabilitätsfördernd. Es entstehen Zusatzströme im Läufer, die als Eigenkompoundierung anzusehen sind. Durch schnell arbeitende Einrichtungen zur Erregung und Spannungsregelung sowie durch Zusatzsignale abhängig vom Schlupf ($\dot{\vartheta}$) und der Beschleunigung ($\ddot{\vartheta}$) wird dieses Verhalten in gewissem Maße unterstützt. Bei Netzfehlern in der Nähe des Generators mit starker Absenkung der Klemmenspannung kann jedoch nur eine schnelle Ausschaltung ein Außertrittfallen des Generators verhindern. Das elektrische Gegenmoment sinkt bei stark reduzierter Klemmenspannung ab, während das Antriebsmoment unverändert erhalten bleibt und ein rasches Anwachsen des Polradwinkels bedingt. Neuerdings versucht man deshalb, in kritischen Fällen auch das rasche Anwachsen des Polradwinkels durch schnelle kurzzeitige Zurücknahme der Turbinenleistung zu begrenzen (fast valving).

Anschaulich können einfache Stabilitätsvorgänge näherungsweise durch Flächenvergleich verfolgt werden. Bei Fehlern im Netz oder bei Schaltvorgängen, z.B. beim Abschalten einer parallelen Übertragungsleitung, geht man dazu von dem dynamischen Wirkleistungsverlauf etwa nach Bild 5.30 aus. Zur Vereinfachung der Vorgänge wählt man $\underline{E}'$ als konstante innere Spannung (Bild 5.28) unter dem Winkel ϑ'^v gegen die Klemmenspannung $u_{\perp}$. Man erhält dann für $x_N \neq 0$:

$$p' = \frac{u_{\perp} e'}{x'_d + x_N} \sin(\vartheta - \alpha) = \frac{u_{\perp} e'}{x'_d + x_N} \sin\vartheta' \tag{5.81}$$

In Bild 5.30 ist $p' = f(\vartheta)$ nach Gl. (5.81) für $x_N = 0$ so eingetragen, daß bei $\vartheta'^v = \vartheta^v - \alpha$ die Leistung p^v auftritt. Die Übereinstimmung des Wirkleistungsverlaufs wird besser für $x_N \neq 0$, der Unterschied zwischen x_q und x'_d verliert an Bedeutung.

6. Generatorerregung und Regelung in Kraftwerken

6.1 Erregungseinrichtungen

Gleichstrommaschinen als Spannungsquelle für die Erregung verlieren immer mehr an Bedeutung. Die Gleichrichtung durch den Kollektor wurde durch Halbleiter abgelöst. Auch die elektromechanischen Regler sind zum größten Teil durch elektronische Regler ersetzt worden. Immerhin wird der einfach aufgebaute Wälzsektorregler mit einer Antriebstrommel nach dem Ferraris-Prinzip (Bild 6.1) für kleinere Generatoren mit Gleichstromerregermaschinen auch heute noch verwendet.

Der mechanische Wälzsektorregler genügt den an die Spannungsregelung solcher Maschinen gestellten Anforderungen und hat den Vorzug, daß er keine Hilfs-Stromquelle benötigt; auch die Sollwert-Bildung ist hiervon unabhängig, da sie durch die Kraft einer Feder erfolgt. Das Stellglied, die Sektoren mit Regelwiderstand, ist in den Regler eingebaut. Durch die Variation des Regelwiderstandes wird der Erregerstrom entsprechend verändert.

In den folgenden Abschnitten werden die heute hauptsächlich angewendeten Erregersysteme beschrieben. Die Erregung durch Drehstromerregermaschinen mit nachgeschalteten stationären oder rotierenden Dioden und die Erregung über Thyristoren. Die Compound-Erregung wird insbesondere bei kleineren Generatoren (z.B. auf Schiffen) angewendet.

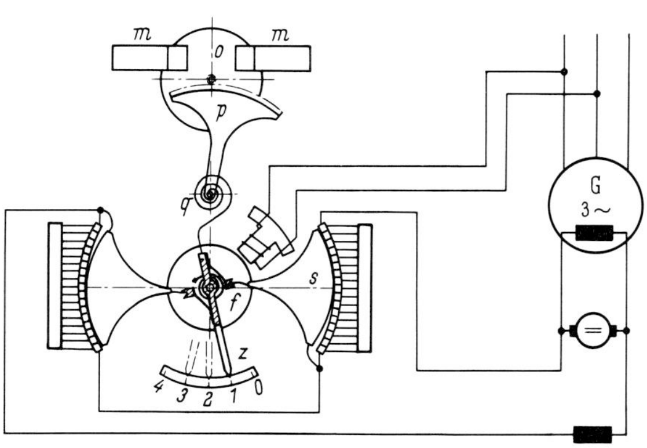

Bild 6.1. Schema eines Wälzsektorreglers (Zwei-Sektor-Regler BBC).
f Rückstellfeder; *s* Wälzsektoren; Feder *q*, Zahnsegment *p*, Al-Scheibe *o* und Permanentmagnet *m* dienen zur Dämpfung; *z* Stellungszeiger

6.1.1 Drehstromerregermaschine und Dioden

Bild 6.2 zeigt den Aufbau einer „Dioden-Erregung“ für das Feld eines Drehstromgenerators.

Da entsprechend der Belastung des Generators eine veränderliche Erregerspannung U_f erforderlich ist, werden die Dioden von einer veränderlichen Spannung eines mit der Hauptmaschine gekuppelten Drehstromerregers (Wellengenerators) gespeist. Das Feld des Drehstromerregers wird von einem Drehstrom-Hilfserreger mit Permanentpolen über ein Thyristorstellglied und einen Anpaßtransformator gespeist. Das Thyristorstellglied wird vom Spannungsregler gesteuert. Die Dioden werden im allgemeinen in 6pulsiger Drehstrombrückenschaltung nach Bild 6.3 angeordnet.

Der höchste Wert der Gleichspannung im unbelasteten Zustand wird gleich dem Scheitelwert der verketteten Spannung der Drehstromeinspeisung $U_{di\,max} = \sqrt{2}\,U$. Für den Mittelwert der Gleichspannung gilt:

$$U_{di0} = \frac{3}{\pi}\sqrt{2}\,U = 1{,}35\,U \qquad (6.1)$$

Die Gleichspannung U_d der belasteten Brücke ergibt sich, wenn man den induktiven Spannungsfall D_x, den ohmschen Spannungsfall D_r und den Ventilabfall D_v von U_{di0} abzieht ($U_d = U_{di0} - D_x - D_r - D_v$). Setzt man die Gleichstromlei-

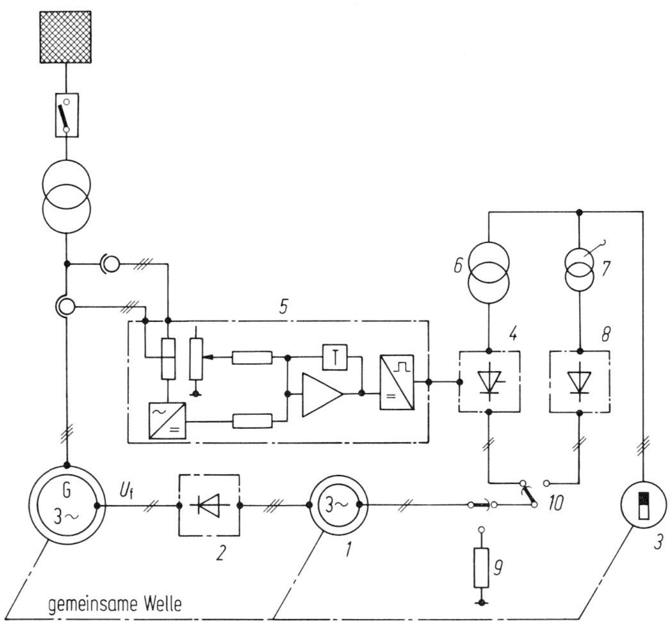

Bild 6.2. Erregungseinrichtung mit Drehstromerregermaschine und stationären Dioden.

1 Drehstromerregermaschine (z.B. $f = 150$ Hz); *2* Diodenbrücke; *3* Permanentpolgenerator; *4* Thyristorstellglied; *5* Spannungsregler mit Sollwerteinsteller und Gittersteuersatz; *6* Anpaßtransformator; *7* Stelltransformator; *8* Gleichrichter; *9* Entregungswiderstand; *10* Umschalter Hand-Automatik

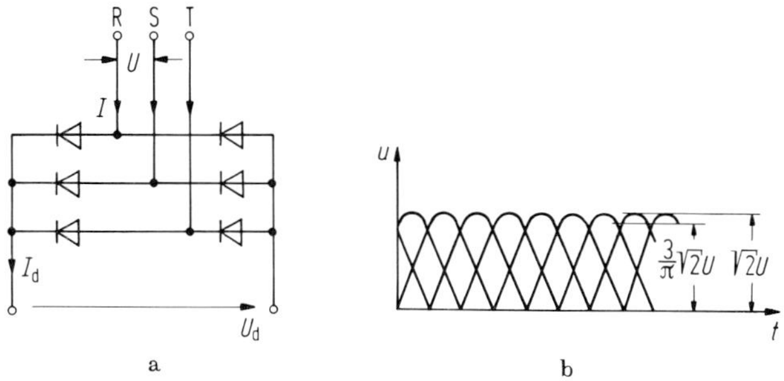

Bild 6.3. Drehstrombrückenschaltung mit Dioden.
(**a**) Schaltung; (**b**) gleichgerichtete Spannung

stung $U_{\mathrm{di\,max}} I_{\mathrm{d}}$ der Drehstromleistung $\sqrt{3}\,UI$ gleich, so ergibt sich für die sechspulsige Schaltung folgendes Stromverhältnis:

$$\frac{I}{I_{\mathrm{d}}}=\sqrt{\frac{2}{3}}=\frac{2}{\sqrt{6}}=0{,}816 \tag{6.2}$$

Die maximale Erregerspannung $U_{\mathrm{f\,max}}$ wird auch Deckenspannung (ceiling voltage) genannt. Sie wird bei Turbogeneratoren vielfach 40 bis 80% höher als die Nennerregerspannung gewählt. Bei der Auslegung der Erregungseinrichtung muß hierauf Rücksicht genommen werden, ebenso wie auf den Spannungsabfall der Drehstromerregermaschine bei Belastung.

6.1.2 Thyristor-Erregung

Die Thyristor-Erregung, die höchsten Anforderungen an die Regelungsgeschwindigkeit genügt, bietet den Vorteil, daß sie wegen der direkten Steuerbarkeit der Thyristoren von einer konstanten Spannung gespeist werden kann, sei es über einen Stromrichtertransformator von den Klemmen des Hauptgenerators nach Bild 6.4 oder von einem sicheren Hilfsnetz [6.18] oder von einer mit konstanter Spannung betriebenen, auf der Welle des Generators sitzenden Drehstromerregermaschine.

Es hat sich gezeigt, daß bei einem modernen Netzschutz, der in kürzester Zeit bei Kurzschlüssen oder Erdkurzschlüssen das fehlerbetroffene Betriebsmittel im Netz abschaltet, die einfachste Schaltung, d.h. der Anschluß der Thyristoren an die Generatorklemmen, ohne Nachteil vorgesehen werden kann, weil die Erregerspannung nach Abschalten des Kurzschlusses sofort wieder zur Verfügung steht und das magnetische Feld des Generators weitgehend erhalten bleibt (Kapitel 18).

6.1.3 Statik der Spannungsregelung

Der elektronische Spannungsregler ist für die verschiedenen Erregungseinrichtungen grundsätzlich gleich aufgebaut. Wie aus den Bildern 6.2 und 6.4 hervor-

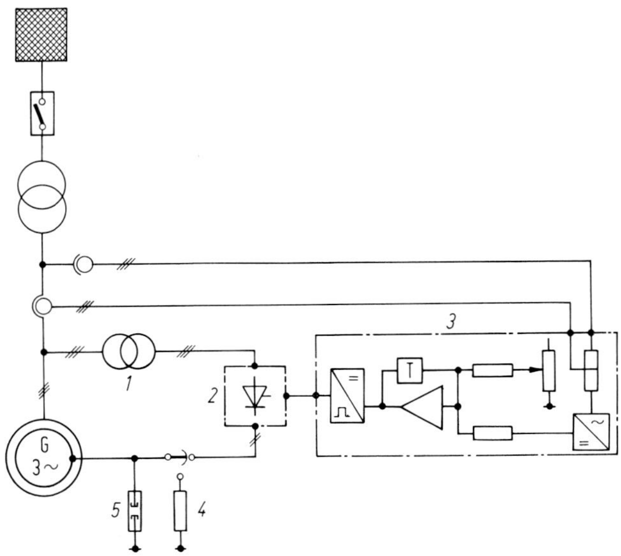

Bild 6.4. Erregungseinrichtung mit Thyristoren gespeist von den Generatorklemmen.
1 Stromrichtertransformator; *2* Thyristorbrückenschaltung; *3* Spannungsregler mit Sollwerteinsteller und Gittersteuersatz; *4* Entregungswiderstand; *5* Überspannungsschutz

geht, wird im Regler die Differenz zwischen Soll- und Istwert der Generatorklemmenspannung gebildet. Der Sollwert wird von einer konstanten Hilfsspannungsquelle, meistens in Verbindung mit Zener-Dioden, geliefert und ist an einem Potentiometer z.B. zwischen $\pm 5\%$ oder $\pm 10\%$ der Generator-Nennspannung einstellbar. Die in eine Gleichspannung umgeformte Soll-Istwert-Differenz speist einen Gleichspannungsverstärker, dem durch entsprechende Beschaltung das gewünschte Übergangsverhalten gegeben wird. Der Ausgang des Verstärkers wird dem Gittersteuersatz für die Thyristorbrücke zugeführt.

Durch zusätzliche Aufschaltung des Stromes (Bild 6.2 und 6.4) kann der Generatorspannungsregelung eine den Netzverhältnissen angepaßte Kennlinie gegeben werden. Häufig wird eine wirk- und blindstromabhängige Beeinflussung des Spannungsistwertes vorgesehen.

Bild 6.5a zeigt eine Schaltung zur Istwertbildung, bei der jeweils eine dem Strom der voreilenden Phase proportionale Spannung $\underline{I}R$ aufgeschaltet wird. Aus Bild 6.5b erkennt man die Wirkung der Aufschaltung. Das Spannungsdreieck mit den Eckpunkten u, v, w geht über in das Dreieck mit den Eckpunkten x, y, z. Der dem Regler zugeführte Istwert, proportional zu den verketteten Spannungen des Dreiecks x, y, z, ist also nicht mehr proportional zur Generatorklemmenspannung. Bei konstantem Sollwert wird die Generatorspannung abhängig von der Scheinleistung und dem Leistungsfaktor nach den Kennlinien des Bildes 6.5c geregelt.

Die Differenz zwischen der Spannung des leerlaufenden Generators und der Spannung des mit seiner Nennscheinleistung S_{nG} belasteten Generators bei $\cos\varphi = 0{,}0$ (übererregt – also Abgabe induktiver Blindleistung) wird als Statik

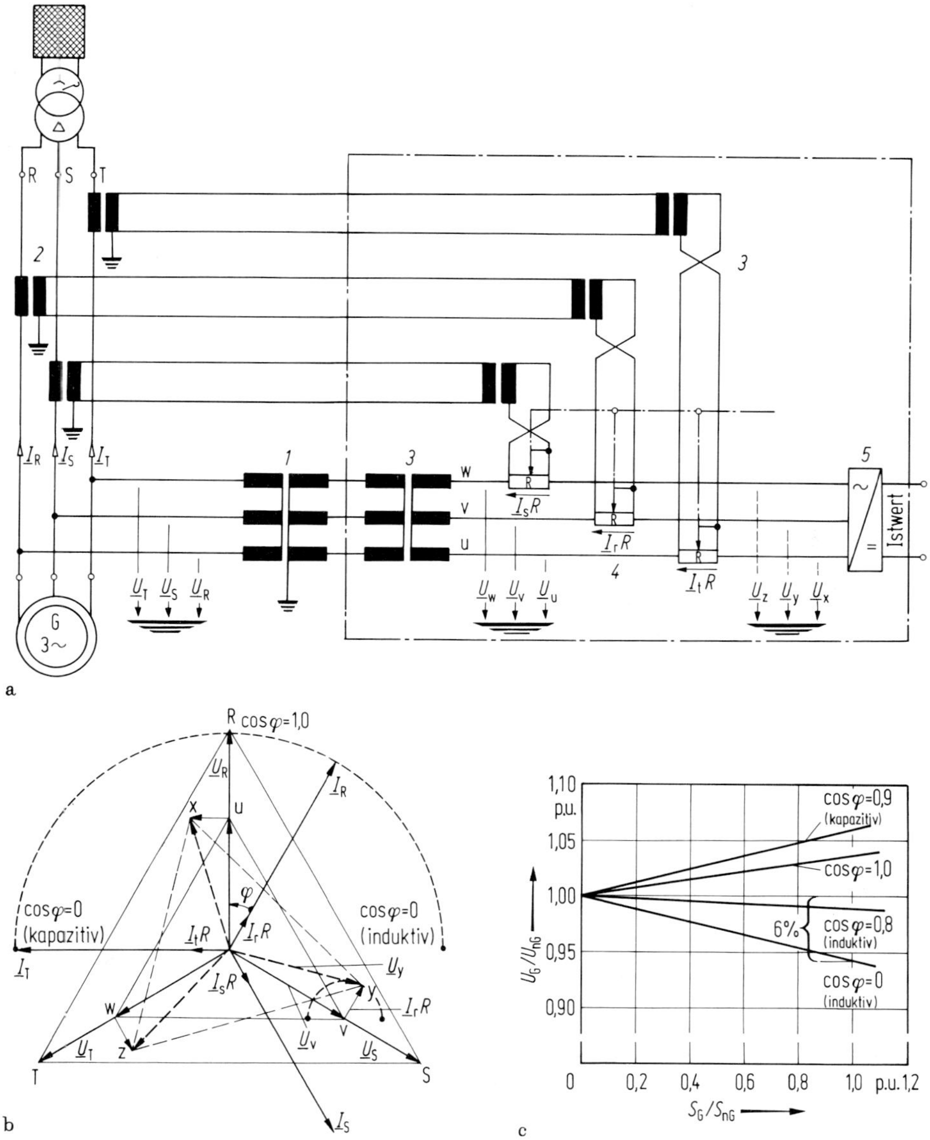

Bild 6.5. Kennlinienregelung eines Synchrongenerators durch Aufschaltung des Stromes der voreilenden Phase.

(**a**) Istwertbildung über Spannungs- und Stromwandler *1* und *2* sowie Zwischenwandler *3* zur Potentialtrennung und Anpassung an den elektronischen Regler, die Widerstände R (*4*) zur Stromaufschaltung und den Gleichrichter *5*; (**b**) Zeigerdiagramm (Prinzip); (**c**) Kennlinien bei 6% Statik

bezeichnet und in Prozent der Nennspannung angegeben (Beispiel in Bild 6.5c: Statik 6%). Die Größe der Statik kann durch Veränderung des Widerstandswertes R z.B. zwischen 0 und 15% eingestellt werden.

6.2 Spannungsregelung

In diesem Abschnitt wird eine Einführung in die Behandlung von Regelungsvorgängen gegeben. Dabei wird die Laplace-Transformation in abgewandelter Form als Carson-Transformation und die Darstellung im Bode-Diagramm verwendet. Die Kennlinien der gebräuchlichen Spannungsregler werden aufgestellt und die Bedingungen für eine optimale Regelung ermittelt, um dann an einem Beispiel das erforderliche Zeitverhalten des Spannungsreglers zu berechnen.

6.2.1 Berechnung von Regelungsvorgängen

Die hier behandelten Regelungs- und Ausgleichsvorgänge beziehen sich auf lineare Systeme mit konzentrierten Elementen R, L und C, die zu gewöhnlichen, linearen Differentialgleichungen mit konstanten Koeffizienten führen. Zur Lösung dieser Differentialgleichungen verwendet man vorteilhaft die Laplace-Transformation. Mit der Laplace-Transformation ($\mathscr{L}$-Transformation) wird eine Zeitfunktion $F(t)$, die als Originalfunktion bezeichnet wird, in die Bildfunktion $f(\underline{s})$ überführt. Die Laplace-Transformation genügt folgender Gleichung [6.1]:

$$f(\underline{s}) = \int_0^\infty F(t)\,\mathrm{e}^{-\underline{s}t}\,\mathrm{d}t = \mathscr{L}\{F(t)\} \tag{6.3}$$

Hier soll nachstehend, wie in der Elektrotechnik teilweise üblich, die nach Carson modifizierte $\mathscr{L}$-Transformation verwendet werden, die sich von der $\mathscr{L}$-Transformation durch Multiplikation mit $\underline{s}$ unterscheidet. Bei der Carson-Transformation geht dann der Einheitsstoß $A \cdot 1(t)$ beim Übergang in den Bildbereich statt in $A/\underline{s}$ unverändert in A über. Die Carson-Transformation (C-Transformation) lautet:

$$g(\underline{s}) = \underline{s} \int_0^\infty F(t)\,\mathrm{e}^{-\underline{s}t}\,\mathrm{d}t = \mathscr{L}_\mathrm{C}\{F(t)\} \tag{6.4}$$

Für die C-Transformation können Korrespondenzentabellen nach Carson oder mit $\underline{s}$ multiplizierte Tabellen der $\mathscr{L}$-Transformation verwendet werden. Als Hilfe ist in Tabelle A.3 eine Tabelle der Korrespondenzen nach Carson und Laplace angegeben.

Für Differentialgleichungen wird eine C-Transformation mit Hilfe der Korrespondenzen in Tabelle A.3 durchgeführt. Hierauf wird z.B. bei einer Eingangsfunktion $u_\mathrm{E}(t)$ und einer Ausgangsfunktion $u_\mathrm{A}(t)$ die Übertragungsfunktion $F(\underline{s}) = u_\mathrm{A}(\underline{s})/u_\mathrm{E}(\underline{s})$ gebildet und dann in den Original-(t-)Bereich zurücktransformiert. Allgemein gilt $\underline{s} = \sigma + \mathrm{j}\,\omega$, bei sinusförmigen Signalen $\underline{s} = \mathrm{j}\,\omega$.

Setzt sich ein Übertragungssystem aus mehreren Übertragungsgliedern zusammen, dann kann man die Gesamtübertragungsfunktion aus Funktionen einzelner Übertragungsglieder zusammensetzen (Tabelle 6.1 zeigt einige einfache Fälle). Ausgehend hiervon ist es auch verständlich, daß man zur Rücktransformation einer Gesamtübertragungsfunktion eine Partialbruchzerlegung vornimmt.

Tabelle 6.1. Übertragungsfunktionen und Blockschaltbilder

Bezeichnung	Blockschaltung	Übertragungsfunktion
Übertragungsglied	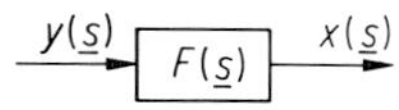	$F(\underline{s})=\frac{x(\underline{s})}{y(\underline{s})}$
Serienschaltung	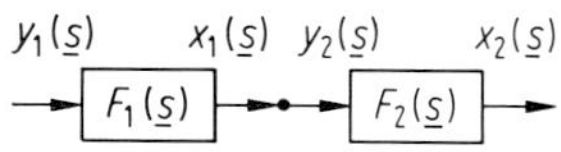	$F(\underline{s})=F_1(\underline{s})\cdot F_2(\underline{s})$ $F(\underline{s})=\frac{x_2(\underline{s})}{y_1(\underline{s})}$
Parallelschaltung	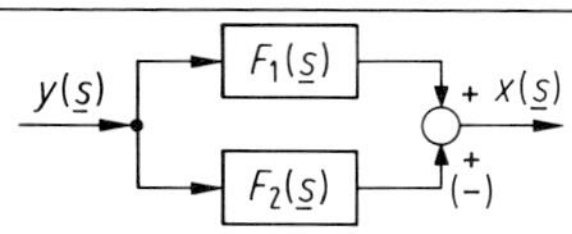	$F(\underline{s})=F_1(\underline{s})\underset{(-)}{+}F_2(\underline{s})$
Rückkopplung Mitkopplung (Gegenkopplung)	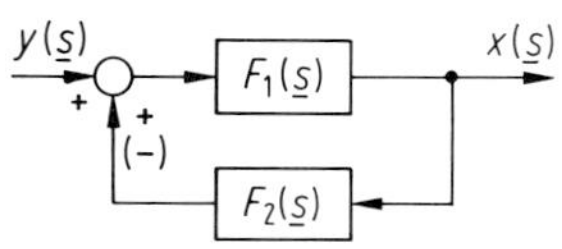	$F(\underline{s})=\frac{F_1(\underline{s})}{1\underset{(+)}{-}F_1(\underline{s})\,F_2(\underline{s})}$

Ausgehend von einer Differentialgleichung ersten Grades ergibt sich nach der Korrespondenzentabelle Tabelle A.3, Nr. 6, für $\underline{s}=\mathrm{j}\,\omega$:

$$\frac{u_{\mathrm{A}}(\mathrm{j}\,\omega)}{u_{\mathrm{E}}(\mathrm{j}\,\omega)}=F(\mathrm{j}\,\omega)=\frac{1}{1+\mathrm{j}\,\omega\,T}\;\bullet\!\!-\!\!\circ\; u_{\mathrm{A}}(t)=U_{\mathrm{E}}(1-\mathrm{e}^{-t/T}) \qquad (6.5)$$

Die Übertragungsfunktion $F(\mathrm{j}\,\omega)$ ist frequenzabhängig und wird als Frequenzgang bezeichnet. Da ω nur in der ersten Potenz vorkommt, ist $F(\mathrm{j}\,\omega)$ ein Verzögerungsglied 1. Ordnung. Bei Änderung von ω zwischen 0 und ∞ erhält man Bild 6.6.

Die Ortskurve ist ein Halbkreis mit dem Durchmesser 1. Die Amplitude

$$|F(\mathrm{j}\,\omega)|=\frac{1}{\sqrt{1+\omega^2\,T^2}}$$

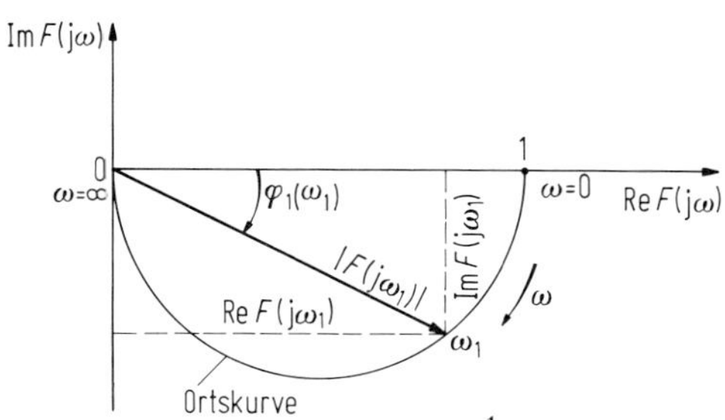

Bild 6.6. Frequenzgang $F(\mathrm{j}\,\omega)=\frac{1}{1+\mathrm{j}\,\omega\,T}$ in der komplexen Zahlenebene

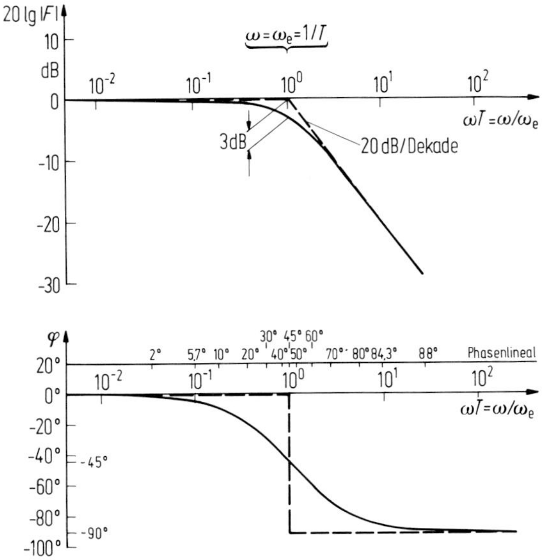

Bild 6.7. Amplitudengang und Frequenzgang des Verzögerungsgliedes 1. Ordnung nach Gl. (6.5), Bode-Diagramm

ist gleich dem Betrag des Zeigers (Amplitudengang) und die Phase $\varphi(\omega) = \arctan \omega T$ gleich dem Winkel in Uhrzeigerrichtung von der reellen Achse ausgehend (Phasengang). φ erreicht das Maximum 90° für $\omega = \infty$.

Vorteilhaft ist die logarithmische Darstellung des Frequenzganges nach Bode [6.14, 6.16, 6.21] in Bild 6.7. Auf der Ordinate wird der Betrag $20 \lg |F|$ in dB (Dezibel) aufgetragen. Trägt man ωT im logarithmischen Maßstab auf der Abszisse ab, so ist

$$20 \lg \left| \frac{1}{1 + \mathrm{j}\, \omega T} \right|$$

wie Bild 6.7 zeigt, näherungsweise eine Gerade mit der Ordinate 0 dB bis zum Punkt $\omega T = 1$, hier knickt die Gerade ab mit 20 dB/Dekade, da für $\omega T \gg 1$ und $\omega_2/\omega_1 = 10$ der Quotient $|F_1|/|F_2| = 20 \cdot \lg 10 = 20\,\mathrm{dB}$ wird. Die Abweichung vom genauen Verlauf beträgt maximal 3 dB bei der Eckfrequenz $\omega_e = 1/T$, weil

$$20 \cdot \lg \left| \frac{1}{1 + \mathrm{j}} \right| = 20 \cdot \lg \frac{1}{\sqrt{2}} = -3\,\mathrm{dB}$$

wird. Die Phasenverschiebung φ hat den in Bild 6.7 gezeichneten Verlauf. Bei der Eckfrequenz ω_e wird $\varphi = -45°$. Das eingezeichnete Phasenlineal erleichtert die Ermittlung des Phasenwinkels abhängig von ωT im logarithmischen Maßstab.

Als Beispiel soll ein Verzögerungsglied 2. Ordnung nach Bild 6.8 betrachtet werden. Für die Sprungfunktion $u_E(t) = U_E$ wird die Ausgangsfunktion $u_A(t)$ gesucht.

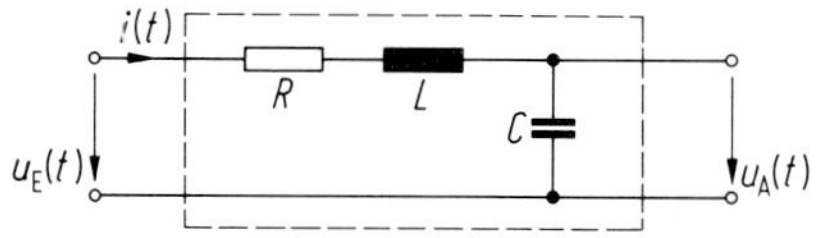

Bild 6.8. RLC-Vierpol-Verzögerungsglied 2. Ordnung

Ausgehend von der Schaltung in Bild 6.8 erhält man folgende Differentialgleichung 2. Ordnung:

$$LC\frac{d^2 u_A(t)}{dt}+RC\frac{du_A(t)}{dt}+u_A(t)=u_E(t) \tag{6.6}$$

Führt man ω_e als Eckkreisfrequenz oder Eigenkreisfrequenz des ungedämpften Systems ($R=0$) ein und $T=1/\omega_e$ sowie den Dämpfungsgrad D als Maß für die Dämpfung ($R=0$), so findet man:

$$\omega_e=\frac{1}{\sqrt{LC}}=\frac{1}{\sqrt{T_L T_C}}=\frac{1}{T}; \qquad D=\frac{\omega_e RC}{2}=\frac{RC}{2T}=\frac{1}{2}\sqrt{\frac{T_C}{T_L}}$$

Die Zeitkonstanten T_L und T_C ergeben sich aus $T_L=L/R$ und $T_C=RC$. Transformiert man Gl. (6.6) in die Bildebene unter Einführung von T und D, so wird:

$$F(\underline{s})=\frac{u_A(\underline{s})}{u_E(\underline{s})}=\frac{\omega_e^2}{\underline{s}^2+2D\omega_e\underline{s}+\omega_e^2}=\frac{1}{1+2DT\underline{s}+T^2\underline{s}^2} \tag{6.7}$$

Bei $u_E(t)=U_E$ wird der zeitliche Verlauf $u_A(t)$ stark vom Dämpfungsgrad beeinflußt. Bei $D=0$ ergibt sich ein ungedämpfter periodischer Schwingungsverlauf. Bei $D=1$ liegt der aperiodische Grenzfall vor (Bild 6.9). Für $D>1$ wird das

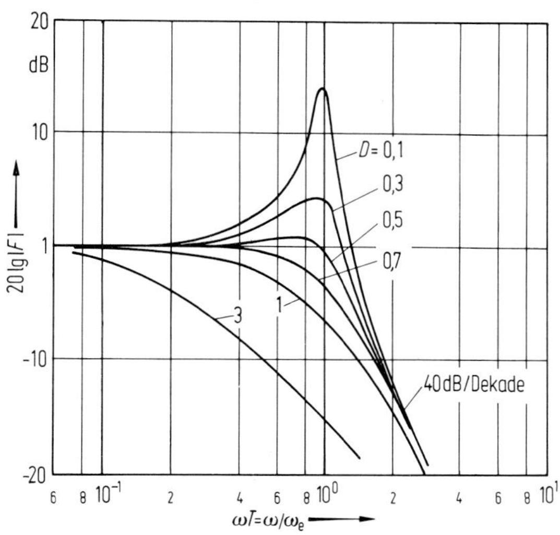

Bild 6.9. Amplitudengang des Verzögerungsglieds 2. Ordnung nach Gl. (6.8b), Bode-Diagramm

System als überaperiodisch gedämpft bezeichnet. Bei einem Sprung am Eingang erreicht $u_A(t)$ kriechend den Beharrungszustand. Der wichtigste Fall ist der mit $D<1$. $u_A(t)$ erreicht den Beharrungszustand über eine gedämpfte Schwingung.

Führt man $\underline{s}=\mathrm{j}\,\omega$ ein, so ergibt sich aus Gl. (6.7) der Frequenzgang

$$F(\mathrm{j}\,\omega)=\frac{1}{1+\mathrm{j}\,2D\dfrac{\omega}{\omega_e}-\left(\dfrac{\omega}{\omega_e}\right)^2}=\frac{1}{1+\mathrm{j}\,2DT\omega-T^2\omega^2} \tag{6.8a}$$

Für den Amplitudenverlauf und den Phasenverlauf wird dann:

$$|F(\mathrm{j}\,\omega)|=\frac{1}{\sqrt{\left[1-\left(\dfrac{\omega}{\omega_e}\right)^2\right]^2+\left[2D\dfrac{\omega}{\omega_e}\right]^2}} \tag{6.8b}$$

$$\varphi(\mathrm{j}\,\omega)=\arctan\frac{-2D\dfrac{\omega}{\omega_e}}{1-\left(\dfrac{\omega}{\omega_e}\right)^2} \tag{6.8c}$$

Bild 6.9 enthält den Amplitudenverlauf des Dämpfungsgliedes 2. Ordnung nach Gl. (6.8 b) im Bode-Diagramm mit D als Parameter. Für $\omega\to 0$ wird $|F|\to 1$ und für $\omega\to\infty$ geht $|F|\to 1/(\omega/\omega_e)^2$. Der Abfall beträgt dann 40 dB/Dekade gegenüber 20 dB/Dekade beim Verzögerungsglied 1. Ordnung (Bild 6.7).

Das Maximum der Amplitude von $|F(\mathrm{j}\omega)|$ erhält man durch Differenzieren des Radikanden in Gl. (6.8 b). Für die Resonanzfrequenz

$$\omega_R=\omega_e\sqrt{1-2D^2}$$

wird $|F(\mathrm{j}\,\omega)|$ maximal. Für $D\geqq 1/\sqrt{2}$ tritt keine ausgeprägte Resonanz mehr in Erscheinung (Bild 6.9: $D=0{,}7$).

Für $u_A(t=0)=0$ und $D^2<1$ findet man mit der Korrespondenz 12 in Tabelle A.3 ausgehend von Gl. (6.7) im t-Bereich:

$$u_A(t)=U_E\left[1-\frac{1}{\sqrt{1-D^2}}\,\mathrm{e}^{-D\omega_e t}\sin(\omega_d t+\tau)\right] \tag{6.9}$$

mit

$$\tau=\arctan\frac{\sqrt{1-D^2}}{D}\quad\text{und}\quad\omega_d=\omega_e\sqrt{1-D^2} \tag{6.10}$$

Dabei ist ω_d die gedämpfte Eigenkreisfrequenz für $D^2<1$. Das Maximum für $u_A(t)$ findet man durch Differentiation der Gl. (6.9).

Dabei findet man

$$\tan(\omega_d t+\tau)=\frac{\sqrt{1-D^2}}{D}=\tan\tau$$

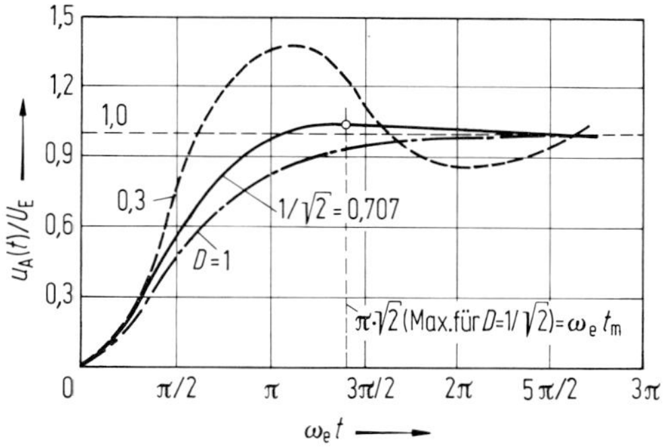

Bild 6.10. Verlauf der Spannung $u_A(t)$ am Ausgang des Vierpols in Bild 6.8 beim Anlegen einer Sprungspannung $u_E(t) = U_E (t > 0)$

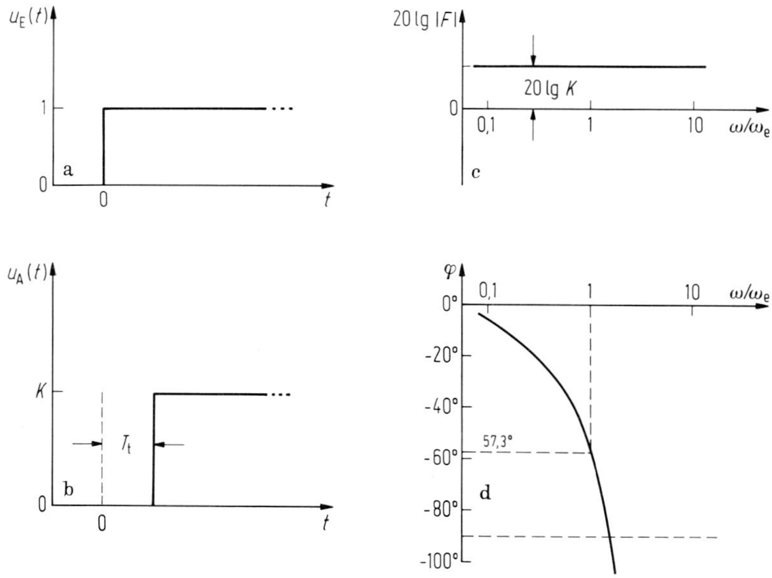

Bild 6.11. Zeitverlauf und Bode-Diagramm des Totzeitgliedes

Mit $\omega_d t = \pi$ und wegen $\sin\tau = \sqrt{1-D^2}$ findet man für das Maximum $\hat{U}_A$ von $u_A(t)$:

$$\frac{\hat{U}_A}{U_E} = 1 + e^{-\frac{\pi D}{\sqrt{1-D^2}}} = 1 + e^{-\frac{\pi}{\tan\tau}} \tag{6.11}$$

Für den Fall $D = 1/\sqrt{2}$, also für den Fall ohne ausgeprägte Resonanz des Amplitudenganges in Bild 6.9 ergibt sich der in Bild 6.10 gezeichnete Verlauf mit $\tau = \pi/4$ und $\hat{U}_A/U_E = 1 + \exp(-\pi) = 1{,}043$ bei $\omega_e t = \pi\sqrt{2}$. Zum Vergleich ist $u_A(t)/U_E$ für $D = 0{,}3$ und $D = 1$ eingezeichnet.

Für die Übertragungsfunktion eines Totzeitgliedes mit T_t nach den Bildern 6.11a und b gilt:

$$u_A(t) = K\, u_E(t - T_t) \tag{6.12}$$

Zur Ermittlung des Frequenzganges werden in Gl.(6.12) die sinusförmigen Ein- und Ausgangsfunktionen

$$u_E(t) = U_{E0}\, e^{j\omega t} \quad \text{und} \quad u_A(t) = U_{A0}\, e^{j\omega t}$$

eingesetzt. Man erhält aus

$$U_{A0}\, e^{j\omega t} = K\, U_{E0}\, e^{j\omega t}\, e^{-j\omega T_t}$$

für den Frequenzgang:

$$F(j\,\omega) = K\, e^{-j\omega T_t} = K\, e^{-\underline{s} T_t} \tag{6.13}$$

Für den Amplitudengang gilt $|F(j\,\omega)| = K$ und für den Phasengang $\varphi = -\omega\, T_t$; für $\omega = 1/T_t$ also $\varphi = -1 = -360°/2\pi = -57{,}3°$ (Bild 6.11c und d).

6.2.2 Regelkreis und Spannungsregler

Den grundsätzlichen Aufbau eines einfachen Regelkreises zeigt Bild 6.12. Regelstrecke (z.B. Generator) und Regler (einschließlich Erregungseinrichtung) liegen in einem geschlossenen Kreis. Aus der Regelgröße X (z.B. Generatorklemmenspannung) und der Führungsgröße W ($W = X_K$ = Sollwert) wird die Regelabweichung $x_w = X - X_K$ gebildet. Am Eingang der Regelstrecke tritt die Stellgröße Y (z.B. Polradspannung) auf. Störgrößen können vor dem Regler oder vor der Regelstrecke eingeführt werden.

Zur Beurteilung eines Reglers dient das Ausregelverhalten nach dem Auftreten einer Störgröße Z. In Bild 6.13 wurde eine langandauernde Störgröße und der zugehörige Verlauf von X angenommen mit $X = W$ vor der Störung. Man unterscheidet, wie eingezeichnet, die Anregelzeit T_{An}, die Ausregelzeit T_R, die Überschwingweite x_m und die bleibende Regelabweichung x_w. Die Ausregelzeit T_R wird dadurch festgelegt, daß die Regelgröße X nach dem Ablauf der Zeit T_R einen Toleranzbereich um W (z.B. $\pm 3\,\%$) nicht mehr verläßt Wenn auch x_m, x_w sowie T_{An} und T_R Rückschlüsse auf das Verhalten von Regler und Regelkreis zulassen, so können sie doch nicht als Maß für die Regelgüte herangezogen

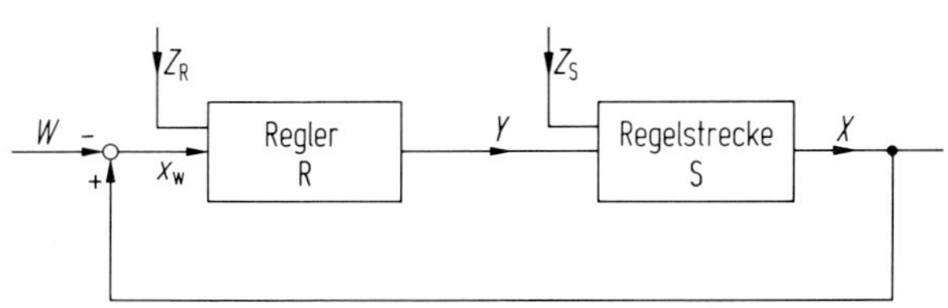

Bild 6.12. Aufbau eines Regelkreises (Prinzip) [6.16].
X Regelgröße; Y Stellgröße; W Führungsgröße; Z_R, Z_S Störgrößen

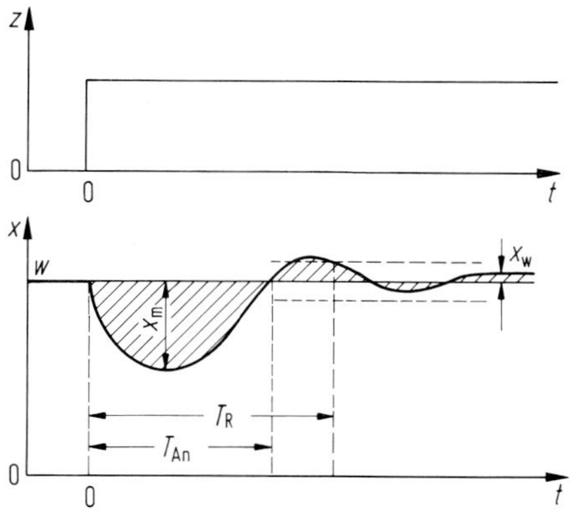

Bild 6.13. Übergangsverhalten und Ausregelzeit eines Reglers oder eines Regelkreises

werden. Man verwendet hierzu vielmehr die lineare Regelfläche als Betragsfläche wobei

$$F_{||} = \int_0^\infty |x_w| \, dt$$

gilt (gestrichelte Fläche in Bild 6.13) und zu beachten ist, daß man die obere Grenze beschränken muß, wenn eine bleibende Regelabweichung vorhanden ist. Verwendet man als Optimalbedingung nicht die Betragsfläche sondern die quadratische Regelfläche

$$F_{\square} = \int_0^\infty x_w^2 \, dt \rightarrow \text{Minimum}$$

so werden die Anfangsflächen (x_m) stark bewertet. Als drittes sei das ITAE-Kriterium (integral of time multiplied absolute-value of error) genannt, in das sowohl die Fläche als auch der zeitliche Verlauf eingehen nach

$$F_{||\cdot t} = \int_0^\infty |x_w| \, t \, dt \rightarrow \text{Minimum}$$

Aus diesen Überlegungen sind Einstellregeln z.B. von Ziegler und Nichols [6.14] abgeleitet worden.

P-, I-, PI-, PD- und PID-Regler

Man unterscheidet P-, I-, PI-, PD- und PID-Regler (P: proportional, D: differential, I: integral). Im folgenden soll ein kurzer Überblick über das Verhalten der Regler im Zeitbereich gegeben werden, wenn an den Eingang eine Sprungfunktion angelegt wird. Daneben werden der Amplitudengang im Bode-Diagramm aufgezeichnet und Hinweise zum schaltungstechnischen Aufbau elektronischer Regler gegeben.

Elektronische Regler bestehen im wesentlichen aus einem Gleichspannungsverstärker. Das gewünschte Zeitverhalten (z.B. PI-Verhalten) wird durch Beschaltung mit Widerständen und Kondensatoren erreicht. Da die Verstärker durch den Einsatz von integrierten Schaltkreisen eine sehr hohe statische Verstärkung aufweisen, können für die folgenden Überlegungen ideale Verstärker ($V \to \infty$; $R_E \to \infty$; $f_{Grenz} \to \infty$) vorausgesetzt werden. Das gewünschte Zeitverhalten (Übertragungsverhalten) wird dann allein durch die Beschaltung bestimmt.

Aus den Bildern 6.14 bis 6.18 gehen das Zeitverhalten (links), das Bode-Diagramm (Mitte) und die Verstärkerbeschaltung (rechts) für die verschiedenen Reglerarten hervor.

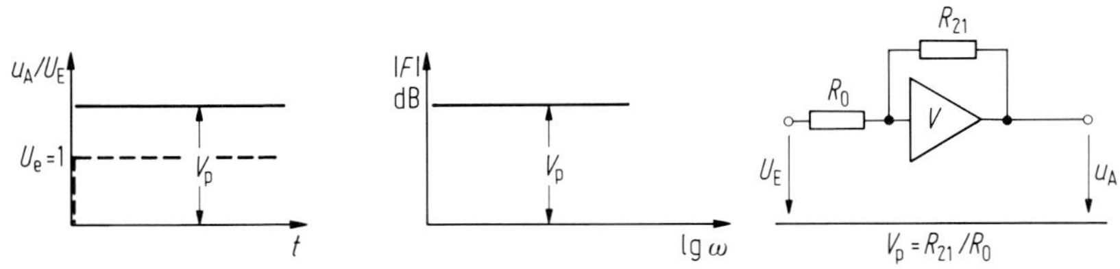

Bild 6.14. P-Regler

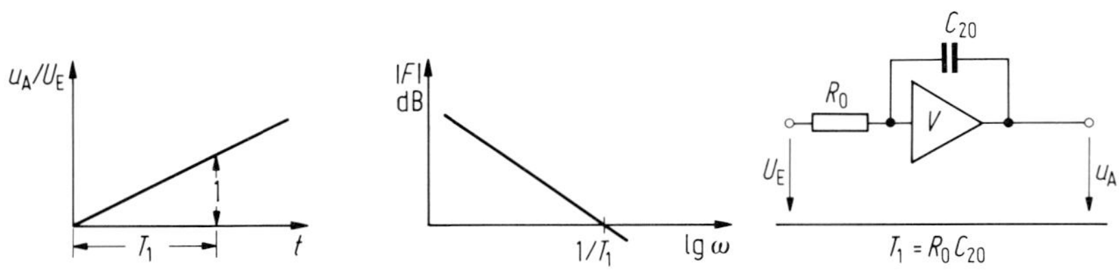

Bild 6.15. I-Regler

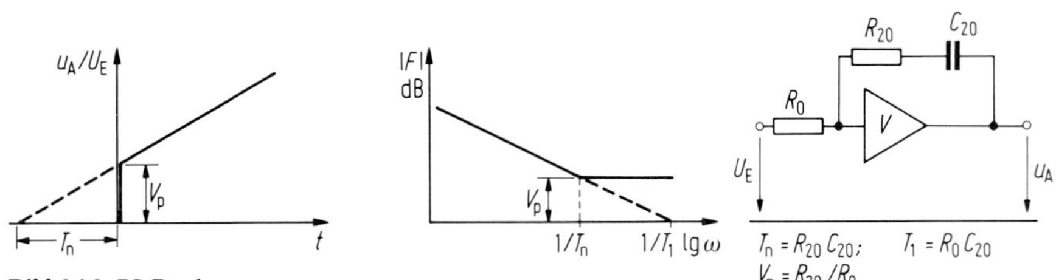

Bild 6.16. PI-Regler

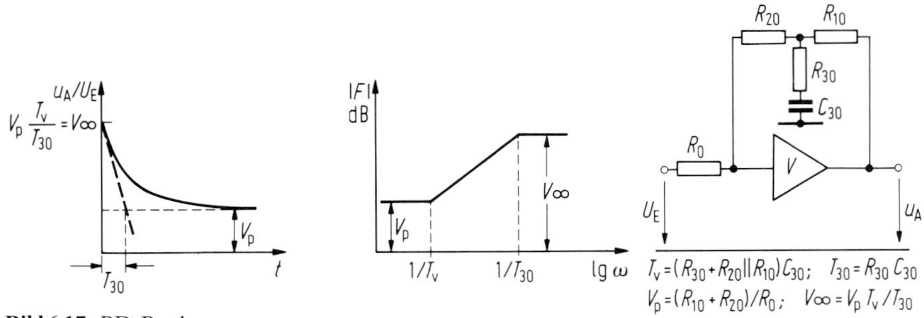

Bild 6.17. PD-Regler

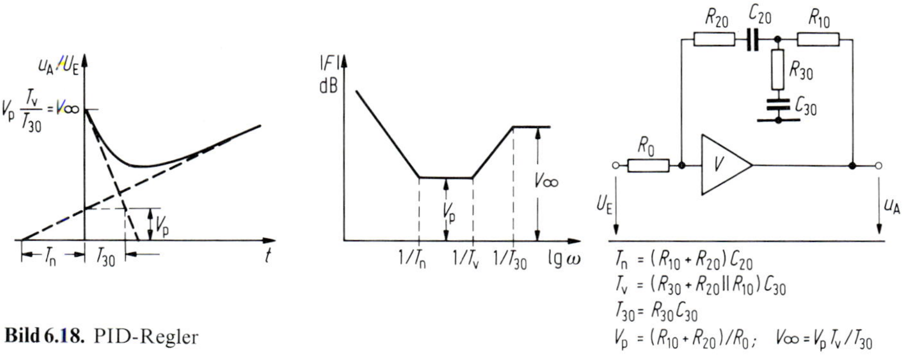

Bild 6.18. PID-Regler

Für den PID-Regler nach Bild 6.18 gilt:

t-Bereich:

$$u_A(t) = V_p \left(U_E + \frac{1}{T_n} \int_0^t U_E \, dt + T_v \frac{dU_E}{dt} \right) \tag{6.14}$$

$\underline{s}$-Bereich:

$$F(\underline{s}) = V_p \left(1 + \frac{1}{\underline{s} T_n} + \underline{s} T_v \right) \tag{6.15}$$

Zur Darstellung des Frequenzgangs formt man Gl. (6.15) um:

$$F(\underline{s}) = \frac{V_p}{\underline{s} T_n} (1 + \underline{s} T_n + \underline{s}^2 T_v T_n) = \frac{V_p}{\underline{s} T_n} (1 + \underline{s} T_a)(1 + \underline{s} T_b) \tag{6.16a}$$

Es gilt:

$$T_v = \frac{T_a T_b}{T_a + T_b} \quad \text{und} \quad T_n = T_a + T_b$$

Für $T_a \gg T_b$ wird $T_v \approx T_b$ und $T_n \approx T_a$. Aus Gl. (6.16a) wird dann:

$$F(\underline{s}) \approx \frac{V_p}{\underline{s} T_n} (1 + \underline{s} T_n)(1 + \underline{s} T_v) \tag{6.16b}$$

Für $\omega = 0$ und $\omega \to \infty$ ergibt sich mit Gl. (6.16b) eine unendliche Verstärkung. Unter Berücksichtigung der zusätzlichen Knickstelle bei $\omega = 1/T_{30}$ findet man den Frequenzgang eines realen PID-Reglers.

t-Bereich:

$$\frac{u_A(t)}{U_E} = V_p \left\{ 1 + \frac{T_v - T_{30}}{T_n} + \frac{t}{T_n} - e^{-t/T_{30}} \left(1 + \frac{T_v - T_{30}}{T_n} - \frac{T_v}{T_{30}} \right) \right\} \tag{6.17}$$

$\underline{s}$-Bereich:

$$F(\underline{s}) = V_p \frac{(1 + \underline{s} T_n)(1 + \underline{s} T_v)}{\underline{s} T_n (1 + \underline{s} T_{30})} \tag{6.18}$$

Es gilt für:

$t = 0$

$$\frac{u_A(t)}{U_E} = V_\infty = V_p \frac{T_v}{T_{30}}$$

$t \to \infty$

$$\frac{u_A(t)}{U_E} \to \infty$$

$\omega \to \infty$

$$F(\underline{s}) = V_\infty = V_p \frac{T_v}{T_{30}}$$

$\omega = 0$

$$F(\underline{s}) \to \infty$$

Bei den übrigen Reglerarten nach Bild 6.14 bis 6.17 fallen entsprechende Glieder weg. Damit gilt für den PI-Regler:

$$V_p + \frac{t}{T_1} = V_p\left(1 + \frac{t}{t_n}\right) \circ\!\!-\!\!\bullet\; V_p + \frac{1}{\underline{s}\,T_1} = V_p\left(1 + \frac{1}{\underline{s}\,T_n}\right) \tag{6.19}$$

$T_n = V_p\,T_1$ Nachstellzeit

Für den PD-Regler mit zusätzlichem Verzögerungsglied gilt:

$$V_p\left(1 + \frac{T_v - T_{30}}{T_{30}}\,e^{-t/T_{30}}\right) \circ\!\!-\!\!\bullet\; V_p\,\frac{1 + \underline{s}\,T_v}{1 + \underline{s}\,T_{30}} \tag{6.20}$$

T_v Vorhaltzeit.

Beim PID-Regler bleibt wie beim PI-Regler keine Regelabweichung bestehen. Durch den D-Anteil wird die Regelgeschwindigkeit erhöht. Er vereinigt die Vorteile des PI- und des PD-Reglers.

Regelkreis

Um durch den Einsatz eines der besprochenen Regler die Abweichungen der Regelgröße X vom Sollwert W aufzuheben ($x_w \to 0$) wird der Regelkreis nach Bild 6.19 (grundsätzlicher Aufbau für die Spannungsregelung eines Generators) im Sinne einer Gegenkopplung (Tabelle 6.1) geschlossen ($x_w = \Delta W - \Delta X_1$).

Ausgehend vom Frequenzgang $G(\omega)$, der die Frequenzgänge des Reglers F_R und der Regelstrecke F_S zusammengefaßt, und dem Frequenzgang der Rückführung $H(\omega)$ berechnet man den Führungsfrequenzgang F_W bei einer Änderung der Führungsgröße wie folgt:

$$\Delta X = x_w\,G(\omega) \tag{6.21}$$

$$\Delta X_1 = \Delta X\,H(\omega) \tag{6.22}$$

Für die Regelabweichung gilt nach Bild 6.19

$$x_w = \Delta W - \Delta X_1 = \Delta W - \Delta X\,H(\omega) \tag{6.23}$$

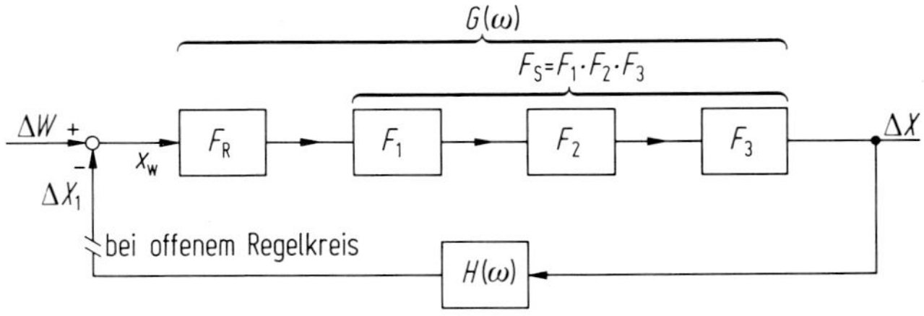

Bild 6.19. Regelkreis in Gegenkopplung.

F_R Regler, F_S Regelstrecke } Frequenzgänge

und damit nach Einsetzen von x_w in Gl. (6.21) für den Führungsfrequenzgang:

$$F_W = \frac{\Delta X}{\Delta W} = \frac{G(\omega)}{1+G(\omega)\,H(\omega)} = \frac{1}{H(\omega)}\,\frac{G(\omega)\,H(\omega)}{1+G(\omega)\,H(\omega)} \tag{6.24}$$

$G(\omega)\,H(\omega)$ ist der Frequenzgang des offenen Regelkreises F_0 (Schnittstelle in Bild 6.19). Für $H(\omega)=1$ wird

$$F_W = \frac{G(\omega)}{1+G(\omega)} = \frac{F_0}{1+F_0} \tag{6.25}$$

Nach Bild 6.19 ist $F_0 = F_R \cdot F_S = F_R \cdot F_1 \cdot F_2 \cdot F_3$ (Tabelle 6.1), wenn F_S aus der Serienschaltung von F_1, F_2 und F_3 besteht.

Nimmt man an, daß F_S mehrere Zeitglieder enthält, so verursacht jedes Zeitglied eine Verzögerung entsprechend $\varphi = -90°$ bei großen Werten ω (Bild 6.7). Bei zwei Zeitgliedern wird $\varphi_{max} = -180°$ erreicht. Die Gegenkopplung wird dann zur Mitkopplung. Ist $|F_0| > 1$ bei $\varphi = -180°$, so werden Schwingungen angefacht. Der Regelkreis ist instabil. Aus dem Frequenzgang des offenen Regelkreises kann daher die Stabilität des geschlossenen Kreises beurteilt werden.

Zur Beurteilung verwendet man das Nyquist-Kriterium [6.14, 6.21]. Dazu wird der Frequenzgang $F_0 = F_R \cdot F_S$ nach Amplitude $20\lg|F_0| = 20\lg|F_R| + 20\lg|F_S|$ und Phase $\varphi_0 = \varphi_R + \varphi_S$ im Bode-Diagramm nach Bild 6.20 beurteilt. Der Regelvorgang im offenen und geschlossenen Regelkreis ist dann stabil, wenn beim

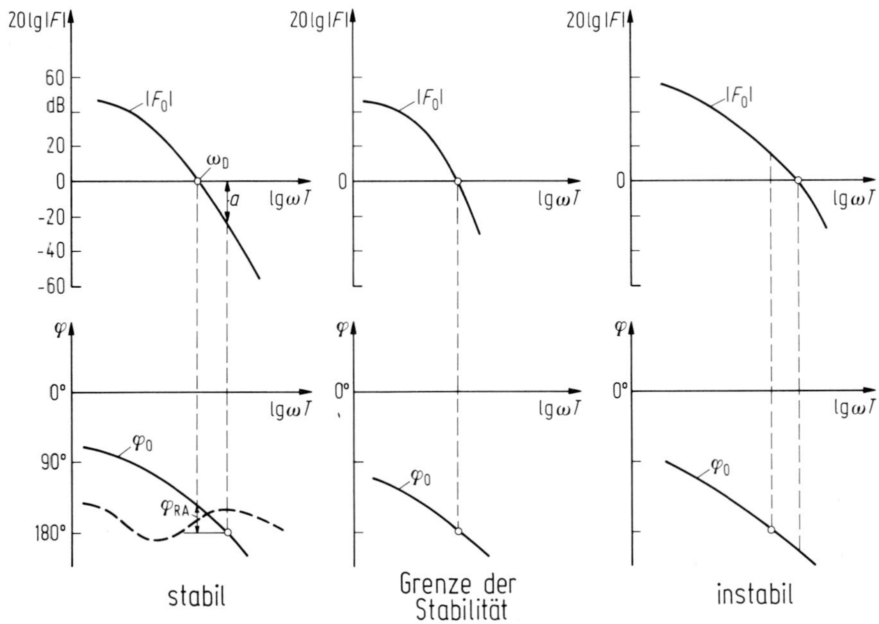

Bild 6.20. Beurteilung der Stabilität im Bode-Diagramm.
φ_{RA} Phasenrand

Erreichen der Amplitude $|F_0|=1$ (0 dB im Bode-Diagramm), wobei die Durchtrittsfrequenz ω_D ist, eine Phasenverschiebung von $-180°$ nicht überschritten wird. Ist bei $\varphi_0=-180°$ die Amplitude $|F_0|<1$ (<0 dB), so ist der Regelkreis stabil, während bei $|F_0|>1$ (>0 dB) Instabilität auftritt.

Um in der Praxis genügend Sicherheit zu erreichen, versucht man Regelkreise so auszulegen, daß bei $|F_0|=1$ (0 dB) eine Phasenverschiebung von $\varphi_0=-120°$ nicht überschritten wird (Phasenrand $\varphi_{RA}\geqq 60°$). Der Amplitudenabstand bei $\varphi_0=-180°$ soll mindestens -10 dB ($a>-10$ dB) betragen.

Günstige Verhältnisse für eine stabile Regelung ergeben sich, wenn der Amplitudengang $|F_0|$ des offenen Regelkreises über einen großen Frequenzbereich mit 20 dB/Dekade abfällt und hinter der Durchtrittsfrequenz $\omega_D=1/T_D$ in einem gewissen Abstand bei der Eckfrequenz $\omega=1/T$ auf 40 dB/Dekade abfällt (s. Bild 6.24 und 6.26). Ein solcher Frequenzgang ist gegeben durch:

$$F_0=\frac{1}{\underline{s}\,T_D(1+\underline{s}\,T)}; \qquad \tan\varphi_0=\frac{1}{\omega T} \tag{6.26}$$

Diesen Ausdruck in die Formel für den Führungsfrequenzgang F_W eingesetzt, ergibt:

$$F_W=\frac{1}{1+\dfrac{1}{F_0}}=\frac{1}{1+\underline{s}\,T_D+\underline{s}^2\,T_D\,T}=\frac{1}{1+\mathrm{j}\omega\,T_D-\omega^2\,T_D\,T} \tag{6.27}$$

Ein Vergleich mit Gl. (6.8a) und den dort eingeführten Hilfsgrößen zeigt mit $\omega_e\sqrt{1-D^2}\,t_m=\pi$:

$$\omega_e=\frac{1}{\sqrt{T\,T_D}}; \qquad D=\frac{1}{2}\sqrt{\frac{T_D}{T}}; \qquad t_m=\frac{\pi\sqrt{T\,T_D}}{\sqrt{1-\dfrac{T_D}{4T}}} \tag{6.28}$$

t_m ist ein Maß für die Ausregelzeit nach einer sprunghaften Änderung der Eingangsgröße. Um kleine Ausregelzeiten zu erreichen, ist daher ein Regler zu verwenden, der eine möglichst große Durchtrittsfrequenz $\omega_D=1/T_D$ ergibt.

Auf dieser Grundlage ergibt sich ein einfaches Verfahren für die Bestimmung der optimalen Durchtrittsfrequenz. Wird nur ein geringes Überschwingen gewünscht, so ist $D=1/\sqrt{2}$ zu wählen. Damit wird:

$$\frac{T}{T_D}=\frac{\omega_D}{\omega}=\frac{1}{2} \quad \text{und} \quad t_m=\pi\,T_D=\frac{\pi}{\omega_D} \tag{6.29}$$

Die Phasenverschiebung des offenen Regelkreises φ_0 beträgt dann ungefähr $-120°$ bei $\omega=\omega_D$.

Das stationäre Verhalten des Regelkreises ergibt sich, indem man die zeitliche Abhängigkeit wegläßt ($t\to\infty$). Man enthält dann entsprechend Bild 6.21:

$$\Delta X=V_S(\Delta Y+\Delta Z) \tag{6.30}$$

$$\Delta Y=-V_R(\Delta X-\Delta W) \tag{6.31}$$

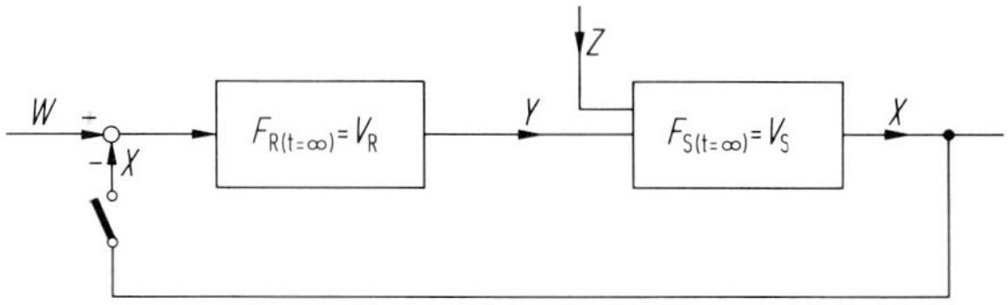

Bild 6.21. Stationäres Verhalten des Regelkreises ($t \to \infty$).

wobei V_R entweder V_P (P- und PD-Regler) oder V_0 (PI- und PID-Regler) entspricht. Schließt man den Regelkreis und eliminiert dann ΔY, so findet man:

$$\Delta X = \frac{V_R V_S}{1+V_R V_S} \Delta W + \frac{V_S}{1+V_R V_S} \Delta Z \tag{6.32}$$

Ist $\Delta Z = 0$ und ändert sich allein die Führungsgröße W, so ergibt sich das „Führungsverhalten" des Regelkreises:

$$\Delta X = \frac{V_R V_S}{1+V_R V_S} \Delta W \tag{6.33}$$

Ändert sich nur die Störungsgröße Z bei festem Wert $W = X_K$ (Sollwert), so ergibt sich das „Störverhalten" des Regelkreises:

$$\Delta X = \frac{V_S}{1+V_R V_S} \Delta Z = V_S R \Delta Z \tag{6.34}$$

Die ohne Regler bewirkte Änderung von X wäre:

$$\Delta X = V_S \Delta Z \tag{6.35}$$

Der Regelfaktor $R = 1/(1+V_R V_S)$ bestimmt somit die Verringerung der Änderung der Regelgröße X durch den Regler. Dabei ist $V_R V_S$ die Verstärkung des offenen Regelkreises.

Um eine geringe bleibende Regelabweichung zu erhalten, sollte die Kreisverstärkung $V_R V_S$ möglichst groß sein, so daß der Regelfaktor R entsprechend klein wird, wobei der Regelkreis nicht instabil werden darf (Bild 6.20).

6.2.3 Spannungsregelung eines Turbogenerators (Beispiel)

Ausgehend von den Überlegungen der Abschnitte 6.2.1 und 6.2.2 wird als Beispiel der Spannungsregelkreis eines Turbogenerators 600 MVA mit einer Erregungseinrichtung nach Bild 6.2 (Dioden-Erregung) untersucht. Dabei werden die in Tabelle 6.2 angegebenen technischen Daten zugrunde gelegt. Die Überlegungen werden für den Leerlaufzustand des Generators durchgeführt, wobei das Verhalten des Generators durch T'_{d0} und die Steigung der Magnetisierungskennlinie bei U_{f0} gekennzeichnet werden kann.

Tabelle 6.2. Daten für den Spannungsregelkreis eines 600-MVA-Generators

---

Generator: $S_n = 600$ MVA; $U_n = 20$ kV; $\cos\varphi_n = 0{,}8$; 3000 min^{-1}; $f_n = 50$ Hz. $T'_{d0} = 5{,}6$ s; $U_{f0} = 200$ V; $U_{fn} = 600$ V; $U_{f\,max} = 1000$ V.

Drehstromerregermaschine: $U_{f0E} = 20$ V bei U_{f0}; $U_{fnE} = 60$ V bei U_{fn}; $U_{f\,maxE} = 100$ V bei $U_{f\,max}$; Erregerzeitkonstante $T_E = 0{,}835$ s als Lastzeitkonstante T'_{dB}[a], der mit der Feldwicklung des Generators belasteten Erregermaschine.

Thyristorstellglied: (4 in Bild 6.2) in Drehstrombrückenschaltung angesteuert über einen Gittersteuersatz: Eingangsspannung $U_R = \pm 10$ V; Ausgangsspannung $U_T = \pm 100$ V entsprechend $U_{f\,maxE}$. Verstellzeit $t_V = 0{,}0033$ s.

Regler: Der Regler ist ein Gleichstromverstärker mit hoher Verstärkung und Beschaltungsmöglichkeiten zum Erreichen von PI- oder PID-Verhalten.

---

[a] Für die Lastzeitkonstante einer Synchronmaschine im Inselbetrieb bei Belastung mit $\underline{Z}_B = R_B + \mathrm{j}\,X_B$ gilt (s. auch Gl. (18.10)):

$$T'_{dB} = T'_{d0}\,\frac{R_B^2 + (X_q + X_B)(X'_d + X_B)}{R_B^2 + (X_q + X_B)(X_d + X_B)} \quad \text{und bei } X_B = 0; \quad T'_{dB(X_B=0)} = T'_{d0}\,\frac{R_B^2 + X_q X'_d}{R_B^2 + X_q X_d}\,.$$

Regelkreis und Frequenzgänge

Bild 6.22 zeigt das Blockschaltbild des Spannungskreises.

Der Regelkreis in Bild 6.22 besteht aus mehreren Gliedern mit z.T. nichtlinearen Kennlinien (magnetische Sättigung des Generators, der Drehstromerregermaschine und des Spannungsumformers und Begrenzung der Stellbereiche des Reglers und Thyristorstellgliedes). Um trotzdem für die Untersuchung das Bode-Diagramm anwenden zu können, werden nur so kleine Abweichungen vom Arbeitspunkt betrachtet, daß die Kennlinien linearisiert werden können, und daß kein Glied an seine Stellgrenze kommt. Die Frequenzgänge der Regelstrecke lassen sich wie folgt angeben:

F_G: Frequenzgang des leerlaufenden Generators.

Der Frequenzgang wird in diesem Betriebszustand im wesentlichen durch die Leerlaufzeitkonstante T'_{d0} bestimmt (Verzögerungsglied 1. Ordnung).

$$F_G = V_G\,\frac{1}{1 + \underline{s}\,T'_{d0}} = \frac{\Delta U_G}{\Delta U_f}\,\frac{1}{1 + \underline{s}\,T'_{d0}} \tag{6.36a}$$

Für $\Delta U_G/\Delta U_f$ ist die Steilheit der Leerlaufkennlinie bei U_{nG} (Tangente) nach Bild 6.23 einzusetzen.

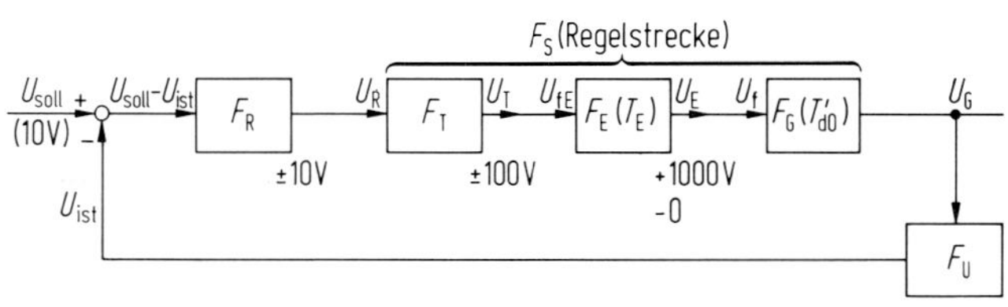

Bild 6.22. Spannungsregelkreis für Generator mit Dioden-Erregung.

F Frequenzgänge des Generators (F_G), der Drehstromerregermaschine (F_E), des Thyristorstellgliedes (F_T), des Reglers (F_R) und des Meßwertumformers (F_U)

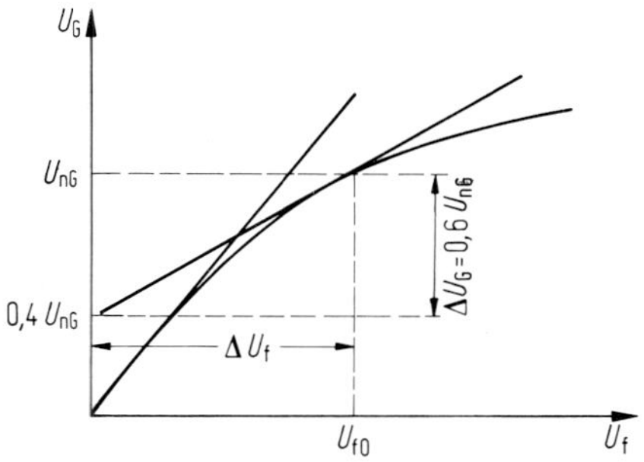

Bild 6.23. Leerlaufkennlinie des 600-MVA-Generators.

$$\frac{\Delta U_G}{\Delta U_f} = \frac{0{,}6 \cdot 20000\,\text{V}}{200\,\text{V}} = 60$$

Mit $\Delta U_G/\Delta U_f$ nach Bild 6.23 ergibt sich ausgehend von Gl. (6.36a):

$$F_G = V_G \frac{1}{1 + \underline{s}\,T'_{d0}} = 60 \frac{1}{1 + \underline{s}\,5{,}6\,\text{s}} \tag{6.36b}$$

F_E: Frequenzgang der Drehstromerregermaschine.

Der Frequenzgang der Erregermaschine wird durch ein Verzögerungsglied 1. Ordnung mit der Erregerzeitkonstante T_E (Ersatzzeitkonstante) nachgebildet.

$$F_E = V_E \frac{1}{1 + \underline{s}\,T_E} = \frac{\Delta U_E}{\Delta U_T} \cdot \frac{1}{1 + \underline{s}\,T_E} = \frac{U_{f0}}{U_{f0E}} \frac{1}{1 + \underline{s}\,T_E} = 10 \frac{1}{1 + \underline{s}\,0{,}835\,\text{s}} \tag{6.37}$$

F_T: Frequenzgang des Thyristorstellgliedes.

Das Thyristorstellglied hat eine sehr kleine Verstellzeit (0,0033 s), die gegenüber den anderen Zeitkonstanten des Regelkreises vernachlässigt werden kann. Damit ergibt sich:

$$F_T = \frac{\Delta U_T}{\Delta U_R} = \frac{U_{T\,max}}{U_{R\,max}} = V_T = \frac{100\,\text{V}}{10\,\text{V}} = 10 \tag{6.38}$$

Für $U_{T\,max} = +100$ V und $U_{R\,max} = 10$ V wird der Verstärkungsfaktor $V_T = 10$.

F_U: Frequenzgang des Meßwertumformers.

Der Meßwertumformer liefert eine der Generatorklemmenspannung proportionale Gleichspannung (Mittelwert der verketteten Spannungen) bei dreiphasigem Anschluß, die als Istwert dem Soll-Istvergleich und damit dem Regler zugeführt wird. Das eingebaute Glättungsfilter mit einer Zeitkonstante von etwa 0,01 s kann gegenüber den Maschinenzeitkonstanten T'_{d0} und T_E vernachlässigt werden. Erfolgt der Soll-Istwert-Vergleich auf 10-Volt-Basis, dann wird:

$$F_U = \frac{\Delta U_{ist}}{\Delta U_G} = V_U = \frac{10\,\text{V}}{20000\,\text{V}} = \frac{1}{2000} \tag{6.39}$$

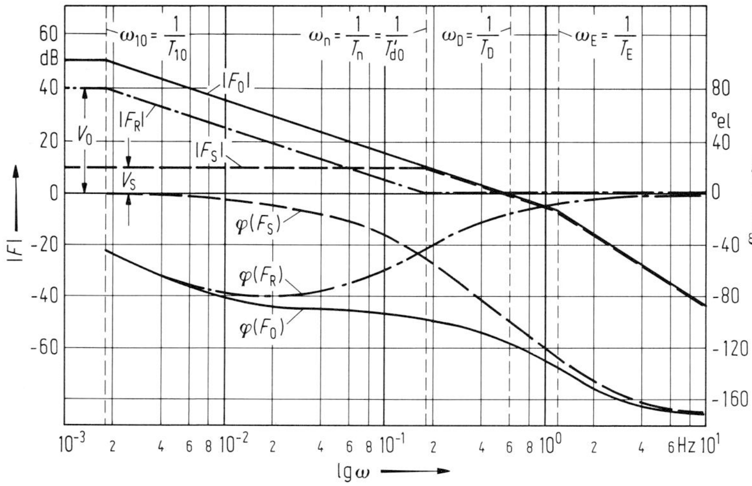

Bild 6.24. Bode-Diagramm des Regelkreises mit PI-Regler (Beispiel Abschnitt 6.2.3)

Mit den vorstehenden Einzelfrequenzgängen der Regelstrecke ergibt sich (Tabelle 6.1):

$$F_S = F_G \cdot F_E \cdot F_T \cdot F_U = V_G \cdot V_E \cdot V_T \cdot V_U \cdot \frac{1}{1 + \underline{s}\,T'_{d0}} \cdot \frac{1}{1 + \underline{s}\,T_E} \tag{6.40a}$$

Zusammengefaßt erhält man mit $V_S = V_G \cdot V_E \cdot V_T \cdot V_U = 60 \cdot 10 \cdot 10 \cdot (1/2000) = 3$:

$$F_S = \frac{V_S}{(1 + \underline{s}\,T'_{d0})(1 + \underline{s}\,T_E)} = \frac{3}{(1 + \underline{s}\,5{,}6\ \mathrm{s})(1 + \underline{s}\,0{,}83\ \mathrm{s})} \tag{6.40b}$$

In Bild 6.24 ist der Amplitudengang $|F_S|$ und der Phasengang $\varphi(F_S)$ im Bode-Diagramm dargestellt. Der Amplitudengang verläuft mit konstanter Verstärkung $V_S = 3$(9,5 dB) bis zur Frequenz $\omega_G = 1/T'_{d0} = 0{,}18$ Hz. Von dort fällt er mit 20 dB/Dekade bis zur Frequenz $\omega_E = 1/T_E \approx 1{,}2$ Hz und dann mit 40 dB/Dekade weiter ab. Der zugehörige Phasengang $\varphi(F_S)$ in Bild 6.24 wurde mit dem Phasenlineal (Bild 6.7) gezeichnet.

Anpassung des Reglers an die Regelstrecke

Der Frequenzgang des Reglers F_R soll an die Regelstrecke so angepaßt werden, daß sich günstige Verhältnisse für die Schnelligkeit und die Genauigkeit der Regelung ergeben. Maßgebend dafür sind die Zeit $t_m = \pi/\omega_D$ (Gl. (6.29)), mit ω_D als Durchtrittsfrequenz des geschlossenen Regelkreises nach einer sprunghaften Sollwertänderung und der Regelfaktor $R = 1/(1 + V_R V_S)$ (Gl. (6.34)). Beide sollen möglichst klein sein, was durch einen großen Wert ω_D des offenen Regelkreises $|F_0| = |F_S| \cdot |F_R|$ bzw. durch eine hohe Verstärkung $V_R V_S$ erreicht wird.

Nach Abschnitt 6.2.2 soll für einen stabilen Regelkreis die Phasenverschiebung des offenen Regelkreises bei der Durchtrittsfrequenz etwa $-120°$ nicht überschreiten, oder, was dasselbe bedeutet, der Amplitudengang F_0 soll zwischen ± 6 dB mit einer Neigung von 20 dB/Dekade verlaufen.

Nach Bild 6.24 genügt der Frequenzgang F_S gerade dieser Bedingung für ausreichende Dämpfung (Phasenrand $\varphi_{RA}=60°$). Der Einsatz eines reinen P-Reglers kommt nicht in Frage, da er weder die Regelgenauigkeit noch die Ausregelzeit verbessern könnte. Untersucht werden soll deshalb der Einsatz eines PI- und eines PID-Reglers:

PI-Regler

Der Frequenzgang F_R des PI-Reglers ist in Bild 6.24 eingetragen. Gegenüber dem in Bild 6.16 gezeigten Frequenzgang weist er eine zweite Knickstelle bei $\omega_{10}=1/T_{10}$ auf, wodurch der Regler eine begrenzte statische Verstärkung V_0 erhält. Wie aus Bild 6.25 ersichtlich, wird dies durch eine zusätzliche frequenzunabhängige Rückkopplung (Widerstand R_{21}) des Verstärkers erreicht, der bei der Frequenz $\omega=0$ in einen P-Regler (Bild 6.14) übergeht. Damit wird die statische Verstärkung des Reglers eindeutig definiert und die bei kleinen Frequenzen extrem hohe Empfindlichkeit der Regelung, die praktisch nicht notwendig ist, verringert. Die Nachstellzeit T_n (Bild 6.16) wurde gleich T'_{d0} gewählt, weil damit bei der Überlagerung von $|F_S|$ und $|F_R|$ im Bode-Diagramm der Knick im Amplitudengang $|F_S|$ aufgehoben wird.

Für V_P ergibt sich 1 entsprechend 0db im Bild 6.24, um den Phasenrand bei der Durchtrittsfrequenz von $|F_0|$ mit etwa 60° einzuhalten. Die statische Verstärkung wurde zu $V_0=100$, entsprechend 40 dB, festgelegt. Damit ist die Knickstelle bei $\omega_{10}=1/T_{10}=V_p/(V_0 T_n)$ im Bode-Diagramm bestimmt. Der Reglerfrequenzgang lautet dann:

$$F_R = V_0 \frac{1+\underline{s}T_n}{1+\underline{s}T_{10}} = 100 \frac{1+\underline{s}\,5{,}6\,\mathrm{s}}{1+\underline{s}\,560\,\mathrm{s}} \tag{6.41}$$

Zur Herstellung dieses PI-Reglers wird ein idealer Verstärker ($R_E \to \infty$, $R_A \to 0$ und der Verstärkung $V \to \infty$) wie in Bild 6.25 beschaltet. Dabei gilt:

$$V_0 = \frac{R_{21}}{R_0} = 100; \qquad V_p = \frac{\dfrac{R_{20}\cdot R_{21}}{R_{20}+R_{21}}}{R_0} = 1$$

$$T_n = R_{20}\,C_{20} = 5{,}6\,\mathrm{s}; \qquad T_{10} = (R_{21}+R_{20})\,C_{20} = 560\,\mathrm{s}$$

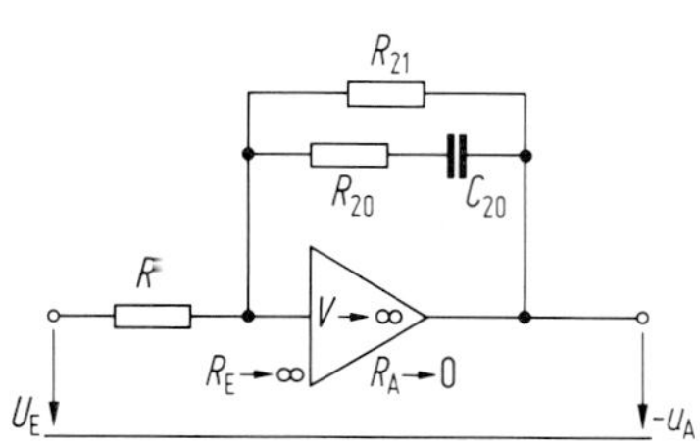

Bild 6.25 PI-Beschaltung eines idealen Verstärkers

Wählt man $R_0=22\,\text{k}\Omega$, erhält man $R_{21}=2{,}2\,\text{M}\Omega$, $C_{20}=255\,\mu\text{F}$ und $R_{20}=22\,\text{k}\Omega$. Der zeitliche Verlauf von $u_A(t)$ bei einem Eingangssprung U_E ergibt sich zu:

$$\frac{u_A(t)}{U_E}=V_0\left(1-\frac{T_{10}-T_n}{T_{10}}\,e^{-t/T_{10}}\right)=100\,(1-0{,}99\,e^{-t/560\,\text{s}})$$

Die Ausgangsspannung folgt dieser Funktion so lange, wie U_E so klein ist, daß die Signalbegrenzung erst bei $t\to\infty$ erreicht wird. Es gilt dann für $t=0$: $u_A(t)/U_E=1$ und für $t\to\infty$: $u_A(t)/U_E=100$. Der Übergang erfolgt nach einer e-Funktion mit $T_{10}=560$ s. Trotzdem ergibt sich bei kleinen Sollwertstößen im geschlossenen Regelkreis eine Zeit $t_m=\pi/\omega_D=\pi/0{,}6\,\text{Hz}=5{,}2$ s (Gl. (6.29) und Bild 6.10), da der Reglerausgang sich nur wenig ändern muß, um den Sollwertsprung auszuregeln. Für den Regelfaktor gilt

$$R=\frac{1}{1+V_R V_S}=\frac{1}{1+V_0 V_S}=\frac{1}{301}$$

PID-Regler

Das Bode-Diagramm des Regelkreises mit PID-Regler ist in Bild 6.26 aufgezeichnet. Die Anpassung erfolgt so, daß man T_n gleich T'_{d0} und $T_v=T_E$ wählt. Dadurch werden die Knickstellen von $|F_S|$ aufgehoben. Die Einhaltung des Phasenrandes $\varphi_{RA}=60°$ bestimmt die Proportionalverstärkung V_p des Reglers. Durch eine zusätzliche frequenzunabhängige Rückkopplung des PID-Reglers wird dessen statische Verstärkung V_0 bei $\omega=0$ und $t\to\infty$ begrenzt. Der Amplitudengang des Reglers $|F_R|$ verläuft bis $\omega_{10}=1/T_{10}$ konstant. Wählt man $T_{10}/T_n=T_v/T_{30}$, so wird $V_0=V_\infty$ (symmetrischer Amplitudengang, auch „Badewannen-Filter" genannt). Der Frequenzgang des PID-Reglers lautet dann:

$$F_R=V_0\frac{(1+\underline{s}\,T_n)(1+\underline{s}\,T_v)}{(1+\underline{s}\,T_{10})(1+\underline{s}\,T_{30})}=100\,\frac{(1+\underline{s}\,5{,}6\,\text{s})(1+\underline{s}\cdot 0{,}83\,\text{s})}{(1+\underline{s}\,56\,\text{s})(1+\underline{s}\,0{,}083\,\text{s})} \tag{6.42}$$

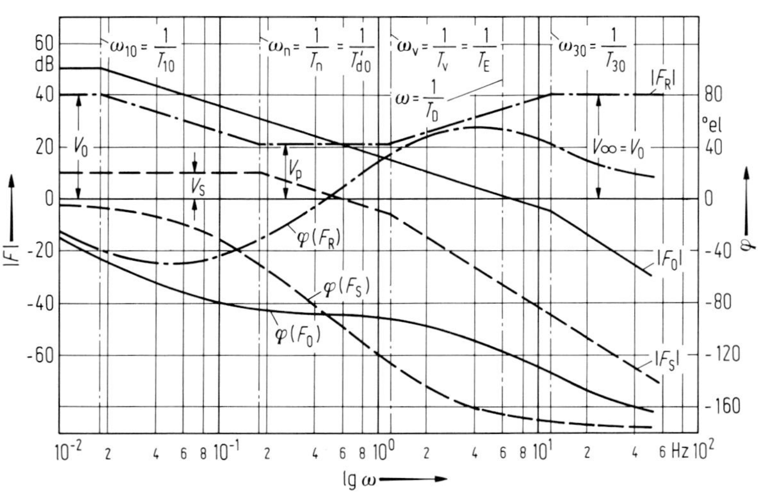

Bild 6.26. Bode-Diagramm des Regelkreises mit PID-Regler (Beispiel Abschnitt 6.2.3)

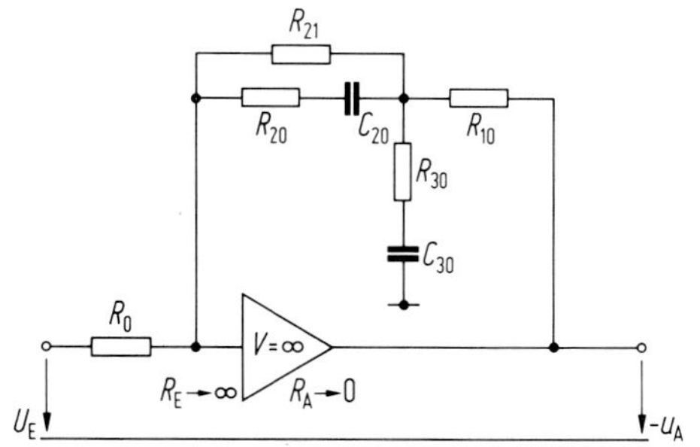

Bild 6.27. PID-Beschaltung eines idealen Verstärkers

Bild 6.27 zeigt die Beschaltung eines idealen Verstärkers zur Herstellung eines PID-Reglers.

Für die Beschaltung des Verstärkers nach Bild 6.27 ergibt sich der Reglerfrequenzgang zu:

$$F_R = \frac{R_{10}+R_{21}}{R_0} \left\{ \frac{1+\underline{s}\left[\left(R_{20}+\frac{R_{10}\cdot R_{21}}{R_{10}+R_{21}}\right)C_{20}+\left(R_{30}+\frac{R_{10}\cdot R_{21}}{R_{10}+R_{21}}\right)C_{30}\right]}{[1+\underline{s}(R_{20}+R_{21})\,C_{20}]\cdot[1+\underline{s}\,R_{30}\,C_{30}]} \right.$$
$$\left. + \frac{\underline{s}^2\left[R_{20}R_{30}+(R_{20}+R_{30})\frac{R_{10}\cdot R_{21}}{R_{10}+R_{21}}\right]C_{20}\,C_{30}}{[1+\underline{s}(R_{20}+R_{21})\,C_{20}]\cdot[1+\underline{s}R_{30}\,C_{30}]} \right\} \tag{6.43}$$

Vergleicht man die rechten Seiten der beiden Gln. (6.42) und (6.43), so wird:

$$V_0 = \frac{R_{10}+R_{21}}{R_0} = 100; \qquad V_\infty = \frac{R_{10}+\frac{R_{20}\cdot R_{21}}{R_{20}+R_{21}}\left(1+\frac{R_{10}}{R_{30}}\right)}{R_0} = 100;$$

$$T_n = \left(R_{20}+\frac{R_{10}\cdot R_{21}}{R_{10}+R_{21}}\right)C_{20} = 5{,}6\,\mathrm{s};$$

$$T_v = \left(R_{30}+\frac{R_{10}R_{20}R_{21}}{R_{10}R_{20}+R_{10}R_{21}+R_{20}R_{21}}\right)C_{30} = 0{,}83\,\mathrm{s}$$

$$T_{10} = (R_{20}+R_{21})\,C_{20} = 56\,\mathrm{s}; \qquad T_{30} = R_{30}\,C_{30} = 0{,}083\,\mathrm{s}$$

Wählt man $R_0 = R_{10} = 22\,\mathrm{k\Omega}$, so erhält man $R_{20} = 220\,\mathrm{k\Omega}$, $R_{21} = 2{,}2\,M\Omega$, $R_{30} = 2{,}2\,\mathrm{k\Omega}$, $C_{20} = 23{,}2\,\mu\mathrm{F}$ und $C_{30} = 37{,}7\,\mu\mathrm{F}$.

Der zeitliche Verlauf $u_A(t)/U_E$ ergibt sich durch Rücktransformation der Gl. (6.42) in den t-Bereich:

$$\frac{u_A(t)}{U_E} = V_0\left[1+\frac{(T_{10}-T_v)(T_n-T_{10})}{T_{10}(T_{10}-T_{30})}\,\mathrm{e}^{-t/T_{10}}+\frac{(T_v-T_{30})(T_n-T_{30})}{T_{30}(T_{10}-T_{30})}\,\mathrm{e}^{-t/T_{30}}\right] \tag{6.44}$$

Durch Einsetzen von T_n, T_v, T_{10} und T_{30} ergibt sich daraus für dieses Beispiel:

$$\frac{u_A(t)}{U_E} = 100[1 - 0{,}89\,e^{-t/56\,s} + 0{,}89\,e^{-t0{,}083\,s}]$$

Für $t=0$ und $t \to \infty$ wird $u_A(t)/U_E = 100$.

Wählt man den Eingangssprung so klein, daß die Signalbegrenzung des Verstärkers gerade erreicht wird ($U_E = 0{,}1$ V bei $U_{R\,max} = 10$ V), so entspricht der Verlauf von $u_A(t)$ obiger Gleichung. Bei größeren Eingangssprüngen werden die sich daraus ergebenden Endwerte der Ausgangsspannung durch die maximale Verstärkerausgangsspannung begrenzt.

Mit $\omega_D = 6$ Hz nach Bild 6.26 ergibt sich hier $t_m = \pi/\omega_D = 0{,}52$ s und der Regelfaktor

$$R = \frac{1}{1 + V_R V_S} = \frac{1}{1 + V_0 V_S} = \frac{1}{301}$$

Gegenüber dem PI-Regler ist t_m hier um den Faktor 10 kleiner. Die Regelung also um den Faktor 10 schneller.

In diesem Beispiel wurde der Regelkreis bei Generatorleerlauf betrachtet. Bei Belastung des Generators läßt sich der Frequenzgang nicht mehr so vereinfacht darstellen. Es hat sich jedoch in der Praxis gezeigt, daß ein bei Leerlauf stabilisierter Spannungsregelkreis meist auch bei Belastung stabil ist. Die Ermittlung der Ausregelzeit bei Laststößen erfolgt über den Störfrequenzgang, solange die für die Anwendung des Bode-Diagramm gemachten Voraussetzungen gelten (Linearisierung der Kennlinien, keine Signalbegrenzungen). Da jedoch das Verhalten bei großen Änderungen, z.B. Vollastabschaltung, interessiert und damit die stetigen und unstetigen Nichtlinearitäten der einzelnen Glieder des Regelkreises voll zur Wirkung kommen, wird man diese Untersuchungen mit einem entsprechenden Digitalprogramm (Stabilitätsprogramm) durchführen, bei dem diese Kennlinien und die Begrenzungen berücksichtigt werden (Kapitel 18).

6.3 Maschinenregelung in Kraftwerken

6.3.1 Turbinenregelung, Primärregelung

Um eine definierte Leistungsabgabe der Turbinen zu erreichen, muß die Turbinenregelung (Primärregelung) eine bleibende Proportionalabweichung, auch Statik genannt, haben. Die Regelung muß daher folgendem Gesetz entsprechen:

$$\frac{\Delta P}{\Delta f} = -\frac{1}{\delta} = -K_T \tag{6.45}$$

Die Neigung oder Kennlinie (fallende Frequenz mit steigender Leistung) ist durch die Statik δ gegeben. Als reziproker Wert von δ wird die Leistungszahl K_T, als Leistungszahl einer Turbine, eingeführt. Bezieht man Δf auf die Nennfrequenz des Netzes f_n in Hz und ΔP auf die Nennleistung der Turbine P_n, so

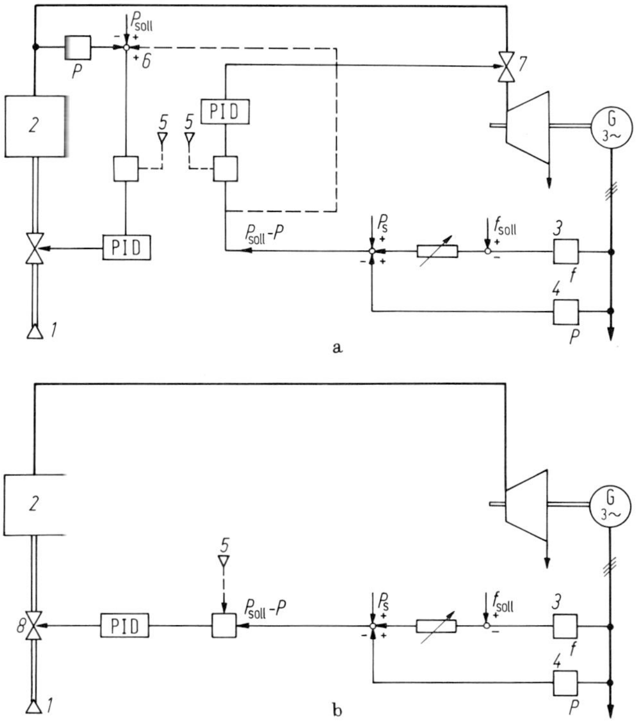

Bild 6.28. Wirkleistungsregelung thermischer Blockkraftwerke (Prinzip) mit Frequenzaufschaltung. (**a**) Festdruckbetrieb; (**b**) reiner Gleitdruckbetrieb.

1 Brennstoffzufuhr; *2* Kessel; *3* Frequenzistwert; *4* Leistungsistwert; *5* Aufschaltung von Kriterien zur Begrenzung der Änderungsgeschwindigkeit; *6* u.U. Aufschaltung eines Vorhaltsignals; *7* Düsenventil; *8* Brennstoff-„Ventil“

ergibt sich aus Gl. (6.45) die Statik δ in p.u. (per unit):

$$\delta = -\frac{\Delta f / f_n}{\Delta P / P_n} = -\frac{P_n / f_n}{\Delta P / \Delta f} = \frac{P_n}{f_n K_T} \tag{6.46}$$

Beim Festdruckbetrieb wird der Dampfdruck durch einen Frischdampf-Druckregler konstant gehalten. Beim Gleitdruckbetrieb wirkt der Regler unmittelbar auf die Brennstoffzuteilung.

Bild 6.28 zeigt das Prinzip für die praktische Ausführung der Wirkleistungsregelung bei Festdruckbetrieb und bei reinem Gleitdruckbetrieb. Reiner Gleitdruckbetrieb wird nur selten gefahren, weil er für die schnelle Beteiligung des Blocks an der Ausregelung von spontanen Frequenzänderungen nicht geeignet ist. Meist kommt statt dessen ein modifizierter Gleitdruckbetrieb in verschiedenen Ausführungsformen in Betracht [6.17, 6.22].

6.3.2 Übergabeleistungs-Frequenzregelung, Sekundärregelung

Vielfach wird durch einen übergeordneten Regler, den sogenannten Sekundärregler oder Netzregler, die Frequenz nach einer Störung mit Hilfe der Regelkraft-

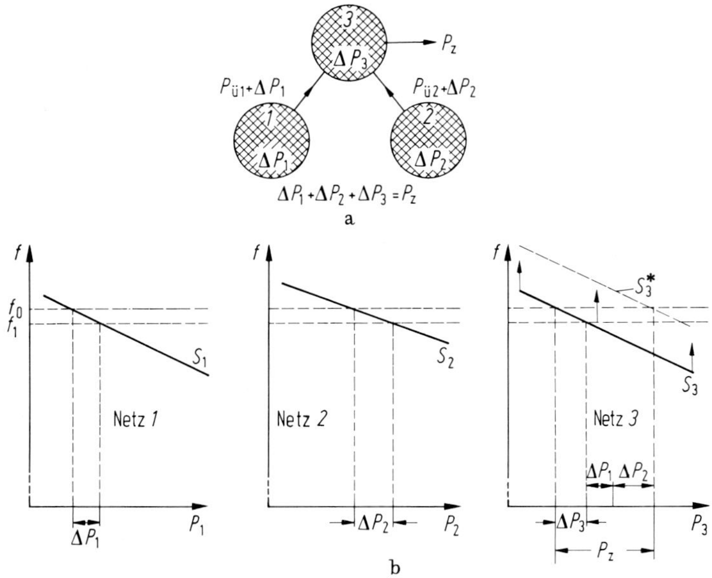

Bild 6.29. Netzkennlinienregelung zwischen drei Netzen bei einer Belastungszunahme P_z im Netz 3 (z.B. Ausfall eines Kraftwerks im Netz 3), Prinzip nach [6.23].
(**a**) Netzkupplung mit Austauschleistungen; (**b**) Kennlinien der Netze

werke auf den Nennwert zurückgeführt. Als Regelkraftwerke werden vornehmlich Speicher- und Pumpspeicherkraftwerke eingesetzt. In Ländern mit überwiegend thermischer Erzeugung wird es jedoch notwendig, auch thermische Maschinen an die Sekundärregelung anzuschließen (Kapitel 12). Die Sekundärregelung hat darüber hinaus die wichtige Aufgabe, die Übergabeleistungen zu anderen Netzverbänden oder zu den Netzen anderer Länder in einer Bandbreite um einen vorgegebenen Wert konstant zu halten. Man spricht deshalb auch von der Übergabeleistungs-Frequenzregelung.

Die Sekundärregelung darf zeitlich erst nach der Primärregelung eingreifen, um die Gefahr von Schwingungen des Regelkreises zu vermeiden, die besteht, wenn zwei oder mehr Regler unabhängig und gleichzeitig auf die gleiche Regelstrecke arbeiten.

Bei der Übergabeleistungs-Frequenzregelung ist die Aufgabe gestellt gleichzeitig die Übergabeleistung und Frequenz zu regeln. Dies ist dann möglich, wenn beide Größen nach einer Kennlinie in einem festen Verhältnis zueinander stehen (Kennlinienregelung). Bild 6.29 soll dieses Verfahren am Beispiel der Kupplung zwischen drei Netzen zeigen, zwischen denen stationär die Übergabeleistung $P_{ü1}$ und $P_{ü2}$ ausgetauscht werden.

Als Folge der Belastungszunahme P_z im Netz 3 sinkt die Frequenz in allen drei Netzen von f_0 auf $f_1 = f_0 - \Delta f$. Dabei ist f_0 die Frequenz vor der Störung (u.U. $f_0 = f_n$). Durch das Eingreifen der Primärregler erhöht jedes Netz seine Leistung um $\Delta P(\Delta P_1$, ΔP_2 und $\Delta P_3)$ im Verhältnis seiner Statik (S_1, S_2 und S_3). Die Netzregler der einzelnen Netze erfassen die Abweichungen von den Sollwer-

Tabelle 6.3. Maßnahmen im deutschen Verbundnetz (BR Deutschland) bei Frequenzänderung – Vereinbarung der DVG-Partner [6.10, 6.13]

Frequenz (Hz)	Vorgesehene Maßnahmen
49,8	Warnung des Personals, Einsatz aller verfügbaren Reserven
49,4	Abschalten von bestimmten Verbrauchern, z.B. durch Unterfrequenzrelais [6.20]
48,4	Abtrennen von Eigenbedarfsanlagen, die bei Störungen mit vom Netz unabhängiger Versorgung arbeiten
47,6	Auftrennen des Verbundnetzes in einzelne Inselnetze, abtrennen aller Kraftwerke vom Netz

ten der Frequenz und der Übergabeleistung. Sind die Netzregler auf die Kennlinien ihrer Netze eingestellt, so wird bei den Netzreglern 1 und 2 eine negative Frequenzänderung von der positiven Leistungsänderung kompensiert. Die Netzregler der Netze 1 und 2 bleiben daher in Ruhe. Der Netzregler 3 dagegen ermittelt eine Abweichung vom Sollwert, weil sich bei ihm Frequenz- und Leistungsänderung addieren. Er erhöht daher die Leistung der an ihn angeschlossenen Regelkraftwerke dadurch, daß er deren Statik von S_3 auf S_3^* so lange verschiebt, bis die volle Leistungsänderung von diesen Einheiten aufgebracht wird. Dabei erreicht die Frequenz des gesamten Netzes wieder den Wert vor der Störung, so daß die Teilnetze 1 und 2 ihre Leistung auf den Wert vor der Störung zurücknehmen. Dadurch wird erreicht, daß Störungen in einem Teil des Verbundnetzes nur durch Ändern der Leistungen der an den Netzregler dieses Teilnetzes angeschlossenen Maschinen ausgeregelt werden. Der Regelvorgang ist beendet, wenn die Änderung der Austauschleistungen rückgängig gemacht wurde und damit die Frequenz wieder den Wert f_0 erreicht hat. Dies entspricht einer Verschiebung der Netzkennlinie des Netzes 3, wie sie in Bild 6.29b für das Netz 3 schematisch dargestellt wurde.

Bei großen Störungen im Netz ergeben sich dynamische Frequenzänderungen [6.23]. Um einen Netzzusammenbruch bei solchen Vorgängen zu vermeiden, sind für das europäische Verbundnetz und das Netz der Bundesrepublik Deutschland Maßnahmen nach Tabelle 6.3 vorgesehen.

7. Eigenbedarfsanlagen in Kraftwerken

7.1 Aufgabe des Eigenbedarfs

In Wärmekraftwerken sind für die Zufuhr von Brennstoffen, Luft und Wasser, für die Abfuhr von Rückständen sowie für Steuerung, Messung, Überwachung, Beleuchtung und andere Funktionen, die den Kraftwerksprozeß erst ermöglichen, zahlreiche elektrische Anlagen notwendig. Als übergeordneter Begriff für die Stromversorgung dieser Hilfs- und Nebenanlagen hat sich der Begriff „elektrischer Eigenbedarf" eingeführt. Der elektrische Eigenbedarf muß angepaßt an die Größe der Blockleistung ausreichend bemessen sein und soll möglichst störungsfrei arbeiten. Eigenbedarfsanlagen für große Kraftwerksblöcke umfassen im wesentlichen:

Drehstromanlagen 6 kV oder 10 kV zur Versorgung der Eigenbedarfsantriebe (Asynchronmotoren mit Leistungen von etwa 130 kW bis zu einigen MW),

Drehstromanlagen 380 V, 500 V oder 660 V für Motoren, Stellantriebe und andere Einrichtungen (z.B. Licht- und Kraftnetz),

Wechsel- und Gleichstromanlagen zur Speisung zahlreicher Einrichtungen für die Steuerung, die Regelung, den Schutz, die Messung und die Automatisierung.

Die Gesamtleistung des Eigenbedarfs hängt von dem verwendeten Brennstoff ab. Bei Kraftwerken (300 bis 600 MW, Gas-, Öl-, Kohle- oder Mischfeuerungen) liegt die installierte Leistung der Eigenbedarfs-Transformatoren bei etwa 10 bis 15 % der Kraftwerksnennleistung. Bei Leichtwasserkernkraftwerken kann man mit ähnlichen Prozentsätzen rechnen. Die bei störungsfreiem Dauerbetrieb für den Eigenbedarf benötigte Leistung beträgt nur etwa 5 bis 7 % der Kraftwerksnennleistung.

Der größte Antrieb des Eigenbedarfs, im allgemeinen die Kesselspeisepumpe, hat etwa 4 % der Generatornennleistung. Eingesetzt werden Kesselspeisepumpen mit Dampfantrieb und als Reserve dazu zwei Kesselspeisepumpen je halber Leistung mit Elektromotorantrieb. Verzichtet man auf den Dampfantrieb, so werden die elektrischen Antriebe bei großen Blöcken wegen der hohen Anlaufströme häufig in zwei 50 %- oder drei 33,3 %- oder vier 25 %-Einheiten unterteilt, wobei man noch zusätzlich eine Einheit als Reserve vorsieht. Stromrichtergespeiste Motoren als Antriebe für die Speisepumpen haben den Vorteil der Drehzahlregelung und geringer Anlaufströme.

Für ein Wärmekraftwerk besteht die installierte Motorleistung des Eigenbedarfs zu etwa 80 bis 90 % aus Hochspannungsmotoren und zu 10 bis 20 % aus Niederspannungsmotoren, wobei die Niederspannungsmotoren in der Zahl weit überwiegen und etwa proportional mit der Blockgröße steigen, während die Zahl der Hochspannungsmotoren mit der Blockleistung nur wenig steigt.

7.2 Aufbau von Eigenbedarfsnetzen, Prinzipschaltung

Eigenbedarfsnetze großer Blöcke werden während des normalen Betriebszustandes über einen oder zwei Eigenbedarfstransformatoren (EBT) von den Generatorklemmen gespeist. Zur Sicherung des Eigenbedarfs steht häufig eine Anfahrschiene zur Verfügung. Bild 7.1 zeigt den Grundaufbau für die Speisung des EB-Netzes bei einem Wärmekraftwerk 600 MW. Im normalen Blockbetrieb sind die mit AS bezeichneten Schalter offen. Der Eigenbedarf wird über zwei Dreiwick-

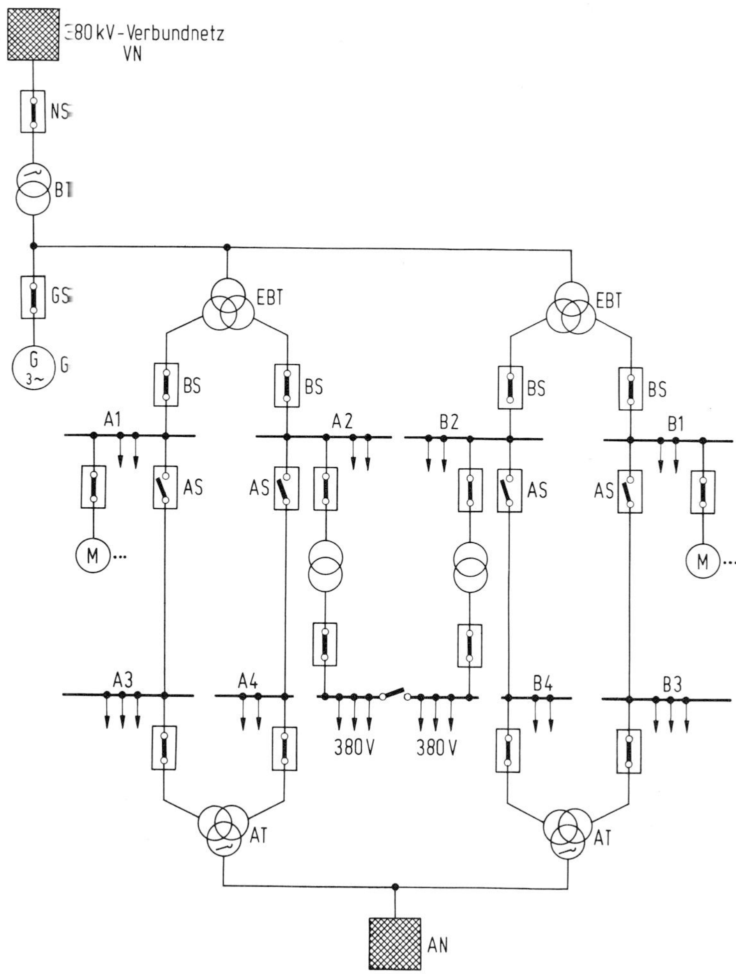

Bild 7.1 Übersichtsschaltplan für den Eigenbedarf eines Wärmekraftwerkes (Beispiel 600 MW).
G Generator (750 MVA, 21 kV, $\cos\varphi = 0{,}8$); BT Blocktransformator (750 MVA); EBT Eigenbedarfstransformatoren (36/18/18 MVA); A1, A2, B1, B2 geteilte Hochspannungsschaltanlagen zur Versorgung des Blockeigenbedarfs (6 kV oder 10 kV); A3, A4, B3, B4 allgemeiner Eigenbedarf; AT Anfahrtransformatoren (Leistungen größer als die EBT oder möglicherweise gleich groß); AN Anfahrnetz (z.B. 110 kV); AS Anfahrschalter, bei der Blockspeisung des Eigenbedarfs offen; BS Blockschalter (Speisung des Eigenbedarfs vom Block); NS Netzschalter; GS Generatorschalter

lungstransformatoren (EBT) gespeist. Beim Anfahrbetrieb sind die Schalter NS und BS offen, die Schalter AS sind geschlossen. Die Anfahrenergie wird aus dem Anfahrnetz bezogen.

Bei der Speisung des Eigenbedarfs über zwei Transformatoren (EBT) mit jeweils zwei Unterspannungswicklungen, die auf vier Sammelschienenabschnitte speisen, gelingt es, die Kurzschlußleistungen der Hochspannungsanlagen kleiner als bei anderen Lösungen zu halten. Darüber hinaus ergibt sich durch diesen Aufbau ein Vorteil für die Verfügbarkeit der Eigenbedarfsversorgung. Die Niederspannungsverbraucher werden ebenfalls über Teilschienen versorgt. Die Auslegung erfolgt so, daß bei Ausfall einer Einspeisung (z.B. Transformatorausfall) durch Schließen der Längskupplung die betroffene Schiene unter Spannung gehalten werden kann. Die einzelnen NS-Schienen können einzelnen Bereichen des Kraftwerksprozesses zugeordnet werden. Es werden z.B. Schienen für den Kessel, die Kesselhilfsbetriebe, für den Turbosatz u.a. vorgesehen. Über die Schienen A3, B3 (allgemeiner Eigenbedarf) werden nichtblockgebundene Verbraucher gespeist, z.B. die übergeordneten Bekohlungs- und Entstaubungsanlagen.

Der grundsätzliche Aufbau wie in Bild 7.1 wird auch bei Kernkraftwerken gewählt. Wesentliche Unterschiede bestehen jedoch bei der Notstromversorgung.

7.2.1 Auswahl der Eigenbedarfstransformatoren

Je nach der Größe des Kraftwerksblockes kann man einen oder zwei Eigenbedarfstransformatoren wählen. Bild 7.2 zeigt als Beispiel die Eigenbedarfsversorgung eines 150-MW-Blockes. Hier ist es ausreichend, die 6-kV-Schaltanlagen für eine Ausschaltleistung von 250 MVA und einen Nennstrom von 1250 A zu bemessen.

Bei großen Kraftwerksblöcken ist die Versorgung des Eigenbedarfs über einen einzelnen Eigenbenbedarfstransformator nicht mehr möglich, weil sich zu hohe Nennströme und Kurzschlußströme im 6-kV- oder 10-kV-Netz des Eigenbedarfs ergeben würden. In diesen Fällen wählt man zwei Eigenbedarfstransformatoren oder sogar zwei Transformatoren mit je zwei Wicklungen auf der Unterspannungsseite (Bild 7.1).

Der Unterteilung des Eigenbedarfs werden Grenzen gesetzt durch die Forderung nach übersichtlicher Anordnung und nach einer Begrenzung der Spannungseinbrüche auf den Eigenbedarfssammelschienen beim direkten Einschalten großer Asynchronmotoren oder beim Umschalten des Eigenbedarfs auf das Anfahrnetz. Im Bild 7.2 ist eine Umschaltautomatik UA angedeutet (Abschnitt 7.4).

Die Schaltgruppen der Blocktransformatoren, der Eigenbedarfstransformatoren und der Anfahrtransformatoren müssen aufeinander abgestimmt werden. Darüber hinaus ist auf die Phasenfolge im Verbundnetz (Anschluß BT) und im Anfahrnetz (Anschluß AT) zu achten. Für Blocktransformatoren wird häufig die Schaltgruppe YNd5 gewählt und für Eigenbedarfstransformatoren die Schaltgruppe Yy0. Für die Transformatoren zur Speisung der Niederspannungsabneh-

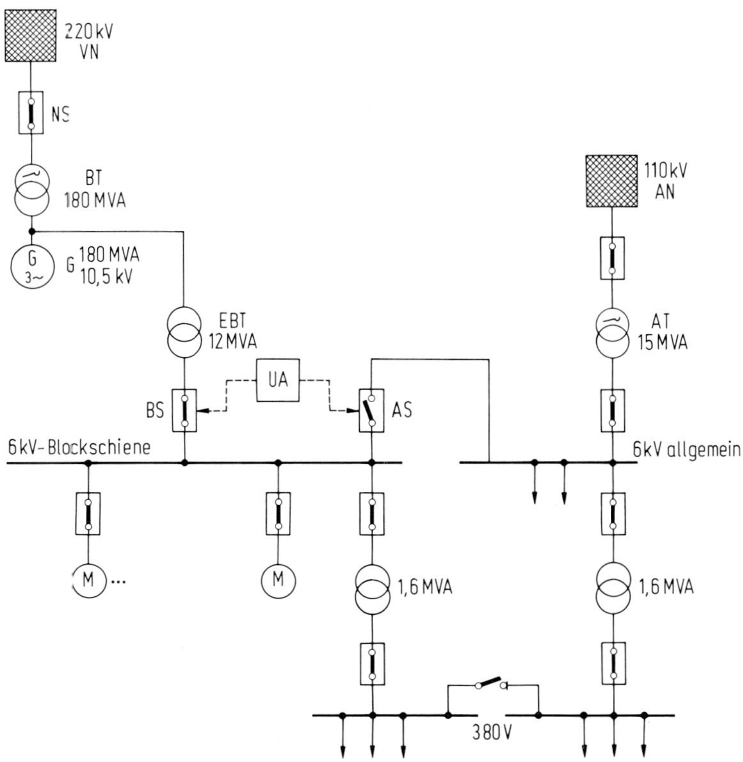

Bild 7.2. Eigenbedarfsversorgung eines Wärmekraftwerkes (150 MW) mit einem Eigenbedarfstransformator (EBT) und einer 6-kV-Blockschiene.
UA Umschaltautomatik; übrige Bezeichnungen wie in Bild 7.1

mer des Eigenbedarfs wählt man zweckmäßig die Schaltgruppe Dyn5, um die Schutzmaßnahme Nullung durchführen zu können.

7.2.2 Niederspannungsversorgung

Die Niederspannungsanlagen werden häufig nach Verbrauchergruppen unterteilt und entweder in den Verbraucherschwerpunkten oder zentral zusammen mit anderen Schaltanlagen aufgestellt. Damit ergibt sich die in Bild 7.3 angedeutete Aufteilung in eine Niederspannungshauptverteilung und in Unterverteilungen.

Die Notstromleistung im Eigenbedarf konventioneller Dampfkraftwerke ist im Vergleich zur Leistung des Eigenbedarfs klein. Bei Kernkraftwerken ist sie stark vom Reaktortyp abhängig und größer als bei konventionellen Kraftwerken.

Bild 7.3 zeigt einen Strang des Kraftwerkseigenbedarfs in einem konventionellen Wärmekraftwerk zur Speisung der Niederspannungsanlagen, der Gleich-

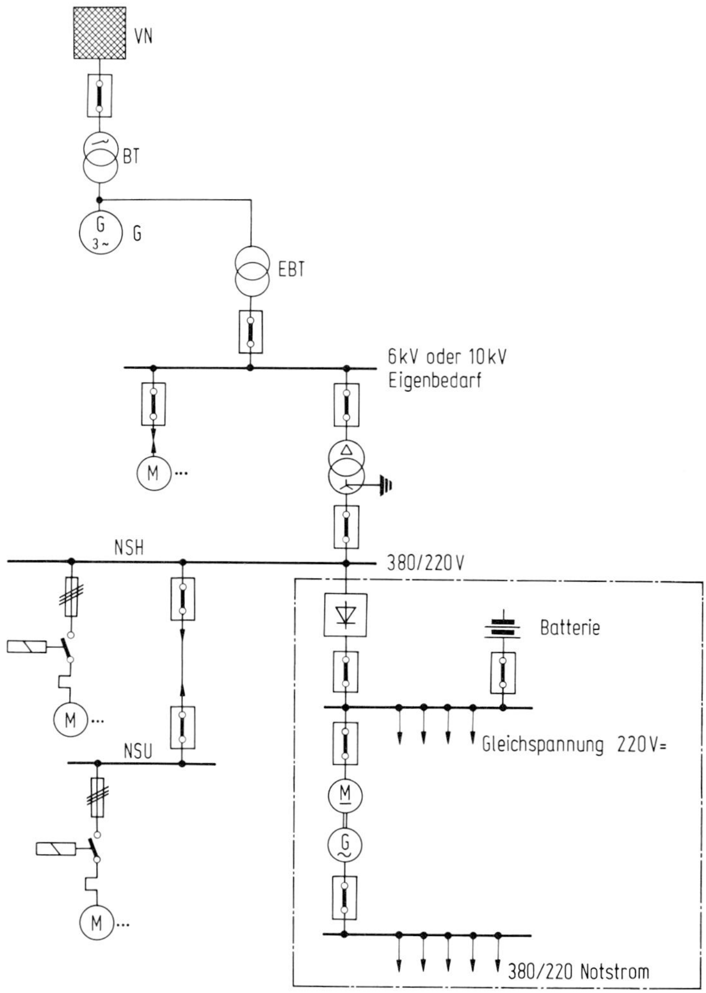

Bild 7.3. Niederspannung, Gleichspannung und Notstrom in einem Wärmekraftwerk (Prinzip einsträngig gezeichnet).

NSH Niederspannungshauptverteilung; NSU Niederspannungsunterverteilungen; —·— Grenze der Notstromversorgung

stromschiene und der Notstromschiene (tatsächlich werden, wie die Bilder 7.1 und 7.2 zeigen, mindestens zwei parallele Stränge gebildet). Die Batteriekapazität zur Speisung der Gleichstromschiene wird so gewählt, daß eine Notstromversorgung für 1 bis 4 Stunden möglich wird. Über einen Umformersatz (Bild 7.3) oder über Wechselrichter wird eine Notstromschiene eingespeist.

Wenn bei einer Störung die Hilfsantriebe weder vom Block noch vom Anfahrnetz gespeist werden können, so muß der Block stillgesetzt werden. Die Notstromversorgung muß für diese Aufgabe ausgelegt werden (Abschnitt 7.3.3).

7.3 Sicherstellung des Eigenbedarfs in Wärmekraftwerken

7.3.1 Grundüberlegungen

Der Aufbau des Eigenbedarfs und die Maßnahmen zur Sicherung des Eigenbedarfs haben entscheidenden Einfluß auf die Verfügbarkeit von Wärmekraftwerken und ebenso auf die Verfügbarkeit des Verbundnetzes [7.7, 7.9, 7.11].

Die Eigenbedarfsversorgung wird von äußeren Einflüssen weitgehend unabhängig, wenn man folgende Versorgungsmöglichkeiten vorsieht:

A: Versorgung des Eigenbedarfs vom Block. Anschluß der EBT an die Generatorableitung (Generatorableitungen großer Blöcke werden je Leiter vollgekapselt ausgeführt. Die Fehlerwahrscheinlichkeit für mehrpolige Fehler auf der Generatorableitung wird dadurch äußerst gering).

B: Reserveversorgung des Eigenbedarfs über einen Anfahrtransformator vom Anfahrnetz (AN); (Bild 7.1 und 7.2) entweder bei Stillstand eines Turbosatzes oder bei Störungen (Schnellumschaltung). Anstelle einer Versorgung des Eigenbedarfs (Anfahrbedarf) bei Stillstand des Turbosatzes über einen Anfahrtransformator kann auch ein Generatorschalter zwischen dem Eigenbedarfsabgang und den Generatorklemmen eingesetzt werden (beim Anfahren wird die Anfahrenergie dann über den Blocktransformator eingespeist).

C: Notstromversorgung aus einer Erzeugungsanlage, die von der Verfügbarkeit des Blockes und des Verbundnetzes unabhängig ist (Batterie oder Notstromversorgung durch Dieselgeneratoren oder z.B. durch Sofortbereitschaftsaggregate [7.6]).

7.3.2 Reserveversorgung des Eigenbedarfs

In den Bildern 7.4 und 7.5 werden die beiden grundsätzlichen Möglichkeiten der Reserveversorgung des Eigenbedarfs von großen Blockkraftwerken ohne Hausmaschinen gezeigt.

Das Schema in Bild 7.4 entspricht der Eigenbedarfssicherung in den Bildern 7.1 und 7.2. Im Gegensatz dazu hat sich in einigen Ländern eine Eigenbedarfssicherung mit Stand-by-Gasturbinen nach Bild 7.6 durchgesetzt. Diese Lösung unterscheidet sich dadurch von der Lösung nach Bild 7.4, daß der Eigenbedarf mehrerer Blöcke eines Kraftwerkes über Kurzschlußstrombegrenzungsdrosselspulen parallel gefahren wird, und daß Gasturbinen für den Eigenbedarf jedes Blockes eingesetzt werden (Lösung bei Blöcken 500 bis 600 MVA). Der Hochlauf und die Synchronisierung der Gasturbinen wird von einem Unterfrequenzrelais angeregt.

Bei der Eigenbedarfssicherung nach Bild 7.5 mit einem Generatorschalter findet keine Eigenbedarfsumschaltung statt. Die zum An- und Abfahren benötigte Energie wird bei offenem Generatorschalter über den Blocktransformator bezogen. Mit dem Generatorschalter wird auch synchronisiert. Bei Störungen am Turbosatz kann der Eigenbedarf aus dem Verbundnetz versorgt werden.

Bei Störungen am Blocktransformator, bei unzulässiger Frequenzabsenkung im Verbundnetz unter 47,6 Hz [7.7] oder beim vollständigen Netzzusammen-

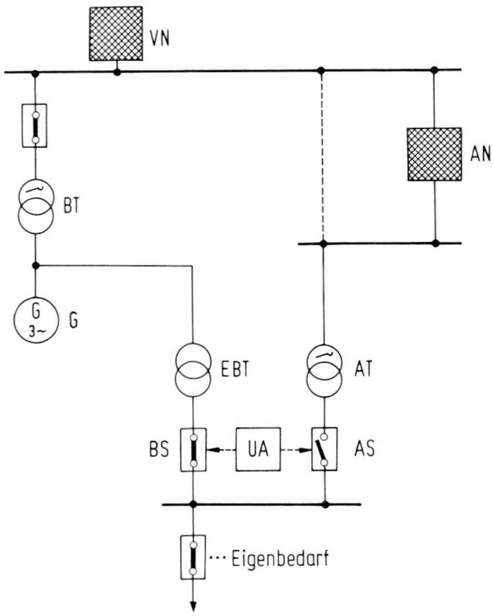

Bild 7.4

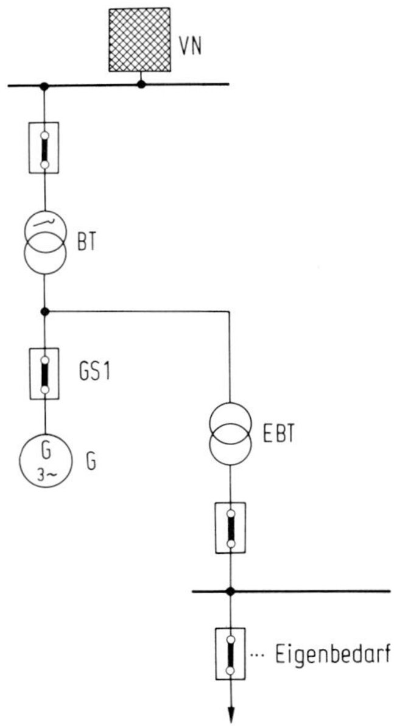

Bild 7.5

Bild 7.4. Reserveversorgung des Eigenbedarfs vom Anfahrnetz (indirekte Kupplung mit dem VN) oder direkter Anschluß des Anfahrtrafos an das VN (gestrichelt)

Bild 7.5. Anfahrversorgung des Eigenbedarfs über den Blocktransformator (Anfahrbetrieb und Reservebetrieb bei Fehlern im Turbosatz) bei geöffnetem Generatorschalter GS1

bruch ist mit der Schaltung in Bild 7.5 keine Eigenbedarfssicherung mehr möglich. Es bleibt dann nur das Notabfahren des Blockes. Der Nachteil der Schaltung nach Bild 7.5 kann vermieden werden, wenn man einen zweiten Generatorschalter wie in Bild 7.7 einsetzt. Diese Lösung erscheint dann gerechtfertigt, wenn es nicht gelingt, ein Anfahrnetz genügender Zuverlässigkeit und Leistungsfähigkeit bereitzustellen, oder wenn die Wiederhochlaufströme der Eigenbedarfsmotoren sehr großer Blöcke beim Umschalten mit wirtschaftlichen Mitteln nicht mehr beherrschbar sind.

Ob die Generatorschalter als Leistungsschalter oder als Lastschalter zu wählen sind, wird vom Schutzkonzept des Blockes bestimmt. Wird der Generatorschalter (GS1) nur beim Anfahren und Abfahren und zum Synchronisieren benutzt, so ist ein Lastschalter ausreichend. Soll der Generatorschalter in das Schutzkonzept einbezogen werden, etwa zur Ausschaltung eines Fehlers im Blocktransformator oder auf der Verbindungsleitung zwischen dem Blocktransformator und der Schaltanlage des Verbundnetzes in einiger Entfernung vom Kraftwerk (bis etwa 20 km), ohne daß eine eigene Schaltanlage (220 kV oder 380 kV) im Kraftwerk vorhanden ist, so muß GS2 als Leistungsschalter ausgeführt werden.

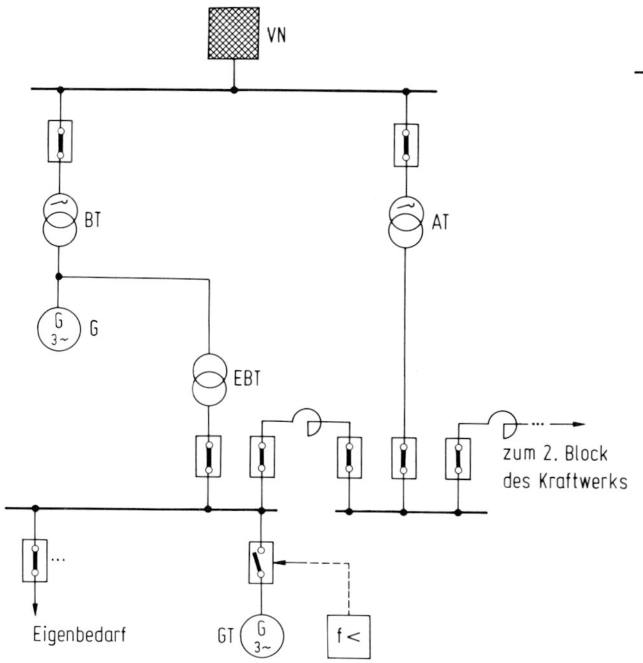

Bild 7.6

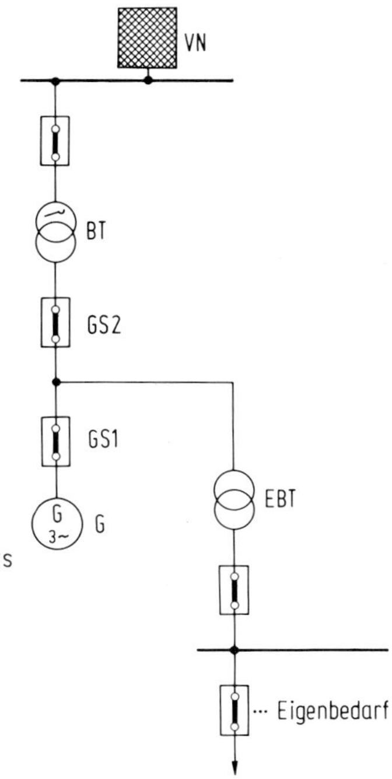

Bild 7.7

Bild 7.6. Reserveversorgung des Eigenbedarfs mit Stand-by-Gasturbine GT, z.B. in Großbritannien [7.13]. Die Gasturbine läuft bei Unterfrequenz im Verbundnetz an

Bild 7.7. Reserveversorgung des Eigenbedarfs entweder vom Generator oder über den Blocktransformator beim Einsatz von zwei Generatorschaltern GS1 und GS2

Bei sehr großen Blöcken (1200 MW und mehr), bei denen aus Reservegründen oder wegen der Beschränkung der Transportmöglichkeit der Blocktransformator in zwei Einheiten (Drehstromeinheiten) unterteilt wird, kann man die Schaltung nach Bild 7.7 sinngemäß erweitern und erhält dann Schaltungen nach Bild 7.8 oder 7.9.

7.3.3 Notstillsetzen des Blockes, Notstromversorgung

Wenn die blockgebundene Eigenbedarfsversorgung und die Reserveversorgung ausfallen oder der Eigenbedarf durch Fehler nicht mehr funktionsfähig ist, muß der Block stillgesetzt werden. Bei einem konventionellen Wärmekraftwerk müssen folgende Hilfsbetriebe mit Notstrom versorgt werden [7.6]:

Lagerölpumpe für Notauslauf, Lagerentlastungspumpe bei größeren Blöcken, Dichtölpumpe bei H_2-gekühlten Generatoren für die Wellendichtung, Nachkühlbetrieb, Notbeleuchtung, Notbetätigung für Sicherheitseinrichtun-

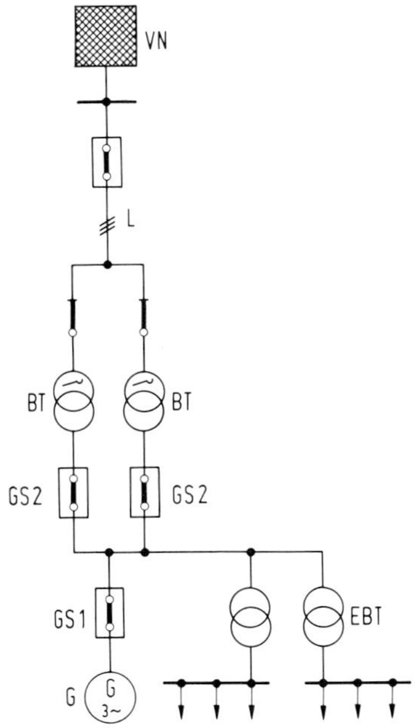

Bild 7.8

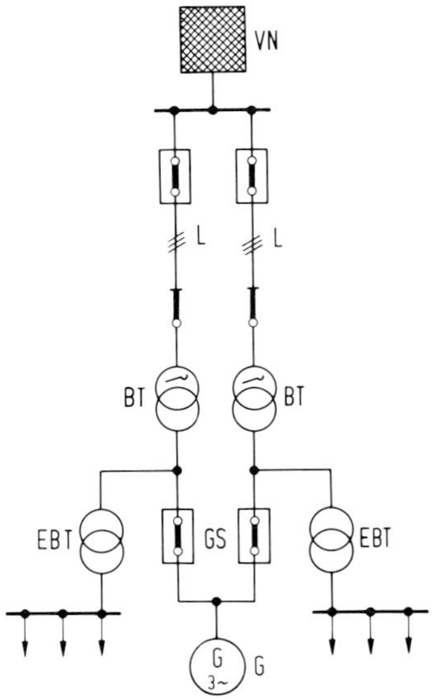

Bild 7.9

Bild 7.8. Eigenbedarfssicherung bei großen Blöcken ohne Anfahrnetz mit zwei Blocktransformatoren und drei Generatorschaltern

Bild 7.9. Eigenbedarfssicherung bei großen Blöcken ohne Anfahrnetz mit zwei Blocktransformatoren und zwei Generatorschaltern

gen (z.B. HD-Absperr-Schieber), Meß-, Regel-, Steuer-, Schutz- und Automatik-Einrichtungen und Einrichtungen für Rück- und Gefahrmeldungen.

Der Leistungsbedarf dieser Verbraucher wird von Batterien direkt oder über rotierende Umformer bzw. Wechselrichter gespeist (Bild 7.3). In Kraftwerken werden aus Sicherheitsgründen zwei Batterien mit Ladegeräten verwendet.

In Kernkraftwerken mit hohem Leistungsbedarf für die Notstromversorgung werden Diesel-Sofortbereitschaftssätze oder Diesel-Notstromsätze benötigt.

Bild 7.10 zeigt als Beispiel die Notstromversorgung mit Diesel-Notstromsätzen, die im Fehlerfall erst hochlaufen, aber den Vorteil haben, daß Leistungen bis zu mehreren MW gebaut werden können. Die Schienen für die Notstromversorgung (Gleichspannung und Niederspannung) werden über Gleichrichter gespeist. An die Stelle der Motor-Generatorsätze zur Einspeisung der Not-Schiene-Niederspannung können auch Wechselrichter treten. Batterien speisen die Not-Schiene-Gleichspannung und sorgen für eine unterbrechungslose Einspeisung der Einrichtungen für Messung, Regelung und Steuerung. Bei Kernkraftwerken kommt dieser Aufgabe eine besondere Bedeutung zu. Die Auslegung erfolgt deshalb auch hier in Anpassung an die verfahrenstechnischen Anforderungen z.B. für $4 \times 50\,\%$ oder $3 \times 100\,\%$ des Bedarfs. Für die Not-Schienen Niederspannung wird meist 3~, 380 V gewählt.

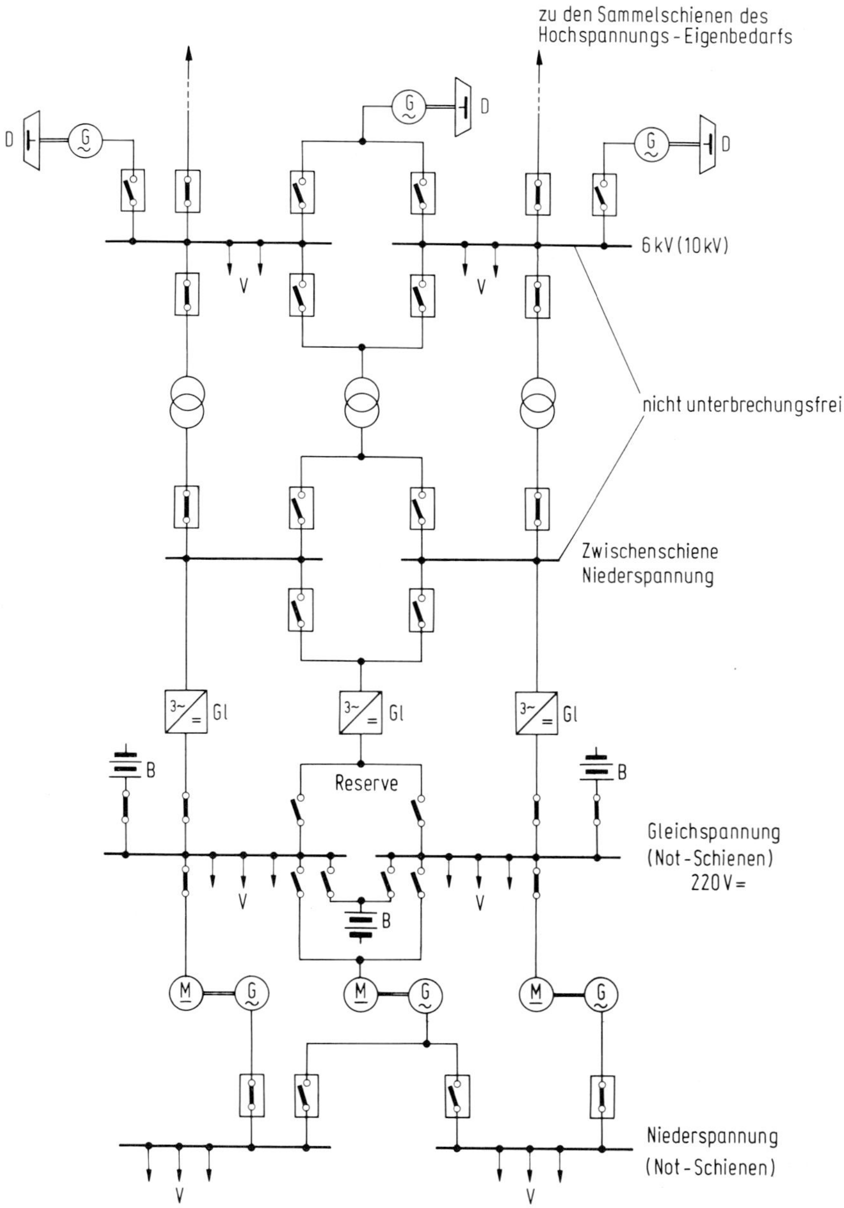

Bild 7.10. Notstromversorgung mit Diesel-Notstromsätzen und Speisung von Notstrom-Schienen (Gleichspannung und Drehstrom-Niederspannung) – (3 × 100%).

B Batterie; D Dieselmotor; G Synchrongenerator mit Selbsterregung oder Speisung der Erregung aus dem Notstromnetz; Gl Gleichrichter; V Verbraucher

7.4 Spannungshaltung und Schnellumschaltung

7.4.1 Spannungseinbruch beim Einschalten von Motoren

Beim Einschalten großer Hochspannungs-Asynchronmotoren mit Kurzschlußläufern treten hohe Anlaufströme auf und Spannungseinbrüche im speisenden Netz. Die Anlaufströme liegen beim 4- bis 6fachen des Motornennstromes. Bild 7.11 zeigt ein Beispiel.

Als Beispiel für die Berechnung des Spannungseinbruchs im ersten Augenblick der Zuschaltung eines Motors mit Kurzschlußläufer wird Bild 7.12 gewählt.

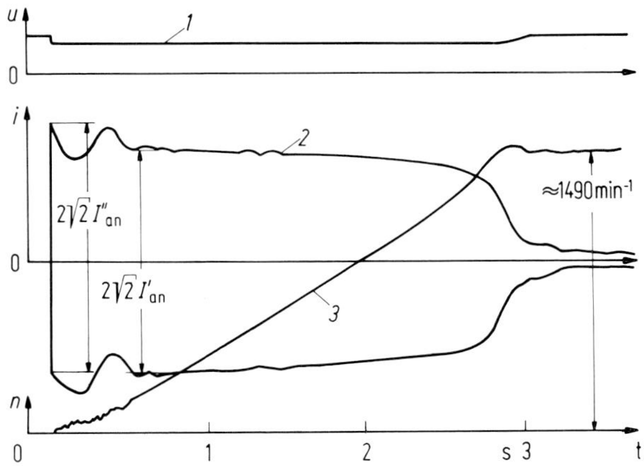

Bild 7.11. Direktanlauf eines Kesselspeisepumpenantriebs im Kraftwerkseigenbedarf 6 kV (Oszillogramm-Umrisse).

Drehstrom-Asynchronmotor: $U_{nM} = 6$ kV; $I_{nM} = 635$ A; $P_{nM} = 5{,}8$ MW; $\cos\varphi_{nM} = 0{,}9$; $n = 1490\ \text{min}^{-1}$; 50 Hz; $I_{an}/I_{nM} \approx 6$ (bei $U_n = 6$ kV).

1 Spannungseinbruch $\Delta U = U_n - U = 6\ \text{kV} - 4{,}8\ \text{kV} = 1{,}2$ kV, $\Delta u = 20\%$; *2* Anlaufstrom: $I''_{an} \approx 3300$ A $= 5{,}2\,I_n$, $I'_{an} \approx 3050$ A $= 4{,}8\,I_n$; *3* Drehzahlverlauf

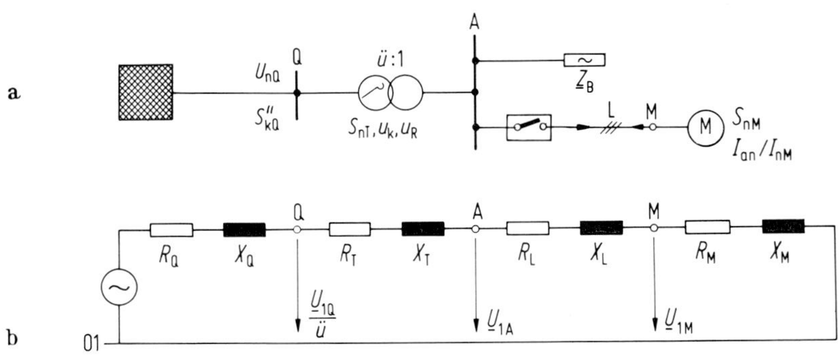

Bild 7.12. Zuschalten eines Asynchronmotors mit Kurzschlußläufer auf die Sammelschiene A. (**a**) Netzaufbau; (**b**) Schaltung im Mitsystem ohne Vorbelastung durch $\underline{Z}_B$

Mit der Übersetzung $ü \geqq 1$ des Transformators und der Annahme $R_Q = 0{,}1\,X_Q$ berechnet man die Impedanz des speisenden Netzes umgerechnet auf die Unterspannungsseite des Transformators wie folgt (Kapitel 15):

$$\underline{Z}_Q = R_Q + \mathrm{j}\,X_Q = \frac{1{,}1\,U_{nQ}^2}{S_{kQ}''} \cdot \frac{1}{ü^2} \cdot (0{,}1 + \mathrm{j}\,0{,}995) \tag{7.1}$$

Für die Transformatorimpedanz gilt mit u_R und u_X in %:

$$\underline{Z}_T = R_T + \mathrm{j}\,X_T = \frac{U_{nTUS}^2}{S_{nT}} \left(\frac{u_R}{100\,\%} + \mathrm{j}\frac{u_X}{100\,\%} \right) \tag{7.2}$$

Die Motorimpedanz Z_M bestimmt man mit Hilfe des Verhältnisses I_{an}/I_{nM} (Kapitel 15):

$$Z_M = \frac{1}{I_{an}/I_{nM}} \cdot \frac{U_{nM}}{\sqrt{3}\,I_{nM}} = \frac{1}{I_{an}/I_{nM}} \cdot \frac{U_{nM}^2}{S_{nM}} \tag{7.3}$$

Führt man $\underline{Z}_M = Z_M(\cos\varphi_{an} + \mathrm{j}\sin\varphi_{an})$ für den Einschaltaugenblick ein, so lassen sich ausgehend von Gl. (7.3) auch R_M und X_M bestimmen. Bei Hochspannungsmotoren kann man meist $Z_M = X_M$ setzen.

Den Einfluß der Vorbelastung des Netzes an der Sammelschiene A in Bild 7.12a durch $\underline{Z}_B$ auf die Höhe der Restspannung beim Einschalten eines Motors kann man dann vernachlässigen, wenn $Z_B \gg Z_T$ ist. In der Praxis gilt meist $Z_B > 10\,Z_T$. Für die Spannung an der Sammelschiene A und an den Motorklemmen findet man ausgehend von Bild 7.12b beim Einschalten eines Motors unter der Annahme $\underline{Z}_Q \ll \underline{Z}_T$:

$$\underline{U}_{1A} = \frac{U_{1Q}}{ü} \frac{\underline{Z}_L + \underline{Z}_M}{\underline{Z}_T + \underline{Z}_L + \underline{Z}_M}; \qquad U_{1A} \approx \frac{U_{1Q}}{ü} \frac{X_L + X_M}{X_T + X_L + X_M} \tag{7.4}$$

$$\underline{U}_{1M} = \frac{U_{1Q}}{ü} \frac{\underline{Z}_M}{\underline{Z}_T + \underline{Z}_L + \underline{Z}_M}; \qquad U_{1M} \approx \frac{U_{1Q}}{ü} \frac{X_M}{X_T + X_L + X_M} \tag{7.5}$$

Vernachlässigt man die Wirkwiderstände gegen die Blindwiderstände, so ergibt sich die vereinfachte Form der Gl. (7.4) und (7.5), die man in Hochspannungsnetzen näherungsweise anwenden darf.

Führt man $U_{1A}^{\mathrm{v}} = U_{1Q}/ü$ für die Spannung der Sammelschiene A vor der Zuschaltung des Motors ein, so ergibt sich für den Spannungseinbruch beim Zuschalten:

$$\Delta U_{1A} = U_{1A}^{\mathrm{v}} - U_{1A} = \frac{U_{1Q}}{ü} \frac{X_T}{X_T + X_L + X_M} \tag{7.6}$$

Erweitert man die rechte Seite der Gl. (7.6) mit X_M und ersetzt man dann X_M im Nenner durch $(U_{nM}/\sqrt{3})/I_{an}$, so wird aus Gl. (7.6):

$$\Delta U_A = \sqrt{3}\,\Delta U_{1A} = \frac{U_Q}{ü\,U_{nM}} \cdot \frac{I_{an}}{I_{nM}} \sqrt{3}\,I_{nM} \frac{X_T X_M}{X_T + X_L + X_M} \tag{7.7}$$

Rechnet man die Reaktanzen durch Multiplikation mit $100\,\%/U_{\text{nM}}^2$ in Reaktanzen des %/MVA-Systems um (Abschnitt 15.8) und führt man $(I_{\text{an}}/I_{\text{nM}})\,S_{\text{nM}} \approx Q_{\text{an}}$ als Anzugsblindleistung ein, so findet man für die Spannungsänderung Δu_{A} in % bezogen auf U_{nM}:

$$\Delta u_{\text{A}} = \frac{U_{\text{Q}}}{\ddot{u}\,U_{\text{nM}}}\,Q_{\text{an}}\,x_{\text{T}}\left(1 - \frac{x_{\text{T}} + x_{\text{L}}}{x_{\text{T}} + x_{\text{L}} + x_{\text{M}}}\right); \quad \frac{\Delta u_{\text{A}}}{\%} \left| \frac{Q_{\text{an}}}{M\,\text{var}} \right| \frac{x}{\%/\text{MVA}} \tag{7.8}$$

Gl. (7.8) erlaubt eine schnelle Abschätzung, wie folgendes Beispiel zeigen soll:

Sind $U_{\text{Q}} = 21\,\text{kV}$, $\ddot{u} = 21\,\text{kV}/10{,}5\,\text{kV}$, $U_{\text{nM}} = 10\,\text{kV}$, $S_{\text{nM}} = 5\,\text{MVA}$, $I_{\text{an}}/I_{\text{nM}} = 5$, $S_{\text{nT}} = 25\,\text{MVA}$, $u_{\text{k}} = 8\,\%$ und $x_{\text{L}} = 0$ gegeben, so findet man $Q_{\text{an}} = 25\,\text{Mvar}$, $x_{\text{M}} = 20\,\%/5\,\text{MVA} = 4\,\%/\text{MVA}$, $x_{\text{T}} = 8\,\%/25\,\text{MVA} = 0{,}32\,\%/\text{MVA}$ und somit, wenn man in Gl. (7.8) einsetzt:

$$\Delta u_{\text{A}} = \frac{21\,\text{kV} \cdot 10{,}5\,\text{kV}}{10\,\text{kV} \cdot 21\,\text{kV}} \cdot 25 \cdot 0{,}32 \cdot \left(1 - \frac{0{,}32}{0{,}32 + 4{,}0}\right) = 7{,}8\,\%$$

Das Ergebnis läßt sich auch aus Bild 7.14 ablesen. Ausgehend von A, $S_{\text{nT}} = 25\,\text{MVA}$, geht man über B, $u_{\text{k}} = 8\,\%$, zum Punkt D, $Q_{\text{an}} = 25\,\text{Mvar}$, und erhält auf der linken Ordinate: $\Delta u_{\text{A}} = 7{,}8\,\%$.

Zur Abschätzung ist es häufig zulässig, daß man als treibende Netzspannung $1{,}05\,U_{\text{nM}}$ einführt und dann x_{Q} in die Betrachtung einbezieht. Vorausgesetzt wird dabei, daß die Nennspannung des Netzes, in dem die Sammelschiene A liegt, mit der Motornennspannung übereinstimmt. Aus Gl. (7.8) folgt dann:

$$\Delta u_{\text{A}} \approx 1{,}05\,Q_{\text{an}}(x_{\text{Q}} + x_{\text{T}})\left(1 - \frac{x_{\text{Q}} + x_{\text{T}} + x_{\text{L}}}{x_{\text{Q}} + x_{\text{T}} + x_{\text{L}} + x_{\text{M}}}\right) \tag{7.9}$$

Δu_{A} ergibt sich in %, wenn Q_{an} in Mvar und die Reaktanzen x in %/MVA eingesetzt werden.

7.4.2 Umschaltung des Eigenbedarfs

Zur Sicherung des Eigenbedarfs kann man eine Umschaltung vom Block auf das Anfahrnetz vornehmen, wie Bilder 7.2 und 7.4 zeigen. Zur Umschaltung wird meist eine Umschaltautomatik (UA) verwendet [7.8]. Man unterscheidet:

Sofortumschaltung zwischen synchronen Netzen mit geringen Unterschieden in der Phasenlage der Spannungen der beiden Netze N1 und N2 und geringer Umschaltdauer $t_{\text{u}} < 0{,}05\,\text{s}$. Für den Hochlaufstrom gilt etwa: $I_{\text{hM}}/I_{\text{nM}} \approx (1 \ldots 1{,}5)$.

Schnellumschaltung mit einer Umschaltdauer $t_{\text{u}} \approx (0{,}05 \ldots 0{,}15)\,\text{s}\,(\ldots 0{,}2\,\text{s})$, wobei der zweite Schalter erst dann zugeschaltet wird, nachdem der erste geöffnet hat, aber immerhin so schnell, daß die Differenzspannung unter einem bestimmten Wert von z.B. $1{,}4\,U_{1\text{N}}$ bleibt. Für den Hochlaufstrom gilt $I_{\text{hM}}/I_{\text{nM}} \approx (1{,}5 \ldots 3)$.

Restspannungsumschaltung, wobei erst dann umgeschaltet wird, wenn die Klemmenspannung der Motoren (Motorengruppe + andere Eigenbedarfs-Verbraucher) auf Werte von 40 % der Nennspannung oder darunter abgesunken ist, so daß beim Zuschalten auf das neue Netz unabhängig von der Phasenlage von Netzspannung und Restspannung eine Differenzspannung von 140 % der Motornennspannung nicht überschritten wird. Die Umschaltdauer bei diesem Fall wird etwa 1 s oder mehr betragen. Der Hochlaufstrom kann im Bereich $I_{\mathrm{hM}}/I_{\mathrm{nM}} \approx (3\ldots)\,4\,(\ldots 5)$ liegen.

Langzeitumschaltung, wobei aus Versuchen eine Zeit t_u so gewählt wird, daß die Differenzspannung u_D kleiner 40% bleibt und die Umschaltung ähnlich wie die Einschaltung einer Motorengruppe abläuft. Für den Hochlaufstrom muß man mit $I_{\mathrm{hM}}/I_{\mathrm{nM}} \approx (4\ldots)\,5\,(\ldots 6)$ rechnen. Teilweise wird mit der Langzeitumschaltung auch ein Lastabwurf gekoppelt.

Sofortumschaltung und Schnellumschaltung setzen Schalter mit kurzen Ein- und Gesamt-Ausschaltzeiten voraus. Ist die Einschaltzeit größer als die Gesamt-Ausschaltzeit, so wird bei der Sofortumschaltung gleichzeitig der Aus- und Einschaltbefehl gegeben, wenn vorher durch Vergleich von U_{N1} und U_{N2} in Bild 7.13 festgestellt wurde, daß die beiden Netze nahezu synchron sind und die Spannungszeiger in ihrer Phasenlage genügend genau übereinstimmen [7.5, 7.8].

Bei der Auswahl der Eigenbedarfstransformatoren ist neben der Höhe der Kurzschlußleistung auch die Höhe des maximalen Spannungseinbruches beim Zuschalten oder Umschalten von Motoren zu berücksichtigen. Auf der einen Seite besteht der Wunsch, die Kurzschlußleistung der Eigenbedarfssammelschiene möglichst gering zu halten, um eine kostengünstige Anlagentechnik zu ermöglichen, während auf der anderen Seite eine möglichst hohe Kurzschlußleistung günstig ist, um möglichst geringe Spannungsabsenkungen zu erhalten. Die Auslegung wird damit zu einer wirtschaftlich-technischen Optimierungsaufgabe. Zu beachten ist dabei, daß auch die Niederspannungsmotoren nach der Umschaltung einen Hochlaufstrom aufnehmen.

Bild 7.14 erlaubt eine Abschätzung der Kurzschlußleistung $S_k'' = S_{kN}'' + S_{kM}''$ bei dreipoligem Kurzschluß an der Fehlerstelle F, wenn man x_Q vernachlässigt

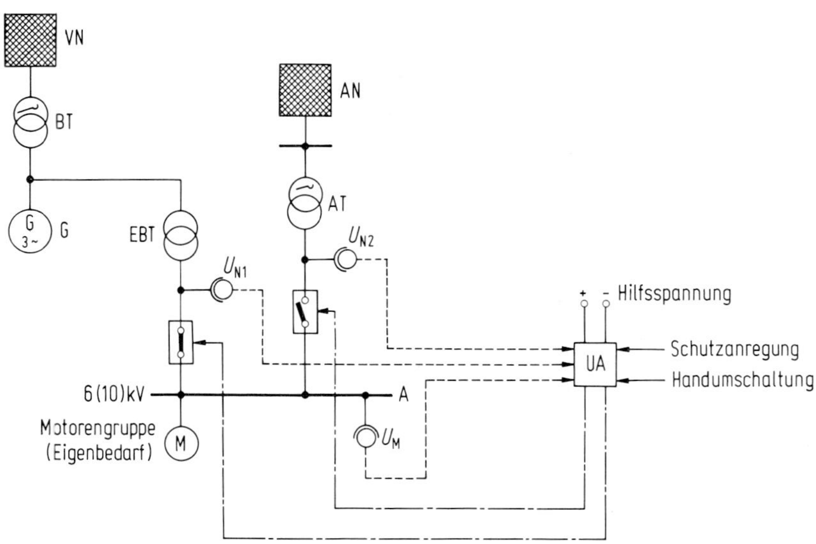

Bild 7.13. Anschluß einer Umschaltautomatik (UA) im Kraftwerkseigenbedarf (Prinzip). U_{N1}, U_{N2} Spannungen der beiden Einspeisenetze; U_{M} Spannung der Motorsammelschiene (Eigenbedarf)

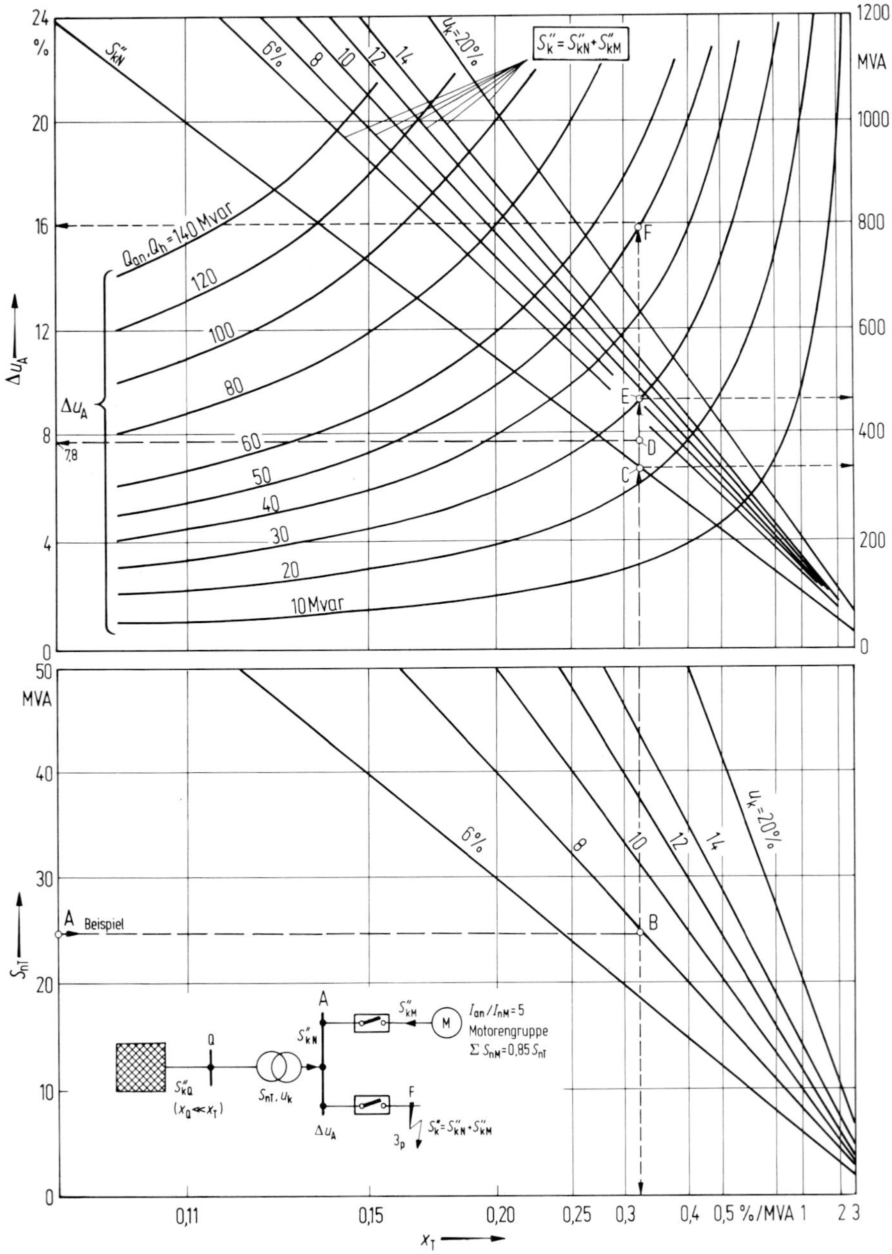

Bild 7.14. Zur Abschätzung von $S''_k = S''_{kN} + S''_{kM}$ und Δu_A an einer Sammelschiene A (Erläuterungen im Text)

$(x_Q \ll x_T)$ (Abschnitt 15.6):

$$S''_k = S''_{kN} + S''_{kM} = \frac{110\,\%}{u_k/S_{nT}} \left(1 + \frac{\sum S_{nM}}{S_{nT}} \cdot \frac{I_{an}}{I_{nM}} \cdot \frac{u_k}{100\,\%}\right) \tag{7.10}$$

Setzt man in diese Gleichung u_k in % und S_{nT} in MVA ein, so ergibt sich S''_k in MVA. Mit $\sum S_{nM} = 0{,}85\, S_{nT}$ und $I_{an}/I_{nM} = 5$ findet man:

$$S''_k = S''_{kN} = S''_{kM} = \frac{110\,\%}{x_T} \left(1 + 4{,}25 \frac{u_k}{100\,\%}\right) \quad \begin{array}{c|c|c} S''_k & x_T & u_k \\ \hline \mathrm{MVA} & \%/\mathrm{MVA} & \% \end{array} \tag{7.11}$$

Bei dem in Bild 7.14 eingezeichneten Beispiel geht man von A, $S_{nT} = 25$ MVA, aus über B, $u_k = 8\,\%$, bis zum Punkt C, $S''_{kN} = 345$ MVA, und weiter bis zum Punkt E, $S''_k = S''_{kN} + S''_{kM} = 470$ MVA. Gl. (7.11) liefert etwa die gleichen Ergebnisse.

Zur Abschätzung des Spannungseinbruchs Δu_A an der Sammelschiene A dient die im oberen Teil des Bildes 7.14 eingezeichnete Kurvenschar mit dem Parameter Q_{an} bzw. Q_h, wobei Q_h die Hochlaufblindleistung bezeichnet. Ausgehend von den Überlegungen im Abschnitt 7.4.1 wurde Δu_A in % aus der Näherungsgleichung $\Delta u_A \approx x_T Q_{an}$ bzw. $\Delta u_A \approx x_T Q_h$ ermittelt. Gegenüber den Beziehungen nach Gl. (7.8) bzw. (7.9) liefert diese Beziehung besonders für große Werte Δu_A Ergebnisse auf der sicheren Seite. Für eine erste Abschätzung erscheint dieses Vorgehen jedoch ausreichend.

Für das Beispiel in Bild 7.14 wurde Q_{an} bzw. $Q_h = 50$ Mvar vorausgesetzt, wobei z.B. das Zuschalten einer Motorengruppe mit $\sum S_{nM} = 10$ MVA und $I_{an}/I_{nM} = 5$ betrachtet wurde oder aber die Schnellumschaltung einer Motorengruppe mit $\sum S_{nM} = 21{,}2$ MVA und $I_h/I_{nM} = 2{,}35$. Über den Punkt F, $Q_{an} = Q_h = 50$ Mvar, findet man auf der linken Ordinate $\Delta u_A = 16\,\%$.

Wird ein an der Motorsammelschiene A in Bild 7.13 mit Vollast laufender Asynchronmotor abgeschaltet, so klingt die Klemmenspannung $\underline{u}_{1M}$ ab. Die Drehzahl vermindert sich bis zum Stillstand. Für den Raumzeiger $\tilde{\underline{u}}_{1M}$ nach der Abschaltung gilt:

$$\tilde{\underline{u}}_{1M} = (1-s)\,|\underline{e}^{v}_{M}|\,\mathrm{e}^{-t/T_0}\,\mathrm{e}^{-\mathrm{j}\alpha} \tag{7.12}$$

Dabei sind:

$\tilde{\underline{u}}_{1M}$	Raumzeiger der Motorklemmenspannung bezogen auf U^{v}_{1M} (Spannung im Mitsystem)
$\underline{e}^{v}_{M}$	innere Spannung des Asynchronmotors vor der Abschaltung bezogen auf U^{v}_{1M}
T_0	Abklingzeitkonstante der Restspannung des Motors (für einzelne schnellaufende Hochspannungsmotoren gilt $T_0 \approx (1 \dots 2{,}2)$ s, während für Verbrauchergruppen an Hochspannungssammelschienen aus Messungen $T_0 \approx 0{,}35 \dots 1{,}6$ s ermittelt wurde)
$\alpha = \alpha^{v} + \alpha_z$	Winkel zwischen $\underline{u}^{v}_{1M} = \underline{u}_{1N1}$ und $\underline{u}_{1M}$ nach Bild 7.15

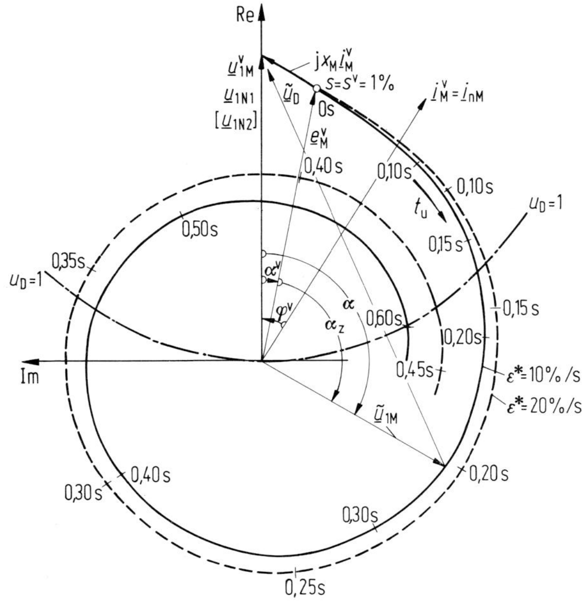

Bild 7.15. Räumlicher und zeitlicher Verlauf der Motor-Klemmenspannung $\tilde{u}_{1M}$ und der Differenzspannung $\tilde{u}_D$.
$x_M = 20\%$; $\alpha^v = 11°$; $s^v = 1\%$; $\cos\varphi^v = 0{,}85$; $T_0 = 1$ s; $i_M^v = i_{nM}$

$s = s^v + s_z$ Schlupf als Summe aus dem Schlupf s^v vor der Abschaltung und dem Zusatzschlupf s_z, der nach der Abschaltung wirksam wird, wenn der Motor noch Wirkleistung abgibt. Häufig kann man s_z in erster Näherung vernachlässigen, so daß dann $1 - s \approx 1 - s^v \approx 1$ wird.

Für $\underline{e}_M^v$ gilt mit guter Näherung:

$$\underline{e}_M^v \approx \underline{u}_{1M}^v - \underline{i}_M^v (r_M + j\, x_M) \approx \underline{u}_{1M}^v - \mathrm{j}\, x_M\, \underline{i}_M^v \tag{7.13}$$

Bei konstanter Verzögerung nach der Abschaltung ergibt sich mit $\omega_M = \omega^v - \varepsilon\, t$ und $\omega^v = (1 - s^v)\, \omega_{N1}$ für den Winkel α nach der Abschaltung des Motors:

$$\alpha = \alpha^v + [\omega_{N2} - \omega_{N1}(1 - s^v)]\, t + \tfrac{1}{2}\varepsilon t^2 \tag{7.14}$$

Sind die beiden Netze N1 und N2 synchron, gilt also $\omega_{N1} = \omega_{N2} = 314\ \mathrm{s}^{-1}$ bei $f_{N1} = f_{N2} = 50$ Hz, so findet man aus Gl. (7.14):

$$\alpha = \alpha^v + \omega_{N1}\, s^v\, t + \tfrac{1}{2}\varepsilon\, t^2 \tag{7.15}$$

Dividiert man diese Gleichung durch 2π, der Winkel α^* ergibt sich dann in Teilen einer vollen Umdrehung (360°), so wird:

$$\alpha^* = \alpha^{v*} + f_{N1}\, s^v\, t + f_{N1} \frac{\varepsilon^*\, t^2}{2} = \alpha^{v*} + \alpha_z^* \tag{7.16}$$

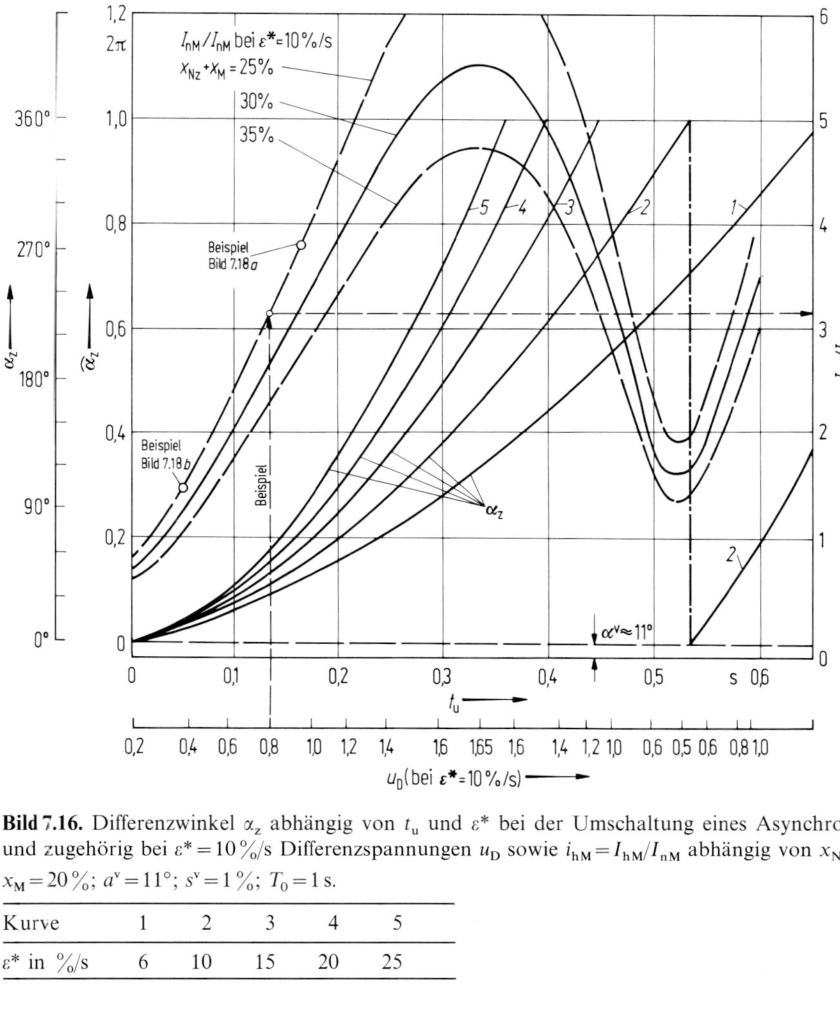

Bild 7.16. Differenzwinkel α_z abhängig von t_u und ε^* bei der Umschaltung eines Asynchronmotors und zugehörig bei $\varepsilon^* = 10\,\%/s$ Differenzspannungen u_D sowie $i_{hM} = I_{hM}/I_{nM}$ abhängig von $x_{N2} + x_M$. $x_M = 20\,\%$; $a^v = 11°$; $s^v = 1\,\%$; $T_0 = 1$ s.

Kurve	1	2	3	4	5
ε^* in %/s	6	10	15	20	25

Dabei ist $\varepsilon^* = \varepsilon/2\pi f_{N1} \approx 1/T_A$ mit T_A als Anlaufzeit des Motors einschließlich angetriebener Maschine (Lüfter, Mühle u.a.). ε^* wird häufig in %/s angegeben [7.4]. Messungen in Eigenbedarfsnetzen haben für ε^* etwa 6 %/s bis etwa 25 %/s ergeben, wobei die größeren Werte meist für hochausgenutzte und schnellaufende Kesselspeisepumpenantriebe großer Leistung gelten. ε^* ist von der Belastung vor der Abtrennung abhängig und nimmt hohe Werte an bei Abschaltung aus dem Vollastbetrieb.

Im Bild 7.15 ist der räumliche und zeitliche Verlauf der Motorklemmenspannung für $\varepsilon^* = 10\,\%/s$ bzw. $\varepsilon^* = 20\,\%/s$ aufgezeichnet. Der Zusammenhang zwischen t_u und α_z nach Gl. (7.16) ist Bild 7.16 zu entnehmen. Aus Bild 7.15 kann man dann die Differenzspannungen u_D ermitteln, bezogen auf u_{1N1}. Eine Differenzspannung von $u_D = 1$ p.u. wird z.B. für $\varepsilon^* = 10\,\%/s$ nach einer Unterbrechungszeit von $t_u \approx 0{,}175$ s bei $\alpha_z \approx 60°$ erreicht.

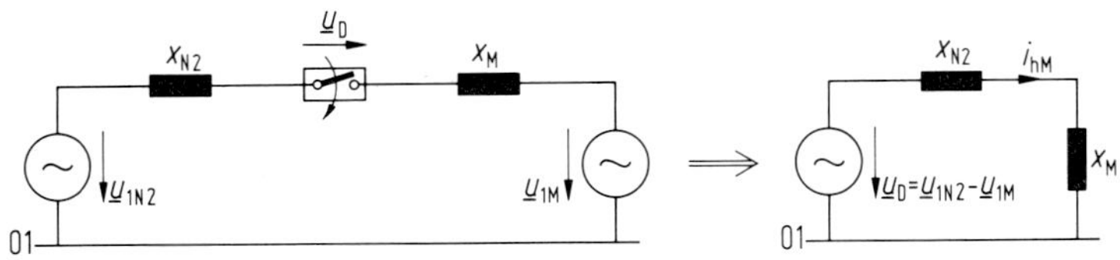

Bild 7.17. Hochlaufstrom eines Motors oder einer Motorengruppe $i_{hM}=I_{hM}/I_{nM}$ im ersten Augenblick nach der Umschaltung auf das neue Netz N2

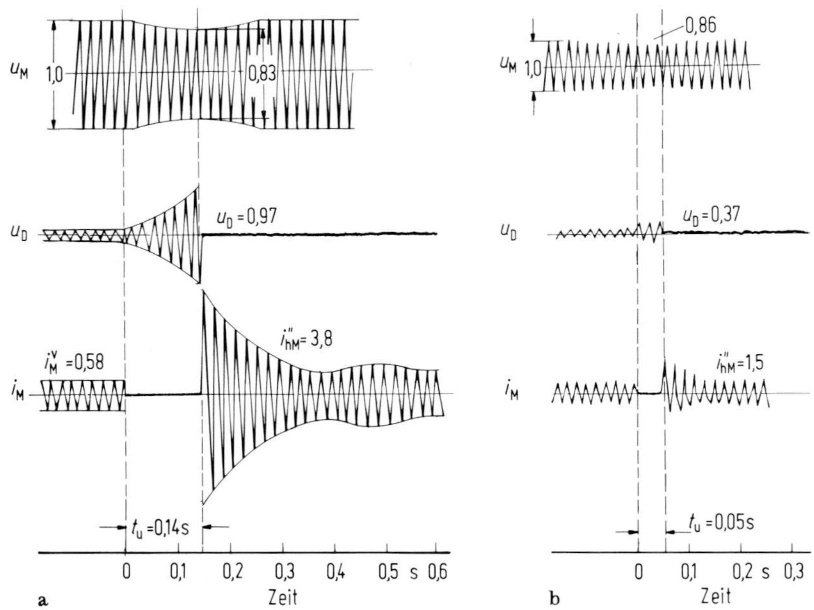

Bild 7.18. Umschaltung von 6-kV-Motoren.
(**a**) Schnellumschaltung, $I_{nM}=484$ A; (**b**) Sofortumschaltung, $I_{nM}=1200$ A

Den Hochlaufstrom I_{hM} von Motoren nach der Zuschaltung auf das neue Netz N2 ermittelt man ausgehend von Bild 7.17 näherungsweise nach folgender Gleichung:

$$\underline{I}_{hM}=\frac{\underline{U}_{1N2}-\underline{U}_{1M}}{\sqrt{3}\,\mathrm{j}(X_{N2}+X_M)}\rightarrow I_{hM}=\frac{U_D}{X_{N2}+X_M} \quad \text{oder} \quad i_{hM}=\frac{I_{hM}}{I_{nM}}=\frac{u_D}{x_{N2}+x_M} \tag{7.17}$$

Im Bild 7.16 sind die Hochlaufströme für $\varepsilon^*=10\,\%/\mathrm{s}$ abhängig von der Unterbrechungsdauer t_u und der Reaktanz $x_{N2}+x_M$ aufgetragen. In die Gl. (7.17) zur Berechnung von i_{hM} bezogen auf I_{nM} kann man näherungsweise $x_{N2}\approx\sum S_{nM}/S''_{kN2}$ einsetzen.

Für eine Motorengruppe mit $\sum S_{nM}=21{,}2$ MVA und $x_M=0{,}20$ ergibt sich bei $u_D=0{,}8$ nach einer Unterbrechungsdauer $t_u=0{,}13$ s bei $\varepsilon^*=10\,\%/\mathrm{s}$ und einer

Kurzschlußleistung $S''_{kN2} = 424$ MVA eine Reaktanz $x_{N2} = 0{,}05$ und damit $i_{hM} = 0{,}8/(0{,}05 + 0{,}20) = 3{,}2$. Bei $U_{nM} = 10$ kV entspricht das einem Hochlaufstrom von $3{,}2 \cdot 1{,}22$ kA $= 3{,}9$ kA (Bild 7.16).

Beim Umschalten einer Gruppe von Antrieben im Kraftwerkseigenbedarf ergeben sich Mittelwerte für I_{hM}/I_{nM} und ε^* [7.3].

Bild 7.18 zeigt Beispiele für die Schnellumschaltung ($t_u \approx 0{,}14$ s) und die Sofortumschaltung ($t_u \approx 0{,}05$ s). Die abhängig von u_D aufgetretenen Hochlaufströme I_{hM}/I_{nM} sind in Bild 7.16 eingetragen. Weitere Beispiele von Umschalt-Oszillogrammen findet man in [7.2, 7.4, 7.8]. Bei gleichzeitiger Befehlsgabe auf die Schalter kann man z.B. Unterbrechungszeiten von 0,01 s erreichen [7.10] und Hochlaufströme, die sich von den stationären Motorströmen nur wenig unterscheiden.

8. Transformatoren

8.1 Einsatz der Transformatoren

Die von Drehstromgeneratoren in Kraftwerken erzeugte Spannung (Bild 5.2) und die bei großen Leistungen dazugehörenden Ströme sind für eine wirtschaftliche Energieübertragung und -verteilung ungeeignet. In den Kraftwerken werden deshalb Maschinentransformatoren (Blocktransformatoren) eingesetzt, um auf Spannungen von z.B. 110, 220 oder 380 kV zu transformieren. In den Verteilungsschwerpunkten werden dann Transformatoren notwendig, um die Spannung herabzusetzen. Die folgende Aufstellung soll einen Überblick über die wichtigsten Anwendungsgebiete geben:

Transformatoren im Kraftwerk:

Maschinentransformatoren (Blocktransformatoren), angepaßt an die Leistung der Synchrongeneratoren. Die Leistungsgrenzen für Drehstromtransformatoren liegen bei etwa 1200 MVA (Bahntransport) und 2000 MVA (Schiffstransport) bei 380 kV auf der Oberspannungsseite. Beim Übergang auf einpolige Transformatoren und höhere Oberspannungen sind noch größere Einheitenleistungen möglich.

Eigenbedarfs- und Anfahrtransformatoren (Kapitel 7) zur Speisung und Sicherung des Eigenbedarfs der Kraftwerke.

Niederspannungstransformatoren (z.B. 6 kV/0,4 kV oder 10 kV/0,4 kV) zur Speisung der Niederspannungsverbraucher im Kraftwerk.

Transformatoren im Übertragungs- und Verteilungsnetz:

Netztransformatoren als Drehstromeinheiten oder als Gruppe aus einpoligen Transformatoren zur Kupplung der Hochspannungsnetze 380 kV/220 kV, 220 kV/110 kV oder 380 kV/110 kV. Im Netz der BR Deutschland sind Gruppen aus einpoligen Spartransformatoren zur Kupplung zwischen dem 380-kV- und 220-kV-Netz mit Drehstromdurchgangsleistungen 660 MVA und 1000 MVA im Einsatz [8.1, 8.10]. Beim Schiffstransport lassen sich die Leistungen noch wesentlich erhöhen.

Für die direkte Kupplung zwischen dem 380-kV-Netz und 110-kV-Netzen sind Drehstromeinheiten mit Leistungen bis 300 MVA im Einsatz.

Die Drehstromvolltransformatoren zur Kupplung der Mittelspannungsnetze 10 kV oder 20 kV mit den 110-kV-Netzen liegen im Leistungsbereich zwischen 12,5 und 63 MVA.

Niederspannungstransformatoren mit $U_{OS} = 10$ kV oder 20 kV und $U_{US} = 0{,}4$ kV werden für Leistungen von 250 kVA bis 1600 kVA gebaut. Vorzugswerte sind 250, 400, 630, 1000 und 1600 kVA [8.22].

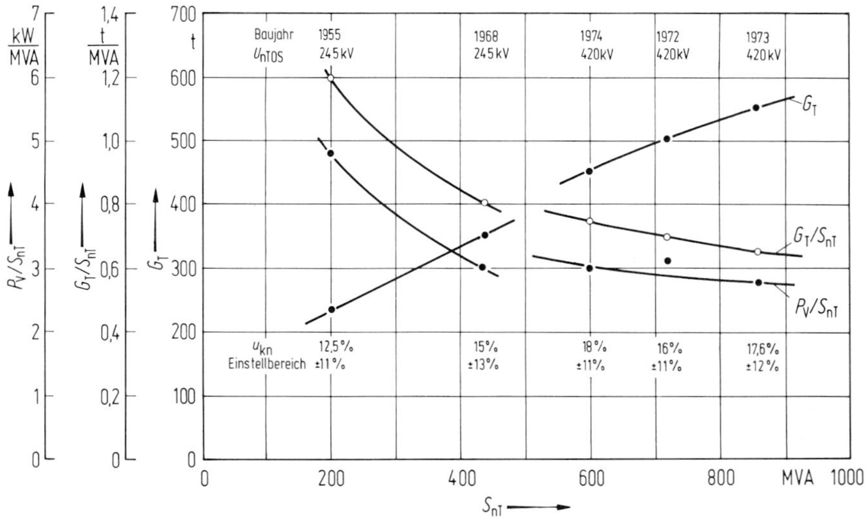

Bild 8.1. Entwicklung von Maschinentransformatoren (Blocktransformatoren) nach Gesamtgewicht einschließlich Kühlanlage G_T, spezifischem Leistungsgewicht G_T/S_{nT} und spezifischen Verlusten P_V/S_{nT}. Nennspannungen auf der Unterspannungsseite der Transformatoren zwischen 10,5 kV und 27 kV, Drehstromtransformatoren in einem Kessel mit unter Spannung einstellbarem Stufenschalter

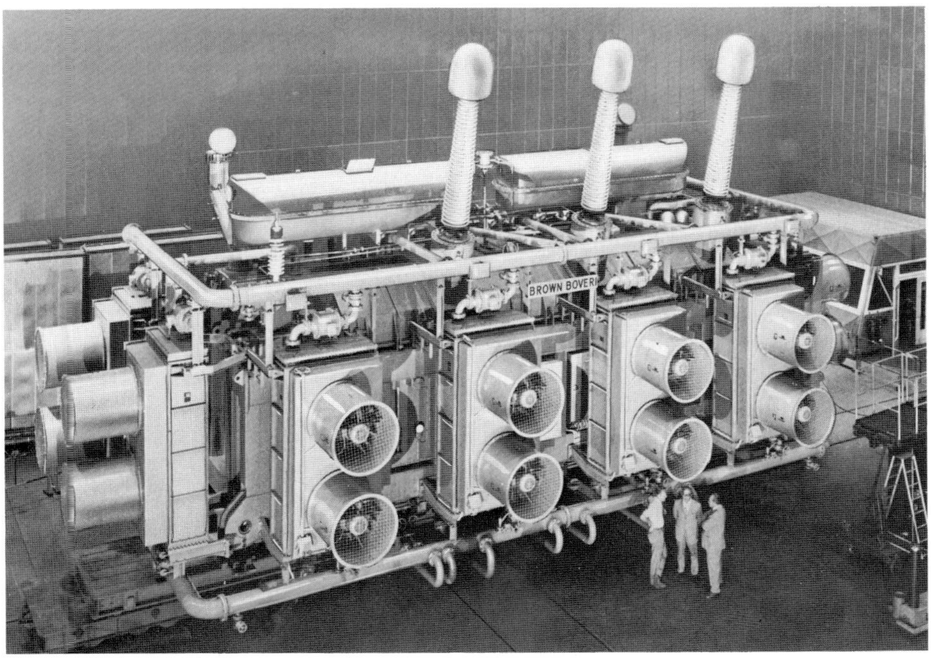

Bild 8.2. 1300-MVA-Maschinentransformator [8.18] (Werkbild BBC) 24,5/345 kV ± 5 %, 60 Hz, YNd 1

Bild 8.3. 700/300/11,9 kV-Transformatorbank (Werkbild TU-Siemens) mit einer Durchgangsleistung von 600 MVA bestehend aus drei einpoligen Spartransformatoren.

Transformatoren in Industrienetzen:

Neben Transformatoren, wie sie auch im Übertragungs- und Verteilungsnetz der öffentlichen Stromversorgung vorkommen, finden sich in Industrienetzen eine Reihe von Transformatoren mit Sonderaufgaben und daran angepaßter Ausführung. Dies sind u.a.:

Stromrichtertransformatoren mit $U_{OS} \leqq 30$ kV,
Transformatoren für Lichtbogenöfen mit $U_{OS} = (10 \ldots 110)$ kV (220 kV),
Anlaßtransformatoren für große Motoren,
Transformatoren für Schweißmaschinen.

Bild 8.1 gibt einen Überblick über die Entwicklung von Drehstrommaschinentransformatoren in den vergangenen 20 Jahren.

Bild 8.2 zeigt einen 1300-MVA-Maschinentransformator als Drehstromeinheit mit einen Fünfschenkelkern für eine Oberspannung von 345 kV ohne Stufenschalter.

Eine Transformatorbank mit einer Durchgangsleistung von 3×200 MVA aus drei einpoligen Einheiten ist in Bild 8.3 wiedergegeben. Diese Spartransformatoren dienen zur Kupplung des 700-kV-Netzes mit dem 300-kV-Netz.

8.2 Schaltgruppen und Schaltungen

Tabelle 8.1 zeigt gebräuchliche Schaltgruppen von Zweiwicklungs-Drehstromtransformatoren nach VDE 0532, Teil 1/11.71. Die in Deutschland bevorzugten Schaltgruppen sind durch Umrandung gekennzeichnet. Im Ausland gilt auch die Schaltgruppe Yd11 als bevorzugte Schaltgruppe.

Tabelle 8.1. Schaltgruppen, Zeigerbilder und Schaltungsbilder von Drehstromtransformatoren [8.23]

1	2	3	4
Kennzahl	Schaltgruppe[a]	Zeigerbild[b] OS US	Schaltungsbild[c] OS US
0	Dd0	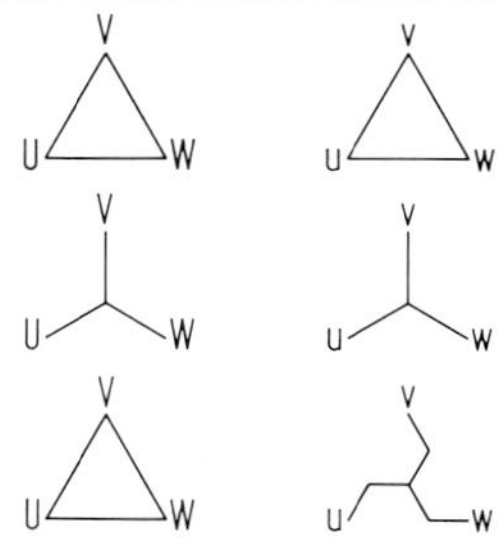	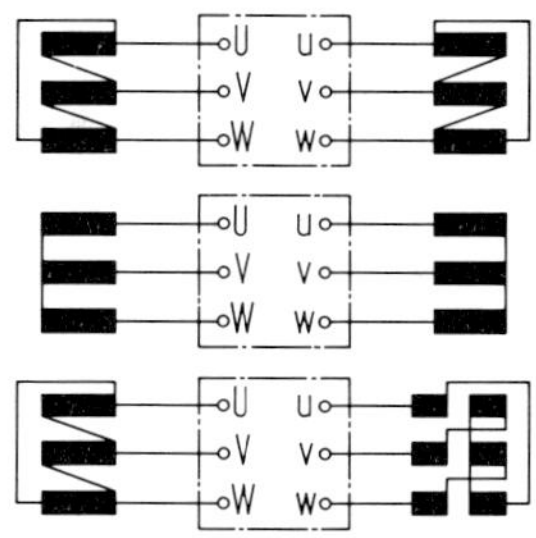
	Yy0		
	Dz0		
5	Dy5	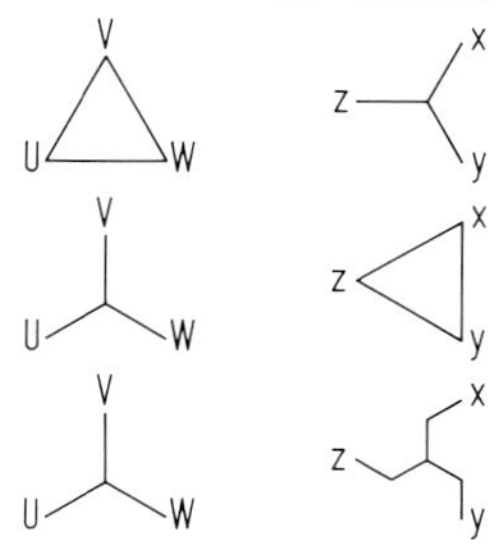	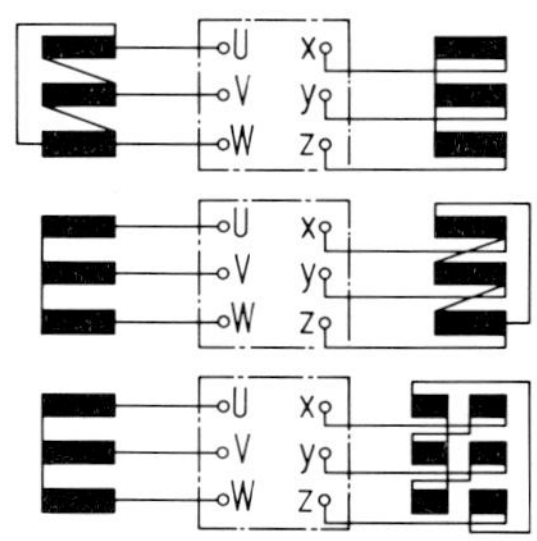
	Yd5		
	Yz5		
6	Dd6	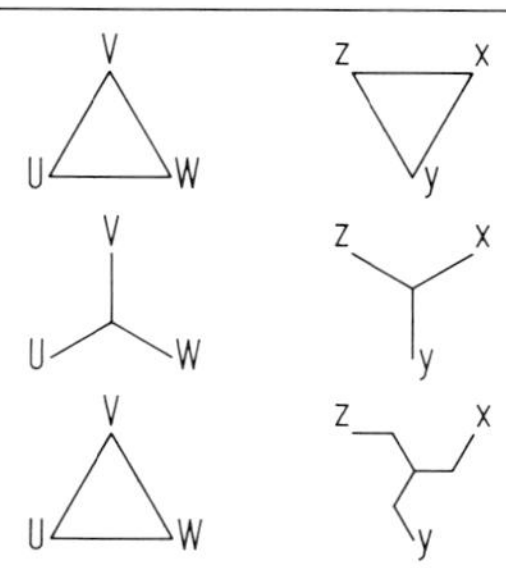	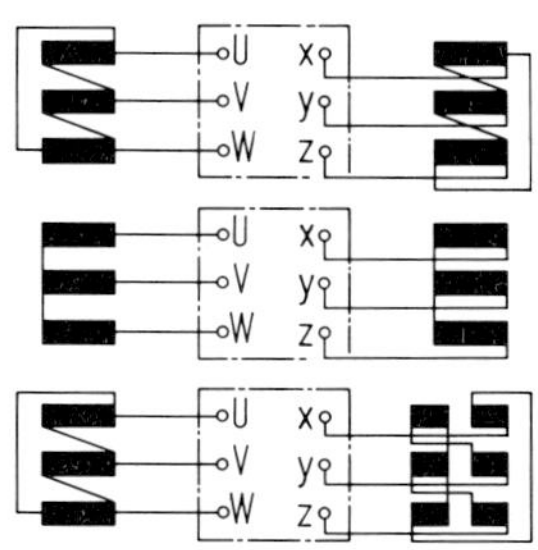
	Yy6		
	Dz6		
11	Dy11	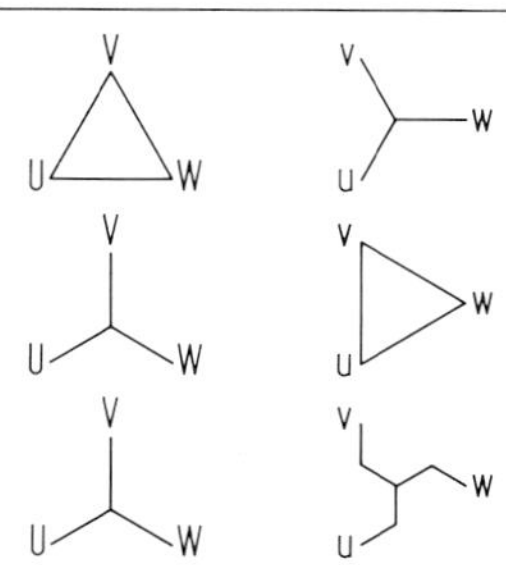	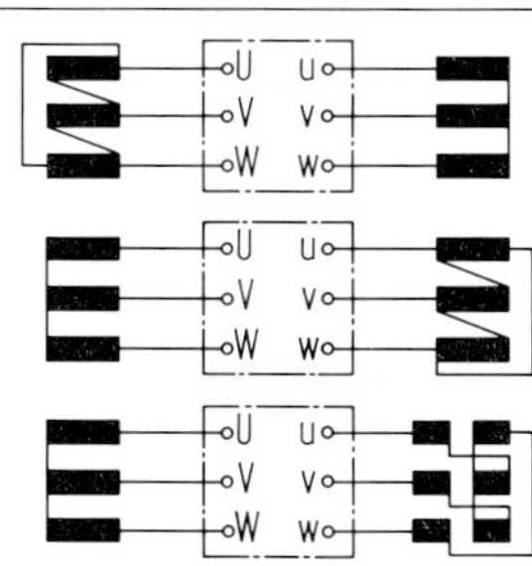
	Yd11		
	Yz11		

[a] Bei herausgeführtem Sternpunkt ist hinter dem Schaltzeichen der Wicklung N bzw. n zu ergänzen, z.B. Dyn 5 oder YNyn0.
[b] Große Buchstaben UVW werden für die OS-Wicklung benutzt, während für MS- und US-Wicklungen kleine Buchstaben uvw und xyz verwendet werden.
[c] Bei den Wicklungen ist gleicher Wickelsinn vorausgesetzt, d.h. räumlich gesehen sind in den Schaltbildern die Wicklungen nach unten geklappt zu denken.

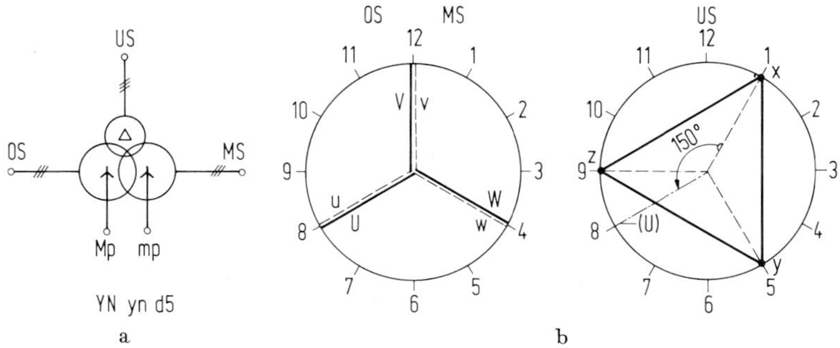

Bild 8.4. Darstellung, Bezeichnung und Kennzahlen eines Dreiwicklungstransformators. (**a**) Darstellung und Schaltgruppe; (**b**) Zeigerbilder

Die jeweils zu einer Schaltgruppenbezeichnung gehörende Kennzahl (z.B. 5 bei Yd5) gibt an, um welches Vielfache von 30° die Zeiger auf der US-Seite gegen die mit gleichen Buchstaben (bzw. mit zugeordnetem Buchstaben bei *x*, *y*, *z* auf der US-Seite) auf der OS-Seite nacheilen (im Gegenuhrzeigersinn gerechnet).

Bild 8.4 zeigt diese Vereinbarung an einem Dreiwicklungstransformator. Zusätzlich soll gezeigt werden, daß zur weiteren Kennzeichnung der Schaltung ein N oder n eingeführt wird, wenn der Sternpunkt auf der OS-Seite oder der US-Seite herausgeführt wird.

Schaltet man Transformatoren parallel, so müssen die Kennzahlen der Schaltgruppen übereinstimmen. Bei entsprechendem Vertauschen der Anschlußklemmen kann man jedoch auch Transformatoren mit den Kennzahlen 5 und 11 parallel schalten. Beim Parallelschalten von zwei Transformatoren T1 und T2 ist einzuhalten:

$\ddot{u}_{\mathrm{T1}} \approx \ddot{u}_{\mathrm{T2}}$, $u_{\mathrm{knT1}} \approx u_{\mathrm{knT2}}$ und $S_{\mathrm{nT1}}/S_{\mathrm{nT2}} < 3$, um Kreisströme in ihrer Größe einzuschränken.

Wählt man bei gleicher Leistung eine Sternschaltung für die Drehstromwicklung eines Transformators, so ist die an der Wicklung im stationären Betrieb liegende Spannung um $\sqrt{3}$ kleiner als die Nennspannung (verkettete Spannung des Transformators). Bei Transformatoren mit hohen Nennspannungen von etwa 110 kV oder mehr wird deshalb die Sternschaltung bevorzugt. Bei gleichem Fluß hat man dann kleinere Windungszahlen und größere Drahtquerschnitte. Als weiterer Vorteil der Sternschaltung in Hochspannungsnetzen ergibt sich, daß man den Sternpunkt der Transformatorwicklung dann direkt erden oder über eine Impedanz an Erde anschließen kann. Die Isolation des sternpunktseitigen Endes der Wicklung kann gegenüber der Eingangsisolation herabgesetzt werden. Bei Spannungen bis 110 kV wird von dieser Möglichkeit kaum Gebrauch gemacht. Bei Spannungen von 220 kV und darüber wird man auf diesen Vorteil jedoch nicht verzichten [8.23].

Bei großen Strömen auf der US-Seite von Transformatoren wird meist die Dreieckschaltung gewählt, um Wicklungsströme zu erhalten, die um $\sqrt{3}$ kleiner sind als die Leiterströme. Für Blocktransformatoren wird deshalb vorzugsweise die Schaltgruppe Yd5 (bzw. Yd11) angewendet.

In vielen Fällen wird die Schaltgruppe durch die Art der Sternpunktbehandlung der Netze bestimmt. Niederspannungstransformatoren zur Speisung von Netzen mit der Schutzmaßnahme Nullung erhalten häufig die Schaltgruppe Dy5 oder Yz5.

Bei Hochspannungs-Netztransformatoren wählt man, um die Isolationseinsparungen und die Möglichkeit der Sternpunkterdung auszunutzen, für beide Seiten eine Sternschaltung. Zusätzlich wird dann eine Ausgleichswicklung in Dreieckschaltung vorgesehen (Bild 8.4).

Bei einer ausreichend bemessenen Dreieckwicklung erreicht man, daß bei einpoligem Erdkurzschluß die Fehlerströme und Verlagerungsspannungen auf eine Seite des Transformators beschränkt bleiben und daß Streuflüsse nicht über den Kessel fließen [8.9].

Ausgleichswicklungen in Dreieckschaltung werden meist für $\frac{1}{3}$ der Transformatornennscheinleistung ausgelegt. Bei einpoligem Erdkurzschluß fließt in der Ausgleichswicklung $(\frac{1}{3})\cdot I''_{\mathrm{k1p}}$, wenn man $ü=1$ voraussetzt. Für das Verhältnis $X_{0\mathrm{T}}/X_{1\mathrm{T}}$ erhält man dann je nach der Wicklungsanordnung Werte größer als oder um 1, während bei Transformatoren in Yd- (oder Dy-)Schaltung $X_{0\mathrm{T}}/X_{1\mathrm{T}}\approx(0{,}9\ldots1{,}0)$ zu erwarten ist (Tabelle 8.2).

Für die Nennübersetzung eines Transformators gilt $ü_{\mathrm{n}}=U_{\mathrm{nOS}}/U_{\mathrm{nUS}}$, d.h. $ü_{\mathrm{n}}\geqq 1$. Sie kann in einem Leerlaufversuch ermittelt werden.

8.3 Zwei- und Dreiwicklungs-Transformatoren

8.3.1 Ersatzschaltung und Zeigerdiagramm

Ersatzschaltungen für das Mit-, Gegen- oder Nullsystem von Transformatoren sind in Tabelle A.4 angegeben. Hier soll zunächst die Ersatzschaltung eines Zweiwicklungstransformators im Mitsystem behandelt werden. Vorausgesetzt wird, daß die ohmschen Wirkwiderstände der OS- und US-Wicklung aus dem Transformator herausgezogen werden, ebenso wie die Streublindwiderstände durch Teilung des Flusses im Streuraum. Weiterhin soll eine Umrechnung der Spannung, des Stromes und der Impedanz der US-Seite auf die OS-Seite vorgenommen werden. Es ergeben sich dann die Ersatzschaltungen nach Bild 8.5. Um die Indizierung einfach zu halten, fehlt bei den Wirkwiderständen und Reaktanzen der Index zur Kennzeichnung des Mit- oder Gegensystems. Bei den Nullimpedanzen wird als erster Index eine Null eingeführt, um eine klare Unterscheidung gegenüber den Mit- und Gegenimpedanzen zu erreichen.

In Bild 8.5 sind:

$U_{1\mathrm{OS}}$, $U_{1\mathrm{US}}$	Spannungen im Mitsystem (Gegensystem) auf der OS- und US-Seite des Transformators: $U_{1\mathrm{OS}}=U_{\mathrm{OS}}/\sqrt{3}$; $U_{1\mathrm{US}}=U_{\mathrm{US}}/\sqrt{3}$
R_1, R_2, $X_{1\sigma}$, $X_{2\sigma}$	Wirkwiderstände und Streureaktanzen auf der OS(1)- und US(2)-Seite des Transformators
R_{v}	Wirkwiderstand entsprechend den Eisenverlusten (Leerlaufverluste P_{l})

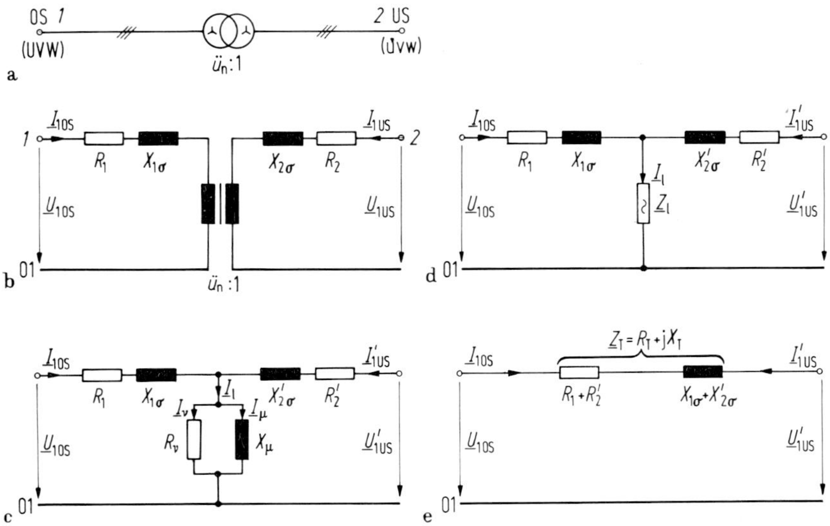

Bild 8.5. Ersatzschaltungen eines Drehstrom-Zweiwicklungstransformators Yy0 im Mitsystem und Gegensystem.

(**a**) Schaltung; (**b**) Ersatzschaltung mit Übersetzung; (**c**) Ersatzschaltung mit Querimpedanz zur Berücksichtigung der Eisenverluste und des Magnetisierungsstromes; (**d**) Vereinfachung der Schaltung nach c); (**e**) Ersatzschaltung bei Vernachlässigung der Eisenverluste und des Magnetisierungsstromes, also bei Vernachlässigung des Leerlaufstromes I_1

X_μ	Magnetisierungsreaktanz des Hauptfeldes (Hauptfeldreaktanz)
$\underline{Z}_1$	Leerlaufimpedanz entsprechend dem Leerlaufstrom $\underline{I}_1$
$\underline{Z}_T$	Kurzschlußimpedanz des Transformators: $\underline{Z}_T = R_T + \mathrm{j}\,X_T = R_1 + R_2' + \mathrm{j}\,(X_{1\sigma} + X_{2\sigma}')$

Beim Übergang vom Bild 8.5b auf 8.5c sind die Spannung, der Strom und die Impedanz der US-Seite auf die OS-Seite umzurechnen:

$$\underline{U}_{1\,\mathrm{US}}' = \ddot{u}_n\,\underline{U}_{1\,\mathrm{US}} \tag{8.1a}$$

$$\underline{I}_{1\,\mathrm{US}}' = \frac{1}{\ddot{u}_n}\,\underline{I}_{1\,\mathrm{US}} \tag{8.1b}$$

$$R_2' = \ddot{u}_n^2\,R_2 \tag{8.2a}$$

$$X_{2\sigma}' = \ddot{u}_n^2\,X_{2\sigma} \tag{8.2b}$$

Die Leerlaufimpedanz Z_1 berechnet man aus dem gemessenen Leerlaufstrom I_1 bei angelegter sinusförmiger Nennspannung mit Nennfrequenz [VDE 0532, Teil 1/11.71, A.40].

$$Z_1 = \frac{U_{\mathrm{nOS}}}{\sqrt{3}\,I_1} = \frac{U_{\mathrm{nOS}}^2}{i_1\,S_{\mathrm{nT}}} \tag{8.3}$$

i_1 ist der auf den Transformatornennstrom I_{nOS} bezogene Leerlaufstrom I_1.

Den Wirkwiderstand R_v und die Magnetisierungsreaktanz X_μ in Bild 8.5c berechnet man ausgehend von

$$R_v = \frac{U_{nOS}^2}{P_1} \tag{8.4a}$$

$$X_\mu = \frac{R_v Z_1}{\sqrt{R_v^2 - Z_1^2}} \tag{8.4b}$$

Bei großen Transformatoren kann man I_1 vernachlässigen, weil I_1 sehr kleine Werte, kleiner als 1 % des Transformatornennstromes, annimmt. Man erhält die vereinfachte Ersatzschaltung des Transformators nach Bild 8.5e. Die Transformatorimpedanz $\underline{Z}_T$ kann dann, bezogen auf die Oberspannungsseite, ausgehend von der Nennkurzschlußspannung u_{kn} und dem ohmschen Spannungsfall u_{Rn} bzw. den Kurzschlußverlusten P_k ermittelt werden.

$$Z_T = u_{kn} \frac{U_{nOS}^2}{S_{nT}} \tag{8.5}$$

$$R_T = u_{Rn} \frac{U_{nOS}^2}{S_{nT}} = \frac{P_k}{3 I_{nOS}^2} \tag{8.6}$$

$$X_T = \sqrt{Z_T^2 - R_T^2} = \sqrt{u_{kn}^2 - u_{Rn}^2} \cdot \frac{U_{nOS}^2}{S_{nT}} = u_{Xn} \frac{U_{nOS}^2}{S_{nT}} \tag{8.7}$$

Bild 8.6 enthält Anhaltswerte für u_{kn} bei Zweiwicklungs-Drehstromtransformatoren abhängig von U_{nOS} und abhängig von S_{nT}. Richtwerte für i_1, P_1/S_{nT} und u_{Rn} sind in Bild 8.7 enthalten.

Für die Ersatzschaltungen nach Bild 8.5d und e gelten die Zeigerdiagramme des Bildes 8.8 und die folgenden Gleichungen:

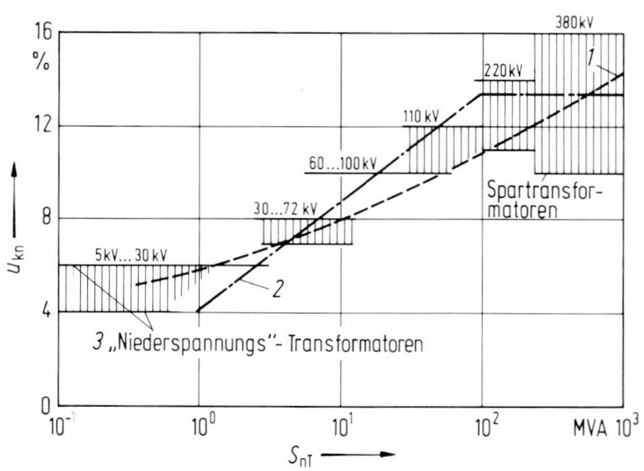

Bild 8.6. Nennkurzschlußspannungen (gebräuchliche Werte) von Hochspannungstransformatoren (Zweiwicklungstransformatoren und Zweiwicklungstransformatoren mit zusätzlicher Ausgleichswicklung).

1 Mittelwerte; *2* Mittelwerte von Volltransformatoren [8.3]; *3* Transformatoren mit $U_{nUS} = 0{,}4$ oder 0,525 kV (Normtransformatoren)

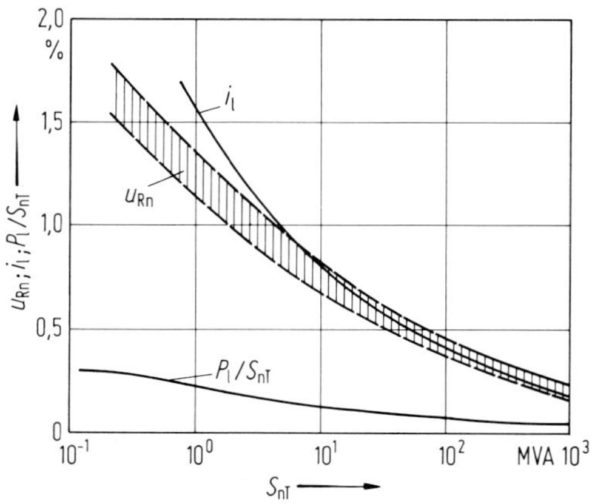

Bild 8.7. Anhaltswerte für u_{Rn}, i_l (Leerlaufstrom) und P_l/S_{nT} (Leerlaufverluste) von Zweiwicklungstransformatoren

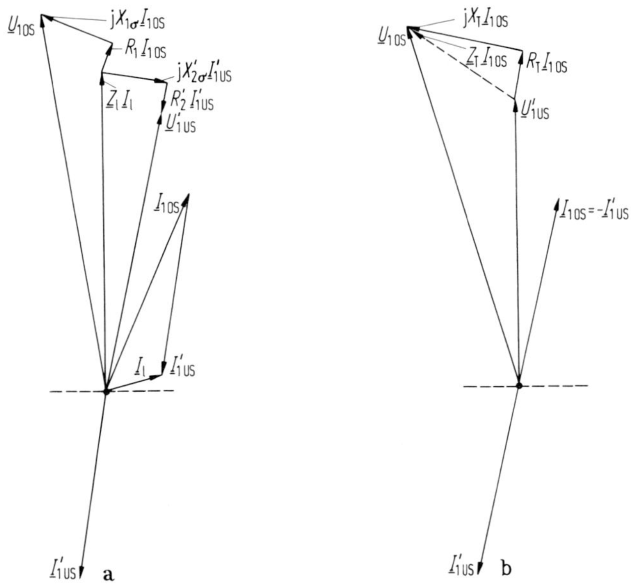

Bild 8.8. Zeigerdiagramm des Drehstrom-Zweiwicklungstransformators mit der Schaltgruppe Yy0. (**a**) Für die Ersatzschaltung nach Bild 8.5d; (**b**) für die Ersatzschaltung nach Bild 8.5e

Bild 8.5d:

$$\underline{I}_{1OS} + \underline{I}'_{1US} = \underline{I}_l \tag{8.8}$$

$$\underline{U}_{1OS} = (R_1 + j\,X_{1\sigma})\,\underline{I}_{1OS} + \underline{I}_l\underline{Z}_l \tag{8.9}$$

$$\underline{U}'_{1US} = (R'_2 + j\,X'_{2\sigma})\,\underline{I}'_{1US} + \underline{I}_l\underline{Z}_l \tag{8.10}$$

Bild 8.5e:

$$\underline{I}_{1\mathrm{OS}}+\underline{I}'_{1\mathrm{US}}=0 \tag{8.11}$$

$$\underline{U}_{1\mathrm{OS}}=(R_\mathrm{T}+\mathrm{j}\,X_\mathrm{T})\,\underline{I}_{1\mathrm{OS}}+\underline{U}'_{1\mathrm{US}} \tag{8.12}$$

$$[\underline{U}'_{1\mathrm{US}}=(R_\mathrm{T}+\mathrm{j}\,X_\mathrm{T})\,\underline{I}'_{1\mathrm{US}}+\underline{U}_{1\mathrm{OS}}] \tag{8.13}$$

Beim Übergang von der Ersatzschaltung nach Bild 8.5d auf die vereinfachte Ersatzschaltung nach Bild 8.5e wird $I_1=0$ gesetzt. Gl. (8.8) geht damit in Gl. (8.11) über. Die Gl. (8.9) und (8.10) ergeben zusammen Gl. (8.12). Die Gl. (8.13) wurde eingeklammert, weil sie dieselbe Aussage enthält wie Gl. (8.12).

8.3.2 Leistungsaufnahme und Spannungsänderung bei Belastung

Bei der Berechnung der Leistungsaufnahme eines Transformators und der Spannungsänderung bei Belastung geht man im allgemeinen von der vereinfachten Ersatzschaltung des Transformators nach Bild 8.5e aus.

Für die Leistungsaufnahme auf der OS-Seite und die Leistungsabgabe auf der US-Seite eines belasteten Drehstromtransformators (symmetrische Belastung) mit der Ersatzschaltung im Mitsystem nach Bild 8.9a gilt:

$$\underline{S}_\mathrm{OS}=3\,\underline{U}_{1\mathrm{OS}}\underline{I}^*_{1\mathrm{OS}}=3\,U_{1\mathrm{OS}}I_{1\mathrm{OS}}(\cos\varphi_\mathrm{OS}+\mathrm{j}\sin\varphi_\mathrm{OS}) \tag{8.14}$$

$$\underline{S}_\mathrm{US}=\underline{S}_\mathrm{B}=-3\,\underline{U}'_{1\mathrm{US}}\underline{I}'^*_{1\mathrm{US}}=3\,\underline{U}'_{1\mathrm{US}}\underline{I}'^*_{1\mathrm{B}} \tag{8.15a}$$

$$\underline{S}_\mathrm{US}=-3\,\underline{U}_{1\mathrm{US}}\underline{I}^*_{1\mathrm{US}}=-3\,U_{1\mathrm{US}}I_{1\mathrm{US}}(\cos\varphi_\mathrm{B}+\mathrm{j}\sin\varphi_\mathrm{B}) \tag{8.15b}$$

Setzt man Gl. (8.13) unter Beachtung von Gl. (8.11) in Gl. (8.15a) ein, so wird:

$$\begin{aligned}\underline{S}_\mathrm{US}&=3\,[\underline{U}_{1\mathrm{OS}}-(R_\mathrm{T}+\mathrm{j}\,X_\mathrm{T})\,\underline{I}_{1\mathrm{OS}}]\,\underline{I}^*_{1\mathrm{OS}}\\&=3\,\underline{U}_{1\mathrm{OS}}\underline{I}^*_{1\mathrm{OS}}-3(R_\mathrm{T}+\mathrm{j}\,X_\mathrm{T})\,I^2_{1\mathrm{OS}}\end{aligned} \tag{8.15c}$$

Die Differenz zwischen der aufgenommenen und der abgegebenen Scheinleistung $\underline{S}_\mathrm{OS}$ und $\underline{S}_\mathrm{US}$ ist die Verlustleistung P_V und der Blindleistungsbedarf Q_V des Transformators. Bezeichnet man diese Differenz mit $\underline{S}_\mathrm{V}$, so gilt (Bild 8.9):

$$\underline{S}_\mathrm{V}=\underline{S}_\mathrm{OS}-\underline{S}_\mathrm{US}=P_\mathrm{V}+\mathrm{j}\,Q_\mathrm{V}=3\,I^2_{1\mathrm{OS}}(R_\mathrm{T}+\mathrm{j}\,X_\mathrm{T})=\frac{3\,I^2_{1\mathrm{US}}}{\ddot{u}^2_\mathrm{n}}(R_\mathrm{T}+\mathrm{j}\,X_\mathrm{T}) \tag{8.16}$$

Die Spannungsänderung ΔU_1 auf der US-Seite bei Belastung des Transformators mit $\underline{I}_{1\mathrm{B}}$ bestimmt man aus der Differenz der Leerlaufspannung $U_{11\mathrm{US}}$ und der Lastspannung auf der US-Seite des Transformators, der auf der OS-Seite mit $U_{1\mathrm{OS}}$ gespeist wird.

$$\Delta U_1=|\underline{U}_{1\mathrm{OS}}/\ddot{u}|-|\underline{U}_{1\mathrm{US}}|=|\underline{U}_{11\mathrm{US}}|-|\underline{U}_{1\mathrm{US}}| \tag{8.17}$$

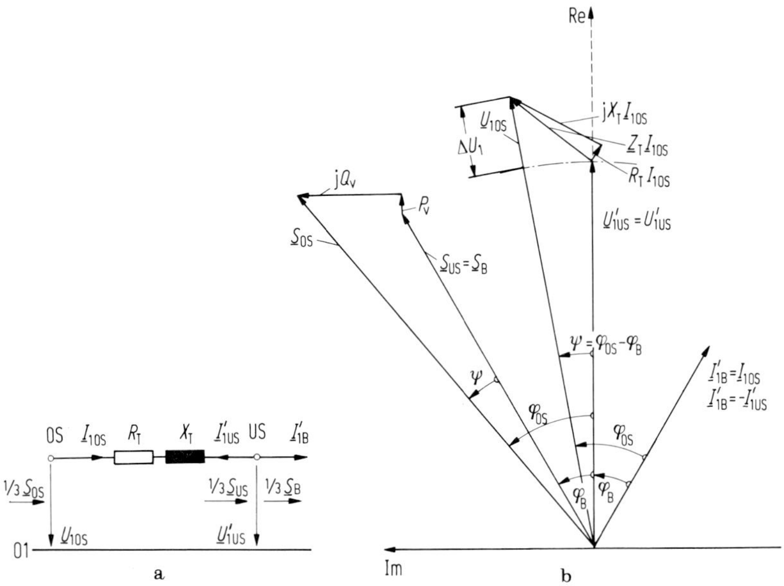

Bild 8.9. Zeigerdiagramm zur Berechnung der Leistungsübertragung und des Spannungsabfalls bei symmetrisch belastetem Drehstromtransformator (Zweiwicklungstransformator).
(**a**) Ersatzschaltung im Mitsystem; (**b**) Zeigerdiagramm

Führt man $R_{\text{TUS}}=u_{\text{Rn}}\,U_{\text{nUS}}^2/S_{\text{nT}}$ und $X_{\text{TUS}}=u_{\text{Xn}}\,U_{\text{nUS}}^2/S_{\text{nT}}$ ein und $\underline{I}_{1\text{B}}=I_{1\text{B}}(\cos\varphi_{\text{B}} - \text{j}\sin\varphi_{\text{B}})$ nach Bild 8.9, so ergibt sich mit $\underline{U}_{1\text{US}}=U_{1\text{US}}$:

$$\Delta U_1=\sqrt{[U_{1\text{US}}+(R_{\text{TUS}}\cos\varphi_{\text{B}}+X_{\text{TUS}}\sin\varphi_{\text{B}})I_{1\text{B}}]^2 +[(R_{\text{TUS}}\sin\varphi_{\text{B}}-X_{\text{TUS}}\cos\varphi_{\text{B}})I_{1\text{B}}]^2}-U_{1\text{US}} \tag{8.18}$$

Führt man die Berechnung in bezogenen Größen durch mit $\Delta u=\Delta U/U_{\text{nUS}} =\Delta U_1/U_{1\text{nUS}}$, $u_{1\text{US}}=U_{1\text{US}}/U_{1\text{nUS}}$ sowie $i_{1\text{B}}=I_{1\text{B}}/I_{1\text{nUS}}$ und den Abkürzungen $u'_\varphi =u_{\text{Rn}}\cos\varphi_{\text{B}}+u_{\text{Xn}}\sin\varphi_{\text{B}}$ sowie $u''_\varphi=u_{\text{Rn}}\sin\varphi_{\text{B}}-u_{\text{Xn}}\cos\varphi_{\text{B}}$ und gilt $(u_{1\text{US}}+u'_\varphi\,i_{1\text{B}})^2 \gg(u''_\varphi\,i_{1\text{B}})^2$, so wird mit guter Näherung bei $u_{\text{kn}}<0{,}20$, wenn $u_{1\text{US}}+u'_\varphi\,i_{\text{B}} \approx 1\,\text{p.u.}$ ist [8.9]:

$$\Delta u\approx u'_\varphi\,i_{1\text{B}}+\tfrac{1}{2}(u''_\varphi\,i_{1\text{B}})^2 \tag{8.19}$$

8.3.3 Dreiwicklungstransformatoren

Neben Zweiwicklungstransformatoren kommen Dreiwicklungstransformatoren als Netztransformatoren und z.B. im Kraftwerk als Eigenbedarfstransformatoren (Bild 7.1) zum Einsatz. Bei Dreiwicklungstransformatoren dient die dritte Wicklung entweder als Leistungs- oder als Ausgleichswicklung. Die Ausgleichswicklung wird bei Sternschaltung der OS- und US-Wicklung und geforderter Sternpunktbe-

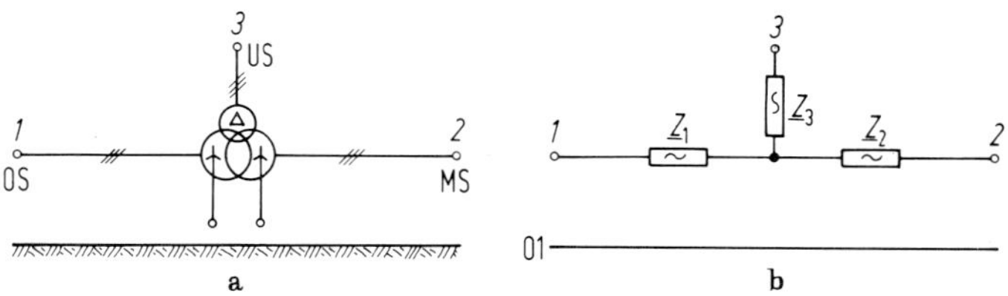

Bild 8.10. Dreiwicklungstransformator YNyn 0+d5.
(**a**) Anschlußbezeichnungen und Wicklungen; (**b**) Ersatzschaltung im Mitsystem. (Der Einfachheit halber wird der Index 1 für das Mitsystem weggelassen)

lastbarkeit bei Voll- und Spartransformatoren in Dreieck geschaltet. Bild 8.10 zeigt die Schaltung und die Ersatzschaltung im Mit- oder Gegensystem und die gewählten Klemmenbezeichnungen OS: *1*, MS *2* und US *3* (s. auch Tabelle A.4).

Während man beim Zweiwicklungstransformator einen Kurzschlußversuch durchführt, um die Kurzschlußspannung zu ermitteln, sind beim Dreiwicklungstransformator drei Messungen notwendig, um daraus die Impedanzen der Schaltung nach Bild 8.10b zu berechnen. Allgemein gilt, daß bei einem Transformator mit N Wicklungen $(N-1)\,N/2$ Kurzschlußversuche notwendig werden [8.6]. Zur Ermittlung der drei Kurzschlußspannungen $u_{\text{kn}12}$, $u_{\text{kn}13}$ und $u_{\text{kn}23}$ speist man jeweils eine Wicklung mit einem symmetrischen Spannungssystem – Mitsystem – ein, schließt eine zweite Wicklung kurz und läßt die dritte Wicklung offen. Die Einspeisespannung wird jeweils so eingestellt, daß ein Strom fließt, der der kleineren Nennscheinleistung der beiden Wicklungen eines Wicklungspaares (eingespeiste und kurzgeschlossene Wicklung) entspricht. Die Kurzschlußspannungen sind also jeweils mit einer Bezugsleistung, der Durchgangsleistung z.B. von der OS-Wicklung *1* zur US-Wicklung *3* verknüpft. Führt man die Nennkurzschlußspannungen $u_{\text{kn}12}$, $u_{\text{kn}13}$ und $u_{\text{kn}23}$ sowie die Durchgangsleistungen $S_{\text{n}12}$, $S_{\text{n}13}$ und $S_{\text{n}23}$ ein, so ergeben sich damit bezogen auf die Spannung $U_{\text{n}1}$ folgende Kurzschlußimpedanzen:

$$|\underline{Z}_{12}| = |\underline{Z}_1 + \underline{Z}_2| = u_{\text{kn}12}\frac{U_{\text{n}1}^2}{S_{\text{n}12}} \tag{8.20a}$$

$$|\underline{Z}_{13}| = |\underline{Z}_1 + \underline{Z}_3| = u_{\text{kn}13}\frac{U_{\text{n}1}^2}{S_{\text{n}13}} \tag{8.20b}$$

$$|\underline{Z}_{23}| = |\underline{Z}_2 + \underline{Z}_3| = u_{\text{kn}23}\frac{U_{\text{n}1}^2}{S_{\text{n}23}} \tag{8.20c}$$

Durch zusätzliche Messung der Kurzschlußverluste zwischen den einzelnen Wicklungspaaren (Messung bei Einstellung auf der Hauptanzapfung) ermittelt man R_{12}, R_{13} und R_{23} (Abschnitt 8.3.1) und kann dann $\underline{Z}_{12}$, $\underline{Z}_{13}$ und $\underline{Z}_{23}$ bestimmen. Ausgehend von den Gl. (8.20) ergibt sich für die Impedanzen der

Schaltung des Bildes 8.10b:

$$\underline{Z}_1 = \tfrac{1}{2}(\underline{Z}_{12} + \underline{Z}_{13} - \underline{Z}_{23})$$

$$= \frac{1}{2}\left(\frac{u_{\mathrm{Rn}12} + \mathrm{j}\,u_{\mathrm{Xn}12}}{S_{\mathrm{n}12}} + \frac{u_{\mathrm{Rn}13} + \mathrm{j}\,u_{\mathrm{Xn}13}}{S_{\mathrm{n}13}} - \frac{u_{\mathrm{Rn}23} + \mathrm{j}\,u_{\mathrm{Xn}23}}{S_{\mathrm{n}23}}\right) U_{\mathrm{n}1}^2 \tag{8.21a}$$

$$\underline{Z}_2 = \tfrac{1}{2}(\underline{Z}_{23} + \underline{Z}_{12} - \underline{Z}_{13})$$

$$= \frac{1}{2}\left(\frac{u_{\mathrm{Rn}23} + \mathrm{j}\,u_{\mathrm{Xn}23}}{S_{\mathrm{n}23}} + \frac{u_{\mathrm{Rn}12} + \mathrm{j}\,u_{\mathrm{Xn}12}}{S_{\mathrm{n}12}} - \frac{u_{\mathrm{Rn}13} + \mathrm{j}\,u_{\mathrm{Xn}13}}{S_{\mathrm{n}13}}\right) U_{\mathrm{n}1}^2 \tag{8.21b}$$

$$\underline{Z}_3 = \tfrac{1}{2}(\underline{Z}_{13} + \underline{Z}_{23} - \underline{Z}_{12})$$

$$= \frac{1}{2}\left(\frac{u_{\mathrm{Rn}13} + \mathrm{j}\,u_{\mathrm{Xn}13}}{S_{\mathrm{n}13}} + \frac{u_{\mathrm{Rn}23} + \mathrm{j}\,u_{\mathrm{Xn}23}}{S_{\mathrm{n}23}} - \frac{u_{\mathrm{Rn}12} + \mathrm{j}\,u_{\mathrm{Xn}12}}{S_{\mathrm{n}12}}\right) U_{\mathrm{n}1}^2 \tag{8.21c}$$

Man erkennt leicht, wie sich die Gl. (8.21) vereinfachen, wenn man nur die Kurzschlußreaktanzen berücksichtigt. Bei einer von $U_{\mathrm{n}1}$ abweichenden Bezugsspannung sind die Impedanzen mit $\ddot{u}^2$ umzurechnen. Die Gl. (8.21) werden dann besonders einfach, wenn man Netzberechnungen mit Größen des %/MVA-Systems vornimmt (Abschnitt 15.8).

Bild 8.11a zeigt ein Beispiel für die Anwendung eines Dreiwicklungstransformators zur Einspeisung elektrischer Energie aus einem 110-kV-Netz in 10-kV- bzw. 30-kV-Netze mit ruhigen bzw. unruhigen Verbrauchern. Die Wicklung 1 wird nach Bild 8.11b zwischen den beiden Wicklungen 2 und 3 angeordnet, um möglichst geringe Rückwirkungen der Spannungsänderungen im 30-kV-Netz auf die 10-kV-Verbraucher zu erreichen. Sind nur die beiden Wicklungen 1 und 2 in Betrieb, so ist

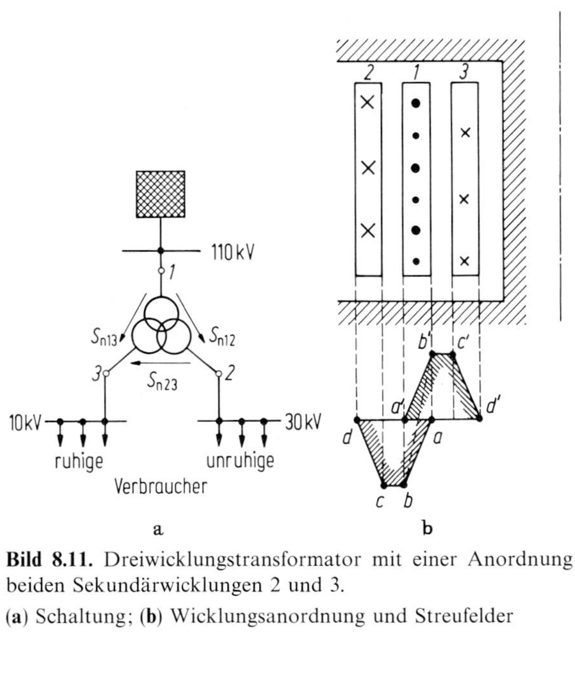

Bild 8.11. Dreiwicklungstransformator mit einer Anordnung der Primärwicklung 1 zwischen den beiden Sekundärwicklungen 2 und 3.

(**a**) Schaltung; (**b**) Wicklungsanordnung und Streufelder das Streufeld gegeben durch das Trapez abcd, während sich beim Betrieb der Wicklungen 1 und 3 ein Streufeld entsprechend dem Trapez a′b′c′d′ ergibt (Bild 8.11b). Bei gemeinsamem Betrieb der beiden Wicklungen 2 und 3 gespeist über die Primärwicklung 1 bildet sich das resultierende Streufeld dcbb′c′d′ aus. Die Streufelder zwischen den Wicklungen 1 und 2 bzw. 1 und 3 verkleinern sich nur wenig, die Kopplung zwischen den Wicklungen 2 und 3 ist also gering.

Gibt man einen Transformator nach Bild 8.11 vor mit $S_{n12}=20$ MVA, $u_{kn12}=10\,\%$, $S_{n13}=10$ MVA, $u_{kn13}=4{,}5\,\%$, $S_{n23}=10$ MVA, $u_{kn23}=10{,}2\,\%$, so ergeben sich auf $U_{n1}=110$ kV bezogen ausgehend von den Gln. (8.20) folgende Reaktanzen: $X_{12}=0{,}10\ (110\,\text{kV})^2/20\,\text{MVA}=60{,}5\,\Omega$, $X_{13}=0{,}045\ (110\,\text{kV})^2/10\,\text{MVA}=54{,}5\,\Omega$, $X_{23}=0{,}102\ (110\,\text{kV})^2/10\,\text{MVA}=123{,}4\,\Omega$. Verwendet man die Gln. (8.21) mit X anstelle von $\underline{Z}$, so ergibt sich für die Sternersatzschaltung (Bild 8.10b):

$$
\begin{aligned}
X_1 &= \tfrac{1}{2}(60{,}5+54{,}5-123{,}4)\,\Omega = -4{,}2\,\Omega\\
X_2 &= \tfrac{1}{2}(123{,}4+60{,}5-54{,}5)\,\Omega = 64{,}7\,\Omega\\
X_3 &= \tfrac{1}{2}(54{,}5+123{,}4-60{,}5)\,\Omega = 58{,}7\,\Omega
\end{aligned}
$$

Man erkennt, daß eine Reaktanz kleine negative Werte annehmen kann (Reaktanz der in der Mitte zwischen zwei Wicklungen liegenden Wicklung). Die der äußeren und inneren Wicklung (2 und 3 in Bild 8.11b) zugeordneten Reaktanzen X_2 und X_3 sind etwa gleich den Kurzschlußreaktanzen zwischen ihnen und der mittleren Wicklung 1 ($X_2 \approx X_{12}$; $X_3 \approx X_{13}$). Bei Vernachlässigung der radialen Wicklungsausdehnungen würde die Reaktanz $X_1=0$.

8.3.4 Reaktanzen des Nullsystems und Sternpunktbelastbarkeit

Bei Transformatoren wird dann eine Sternpunktbelastbarkeit gefordert, wenn z.B. eine Löschspule angeschlossen werden soll oder wenn der Transformator direkt geerdet wird in Netzen mit niederohmiger Sternpunkterdung. Transformatoren der Schaltgruppe Yd, Dy und Yy mit Dreieckausgleichswicklung sowie Yz sind voll sternpunktbelastbar, d.h. der Sternpunkt kann dauernd den Nennstrom der zugehörigen Wicklung führen. Bei Yy-Transformatoren mit einer Ausgleichswicklung für ein Drittel der Nennleistung darf jedoch nur einer der beiden Sternpunkte jeweils belastet werden [8.23]. Bei der Schaltgruppe Yz gilt diese Aussage der vollen Sternpunktbelastbarkeit für die Zickzackwicklung, jedoch nicht für die Sternwicklung. Die im Sternpunkt voll belastbaren Transformatoren haben eine Nullimpedanz, die entweder gleich der Mitimpedanz (Yd oder Dy), merklich kleiner als die Mitimpedanz ist (Yz für die Nullimpedanz auf der z-Seite) oder aber im Bereich der einfachen bis zur etwa 2,4fachen der Mitimpedanz liegt (Yd mit Dreieckausgleichswicklung). Tabelle 8.2 enthält Anhaltswerte.

Für das Nullsystem von Transformatoren gelten nach Tabelle A.4 eigene Ersatzschaltungen meist abweichend von den Ersatzschaltungen im Mit- und Gegensystem.

Bild 8.12 zeigt als Beispiel die Messung der Nullimpedanz eines Transformators der Schaltgruppe Yd5 und die Stromverteilung bei einpoligem Erdkurzschluß.

Wird der Sternpunkt des Transformators in Bild 8.12b nicht direkt sondern über eine Sternpunktimpedanz $\underline{Z}_S$ geerdet, so ist nach Tabelle A.4, Nr. 2, in die einpolige Ersatzschaltung des Nullsystems $3\underline{Z}_S$ einzuführen.

Tabelle 8.2. Verhältnis X_{0T}/X_{1T} bei Drehstromtransformatoren (Anhaltswerte)

Kernbauart	Schaltung			
	Yz	Yd oder Dy	Yy + d	Yy[c] oder Yz
Dreischenkelkern		0,7-1,0[a]		3-10[b]
Fünfschenkelkern	0,1-0,15	1,0	1-2,4[b]	10-100[b]
Bank aus drei einpoligen Transformatoren		1,0		10-100[b]

[a] Bei Transformatoren kleiner Leistung $X_{0T}/X_{1T} \approx 1{,}0$ (Niederspannungstransformatoren [2.17]).
[b] Stark vom Transformatoraufbau und vom Anteil des Streuflusses im Verhältnis zum Nutzfluß abhängig (der Streufluß schließt sich z.T. über den Transformatorkessel).
[c] Ungeeignet für den Einsatz in Netzen mit der Schutzmaßnahme Nullung.

Bei einem Blocktransformator der Schaltgruppe Yd, der die Leistung eines Kraftwerksblockes in ein Netz mit niederohmiger Sternpunkterdung einspeist, ergibt sich bei einem Erdkurzschluß im Netz für den Generator ein zweipoliger Strom, wie Bild 8.12b zeigt. Dies bedeutet für den Generator eine Schieflast von $\frac{1}{3}\,\ddot{u}\,I''_{k1p}/I_{nG}$. Die gleiche Schieflast tritt auch in Bild 8.13 auf.

Bei einem Netztransformator der Schaltgruppe Yy mit zusätzlicher Dreieckausgleichswicklung ergibt sich bei Erdung eines Sternpunktes und einpoligem Erdkurzschluß eine Stromverteilung nach Bild 8.13. In der Dreieckausgleichswicklung kann sich ein Ausgleichsstrom so ausbilden, daß das Amperewindungsgleichgewicht erreicht wird. Bei gleicher Übersetzung $\ddot{u}$ sowohl zwischen der OS- und der US-Wicklung als auch zwischen der OS- und der Ausgleichswicklung fließt in der Ausgleichswicklung $\frac{1}{3}\,\ddot{u}\,I''_{k1p}$.

Die vollständige Ersatzschaltung im Mitsystem eines Transformators Yy0 mit Dreieckausgleichswicklung (Tabelle A.4, Nr. 3 bis Nr. 7) besteht aus drei Impedanzen. Am Beispiel des Bildes 8.14 soll die Ermittlung der vollständigen Ersatzschal-

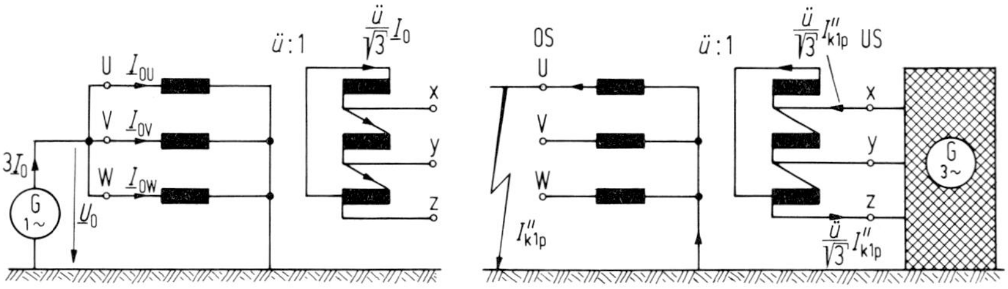

Bild 8.12. Kurzschlußnullimpedanz und Stromverteilung bei einpoligem Erdkurzschluß für einen Transformator der Schaltgruppe YNd5.

(**a**) Messung der Nullimpedanz $\underline{Z}_{0T} = \underline{U}_0/\underline{I}_0$ mit $\underline{I}_{0U} = \underline{I}_{0V} = \underline{I}_{0W}$; (**b**) Stromverteilung und Sternpunktbelastung bei einpoligem Erdkurzschluß bei Einspeisung der US-Seite und Erdung des OS-Sternpunktes

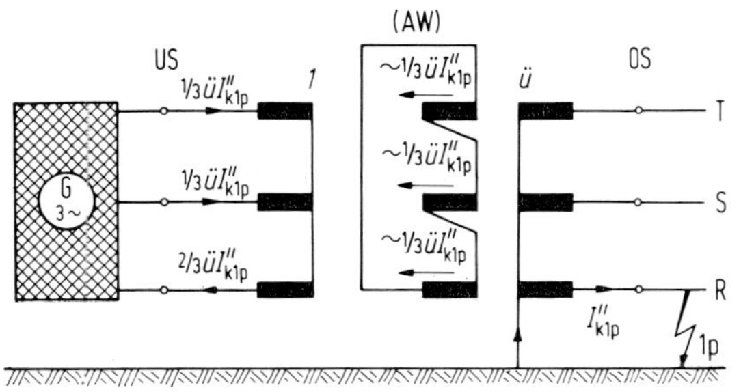

Bild 8.13. Stromverteilung und Sternpunktbelastung eines Drehstromtransformators Yy0 mit Dreieckausgleichswicklung (AW) bei einpoligem Erdkurzschluß

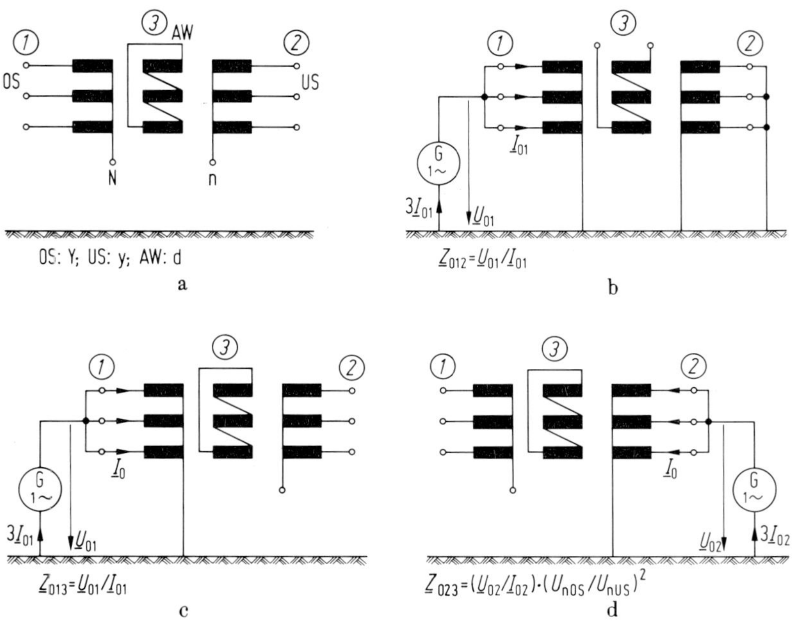

Bild 8.14. Messung der Nullimpedanzen eines Drehstromtransformators YNyn0 mit Dreieckausgleichswicklung für 1/3 der Nennleistung.

(**a**) Wicklungsschaltung; (**b**) Kurzschlußimpedanz $\underline{Z}_{012}$; (**c**) Kurzschlußimpedanz $\underline{Z}_{013}$; (**d**) Kurzschlußimpedanz $\underline{Z}_{023}$ mit Umrechnung auf die OS-Seite

tung im Nullsystem ausgehend von drei Nullimpedanzmessungen für einen 25-MVA-Transformator 110/10 kV gezeigt werden.

Für den 25-MVA-Transformator 108 kV ±22%/10,5 kV wurden bei Einstellung auf die Hauptanzapfung folgende Reaktanzen ($X \approx Z$) gemessen:

$$X_{012} = 52{,}5\,\Omega, \qquad X_{013} = 76{,}5\,\Omega, \qquad X'_{023} = 0{,}193\,\Omega$$

$$X_{023} = 0{,}193\,\Omega \left(\frac{108\,\text{kV}}{10{,}5\,\text{kV}}\right)^2 = 20{,}42\,\Omega$$

Nach den Gln. (8.21) berechnet man dann mit $U_{\mathrm{nOS}} = 108\,\mathrm{kV}$:

$$X_{01} = 54{,}29\,\Omega, \qquad X_{02} = -1{,}79\,\Omega, \qquad X_{03} = 22{,}21\,\Omega$$

Die Transformatorersatzschaltungen im Nullsystem, auch bei Berücksichtigung von Sternpunktimpedanzen (Tabelle A.4), leiten sich aus diesen Überlegungen ab. Die vollständige Ersatzschaltung im Nullsystem ermöglicht die Berechnung von übertragenen Nullspannungen, wenn beide Sternpunkte (OS- und US-Seite) eines Transformators direkt oder über Impedanzen geerdet werden (Abschnitt 16.3).

8.3.5 Rushströme beim Einschalten leerlaufender Transformatoren

Beim Einschalten leerlaufender Transformatoren treten Rushströme auf, die bei kleinen Transformatorleistungen das 10- bis 15fache des Scheitelwertes des Nennstromes erreichen. Mit steigender Nennscheinleistung der Transformatoren gehen die Rushströme im Verhältnis zum Nennstrom zurück. Die Rushströme haben Bedeutung für die Auswahl und Einstellung des Transformatordifferentialschutzes, für die Spannungsabsenkung im Netz beim Zuschalten großer Transformatoren und für die Schaltüberspannungen beim Ausschalten im Rush [8.4, 8.7, 8.11, 8.15].

Die Höhe der Rushströme läßt sich entweder durch Messung bei Einschaltversuchen oder mit ausreichender Näherung durch eine Berechnung bestimmen. Ausgangspunkt für die Berechnung ist die vereinfachte Ersatzschaltung eines Wechselstromtransformators mit zwei Wicklungen nach Bild 8.15.

Legt man an den leerlaufenden Transformator nach Bild 8.15 die Spannung

$$u_1 = \sqrt{2}\,U_1 \cos(\omega t + \varphi) \tag{8.22}$$

so wird für die zeitliche Änderung des Flusses:

$$\frac{\mathrm{d}\Phi}{\mathrm{d}t} = \frac{\sqrt{2}\,U_1}{w_1}\cos(\omega t + \varphi) - \frac{R_1}{w_1}\,i_1 \tag{8.23}$$

Nach Integration der Gl. (8.23) erhält man für den Fluß:

$$\Phi = \Phi_{\mathrm{r}} + \frac{\sqrt{2}\,U_1}{\omega w_1}[\sin(\omega t + \varphi) - \sin\varphi] - \frac{R_1}{w_1}\int i_1\,\mathrm{d}t \tag{8.24}$$

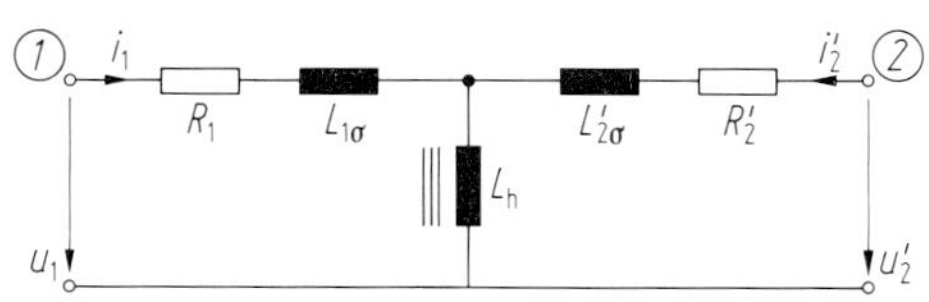

Bild 8.15. Transformatorersatzschaltung zur Berechnung des Rushstromes.
$\ddot{u} \geq 1$; $u'_2 = \ddot{u}\,u_2$; $i'_2 = i_2/\ddot{u}$; $R'_2 = \ddot{u}^2 R_2$; $L'_{2\sigma} = \ddot{u}^2 L_{2\sigma}$

Φ_r ist der remanente Fluß, der nach dem Ausschalten des Transformators bestehen bleibt. Der maximale Fluß Φ_{max} tritt auf, wenn Φ_r positiv ist und $\varphi = -\pi/2$ wird. Führt man für den mittleren Dauerfluß im stationären Betrieb (Nennfluß) $\Phi_n = \sqrt{2}\, U_1/(\omega w_1)$ ein, so geht Gl. (8.24) über in:

$$\Phi_{max} = \Phi_r + \Phi_n \left[\sin\left(\omega t - \frac{\pi}{2}\right) + 1\right] - \frac{R_1}{w_1} \int i_1 \, dt \tag{8.25}$$

Bei kaltgewalztem Blech kann der remanente Fluß etwa das 0,65- bis 0,85fache des Nennflusses erreichen, während bei warmgewalztem Blech nur das etwa 0,4- bis 0,5fache des Nennflusses auftritt.

Die magnetische Sättigungsflußdichte B_s liegt bei etwa 2,1 Vs/m² (21 000 Gauß). Wird dem remanenten Fluß Φ_r nach Gl. (8.25) $2\,\Phi_n$ überlagert, so ergibt sich $\Phi_{max} \approx 2{,}85\, \Phi_n$. Die Sättigung wird weit überschritten, ein Teil des Gesamtflusses muß deshalb außerhalb des Eisens in Luft verlaufen. Für diesen Teil Φ_L ergibt sich [8.9]:

$$\Phi_L = \Phi_{max} - B_s A_{Fe} = \Phi_r + 2\,\Phi_n - B_s A_{Fe} \tag{8.26a}$$

Dabei ist A_{Fe} der Säulenquerschnitt des Transformators. Weiter findet man

$$\Phi_L = (B_r + 2 B_n)\, A_{Fe} - B_s A_{Fe} = B_n A_{Fe} \cdot \left(2 - \frac{B_s - B_r}{B_n}\right) \tag{8.26b}$$

Den Luftfluß kann man auch so berechnen, als ob der Eisenkern gar nicht vorhanden wäre:

$$\Phi_L = B_L A_L = \mu_0 \frac{i_1 w_1}{l_w} \cdot A_L \tag{8.27}$$

Dabei ist A_L der mittlere Querschnitt des Luftflusses ($A_L = \pi D_m^2/4$), wenn D_m der mittlere Durchmesser der Primärwicklung ist. w_1 ist die Windungszahl der Primärwicklung und l_w die axiale Wicklungslänge (in erster Näherung gleich der Schenkellänge).

Ausgehend von Gl. (8.27) ergibt sich damit für den Scheitelwert des Rushstromes:

$$i_1 = \frac{l_w}{\mu_0 w_1 A_L} \cdot B_n A_{Fe} \left(2 - \frac{B_s - B_r}{B_n}\right) \tag{8.28}$$

und wenn man

$$\Phi_n = B_n A_{Fe} = \frac{u_1}{\omega w_1} \tag{8.29}$$

$$\omega L_L = X_L = \omega \mu_0 w_1^2 \frac{A_L}{l_w} \tag{8.30}$$

einführt:

$$i_1 = \frac{u_1}{X_L} \left(2 - \frac{B_s - B_r}{B_n}\right) = \frac{u_1}{X_L} (2 - \beta) \tag{8.31}$$

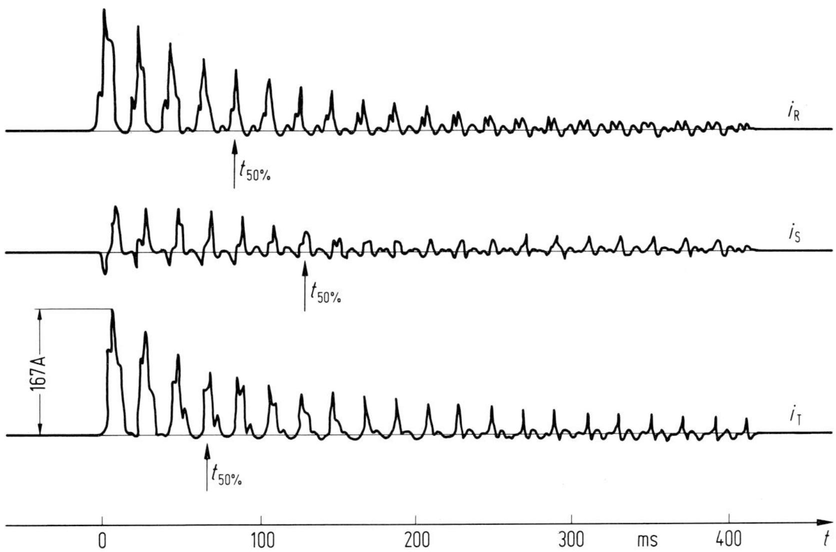

Bild 8.16. Einschaltrushstrom beim Zuschalten eines leerlaufenden Transformators 125 kVA, 8100/396 V, $u_k = 4{,}4\,\%$, $I_{nOS} = 8{,}91$ A

X_L ist dabei die Reaktanz der eisenlosen Primärwicklung des Transformators. Gl. (8.31) gilt für den Wechselstromtransformator und sinngemäß auch für den Drehstromtransformator, wenn man die Schaltgruppe berücksichtigt. Bei Sternschaltung auf der Primärseite ist $u_1 = \sqrt{2}\,U/\sqrt{3}$, bei Δ-Schaltung $u_1 = \sqrt{2}\,U$ einzusetzen [8.7].

Will man bei kleineren Transformatoren unter 500 kVA den Dämpfungseinfluß von R_1 berücksichtigen, so ist das über eine Erweiterung der Gl. (8.31) möglich, und man erhält mit β wie in Gl. (8.31):

$$i_1 = \frac{u_1}{X_L}\left(2 - \beta - \frac{R_1}{X_L}\left[\sqrt{\beta(2-\beta)} + \{\pi - \arccos(1-\beta)\}(1-\beta)\right]\right) \tag{8.32}$$

Bei einem 125-kVA-Transformator Yz11, 8100/396 V, $u_k = 4{,}4\,\%$, für den $R_1 = 4{,}99\,\Omega$, $X_L = 51\,\Omega$, $\beta = 0{,}45$ und $I_{nOS} = 8{,}91$ A gilt, ergibt sich nach Gl. (8.32), wenn man $u_1 = \sqrt{2}$ 8100 V$/\sqrt{3}$ einsetzt, ein Rushstrom $i_1 = 175$ A und bezogen auf den Scheitelwert des Nennstromes $i_1/\sqrt{2}\,I_{nOS} = 13{,}5$. Bild 8.16 zeigt das Oszillogramm mit dem größten bei 200 Messungen ermittelten Rushstrom für diesen Transformator [8.7].

Anders als bei Drehstromtransformatoren kleiner Leistung liegen die Verhältnisse bei Bänken aus großen einpoligen Transformatoren in Sparschaltung. Die Einschaltrushströme liegen niedriger. Der Abklingvorgang geht dagegen sehr viel langsamer vor sich und dauert u. U. viele Sekunden. Dieses langsame Abklingen der Rushströme kann man bei großen Transformatoren auch an dem langsamen Abklingen der Brummgeräusche nach dem Leereinschalten beobachten. Bild 8.17 zeigt ein Beispiel.

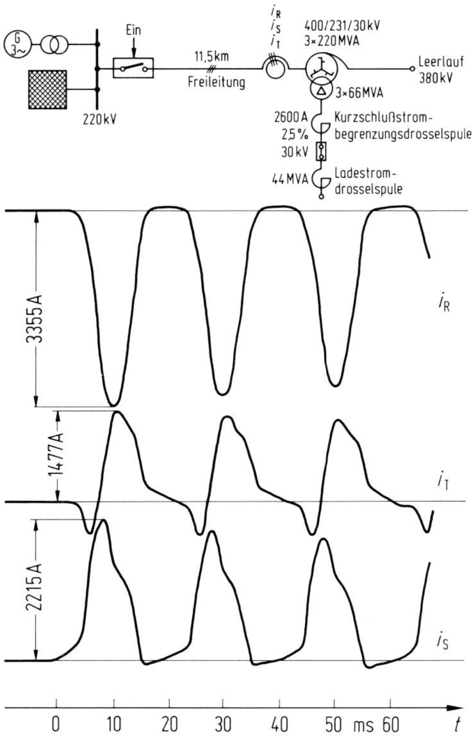

Bild 8.17. Rushströme beim Einschalten eines Spartransformators 3 × 220 MVA mit dem 220-kV-Schalter bei Anschluß einer Ladestromdrosselspule 44 MVA auf der Tertiärseite

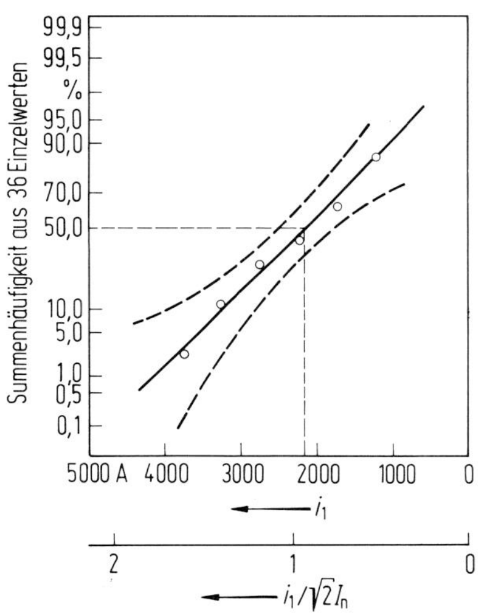

Bild 8.18. Summenhäufigkeit der Einschaltrushströme einer Bank aus drei Spartransformatoren 3 × 220 MVA + 3 × 66 MVA, 400/231/30 kV. Netzaufbau nach Bild 8.17 ($I_n = 1650$ A). Versuche ohne und mit Ladestromdrosselspule

Die Auswertung von 12 dreipoligen Einschaltversuchen, die in erster Näherung unabhängig voneinander als 36 Einzelwerte behandelt werden dürfen, zeigt Bild 8.18. Der gemessene Maximalwert erreichte den 1,56fachen Wert des Scheitelwertes des Nennstromes auf der 220-kV-Seite des Transformators. Abklingzeiten der Rushströme auf 50 % ihres Anfangswertes liegen in der Größenordnung von 1 bis 1,5 s. Das Abklingen bis auf den stationären Leerlaufstrom (Magnetisierungsstrom), der bei etwa 0,2 % des Nennstromes liegt, dauert Minuten.

8.4 Transformatorwicklungen und Stufenschalter

Die Wicklungen von Transformatoren (Primär- und Sekundärwicklungen) werden auf einen gemeinsamen Eisenkern aufgebracht. Bild 8.19 zeigt dazu zwei typische Kernbauformen von Drehstromtransformatoren. Der Fluß im Eisenkern (gestrichelt eingezeichnet) koppelt die Wicklungen der Schenkel magnetisch miteinander.

Bei Drehstromtransformatoren großer Leistung kann man durch Wahl eines Fünfschenkelkerns die Jochhöhe gegenüber einem Dreischenkelkern stark vermindern und so günstigere Bedingungen für den Bahntransport erreichen. Bei einpoligen Transformatoren z.B. in Sparschaltung (Abschnitt 8.5) werden Vierschenkelkerne verwendet mit zwei bewickelten Schenkeln und zwei Rückschlußschenkeln.

Der Aufbau der zylindrischen Wicklungen bei kreisförmigem Schenkelquerschnitt, ihre Isolation und Anordnung gegeneinander und gegen den Kern wird durch den Nennstrom, die Wärmeabfuhr, die Nennspannung und die damit zu fordernden Spannungsfestigkeiten bei der Wechselspannungs- und der Stoßspannungsprüfung sowie weiterhin durch die Forderung nach Kurzschlußfestigkeit der Wicklungen bestimmt. Von Einfluß auf die Wicklungsanordnung ist auch der geforderte Stellbereich und damit verbunden die Anordnung von Zusatzwicklungen (Grobstufen- und Feinstufenwicklungen). Bei Zweiwicklungstransformatoren werden die US-Wicklungen meist am Kern angeordnet. Hochspannungswicklungen werden als Lagenwicklungen oder Scheibenspulenwicklungen ausgeführt, wie Bild 8.20 zeigt.

Beim Wicklungsaufbau nach Bild 8.20a ist die Hauptisolation zwischen der OS- und US-Wicklung für die Prüfspannungen der US-Wicklung zu bemessen, während beim Aufbau nach Bild 8.20b die Hauptisolation für die Prüfspannungen

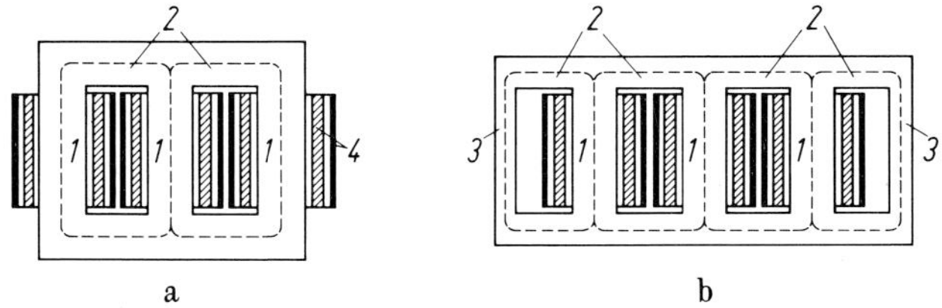

Bild 8.19. Bauformen von Drehstromtransformatoren.
(**a**) Dreischenkeltransformator; (**b**) Fünfschenkeltransformator.
1 Schenkel; *2* Joch; *3* Rückschlußschenkel; *4* Wicklungen

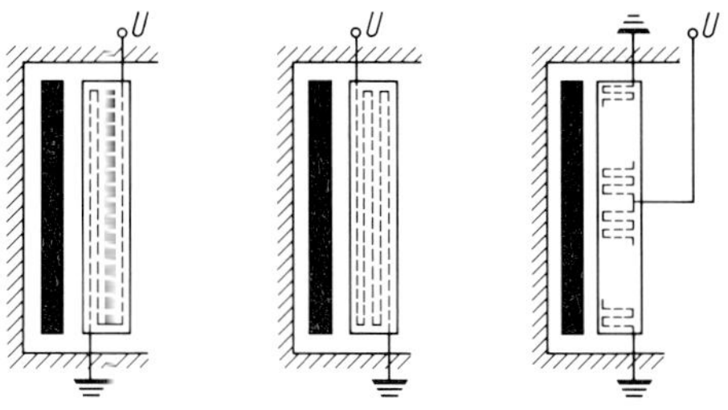

Bild 8.20. Aufbau der OS-Wicklung von Hochspannungstransformatoren.

(**a**) Lagenwicklung, innere Lage geerdet; (**b**) Lagenwicklung, äußere Lage geerdet; (**c**) Scheibenspulenwicklung mit Hochspannungsanschluß in der Mitte

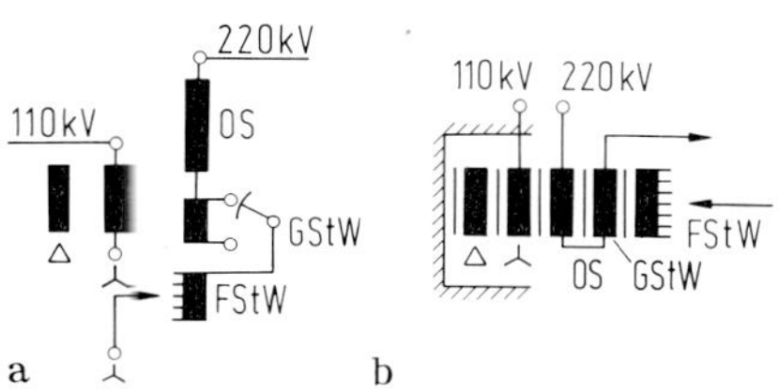

Bild 8.21. Netztransformator 220/110 kV mit Sternpunktstufenschalter (z.B. 100 oder 200 MVA), YNyn + d5.

(**a**) Wicklungsschaltung; (**b**) Wicklungsanordnung auf dem Schenkel. OS Oberspannungswicklung (Stammwicklung); GStW Grobstufenwicklung; FStW Feinstufenwicklung

der OS-Seite zu bemessen sind. Diese Anordnung bevorzugt man beim Einsatz eines Sternpunktstufenschalters zur Spannungseinstellung des Transformators. Die Anordnung des Hochspannungsanschlusses in der Wicklungsmitte nach Bild 8.20c hat den Vorteil, daß sich die Prüfspannungen der Wicklung zu den Jochen hin abbaut. Anwendung findet dieser Wicklungsaufbau z.B. bei Spartransformatoren 735/315 kV ohne Stufenschalter [8.13, 8.20].

Bei Netztransformatoren und Maschinentransformatoren mit Stufenschaltern werden neben der Oberspannungswicklung (Stammwicklung) eine Grobstufenwicklung (GStW) und eine Feinstufenwicklung (FStW) vorgesehen. Die Bilder 8.21 und 8.22 zeigen dazu Beispiele. Bei Maschinentransformatoren mit großer Leistung werden die beiden Teile der US-Wicklung (Bild 8.22b) u.U. auch doppel konzentrisch zur Hochspannungsstammwicklung angeordnet [8.21].

Bild 8.23 zeigt die beiden grundsätzlichen Möglichkeiten zur Verstellung der Transformatorübersetzung in Längsrichtung. Bei großem Stellbereich, z.B. ±16 % bis ±22 % wählt man die Anordnung nach Bild 8.23b. Dabei wird eine Grobeinstellung durch Zu- und Gegenschaltung einer Grobstufenwicklung (GStW) erreicht und eine Feineinstellung mit Hilfe einer Feinstufenwicklung (FStW) und eines Stufenschalters.

Die Umstellung von einer Stufe auf die nächste Stufe muß ohne Stromunterbrechung mit Hilfe von Überschaltwiderständen durchgeführt werden, damit die Teile

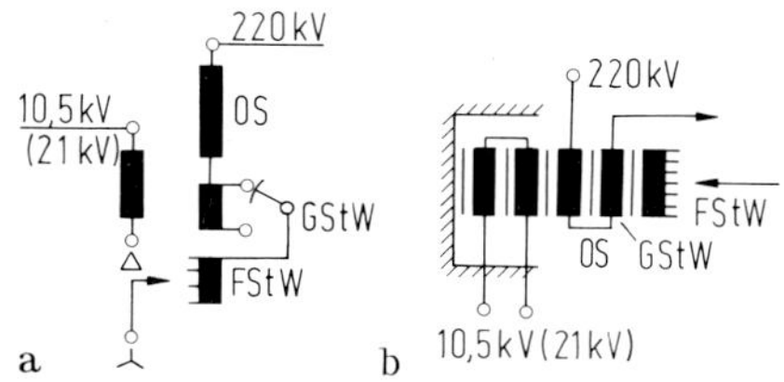

Bild 8.22. Maschinentransformator (Blocktransformator) 10,5(21)/220 kV mit Sternpunktstufenschalter (z.B. 200 MVA), YNd5.
(**a**) Wicklungsschaltung; (**b**) Wicklungsanordnung. OS, GStW, FStW wie in Bild 8.21

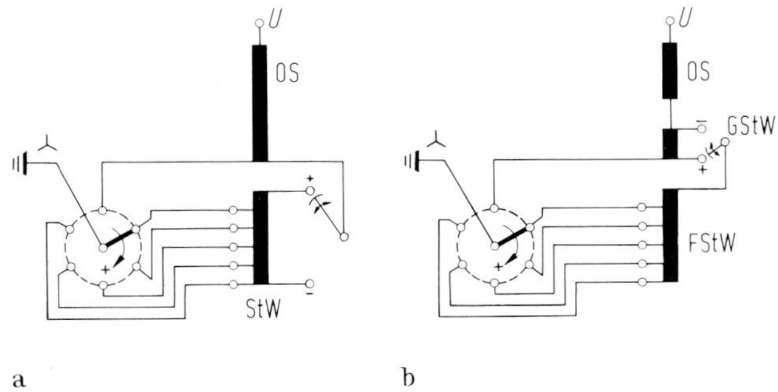

Bild 8.23. Verstellung der Transformatorübersetzung mit Hilfe eines Transformatorstufenschalters (schematisch).
(**a**) Stufenwicklung (StW); (**b**) Grobstufenwicklung (GStW) und Feinstufenwicklung (FStW)

der Transformatorwicklung nicht widerstandslos kurzgeschlossen werden, der Ausgleichsstrom gering bleibt und so eine hohe Anzahl von Umschaltvorgängen ermöglicht wird [8.9].

Die Isolation der Transformatoren (Wicklungen, Durchführungen, Stufenschalter) muß so bemessen werden, daß außer der dauernd anliegenden Betriebsspannung auch Spannungserhöhungen (beim Maschinentransformator durch Lastabwurf) und kurzzeitig auftretende Blitz- und Schaltüberspannungen ausgehalten werden. Zu berücksichtigen ist, daß Überspannungsableiter an den Transformatorklemmen entscheidenden Einfluß auf die zu fordernden Isolationspegel der Transformatoren haben (Abschnitt 17.5). Die Isolationspegel (Nenn-Stehwechsel- und Nenn-Steh-Blitzstoßspannung oder Nenn-Steh-Schaltstoß- und Nenn-Steh-Blitzstoßspannung bei $U_m \geqq 300$ kV) eines Transformators werden durch die höchste dauernd zulässige Betriebsspannung U_m, durch den Erdfehlerfaktor δ, die Möglichkeit der Beanspruchung durch Schalt- und Blitzüberspannungen und den Schutzpegel von Überspannungsschutzeinrichtungen (Ventilableiter) bestimmt (Abschnitt 17.5.3). Wählt man hohe Prüfwechselspannungen, so ist die 1-Minuten-Prüfung im allgemeinen die dimensionierende Größe für die Isolation. Blitzüberspannungen mit steiler Stirn beanspruchen beim Einlaufen auf einen Transformator im wesentlichen die Eingangswindungen, aber im weiteren Verlauf auch alle Wicklungsteile und die Isolation eines Stufenschalters. Messungen haben gezeigt [8.16], daß Isolationsanordnungen mit Barrieren unter Öl im Transformator eine

Durchschlagsfestigkeit gegenüber Schaltstoßspannungen (250/2500 µs) haben, die nur wenig unter der Festigkeit für Blitzstoßspannungen (1,2/50 µs) liegen; häufig kann man etwa 80 % der Nenn-Steh-Blitzstoßspannung annehmen. Auf der anderen Seite darf man annehmen, daß die Festigkeit gegenüber Schaltstoßspannungen etwa beim 1,4fachen des Scheitelwertes der Nenn-Steh-Wechselspannung liegt.

8.5 Spartransformatoren

Spartransformatoren als Drehstromeinheiten oder zusammengestellt aus drei einpoligen Einheiten dienen zur Kupplung von Hochspannungsnetzen mit niederohmiger Sternpunkterdung, wenn die Netznennspannungen nicht mehr als um den Faktor 2 bis 3 auseinanderliegen (Bild 8.3). Mit Spartransformatoren lassen sich gegenüber Volltransformatoren sowohl Material und Gewicht als auch Verluste einsparen. Bei vorgegebenem Bahnprofil für den Transport lassen sich größere Einheitenleistungen verwirklichen als bei Volltransformatoren [8.3, 8.5].

Bild 8.24 zeigt ausgehend vom Transformatoraufbau mit zwei konzentrischen Wicklungen der Windungszahlen w_A und w_B die Ersatzschaltungen (Mitsystem) eines Volltransformators in Bild 8.24b und eines Spartransformators in Bild 8.24c jeweils durch entsprechende Schaltung der beiden Wicklungen entstanden.

Ausgehend von den Ersatzschaltungen in Bild 8.24 findet man für die Drehstromeigenleistung (Typenleistung) S_{nE} und die Drehstromdurchgangsleistung S_{nD}:

$$S_{nE} = 3\,U_{1nA}\,I_{nA} = 3\,U_{1nB}\,I_{nB} \tag{8.33}$$

$$S_{nD} = 3\,U_{1nUS}\,I_{nUS} = 3\,U_{1nOS}\,I_{nOS} \tag{8.34}$$

Nach Bild 8.24 gilt weiterhin: $U_{1nA} = U_{1nUS}$, $I_{nB} = I_{nOS}$ sowie $U_{1nOS} = U_{1nA} + U_{1nB}$ und $I_{nUS} = I_{nA} + I_{nB}$.

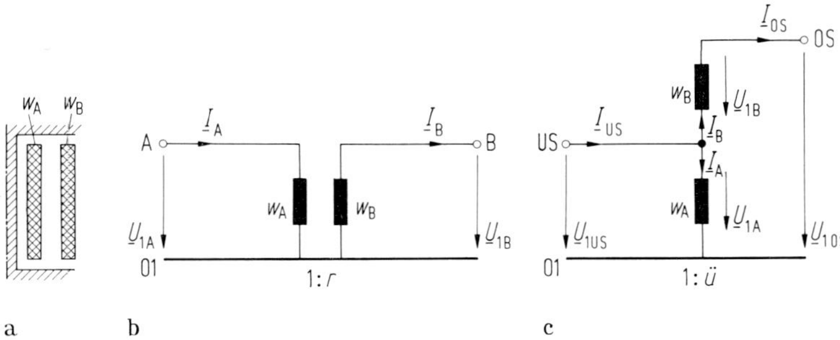

Bild 8.24. Volltransformator und Spartransformator.

(**a**) Anordnung der konzentrischen Wicklungen mit den Windungszahlen w_A und w_B auf dem Eisenkern; (**b**) Schaltung als Volltransformator; (**c**) Schaltung als Spartransformator

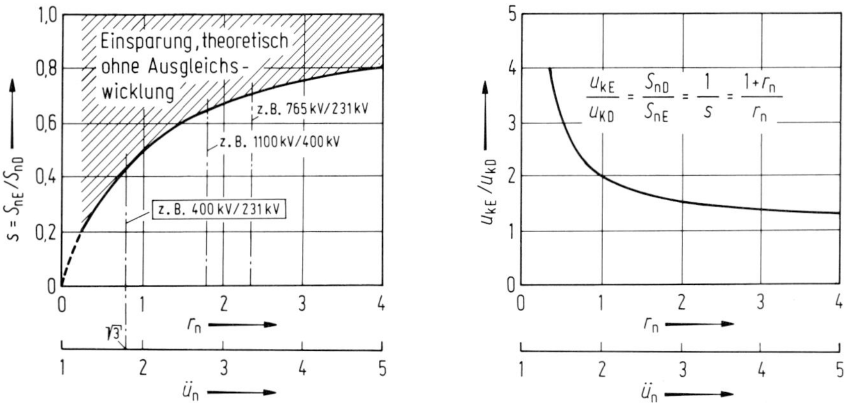

Bild 8.25. Abhängigkeit der Eigenleistung und der Kurzschlußspannung von r_n bzw. $ü_n$ bei Spartransformatoren

Für das Verhältnis Eigenleistung zu Durchgangsleistung des Spartransformators ergibt sich damit, wenn man $r_n = w_B/w_A = U_{nB}/U_{nA}$ und $ü_n = U_{nOS}/U_{nUS}$ einführt:

$$\frac{S_{nE}}{S_{nD}} = \frac{I_{nA}}{I_{nUS}} = \frac{U_{nB}}{U_{nOS}} = s = \frac{U_{nB}/U_{nA}}{1 + U_{nB}/U_{nA}} = \frac{r_n}{1 + r_n} = \frac{U_{nOS} - U_{nUS}}{U_{nOS}} = \frac{ü_n - 1}{ü_n} \quad (8.35)$$

Für einen Spartransformator mit $ü_n = 400\,\text{kV}/231\,\text{kV} = \sqrt{3}$ gilt also $s = S_{nE}/S_{nD} = (\sqrt{3} - 1)/\sqrt{3} = 0{,}423$ und $r_n = ü_n - 1 = \sqrt{3} - 1 = 0{,}732$. Theoretisch beträgt der Aufwand für den Bau eines Spartransformators in diesem Fall nur 42% des Aufwandes für einen Volltransformator entsprechender Eigenleistung. Unter Berücksichtigung des Wachstumsgesetzes und dadurch, daß man im allgemeinen eine Dreieckausgleichswicklung vorsieht, steigen jedoch die Herstellungskosten eines Spartransformators erheblich an über den theoretischen Wert.

Bild 8.25 zeigt die Abhängigkeit des Leistungsverhältnisses $s = S_{nE}/S_{nD}$ und der Kurschlußspannung vom Windungszahlverhältnis $r_n = w_B/w_A$ bei konstanter Durchgangsleistung.

Einer Materialeinsparung bei Spartransformatoren steht damit eine verminderte Kurzschlußspannung gegenüber. Die Kurzschlußspannungen u_{kD} bei Spartransformatoren mit $ü_n \approx 400\,\text{kV}/231\,\text{kV}$ liegen im Bereich 7 bis 10,5% [8.5, 8.10], also verhältnismäßig niedrig gegenüber den Kurzschlußspannungen von 400-kV-Volltransformatoren (Bild 8.6).

Spartransformatoren in Sternschaltung für die Primär- und Sekundärwicklung (Reihen- und Parallelwicklung) erhalten meist eine Dreieckausgleichswicklung (Tertiärwicklung), ausgelegt für etwa ein Drittel der Durchgangsleistung. An diese können Ladestromspulen oder Kondensatoren zur Kompensation des kapazitiven oder induktiven Blindleistungsbedarfes angeschlossen werden (Bild 12.34). Zum Teil werden auch Generatoren oder Synchronphasenschieber angeschlossen. Zur Spannungseinstellung in Längs- oder Schrägrichtung kann man einen Zusatztransformator mit Stufenwicklung im gleichen Kessel unterbringen zusammen mit den Wicklungen RW, PW und TW des Haupttransformators, wie Bild 8.26 zeigt.

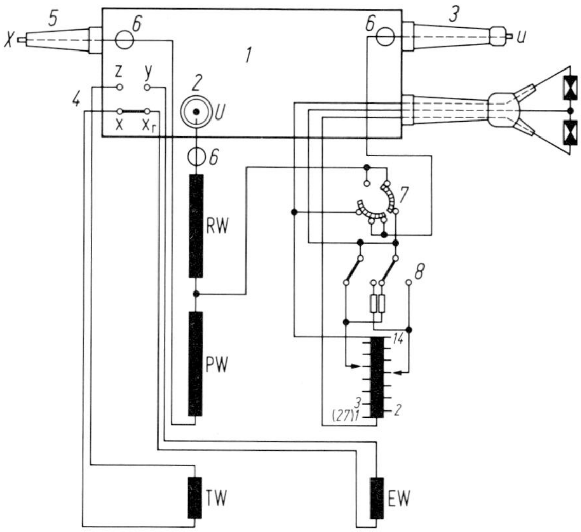

Bild 8.26. Wicklungsschaltung eines Pols (U, u) für eine Spartransformatorbank mit Längsverstellung oder $\pm 60°$-Schrägverstellung $(400/\sqrt{3})$ kV/$(231/\sqrt{3})$ kV/30 kV.
1 Kessel; *2* OS-Anschluß; *3* MS-Anschluß; *4* US-Anschlüsse; *5* Sternpunkt; *6* Stromwandler; *7* Wahlschalter für Zu- und Gegenschaltung der Stufenwicklung (Feinstufen), *8* Stufenschalter mit Überschaltwiderständen; RW Reihenwicklung; PW Parallelwicklung; TW Tertiärwicklung; EW Erregerwicklung für die Stufenwicklung

Spartransformatoren aufgebaut aus drei einpoligen Einheiten mit einer Dreieckausgleichswicklung sind Dreiwicklungstransformatoren mit entsprechenden Ersatzschaltungen (Abschnitt 8.3.3) im Mit- und Nullsystem. Diese Ersatzschaltungen findet man in Tabelle A.4. Zu achten ist auf die besondere Ersatzschaltung im Nullsystem bei einem Spartransformator mit freiem Sternpunkt. Die drei Nullreaktanzen bilden in diesem Fall ein Resonanz-Dreieck, so daß eine Umwandlung in eine äquivalente Sternschaltung nicht möglich ist.

9. Freileitungen

9.1 Mastformen, Kosten

Für die Übertragung und Verteilung elektrischer Energie außerhalb von Städten werden aus Kostengründen meist Freileitungen verwendet. Kabel sind wesentlich teurer als Freileitungen (Bild 12.13). Die Vorteile der Freileitungen liegen neben den günstigen Investitionskosten in der guten Zugänglichkeit bei Reparaturen und den dadurch erreichbaren kurzen Reparatur- und Wiederversorgungszeiten. Für die Ausführung von Freileitungen unterscheidet man Holzmastleitungen nach Bild 9.1a und 9.1b, Betonmastleitungen nach Bild 9.1c und Stahlgittermastleitungen nach Bild 9.1d bis 9.1i. In Deutschland werden Freileitungen für 110 kV und darüber mit Rücksicht auf den Trassenmangel praktisch nur noch mit zwei oder mehr Stromkreisen gebaut.

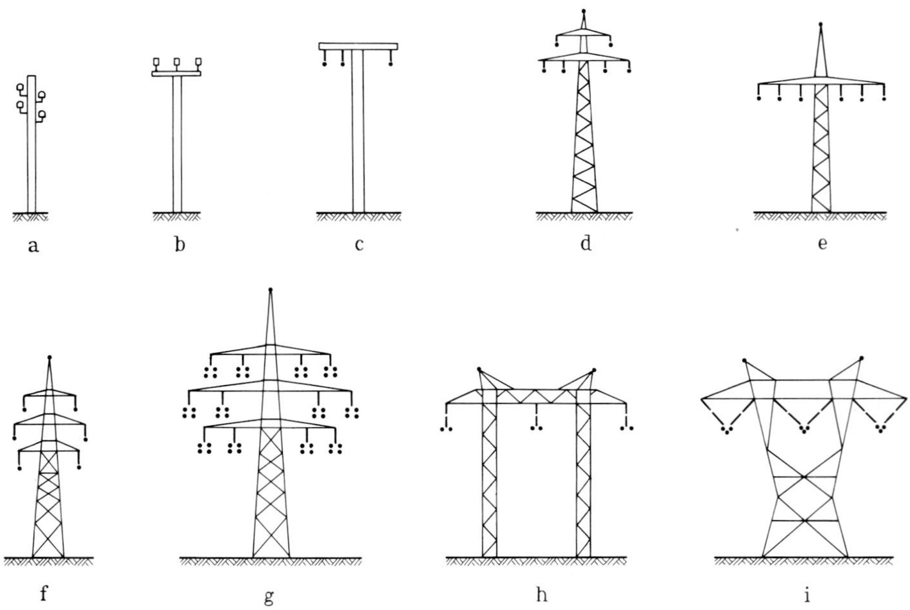

Bild 9.1. Mastbilder von Drehstromfreileitungen (Auswahl).

(**a**) Niederspannungsleitung (Holzmast) mit Nulleiter; (**b**) Mittelspannungsleitung mit Stützenisolatoren; (**c**) Betonmastleitung (Mittelspannung bis 110 kV); (**d**) Donaumastbild (110 bis 380 kV und bis 1150 kV möglich); (**e**) Einebenenmastbild (110 kV bis 220 kV); (**f**) Tonnenmastbild (110 kV bis 1150 kV); (**g**) Mehrfachleitung, hier für vier Stromkreise 380 kV; (**h**) Portalmast, u.U. abgespannte Konstruktion (110 kV bis 750 kV); (**i**) Y-Mastbild (110 kV bis 1500 kV)

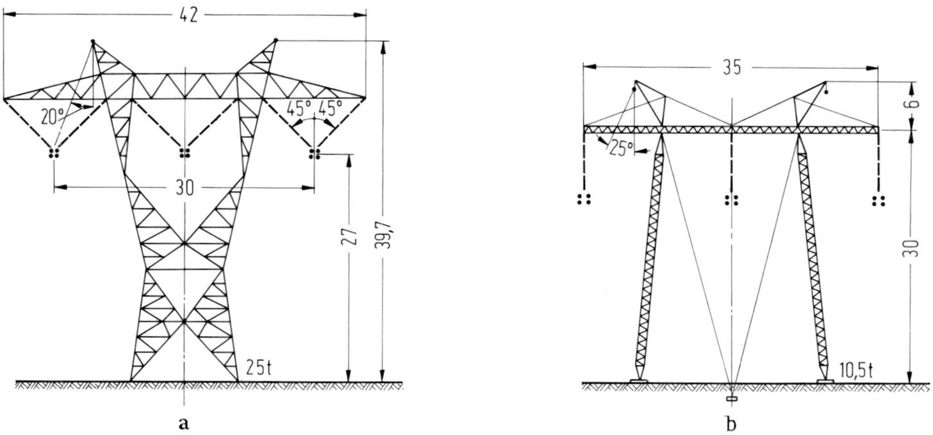

Bild 9.2. 700-kV-Freileitungen mit einem Stromkreis.
(**a**) 735 kV in Kanada; (**b**) 750 kV in Rußland

Bild 9.2 zeigt ausgeführte 700-kV-Freileitungen in Kanada und in Rußland. Der kanadische Mast ist selbsttragend und hat deshalb ein höheres Mastgewicht als der abgespannte Mast nach Bild 9.2b.

Die Abmessungen der Maste werden neben der Betriebsspannung durch die Anzahl der Stromkreise, die Spannweiten zwischen je zwei Masten und den Durchhang der Seile bestimmt. Bild 9.3 zeigt dazu ein Beispiel von Mastabmessungen für eine Freileitung mit 6 Stromkreisen.

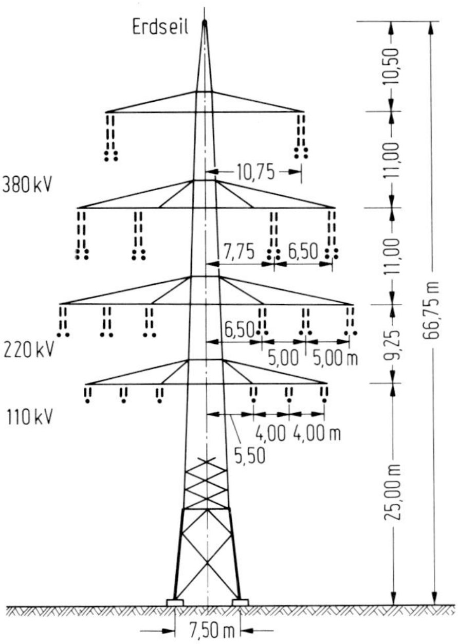

Bild 9.3. Drehstromfreileitung mit sechs Stromkreisen und einem Erdseil.
2 Stromkreise 380 kV (*oben*), 2 Stromkreise 220 kV (*Mitte*); 2 Stromkreise 110 kV (*unten*)

Bei Projektierungsüberlegungen kann man für die spezifischen Errichtungskosten von Hochspannungsfreileitungen – Doppelleitungen 110 kV bis 380 kV – pro km Länge in der Bundesrepublik Deutschland folgende Kostenformel (Kostenstand 1.1.1974) verwenden [1.9, 12.33, 19.16].

$$\frac{K'_{\mathrm{F,DL}}}{\mathrm{TDM/km}} \approx 52{,}2 + 0{,}366\frac{U_{\mathrm{n}}}{\mathrm{kV}} + 174\sqrt[4]{n}\,\frac{Q}{1000\,\mathrm{mm}^2} \tag{9.1 a}$$

Dabei sind:

$K'_{\mathrm{F,DL}}$ Errichtungskosten der Drehstromdoppelleitung (Donaumastbild) mit zwei aufgelegten Stromkreisen

U_{n} Nennspannung der Leitung ($U_{\mathrm{n}} = 110\,\mathrm{kV}$ bis $380\,\mathrm{kV}$)

Q Gesamter Al-Querschnitt eines Leiters (Bündelleiters) pro Stromkreis (Al/St-Seile); $Q \leqq 3500\,\mathrm{mm}^2$

n Anzahl der Teilleiter eines Leiters (Bündelleiters); $n \leqq 4$

Der Schwankungsbereich bei der praktischen Ausführung kann zwischen 70 und 160 % der Kosten nach Gl. (9.1 a) liegen.

Die Errichtungskosten einer Einfachleitung $K'_{\mathrm{F,EL}}$ kann man wie folgt abschätzen:

$$K'_{\mathrm{F,EL}} \approx 0{,}67 \cdot K'_{\mathrm{F,DL}} \tag{9.1 b}$$

Bei außerordentlichen Geländeschwierigkeiten, bei Leitungsüberhöhungen (z.B. für Waldüberspannungen) und bei einem hohen Prozentsatz von Abspannmasten im Verhältnis zu den Tragmasten erhöhen sich die Errichtungskosten entsprechend. Für vergleichende Wirtschaftlichkeitsuntersuchungen liefert Gl. (9.1 a) jedoch ausreichende Anhaltswerte.

Für die Errichtungskosten von Drehstromdoppelleitungen im Bereich $U_{\mathrm{n}} = 750\,\mathrm{kV}$ bis $1150\,\mathrm{kV}$ gilt bei entsprechenden Voraussetzungen wie für Gl. (9.1 a) und dem Kostenstand 1. 1. 1974:

$$\frac{K'_{\mathrm{F,DL}}}{\mathrm{TDM/km}} = 30 + 0{,}25\frac{U_{\mathrm{n}}}{\mathrm{kV}} + 174\sqrt[4]{n}\left(\frac{Q}{1000\,\mathrm{mm}^2}\right)^{1{,}17} \tag{9.2}$$

Als Randbedingungen gelten: $U_{\mathrm{n}} = 750\,\mathrm{kV} \rightarrow n = 4$ oder 6, $Q \geqq 2000\,\mathrm{mm}^2$; $U_{\mathrm{n}} = 1150\,\mathrm{kV} \rightarrow n = 6$, $Q \geqq 3000\,\mathrm{mm}^2$.

9.2 Mechanischer Aufbau der Freileitungen

Bei Hochspannungsfreileitungen unterscheidet man Tragmaste, meist mit vertikaler Isolatoranordnung (I-Ketten oder V-Ketten), Abspannmaste mit horizontaler Isolatoranordnung, an denen die Seile abgespannt werden, und Winkelmaste bzw. Winkelabspannmaste an Knickpunkten von geradlinig verlaufenden Teilabschnitten. Spezielle Ausführungen werden darüber hinaus vorgesehen für Verdrillungsmaste und Kabelendmaste beim Übergang zwischen Freileitungen und Kabeln (Bild 9.4).

Bild 9.5 zeigt den Durchhang eines Freileitungsseils in einem horizontalen Feld zwischen zwei Tragmasten. Durch die Masse des Seils kommt eine Durch-

Bild 9.4. Endmast einer 110-kV-Vierfachleitung mit Spezialtraversen zur Aufnahme von Kabelendverschlüssen und Überspannungsableitern

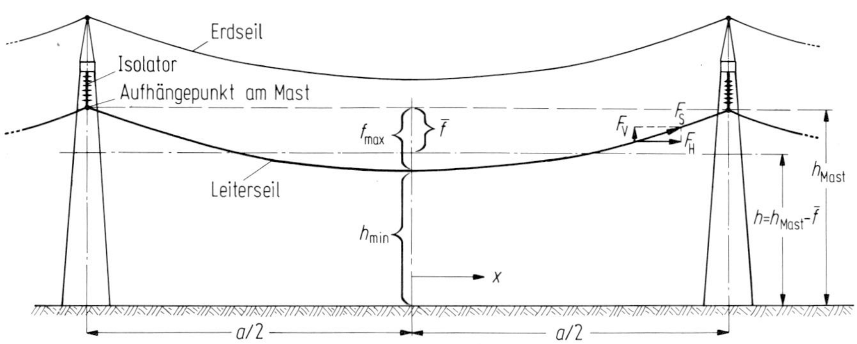

Bild 9.5. Seildurchhang für eine Freileitung in einem horizontalen Feld zwischen zwei Tragmasten mit dem Abstand a

hangkurve zustande, die man bis etwa 500 m Spannweite als Parabel angeben kann, so daß dann an beliebiger Stelle x gilt:

$$f(x)=f_{max}-\frac{G'}{2F_H}x^2 \quad \text{mit} \quad f_{max}=\frac{G'}{8F_H}a^2 \tag{9.3}$$

Dabei sind f_{max} der Durchhang an der Stelle $x=0$, G' die Gewichtskraft pro Längeneinheit, F_H die Horizontalkomponente der Seilzugkraft F_S und x der

Abstand von der Mitte aus gerechnet. Bei Kapazitätsberechnungen z.B. wird für die mittlere Höhe h der Leiterseile über dem Erdboden eingesetzt:

$$h = h_{\text{Mast}} - \bar{f} \approx h_{\text{Mast}} - 0{,}7\, f_{\max} \tag{9.4}$$

Dabei ist $\bar{f}$ der mittlere Durchhang, für den bei einem horizontalen Spannfeld $\bar{f} = (2/3)\, f_{\max}$ gilt. Der Durchhang der Leiterseile ist neben den Materialeigenschaften, der Masse des Seils und der Zugkraft auch von der Temperatur und der Zusatzlast durch Rauhreif abhängig [9.22].

Der größte Durchhang der Freileitungsseile $f_{\max 40}$ in der Mitte eines Feldes bei einer Leitertemperatur $+40\,°\text{C}$ ist begrenzt durch eine einzuhaltende Mindesthöhe $h_{\min}$ über dem Erdboden, für die bei $U_n \geqq 110\,\text{kV}$ folgende Werte einzuhalten sind: $h_{\min}/m = 6 + (U_n - 110\,\text{kV})/150\,\text{kV}$. Bei der Ermittlung der gegenseitigen Abstände der Leiterseile und der Abstände der Leiterseile von geerdeten Bauteilen (Mastkonstruktion) geht man vom maximalen Durchhang $f_{\max 40}$ und dem Ausschwingen der Leiterseile unter dem Einfluß der Windkraft aus [9.22]. Bild 9.3 zeigt die sich bei $U_n = 110\,\text{kV}$ bis 380 kV unter diesem Einfluß und unter Beachtung zusätzlicher konstruktiver Überlegungen ergebenden Abstände.

Als Material für Leiterseile werden Aluminium (Reinaluminium 99,5 %), Aluminiumlegierung (Aldrey: 0,3 bis 0,5 % Mg, 0,4 bis 0,7 % Si, 0,3 % Fe, Rest Al), Stahl und Kupfer verwendet. Dabei sind die Seile grundsätzlich aus mehreren Einzeldrähten aufgebaut (eindrähtige Seile werden nicht verwendet). Bei kleinen Querschnitten wird eine Lage von Drähten um eine Seele angeordnet. Bei größeren Querschnitten sind zwei oder drei Lagen üblich. Aluminium- und Stahldrähte werden zu Verbundseilen – Al/St-Seilen – verarbeitet mit unterschiedlichem Verhältnis Aluminium zu Stahl. Bild 9.6 zeigt Beispiele für Freileitungsseile.

Für Hochspannungsfreileitungen ab 110 kV werden fast ausschließlich Al/St-Seile verwendet. Die Querschnittsverhältniszahl liegt häufig bei 6 (bei größeren Querschnitten auch bei 7,7 bis 14,5). Im Ausland werden teilweise Seile mit Querschnittsverhältniszahlen bis 20 verwendet.

Für Erdseile bei Hochspannungsleitungen werden Stahlseile von 35 mm² bis 95 mm² (Netze mit freiem Sternpunkt oder mit Erdschlußkompensation) und Al/St-Seile verwendet. Mit der teilweise durchgeführten und geplanten Sternpunkterdung in 110-kV-Netzen haben sich bei neuen Leitungen auch für diese Spannung

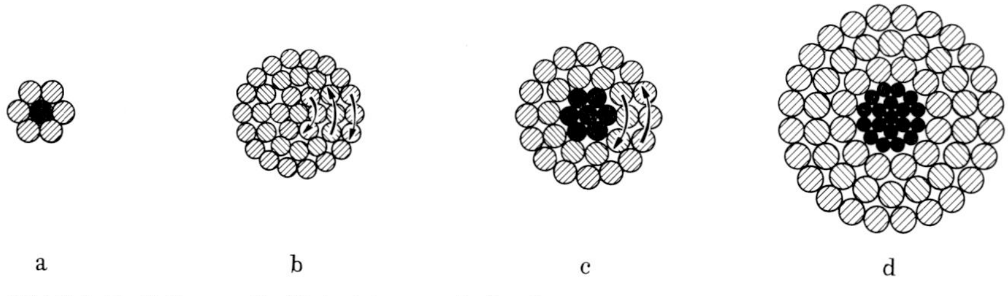

Bild 9.6. Freileitungsseile (Beispiele zum Aufbau).

(**a**) Al/St-Seil (eine Lage Al), Al/St 16/2,5 bis 50/8 mm²; (**b**) Al- oder Cu-Seil (drei Lagen, 37 Drähte), 150 und 185 mm²; (**c**) Al/St-Seil (zwei Lagen Al), Al/St 120/20 bis 300/50 mm²; (**d**) Al/St-Seil (drei Lagen Al), Al/St 305/40 bis 680/85 mm², (Beispiel Al/St 680/85 mit 54 Drähten Al und 19 Drähten St)

Tabelle 9.1. Beispiele von Bündelleitern

Leitung		Teilleiter	r (cm)	a (cm)	r_B (cm)
220 kV (2er-Bündel) DDR	[2.12]	Al/St 185/32	0,96	40	6,2
380 kV (2er-Bündel) Schweden	[12.7]	Al/St 525/68	1,585	45	8,45
380 kV (4er-Bündel) BRD	[1.4]	Al/St 240/40	1,085	40	17,7
500 kV (3er-Bündel) UdSSR	[2.12]	Al/St 480/60	1,51	40	13,4
735 kV (4er-Bündel) Kanada	[1.7]	Al/St 655/34	1,75	45,7	22,0

r Teilleiterradius, a Teilleiterabstand, r_B Ersatzradius des Bündels (s. Abschnitt 9.3.2)

in immer stärkerem Maße gut leitfähige Erdseile eingeführt. Verwendet werden Al/St-Seile mit den Querschnittsverhältniszahlen 1,4 bis 1,7 (z.B. Al/St 44/32 oder 105/75 und 50/30 oder 95/55 mm^2). Bei Verwendung dieser Seile erreicht man, daß eine durchhangsgleiche Verlegung der Erdseile möglich wird, wie für die Leiterseile Al/St mit der Querschnittsverhältniszahl 6.

Bei Hochspannungsleitungen 220 kV und darüber kommen im allgemeinen Bündelleiter zur Anwendung. Die Aufteilung der Leiter in mehrere Teilleiter (2er-, 3er- und 4er-Bündel) hat den Vorteil, daß genormte und verhältnismäßig leichte Einzelseile verwendet werden können. Bei Spannungen von 380 kV und darüber sind Bündelleiter notwendig, um mit Rücksicht auf den Hochfrequenzstörpegel der Leitung die Oberflächenrandfeldstärke von rund 17,5 kV/cm (Effektivwert bei der maximalen Betriebsspannung) einzuhalten. Bei diesem Richtwert ist die Feldstärke an der glatten Seiloberfläche gemeint, die man ausgehend von der Betriebskapazität bestimmt (Abschnitt 9.4.3). Einige Beispiele von ausgeführten Bündelleitern sind in Tabelle 9.1 enthalten.

Ein Teilleiterabstand a von etwa 40 bis 50 cm ist wirtschaftlich und technisch günstig [9.7]. Damit der Teilleiterabstand auch bei Wind und Zusatzlasten (Eis und Rauhreif) aufrechterhalten bleibt, werden Feldabstandhalter eingebaut [9.23]. Bild 9.7 zeigt die Feldbilder von Bündelleitern im Vergleich zum Feldbild eines Einzelseiles. Man erkennt die Änderung der Oberflächenfeldstärke am Umfang der Teilleiter bei Bündelanordnungen.

Unter Zugspannung stehende Leiterseile neigen manchmal zu mechanischen Schwingungen. Man unterscheidet Schwingungen kleiner Wellenlänge (Bereich 10 bis 30 Hz) und kleiner Amplitude (einige mm bis zu 2 cm) sowie Schwingungen großer Wellenlänge (Bereiche von 1 Hz) und großer Amplitude (Bereich um mehrere Meter). Die Seilschwingungen kleiner Wellenlänge, die auch als Vibration bezeichnet werden, haben wesentliche Bedeutung für den mechanischen Entwurf der Freileitungen. Diese Schwingungen können dadurch vermieden werden, daß man die Seile nur mit einer Mittelzugspannung spannt, die wesentlich kleiner als σ_{zul} gewählt wird. Nimmt man auf diese Erscheinung nicht genügend Rücksicht, dann kann eine Ermüdung des Leitermaterials an den Aufhängepunkten und Schwingungsbruch auftreten. Seilschwingungen wurden besonders bei Windgeschwindigkeiten von 1 bis 6 m/s beobachtet. Ähnliche Schwingungen beobachtet man u.U. auch in Schaltanlagen an Al-Rohrsammelschienen bei sehr geringer Luftbewegung. Als Abhilfe kann man dort ein loses Seil einziehen.

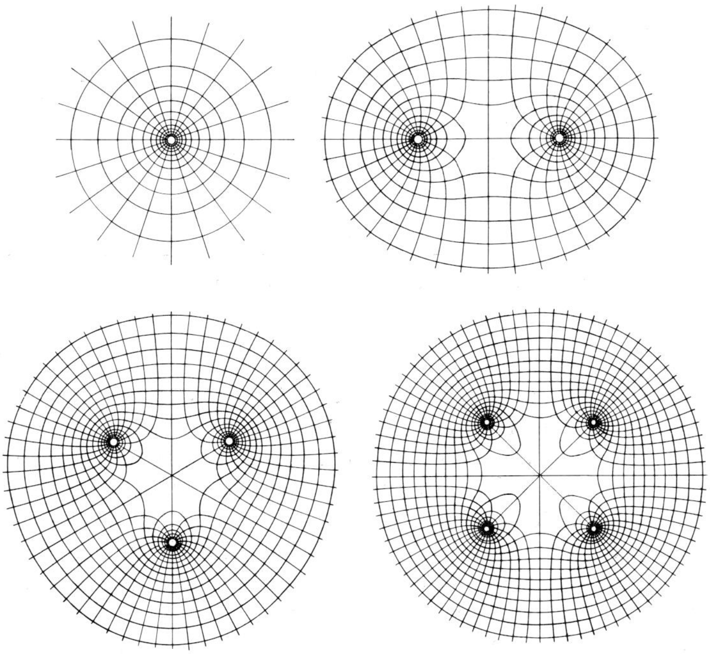

Bild 9.7. Feldbilder von Bündelleitern im Vergleich zum Feldbild beim Einzelleiter

Entscheidet man sich für hohe Zugspannungen über der zulässigen Mittelzugspannung oder liegen Weitspannfelder bei der Überquerung von Flüssen oder Gebirgstälern vor, so erscheint es ratsam, Schutzmaßnahmen zur Dämpfung von Seilschwingungen zu treffen, z.B. in Form von Seilverstärkungen oder Schwingungsdämpfern in der Nähe der Aufhängepunkte.

Leiterseilschwingungen mit großer Amplitude sind als Tanzen der Seile bekannt. Diese Schwingungen können so große Amplituden aufweisen, daß es zu gefährlichen Annäherungen zwischen den Leitern und zu Kurzschlüssen auf der Leitung kommt.

Die spannungsführenden Leiterseile werden an den geerdeten Freileitungsmasten über Isolatoren befestigt. Die Isolatoren müssen gleichzeitig mechanischen und elektrischen Beanspruchungen gewachsen sein. Die mechanischen Belastungen werden durch die Gewichtskraft oder die Zugspannung (Abspannisolatoren) der Leiterseile einschließlich der Zusatzlasten durch Wind und Eis hervorgerufen. Besonders ist zu fordern, daß auch verschmutzte Isolatoren (Salz, Industriestaub und Industrieabgase) der normalen Betriebsspannung (Spannung Leiter gegen Erde) dauernd standhalten. Bei extremen Verschmutzungsbedingungen müssen Isolatoren besonderer Bauform und Länge eingesetzt werden (Abschnitt 17.2).

Bei Niederspannungs- und Mittelspannungsfreileitungen bis 30 kV kommen Stützenisolatoren zur Anwendung. Bild 9.8 zeigt Isolatoren für Niederspannungsfreileitungen. Als Material wird Porzellan oder Glas verarbeitet.

Die Mittelspannungsstützenisolatoren zeigen die unterschiedlichsten Ausführungsformen. In Bild 9.9 werden drei Beispiele gezeigt.

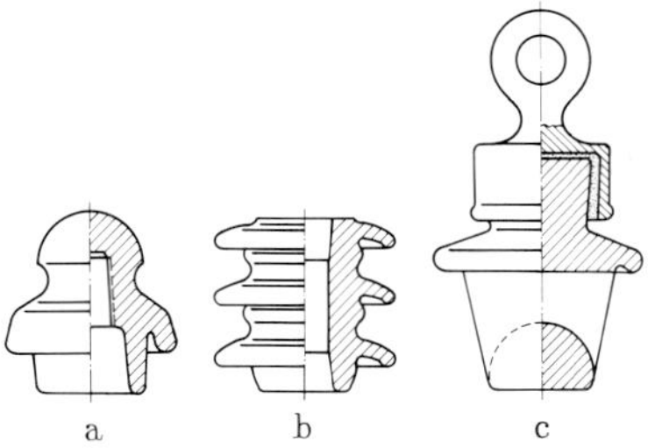

Bild 9.8. Niederspannungs-Freileitungsisolatoren.
(**a**) Stützenisolator N [DIN 48150]; (**b**) Schäkelisolator S [DIN 48194]; (**c**) Zugisolator Z [DIN 48152]

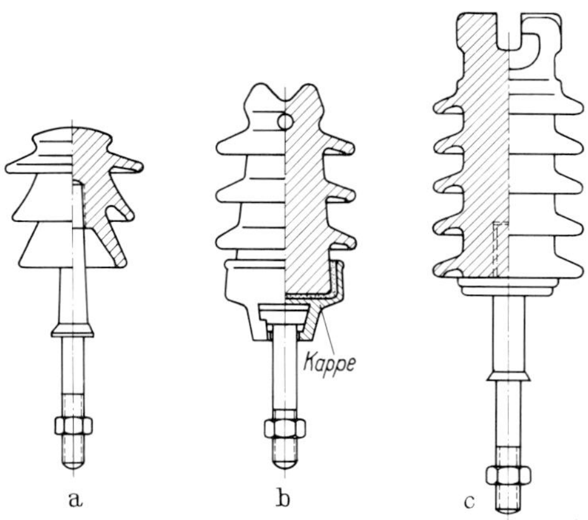

Bild 9.9. Mittelspannungs-Freileitungsisolatoren (10 bis 30 kV).
(**a**) Stützenisolator St [DIN 48004] mit innenbefestigter Stütze; (**b**) Vollkernstützenisolator mit Kappenstütze 10–15 kV; (**c**) Vollkernstützenisolator mit Plattenstütze, 30 kV

Der Mastkopf von Mittelspannungsleitungen mit Stützenisolatoren (Bild 9.1b) erhält besonders kleine Abmessungen, da die Isolatoren bei Wind nicht ausschwingen. Bei Mittelspannungsleitungen mit größeren Seilquerschnitten ($>120\,\mathrm{mm}^2$) werden z.T. auch Hängeisolatoren verwendet.

Bei Hochspannungsfreileitungen 110 kV und darüber werden entweder Langstabisolatoren oder Ketten aus Glas- oder Porzellankappen verwendet. Langstäbe sind in ihren Abmessungen und ihrer Formgebung genormt [s. z.B. DIN 4006, Bl. 2/1.72]. Bild 9.10 zeigt ein Beispiel für eine 380-kV-Doppelhängekette. Zum Teil werden auch V-Ketten z.B. aus Glaskappen verwendet. Kunststoffisolatoren befinden sich in der Entwicklung und Erprobung.

Die Berechnung der Mastkonstruktionen für Hochspannungsleitungen mit Seilen über $120\,\mathrm{mm}^2$ Querschnitt, vornehmlich Konstruktionen aus Winkelprofilen und der zugehörigen Mastgründungen (Mastfundamente), erfolgt unter Beachtung von [9.22]. Die Masten werden für die höchsten gleichzeitig zu erwartenden äußeren Lasten bemessen. Hierfür kommen je nach Belastungsfall und Masttyp in Frage:

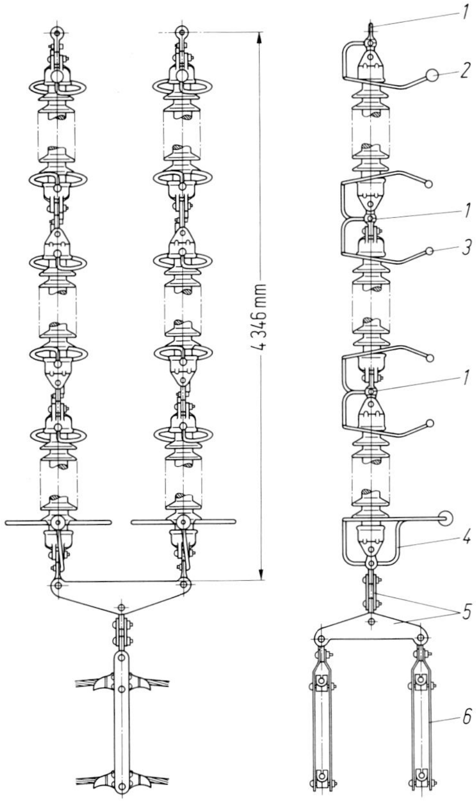

Bild 9.10. 380-kV-Doppel-Hängekette aus Porzellan-Langstäben 6 × LG 75/22/1270.
1 Gedrehte Doppelöse mit Schutzarmaturenbefestigung; *2* Obere „Einhorn"-Schutzarmatur; *3* „Einhorn"-Zwischenarmatur; *4* „Einhorn"-Schutzring; *5* Abstandhalter; *6* zwei senkrechte Zweierbündel-Anordnungen

a) Eigengewicht der Maste, Querträger (Traversen), Leiter einschließlich Eisbehang, Isolatoren und Armaturen.
b) Windlast auf die vorgenannten Bauteile.
c) Höchstzugkraft der Leiterseile.
d) Montagelasten.

Um wirtschaftliche und leichte Mastkonstruktionen zu erhalten, werden die Maste auf Versuchsständen mit den rechnerischen Lasten für die verschiedenen Belastungsfälle und mit Überlast u.U. bis zum Knicken geprüft [9.21] (Bild 9.11). Die Berechnungen werden heute mit geeigneten Digitalprogrammen durchgeführt [9.19].

Die Mastkonstruktion bildet mit dem Fundament eine Einheit. Die Fundamente müssen so ausgebildet werden, daß unter Berücksichtigung der Baugrundverhältnisse ausreichende Standsicherheit vorhanden ist und unzulässige Bewegungen vermieden werden. Holzmaste und Betonmaste werden meist ohne

Bild 9.11. Prüfstation für Hochspannungsfreileitungsmaste mit einem 380-kV-Vierfachgestänge ausgelegt für schwere 3er-Bündelleiter während des Belastungsversuchs (BBC-Prüfstation)

besondere Gründung im Erdreich eingesetzt. Stahlgittermaste mit geringer Höhe und geringem Durchmesser am Mastfuß erhalten Blockfundamente. Bei schweren Masten mit vierstieligen Mastkonstruktionen wird für jeden Eckstiel ein getrenntes Fundament vorgesehen und der Bodenart angepaßt, z.B. [9.20].

9.3 Berechnung der Leitungsinduktivitäten

9.3.1 Selbst- und Koppelinduktivität

Ausgehend von der allgemeinen Maxwellschen Formel für die Gegeninduktivität (für die hier der Name Koppelinduktivität eingeführt wird) zweier Schleifen mit Leitern beliebigen Querschnitts [9.6] und der Einführung von mittleren geometrischen Abständen $g_{\nu\nu}$ eines Leiters ν von sich selbst und $g_{\nu\mu}$ zwischen einem Leiter ν und einem Leiter μ, sowie der zusätzlichen Voraussetzung, daß die Leiter sich nach Bild 9.12 in einer leitenden Hülle mit dem Radius A befinden, gelingt es, die Selbst- und Koppelinduktivität eines „Leiters“ in einem Drehstrom-Stromkreis zu definieren.

Geht man davon aus, daß das Innere einer gleichmäßig stromdurchflossenen Hülle mit dem Radius A feldfrei ist und stellt man sich dann vor, daß das Feld im Inneren der Hülle allein von den Strömen der inneren Leiter ν oder ν und μ in Bild 9.12b hervorgerufen wird, so kann man von der Selbstinduktivität $\Lambda_{\nu\nu}$ eines „Leiters" ν und der Koppelinduktivität $\Lambda_{\nu\mu}$ zwischen den „Leitern" ν und μ sprechen [9.6].

$$\Lambda_{\nu\nu}=\frac{\mu_0\, l}{2\pi}\ln\frac{A}{g_{\nu\nu}}=\frac{\mu_0\, l}{2\pi}\left(\ln\frac{A}{r_\nu}+\frac{1}{4}\right) \tag{9.5}$$

$$\Lambda_{\nu\mu}=\frac{\mu_0\, l}{2\pi}\ln\frac{A}{g_{\nu\mu}}=\frac{\mu_0\, l}{2\pi}\ln\frac{A}{D_{\nu\mu}} \tag{9.6}$$

Diese beiden Gleichungen werden als Grundgleichungen für die Induktivitätsberechnungen von Drehstromfreileitungen verwendet. In abgewandelter Form gilt dies auch, wenn die Freileitungen mit Bündelleitern ausgerüstet sind und wenn die Induktivitäten im Nullsystem zu bestimmen sind.

Setzt man bei n Leitern in einer Hülle nach Bild 9.12c voraus, daß die Summe der komplexen Ströme aller Leiter Null ergibt, so wird:

$$\sum_{\nu=1}^{n} \underline{I}_\nu=0 \tag{9.7}$$

Für die induktiven Spannungsabfälle der einzelnen Leiter gilt:

$$\begin{aligned}
\Delta\underline{U}_1&=\mathrm{j}\,\omega\,\Lambda_{11}\underline{I}_1+\mathrm{j}\,\omega\sum_{\nu=2}^{n}\Lambda_{1\nu}\underline{I}_\nu=\mathrm{j}\,\omega\,L_1\underline{I}_1\\
\Delta\underline{U}_2&=\mathrm{j}\,\omega\,\Lambda_{22}\underline{I}_2+\mathrm{j}\,\omega\sum_{\nu=1,3}^{n}\Lambda_{2\nu}\,\underline{I}_\nu=\mathrm{j}\,\omega\,L_2\underline{I}_2\\
&\vdots\\
\Delta\underline{U}_n&=\mathrm{j}\,\omega\,\Lambda_{nn}\underline{I}_n+\mathrm{j}\,\omega\sum_{\nu=1}^{n-1}\Lambda_{n\nu}\,\underline{I}_\nu=\mathrm{j}\,\omega\,L_n\underline{I}_n
\end{aligned} \tag{9.8}$$

Der Radius der Hülle tritt im Endresultat nicht mehr auf, wenn die Hülle stromlos ist, wenn also Gl. (9.7) gilt. Um dies zu zeigen, soll von einer Drehstromleitung im ungestörten Normalbetrieb ausgegangen werden mit $\underline{I}_\mathrm{R}$, $\underline{I}_\mathrm{S}=\underline{a}^2\underline{I}_\mathrm{R}$, $\underline{I}_\mathrm{T}=\underline{a}\,\underline{I}_\mathrm{R}$ sowie

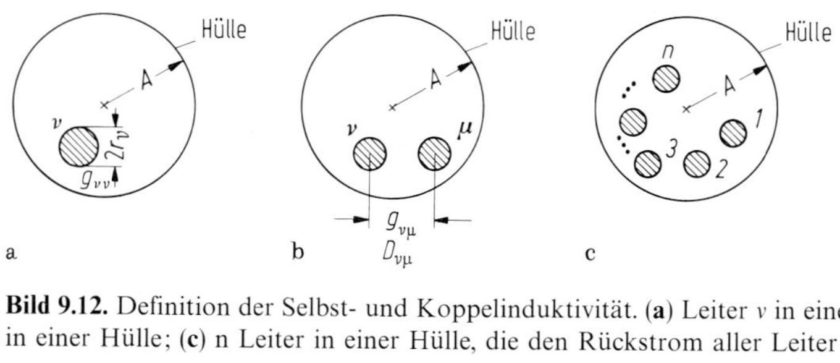

Bild 9.12. Definition der Selbst- und Koppelinduktivität. (**a**) Leiter ν in einer Hülle; (**b**) Leiter ν und μ in einer Hülle; (**c**) n Leiter in einer Hülle, die den Rückstrom aller Leiter führt

$r_R = r_S = r_T = r$ und $D_{RS} = D_{ST} = D_{TR} = D$. Ausgehend von den Gl. (9.5) und (9.6) ergibt sich:

$$\Lambda_{RR} = \Lambda_{SS} = \Lambda_{TT} = \frac{\mu_0 l}{2\pi}\left(\ln\frac{A}{r} + \frac{1}{4}\right) \tag{9.9}$$

$$\Lambda_{RS} = \Lambda_{ST} = \Lambda_{TR} = \frac{\mu_0 l}{2\pi}\ln\frac{A}{D} \tag{9.10}$$

Gl. (9.7) wird mit $1 + \underline{a} + \underline{a}^2 = 0$ erfüllt, so daß sich aus den Gl. (9.8) für alle drei Leiter R, S und T die gleiche Induktivität $L = L_R = L_S = L_T$ pro Leiter ergibt:

$$L = \frac{\mu_0 l}{2\pi}\left(\ln\frac{D}{r} + \frac{1}{4}\right) = \frac{\mu_0 l}{2\pi}\ln\frac{D}{r} + \frac{\mu_0 l}{8\pi} = L_a + L_i \tag{9.11}$$

Diese Induktivität wird später als Betriebsinduktivität pro Leiter oder als Induktivität des Mitsystems bezeichnet, wobei L_a die äußere und L_i die innere Induktivität ist.

9.3.2 Mitimpedanz der Drehstromfreileitung

Die Mitimpedanz $\underline{Z}_1$ oder Betriebsimpedanz einer Drehstromfreileitung ist die Impedanz je Leiter und Stromkreis, die im normalen ungestörten Betrieb wirksam ist. Mit- und Gegenimpedanz von Freileitungen sind gleich:

$$\underline{Z}_1 = R_1 + j\,\omega L_1 = R_1 + j\,X_1 = \underline{Z}_2 = R_2 + j\,X_2 \tag{9.12}$$

Freileitungsimpedanzen werden häufig auf die Längeneinheit bezogen und dann durch einen hochgestellten Strich gekennzeichnet. Man spricht von Impedanzbelägen $\underline{Z}'_1 = \underline{Z}_1/l$ bzw. Wirkwiderstandsbelägen R'_1 und induktiven Blindwiderstandsbelägen X'_1.

Die Wirkwiderstände von Freileitungsseilen bei 20 °C ermittelt man ausgehend von DIN 48200, 48201 und 48204. Dort sind auch die Dauerstrombelastbarkeiten I_d bei festgelegten Umgebungsbedingungen und höchsten Leitertemperaturen angegeben. Tabelle 9.2 zeigt diese Daten für Aluminiumstahl-Seile mit Querschnittsverhältniszahlen 6 und 7,7. Die Wirkwiderstandsbeläge für eine Leitertemperatur ϑ_L berechnet man ausgehend von R'_{120} (bei 20 °C) wie folgt:

$$R'_{1\vartheta} = R'_{120}[1 + \alpha(\vartheta_L - 20\,°C)] = \frac{1}{\kappa_{20} Q}[1 + \alpha(\vartheta_L - 20\,°C)] \tag{9.13}$$

Nach [2.17] darf man zur Berechnung von R' für Kupferseile nach DIN 48201 $\kappa_{20} = 54{,}13\ \mathrm{m/\Omega mm^2}$ und für Aluminiumseile $\kappa_{20} = 34{,}15\ \mathrm{m/\Omega mm^2}$ setzen, wenn man den Nennquerschnitt Q_n einsetzt. Bei Al/St-Seilen wird zur Berechnung von R'_1 nur der Al-Querschnitt berücksichtigt. Für die Seile mit Al/St = 6/1 nach Tabelle 9.2 kann man im Mittel näherungsweise mit $\kappa_{20} = 34{,}5\ \mathrm{m/\Omega mm^2}$ rechnen, während für Seile mit Al/St = 7,7/1 etwa $\kappa_{20} = 32{,}9\ \mathrm{m/\Omega mm^2}$ gilt.

Bei Freileitungen bis 110 kV findet man meist Einfachseile, während bei Spannungen 220 kV Bündelleiter mit zwei Teilleitern und bei 380 kV Bündelleiter mit drei oder vier Teilleitern bevorzugt verwendet werden, um die elektrische

Tabelle 9.2. Querschnitte, Radien, Wirkwiderstände und zulässige Dauerstrombelastbarkeiten I_d (Ausgangstemperatur 35 °C, Endtemperatur 80 °C, Windgeschwindigkeit 0,6 m/s) von Freileitungsseilen aus Aluminium/Stahl [DIN 48204]

Querschnitt Q		Seilradius r	R_1' 20 °C	I_d
Nennwert mm^2	Al-Anteil mm^2	mm	Ω/km	A
50/8	48,3	4,80	0,579	170
70/12	69,9	5,85	0,410	290
95/15	94,4	6,80	0,304	350
120/20	121,6	7,75	0,242	410
150/25	148,9	8,55	0,194	470
185/30	183,8	9,50	0,157	535
210/35	209,1	10,15	0,139	590
240/40	243,0	10,95	0,120	645
300/50	304,3	12,25	0,096	740
380/50	382,0	13,50	0,078	840
435/55	434,3	14,40	0,069	900
490/65	490,3	15,30	0,062	960
550/70	550,0	16,20	0,056	1020
680/85	678,8	18,00	0,048	1150

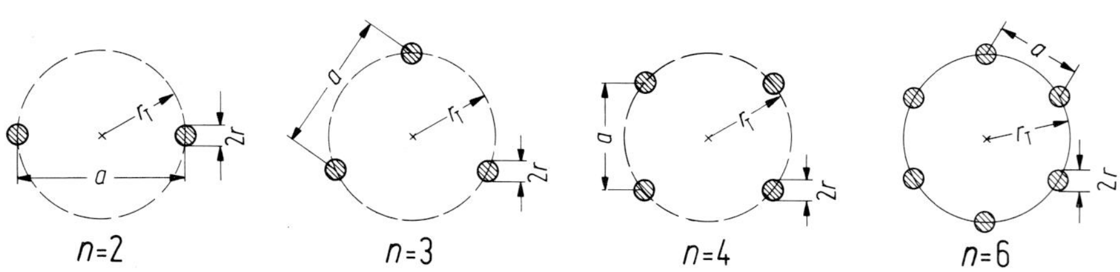

Bild 9.13. Bündelleiteranordnungen.
a Teilleiterabstand; r_T Teilkreisradius; r Teilleiterradius.

Tabelle 9.3. Ersatzradien r_B von Bündelleitern nach Gl. (9.14) und Zahlenbeispiele für $r = 1{,}095$ cm (Al/St 240/40) und $a = 40$ cm

Seilanordnung	r_T	r_B	a (cm)	r (cm)	r_T (cm)	r_B (cm)
Einfachseil	–	r			–	1,095
Zweierbündel	$a/2$	$\sqrt{r\,a}$			20,0	6,62
Dreierbündel	$a/\sqrt{3}$	$\sqrt[3]{r\,a^2}$	40	1,095	23,1	12,06
Viererbündel	$a/\sqrt{2}$	$\sqrt[4]{\sqrt{2}\,r\,a^3}$			28,3	17,74
Sechserbündel	a	$\sqrt[6]{6\,r\,a^5}$			40,0	29,60

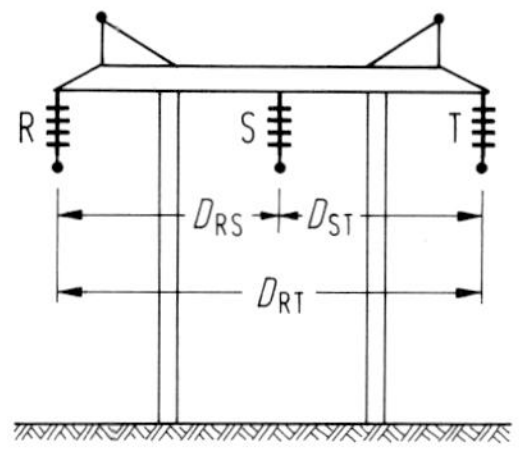

Bild 9.14. Drehstromeinfachleistung in Einebenen-Anordnung.

Randfeldstärke in Grenzen zu halten und genügend hohe thermische Grenzleistungen zu erreichen.

Die Bündelleiter nach Bild 9.13 haben gleiche elektrische Wirkung wie ein Ersatzleiter mit dem Ersatzradius r_B.

$$r_B = \sqrt[n]{n\, r\, r_T^{n-1}} \tag{9.14}$$

Für den Wirkwiderstand eines Bündelleiters mit n Teilleitern gilt:

$$R_{1B} = \frac{1}{n} R_1 = \frac{1}{n} \frac{l}{\kappa Q}; \qquad R'_{1B} = \frac{1}{n} R'_1 \tag{9.15}$$

Für eine Drehstromeinfachleitung mit unsymmetrischer Leiteranordnung nach Bild 9.14 gilt, wenn $\Lambda_{\nu\nu}$ und $\Lambda_{\nu\mu}$ die Selbstinduktivitäten und Koppelinduktivitäten nach den Gl. (9.5) und (9.6) sind, und wenn man symmetrische Belastung voraussetzt:

$$\begin{bmatrix} L_R \underline{I}_R \\ L_S \underline{a}^2 \underline{I}_R \\ L_T \underline{a} \underline{I}_R \end{bmatrix} = \begin{bmatrix} \Lambda_{RR} & \Lambda_{RS} & \Lambda_{RT} \\ \Lambda_{SR} & \Lambda_{SS} & \Lambda_{ST} \\ \Lambda_{TR} & \Lambda_{TS} & \Lambda_{TT} \end{bmatrix} \begin{bmatrix} \underline{I}_R \\ \underline{a}^2 \underline{I}_R \\ \underline{a} \underline{I}_R \end{bmatrix} \tag{9.16}$$

Aus Gl. (9.16) erhält man für $\Lambda_{RR} = \Lambda_{SS} = \Lambda_{TT}$:

$$\begin{aligned} L_R &= \Lambda_{RR} - \frac{1}{2}(\Lambda_{RS} + \Lambda_{RT}) + \mathrm{j}\frac{\sqrt{3}}{2}(\Lambda_{RT} - \Lambda_{RS}) \\ L_S &= \Lambda_{RR} - \frac{1}{2}(\Lambda_{RS} + \Lambda_{ST}) + \mathrm{j}\frac{\sqrt{3}}{2}(\Lambda_{RS} - \Lambda_{ST}) \\ L_T &= \Lambda_{RR} - \frac{1}{2}(\Lambda_{RT} + \Lambda_{ST}) + \mathrm{j}\frac{\sqrt{3}}{2}(\Lambda_{ST} - \Lambda_{RT}) \end{aligned} \tag{9.17}$$

Die Induktivitäten haben eine reelle und eine imaginäre Komponente. Induktivitäten, die als Folge unsymmetrischer Leiteranordnung eine imaginäre Komponente haben, bezeichnet man als „schiefwinklige Induktivitäten". Setzt man die Induktivitäten nach den Gl. (9.5) und (9.6) in Gl. (9.17) ein, so wird:

$$
\begin{aligned}
L_R &= \frac{\mu_0 l}{2\pi}\left(\ln\frac{\sqrt{D_{RS} D_{RT}}}{r} + \frac{1}{4}\right) + j\frac{\sqrt{3}}{2}\frac{\mu_0 l}{2\pi}\ln\frac{D_{RS}}{D_{RT}} \\
L_S &= \frac{\mu_0 l}{2\pi}\left(\ln\frac{\sqrt{D_{ST} D_{RS}}}{r} + \frac{1}{4}\right) + j\frac{\sqrt{3}}{2}\frac{\mu_0 l}{2\pi}\ln\frac{D_{ST}}{D_{RS}} \\
L_T &= \frac{\mu_0 l}{2\pi}\left(\ln\frac{\sqrt{D_{RT} D_{ST}}}{r} + \frac{1}{4}\right) + j\frac{\sqrt{3}}{2}\frac{\mu_0 l}{2\pi}\ln\frac{D_{RT}}{D_{ST}}
\end{aligned}
\tag{9.18}
$$

Beachtet man $D_{RS} = D_{ST} \neq D_{RT}$ nach Bild 9.14, so erkennt man, daß $L_R \neq L_S \neq L_T$ wird. Bei Freileitungen ist die imaginäre Komponente der Induktivität klein gegen die reelle Komponente und hat damit keine praktische Bedeutung.

Um die Unsymmetrie der baulichen Anordnung auszugleichen, werden längere Freileitungen meist verdrillt. Die Verdrillung hat besondere Bedeutung für den Ausgleich der kapazitiven Unsymmetrie der Leiter-Erdkapazitäten in Netzen mit freiem Sternpunkt oder mit Erdschlußkompensation. Wird eine Einfachleitung verdrillt, so gilt $L_R = L_S = L_T$ und damit für das Mitsystem:

$$
L_1 = \frac{\mu_0 l}{2\pi}\left(\ln\frac{D}{r} + \frac{1}{4}\right) \quad \text{mit} \quad D = \sqrt[3]{D_{RS} D_{RT} D_{ST}} \tag{9.19}
$$

Für die Reaktanz im Mitsystem $X_1 = \omega L_1$ bei $f = 50$ Hz wird dann:

$$
X_1 = \omega\frac{\mu_0 l}{2\pi}\left(\ln\frac{D}{r} + \frac{1}{4}\right) = 0{,}0628\,\frac{\Omega}{\text{km}}\, l\left(\ln\frac{D}{r} + \frac{1}{4}\right) \tag{9.20}
$$

Tabelle 9.4 enthält eine Zusammenstellung von Berechnungsgleichungen für die Impedanzen im Mitsystem bei verdrillten Freileitungen mit einem oder mehreren Stromkreisen mit Einfachseilen oder mit Bündelleitern.

In Bild 9.15 sind Mitreaktanzen X_1' von Hochspannungsfreileitungen 110 kV bis 380 kV angegeben für Leitungen mit einem Stromkreis (EL) oder mit zwei parallelen Stromkreisen (DL) für verdrillte Leitungen mit Donaumasten und Al/St-Seilen (Einfachseile oder Bündelleiter). Bei den Berechnungen zum Bild 9.15 wurden Mittelwerte D, D_{mRm} und D_{mRs} von ausgeführten Leitungen zugrunde gelegt. Induktive Blindwiderstandsbeläge X_1' für Niederspannungsfreileitungen bei mittleren Abständen $D = 0{,}5$ bis $1{,}0$ m findet man in [2.17].

9.3.3 Nullimpedanz der Drehstromfreileitung

Die Nullimpedanz von Freileitungen setzt sich aus der Eigenimpedanz und der Koppelimpedanz mehrerer Schleifen mit Rückleitung über Erde zusammen. Grundlegende Gleichungen zur Berechnung der Nullimpedanz (Schleifenimpedanz von Leitungen mit Rückleitung über Erde) wurden von Pollaczek und Carson fast gleichzeitig angegeben [9.1].

Tabelle 9.4. Mitimpedanz von Freileitungen mit Einfachseilen und Bündelleitern je Stromkreis und Leiter beim Parallelbetrieb der Stromkreise

Leitung	Berechnung der Mitimpedanz je Stromkreis und je Leiter
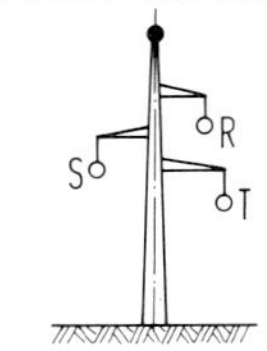 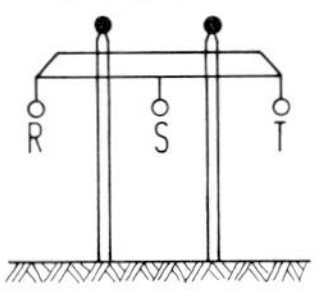 	*Einfachseile:* $\underline{Z}_1' = R_1' + \mathrm{j}\omega \frac{\mu_0}{2\pi}\left(\ln\frac{D}{r} + \frac{1}{4}\right)$ (9.21) $D = \sqrt[3]{D_{\mathrm{RS}} D_{\mathrm{RT}} D_{\mathrm{ST}}}$ *Bündelleiter:* $\underline{Z}_1' = \frac{R_1'}{n} + \mathrm{j}\omega \frac{\mu_0}{2\pi}\left(\ln\frac{D}{r_\mathrm{B}} + \frac{1}{4n}\right)$ (9.22) mit $D = \sqrt[3]{D_{\mathrm{RS}} D_{\mathrm{RT}} D_{\mathrm{ST}}}$ $r_\mathrm{B} = \sqrt[n]{n r \cdot r_\mathrm{T}^{n-1}}$
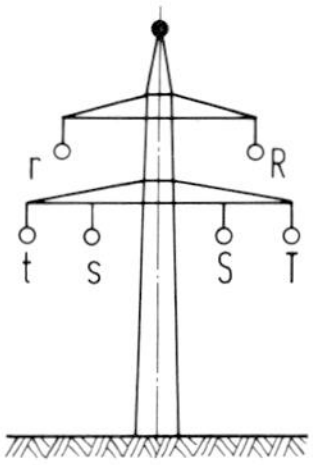 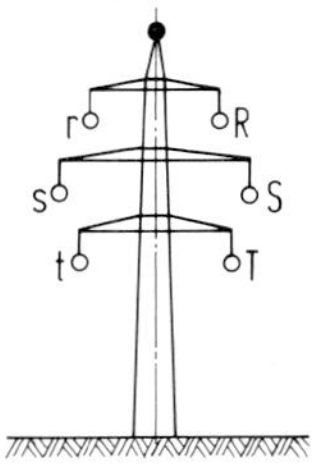 	*Einfachseile:* $\underline{Z}_1' = R_1' + \mathrm{j}\omega \frac{\mu_0}{2\pi}\left(\ln\frac{D \cdot D_{\mathrm{mRs}}}{r\, D_{\mathrm{mRr}}} + \frac{1}{4}\right)$ (9.23) mit $D = \sqrt[3]{D_{\mathrm{RS}} D_{\mathrm{RT}} D_{\mathrm{ST}}}$ $D_{\mathrm{mRr}} = \sqrt[3]{D_{\mathrm{Rr}} D_{\mathrm{Ss}} D_{\mathrm{Tt}}}$; $D_{\mathrm{mRs}} = \sqrt[3]{D_{\mathrm{Rs}} D_{\mathrm{Rt}} D_{\mathrm{St}}}$ Wenn die Leiter der beiden Stromkreise nicht symmetrisch zur Mastmitte liegen oder nicht symmetrisch betrieben werden, dann ergibt sich: $D_{\mathrm{mRs}} = \sqrt[6]{D_{\mathrm{Rs}} D_{\mathrm{Rt}} D_{\mathrm{St}} \cdot D_{\mathrm{Sr}} D_{\mathrm{Tr}} D_{\mathrm{Ts}}}$ *Bündelleiter:* $\underline{R}_1' = \frac{R_1'}{n} + \mathrm{j}\omega \frac{\mu_0}{2\pi}\left(\ln\frac{D \cdot D_{\mathrm{mRs}}}{r_\mathrm{B} D_{\mathrm{mRr}}} + \frac{1}{4n}\right)$ (9.24) mit D, D_{mRr} und D_{mRs} wie bei Gl. (9.23) r_B nach Gl. (9.14)
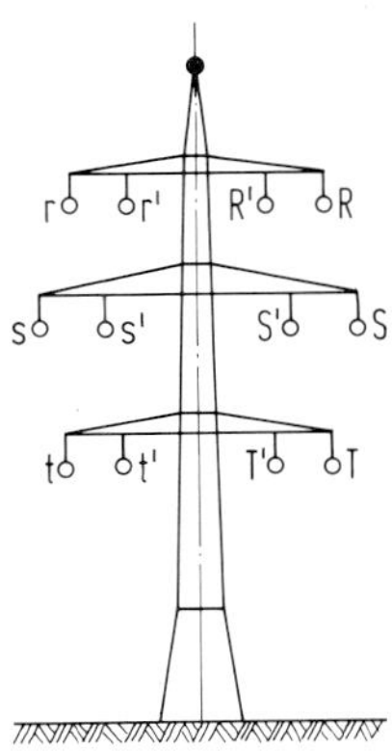 Mittelwerte der Mitimpedanz ohne Verdrillung	*Bündelleiter:* Impedanz eines der beiden äußeren Stromkreise (R, S, T oder r, s, t): $\underline{Z}_{1\mathrm{a}}' = \frac{R_1'}{n} + \mathrm{j}\omega \frac{\mu_0}{2\pi}\left(\ln\frac{D \cdot D_{\mathrm{mRs}}}{r_\mathrm{B} D_{\mathrm{mRr}}} + \frac{1}{4n}\right)$ (9.25) mit $D = \sqrt[3]{D_{\mathrm{RS}} D_{\mathrm{RT}} D_{\mathrm{ST}}}$ und $D_{\mathrm{mRr}} = \sqrt[9]{D_{\mathrm{Rr}} D_{\mathrm{Ss}} D_{\mathrm{Tt}} \cdot D_{\mathrm{RR'}} D_{\mathrm{SS'}} D_{\mathrm{TT'}} D_{\mathrm{Rr'}} D_{\mathrm{Ss'}} D_{\mathrm{Tt'}}}$ $D_{\mathrm{mRs}} = \sqrt[9]{D_{\mathrm{Rs}} D_{\mathrm{Rt}} D_{\mathrm{St}} \cdot D_{\mathrm{RS'}} D_{\mathrm{RT'}} D_{\mathrm{ST'}} D_{\mathrm{Rs'}} D_{\mathrm{Rt'}} D_{\mathrm{St'}}}$ Impedanz eines der beiden inneren Stromkreise (R', S', T' oder r', s', t'): $\underline{Z}_{1\mathrm{i}}' = \frac{R_1'}{n} + \mathrm{j}\omega \frac{\mu_0}{2\pi}\left(\ln\frac{D' \cdot D_{\mathrm{mR's}}}{r_\mathrm{B} D_{\mathrm{mR'r}}} + \frac{1}{4n}\right)$ (9.26) mit $D' = \sqrt[3]{D_{\mathrm{R'S'}} D_{\mathrm{R'T'}} D_{\mathrm{S'T'}}}$ $D_{\mathrm{mR'r}} = \sqrt[9]{D_{\mathrm{R'R}} D_{\mathrm{S'S}} D_{\mathrm{T'T}} D_{\mathrm{R'r}} D_{\mathrm{S's}} D_{\mathrm{T't}} D_{\mathrm{R'r'}} D_{\mathrm{S's'}} D_{\mathrm{T't'}}}$ $D_{\mathrm{mR's}} = \sqrt[9]{D_{\mathrm{R'S}} D_{\mathrm{R'T}} D_{\mathrm{S'T}} D_{\mathrm{R's}} D_{\mathrm{R't}} D_{\mathrm{S't}} D_{\mathrm{R's'}} D_{\mathrm{R't'}} D_{\mathrm{S't'}}}$

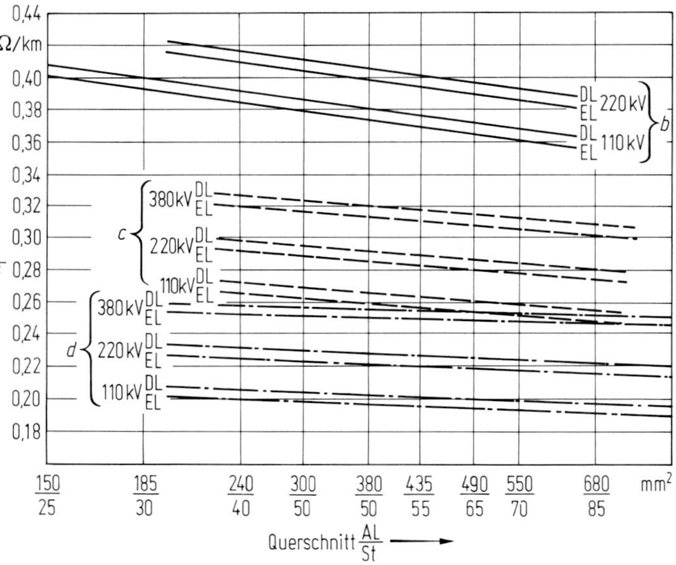

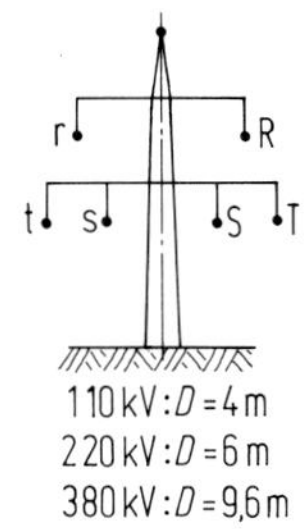

Bild 9.15. Mitreaktanz X_1' von Drehstromfreileitungen mit Al/St-Seilen bei $f=50$ Hz. (Bei Bündelleitern: $a=40$ cm.) *b* Einfachseile; *c* Zweierbündel; *d* Viererbündel; EL Einfachleitung; DL Doppelleitung

Impedanz einer Leiterschleife mit Rückleitung über Erde

Ausgangspunkt für die Betrachtung ist die Arbeit von Pollaczek [9.1], in der die Schleifenimpedanz mit Rückleitung über Erde für beliebige Frequenzen behandelt wird. Bei $f=50$ Hz ergeben sich erhebliche Vereinfachungen, die dann zu Gleichungen mit ausreichender Genauigkeit führen. Für transiente Vorgänge auf Leitungen mit Frequenzen weit über 50 Hz muß die Frequenzabhängigkeit des Widerstandes und der Induktivität im Nullsystem berücksichtigt werden.

Nach [9.1] erhält man unter Hinzufügung des Leiterwirkwiderstandes R' und der inneren Induktivität

$$L_i' = \frac{\mu_0}{2\pi} \cdot \frac{\mu_r}{4}$$

eines Einfachseiles für die Impedanz der Leiterschleife mit Rückleitung über Erde (bei $R_A = R_B = 0$) nach Bild 9.16:

$$\begin{aligned} \underline{Z}_{L-E}' \approx R' + \omega \frac{\mu_0}{4\pi} \left[\frac{\pi}{2} - 3{,}5\frac{h}{\delta} + 3{,}42\frac{h^2}{\delta^2}\left(0{,}055 + \ln\frac{\delta}{h}\right)\right] \\ + \mathrm{j}\,\omega \frac{\mu_0}{2\pi}\left[\ln\frac{\delta}{r} + 1{,}75\frac{h}{\delta} - 1{,}34\frac{h^2}{\delta^2} + \frac{\mu_r}{4}\right] \end{aligned} \tag{9.27}$$

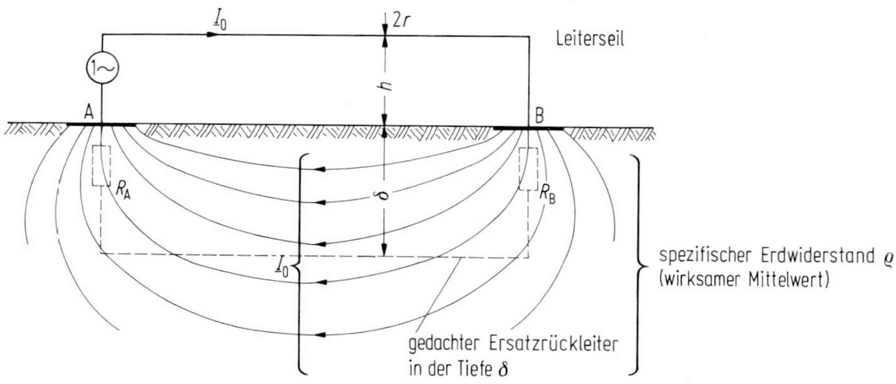

Bild 9.16. Leiter-Erde-Schleife.
R_A, R_B Erdausbreitungswiderstände der Anlagen A und B

Dabei sind:

h Höhe des Leiters über der Erdoberfläche (bei Freileitungen wird die mittlere Höhe $h = h_{\text{Mast}} - 0{,}7 \cdot \text{Durchhang}$ eingesetzt)

δ Erdstromtiefe,

$$\delta = \frac{1{,}85}{\sqrt{\mu_0 \frac{1}{\varrho} \omega}} \tag{9.28}$$

mit $\mu_0 = 4\pi \cdot 10^{-4}$ H/km; $\omega = 2\pi f$; ϱ = spezifischer Erdwiderstand nach Tabelle 9.5.

Gl. (9.27) gilt im Bereich von 50 Hz bis etwa 20 kHz mit ausreichender technischer Genauigkeit. Für $h \ll \delta$ vereinfacht sie sich wie folgt:

$$\underline{Z}'_{\text{L-E}} = R' + \omega \frac{\mu_0}{4\pi} \cdot \frac{\pi}{2} + \text{j}\,\omega \frac{\mu_0}{2\pi} \left(\ln \frac{\delta}{r} + \frac{\mu_r}{4} \right) \tag{9.29}$$

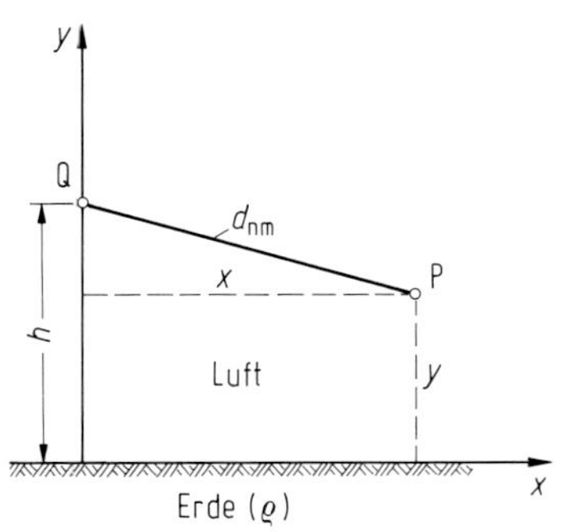

Bild 9.17. Anordnung zur Berechnung der Koppelimpedanz.
Induzierender Leiter: Q; induzierter Leiter: P; $d_{nm} = \sqrt{x^2 + (h-y)^2}$

Dabei sind:

R' Wirkwiderstand des Leiterseils (bei Stahlseilen ist für das Verhältnis Wirkwiderstand zu Gleichstromwiderstand etwa 1,4 bis 1,6 einzuführen)

$\omega \frac{\mu_0}{4\pi} \cdot \frac{\pi}{2} = 0{,}0493\,\Omega/\text{km} \approx 0{,}05\,\Omega/\text{km}$ Wirkwiderstand der „Erdrückleitung" bei $f = 50$ Hz

$\omega \frac{\mu_0}{2\pi} \ln \frac{\delta}{r}$ äußere Reaktanz der Schleife mit Rückleitung über Erde pro Längeneinheit

$\omega \frac{\mu_0}{2\pi} \cdot \frac{\mu_r}{4}$ innere Reaktanz des Leiterseiles pro Längeneinheit (bei Cu-Al-Seilen ist $\mu_r = 1$, bei Al/St-Seilen mit einer Lage Al wird $\mu_r \approx (5 \ldots 10)$, bei Al/St-Seilen mit einer Querschnittsverhältniszahl 6 und darüber wird $\mu_r \approx 1$. Bei Stahlseilen kann man im Mittel mit $\mu_r \approx 25$ rechnen).

Liegen zwei Leiterschleifen mit den Leitern Q und P vor, jeweils mit Rückleitung über Erde, wobei Q der induzierende Leiter und P der induzierte Leiter ist, so kann man einen sogenannten generalisierten Koppelinduktivitätskoeffizienten $\underline{M}$ angeben. Für praktische Berechnungen unterscheidet man Näherungsgleichungen bei kleinem und großem Abstand zwischen induzierendem und induziertem Leiter. $\underline{M}$ wird dabei wie folgt definiert:

$$\boldsymbol{E} = -\underline{M} \frac{\partial \underline{I}}{\partial t} = -\mathrm{j}\,\omega \underline{M}\,\underline{I} \;\rightarrow\; \underline{M} = \frac{\mathrm{j}}{\omega \underline{I}} \boldsymbol{E} \tag{9.30}$$

Dabei ist $\boldsymbol{E}$ die elektrische Feldstärke am Ort des Leiters P mit dem Potential $\varphi(x, y)$. $\underline{M}$ ist eine komplexe Größe mit positivem Realteil und negativem Imaginärteil, so lange der induzierte Leiter in der Nähe des induzierenden Leiters liegt. Für die Koppelimpedanz zwischen Q und P mit dem Abstand d_{nm} ergibt sich:

$$\underline{Z}'_{nm} = \mathrm{j}\,\omega \underline{M}' = \mathrm{j}\,\omega \frac{\mu_0}{4\pi} \left[2 \ln \frac{2}{\gamma |\underline{k}|\, d_{nm}} + 1 - \mathrm{j} \frac{\pi}{2} - \mathrm{j} \frac{4}{3} \underline{k} (y + h) \right] \tag{9.31}$$

Dabei sind:

x, y, h Entfernungen

$$\underline{k} = \mathrm{e}^{\mathrm{j} \frac{3}{4} \pi} \sqrt{\omega \mu_0 / \varrho} = \sqrt{\omega \mu_0 / \varrho}\,(-0{,}707 + \mathrm{j}\,0{,}707); \quad |\underline{k}| = \sqrt{\omega \mu_0 / \varrho}$$

$|\underline{k}| = 1{,}85/\delta$ mit der Erdstromtiefe δ, $\gamma = 1{,}7811$ (Bessel-Konstante)

Betrachtet man die beiden ersten Glieder der rechten Seite der Gl. (9.31), so ergibt sich daraus für den Imaginärteil:

$$\mathrm{j}\,\omega \frac{\mu_0}{2\pi} \left[\ln \frac{2}{\gamma |\underline{k}|\, d_{nm}} + \frac{1}{2} \right] = \mathrm{j}\,\omega \frac{\mu_0}{2\pi} \left[\ln \frac{2 \sqrt{e}}{\gamma |\underline{k}|\, d_{nm}} \right] = \mathrm{j}\,\omega \frac{\mu_0}{2\pi} \ln \frac{\delta}{d_{nm}}$$

Vergleicht man damit die Eindringtiefe δ_E bei einem kreiszylindrischen Leiter, für die nach [9.30] gilt (s.a. Abschnitt 10.3.3)

$$\delta_E = \frac{\sqrt{2}}{|\underline{k}|} = \frac{\sqrt{2}}{\sqrt{\omega \mu / \varrho}} = \frac{1}{\sqrt{\pi f \mu / \varrho}}$$

so findet man folgenden Zusammenhang zwischen Erdstromtiefe δ und Eindringtiefe δ_E:

$$\delta = \frac{2\sqrt{e}}{\gamma|\underline{k}|} = \frac{2\sqrt{e}}{\gamma\sqrt{\omega\mu/\varrho}} = \frac{\sqrt{2}\sqrt{e}}{\gamma}\delta_E = 1{,}31\,\delta_E = \frac{1{,}85}{\sqrt{\omega\mu/\varrho}} \tag{9.32}$$

Für $\mu_r = 1$ geht μ in μ_0 über, so daß sich dann Gl. (9.28) ergibt. Gl. (9.31) darf angewendet werden für

$$x, y, h \gtreqless 0 \quad \text{und} \quad |\underline{k}|\sqrt{x^2 + (|y| + |h|)^2} < 0{,}5$$

Führt man $\underline{k}$ in Gl. (9.31) ein und trennt Real- und Imaginärteil, so wird:

$$\underline{Z}'_{nm} = \omega\frac{\mu_0}{4\pi}\left[\frac{\pi}{2} - \frac{1{,}75}{\delta}(y+h)\right] + \mathrm{j}\,\omega\frac{\mu_0}{2\pi}\left[\ln\frac{\delta}{d_{nm}} + \frac{0{,}875}{\delta}(y+h)\right] \tag{9.33}$$

Vernachlässigt man jeweils das zweite Glied in den Klammern der Gl. (9.33) als klein gegen das erste Glied, so ergibt sich:

$$\underline{Z}'_{nm} = \omega\frac{\mu_0}{4\pi}\cdot\frac{\pi}{2} + \mathrm{j}\,\omega\frac{\mu_0}{2\pi}\ln\frac{\delta}{d_{nm}} \tag{9.34}$$

Bei $\varrho = 100\,\Omega$m und damit einer Erdstromtiefe $\delta = 930$ m ist Gl. (9.34) bis etwa $d_{nm} = 300$ m ausreichend genau gültig ($d_{nm} < 0{,}3\,\delta$). Gl. (9.34) kann also verwendet werden bei der Berechnung der Nullimpedanzen von Hochspannungsfreileitungen mit Erd- und Bodenseilen.

Bei Beeinflussungsberechnungen für Fernmeldeleitungen und andere langgestreckte metallische Leiter wie z.B. metallische Rohrleitungen parallel zu Hochspannungsfreileitungen kann ebenfalls $\underline{Z}'_{nm}$ nach Gl. (9.34) verwendet werden, so lange der beeinflußte Leiter der beeinflussenden Leitung nahe benachbart verläuft ($d_{nm} < 0{,}3\,\delta$).

Bei größeren Abständen d_{nm}, die bei Beeinflussungsberechnungen besonders dann zu berücksichtigen sind, wenn hochohmige Werte für den spezifischen Erdwiderstand ϱ vorliegen, sind Näherungsgleichungen abweichend von Gl. (9.34) zu verwenden.

Bei Abständen $d_{nm} \geqq \delta$ muß man unterscheiden zwischen der von einem Leiter in Luft erzeugten Induktion eines Luftleiters oder eines Erdleiters:
Luftinduktion erzeugt durch einen Luftleiter mit $h \geqq 0$ und $y \geqq 0$:

Bei $x \approx d_{nm}$; $(h+y)^2 \ll x^2$ und $(h+y) \ll \delta$ ergibt sich für $\underline{Z}'_{nm}$ in guter Näherung:

$$\underline{Z}'_{nm} \approx \omega\frac{\mu_0}{4\pi}\cdot 1{,}17\cdot\left(\frac{\delta}{d_{nm}}\right)^2 \tag{9.35}$$

$\underline{Z}'_{nm}$ ist also rein reell. Diese Gleichung ist anzuwenden für

$$|\underline{k}|\sqrt{x^2 + (h+y)^2} > 3{,}5.$$

Erdinduktion erzeugt durch einen Luftleiter mit $h \geqq 0$ und $y \leqq 0$:

In diesem Fall, z.B. bei der Induktion eines Fernmeldekabels oder bei der Induktion einer Rohrleitung im Erdboden durch eine Hochspannungsfreileitung interessiert besonders der Fall $|h/x| \ll 1$. Hier gilt dann [9.1]:

$$\underline{Z}'_{nm} = \mathrm{j}\,\omega \frac{\mu_0}{4\pi}\left(-4\,\mathrm{e}^{-\mathrm{j}\underline{k}y}\frac{1-\mathrm{j}\,\underline{k}\,h}{\underline{k}^2\,x^2}\right) \tag{9.36}$$

Diese Gleichung ist anzuwenden für $|\underline{k}\,x| > 4$ und $|h/x| \ll 1$.

Für den Grenzfall $y=0$ (induzierte Leitung an der Erdoberfläche) und $|\underline{k}\,h| < 1$ sowie $x \approx d_{nm}$ erhält man aus Gl. (9.36):

$$\underline{Z}'_{nm} = \omega \frac{\mu_0}{4\pi} \cdot 1{,}17 \cdot \left(\frac{\delta}{d_{nm}}\right)^2 \tag{9.37}$$

Gl. (9.37) stimmt dann erwartungsgemäß mit Gl. (9.35) überein.

Bild 9.18 enthält $|\underline{Z}'_{nm}|$ abhängig von d_{nm} für verschiedene Werte von ϱ ausgehend von den Gln. (9.34) und (9.35).

Nullimpedanz der Drehstromleitung ohne und mit Erdseil

Aus Bild 9.19 ergibt sich unter Berücksichtigung der gegenseitigen induktiven Kopplung:

$$\begin{aligned} \underline{U}_0 &= \underline{I}_0\,\underline{Z}_{\mathrm{ORR}} + \underline{I}_0\,\underline{Z}_{\mathrm{ORS}} + \underline{I}_0\,\underline{Z}_{\mathrm{ORT}} \\ \underline{U}_0 &= \underline{I}_0\,\underline{Z}_{\mathrm{OSR}} + \underline{I}_0\,\underline{Z}_{\mathrm{OSS}} + \underline{I}_0\,\underline{Z}_{\mathrm{OST}} \\ \underline{U}_0 &= \underline{I}_0\,\underline{Z}_{\mathrm{OTR}} + \underline{I}_0\,\underline{Z}_{\mathrm{OTS}} + \underline{I}_0\,\underline{Z}_{\mathrm{OTT}} \end{aligned} \tag{9.38}$$

Aus den drei Gln. (9.38) ergibt sich die Nullimpedanz $\underline{Z}_0'^{\mathrm{I}}$ eines Drehstromsystems ohne Erdseil je Längeneinheit (s. analog dazu Gl. (9.63)):

$$\underline{Z}_0'^{\mathrm{I}} = R'_0 + \mathrm{j}\,X'_0 = \frac{\underline{U}_0}{\underline{I}_0} = R'_1 + 3\,\omega\frac{\mu_0}{8} + \mathrm{j}\,\omega\frac{\mu_0}{2\pi}\left(3\ln\frac{\delta}{\sqrt[3]{r\,D^2}} + \frac{\mu_{\mathrm{r}}}{4}\right) \tag{9.39}$$

Für $\underline{Z}_{\mathrm{ORR}} = \underline{Z}_{\mathrm{OSS}} = \underline{Z}_{\mathrm{OTT}}$ wurde die Schleifenimpedanz nach Gl. (9.29) eingeführt und für $\underline{Z}_{\mathrm{ORS}}$, $\underline{Z}_{\mathrm{ORT}}$ und $\underline{Z}_{\mathrm{OST}}$ die Koppelimpedanz zwischen zwei Leiterschleifen mit Rückleitung über Erde nach Gl. (9.34). Tabelle 9.5 enthält Erdstromtiefen δ nach Gl. (9.32) abhängig vom spezifischen Erdwiderstand ϱ bei $f = 50$ Hz.

Beim Übergang von der Drehstromleitung mit Einfachseilen auf eine Leitung mit Bündelleitern wird für R'_1 der Wirkwiderstand des Bündelleiters eingeführt, für den Radius r der Ersatzradius r_{B} des Bündels nach Gl. (9.14) und ein entsprechender Ausdruck für die innere Induktivität des Bündels. Für einen Stromkreis mit Bündelleitern ohne Erdseil gilt dann:

$$\underline{Z}_0'^{\mathrm{I}} = \frac{R'_1}{n} + 3\,\omega\frac{\mu_0}{8} + \mathrm{j}\,\omega\frac{\mu_0}{2\pi}\left(3\ln\frac{\delta}{\sqrt[3]{r_{\mathrm{B}}\,D^2}} + \frac{\mu_r}{4n}\right) \tag{9.40}$$

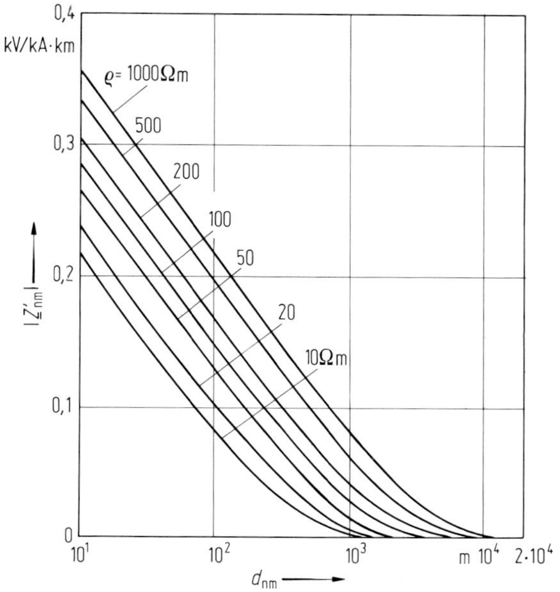

Bild 9.18. Koppelimpedanz $|\underline{Z}'_{nm}|$ in Abhängigkeit vom Abstand d_{nm}, Parameter spezifischer Erdwiderstand ϱ

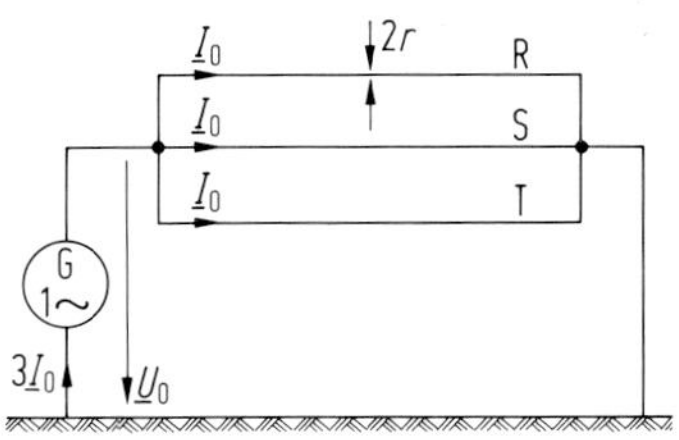

Bild 9.19. Zur Berechnung der Nullimpedanz einer Drehstromfreileitung ohne Erdseil

Tabelle 9.5. Erdstromtiefe δ in Abhängigkeit vom spezifischen Erdwiderstand ϱ bei $f = 50$ Hz

Art des Erdreichs		Schwemmland	Ton	Poröser Kalk	Quarz, fester Kalk		Granit, Gneis	
nach	VDE 0228 und CCIF	Mergel		Sandstein, Tonschiefer			Toniger Schiefer	
	VDE 0141	Moorboden	–	Lehm-, Ton- und Ackerboden	Feuchter Sand	Feuchter Kies	Trockener Sand oder Kies	Steiniger Boden
ϱ	Ωm	30	50	100	200	500	1000	3000
$\sigma = \frac{1}{\varrho}$	μS/cm	333	200	100	50	20	10	3,33
δ	m	510	660	930	1320	2080	2940	5100

Für die Impedanz der Schleife Erdseil-Erde wird der Index q eingeführt. Es gilt dann ausgehend von Gl. (9.29):

$$\underline{Z}'_{\mathrm{q}} = R'_{\mathrm{q}} + \omega \frac{\mu_0}{8} + \mathrm{j}\,\omega \frac{\mu_0}{2\pi} \left(\ln \frac{\delta}{r_{\mathrm{q}}} + \frac{\mu_{\mathrm{q}}}{4} \right) \tag{9.41}$$

Tabelle 9.6. Nullimpedanzen von Drehstromfreileitungen ohne und mit Erdseil je Stromkreis und je Leiter pro Längeneinheit. Bei Doppelleitungen wird Parallelbetrieb vorausgesetzt mit gleichen Nullströmen in beiden Stromkreisen

Leitungen	Berechnungsgleichungen für die Nullimpedanz
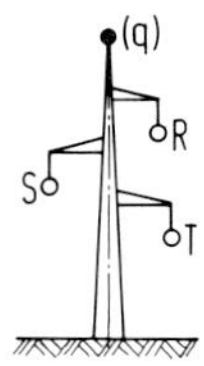	Einfachleitung ohne Erdseil: $\underline{Z}'^{\mathrm{I}}_0 = R'_1 + 3\omega \frac{\mu_0}{8} + \mathrm{j}\omega \frac{\mu_0}{2\pi} \left(3 \ln \frac{\delta}{\sqrt[3]{r D^2}} + \frac{1}{4} \right)$ (9.40) Einfachleitung mit Erdseil: $\underline{Z}'^{\mathrm{Iq}}_0 = \underline{Z}'^{\mathrm{I}}_0 - 3 \frac{\underline{Z}'^2_{\mathrm{aq}}}{\underline{Z}'_{\mathrm{q}}}$ (9.43)
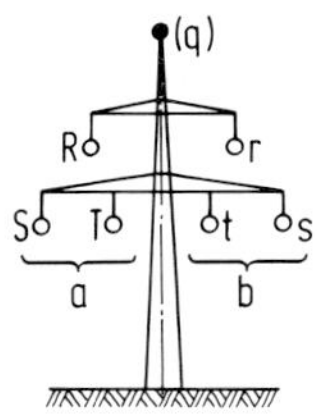	Doppelleitung ohne Erdseil: $\underline{Z}'^{\mathrm{II}}_0 = \underline{Z}'^{\mathrm{I}}_0 + 3 \underline{Z}'_{\mathrm{ab}}$ (9.44) Doppelleitung mit Erdseil: $\underline{Z}'^{\mathrm{IIq}}_0 = \underline{Z}'^{\mathrm{II}}_0 - 6 \frac{\underline{Z}'^2_{\mathrm{aq}}}{\underline{Z}'_{\mathrm{q}}}$ (9.45)
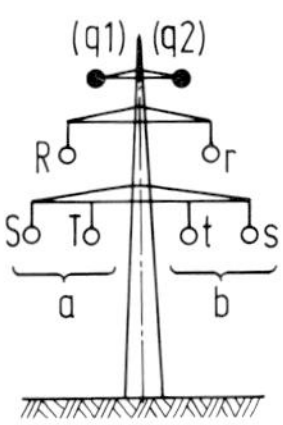	Doppelleitung mit zwei Erdseilen: $\underline{Z}'^{\mathrm{IIq\,1,2}}_0 = \underline{Z}'^{\mathrm{II}}_0 - 6 \frac{\underline{Z}'^2_{\mathrm{aq\,1,2}}}{\underline{Z}'_{\mathrm{q\,1,2}}}$ (9.46)

Für die Gl. (9.40) und (9.43) bis (9.46) gelten folgende zusätzliche Beziehungen:

Einfacherdseil: $\underline{Z}'_{\mathrm{q}}$ nach Gl. (9.41) und $\underline{Z}'_{\mathrm{aq}}$ nach Gl. (9.42)

Doppelerdseil:

$$\underline{Z}'_{\mathrm{q\,1,2}} = \frac{R'_{\mathrm{q}}}{2} + \omega \frac{\mu_0}{8} + \mathrm{j}\omega \frac{\mu_0}{2\pi} \left(\ln \frac{\delta}{\sqrt{r_{\mathrm{q}} D_{\mathrm{q\,1\,q\,2}}}} + \frac{\mu_{\mathrm{q}}}{8} \right)$$

$$\underline{Z}'_{\mathrm{aq\,1,2}} = \omega \frac{\mu_0}{8} + \mathrm{j}\omega \frac{\mu_0}{2\pi} \ln \frac{\delta}{\sqrt[6]{D_{\mathrm{Rq\,1}} D_{\mathrm{Sq\,1}} D_{\mathrm{Tq\,1}} D_{\mathrm{Rq\,2}} D_{\mathrm{Sq\,2}} D_{\mathrm{Tq\,2}}}}$$

Doppelleitung:

$$\underline{Z}'_{\mathrm{ab}} = \omega \frac{\mu_0}{8} + \mathrm{j}\omega \frac{\mu_0}{2\pi} \ln \frac{\delta}{D_{\mathrm{ab}}}$$

mit $D_{\mathrm{ab}} = \sqrt{D_{\mathrm{mRr}} D_{\mathrm{mRs}}}$, $D_{\mathrm{mRr}} = \sqrt[3]{D_{\mathrm{Rr}} D_{\mathrm{Ss}} D_{\mathrm{Tt}}}$, $D_{\mathrm{mRs}} = \sqrt[3]{D_{\mathrm{Rs}} D_{\mathrm{Rt}} D_{\mathrm{St}}}$

Bündelleiter: Wirkwiderstand je Leiter: R'_1/n

Radius des Ersatzleiters $r_{\mathrm{B}} = \sqrt[n]{n\, r\, r_{\mathrm{T}}^{n-1}}$

Tabelle 9.7. Impedanzen von Drehstromfreileitungen (Beispiele). Donaumastbild, ein Erdseil, Leiterseile Al/St 240/40, $\varrho = 100\,\Omega\text{m}$

Leitung					Betrieb mit einem Stromkreis		Betrieb mit zwei Stromkreisen	
	D	D_{ab}	D_{aq}	Erdseil	$\underline{Z}'_1 = R'_1 + \mathrm{j}X'_1$	$\underline{Z}'^{\mathrm{Iq}}_0$	$\frac{X'^{\mathrm{Iq}}_0}{X'_1}$	$\underline{Z}'^{\mathrm{IIq}}_0$	$\frac{X'^{\mathrm{IIq}}_0}{X'_1}$
	m	m	m	–	Ω/km je Leiter	Ω/km je Leiter	–	Ω/km je Leiter und Stromkreis	–
110 kV	4	10	11	St 50 Al/St 44/32 Al/St 240/40	0,12 + j 0,39	0,31 + j 1,38 0,32 + j 1,26 0,22 + j 1,10	3,5 3,2 2,8	0,50 + j 2,20 0,52 + j 1,86 0,33 + j 1,64	5,6 4,8 4,2
220 kV	6	15,6	16,5	Al/St 44/32 Al/St 240/40	0,12 + j 0,42	0,30 + j 1,19 0,22 + j 1,10	2,8 2,6	0,49 + j 1,78 0,32 + j 1,61	4,2 3,8
220 kV 2er-Bündel	6	15,6	16,5	Al/St 240/40	0,06 + j 0,30	0,16 + j 0,98	3,3	0,26 + j 1,49	5,0
380 kV 4er-Bündel	9,4	23	24	Al/St 240/40	0,03 + j 0,26	0,13 + j 0,91	3,5	0,24 + j 1,39	5,3

Für die Koppelimpedanz zwischen dem Stromkreis a mit den Leitern R, S und T und dem Erdseil q gilt ausgehend von Gl. (9.34):

$$\underline{Z}'_{aq} = \omega\frac{\mu_0}{8} + \mathrm{j}\,\omega\frac{\mu_0}{2\pi}\ln\frac{\delta}{D_{aq}} \quad \text{mit } D_{aq} = \sqrt[3]{D_{Rq}\,D_{Sq}\,D_{Tq}} \tag{9.42}$$

Ausgehend von Gl. (9.40) und den Gln. (9.41) sowie (9.42) und weiterhin von einer Gleichung für die Koppelimpedanz zwischen den beiden Stromkreisen a und b einer Doppelleitung erhält man die in Tabelle 9.6 zusammengestellten Berechnungsgleichungen.

Tabelle 9.7 enthält Beispiele für die Nullimpedanzen von Drehstromfreileitungen berechnet mit den Gleichungen der Tabelle 9.6.

9.4 Berechnung der Leitungskapazitäten

9.4.1 Allgemeines zur Berechnung der Leitungskapazitäten

Ebenso wie bei den Induktivitäten werden auch bei den Kapazitäten die Leitungskapazitäten im Mitsystem und im Nullsystem unterschieden. Die Kapazitäten im Mit- und Gegensystem sind gleich $C_1 = C_2 \neq C_0$.

Als Grundlage für die Kapazitätsberechnung von Drehstromleitungen geht man von der Potentialgleichung für das elektrische Feld linearer langgestreckter Leiter aus.

Der langgestreckte linienförmige Leiter trage pro Längeneinheit die positive Ladung $+q = +Q/l$. Die Gegenladung $-q$ befinde sich im Unendlichen. Die

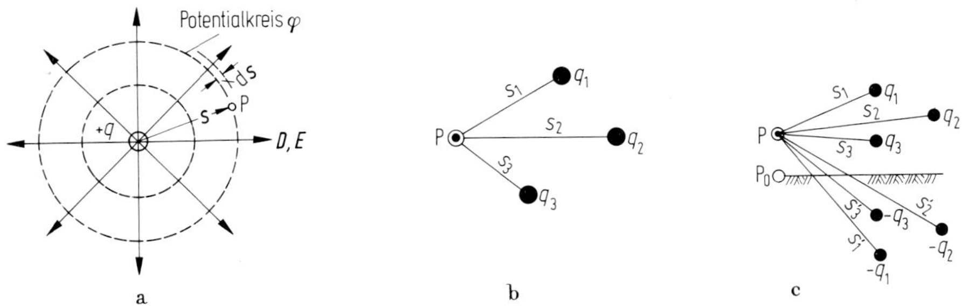

Bild 9.20. Linienförmige Ladungen q.
(**a**) Verschiebungsdichte und elektrische Feldstärke; (**b**) Linienladungen und Aufpunkt P; (**c**) Prinzip der Spiegelung an der Erdoberfläche

Linienladung ist die Quelle der Verschiebungsdichte D. Der Verschiebungsdichtevektor $\boldsymbol{D}$ ist radial nach außen gerichtet. Für die Verschiebungsdichte auf einem Kreis (Potentialkreis) um die Ladung $+q$ gilt nach Bild 9.20a:

$$q = |\boldsymbol{D}|\, 2\pi s \tag{9.47}$$

Die Verschiebungsdichte ist proportional zur elektrischen Feldstärke $\boldsymbol{E}$.

$$\boldsymbol{D} = \varepsilon_r \varepsilon_0 \boldsymbol{E} \tag{9.48}$$

Ausgehend von den Gln. (9.47) und (9.48) erhält man bei $\varepsilon_r = 1$:

$$|\boldsymbol{E}| = E = \frac{|\boldsymbol{D}|}{\varepsilon_0} = \frac{q}{\varepsilon_0 \cdot 2\pi s} \tag{9.49}$$

Schreitet man in Bild 9.20a in Richtung von $\boldsymbol{E}$ um ds weiter, so nimmt das Potential φ um den Betrag dφ ab. Für das Potential φ an einem Punkt P im Abstand s von der Linienladung q ergibt sich daraus mit K als Integrationskonstante:

$$\varphi = -\int \boldsymbol{E} \cdot \frac{\boldsymbol{s}}{s}\, \mathrm{d}s = -\int |\boldsymbol{E}| \cdot \mathrm{d}s = -\frac{q}{2\pi\varepsilon_0} \ln s + K \tag{9.50}$$

Geht man nach Bild 9.20b über auf drei Linienladungen $+q_1$, $+q_2$ und $+q_3$, so überlagern sich die drei Potentiale. Für den Punkt P gilt dann:

$$\varphi = -\frac{1}{2\pi\varepsilon_0}(q_1 \ln s_1 + q_2 \ln s_2 + q_3 \ln s_3 + K^*) \tag{9.51}$$

Bei Ladungen in der Nähe der Erdoberfläche verwendet man zur Erfassung dieses Einflusses das Verfahren der Spiegelung. Der Einfluß der Erde (die elektrischen Feldlinien stehen senkrecht auf der Erdoberfläche) wird durch Ladungen mit entgegengesetztem Vorzeichen spiegelbildlich zur Erdoberfläche nachgebildet. Für das Potential des Aufpunktes P in Bild 9.20c findet man:

$$\varphi = \frac{1}{2\pi\varepsilon_0}\left(q_1 \ln \frac{s_1'}{s_1} + q_2 \ln \frac{s_2'}{s_2} + q_3 \ln \frac{s_3'}{s_3}\right) \tag{9.52}$$

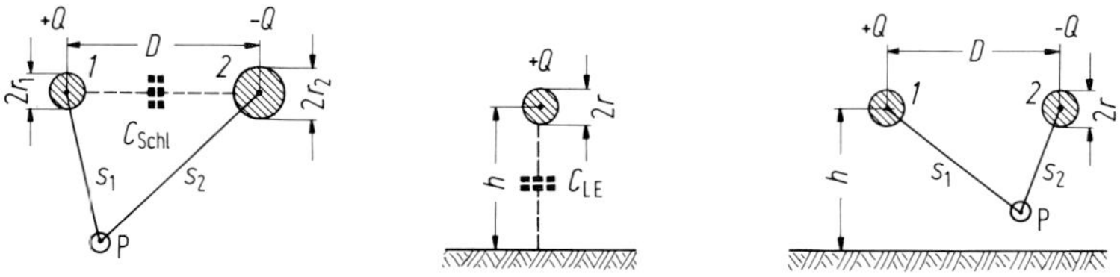

a b c

$$C_{\text{Schl}}=\frac{\pi\varepsilon_0 l}{\ln\dfrac{D}{\sqrt{r_1 r_2}}}\qquad C_{\text{LE}}=\frac{2\pi\varepsilon_0 l}{\ln\dfrac{2h}{r}}\qquad C_{\text{Schl+E}}=\frac{\pi\varepsilon_0 l}{\ln\dfrac{D}{r}\cdot\dfrac{2h}{\sqrt{(2h)^2+D^2}}}$$

Bild 9.21. Einfache Anordnungen mit langgestreckten Leitern.
(**a**) Schleife ohne Erde; (**b**) Ein Leiter über der Erde; (**c**) Leiterschleife über der Erde

Für einen Aufpunkt P_0 auf der Erdoberfläche werden die Abstände $s'=s$ und damit $\varphi=0$. Die Voraussetzung, daß die Erdoberfläche als vollkommen leitende Platte anzusehen ist, wird also durch das Verfahren der Spiegelung erfüllt. Ausgehend von Gl. (9.52) werden im Bild 9.21 die Kapazitäten $C=Q/U$ mit $Q=q\,l$ für einfache Leiteranordnungen angegeben.

Für die Anordnung nach Bild 9.21a findet man z.B., wenn man $D\gg r_1$ und $D\gg r_2$ voraussetzt, für φ_1 mit dem Aufpunkt P auf der Oberfläche des Leiters 1 und für φ_2 mit dem Aufpunkt P auf der Oberfläche des Leiters 2:

$$\varphi_1=\frac{Q}{2\pi\varepsilon_0 l}\ln\frac{D}{r_1};\qquad \varphi_2=\frac{Q}{2\pi\varepsilon_0 l}\ln\frac{r_2}{D} \tag{9.53a}$$

$$U=\varphi_1-\varphi_2=\frac{Q}{2\pi\varepsilon_0 l}\ln\frac{D^2}{r_1 r_2}\rightarrow C_{\text{Schl}}=\frac{Q}{U}=\frac{\pi\varepsilon_0 l}{\ln\dfrac{D}{\sqrt{r_1 r_2}}} \tag{9.53b}$$

9.4.2 Teilkapazitäten und Potentialkoeffizienten bei Freileitungen

Sind nur zwei Leiter vorhanden mit der Spannung U zwischen den Leitern, so ergibt sich auch unter Berücksichtigung der Erde eine Kapazität zwischen den Leitern. Bei n Leitern dagegen ergeben sich $n(n-1)/2$ Teilkapazitäten. Bei drei Leitern und Erde nach Bild 9.22a also $n=3+1=4$ und damit 6 Teilkapazitäten.

Bei der Berechnung der Teilkapazitäten geht man von Gl. (9.52) aus und findet mit den Bezeichnungen nach Bild 9.22b für den Aufpunkt P:

$$\varphi=\frac{Q_1}{2\pi\varepsilon_0 l}\ln\frac{s_1'}{s_1}+\frac{Q_2}{2\pi\varepsilon_0 l}\ln\frac{s_2'}{s_2}+\frac{Q_3}{2\pi\varepsilon_0 l}\ln\frac{s_3'}{s_3} \tag{9.54}$$

Für das abgeschlossene System gilt außerdem:

$$Q_1+Q_2+Q_3+Q_E=0 \tag{9.55}$$

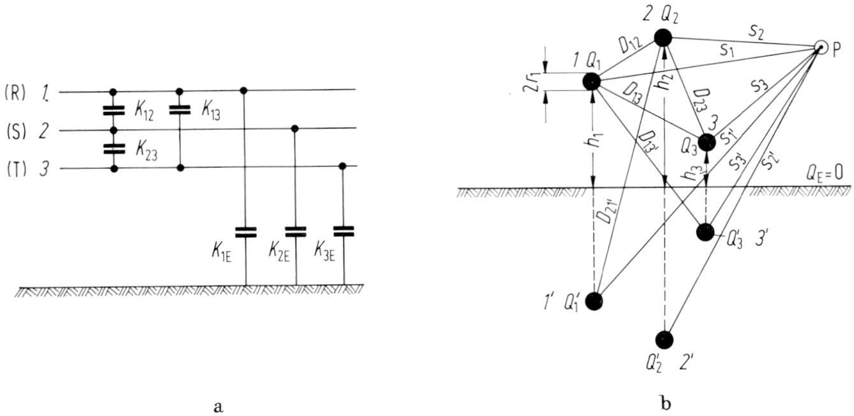

Bild 9.22. Teilkapazitäten einer Drehstromfreileitung ohne Erdseil. (**a**) Teilkapazitäten; (**b**) Linienladungen und Spiegelladungen

Geht man mit dem Aufpunkt P auf die drei Leiteroberflächen (Radien r_1, r_2, r_3) und auf die Erde (4. Leiter) mit $\varphi_E = 0$, so ergeben sich aus Gl. (9.54) drei Gleichungen für φ_1, φ_2 und φ_3, die man wie folgt schreiben kann:

$$\begin{bmatrix}\varphi_1\\ \varphi_2\\ \varphi_3\end{bmatrix} = \begin{bmatrix}\alpha_{11} & \alpha_{12} & \alpha_{13}\\ \alpha_{21} & \alpha_{22} & \alpha_{23}\\ \alpha_{31} & \alpha_{32} & \alpha_{33}\end{bmatrix} \begin{bmatrix}Q_1\\ Q_2\\ Q_3\end{bmatrix} \rightarrow \boldsymbol{\varphi}_{1,2,3} = \boldsymbol{\alpha}\, \boldsymbol{Q}_{1,2,3} \tag{9.56}$$

Dabei gilt für die Potentialkoeffizienten α:

$$\alpha_{\nu\nu} = \frac{1}{2\pi\varepsilon_0 l} \ln \frac{2h_\nu}{r_\nu} \qquad \text{für } \nu = 1, 2, 3 \tag{9.57}$$

$$\alpha_{\nu\mu} = \alpha_{\mu\nu} = \frac{1}{2\pi\varepsilon_0 l} \ln \frac{D_{\nu\mu'}}{D_{\nu\mu}} \qquad \text{für } \nu, \mu = 1, 2, 3 \quad \text{jedoch } \nu \neq \mu \tag{9.58}$$

Von den neun Potentialkoeffizienten sind nur sechs voneinander verschieden wegen $D_{\nu\mu} = D_{\mu\nu}$. Invertiert man die Gl. (9.56), setzt man $\boldsymbol{\alpha}^{-1} = \gamma$ und führt man für $\varphi_1, \varphi_2, \varphi_3$ wegen $\varphi_E = 0$ die Spannungen U_1, U_2, U_3 Leiter gegen Erde ein, so findet man:

$$\begin{aligned} Q_1 &= K_{1E} U_1 + K_{12}(U_1 - U_2) + K_{13}(U_1 - U_3)\\ Q_2 &= K_{2E} U_2 + K_{21}(U_2 - U_1) + K_{23}(U_2 - U_3)\\ Q_3 &= K_{3E} U_3 + K_{31}(U_3 - U_1) + K_{32}(U_3 - U_2) \end{aligned} \tag{9.59}$$

Dabei sind mit

$$N=\alpha_{11}\alpha_{22}\alpha_{33}-\alpha_{11}\alpha_{23}^2-\alpha_{22}\alpha_{13}^2-\alpha_{33}\alpha_{12}^2+2\alpha_{12}\alpha_{13}\alpha_{23}:$$

$$K_{1E}=\gamma_{11}+\gamma_{12}+\gamma_{13}=\frac{1}{N}[(\alpha_{22}\alpha_{33}-\alpha_{23}^2)+(\alpha_{13}\alpha_{23}-\alpha_{12}\alpha_{33})+(\alpha_{12}\alpha_{23}-\alpha_{13}\alpha_{22})]$$

$$K_{2E}=\gamma_{22}+\gamma_{23}+\gamma_{21}=\frac{1}{N}[(\alpha_{11}\alpha_{33}-\alpha_{13}^2)+(\alpha_{13}\alpha_{23}-\alpha_{12}\alpha_{33})+(\alpha_{13}\alpha_{12}-\alpha_{23}\alpha_{11})]$$

$$K_{3E}=\gamma_{33}+\gamma_{31}+\gamma_{32}=\frac{1}{N}[(\alpha_{11}\alpha_{22}-\alpha_{12}^2)+(\alpha_{12}\alpha_{23}-\alpha_{13}\alpha_{22})+(\alpha_{13}\alpha_{12}-\alpha_{23}\alpha_{11})] \tag{9.60a}$$

$$K_{12}=K_{21}=\gamma_{12}=\frac{1}{N}[\alpha_{13}\alpha_{23}-\alpha_{12}\alpha_{33}]$$

$$K_{13}=K_{31}=\gamma_{13}=\frac{1}{N}[\alpha_{12}\alpha_{23}-\alpha_{13}\alpha_{22}] \tag{9.60b}$$

$$K_{23}=K_{32}=\gamma_{23}=\frac{1}{N}[\alpha_{12}\alpha_{13}-\alpha_{23}\alpha_{11}]$$

Setzt man eine symmetrisch aufgebaute Leitung voraus mit $D_{12}=D_{13}=D_{23}=D$ und nimmt man näherungsweise $h_1=h_2=h_3=h$ an sowie $D_{12'}=D_{13'}=D_{23'}\approx 2h$, so reduzieren sich die sechs Potentialkoeffizienten in Gl. (9.60) auf zwei:

$$\alpha_{11}=\alpha_{22}=\alpha_{33}=\frac{1}{2\pi\varepsilon_0 l}\ln\frac{2h}{r} \tag{9.61}$$

$$\alpha_{12}=\alpha_{13}=\alpha_{23}=\frac{1}{2\pi\varepsilon_0 l}\ln\frac{2h}{D} \tag{9.62}$$

Für die Teilkapazitäten ergibt sich nach dieser Vereinfachung:

$$K_{1E}=K_{2E}=K_{3E}=K_E=\frac{1}{\alpha_{11}+2\alpha_{12}}=\frac{2\pi\varepsilon_0 l}{3\ln\frac{2h}{\sqrt[3]{rD^2}}} \tag{9.63}$$

$$K_{12}=K_{13}=K_{23}=K=\frac{\alpha_{12}}{(\alpha_{11}-\alpha_{12})(\alpha_{11}+2\alpha_{12})}=\frac{2\pi\varepsilon_0 l\cdot\ln\frac{2h}{D}}{3\ln\frac{D}{r}\cdot\ln\frac{2h}{\sqrt[3]{rD^2}}} \tag{9.64}$$

9.4.3 Kapazitäten im Mit- und Nullsystem

Ausgehend von den Überlegungen des Abschnittes 9.4.2 sollen hier die Kapazitäten des Mit- und Nullsystems der Drehstromfreileitungen behandelt werden. Es gilt $C_1=C_2\neq C_0$. Vorausgesetzt wird ein symmetrisches System der Spannungen.

Entsprechend Gl. (9.56) gilt für die Drehstromleitung mit den Leitern R, S, T:

$$\begin{bmatrix} \underline{U}_R \\ \underline{U}_S \\ \underline{U}_T \end{bmatrix} = \begin{bmatrix} \alpha_{RR} & \alpha_{RS} & \alpha_{RT} \\ \alpha_{SR} & \alpha_{SS} & \alpha_{ST} \\ \alpha_{TR} & \alpha_{TS} & \alpha_{TT} \end{bmatrix} \begin{bmatrix} \underline{Q}_R \\ \underline{Q}_S \\ \underline{Q}_T \end{bmatrix} \tag{9.65}$$

Durch Inversion der Gl. (9.65) findet man:

$$\begin{bmatrix} \underline{Q}_R \\ \underline{Q}_S \\ \underline{Q}_T \end{bmatrix} = \begin{bmatrix} \gamma_{RR} & \gamma_{RS} & \gamma_{RT} \\ \gamma_{SR} & \gamma_{SS} & \gamma_{ST} \\ \gamma_{TR} & \gamma_{TS} & \gamma_{TT} \end{bmatrix} \begin{bmatrix} \underline{U}_R \\ \underline{U}_S \\ \underline{U}_T \end{bmatrix} \tag{9.66}$$

Wendet man die Symmetrierungsmatrix **S** und die Entsymmetrierungsmatrix **T** auf Gl. (9.66) an, so findet man, wenn man einen Stromkreis mit den Leiterabständen

$$D = \sqrt[3]{D_{RS} D_{RT} D_{ST}}, \qquad D' = \sqrt[3]{D_{RS'} D_{RT'} D_{ST'}}$$

und der mittleren Leiterhöhe

$h = \sqrt[3]{h_R h_S h_T}$ voraussetzt, so daß $\gamma_{RR} = \gamma_{SS} = \gamma_{TT}$ und $\gamma_{RS} = \gamma_{ST} = \gamma_{TR}$

wird:

$$\begin{bmatrix} \underline{Q}_1 \\ \underline{Q}_2 \\ \underline{Q}_0 \end{bmatrix} = \begin{bmatrix} \gamma_{RR} - \gamma_{RS} & 0 & 0 \\ 0 & \gamma_{RR} - \gamma_{RS} & 0 \\ 0 & 0 & \gamma_{RR} + 2\gamma_{RS} \end{bmatrix} \begin{bmatrix} \underline{U}_1 \\ \underline{U}_2 \\ \underline{U}_0 \end{bmatrix} \tag{9.67}$$

Für die Kapazitäten im Mit- und Gegensystem ergibt sich damit:

$$C_1 = C_2 = \gamma_{RR} - \gamma_{RS} = \frac{1}{\alpha_{RR} - \alpha_{RS}} = \frac{2\pi\varepsilon_0 l}{\ln\left(\dfrac{2h}{r} \cdot \dfrac{D}{D'}\right)} \tag{9.68a}$$

Ersetzt man D' durch $\sqrt{4h^2 + D^2}$, so wird, wenn man $2h \gg D$ voraussetzt:

$$C_1 = C_2 = \frac{2\pi\varepsilon_0 l}{\ln \dfrac{D}{r\sqrt{1 + D^2/4h^2}}} \approx \frac{2\pi\varepsilon_0 l}{\ln \dfrac{D}{r}} \tag{9.68b}$$

Für die Kapazität im Nullsystem wird:

$$C_0 = \gamma_{RR} + 2\gamma_{RS} = \frac{1}{\alpha_{RR} + 2\alpha_{RS}} = \frac{2\pi\varepsilon_0 l}{\ln\left(\dfrac{2h}{r} \cdot \dfrac{D'^2}{D^2}\right)} \tag{9.69a}$$

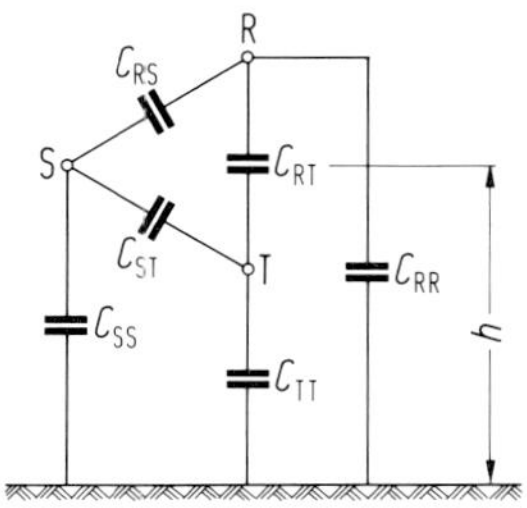

Bild 9.23. Teilkapazitäten der Drehstromfreileitung mit einem Stromkreis ohne Erdseil

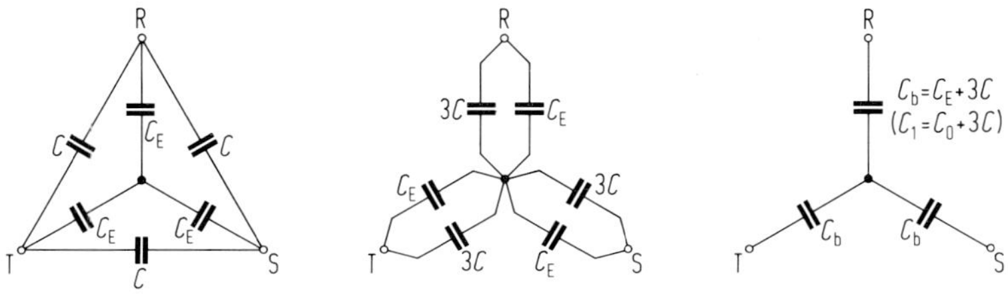

Bild 9.24. Zusammenfassung der Teilkapazitäten zur Betriebskapazität mit $C_E = C_0$ und $C_b = C_1$

Ersetzt man auch hier D' durch $\sqrt{4h^2 + D^2}$, so ergibt sich:

$$C_0 = \frac{2\pi\varepsilon_0 l}{3 \cdot \ln\left(\frac{2h}{\sqrt[3]{rD^2}}\sqrt[3]{1+\frac{D^2}{4h^2}}\right)} \approx \frac{2\pi\varepsilon_0 l}{3 \cdot \ln\frac{2h}{\sqrt[3]{rD^2}}} \tag{9.69b}$$

Bei Bündelleitern ist r durch r_B nach Gl. (9.14) zu ersetzen. Die gegenseitigen Kapazitäten C_{RS}, C_{RT} und C_{ST} kann man aus der folgenden Gleichung bestimmen (Bild 9.23):

$$C_{RS} = C_{RT} = C_{ST} = C = \tfrac{1}{3}(C_1 - C_0) = \frac{2\pi\varepsilon_0 l \cdot \ln\frac{2h}{D}}{3\ln\frac{D}{r} \cdot \ln\frac{2h}{\sqrt[3]{rD^2}}} \tag{9.70}$$

Für die Kapazität des Mitsystems gilt, wie Bild 9.24 veranschaulicht [9.6]:

$$C_1 = C_0 + 3C \tag{9.71}$$

In Tabelle 9.8 sind Näherungsgleichungen zur Berechnung der Kapazitäten von Drehstromfreileitungen mit einem oder zwei Stromkreisen zusammengestellt. Bei zwei oder mehr Erdseilen sind geänderte Ausdrücke für r_q, h_q und D_{aq} einzuführen. Bei zwei Erdseilen q_1 und q_2 mit gleichem Radius r_q und gleicher

Tabelle 9.8. Näherungsgleichungen zur Berechnung der Kapazitäten von symmetrisch aufgebauten bzw. verdrillten Drehstromfreileitungen

Leitung	Kapazitäten im Mitsystem ($C_1 = C_b$) und im Nullsystem ($C_0 = C_E$)
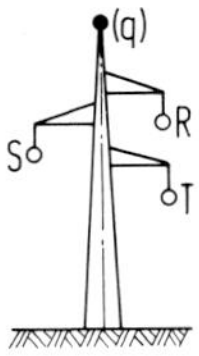	Einfachleitung ohne Erdseil. $C_1 = \frac{2\pi\varepsilon_0 l}{\ln\frac{D}{r}}$ (9.68b) $C_0 = \frac{2\pi\varepsilon_0 l}{3\ln\frac{2h}{\sqrt[3]{rD^2}}}$ (9.69b) Einfachleitung mit Erdseil. C_1 wie bei Einfachleitung ohne Erdseil $C_0 = \frac{2\pi\varepsilon_0 l}{3\left[\ln\frac{2h}{\sqrt[3]{rD^2}} - \frac{\left(\ln\frac{h+h_q}{D_{aq}}\right)^2}{\ln\frac{2h_q}{r_q}}\right]}$ (9.72)
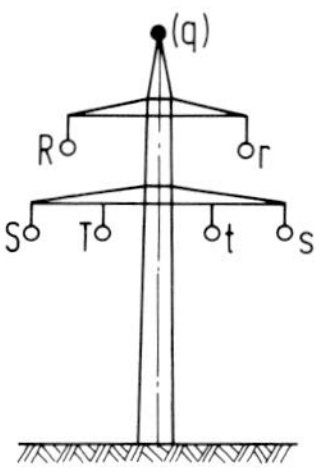	Doppelleitung ohne Erdseil: $C_1 = \frac{2\pi\varepsilon_0 l}{\ln\frac{D D_{mRs}}{r D_{mRr}}}$ (9.73) $C_0 = \frac{2\pi\varepsilon_0 l}{3\cdot\ln\frac{2h\sqrt{4h^2+D_{mRs}^2}}{\sqrt[3]{rD^2}\sqrt[3]{D_{mRr}D_{mRs}^2}}}$ (9.74) Doppelleitung mit Erdseil C_1 wie bei Doppelleitung ohne Erdseil $C_0 = \frac{2\pi\varepsilon_0 l}{3\left[\ln\frac{2h\sqrt{4h^2+D_{mRs}^2}}{\sqrt[3]{rD^2}\sqrt[3]{D_{mRr}D_{mRs}^2}} - 2\frac{\left(\ln\frac{h+h_q}{D_{aq}}\right)^2}{\ln\frac{2h_q}{r_q}}\right]}$ (9.75)

Es gelten folgende zusätzliche Bezeichnungen (vgl. Tabelle 9.6):

r Radius der Leiterseile, bei Bündelleitungen ist r durch r_B nach Gl. (9.14) zu ersetzen.

$D = \sqrt[3]{D_{RS} D_{ST} D_{RT}}$; $h = \sqrt[3]{h_R h_S h_T}$; $D_{mRr} = \sqrt[3]{D_{Rr} D_{Ss} D_{Tt}}$; $D_{mRs} = \sqrt[3]{D_{Rs} D_{Rt} D_{St}}$

r_q Radius des Erdseils; h_q mittlere Höhe des Erdseils; $D_{aq} = \sqrt[3]{D_{Rq} D_{Sq} D_{Tq}}$

Höhe h_q ist z.B. $r_{Bq} = \sqrt{r_q D_{q1q2}}$ für r_q und

$$D_{aq1q2} = \sqrt[6]{D_{Rq1} D_{Sq1} D_{Tq1} D_{Rq2} D_{Sq2} D_{Tq2}}$$

für D_{aq} einzusetzen. Dabei wird vorausgesetzt, daß die Erdseile symmetrisch zur Mastachse angeordnet sind.

Der Masteinfluß auf die Kapazitäten des Nullsystems wird meist durch einen Zuschlag zum berechneten Wert berücksichtigt. Bei 110-kV-Freileitungen rechnet man mit etwa 8 bis 9 % Zuschlag, während bei 220-kV- und 380-kV-Freileitungen

Tabelle 9.9. Anhaltswerte für die Kapazität C_1', den kapazitiven Ladestrom I_C' und die kapazitive Ladeleistung Q_C' von Drehstromdoppelleitungen (Donaumastbild) bei $f=50$ Hz

Nennspannung kV	Leiterseile	C_1' 10^{-9} F/km	$X_{1C}'=1/\omega C_1'$ kΩ·km	I_C' A/km	Q_C' kvar/km
unter 30	–	8,5 – 10	375 – 316	–	–
30	6× 95/15 Al/St	9,3	342	0,05	2,6
60	6×120/20 Al/St	9,35	340	0,10	10,4
110	6×185/30 Al/St	9,5	335	0,19	36,0
220	6×2×240/40 Al/St	12,5	254	0,50	191,0
380	6×4×240/40 Al/St	13,8	231	0,95	630,0
750	6×4×645/82 Al/St	13,2	241	1,80	2332,6

der Zuschlag auf etwa 6% zurückgeht. Bei 700-kV-Leitungen wird ein Zuschlag von etwa 4% ausreichen.

Tabelle 9.9 enthhält Anhaltswerte für die Kapazität C_1', den kapazitiven Blindwiderstand X_{1C}', den kapazitiven Ladestrom I_C' und die kapazitive Ladeleistung Q_C' von Drehstromdoppelleitungen (Donaumastbild). Dabei wurden folgende Berechnungsgleichungen zugrunde gelegt:

$$X_{1C}'=\frac{1}{\omega C_1'} \tag{9.76}$$

$$I_C'=U_{\perp}\,\omega C_1'=\frac{U}{\sqrt{3}}\,\omega C_1'=\frac{U}{\sqrt{3}}\cdot\frac{1}{X_{1C}'} \tag{9.77}$$

$$Q_C'=\sqrt{3}\,U I_C'=U^2\,\omega C_1'=U^2/X_{1C}' \tag{9.78}$$

Der Quotient C_0'/C_1' liegt bei Hochspannungsfreileitungen mit zwei Stromkreisen im Bereich 0,45 bis 0,60. Bei Leitungen mit einem Stromkreis ergeben sich Werte an der oberen Grenze. Bei Leitungen mit mehr als zwei Stromkreisen erhält man kleine Werte für C_0'/C_1'. Vergleiche dazu die Leitungsdaten in Bild 9.26 und Tabelle A.5.

9.4.4 Oberflächenrandfeldstärke

Die Koronaerscheinung an der Leiteroberfläche von Freileitungen ist ein elektrischer Teildurchbruch der Luft, wenn die elektrische Feldstärke einen kritischen Wert an der Oberfläche übersteigt. Der Effektivwert der kritischen Koronaeinsatzfeldstärke liegt für glatte parallele Kreiszylinder mit 10 mm Radius bei etwa 27 kV/cm und sinkt für Seile bis auf etwa 21 kV/cm ab. Da die Koronaentladungen nicht stetig sind, sondern impulsförmig in die die Leiteroberfläche umgebende Luft vorstoßen, breiten sich um die Leitung hochfrequente elektromagnetische Felder aus, die in benachbarten Hochfrequenzempfängern Störungen hervorrufen können. Die maximale Oberflächenrandfeldstärke von Freileitungen muß deshalb auf zulässige Werte beschränkt werden. Die Koronaentladungen an den Seilen liegen besonders im Bereich 0,1 bis 5 MHz. Bei Funkstörungen, die von Funkenüberschlägen an Isolatoren und Armaturen ausgehen, tritt ein breiterer Frequenzbereich auf [9.8].

Für die Berechnung der Randfeldstärke sollen glatte zylindrische Leiter vorausgesetzt werden. Bei einer Drehstromfreileitung mit Einfachseilen kann man weiterhin annehmen, daß das elektrische Feld in unmittelbarer Nähe der Leiteroberfläche rotationssymmetrisch verläuft (Bild 9.20a). Der Einfluß des Feldes der anderen Leiter kann vernachlässigt werden. Ausgehend von Gl. (9.49) gilt, wenn q die Ladung pro Längeneinheit und r der Leiterradius sind:

$$E_{\max}=\frac{q}{2\pi\varepsilon_0}\cdot\frac{1}{r} \tag{9.79}$$

Für eine symmetrisch betriebene Drehstromleitung mit $q=C_1' U_{\perp}=C_1' U/\sqrt{3}$ und C_1' nach Gl. (9.68b) wird dann:

$$E_{\max}=\frac{U}{\sqrt{3}}\cdot\frac{1}{r\ln\frac{D}{r}} \tag{9.80}$$

Bei der Berechnung der maximalen Randfeldstärke von Bündelleitern werden die von den Ladungen der Teilleiter des Bündels hervorgerufenen Felder überlagert. Die maximale Feldstärke ergibt sich dann jeweils an der Stelle der Oberfläche der Teilleiter, die auf der von der Bündelleiterachse abgelegenen Seite liegt.

Ist q die Ladung pro Längeneinheit des Bündelleiters, so hat der Teilleiter des symmetrisch aufgebauten Bündels mit n Teilleitern die Ladung $q_T=q/n$. Bild 9.25a zeigt einen Bündelleiter mit $n=4$ Teilleitern.

Die Teilleiter 2, 3 und 4 des Bündels erzeugen am Ort des Teilleiters 1 die Radialkomponenten $\boldsymbol{E}_{2r}$, $\boldsymbol{E}_{3r}$ und $\boldsymbol{E}_{4r}$. Man erkennt aus Bild 9.25, daß diese Radialkomponenten gleich groß werden:

$$E_{2r}=E_2\sin\alpha=\frac{q/n}{2\pi\varepsilon_0 a}\sin\alpha=\frac{q/n}{2\pi\varepsilon_0}\,\frac{1}{2r_T}=E_{3r}=E_{4r} \tag{9.81}$$

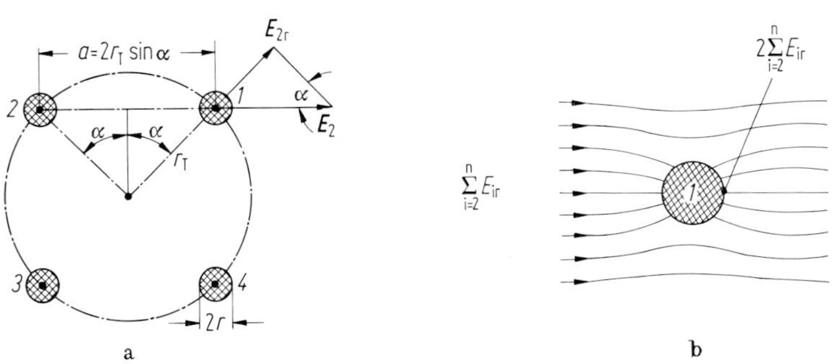

Bild 9.25. Zur Berechnung der max. Randfeldstärke eines Bündelleiters.

(**a**) Bündelleiter mit $n=4$; (**b**) Verzerrung eines homogenen elektrischen Feldes durch einen ungeladenen zylindrischen Leiter (1)

Für die Summe der Radialkomponenten gilt:

$$\sum_{i=2}^{n} E_{i\,r} = \frac{q/n}{2\pi\,\varepsilon_0}(n-1)\frac{1}{2r_T} \tag{9.82}$$

Sie haben am Ort des Leiters 1 ein annähernd homogenes Feld zur Folge. Bringt man den Leiter 1 als ungeladenen Teilleiter in dieses Feld, so ergibt sich die Feldverzerrung nach Bild 9.25b. Der Maximalwert ist doppelt so hoch wie

$$\sum_{i=2}^{n} E_{i\,r}$$

nach Gl. (9.82). Mit $q_T = q/n$ für den Teilleiter findet man schließlich aus der Überlagerung:

$$E_{\max B} = E_1 + 2\sum_{i=2}^{n} E_{i\,r} = \frac{q/n}{2\pi\,\varepsilon_0}\left[\frac{1}{r} + (n-1)\frac{1}{r_T}\right] \tag{9.83}$$

Führt man $q = C_1' \, U/\sqrt{3}$ ein, so ergibt sich [9.6, 9.8]:

$$\begin{aligned} E_{\max B} &= \frac{U}{\sqrt{3}} \cdot \frac{C_1'}{n\,2\pi\,\varepsilon_0}\left[\frac{1}{r} + (n-1)\frac{1}{r_T}\right] \\ &= \frac{U}{\sqrt{3}}\,\frac{C_1'}{n\,2\pi\,\varepsilon_0}\left[\frac{1}{r} + (n-1)\frac{2\sin\pi/n}{a}\right] \end{aligned} \tag{9.84a}$$

Einzusetzen sind die Kapazitäten des Mitsystems nach Tabelle 9.8, wenn man den Leiterradius durch den Ersatzradius des Bündelleiters r_B nach Gl. (9.14) ersetzt. Für die Doppelleitung mit Zweier- oder Viererbündeln ergibt sich dann:

$$E_{\max B\,\cdot\cdot} = \frac{U}{\sqrt{3}} \cdot \frac{1}{2\ln\dfrac{DD_{\mathrm{mRs}}}{D_{\mathrm{mRr}}\sqrt{r\,a}}}\left[\frac{1}{r} + \frac{2}{a}\right] \tag{9.84b}$$

$$E_{\max B\,::} = \frac{U}{\sqrt{3}} \cdot \frac{1}{4\ln\dfrac{DD_{\mathrm{mRs}}}{D_{\mathrm{mRr}}\sqrt[4]{r\,a^3\sqrt{2}}}}\left[\frac{1}{r} + \frac{3\sqrt{2}}{a}\right] \tag{9.84c}$$

Bild 9.26 zeigt als Beispiel die Kapazitäten und die Randfeldstärken einer Leitung mit vier Stromkreisen. Zusätzlich sind die Einzelkapazitäten und einzelnen Randfeldstärken angegeben, die mit einem Digitalprogramm berechnet wurden, um zu zeigen, wie weit die Einzelwerte von den Mittelwerten abweichen können.

Ausgehend von der elektrischen Randfeldstärke lassen sich näherungsweise die Störfeldstärke [9.8] und auch die hörbaren Geräusche einer Leitung bestimmen. Bei einer 380-kV-Doppelleitung mit Viererbündeln und einer Randfeldstärke von 15 kV/cm ergeben sich z.B. eine Störfeldstärke von 43 dB über 1 µV/m [E_{St}/dB $= 20 \lg (E_{St}/\mu V)$] bei 500 kHz nach CISPR und hörbare Geräusche von etwa 50 dB(A) bei nassem Wetter.

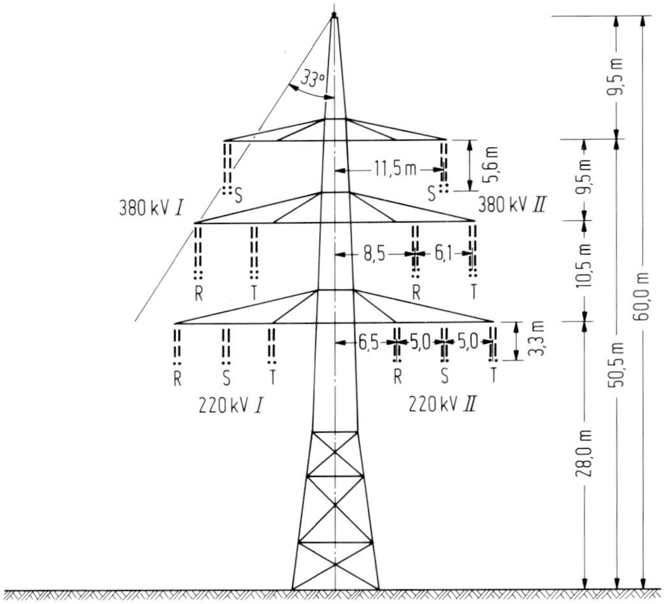

Stromkreise			380 kV		220 kV	
			I	II	I	II
Mittelwerte	C_1'	10^{-9} F/km	12,096	12,096	12,558	12,558
	C_0'	10^{-9} F/km	3,714	3,714	4,023	4,023
	E_{max} (effektiv)	kV/cm	16,03	16,03	13,83	13,83
Einzelwerte	C_{1R}'	10^{-9} F/km	12,612	13,323	10,851	11,892
	C_{1S}'	10^{-9} F/km	11,366	11,366	15,125	15,125
	C_{1T}'	10^{-9} F/km	13,323	12,612	11,892	10,851
	C_{0R}'	10^{-9} F/km	3,240	2,445	5,004	3,941
	C_{0S}'	10^{-9} F/km	3,992	3,992	3,754	3,754
	C_{0T}'	10^{-9} F/km	2,445	3,240	3,941	5,004
	$E_{max\,R}$ (effektiv)	kV/cm	16,71	17,66	11,95	13,10
	$E_{max\,S}$ (effektiv)	kV/cm	15,06	15,06	16,65	16,65
	$E_{max\,T}$ (effektiv)	kV/cm	17,66	16,71	13,10	11,95

Bild 9.26. Betriebskapazitäten, Erdkapazitäten und maximale Randfeldstärke einer Leitung mit vier Stromkreisen (2×380 kV: Viererbündel Al/St 560/50 mm^2 oben und 2×220 kV: Zweierbündel Al/St 240/40 mm^2 unten)

9.5 Die Leitung im stationären Betrieb

9.5.1 Leitungsgleichungen

Die homogene Drehstromleitung (Freileitung oder Kabel) mit beliebiger Länge l wird durch die Leitungsgleichungen beschrieben. Unterschieden wird zwischen Mit- und Nullsystem. Für den Zusammenhang zwischen den Spannungen und

Strömen am Anfang (A) und Ende (E) der Leitung gilt im Mitsystem:

$$\begin{pmatrix} \underline{U}_{1\mathrm{A}} \\ \underline{I}_{1\mathrm{A}} \end{pmatrix} = \begin{pmatrix} \cosh \underline{\gamma}_1 l & \underline{Z}_{\mathrm{W}1} \sinh \underline{\gamma}_1 l \\ \frac{1}{\underline{Z}_{\mathrm{W}1}} \sinh \underline{\gamma}_1 l & \cosh \underline{\gamma}_1 l \end{pmatrix} \begin{pmatrix} \underline{U}_{1\mathrm{E}} \\ \underline{I}_{1\mathrm{E}} \end{pmatrix} \tag{9.85}$$

Dabei sind:
Wellenwiderstand im Mitsystem:

$$\underline{Z}_{\mathrm{W}1} = \sqrt{\frac{R'_1 + \mathrm{j}\,\omega\, L'_1}{G'_1 + \mathrm{j}\,\omega\, C'_1}} \tag{9.86}$$

Übertragungskonstante im Mitsystem:

$$\underline{\gamma}_1 = \alpha_1 + \mathrm{j}\,\beta_1 = \sqrt{(R'_1 + \mathrm{j}\,\omega\, L'_1)(G'_1 + \mathrm{j}\,\omega\, C'_1)} \tag{9.87}$$

Bildet man wie für das Mitsystem (= Gegensystem) auch den Wellenwiderstand $\underline{Z}_{\mathrm{W}0}$ und die Übertragungskonstante $\underline{\gamma}_0$ im Nullsystem, so findet man die Vierpoldarstellung nach Bild 9.27.

Hochspannungsfreileitungen sind verlustarme Leitungen ($R'_1 < \omega L'_1$; $G'_1 \ll \omega C'_1$). Mit $R'_1 = 0$ und $G'_1 = 0$ für die verlustlose Leitung vereinfacht sich Gl. (9.85) wie folgt:

$$\begin{pmatrix} \underline{U}_{1\mathrm{A}} \\ \underline{I}_{1\mathrm{A}} \end{pmatrix} = \begin{pmatrix} \cos \beta_1 l & \mathrm{j}\, Z_{\mathrm{W}1} \sin \beta_1 l \\ \mathrm{j}\frac{1}{Z_{\mathrm{W}1}} \sin \beta_1 l & \cos \beta_1 l \end{pmatrix} \begin{pmatrix} \underline{U}_{1\mathrm{E}} \\ \underline{I}_{1\mathrm{E}} \end{pmatrix} \tag{9.88}$$

mit

$$Z_{\mathrm{W}1} = \sqrt{L'_1 / C'_1} \quad (9.89); \qquad \beta_1 = \omega \sqrt{L'_1\, C'_1} \quad (9.90)$$

Führt man bei Vernachlässigung der inneren Induktivität

$$L'_1 = \frac{\mu_0}{2\pi} \ln \frac{D}{r} \quad \text{und} \quad C'_1 = 2\pi\, \varepsilon_0 / \ln \frac{D}{r} \quad \text{ein,}$$

so findet man als Näherung:

$$Z_{\mathrm{W}1} = \frac{1}{2\pi} \ln \frac{D}{r} \sqrt{\frac{\mu_0}{\varepsilon_0}} = \frac{1}{2\pi} \ln \frac{D}{r} \cdot 377\,\Omega \tag{9.91}$$

$$\beta_1 = \omega \sqrt{\mu_0 \cdot \varepsilon_0} = \frac{\omega}{c} = \frac{2\pi}{\lambda} \tag{9.92}$$

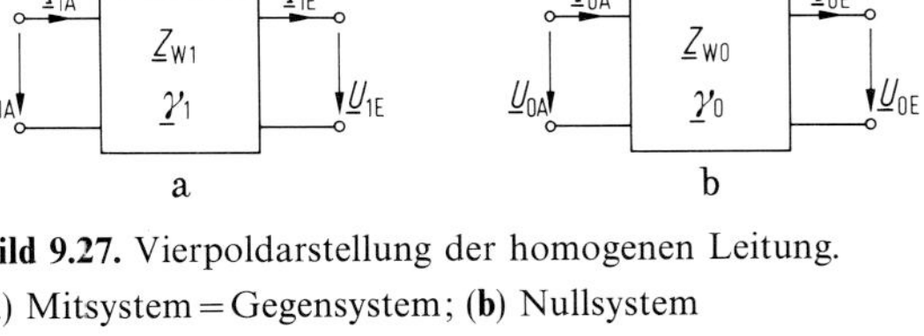

Bild 9.27. Vierpoldarstellung der homogenen Leitung.
(**a**) Mitsystem = Gegensystem; (**b**) Nullsystem

Dabei sind $\sqrt{\mu_0/\varepsilon_0}$ der Wellenwiderstand des Vakuums, $c=1/\sqrt{\mu_0\,\varepsilon_0}$ die Lichtgeschwindigkeit und $\lambda=c/f$ die Wellenlänge. Bei $f=50$ Hz wird $\lambda=6000$ km. Ohne Einführung der Vereinfachungen wird die Ausbreitungsgeschwindigkeit $v=\omega/\beta_1$ etwas kleiner als die Lichtgeschwindigkeit. Allgemein gilt

$$v=1/\sqrt{\mu\,\varepsilon}=1/\sqrt{\mu_r\,\mu_0\,\varepsilon_r\,\varepsilon_0}\,.$$

9.5.2 Wellenwiderstand und natürliche Leistung

Den Wellenwiderstand $\underline{Z}_{W1}$ und die Übertragungskonstante $\underline{\gamma}_1$ kann man ohne Vernachlässigung der Dämpfung ($R_1'\neq 0$ und $G_1'\neq 0$) in Real- und Imaginärteil zerlegen. Eingeführt wird:

$$\tan\varepsilon=\frac{R_1'}{\omega\,L_1'} \qquad (9.93) \qquad\qquad \tan\delta=\frac{G_1'}{\omega\,C_1'} \qquad (9.94)$$

Man erhält aus Gl. (9.86) und (9.87):

$$\underline{Z}_{W1}=\sqrt{\frac{L_1'}{C_1'}}\sqrt{\frac{\cos\delta}{\cos\varepsilon}}\left(\cos\frac{\varepsilon-\delta}{2}-\mathrm{j}\sin\frac{\varepsilon-\delta}{2}\right)=\sqrt{\frac{L_1'}{C_1'}}\sqrt{\frac{\cos\delta}{\cos\varepsilon}}\,\mathrm{e}^{-\mathrm{j}\xi} \qquad (9.95)$$

$$\underline{\gamma}_1=\alpha_1+\mathrm{j}\,\beta_1=\omega\sqrt{L_1'\,C_1'}\,\frac{1}{\sqrt{\cos\varepsilon\cos\delta}}\left(\sin\frac{\varepsilon+\delta}{2}+\mathrm{j}\cos\frac{\varepsilon+\delta}{2}\right) \qquad (9.96)$$

$\xi=(\varepsilon-\delta)/2$ wird als Verzerrungswinkel bezeichnet. Man erkennt, daß es außer dem bereits behandelten Fall für $R_1'=G_1'=0$ noch einen zweiten Fall gibt, in dem der Wellenwiderstand entsprechend Gl. (9.89) reell wird, nämlich dann, wenn sich der Verzerrungswinkel ξ zu Null ergibt.

Für übliche Hochspannungsleitungen gilt $\varepsilon>\delta$, wenn man δ aus dem Mittelwert der Korona- und Isolatorverluste berechnet. Der komplexe Wellenwiderstand wird dann leicht kapazitiv [9.18].

Für eine 220-kV-Leitung mit 2er-Bündeln AL/St 185/32 ergeben sich bei 50 Hz z.B. folgende Werte:

$R_1'=0{,}073\,\frac{\Omega}{\mathrm{km}}$; $\omega\,L_1'=0{,}30\,\frac{\Omega}{\mathrm{km}}$; $G_1'\approx 0{,}062\,\frac{10^{-6}}{\Omega\mathrm{km}}$; $\omega\,C_1'=3{,}68\,\frac{10^{-6}}{\Omega\mathrm{km}}$; $\varepsilon=13{,}7°$; $\delta\approx 1{,}0°$; $\xi=6{,}4°$; $\underline{Z}_{W1}=(288{,}0-\mathrm{j}\,32{,}5)\,\Omega$; $\underline{\gamma}_1=(0{,}271+\mathrm{j}\,1{,}032)\cdot 10^{-3}$ 1/km; $\delta_L\approx 5{,}9°$ bei $l=100$ km; $v\approx 300000$ km/s. Der Absolutbetrag des komplexen Wellenwiderstandes $|\underline{Z}_{W1}|$ ist nur etwa 1,5 % größer als der Wellenwiderstand nach Gl. (9.89).

Wird die Leitung mit einer Mitimpedanz $\underline{Z}_{1E}=\underline{U}_{1E}/\underline{I}_{1E}$ abgeschlossen, so ergibt sich aus Gl. (9.85) für die Eingangsimpedanz:

$$\underline{Z}_{1A}=\frac{\underline{U}_{1A}}{\underline{I}_{1A}}=\underline{Z}_{W1}\frac{\underline{Z}_{1E}\cosh\underline{\gamma}_1\,l+\underline{Z}_{W1}\sinh\underline{\gamma}_1\,l}{\underline{Z}_{1E}\sinh\underline{\gamma}_1\,l+\underline{Z}_{W1}\cosh\underline{\gamma}_1\,l}=\underline{Z}_{W1}\frac{\dfrac{\underline{Z}_{1E}}{\underline{Z}_{W1}}+\tanh\underline{\gamma}_1\,l}{1+\dfrac{\underline{Z}_{1E}}{\underline{Z}_{W1}}\tanh\underline{\gamma}_1\,l} \qquad (9.97)$$

Tabelle 9.10. Eingangsimpedanz $\underline{Z}_{1A}$ der kurzgeschlossenen ($\underline{Z}_{1E}=0$), der leerlaufenden ($\underline{Z}_{1E}=\infty$) und der reflexionsfrei abgeschlossenen Leitung ($\underline{Z}_{1E}=\underline{Z}_{W1}$)

Abschlußimpedanz	$\underline{Z}_{1E}=$	(Kurzschluß) 0	(Leerlauf) ∞	(Reflexionsfreier Betrieb) $\underline{Z}_{W1}$
Verlustbehaftete Leitung	$\underline{Z}_{1A}=$	$\underline{Z}_{W1}\tanh\underline{\gamma}_1 l$	$\underline{Z}_{W1}\dfrac{1}{\tanh\underline{\gamma}_1 l}$	$\underline{Z}_{W1}$
Verlustlose Leitung ($\alpha_1=0$)	$\underline{Z}_{1A}=$	$\mathrm{j}Z_{W1}\tan\beta_1 l$	$-\mathrm{j}Z_{W1}\dfrac{1}{\tan\beta_1 l}$	$\underline{Z}_{W1}$
Verlustlose kurze Leitung ($\alpha_1=0$, $l<500$ km)	$\underline{Z}_{1A}=$	$\mathrm{j}\omega L_1' l$	$-\mathrm{j}\dfrac{1}{\omega C_1' l}$	$\underline{Z}_{W1}$

Für ausgezeichnete Werte von $\underline{Z}_{1E}$ ergeben sich dann die ausgezeichneten Werte für $\underline{Z}_{1A}$ in Tabelle 9.10, wenn man die verlustbehaftete Leitung beliebiger Länge betrachtet und Näherungslösungen für die verlustlose Leitung und für die verlustlose kurze Leitung vergleicht.

Für die mit Z_{W1} abgeschlossene verlustlose Leitung gilt ausgehend von Gl. (9.88) mit $\underline{U}_{1E}=Z_{W1}\underline{I}_{1E}$:

$$\underline{U}_{1A}=\underline{U}_{1E}(\cos\beta_1 l+\mathrm{j}\sin\beta_1 l)=\underline{U}_{1E}\,e^{\mathrm{j}\beta_1 l} \tag{9.98a}$$

$$\underline{I}_{1A}=\underline{I}_{1E}(\mathrm{j}\sin\beta_1 l+\cos\beta_1 l)=\underline{I}_{1E}\,e^{\mathrm{j}\beta_1 l} \tag{9.98b}$$

Spannung und Strom auf der ganzen Leitung sind in diesem Falle in Phase und dem Betrage nach konstant. Bild 9.28 zeigt das Zeigerdiagramm für diesen Fall.

Bei Abschluß der Leitung mit dem Wellenwiderstand erfolgt der Betrieb mit der natürlichen Leistung P_{nat}. Bei der verlustlosen Leitung mit $U_{1A}=U_{1E}=U/\sqrt{3}$ ergibt sich:

$$P_{nat}=3\underline{U}_{1A}\underline{I}_{1A}^*=3\underline{U}_{1E}\underline{I}_{1E}^*=3\frac{U_{1A}^2}{Z_{W1}}=3\frac{U_{1E}^2}{Z_{W1}}=\frac{U^2}{Z_{W1}} \tag{9.99}$$

Die natürliche Leistung dient als Vergleichsmaß für die Beurteilung der Übertragungsfähigkeiten langer Hochspannungsfreileitungen. Tabelle 9.11 enthält Anga-

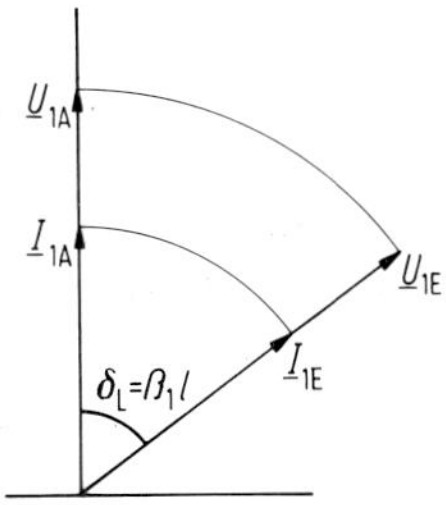

Bild 9.28. Zeigerdiagramm bei Abschluß der verlustlosen Leitung mit dem Wellenwiderstand Z_{W1}. Der Leitungswinkel δ_L beträgt $\approx 6°$ pro 100 km bei 50 Hz

Tabelle 9.11. Wellenwiderstände und Leistungen von Hochspannungsfreileitungen pro Stromkreis (Anhaltswerte)

Leitungen		$Z_{\mathrm{W}1}$	P_{nat}	S_{th}	$Z_{\mathrm{W}0}$	Bemerkungen
U_{n}	Seilbelegung Al/St					
kV	–	Ω	MW	MVA	Ω	–
10	50/8	330	0,3	3	–	$S_{\mathrm{übl}} \approx 1{,}5$ MVA [9.13]
20	120/20	335	2,7	14,2	–	$S_{\mathrm{übl}} \approx 4{,}0$ MVA [9.13]
110	240/40	380	32	123	≈ 900	$S_{\mathrm{übl}} \approx 50$ MVA [9.13]
220	$2 \times 240/40$	276	175	492	≈ 900	$S_{\mathrm{übl}} \approx 200 \ldots 250$ MVA
380	$4 \times 240/40$	240	602	1700	≈ 820	–
750	$4 \times 680/85$	260	2160	5980	≈ 840	–

ben zur natürlichen Leistung und im Vergleich dazu Angaben zur thermischen Grenzleistung S_{th} ausgehend vom Dauerstrom I_{d} (Tabelle 9.2). Bei kurzen Leitungen in vermaschten Netzen können die Leitungen mit Leistungen $S_{\mathrm{übl}}$ [9.13] über der natürlichen Leistung betrieben werden.

9.5.3 Verluste, wirtschaftliche Stromdichte

Bei kurzen Leitungen mit Spannungen bis 220 kV reicht es aus, nur Wirkverluste der Leiterseile zu berücksichtigen, während bei Leitungen höherer Spannung auch die Koronaverluste Beachtung verdienen, wenn sie auch im Jahresmittel klein gegen die Wirkverluste sind. Bei Leitungen mit 380 kV und darüber wird die Leitungsauslegung (Bündelleiter) durch die zulässige Randfeldstärke wesentlich mitbestimmt.

Für die Wirkverluste der Drehstromleitung ausgehend vom Wirkwiderstand R_1' gilt für die Summe der drei Leiter:

$$P_{\mathrm{V,L}} = 3 \cdot I_1^2 R_1' \tag{9.100}$$

Die Summe der Koronaverluste und der Verluste durch Ableitströme über die Isolatoren kann man meist nur abschätzen. An Versuchsleitungen können die Koronaverluste abhängig von der Witterung und der Seilbelegung statistisch erfaßt werden [9.8]. Sie sind abhängig von der Randfeldstärke der Leiter.

Bei Viererbündelleitungen 380 kV liegen die mittleren Koronaverluste (Allwetterverluste) bei 1 bis 2,2% der Wirkverluste bei Betrieb mit P_{nat} [9.8]. Bei Zweierbündeln und dicken Seilen bzw. Hohlseilen sind die Koronaverluste bei höherer Randfeldstärke entsprechend höher (3,6 bis 10% der Wirkverluste $P_{\mathrm{V,L}}$).

Die jährlichen Kosten für die Übertragung elektrischer Energie über eine Freileitung setzen sich aus den jährlichen festen Kosten und den jährlichen Kosten für die Verluste zusammen. Da durch eine Vergrößerung der Querschnitte die Investitionskosten und damit die jährlichen festen Kosten steigen, gleichzeitig jedoch die Verlustkosten zurückgehen, kann man bei vorgegebener Spannung den Querschnitt so bemessen, daß die Gesamtkosten ein Minimum werden. Man spricht dann von einem wirtschaftlichen Querschnitt Q_{w} und einer wirtschaftlichen

Stromdichte S_w. Sind $K'_{F,DL}$ die Errichtungskosten der Doppelfreileitung nach Gl. (9.1a), α der Jahresfaktor für Zinsen, Amortisation, Wartung und Reparaturen, k_G der Kostenfaktor für Stromwärmeverluste und $P'_{V,DL}$ die maximalen Verluste der Doppelleitung, so ergeben sich jährliche Kosten wie folgt:

$$K'_{a,DL} = \alpha K'_{F,DL} + k_G \cdot P'_{V,DL} \tag{9.101}$$

Dabei gilt für die Doppelleitung

$$k_G = k_L + \vartheta T_B k_A, \tag{9.102}$$

wobei k_L die Leistungs-, k_A die Arbeitskosten und T_B die Betriebsdauer sind.

$$P'_{V,DL} = 2 \cdot P'_{V,L} = 2 \cdot \frac{3 I^2_{max}}{\kappa Q} \tag{9.103}$$

Setzt man $K'_{F,DL}$ nach Gl. (9.1) in Gl. (9.101) ein mit A'_Q in DM/(mm$^2 \cdot$km) und differenziert man partiell nach dem Gesamtquerschnitt Q pro Leiter und Stromkreis, so ergibt sich:

$$\frac{\partial K'_{a,DL}}{\partial Q} = \alpha A'_Q \sqrt[4]{n} - (k_L + \vartheta T_B k_A)\, 2 \frac{3 I^2_{max}}{\kappa Q^2_w} = 0 \tag{9.104}$$

Das Minimum der Kosten, also der wirtschaftliche Querschnitt Q_w, liegt dann vor, wenn der jährliche Anteil der querschnittsabhängigen Kosten gleich den Verlustkosten wird. Für die wirtschaftliche Stromdichte ergibt sich daraus:

$$S_w = \frac{I_{max}}{Q_w} = \sqrt{\frac{\kappa \alpha A'_Q \sqrt[4]{n}}{6(k_L + \vartheta T_B k_A)}} \tag{9.105}$$

Für den Arbeitsverlustfaktor ϑ setzt man Werte zwischen 0,4 und 1,0 ein abhängig von der Form der geordneten jährlichen Belastungskurve. Im Verteilungsnetz z.B. verwendet man für die Kostenermittlung bei Stromwärmeverlusten etwa $\vartheta = 0{,}4$, während man bei Einspeiseleitungen für Grundlastkraftwerke mit einem Faktor ϑ in der Nähe von 1 rechnen kann, ebenso wie bei lastunabhängigen Verlusten (z.B. dielektrischen Verlusten).

10. Kabel

10.1 Allgemeines

Die Kabeltechnik weist heute eine Tradition von über 100 Jahren auf. 1847 wurde bereits ein Kabel in Berlin verlegt (Guttaperchapresse von Siemens zur Herstellung isolierter Leitungen). 1920 wurden 60-kV-Kabel in Betrieb genommen. Die Nennspannungen der Kabel sind seit damals bis auf 500 kV gestiegen (1965), wie Bild 1.3 im Vergleich zur Spannungssteigerung der Freileitungen zeigt.

Leitungen und Kabel werden nach den VDE-Bestimmungen 0250, 0255, 0271 und 0273 hergestellt. Für Hochspannungskabel sind die VDE-Bestimmungen 0256, 0257 und 0258 maßgebend.

Bei den Starkstromkabeln (Einleiter-, Dreileiter- oder auch Vierleiterkabeln, wobei der vierte Leiter als Mp-Leiter bzw. Nulleiter in Niederspannungsnetzen verwendet wird) unterscheidet man die Niederspannungskabel (1-kV-Kabel), die Mittelspannungskabel ($1\,\text{kV} < U \leqq 45\,\text{kV}$) und die Hochspannungskabel ($U \geqq 60\,\text{kV}$).

Die Kabel werden nach ihren Nennspannungen bezeichnet. Als Kabel-Nennspannungen werden nach VDE die zwischen Leiter und metallischer Umhüllung bzw. Erde im Normalbetrieb vorhandenen Spannungen $U_{\perp}$ und zusätzlich die Spannungen zwischen den Außenleitern des Netzes U angegeben. Bei Drehstrom z.B. $U_{\perp}/U = 5{,}8/10\,\text{kV}$ mit $U_{\perp} = U/\sqrt{3}$. Häufig werden Kabel, auch Einleiterkabel, allein durch die Angabe von $U = U_n$ gekennzeichnet. Kabel müssen dauernd mit U_m betrieben werden können (Abschnitt 17.5).

10.2 Starkstromkabel

Starkstromkabel sind aufgebaut aus den Leitern, der Isolierung und Mänteln bzw. Schirmen.

Als Werkstoff für die Leiter der Starkstromkabel wird entweder weichgeglühtes Elektrolytkupfer oder Leitaluminium verwendet. Als Bauformen der Leiter kommen entweder eindrähtige oder mehrdrähtige Rund- oder Sektorleiter in Betracht und in Sonderfällen, z.B. bei Ölkabeln, auch Hohlleiter. Bei sehr großen Querschnitten ($Q \geqq 1000\,\text{mm}^2$) kann man den Leiter in Segmente unterteilen, um die Stromverdrängung und damit die geringere Ausnutzung und die höheren Stromwärmeverluste infolge des Skin-Effektes (Hautwirkung) herabzumildern. Bild 10.1 zeigt Querschnittsformen und dazugehörige Aufbau-Kurzzeichen für ein- und mehrdrähtige Leiter.

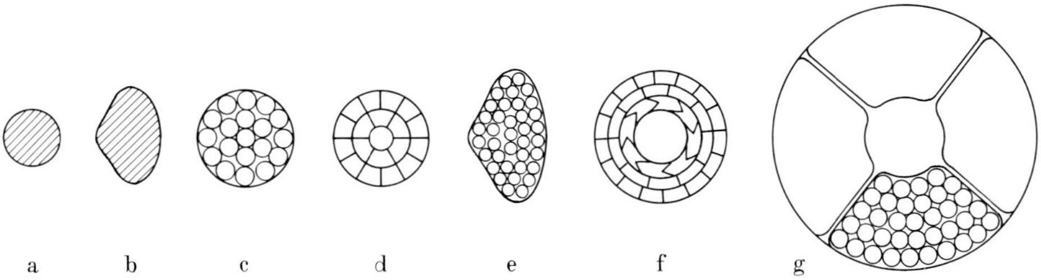

Bild 10.1. Querschnitte, Drahtzahl und Aufbau-Kennzeichen für Leiter von Starkstromkabeln.

(**a**) Rundleiter eindrähtig (re); (**b**) Sektorleiter eindrähtig (se); (**c**) Rundleiter mehrdrähtig (rm); (**d**) Rundleiter mehrdrähtig verdichtet (rm/v); (**e**) Sektorleiter mehrdrähtig (sm), meist verdichtet; (**f**) Rundleiter mehrdrähtig, verdichtet mit Hohlkanal (rm/v...h); (**g**) Segmentgeteilter Hohlleiter für große Querschnitte

Für die Leiterherstellung ist vor allem der ohmsche Gleichstromwiderstand bei 20 °C maßgebend. Einzelnen Nennquerschnitten werden maximal zulässige Gleichstromwiderstände $R'_{-20\,°C,\,max}$ zugeordnet. Bei Einhaltung von $R'_{-20\,°C,\,max}$ ergeben sich dann Istquerschnitte, die von den Nennquerschnitten abweichen können.

Zur Isolation der Leiter der Starkstromkabel gegeneinander bei mehradrigen Kabeln und gegen Erde bzw. gegen geerdete Mäntel oder Schirme werden getränkte Papierisolationen, Kunststoffe wie Polyvinylchlorid (PVC), Polyäthylen (PE) oder vernetztes Polyäthylen (VPE) sowie Isolationen aus Natur- oder Kunstgummi verwendet. Zusätzlich kommen bei Spezialkabeln auch hitzebeständige Isolierstoffe auf der Basis von Asbest und Glasseide oder geeignete Kunststoffe zur Anwendung.

Die Auswahl des Isolierstoffes für die Kabelisolierung erfolgt nach dem mechanischen Verhalten bei der Verarbeitung, den elektrischen Daten, wie z.B. dem spezifischen Isolationswiderstand, der Durchschlagfeldstärke, der Dielektrizitätszahl ε_r, dem Verlustfaktor sowie nach dem Verhalten bei der Verlegung und der Montage von Muffen und Endverschlüssen. Tabelle 10.1 zeigt eine Auswahl von Isolierstoffen mit Angaben zu den wichtigsten Eigenschaften.

Kabeltränkmassen verwendet man bei Mittelspannungskabeln (Massekabeln), während bei Ölkabeln für höhere Spannungen die Papierisolation mit dünnflüssigem Öl getränkt wird. Bei Gasdruckkabeln (Gasaußendruck- und Gasinnendruckkabeln) verwendet man zähflüssiges Tränköl. Die Hohlraumbildung bei Temperaturänderungen in der Isolation wird durch den Gasdruck vermieden. Bei größeren Höhendifferenzen werden bei Mittelspannungskabeln auch Haftmassen verwendet, die selbst bei der maximal dauernd zulässigen Leitertemperatur nicht fließen.

Tabelle 10.2 enthält Angaben zur Dicke der Isolierung bei Kabeln abhängig vom Isolationsmaterial und der Nennspannung. Zusätzlich sind in dieser Tabelle die zulässigen maximalen Dauertemperaturen ϑ_d und die zulässigen Endtemperaturen ϑ_e bei Kurzschluß (Abschnitt 15.10.3) angegeben.

Zur Beurteilung der Isolation bei Kabeln werden die Spannungsfestigkeit, der Isolationswiderstand, der Verlustfaktor tan δ und das Teilentladungsverhalten bei

Tabelle 10.1. Eigenschaften von Isolierstoffen (Auswahl von Anhaltswerten)

Isolierstoff	Dielektrizitätszahl ε_r bei 20 °C –	Verlustfaktor $10^3 \tan\delta$ bei 50 Hz und 20 °C –	Spez. Isolationswiderstand ϱ_{Is} bei 20 °C Ωcm	Durchschlagfeldstärke E_d [b] kV/mm	Spez. Masse γ g/cm³
Butylgummi	3,0 – 4,0	50	10^{14}	30 – 40	1,4
Isolieröl	2,2 – 2,8	1 – 2	10^{13}	15 – 25	0,9
Papier, getränkt [a]	3,3 – 4,2	3 – 8	$\approx 10^{15}$	15 – 40	0,8 – 1,1
Polyvinylchlorid (PVC)	3,0 – 4,0	20 – 100	10^{13}	40	1,3 – 1,4
Polyäthylen (PE)	2,3	0,2	10^{17}	60	0,92 – 0,96
Vernetztes Polyäthylen (VPE)	2,4	0,4	10^{16}	95	0,92 – 0,96
Polychloroprene (CK)	3	20 – 80 [c]	$10^9 - 10^{12}$	23	1,35 – 1,65
Naturkautschuk	3	2 – 10 [c]	10^{16}	25	0,93
Silikongummi	2,3	0,1 [c]	$> 10^{14}$	20 – 30	1,15 – 1,30

[a] Bei papierisolierten Massekabeln rechnet man mit $\varepsilon_r \approx 4$ und $\tan\delta = 10 \cdot 10^{-3}$; bei Ölkabeln und Gasdruckkabeln mit imprägniertem Papier mit $\varepsilon_r = 3{,}3 - 3{,}7$ und $\tan\delta \approx (4-5) \cdot 10^{-3}$.

[b] Die hier angegebenen Durchschlagfeldstärken gelten für dünne Probestücke, nicht jedoch für die Isolation des Kabels mit größeren Dicken.

[c] Bei 800 Hz.

Kunststoffkabeln (u.U. bei erhöhter Spannung) herangezogen. Zur Beurteilung der Spannungsfestigkeit wird meist die Durchschlagsfeldstärke über der Zeit aufgetragen (Langzeitverhalten) und der Abstand der Durchschlagsfeldstärke gegenüber der Betriebsfeldstärke bei U_m beurteilt [10.24].

Der Isolationswiderstand ist proportional zum spezifischen Isolationswiderstand (Tabelle 10.1), umgekehrt proportional zur Kabellänge und proportional zum Logarithmus $\ln r_a/r_i$, wobei r_i und r_a die inneren und äußeren Radien der Isolierung sind. Der Verlustfaktor $\tan\delta$ bestimmt die dielektrischen Verluste eines Kabels. Erwünscht sind niedrige Werte $\tan\delta$ und möglichst geringe Temperaturabhängigkeit. Das Verhalten der Isolation gegen Glimmentladungen (Teilentladungen) ist besonders für Kunststoffkabel von Bedeutung.

Außer bei Niederspannungskabeln werden im allgemeinen Glättungsschichten, z.B. aus halbleitenden Papierlagen, auf die einzelnen Leiter eines Kabels aufgebracht, um eine Vergleichmäßigung der Randfeldstärke zu erreichen.

Kunststoffisolierte 1-kV-Kabel werden entweder ohne oder mit äußerem Schirm aus Kupferdrähten ausgeführt. Bei den 1-kV-Kabeln NYY bzw. NAYY (Buchstabenkennzeichnung nach Tabelle 10.3) besteht die äußere Schutzhülle aus Kunststoff auf PVC-Basis, während bei 1-kV-Kabeln NYCWY bzw. NAYCWY ein wellenförmiger Kupferschirm über der Aderisolierung vorhanden ist. Bei Kunststoffkabeln für 10, 20 und 30 kV werden Kupfer-Schirmdrähte verwendet (Bild 10.3c). Die Nennquerschnitte der Kupferschirme werden den Nennquerschnitten der Adern angepaßt.

Tabelle 10.2. Dicke der Isolierung von Kabeln, zulässige Betriebstemperaturen (Dauertemperaturen ϑ_d) und zulässige Kurzschlußtemperaturen (Endtemperaturen ϑ_e bei Kurzschluß (Abschnitt 15.10.3))

	Isolierstoff				
	Papier/Masse	Papier/Öl	PVC	PE	VPE
Spannung, kV	Dicke der Isolierung in mm				
0,6/1	1,5 – 2,2[a]	–	1,2 – 3,0[a]	1,2 – 3,0[a]	0,9 – 2,8[a]
3,5/6	2,6	–	3,4	2,5 – 3,2[a]	2,5 – 3,2[a]
5,8/10	3,2	–	4,0	3,4	3,4
11,6/20	5,5	–	–	5,5	5,5
17,3/30	7,5	4,5	–	8,0	8,0
34,7/60	–	6,5	–	13	13
64/110	–	11	–	18	18
Spannung, kV	Höchstzulässige Betriebstemperaturen ϑ_d in °C / Höchstzulässige Kurzschlußtemperaturen ϑ_e in °C				
0,6/1 und 3,5/6	80/180[c]	–			
5,8/10	65/70[b] / 165/170[c]	–	70/160		
11,6/20	65/155	–	–	70/150	90/250[c]
17,3/30	60/140		–		
34,7/60	55/135	85/145	–		
64/110	–		–		

[a] Abhängig vom Leiterquerschnitt, mit steigendem Leiterquerschnitt größere Dicke der Isolierung.
[b] Gürtelkabel/Radialfeldkabel.
[c] Bei weichgelöteten Verbindungen nur 160 °C zulässig (mit Rücksicht auf die Isolierung höhere Temperaturen zulässig).

Um die feuchtigkeitsempfindliche Isolation bei Papierkabeln zu schützen, werden Kabelmäntel aus Blei (Bleimantelkabel), Aluminium (Aluminiummantelkabel) oder AL-Wellrohren (Wellrohrmantelkabel) verwendet. Bei Mehrleiterkabeln mit gemeinsamem Mantel (Gürtelkabel) werden die Einzeladern verseilt, mit Beiläufern versehen und dann ein rohrförmiger Mantel aufgebracht.

Bei Hochspannungskabeln über 30 kV (Mehrleiterkabel, Höchstädterkabel oder Gasdruckkabel) werden die einzeln isolierten Adern mit je einem eigenen Mantel umgeben (Mehrmantelkabel, speziell Dreimantelkabel). Dadurch wird erreicht, daß das elektrische Feld in der Isolation der einzelnen Adern radial verläuft (Radialfeldkabel). Wird ein zusätzlicher mechanischer Schutz der Kabel notwendig, so werden Bewehrungen aus Stahlband oder aus Stahldraht (Runddrähte oder Flachdrähte) aufgebracht. Bei Einleiterkabeln muß man wegen der Wirbelstrombildung auf geschlossene Stahlbewehrung verzichten und eine sogenannte offene Bewehrung aus unmagnetischem Material vorsehen. Bei bewehrten

Die Buchstabenkurzzeichen für Kabel ergeben sich dadurch, daß an den Anfangsbuchstaben „N" („N" soll kennzeichnen, daß die Kabel den VDE-Bestimmungen entsprechen, sonst entfällt „N") Buchstaben für wichtige Aufbaubestandteile des Kabels angehängt werden (die Buchstabenkurzzeichen folgen in der Reihenfolge dem Kabelaufbau von innen nach außen). Cu-Leiter werden nicht, Al-Leiter durch ein A gekennzeichnet, ebenso entfallen Kennbuchstaben für Papierisolierung, Beiläufe und innere Faserstoffumhüllungen.

Tabelle 10.3. Buchstabenkurzzeichen für Kunststoffkabel, Papierkabel mit Mänteln (VDE 0225, 0271 und 0273), Ölkabel und Gasdruckkabel (VDE 0256, 0257 und 0258) [10.2, 10.7]

Buchstaben	Bedeutung	Beispiele
A	Leiter aus Aluminium	NAYY
Y	Aderisolierung auf PVC-Basis (Polyvinylchlorid)	NAYY
2Y	Aderisolierung auf PE-Bais (Polyäthylen)	N2YSY
2X	Aderisolierung auf VPE-Basis (vernetztes Polyäthylen)	N2XSY
S	Schirm aus Kupfer	N2YSY
C	Konzentrischer Kupferleiter (Mittel- bzw. Schutzleiter) oder metallische Abschirmung	NYCY
CW	Konzentrischer Kupferleiter, wellenförmig	NYCWY
E	Einzeln mit Metallmantel und Korrosionsschutz umgebene und verseilte Adern (Mehrmantelkabel bzw. Dreimantelkabel)	NEKBA
K	Bleimantel	NEKBA
KL	Gepreßter glatter Aluminiummantel	NKLEY
KLD	Gepreßter Aluminiummantel mit Dehnungselementen	NÖKLDEY
E	Schutzhülle mit eingebetteter Schicht	NKLEY
Y	Äußere Schutzhülle auf PVC-Basis (a. Ende d. Kurzzeichens)	NKLEY
A	Äußere Schutzhülle aus Faserstoffen, z.B. Jutehülle (am Ende des Kurzzeichens)	NKBA
B	Bewehrung aus Stahlband	NKBA
F	Bewehrung aus Stahlflachdraht – geschlossen	NYFGbY
FO	Bewehrung aus Stahlflachdraht – offen	NÖKuDFOY
Gb	Gegenwendel aus Stahlband mit mindestens 50% Bedeckung	NYFGbY
D	Druckschutzwendel	NÖKDFOA
uD	Druckschutzwendel aus unmagnetischem Material	NÖKuDFOY
Ö	Ölkabel (Niederdruckölkabel) mit Druckschutz aus unmagnetischen Metallbändern (uD)	NÖKuDEY
I	Gasinnendruckkabel mit gewelltem Aluminiummantel (KLD)	NIAKLDEY
P	Gasaußendruckkabel mit verseilten (v) Einzeladern und einer Bewehrung aus Stahlflachdraht (F) sowie einer äußeren Schutzhülle auf PE-Basis (2Y)	NPKDvFst2Y

Kabeln zur Verlegung in Erde wird als äußerer Mantel auf die Stahlbandbewehrung eine bitumengetränkte Juteschicht aufgebracht. Um ein Aneinanderkleben auf der Kabeltrommel zu vermeiden, erhält die äußere Jutehülle einen Überzug aus Schlämmkreide.

Beim Aufbau der Starkstromkabel unterscheidet man Gürtelkabel und Radialfeldkabel als Ein- und Mehrleiterkabel. Bild 10.2 zeigt Feldbilder für Dreileiterkabel. Einleiterkabel sind immer Radialfeldkabel.

Bild 10.3 zeigt zur Veranschaulichung des Kabelaufbaus vier Beispiele in der Form von Stufenmustern.

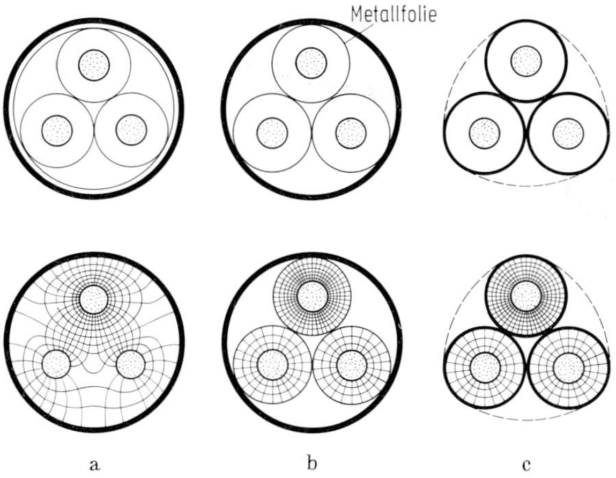

Bild 10.2. Kabelaufbau für Dreileiterkabel mit zugehörigen Feldbildern.
(**a**) Gürtelkabel (z.B. 5,8/10 kV, NAKBA); (**b**) Höchstädterkabel (Radialfeld-Kabel); (**c**) Dreimantelkabel (Radialfeld-Kabel), (z.B. 11,6/20 kV, NAEKBA)

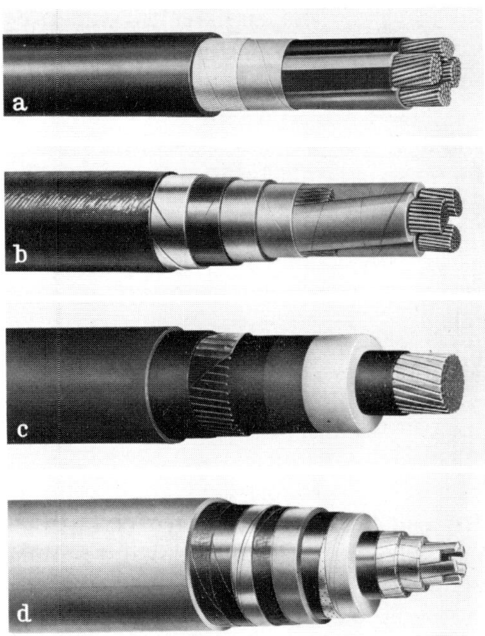

Bild 10.3. Beispiele für den Kabelaufbau (Stufenmuster) (Werkbild Kabel- und Lackdrahtfabriken).
(**a**) Vierleiterkabel 1 kV, NYY; (**b**) Dreileiterkabel 10 kV, NKBA; (**c**) Einleiterkabel 20 kV, N2XSY; (**d**) Einleiterölkabel 110 kV, NAÖKuDEY

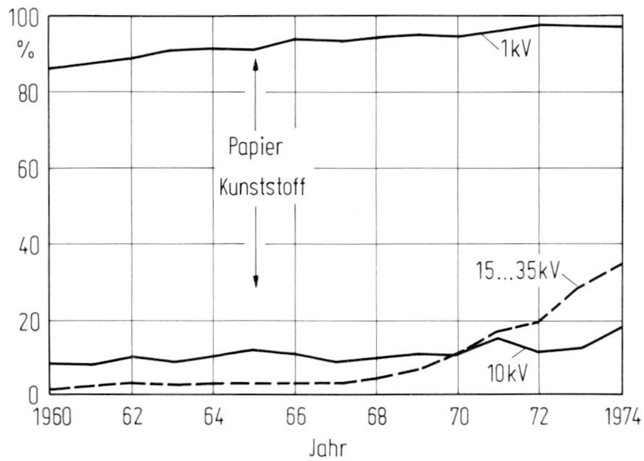

Bild 10.4. Ablösung der papierisolierten durch kunststoffisolierte Kabel, Anteile bei der Neuverlegung in der Bundesrepublik Deutschland [10.24]

Zur Kennzeichnung der Kabel, des Leitermaterials und der Aufbaubestandteile verwendet man in der Kabeltechnik Buchstabenkennzeichen. In Tabelle 10.3 sind die wichtigsten Buchstaben zur Kabelkennzeichnung und ihre Reihenfolge in Beispielen zusammengestellt. Weitere Beispiele für den Kabelaufbau findet man in Tabelle A.6.

Niederspannungskabel 0,6/1 kV werden in der Bundesrepublik Deutschland zu etwa 95 % als Kunststoffkabel geliefert. Bei 10 kV werden hauptsächlich papierisolierte Gürtelkabel (Bild 10.3b) verlegt und z.T. auch PE/VPE-Dreileiterkabel ($\approx 20\,\%$). Bei 20-kV- und 30-kV-Kabeln ist der Anteil der Kunststoffkabel (Bild 10.3c) bereits höher. Bild 10.4 zeigt dazu einen Überblick über die Ablösung der papierisolierten durch kunststoffisolierte Kabel. Bei 110-kV-Kabeln werden neben den Kabeln mit Papier/Öl-Isolation in ersten Anlagen auch PE- und VPE-Kabel eingesetzt.

10.3 Kabelauslegung und Belastbarkeit

10.3.1 Allgemeine Überlegungen

Bei Kabeln mit natürlicher Kühlung müssen die Stromwärme der Adern, der metallischen Umhüllungen und Mäntel ebenso wie die dielektrischen Verluste in der Kabelisolierung im stationären Betrieb des Kabels über die Kabeloberfläche radial an die Umgebung abgeführt werden. Die Abfuhr der gesamten Verlustwärme bei Kabeln im Erdboden mit natürlicher Kühlung muß über die Wärmeleitung des Erdboden an die Atmosphäre vor sich gehen. Bei Kabeln in Luft wird die Verlustwärme durch Konvektion und Strahlung von der Oberfläche der Kabel an die Umgebung abgegeben.

Die Temperaturdifferenz $\Delta\vartheta$ zwischen der Leitertemperatur eines Kabels ϑ_L und der Temperatur der Umgebung ϑ_U hängt von den Gesamtverlusten P_{V_g} des Kabels ab, die radial nach außen abgegeben werden müssen, und von der Summe der Wärmewiderstände ΣT (thermal resistances). Der Wärmefluß folgt einem dem ohmschen Gesetz ähnlichen Gesetz (die Temperaturdifferenz $\Delta\vartheta = \vartheta_L - \vartheta_U$ entspricht der Potentialdifferenz, der Wärmefluß P_{Vg} dem Strom und der Wärmewiderstand ΣT dem elektrischen Widerstand):

$$\Delta\vartheta = \vartheta_L - \vartheta_U = P_{Vg}\,\Sigma\,T \tag{10.1}$$

Der Wärmewiderstand ΣT setzt sich aus folgenden Anteilen zusammen:

T_{Is} Wärmewiderstand der Isolation,
T_{Si} Wärmewiderstand der inneren Schutzhülle,
T_{Sa} Wärmewiderstand der äußeren Schutzhüllen (z.B. PVC-Mantel),
T_E Wärmewiderstand des Erdbodens (bei Erdverlegung) bzw.
T_{Lu} Wärmewiderstand für Konvektion und Strahlung (bei Verlegung der Kabel in Luft z.B. im Gebäude oder im Kabelkanal)

Die Wärmewiderstände der metallischen Aufbauelemente eines Kabels (Mantel, Bewehrung usw.) werden als klein gegenüber den oben genannten Wärmewiderständen vernachlässigt.

Die Temperatur des unbeeinflußten Erdbodens (z.B. in 70 cm Tiefe unter der Erdoberkante) oder die Lufttemperatur sind vorgegeben (Tabelle 10.4).

Die zulässige Temperatur am Leiter wird durch die zulässige Temperatur der Isolation beschränkt.

10.3.2 Strombelastbarkeit

Gezeigt werden soll die Strombelastbarkeit eines Einleiterkabels, ausgehend von der Temperaturdifferenz $\Delta\vartheta = \vartheta_L - \vartheta_U$ bei Dauerlast nach [10.6].

Der gesamte Wärmewiderstand ΣT in Gl. (10.1) setzt sich zusammen aus dem Wärmewiderstand des Kabels selbst $T_K = T_{Is} + T_{Si} + T_{Sa}$ und dem Wärmewiderstand der Umgebung T_U bei Verlegung in Erde mit $T_U = T_E$ bzw. in Luft mit $T_U = T_{Lu}$. Entsprechend erhält man die inneren und äußeren Anteile der gesamten Temperaturerhöhung nach Bild 10.5.

Die dielektrischen Verluste P_{Vd} entstehen in der ganzen Isolation. Unter der meist zutreffenden Voraussetzung, daß die Abhängigkeit des Verlustfaktors $\tan\delta$ und damit die Abhängigkeit der dielektrischen Verluste von der Temperatur vernachlässigbar klein ist, läßt sich zeigen, daß dann für die Temperaturerhöhung durch die dielektrischen Verluste der halbe Wärmewiderstand der Isolation maßgebend ist. Mit den Bezeichnungen in Bild 10.5 setzt sich dann der innere Teil der Temperaturerhöhung $\Delta\vartheta_i$ wie folgt zusammen:

$$\begin{aligned}\Delta\vartheta_i = \vartheta_L - \vartheta_O = {} & P_{VL}(T_{Is} + T_{Si} + T_{Sa}) + P_{VD}(0{,}5\,T_{Is} + T_{Si} + T_{Sa})\\ & + P_{VM}(T_{Si} + T_{Sa}) + P_{VB}\,T_{Sa}\end{aligned} \tag{10.2a}$$

$$\begin{aligned}\Delta\vartheta_i = {} & (P_{VL} + 0{,}5\,P_{VD})\,T_{Is} + (P_{VL} + P_{VD} + P_{VM})\,T_{Si}\\ & + (P_{VL} + P_{VD} + P_{VM} + P_{VB})\,T_{Sa}\end{aligned} \tag{10.2b}$$

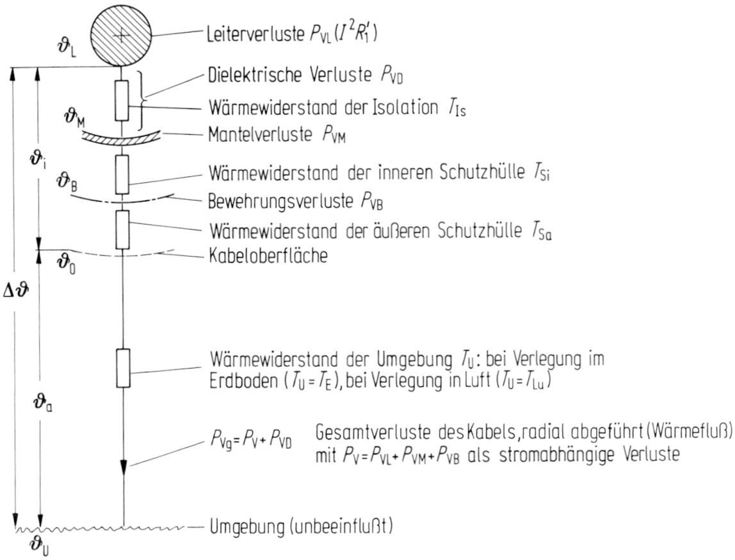

Bild 10.5. Verluste, Wärmewiderstände und Temperaturen zur Berechnung der Strombelastbarkeit eines Einleiterkabels

Der äußere Anteil der Temperaturerhöhung $\Delta\vartheta_a$ beträgt:

$$\Delta\vartheta_a = \vartheta_O - \vartheta_U = (P_{VL} + P_{VD} + P_{VM} + P_{VB})\, T_U \tag{10.3}$$

Aus den Gln. (10.2b) und (10.3) folgt für die gesamte Temperaturerhöhung $\Delta\vartheta$ in Bild 10.5:

$$\begin{aligned}\Delta\vartheta = \Delta\vartheta_i + \Delta\vartheta_a &= P_{VL}\, T_{Is} + (P_{VL} + P_{VM})\, T_{Si} \\ &+ (P_{VL} + P_{VM} + P_{VB})(T_{Sa} + T_U) + P_{VD}(0{,}5\, T_{Is} + T_{Si} + T_{Sa} + T_U)\end{aligned} \tag{10.4}$$

Aus Gl. (10.4) soll der dauernd zulässige Belastungsstrom I_d abhängig von den Kabel- und Verlegungsdaten sowie der zulässigen Temperaturdifferenz $\Delta\vartheta$ ermittelt werden. Zu berücksichtigen ist dabei, daß die dielektrischen Verluste P_{VD} vom Strom unabhängig auftreten. Bezeichnet man die allein durch die dielektrischen Verluste verursachte Temperaturerhöhung mit

$$\Delta\vartheta_D = P_{VD}(0{,}5\, T_{Is} + T_{Si} + T_{Sa} + T_U) \tag{10.5}$$

so findet man ausgehend von Gl. (10.4) mit den stromabhängigen Verlusten

$$P_V = P_{VL} + P_{VM} + P_{VB} \tag{10.6}$$

folgende Gleichung:

$$\Delta\vartheta - \Delta\vartheta_D = P_V \left(\frac{P_{VL}}{P_V}\, T_{Is} + \frac{P_{VL} + P_{VM}}{P_V}\, T_{Si} + T_{Sa} + T_U\right) \tag{10.7a}$$

Bezeichnet man T_K^* als Ersatzwärmewiderstand des Kabels mit

$$T_K^* = \frac{P_{VL}}{P_V} T_{Is} + \frac{P_{VL} + P_{VM}}{P_V} T_{Si} + T_{Sa} \tag{10.8}$$

so ergibt sich aus Gl. (10.7a):

$$\Delta\vartheta - \Delta\vartheta_D = P_V(T_K^* + T_U) \tag{10.7b}$$

Die Leiterverluste P_{VL} beinhalten neben den ohmschen Gleichstromverlusten auch die Zusatzverluste durch den Skin- und Proximityeffekt (Abschnitt 10.3.3). Schreibt man $P_{VL} = I_d^2 R_1'$, wobei R_1' der Wirkwiderstand im Mitsystem je Längeneinheit ist, so ergibt sich ausgehend von Gl. (10.6):

$$P_V = P_{VL}\left(1 + \frac{P_{VM}}{P_{VL}} + \frac{P_{VB}}{P_{VL}}\right) = I_d^2 R_1'(1 + \lambda_M + \lambda_B) \tag{10.9}$$

λ_M ist das Verhältnis der Mantelverluste zu den Leiterverlusten und wird als Mantelverlustzahl bezeichnet, während λ_B das Verhältnis von Bewehrungsverlusten zu Leiterverlusten angibt und als Bewehrungsverlustzahl eingeführt wird.

Setzt man P_V nach Gl. (10.9) in Gl. (10.7b) ein, und löst man nach I_d auf, so erhält man für den zulässigen Dauerstrom I_d eines Einleiterkabels:

$$\begin{aligned} I_d &= \sqrt{\frac{\Delta\vartheta - \Delta\vartheta_D}{R_1'(1 + \lambda_M + \lambda_B)(T_K^* + T_U)}} \\ &= \sqrt{\frac{\Delta\vartheta - P_{VD}(0{,}5\, T_{Is} + T_{Si} + T_{Sa} + T_U)}{R_1'[T_{Is} + (1 + \lambda_M)\, T_{Si} + (1 + \lambda_M + \lambda_B)(T_{Sa} + T_U)]}} \end{aligned} \tag{10.10}$$

Dabei sind:

I_d Dauerstrom des Kabels (Einleiterkabel),
$\Delta\vartheta$ zulässige Temperaturdifferenz zwischen dem Leiter und der Umgebung,
$\Delta\vartheta_D$ Temperaturerhöhung allein durch die dielektrischen Verluste nach Gl. (10.5),
R_1' Wirkwiderstand des Leiters bei der Leitertemperatur ϑ_L einschließlich Skin- und Proximityeffekt (Abschnitt 10.3.3),
λ_M, λ_B Mantelverlustzahl, Bewehrungsverlustzahl,
T_K^* Ersatzwärmewiderstand des Kabels nach Gl. (10.8),
$T_{Is}, T_{Si}, T_{Sa}, T_U$ Wärmewiderstände nach Bild 10.5

Betrachtet man ein n-Leiterkabel, bei dem alle Leiter gleichen Strom (Effektivwert) führen (z.B. ein Gürtelkabel mit $n = 3$), bei dem also die Verluste der n Leiter über T_{Si}, T_{Sa} und T_U abgeführt werden müssen, so geht Gl. (10.10) in folgende Gleichung über [10.6]:

$$I_d = \sqrt{\frac{\Delta\vartheta - P_{VD}[0{,}5\, T_{Is} + n(T_{Si} + T_{Sa} + T_U)]}{R_1'[T_{Is} + (1 + \lambda_M)\, n\, T_{Si} + (1 + \lambda_M + \lambda_B)\, n(T_{Sa} + T_U)]}} \tag{10.11}$$

Dabei sind:

n Anzahl der stromführenden Leiter eines Kabels [bei $n=1$ geht Gl. (10.11) in Gl. (10.10) über],

λ_M, λ_B Mantelverluste bzw. Bewehrungsverluste bezogen auf die Summe der Verluste aller stromführenden Leiter

10.3.3 Verlustberechnung

Leiterverluste

Nach Abschnitt 10.3.2 können Leiterverluste, dielektrische Verluste, Mantelverluste und Bewehrungsverluste auftreten.

Für die Leiterverluste gilt:

$$P_{VL} = I^2 R'_1 = I^2 R'_- F_S F_P \qquad (10.12)$$

Dabei sind:

R'_- Gleichstromwiderstand des Leiters bei Betriebstemperatur,
F_S Faktor zur Berücksichtigung des Skineffektes,
F_P Faktor zur Berücksichtigung des Proximityeffektes.

Den Gleichstromwiderstand R'_- bei der Leitertemperatur ϑ_L berechnet man aus dem Leiterwiderstand R'_{-20} bei 20 °C:

$$R'_- = R'_{-20}[1 + \alpha(\vartheta_L - 20\,°C)] \qquad (10.13)$$

mit $\alpha_{Cu} = 0{,}00393\ 1/°C$ oder $\alpha_{Al} = 0{,}00403\ 1/°C$ [10.6]. Widerstände R'_{-20} kann man mit $\varrho_{Cu} = 0{,}017241\ \Omega mm^2/m$ ($\kappa_{Cu} = 58\ m/\Omega mm^2$) bzw. $\varrho_{Al} = 0{,}028264\ \Omega mm^2/m$ ($\kappa_{Al} = 35{,}38\ m/\Omega mm^2$) berechnen.

Die Widerstandserhöhung durch Skin- und Proximityeffekt berücksichtigt man meist erst bei größeren Leiterquerschnitten (etwa $q > 185\ mm^2$). Die genauere Berechnung des Skineffektes führt bei Rundleitern auf Besselfunktion abhängig vom Leiterradius und von der Eindringtiefe δ_E. Die Eindringtiefe ist dabei die Tiefe von der Leiteroberfläche an gerechnet, in der die elektrische Feldstärke auf den e-ten Teil ihres Wertes an der Leiteroberfläche abgeklungen ist (Bild 10.6). Für δ_E gilt [9.30]:

$$\delta_E = \frac{1}{\sqrt{\pi f \kappa \mu_r \mu_0}} = \frac{D_L}{2}\sqrt{\frac{R'_-}{f \mu_r \mu_0}} \quad \text{mit } R'_- = \frac{1}{\kappa \pi (D_L/2)^2} \qquad (10.14)$$

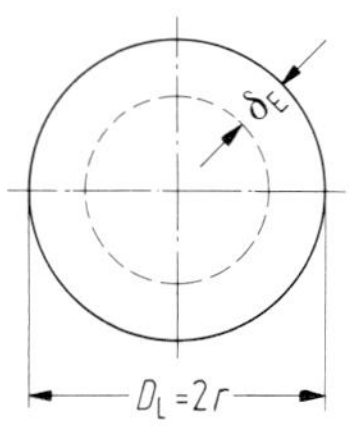

Bild 10.6. Eindringtiefe δ_E bei zylindrischen Leitern mit dem Außendurchmesser D_L. $\delta_{ECu} = 9{,}3$ mm; $\delta_{EAl} = 12{,}0$ mm

Führt man den Zusatzindex S ein für den Widerstand und die innere Induktivität unter Berücksichtigung des Skineffektes, so gilt nach [9.30]:

$$R'_{1S} + \mathrm{j}\,\omega\,L'_{1S} = R'_{-}\tfrac{1}{2}\underline{k}\,r\,\frac{\mathrm{J}_0(\underline{k}\,r)}{\mathrm{J}_1(\underline{k}\,r)} \tag{10.15}$$

Dabei sind $\underline{k}=(1-\mathrm{j})\sqrt{\pi f \kappa \mu_r \mu_0}=(1-\mathrm{j})/\delta_E$, $r=D_L/2$ der Leiterradius und $\mathrm{J}_0(\underline{k}\,r)$ bzw. $\mathrm{J}_1(\underline{k}\,r)$ Besselfunktionen mit

$$\mathrm{J}_0(\underline{k}\,r) = 1 - \frac{1}{1!^2}\left(\frac{\underline{k}\,r}{2}\right)^2 + \frac{1}{2!^2}\left(\frac{\underline{k}\,r}{2}\right)^4 - \frac{1}{3!^2}\left(\frac{\underline{k}\,r}{2}\right)^6 + \cdots$$

bzw.

$$\mathrm{J}_1(\underline{k}\,r) = -d\mathrm{J}_0(\underline{k}\,r)/d(\underline{k}\,r)$$

Aus Gl. (10.15) findet man mit guter Näherung und unter Berücksichtigung eines Korrekturgliedes $0{,}8\,x^4$ nach [10.6]:

$$R'_{1S} = R'_{-}\,F_S = R'_{-}\ \mathrm{Re}\left\{\frac{1}{2}\underline{k}\,r\,\frac{\mathrm{J}_0(\underline{k}\,r)}{\mathrm{J}_1(\underline{k}\,r)}\right\} \approx R'_{-}\left(1 + \frac{x^4}{3+0{,}8\,x^4}\right) \tag{10.16}$$

mit $x = \dfrac{r}{2\delta_E} = \dfrac{D_L}{4\delta_E} = \sqrt{\dfrac{f\mu_r\mu_0}{4R'_{-}}}$ für $0 \leqq x \lessapprox 1$.

Die Näherungsgleichung (10.16) gilt damit für Querschnitte bis etwa 1000 mm². Für $x>1$ kann man als Näherung $F_S = x + 0{,}25 + 0{,}04688/x$ verwenden [9.30].

In Bild 10.7 wurden bei der Aufzeichnung der Faktoren F_S für die Widerstandserhöhung durch den Skineffekt und F_P für die zusätzliche Erhöhung des Widerstandes durch den Proximityeffekt, dann wenn die magnetischen Felder der Leiter eines Drehstromkabels zur Stromverdrängung durch den Proximityeffekt führen, wie z.B. bei Gürtelkabeln oder bei Kunststoffkabeln ohne Mäntel folgende Näherungsgleichungen verwendet:

$$F_S \approx 1 + \tfrac{1}{3}x^4\,k_S \qquad \text{mit } k_S < 1 \text{ bei Hohlleitern} \tag{10.17}$$

$$F_P \approx 1 + \frac{x^4\left(\dfrac{D_L}{a}\right)^2}{3+x^4}\left[0{,}312\left(\frac{D_L}{a}\right)^2 + \frac{1}{0{,}2825\,x^4 + 0{,}2288}\right] \tag{10.18}$$

mit x wie bei Gl. (10.16) für $0 \leqq x \lessapprox 1$ und a als Abstand zwischen den Leitern, wie in Bild 10.7 gezeichnet. Bei Hohlleitern mit einem Durchmesser des Hohlkanals D_h gilt:

$$k_S = \frac{1 - D_h/D_L}{1 + D_h/D_L}\left(\frac{1 + 2\,D_h/D_L}{1 + D_h/D_L}\right)^2 \tag{10.19}$$

Für $D_h/D_L = 0$, also für einen normalen Leiter mit $D_h = 0$, ergibt sich $k_S = 1$, während für $D_h/D_L = 1$ keine Stromverdrängung stattfindet und $k_S = 0$ gilt. Bei Hohlleitern wird zur Berechnung von F_P ebenfalls Gl. (10.18) verwendet. Bei in Sektoren unterteilten Leitern ergeben sich kleinere Faktoren F_S und F_P als bei normalen Leitern [10.6].

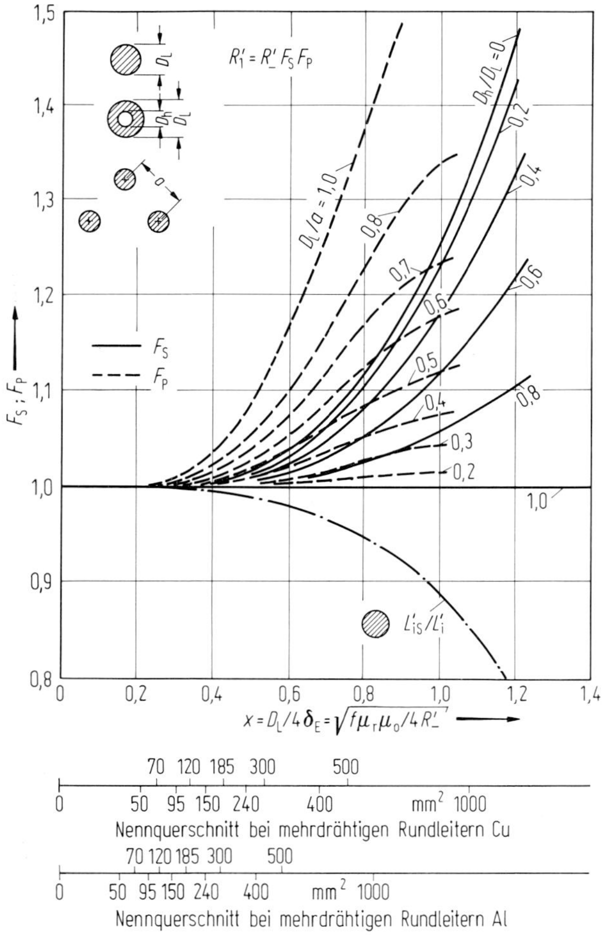

Bild 10.7. Widerstandserhöhung durch Skin- und Proximityeffekt bzw. Absenkung der inneren Induktivität durch den Skin-Effekt. Eindringtiefe bei Cu: $\delta_{\mathrm{ECu}} \approx 9{,}3\,\mathrm{mm}$, bei Al: $\delta_{\mathrm{EAl}} \approx 12{,}0\,\mathrm{mm}$, bei $f = 50\,\mathrm{Hz}$

Dielektrische Verluste

Die dielektrischen Verluste P_{VD} spielen erst bei der Verlustbetrachtung von Hochspannungskabeln etwa ab 10 kV eine Rolle (z.B. bei PVC-Kabeln). Bei Kabeln mit Spannungen von 110 kV und darüber werden die zulässigen Dauerströme durch die dielektrischen Verluste u.U. entscheidend beschränkt.

Wird zwischen dem Leiter und dem Mantel (bzw. Schirm) eines Kabels die Spannung $U_\perp = U/\sqrt{3}$ angelegt, so fließt ein Strom I, der sich aus dem kapazitiven Strom I_{C} und dem Verluststrom des Dielektrikums I_{VD} zusammensetzt (Bild 10.8). Es gilt:

$$I_{\mathrm{VD}} = I_{\mathrm{C}} \tan\delta; \qquad P_{\mathrm{VD}} = U_\perp I_{\mathrm{VD}} = U_\perp I_{\mathrm{C}} \tan\delta = U_\perp^2\, \omega C \tan\delta \tag{10.20}$$

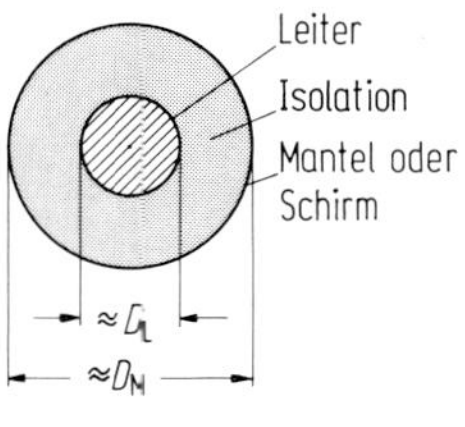

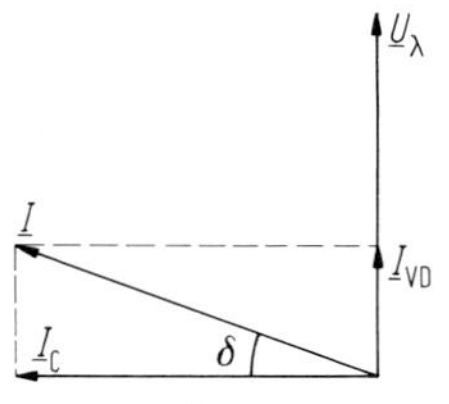

Bild 10.8. Zur Berechnung der Kapazität eines Kabels (**a**) – Einleiterkabel mit Mantel oder Schirm – und der dielektrischen Verluste (**b**)

δ wird als Verlustwinkel, $\tan\delta$ als Verlustfaktor bezeichnet. Die Kapazität C ist die Kapazität des Mitsystems. Man berechnet sie z.B. nach Gl. (10.59). P_{VD} nimmt große Werte an, wenn U_λ oder wenn $\tan\delta$ hohe Werte hat (Tabelle 10.1).

Mantelverluste, Bewehrungsverluste

Die Mantelverluste setzen sich im allgemeinen aus Verlusten durch Längsströme und Wirbelströme zusammen. Werden bei einem Stromkreis aus drei parallel verlegten Einleiterkabeln die Kabelmäntel an beiden Enden niederohmig miteinander verbunden (kurzgeschlossen), so kann man die Wirbelstromverluste gegenüber den Verlusten durch Mantellängsströme vernachlässigen. Man kann sich dann vorstellen, daß in den Mänteln jeweils den Leiterströmen entgegengesetzte Mantelströme fließen, die ihrerseits wieder ein Drehstromsystem bilden und sich an den Enden (Verbindungsstellen der Mäntel) zu Null ergänzen. Sind die drei Einleiterkabel in einer Ebene verlegt, so sind die Verluste in den drei Mänteln verschieden. In diesem Fall genügt es häufig, den mittleren Wert für die Mantelverluste zu berücksichtigen. Für drei Einleiterkabel mit Mänteln gilt ausgehend von Gl. (10.9) bei $\lambda_B = 0$ (Kabel ohne Bewehrung):

$$P_V = P_{VL} + P_{VM} = P_{VL}(1 + \lambda_M) = P_{VL}\left(1 + \frac{I_M^2 R'_M}{I_L^2 R'}\right) \tag{10.21}$$

Zur Berechnung von λ_M ist es also notwendig, das Verhältnis I_M/I_L zu bestimmen, abhängig vom Widerstand R_M der Mäntel und der Koppelreaktanz zwischen den Leitern und den Mänteln. Durch das magnetische Feld der stromdurchflossenen Primärleiter wird in den Mänteln eine Spannung induziert. Sind die Kabelmäntel nur auf einer Seite zusammengeschlossen und geerdet, so treten an der anderen Seite der gegeneinander isolierten Kabelmäntel Spannungen gegeneinander und gegen Erde auf, in den Mänteln fließen Wirbelströme. Werden die Kabelmäntel auf beiden Seiten zusammengeschlossen, so verschwinden diese Spannungen, es fließen Längsströme in den Mänteln. Für den Leiter und den Mantel R ergibt sich bei drei an den Enden eines gleichseitigen Dreiecks angeordneten Einleiterkabeln für die Drehstromleitung:

$$\underline{E}_{RM} = \mathrm{j}\,X'_M \underline{I}_{SL} + \mathrm{j}\,X'_M \underline{I}_{TL} = R'_M \underline{I}_{RM} + \mathrm{j}\,X'_M \underline{I}_{SM} + \mathrm{j}\,X'_M \underline{I}_{TM} \tag{10.22}$$

Mit $\underline{E}_{\mathrm{RM}}=0$, $\underline{I}_{\mathrm{SL}}=\underline{a}^2\underline{I}_{\mathrm{RL}}$, $\underline{I}_{\mathrm{TL}}=\underline{a}\,\underline{I}_{\mathrm{RL}}$, $\underline{I}_{\mathrm{SM}}=\underline{a}^2\underline{I}_{\mathrm{RM}}$ und $\underline{I}_{\mathrm{TM}}=\underline{a}\,\underline{I}_{\mathrm{RM}}$ findet man:

$$\frac{I_{\mathrm{RM}}}{I_{\mathrm{RL}}}=\frac{I_{\mathrm{M}}}{I_{\mathrm{L}}}=\frac{X'_{\mathrm{M}}}{\sqrt{R'^2_{\mathrm{M}}+X'^2_{\mathrm{M}}}} \tag{10.23}$$

Dabei sind:

$$X'_{\mathrm{M}\circ\!\circ\!\circ}=\omega\frac{\mu_0}{2\pi}\ln\frac{a}{D_{\mathrm{M}}/2} \quad \text{und} \quad X'_{\mathrm{M}\circ\circ\circ}=\omega\frac{\mu_0}{2\pi}\ln\frac{a\sqrt[3]{2}}{D_{\mathrm{M}}/2} \tag{10.24}$$

$$R'_{\mathrm{M}}=\frac{1}{\kappa_{\mathrm{M}}\,q_{\mathrm{M}}} \tag{10.25}$$

D ist der Mittenabstand zwischen den Kabeln nach Bild 10.9. D_{M} ist der mittlere Durchmesser der Mäntel (Außendurchmesser minus Dicke des Mantels).

Vergleicht man Gl. (10.23) mit Gl. (10.21), so ergibt sich für λ_{M} bei Kabeln mit beiderseits zusammengeschlossenen Mänteln und Anordnung nach Bild 10.9:

$$\lambda_{\mathrm{M}}=\frac{I^2_{\mathrm{M}}R'_{\mathrm{M}}}{I^2_{\mathrm{L}}R'_1}=\frac{R'_{\mathrm{M}}}{R'_1}\cdot\frac{1}{1+\left(\frac{R'_{\mathrm{M}}}{X'_{\mathrm{M}}}\right)^2} \tag{10.26}$$

Behandelt man als Beispiel drei Einleiterkabel 11,6/20 kV NAKLEY 1 × 240 rm mit Aluminiummänteln bei $D_{\mathrm{M}}=(34{,}5-1{,}3)\,\mathrm{mm}=33{,}2\,\mathrm{mm}$, $\kappa_{\mathrm{M}}=35\,\mathrm{m}/\Omega\mathrm{mm}^2$ und $a=50\,\mathrm{mm}$ für die Dreiecksanordnung sowie $a=110\,\mathrm{mm}$ für die Einebenenanordnung, so findet man: $R'_{\mathrm{M}}=0{,}211\,\Omega/\mathrm{km}$, $X'_{\mathrm{M}\circ\!\circ\!\circ}=0{,}0692\,\Omega/\mathrm{km}$ und damit nach Gl. (10.26) $\lambda_{\mathrm{M}\circ\!\circ\!\circ}=(R'_{\mathrm{M}}/R'_1)\cdot 0{,}0971$, während man mit $X'_{\mathrm{M}\circ\circ\circ}=0{,}1333\,\Omega/\mathrm{km}$ nach Gl. (10.26) $\lambda_{\mathrm{M}\circ\circ\circ}=(R'_{\mathrm{M}}/R'_1)\cdot 0{,}285$ ermittelt.

Bei der Berechnung von λ_{B} geht man im allgemeinen so vor, daß man die Verlustberechnung in der Bewehrung mit der Verlustberechnung im Mantel zusammenfaßt. Man verwendet dabei Gleichungen wie zur Berechnung der Mantelverluste, indem man die Widerstände R'_{M} und R'_{B} parallelschaltet und indem man den geometrischen Mittelwert aus dem Manteldurchmesser und dem Durchmesser der Bewehrung einführt [10.6].

Führt man P_{VL} nach Gl. (10.12) in Gl. (10.9) ein, so findet man für den wirksamen Gesamtwiderstand:

$$R'_{1\,\mathrm{w\,ges}}=R'_{-}\,F_{\mathrm{S}}\,F_{\mathrm{P}}(1+\lambda_{\mathrm{M}}+\lambda_{\mathrm{B}})=R'_{-}+\Delta R'_1 \tag{10.27}$$

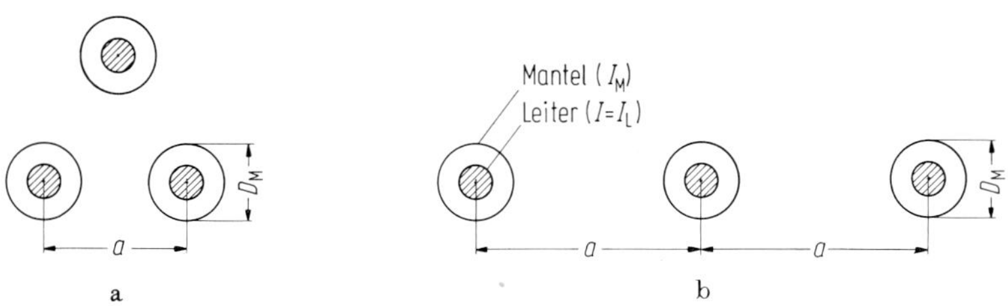

Bild 10.9. Anordnung von Einleiterkabeln.
(**a**) Dreiecksanordnung; (**b**) Einebenenanordnung

Der Zusatzwiderstand $\Delta R'_1$ stellt die meßbare Erhöhung des Leiterwiderstandes gegenüber dem Gleichstromwiderstand dar und erfaßt den Einfluß von Skin- und Proximityeffekt sowie den Einfluß durch die Mantel- und Bewehrungsströme. Häufig werden Richtwerte für $\Delta R'$ angegeben (Abschnitt 10.4.1).

10.3.4 Wärmewiderstände

Wärmewiderstände des Kabels

Bei Einleiterkabeln liegen alle Aufbauelemente konzentrisch zur Kabelachse. Den Wärmewiderstand jeder konzentrischen Schicht $T_x = T_{Is}$ oder T_{Si} oder T_{Sa} nach Abschnitt 10.3.1 kann man mit der gleichen Formel berechnen:

$$T_x = \frac{\sigma_x}{2\pi} \ln \frac{D_a}{D_i} \tag{10.28}$$

Dabei sind:

σ_x der spezifische Wärmewiderstand der Isolation oder der inneren bzw. äußeren Schutzhülle [Papierisolation bei Massekabeln: $\sigma_{Is} = 600\,\mathrm{Kcm/W}$; Papier/Öl-Isolation: $\sigma_{Is} \approx (500\ldots550)\,\mathrm{Kcm/W}$; PVC: $\sigma_{Is} \approx 700\,\mathrm{Kcm/W}$; PE: $\sigma_{Is} \approx 400\,\mathrm{Kcm/W}$; innere Schutzhülle (PVC): $\sigma_{Si} \approx 700\,\mathrm{Kcm/W}$; äußere Schutzhülle (Jute) $\sigma_{Sa} \approx 600\,\mathrm{Kcm/W}$].

D_i, D_a innerer, äußerer Durchmesser der konzentrischen Schichten der Isolation oder der Schutzhüllen.

Bei mehradrigen Kabeln gelten besondere Berechnungsgleichungen, teilweise auch empirisch gewonnene Kurvenscharen [10.6].

Wärmewiderstand des Erdbodens

Der Wärmewiderstand des Erdbodens T_E ist abhängig vom spezifischen Wärmewiderstand des Erdbodens σ_E, von der Verlegetiefe und vom Kabelaußendurchmesser D.

Bei der Berechnung von T_E hat man sich vorzustellen, daß die Gesamtverluste $P_{Vg} = P_V + P_{VD}$ des Kabels an die Luft abgegeben werden müssen. Im einfachsten Fall nimmt man eine konstante Bodentemperatur ϑ_U im unbeeinflußten Bereich des Erdbodens und konstanten spezifischen Wärmewiderstand des Erdbodens an.

Ähnlich wie bei der Kapazitätsbezeichnung nimmt man auch hier spiegelbildlich zum Kabel K_1 in der Tiefe h ein Kabel K'_1 in der Höhe h' über dem Erdboden an. Für den Aufpunkt P in Bild 10.10 ergibt sich dann:

$$\vartheta_P - \vartheta_U = \Delta\vartheta_P = P_{Vg} \frac{\sigma_E}{2\pi} \ln \frac{r'_1}{r_1} \tag{10.29a}$$

Geht man in Bild 10.10 mit dem Aufpunkt P auf die Kabeloberfläche mit der Temperatur ϑ_O, so wird aus Gl. (10.29a), wenn $h/D \gg 1$:

$$\vartheta_O - \vartheta_U = \Delta\vartheta_a = P_{Vg} \frac{\sigma_E}{2\pi} \ln \frac{2h}{D/2} \tag{10.29b}$$

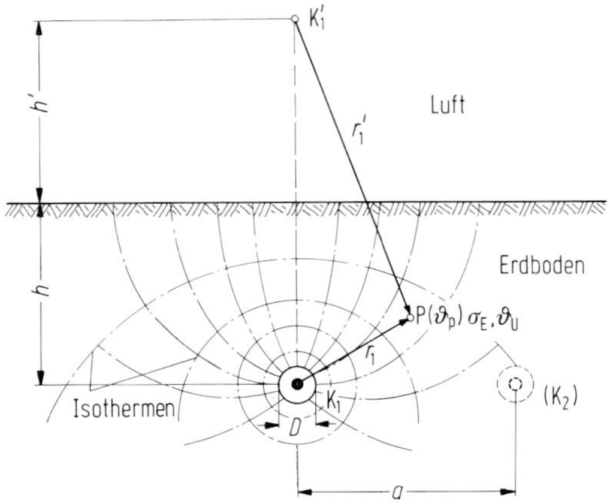

Bild 10.10. Zur Berechnung des Erdbodenwärmewiderstandes T_E für das Kabel K_1, das die Gesamtverluste P_{Vg} abgibt und zur Berechnung von ΔT_E

Für den Erdbodenwärmewiderstand gilt damit:

$$T_E = \frac{\sigma_E}{2\pi} \ln \frac{4h}{D} \tag{10.30}$$

Bei $\sigma_E = 100$ Kcm/W, $h = 70$ cm und dem Durchmesser $D = 5$ cm für ein Drehstromkabel wird damit nach Gl. (10.30): $T_E = 65$ Kcm/W. Hat das Kabel Gesamtverluste von $P_{Vg} \approx 30$ W/m und ist $\vartheta_U = 20$ °C, so ergibt sich nach Gl. (10.29b) die Temperatur der Kabeloberfläche $\vartheta_O \approx 40$ °C.

Liegt neben dem Kabel K_1 in Bild 10.10 ein weiteres Kabel K_2 in gleicher Tiefe h und im Abstand a vom Kabel K_1 mit $P_{VgK2} = P_{VgK1} = P_{Vg}$, so überlagern sich die Wärmefelder in einfacher Weise im Erdboden. Gibt das Kabel K_2 eine Verlustwärme P_{Vg} ab, so nimmt das Kabel K_1 ohne eigene Verlustwärme eine Temperatur ϑ_{zK1} an.

$$\Delta\vartheta_{zK1} = \vartheta_{zK1} - \vartheta_U = P_{Vg} \frac{\sigma_E}{2\pi} \ln \sqrt{\left(\frac{2h}{a}\right)^2 + 1} \tag{10.31a}$$

Man erkennt, daß sich die gegenseitige Beeinflussung durch einen zusätzlichen Erdbodenwärmewiderstand ΔT_E ausdrücken läßt mit

$$\Delta T_E = \frac{\sigma_E}{2\pi} \ln \sqrt{\left(\frac{2h}{a}\right)^2 + 1} \tag{10.31b}$$

bei zwei Kabeln nach Bild 10.10. Als resultierenden Erdbodenwärmewiderstand für das Kabel K_1 erhält man dann mit T_E nach Gl. (10.30):

$$T_E^* = T_E + \Delta T_E \tag{10.32}$$

a

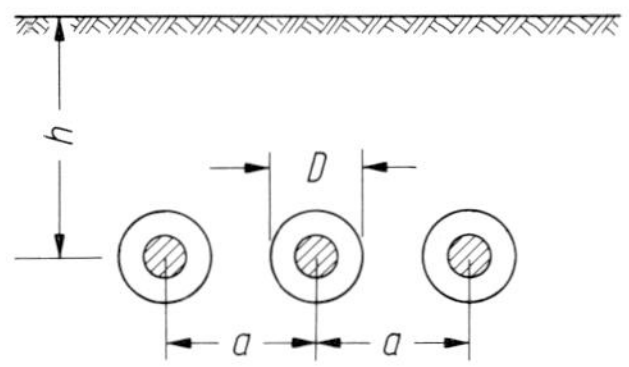

Für das mittlere Kabel:

$$\Delta T_E = \frac{\sigma_E}{2\pi} \ln\left[\left(\frac{2h}{a}\right)^2 + 1\right] \qquad (10.33a)$$

Für die äußeren Kabel

$$\Delta T_E = \frac{\sigma_E}{2\pi} \ln\sqrt{\left[\left(\frac{2h}{a}\right)^2 + 1\right]\left[\left(\frac{h}{a}\right)^2 + 1\right]} \qquad (10.33b)$$

b

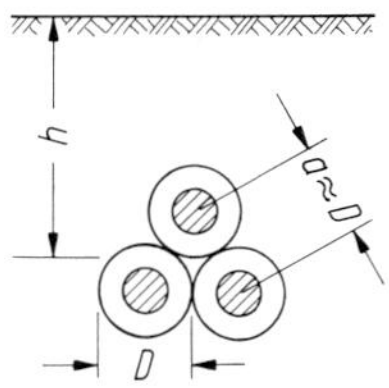

$$\Delta T_E \approx \frac{\sigma_E}{2\pi} \ln\left(\frac{2h}{D}\right)^2 \qquad (10.34)$$

für $\left(\frac{2h}{D}\right)^2 \gg 1$

$$T_E = \frac{\sigma_E}{2\pi} \ln \frac{4h}{D} \quad (10.30); \qquad T_E^* = T_E + \Delta T_E \quad (10.32)$$

Belastbarkeit eines Kabels im Erdboden, zu dem andere Kabel mit gleichen Gesamtverlusten parallel liegen [ausgehend von Gl. (10.10)]:

$$I = \sqrt{\frac{\Delta\vartheta - \Delta\vartheta_D}{R'_{1\,\mathrm{w\,ges}}\,(T_K^* + T_E^*)}} \qquad (10.35)$$

Bild 10.11. Berechnung des Erdbodenwärmewiderstandes und der Strombelastbarkeit bei drei Einleiterkabeln eines Stromkreises.

(**a**) Kabel in Einebenenanordnung mit Abstand; (**b**) Kabel in Dreiecksanordnung ohne Abstand

ΔT_E ist abhängig von der Anordnung der Nachbarkabel. Bild 10.11 zeigt als Beispiele die Berechnung von ΔT_E und T_E^* für drei Einleiterkabel eines Stromkreises in Einebenen- oder Dreiecksanordnung.

10.3.5 Normalbedingungen für Kabelbelastung und Häufung

Die Größen $R'_{1\,\mathrm{w\,ges}}$, T_k^* und $\Delta\vartheta_D$ in Gl. (10.35) werden von der Bauform und den Materialeigenschaften des Kabels bestimmt, während $\Delta\vartheta = \vartheta_L - \vartheta_U$ und T_E^* von den Umgebungsbedingungen und der Verlegung (Parallelverlegung mehrerer Kabel) abhängen. Um die Projektierungsarbeiten für die Auswahl und die Verlegung der Kabel zu vereinfachen, werden in VDE Normalbedingungen für die Angabe der Strombelastbarkeit von Kabeln festgelegt. Man spricht dann von einem Normalwert I_N des Kabelbelastungsstromes. Eingeführt werden dabei Normalwerte für die Verlegung, für die Last (Dauerlast und EVU-Last) und Normalwerte für den Wärmewiderstand T_E des Erdbodens abhängig vom spezifischen Wärmewiederstand σ_E.

In Tabelle 10.4 sind die wichtigsten Normalbedingungen zusammengestellt für Nieder- und Mittelspannungskabel. Bei Kabeln für 110 kV und darüber sind häufig Sonderüberlegungen notwendig.

Tabelle 10.4. Normalbedingungen für die Strombelastbarkeit von Kabeln im Erdboden und in Luft

Festlegungen der Normalbedingungen	Bemerkungen
EVU-Last Auf eine Periode von höchstens 10 Stunden mit Vollast folgt eine mindestens gleich lange Periode mit max. 60 % der Vollast.	Bei *Dauerlast* sind die angegebenen Werte der Strombelastbarkeit mit dem *Faktor* 0,75 zu multiplizieren.
Anordnungen von Kabeln:  Einleiter-Gleichstromkabel (einzeln)  Drehstromkabel (Mehrleiterkabel, einzeln) 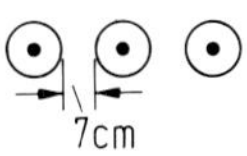 Drei Einleiterkabel als Drehstromsystem (7 cm lichter Abstand)  Drei Einleiterkabel als Drehstromsystem ohne Abstand gebündelt	Bei *Häufung* von Kabeln im Erdboden (z.B. im gemeinsamen Graben) muß die Normalbelastbarkeit reduziert werden. Eingeführt werden Reduktionsfaktoren für die Häufung bzw. ein Ballungsfaktor (Bild 10.12)
Spezifischer Wärmewiderstand des Erdbodens $\sigma_E = 100$ Kcm/W:	Zu beachten ist die Bodenart und die Bodenfeuchtigkeit $\sigma_E \approx 50$ Kcm/W: Lehm $\sigma_E \approx 100$ Kcm/W: Sand mit Tonbeimischung $\sigma_E = 500$ Kcm/W: Mit Schlacke, Asche, Bauschutt usw. verunreinigter Boden
Abdeckung mit Ziegelsteinen oder Zementplatten gegen mech. Beschädigungen beim Aufgraben mit 10 cm Abstand über dem Kabel	Bei Verlegung in Rohren oder Formsteinen sind entsprechende Reduktionsfaktoren einzuführen.
Verlegetiefe 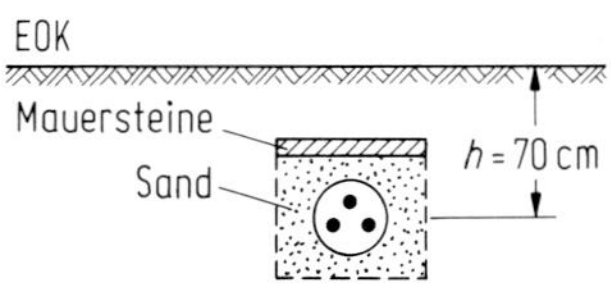 (meist Einbettung in Sand oder gesiebtes Erdreich) *Temperatur des Erdbodens:* $\vartheta_U = 20$ °C	Bei der Berechnung von $T_E = T_{EN}$ wird $h = 70$ cm und $\sigma_E = \sigma_{EN} = 100$ Kcm/W vorausgesetzt. Bei einer Bodentemperatur von $\vartheta_U = 20$ °C und $h = (70 \ldots 120)$ cm ist eine Neuberechnung nicht erforderlich.
Bei Verlegung in Luft (in Innenräumen, auf dem Fußboden, auf Kabelpritschen oder in Betonkanälen)	Bei Verlegung in Luft ist auf die Reduktion der Kabelbelastbarkeit bei Häufungen zu achten, insbesondere dann, wenn mehrere Roste oder Wannen zur Aufnahme der Kabel übereinander angeordnet werden (Industriebetriebe, Kraftwerke usw.)
Temperatur der Luft: $\vartheta_U = 30$ °C (in unbeheizten Kellerräumen oder in Schächten im Erdboden kann man u.U. auch $\vartheta_U = 20$ °C einsetzen)	Bei Kabeln in Kanälen u.U. mit zusätzlicher Belüftung sind Sonderüberlegungen notwendig.

Umrechnungen der Kabelbelastbarkeit I_N werden in folgenden Fällen notwendig:

a) Vollast = Dauerlast (Reduktion der Kabelbelastbarkeit auf 75 % des Wertes bei EVU-Last),

b) Parallelverlegung von Kabeln im Erdreich (Kabelgraben) oder in Luft (Bild 10.13).

c) Von $\vartheta_U = \vartheta_E = 20\,°C$ abweichende Umgebungstemperatur bei Verlegung im Erdreich und von $\vartheta_U = \vartheta_{Lu} = 30\,°C$ abweichende Umgebungstemperatur bei Verlegung in Luft.

d) Von $\sigma_E = 100\,\text{Kcm/W}$ abweichende spezifische Erdbodenwärmewiderstände [VDE 0271a/...69] und Abschnitt 10.3.6 bei Bodenaustrocknung.

Beim parallelen Verlauf mehrerer Drehstromkabel in gleicher Verlegungstiefe h, bei gleichen gegenseitigen Abständen und bei gleichen Verlusten kann man nach Bild 10.12 einen Ballungsfaktor K_B berechnen, mit dem ermittelt wird, wie sich die Strombelastbarkeit bei Parallelverlegung gegenüber der Strombelastbarkeit bei Einzelverlegung verringert. Ausgehend von Gl. (10.31a) wird der Ballungsfaktor wie folgt berechnet:

$$K_B = \frac{1}{2\pi} \sum_{\nu=1}^{n} \ln \sqrt{\left(\frac{2h}{\nu a}\right)^2 + 1} \tag{10.36}$$

Ist der Ballungsfaktor für das am ungünstigsten gelegene Kabel ermittelt, so ergibt sich für die zusätzliche Erwärmung dieses Kabels (mittleres Kabel in Bild 10.12) durch die Verluste P_{VN} der anderen parallelen Kabel unter Normalbedingungen:

$$\Delta\vartheta_{z(\nu)} = P_{VgN}\,\sigma_E\,K_B = P_{VgN}\frac{\sigma_E}{2\pi} \sum_{\nu=1}^{n} \ln \sqrt{\left(\frac{2h}{\nu a}\right)^2 + 1} \tag{10.37}$$

Ausgehend von Gl. (10.10) für die Strombelastbarkeit I_N einzelner Kabel unter Normalbedingungen mit $\Delta\vartheta_N$ und $T_{UN} = T_{EN}$ und ausgehend von den Überlegungen in Bild 10.11 ermittelt man:

$$I_{N(\nu)} = \sqrt{\frac{\Delta\vartheta_N - \Delta\vartheta_D}{R'_{1\,\text{w ges}}(T_K^* + T_{EN(\nu)}^*)}} \tag{10.38}$$

Dabei ist $T_{EN(\nu)}^* = T_{EN} + \Delta T_{EN(\nu)}$ mit $\Delta T_{EN(\nu)} = \sigma_E K_B$ nach Gl. (10.37) einzusetzen. Der eingeklammerte Index ν weist darauf hin, daß parallele gleichbelastete Kabel

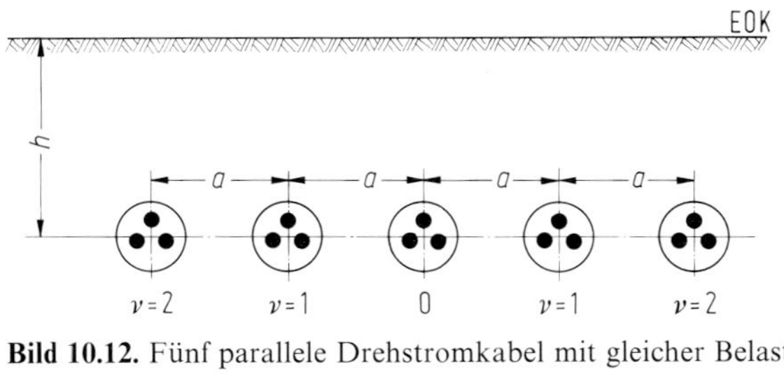

Bild 10.12. Fünf parallele Drehstromkabel mit gleicher Belastung im Erdboden mit $\sigma_E = 100\,\text{Kcm/W}$ (Beispiel zur Berechnung von K_B; bei der Berechnung von K_B nach Gl. (10.36) für das mittlere Kabel gilt die unter den Kabeln angegebene Zählung für ν)

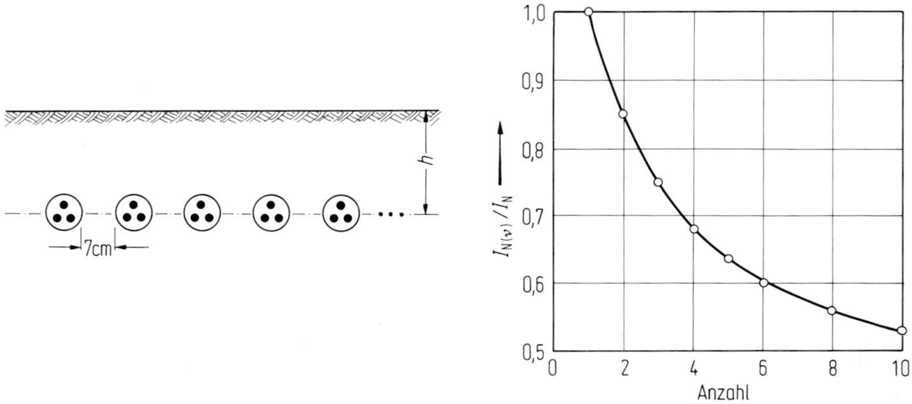

Bild 10.13. Reduktionsfaktoren für die Strombelastbarkeit bei Parallelverlegung von Massekabeln und PVC-Kabeln in Erde bei $h = 70$ cm (Beispiel)

vorhanden sind. Bei ungleichen Abständen zwischen den parallel verlegten Kabeln sind die Gl. (10.36) und (10.37) entsprechend abzuwandeln. Die Gl. (10.38) bleibt auch dann gültig.

Bild 10.13 zeigt ein Beispiel für Reduktionsfaktoren $I_{N(\nu)}/I_N$ abhängig von der Anzahl der parallel verlegten Kabel. Die Reduktionsfaktoren sind mit den Kabelbelastbarkeiten I_N für Einzelkabel unter Normalbedingungen zu multiplizieren, um damit die zulässigen Belastbarkeiten bei Parallelverlegung zu finden.

10.3.6 Kabelbelastung bei Bodenaustrocknung und wechselnder Last

Die Belastbarkeitsberechnungen in den Abschnitten 10.3.2 bis 10.3.5 nach [10.6] ausgehend von der zulässigen Leitertemperatur gelten für die Annahme, daß der Erdboden auch bei Wärmeabgabe vom Kabel seinen spezifischen Wärmewiderstand, z.B. $\sigma_E = 100$ Kcm/W, beibehält. In der Praxis trifft diese Annahme jedoch oft nicht zu. Bereits bei etwa 40 °C für die Oberflächentemperatur ϑ_O des Kabels kann Bodenaustrocknung einsetzen. Bei der Festlegung der Normalbedingungen für die Kabelbelastbarkeit geht man deshalb von EVU-Last (Tabelle 10.4) aus mit der Annahme, daß die in der Zeit der Maximallast (Vollast) ausgetrocknete Bodenschicht um das Kabel in den Zeiten geringerer Last und niedrigerer Oberflächentemperatur des Kabels sich wieder regeneriert.

Die Annahme der Regeneration des Erdbodens um ein Kabel trifft bei hohen zulässigen Leitertemperaturen und damit hohen Temperaturen ϑ_O, wie z.B. bei Hochspannungskabeln oder bei VPE-Kabeln (Tabelle 10.2), häufig nicht mehr zu. In diesem Falle müßte man, um Bodenaustrocknung und eine damit zusammenhängende Erhöhung von σ_E zu vermeiden, die Kabelbelastbarkeit so bestimmen, daß die Oberflächentemperatur $\vartheta_O \approx 40$ °C nicht überschritten wird.

Dieses Vorgehen führt jedoch zu einer verhältnismäßig geringen Kabelauslastung, weil die Leitertemperatur ϑ_L nur wenige Temperaturgrade über der Kabeloberflächentemperatur ϑ_O liegt. Besonders bei Kabelhäufungen in einem Kabelgraben führt diese Methode zu niedrigen Kabelbelastbarkeitswerten.

Nimmt man die Belastbarkeitsrechnungen für Kabel in Erde nach [10.11, 10.20, 10.21] vor unter Berücksichtigung dosierter Bodenaustrocknung und wechselnder Last, so wird eine bessere Ausnutzung der Kabel möglich. Hierbei nimmt man um ein Kabel oder eine Gruppe von Kabeln eine kreiszylindrische, ausgetrocknete Zone z.B. mit $\sigma_{\mathrm{Ea}}=250$ Kcm/W anstelle von $\sigma_{\mathrm{E}}=100$ Kcm/W an. Vorausgesetzt wird dabei, daß das Kabel die maximal zulässige Leitertemperatur nicht überschreitet, und daß die Isotherme an der Grenze des ausgetrockneten Bodens eine vorgegebene Temperatur ϑ_{G}, bei der der Boden noch nicht austrocknet, nicht überschreitet.

Zur Berücksichtigung der wechselnden Last wird ein „thermischer Wechselstromwiderstand" des Erdbodens eingeführt, den man aus dem thermischen Widerstand eines Erdboden-Kreiszylinders von „charakteristischem Durchmesser" D_{y} berechnet, wobei D_{y} von der Art der wechselnden Last und dem thermischen Widerstand des Erdbodens abhängt.

Der charakteristische Durchmesser D_{y} ist eine reine Rechengröße. Er ist streng zu unterscheiden vom Durchmesser der ausgetrockneten Zone.

Dauerlast und Bodenaustrocknung

Bei der Berechnung des zulässigen Kabelstroms bei Dauerlast mit Bodenaustrocknung geht man von Gl. (10.10) bzw. Gl. (10.35) aus. Zur Berücksichtigung der Bodenaustrocknung in einem kreiszylindrischen Bereich um das Kabel nimmt man auf der einen Seite formal an, daß der Erdboden insgesamt austrocknet (σ_{Ea}) und führt auf der anderen Seite ein Zusatzglied $\Delta\vartheta_{\mathrm{a}}$ ein, um die tatsächlich nicht zutreffende Annahme der Austrocknung für den gesamten Erdboden zu kompensieren. Man erreicht hiermit die Elimination des Durchmessers der ausgetrockneten Zone aus der Berechnung. Bei diesem Vorgehen geht Gl. (10.10) für ein Kabel über in

$$I=\sqrt{\frac{\Delta\vartheta-\Delta\vartheta_{\mathrm{D}}+\Delta\vartheta_{\mathrm{a}}}{R'_{1\,\mathrm{w\,ges}}(T_{\mathrm{K}}^{*}+T_{\mathrm{Ea}})}} \tag{10.39}$$

T_{Ea} wird z.B. nach Gl. (10.30) berechnet, jedoch nicht mit σ_{E}, sondern mit σ_{Ea} für vollständig ausgetrockneten Boden. Entsprechend gilt für die Berechnung von $\Delta\vartheta_{\mathrm{D}}$ nach Gl. (10.5). Für das Zusatzglied $\Delta\vartheta_{\mathrm{a}}$ in Gl. (10.39) gilt:

$$\Delta\vartheta_{\mathrm{a}}=\left(\frac{\sigma_{\mathrm{Ea}}}{\sigma_{\mathrm{E}}}-1\right)(\vartheta_{\mathrm{G}}-\vartheta_{\mathrm{U}}) \tag{10.40}$$

Dabei sind:

- ϑ_{U} Umgebungstemperatur ($\vartheta_{\mathrm{U}}=\vartheta_{\mathrm{E}}$)
- ϑ_{G} Temperatur der Grenzisotherme
- σ_{E} spezifischer Wärmewiderstand des Erdbodens ohne Austrocknung
- σ_{Ea} spezifischer Wärmewiderstand des Erdbodens bei Austrocknung

Die Grenztemperatur ϑ_{G} wird als abhängig vom Lastgrad m und von der Umgebungstemperatur ϑ_{U} angegeben. Bei Dauerlast mit $m=1$ setzt man eine niedrigere Temperatur ϑ_{G} an als bei Wechsellast mit $m<1$. Da für den Beginn der Austrocknung nicht die absolute Temperatur maßgebend ist, sondern die Differenz zwischen der Grenztemperatur ϑ_G und der Umgebungstemperatur ϑ_U, so sind bei hoher Umgebungstemperatur auch hohe Grenztemperaturen zulässig. Auch bei hoher Umgebungstemperatur des unbeeinflußten Erdbodens enthält dieser noch Feuchtigkeit. Als Beziehung zwischen m, ϑ_U und ϑ_G führt man ein:

$$\vartheta_G = 33{,}3\,°\mathrm{C}\,(1{,}45 - m) + \vartheta_U \tag{10.41}$$

Bei Dauerlast mit $m=1$ und $\vartheta_U = 20\,°\mathrm{C}$ ergibt sich damit $\vartheta_G = 35\,°\mathrm{C}$, während man bei $m=0{,}75$ für Wechsellast (EVU-Last) $\vartheta_G \approx 43\,°\mathrm{C}$ findet.

Wechsellast und Bodenaustrocknung

Zur Berechnung des Wärmewiderstandes des Erdbodens muß der charakteristische Durchmesser D_y bekannt sein. Er ist abhängig vom σ_E und vom Lastgrad m. Nach [10.11] wird für den Mittelwert zwischen rechteckförmigem und sinusförmigem Lastverlauf in 24 Stunden vorgeschlagen:

$$\frac{D_y}{\mathrm{mm}} = (649 + 1555\sqrt{\mu})\left(\frac{\sigma_E}{\mathrm{Kcm/W}}\right)^{-0,4} \tag{10.42}$$

In Gl. (10.42) ist μ der Scheinarbeitsverlustfaktor. Für die Abhängigkeit des Scheinarbeitsverlustfaktors vom Lastgrad m gilt $\mu = 0{,}3\,m + 0{,}7\,m^2$ [10.11] je nach dem vorliegenden Lastverlauf in 24 Stunden. Bei $m = 0{,}75$ für Wechsellast wird $\mu \approx 0{,}6$ und damit bei $\sigma_E = 100$ Kcm/W nach Gl. (10.42) $D_y \approx 300$ mm.

Zur Berechnung der zulässigen Strombelastbarkeit bei Wechsellast und Dauerlast verwendet man wieder Gl. (10.39), jedoch mit:

$$\begin{aligned} T_{\mathrm{Ea}\sim} &= \frac{\sigma_{\mathrm{Ea}}}{2\pi}\left(\ln\frac{D_y}{D} + \mu \ln\frac{4h}{D_y}\right) \\ &= \frac{\sigma_{\mathrm{Ea}}}{2\pi}\left(\ln\frac{4h}{D} - [1-\mu]\ln\frac{4h}{D_y}\right) \end{aligned} \tag{10.43}$$

Für Dauerlast ($\mu = 1$) geht Gl. (10.43) über in Gl. (10.30), wenn man dort σ_{Ea} anstelle von σ_E einsetzt.

Tritt bei Wechsellast keine Bodenaustrocknung auf, so wird $\Delta\vartheta_a = 0$ ($\sigma_{\mathrm{Ea}} = \sigma_E$). In die Gl. (10.43) ist σ_E einzusetzen. $\Delta\vartheta_D$ ist mit σ_E nach Gl. (10.5) zu berechnen. Die Wechsellast wird durch D_y in Gl. (10.43) berücksichtigt mit D_y nach Gl. (10.42).

Häufung von Kabeln bei Dauerlast oder Wechsellast und Bodenaustrocknung

Bei der Berechnung der zulässigen Ströme bei Dauerlast gelten für den äußeren Wärmewiderstand und den Einfluß der gleichen und gleichbelasteten Nachbarkabel die bereits in den Abschnitten 10.3.5 und 10.3.6 abgeleiteten Gleichungen jedoch mit der Änderung, daß σ_{Ea} für σ_E eingesetzt wird.

Bei Wechsellast wird die Berechnung schwieriger, weil bekannt sein muß, wie viele der parallelen Kabeln sich innerhalb des Zylinders mit dem charakteristischen Durchmesser D_y befinden. Die einfachsten Fälle werden nachstehend aufgeführt, wobei $T^*_{\mathrm{Ea}\sim} = T_{\mathrm{Ea}\sim} + \Delta T_{\mathrm{Ea}\sim}$ an die Stelle von T_{Ea} in Gl. (10.39) tritt.

Mehrleiterkabel, wenn ein Kabel innerhalb D_y liegt:
$T_{Ea\sim}$ nach Gl. (10.43)

$$\Delta T_{Ea\sim} = \mu \frac{\sigma_{Ea}}{2\pi} \sum_{\nu=2}^{n} \ln \sqrt{\left(\frac{2h}{\nu a}\right)^2 + 1} \tag{10.44a}$$

Bei Einleiterkabeln in Einebenenanordnung, wenn ein Kabel innerhalb D_y liegt:

$$T_{Ea\sim} = \frac{\sigma_{Ea}}{2\pi} \left(\ln \frac{D_y}{D} + \mu \ln \frac{4h}{D_y} + \mu^2 \sqrt{\left(\frac{2h}{\nu a}\right)^2 + 1} \right) \tag{10.44b}$$

$$\Delta T_{Ea\sim} = 0$$

Drei Einleiterkabel im Dreieck gebündelt, wenn alle drei Kabel innerhalb D_y liegen:

$$T_{Ea\sim} = \frac{\sigma_{Ea}}{2\pi} \left(\ln \frac{D_y}{D} + 2 \ln \frac{D_y}{2D} + 3\mu \ln \frac{4h}{D_y} \right) \tag{10.45}$$

$$\Delta T_{Ea\sim} = 0$$

$\Delta\vartheta_D$ ist nach Gl. (10.5) mit σ_{Ea} zu berechnen und in Gl. (10.39) einzusetzen.

10.4 Impedanzen und Kapazitäten von Kabeln

10.4.1 Kabelimpedanzen im Mit- und Nullsystem

Die Wirkwiderstände von Kabeln setzen sich aus den Gleichstromwiderständen und den Zusatzwirkwiderständen ΔR zusammen. Für das Mitsystem gilt bei der Leitertemperatur ϑ_L als Widerstandsbelag entsprechend Gl. (10.27):

$$R'_{1\,\mathrm{w\,ges}} = R'_{-} + \Delta R'_1 = R'_{-20}[1 + \alpha(\vartheta_L - 20\,°\mathrm{C})] + \Delta R'_1 \tag{10.46}$$

Für Niederspannungskabel mit Cu- und Al-Leitern sind die Wirkwiderstandsbeläge in Bild 10.14 angegeben bei Leitertemperaturen von 20 °C und 80 °C. Die Werte bei 80 °C werden bei der Berechnung der kleinsten Kurzschlußströme nach VDE 0102/Teil 2 verwendet.

Zur Berechnung von R'_1 nach Gl. (10.46) bei Hochspannungskabeln verwendet man $\Delta R'_1$ nach Bild 10.15.

Bei Höchstspannungseinleiterkabeln können zur Herabsetzung der Mantelverluste die Mäntel nur einseitig geerdet werden. Diese Maßnahme hat dann zur Folge, daß Induktionsspannungen am nicht geerdeten Ende auftreten (isoliert aufgestellter Endverschluß) und ist deshalb auf Kabellängen von etwa 500 m begrenzt. Eine weitere Maßnahme zur Herabsetzung der Mantelverluste ist das Aufkreuzen der Mäntel an der Stelle der Kabelmuffen.

Die Induktivitäten bzw. induktiven Blindwiderstände von Drehstromkabeln im Mitsystem (Bild 10.16) bestimmt man entweder durch Messung oder durch Berechnung, wobei metallische Mäntel und Bewehrungen die ohne diesen Einfluß berechneten Induktivitäten erheblich beeinflussen können. Tabelle 10.5 enthält

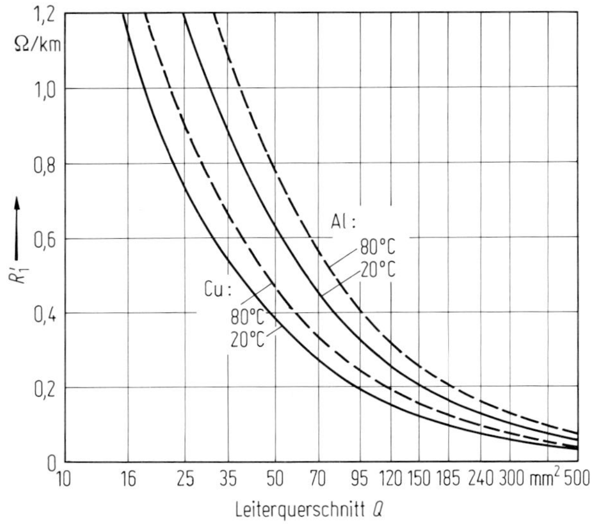

Bild 10.14. Wirkwiderstandsbeläge R'_1 von Drehstromkabeln – Gürtelkabeln 0,6/1 kV – (Mitsystem, Gegensystem) für Kupferleiter (Cu) und Aluminiumleiter (Al) bei Leitertemperaturen 20 °C und 80 °C [2.17]

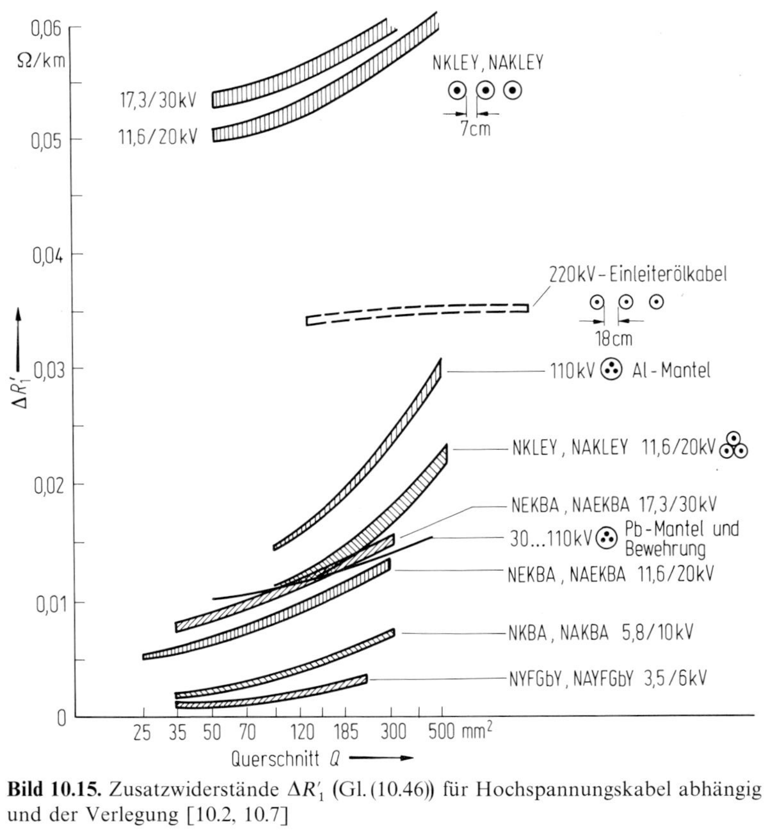

Bild 10.15. Zusatzwiderstände $\Delta R'_1$ (Gl. (10.46)) für Hochspannungskabel abhängig von der Kabelart und der Verlegung [10.2, 10.7]

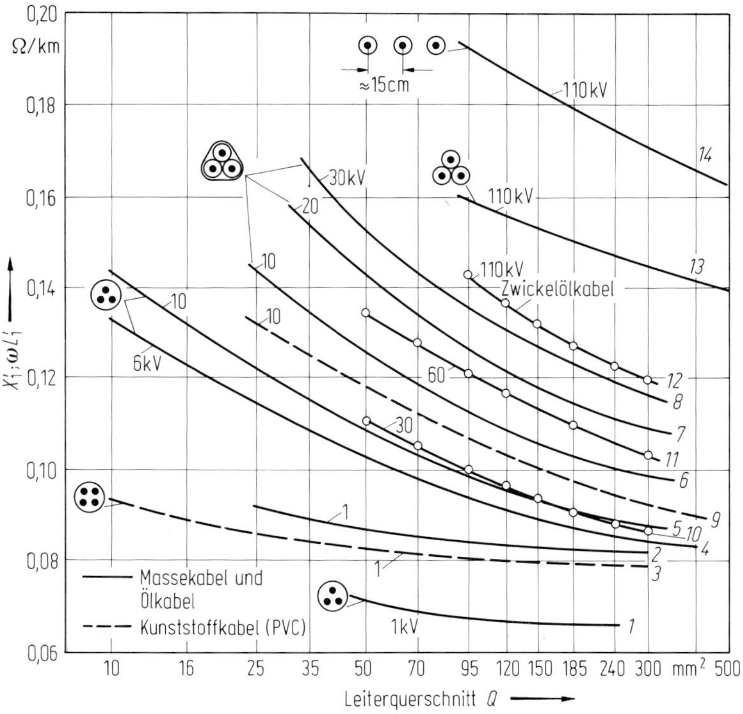

Bild 10.16. Induktive Blindwiderstandsbeläge $X'_1 = \omega L'_1$ bei $f = 50$ Hz von Drehstromkabeln 1 bis 110 kV (Mitsystem, Gegensystem)

1 0,6/1 kV, 3-Leiter, z.B. NKLEY, NAKLEY; *2* 0,6/1 kV, $3\frac{1}{2}$-Leiter, z.B. NKBA, NAKBA; *3* 0,6/1 kV, 4-Leiter, z.B. NYY, NAYY; NYCWY; *4* Gürtelkabel, Bleimantel + Bewehrung 6 kV; *5* Gürtelkabel 10 kV; *6* Dreimantelkabel mit Bewehrung 10 kV; *7* wie *6* jedoch 20 kV; *8* wie *6* jedoch 30 kV; *9* Kunststoffisolierte Kabel 10 kV, z.B. NYFGbY; *10* Zwickelölkabel 30 kV; *11* wie *10* jedoch 60 kV; *12* wie *10* jedoch 110 kV; *13* Einleiterölkabel 110 kV im Dreieck verlegt; *14* Einleiterölkabel 110 kV nebeneinander angeordnet mit Abstand

einfache Berechnungsgleichungen für Kabel ohne metallische Mäntel oder Schirme.

Die berechneten mittleren Reaktanzen nach Tabelle 10.5 vermindern sich um $\Delta X'_1$, während sich die Wirkwiderstände um $\Delta R'_1$ erhöhen, dann, wenn die Kabel metallische Mäntel oder Kupferschirme haben, die geerdet sind und induzierte Ströme führen. Sind die Mäntel nur einseitig geerdet, so kann man näherungsweise die Gleichungen in Tabelle 10.5 verwenden.

Für die Verminderung der Reaktanz und die Erhöhung des Wirkwiderstandes ergibt sich mit X'_M nach Gl. (10.24) und R'_M nach Gl. (10.25):

$$\Delta X'_1 = \omega \frac{\mu_0}{2\pi} \left(\ln \frac{a}{D_M/2} \right) \frac{1}{1 + (R'_M/X'_M)^2} \tag{10.56}$$

$$\Delta R'_1 = R'_M \frac{1}{1 + (R'_M/X'_M)^2} \tag{10.57}$$

Tabelle 10.5. Induktivitäten und induktive Blindwiderstände im Mitsystem für Drehstromkabel ohne metallische Mäntel und Schirme

Anordnung	Berechnungsgleichungen für die Mitimpedanz $\underline{Z}'_1 = R'_1 + \mathrm{j}\, X'_1$
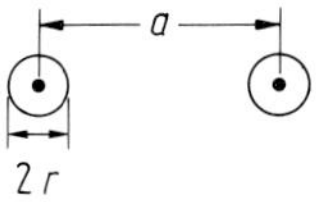	$L' = \frac{\mu_0}{2\pi}\left(\ln\frac{a}{r} + \frac{1}{4}\right) = \frac{\mu_0}{2\pi}\ln\frac{a}{\varrho}$ (10.47) mit Ersatzradius $\varrho = 0{,}779\, r$; ($\mu_0 = 4\pi \cdot 10^{-4}$ H/km)
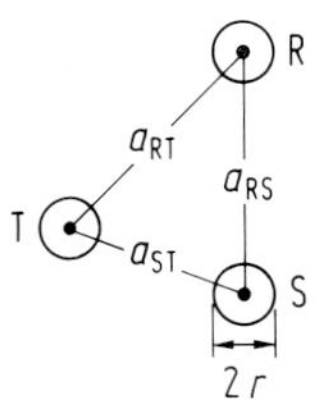	$L'_R = \frac{\mu_0}{2\pi}\left(\ln\frac{\sqrt{a_{RS}a_{RT}}}{\varrho} + \mathrm{j}\sqrt{3}\ln\sqrt{\frac{a_{RS}}{a_{RT}}}\right)$ (10.48a) $L'_S = \frac{\mu_0}{2\pi}\left(\ln\frac{\sqrt{a_{ST}a_{RS}}}{\varrho} + \mathrm{j}\sqrt{3}\ln\sqrt{\frac{a_{ST}}{a_{RS}}}\right)$ (10.48b) $L'_T = \frac{\mu_0}{2\pi}\left(\ln\frac{\sqrt{a_{RT}a_{ST}}}{\varrho} + \mathrm{j}\sqrt{3}\ln\sqrt{\frac{a_{RT}}{a_{ST}}}\right)$ (10.48c) Mittlere Induktivität L'_1 für das Mitsystem $L'_1 = \frac{\mu_0}{2\pi}\left(\ln\frac{\bar{a}}{r} + \frac{1}{4}\right)$ (10.49) mit $\bar{a} = \sqrt[3]{a_{RS}a_{RT}a_{ST}}$ $Z'_1 = R'_1 + \mathrm{j}\omega\frac{\mu_0}{2\pi}\left(\ln\frac{\bar{a}}{r} + \frac{1}{4}\right)$ (10.50)
Dreiecksverlegung 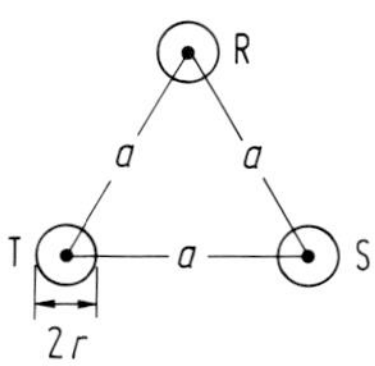	$L'_R = L'_S = L'_T = L' = \frac{\mu_0}{2\pi}\left(\ln\frac{a}{r} + \frac{1}{4}\right)$ (10.51) $\underline{Z}'_1 = R'_1 + \mathrm{j}\,\omega\frac{\mu_0}{2\pi}\left(\ln\frac{a}{r} + \frac{1}{4}\right)$ (10.52)
Einebenenverlegung 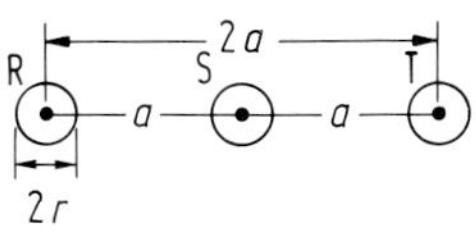	$L'_R = \frac{\mu_0}{2\pi}\left(\ln\frac{a}{r} + 0{,}596 - \mathrm{j}\,0{,}6\right)$ (10.53a) $L'_S = \frac{\mu_0}{2\pi}\left(\ln\frac{a}{r} + 0{,}25\right)$ (10.53b) $L'_T = \frac{\mu_0}{2\pi}\left(\ln\frac{a}{r} + 0{,}596 + \mathrm{j}\,0{,}6\right)$ (10.53c) Mittlere Induktivität L'_1 für das Mitsystem $L'_1 = \frac{\mu_0}{2\pi}\left(\ln\frac{\bar{a}}{r} + \frac{1}{4}\right)$ (10.54) mit $\bar{a} = a\sqrt[3]{2}$ $\underline{Z}'_1 = R'_1 + \mathrm{j}\omega\frac{\mu_0}{2\pi}\left(\ln\frac{\bar{a}}{r} + \frac{1}{\Delta}\right)$ (10.55)

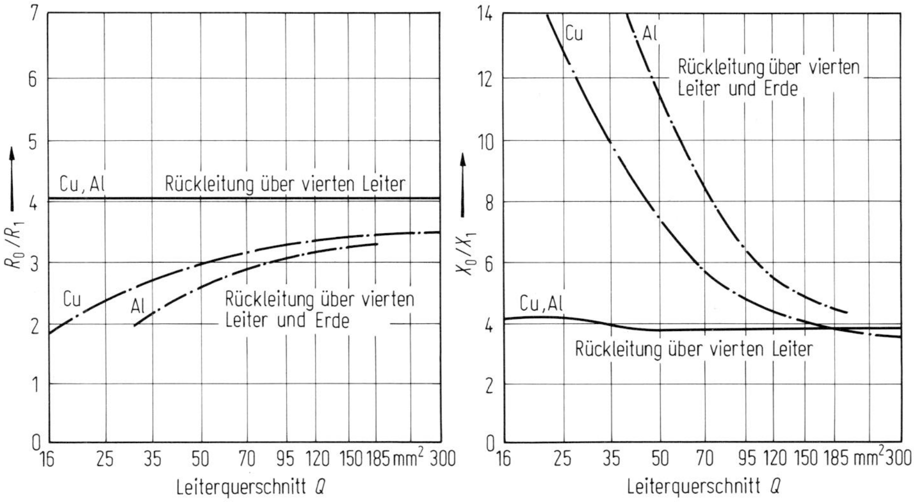

Bild 10.17. Quotienten der Wirk- und induktiven Blindwiderstände im Null- und Mitsystem (R_0/R_1 und X_0/X_1) für 1-kV-Vierleiterkabel N(A)YY ohne metallischen Schirm und Mantel (Niederspannungskabel) bei $f = 50$ Hz [2.17]

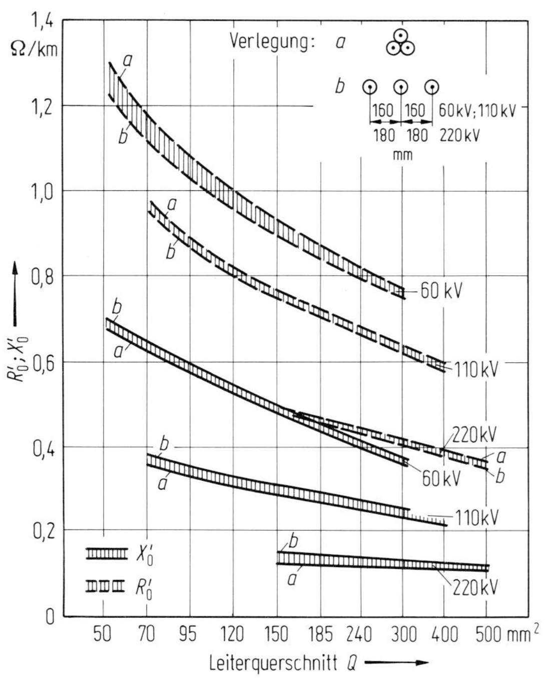

Bild 10.18. R_0' und X_0' für Einleiterölkabel 60 bis 220 kV bei $f = 50$ Hz und $\varrho = 100\,\Omega$m nach [2.13]. Bei 110-kV-Einleiterkabeln in einer Ebene verlegt mit $Q = 240$ mm^2 gilt z.B.: $R_0'/R_1' \approx 7{,}5$ und $X_0'/X_1' \approx 1{,}5$

Bei der Berechnung der Nullimpedanz von Kabeln ist es im Gegensatz zum Vorgehen bei Freileitungen (Abschnitt 9.3.3) nicht möglich eine einzelne Formel anzugeben. Man muß berücksichtigen, daß sich die Nullströme auf den Kabelmantel, auf einen u.U. vorhandenen Schirm, auf die Bewehrung, das Erdreich und im Erdreich liegende metallische Leiter, wie Gas- und Wasserrohre oder Mäntel anderer Kabel, verteilen.

Berechnete Nullimpedanzen von Niederspannungskabeln (1-kV-Kabeln) findet man in [2.17]. Für Vierleiterkabel N(A)YY sind diese Ergebnisse in Bild 10.17 aufgetragen. Unterschieden wird dabei zwischen der Rückleitung nur über den vierten Leiter und der Rückleitung über den vierten Leiter und Erde mit $\varrho = 100\,\Omega\text{m}$.

Bei Hochspannungskabeln sind neben dem Mantel und der Bewehrung auch die Verlegungsart zu berücksichtigen (Einleiterkabel). Hier sind Berechnungen häufig unsicher auch wenn der Kabelaufbau im einzelnen bekannt ist. Bild 10.18 enthält Anhaltswerte für die Nullimpedanz von Einleiterkabeln (unbewehrt) 60 bis 220 kV nach [2.13].

10.4.2 Kabelkapazitäten, Ladeleistungen und kapazitiver Erdschlußstrom

Die geringen Abstände zwischen den Leitern in einem Kabel und die geringen Abstände zwischen dem Leiter und dem Mantel eines Kabels sowie die Dielektrizitätskonstante der Isolation bedingen bei Kabeln wesentlich größere Kapazitäten als bei Freileitungen. Die Kabelkapazitäten liegen im Bereich 0,1 bis 1,2 μF/km während die Freileitungskapazitäten etwa bei 0,005 bis 0,015 μF/km (5 bis $15 \cdot 10^{-9}$ F/km) liegen. Auch hier unterscheidet man zwischen Kapazitäten im Mit- und Nullsystem, wie Bild 10.19 zeigt.

Bei Gürtelkabeln nach Bild 10.19a gilt ähnlich wie bei Freileitungen:

$$C'_1 = C'_E + 3\,C', \qquad C'_0 \approx 0{,}6\,C'_1 \tag{10.58}$$

Wie bei Freileitungen mit einem Stromkreis kann man auch hier $C'_0 \approx 0{,}6\,C'_1$ abschätzen. Anleitungen zur Berechnung von C'_E und C' bei Gürtelkabeln, wobei eine Spiegelung am Mantel (bei Freileitungen an der Erdoberfläche) vorgenommen wird finden sich in [9.6].

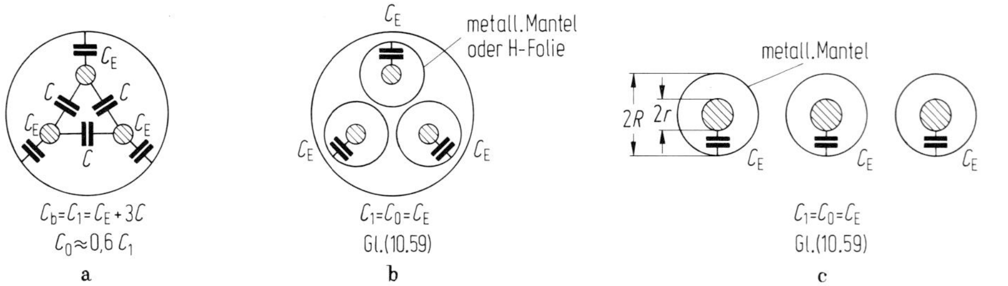

Bild 10.19. Kapazitive Kopplungen zwischen den Leitern und zwischen Leiter und Erde (Mantel, Schirm, Metallfolie) bei Drehstromkabeln (schematisch).
(**a**) Gürtelkabel z.B. 6 bis 30 kV; (**b**) Dreimantelkabel oder Höchstädter-Kabel z.B. 10 bis 110 kV; (**c**) Einleiterkabel mit Schirm oder Mantel

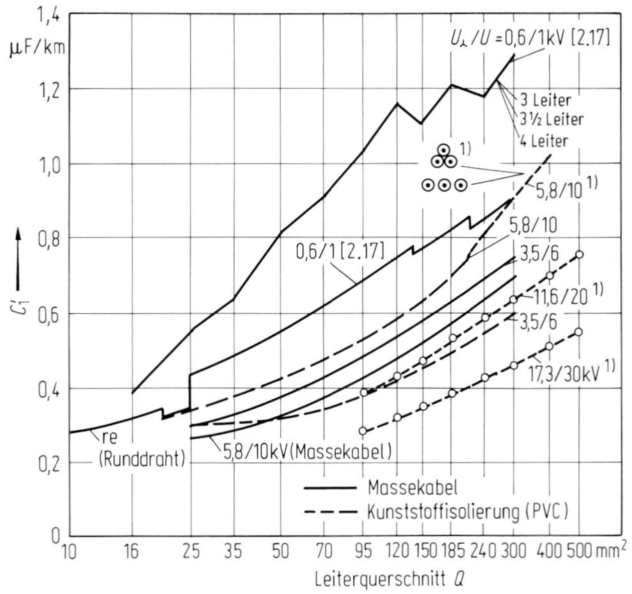

Bild 10.20. Kapazität des Mitsystems (Betriebskapazität) von Drehstromgürtelkabeln mit Sektorleitern (sm) ($C_1' = C_2' \neq C_0'$).
Beispiele: NKBA, NKLEY, NYY usw.
[1]) NYHSY; NAYHSY oder YHSY, AYHSY: 3 Einleiter-Kabel

Für Drehstromkabel, bei denen jeder Leiter einen eigenen Mantel hat (Dreimantelkabel) oder bei Höchstädter-Kabeln nach Bild 10.19b ebenso wie bei Einleiterkabeln nach Bild 10.19c, sind die Kapazitäten im Mit- und Nullsystem gleich (vollständige kapazitive Entkopplung). Es gilt, wenn $R = R_M$ der Innenradius des Mantels und $r = R_L$ der Radius des Leiters ist:

$$C_1' = C_0' = \frac{2\pi\,\varepsilon_r\,\varepsilon_0}{\ln\dfrac{R_M}{R_L}} \tag{10.59}$$

Anhaltswerte für die Kapazität im Mitsystem bei Gürtelkabeln 1 kV bis 30 kV sind in Bild 10.20 aufgetragen, während die Bilder 10.21 und 10.22 Anhaltswerte für $C_1' = C_0'$ bei Dreimantel- und Einleiterkabeln enthalten.

Zur Berechnung des kapazitiven Ladestromes I_C' und der kapazitiven Ladeleistung Q_C' von Kabeln ausgehend von C_1' verwendet man wie bei Freileitungen die Gln. (9.77) und (9.78). Die kapazitive Ladeleistung, die als Drehstromleistung angegeben wird, steigt quadratisch mit der Spannung.

Angaben zur Höhe der Ladeströme und der kapazitiven Ladeleistungen von Kabeln im Spannungsbereich 30 kV bis 220 kV sind in Bild 10.22 aufgetragen. Bild 10.23 zeigt ergänzend dazu Anhaltswerte $C_1' = C_0', I_C'$ und Q_C' für Einleiter-Ölkabel bis zu Leiterquerschnitten von 1400 mm².

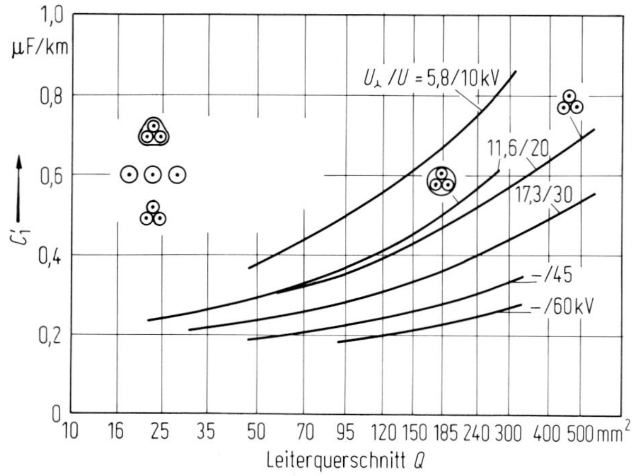

Bild 10.21. Kapazitäten von Dreimantelkabeln, Höchstädterkabeln und Einleiterkabeln (Massekabel) $C_1' = C_2' = C_0'$ (Anhaltswerte)

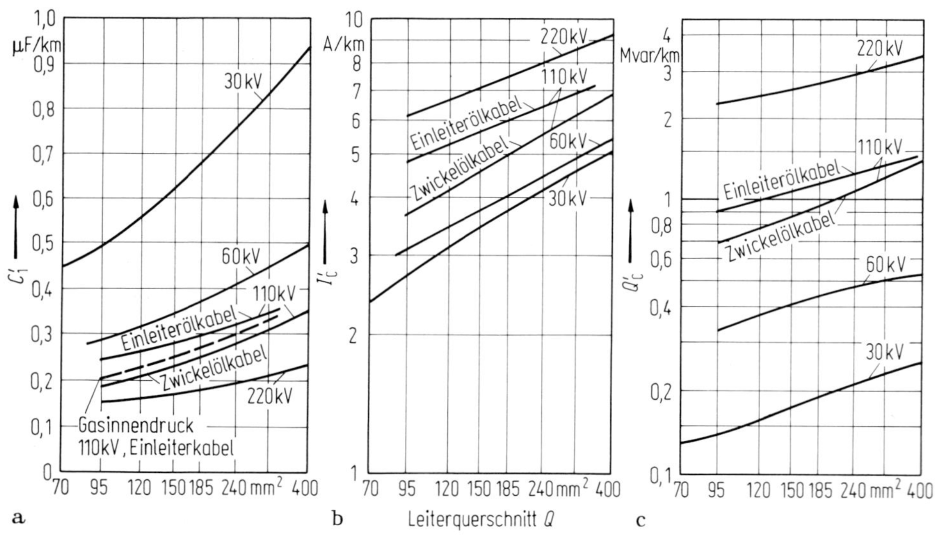

Bild 10.22. Kapazitäten, kapazitive Ladeströme und Ladeleistungen von Ölkabeln 30–220 kV (Anhaltswerte). 30 kV, 60 kV: Zwickelölkabel; 110 kV: Zwickelölkabel und Einleiterkabel; 220 kV: Einleiterkabel.

(**a**) Kapazitäten $C_1' = C_2' = C_0'$; (**b**) Ladestrom $I_C' = U\omega C_1/\sqrt{3}$ für $\omega = 314\,\text{s}^{-1}$; (**c**) Ladeleistung (Drehstromleistung) $Q_C' = 3\,U_\perp I_C' = U^2 \omega C_1'$ für $\omega = 314\,\text{s}^{-1}$

Kabel ohne Kühlung können nur mit Übertragungsleistungen betrieben werden, die weit unter der natürlichen Leistung liegen. Bei einem 110-kV-Kabel beträgt der Wellenwiderstand im Mitsystem z.B. $Z_{W1} = 42\,\Omega$ ausgehend von $X_1' = 0{,}175\,\Omega/\text{km}$ und $C_1' = 0{,}32\,\mu\text{F/km}$. Als natürliche Leistung findet man dann $P_{nat} = U^2/Z_{W1} \approx 288\,\text{MW}$, also etwa das Neunfache der natürlichen Leistung eines

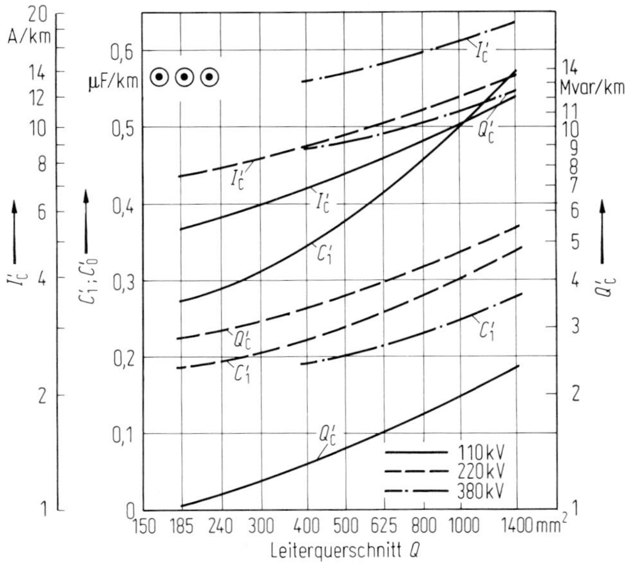

Bild 10.23. Kapazitäten, Ladeströme und Ladeleistungen von Hochspannungskabeln (Einleiter Ölkabel), Anhaltswerte.
$I'_C = U\omega C'_1/\sqrt{3}$; $Q'_C = U^2 \omega C'_1$ für $\omega = 314\ s^{-1}$ $(C'_1 = C'_2 = C'_0)$

Stromkreises einer 110-kV-Freileitung. Die Belastbarkeit eines 110-kV-Kabels 240 mm² liegt jedoch nur bei knapp 100 MVA, also etwa bei $^1/_3$ der natürlichen Leistung. Ungekühlte Hochspannungskabel nehmen also auch bei Belastung kapazitive Ladeleistung auf, so daß in ausgedehnten Kabelnetzen (z.B. in großen Städten) insbesondere in Schwachlastzeiten oder beim Hochfahren des Kabelnetzes auf die Bereitstellung ausreichender Ladeleistungen z.B. aus untererregt betriebenen Generatoren oder besonderen Ladestromdrosseln im Netz geachtet werden muß.

Erst bei forcierter Kabelkühlung (z.B. innere Wasserkühlung) wird eine Belastung möglich, die der natürlichen Leistung entspricht (Abschnitt 10.5).

Die kapazitiven Erdschlußströme I'_{CE} bei Kabeln liegen wesentlich höher als bei Freileitungen. Ihre Berechnung ist ausgehend von $C'_0 = C'_E$ mit Gl. (16.2) möglich. Bei Gürtelkabeln mit $C'_0 \approx 0{,}6\ C'_1$ ergibt sich $I'_{CE} \approx 1{,}8\, I'_C$, während bei Radialfeldkabeln und Einleiterkabeln $I'_{CE} = 3\, I'_C$ gilt.

10.5 Hochspannungs- und Hochleistungskabel

Hochspannungskabel mit $U = 60$ kV werden hauptsächlich bei der Stadtversorgung, beim Anschluß von Kavernenkraftwerken, als Einführungskabel in Umspannwerken und Kraftwerken und z.B. in großen Industriebetrieben (110- oder 220-kV-Kabel) eingesetzt. Für Spannungen von 110 kV kommen entweder Ölkabel, Gasdruckkabel (Gasaußendruck- oder Gasinnendruckkabel) oder neuerdings auch VPE-Kabel zum Einsatz. Die Entwicklung von VPE-Kabeln für 220 kV ist noch nicht abgeschlossen. Die ersten 380-kV-Ölkabel wurden 1952 in Schweden verlegt zur senkrechten Ausleitung aus einem Kavernenkraftwerk. 380-kV-Kabel, vielfach mit äußerer Wasserkühlung, wurden in den letzten Jahren in starkem Maße in England eingesetzt. Kabel für 500/525 kV werden in USA und Japan eingesetzt. Kabel für noch höhere Spannungen werden entwickelt [10.19]. Erste Kabel 380 kV mit Öl/Papier-Isolierung wurden ab 1974 in der BRD in einem Pumpspeicherwerk eingesetzt.

Bei den konventionellen Hochspannungskabeln mit $U \geqq 60$ kV und gewickelter mit Isolieröl getränkter Papierisolation unterscheidet man folgende Bauformen:

Gasinnendruckkabel: Kabel mit Papierisolation mit zähflüssigem Öl getränkt unter einem Stickstoffdruck von etwa 15 bar. Eingesetzt werden Einleiterkabel mit Ovalleiter und Al-Mantel (u.U. Al-Wellrohrmantel) und Dreileiter-Kabel in einem Stahlrohr. Diese Kabel werden im allgemeinen bis 110 kV verwendet.

Gasaußendruckkabel: Kabel mit Papierisolation mit zähflüssigem Öl getränkt unter einem Stickstoffdruck von etwa 15 bar. Dabei werden drei Adern mit Bleimantel oder PE-Mantel in ein Stahlrohr eingezogen, so daß der Druck von außen auf die drei Adern wirkt um beim Abkühlen eine Hohlraumbildung zu vermeiden. Diese Kabel werden im allgemeinen bis 150 kV (oder 220 kV) verwendet. Vorteilhaft wird der gute mechanische Schutz durch das äußere Stahlrohr und das Einziehen der Adern in das vorher verlegte Stahlrohr beurteilt.

Niederdruck-Ölkabel: Kabel mit Papierisolation mit sehr dünnflüssigem Öl getränkt bei geringem Druck von etwa 0,5 bis 2 bar. Die Kabel sind Einleiterkabel für 110 kV und darüber. Sie werden im Gegensatz zu Gasaußendruckkabeln in der Fabrik fertig hergestellt und von einer Trommel aus verlegt.

Hochdruck-Ölkabel: Kabel mit Papierisolation mit sehr dünnflüssigem Öl getränkt. Dabei werden drei Adern ohne Bleimantel in einem ölgefüllten Stahlrohr verlegt mit einem Druck von etwa 15 bar. Anwendung der Kabel für 110 kV und darüber. Zu den Hochdruck-Ölkabeln zählt auch das Oilostatik-Kabel, deren Papierisolation mit zähflüssigem Öl getränkt wird. Oilostatik-Kabel werden in den USA bis 345 kV eingesetzt.

Polyäthylenisolierte Kabel (PE-Kabel oder VPE-Kabel): Die Isolation dieser einadrigen Kabel besteht aus einer homogenen Polyäthylenschicht mit einer äußeren Abschirmung aus Metallbändern (kein geschlossener Metallmantel) und einem äußeren PVC-Mantel (Korrosionsschutz). Sie werden für 110 kV seit einigen Jahren eingesetzt. Für höhere Spannungen (220 kV oder 380 kV) sind die Entwicklungen noch nicht abgeschlossen.

Bild 10.24 zeigt als Beispiel den grundsätzlichen Aufbau von Einleiter- und Dreileiter-Ölkabeln und dazu den Aufbau einer Kabelübertragungsanlage.

Bild 10.25 zeigt die Übertragungsleistungen $S_{\ddot{U}}$ von 110-kV- und 380-kV-Niederdruck-Ölkabeln in Einleiterausführung nach [10.16]. Unterschieden wird bei diesen Angaben zwischen EVU-Last (Tabelle 10.4) und Dauerlast für ungekühlte Kabel. Eingezeichnet sind dazu die Übertragungsleistungen für Kabel mit äußerer Wasserkühlung abhängig von der maximalen Wassertemperatur, die um so kleiner gehalten werden kann, je enger man die Abstände zwischen den Kühlstationen wählt.

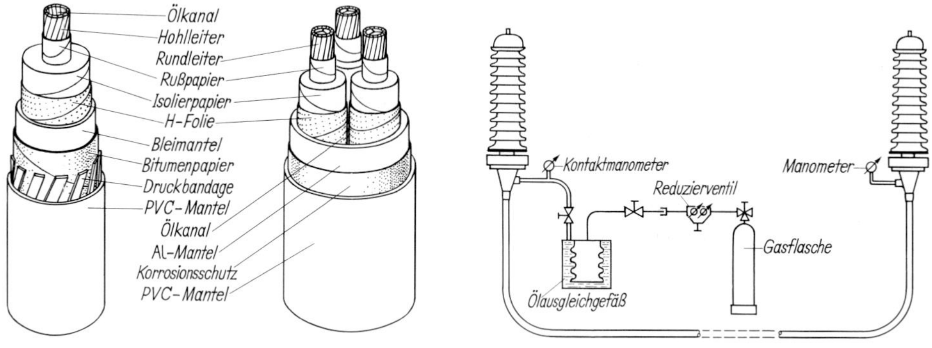

Bild 10.24. Ölkabel; (**a**) Einleiter-Ölkabel mit Bleimantel; (**b**) Dreileiter-Ölkabel mit Al-Mantel; (**c**) Aufbau einer Kabelübertragungsanlage

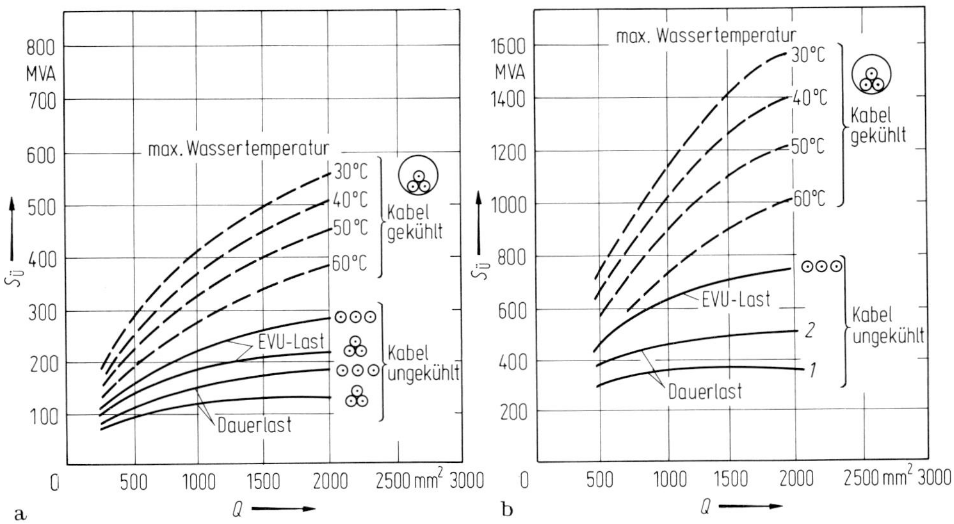

Bild 10.25. Übertragungsleistungen von Niederdruck-Einleiter-Ölkabeln [10.16] ohne Bodenaustrocknung (Oberflächentemperatur der Kabel 40 °C).

(**a**) 110 kV; (**b**) 380 kV.

1 Ohne Bodenaustrocknung; *2* mit teilweiser Bodenaustrocknung

Die nur geringe Steigerung der Übertragungsleistungen bei ungekühlten Kabeln hoher Spannung mit zunehmendem Leiterquerschnitt (Bild 10.25b) ist bedingt durch die dielektrischen Verluste und durch die Erhöhung der Wirkwiderstände infolge Skin- und Proximity-Effekt. Führt man Zusatzkühlung ein, so lassen sich Kabel mit Ölpapierisolation auch für hohe Spannungen bauen [10.19, 10.22].

Zur Steigerung der Übertragungsleistung von Kabelverbindungen bei vorgegebener Spannung sind verschiedene Möglichkeiten vorgeschlagen worden und z.T. bereits in die Praxis eingegangen. Die Möglichkeit zur Steigerung der Übertra-

Bild 10.26. Hochleistungskabel mit innerer Wasserkühlung und Öl-Papier-Isolierung für 110 kV (die Entwicklung von 110-kV- und 380-kV-Kabeln mit innerer Wasserkühlung ist ein Gemeinschaftsprojekt der BBC AG., und der F&G Kabelwerke AG). Kabelaufbau von innen nach außen: Kühlmittelkanal, Al-Leiter, elektrische Isolierung, Bandage, Al-Mantel, thermische Isolierung, PVC-Außenmantel; Typ: NÖAKLDEY 1 × 3200 rm/v 60 h, 64/110 kV [10.17]

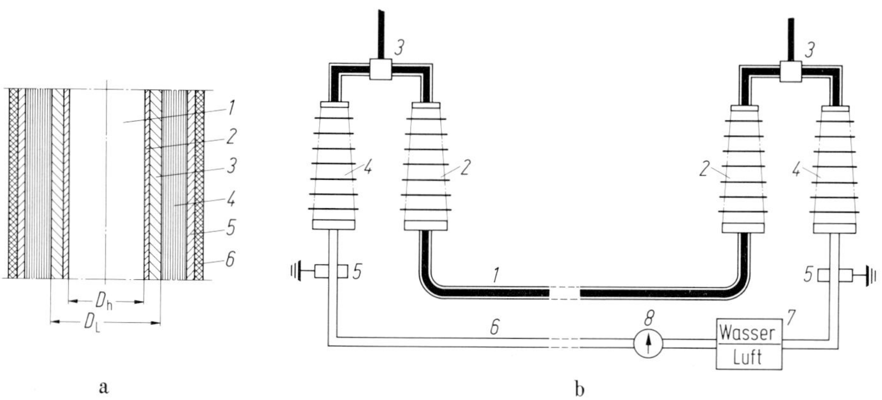

Bild 10.27. Kabel mit innerer Wasserkühlung (Prinzip) [10.22].

(**a**) Längsschnitt durch das Kabel: *1* Kühlmittelkanal; *2* inneres Leiterrohr; *3* Al-Leiter; *4* Ölpapierisolierung; *5* Al-Mantel; *6* thermische Isolierung; (**b**) Übertragungsanlage, schematische Darstellung für einen Leiter des Drehstromsystems: *1* Kabel; *2* Kabelendverschlüsse; *3* Leiterbogen mit Kühlwasser; *4* Isolierstrecke für die Wasserkühlung; *5* Erdungsvorrichtung für die Kühlwasserrückführung; *6* Rückführungsrohr; *7* Wärmetauscher Wasser/Luft; *8* Kühlwasserpumpe

gungsleistung durch Erhöhung des Leiterquerschnitts finden etwa bei $Q = 2000\,\text{mm}^2$ ihre Grenze für Kabel mit getränkter Papierisolation. Aus Bild 10.25 erkennt man auch, daß bei ungekühlten Kabeln eine Querschnittserhöhung von z.B. $1500\,\text{mm}^2$ auf $2000\,\text{mm}^2$ keine nennenswerte Erhöhung von $S_{\ddot{U}}$ bringt. Dies würde erst dann gelingen, wenn man z.B. bei gewickelten und getränkten Kunststoffbändern den $\tan\delta$ merklich unter $2 \cdot 10^{-3}$ absenken könnte, um damit die dielektrischen Verluste zu vermindern. Weiter bieten sich als Möglichkeiten zur Erhöhung der Übertragungsleistung die Verbesserung der Wärmeabgabe an den Erdboden z.B. durch ausgewählte Bettungsmaterialien oder die Zwangskühlung (z.B. äußere Wasserkühlung oder innere Wasser- bzw. Ölkühlung) der Kabel an.

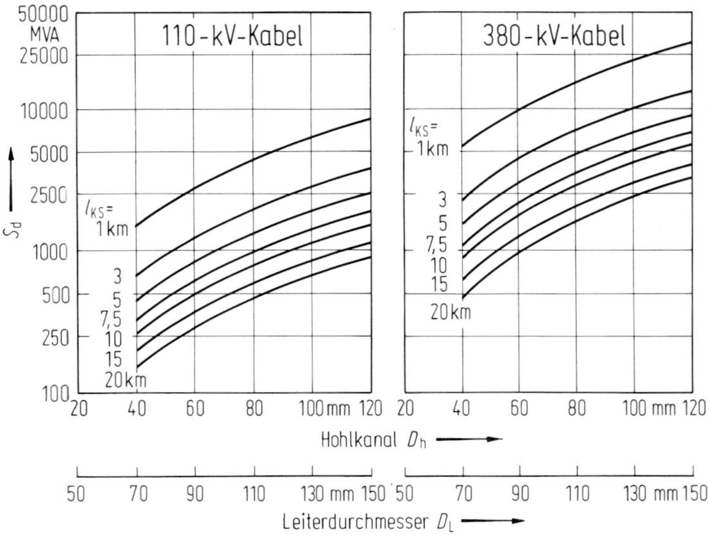

Bild 10.28. Dauerleistungen S_d (Grenzleistungen) von Drehstromkabeln mit innerer Wasserkühlung mit einem Aufbau nach den Bildern 10.26 und 10.27 [10.17].
l_{KS} Abstand der Kühlstationen bzw. Trassenlänge; D_h und D_L nach Bild 10.27

Mit innerer Wasserkühlung lassen sich hohe Übertragungsleistungen erreichen. Die Bilder 10.26 und 10.27 zeigen dazu als Beispiel für diese Entwicklung ein 110-kV-Einleiterkabel mit Ölpapier-Isolation und einem Innenrohr für die Kühlung mit Wasser [10.17, 10.22].

Die Übertragungsleistung S_d nach Bild 10.28 hängt neben dem Abstand der Kühlstationen l_{KS} auch vom Durchmesser des Hohlkanals d_h ab. Der Leiterquerschnitt ist größer als bei ungekühlten Kabeln. Das Kühlmittel (H_2O) muß nicht nur die Stromwärmeverluste des Leiters, sondern auch die dielektrischen Verluste und die Mantelverluste aufnehmen. Vorgesehen ist deshalb eine thermische Isolierung auf der Außenseite des Al-Mantels. Eine Begrenzung der Übertragungsleistung durch Bodenaustrocknung tritt hier nicht auf.

Ausgehend von den Entwicklungen für vollgekapselte SF_6-Schaltanlagen wurden SF_6-Rohrkabel entwickelt und teilweise bereits eingesetzt [10.8, 10.10, 10.13, 10.14, 10.15, 10.18]. Die 380-kV-Ausleitung des Pumpspeicherwerkes Wehr im Hotzenwald wurde z.B. mit SF_6-Rohrkabeln für 2×600 MVA ausgeführt. Bei SF_6-Rohrkabeln für 380 kV lassen sich hohe Übertragungsleistungen erreichen u.U. mit äußerer Wasserkühlung.

Aktivitäten zur Untersuchung und Erprobung von Kryokabeln oder supraleitenden Kabeln sind aus verschiedenen Ländern bekannt, z.B. aus USA, Großbritannien, Frankreich, Japan, Österreich und der BR Deutschland. Dabei werden entweder Gleichstrom- oder Drehstromkabel angestrebt. Bei diesen Arbeiten handelt es sich meist um grundsätzliche Überlegungen, Materialuntersuchungen und im Labor betriebene Versuchsstrecken kurzer Länge [10.16].

Bis zum praktischen Einsatz von Tieftemperaturkabeln sind noch beträchtliche technologische Probleme zu lösen und die Frage der Verfügbarkeit beim Einsatz in der elektrischen Energieversorgung zu behandeln. Darüber hinaus ist zu bedenken, daß die Aufgaben der elektrischen Energieversorgung von Ballungsräumen in den nächsten 10 bis 20 Jahren vermutlich noch ohne Einsatz von Tieftemperaturkabeln gelöst werden können. Eine Studie „Elektrische Hochleistungsübertragung" zur Klärung dieser Frage wird gegenwärtig in der BR Deutschland durchgeführt [12.33].

11. Leistungsschalter und Schaltanlagen

11.1 Leistungsschalter

11.1.1 Anforderungen an Leistungsschalter

Für Drehstrom-Leistungsschalter lassen sich einige Hauptanforderungen formulieren, die erfüllt werden müssen unabhängig vom Löschprinzip und der speziellen Ausführungsform der Leistungsschalter:

a) Der Schalter muß seinen Nennstrom führen unabhängig von äußeren klimatischen Einflüssen.

b) Der Schalter muß bei beliebigem Netzzustand, also auch bei Fehlern im Netz, in kurzer Zeit ein- und ausschalten. Durch die Auswahl des Schalters muß gewährleistet sein, daß sein Schaltvermögen den Anforderungen des Netzes an der Einbaustelle genügt. In vielen Fällen wird von Hochspannungsschaltern auch die Beherrschung der KU-Schaltung gefordert. Bei den Prüfungen zum Nachweis des Schaltvermögens sind vorgeschriebene Prüfschaltfolgen einzuhalten, z.B. bei einem Leistungsschalter: $O-t_u-CO-t-CO$, wobei die Symbole O für die Ausschaltung, C für die Einschaltung, t für eine Pause von etwa 3 Minuten und t_u für eine anzugebende kürzeste Unterbrechungszeit stehen [11.42].

c) Der Schalter muß den auftretenden Kurzschlußströmen thermisch und den auftretenden Kurzschlußkräften dynamisch gewachsen sein.

d) Der Schalter soll beim Ein- und Ausschalten keine für die Isolation des Netzes unzulässigen Schaltüberspannungen hervorrufen (Kapitel 17). Die Bedeutung dieser Forderung steigt mit steigender Netzbetriebsspannung und verlangt z.B. bei Spannungen über 400 kV Sondermaßnahmen wie Aus- oder Einschaltwiderstände.

e) Der Schalter soll auch im verschmutzten Zustand die gegen Erde und über den Schalterpolen auftretenden Spannungen halten. In Gebieten starker Verschmutzung ist auf diese Forderung besonderes Augenmerk zu richten (Auswahl genügend hoher Kriechwege, Reinigung der äußeren Isolation oder Oberflächenbeschichtung mit Silikonfett).

f) Der mechanische Aufbau muß Erschütterungen standhalten (mechanisch fest und rüttelsicher). Der Schalter soll möglichst raumsparend und wartungsarm sein. Einfache Montage, Demontage und Wartung sind erwünscht.

Zur näheren Erläuterung der Hauptforderung nach b), die von einem Leistungsschalter zu bewältigen ist, werden die wichtigsten Schaltfälle in Bild 11.1 dargestellt. Zur Erreichung hoher Ausschaltströme versucht man das Ausschalt-

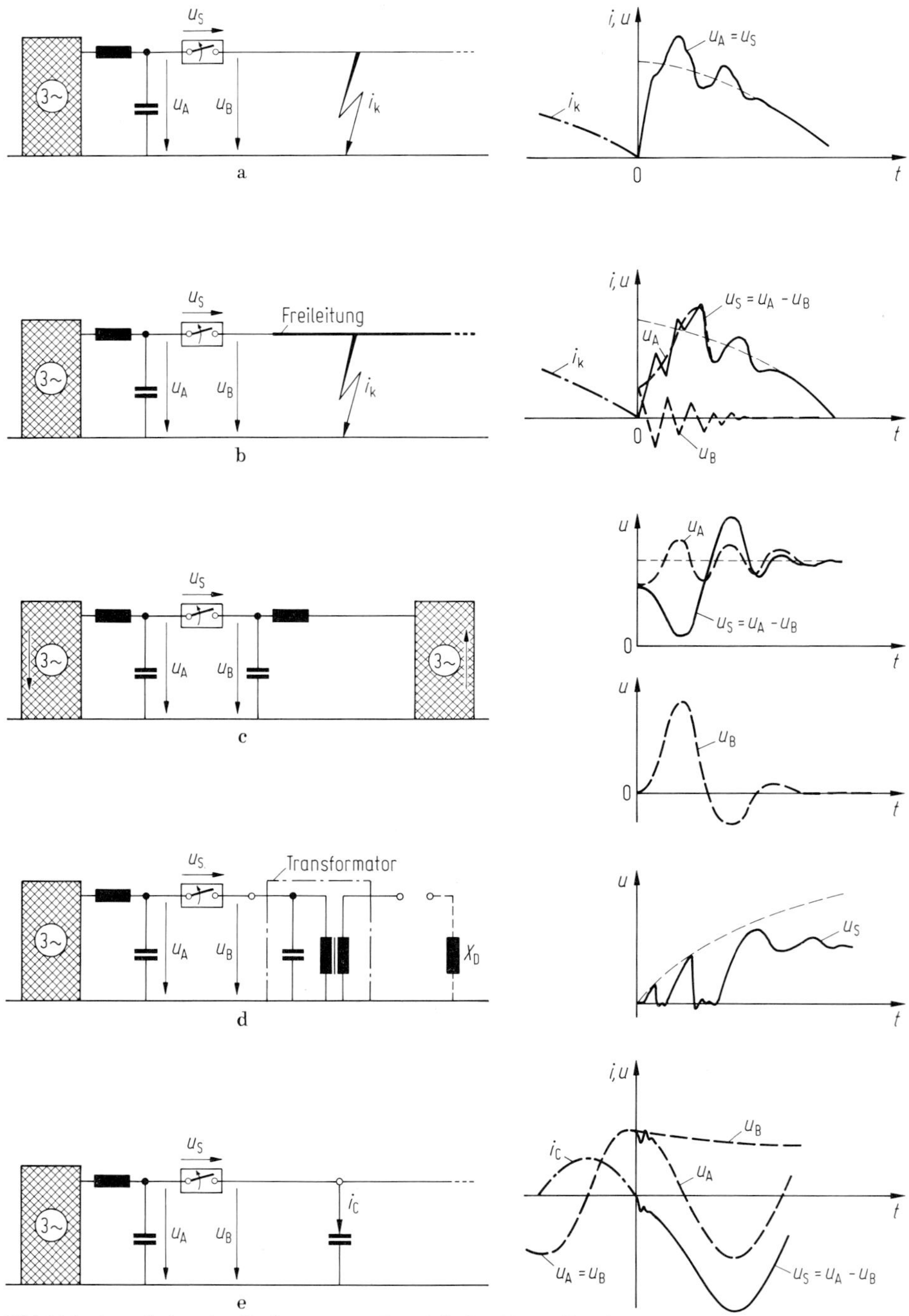

Bild 11.1. Ausschalten im Drehstromnetz (vereinfachte Darstellung).

(**a**) Klemmenkurzschluß; (**b**) Abstandskurzschluß; (**c**) Ausschalten bei Phasenopposition; (**d**) Ausschalten kleiner induktiver Ströme z.B. Ausschalten eines leerlaufenden Transformators; (**e**) Ausschalten kapazitiver Ströme z.B. Ausschalten einer leerlaufenden Leitung oder einer Kondensatorbatterie vermögen der einzelnen Teilschaltstrecke (Schaltkammer) immer weiter zu erhöhen, um so die Zahl der in Reihe zu schaltenden Teilschaltstrecken klein zu halten [11.30]. Im Zusammenhang mit dieser Entwicklung wurde es notwendig, die Gesamtausschaltzeit immer weiter zu verkürzen, also auch die Schaltereigenzeit = Ausschaltzeit (Zeit vom Erreichen des Ansprechwertes der Wirkungsgröße des zum Schalter gehörenden Auslösers bis zur Kontakttrennung beim Öffnen der Strombahnen in allen drei Polen) und Lichtbogenlöschzeit (Zeit von der Kontakttrennung beim Öffnen der Strombahn im ersten Schalterpol bis zum Ende des Stromflusses in allen drei Polen).

Beim Ausschalten des dreipoligen Klemmenkurzschlußstromes nach Bild 11.1a muß der Schalter die höchsten Ströme schalten. In erster Näherung darf man annehmen, daß der Kurzschlußstrom im natürlichen Nulldurchgang oder doch in großer Nähe des natürlichen Nulldurchgangs gelöscht wird. Die nach der Löschung über den Schalterpolen auftretende Einschwingspannung u_S kann man sich als Differenz der Spannungen u_A und u_B auf beiden Seiten des Schalters vorstellen, so daß gilt:

$$u_S = u_A - u_B \tag{11.1}$$

Bei Klemmenkurzschluß ist $u_B = 0$, so daß $u_S = u_A$ wird (Bild 11.1a). Form und Größe der Einschwingspannung werden im Abschnitt 17.3.5 behandelt. Beim Abstandskurzschluß nach Bild 11.1b tritt die besondere Schalterbeanspruchung durch den steilen Anstieg der sägezahnförmigen Spannung u_B auf, während der Kurzschlußstrom i_k geringfügig kleiner ist als bei einem Klemmenkurzschluß. Ist auch die Anstiegssteilheit der Spannung u_A auf der Netzseite groß, so kann der Abstandskurzschluß zur höchsten Schalterbeanspruchung werden.

Bild 11.2 gibt eine Übersicht über die heute vorhandenen Löschprinzipien für Hochspannungs-Leistungsschalter. Bei Spannungen $U_n \lessgtr 15\,\text{kV}$ steht eine Reihe von Löschprinzipien zur Verfügung. Bei höchsten Spannungen dagegen sind nach dem heutigen Stand der Technik ölarme Schalter, Druckluftschalter und SF_6-Schalter ausführbar. Die Beantwortung der Frage nach der optimalen Auswahl der Schalter für die Bedürfnisse der öffentlichen Elektrizitätsversorgung und der Industrie ist nicht in jedem Falle möglich, weil die gestellten Aufgaben und die Bedeutung, die man einzelnen Eigenschaften zumißt, sehr unterschiedlich sind. In Mittelspannungsanlagen ohne besonders hohe Anforderungen an das Ausschaltvermögen hat sich z.B. der ölarme Schalter weitgehend durchgesetzt. Bei Anlagen jedoch mit der Forderung nach sehr kurzen Ausschaltzeiten, sehr hohen Nennströmen und Ausschaltströmen wie z.B. in Kraftwerken und in der Industrie haben Druckluftschalter technische Vorteile. Bei der Aufgabe der Stadtversorgung unter beschränkten Raumverhältnissen haben sich in den vergangenen Jahren SF_6-Schalter in vollgekapselten, SF_6-isolierten Schaltanlagen durchgesetzt für den Bereich der Spannungen 110 bis 500 kV.

11.1.2 Ölschalter, ölarme Schalter

Der Ölschalter in Form des Kesselölschalters gehört neben dem Luftschalter zu den klassischen Leistungsschaltern. Anlagen mit einpoligen Kesselölschaltern

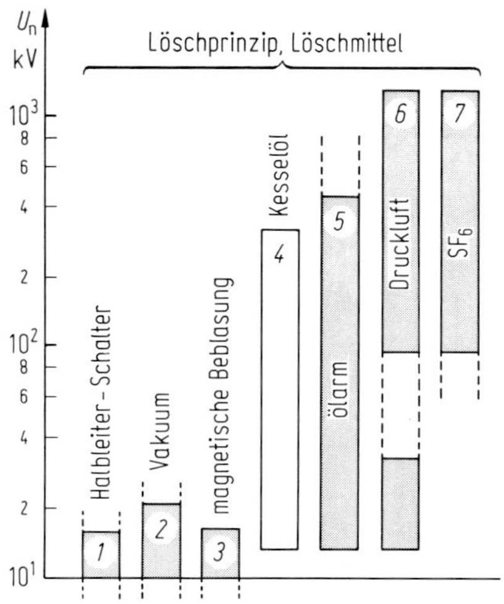

Bild 11.2. Löschprinzip für Hochspannungs-Leistungsschalter.
1 Halbleiter-Schalter für spezielle Anwendungen, z.B. Elektrolokomotiven, *2* Vakuum-Schalter mit besonderen Anforderungen an Kontaktmaterial und Vakuum, *3* Magnetische Beblasung von Teillichtbögen in engen Spalten, *4* Kesselölschalter (bulk-oil-breaker) hauptsächlich in England und USA bis 245 kV (...345 kV); *5* Ölarme Schalter bis 110 kV eine Löschkammer; bei höheren Spannungen Kammern in Reihe; *6* Druckluftschalter im Bereich bis 36 kV (72 kV) für die Ausschaltung hoher Ströme, für große Schalthäufigkeit und z.B. für die Ausschaltung von Kondensatorbatterien; *7* SF_6-Schalter als Freiluftschalter oder als Schalter in vollgekapselten, SF_6-isolierten Anlagen

bis 345 kV sind in England und USA in Betrieb. Bei diesen Schaltern wird die Mehrfachunterbrechung pro Pol und die Entionisierung des Schalterlichtbogens durch Einbau von Löschkammern oder Gittern angewendet [11.7]. Zur Schaltstrecke parallele Widerstände, auf die der Lichtbogenstrom kommutiert wird, dienen zur Herabsetzung der Schaltüberspannungen. Beim Kesselölschalter dient nur ein kleiner Teil des Ölvolumens zur Lichtbogenlöschung und der größere Teil zur Isolierung. Im ölarmen Schalter verbleibt nur der für die Lichtbogenlöschung notwendige Anteil des Öls. Bei hohem Druck ist deshalb das Ölvolumen im ölarmen Schalter sehr gering.

Ölarme Schalter werden von einer großen Reihe von Herstellern in der ganzen Welt gefertigt. Es ist deshalb notwendig, die Beschreibung auf einige Ausführungsformen zu beschränken. Bei Spannungen bis etwa 150 kV haben ölarme Schalter aus wirtschaftlichen Gründen im allgemeinen nur eine Löschkammer (Einsäulenschalter). Bei Spannungen von 110 kV an aufwärts werden ölarme Schalter jedoch auch mit mehreren in Reihe geschalteten Löschkammern gebaut. Im Bereich um 110 kV Nennspannung sind also Ausführungen mit einer oder zwei Kammern möglich. Bei 420 kV z.B. werden dann je nach geforderter Ausschaltleistung 6 bis 8 Schaltkammern in Reihe notwendig.

Bild 11.3 zeigt einige Skizzen für verschiedene Möglichkeiten zur Erzeugung von Längs- und Querströmungen in ölarmen Schaltern. Bild 11.3a zeigt den grundsätzlichen Aufbau eines Schalters mit elastischer Expansionskammer. Schalter nach diesem Prinzip wurden auch als Wasserschalter ausgeführt.

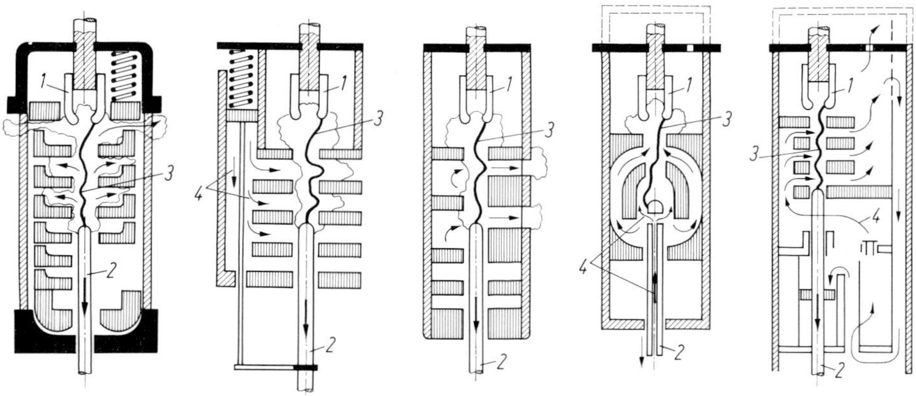

Bild 11.3. Löschkammern von ölarmen Schaltern (Prinzipien zur Erzeugung der Ölströmung – Auswahl).

(**a**) Elastische Expansionskammer; (**b**) Expansionskammer mit Hilfskolben zur Erzeugung einer Querströmung; (**c**) Löschkammer mit stromabhängiger Erzeugung einer Querströmung; (**d**) Löschkammer mit stromabhängiger und stromunabhängiger Ölströmung durch hohlen Schaltstift; (**e**) Löschkammer mit Hilfsölströmung durch einen Kolben am beweglichen Schaltstift bei der Ausschaltung kleiner Ströme.

1 Festes Schaltstück; *2* Schaltstift; *3* Lichtbogen beim Ausschalten; *4* stromunabhängige Ölströmung

Bild 11.3b zeigt, wie eine stromunabhängige Ölströmung mit Hilfe eines Hilfskolbens quer zum Lichtbogen erzeugt werden kann. Die stromunabhängige Löschmittelströmung bringt den Vorteil, daß auch bei kleinen Strömen (z.B. beim Ausschalten eines leerlaufenden Transformators oder einer Kondensatorbatterie) eine genügend kräftige Strömung schnell zur Verfestigung der Schaltstrecke nach der Löschung beiträgt.

In Bild 11.3c ist eine Löschkammerkonstruktion skizziert, bei der durch die Form der Kammer eine stromabhängige Querströmung erzeugt wird. Eine Querströmung ist zur Kühlung und Entionisierung des Lichtbogens wirksamer als eine Längsströmung.

Bei der Konstruktion der Löschkammer nach Bild 11.3d für einen ölarmen Mittelspannungsschalter wirkt die stromabhängige Löschmittelströmung zusammen mit der stromunabhängigen Strömung durch den hohl ausgeführten beweglichen Schaltstift. Bei der Mindestlöschdistanz trifft die Ölströmung durch einen Ringspalt der Kammer radial auf den Lichtbogen. Der Lichtbogen wird dadurch radial nicht ausgelenkt. Als Vorteil ergibt sich, daß die Lichtbogenlänge kurz gehalten werden kann, und daß damit geringe Lichtbogenarbeit und geringer Kontaktabbrand entsteht.

Bild 11.3e zeigt die Kammer eines ölarmen Schalters, in der beim Ausschalten kleiner Ströme eine stromunabhängige Strömung erzeugt wird (Ölströmung für diesen Fall eingezeichnet) und in der beim Ausschalten von Kurzschlußströmen durch die Konstruktion der Kammer eine Querströmung (stromabhängig) zustande kommt.

11.1.3 Druckluft- (Druckgas-)Schalter

Druckluftschalter benutzen zur Lichtbogenlöschung und Entionisierung der Schaltstrecke Druckluft, mit der der Lichtbogen in Längs- und Querrichtung oder kombiniert beblasen wird. Da für Schalter dieses Löschprinzips auch andere Gase in Betracht kommen, wird teilweise auch der allgemeine Begriff Druckgasschalter gewählt.

Die Konstruktionsmöglichkeiten von Druckluftschaltern sind sehr vielfältig, bedingt durch Varianten der Düsenausbildung, durch die Art der Löschkammern, durch die Anordnung von Löschkammern und Trennkammern in Reihe sowie durch Zusatzbeschaltungen mit Kondensatoren und Widerständen (spannungsabhängige hochohmige Widerstände oder niederohmige Widerstände).

Die Konstruktion der Kammern für Druckluftschalter muß sowohl elektrostatische als auch strömungstechnische Gesichtspunkte anteilig berücksichtigen, um so zu der heute erreichten Ausschaltfähigkeit zu kommen. Bild 11.4 zeigt einige Beispiele für Düsenanordnungen bei Druckluftschaltern. Düsenanordnungen nach Bild 11.4a und 11.4b werden beim Freistrahlschalter der AEG verwendet. Bild 11.5 zeigt die Ansicht eines 380-kV-Freistrahlschalters in einer Schaltanlage. Bei Mittelspannungsschaltern werden Düsenanordnungen wie in den Bildern 11.4d und 11.4e verwendet.

Bild 11.6 zeigt das Prinzip der Löschkammer eines BBC-Druckluftschalters. Der bewegliche Kontakt 1 ist als Hohlkontakt ausgebildet und mit dem Teller des Auspuffventils starr verbunden. Der Ausschaltvorgang wird durch Einblasen

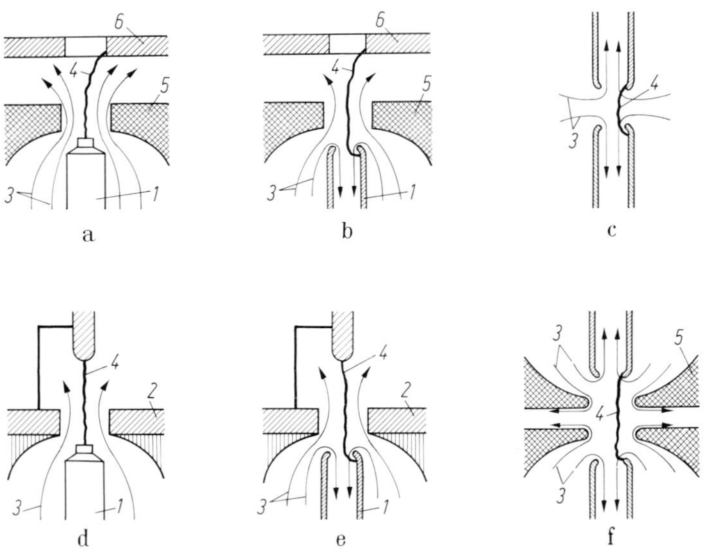

Bild 11.4. Düsenanordnungen bei Druckluftschaltern.

(**a**) Isolierdüsenanordnung; (**b**) Isolierdüsenanordnung mit Rückbeblasung; (**c**) Doppeldüsenanordnung; (**d**) Metalldüse mit Gegenkontakt; (**e**) Metalldüse mit Gegenkontakt mit Rückbeblasung; (**f**) zweifache Isolierdüsenanordnung mit Rückbeblasung.

1 Beweglicher Schaltstift; *2* Festkontakt; *3* Luftströmung; *4* Lichtbogen; *5* Düse aus Isoliermaterial; *6* Gegenkontakt als metallischer Ringkontakt

Bild 11.5. Freistrahlschalter, 420 kV, Ausschaltstrom 80 kA (Werkbild AEG-Telefunken).

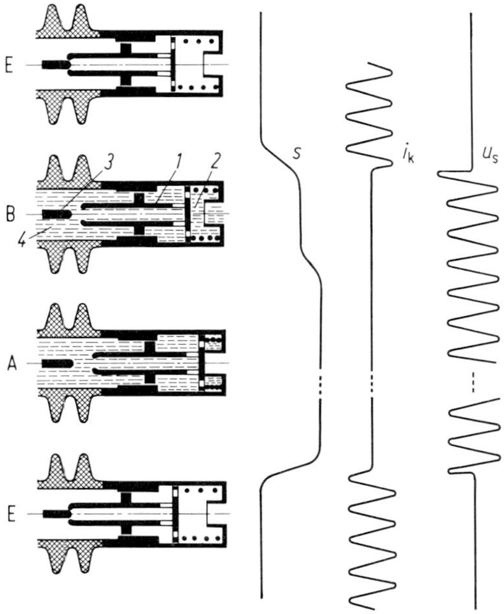

Bild 11.6. Prinzip der Schaltkammer eines Hochspannungs-Druckluftschalters (BBC).
E Einschaltstellung; B Blasstellung; A Ausschaltstellung; S Kontaktbewegung; i_k Kurzschlußstrom; u_S Spannung zwischen den Schalterkontakten.

1 Beweglicher Kontakt; *2* Auspuffventil; *3* Festkontakt; *4* Luftströmung

Bild 11.7. Druckluftschalter, 380 kV, Ausschaltleistung 35 GVA (Werkbild BBC)

von Luft mit hohem Druck in die Kammer eingeleitet. Man unterscheidet dabei eine Blasstellung B und eine Ausschaltstellung A. Die Einschaltstellung E wird durch Entleeren der Kammer erreicht. Eine starke Feder schließt die Schaltstrecke.

Bild 11.7 zeigt den äußeren Aufbau eines modernen Druckluftschalters mit drei Doppellöschkammern in raumsparendem Aufbau für 380 kV. Durch die intensive Beblasung und eine entsprechende Ausbildung der Schalterkontake erreicht man bei Hochspannungsdruckluftschaltern eine Ausschaltzeit von ca. 25 ms (Impulsgabe bis Kontaktöffnung) und eine Gesamtausschaltzeit (Impulsgabe bis Lichtbogenlöschung) von ca. 40 ms. Der Schalter wird damit zu einem Zweiperioden-(two cycle)Schalter, wie er heute in zunehmendem Maße gefordert wird.

Bei Hochspannungsschaltern mit mehreren in Reihe geschalteten Kammern pro Pol werden häufig Steuerkondensatoren parallel zu den Kammern angeordnet, um eine möglichst gleichmäßige Verteilung der Einschwingspannung nach der Lichtbogenlöschung auf die einzelnen Kammern zu erreichen (teilweise oder vollständige kapazitive Beschaltung).

Neben den Steuerkondensatoren kommen bei Druckluft-Leistungsschaltern auch Aus- und Einschaltwiderstände zum Einsatz. Bei den Ausschaltwiderständen unterscheidet man hochohmige, spannungsabhängige Widerstände zur Begrenzung hoher Schaltüberspannungen und niederohmige Widerstände. Die Wirkung von niederohmigen Ausschaltwiderständen auf den Verlauf der Einschwingspannung zeigt Bild 11.8. Einschaltwiderstände zur Begrenzung von Einschaltüberspannungen haben eine Größe von einigen hundert Ohm (Abschnitt 17.3.4).

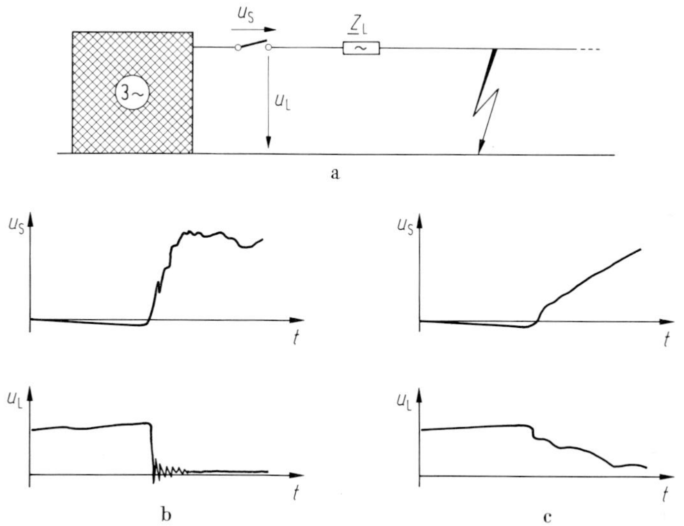

Bild 11.8. Einschwingspannung beim Ausschalten eines Abstandskurzschlusses.
(**a**) Anordnung; (**b**) Ausschalten ohne niederohmige Widerstände; (**c**) Ausschalten mit niederohmigen Widerständen

11.1.4 Hochstromschalter, Generatorschalter

Druckluftschalter im Bereich 10 bis 30 kV sind besonders für hohe Nennströme und hohe Ausschaltleistungen geeignet, wie sie z.B. in Industrieanlagen und bei Generatorschaltern vorkommen. Bei diesen Schaltern trennt man die Leistungsschaltfunktion von der Einschalt- und Trennfunktion. Durch Anordnung von Widerständen erreicht man zweistufiges Schalten.

Beim Generatorschalter unterscheidet man zwischen der Ausführung als Trennschalter, der Ausführung als Lastschalter und der Ausführung als Leistungsschalter. Die Auswahl ist abhängig von den Aufgaben, die dem Genera-

Bild 11.9. Generatorleistungsschalter (Werkbild BBC) für $U_m = 36$ kV, Nennstrom 24000 A, Ausschaltstrom 160 kA (Ausschaltleistung 7 GVA bei 27 kV). (Schalter mit einem Ausschaltstrom von 240 kA werden für große Kernkraftwerke entwickelt.)

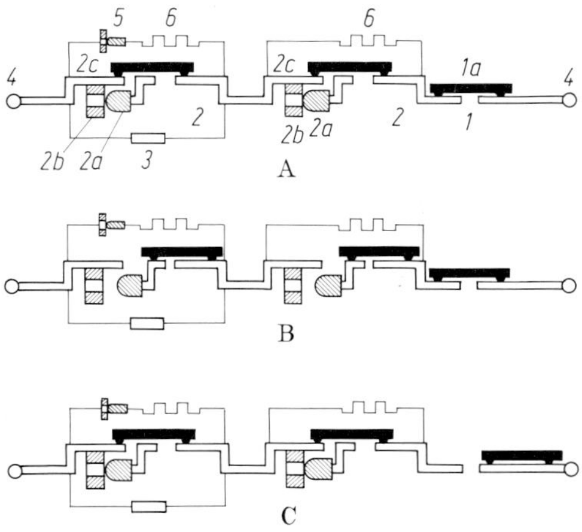

Bild 11.10. Schaltzustände bei einem Druckluftleistungsschalter für $U_m = 36$ kV, $I_n = 12$, 24 oder 36 kA, $S_a = 7$ GVA (Generatorschalter BBC).

(**A**) Schalter eingeschaltet, Hochstromtrenner *1* geschlossen, Kommutierungskontakt überbrückt, Hilfskammer *5* geschlossen; (**B**) Schalter beim Ausschalten in Löschstellung. Der Lichtbogen an den Kontakten *2a*–*2b* wird gelöscht, die niederohmigen Widerstände begünstigen den Löschvorgang und dienen als Potentialsteuerung; nach dem Löschen in den Kammern *2* öffnet die Hilfsschaltkammer *5* und unterbricht den Strom über die Widerstände *6*; (**C**) Schalter ausgeschaltet.

1 Hochstromtrenner; *1a* Schubkontakt, Kontaktrohr; *2* Leistungsschaltkammer; *2a* beweglicher Löschkontakt; *2b* fester Löschkontakt (Düse); *2c* Kommutierungskontakt (Kontaktkorb); *3* hochohmiger Widerstand; *4* Schienenanschluß für den Schalter (Anschluß der Generatorableitung); *5* Hilfsschaltkammer; *6* niederohmiger Widerstand

torschalter im Rahmen der Eigenbedarfssicherung des Kraftwerks oder im Rahmen des Blockschutzes zukommen (Abschnitt 7.3). Bild 11.9 zeigt als Beispiel einen Generatorleistungsschalter.

Um hohe Ausschaltleistungen zu erreichen, werden zwei Leistungskammern in Reihe geschaltet, wobei eine Leistungskammer mit niederohmigem Parallelwiderstand und Hilfsschaltkammer und die zweite Leistungskammer nur mit niederohmigem Parallelwiderstand ausgerüstet wird. Bild 11.10 zeigt einen solchen Schalter in Einschaltstellung, beim Ausschalten und in Ausschaltstellung. Hohe Nennströme bei diesen Schaltern werden im wesentlichen durch Zusatzwasserkühlung erreicht.

11.1.5 SF_6-Schalter

Die Steigerung des Energiebedarfs führt bei der Versorgung von Städten und Ballungsräumen sowie in der Industrie zum Übergang auf höhere Verteilerspannungen. Die direkte Abspannung von 110 kV auf 10 kV oder 20 kV ohne Zwischenspannung von z.B. 25 kV oder 30 kV kann bei hoher Lastdichte zu erheblichen Kosteneinsparungen führen. Bedingt durch diese Entwicklung wird man versuchen, mit 110 kV oder sogar 220 kV bzw. 380 kV direkt in die Belastungszentren einzuspeisen und dort entsprechende Umspannwerke zu errichten. Durch die dichte Bebauung und die hohen Grundstückskosten wird es

Bild 11.11. 420-kV-Leistungsschalter für 63 kA Ausschaltstrom mit SF_6-Gas als Löschmittel (Werkbild Siemens)

in zunehmendem Maße schwieriger, den Platz für konventionelle Schaltanlagen (Freiluftschaltanlagen, Innenraumschaltanlagen) zu finden. Seit mehreren Jahren werden deshalb vollgekapselte, SF_6-isolierte Hochspannungsschaltanlagen eingesetzt.

Für Spannungen von 110 kV und darüber ist die Gasisolation im Gegensatz zur flüssigen oder Feststoffisolation als die gegenwärtig bestmögliche Lösung anzusehen. In Betracht kommen vornehmlich Druckluft und SF_6. Neben den guten Isolationseigenschaften von SF_6 bietet SF_6-Gas auch besondere Vorteile als Löschmittel in Leistungsschaltern. SF_6-Gas als mehratomiges elektronegatives Gas hat gegenüber Luft eine niedrigere Dissoziationstemperatur, so daß sich für den Lichtbogen auch in der Nähe des Stromnulldurchgangs eine gute elektrische Leitfähigkeit ergibt. Die Wärmeleitfähigkeit von Schwefel und Fluor ist verhältnismäßig schlecht, so daß hohe Temperaturen im Lichtbogenkern eine geringe Lichtbogenspannung bewirken. Der Energieumsatz in der Schaltkammer wird gering gehalten. Nach dem Abklingen des Stromes im Lichtbogenkanal verbinden sich Schwefel und Fluor zum großen Teil wieder zu Molekülen, die freie Elektronen an sich ziehen und so für eine rasche Wiederverfestigung der Schaltstrecke sorgen. Als günstig wird weiter die hohe dielektrische Festigkeit von SF_6-Gas schon bei verhältnismäßig geringen Drücken angesehen, weil dadurch extrem kleine Vorzünddistanzen (Abstand zwischen den Schalterkontakten während des Einschaltvorganges, dann, wenn der erste Vorüberschlag eintritt) und geringer Kontaktabbrand erreicht werden.

Die Düsenanordnungen von SF_6-Schaltern sind ähnlich wie die Düsenanordnungen von Druckluftschaltern. Eine Expansion ist nur im geschlossenen Kreis möglich. Ausschaltströme über 50 kA werden heute bereits erreicht. Für SF_6-Schalter bis 150 kV ist eine Unterbrechungsstelle ausreichend. Bei 220 kV werden zwei Unterbrechungsstellen und bei 380 kV drei bis vier in Reihe geschaltete Unterbrechungsstellen im Leistungsschalter vorgesehen. Bild 11.11 zeigt einen 380-kV-Leistungsschalter mit SF_6 als Löschmittel in einer Freiluftschaltanlage.

Mit Rücksicht auf die Verflüssigung des SF_6-Gases bei niedrigen Temperaturen und hohen Drücken sind die Umgebungsbedingungen zu beachten, u.U. ist eine Zusatzheizung vorzusehen [11.35].

11.2 Schaltanlagen

Als Schaltanlage bezeichnet man die Gesamtheit aller elektrischen Betriebsmittel in einem abgegrenzten Raum oder auf einem abgegrenzten Gelände. Schaltanlagen dienen zum Zusammenschalten bzw. zum Trennen einzelner Freileitungs-, Kabel-, Schienen- oder Transformatorabgänge. Zu ihnen gehören u.a. Leistungsschalter, Trennschalter, Sicherungen, Sammelschienen mit ihren Abstützungen, Strom- und Spannungswandler, Überspannungsableiter, Schutzrelais, Einrichtungen zur Überwachung und Steuerung usw. Sind in einer Anlage auch Transformatoren vorhanden, so spricht man von Umspannanlagen.

Schaltanlagen für Niederspannung und für Hochspannung werden je nach den Aufgaben und Anforderungen als Innenraum oder Freiluftschaltanlagen in vielen unterschiedlichen Konstruktionsformen erstellt. Die elektrischen Betriebsmittel werden nach der höchsten dauernd zulässigen Betriebsspannung, dem Nennstrom, den thermischen und dynamischen Beanspruchungen bei Kurzschluß und anderen speziellen Anforderungen (z.B. Nennausschaltstrom, Schalthäufigkeit u.ä.) ausgesucht.

Aus der Vielzahl der Konstruktionsformen kann nur ein kleiner Ausschnitt behandelt werden. Umfangreiche Darstellungen findet man in [11.2, 11.8, 11.12, 11.18, 11.20, 11.32 und 11.37].

11.2.1 Schaltungen in Schaltanlagen

Niederspannungsschaltanlagen werden in offener oder gekapselter Bauform erstellt. Bei der offenen Bauform werden die Geräte z.B. auf einem Rahmengerüst untergebracht oder in einer Schalttafel für Nennströme bis 600 A. Die Kapselung in Einheitskästen als Guß- oder Isolierstoffverteilungen wird in nicht abgeschlossenen elektrischen Betriebsräumen gewählt.

Stahlblechgekapselte NS-Schaltanlagen mit ausziehbaren Geräteblöcken bieten eine hohe Betriebssicherheit mit kleinsten Unterbrechungszeiten. Sie werden häufig in Industrieanlagen, auch für die Einspeisung von Motoren, aufgestellt mit Geräten für Nennströme bis etwa 4000 A (Einspeisefeld).

In der öffentlichen Energieversorgung dienen Ortsnetzstationen zur Umspannung von Mittelspannung auf Niederspannung. Der Aufbauform nach unterscheidet man Turmstationen, Maststationen und Kabelstationen. Maststationen mit einem Niederspannungstransformator 50 kVA bis 220 kVA und einfachen Sicherungsabgängen auf der Niederspannungsseite dienen zur Versorgung einzeln stehender Häuser z.B. bei aufgelockerten Straßensiedlungen.

Bild 11.12 zeigt den Aufbau einer Ortsnetzstation mit NS-Kabelabgängen, untergebracht z.B. in einer Fertigstation aus Beton, Stahlblech oder glasfaserverstärktem Kunststoff. Bei größeren räumlichen Abmessungen der Fertigstation kann man auch zwei NS-Transformatoren einsetzen. Die Transformatorleistun-

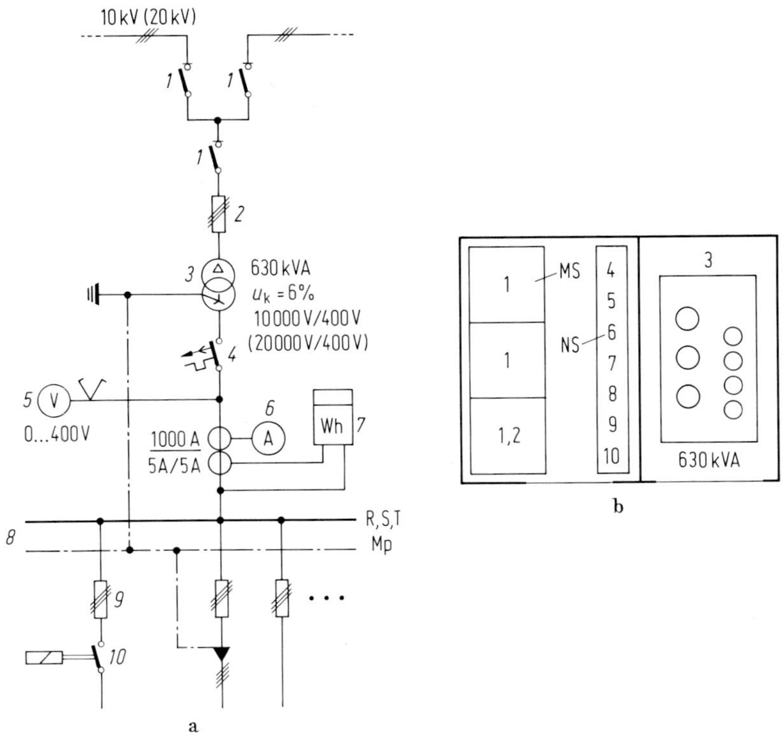

Bild 11.12. Ortsnetzstation 12 kV (oder 24 kV).
(**a**) Schaltung; (**b**) Grundriß (z.B. Betonfertigstation mit einer Grundfläche etwa 3 m × 4 m).
1 Lasttrennschalter; *2* HH-Sicherungen; *3* Transformator, hier als Beispiel 630 kVA; *4* Niederspannungs-Leistungsschalter mit Überstromauslöser (elektromagnetisch kurzverzögert) und thermischem Auslöser (Bimetallauslöser); *5* Spannungsmesser mit Umschalter für U_R, U_S, U_T und U_{RS}, U_{ST}, U_{TR}; *6* Strommesser mit Maximumanzeige (Schleppzeiger); *7* Drehstromzähler; *8* NS-Sammelschiene; *9* NS-Abgänge mit NH-Sicherungen; *10* Abgang mit zusätzlichem Schutz

gen werden meist nicht höher als 630 kVA gewählt. Bei langen Niederspannungsleitungen wird mit Rücksicht auf die Spannungshaltung $u_{kn} = 4\%$ gewählt, während es für Maschennetze mit hoher Lastdichte in Städten, wo die Spannungshaltung kein Problem darstellt, günstig ist $u_{kn} = 6\%$ zu wählen, um die Kurzschlußströme I_k'' und I_s in Grenzen (z.B. $I_k'' \leqq 50$ kA) zu halten.

Bei Hochspannungsschaltanlagen mit Spannungen über 1 kV unterscheidet man verschiedene Grundformen je nach der Art der Sammelschienenschaltungen wie in Bild 11.13 angegeben. Dabei wird bis 110 kV häufig die Einfach- oder Doppelsammelschiene gewählt (Bilder 11.13a und b). Bei Anlagen mit Spannungen über 110 kV findet man Sammelschienenanordnungen wie in den Teilbildchen 11.13c bis 11.13e. Anstelle der Doppelsammelschiene mit Umgehungsschiene wird teilweise auch die Dreifachsammelschiene gewählt, insbesondere wenn zwei getrennte Netzgruppen betrieben werden oder eine schnelle Auftrennung im Störungsfall zur Begrenzung der Kurzschlußleistung vorgenommen werden soll (Abschnitt 15.9). Eine Aufbauart nach Bild 11.13d mit $1^1/_2$-Lei-

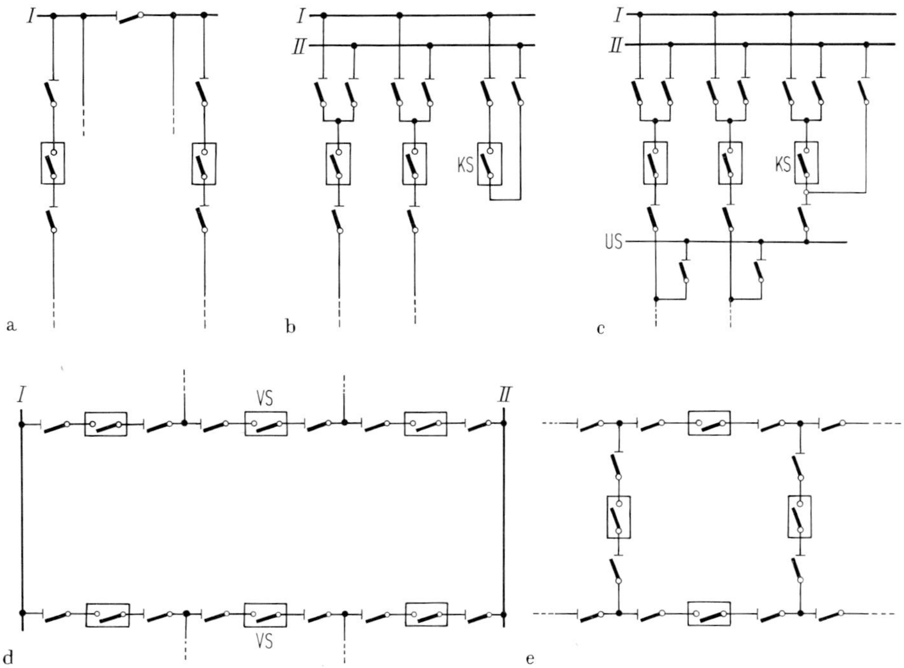

Bild 11.13. Grundformen von Hochspannungs-Schaltanlagen (Sammelschienenschaltungen). Anordnung der Strom- und Spannungswandler nach Bild 11.15.

(**a**) Einfach-Sammelschiene (mit oder ohne Längstrennung); (**b**) Doppelsammelschiene mit Abzweigen und Querkupplung (KS) zwischen I und II; (**c**) Doppel-Sammelschiene mit Umgehungsschiene (US) und US-Abzweig mit Kuppelschalter (KS); (**d**) $1\frac{1}{2}$-Leistungsschalter – Schaltanlage (6 Leistungsschalter für 4 Abgänge), Durchschaltung von zwei Abzweigen über die Verbindungsschalter VS; (**e**) Ring-Schaltung (Ring-Sammelschiene)

stungsschaltern pro Abzweig ermöglicht große Freizügigkeit bei der Schaltung und die Freischaltung einer Sammelschiene ohne Unterbrechung der Abzweige. Bei der Ringschaltung nach Bild 11.13e ohne eigentliche Sammelschiene können Leistungsschalter ohne Unterbrechung der Abzweige freigeschaltet werden. Eine Erweiterung mit zusätzlichen Abzweigen ist jedoch nicht möglich.

Bild 11.14 zeigt eine Auswahl der Kuppelmöglichkeiten (Längs- und Querkupplung) in Schaltanlagen mit zwei und drei Sammelschienen und bei Sammelschienenabschnitten [11.12].

Übliche Anordnungen von Strom- und Spannungswandlern in Schaltanlagen sind in Bild 11.15 aufgezeichnet. Sammelschienen-Spannungswandler werden häufig in Schaltanlagen für 10 kV bis 30 kV gewählt, während bei hohen Spannungen die Spannungswandler jedem Abzweig gesondert zugeordnet werden wie in Bild 11.15a und d.

11.2.2 Innenraum- und Freiluftschaltanlagen

Schaltanlagen bis 36 kV werden in der BR Deutschland ausschließlich als Innenraumschaltanlagen gebaut, entweder in offener oder in gekapselter Bau-

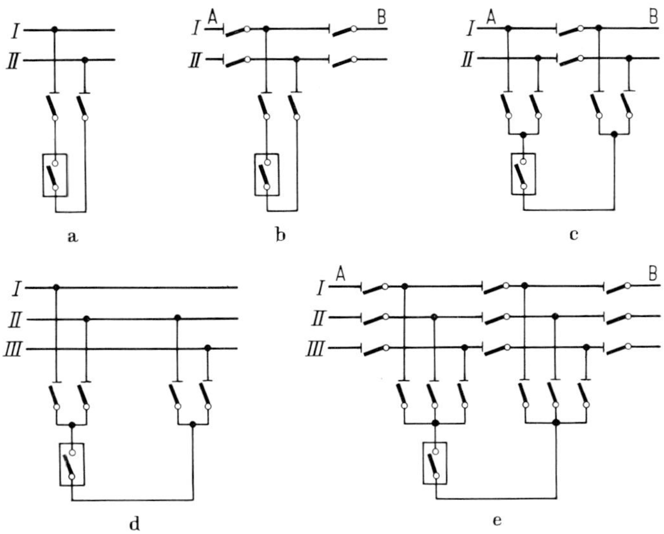

Bild 11.14. Kupplungen in Anlagen mit zwei und drei Sammelschienen (Auswahl der Schaltungsmöglichkeiten).

(**a**) Querkupplung zwischen I und II; (**b**) Querkupplung zwischen I und II für die Abschnitte A und B; (**c**) Längskupplung für A und B und Querkupplung über die Längstrenner; (**d**) Querkupplung bei Dreifachsammelschiene; (**e**) Längs- und Querkupplung für alle sechs Sammelschienen-Abschnitt A (I, II, III) und B (I, II, III)

form. Die offene Bauform verlangt abgeschlossene elektrische Betriebsräume, während die gekapselte Bauform durch einen vollkommenen äußeren Berührungsschutz gekennzeichnet ist. In beiden Fällen werden die Zellen (Abzweige) zu Reihen zusammengestellt. Bei der offenen Bauform sind die einzelnen Geräte fest eingebaut, während man bei den gekapselten Ausführungen fest eingebaute Geräte oder ausfahrbare Leistungsschalter (Schaltwagenanlagen) findet. Bild 11.16 zeigt einen Schnitt durch ein fabrikfertiges Schaltfeld mit Doppelsammelschiene, zwei Sammelschienentrennschaltern, einem ölarmen Leistungsschalter, einem Abgangsstromwandler und einem Kabeltrennschalter mit angebautem Erdungsschalter.

Schaltanlagen für 60 kV und 110 kV mit konventionellen Geräten und Luft als Isoliermedium gegen Erde und zwischen den Leitern werden entweder als Freiluftanlagen oder als Innenraumanlagen gebaut.

Bild 11.17a zeigt Schnitt und Draufsicht einer 110-kV-Anlage mit Doppelsammelschiene in Reihen-Längsbauweise, wobei ein Freileitungsabgang und ein Transformatorabgang gezeichnet sind. Neben der Reihen-Längsbauweise wird auch die Reihen-Querbauweise und die Diagonalbauweise verwendet, wobei die Bezeichnungen aus der Anordnungsform der Sammelschienentrennschalter gebildet werden.

In Bild 11.17b sind Schnitt und Draufsicht einer 220-kV-Schaltanlage mit Doppelsammelschiene in Diagonalbauweise und Ausführung als Rohrsammelschiene gezeigt, wieder für einen Freileitungs- und einen Transformatorabgang. Breite der Anlage und Feldteilung haben sich gegenüber 110 kV entsprechend

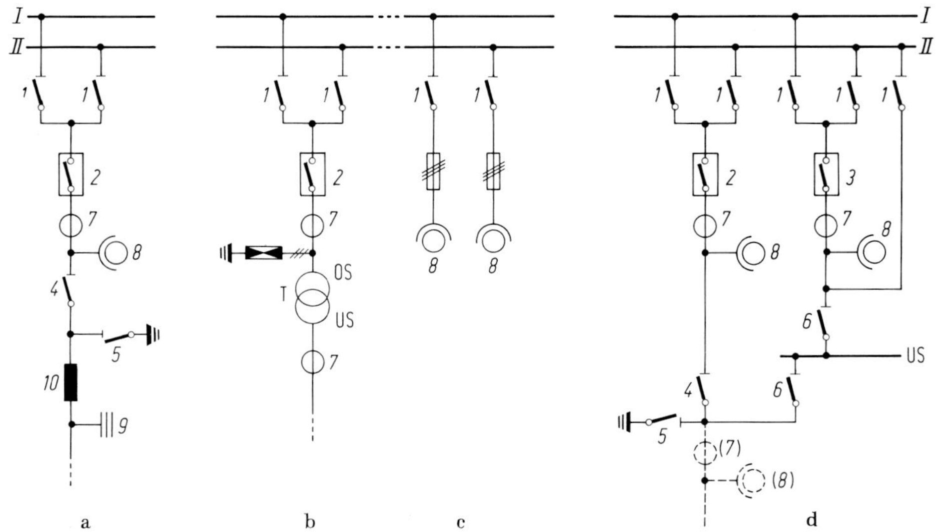

Bild 11.15. Anordnung der Strom- und Spannungswandler für Messung und Schutz in Hochspannungsschaltanlagen.

(**a**) Abzweig von einer Doppel-Sammelschiene mit Strom- und Spannungswandler; (**b**) Abzweig nur mit Stromwandler (z.B. mit zwei Kernen für Messung und Schutz); (**c**) Sammelschienen-Spannungswandler (z.B. drei einpolig geerdete Wandler mit Hilfswicklung in offener Dreiecksschaltung); (**d**) Abzweig- und Kuppelfeld einer Anlage mit Umgehungs-Sammelschiene (US) und Wandlern innerhalb des Abzweigs (Bei Wandlern außerhalb des Abzweigs – auf der Leitung – entfallen die Wandler innerhalb des Abzweigs).

I, II Sammelschienen; US Umgehungs-Sammelschiene.

1 Sammelschienentrennschalter; *2* Leistungsschalter; *3* Leistungsschalter der Umgehung; *4* Abzweig-Trennschalter; *5* Erdungs-Schalter; *6* Umgehungs-Trennschalter; *7* Stromwandler; *8* Spannungswandler (im Abzweig induktive oder kapazitive Spannungswandler oder kombinierte Strom-Spannungswandler); *9* kapazitiver Spannungswandler mit TFH-Anschluß; *10* TFH-Sperrdrossel

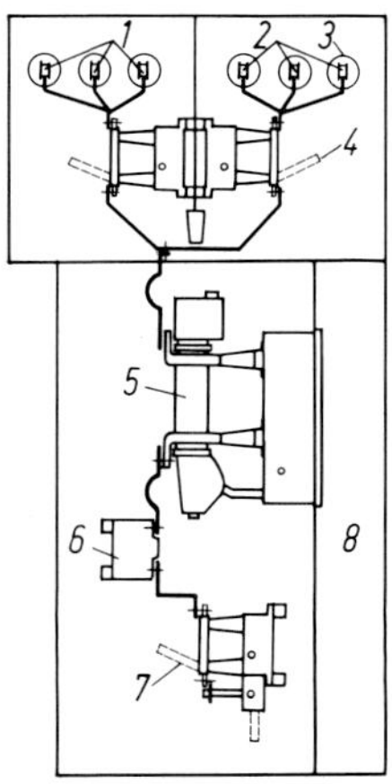

Bild 11.16. Fabrikfertiges Schaltfeld (12 kV oder 24 kV) mit Doppelsammelschiene.

1 Sammelschiene I; *2* Sammelschiene II; *3* Durchführung durch die Zellenseitenwand; *4* Sammelschienentrennschalter; *5* Leistungsschalter (hier ölarmer Leistungsschalter); *6* Stromwandler; *7* Kabeltrennschalter mit angebautem Erdungsschalter; *8* Nische für Klemmenleisten, Meß-, Steuer- und Schutzeinrichtungen (auf der sichtbaren Vorderseite dieser Nische befindet sich die Beschriftung für die Kennzeichnung des Abzweigs, ein Blindschaltbild, Meßinstrumente usw.)

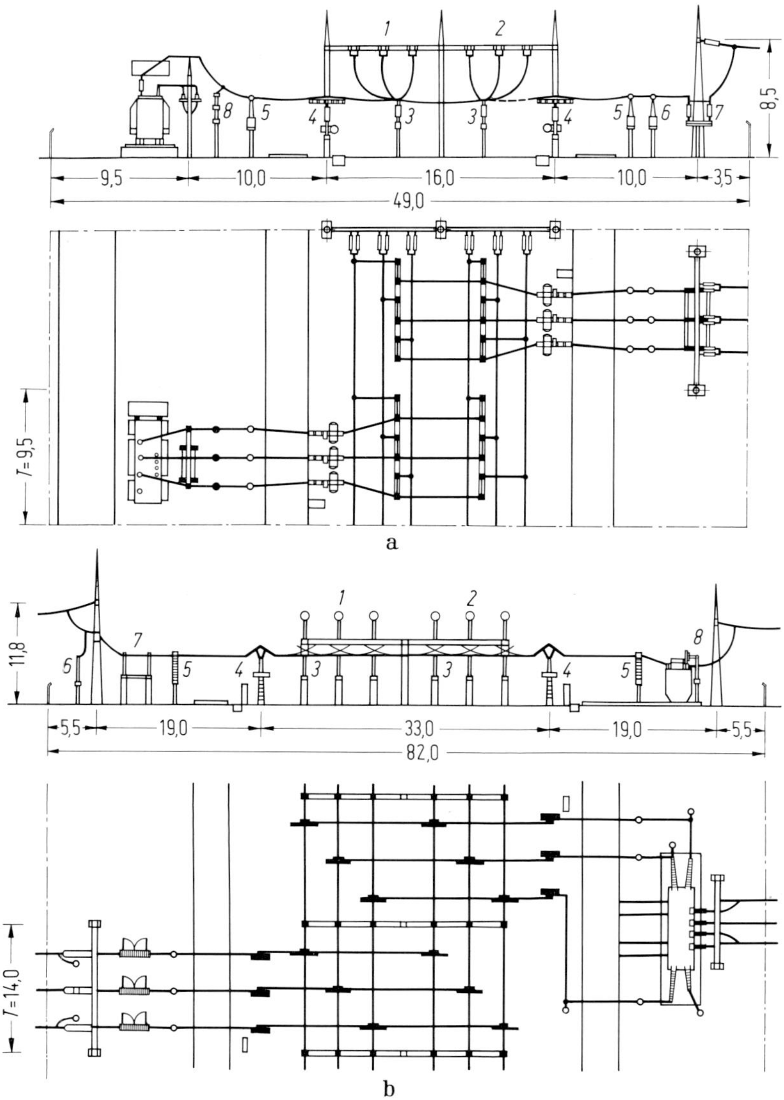

Bild 11.17. Aufbau von Freiluftschaltanlagen (Beispiele).

(**a**) 110-kV-Freiluftschaltanlage mit Doppelsammelschiene in Reihen-Längsbauweise; (**b**) 220-kV-Freiluftschaltanlage mit Doppelsammelschiene aus Aluminiumrohren in Diagonalbauweise mit untenliegenden Sammelschienen.

1 Sammelschiene I; *2* Sammelschiene II; *3* Sammelschienentrennschalter; *4* Leistungsschalter; *5* Stromwandler; *6* Spannungswandler; *7* Abgangstrennschalter mit Erdungsschalter; *8* Überspannungsableiter am Transformator

erhöht. Ein ähnlicher Anlagenaufbau in Diagonalbauweise mit Rohrsammelschienen ist auch bei 380 kV möglich. Die Feldteilung beträgt dann etwa 18 m.

Bild 11.18a enthält Anhaltswerte für den Grundflächenbedarf von Freiluftschaltanlagen. Bei verschiedenen Bauformen ist der Grundflächenbedarf unter-

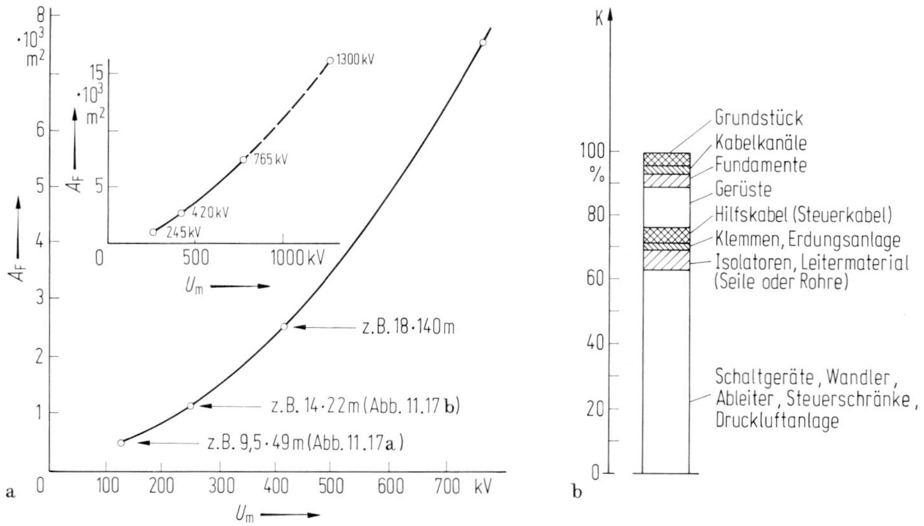

Bild 11.18. Flächenbedarf und Kostenaufteilung von Freiluftschaltanlagen.
(**a**) Anhaltswerte für den Grundflächenbedarf A_F von Feldern in Hochspannungsfreiluftschaltanlagen (Grundflächenbedarf für 1300 kV gilt für ein Einspeisefeld mit Transformatoren [1.12]); (**b**) Kostenaufteilung auf die Anlagenteile, Beispiel für den klassischen Aufbau einer 220-kV-Schaltanlage mit Doppelsammelschiene

schiedlich. Man kann gegenüber einem Mittelwert mit Abweichungen von ± 10 bis $\pm 20\,\%$ rechnen. Bei der Längsbauweise ist der Flächenbedarf meist hoch, während er bei einer Bauform mit untenliegender Sammelschiene und Einsäulentrennschaltern klein gehalten werden kann. Je nach der Bauform sind auch die Errichtungskosten unterschiedlich, wenn man feste Kosten pro m^2 Grundfläche voraussetzt. Anhaltswerte für die Kostenaufteilung bei einer 220-kV-Anlage (Mittelwerte) enthält Bild 11.18b als Beispiel.

11.2.3 Vollgekapselte, SF_6-isolierte Schaltanlagen

Neben Freiluftschaltanlagen und Innenraumanlagen in offener Bauform wurden schon um 1930 Hochspannungsschaltanlagen bis 33 kV mit vollständiger Metallkapselung aller spannungsführender Teile gebaut, insbesondere in England. (Bei der CIGRE wurde 1927 über metallgekapselte Schaltanlagen 33 kV berichtet, wobei als Isoliermedium z.T. Öl diente.) Heute gebaute vollgekapselte, SF_6-isolierte Schaltanlagen sind den damals gebauten äußerlich ähnlich. Bei etwa gleichen Abmessungen bringt man jedoch heute 220-kV-Schaltanlagen auf gleichem Raum unter wie damals 33-kV-Anlagen. Diese Entwicklung wurde möglich durch die Anwendung von SF_6-Gas als Isoliermedium und als Löschmittel für den Schalter (Abschnitt 11.1.5). Die Entwicklung der vollgekapselten, SF_6-isolierten Schaltanlagen hat etwa 1965 begonnen. In Betrieb befinden sich Anlagen im Spannungsbereiche 72 kV bis 500 kV. Möglich erscheint eine Weiterentwicklung bis z.B. 1300 kV [11.33].

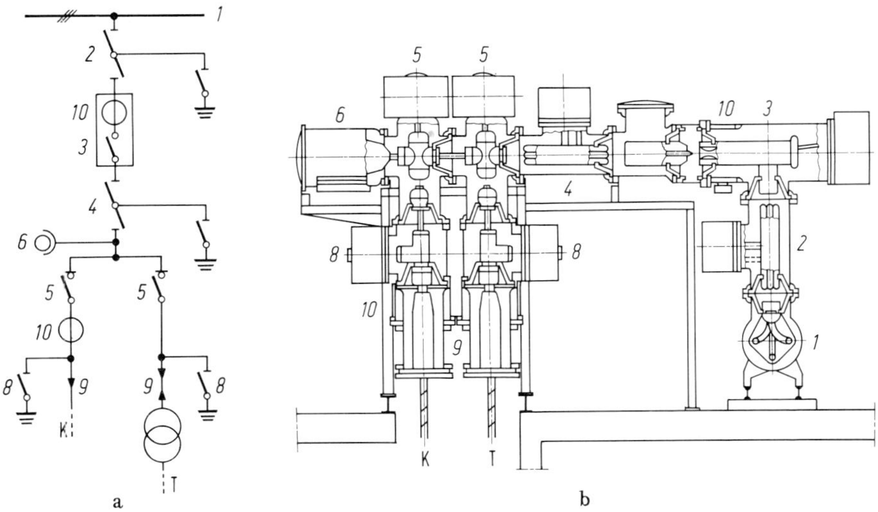

Bild 11.19. SF_6-isolierte 110-kV-Schaltanlage (BBC), Beispiel für den Aufbau einer Ringschaltanlage in einem städtischen 110-kV-Kabelnetz.

(**a**) Übersichtsschaltung mit Kabelabgang K und Transformatorabgang T; (**b**) Schnitt durch die Anlage.

1 Sammelschiene; *2* Sammelschienentrennschalter; *3* Leistungsschalter SF_6; *4* Abgangs-Trennschalter; *5* Lasttrennschalter; *6* Spannungswandler; *8* Schnellerder; *9* Kabelendverschluß; *10* Stromwandler

SF_6-isolierte Schaltanlagen haben einen wesentlich geringeren Platzbedarf als Freiluftschaltanlagen. Der Raumbedarf ist ebenfalls wesentlich geringer als bei konventionellen Innenraumschaltanlagen, er liegt nur bei 10 bis 15% verglichen mit früher gebauten Anlagen. Häufig ist es dadurch möglich, SF_6-Schaltanlagen für 110 kV in Räumen früher gebauter Mittelspannungsschaltanlagen unterzubringen. Einsatzorte sind deshalb vor allem Städte und Ballungsgebiete mit Raumnot und hohen Grundstückskosten.

Bild 11.19 zeigt als Beispiel den Schnitt durch eine SF_6-isolierte 110-kV-Schaltanlage (Ringschaltanlage mit Leistungsschaltern und Lasttrennschaltern).

In der Bundesrepublik Deutschland sind bisher SF_6-isolierte Schaltanlagen für 110 kV [11.11, 11.13 bis 11.15, 11.28] und 220 kV im Einsatz [11.29, 11.39] und für 380 kV im Bau. Im Ausland gibt es Beispiele für SF_6-isolierte Schaltanlagen bis 500 kV [11.15, 11.22, 11.24, 11.36, 11.37].

Gegenwärtig vorliegende technische Entwicklungen und Kostenschätzungen legen die Annahme nahe, daß SF_6-isolierte Schaltanlagen bei Spannungen über etwa 400 kV neben geringerem Platzbedarf auch geringere Investitionskosten als Freiluftschaltanlagen benötigen. Zu erkennen ist ein Trend zur Freiluftaufstellung von SF_6-isolierten Schaltanlagen ohne Gebäude. Ein Schritt zur Verwirklichung kann die Einführung eines Kolbenschalters anstelle des Zweidruckschalters mit hohem SF_6-Druck sein, so daß dann auch bei Temperaturen unter dem Gefrierpunkt keine Verflüssigung des SF_6-Gases eintritt. Weiter kann man sich vorstellen, daß bei 110-kV-Anlagen zur Großstadtversorgung, bei denen bisher schon die Sammelschienen dreipolig gekapselt wurden (Bild 11.19), auch die Schaltgeräte der Abgänge in eine dreipolige Kapselung eingebaut werden.

11.3 Geräte in Schaltanlagen

11.3.1 Trennschalter, Lasttrennschalter

Trennschalter spielen als Abgangstrennschalter und Sammelschienentrennschalter eine wichtige Rolle in jeder Schaltanlage (Abschnitt 11.2). An ihre fehlerfreie Funktion und ihre sichere Bedienung werden deshalb bei einfachster Konstruktion hohe Anforderungen gestellt: Trennschalter müssen im geschlossenen Zustand den dynamischen und thermischen Kurzschlußstrombeanspruchungen am Einbauort gewachsen sein, sie dürfen sich nicht unter dem Einfluß von Stromkräften öffnen.

Im Mittelspannungsbereich 10 kV bis 30 kV sind Trennschalter (kurz Trenner genannt) und Lasttrennschalter oft ähnlich aufgebaut und als Klapptrenner (Klappschalter) oder als Schubtrenner (Schubschalter) ausgeführt (Bild 11.20). Bei den dreipoligen Klapptrennschaltern (Messertrennschaltern) werden die Trennmesser über Isolierstoffzugstangen bewegt. Bei Innenraumgeräten werden Isolierstoffstützer verwendet. Erdungsschalter können angebaut werden (Bild 11.16). Die Betätigung der drei Trennmesser über eine gemeinsame Welle (Bild 11.20a) erfolgt von Hand mit einer Schaltstange oder über einen Gestängeantrieb (Druckluft- oder Motorantrieb).

Oberster Grundsatz für die Bedienung der Trennschalter ist die Forderung, daß sie niemals unter Last betätigt (ausgeschaltet) werden dürfen. Besonders bei vor Ort bedienten Innenraumschaltanlagen sind sonst schwerste Unfälle zu befürchten.

Zur Sicherstellung der Isolationskoordination werden bei Trennschaltern und Lasttrennschaltern (sowie Sicherungsunterteilern) über der offenen Trennstrecke höhere Nenn-Steh-Wechselspannungen und höhere Nenn-Steh-Blitzstoßspannungen gefordert als gegen Erde und zwischen den Polen.

Während bei Trennschaltern meist nur sehr kleine Ströme ausgeschaltet werden können (bei 10 kV und $\cos\varphi = 0{,}1$ z.B. nur etwa 3 A, ausreichend also für

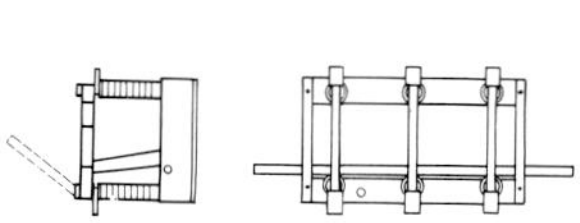

a

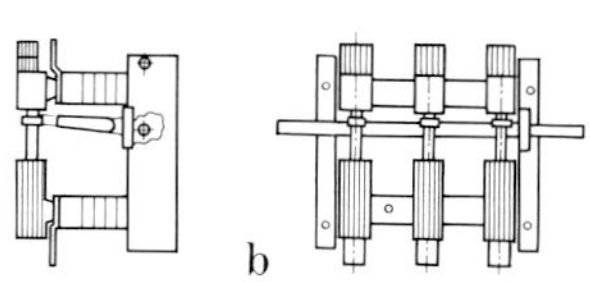

b

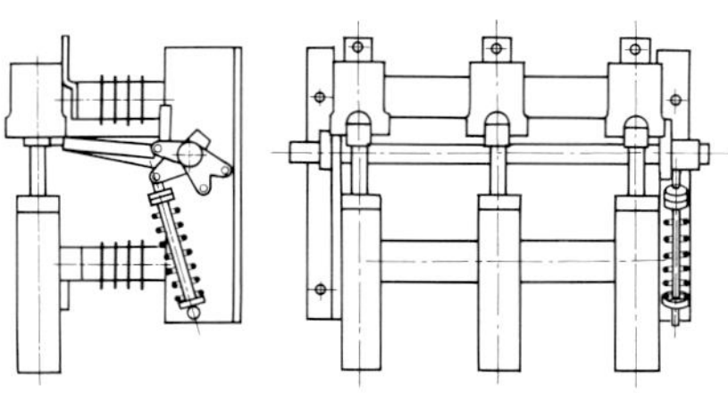

c

Bild 11.20. Trennschalter und Lasttrennschalter für Mittelspannungsschaltanlagen 10 kV bis 30 kV (Beispiele).

(**a**) Klapptrennschalter; (**b**) Schubtrennschalter; (**c**) Schublasttrennschalter einen leerlaufenden Transformator ≈300 kVA) sind Lastschalter und Lasttrennschalter zum Ausschalten von Betriebsströmen und Überströmen, nicht aber zum Ausschalten von Kurzschlußströmen geeignet. Ihre Nennausschaltleistung wird für einen bestimmten Leistungsfaktor (z.B. $\cos\varphi = 0{,}7$) angegeben. Der Lasttrennschalter in Bild 11.20c ist z.B. ein Kompressions-Lasttrennschalter mit selbsterzeugter Blasluft.

Mittelspannungs-Lasttrennschalter werden häufig mit HH-Sicherungen zu einem Gerät zusammengebaut bei Verwendung z.B. in Transformatorabzweigen (Bild 11.12) oder Kondensatorabzweigen, wobei die Sicherungen den Kurzschlußschutz und die Lasttrennschalter betriebsmäßige Schaltungen übernehmen. Schmilzt eine Sicherung durch, so wird dann über einen aus der Sicherung austretenden Schlagbolzen der Lasttrennschalter dreipolig ausgelöst. Diese Auslösung muß entsprechend dem Toleranzband in der Schmelzzeitkennlinie der Sicherungen verzögert erfolgen, damit bei dreipoligem Kurzschluß zwei Sicherungen durchgeschmolzen sind, ehe der Lasttrennschalter öffnet.

Bild 11.21 zeigt Bauformen von Hochspannungstrennschaltern. Neben den Drehtrennern sind auch Klapptrenner, Fahrtrenner und Einsäulentrenner in Gebrauch. Einsäulentrenner (Scherentrenner) ermöglichen besonders bei hohen

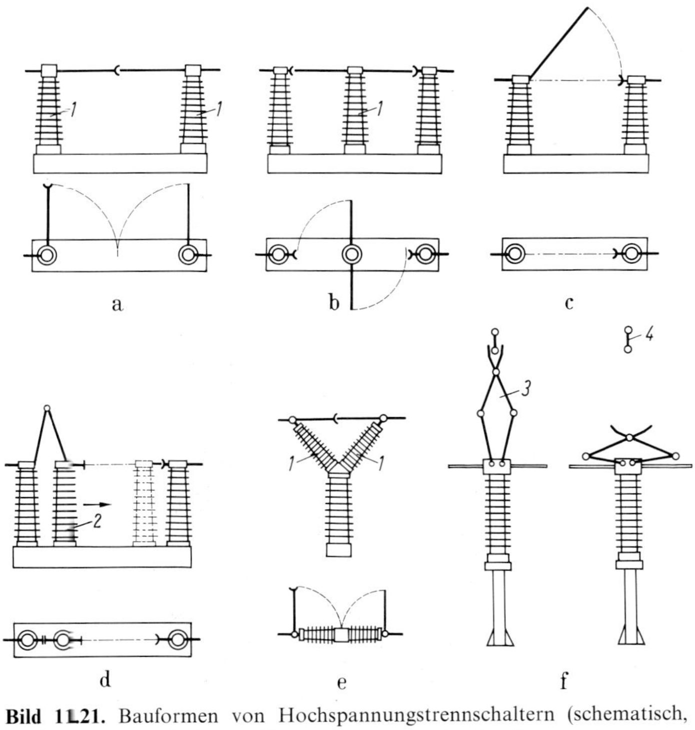

Bild 11.21. Bauformen von Hochspannungstrennschaltern (schematisch, Auswahl) – Zu einem Drehstromtrennschalter gehören drei der gezeichneten Einzelpole.

(**a**) Zweistützer-Drehtrenner; (**b**) Dreistützer-Drehtrenner; (**c**) Zweistützer-Messertrenner, Klapptrenner; (**d**) Dreistützer-Fahrtrenner; (**e**) Einsäulen-Drehtrenner in V-Form; (**f**) Einsäulentrenner (Scherentrenner).

1 Drehstützer; *2* beweglicher Stützer; *3* Schere; *4* Gegenkontakt als Schaukel

Bild 11.22. Ausschnitt aus einer 220-kV-Freiluftschaltanlage mit Rohrsammelschienen, Einsäulentrennschaltern sowie Strom- und Spannungswandlern (links). Gerätestützen und Portale aus Rundstahlkonstruktion der Firma Rasmussen (Dänemark). Die Freileitungsseile sind an Isolatorketten aus Glaskappen abgespannt (Werkbild BBC)

Spannungen eine Platzeinsparung in Schaltanlagen. Der Antrieb der Schere erfolgt von einem Getriebekasten, der auf dem Stützer des Einsäulentrenners montiert ist. Die Kraftübertragung vom Druckluft- oder Motorantrieb wird über einen Drehisolator auf den Getriebekasten vorgenommen. Als Gegenkontakt dient meist eine Schaukel. Bild 11.22 zeigt Einsäulentrennschalter in einer 220-kV-Schaltanlage. Darin sind die Drehisolatoren zur Kraftübertragung auf den Getriebekasten und die Gegenkontakte (Schaukeln) gut zu erkennen. Erdungsschalter können auch an Drehtrenner und Einsäulentrenner angebaut werden.

11.3.2 Stromwandler

Stromwandler sind Transformatoren mit kleinen Leistungen (im Bereich 1 bis 100 VA). Sie dienen zur Strommessung und zum Anschluß des Schutzes. Stromwandler dürfen auf der Sekundärseite niemals offen betrieben werden, um eine Gefährdung durch hohe Spannung und eine Zerstörung durch Eisenbrand auszuschließen. Die Primärwicklung der Stromwandler besteht u.U. nur aus einem einzigen Leiter, wie bei Schienen-Stromwandlern oder bei Durchsteck-Stromwandlern. Die Stromwandler dürfen auf der Sekundärseite nicht abgesichert werden. Alle nicht zum Betriebstromkreis gehörenden und der Berührung zugänglichen Teile sind zu erden. Ebenso ist eine Klemme der Sekundärwicklung zu erden (normalerweise die Klemme mit der Bezeichnung k), um das Potential der Sekundärseite festzulegen.

In Mittelspannungsanlagen (Innenraumanlagen) werden nur noch Gießharzwandler verwendet, während in Hochspannungsanlagen (Freiluftanlagen)

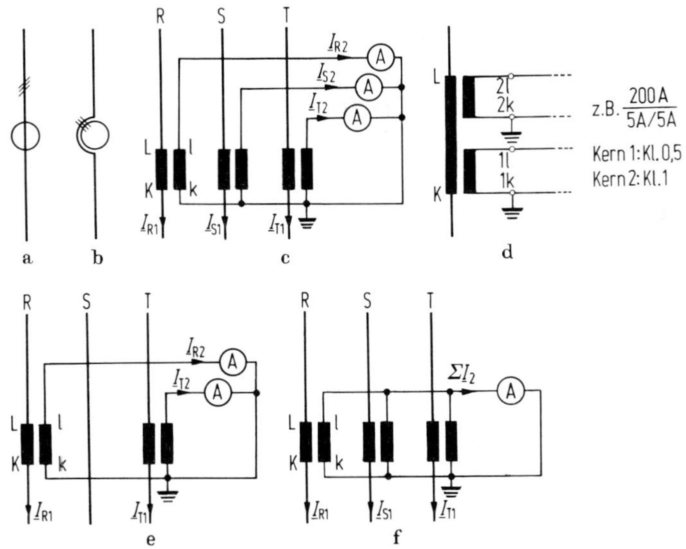

Bild 11.23. Stromwandlerschaltungen im Drehstromnetz.
(**a**) Schaltkurzzeichen; (**b**) Schaltkurzzeichen für Stromwandler als Speiseglieder für den Schutz; (**c**) Dreiwandler-Drehstromschaltung, z.B. zur Messung der drei Ströme I_R, I_S, I_T (Klemmenbezeichnung nach DIN 40719); (**d**) Stromwandler mit zwei Sekundärkernen (1k, 1l) und (2k, 2l), mit Kern 1 für Messung (Meßkern) und Kern 2 für den Schutz (Schutzkern). Die Nennleistung der Kerne wird abhängig vom Leistungsbedarf der anzuschließenden Meß- und Schutzgeräte gewählt; (**e**) Zweiwandler-Schaltung; (**f**) Dreiwandler-Summenschaltung (Holmgreen-Schaltung) $\sum \underline{I}_2 = \underline{I}_{R2} + \underline{I}_{S2} + \underline{I}_{T2}$

Wandler mit Öl-Papier-Isolierung zur Anwendung kommen. Wicklungs-, Windungs- und Stoßspannungsprüfungen dienen zur Feststellung der Spannungsfestigkeit der Wandler [11.26].

Bild 11.23 zeigt Einbaumöglichkeiten von Stromwandlern im Drehstromnetz. Die primären Wandlernennströme I_{n1} werden den Betriebsströmen der Drehstromleitungen oder den Nennströmen der Betriebsmittel angepaßt. Sekundäre Nennströme I_{n2} sind entweder 5A oder 1A. Die Zweiwandler-Schaltung nach Bild 11.23e verwendet man häufig in Mittelspannungsnetzen mit freiem Sternpunkt oder Erdschlußkompensation für die Strommessung und den Schutz bei mehrpoligen Kurzschlüssen. In Netzen mit niederohmiger Sternpunkterdung und gewünschter Schutzauslösung auch bei einpoligen Erdkurzschlüssen muß man die Dreiwandler-Drehstromschaltung nach Bild 11.23c oder die Dreiwandler-Summenschaltung zur Erfassung des Nullstromes nach Bild 11.23f oder in Kabelnetzen Kabelumbauwandler nach Bild 11.24 verwenden.

Entsprechend ihrer Meßgenauigkeit und ihrer Verwendung für Meß- oder Schutzzwecke werden Stromwandler in Klassen eingeteilt. Für genaue Zählung und Messung verwendet man die Klassen 0,1, 0,2 oder 0,5. Bei normalem Meßbereich bis 120% I_{n1} werden bei diesen Wandlern bei 1 I_{n1} und 1,2 I_{n1} die Stromfehler nicht größer als 0,1, 0,2 oder 0,5%. Diese Wandler können zur Verrechnung eingesetzt werden, wenn sie dem Zulassungsverfahren der Physikalisch-Technischen-Bundesanstalt (PTB) genügt haben und so für die Beglaubi-

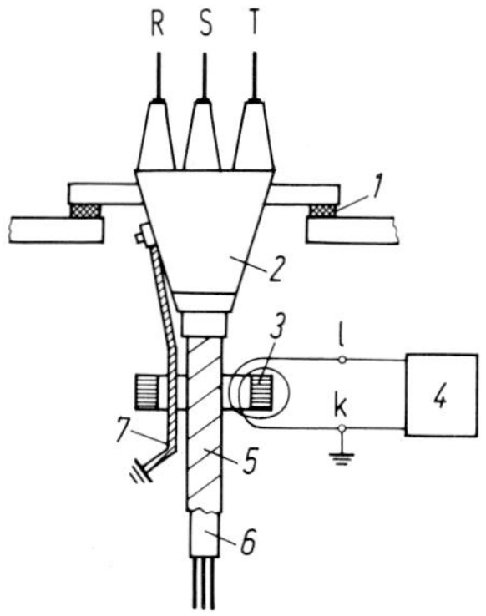

Bild 11.24. Kabelumbauwandler in einem Kabelnetz mit freiem Sternpunkt oder Erdschlußlöschung – Einbau bei Kabeln mit Metallmantel.

1 Isolation des Endverschlusses gegen Trageisen (1 mm Preßspan); *2* Kabelendverschluß; *3* Umbaustromwandler; *4* Bürde; *5* Kabel; *6* Kabelmantel; *7* Erdung des Endverschlusses durch den Umbauwandler geführt

gungsfähigkeit geeignet sind. Die Klassen 1, 3 und 5 werden für Betriebsmessungen, für Schreiber und für Zähler verwendet. Bei den Klassen 3 und 5 spricht man von grober Messung, die im Betrieb häufig ausreicht.

Wichtig für das Betriebsverhalten der Wandler ist ihr Überstromverhalten oder ihr Übersetzungsverhalten bei Überströmen. Bei Wandlern für Messung und Zählung soll die Sättigung im Überstrombereich möglichst groß sein, während bei Wandlern für Schutzzwecke ein ausreichend großer Nenn-Überstromfaktor vorhanden sein soll.

Das Übersetzungsverhalten von Stromwandlern wird gekennzeichnet durch die Überstromziffer. Nach VDE 0414/5.67 ist die Nenn-Überstromziffer dasjenige Vielfache des primären Nennstromes I_{n1}, bei dem bei Nennbürde und einem Leistungsfaktor 0,8 der Bürde der Stromfehler minus 10% beträgt (Bild 11.25a). Für Meßkerne sind Überstromziffern $n<5$, für Schutzkerne dagegen $n>(5\ldots10)$ je nach Anschluß der Schutzrelais [11.31] erwünscht bzw. erforderlich.

In der gegenwärtig gültigen VDE 0414/12.70 [11.26] wird ein Nenn-Überstromfaktor definiert, der bei Stromwandlern im Klassenzeichen mit angegeben wird. Der Nenn-Uberstromfaktor n ist bei Schutzkernen dasjenige Vielfache des primären Nennstromes I_{n1}, bei dem der Gesamtfehler F_g infolge beginnender Sättigung den Nenn-Gesamtfehler von -5% oder -10% von I_{n1} erreichen darf. Angegeben wird dann z.B. 30VA10P10 oder 30VA5P10, wobei 30 VA die Nennbürde ist, 10 bzw. 5 den Gesamtfehler F_g angibt und die 10 nach dem P den Nenn-Überstromfaktor festlegt. Bei Meßkernen wird dem Nenn-Überstromfaktor ein M vorgesetzt, so daß es z.B. 40VA0,5M5 heißt (30 VA Nennbürde, Klasse 0,5, Nenn-Überstromfaktor 5). Bei Meßkernen soll bei dem angegebenen Nenn-Überstromfaktor für den Gesamtfehler mindestens -15% erreicht werden.

Die Nennbürde Z_n auf der Sekundärseite des Wandlers ist die mit Rücksicht auf die zulässigen Fehler des Wandlers festgesetzte Bürde. Sie ergibt sich aus der angegebenen Nennleistung S_n und dem angegebenen Nennstrom I_{n2} auf der Sekundärseite: $S_n = I_{n2}^2 Z_n$. Die Nennbürde S_n der Stromwandler ist so zu wählen, daß der Leistungsbedarf der angeschlossenen Bürde S_B (Leistungsaufnahme der angeschlossenen Geräte und Leitungsverlust $I_{n2}^2 R_L$ der sekundären Anschlußleitungen) gedeckt wird. Beim Anschluß einer Bürde S_B kleiner als S_n steigt der Überstromfaktor an. Die Schutzwirkung des Stromwandlers für die angeschlossenen Meßgeräte nimmt um so mehr ab, je geringer die Betriebsbürde S_B zur Nennbürde wird. Für die angenäherte Umrechnung unter Vernachlässigung des Wandlereigenverbrauchs ergibt sich [11.25]:

$$n_B \approx n \frac{S_n}{S_B} \tag{11.2}$$

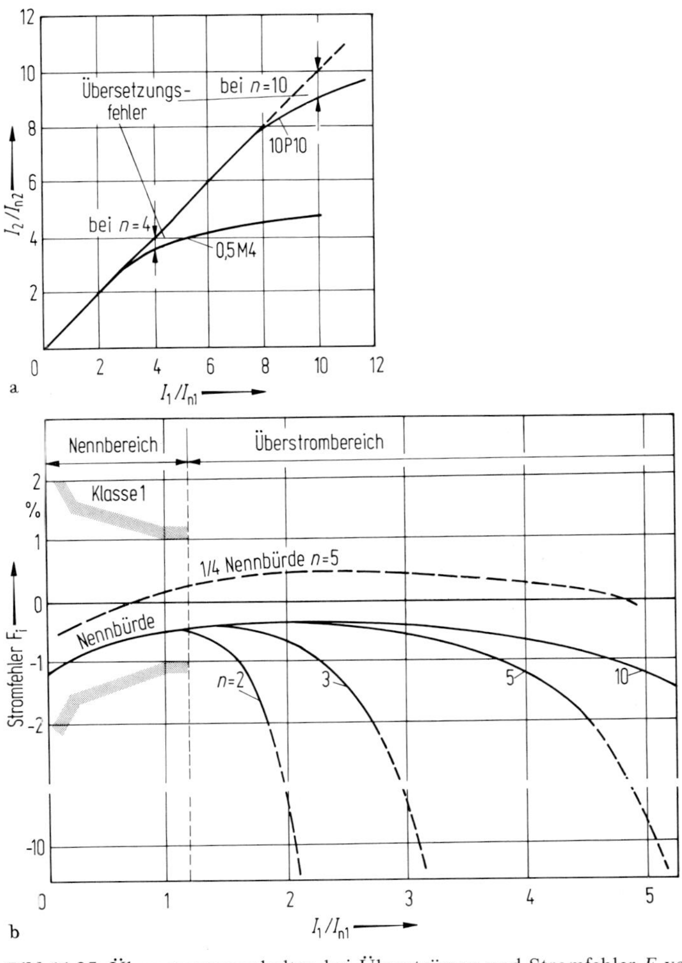

Bild 11.25. Übersetzungsverhalten bei Überströmen und Stromfehler F_i von Stromwandlern.

(**a**) Übersetzungsverhalten eines Meßkernes M und eines Schutzkernes P bei Nennbürde (Beispiele schematisch); (**b**) Stromfehler von Stromwandlern mit unterschiedlicher Bürde und unterschiedlichen Nenn-Überstromfaktoren n [11.25]

Bild 11.25 zeigt Beispiele für das Übersetzungsverhalten von Wandlern und für die Stromfehler bei unterschiedlichen Nenn-Überstromfaktoren. Für den Stromfehler F_i gilt: $F_i = (\ddot{u}_i I_2 - I_1)/I_1$ mit $\ddot{u}_i = I_{n1}/I_{n2}$.

Bei der Kurzschlußfestigkeit von Stromwandlern unterscheidet man den thermischen Nenn-Kurzzeitstrom I_{thn} und den Nennstoßstrom I_{sn}. Diese Grenzströme werden als Auslegungseigenschaften auf dem Leistungsschild der Stromwandler angegeben, I_{thn} als Effektivwert und I_{sn} als Scheitelwert. Der thermische Nenn-Kurzzeitstrom I_{thn} ist der Wert des Primärstromes, der während 1 Sekunde bei kurzgeschlossener Sekundärwicklung ohne Schaden ausgehalten wird. Er soll größer oder gleich dem an der Einbaustelle größtmöglichen thermisch wirksamen Kurzzeitstrom I_{th} sein. I_{th} wird nach Gl. (15.133) oder (15.134) berechnet unter Berücksichtigung des Gleichstromgliedes im Kurzschlußstrom für die Kurzschlußdauer $T_k = T_{kn} = 1$ s. Für eine Kurzschlußdauer $T_k > T_{kn}$ wird der erforderliche I_{thn} nach Gl. (15.136b) bestimmt. Bei $T_k < 1$ s ist entweder Gl. (15.136a) zu benutzen oder günstigere Angaben der Wandlerhersteller, z.B. [11.25]. Der Nenn-Stoßstrom soll $I_{sn} \geqq 2{,}5\, I_{thn} \approx 1{,}8 \sqrt{2}\, I_{thn}$ sein.

Bild 11.26 zeigt Kopfstromwandler in einer 380-kV-Schaltanlage.

Bild 11.26. Kopfstromwandler in einer 380-kV-Schaltanlage, $U_m = 420$ kV, 2×600 A/1/1/1 A mit kapazitivem Spannungsabgriff (70 VA, Klasse 3).
Unter dem Abspannportal aus Rundstahlkonstruktion sind induktive Spannungswandler (Ritz) und Überspannungsableiter zu erkennen. Links im Bild Einsäulentrennschalter mit angebauten Erdungsschaltern

Von Stromwandlern mit Schutzkernen erwartet man, daß der auf der Primärseite fließende Kurzschlußstrom möglichst unverfälscht auf der Sekundärseite nachgebildet wird, um ein sicheres Ansprechen der Schutzrelais zu ermöglichen. Bei voll verlagertem Kurzschlußstrom im Leiter mit maximalem Gleichstromglied treten bei eisengeschlossenen Schutzkernen bereits Sättigungserscheinungen auf lange bevor das Vielfache, durch den Überstromfaktor n gekennzeichnete, des Wandlernennstromes überschritten wird. Um den für die transiente Übertragung schädigenden Einfluß des Gleichstromgliedes zu reduzieren oder zu vermeiden, werden überdimensionierte Wandlerkerne oder Kerne mit Luftspalten gebaut und zum Teil als Linearkerne bezeichnet [11.19, 11.23].

11.3.3 Spannungswandler

Spannungswandler werden zur Messung der Spannung Leiter gegen Erde und zur Messung der Spannung zwischen den Leitern eines Drehstromnetzes verwendet. Man unterscheidet induktive und kapazitive Spannungswandler, wobei induktive Spannungswandler für den gesamten Spannungsbereich von 1 kV bis 765 kV ausgeführt werden, während kapazitive Spannungswandler meist nur für Spannungen von 60 kV und darüber zur Anwendung kommen, insbesondere dann, wenn Wandler außer zur Messung zur TFH (Trägerfrequenz über Hochspannungsleitungen)-Ankopplung, z.B. zusammen mit aufgebauter TFH-Sperrdrossel, verwendet werden sollen.

Bild 11.27 zeigt die Klemmenbezeichnungen von zweipolig und einpolig isolierten Spannungswandlern [11.26] und Anschlußmöglichkeiten von Spannungswandlern im Drehstromnetz. Zweipolig isolierte Spannungswandler werden nur im Mittelspannungsnetz bis 30 kV verwendet. Die Anordnung von zwei zweipolig isolierten Spannungswandlern in V-Schaltung (Bild 11.27c) ist kostengünstiger als der Einsatz von drei einpolig isolierten Wandlern (Bild 11.27d), hat jedoch meß- und schutztechnische Nachteile, weil nur verkettete Spannungen sicher gemessen werden und keine Erdschlußerfassung möglich ist; überdies wird durch einen Wandlerschaden ein zweipoliger Kurzschluß eingeleitet. Wie bei Stromwandlern ist jeweils eine Sekundärklemme zu erden (Bild 11.27).

Bei der Angabe der Meßgenauigkeit von Spannungswandlern unterscheidet man den Spannungsfehler $F_U = (\ddot{u}_U U_2 - U_1)/U_1$ mit $\ddot{u}_U = U_{n1}/U_{n2}$ und den Fehlwinkel δ_U, der die Phasenverschiebung der Sekundärspannung gegen die Primärspannung angibt. Die bei einem Spannungswandler angegebenen Fehlergrenzen F_U und δ_U sind bei $^1/_4$ und $^1/_1$ der Nennbürde $S_n = U_{n2}^2/Z_n$ bei einem Bürdenleistungsfaktor $\beta = 0{,}8$ bei 0,8 bis 1,2 U_{n1} (Meßkerne) bzw. $\approx 1{,}0\, U_{n1}$ (Schutzkerne) einzuhalten. Wie bei Stromwandlern wird auch bei Spannungswandlern zwischen Wicklungen für Meßzwecke und Schutzzwecke unterschieden. Die Klassen 0,1, 0,2 und 0,5 [Fehler 0,1, 0,2 und 0,5 % bei (0,8 bis 1,2) U_{n1}] werden für genaue Messung und Zählung verwendet (diese Klassen sind nach entsprechender Prüfung auch zur Verrechnung zugelassen). Bei Verrechnungsmessungen darf der Spannungsabfall zwischen den Wandlerkernen und dem Zähler nicht größer sein als 0,1 % [11.41], was z.T. große Kabelquerschnitte und Verzicht auf Sicherungsautomaten und Sicherungen bedeutet. Bei der Absicherung ist

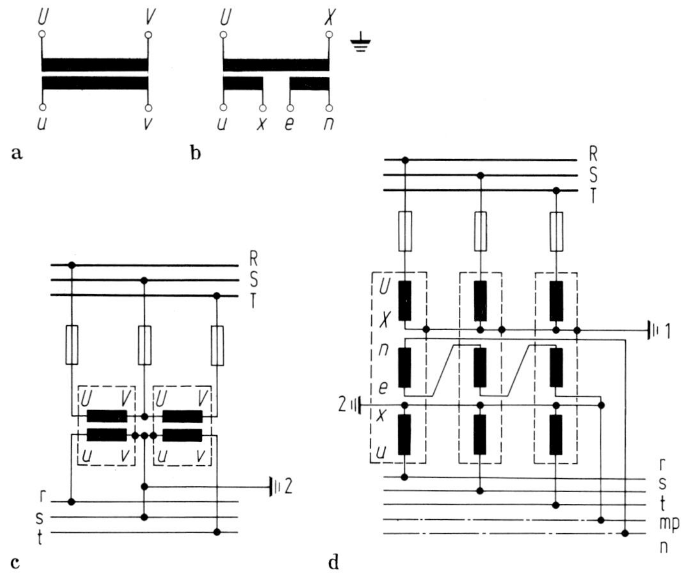

Bild 11.27. Spannungswandlerschaltungen und Schaltungen in Drehstromschaltanlagen (bei Anschluß an Sammelschienen häufig über HH-Sicherungen, während bei Anschluß in Abzweigen keine Sicherungen vorgesehen sind – VDE 0101).

(**a**) Zweipolig isolierte Spannungswandler; (**b**) Spannungswandler mit zwei Sekundärwicklungen, Hilfswicklung zur Erdschlußerfassung erhält die Bezeichnung e und n, Anschlußstellen für Erdungen werden mit dem Erdungszeichen gekennzeichnet, z.B. für U – X: $10000/\sqrt{3}$ V, u – x: $100/\sqrt{3}$ V, e – n: 100/3 V; (**c**) zweipolig isolierte Spannungswandler in V-Schaltung mit Schutzerdung; (**d**) einpolig isolierte Spannungswandler in Sternschaltung (Wandler mit Meßwicklung und Hilfswicklung); *1* Betriebserdung; *2* Schutzerdung; Hilfswicklung zur Erdschlußerfassung in offener Dreieckschaltung

darüber hinaus darauf zu achten, daß bei längeren Sekundärleitungen und einem Kurzschluß die Sicherungen auch zum Ansprechen kommen.

Die Klassen 1 und 3 werden für Betriebsmessungen (Klasse 1 auch für Zählung) verwendet. Für Schutzzwecke verwendet man Wandler der Klassen 3P3 bzw. 6P6 mit 3 bzw. 6% Spannungsfehler sowie 120′ bzw. 240′ Fehlwinkel bei 0,8 bis 1,2 U_{n1} (Angabe vor dem P = Protection) und 3 bzw. 6% Spannungsfehler bei gleichen Fehlwinkeln, jedoch bei erhöhter Spannung während eines Erdschlusses oder Erdkurzschlusses im Netz. Die erhöhte Spannung bei einpolig isolierten Wandlern wird durch den Nenn-Spannungsfaktor berücksichtigt. Als Nenn-Spannungsfaktoren, mit denen einpolig isolierte Spannungswandler mit Rücksicht auf die Erwärmung während 30 s bzw. 4 h oder 8 h betrieben werden können, kommen 1,5/30 s für Netze mit niederohmiger Sternpunkterdung ($\delta \leqq 1{,}4$), 1,9/30 s oder 1,9/4 h oder 1,9/8 h für alle Drehstromnetze ohne Rücksicht auf die Sternpunktbehandlung in Frage. Der Faktor 1,9 ergibt sich aus $1{,}1 \cdot \sqrt{3}$ und ergibt eine Spannung am Wandler von $U_W = 1{,}1 \cdot \sqrt{3}\, U_n \approx U_m$.

Ferroresonanz [17.70] im Zusammenhang mit einpolig isolierten Spannungswandlern tritt meist nur in räumlich begrenzten Netzen auf bei freiem Sternpunkt des Netzes. Die Gefahr der Ferroresonanz, angeregt durch Erdschlüsse oder Schalthandlungen ist besonders groß für Freileitungen mit 0,2 bis 10 km Länge, für Kabel mit 3 bis 1000 m Länge und dann, wenn das Teilnetz nur aus einer Sammelschiene mit angeschlossenen Wandlern besteht [11.25]. Als Folge der Ferroresonanz, die sich nur in den Spannungen Leiter-Erde zeigt (häufig ist eine Spannung höher und die beiden anderen Spannungen kleiner als $U/\sqrt{3}$) und nicht in den verketteten Spannungen, treten Überspannungen auf und Wandlerschäden durch Übererwärmung der Primärwicklung und des Eisenkerns.

Zur Bekämpfung der Ferroresonanz bebürdet man die Dreieckswicklungen der Wandler mit einem niederohmigen Dämpfungswiderstand, der u.U. nur kurzzeitig eingeschaltet wird, um die Belastbarkeit der Wandler nicht zu überfordern.

Bild 11.28 zeigt den grundsätzlichen Aufbau eines kapazitiven Spannungswandlers [11.3 bis 11.5, 11.16] aufgebaut als kapazitiver Spannungsteiler, von dem der induktive Meßteil (induktiver Spannungswandler mit Primär-, Sekundär- und Tertiärwicklung e – n zur Erdschlußerfassung) gespeist wird. Neben diesen Hauptbestandteilen erkennt man die Möglichkeit zur TFH-Ankopplung und eine Ferroresonanz-Schutzeinrichtung.

Kapazitive Spannungswandler sind gegen Blitzstoßspannungen relativ unempfindlich, weil sie diese herabsetzen. Kapazitive Spannungswandler insbeson-

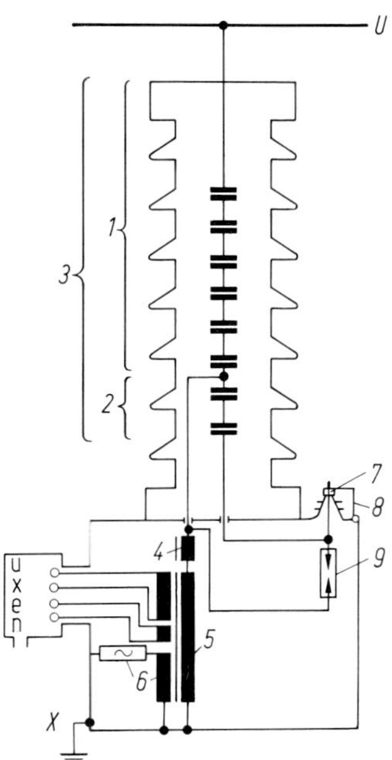

Bild 11.28. Aufbau und Schaltung eines kapazitiven Spannungswandlers (Prinzip Micafil) [11.4, 11.16].

U Hochspannungsanschluß; X Erdungsklemme; u, x, n, e Sekundärklemmen; *1* Hochspannungskapazität; *2* Mittelspannungskapazität; *3* resultierende Kapazität des Wandlers (2000...9000 pF) maßgebend für die TFH-Ankopplung; *4* Drosselspule; *5* induktiver Meßwandler; *6* Ferroresonanz-Schutzeinrichtung; *7* TFH-Anschluß; *8* Erdungsbügel; *9* Schutzfunkenstrecke dere mit TFH-Ankopplung werden deshalb häufig direkt an die Freileitung im Abgang angeschlossen außerhalb des Abgangstrennschalters (Bild 11.15a). Die TFH-Ankopplung erfolgt meist nur für einen Leiter der Drehstromfreileitung. Es ist vorteilhaft, wenn die TFH-Übertragung auch dann funktionsfähig bleibt, wenn die Freileitung an beiden Enden in den Schaltanlagen abgeschaltet wird.

Beim Anschluß von Schnelldistanzrelais in Hochspannungsnetzen 110 kV und darüber an kapazitive Spannungswandler ist zu fordern, daß Ausgleichsvorgänge im Wandler bei nahen Kurzschlüssen (also beim Spannungszusammenbruch) und bei der Schnellwiedereinschaltung (Kurzunterbrechung) möglichst rasch (z.B. in 10 ms) soweit gedämpft werden, daß dann die Sekundärspannung ähnlich wie bei induktiven Wandlern abbildgetreu ist, so daß Fehlauslösungen, insbesondere durch falsches Arbeiten des Richtungs- oder Entfernungsmeßgliedes, vermieden werden. Bei sehr schnell arbeitenden Distanzrelais ist das besonders wichtig [11.3, 11.31].

Kombiwandler (Strom- und Spannungswandler in einem gemeinsamen Gehäuse untergebracht) werden im Bereich 60 kV bis 220 kV insbesondere bei 110 kV dann angewendet, wenn in der Schaltanlage sonst Strom- und Spannungswandler zum Anschluß des Netzschutzes direkt nebeneinander stehen würden.

12. Das Drehstromübertragungs- und Verteilungsnetz

12.1 Spannungsebenen, Teilnetze, Netzkupplung

Die Drehstromnetze einzelner Gesellschaften, einzelner Landesteile oder ganzer Länder bestehen aus Teilnetzen mit unterschiedlicher Spannung. Die Kupplung des Netzes in den verschiedenen Spannungsebenen wird über Transformatoren vorgenommen. Bild 12.1 zeigt das prinzipielle Schema eines Übertragungs- und Verteilungsnetzes, in das auf verschiedenen Spannungsebenen Kraftwerke einspeisen.

In der öffentlichen Versorgung erfolgt die Einspeisung der Mittelspannungsnetze meist aus dem überlagerten 110-kV-Hochspannungsnetz. Dabei wird in Städten häufig 110/10 kV und in ländlichen Versorgungsgebieten 110 kV/20 kV bevorzugt.

In vielen europäischen Ländern werden überlagerte Landesnetze mit $U_n/U_m = 220$ kV/245 kV bzw. 380 kV/420 kV betrieben. Die größten Kraftwerksblöcke speisen jeweils in die höchste Spannungsebene ein. Die Kupplung der Netze verschiedener Gesellschaften oder verschiedener Länder wird meist auf der oder den beiden höchsten Spannungsstufen vorgenommen, möglichst ohne Zwischenschaltung von Transformatoren, um auch bei dynamischen Vorgängen im Netz ausreichende Austauschleistungen übertragen zu können (Abschnitt 12.3).

12.2 Drehstromhöchstspannungsübertragung

Die Höhe der Spannung, die man für eine Drehstromübertragung oder ein Übertragungsnetz aus wirtschaftlichen und technischen Gründen wählt, wird stark von der Übertragungsentfernung und der zu übertragenden Leistung beeinflußt. Drei im folgenden beschriebene Aufgaben haben im Laufe der Zeit zur Einführung immer höherer Spannungen geführt (Bild 1.3).

Als erste Aufgabe soll die Übertragung von Wasserkraftenergie zwischen abgelegenen großen Wasserkraftwerken oder Gruppen von Wasserkraftwerken und Verbraucherzentren bzw. Verteilungsnetzen genannt werden. Besondere Beispiele für diese Aufgabe sind die 380-kV-Übertragung in Schweden, die 500-kV-Übertragung zwischen Kuibyschew und Moskau in Rußland und die 735-kV-Übertragung der Quebec-Hydro in Kanada. Diese Übertragungen, teilweise mit mehreren parallelen Leitungen und Entfernungen bis zu etwa 1000 km, sind typische Beispiele für Zweipunktübertragungen. Konkurrierend für die geschilderte Aufgabe steht heute bei großen Übertragungsentfernungen auch die Hochspannungs-Gleichstrom-Übertragung (Kapitel 19) zur Verfügung.

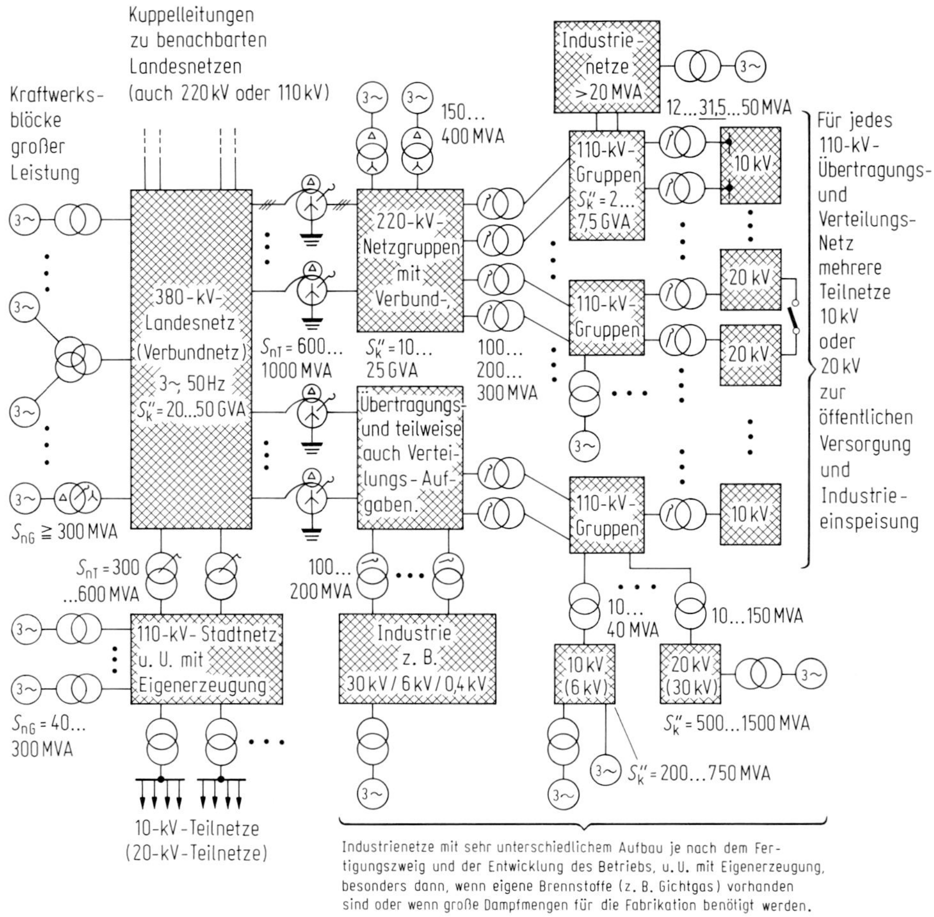

Bild 12.1. Drehstromübertragungs- und Verteilungsnetz mit verschiedenen Spannungsebenen und Teilnetzen (Prinzipschema des Aufbaus ohne Niederspannungsnetze) in Anlehnung an die Gegebenheiten in Europa

Als weitere Aufgabe hat die Hochspannungsübertragung die Verbindung von entfernt liegenden Netzteilen übernommen, in vielen Fällen um die Wirtschaftlichkeit der Kraftwerke (Wasserkraftwerke und thermische Kraftwerke) zu erhöhen. Diese Aufgabe führte z.B. zum Bau von Übertragungsleitungen (Kuppelleitungen) zwischen europäischen Ländern, zu Übertragungsleitungen zwischen den Netzen im europäischen Rußland und zu den Verbindungsleitungen an der Pazifik-Küste der USA (Drehstrom- und Gleichstromverbindungen).

Als drittes kann der Höchstspannungsübertragung die Aufgabe des überlagerten Netzes übertragen werden in einem Gebiet, in dem schon ein leistungsfähiges Hochspannungsnetz vorhanden ist mit dem Zweck, große Kraftwerksblökke anschließen zu können, die Zuverlässigkeit zu verbessern, die Kurzschlußströme zu begrenzen und dazu u.U. die Wirtschaftlichkeit zu verbessern. Das 765-kV-Netz der AEP (American Electric Power) im Ohio-Tal in USA [12.17] und zum Teil die Planung des 1050-kV-Netzes in Italien sind Beispiele für diese Aufgabe.

Als erstes Beispiel zeigt Bild 12.2 die Entwicklung des 380 kV-Netzes in Schweden, beginnend mit dem Bau der etwa 950 km langen Einfachleitung vom Wasserkraftwerk Harspranget über Midskog nach Hallsberg. Zur Erhöhung der Übertragungsfähigkeit wurden im Laufe der folgenden Jahre dann weitere Nord-Süd-Leitungen gebaut. Durch Einführung von Reihenkondensatoren konnte eine weitere Steigerung der Übertragungsleistung und eine Verbesserung der Stabilität erreicht werden. Die 1962 vorhandenen Reihenkondensatoren sind in Bild 12.2 zu erkennen. Geplant ist ein überlagertes 750-kV-Netz in Süd- und Mittelschweden [12.30].

Bild 12.3 zeigt als Beispiel den Schaltungsaufbau und den Schutz einer Reihenkondensatorbatterie, die auf einem Isoliertisch aufgebaut wurde [12.12]. Als wichtigster Schutz sind Funkenstrecken angeordnet, die entweder nichtselbstlöschend oder selbstlöschend ausgeführt werden. Parallel zu nichtselbstlöschenden Funkenstrecken setzt man Überbrückungsschalter ein, um die schnell ansprechende Funkenstrecke vor Dauerüberlastungen zu schützen und um nach Beendigung des Fehlers (z.B. Kurzschluß auf der Leitung) die Kondensatorbat-

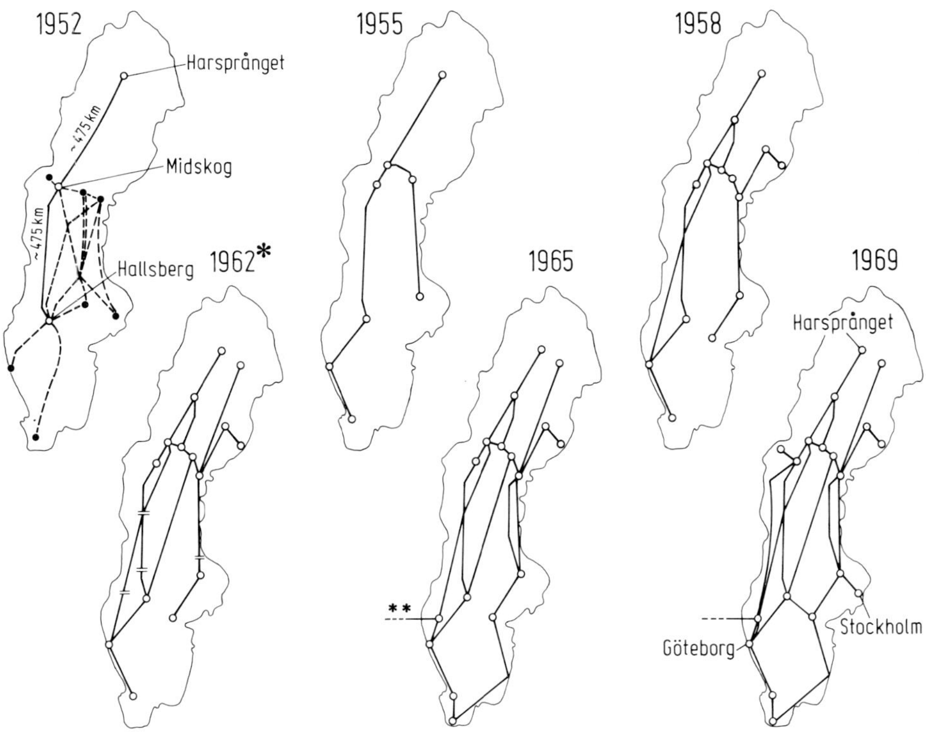

Bild 12.2. Entwicklung des schwedischen 380-kV-Übertragungsnetzes von 1952 bis 1969 (Einfachleitungen mit Zweier- oder Dreierbündeln, Reihenkondensatoren und 1970 etwa 5800 km Länge insgesamt) [12.3, 12.5, 12.7, 12.22].

x) mit Eintragung der Reihenkondensatoren; xx) 380-kV-Kupplung mit dem norwegischen Netz; —— 380-kV-Leitungen; – – – 220-kV-Leitungen, nur für 1952 eingetragen

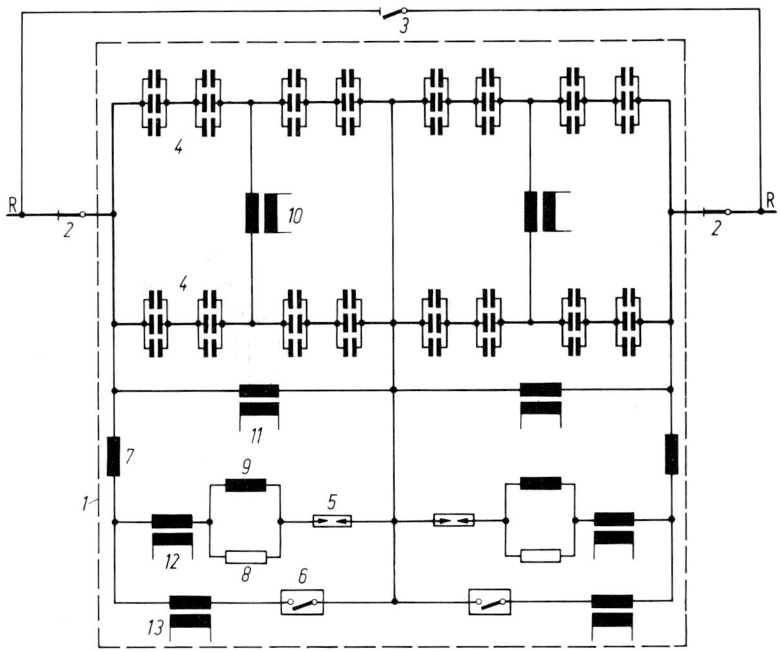

Bild 12.3. Reihenkondensator (Leiter R) in Schweden (Djurmo) im Zuge der 380-kV-Leitung von Midskog nach Hallsberg [12.12], Baujahr 1954. Drehstromleistung der Kondensatorbatterie 105 Mvar, Kondensatornennspannung 35 kV, $X_C = 35\,\Omega$, $X_C/X_L = 0{,}22$.

1 Isoliertisch; *2* Eingangstrennschalter; *3* Überbrückungstrennschalter; *4* Reihenkondensatoren; *5* Schutzfunkenstrecke; *6* Überbrückungsschalter; *7* Strombegrenzungsdrossel; *8* Dämpfungswiderstand; *9* Dämpfungsdrossel; *10* Stromwandler für Spannungsvergleichsschutz; *11* Spannungswandler für Messung und Entladung; *12* Stromwandler zur Anregung des Überbrückungsschalters; *13* Stromwandler im Überbrückungskreis

terie wieder zuzuschalten. Außerdem dient der Überbrückungsschalter zum Schutz der Kondensatoren bei länger dauernder betriebsmäßiger Überlastung und zur Überbrückung bei Kondensatorschäden.

Als weiteres Beispiel einer Drehstromfernübertragung zeigt Bild 12.4 die Verbindung zwischen dem Wasserkraftwerk Kuibyschew und Moskau mit einer Entfernung von etwa 850 km, einer Reihenkondensatoranlage in der Mitte der Leitung und Ladestromdrosseln zur Kompensation des kapazitiven Leistungsbedarfs bei leerlaufender Übertragungsleitung oder bei Betrieb mit unternatürlicher Leistung. In den Empfangsstationen E und N sind Synchronphasenschieber angeordnet, angeschlossen an die Tertiärwicklung von Abspanntransformatoren, zur schnellen Anpassung der Kompensationsleistung an den Betriebszustand der Übertragung [12.2, 12.4, 12.10].

Als letztes Beispiel für die Energieübertragung zwischen entfernt liegenden Wasserkräften und einem Verbraucherzentrum soll die 735-kV-Übertragung zwischen den Wasserkraftwerken Manicouagan und Outardes auf der einen Seite und den Verbraucherschwerpunkten Quebec und Montreal auf der anderen Seite nach Bild 12.5 genannt werden. Diese Verbindung war die erste 735-

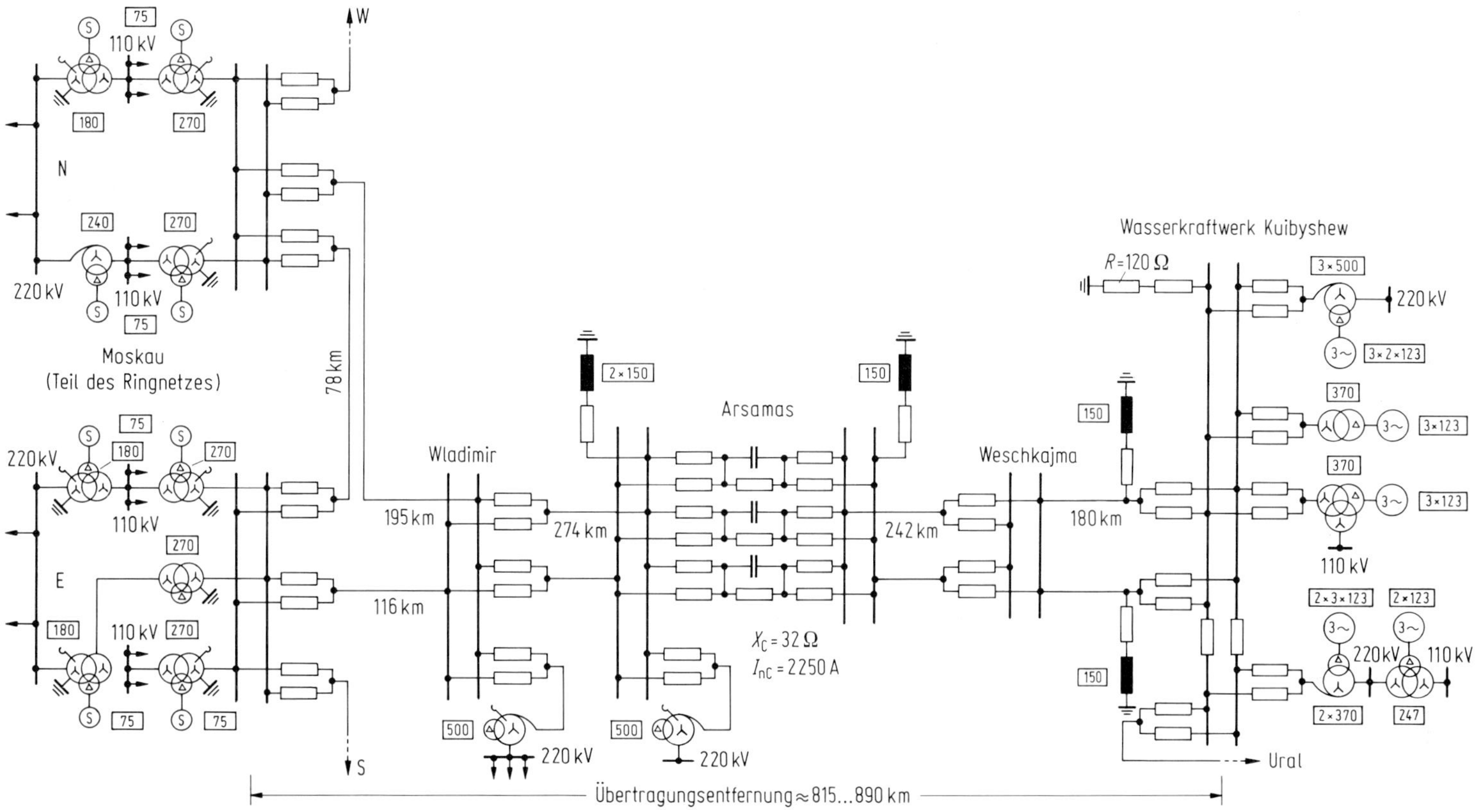

Bild 12.4. 400-kV-Übertragung Kuibyschew-Moskau mit Parallel-Drosseln und Reihenkondensatoren und Synchronphasenschiebern in den Stationen N und E in Moskau. Einfachleitungen, Portalmaste mit 3er-Bündelleitern $3 \times 480/60$ Al/St, Abstand der Teilleiter 400 mm, wirtschaftliche Stromdichte 0,6 A/mm², 2 Erdseile, Schutzwinkel 15 – 20° [12.2].

[270] Nennscheinleistungen für Generatoren, Transformatoren, Drosseln und Synchronphasenschieber;
(S) in MVA;
[ ] Leistungsschalter (Trennschalter sind in der Zeichnung nicht eingetragen)

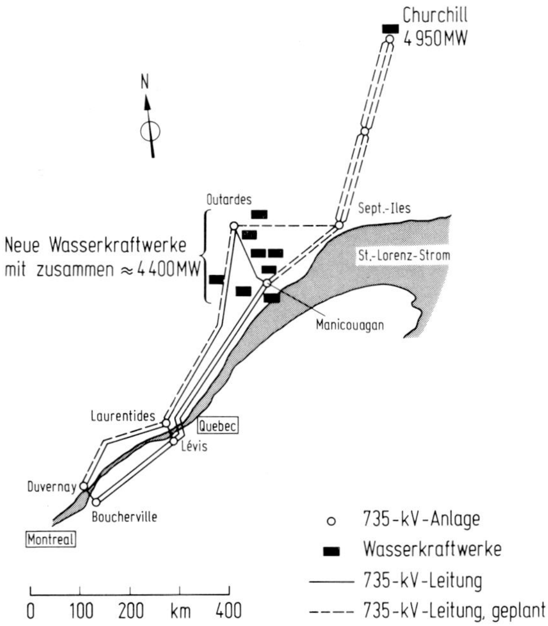

Bild 12.5. 735-kV-Netz in der kanadischen Provinz Quebec, geographische Lage und Ausbau- bzw. Planungsstand 1972 [1.7, 12.28]

kV-Übertragung der Welt. Die Länge der 1965 in Betrieb gegangenen ersten Verbindung betrug etwa 650 km. Als Übertragungsspannung wurde 735 kV gewählt mit dem Ziel, eine Fernübertragung ohne Reihenkondensatoren zu erreichen. Die Möglichkeit der Übertragung mit 500 kV und Reihenkondensatoren wurde auch im Hinblick auf die Erweiterung der Übertragung bis zu den geplanten Wasserkraftwerken an den Churchill-Wasserfällen (≈ 5000 MW) während der Planung ausgeschieden. Bild 12.6 zeigt den Schaltungsaufbau des 735-kV-Netzes der Quebec-Hydro. Zusätzlich eingezeichnet wurde die geplante Erweiterung bis zu den Churchill-Wasserfällen.

Bis 1972 wurden 10 Stationen und eine gesamte Stromkreislänge von 3600 km errichtet. Die ersten Betriebserfahrungen des 735-kV-Übertragungsnetzes dienten zur Weiterentwicklung der Betriebsmittel und des gesamten Netzes, insbesondere auch für die Erweiterungen (Bild 12.6). In Betrieb waren 1972 außerdem eine gesamte Transformatorleistung von 19500 MVA, eine Leistung der Ladestromdrosseln von 6240 MVA und etwa 100 Leistungsschalter 735 kV für eine übertragene Leistung von etwa 6000 MW. Entgegen der ersten Planung mit Reihenkondensatoren zwischen Outardes und den Churchill-Wasserfällen zeigt der Planungsstand 1972 [12.28], daß auf Reihenkondensatoren verzichtet werden kann, wenn man die Ladestromdrosseln auf kurzen Leitungsstücken abschaltet und jeweils 500 MVA Synchronphasenschieberleistung in Quebec und Montreal einsetzt.

In den ersten 5 Betriebsjahren bis 1970 wurden 123 Auslösungen von 735-kV-Leitungsabschnitten beobachtet, wobei 70% davon durch automatische

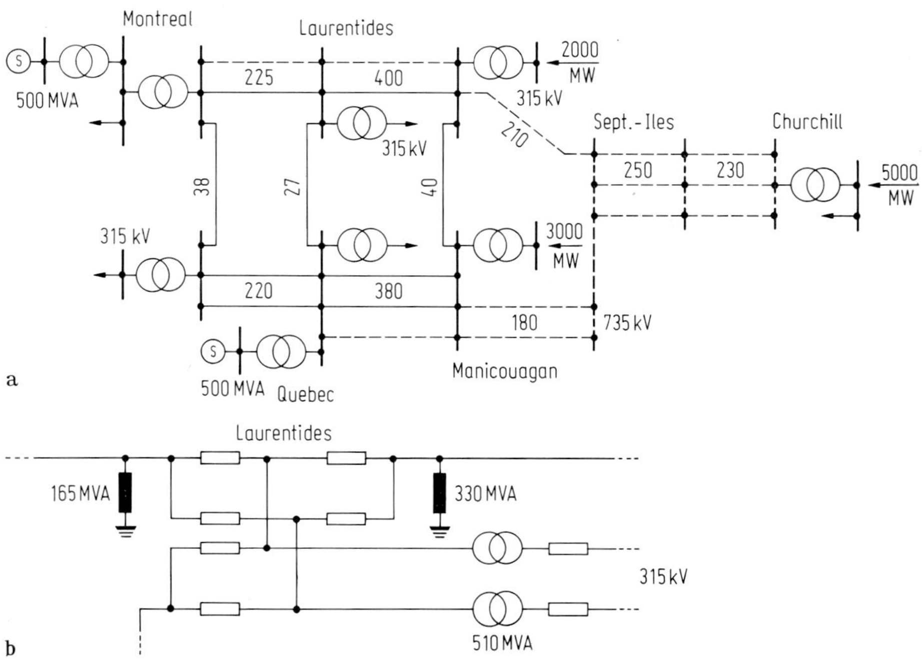

Bild 12.6. 735-kV-Netz in der kanadischen Provinz Quebec, Schaltungsaufbau und Entfernungen, Planungsstand 1972 ohne Reihenkondensatoren [12.28].

(**a**) Ausbau und Planung für den Anschluß des Wasserkraftwerkes Churchill; (**b**) 735-kV-Anlage Laurentides (Beispiel)

Wiedereinschaltung behoben werden konnten. Die hohe Zahl der Auslösungen wurde vornehmlich dadurch bedingt, daß alle Leitungen mit mehr als 100 km Länge fest angeschlossene Ladestromdrosseln sowie Spannungs- und Stromwandler an der Leitung haben, so daß auch Fehler dieser Betriebsmittel zur Leitungsauslösung führten. Nach [12.28] weisen die Ladestromdrosseln eine im Vergleich zu anderen Betriebsmitteln zu hohe Fehlerhäufigkeit auf. Zur Verbesserung wird eine Weiterentwicklung der Drosseln und der Anschluß über eigene Leistungsschalter gefordert.

Durch die Verwendung von Einschaltwiderständen für die Leistungsschalter bei Ladestromdrosseln an der Leitung konnten die Einschaltüberspannungen so weit gesenkt werden, daß für den weiteren Ausbau mit einem Überspannungsfaktor $k \leqq 2{,}0$ gerechnet wird. Neue Freileitungen werden deshalb nur noch mit 33 Kappenisolatoren anstelle von 35 und einem Abstand der Leiter gegen den Mast von 5,1 m anstelle von 5,5 m und einem gegenseitigen Abstand zwischen den Leitern von 13,7 m anstelle von 15,2 m ausgeführt (Bild 9.2a).

Als Beispiel für die Einführung eines überlagerten Höchstspannungsnetzes in einem begrenzten Gebiet, in dem schon ein stark ausgebautes Hochspannungsnetz vorhanden ist, um dadurch die Einspeisung großer Kraftwerksblöcke zu ermöglichen, den Verbundbetrieb zu stärken, die Zuverlässigkeit zu erhöhen und die Freileitungstrassen hoch auszunutzen, soll das 765-kV-Netz der American

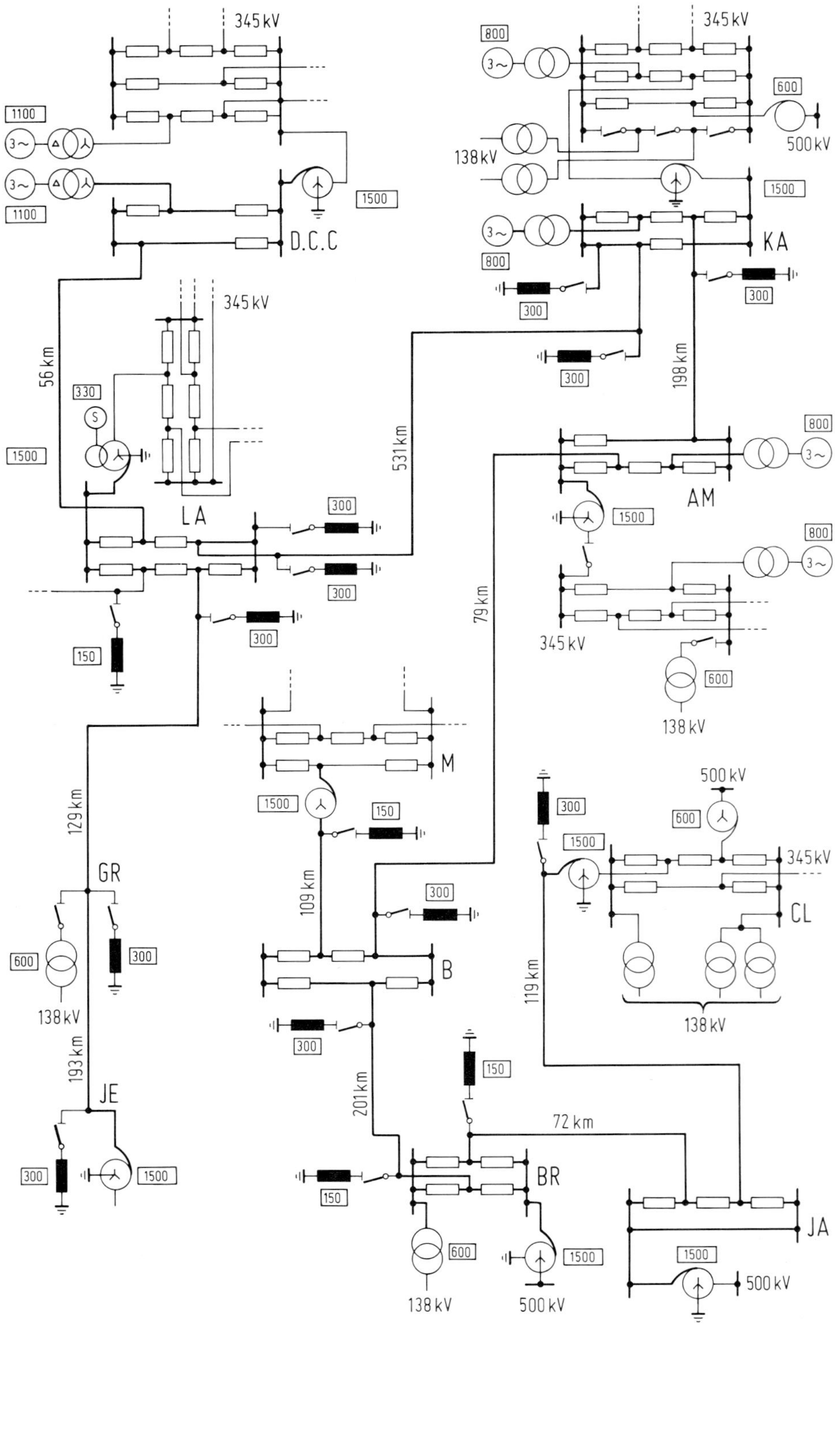
345 kV
1100
1100
1500
D.C.C
800
345 kV
600
500 kV
138 kV
1500
800
KA
300
300
300
345 kV
56 km
330
1500
LA
300
300
531 km
198 km
800
AM
1500
800
150
300
79 km
345 kV
600
138 kV
M
1500
150
129 km
GR
600
138 kV
300
109 km
300
B
300
500 kV
300
600
1500
345 kV
CL
138 kV
119 km
193 km
JE
300
1500
201 km
150
72 km
150
BR
600
138 kV
1500
500 kV
JA
1500
500 kV

Electric Power (AEP) im Gebiet des Ohio-Tals (USA) dienen. Bild 12.7 zeigt den Ausbauzustand dieses Netzes im Jahre 1972 [12.17]. Unterlagert zu diesem Netz ist ein 345-kV-Netz (Einführung 1952) und ein 138-kV-Netz (Einführung 1916, mit heute mehr als 10000 km Stromkreislänge), das heute zur örtlichen Energieverteilung dient. Ein starker Verbundbetrieb besteht u.a. mit dem 345-kV-Netz der Ohio Valley Electric Corporation.

Die Planungsuntersuchungen der AEP zur Einführung von 765 kV als Spannung des überlagerten Netzes haben gezeigt, daß insbesondere bei verhältnismäßig geringen Übertragungsentfernungen von 150 km bis 500 km die Übertragungsleistungen etwa um den Faktor 5 erhöht werden können, und daß bei zu übertragenden Leistungen von 2000 MW der wirtschaftliche Schnittpunkt zwischen 345 kV und 765 kV schon bei etwa 200 km liegt und mit steigender Leistung noch absinkt [12.17].

12.3 Verbundnetze

Ein Verbundnetz hat im Rahmen der gesamtwirtschaftlich günstigen elektrischen Energieerzeugung folgende Aufgaben:

a) die Ausnutzung standortgebundener Braunkohlenkraftwerke,
b) die Ausnutzung von Laufwasserkraftwerken,
c) die Ausnutzung von Großkraftwerken mit geringen Erzeugungskosten,
d) die Verringerung der mitlaufenden und stehenden Reserve,
e) die Bereitstellung von Leistung aus anderen Kraftwerken, wenn thermische Blöcke in Reparatur oder in Revision gehen oder aber wenn Wasserkraftwerksleistung z.B. wegen großer Trockenheit nicht geliefert werden kann.

Bild 12.8 zeigt eine schematische Übersicht über den Verbundbetrieb in Europa mit Angaben zur Anzahl der Verbindungsleitungen (1971).

Wichtige Aufgaben der UCPTE (Union pour la Coordination de la Production et du Transport de l'Electricité) und anderer gleichartiger Organisationen sind:

a) Energielieferung zwischen den Partnern, wenn in einem Gebiet z.B. unausgenützte Primärenergien zur Verfügung stehen und diese kostengünstiger zur Verfügung gestellt werden können als durch Eigenerzeugung (hydraulische Überschüsse in Jahren mit reichem Wasserfall werden dadurch heute vollständig ausgenutzt).

Bild 12.7. American Electric Power-Übertragungs-Netz 765 kV mit 10 Einfachleitungen (Juni 1972) und sieben 765-kV-Schaltanlagen (Freiluft). Größte Leitungslänge 531 km, kleinste Leitungslänge 56 km, mittlere Leitungslänge etwa 150 km [12.17, 12.18].

3~ [1100] Kraftwerksblock, Nennwirkleistung in MW;

3 × Einphasen-Spartransformatoren [1500] Nennscheinleistung in MVA;

3 × Einphasen-Kompensationsdrosseln [150] Drehstromleistung in MVA;

S Synchronphasenschieber [330] Nennscheinleistung in MVA

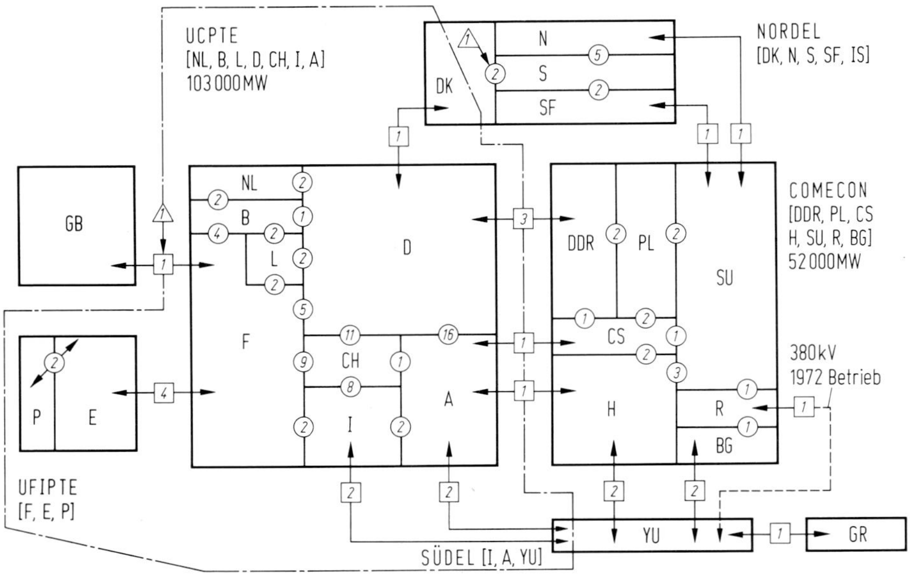

Bild 12.8. Verbundsysteme in Europa (Stand 1971).

—[2]— Zahl der Verbindungsleitungen zwischen verschiedenen Verbundsystemen (65-, 110-, 130-, 150-, 220- und 380-kV-Leitungen);

(5) Zahl der grenzüberschreitenden Verbindungsleitungen zwischen den Ländern innerhalb eines Verbundsystems;

△1 HGÜ-Verbindungsleitungen [GB-F (Kanal) und DK-S (Kontiskan)];

—·—·— Gebiet gleicher Frequenz

b) Energielieferungen, um Betriebsunterbrechungen zu vermeiden.
c) Technische Zusammenarbeit auf den Gebieten der Netzzuverlässigkeit, der Beurteilung der Versorgungslage aus thermischer Energie oder Wasserkraftenergie, der Frequenzhaltung, der gemeinsamen Konzeption der Übergabeleistungs-Frequenzregelung.

Bild 12.9 zeigt am Beispiel des Energieaustausches zwischen der Bundesrepublik Deutschland und den Nachbarländern, in welchem Maße sich der Verbundbetrieb in Europa bis 1971 entwickelt hat.

Bei der Beurteilung der Vorteile des Verbundbetriebes für die Versorgungs-Zuverlässigkeit der einzelnen Netzteile ist nicht so sehr der Gesamtaustausch von Bedeutung, sondern vielmehr die kurzzeitige Leistungslieferung. Diese kurzzeitige Leistungslieferung ist für die Aufrechterhaltung des Betriebes oft lebenswichtig, wie die folgenden Angaben als Beispiel zeigen. Am 15.9.1965 führte die Schweiz zur Höchstlastzeit z.B. 1529 MW aus (40% der eigenen Netzlast) zur Stützung der Nachbarnetze. Am 17.11.65 führte die Schweiz dagegen nachts 1050 MW ein (45% der eigenen Netzlast) zur Stützung des Schweizer Netzes.

Die Kuppelleitungen zwischen den Partnern eines Verbundnetzes sind nicht nur für den langfristig vereinbarten Stromaustausch auszulegen, sondern so, daß

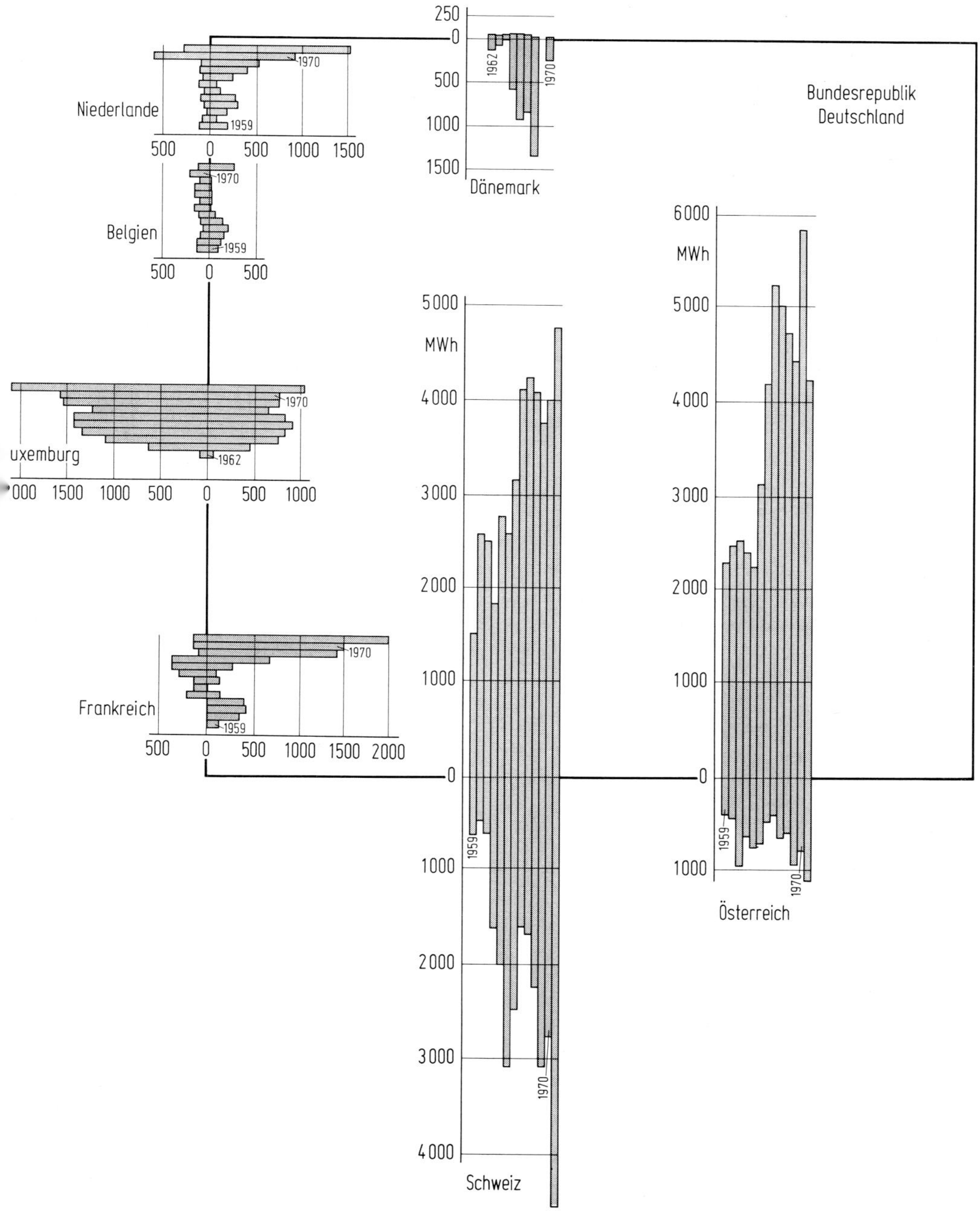

Bild 12.9. Entwicklung der Austauschenergie (MWh) im Rahmen des europäischen Verbundbetriebes zwischen der BR Deutschland und den Nachbarländern für die Zeit zwischen 1959 und 1971 [UCPTE-Berichte]

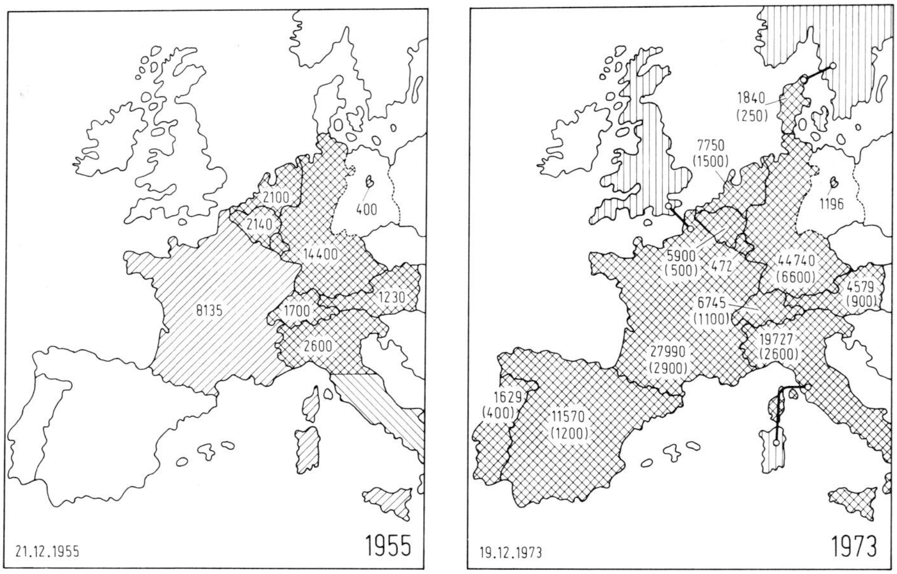

a b

Durch Drehstrom synchron verbundene Gebiete

UCPTE-Bereiche ohne Verbindung

UCPTE-Bereiche vorübergehend getrennt

Über HGÜ angeschlossene Gebiete

0000 Eingesetzte Leistung einschließlich industrielle Eigenanlagen

(0000) Leistungszahlen in MW/Hz in Starklastzeiten 1972 [UCPTE 1972/73]

o—o HGÜ-Kupplung (Seekabel)

Bild 12.10. Entwicklung des Europäischen Parallelbetriebes.
(**a**) 21. 12. 1955 – 17^{00} $P_{\text{synchr. parall.}} = 24169$ MW; (**b**) 19. 12. 1973 – 11^{00} $P_{\text{synchr. parall.}} = 132942$ MW

sie unter Berücksichtigung ihrer thermischen Grenzbelastbarkeit auch die im Notfall benötigten Austauschleistungen führen können.

Zwischen dem Gebiet der UCPTE und den Gebieten der UFIPTE und der SÜDEL (Bild 12.8) besteht seit 1962/63 eine enge Zusammenarbeit, die auch zur gemeinsamen Berichterstattung in den UCPTE-Berichten führte. Bild 12.10 zeigt als Beispiel die parallel geschalteten Gebiete mit Angaben über die eingesetzte Leistung für 1955 und 1973 [UCPTE-Quartalsberichte].

Im Zusammenhang mit dem Aufbau eines internationalen Verbundbetriebes zwischen verschieden leistungsstarken Netzen (unterschiedlich eingesetzte Leistungen und unterschiedliche Leistungszahlen) wurde die Ausbildung von automatischen Regeleinrichtungen für die Frequenz und die Übergabeleistungen unumgänglich notwendig. Für ein einzelnes im Inselbetrieb arbeitendes Netz, wie z.B. das Netz der Bewag in Berlin (West), kann die Frequenzregelung allein angewendet werden. Bei einem Verbundnetz dagegen wird die Übergabeleistungs-Frequenzregelung erforderlich, für die auch die Bezeichnung „Netzregelung" gebräuchlich ist (Abschnitt 6.3.2).

Die Entwicklung zur heute angewendeten Übergabeleistungs-Frequenzregelung wurde stark beeinflußt durch die UNIPEDE-Arbeitsgruppe „Interconnexions Internationales" (1951). Durch die bei der Leistungs-Frequenzregelung zu erreichende Entkopplung der nationalen Regler wurde es zulässig, Regler verschiedener Stellgeschwindigkeit ohne Schwierigkeiten gleichzeitig arbeiten zu lassen. In der BR Deutschland werden grundsätzlich PI-Regler (mit mehr oder weniger stark wirkendem P-Anteil) verwendet.

Die Abweichungen der Frequenz und die Abweichung der Übergabeleistungen zu den Nachbarn von ihren Sollwerten werden in entsprechende Gleichspannungen umgewandelt und auf einen Mischverstärker geschaltet. Der Einfluß beider Regelabweichungen kann so verstellt werden, daß die Kennlinie der Regler (Beziehung zwischen Frequenz- und Leistungsabweichung) etwa auf die Leistungszahl des Netzes (Netzkennlinie) eingestellt werden kann. Die sich aus dem Frequenz- und Leistungseinfluß ergebende Regelabweichung wird unter Zwischenschaltung einer Rückführung als Stellgröße an die Regelkraftwerke (Kraftwerke, die an den Netzregler angeschlossen sind) übermittelt. Die Stellgröße kann auf mehrere Regelmaschinen (in hydraulischen und thermischen Kraftwerken) aufgeteilt werden.

12.4 Netze der öffentlichen und industriellen Stromversorgung

Die elektrische Energieversorgung der Industrie nimmt in hochindustrialisierten Ländern eine besondere Stellung ein, einmal wegen der z.T. vorhandenen erheblichen Eigenerzeugung (etwa 30% der Erzeugung elektrischer Energie in der BR Deutschland wird in Industriekraftwerken bereitgestellt) und zum anderen wegen des hohen Prozentsatzes am Gesamtverbrauch (etwa 60% des Gesamtverbrauchs der BR Deutschland gehen an die Industrie)

Einen Überblick über das vereinfachte Elektrizitätsflußbild der Bundesrepublik Deutschland zeigt Bild 12.11 (Beispiel für 1971). Die größte Verbrauchergruppe der öffentlichen Versorgung sind die Haushalte mit hohen Zuwachsraten pro Jahr. Die größten Verbrauchergruppen der Industrie sind:

Chemie und Mineralöl (19,6% von 227,9 TWh), eisenschaffende Industrie (8,9%), Investitionsgüterindustrie (8,7%), Bergbau (5,5%), holzverarbeitende- und Papierindustrie (4,5%), NE-Metall-Industrie (4,5%).

Bedingt durch die Aufgabe ergeben sich Unterschiede im Aufbau, in der Höhe der Kurzschlußströme, in der Frage der Blindstrom- und Oberschwingungsstrombelastung u.a. zwischen den Netzen der öffentlichen Versorgung und den Netzen der Industrie. Als besondere Eigenart großer Industrienetze beobachtet man z.B. große Lastdichten und den Anschluß einer großen Zahl von Hoch- und Niederspannungsmotoren auf engem Raum.

12.4.1 Aufbau und Auslegung der Verteilungsnetze

Von den Investitionskosten der Elektrizitätswirtschaft entfallen bis zu $^2/_3$ auf die Übertragung und Verteilung, wobei der Hauptanteil in Mittel- und Niederspannungsnetzen anfällt. Im langfristigen Mittel teilen sich die Investitionskosten

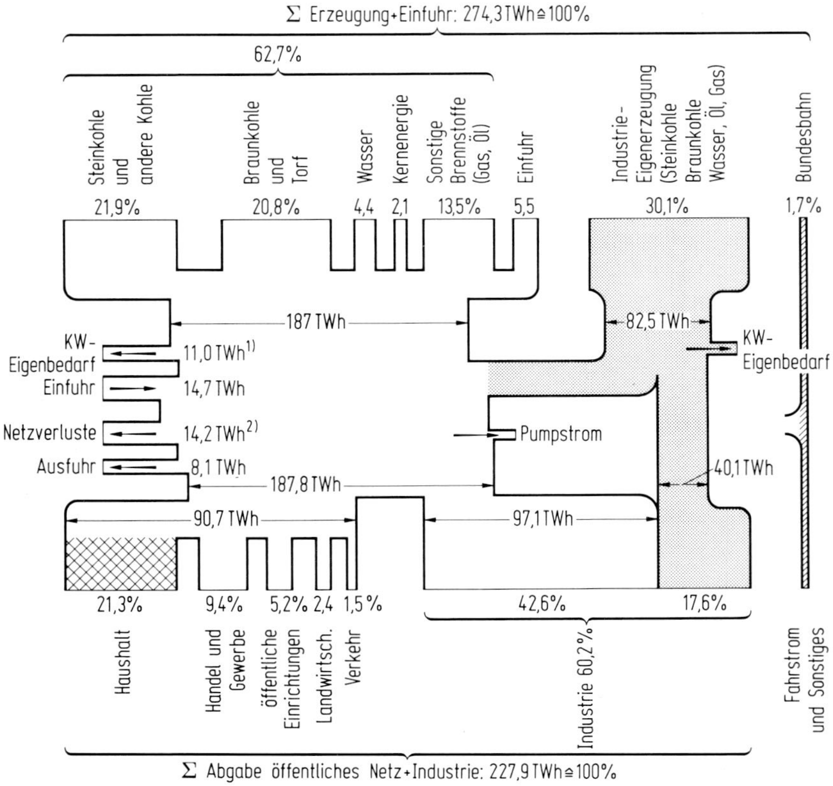

Bild 12.11. Elektrizitätsflußbild der Bundesrepublik Deutschland im Jahre 1971 (Bruttoerzeugung und Abgabe in TWh und %).

1 Kraftwerkseigenbedarf ≈ 6,5% der Erzeugung; *2* Netzverluste ≈ 6,7% der verfügbaren elektrischen Arbeit (212,7 TWh)

eines großstädtischen Verteilungsnetzes z.B. wie folgt auf:

31% für Mittelspannungskabel }
26% für Niederspannungskabel } ≈ 57% für Kabel
39% für allgemeinen Netzausbau ohne Kabel (Transformatoren, Schaltanlagen)
4% für Fernsprech- und Steuerkabel

Folgende Punkte sind in Mittel- und Niederspannungsnetzen besonders zu beachten, um die Investitions- und Betriebskosten möglichst zu beschränken, ohne daß die Versorgungszuverlässigkeit leidet:

a) Einfacher Netzaufbau, angepaßt an die Lastdichte
b) Kostengünstige Spannungswahl und Spannungsstufung
c) Einsatz weniger Typen von Netzbetriebsmitteln (z.B. Beschränkung der Anzahl der Kabelquerschnitte und der Transformatorgrößen)
d) Kostengünstige Wahl der max. Kurzschlußströme in den Netzen durch Netzteilung und durch Einsatz geeigneter Betriebsmittel

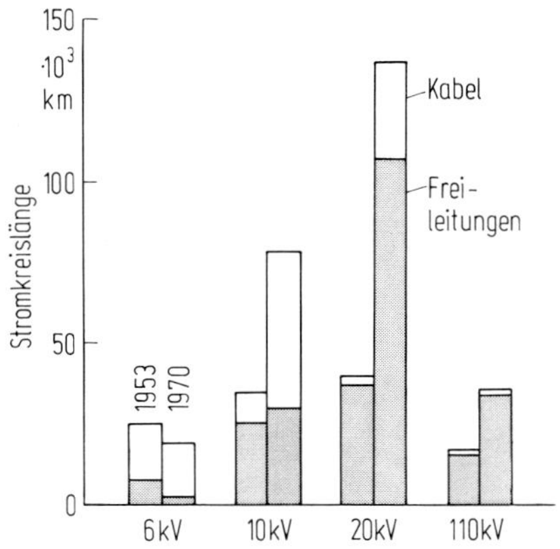

Bild 12.12. Anteile von Freileitungen und Kabeln im Verteilungsnetz 1953 und 1970. Der Rückgang der Stromkreislänge 6 kV ist teilweise bedingt durch Umstellung auf 10 kV (BR Deutschland)

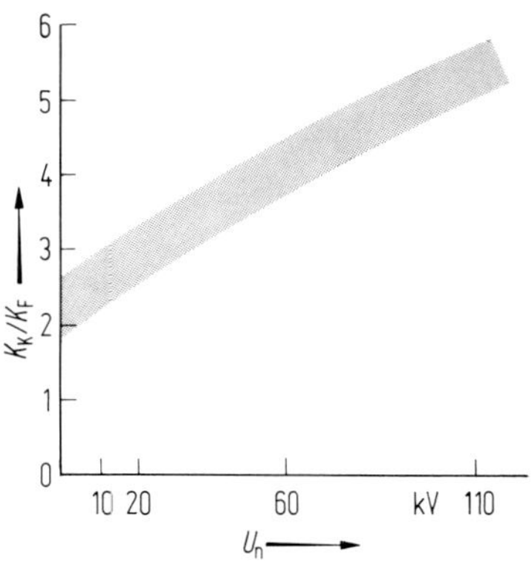

Bild 12.13. Mittelwert des Quotienten K_K/K_F abhängig von der Nennspannung U_n einschließlich Verlegung bei gleicher Übertragungsleistung (K_K Kabelkosten, K_F Freileitungskosten) [1.12]

e) Verwendung von Kompaktstationen.

Die Mittelspannungsverteilungsnetze sind häufig gemischte Freileitungs- und Kabelnetze, wobei in ländlichen Gebieten mit geringer Lastdichte Freileitungen (z.B. 20 kV) vorherrschen, während in städtischen Gebieten meist nur Kabel (z.B. 10 kV) möglich sind.

Auch Neubauviertel an den Stadträndern mit geringer Lastdichte werden heute über Kabel versorgt. Der prozentuale Längenanteil der Freileitungen im Verteilernetz ist in den letzten 20 Jahren immer weiter zurückgegangen, wie Bild 12.12 zeigt.

Einen groben Überblick über den mittleren Quotienten K_K/K_F (K_K Kabelkosten, K_F Freileitungskosten) einschließlich Verlegung aber ohne Verlustkosten bei gleicher Übertragungsleistung ohne Reserve gibt Bild 12.13.

Niederspannungsfreileitungsnetze mit Masten und Dachständern sind in Gebieten mit dünner Besiedelung (einzelne Häuser, Gehöfte, lockere Straßensied-

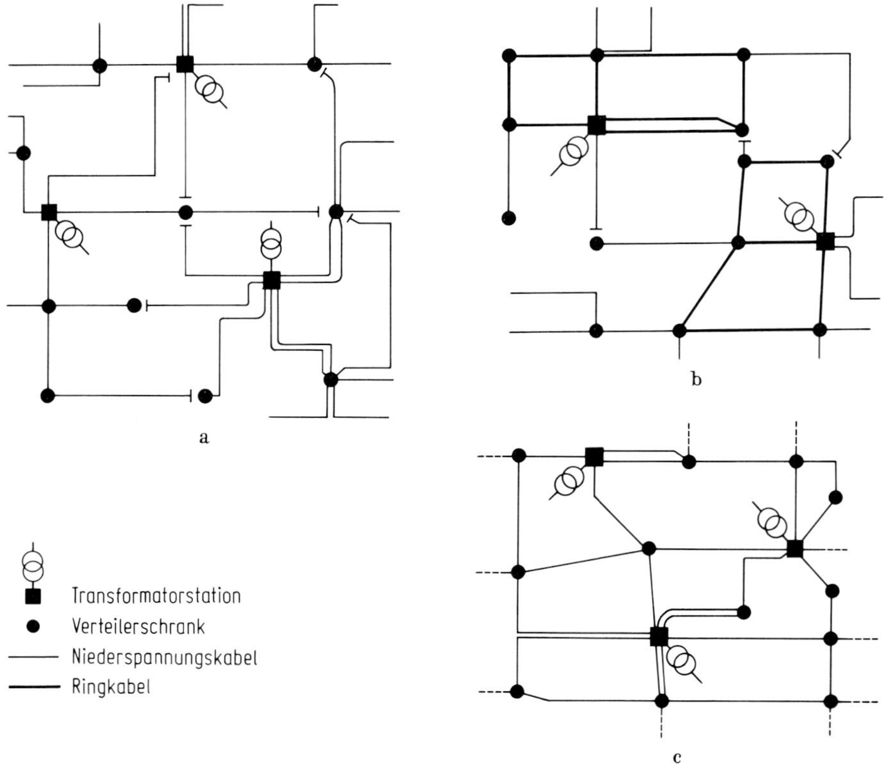

Bild 12.14. Netzformen von Niederspannungs-Kabelnetzen [12.27].
(**a**) Strahlennetz; (**b**) Teilvermaschtes Netz (Ringnetz); (**c**) Maschennetz-Ausschnitt (teilweise mit Verstärkungen in der Nähe der Transformator-Stationen)

lungen usw.) wesentlich kostengünstiger als Kabelnetze, auch wenn man wegen Platzmangel in der Nähe der Transformatorstationen verkabeln muß. Diese Freileitungsnetze sind meist Strahlennetze. Besondere Bedeutung hat die Spannungshaltung.

Niederspannungskabelnetze werden als Strahlennetze, als Ringnetze mit Teilvermaschung oder als Maschennetze ausgebildet. Die Anwendung der einzelnen Netzformen wird bestimmt durch die Struktur des Versorgungsgebietes, die Lastdichte, den Ausbauzeitraum u.a. Im Bild 12.14 sind schematisch einige Netzformen dargestellt.

Beim Strahlennetz nach Bild 12.14a, angewendet in Siedlungen und Stadtrandgebieten, sind die Kabelstrecken so aufgetrennt, daß von den Transformatorstationen aus betrachtet nur Stichleitungen ausgehen, die sich an Verteilerschränken noch weiter verzweigen. Als Vorteil gilt der einfache Aufbau und ein kostengünstiger Ausbau, wenn die Belastung in Grenzen bleibt. Nachteile dieser Netzform sind, daß bei Ausfall eines Kabels mehrere Abnehmer betroffen sind, und daß bei stoßartigen Belastungen an Ausläufern die Spannungshaltung ungünstig wird.

Beim teilvermaschten Netz (Ringnetz) nach Bild 12.14b werden wie beim Strahlennetz einzelne Teilnetze jeweils von einer Transformatorstation versorgt mit der Möglichkeit der Zusammenschaltung. Innerhalb der Teilnetze werden einzelne Ringe gebildet.

Beim Maschennetz nach Bild 12.14c werden mehrere Transformatorstationen über das Niederspannungsnetz verbunden. Maschennetze sollten in bezug auf die über sie verteilte Leistung eine Größe von 20 bis 30 MVA nicht überschreiten. Bild 12.15 zeigt als Beispiel den Ausschnitt aus einem mehrsträngig gespeisten Niederspannungsmaschennetz mit einer Mittelspannungsschaltanlage.

Vorteile des Maschennetzes sind, insbesondere beim Mehrstrangbetrieb des Mittelspannungsnetzes, die hohe Versorgungszuverlässigkeit und die gute Spannungshaltung. Nachteilig sind die gegenüber einem Strahlennetz oder einem teilvermaschten Netz höheren Investitionskosten und die u.U. auftretenden Schwierigkeiten bei einer Wiederinbetriebnahme nach einem Ausfall des ganzen Netzes.

Bei allelektrischer Versorgung mit hoher Lastdichte in Städten (z.B. bei Lastdichten von 20 MVA/km^2 und mehr) sind die Gebiete, die von einer Transformatorstation versorgt werden können, räumlich sehr begrenzt. Das Niederspannungsnetz wird zu einem speziellen Strahlennetz (Anschluß- oder Stummelnetz). Ein Beispiel zeigt Bild 12.16.

Eine Untersuchung über die Mittelspannungsnetze in westdeutschen Großstädten mit einer Bevölkerung von zusammen 15 Mio Einwohnern ist in Tabelle 12.1 wiedergegeben. Dabei liegt der Verbrauch pro Kopf der Bevölke-

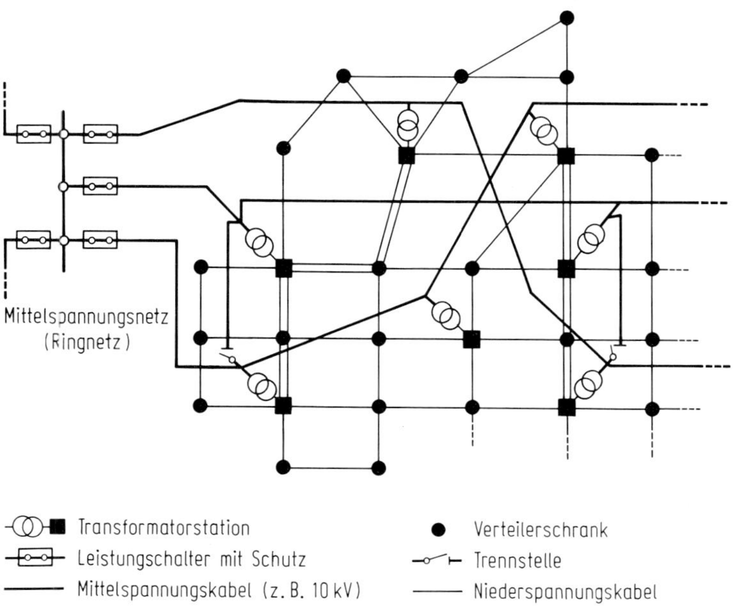

Bild 12.15. Niederspannungsmaschennetz (schematischer Ausschnitt) mit mehrsträngiger Speisung aus einem Mittelspannungsnetz

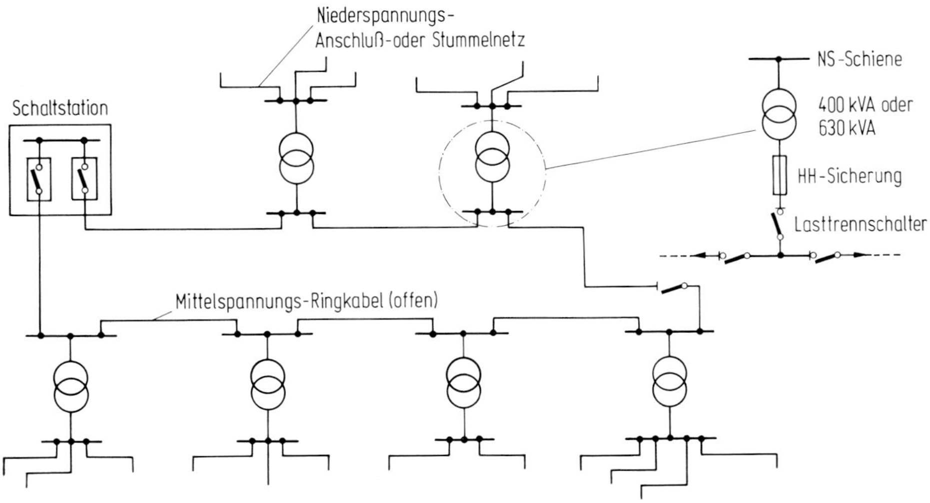

Bild 12.16. Strahlennetz (Anschluß- oder Stummelnetz) für hohe Lastdichte bei Hochhäusern oder allelektrischer Versorgung

Tabelle 12.1. Verteilungsnetze 10 kV oder 20 kV in Großstädten der BR Deutschland

Einwohnerzahl der erfaßten Großstädte		15 Millionen	
Mittelspannung		10 kV [a]	20 kV
Anteil der Versorgung		85%	15%
Kurzschlußleistung S_k''	250 MVA	65% [b]	–
	350 MVA	25%	10%
	500 MVA	10%	65% [b]
	750 MVA	–	25%
Sternpunktbehandlung	isoliert	50%	–
(Kapitel 16)	mit Erdschlußkompensation	40%	100%
	niederohmige Sternpunkterdung	10%	–

[a] Netze z.T. noch mit 6 kV betrieben, Umstellung im Gange bzw. beschlossen.
[b] Anfangs-Kurzschlußwechselstrom $I_k'' \approx 15$ kA

rung im Mittel bei etwa 2600 kWh/Jahr und der Anteil an der Spitzenlast bei im Mittel etwa 0,65 kW pro Einwohner.

Die 10 kV-Verteilungsnetze in Städten werden vorwiegend als offene Ringe betrieben. Diese und andere Netzformen für die Mittelspannungs-Verteilung sind schematisch im Bild 12.17 aufgezeichnet. Offene Ringe im Stichleitungsbetrieb bieten den Vorteil des anpassungsfähigen und übersichtlichen Netzaufbaus und des einfachen Schutzes.

Die installierte Transformatorleistung in den Umspannwerken 110 kV/10 kV bzw. 110 kV/20 kV liegt meist bei 2 × 31,5 MVA oder 2 × 40 MVA mit Kurz-

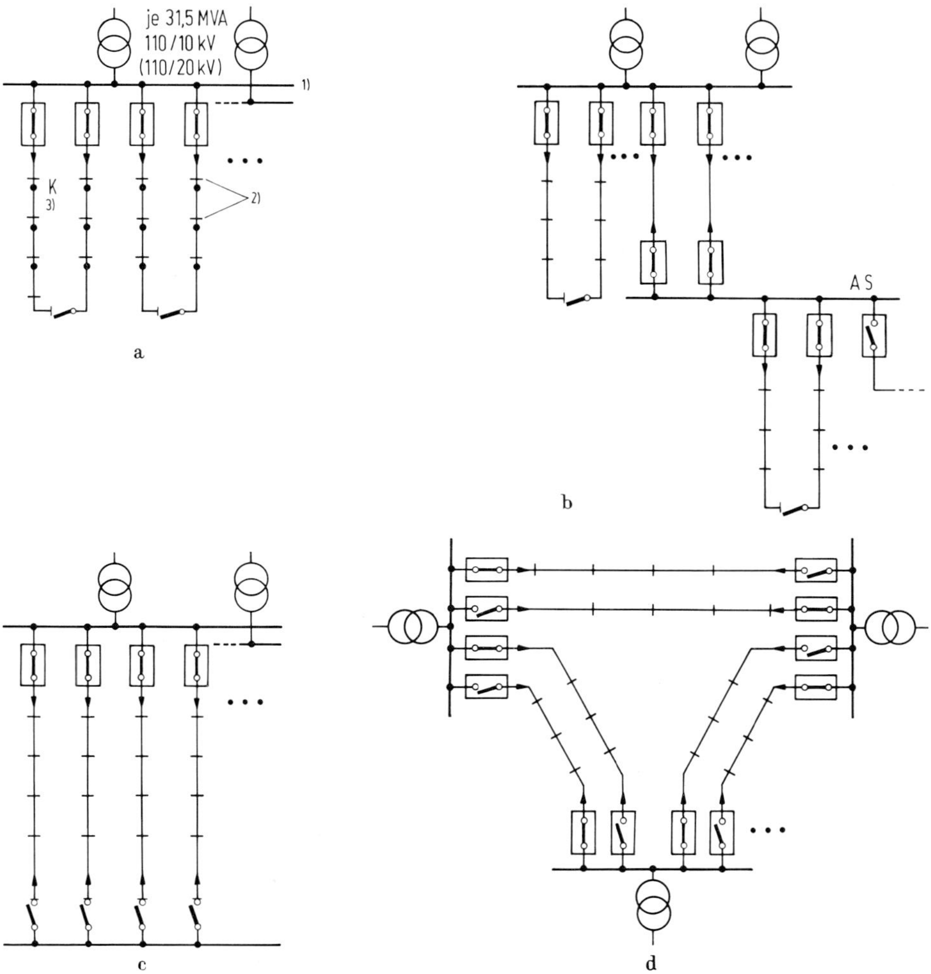

Bild 12.17. Aufbau von Mittelspannungsverteilungs-Netzen, 10-kV-, 20-kV-Kabelnetze.
(**a**) Netz mit offen betriebenen Ringen; (**b**) Netz mit ausgelagerten Schaltstationen (AS); (**c**) Netz mit Gegenstation; (**d**) Netzaufbau mit nur je einem Einspeisetransformator pro Station [12.32].
1 Doppelsammelschiene oder Einfachsammelschiene mit Längstrennung; *2* Anschluß eines NS-Transformators (z.B. wie in Bild 12.16 – Ausschnitt); *3* K: magnetischer Kurzschlußanzeiger

schlußspannungen im Bereich 12% bis 20%. Teilweise werden auch drei Transformatoren eingesetzt mit Maßnahmen zur Kurzschlußstrombegrenzung oder auch größere Dreiwicklungstransformatoren in Gebieten hoher Lastdichte [12.25].

Bild 12.18 zeigt Auswahlmöglichkeiten für Transformatoren 110/10 kV oder 110/20 kV abhängig von vorgegebenen Werten S_k'' (250 MVA bis 750 MVA).

12.4.2 Netze für die Versorgung von großen Städten oder Ballungsräumen

Städte oder Ballungsräume mit mehr als 500000 Einwohnern stellen an die elektrische Energieversorgung besondere Anforderungen, bedingt durch z.T.

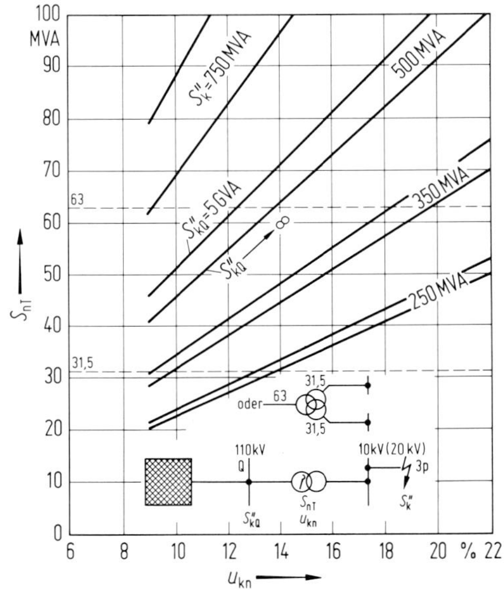

Bild 12.18. Übersicht über den Einsatz von Transformatoren (S_{nT}, u_{kn}) bei vorgegebener Anfangs-Kurzschlußwechselstromleistung ($S_k''=S_a$) im Mittelspannungsnetz (10 kV oder 20 kV)

hohe Lastdichten, durch Trassenmangel und die Schwierigkeit der Geländebeschaffung für Umspannwerke. Die Schwierigkeit der Trassenbeschaffung gilt sowohl für Freileitungen im Randgebiet der Ballungsräume als auch für Kabel im Kern von Städten.

Lastdichten von 20 MVA/km² und mehr auf kleinen Flächen von z.B. 0,5 km² bis 2 km² sind heute im Zentrum von Ballungsräumen (Kaufhäuser, Hochhäuser) oder in Gebieten mit allelektrischer Versorgung zu finden. Die mittleren Lastdichten [12.33] dagegen sind sehr viel geringer: z.B. gilt für die mittleren Lastdichten 1970 in Berlin (West) $\approx$2,5 MVA/km² (480 km²) und $\approx$6 MVA/km² (200 km² bebaute Fläche), in Hamburg $\approx$2,1 MVA/km² (750 km²), in München $\approx$1,9 MVA/km² (310 km²), im Großraum Rhein-Ruhr $\approx$1,3 MVA/km² (6250 km²) und im Vergleich dazu in der Stadt Paris $\approx$14 MVA/km² (105 km²), im Großraum Paris $\approx$4 MVA/km² (1050 km²) und in New York $\approx$8 MVA/km² (815 km²). Bis zum Ende des Jahrhunderts werden in den Großstädten der BR Deutschland mittlere Lastdichten von 5 bis 10 MVA/km² erwartet und in den Stadtzentren sogar bis über 100 MVA/km². Die heute z.T. noch geschlossen betriebenen 110-kV-Netze werden dann in einzelnen Gruppen betrieben mit einem überlagerten leistungsfähigen 220- oder 380 kV-Netz.

Bild 12.19 zeigt zwei Möglichkeiten der Versorgung. Im ersten Fall (Bild 12.19a) gehen von einem 380-kV-Ring Stichleitungen 110 kV aus, die strahlenförmig in den Belastungsschwerpunkt vorstoßen. Im zweiten Fall (Bild 12.19b) wird ein unterirdisches Hochleistungsnetz (z.B. 380-kV-Kabel mit forcierter Kühlung durch Öl oder Wasser oder aber 380-kV-Rohrleiter) durch einen Ballungsraum verlegt. Im ersten Fall können Übertragungsfähigkeiten bei

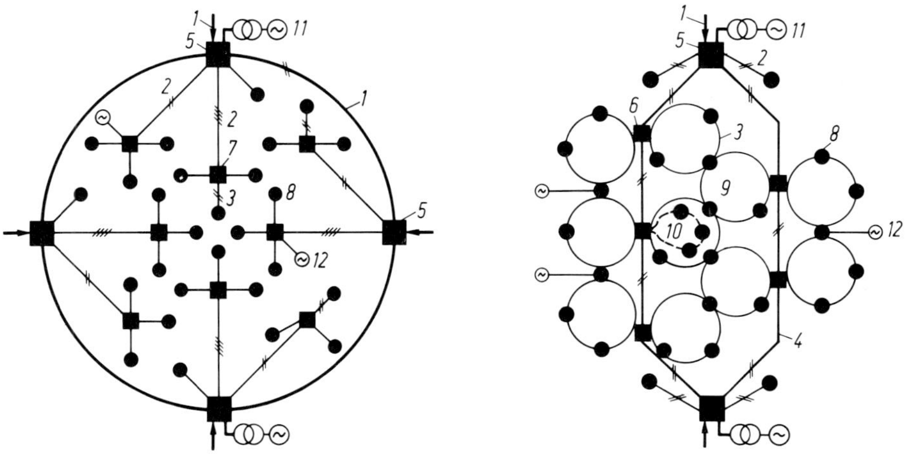

Bild 12.19. Prinzipien für die Energieversorgung von Ballungsgebieten (Millionenstädte).
(**a**) Ringkonzept mit Stichleitungen (380/110 kV); (**b**) Durchmesserkonzept mit unterirdischen Hochleistungsverbindungen und Verteilungsringen (380 kV/110 kV).
1 380-kV-Freileitungen; *2* 110-kV-Freileitungen mit 2 bis 4 Stromkreisen und hoher thermischer Übertragungsfähigkeit (teilweise u.U. als Kabel mit forcierter Kühlung); *3* 110-kV-Kabel; *4* unterirdische Hochleistungsübertragung (z.B. 380-kV-Kabel oder 380-kV-SF_6-Rohrleiter); *5* Umspannwerke 380/110 kV Freiluft; *6* Umspannwerke 380/110 kV mit SF_6-Schaltanlagen; *7* 110-kV-Hauptverteilungswerk ohne Transformatoren; *8* Umspannanlagen 110/10 kV (oder 110/20 kV); *9* Umspannanlagen 110/10 kV mit Kupplungsmöglichkeit 110 kV zum Nachbarring im Störungsfall; *10* Zusatzring 110 kV; *11* Große Kraftwerke mit Einspeisung auf 380 kV; *12* Einspeisung kleiner Kraftwerke im Ballungsraum auf 110 kV

110 kV von mehreren 100 MVA bis zu 1000 MVA günstig sein, während man im zweiten Fall bei der Verwendung kleiner 110-kV-Ringnetze mit Übertragungsfähigkeiten der 110-kV-Kabel von 150 bis 200 MVA auskommen kann.

Bei den Überlegungen und Planungen zur Versorgung von Ballungsräumen ist es wichtig, den Netzaufbau und die Transformatoren so zu wählen, daß die Kurzschlußströme und Erdkurzschlußströme sicher beherrscht werden, daß eine ausreichende Versorgungszuverlässigkeit eingehalten werden kann und daß die thermische Belastung von Kabeltrassen (110 kV, 10 kV) in Grenzen gehalten wird. Die beiden folgenden Beispiele für die Planung der Versorgung von Hamburg und Paris zeigen mögliche Ausführungsformen. Beide Beispiele entsprechen dem Ringkonzept mit Stichleitungen nach Bild 12.19a. Die geplante Versorgung von Berlin (West) [12.31] dagegen entspricht eher dem Prinzip in Bild 12.19b.

Bild 12.20 zeigt schematisch die geplante übergeordnete Versorgung der Stadt Hamburg (HEW) mit einem Halbring 380 kV und drei großen Umspannwerken 380/110 kV im Norden, Osten und Süden am Stadtrand. An die Hauptabspannwerke (Freiluft) sind drei oder vier 110-kV-Hauptverteilerwerke angeschlossen. Die Hauptverteilerwerke ihrerseits speisen mehrere Verteilungsabspannwerke 110/10 kV, die, über Kabel angeschlossen, möglichst in den Lastschwerpunkten liegen sollen.

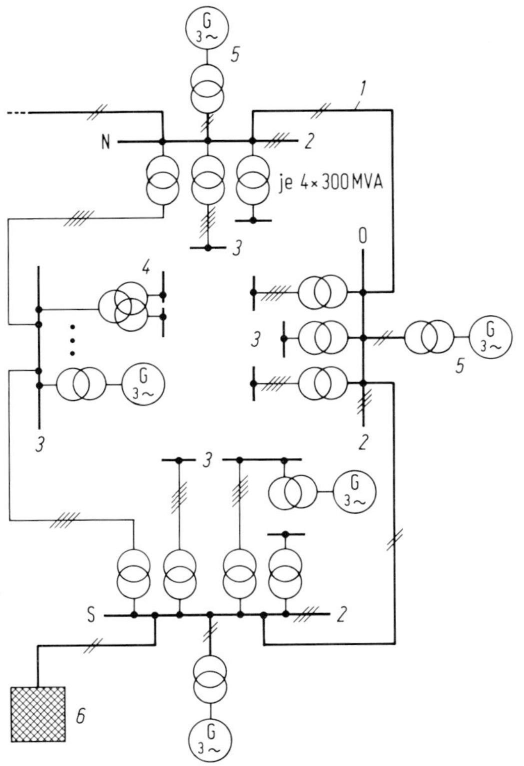

Bild 12.20. Geplante übergeordnete Versorgung 380/110 kV der Stadt Hamburg (HEW) für 10000-MVA-Netzlast (40 Transformatoren 380/110 kV je 300 MVA mit je 4 Transformatoren pro Gruppe) [12.20, 12.25].

1 380-kV-Doppelleitung; *2* 380/110-kV-Umspannwerk (Dreifachsammelschiene); *3* Hauptverteilungswerk 110 kV; *4* 110/10-kV-Umspannwerk mit maximal 4 × 63/32/32-MVA-Transformatoren; *5* Einspeisung großer Kraftwerke; *6* Anschluß an das Verbundnetz

Bild 12.21 zeigt den geplanten Aufbau der Energieeinspeisung für die Region Paris um das Jahr 2000 mit einem Leistungsbedarf in der Spitze von etwa 39500 MVA [11.15]. Nach Tabelle 12.2 wird dabei unterschieden zwischen der Stadt Paris (Zone I), den Vororten (Zone II) und den Satellitenstädten (Zone III). Der Leistungszuwachs der Zone I ist allein bedingt durch die steigende Spitzenlast pro Einwohner und damit die steigende Spitzenlast pro Flächeneinheit bei leicht abnehmender Einwohnerzahl. In den Zonen II und III ist der Spitzenlastanstieg sowohl durch Einwohnerzuwachs als auch durch den Anstieg der Spitzenlast pro Einwohner gegenüber dem heutigen Stand bedingt. Die Kennzahlen der Tabelle 12.2 sind als Prognosewerte anzusehen mit der Unsicherheit, die in der Entwicklung über eine Spanne von dreißig Jahren naturgemäß liegt.

12.4.3 Industrienetze

Aufbau und Auslegung der Netze in der Industrie sind weitgehend abhängig vom Leistungsbedarf, von den Fertigungsvorgängen, von den Anforderungen an

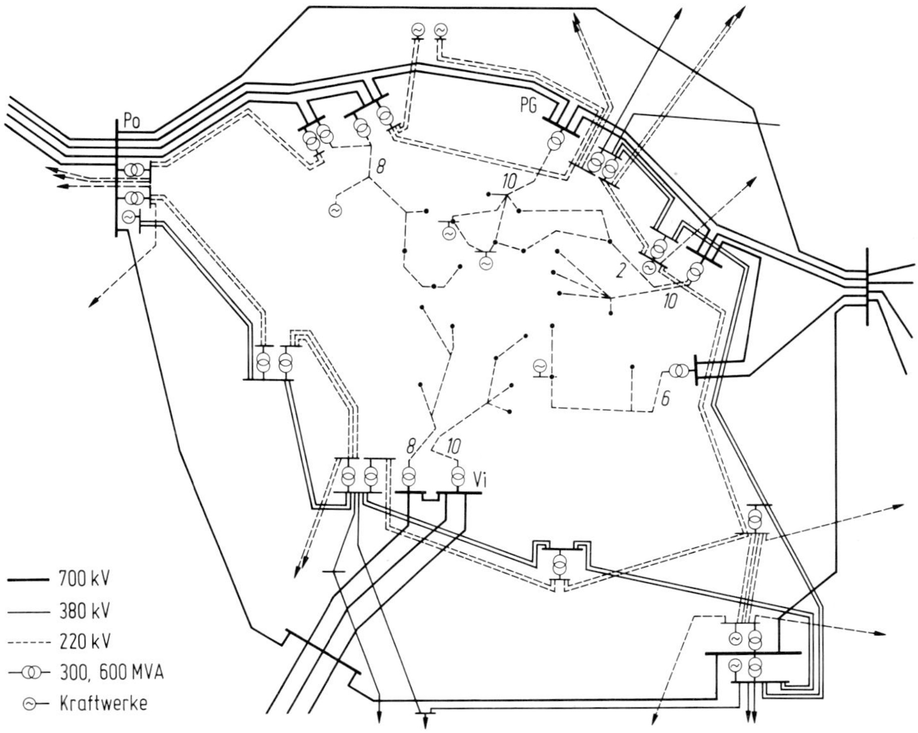

Bild 12.21. Geplantes 700/380/220-kV-Netz zur Versorgung des Großraumes Paris um das Jahr 2000 [11.15].

Die 220-kV-Verbindungen in der Stadt sind Kabel (Angaben an den Kabelverbindungen zeigen die Anzahl der parallelen Stromkreise)

Tabelle 12.2. Kennzahlen für die elektrische Energieversorgung der Region Paris. Stand 1965 und (Vorausschätzung für das Jahr 2000) [11.15]

Jahr			Zone		
			I Stadt Paris	II Vororte	III Satellitenstädte
1965 (2000)	Fläche	km²	87	650	1800
	Mill. Einwohner	–	2,8 (2,5)	4,6 (6,5)	–(4,0)
	Einwohnerdichte	EW/km²	31000 (28000)	7000 (10000)	100 (2200)
	Spitzenlast pro Einwohner (Dez.)	kVA/EW	0,38 (3,0)	0,42 (3,0)	0,32 (3,0)
	Spitzenlast	MVA	1100 (7500)	1900 (20000)	350 (12000)
	Spitzenlast pro Flächeneinheit	MVA/km²	12 (80)	3 (31)	– (6,5)

die Versorgungssicherheit (Gefährdung von Menschenleben, schwerwiegende Produktionsstörungen und Schäden an Produktionsanlagen) und anderen für den Betrieb gegebenen spezifischen Forderungen.

Bei kleinen Handwerks- und Industriebetrieben wird der Anschluß häufig direkt am Niederspannungsnetz der öffentlichen Versorgung vorgenommen. Größere Betriebe erhalten einen Anschluß an das Mittelspannungsnetz (Einspeisestation) auch wenn die Verteilung der elektrischen Energie im Betrieb nur über ein Niederspannungsnetz erfolgt. In Betrieben der Großindustrie mit Leistungen im Bereich von z.B. 10 MVA bis 300 MVA oder mehr sind allgemeine Aussagen nur schwer möglich. Innerhalb des Werksnetzes sind dann eigene Mittel- und Hochspannungsnetze vorhanden (z.B. 10 kV bis 30 kV, 110 kV oder sogar im begrenzten Umfang 220 kV als Sticheinspeisungen).

Eine Reihe von Sonderproblemen in Industrienetzen sollen hier aufgeführt werden:

a) Zusammenballung einer großen Zahl von Hoch- und Niederspannungsmotoren (meist Asynchronmotoren) auf engem Raum (z.B. in einem Gebäudekomplex). Motoren liefern Anteile zum Kurzschlußstrom (Kapitel 15) und führen beim Direkteinschalten u.U. zu großen Spannungseinbrüchen (Kapitel 7).
b) Schweißmaschinen, Lichtbogenöfen und andere Verbraucher können zu periodischen oder stochastisch verteilten Blindlaststößen führen und damit zu Spannungsschwankungen im eigenen Werksnetz und im öffentlichen Netz im Frequenzbereich zwischen 1 und 10 Hz, die für das menschliche Auge besonders unangenehme Auswirkungen bringen können (Lichtflimmern).
c) Beim Einsatz großer Stromrichterantriebe und durch den Anschluß von Elektrolyseanlagen treten Oberschwingungsbelastungen im Industrienetz und im öffentlichen Netz auf. Kondensatorbatterien zur Leistungsfaktorverbesserung werden deshalb häufig zu Saugkreisen ausgebildet [12.9].

Bei der Niederspannungsversorgung der Industrie unterscheidet man NS-Hauptverteilungen, Kraftverteilungen und Unterverteilungen. Größere Motoren sind an die Hauptverteilungen anzuschließen.

Im Gegensatz zur öffentlichen Versorgung mit Vollastbenutzungsstunden von 3000 bis 5000 h/a treten in der Industrie Werte von 4000 bis 7000 h/a auf. In Betrieben mit Erwärmungsanlagen und in Raffinerien sind 8000 h/a möglich. Bedingt durch die hohe Benutzungsdauer sind besondere Maßnahmen zur Herabsetzung der Verluste (Leistungsfaktorverbesserung) und für die Umschaltung bei Revisionen, Umbauten und Erweiterungen notwendig.

Bild 12.22 zeigt als Beispiel die Ausbauplanung des Netzes für ein großes Werk der eisenschaffenden Industrie. Der gezeigte Ausbauzustand kann selbstverständlich nur in mehreren Stufen erreicht werden, abhängig vom Anwachsen des Leistungsbedarfs. Die Hauptschaltanlage wird eingespeist von einem nahen Kraftwerk und vom 110-kV-Netz der öffentlichen Versorgung. Die Schwerpunkte des Werks (Eisenwerk, Stahlwerk und Walzwerk) werden über ausgelagerte Transformatoren 31,5 MVA angeschlossen, um 110-kV-Schaltanlagen im Werksgelände zu vermeiden. Reserveverbindungen 10 kV sorgen dafür, daß die einzelnen Abnehmergruppen, auch bei Ausfall eines Transformators 110/10 kV oder

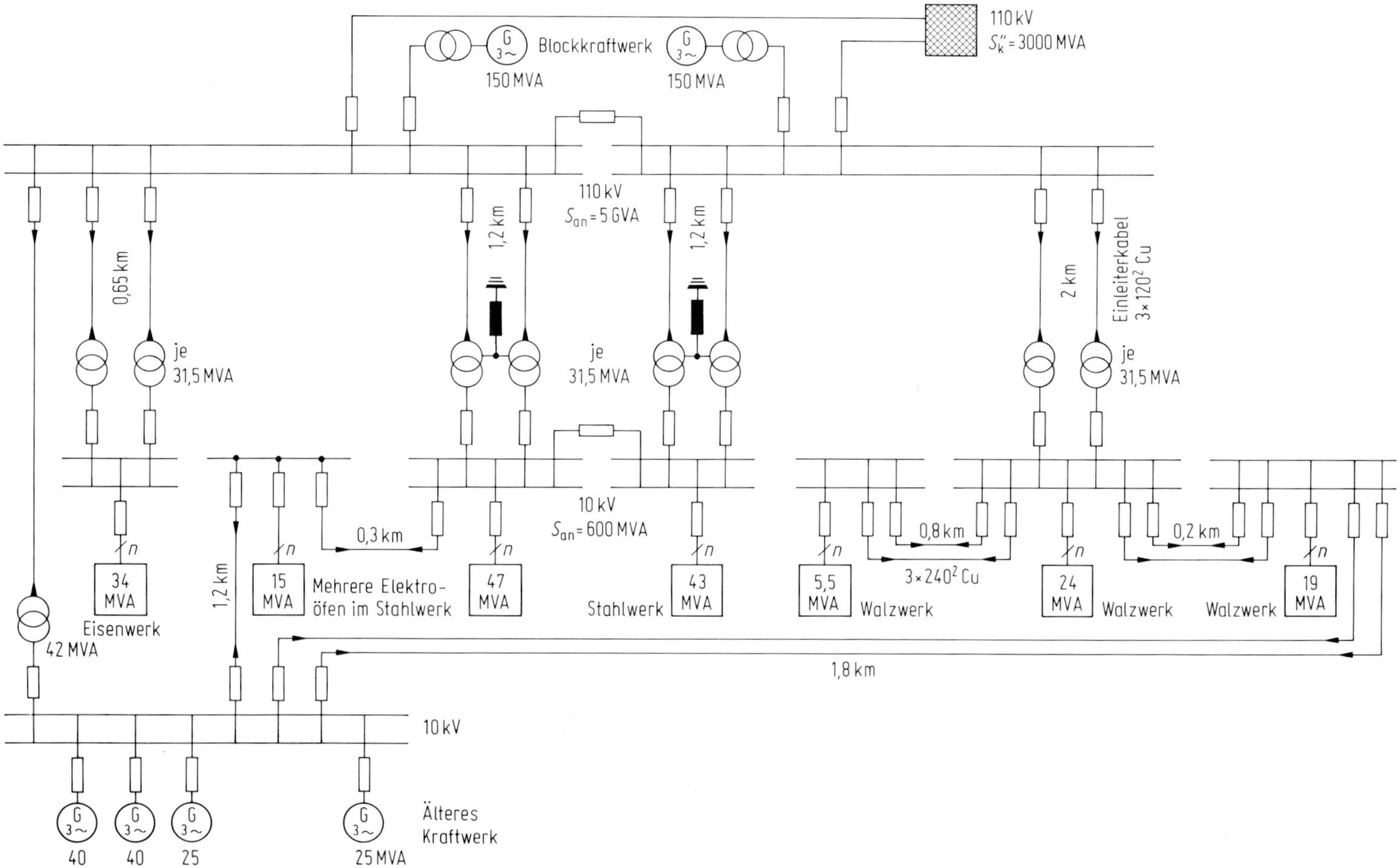

Bild 12.22. Ausbauplanung des Hochspannungsnetzes in einem Werk der Stahlindustrie (Ausbau in mehreren Stufen). Gezeichneter Endausbau geeignet für einen Leistungsbedarf von etwa 200 MVA, $\cos \varphi = 0{,}8$ ($\frac{1}{4}$ Stunden – Maximum)

bei Ausfall eines 110-kV-Zuleitungskabels, weitgehend weiter versorgt werden können. Kleinere Kraftwerksgeneratoren speisen über 10-kV-Kabel direkt in das Werksnetz und erbringen so eine zusätzliche Stützung der Versorgung. Die Verbraucher in den einzelnen Werksbereichen (Lichtbogenöfen, Stromrichterantriebe usw.) werden über 10-kV-Kabel an die gezeichneten 10-kV-Verteilungen angeschlossen. In mehreren Werkbereichen sind 5-kV-Teilnetze vorhanden zum Anschluß großer Asynchronmotoren.

12.5 Blindleistungsbedarf und Kompensation

Der Bedarf von Blindleistung im Drehstromnetz und ihre Bereitstellung aus Generatoren, Phasenschiebern und Kondensatoren gewinnt steigende Bedeutung bei der Auslegung großer Generatoren und der Blindleistungsbereitstellung für Freileitungen und Kabel hoher Spannung. Daneben hat der Blindleistungsbedarf für große Stromrichterantriebe und Lichtbogenöfen zu besonderen technischen Entwicklungen geführt, um auch rasch veränderlichen Blindleistungsanforderungen im Zusammenhang mit ausreichender Spannungshaltung gerecht zu werden.

12.5.1 Blindleistungsbedarf der Verbraucher und des Netzes

In hochindustrialisierten Ländern wird etwa zwei Drittel der bereitgestellten elektrischen Energie in der Industrie verwendet (Abschnitt 12.4). Blindleistung wird dort insbesondere von Asynchronmotoren, Stromrichterantrieben (z.B. für Walzwerke, Fördermaschinen usw.) und Elektroöfen (z.B. Lichtbogenöfen) benötigt. Um dies zu veranschaulichen zeigt Bild 12.23 die Betriebskurven eines Niederspannungsasynchronmotors (Beispiel), der schon bei Leerlauf etwa 35% der Motornennleistung als Blindleistung aufnimmt. Bei langgsam laufenden

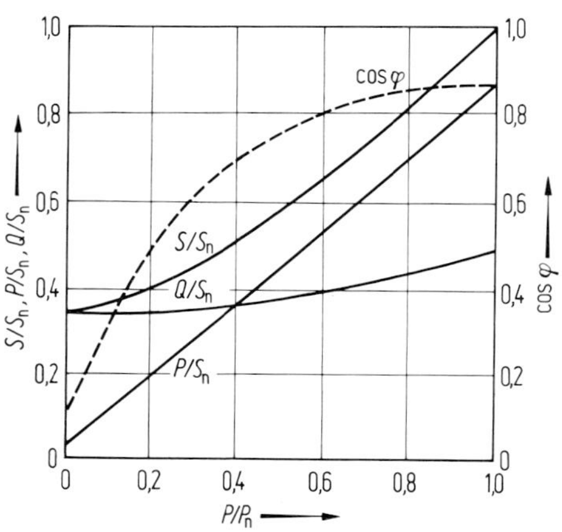

Bild 12.23. Betriebskennlinien eines Niederspannungs-Asynchronmotors mit Kurzschlußläufer (Beispiel)

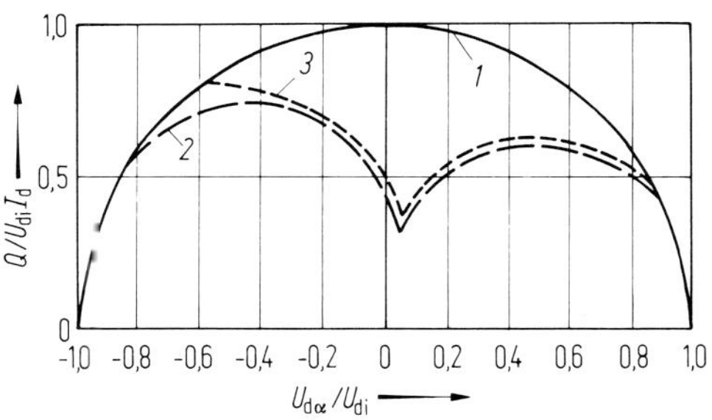

Bild 12.24. Blindleistungsbedarf bei Stromrichterantrieben für verschiedene Steuerverfahren [12.8].
1 Normale Steuerung; *2* Gefäßfolgesteuerung; *3* Nullanodenschaltung (dreipolig)

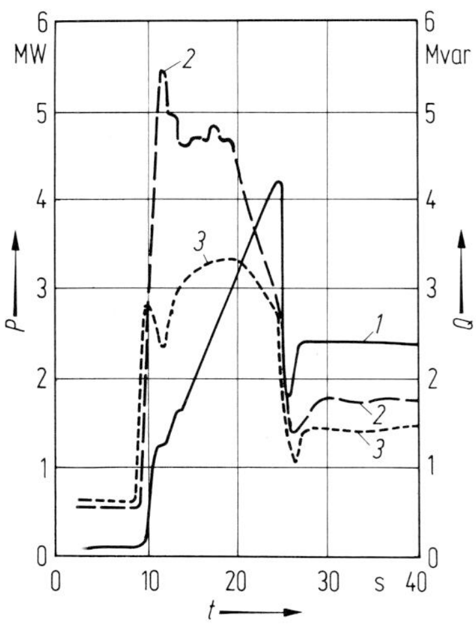

Bild 12.25. Wirkleistung P und Grundschwingungsblindleistung Q einer stromrichtergespeisten Fördermaschine [12.8].
1 Wirkleistung; *2* Blindleistung bei Betrieb ohne Nullanode; *3* Betrieb mit Nullanode

Motoren kann dieser Anteil sogar bis auf 70 % steigen. Bei reichlicher Wahl der Motornennleistung zur geforderten Antriebsleistung muß man mit einem merklich niedrigeren Leistungsfaktor $\cos\varphi$ als bei Vollastbetrieb rechnen.

Den Blindleistungsbedarf von Stromrichterantrieben, der sich aus Steuerblindleistung und Kommutierungsblindleistung zusammensetzt, versucht man durch blindleistungssparende Steuerverfahren möglichst klein zu halten. Bild 12.24 zeigt den Vergleich zwischen der Blindleistungsaufnahme Q bezogen auf die ideale Gleichstromleistung $U_{di} I_d$ bei den verschiedenen Steuerverfahren.

Den Erfolg bei Betrieb mit Nullanode für eine stromrichtergespeiste Fördermaschine erkennt man aus Bild 12.25. Die Blindleistung Q geht in der Spitze von etwa 5,5 Mvar auf 3,5 Mvar zurück.

Neben dem hohen Blindleistungsbedarf von Stromrichterantrieben sind die eingeprägten Oberschwingungsströme von Bedeutung, weil sie ins Netz abgegeben werden und dort die Spannung verzerren, zusätzliche Verluste hervorrufen

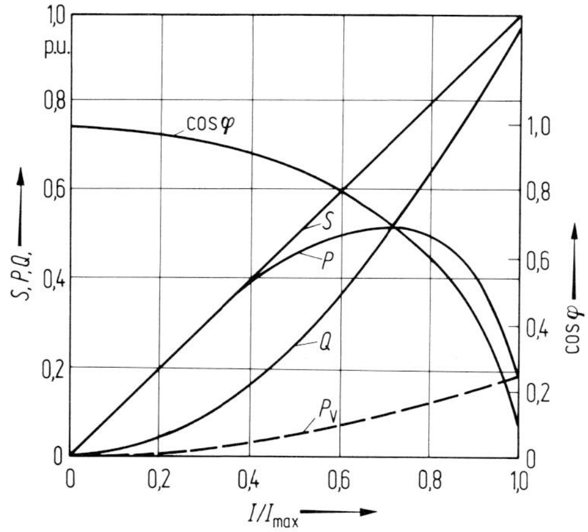

Bild 12.26. Betriebskennlinien eines Lichtbogenofens (Lichtbogen-Stahlschmelz-Ofen).
S Scheinleistung; P Wirkleistung; P_V Verlustleistung; Q induktive Blindleistungsaufnahme; $\cos\varphi$ Leistungsfaktor; I/I_{max} Ofenstrom bezogen auf den maximalen Ofenstrom (Strom bei Elektrodenkurzschluß)

und zur Anregung von LC-Schwingkreisen führen können. Zur Vermeidung dieser Nebenwirkungen werden in Industrienetzen mit Stromrichterantrieben häufig Saugkreise eingesetzt, die aus einer Kondensatorbatterie in Reihe mit einer Saugdrossel bestehen, abgestimmt auf die Frequenz der Stromoberschwingungen. Die Aufgabe der Leistungsfaktorverbesserung wird also mit der Aufgabe der Absaugung der Stromoberschwingungen zusammengefaßt (Abschnitt 12.5.3).

Als drittes Beispiel für hohen Blindleistungsbedarf von Verbrauchern wird der Lichtbogen-Stahlschmelz-Ofen betrachtet. Beim Verarbeiten von Schrott liegt während der Einschmelzphase eine schnell sich ändernde und dazu unsymmetrische Blindleistungsaufnahme vor. Bild 12.26 zeigt dazu die Betriebskennlinie eines Lichtbogenofens bezogen auf den maximalen Ofenstrom entsprechend der Stromaufnahme bei Elektrodenkurzschluß.

Man erkennt, daß beim Maximum der aufgenommenen Wirkleistung $P \approx Q$ gilt und damit der Leistungsfaktor $\cos\varphi \approx 0{,}7$. Beim Einschmelzen schwankt der Leistungsfaktor häufig sogar zwischen 0,5 und 0,7. Bild 12.27 zeigt dazu einen Ausschnitt aus den Schreibstreifen eines 36-MVA-Lichtbogenofens (Fassungsvermögen 100 t).

Die Auswirkungen eines Lichtbogenofens auf das Einspeisenetz können besonders dadurch unangenehm werden, daß schnelle Blindleistungs- bzw. Blindstromänderungen auch im Bereich 5 bis 10 Hz (5 bis 10mal pro Sekunde) auftreten und Spannungsschwankungen im Netz mit dieser Frequenz hervorrufen. Überschreiten diese Spannungsschwankungen in der Amplitude und Frequenz, die in den Flimmerkurven angegebenen Grenzwerte (Bemerkbarkeits- bzw. Störgrenze), so kommt es zu bemerkbaren bzw. störenden Lichtstromschwankungen der elektrischen Beleuchtung. Bei 60 W/220-V-Glühlampen betragen die zulässigen Spannungsschwankungen $\Delta u_{zul} \approx (0{,}3 \ldots 0{,}4)\,\%$ im Flimmer-

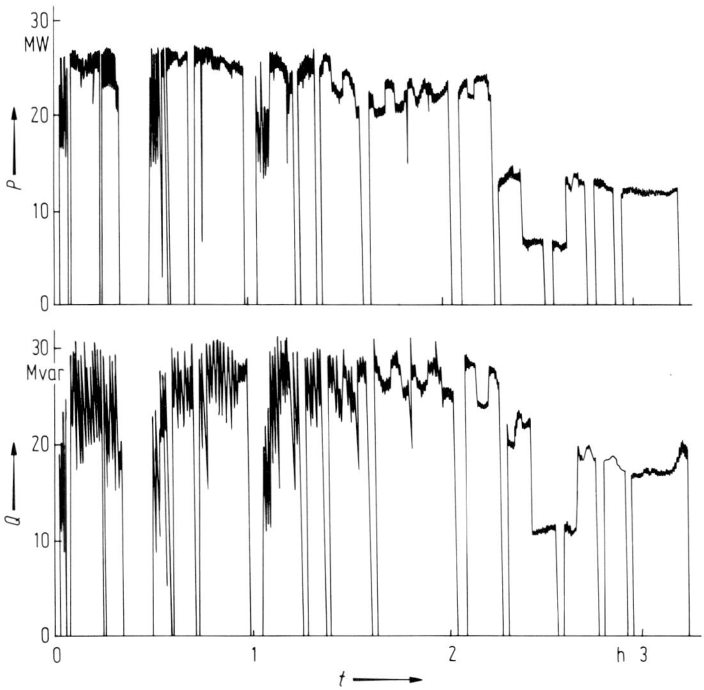

Bild 12.27. Ausschnitt aus den Schreibstreifen eines 36-MVA-Lichtbogenofens (Fassungsvermögen 100 t).
P Wirkleistungsaufnahme; Q Blindleistungsaufnahme

frequenzbereich 4 bis 8 Hz. Bild 12.28 zeigt Grenzkurven für Spannungsschwankungen nach [12.1, 12.6].

Die Größe der Spannungsschwankungen am Anschlußpunkt des Netzes und Störungen für 220 V/40 W bzw. 220 V/100 W nach [12.26] oder an einem anderen Netzpunkt, z.B. dort wo die öffentliche Versorgung angeschlossen ist, hängen neben der Ofenauslegung und Prozeßführung in starkem Maße von der Netzkurzschlußleistung S_k'' am betrachteten Netzpunkt ab. Erwünscht ist eine möglichst große Leistung S_k''. Zur ersten Abschätzung ob ein oder mehrere Lichtbogenöfen ohne Kompensationsanlagen an ein Hochspannungsnetz angeschlossen werden können ohne daß Lichtflimmern zu erwarten ist dient die folgende Erfahrungsformel:

$$S_k'' \gtrapprox S_{\mathrm{O\,max}} \cdot 80 \cdot \sqrt[4]{n} \tag{12.1}$$

Dabei sind:

S_k'' Anfangs-Kurzschlußwechselstromleistung am betrachteten Netzanschlußpunkt: $S_k'' = \sqrt{3}\, U_n\, I_k''$ (Abschnitt 15.3.4)

$S_{\mathrm{O\,max}}$ Höchstwert der Ofenscheinleistung (u.U. Zweistunden-Leistung des Ofentransformators)

n Anzahl parallel arbeitender Lichtbogenöfen der Leistung $S_{\mathrm{O\,max}}$

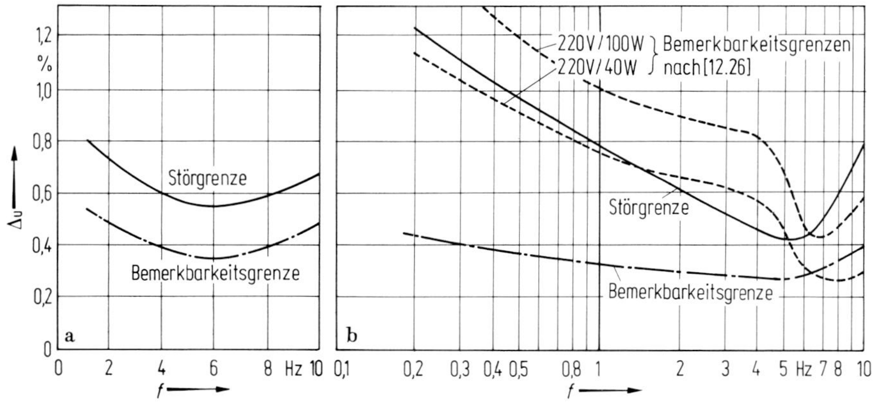

Bild 12.28. Grenzkurven für Spannungsschwankungen abhängig von der Frequenz, „Flimmergrenzkurven".

(**a**) Für Glühlampen 220 V, 60 W nach [12.1]; (**b**) für 120 V nach [12.6] und Bemerkbarkeitsgrenzen nach [12.26]

Betrachtet man als Beispiel zwei Lichtbogenöfen mit jeweils $S_{\mathrm{O\,max}} = 80\,\mathrm{MVA}$ gespeist von einer Sammelschiene im 220-kV-Netz, so benötigt man mindestens $S_k'' = 80\,\mathrm{MVA} \cdot 80\sqrt[4]{n} \approx 7700\,\mathrm{MVA}$.

Bei Gl. (12.1) wird vorausgesetzt, daß etwa 30% der höchsten Ofenleistung $S_{\mathrm{O\,max}}$ als schnell schwankende Blindleistung im Bereich 5 bis 10 Hz auftreten und dabei $\Delta u_{\mathrm{zul}} \approx 0{,}4\,\%$ nicht überschritten wird. Mit dieser Zuordnung $\Delta Q \approx 0{,}3\,S_{\mathrm{O\,max}}$ (oder auch $\Delta Q \approx 0{,}4\,S_{\mathrm{nT}}$) bei einem Lichtbogenofen kann man Δu in einfacher Weise abschätzen:

$$\Delta u \approx x \cdot \Delta Q \sqrt[4]{n} \approx x \cdot 0{,}3\,S_{\mathrm{O\,max}} \sqrt[4]{n} \tag{12.2}$$

$\{\Delta u\}$	$\{x\}$	$\{\Delta Q\}, \{S_{\mathrm{O\,max}}\}$
%	%/MVA	Mvar, MVA

In Gl. (12.2) ergibt sich die Innenreaktanz x des Netzes am betrachteten Netzpunkt aus der dort anstehenden Kurzschlußleistung S_k'' mit $x = 110\,\%/S_k''$ wenn man S_k'' in MVA einsetzt (Abschnitt 15.8.2). Wie in Gl. (12.1) wurde auch in Gl. (12.2) der Faktor $\sqrt[4]{n}$ eingeführt zur Berücksichtigung gleichgroßer parallel arbeitender Lichtbogenöfen. Arbeiten zwei Öfen mit stark unterschiedlicher Leistung parallel, so kann man den Zusatzeinfluß des kleinen Ofens meist vernachlässigen.

Der Blindleistungsbedarf der Transformatoren wird fast ausschließlich durch die Streuung bestimmt und spielt eine Rolle im Netz insbesondere unter Beachtung der Tatsache, daß die Summe der Nennleistungen der Transformatoren im Netz etwa das drei- bis vierfache der abgegebenen Leistung erreichen [12.8].

Bei Freileitungen hängt die induktive Blindleistungsaufnahme oder die induktive Blindleistungsabgabe = kapazitive Blindleistungsaufnahme im VZS von

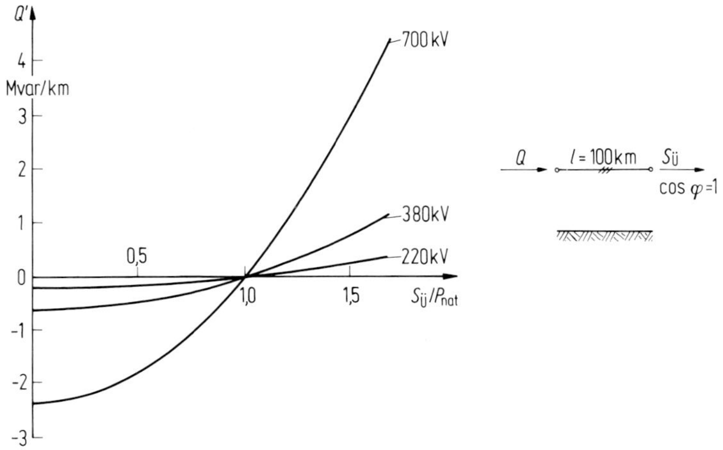

Bild 12.29. Blindleistungsbedarf Q' von Drehstromfreileitungen abhängig von der Übertragungsleistung $S_Ü$ bezogen auf P_{nat} bei einer Leitungslänge $l = 100$ km

der Übertragungsleistung im Verhältnis zur natürlichen Leistung P_{nat} ab. Bei Spannungen bis 110(...150)kV und verhältnismäßig kurzer Übertragungsentfernung werden die Freileitungen bei Hochlast im Netz meist mit einer Scheinleistung größer als die natürliche Leistung belastet, so daß dann induktiver Blindleistungsbedarf der Leitung vorliegt. Bei Leerlauf der Leitungen oder bei Betrieb mit einer Leistung unter der natürlichen Leistung wird kapazitive Ladeleistung aufgenommen. Bei natürlicher Leistung P_{nat} (Wirkleistung) gleichen sich aufgenommene und abgegebene induktive Blindleistung gerade aus (Abschnitt 9.5.2).

Bild 12.29 zeigt den Blindleistungsbedarf von Hochspannungsdrehstromfreileitungen abhängig vom Verhältnis $S_Ü/P_{nat}$. Positive Blindleistung Q ist die aufgenommene induktive Blindleistung. Bei Leitungslängen bis etwa 250 km Länge kann man Q wie folgt berechnen (verlustlose Leitung):

$$Q = Q_L - Q_C = 3\,I^2\,\omega\,L_1 - U^2\,\omega\,C_1 \tag{12.3}$$

In Gl. (12.3) gibt das erste Glied den induktiven Blindleistungsbedarf Q_L an bei Belastung und das zweite Glied die kapazitive Ladeleistung Q_C der leerlaufenden Leitung (Gl. (9.78)). Mit $P_{nat} = U^2/Z_{W1}$ nach Gl. (9.99) wird aus Gl. (12.3):

$$Q = \omega\,C_1\,Z_{W1}(3\,I^2\,Z_{W1} - P_{nat}) = \omega\,C_1\,Z_{W1}\,P_{nat}\left(\frac{3\,I^2\,Z_{W1}}{P_{nat}} - 1\right) \tag{12.4}$$

Führt man $\omega\,C_1 = 1/X_{1C}$ und $S_Ü^2 = 3\,I^2\,U^2$ ein, so findet man

$$Q = Q_L - Q_C = P_{nat}\frac{Z_{W1}}{X_{1C}}\left[\left(\frac{S_Ü}{P_{nat}}\right)^2 - 1\right] \tag{12.5}$$

Bei $S_Ü = 0$ wird $Q = -Q_C = -U^2/X_{1C}$ während sich bei $S_Ü = P_{nat}$ nach Gl. (12.5) $Q = 0$ ergibt.

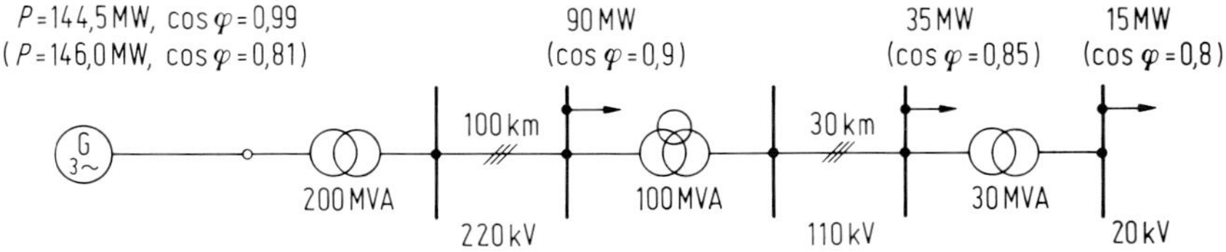

	Wirkverluste P_V in MW					
reine Wirklast	0,6	2,6	0,2	1,1	0,07	Σ 4,6
gemischte Last	0,7	3,4	0,3	1,6	0,09	Σ 6,1
	Blindleistugsbedarf Q in Mvar					
reine Wirklast	16,8	-4,4	4,6	1,4	1,1	Σ 19,5
gemischte Last	20,6	-1,3	6,3	2,5	1,7	Σ 29,8
	Spannungsfall in % der jeweiligen Nennspannung					
reine Wirklast	1,2	2,2	0,8	2,3	0,5	Σ 7,0
gemischte Last	7,3	7,5	4,8	5,6	5,5	Σ 30,7

Bild 12.30. Wirkverluste P_V und Blindleistungsbedarf Q_C, sowie Spannungsabfälle einer Energieübertragung. Beispiel nach [12.8]. Die eingeklammerten Werte im Bild gelten für gemischte Last

Für eine 380-kV-Leitung mit $C_1' = 13{,}8 \cdot 10^{-9}$ F/km und damit $X_{1C}' = 231$ kΩ km ergibt sich $Q_C' \approx 63$ Mvar/100 km. Mit $P_{nat} = 605$ MW und $Z_{W1} = 240\,\Omega$ (Tabelle 9.11) findet man z.B. bei $S_Ü = 1{,}5\,P_{nat}$ nach Gl. (12.5): $Q' = Q_L' - Q_C' \approx (142 - 63)$ Mvar/100 km $= 79$ Mvar/100 km.

Im Übertragungs- und Verteilungsnetz setzt sich nun der Blindleistungsbedarf der Verbraucher mit dem Blindleistungsbedarf der Transformatoren und Leitungen zum gesamten Blindleistungsbedarf zusammen. Um dies zu veranschaulichen, wird ein Beispiel aus [12.8] übernommen für ein einfaches Netz mit drei Spannungsebenen (220 kV, 110 kV und 20 kV). Im Bild 12.30 wird zwischen dem Fall mit reiner Wirklast und dem Fall mit gemischter Last unterschieden. Der Blindleistungsbedarf der Verbraucher und der Blindleistungsbedarf bzw. die Blindleistungsabgabe von Leitungen (Freileitungen und Kabel) sind möglichst am oder in der Nähe des Entstehungsortes zu kompensieren (Abschnitt 12.5.2).

Besondere Überlegungen zur Blindleistungskompensation sind bei Drehstrom-Höchstspannungs-Übertragungen und Gleichstrom-Hochspannungs-Übertragungen notwendig, wegen der Höhe des dabei bei größeren Übertragungsleistungen und Entfernungen auftretenden Blindleistungsbedarfs. Bild 12.31 gibt dazu einen Überblick. Im Teilbild 12.31a wird ein maximaler Leitungswinkel $\delta_L \leqq 30°$ vorausgesetzt. Bei einer Leitungslänge größer als 500 km wird deshalb Reihenkompensation Q_{RK} eingeführt (Leitungswinkel 6° pro 100 km Leitungslänge). Weiter wird in diesem Teilbild zwischen installierter und eingesetzter Blindleistung $Q = Q_D + Q_{RK}$ unterschieden. Bei einer Übertragungsentfernung von 500 km mit $P = P_{nat}$ wird also $Q_{RK} = 0$ und $Q_D = Q_C$ (kapazitive Ladeleistung bei 500 km und 100% Kompensation dieser Ladeleistung im Leerlauf durch Drosseln mit Q_D). Bei Betrieb mit P_{nat} werden die Drosseln zur Kompensation der Ladeleistung ausgeschaltet.

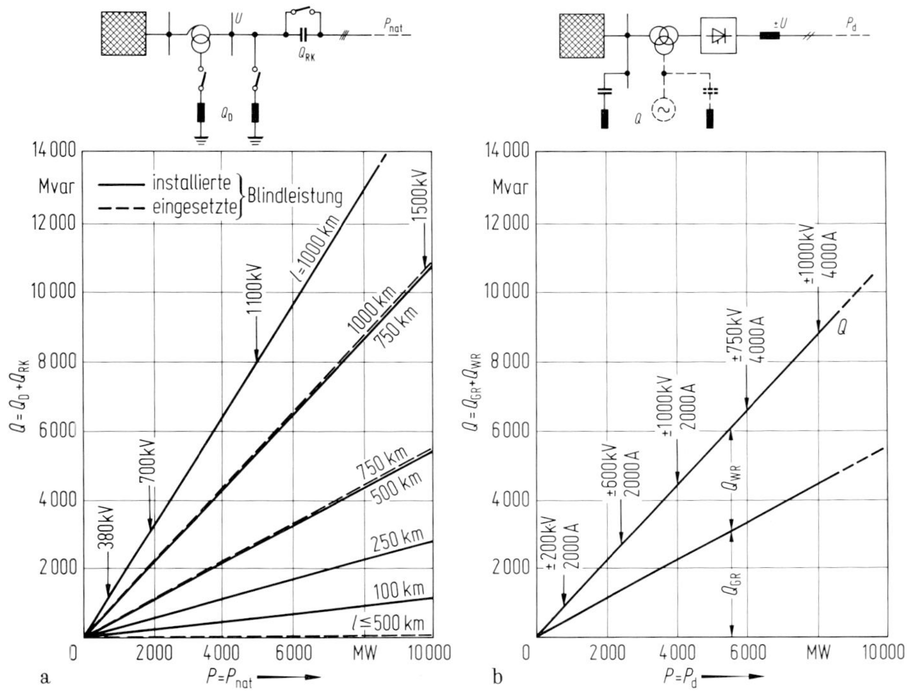

Bild 12.31. Blindleistungsbedarf bei DHÜ und HGÜ [12.23].

(**a**) Drehstrom-Hochspannungs-Übertragung, 1 Stromkreis, $\delta_L \leqq 30°$, Betrieb mit P_{nat}; (**b**) Hochspannungs-Gleichstrom-Übertragung, Blindleistungsbedarf für Gleichrichter und Wechselrichteranlage (GR + WR)

Im Teilbild 12.31 b sind dem Blindleistungsbedarf der Drehstromfreileitungen, der Blindleistungsbedarf bei HGÜ in der Gleichrichter (GR)- und Wechselrichter (WR)-Station gegenübergestellt, abhängig von der Gleichstromleistung P_d der HGÜ-Übertragung und unabhängig von der Übertragungsentfernung (Kapitel 19). Bei mäßigen Übertragungsentfernungen mit $l \leqq 500$ km ist die zu installierende Blindleistung bei DHÜ geringer als bei HGÜ, auch wenn man Drosseln zur vollständigen Kompensation der Ladeleistung der Drehstromfreileitung vorsieht.

12.5.2 Blindleistungskompensation im Drehstromnetz

Der größte Teil der benötigten induktiven Blindleistung wird auch heute noch aus Generatoren in Dampf- und Wasserkraftwerken bereitgestellt, während die Bereitstellung aus Synchronphasenschiebern unter 10% bleibt und Kondensatoren einen wachsenden Anteil (über 40%) erobert haben [12.9].

Turbogeneratoren können induktive Blindleistung zu geringen mittleren Preisen erzeugen, insbesondere bei einem Leistungsfaktor in der Nähe von $\cos\varphi = 1$. Bild 12.32 zeigt die Zunahme der Eisenlänge, der Erregerdurchflutung, der Ankerdurchflutung und der Kosten bei abnehmendem Leistungsfaktor $\cos\varphi_n$

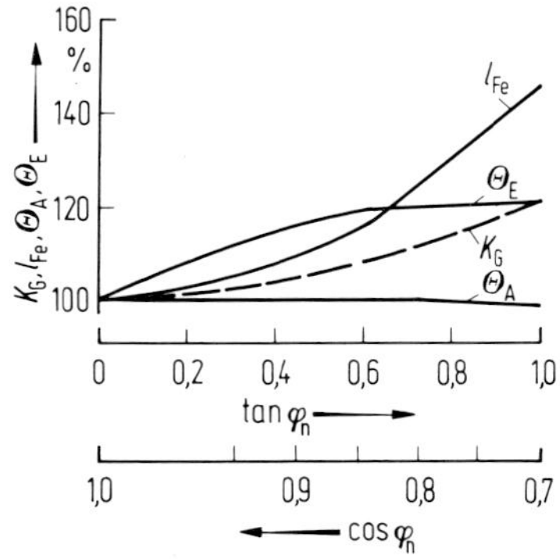

Bild 12.32. Kosten der Blindleistungserzeugung durch große Turbogeneratoren [5.10]. Θ_A Ankerdurchflutung; Θ_E Erregerdurchflutung; l_{Fe} Eisenlänge; K_G Generatorkosten

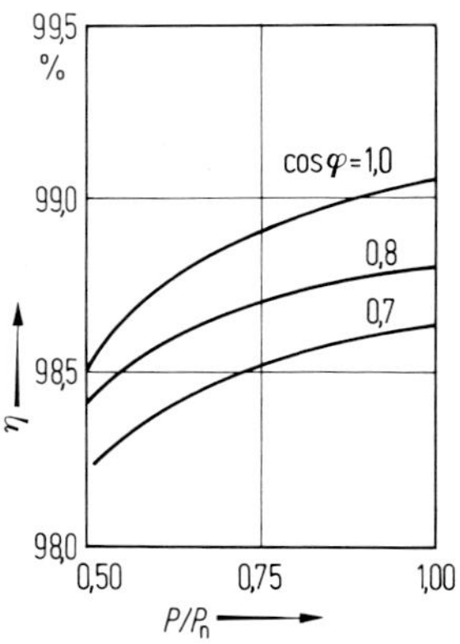

Bild 12.33. Wirkungsgrad η eines Turbogenerators 150 MW abhängig vom Leistungsfaktor $\cos\varphi$

gegenüber $\cos\varphi_n = 1$ [5.10]. Dabei wurde angenommen, daß die verglichenen Turbogeneratoren gleiche Nenn-Wirkleistungen aber unterschiedliche Nenn-Blindleistungen haben, daß die Leistung für $\cos\varphi_n > 0{,}85$ durch die Ständererwärmung, die Leistung für $\cos\varphi_n < 0{,}85$ durch die Läufererwärmung begrenzt wird, und daß die Generatorkosten mit der Wurzel aus der Eisenlänge wachsen.

Neben den steigenden Generatorkosten bei fallendem Nennleistungsfaktor treten auch steigende Verluste im Generator auf und damit fallende Wirkungsgrade, wie Bild 12.33 als Beispiel für einen 150-MW-Turbogenerator zeigt.

Vergleicht man die Bereitstellungskosten und die Verluste, so zeigt sich, daß die Mehrkosten der Blindleistungsbereitstellung aus Turbogeneratoren beim Übergang von $\cos\varphi_n = 1$ auf $\cos\varphi_n = 0{,}8$ am günstigsten sind, während Kondensatoren und Drosseln zur Blindleistungskompensation die kleinsten Verluste zeigen (Mehrverluste in W/kvar liegen bei Generatoren um 50 bis 100% höher als die Verluste bei Kondensatoren). Im Bezug auf Preis und Verluste liegen Synchronphasenschieber am ungünstigsten, ihre Vorteile liegen in der dynamischen Spannungsstützung und beim Einsatz für die Hochspannungsübertragung

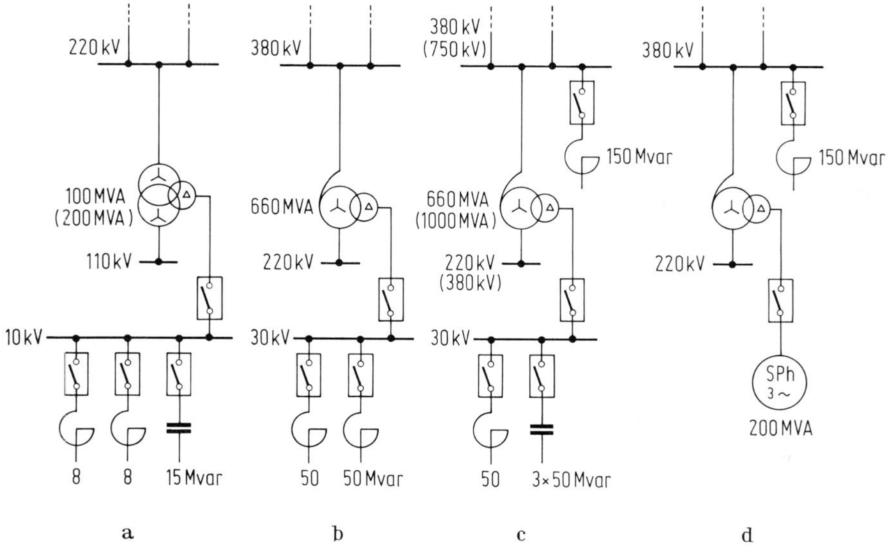

Bild 12.34. Möglichkeiten zur Blindleistungsbereitstellung in den Anlagen von Hochspannungsnetzen (Beispiele) [12.8].

(**a**) Kompensation im 220-kV-Netz; (**b**) Kompensation mit Drosseln an der Tertiärwicklung von Spartransformatoren; (**c**) Kompensation mit zusätzlichen Ladestromdrosseln an der Hochspannungsleitung; (**d**) Kompensation mit einem Synchronphasenschieber und Drosseln an der Hochspannungsleitung

DHÜ und HGÜ. Mit zunehmender Einheitenleistung und hoher Ausnutzung der Turbogeneratoren wird es in zunehmendem Maße wichtig, einen möglichst großen Nennleistungsfaktor zu wählen.

In Hochspannungsnetzen 220 kV, 380 kV und darüber übersteigt die Blindleistungsabgabe der Freileitungen die Blindleistungsaufnahme der Transformatoren, insbesondere in Schwachlastzeiten. Der Einsatz von Ladestromdrosseln mit Anschluß an die Tertiärwicklungen von Netztransformatoren und/oder direkt an die Hochspannungsleitungen ist deshalb notwendig. Direkt an die Hochspannungsleitung angeschlossene Drosseln haben dabei zusätzlich den Vorteil, daß die Spannungshaltung bei Leerlauf verbessert wird und eine Beschränkung der inneren transienten Überspannungen eintritt [12.34]. Bild 12.34 zeigt verschiedene Möglichkeiten zur Blindleistungsbereitstellung in Hochspannungsnetzen $U_n \geqq 220$ kV, wobei auch der Einsatz von Kondensatoren berücksichtigt wurde für hochbelasteten Betrieb der Leitungen mit übernatürlicher Leistung. Einige ausgeführte Anlagen zur Blindstromkompensation bei DHÜ und HGÜ sind in den Bildern 12.34 und 19.3 bis 19.8 dargestellt.

Kondensatoren zur Leistungsfaktorverbesserung werden häufig in den Netzen der Sonderabnehmer der Industrie eingesetzt. Ein Anreiz dazu besteht durch die Tarifgestaltung beim Scheinleistungstarif und beim Blindstrom-Überverbrauchstarif. Beim Blindstrom-Überverbrauchstarif wird die Blindlei-

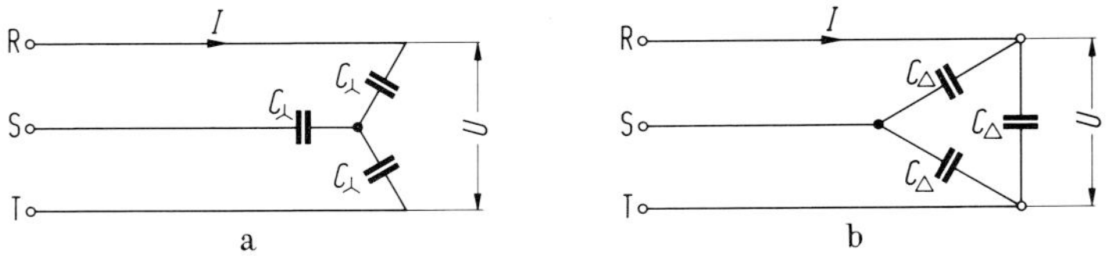

$$Q_C = U^2 \omega C_{\perp} = \sqrt{3}\, U I \quad (12.6a) \qquad Q_C = U^2 \omega 3 C_{\triangle} = \sqrt{3}\, U I \quad (12.7a)$$

$$Q_C = 3 I^2 / (\omega C_{\perp}) \quad (12.6b) \qquad Q_C = I^2 / (\omega C_{\triangle}) \quad (12.7b)$$

$$W_C = (1/2) \cdot C_{\perp} U^2 \quad (12.8) \qquad W_C = (3/2) \cdot C_{\triangle} U^2 \quad (12.9)$$

Bild 12.35. Kapazitive Blindleistung Q_C (abgegebene induktive Blindleistung) und gespeicherte Energie W_C für Drehstromkondensatoren

(**a**) Kondensatoren mit der Kapazität $C_{\perp}$ in Sternschaltung; (**b**) Kondensatoren mit der Kapazität $C_{\triangle}$ in Dreieckschaltung

stungsabnahme, die z.B. 50 % der Wirkleistungsabnahme übersteigt, mit einem Preis berechnet der bei 10 bis 20 % des Preises für eine kWh liegt.

Kondensatoren werden zur Einzelkompensation der Blindleistungsaufnahme von Betriebsmitteln (z.B. Transformatoren und Motoren), zur Gruppenkompensation meist in regelbaren abgestuften Batterien für einzelne Netzgruppen und in Form von Saugkreisen in Netzen mit Stromrichterantrieben eingesetzt. Der Zusammenhang zwischen der Kapazität C der Kondensatorbausteine und der kapazitiven Blindleistung eines Drehstromkondensators zeigt Bild 12.35.

Gilt für die Kapazitäten $C_{\perp} = 3 C_{\triangle}$, so erreichen die Blindleistung Q_C und die gespeicherte Energie W_C gleiche Größe für Drehstromstern- oder Dreieckschaltung der Kondensatoren.

Aus Bild 12.36 ergeben sich folgende Beziehungen für die Klemmen RST:

vor dem Anschluß der Kondensatorbatterie (v)	nach dem Anschluß der Kondensatorbatterie (n)	
$\underline{S}^{\mathrm{v}} = P + \mathrm{j}\, Q^{\mathrm{v}}$	$\underline{S}^{\mathrm{n}} = P + \mathrm{j}\, Q^{\mathrm{n}}$	(12.10)
$\cos \varphi^{\mathrm{v}} = P / S^{\mathrm{v}}$	$\cos \varphi^{\mathrm{n}} = P / S^{\mathrm{n}}$	(12.11)
	$P = S^{\mathrm{v}} \cos \varphi^{\mathrm{v}} = S^{\mathrm{n}} \cos \varphi^{\mathrm{n}}$	(12.12)
$Q^{\mathrm{v}} = P \tan \varphi^{\mathrm{v}}$	$Q^{\mathrm{n}} = P \tan \varphi^{\mathrm{n}}$	(12.13)

Die Kondensatorleistung Q_C (vom Kondensator abgegebene Blindleistung) ist die Differenz zwischen Q^{v} und Q^{n}

$$Q_C = Q^{\mathrm{v}} - Q^{\mathrm{n}} = P(\tan \varphi^{\mathrm{v}} - \tan \varphi^{\mathrm{n}}) = Q^{\mathrm{v}} - P \tan \varphi^{\mathrm{n}} \qquad (12.14a)$$

Bei Angabe von S^{v} und $\cos \varphi^{\mathrm{v}}$ kann man für Q_C auch schreiben

$$Q_C = Q^{\mathrm{v}} - Q^{\mathrm{n}} = Q^{\mathrm{v}} - (S^{\mathrm{v}} \cos \varphi^{\mathrm{v}}) \tan \varphi^{\mathrm{n}} \qquad (12.14b)$$

Wird ein gewünschter $\cos \varphi^{\mathrm{n}} > \cos \varphi^{\mathrm{v}}$ vorgegeben und soll die erforderliche Größe der Kondensatorbatterie Q_C nach Gl. (12.14) ermittelt werden, so kann dazu Tabelle 12.3 eine Hilfe sein.

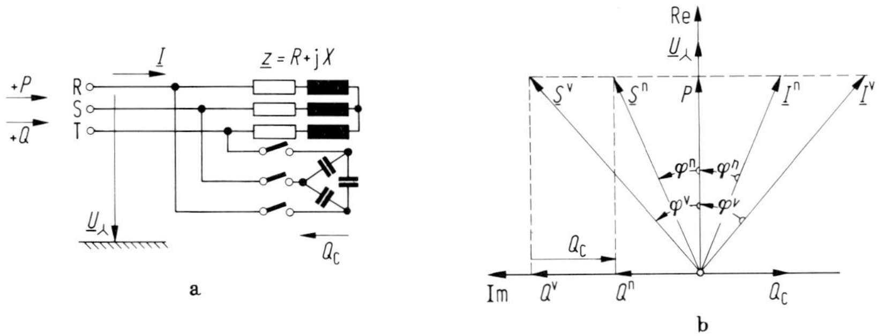

Bild 12.36. Kompensation von ohmsch-induktiver Last durch eine Kondensatorbatterie im Drehstromnetz.

(**a**) Schaltung; (**b**) Zeigerdiagramm der Scheinströme und Scheinleistungen.

Indizes: v (hochgestellt) vor dem Anschluß der Kondensatorbatterie, n (hochgestellt) nach dem Anschluß der Kondensatorbatterie

Tabelle 12.3. Ermittlung von $\tan\varphi^n$ aus den gewünschten $\cos\varphi^n$ bei Anwendung von Gl. (12.14)

$\cos\varphi^n$	0,800	0,825	0,850	0,875	0,900	0,925	0,950	0,975	1,00
$\tan\varphi^n$	0,750	0,685	0,620	0,553	0,484	0,411	0,329	0,228	0

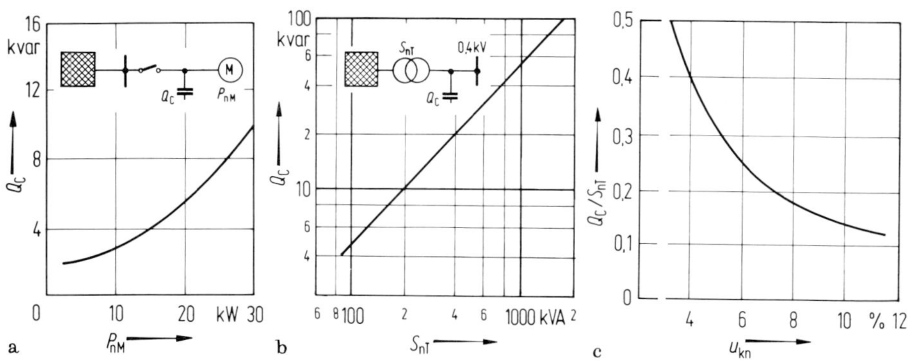

Bild 12.37. Einzelkompensation von Motoren und Transformatoren.

(**a**) Kompensation nach Anschlußbedingungen der VDEW. Gl. (12.15) muß erfüllt sein; (**b**) Richtwerte für Einzelkompensation auf der Niederspannungsseite von Transformatoren; (**c**) Grenzkurve für Kondensatorleistungen bei Einzelkompensation von Transformatoren abhängig von u_{kn} der Transformatoren

Die Einzelkompensation von Asynchronmotoren in Niederspannungsnetzen ist dann wirtschaftlich, wenn diese dauernd eingeschaltet sind und die Kondensatoren ohne Schaltgeräte direkt an den Motorklemmen liegen. Für kleine Motoren werden nach den Anschlußbedingungen der VDEW Kondensatoren nach Bild 12.37a empfohlen. Um Überkompensation im Leerlauf und Selbsterregung beim Auslaufen zu vermeiden, gilt für den Festanschluß von Kondensa-

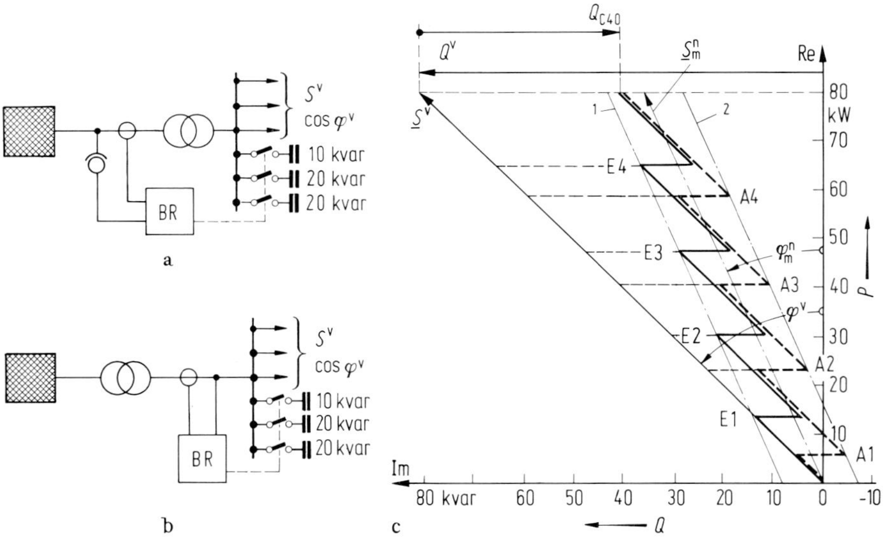

Bild 12.38. Anschluß und Wirkungsweise einer Kondensatorregelanlage (Stufung im Verhältnis 1:2:2).

(**a**) Anschluß des Blindleistungs-Reglers (BR) auf der Hochspannungsseite des Einspeisetransformators; (**b**) Anschluß auf der Niederspannungsseite des Einspeisetransformators; (**c**) Kompensationswirkung der Kondensatorregelanlage. Verbesserung von $\cos\varphi^{v} = 0{,}7$ auf $\cos\varphi_{m}^{n} = 0{,}9$.

1 Einschaltgrenze; *2* Ausschaltgrenze; E1, E2, E3, E4 bzw. A1, A2, A3, A4 Einschaltpunkte bzw. Ausschaltpunkte der Kondensatorleistungen 10, 20, 30, 40 kvar (bei Unempfindlichkeitsbereich = 1,5 · 10 kvar)

toren an die Klemmen von Asynchronmotoren:

$$Q_C \leqq 0{,}9\sqrt{3}\, U_{nM} I_{lM} \tag{12.15}$$

Dabei ist $\sqrt{3}\, U_{nM} I_{lM}$ die Leerlaufleistung des Motors. Für die Einzelkompensation von Transformatoren sind Richtwerte in den Bildern 12.37b und c angegeben.

Im Niederspannungsnetz werden anstelle von mehreren Festkondensatoren häufig Kondensator-Regelanlagen verwendet mit mehreren Stufen zur Anpassung der Kondensatorleistung an den jeweiligen Bedarf. Vorteilhaft ist dabei weiterhin die gute Spannungshaltung, wobei auch länger dauernde kapazitive Spannungserhöhungen bei Wegfall der Belastung vermieden werden und die Gefahr der Verstärkung von Oberschwingungsspannungen abnimmt, weil bei Wegfall der gemischten dämpfenden Last auch die Kondensatoren ausgeschaltet werden.

Bild 12.38 zeigt den Anschluß und Wirkungsweise einer Kondensatorregelanlage mit z.B. drei Kondensatoren 1:2:2 und damit fünf Stufen der Kondensatorleistung (10, 20, 30, 40 und 50 kvar). Dabei zeigen die Bilder 12.38a und 12.38b zwei Anschlußmöglichkeiten des Blindleistungsreglers, während im Bild 12.38c die Wirkungsweise dargestellt ist, wobei angenommen wurde, daß der Leistungsfaktor $\cos\varphi^{\mathrm{v}}=0{,}7$ vor der Kompensation auf einen mittleren Leistungsfaktor $\cos\varphi^{\mathrm{n}}_{\mathrm{m}}=0{,}9$ nach der Kompensation verbessert werden soll. Notwendig ist ein nicht zu gering bemessener Unempfindlichkeitsbereich zwischen der Ein- und Ausschaltgrenze, damit bei schwankender Belastung die Anzahl der Schalthandlungen in Grenzen bleibt.

12.5.3 Parallelresonanz und Absaugung von Stromoberschwingungen

Schließt man im Mittelspannungsnetz (6 kV bis 30 kV) eine Kondensatorbatterie parallel zu Stromrichterantrieben an, wie in Bild 12.39a gezeigt, so ergibt sich die Ersatzschaltung im Mitsystem nach Bild 12.39b. Der Stromrichterantrieb nimmt den Grundschwingungsstrom I_1 auf und liefert gleichzeitig die eingeprägten Oberschwingungsströme I_ν, wobei der Index ν die Ordnungszahl ergibt [12.8, 12.9].

$$I_\nu = f_\nu \frac{1}{\nu} I_1 \qquad \text{mit } \nu = n\,p \pm 1 \qquad (n = 1, 2, 3 \ldots) \tag{12.16}$$

Dabei sind p die Pulszahl des Stromrichters (z.B. $p=6$ oder $p=12$), ν die Ordnungszahl der Stromoberschwingung und f_ν (<1) ein Faktor, der den Rückgang der Oberschwingungen abhängig von der Aussteuerung der Stromrichter berücksichtigt. Bei Konti-Walzwerken mit Überlappung $u=20°$ und einem Steuerwinkel $\alpha=5°$, sowie dem induktiven Gleichspannungsfall $d_{\mathrm{x}}=4\,\%$ gilt z.B. für f_ν [12.8]

$$f_5=0{,}92; \quad f_7=0{,}83; \quad f_{11}=0{,}62 \quad \text{und} \quad f_{13}=0{,}50$$

Für die eingeprägten Oberschwingungsströme I_ν ergibt sich aus dem Netzinnenwiderstand und der kapazitiven Reaktanz der Kondensatorbatterie der Parallelschwingkreis in Bild 12.39b. Berücksichtigt man näherungsweise nur die Innenreaktanz X_{Q1} des Netzes und führt man $X_{Q\nu}=\nu X_{Q1}$ sowie $X_{C\nu}=X_{C1}/\nu$ ein,

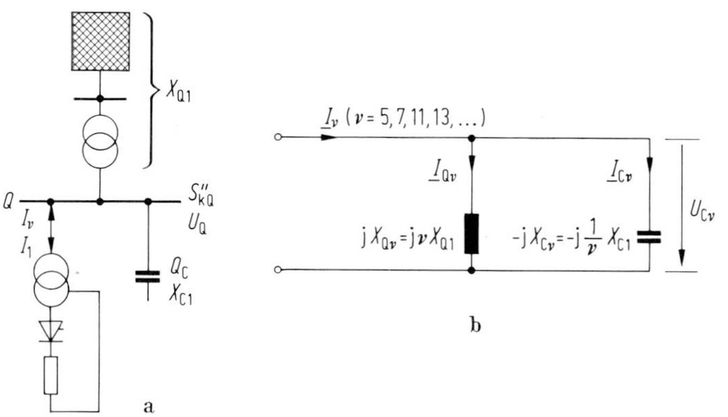

Bild 12.39. Belastung einer Kondensatorbatterie in einem Netz mit eingeprägten Oberschwingungsströmen I_ν.
(**a**) Netzschaltung; (**b**) Ersatzschaltung für $\nu=5$, 7, 11, 13

so ergibt sich für die resultierende Impedanz des Parallelschwingkreises:

$$\underline{Z}_{r\nu} = -\mathrm{j}\frac{X_{Q1}\,X_{C1}}{\nu X_{Q1} - \frac{1}{\nu} X_{C1}} = -\mathrm{j}\frac{1}{\frac{\nu}{X_{C1}}\left(1 - \frac{1}{\nu^2}\frac{X_{C1}}{X_{Q1}}\right)} \tag{12.17}$$

Für die Oberschwingungsspannung $U_{C\nu}$ an der Parallelschaltung und am Kondensator findet man damit

$$\underline{U}_{C\nu} = \underline{I}_\nu \underline{Z}_{r\nu} = -\mathrm{j}\,\underline{I}_\nu \frac{1}{\frac{\nu}{X_{C1}}\left(1 - \frac{1}{\nu^2}\frac{X_{C1}}{X_{Q1}}\right)} \tag{12.18}$$

Die Oberschwingungsströme $\underline{I}_{C\nu}$, die sich dem Grundschwingungsstrom $\underline{I}_{C1}$ überlagern, ergeben sich zu

$$\underline{I}_{C\nu} = \frac{\underline{U}_{C\nu}}{-\mathrm{j}\,X_{C\nu}} = \mathrm{j}\frac{\underline{U}_{C\nu}}{\frac{X_{C1}}{\nu}} = \underline{I}_\nu \frac{1}{1 - \frac{1}{\nu^2}\frac{X_{C1}}{X_{Q1}}} \tag{12.19}$$

Führt man den Grundschwingungsstrom I_{C1} der Kondensatorbatterie ein mit $U_{C1} = U_\mathrm{n}/\sqrt{3}$, also $I_{C1} = U_{C1}/X_{C1}$, so berechnet man den Effektivwert des Kondensatorstroms nach folgender Gleichung:

$$I_C = \sqrt{I_{C1}^2 + I_{C5}^2 + I_{C7}^2 + I_{C11}^2 + I_{C13}^2 + \cdots} = \sqrt{I_{C1}^2 + \sum_\nu I_{C\nu}^2} \tag{12.20}$$

Wird der Ausdruck

$$1 - \frac{1}{\nu^2}\frac{X_{C1}}{X_{Q1}}$$

im Nenner der Gl. (12.17) bis (12.19) klein, so ergeben sich hohe Werte für $Z_{r\nu}$, $U_{C\nu}$, $I_{C\nu}$ und I_C. Die Kondensatorbatterie kann dadurch spannungs- und strommäßig überlastet werden.

Als Beispiel soll ein Fall nach Bild 12.39 behandelt werden. Gegeben sind: $S''_{\mathrm{kQ}} = 200\,\mathrm{MVA}$; $Q_C = 5\,\mathrm{Mvar}$; $U_\mathrm{n} = 10\,\mathrm{kV}$; $U_{C1} = 10\,\mathrm{kV}/\sqrt{3}$ und daraus $X_{Q1} = 0{,}55\,\Omega$; $X_{C1} = 20\,\Omega$; $I_{C1} = 289\,\mathrm{A}$. Für die Oberschwingungsströme ($p = 6$) wird vorausgesetzt: $I_5 \approx 100\,\mathrm{A}$; $I_7 \approx 64\,\mathrm{A}$; $I_{11} \approx 31\,\mathrm{A}$; $I_{13} \approx 20\,\mathrm{A}$.

Die Ergebnisse sind in Tabelle 12.4 zusammengestellt.

Eine ausgeprägte Parallelresonanz (Stromresonanz) tritt auf, wenn der Nenner in Gl. (12.19) gegen Null geht. Mit $X_{Q1} = 1{,}1\,U_\mathrm{n}^2/S''_{\mathrm{kQ}}$ und $X_{C1} = U_\mathrm{n}^2/Q_C$ findet man als Resonanzbedingung

$$Q_C = \frac{1}{1{,}1\,\nu^2} S''_{\mathrm{kQ}} \tag{12.21}$$

Ausgehend von Gl. (12.21) kann man Bild 12.40 zeichnen. Bei Unsicherheiten in der Festlegung von S''_{kQ} oder bei einer Änderung von S''_{kQ} für Hochlast und

Tabelle 12.4. Beispiel zur Ermittlung der Zusatzbelastung einer Kondensatorbatterie bei eingeprägten Oberschwingungsströmen I_ν bei einem Netzaufbau nach Bild 12.39

ν	–	1	5	7	11	13
I_ν	A	(540)	100	64	31	20
$X_{r\nu}$ [Gl. (12.17)]	Ω	–	8,8	11,10	2,60	1,96
$U_{C\nu}$ [Gl. (12.18)]	V	5770	80	710	80,6	39,2
$I_{C\nu}$ [Gl. (12.19)]	A	289	220	248	44,3	25,5
I_C [Gl. (12.20)]	A	$\sqrt{I_{C1}^2+\sum_\nu I_{C\nu}^2}=443\ \text{A}=1{,}53\ I_{C1}$				

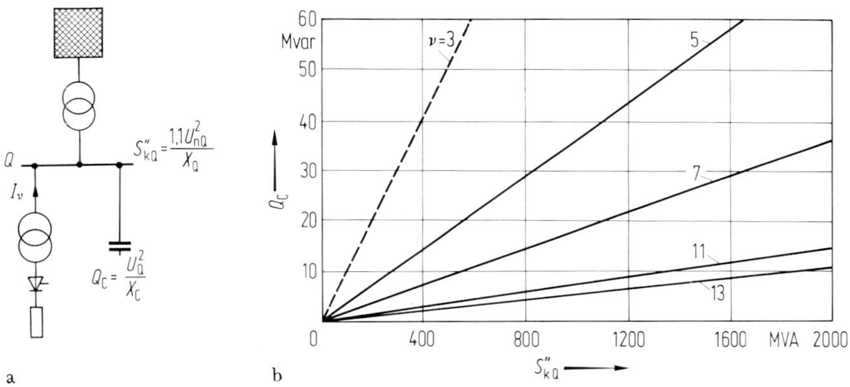

Bild 12.40. Parallelresonanz (Stromresonanz) bei Anschluß einer Kondensatorbatterie parallel zu Stromrichterantrieben, bei eingeprägten Oberschwingungsströmen I_ν.
(**a**) Netzschaltung; (**b**) Kondensatorleistung bei Stromresonanz abhängig von S''_{kQ} und ν

Schwachlast im Netz fällt es schwer Q_C so auszuwählen, daß Stromresonanz mit Sicherheit vermieden wird. In diesen Fällen teilt man dann die Kondensatoren in zwei oder drei Gruppen und bildet Saugkreise abgestimmt auf $\nu=5{,}7$ oder auf $\nu=5{,}7{,}12$ $(11+13)$. Die eingeprägten Oberschwingungsströme I_ν werden dann abgesaugt. Bild 12.41 zeigt dazu ein Beispiel. Die einzelnen Saugkreise müssen in der Kondensatorleistung so ausgelegt werden, daß der voll aufgenommene Oberschwingungsstrom I_ν zusammen mit dem Grundschwingungsstrom I_{C1} den zulässigen Effektivwert des Kondensatorstroms nicht überschreitet.

Versucht man, den Leistungsfaktor eines Lichtbogen-Stahlschmelzofens, der in der Einschmelzphase bei etwa $\cos\varphi_m=0{,}7$ liegt, durch Einsatz einer Kondensatorbatterie an der Ofen-Sammelschiene zu verbessern, so muß man damit rechnen, daß der Parallelschwingkreis zwischen der Netzinnenimpedanz am Anschlußpunkt der Kondensatorbatterie und der Reaktanz der Kondensatorbatterie mit seiner Eigenfrequenz angestoßen wird, so daß Ausgleichsströme zwischen Netz und Kondensatorbatterie fließen, die zu hoher Strombelastung und Abschaltung der Kondensatorbatterie führen. Die Schwingungsströme zwi-

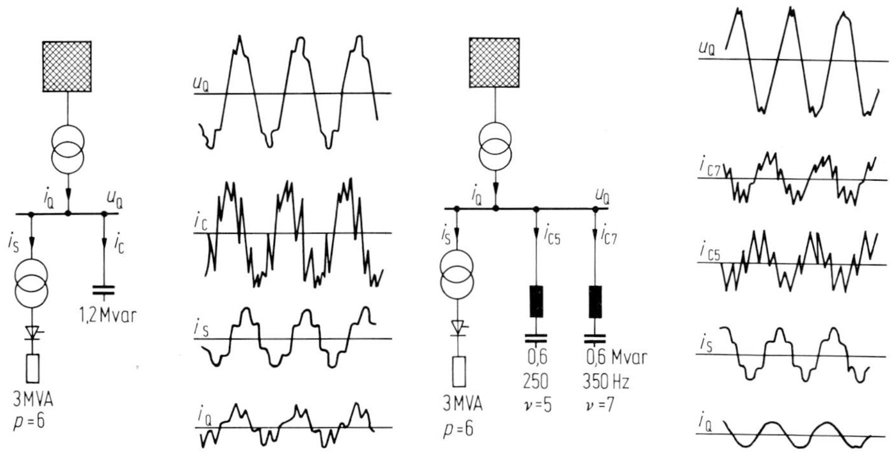

a b

Bild 12.41. Ausbau einer Kondensatorbatterie zu Saugkreisen für Stromoberschwingungen $\nu=5$ und $\nu=7$ [12.9]

(**a**) Kondensatorbatterie ohne Saugdrosseln; (**b**) Aufteilung der Kondensatorbatterie zu Saugkreisen für $\nu=5$ und $\nu=7$

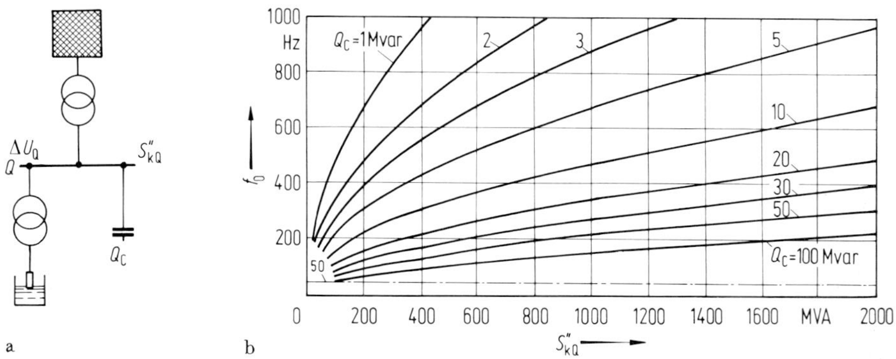

a b

Bild 12.42. Eigenfrequenz f_0 des Parallelschwingkreises zwischen Netzinnenimpedanz und Reaktanz der Kondensatorbatterie.

(**a**) Netzschaltplan mit Ofenschiene Q und Spannungsschwankungen ΔU_Q hervorgerufen durch unruhigen Betrieb des Lichtbogenofens; (**b**) Eigenfrequenz f_0 abhängig von S''_{kQ} und Q_C

schen dem Netz und der Kondensatorbatterie werden durch rasche Spannungsänderungen ΔU_Q angestoßen, besonders, wenn die Eigenfrequenz f_0 bei einigen hundert Hertz liegt und die Dämpfung des Schwingkreises schwach ist. Bild 12.42 zeigt die Eigenfrequenz f_0 abhängig von S''_{kQ} und der Kondensatorleistung Q_C. Die Eigenfrequenz berechnet man mit guter Näherung nach folgender Gleichung:

$$f_0=\frac{1}{2\pi\sqrt{L_Q C}}=\frac{1}{2\pi\sqrt{\frac{1}{\omega^2}\frac{X_Q}{X_C}}}=f_n\sqrt{\frac{X_C}{X_Q}}\approx f_n\sqrt{\frac{S''_{kQ}}{1{,}1\,Q_C}} \qquad (12.22)$$

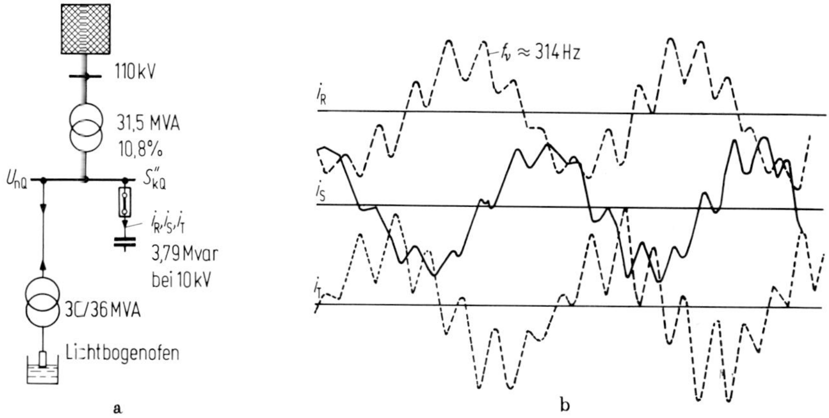

Bild 12.43. Parallelresonanz zwischen Netz und Kondensatorbatterie an einer Ofenschiene. (**a**) Netzschaltplan; (**b**) Ströme der Kondensatorbatterie bei verhältnismäßig ruhigem Ofenbetrieb. $S''_{kQ} \approx 180$ MVA; $U_{nQ} = 10$ kV; $S_{nTOfen} = 30/36$ MVA; $Q_C = 3{,}79$ Mvar bei $U_{nQ} = 10$ kV; Frequenz der Oberschwingungsströme ≈ 314 Hz; Eigenfrequenz nach Gl. (12.22): $f_0 \approx 323$ Hz

Dabei sind f_n die Nennfrequenz des Netzes, S''_{kQ} die Anfangs-Kurzschlußwechselstromleistung des Netzes an der Ofensammelschiene Q und Q_C die Drehstromleistung der Kondensatorbatterie. Zu berücksichtigen ist, daß X_Q bzw. S''_{kQ} sich je nach der Netzschaltung und dem Kraftwerkseinsatz im Netz ändert, so daß ein Bereich der Eigenfrequenz f_0 auftritt.

Die Höhe des dem Grundschwingungsstrom überlagerten Oberschwingungsstromes mit der Frequenz f_0 hängt ab von der Höhe der Eigenfrequenz und der Dämpfung des Parallelschwingkreises (ohmscher Anteil der Netzinnenimpedanz und Verluste der Kondensatorbatterie). Bild 12.43 zeigt ein Beispiel für die beschriebene Parallelresonanz mit Netzschaltplan und einem Oszillogramm-Ausschnitt. Bei $f_0 < 1000$ Hz ist erfahrungsgemäß eine Zusatzdämpfung einzuführen z.B. durch einen ohmschen Dämpfungskreis parallel zur Kondensatorbatterie gespeist über einen 50-Hz-Sperrkreis oder durch ohmsche Widerstände parallel zu Drosselspulen, die man in Reihe zur Kondensatorbatterie einführt, allerdings mit der Nebenwirkung, daß dadurch die Eigenfrequenz herabgesetzt wird.

13. Rechnerische Behandlung des Drehstromnetzes

Die Methoden der rechnerischen Behandlung des Drehstromnetzes sind so vielfältig, daß hier und in den Kapiteln 14 und 15 nur einige Ausschnitte dieses Gebietes behandelt werden können. Nach der Zusammenstellung der Grundlagen für die symmetrischen Komponenten im Abschnitt 2.4 werden in den Abschnitten 13.2 und 13.3 weitere Anwendungen bei der Behandlung von Unsymmetrien besprochen, um dann im Abschnitt 13.4 die Übertragung symmetrischer Komponenten über Transformatoren darzustellen und abschließend im Abschnitt 13.5 auf die Bedeutung der Impedanz- und Hybridmatrix eines Netzes hinzuweisen.

Verwendet man Wechselstromnetzmodelle zur Untersuchung quasistationärer oder transienter Vorgänge im Drehstromnetz, so ist es häufig günstig, anstelle der symmetrischen Komponenten die $\alpha\beta 0$-Komponenten (Diagonalkomponenten) [2.4, 13.1, 13.2] zu verwenden.

13.1 Stern-Vieleckumwandlung

Bei Berechnungen im vermaschten Netzen mit vielen Knotenpunkten interessieren häufig nur die Ergebnisse an einem oder einer Reihe von ausgewählten Knotenpunkten [13.12]. Es besteht deshalb der Wunsch, eine vereinfachte Netzersatzschaltung zu finden, in der dann nur der oder die interessierenden Knotenpunkte erhalten bleiben. Zur Netzreduktion verwendet man die Reihen- und Parallelschaltung sowie die Stern-Dreieck- bzw. Dreieck-Sternumwandlung. Tabelle 13.1 enthält eine Zusammenstellung bekannter Gleichungen für Zweipolnetze.

Bei der Umwandlung eines n-strahligen Sterns von Leitwerten $\underline{Y}_1, \underline{Y}_2, \ldots, \underline{Y}_n$ in ein vollständiges n-Eck ergeben sich die Seitenleitwerte $\underline{Y}_{\nu\mu}$ jeweils als Produkt der beiden anliegenden Sternleitwerte $\underline{Y}_\nu$ und $\underline{Y}_\mu$ dividiert durch die Leitwertsumme $\sum_{i=1}^{n} \underline{Y}_i$ des Sternes:

$$\underline{Y}_{\nu\mu} = \frac{\underline{Y}_\nu \underline{Y}_\mu}{\sum_{i=1}^{n} \underline{Y}_i} \tag{13.1}$$

Gegenüber der Stern-Vieleckumwandlung bzw. der Stern-Dreieckumwandlung ist die Dreieck-Sternumwandlung dann im Vorteil, wenn sich an die drei Endpunkte des Dreiecks jeweils eine Impedanz anschließt und man diese nach der Umwandlung mit den drei Sternimpedanzen zusammenfassen kann. Bei

Tabelle 13.1. Netzumwandlungen in Zweipolnetzen mit Impedanzen und Admittanzen

Schaltung		
Reihenschaltung 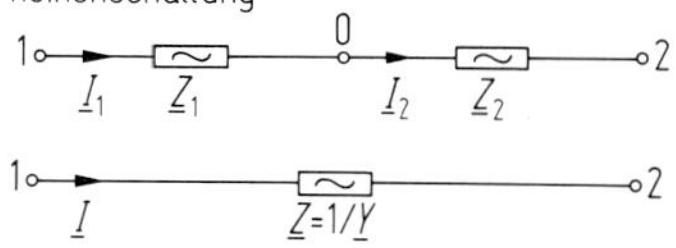	$\underline{Z}=\underline{Z}_1+\underline{Z}_2$ $\underline{Y}=\dfrac{\underline{Y}_1\underline{Y}_2}{\underline{Y}_1+\underline{Y}_2}$	$\underline{I}=\underline{I}_1=\underline{I}_2$
Parallelschaltung 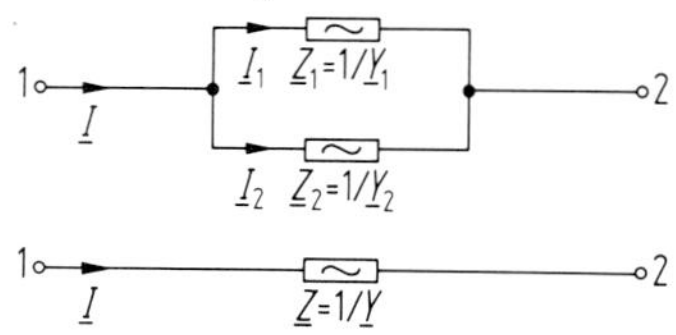	$\underline{Z}=\dfrac{\underline{Z}_1\underline{Z}_2}{\underline{Z}_1+\underline{Z}_2}$ $\underline{Y}=\underline{Y}_1+\underline{Y}_2$	$\underline{I}=\underline{I}_1+\underline{I}_2$ $\underline{I}_1=\underline{I}\dfrac{\underline{Z}_2}{\underline{Z}_1+\underline{Z}_2}=\underline{I}\dfrac{\underline{Y}_1}{\underline{Y}_1+\underline{Y}_2}$ $\underline{I}_2=\underline{I}\dfrac{\underline{Z}_1}{\underline{Z}_1+\underline{Z}_2}=\underline{I}\dfrac{\underline{Y}_2}{\underline{Y}_1+\underline{Y}_2}$
Stern-Dreieckumwandlung 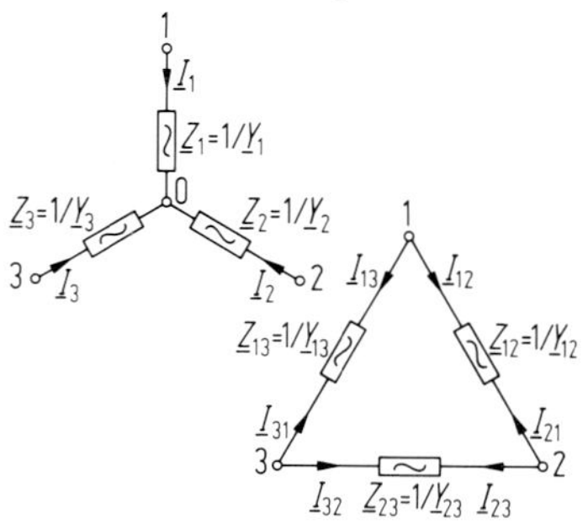	$\underline{Z}_{12}=\dfrac{\underline{Z}_1\underline{Z}_2+\underline{Z}_1\underline{Z}_3+\underline{Z}_2\underline{Z}_3}{\underline{Z}_3}$ $\underline{Z}_{13}=\dfrac{\underline{Z}_1\underline{Z}_2+\underline{Z}_1\underline{Z}_3+\underline{Z}_2\underline{Z}_3}{\underline{Z}_2}$ $\underline{Z}_{23}=\dfrac{\underline{Z}_1\underline{Z}_2+\underline{Z}_1\underline{Z}_3+\underline{Z}_2\underline{Z}_3}{\underline{Z}_1}$ $\underline{Y}_{12}=\dfrac{\underline{Y}_1\underline{Y}_2}{\underline{Y}_1+\underline{Y}_2+\underline{Y}_3}$ $\underline{Y}_{13}=\dfrac{\underline{Y}_1\underline{Y}_3}{\underline{Y}_1+\underline{Y}_2+\underline{Y}_3}$ $\underline{Y}_{23}=\dfrac{\underline{Y}_2\underline{Y}_3}{\underline{Y}_1+\underline{Y}_2+\underline{Y}_3}$	$\underline{I}_1+\underline{I}_2+\underline{I}_3=0$ $\underline{I}_{12}=\dfrac{\underline{I}_1\underline{Z}_1-\underline{I}_2\underline{Z}_2}{\underline{Z}_{12}}$ $\underline{I}_{13}=\dfrac{\underline{I}_1\underline{Z}_1-\underline{I}_3\underline{Z}_3}{\underline{Z}_{13}}$ $\underline{I}_{23}=\dfrac{\underline{I}_2\underline{Z}_2-\underline{I}_3\underline{Z}_3}{\underline{Z}_{23}}$
Dreieck-Sternumwandlung 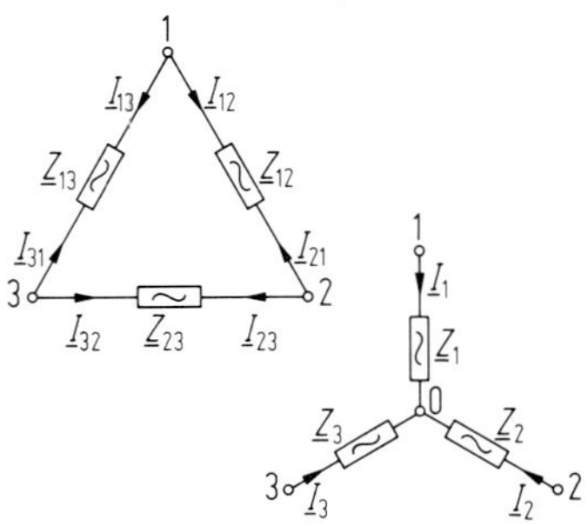	$\underline{Z}_1=\dfrac{\underline{Z}_{12}\underline{Z}_{13}}{\underline{Z}_{12}+\underline{Z}_{23}+\underline{Z}_{13}}$ $\underline{Z}_2=\dfrac{\underline{Z}_{12}\underline{Z}_{23}}{\underline{Z}_{12}+\underline{Z}_{23}+\underline{Z}_{13}}$ $\underline{Z}_3=\dfrac{\underline{Z}_{13}\underline{Z}_{23}}{\underline{Z}_{12}+\underline{Z}_{23}+\underline{Z}_{13}}$	$\underline{I}_1=\underline{I}_{12}+\underline{I}_{13}$ $\underline{I}_2=\underline{I}_{21}+\underline{I}_{23}$ $\underline{I}_3=\underline{I}_{31}+\underline{I}_{32}$
Impedanzen: $\underline{Z}=R+\mathrm{j}X$,	Admittanzen: $\underline{Y}=G+\mathrm{j}B$	

diesem Vorgehen erniedrigt sich die Knotenpunktzahl um zwei und die Zweigzahl um drei [13.6].

In der Praxis wird bei der Umwandlung von Zweipolnetzen, z.B. bei der Reduktion auf eine Kurzschlußimpedanz $\underline{Z}_k$ (Kapitel 15) vorzugsweise die Dreieck-Sternumwandlung verwendet. Die Umwandlung eines vollständigen n-Ecks in einen n-strahligen Stern ist normalerweise nicht möglich.

13.2 Querunsymmetrie im Drehstromnetz

Energieversorgungsnetze sind im Normalbetrieb meist annähernd symmetrisch belastet. Größere Verbraucher erhalten Drehstromanschluß. Verbraucher in Niederspannungsnetzen, die zwischen einem Außenleiter und dem Nulleiter angeschlossen werden, verteilt man möglichst gleichmäßig auf alle drei Leiter, so daß im speisenden Mittelspannungsnetz eine annähernd symmetrische Belastung zustande kommt. In Einzelfällen können jedoch starke unsymmetrische Belastungen auftreten, z.B. durch Leiterunterbrechungen oder durch unsymmetrische Kurzschlüsse.

Die Ermittlung der Ströme und Spannungen bei Unsymmetrien im Drehstromnetz kann man mit den Leitergrößen, symmetrischen Komponenten oder $\alpha\beta 0$-Komponenten durchführen. Die Verwendung der symmetrischen Komponenten hat sich bei der rechnerischen Behandlung allgemein durchgesetzt, obwohl die Transformationsmatrizen **S** und **T** komplex sind. Bei Momentanwertuntersuchungen von transienten Vorgängen und bei der Verwendung von Netzmodellen werden dagegen häufig die $\alpha\beta 0$-Komponenten verwendet [13.2, 13.5].

Bild 13.1 zeigt die Belastung des Drehstromnetzes durch drei Impedanzen $\underline{Z}_{\mathrm{R}}$, $\underline{Z}_{\mathrm{S}}$ und $\underline{Z}_{\mathrm{T}}$ zwischen den Leitern R, S, T und dem Punkt M, sowie eine weitere Impedanz $\underline{Z}_{\mathrm{M}}$ zwischen M und E. In Matrizenform erhält man folgende Impedanzgleichung:

$$\begin{bmatrix} \underline{U}_{\mathrm{R}} \\ \underline{U}_{\mathrm{S}} \\ \underline{U}_{\mathrm{T}} \end{bmatrix} = \begin{bmatrix} \underline{Z}_{\mathrm{R}}+\underline{Z}_{\mathrm{M}} & \underline{Z}_{\mathrm{M}} & \underline{Z}_{\mathrm{M}} \\ \underline{Z}_{\mathrm{M}} & \underline{Z}_{\mathrm{S}}+\underline{Z}_{\mathrm{M}} & \underline{Z}_{\mathrm{M}} \\ \underline{Z}_{\mathrm{M}} & \underline{Z}_{\mathrm{M}} & \underline{Z}_{\mathrm{T}}+\underline{Z}_{\mathrm{M}} \end{bmatrix} \begin{bmatrix} \underline{I}_{\mathrm{R}} \\ \underline{I}_{\mathrm{S}} \\ \underline{I}_{\mathrm{T}} \end{bmatrix} \tag{13.2}$$

Gesucht sind die drei Ströme $\underline{I}_{\mathrm{R}}$, $\underline{I}_{\mathrm{S}}$ und $\underline{I}_{\mathrm{T}}$. Für $\underline{I}_{\mathrm{E}}$ gilt:

$$\underline{I}_{\mathrm{E}} = \underline{I}_{\mathrm{R}} + \underline{I}_{\mathrm{S}} + \underline{I}_{\mathrm{T}} \tag{13.3}$$

Aus Gl. (13.2) erhält man mit $\underline{Y}_{\mathrm{R}} = 1/\underline{Z}_{\mathrm{R}}$, $\underline{Y}_{\mathrm{S}} = 1/\underline{Z}_{\mathrm{S}}$ usw.

$$\begin{bmatrix} \underline{I}_{\mathrm{R}} \\ \underline{I}_{\mathrm{S}} \\ \underline{I}_{\mathrm{T}} \end{bmatrix} = \frac{1}{\underline{Y}_{\mathrm{R}}+\underline{Y}_{\mathrm{S}}+\underline{Y}_{\mathrm{T}}+\underline{Y}_{\mathrm{M}}} \begin{bmatrix} \underline{Y}_{\mathrm{R}}(\underline{Y}_{\mathrm{S}}+\underline{Y}_{\mathrm{T}}+\underline{Y}_{\mathrm{M}}) & -\underline{Y}_{\mathrm{R}}\underline{Y}_{\mathrm{S}} & -\underline{Y}_{\mathrm{R}}\underline{Y}_{\mathrm{T}} \\ -\underline{Y}_{\mathrm{S}}\underline{Y}_{\mathrm{R}} & \underline{Y}_{\mathrm{S}}(\underline{Y}_{\mathrm{T}}+\underline{Y}_{\mathrm{R}}+\underline{Y}_{\mathrm{M}}) & -\underline{Y}_{\mathrm{S}}\underline{Y}_{\mathrm{T}} \\ -\underline{Y}_{\mathrm{T}}\underline{Y}_{\mathrm{R}} & -\underline{Y}_{\mathrm{T}}\underline{Y}_{\mathrm{S}} & \underline{Y}_{\mathrm{T}}(\underline{Y}_{\mathrm{R}}+\underline{Y}_{\mathrm{S}}+\underline{Y}_{\mathrm{M}}) \end{bmatrix} \begin{bmatrix} \underline{U}_{\mathrm{R}} \\ \underline{U}_{\mathrm{S}} \\ \underline{U}_{\mathrm{T}} \end{bmatrix} \tag{13.4}$$

Für den Fall $\underline{Z}_{\mathrm{M}} = 0$ ($\underline{Y}_{\mathrm{M}} = \infty$) vereinfacht sich die Admittanzmatrix der Gl. (13.4) entscheidend, es verbleiben nur die Admittanzen $\underline{Y}_{\mathrm{R}}$, $\underline{Y}_{\mathrm{S}}$ und $\underline{Y}_{\mathrm{T}}$ in der Hauptdiagonalen.

Betrachtet man als zweiten Fall der Querunsymmetrie die Schaltung der Admittanzen nach Bild 13.2, so gilt die folgende Gleichung:

$$\begin{bmatrix} \underline{I}_{\mathrm{R}} \\ \underline{I}_{\mathrm{S}} \\ \underline{I}_{\mathrm{T}} \end{bmatrix} = \begin{bmatrix} \underline{Y}_{\mathrm{R}}+\underline{Y}_{\mathrm{RS}}+\underline{Y}_{\mathrm{TR}} & -\underline{Y}_{\mathrm{RS}} & -\underline{Y}_{\mathrm{TR}} \\ -\underline{Y}_{\mathrm{RS}} & \underline{Y}_{\mathrm{S}}+\underline{Y}_{\mathrm{RS}}+\underline{Y}_{\mathrm{ST}} & -\underline{Y}_{\mathrm{ST}} \\ -\underline{Y}_{\mathrm{TR}} & -\underline{Y}_{\mathrm{ST}} & \underline{Y}_{\mathrm{T}}+\underline{Y}_{\mathrm{TR}}+\underline{Y}_{\mathrm{ST}} \end{bmatrix} \begin{bmatrix} \underline{U}_{\mathrm{R}} \\ \underline{U}_{\mathrm{S}} \\ \underline{U}_{\mathrm{T}} \end{bmatrix} \tag{13.5}$$

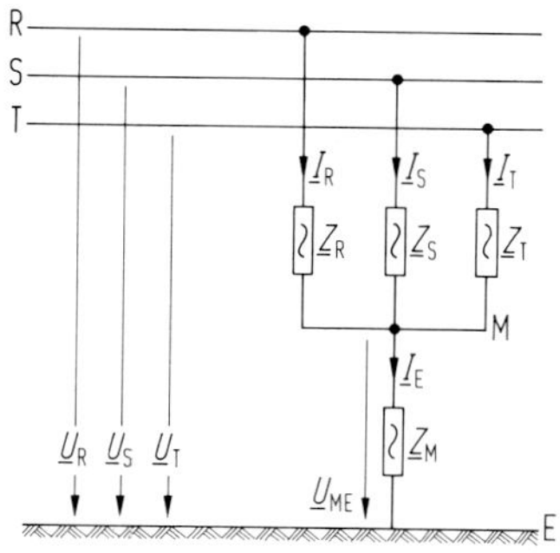

Bild. 13.1

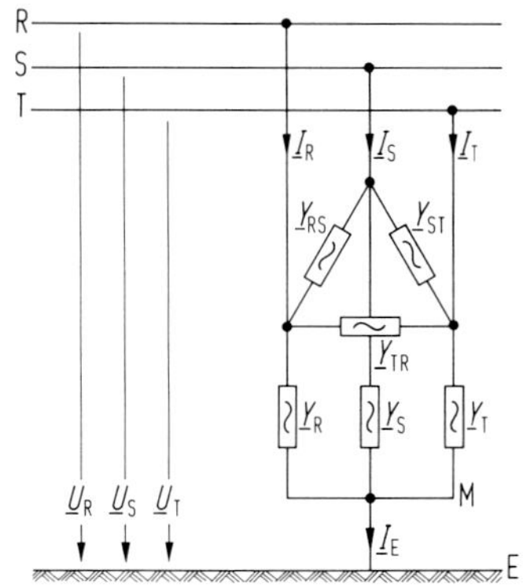

Bild 13.2

Bild 13.1. Querunsymmetrie im Drehstromnetz mit Sternschaltung der Belastungsimpedanzen $\underline{Z}_R + \underline{Z}_S + \underline{Z}_T$

Bild 13.2. Querunsymmetrie im Drehstromnetz mit Dreieck- und Sternschaltung der Belastungsimpedanzen

Setzt man $\underline{Y}_R = \underline{Y}_S = \underline{Y}_T = 0$, so verbleibt die Belastung durch die drei Admittanzen $\underline{Y}_{RS}$, $\underline{Y}_{ST}$, $\underline{Y}_{TR}$. Aus Gl. (13.5) wird dann:

$$\begin{bmatrix} \underline{I}_R \\ \underline{I}_S \\ \underline{I}_T \end{bmatrix} = \begin{bmatrix} \underline{Y}_{RS} + \underline{Y}_{TR} & -\underline{Y}_{RS} & -\underline{Y}_{TR} \\ -\underline{Y}_{RS} & \underline{Y}_{RS} + \underline{Y}_{ST} & -\underline{Y}_{ST} \\ -\underline{Y}_{TR} & -\underline{Y}_{ST} & \underline{Y}_{TR} + \underline{Y}_{ST} \end{bmatrix} \begin{bmatrix} \underline{U}_R \\ \underline{U}_S \\ \underline{U}_T \end{bmatrix} \tag{13.6}$$

Ausgehend von den Gln. (13.4) bis (13.6) kann man jede Querunsymmetrie behandeln.

Für eine einzelne zwischen den Leitern S und T angeschlossene Belastung mit der Impedanz $\underline{Z}_{ST} = 1/\underline{Y}_{ST}$ ergibt sich nach Gl. (13.6) für $\underline{Y}_R = \underline{Y}_S = \underline{Y}_T = 0$ und $\underline{Y}_{RS} = \underline{Y}_{TR} = 0$.

$$\begin{bmatrix} \underline{I}_R \\ \underline{I}_S \\ \underline{I}_T \end{bmatrix} = \begin{bmatrix} 0 & 0 & 0 \\ 0 & \underline{Y}_{ST} & -\underline{Y}_{ST} \\ 0 & -\underline{Y}_{ST} & \underline{Y}_{ST} \end{bmatrix} \begin{bmatrix} \underline{U}_R \\ \underline{U}_S \\ \underline{U}_T \end{bmatrix} = \underline{Y}_{ST} \begin{bmatrix} 0 & 0 & 0 \\ 0 & 1 & -1 \\ 0 & -1 & 1 \end{bmatrix} \begin{bmatrix} \underline{U}_R \\ \underline{U}_S \\ \underline{U}_T \end{bmatrix}$$

Für die Matrix $\mathbf{Y}_{RST}$ ergibt sich damit die in der vorstehenden Gleichung rechts angegebene Form. Eine Transformation in die Admittanzmatrix $\mathbf{Y}_{120}$ der symmetrischen Komponenten gelingt mit Gl. (2.49) und den Matrizen **S** und **T**:

$$\mathbf{Y}_{120} = \mathbf{S}\mathbf{Y}_{RST}\mathbf{T}$$

$$= \frac{1}{3} \begin{bmatrix} 1 & \underline{a} & \underline{a}^2 \\ 1 & \underline{a}^2 & \underline{a} \\ 1 & 1 & 1 \end{bmatrix} \underline{Y}_{ST} \begin{bmatrix} 0 & 0 & 0 \\ 0 & 1 & -1 \\ 0 & -1 & 1 \end{bmatrix} \begin{bmatrix} 1 & 1 & 1 \\ \underline{a}^2 & \underline{a} & 1 \\ \underline{a} & \underline{a}^2 & 1 \end{bmatrix} = \underline{Y}_{ST} \begin{bmatrix} 1 & -1 & 0 \\ -1 & 1 & 0 \\ 0 & 0 & 0 \end{bmatrix}$$

Ausgehend von $\mathbf{I}_{120} = \mathbf{Y}_{120}\mathbf{U}_{120}$ findet man die drei Gleichungen: $\underline{I}_1 = \underline{Y}_{ST}(\underline{U}_1 - \underline{U}_2)$; $\underline{I}_2 = -\underline{Y}_{ST}(\underline{U}_1 - \underline{U}_2)$; $\underline{I}_0 = 0$ und damit eine zugehörige Verbindungsschal-

Tabelle 13.2. Fehlerbeschreibung (Fehlerbedingungen) im Drehstromnetz und in symmetrischen Komponenten für Einfachfehler

Nr.	Fehler über Fehlerimpedanzen $(\underline{Z}_F, \underline{Z}_M)$	Fehlerbeschreibung im Drehstromnetz und in symmetrischen Komponenten	
		$\underline{Z}_F, \underline{Z}_M$	$\underline{Z}_F = \underline{Z}_M = 0$
1a	Dreipoliger Kurzschluß 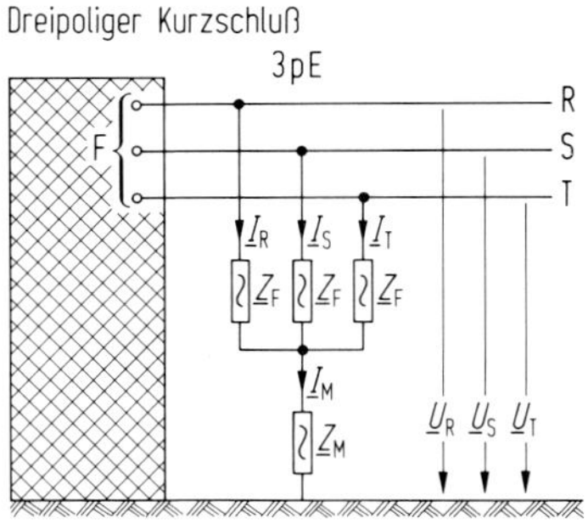	$\underline{U}_R = \underline{Z}_F \underline{I}_R + \underline{Z}_M \underline{I}_M$ $\underline{U}_S = \underline{Z}_F \underline{I}_S + \underline{Z}_M \underline{I}_M$ $\underline{U}_T = \underline{Z}_F \underline{I}_T + \underline{Z}_M \underline{I}_M$ $\underline{I}_R + \underline{I}_S + \underline{I}_T = \underline{I}_M$ $\underline{U}_1 = \underline{Z}_F \underline{I}_1$ $\underline{U}_2 = \underline{Z}_F \underline{I}_2$ $\underline{U}_0 = (\underline{Z}_F + 3\underline{Z}_M) \underline{I}_0$	$\underline{U}_R = 0$ $\underline{U}_S = 0$ $\underline{U}_T = 0$ $\underline{U}_1 = 0$ $\underline{U}_2 = 0$ $\underline{U}_0 = 0$
1b	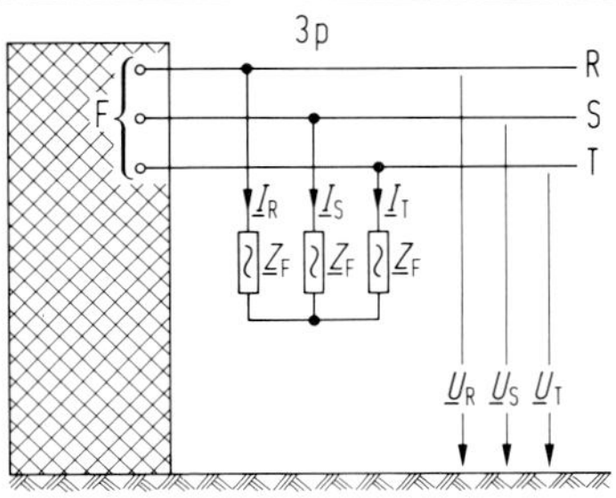	$\underline{U}_R = \underline{Z}_F \underline{I}_R + \infty\, \underline{I}_M$ $\underline{U}_S = \underline{Z}_F \underline{I}_S + \infty\, \underline{I}_M$ $\underline{U}_T = \underline{Z}_F \underline{I}_T + \infty\, \underline{I}_M$ $\underline{I}_R + \underline{I}_S + \underline{I}_T = 0$ $\underline{U}_1 = \underline{Z}_F \underline{I}_1$ $\underline{U}_2 = \underline{Z}_F \underline{I}_2$ $\underline{U}_0 = 0$	$\left.\begin{matrix}\underline{U}_R\\ \underline{U}_S\\ \underline{U}_T\end{matrix}\right\}$ unbestimmt $\underline{U}_1 = 0$ $\underline{U}_2 = 0$ $\underline{U}_0 = 0$
2a	Zweipoliger Kurzschluß 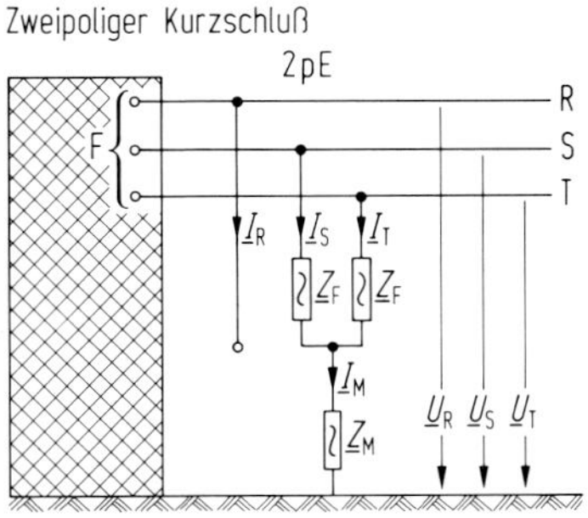	$\underline{U}_S = \underline{Z}_F \underline{I}_S + \underline{Z}_M \underline{I}_M$ $\underline{U}_T = \underline{Z}_F \underline{I}_T + \underline{Z}_M \underline{I}_M$ $\underline{I}_R = 0$ $\underline{I}_S + \underline{I}_T = \underline{I}_M$	$\underline{U}_S = 0$ $\underline{U}_T = 0$ $\underline{I}_R = 0$
2b	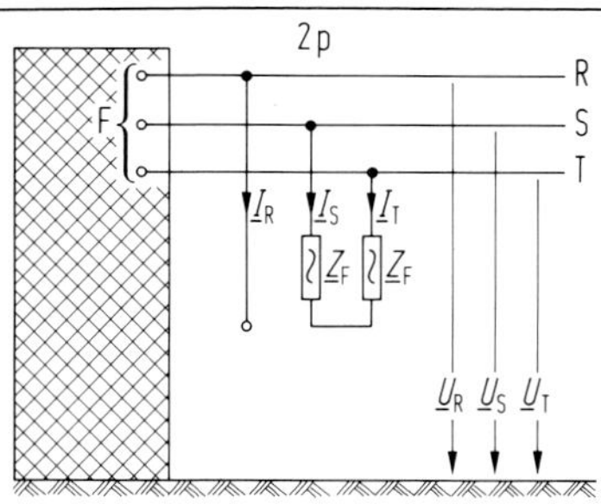	$\underline{U}_S - \underline{U}_T = 2\underline{Z}_F \underline{I}_S = -2\underline{Z}_F \underline{I}_T$ $\underline{I}_S + \underline{I}_T = 0$ $\underline{I}_R = 0$ $\underline{U}_1 - \underline{U}_2 = 2\underline{Z}_F \underline{I}_1$ $\underline{I}_1 = -\underline{I}_2$ $\underline{I}_0 = 0$	$\underline{U}_S - \underline{U}_T = 0$ $\underline{I}_S + \underline{I}_T = 0$ $\underline{I}_R = 0$ $\underline{U}_1 - \underline{U}_2 = 0$ $\underline{I}_1 = -\underline{I}_2$ $\underline{I}_0 = 0$

Tabelle 13.2
(Fortsetzung)

Nr.	Fehler über Fehlerimpedanzen ($\underline{Z}_F, \underline{Z}_M$)	Fehlerbeschreibung im Drehstromnetz und in symmetrischen Komponenten	
		$\underline{Z}_F, \underline{Z}_M$	$\underline{Z}_F = \underline{Z}_M = 0$
3	Einpoliger Erdkurzschluß 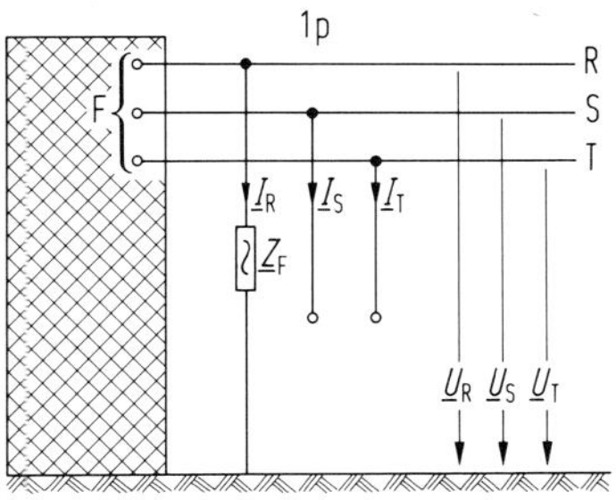	$\underline{U}_R = \underline{Z}_F \underline{I}_R$ $\underline{I}_S = 0$ $\underline{I}_T = 0$ $\underline{U}_1 + \underline{U}_2 + \underline{U}_0 = 3\underline{Z}_F \underline{I}_1$ $\underline{I}_1 = \underline{I}_2 = \underline{I}_0$	$\underline{U}_R = 0$ $\underline{I}_S = 0$ $\underline{I}_T = 0$ $\underline{U}_1 + \underline{U}_2 + \underline{U}_0 = 0$ $\underline{I}_1 = \underline{I}_2 = \underline{I}_0$

tung der symmetrischen Komponenten an dem Netzpunkt, an dem die unsymmetrische Belastung angeschlossen ist.

Schreibt man Gl. (13.5) in allgemeiner Form als Admittanzgleichung mit Admittanzen $\underline{A}_{\nu\nu}$ und $\underline{A}_{\nu\mu}$, so ergibt sich:

$$\begin{bmatrix} \underline{I}_R \\ \underline{I}_S \\ \underline{I}_T \end{bmatrix} = \begin{bmatrix} \underline{A}_{RR} & \underline{A}_{RS} & \underline{A}_{RT} \\ \underline{A}_{SR} & \underline{A}_{SS} & \underline{A}_{ST} \\ \underline{A}_{TR} & \underline{A}_{TS} & \underline{A}_{TT} \end{bmatrix} \begin{bmatrix} \underline{U}_R \\ \underline{U}_S \\ \underline{U}_T \end{bmatrix} = \mathbf{A}_{RST} \mathbf{U}_{RST} \tag{13.7}$$

Bei Symmetrie der Admittanzmatrix nach Gl. (13.7) findet man mit $\underline{A}_{RR} = \underline{A}_{SS} = \underline{A}_{TT} = \underline{A}_P$ und $\underline{A}_{RS} = \underline{A}_{RT} = \underline{A}_{ST} = \underline{A}_m$ nach der Symmetrierung mit $\mathbf{A}_{120} = \mathbf{S}\mathbf{A}_{RST}\mathbf{T}$:

$$\mathbf{A}_{120} = \begin{bmatrix} \underline{A}_p - \underline{A}_m & 0 & 0 \\ 0 & \underline{A}_p - \underline{A}_m & 0 \\ 0 & 0 & \underline{A}_p + 2\underline{A}_m \end{bmatrix} \tag{13.8a}$$

Führt man $\underline{A}_p = \underline{Y}_R + 2\underline{Y}_{RS}$ und $\underline{A}_m = -\underline{Y}_{RS}$ ein, so geht die Admittanzmatrix für diesen Fall über in:

$$\mathbf{A}_{120} = \begin{bmatrix} \underline{Y}_R + 3\underline{Y}_{RS} & 0 & 0 \\ 0 & \underline{Y}_R + 3\underline{Y}_{RS} & 0 \\ 0 & 0 & \underline{Y}_R \end{bmatrix} = \begin{bmatrix} \underline{Y}_1 & 0 & 0 \\ 0 & \underline{Y}_2 & 0 \\ 0 & 0 & \underline{Y}_0 \end{bmatrix} \tag{13.8b}$$

Betrachtet man die Kapazitäten einer vollständig verdrillten Freileitung, wobei für die Leitererdkapazitäten $C_R (= C_S = C_T)$ und für die Kapazitäten zwischen den Leitern $C_{RS} (= C_{RT} = C_{ST})$ eingeführt wird, so erkennt man, daß für die Kapazitäten im Mit- und Gegensystem $C_1 = C_2 = C_R + 3C_{RS}$ gilt und für die Kapazitäten im Nullsystem $C_0 = C_R$ einzusetzen ist.

13.3 Einfachfehler und Doppelfehler im Drehstromnetz

Zu den Einfachfehlern gehören der dreipolige Kurzschluß ohne und mit Erdberührung, der zweipolige Kurzschluß ohne und mit Erdberührung und der einpolige Kurzschluß bzw. Erdkurzschluß. Der einpolige Kurzschluß in Netzen mit freiem Sternpunkt oder Erdschlußkompensation wird in den Abschnitten 16.2.2 und 16.2.3 behandelt. Der Doppelerdschluß mit zwei einpoligen Erdschlüssen an getrennten Fehlerstellen im Netz sowie die Leitungsunterbrechungen können als Doppelfehler behandelt werden.

13.3.1 Fehlerbeschreibung

Bei den folgenden Überlegungen wird vorausgesetzt, daß die Speisespannungen der Netze (innere Spannungen der Generatoren) symmetrisch sind (Gl. (2.50)) und ein symmetrischer Netzaufbau vorliegt. Nur an der oder den Fehlerstellen kommt eine Kopplung der Komponentensysteme zustande. Diese Kopplung wird aus der Fehlerbeschreibung (Fehlerbedingungen) im Drehstromnetz und der daraus abgeleiteten Fehlerbeschreibung in symmetrischen Komponenten bestimmt. Tabelle 13.2 enthält eine Zusammenstellung für Einfachfehler mit Fehlerimpedanzen $\underline{Z}_F$ und $\underline{Z}_M$ an der Fehlerstelle. Daneben sind dann auch die Fehlerbeschreibungen angegeben, die sich für $\underline{Z}_F = \underline{Z}_M = 0$ ergeben.

Als Beispiel für die Ermittlung der Fehlerbeschreibung in symmetrischen Komponenten wird der Erdkurzschluß nach Tabelle 13.2, Nr. 3, behandelt. Als Bezugsleiter wird der Leiter R gewählt. $\underline{I}_R$, $\underline{I}_S$ und $\underline{I}_T$ sind die an der Fehlerstelle fließenden Ströme. Sie dürfen nicht mit den Teilkurzschlußströmen in den Leitern verwechselt werden. Man liest ab: $\underline{U}_R = \underline{Z}_F \underline{I}_R$, $\underline{I}_S = 0$ und $\underline{I}_T = 0$. Die Transformation der Fehlerströme in die symmetrischen Ströme und die Transformation der Spannungen liefert (s. dazu Bild 13.3):

$$\begin{bmatrix} \underline{I}_1 \\ \underline{I}_2 \\ \underline{I}_0 \end{bmatrix} = \frac{1}{3} \begin{bmatrix} 1 & \underline{a} & \underline{a}^2 \\ 1 & \underline{a}^2 & \underline{a} \\ 1 & 1 & 1 \end{bmatrix} \begin{bmatrix} \underline{I}_R \\ \underline{I}_S = 0 \\ \underline{I}_T = 0 \end{bmatrix} \Rightarrow \begin{matrix} \underline{I}_1 = \frac{1}{3}\underline{I}_R \\ \underline{I}_2 = \frac{1}{3}\underline{I}_R \\ \underline{I}_0 = \frac{1}{3}\underline{I}_R \end{matrix} \Rightarrow \underline{I}_1 = \underline{I}_2 = \underline{I}_0 \tag{13.9}$$

$$\begin{bmatrix} \underline{U}_R \\ \underline{U}_S \\ \underline{U}_T \end{bmatrix} = \begin{bmatrix} 1 & 1 & 1 \\ \underline{a}^2 & \underline{a} & 1 \\ \underline{a} & \underline{a}^2 & 1 \end{bmatrix} \begin{bmatrix} \underline{U}_1 \\ \underline{U}_2 \\ \underline{U}_0 \end{bmatrix} \Rightarrow \begin{aligned} \underline{U}_R &= \underline{U}_1 + \underline{U}_2 + \underline{U}_0 = \underline{Z}_F \underline{I}_R \\ &= 3\underline{Z}_F \underline{I}_1 = 3\underline{Z}_F \underline{I}_2 = 3\underline{Z}_F \underline{I}_0 \end{aligned} \tag{13.10}$$

13.3.2 Dreipoliger Kurzschluß

Behandelt wird der dreipolige Kurzschluß mit Erdberührung nach Bild 13.4 als allgemeiner Fall mit Fehlerimpedanzen $\underline{Z}_F$ und $\underline{Z}_M$, jedoch so, daß $\underline{Z}_F$ für alle drei Leiter gleiche Größe hat. Gültig ist die Fehlerbeschreibung nach Tabelle 13.2, Nr. 1a. Durch Transformation in symmetrische Komponenten findet man:

$$\underline{I}_1 = \frac{\underline{E}}{\underline{Z}_1 + \underline{Z}_F}; \qquad \underline{I}_2 = 0; \qquad \underline{I}_0 = 0 \tag{13.11}$$

$$\underline{U}_1 = \frac{\underline{E}\,\underline{Z}_F}{\underline{Z}_1 + \underline{Z}_F}; \qquad \underline{U}_2 = 0; \qquad \underline{U}_0 = 0 \tag{13.12}$$

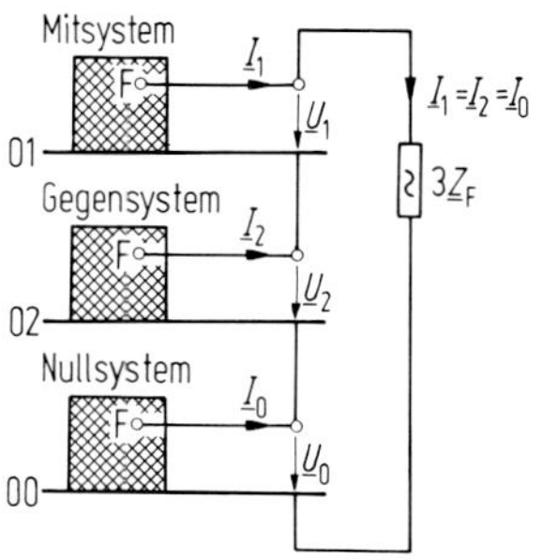

Bild 13.3. Schaltung der symmetrischen Komponenten an der Fehlerstelle F bei Erdkurzschluß über eine Fehlerimpedanz $\underline{Z}_F$ entsprechend der Fehlerbeschreibung nach Gl. (13.9) und (13.10)

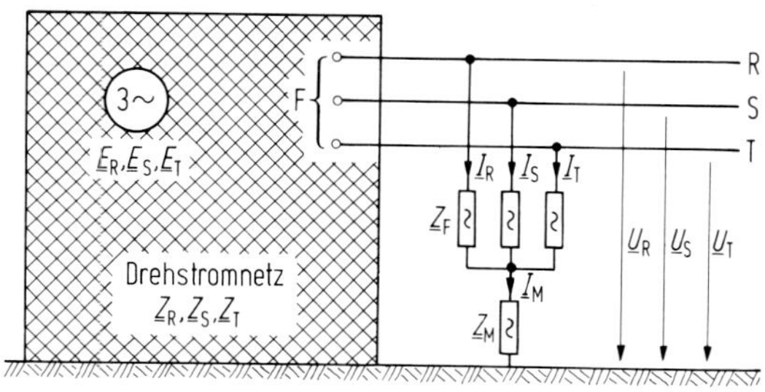

Bild 13.4. Dreipoliger Kurzschluß mit Erdberührung. Fehlerimpedanzen $\underline{Z}_F$ und $\underline{Z}_M$ an der Fehlerstelle F

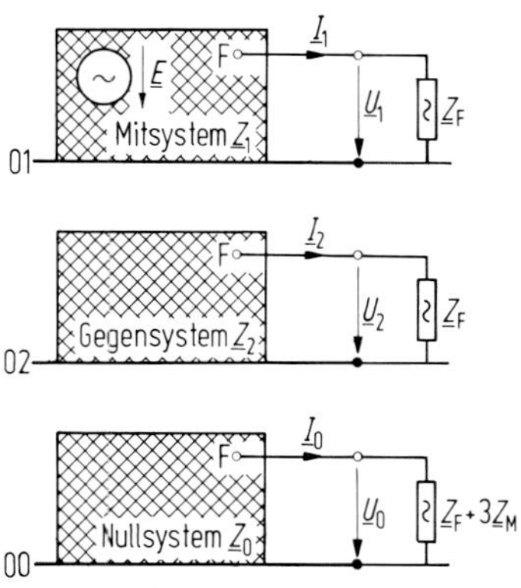

Bild 13.5. Schaltung der symmetrischen Komponenten für den dreipoligen Kurzschluß mit Erdberührung nach Bild 13.4

Nimmt man die Rücktransformation mit Hilfe der Entsymmetrierungsmatrix vor, so erhält man:

$$\underline{I}_R = \frac{\underline{E}}{\underline{Z}_1 + \underline{Z}_F}; \qquad \underline{I}_S = \underline{a}^2\,\underline{I}_R; \qquad \underline{I}_T = \underline{a}\,\underline{I}_R \tag{13.13}$$

$$\underline{U}_R = \frac{\underline{E}\,\underline{Z}_F}{\underline{Z}_1 + \underline{Z}_F}; \qquad \underline{U}_S = \underline{a}^2\,\underline{U}_R; \qquad \underline{U}_T = \underline{a}\,\underline{U}_R \tag{13.14}$$

Für $\underline{Z}_F = 0$ wird, wie zu erwarten, $\underline{U}_R = \underline{U}_S = \underline{U}_T = 0$ und weiter, wenn man für $\underline{E}$ den subtransienten Wert $\underline{E}''$ einführt und den Absolutbetrag des Stromes $\underline{I}_R$ mit $I''_{k\,3p}$ bezeichnet:

$$I''_{k\,3p} = \frac{E''}{|\underline{Z}_1|} = \frac{E''}{\sqrt{R_1^2 + X_1^2}} \tag{13.15}$$

Für $\underline{Z}_M \Rightarrow \infty$, also für den dreipoligen Kurzschluß ohne Erdberührung, gilt die Fehlerbeschreibung nach Tabelle 13.2, Nr. 1b. $\underline{U}_0$ wird durch das Netz und nicht durch die Fehlerbeschreibung bestimmt ($\underline{U}_0 = 0$). Als Unterschied findet man, daß $\underline{Z}_F + 3\underline{Z}_M$ im Nullsystem des Bildes 13.5 nicht mehr erscheint.

13.3.3 Zweipoliger Kurzschluß mit Erdberührung

Verwendet wird die Fehlerbeschreibung nach Tabelle 13.2, Nr. 2a. Der zweipolige Fehler wird für die Leiter S und T angenommen (symmetrisch zum Bezugsleiter R).

Transformiert man die Fehlerbedingungen für den Strom $\underline{I}_R = 0$ und $\underline{I}_S + \underline{I}_T = \underline{I}_M$, so ergibt sich:

$$\underline{E} = \underline{I}_1 \left[(\underline{Z}_1 + \underline{Z}_F) + \frac{(\underline{Z}_2 + \underline{Z}_F)(\underline{Z}_0 + \underline{Z}_F + 3\underline{Z}_M)}{(\underline{Z}_2 + \underline{Z}_F) + (\underline{Z}_0 + \underline{Z}_F + 3\underline{Z}_M)} \right] \tag{13.16}$$

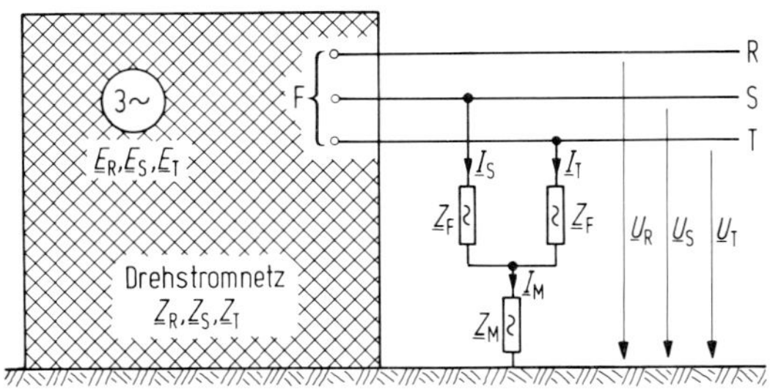

Bild 13.6. Zweipoliger Kurzschluß mit Erdberührung über die Fehlerimpedanzen $\underline{Z}_F$ und $\underline{Z}_M$

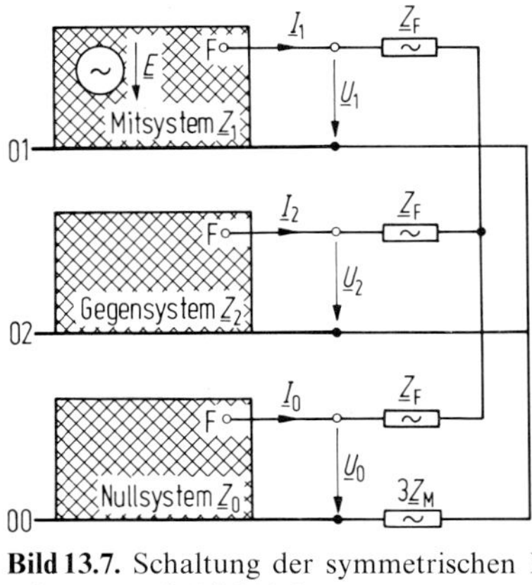

Bild 13.7. Schaltung der symmetrischen Komponenten für den zweipoligen Kurzschluß mit Erdberührung nach Bild 13.6

Ausgehend von dieser Gleichung kann man die Verbindung der symmetrischen Komponenten an der Fehlerstelle nach Bild 13.7 aufbauen. Gl. (13.16) liefert die Berechnungsgleichung für $\underline{I}_1$, so daß sich dann ergibt:

$\underline{U}_1 = \underline{E} - \underline{I}_1 \underline{Z}_1$ mit

$$\underline{I}_1 = \frac{\underline{E}(\underline{Z}_2 + \underline{Z}_0 + 2\underline{Z}_F + 3\underline{Z}_M)}{(\underline{Z}_1 + \underline{Z}_F)(\underline{Z}_2 + \underline{Z}_F) + (\underline{Z}_0 + \underline{Z}_F + 3\underline{Z}_M)(\underline{Z}_1 + \underline{Z}_2 + 2\underline{Z}_F)} \tag{13.17a}$$

$\underline{U}_2 = -\underline{I}_2 \underline{Z}_2$ mit

$$\underline{I}_2 = -\frac{\underline{E}(\underline{Z}_0 + \underline{Z}_F + 3\underline{Z}_M)}{(\underline{Z}_1 + \underline{Z}_F)(\underline{Z}_2 + \underline{Z}_F) + (\underline{Z}_0 + \underline{Z}_F + 3\underline{Z}_M)(\underline{Z}_1 + \underline{Z}_2 + 2\underline{Z}_F)} \tag{13.17b}$$

$\underline{U}_0 = -\underline{I}_0 \underline{Z}_0$ mit

$$\underline{I}_0 = -\frac{\underline{E}(\underline{Z}_2 + \underline{Z}_F)}{(\underline{Z}_1 + \underline{Z}_F)(\underline{Z}_2 + \underline{Z}_F) + (\underline{Z}_0 + \underline{Z}_F + 3\underline{Z}_M)(\underline{Z}_1 + \underline{Z}_2 + 2\underline{Z}_F)} \tag{13.17c}$$

Bei der Berechnung der Kurzschlußströme setzt man häufig $\underline{Z}_F = \underline{Z}_M = 0$. An die Stelle der Gl. (13.17) treten dann die folgenden Gleichungen:

$$\underline{I}_1 = \frac{\underline{E}}{\underline{Z}_1 + \dfrac{\underline{Z}_2 \underline{Z}_0}{\underline{Z}_2 + \underline{Z}_0}}; \quad \underline{I}_2 = -\underline{I}_1 \frac{\underline{Z}_0}{\underline{Z}_2 + \underline{Z}_0}; \quad \underline{I}_0 = -\underline{I}_1 \frac{\underline{Z}_2}{\underline{Z}_2 + \underline{Z}_0} \tag{13.18}$$

$$\underline{U}_1 = \underline{U}_2 = \underline{U}_0 = \underline{I}_1 \frac{\underline{Z}_2 \underline{Z}_0}{\underline{Z}_2 + \underline{Z}_0} \tag{13.19}$$

Die Rücktransformation in die Drehstromgrößen liefert für $\underline{Z}_F = \underline{Z}_M = 0$:

$$\underline{I}_R = 0; \quad \underline{I}_S = -\underline{E} \frac{\mathrm{j}\sqrt{3}(\underline{Z}_0 - \underline{a}\underline{Z}_2)}{\underline{Z}_1 \underline{Z}_2 + \underline{Z}_1 \underline{Z}_0 + \underline{Z}_2 \underline{Z}_0};$$
$$\underline{I}_T = \underline{E} \frac{\mathrm{j}\sqrt{3}(\underline{Z}_0 - \underline{a}^2 \underline{Z}_2)}{\underline{Z}_1 \underline{Z}_2 + \underline{Z}_1 \underline{Z}_0 + \underline{Z}_2 \underline{Z}_0} \tag{13.20}$$

$$\underline{U}_R = 3\underline{E} \frac{\underline{Z}_2 \underline{Z}_0}{\underline{Z}_1 \underline{Z}_2 + \underline{Z}_1 \underline{Z}_0 + \underline{Z}_2 \underline{Z}_0}; \quad \underline{U}_S = 0; \quad \underline{U}_T = 0 \tag{13.21}$$

Für den nach Erde fließenden Strom $\underline{I}_M$ (Bild 13.6) ergibt sich:

$$\underline{I}_M = 3\underline{I}_0 = -\frac{3\underline{E}\underline{Z}_2}{\underline{Z}_1 \underline{Z}_2 + \underline{Z}_1 \underline{Z}_0 + \underline{Z}_2 \underline{Z}_0} = -\frac{3\underline{E}}{\underline{Z}_1 + \underline{Z}_0(1 + \underline{Z}_1/\underline{Z}_2)} \tag{13.22a}$$

Der Absolutbetrag von $\underline{I}_M$ wird bei der Kurschlußstromberechnung nach [2.15] mit I''_{kE2pE} bezeichnet, wenn für $\underline{E} = \underline{E}''$ die Ersatzspannungsquelle $1{,}1\, U_n/\sqrt{3}$ an der Fehlerstelle eingeführt wird.

$$I''_{\mathrm{kE2pE}} = \frac{1{,}1\sqrt{3}\, U_n}{\underline{Z}_1 + \underline{Z}_0(1 + \underline{Z}_1/\underline{Z}_2)} \tag{13.22b}$$

Für die Kurzschlußströme der fehlerbetroffenen Leiter S und T bezogen auf $\underline{I}''_{k3p}$ findet man bei $\underline{Z}_2 = \underline{Z}_1$:

$$\frac{\underline{I}''_{kS2pE}}{\underline{I}''_{k3p}} = -\frac{\mathrm{j}\sqrt{3}(\underline{Z}_0 - \underline{a}\underline{Z}_1)\underline{Z}_1}{\underline{Z}_1^2 + 2\underline{Z}_1\underline{Z}_0} = -\mathrm{j}\sqrt{3}\frac{1-\underline{a}(\underline{Z}_1/\underline{Z}_0)}{2+\underline{Z}_1/\underline{Z}_0} \tag{13.23a}$$

$$\frac{\underline{I}''_{kT2pE}}{\underline{I}''_{k3p}} = \frac{\mathrm{j}\sqrt{3}(\underline{Z}_0 - \underline{a}^2\underline{Z}_1)\underline{Z}_1}{\underline{Z}_1^2 + 2\underline{Z}_1\underline{Z}_0} = \mathrm{j}\sqrt{3}\frac{1-\underline{a}^2(\underline{Z}_1/\underline{Z}_0)}{2+\underline{Z}_1/\underline{Z}_0} \tag{13.23b}$$

Führt man $\underline{Z}_1 = Z_1(\cos\gamma_1 + \mathrm{j}\sin\gamma_1)$ und $\underline{Z}_0 = Z_0(\cos\gamma_0 + \mathrm{j}\sin\gamma_0)$ ein, so ergeben sich aus den Gln. (13.23a) und (13.23b)

$$\left|\frac{\underline{I}''_{kS2pE}}{\underline{I}''_{k3p}}\right| = \frac{\sqrt{3}\sqrt{1+(Z_1/Z_0)[\cos(\gamma_1-\gamma_0)+\sqrt{3}\sin(\gamma_1-\gamma_0)]+(Z_1/Z_0)^2}}{\sqrt{4+4(Z_1/Z_0)\cos(\gamma_1-\gamma_0)+(Z_1/Z_0)^2}} \tag{13.23c}$$

$$\left|\frac{\underline{I}''_{kT2pE}}{\underline{I}''_{k3p}}\right| = \frac{\sqrt{3}\sqrt{1+(Z_1/Z_0)[\cos(\gamma_1-\gamma_0)-\sqrt{3}\sin(\gamma_1-\gamma_0)]+(Z_1/Z_0)^2}}{\sqrt{4+4(Z_1/Z_0)\cos(\gamma_1-\gamma_0)+(Z_1/Z_0)^2}} \tag{13.23d}$$

Für die Spannung $\underline{U}_R$ des fehlerfreien Leiters an der Fehlerstelle ergibt sich ausgehend von Gl. (13.21) für $\underline{Z}_1 = \underline{Z}_2$ und $\underline{E} = \underline{E}''$:

$$\begin{aligned} \frac{\underline{U}_R}{\underline{E}''} &= \frac{3\cdot\underline{Z}_1\underline{Z}_0}{\underline{Z}_1^2+2\underline{Z}_1\underline{Z}_0} = \frac{3}{2+\underline{Z}_1/\underline{Z}_0}; \\ \left|\frac{\underline{U}_R}{\underline{E}''}\right| &= \frac{3}{\sqrt{4+4(Z_1/Z_0)\cos(\gamma_1-\gamma_0)+(Z_1/Z_0)^2}} \end{aligned} \tag{13.24}$$

Solange $\gamma_1 - \gamma_0 \leqq 90°$ ist, bleibt $U_R \leqq 1{,}5\,E''$. Bei Winkeldifferenzen $\gamma_1 - \gamma_0$ im Bereich 90° bis 270°, die in Netzen mit freiem Sternpunkt auftreten können, wird die Spannung $U_R > 1{,}5\,E''$. Resonanz mit hohen Werten U_R tritt für $Z_1/Z_0 = 2$ auf.

13.3.4 Zweipoliger Kurzschluß ohne Erdberührung

Der zweipolige Kurzschluß ohne Erdberührung ist als Sonderfall des zweipoligen Kurzschlusses mit Erdberührung anzusehen. Bild 13.8 zeigt die Schaltung an der Fehlerstelle und Bild 13.9 die Schaltung der symmetrischen Komponenten.

Ausgehend von den Fehlerbedingungen in Tabelle 13.2, Nr. 2b, findet man für die Ströme und Spannungen:

$$\underline{I}_1 = \frac{\underline{E}}{\underline{Z}_1+\underline{Z}_2+2\underline{Z}_F}; \quad \underline{I}_2 = -\underline{I}_1; \quad \underline{I}_0 = 0 \tag{13.25}$$

$$\begin{aligned} &\underline{U}_1 = \underline{E}\frac{\underline{Z}_2+2\underline{Z}_F}{\underline{Z}_1+\underline{Z}_2+2\underline{Z}_F}; \quad \underline{U}_2 = \underline{E}\frac{\underline{Z}_2}{\underline{Z}_1+\underline{Z}_2+2\underline{Z}_F}; \\ &\underline{U}_0 = 0 \text{ (für } \underline{Z}_M \Rightarrow \infty); \quad \left[\underline{U}_0 = \underline{E}\frac{\underline{Z}_2+\underline{Z}_F}{\underline{Z}_1+\underline{Z}_2+2\underline{Z}_F} \text{ (für } \underline{Z}_0 \Rightarrow \infty)\right] \end{aligned} \tag{13.26}$$

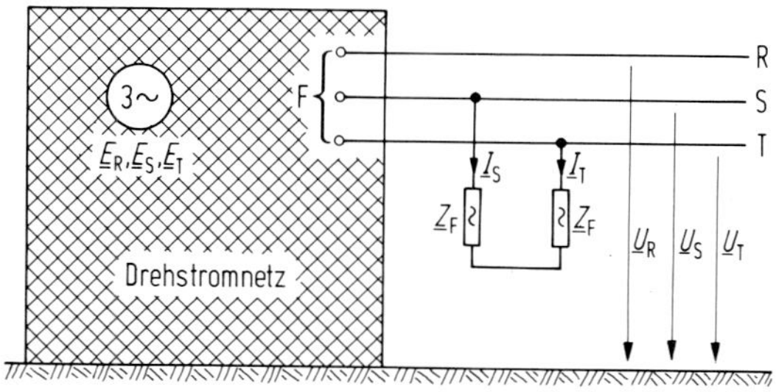

Bild 13.8. Zweipoliger Kurzschluß ohne Erdberührung über die Fehlerimpedanzen $\underline{Z}_F$

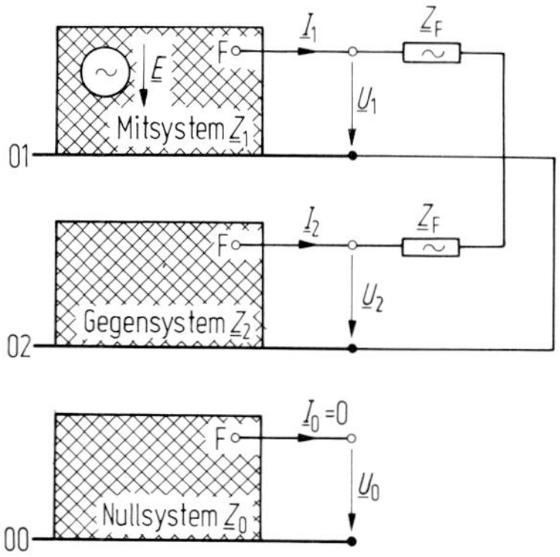

Bild 13.9. Schaltung der symmetrischen Komponenten für den zweipoligen Kurzschluß ohne Erdberührung nach Bild 13.8

$\underline{U}_1$ und $\underline{U}_2$ findet man in dieser Form auch ausgehend von den Gln. (13.17a) und (13.17b) entweder für $\underline{Z}_M \Rightarrow \infty$ oder $\underline{Z}_0 \Rightarrow \infty$. Für $\underline{U}_0$ ergeben sich unterschiedliche Ergebnisse für $\underline{Z}_M \Rightarrow \infty$ oder $\underline{Z}_0 \Rightarrow \infty$ trotz $\underline{I}_0 = 0$ nach Gl. (13.25), wobei $\underline{U}_0 = -\underline{Z}_0 \underline{I}_0$ gilt. Für $\underline{Z}_M \Rightarrow \infty$ jedoch $\underline{Z}_0 \neq \infty$ ergibt sich aus Gl. (13.17c) $\underline{U}_0 = 0$. Für $\underline{Z}_0 \Rightarrow \infty$, ein Fall, der nur theoretisch denkbar ist und deshalb eingeklammert wurde, ergibt sich der endliche Wert für $\underline{U}_0$ aus Gl. (13.17c).

Führt man die Entsymmetrierung der Gln. (13.25) und (13.26) durch, so wird:

$$\underline{I}_R = 0; \quad \underline{I}_S = -\underline{E}\frac{\mathrm{j}\sqrt{3}}{\underline{Z}_1 + \underline{Z}_2 + 2\underline{Z}_F}; \quad \underline{I}_T = -\underline{I}_S \tag{13.27}$$

$$\underline{U}_R = \underline{E}\frac{2\underline{Z}_2 + 2\underline{Z}_F}{\underline{Z}_1 + \underline{Z}_2 + 2\underline{Z}_F}; \quad \underline{U}_S = \underline{E}\frac{-\underline{Z}_2 + \underline{a}^2\, 2\underline{Z}_F}{\underline{Z}_1 + \underline{Z}_2 + 2\underline{Z}_F}; \quad \underline{U}_T = \underline{E}\frac{-\underline{Z}_2 + \underline{a}\, 2\underline{Z}_F}{\underline{Z}_1 + \underline{Z}_2 + 2\underline{Z}_F} \tag{13.28}$$

Bei der Kurzschlußstromberechnung wird meist $\underline{Z}_F = 0$ vorausgesetzt. In diesem Fall ergeben sich dann folgende Beziehungen:

$$\underline{I}_S = -\underline{I}_T = -\frac{\mathrm{j}\sqrt{3}\,\underline{E}}{\underline{Z}_1 + \underline{Z}_2} \rightarrow I''_{k\,2p} = |\underline{I}_S| = |\underline{I}_T| = \frac{\sqrt{3}\,E''}{|\underline{Z}_1 + \underline{Z}_2|} \tag{13.29}$$

$$\underline{U}_R = \underline{E}\frac{2}{1 + \underline{Z}_1/\underline{Z}_2}; \quad \underline{U}_S = \underline{U}_T = -\underline{E}\frac{1}{1 + \underline{Z}_1/\underline{Z}_2} \tag{13.30}$$

Für $\underline{Z}_1=\underline{Z}_2$ werden $|\underline{I}_S|=|\underline{I}_T|=0{,}5\sqrt{3}\,E/Z_1=0{,}866\,E/Z_1$, $\underline{U}_R=\underline{E}$ und $\underline{U}_S=\underline{U}_T=-0{,}5\,\underline{E}$. Eine betriebsfrequente Spannungserhöhung des fehlerfreien Leiters tritt nicht auf. Der Anfangs-Kurzschlußwechselstrom bei zweipoligem Fehler ohne Erdberührung erreicht 87% des Anfangs-Kurzschlußwechselstromes bei dreipoligem Fehler (Abschnitt 15.3.4).

13.3.5 Einpoliger Erdkurzschluß

In Netzen mit freiem Sternpunkt oder mit Erdschlußkompensation spricht man meist vom Erdschluß, während in Netzen mit niederohmiger Sternpunkterdung vom Erdkurzschluß gesprochen wird. Bild 13.10 zeigt die Schaltung an der Fehlerstelle bei einpoligem Fehler über eine Impedanz $\underline{Z}_F$. Bild 13.11 enthält die daraus abgeleitete Schaltung der Komponenten.

Ausgehend von der Fehlerbeschreibung (Tabelle 13.2, Nr. 3) ermittelt man:

$$\underline{I}_1=\underline{I}_2=\underline{I}_0=\frac{\underline{E}}{\underline{Z}_1+\underline{Z}_2+\underline{Z}_0+3\underline{Z}_F} \tag{13.31}$$

$$\underline{U}_1=\underline{E}-\underline{I}_1\underline{Z}_1=\underline{E}\frac{\underline{Z}_2+\underline{Z}_0+3\underline{Z}_F}{\underline{Z}_1+\underline{Z}_2+\underline{Z}_0+3\underline{Z}_F};\quad \underline{U}_2=-\underline{I}_2\underline{Z}_2;\quad \underline{U}_0=-\underline{I}_0\underline{Z}_0 \tag{13.32}$$

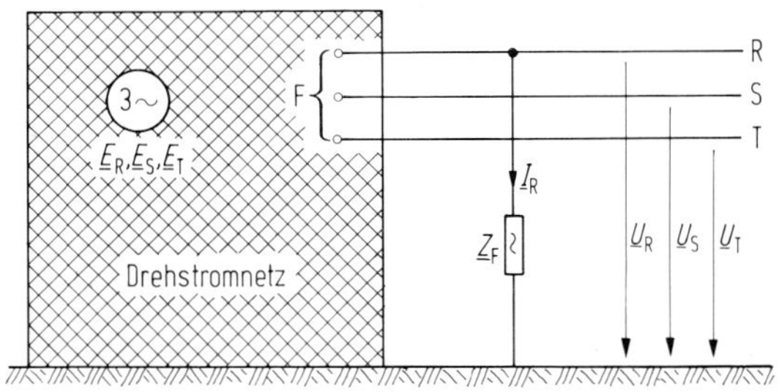

Bild 13.10. Einpoliger Erdkurzschluß (Erdschluß) über die Fehlerimpedanz $\underline{Z}_F$

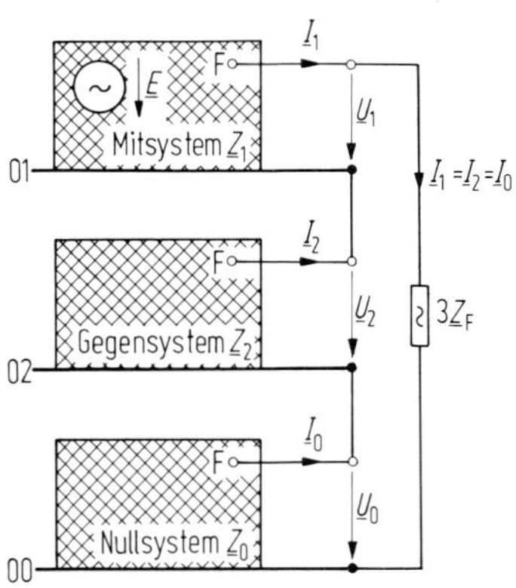

Bild 13.11. Schaltung der symmetrischen Komponenten für den einpoligen Erdkurzschluß (Erdschluß) nach Bild 13.10

Die Rücktransformation der symmetrischen Ströme und Spannungen liefert:

$$\underline{I}_R = 3\,\underline{I}_1 = \frac{3\,\underline{E}}{\underline{Z}_1 + \underline{Z}_2 + \underline{Z}_0 + 3\,\underline{Z}_F}; \qquad \underline{I}_S = 0; \qquad \underline{I}_T = 0 \tag{13.33}$$

$$\underline{U}_R = \underline{E}\,\frac{3\,\underline{Z}_F}{\underline{Z}_1 + \underline{Z}_2 + \underline{Z}_0 + 3\,\underline{Z}_F} \qquad (\underline{U}_R = 0 \text{ für } \underline{Z}_F = 0) \tag{13.34a}$$

$$\underline{U}_S = \underline{E}\,\frac{3\,\underline{a}^2\,\underline{Z}_F - \mathrm{j}\sqrt{3}(\underline{Z}_2 - \underline{a}\,\underline{Z}_0)}{\underline{Z}_1 + \underline{Z}_2 + \underline{Z}_0 + 3\,\underline{Z}_F} \tag{13.34b}$$

$$\underline{U}_T = \underline{E}\,\frac{3\,\underline{a}\,\underline{Z}_F + \mathrm{j}\sqrt{3}(\underline{Z}_2 - \underline{a}^2\,\underline{Z}_0)}{\underline{Z}_1 + \underline{Z}_2 + \underline{Z}_0 + 3\,\underline{Z}_F} \tag{13.34c}$$

Für $\underline{Z}_F = 0$ ergibt sich aus Gl. (13.33), wenn man $E = E''$ einführt und dann $I_R = I''_{k1p}$ setzt:

$$I''_{k1p} = \frac{3\,E''}{|\underline{Z}_1 + \underline{Z}_2 + \underline{Z}_0|} \tag{13.35}$$

Der Vergleich zum dreipoligen Anfangs-Kurzschlußwechselstrom nach Gl. (13.15) liefert:

$$\frac{I''_{k1p}}{I''_{k3p}} = \frac{3\,|\underline{Z}_1|}{|\underline{Z}_1 + \underline{Z}_2 + \underline{Z}_0|} \tag{13.36a}$$

$$\frac{I''_{k1p}}{I''_{k3p}} \approx \frac{3}{2 + X_0/X_1} \tag{13.36b}$$

Vernachlässigt man in Hochspannungsnetzen für eine erste Abschätzung die Wirkwiderstände und nimmt man für die Anfangswerte der Kurzschlußströme $X_2 = X_1$ an, so ergeben sich Gl. (13.36b) und Bild 13.12 für die größten nach Erde fließenden Ströme. Für $X_1 = X_2 = X_0$ ergibt sich $I''_{k1p} = \underline{I}''_{kE2pE} = I''_{k3p}$. Ist $X_0/X_1 < 1$, so wird $\underline{I}''_{kE2pE} > I''_{k1p}$.

Für $\underline{Z}_2 = \underline{Z}_1 = Z_1 \exp(\mathrm{j}\,\gamma_1)$ und $\underline{Z}_0 = Z_0 \exp(\mathrm{j}\,\gamma_0)$ findet man bei $\underline{Z}_F = 0$ ausgehend von den Gleichungen (13.35) und (13.15):

$$\frac{\underline{I}''_{k1p}}{\underline{I}''_{k3p}} = \frac{3(\underline{Z}_1/\underline{Z}_0)}{1 + 2(\underline{Z}_1/\underline{Z}_0)}; \tag{13.37a}$$

$$\left|\frac{\underline{I}''_{k1p}}{\underline{I}''_{k3p}}\right| = \frac{3\,Z_1/Z_0}{\sqrt{1 + 4(Z_1/Z_0)\cos(\gamma_1 - \gamma_0) + 4(Z_1/Z_0)^2}} \tag{13.37b}$$

Für unterschiedliche Differenzwinkel $\gamma_1 - \gamma_0$ wurde $|\underline{I}''_{k1p}/\underline{I}''_{k3p}|$ abhängig von Z_1/Z_0 in Bild 13.13 aufgetragen.

Ausgehend von den Gln. (13.34) ergeben sich für $\underline{Z}_F = 0$ und $\underline{Z}_1 = \underline{Z}_2$ folgende Gleichungen für die Spannungen $\underline{U}_R$, $\underline{U}_S$ und $\underline{U}_T$ bei einpoligem Kurzschluß, wenn

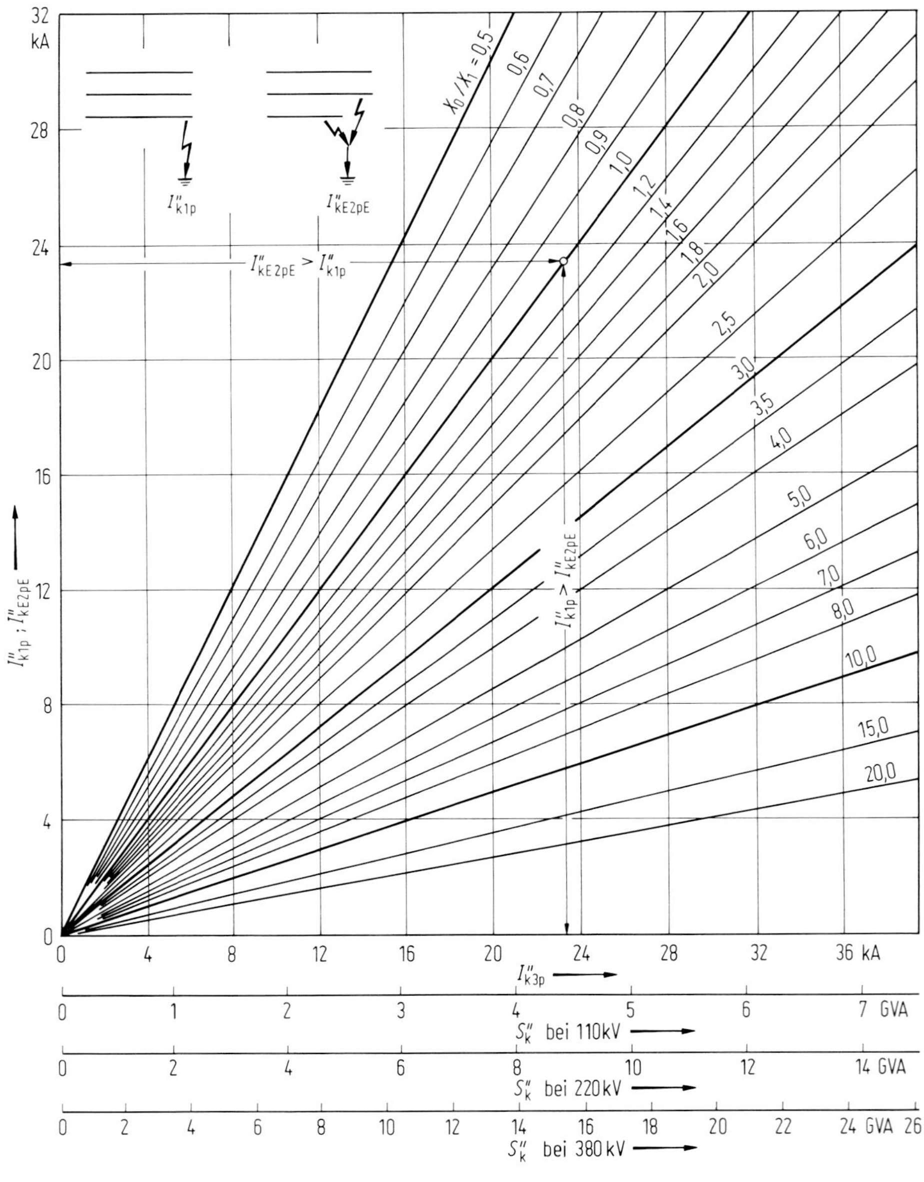

Bild 13.12. Anfangs-Kurzschlußwechselströme I''_{k1p} und I''_{kE2pE} abhängig von I''_{k3p} und dem Verhältnis X_0/X_1 bei $X_2 = X_1$ und Vernachlässigung der Wirkwiderstände R_1, R_2 und R_0 (Anfangs-Kurzschlußwechselstromleistung $S''_k = \sqrt{3}\, U_n I''_{k3p}$)

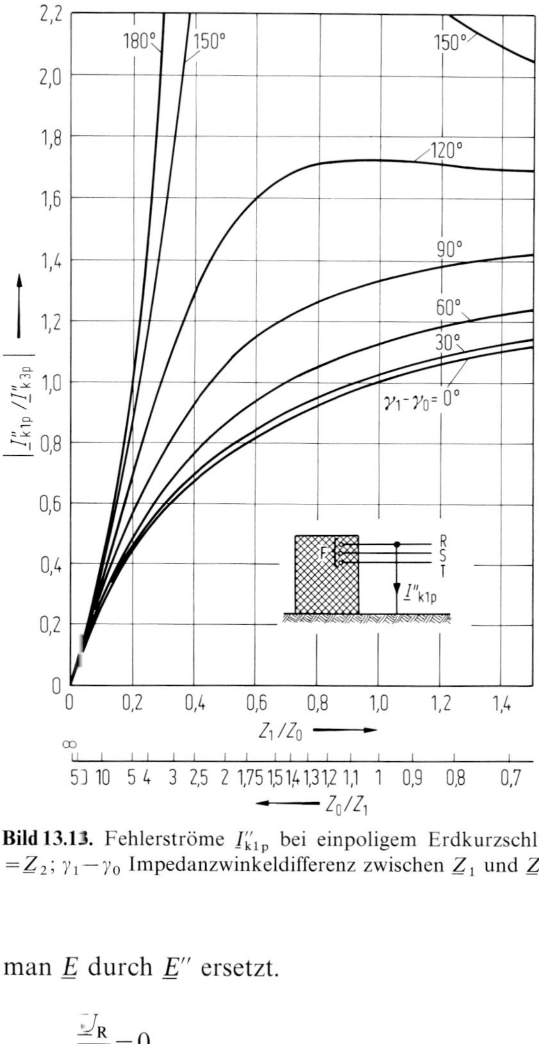

Bild 13.13. Fehlerströme $\underline{I}''_{k1p}$ bei einpoligem Erdkurzschluß (Erdschluß) bezogen auf $\underline{I}''_{k3p}$ bei $\underline{Z}_1 = \underline{Z}_2$; $\gamma_1 - \gamma_0$ Impedanzwinkeldifferenz zwischen $\underline{Z}_1$ und $\underline{Z}_0$ $[\underline{Z}_F = 0]$

man $\underline{E}$ durch $\underline{E}''$ ersetzt.

$$\frac{\underline{U}_R}{\underline{E}''} = 0 \tag{13.38a}$$

$$\left|\frac{\underline{U}_S}{\underline{E}''}\right| = \left|-\mathrm{j}\sqrt{3}\,\frac{\underline{Z}_1/\underline{Z}_0 - \underline{a}}{1 + 2(\underline{Z}_1/\underline{Z}_0)}\right| = \sqrt{3}\sqrt{\frac{1 + (Z_1/Z_0)[\cos(\gamma_1-\gamma_0) - \sqrt{3}\sin(\gamma_1-\gamma_0)] + (Z_1/Z_0)^2}{1 + 4(Z_1/Z_0)\cos(\gamma_1-\gamma_0) + 4(Z_1/Z_0)^2}} \tag{13.38b}$$

$$\left|\frac{\underline{U}_T}{\underline{E}''}\right| = \left|\mathrm{j}\sqrt{3}\,\frac{\underline{Z}_1/\underline{Z}_0 - \underline{a}^2}{1 + 2(\underline{Z}_1/\underline{Z}_0)}\right| = \sqrt{3}\sqrt{\frac{1 + (Z_1/Z_0)[\cos(\gamma_1-\gamma_0) + \sqrt{3}\sin(\gamma_1-\gamma_0)] + (Z_1/Z_0)^2}{1 + 4(Z_1/Z_0)\cos(\gamma_1-\gamma_0) + 4(Z_1/Z_0)^2}} \tag{13.38c}$$

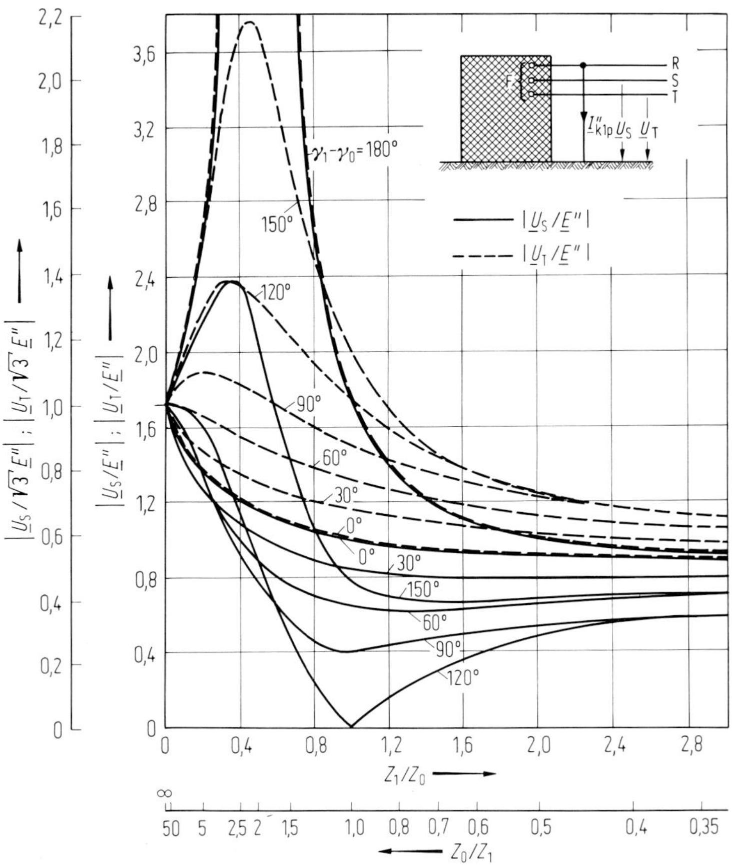

Bild 13.14. Spannungen $\underline{U}_S$ und $\underline{U}_T$ bezogen auf $\underline{E}''$ bei einpoligem Kurzschluß ($\underline{Z}_1=\underline{Z}_2$; $\underline{Z}_F=0$); $\gamma_1-\gamma_0$ Impedanzwinkeldifferenz zwischen $\underline{Z}_1$ und $\underline{Z}_0$

Bild 13.14 enthält eine Darstellung von $|\underline{U}_S/\underline{E}''|$ und $|\underline{U}_T/\underline{E}''|$ über Z_1/Z_0 mit dem Differenzwinkel $\gamma_1-\gamma_0$ als Parameter. Es ist häufig üblich, die Spannungen der nicht fehlerbetroffenen Leiter (S und T) auf $\sqrt{3}\,\underline{E}''$ zu beziehen, um dann festzustellen, ob diese Spannungen bei einem Fehler die verkettete Spannung überschreiten oder nicht. Bezieht man $\underline{U}_S$ und $\underline{U}_T$ dagegen auf $\underline{E}''$, so ergeben sich die Abweichungen der Spannungen gegenüber den normalen Spannungen Leiter-Erde im fehlerfreien Netz. Zu beachten hat man hier jedoch, daß $|\underline{E}''|$ nicht mit $U_h/\sqrt{3}$ übereinstimmen muß. Bezieht man die Spannungen $\underline{U}_S$ und $\underline{U}_T$ der nicht fehlerbetroffenen Leiter auf $\sqrt{3}\,\underline{E}''$, so ergibt sich die Erdungszahl ε, während man bei einem Bezug auf $\underline{E}''$ den Erdfehlerfaktor δ erhält. Es gilt dann:

$$\delta=\sqrt{3}\,\varepsilon \tag{13.39}$$

Bild 13.14 zeigt, daß sich für gleiche Werte Z_1/Z_0 und gleiche Impedanzwinkel $\gamma_1-\gamma_0$ für den Leiter T immer größere Spannungen als für den Leiter S ergeben, wenn

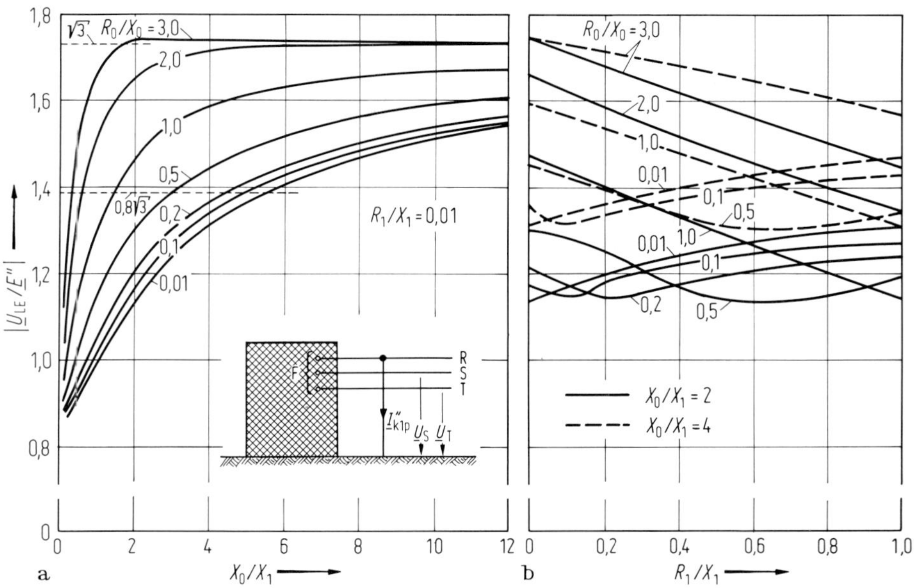

Bild 13.15. Maximale Spannungen Leiter – Erde $\underline{U}_{LE}$ bei einpoligem Kurzschluß ($\underline{Z}_1=\underline{Z}_2$; $\underline{Z}_F=0$); $|\underline{U}_{LE}/\underline{E}''$ ist der größere der beiden Werte $|\underline{U}_S/\underline{E}''|$ und $|\underline{U}_T/\underline{E}''|$, wenn R der fehlerbetroffene Leiter ist

der einpolige Kurzschluß, wie vorausgesetzt, im Bezugsleiter R auftritt. Hohe resonanzartige betriebsfrequente Überspannungen treten auf für $\gamma_1-\gamma_0>90°$ im Bereich $Z_1/Z_0\approx 0{,}2\ldots 1$ ($Z_0/Z_1\approx 1\ldots 5$). $|\underline{U}_S/\underline{E}''|$ und $|\underline{U}_T/\underline{E}''|$ gehen gegen unendlich bei $\gamma_1-\gamma_0=180°$ und $Z_1/Z_0=0{,}5$.

Ein Differenzwinkel $\gamma_1-\gamma_0>90°$ tritt auf, wenn die Nullimpedanz kapazitiven Charakter annimmt, wenn also das Netz mit isoliertem Sternpunkt betrieben wird. Bei Betrieb eines Netzes mit Erdschlußkompensation und guter Abstimmung der Löschspulen ergeben sich hohe Werte von Z_0/Z_1 ($Z_1/Z_0\to 0$). Durch grobe Fehlabstimmung rutscht man leicht in den resonanzähnlichen Bereich des Bildes 13.14. Schäden für die Isolation der Netzbetriebsmittel bei Erdschluß sind in diesem Fall möglich. Die betriebsfrequenten Spannungen übersteigen dann u.U. auch die Löschspannungen der eingesetzten Ventilableiter (Abschnitt 17.5.3).

Verläßt man die für $\underline{Z}_1=\underline{Z}_2$ allgemeingültige Darstellung mit $\gamma_1-\gamma_0$ als Parameter nach Bild 13.14, so kann man $|\underline{U}_S/\underline{E}''|$ und $|\underline{U}_T/\underline{E}''|$ über X_0/X_1 auftragen. Als Parameter ergeben sich dann z.B. R_1/X_1 und R_0/X_0. Bild 13.15 zeigt eine solche Darstellung, wobei U_{LE} den größeren der beiden Werte U_S und U_T bezeichnet. Bild 13.15a zeigt, daß man Erdfehlerfaktoren $\delta\leqq 0{,}8/\sqrt{3}$ erreichen kann, wenn man $X_0/X_1\lessapprox 4$ einhält und daneben noch $R_1/X_1\lessapprox 0{,}2$ und $R_0/X_0\lessapprox 0{,}3$ vorfindet. Bild 13.15b zeigt den Einfluß der Parameter R_1/X_1 und R_0/X_0 auf die Höhe von $|\underline{U}_{LE}/\underline{E}''|$. In einem Netz muß man die verschiedenen möglichen Fehlerstellen betrachten, um im Einzelfall eine Aussage darüber treffen zu können, ob ein bestimmter Erdfehlerfaktor eingehalten wird.

Ist $\underline{Z}_F\neq 0$, so ergeben sich für $|\underline{U}_{LE}/\underline{E}''|$ im allgemeinen kleinere Werte als in dem Fall $\underline{Z}_F=0$. Nur im Bereich $R_0/X_0=(0\ldots 0{,}2)$ kommt es vor, daß $|\underline{U}_{LE}/\underline{E}''|$ bei $\underline{Z}_F\neq 0$ größer wird als bei $\underline{Z}_F=0$.

Die Höhe der transienten Erschlußüberspannungen zeigt einen Zusammenhang mit der Höhe der betriebsfrequenten Erdschlußüberspannungen, so daß hohe transiente Erdschlußüberspannungen dann zu erwarten sind, wenn hohe betriebsfrequente Erdschlußüberspannungen auftreten (Kapitel 17).

13.3.6 Leitungsunterbrechungen

Untersucht werden die zwei- und einpolige Unterbrechung.

Für die zweipolige Unterbrechung (Leiter S und T symmetrisch zum Bezugsleiter R) ergeben sich folgende Bedingungen:

$$\begin{aligned} \underline{I}_{SA} &= \underline{I}_{SB} = 0 \\ \underline{I}_{TA} &= \underline{I}_{TB} = 0 \\ \Delta \underline{U}_R &= \underline{U}_{RA} - \underline{U}_{RB} = 0 \end{aligned} \tag{13.40}$$

Daraus berechnet man durch Symmetrierung:

$$\Delta \underline{U}_1 = \underline{E}_A - \underline{E}_B - (\underline{Z}_{1A} + \underline{Z}_{1B}) \underline{I}_{1A} \tag{13.41a}$$

$$\Delta \underline{U}_2 = -(\underline{Z}_{2A} + \underline{Z}_{2B}) \underline{I}_{2A} \tag{13.41b}$$

$$\Delta \underline{U}_0 = -(\underline{Z}_{0A} + \underline{Z}_{0B}) \underline{I}_{0A} \tag{13.41c}$$

Beachtet man $\Delta \underline{U}_1 + \Delta \underline{U}_2 + \Delta \underline{U}_0 = 0$, so findet man aus Gl. (13.41):

$$\underline{I}_{1A} = \underline{I}_{2A} = \underline{I}_{0A} = (\underline{E}_A - \underline{E}_B) \frac{1}{\underline{Z}_{1A} + \underline{Z}_{1B} + \underline{Z}_{2A} + \underline{Z}_{2B} + \underline{Z}_{0A} + \underline{Z}_{0B}} \tag{13.42}$$

Aus Gl. (13.42) ergibt sich Bild 13.17. Dabei gilt zusätzlich $\underline{I}_{1B} = -\underline{I}_{1A}$, $\underline{I}_{2B} = -\underline{I}_{2A}$ und $\underline{I}_{0B} = -\underline{I}_{0A}$ und weiter:

$$\begin{aligned} \underline{I}_{RA} &= -\underline{I}_{RB} = (\underline{E}_A - \underline{E}_B) \frac{3}{\underline{Z}_{1A} + \underline{Z}_{1B} + \underline{Z}_{2A} + \underline{Z}_{2B} + \underline{Z}_{0A} + \underline{Z}_{0B}}; \\ \underline{I}_{SA} &= -\underline{I}_{SB} = 0; \quad \underline{I}_{TA} = -\underline{I}_{TB} = 0 \end{aligned} \tag{13.43}$$

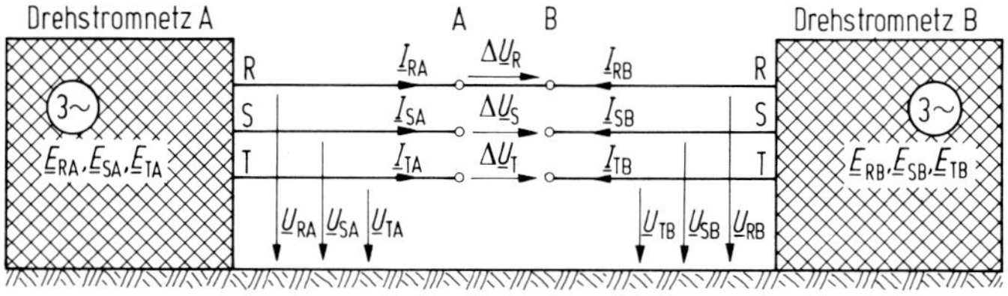

Bild 13.16. Zweipolige Leitungsunterbrechung der Leiter S und T zwischen A und B

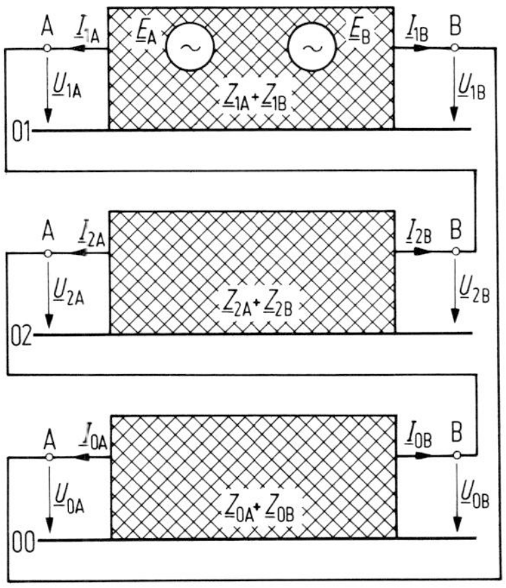

Bild 13.17. Schaltung der symmetrischen Komponenten für die zweipolige Unterbrechung der Leiter S und T zwischen A und B (Bild 13.16)

Nach Entsymmetrierung der Gl. (13.41) findet man:

$$\Delta \underline{U}_R = \Delta \underline{U}_1 + \Delta \underline{U}_2 + \Delta \underline{U}_0 = 0 \tag{13.44a}$$

$$\Delta \underline{U}_S = \underline{a}^2 \Delta \underline{U}_1 + \underline{a}\, \Delta \underline{U}_2 + \Delta \underline{U}_0 = (\underline{E}_A - \underline{E}_B) \frac{-\mathrm{j}\sqrt{3}[\underline{Z}_{2A} + \underline{Z}_{2B} - \underline{a}(\underline{Z}_{0A} + \underline{Z}_{0B})]}{\underline{Z}_{1A} + \underline{Z}_{1B} + \underline{Z}_{2A} + \underline{Z}_{2B} + \underline{Z}_{0A} + \underline{Z}_{0B}} \tag{13.44b}$$

$$\Delta \underline{U}_T = \underline{a}\, \Delta \underline{U}_1 + \underline{a}^2 \Delta \underline{U}_2 + \Delta \underline{U}_0 = (\underline{E}_A - \underline{E}_B) \frac{\mathrm{j}\sqrt{3}[\underline{Z}_{2A} + \underline{Z}_{2B} - \underline{a}^2(\underline{Z}_{0A} + \underline{Z}_{0B})]}{\underline{Z}_{1A} + \underline{Z}_{1B} + \underline{Z}_{2A} + \underline{Z}_{2B} + \underline{Z}_{0A} + \underline{Z}_{0B}} \tag{13.44c}$$

Für $\underline{Z}_{0A} = \infty$ oder $\underline{Z}_{0B} = \infty$ werden $\underline{I}_{RA} = \underline{I}_{SA} = \underline{I}_{TA} = 0$, $\Delta \underline{U}_R = 0$ sowie $\Delta \underline{U}_S = +\mathrm{j}\,\underline{a}\sqrt{3}(\underline{E}_A - \underline{E}_B)$ und $\Delta \underline{U}_T = -\mathrm{j}\,\underline{a}^2\sqrt{3}(\underline{E}_A - \underline{E}_B)$.

In einem Netz mit Erdschlußkompensation ($\underline{Z}_{0A} \Rightarrow \infty$ oder $\underline{Z}_{0B} \Rightarrow \infty$) und zweipoliger Unterbrechung (nur zwei Schalterpole haben ausgeschaltet oder nur ein Schalterpol hat eingeschaltet) werden also $|\Delta \underline{U}_S|$ und $|\Delta \underline{U}_T|$ gleich groß. Sind beide Netzteile nicht synchron, so ergeben sich Spannungen zwischen den Schalterpolen und Verlagerungsspannungen der Sternpunkte $|\Delta \underline{U}_0| = |\underline{E}_A - \underline{E}_B|$ nach Gl. (13.41c), wenn man $\underline{I}_{0A}$ nach Gl. (13.42) einsetzt.

Für die einpolige Leitungsunterbrechung (Leiter R) gelten die Bilder 13.18 und 13.19. Die Fehlerbedingungen im Drehstromnetz sind:

$$\begin{aligned} \underline{I}_{RA} &= \underline{I}_{RB} = 0 \\ \Delta \underline{U}_S &= \underline{U}_{SA} - \underline{U}_{SB} = 0 \\ \Delta \underline{U}_T &= \underline{U}_{TA} - \underline{U}_{TB} = 0 \end{aligned} \tag{13.45}$$

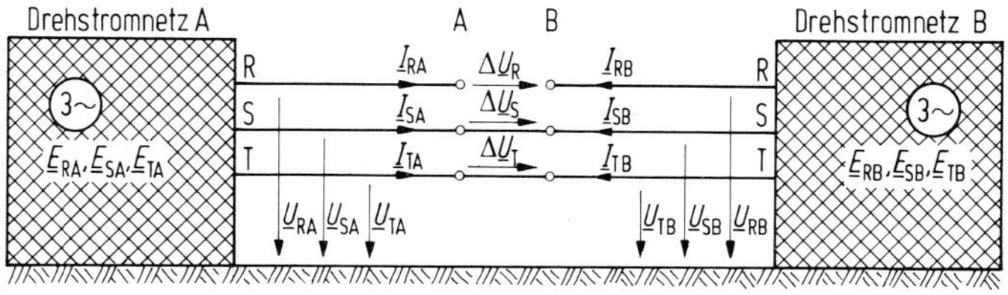

Bild 13.18. Einpolige Leitungsunterbrechung des Leiters R zwischen A und B

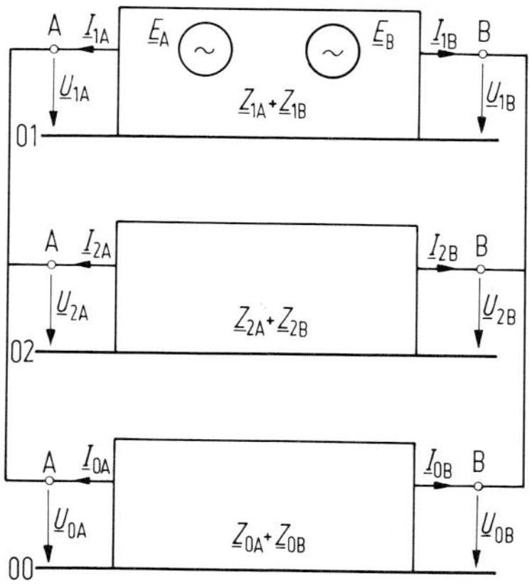

Bild 13.19. Schaltung der symmetrischen Komponenten für die einpolige Unterbrechung des Leiters R zwischen A und B (Bild 13.18)

Nach der Symmetrisierung findet man:

$$\underline{I}_{1A}=(\underline{E}_A-\underline{E}_B)\frac{\dfrac{1}{\underline{Z}_{2A}+\underline{Z}_{2B}}+\dfrac{1}{\underline{Z}_{0A}+\underline{Z}_{0B}}}{(\underline{Z}_{1A}+\underline{Z}_{1B})\left(\dfrac{1}{\underline{Z}_{1A}+\underline{Z}_{1B}}+\dfrac{1}{\underline{Z}_{2A}+\underline{Z}_{2B}}+\dfrac{1}{\underline{Z}_{0A}+\underline{Z}_{0B}}\right)} \tag{13.46a}$$

$$\underline{I}_{2A}=-(\underline{E}_A-\underline{E}_B)\frac{\dfrac{1}{\underline{Z}_{2A}+\underline{Z}_{2B}}}{(\underline{Z}_{1A}+\underline{Z}_{1B})\left(\dfrac{1}{\underline{Z}_{1A}+\underline{Z}_{1B}}+\dfrac{1}{\underline{Z}_{2A}+\underline{Z}_{2B}}+\dfrac{1}{\underline{Z}_{0A}+\underline{Z}_{0B}}\right)} \tag{13.46b}$$

$$\underline{I}_{0A}=-(\underline{E}_A-\underline{E}_B)\frac{\dfrac{1}{\underline{Z}_{0A}+\underline{Z}_{0B}}}{(\underline{Z}_{1A}+\underline{Z}_{1B})\left(\dfrac{1}{\underline{Z}_{1A}+\underline{Z}_{1B}}+\dfrac{1}{\underline{Z}_{2A}+\underline{Z}_{2B}}+\dfrac{1}{\underline{Z}_{0A}+\underline{Z}_{0B}}\right)} \tag{13.46c}$$

$$\Delta\underline{U}_1=\Delta\underline{U}_2=\Delta\underline{U}_0=(\underline{E}_A-\underline{E}_B)\frac{\dfrac{1}{\underline{Z}_{1A}+\underline{Z}_{1B}}}{\dfrac{1}{\underline{Z}_{1A}+\underline{Z}_{1B}}+\dfrac{1}{\underline{Z}_{2A}+\underline{Z}_{2B}}+\dfrac{1}{\underline{Z}_{0A}+\underline{Z}_{0B}}} \tag{13.47}$$

Bild 13.19 ergibt sich ausgehend von den Gl. (13.46) und (13.47).

Für die Differenzspannung gilt $\Delta\underline{U}_R = 3\Delta\underline{U}_1$. Für $\underline{Z}_{0A} \Rightarrow \infty$ oder $\underline{Z}_{0B} \Rightarrow \infty$ wird:

$$\Delta\underline{U}_R = (\underline{E}_A - \underline{E}_B)\frac{3}{1 + \dfrac{\underline{Z}_{1A} + \underline{Z}_{1B}}{\underline{Z}_{2A} + \underline{Z}_{2B}}}; \qquad \Delta\underline{U}_S = 0; \quad \Delta\underline{U}_T = 0 \tag{13.48}$$

Mit $\underline{Z}_{1A} + \underline{Z}_{1B} = \underline{Z}_{2A} + \underline{Z}_{2B}$ wird $\Delta\underline{U}_R = \frac{3}{2}(\underline{E}_A - \underline{E}_B)$. Diesen Zusammenhang verwendet man bei der Bestimmung der betriebsfrequenten wiederkehrenden Spannung des erstlöschenden Schalterpols eines Drehstromschalters nach einem dreipoligen Kurzschluß. Bei niederohmiger Sternpunkterdung im Netz ($\underline{Z}_0 \geqq \underline{Z}_1$) ergibt sich ausgehend von Gl. (13.47) anstelle des Faktors 3/2 ein Faktor zwischen 1 und 1,5 abhängig vom Verhältnis $(\underline{Z}_{0A} + \underline{Z}_{0B})/(\underline{Z}_{1A} + \underline{Z}_{1B})$.

13.3.7 Doppelerdschluß und andere Doppelfehler

Die Berechnung der Ströme und Spannungen bei Doppelfehlern im Netz wird nur in Ausnahmefällen vorgenommen. Der am häufigsten behandelte Doppelfehler ist der Doppelerdschluß in Netzen mit freiem Sternpunkt oder mit Erdschlußkompensation. Doppelfehler im Netz bestehen aus zwei an verschiedenen Stellen im Netz gleichzeitig auftretenden Einfachfehlern. Man unterscheidet dabei gleichartige Doppelfehler (gleiche Fehlerart an verschiedenen Stellen des Netzes wie z.B. beim Doppelerdschluß) und ungleichartige Doppelfehler (z.B. dreipoliger Kurzschluß an einer Stelle und Erdkurzschluß an anderer Stelle des Netzes). Zusätzlich unterscheidet man Längs- und Querfehler, die zu einem Doppelfehler zusammentreffen können (z.B. bei gleichzeitig auftretender Leiterunterbrechung und Erdschluß).

Sind zwei Einfachfehler gleichzeitig im Netz vorhanden (Doppelfehler), so kann man die Fehlerbedingungen in symmetrischen Komponenten an beiden Fehlerstellen aufstellen (Tabelle 13.2). Man erhält dann sechs Gleichungen mit zwölf Unbekannten. Bezeichnet man eine Fehlerstelle mit A und die zweite Fehlerstelle mit B, so sind dies U_{1A}, U_{2A}, U_{0A}, I_{1A}, I_{2A}, I_{0A} und U_{1B}, U_{2B}, U_{0B}, I_{1B}, I_{2B}, I_{0B}. Sechs weitere Gleichungen sind notwendig, um die zwölf Unbekannten zu ermitteln. Dazu dienen Gleichungen, die den Zusammenhang zwischen den beiden Fehlerstellen im Netz beschreiben. Um diese Gleichungen zu finden, kann man das Netz im Mit-, Gegen- und Nullsystem durch eine Sternersatzschaltung nachbilden. In erster Näherung nimmt man an, daß alle treibenden Spannungen zusammenzufassen sind. Bild 13.20 zeigt die Messung (Netzmodellmessung) bzw. die Berechnungsvorschrift, aus der man die Ersatzimpedanzen $\underline{Z}_{1A}$, $\underline{Z}_{1B}$ und $\underline{Z}_{1C}$ bestimmt. Ausgehend von $\underline{Z}_{1AC}$, $\underline{Z}_{1BC}$ und $\underline{Z}_{1AB}$ ermittelt man:

$$\begin{aligned} \underline{Z}_{1AM} &= \tfrac{1}{2}(\underline{Z}_{1AC} + \underline{Z}_{1AB} - \underline{Z}_{1BC}) \\ \underline{Z}_{1BM} &= \tfrac{1}{2}(\underline{Z}_{1BC} + \underline{Z}_{1AB} - \underline{Z}_{1AC}) \\ \underline{Z}_{1CM} &= \tfrac{1}{2}(\underline{Z}_{1AC} + \underline{Z}_{1BC} - \underline{Z}_{1AB}) \end{aligned} \tag{13.49}$$

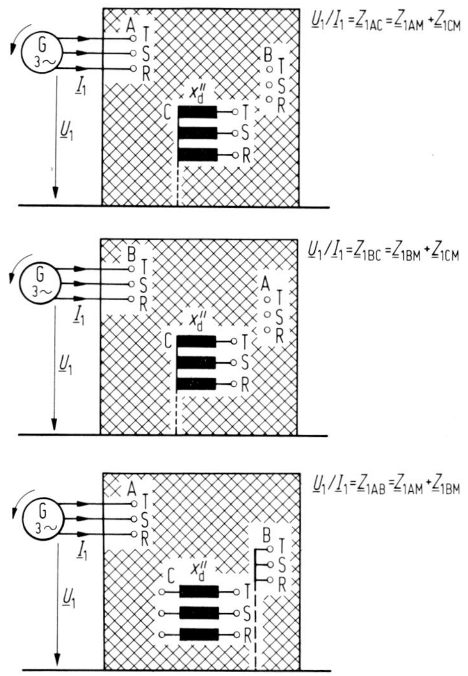

Bild 13.20. Messung der Mitimpedanzen $\underline{Z}_{1\,\mathrm{AC}}$, $\underline{Z}_{1\,\mathrm{BC}}$ und $\underline{Z}_{1\,\mathrm{AB}}$ in einem Netz zur Ermittlung der Sternersatzschaltung eines Netzes, in dem ein Doppelfehler an den beiden Fehlerstellen A und B auftritt. Ähnlich wie hier für das Mitsystem geht man bei der Ermittlung der Impedanzen des Gegen- und Nullsystems vor (vgl. dazu Bild 15.11 und Tabelle 15.2)

Durch Austausch des Index 1 gegen 2 oder 0 für das Gegen- oder Nullsystem findet man die entsprechenden Impedanzen der Sternersatzschaltungen im Gegen- oder Nullsystem und damit die Ersatzschaltungen nach Bild 13.21.

Betrachtet man als Beispiel einen Doppelerdkurzschluß im Netz, wobei ein Erdkurzschluß des Leiters S an der Fehlerstelle A und ein zweiter Erdkurzschluß des Leiters T an der Fehlerstelle B vorliegen möge (Netz mit niederohmiger Sternpunkterdung) so gilt:

$$\underline{I}_{2\mathrm{A}} = \underline{a}\,\underline{I}_{1\mathrm{A}} \quad (13.53\mathrm{a}), \qquad \underline{I}_{2\mathrm{B}} = \underline{a}^2\,\underline{I}_{1\mathrm{B}} \quad (13.54\mathrm{a}),$$

$$\underline{I}_{0\mathrm{A}} = \underline{a}^2\,\underline{I}_{1\mathrm{A}} \quad (13.53\mathrm{b}), \qquad \underline{I}_{0\mathrm{B}} = \underline{a}\,\underline{I}_{1\mathrm{B}} \quad (13.54\mathrm{b}),$$

$$\underline{a}^2\,\underline{U}_{1\mathrm{A}} + \underline{a}\,\underline{U}_{2\mathrm{A}} + \underline{U}_{0\mathrm{A}} = 0 \quad (13.53\mathrm{c}), \qquad \underline{a}\,\underline{U}_{1\mathrm{B}} + \underline{a}^2\,\underline{U}_{2\mathrm{B}} + \underline{U}_{0\mathrm{B}} = 0 \quad (13.54\mathrm{c}).$$

Ersetzt man $\underline{I}_{2\mathrm{A}}$, $\underline{I}_{0\mathrm{A}}$, $\underline{I}_{2\mathrm{B}}$ und $\underline{I}_{0\mathrm{B}}$ in den Gln. (13.51a, b) und (13.52a, b) durch die Ausdrücke auf den rechten Seiten der Gl. (13.53a, b) und (13.54a, b) und beachtet man $\underline{U}_{1\mathrm{A}} = = -\underline{a}^2\,\underline{U}_{2\mathrm{A}} - \underline{a}\,\underline{U}_{0\mathrm{A}}$ nach Gl. (13.53c) sowie $\underline{U}_{1\mathrm{B}} = -\underline{a}\,\underline{U}_{2\mathrm{B}} - \underline{a}^2\,\underline{U}_{0\mathrm{B}}$ nach Gl. (13.54c), so findet man:

$$\underline{U}_{1\mathrm{A}} = \underline{I}_{1\mathrm{A}}(\underline{Z}_{2\mathrm{AM}} + \underline{Z}_{2\mathrm{CM}} + \underline{Z}_{0\mathrm{AM}} + \underline{Z}_{0\mathrm{CM}}) + \underline{I}_{1\mathrm{B}}(\underline{a}\,\underline{Z}_{2\mathrm{CM}} + \underline{a}^2\,\underline{Z}_{0\mathrm{CM}}) \quad (13.55\mathrm{a})$$

$$\underline{U}_{1\mathrm{B}} = \underline{I}_{1\mathrm{B}}(\underline{Z}_{2\mathrm{BM}} + \underline{Z}_{2\mathrm{CM}} + \underline{Z}_{0\mathrm{BM}} + \underline{Z}_{0\mathrm{CM}}) + \underline{I}_{1\mathrm{A}}(\underline{a}^2\,\underline{Z}_{2\mathrm{CM}} + \underline{a}\,\underline{Z}_{0\mathrm{CM}}) \quad (13.56\mathrm{a})$$

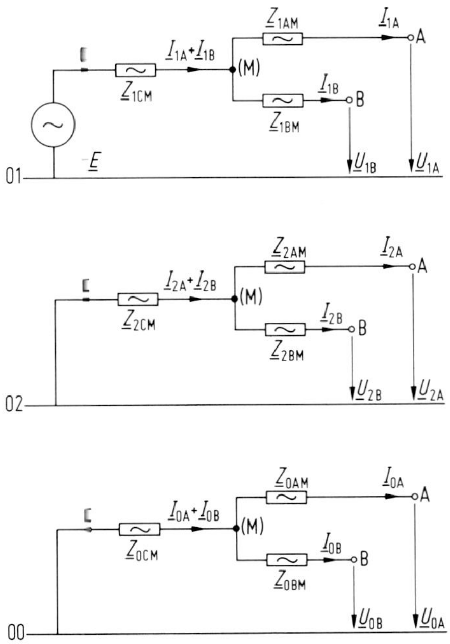

Mitsystem

$$\underline{U}_{1A} = \underline{E} - \underline{I}_{1A}(\underline{Z}_{1AM} + \underline{Z}_{1CM}) - \underline{I}_{1B}\underline{Z}_{1CM}$$
$$\underline{U}_{1B} = \underline{E} - \underline{I}_{1B}(\underline{Z}_{1BM} + \underline{Z}_{1CM}) - \underline{I}_{1A}\underline{Z}_{1CM} \qquad (13.50a,b)$$

Gegensystem

$$\underline{U}_{2A} = -\underline{I}_{2A}(\underline{Z}_{2AM} + \underline{Z}_{2CM}) - \underline{I}_{2B}\underline{Z}_{2CM}$$
$$\underline{U}_{2B} = -\underline{I}_{2B}(\underline{Z}_{2BM} + \underline{Z}_{2CM}) - \underline{I}_{2A}\underline{Z}_{2CM} \qquad (13.51a,b)$$

Nullsystem

$$\underline{U}_{0A} = -\underline{I}_{0A}(\underline{Z}_{0AM} + \underline{Z}_{0CM}) - \underline{I}_{0B}\underline{Z}_{0CM}$$
$$\underline{U}_{0B} = -\underline{I}_{0B}(\underline{Z}_{0BM} + \underline{Z}_{0CM}) - \underline{I}_{0A}\underline{Z}_{0CM} \qquad (13.52a,b)$$

Bild 13.21. Komponentenschaltbilder für Doppelfehler an den Fehlerstellen A und B eines Netzes, wobei das Netz durch Sternersatzschaltungen im Mit-, Gegen- und Nullsystem nachgebildet ist [Gl. (13.49) für das Mitsystem]. Die Verknüpfungen der Komponentensysteme an den Fehlerstellen A und B sind von der Art der Fehler in A und B abhängig

Führt man zur Abkürzung Impedanzen $\underline{Z}_{AA}$, $\underline{Z}_{AB}$ und $\underline{Z}_{BA}$ für die Klammerausdrücke der Gl. (13.55a) und (13.56a) ein, so gilt dann:

$$\underline{U}_{1A} = \underline{I}_{1A}\underline{Z}_{AA} + \underline{I}_{1B}\underline{Z}_{AB} \qquad (13.55b)$$

$$\underline{U}_{1B} = \underline{I}_{1B}\underline{Z}_{BB} + \underline{I}_{1A}\underline{Z}_{BA} \qquad (13.56b)$$

Zusammen mit den Gln. (13.50a, b) findet man:

$$\underline{I}_{1A} = \underline{E}\frac{\underline{Z}_{1BM} + \underline{Z}_{BB} - \underline{Z}_{AB}}{(\underline{Z}_{1AM} + \underline{Z}_{1CM} + \underline{Z}_{AA})(\underline{Z}_{1BM} + \underline{Z}_{1CM} + \underline{Z}_{BB}) - (\underline{Z}_{1CM} + \underline{Z}_{AB})(\underline{Z}_{1CM} + \underline{Z}_{BA})} \qquad (13.57)$$

$$\underline{I}_{1B} = \underline{E}\frac{\underline{Z}_{1AM} + \underline{Z}_{AA} - \underline{Z}_{BA}}{(\underline{Z}_{1AM} + \underline{Z}_{1CM} + \underline{Z}_{AA})(\underline{Z}_{1BM} + \underline{Z}_{1CM} + \underline{Z}_{BB}) - (\underline{Z}_{1CM} + \underline{Z}_{AB})(\underline{Z}_{1CM} + \underline{Z}_{BA})} \qquad (13.58)$$

Die Ströme $\underline{I}_{2A}$, $\underline{I}_{0A}$ und $\underline{I}_{2B}$, $\underline{I}_{0B}$ ergeben sich aus den Gln. (13.53a, b) und (13.54a, b). Wegen $\underline{I}_R = \underline{I}_1 + \underline{I}_2 + \underline{I}_0$, $\underline{I}_S = \underline{a}^2\underline{I}_1 + \underline{a}\underline{I}_2 + \underline{I}_0$ und $\underline{I}_T = \underline{a}\underline{I}_1 + \underline{a}^2\underline{I}_2 + \underline{I}_0$ findet man an den Fehlerstellen:

$$\underline{I}_{RA} = 0 \quad \underline{I}_{SA} = 3\underline{a}^2\underline{I}_{1A}; \quad \underline{I}_{TA} = 0 \qquad (13.59)$$

$$\underline{I}_{RB} = 0; \quad \underline{I}_{SB} = 0; \quad \underline{I}_{TB} = 3\underline{a}\underline{I}_{1B} \qquad (13.60)$$

In einem Netz mit freiem Sternpunkt oder Erdschlußkompensation wird $\underline{Z}_{0\text{CM}} \Rightarrow \infty$. Aus den Gln. (13.57) und (13.58) wird dann:

$$\underline{I}_{1\text{A}} = \underline{E} \frac{1-\underline{a}^2}{(\underline{Z}_{1\text{AM}}+\underline{Z}_{1\text{CM}})+(\underline{Z}_{2\text{AM}}+\underline{Z}_{2\text{CM}})+(\underline{Z}_{1\text{BM}}+\underline{Z}_{1\text{CM}}) +(\underline{Z}_{2\text{BM}}+\underline{Z}_{2\text{CM}})+\underline{Z}_{1\text{CM}}+\underline{Z}_{2\text{CM}}+\underline{Z}_{0\text{AM}}+\underline{Z}_{0\text{BM}}} \tag{31.61 a}$$

$$\underline{I}_{1\text{B}} = \underline{E} \frac{1-\underline{a}}{(\underline{Z}_{1\text{AM}}+\underline{Z}_{1\text{CM}})+(\underline{Z}_{2\text{AM}}+\underline{Z}_{2\text{CM}})+(\underline{Z}_{1\text{BM}}+\underline{Z}_{1\text{CM}}) +(\underline{Z}_{2\text{BM}}+\underline{Z}_{2\text{CM}})+\underline{Z}_{1\text{CM}}+\underline{Z}_{2\text{CM}}+\underline{Z}_{0\text{AM}}+\underline{Z}_{0\text{BM}}} \tag{13.61 b}$$

und wegen $|\underline{I}_{1\text{A}}| = |\underline{I}_{1\text{B}}|$ ergibt sich weiter $|\underline{I}_{\text{SA}}| = |\underline{I}_{\text{TB}}| = I''_{\text{kEE}}$ (mit $E = E'' = 1{,}1 \cdot U_\text{n}/\sqrt{3}$):

$$I''_{\text{kEE}} = \frac{3 \cdot 1{,}1 \cdot U_\text{n}}{|\underline{Z}_{1\text{A}}+\underline{Z}_{2\text{A}}+\underline{Z}_{1\text{B}}+\underline{Z}_{2\text{B}}+\underline{M}_1+\underline{M}_2+\underline{Z}_0|} \tag{13.61 c}$$

Eingeführt wurde:

$$\underline{Z}_{1\text{AM}}+\underline{Z}_{1\text{CM}}=\underline{Z}_{1\text{A}}, \quad \underline{Z}_{1\text{BM}}+\underline{Z}_{1\text{CM}}=\underline{Z}_{1\text{B}}, \quad \underline{Z}_{1\text{CM}}=\underline{M}_1,$$

$$\underline{Z}_{2\text{AM}}+\underline{Z}_{2\text{CM}}=\underline{Z}_{2\text{A}}, \quad \underline{Z}_{2\text{BM}}+\underline{Z}_{2\text{CM}}=\underline{Z}_{2\text{B}}, \quad \underline{Z}_{2\text{CM}}=\underline{M}_2$$

und

$$\underline{Z}_{0\text{AM}}+\underline{Z}_{0\text{BM}}=\underline{Z}_0$$

Vereinfachungen der Gl. (13.61 c) für einen bestimmten Fall bei einfachem Netzaufbau werden im Abschnitt 15.3.4 behandelt.

Tabelle 13.3 enthält Berechnungsgleichungen für einige einfache Fälle von Doppelfehlern. Ausgehend von $\underline{I}_{1\text{A}}$ sind $\underline{I}_{2\text{A}}$ und $\underline{I}_{0\text{A}}$ bzw. von $\underline{I}_{1\text{B}}$ sind $\underline{I}_{2\text{B}}$ und $\underline{I}_{0\text{B}}$ zu berechnen. Anschließend kann man dann $\underline{U}_{1\text{A}}$, $\underline{U}_{2\text{A}}$, $\underline{U}_{0\text{A}}$ und $\underline{U}_{1\text{B}}$, $\underline{U}_{2\text{B}}$, $\underline{U}_{0\text{B}}$ bestimmen. Durch Entsymmetrierung erhält man Ströme und Spannungen im Drehstromnetz an den Fehlerstellen A und B.

13.4 Übertragung symmetrischer Komponenten über Transformatoren

Beim Rechnen mit symmetrischen Komponenten stellt sich manchmal die Aufgabe, die auf einer Seite eines Transformators bekannten Ströme und Spannungen auf die Ströme und Spannungen der anderen Seite des Transformators umzurechnen. Diese Umrechnung gelingt mit Übertragungsmatrizen, wobei im allgemeinen zwischen Übertragungsmatrizen für die Ströme und die Spannungen zu unterscheiden ist. Die Übertragungsmatrizen sollen für einen Yd5-Transformator abgeleitet und für andere Schaltgruppen angegeben werden.

Bild 13.22 zeigt einen Zweiwicklungstransformator mit eingezeichneten Spannungen und Strömen auf der Oberspannungs(OS)- und Unterspannungs(US)-Seite.

Tabelle 13.3. Berechnungsgleichungen zur Bestimmung der Ströme $\underline{I}_{1\,\mathrm{A}}$ und $\underline{I}_{1\,\mathrm{B}}$ bei der Behandlung von Doppelfehlern. Die Spannungen $\underline{U}_{1\,\mathrm{A}}$, $\underline{U}_{1\,\mathrm{B}}$ usw. sind ausgehend von den Gln. (13.50a, b), (13.51a, b) und (13.52a, b) zu berechnen

Doppelfehler		Berechnungsgleichungen
A: Dreipoliger Kurzschluß B: Dreipoliger Kurzschluß	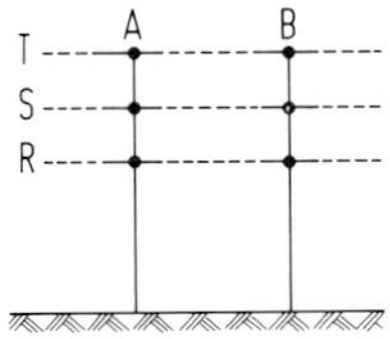	$\underline{Z}_{\mathrm{AA}}=\underline{Z}_{\mathrm{BB}}=\underline{Z}_{\mathrm{AB}}=\underline{Z}_{\mathrm{BA}}=0$
A: Erdkurzschluß des Leiters R B: Erdkurzschluß des Leiters R	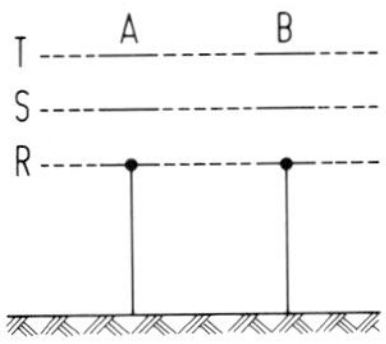	$\underline{Z}_{\mathrm{AA}}=\underline{Z}_{2\mathrm{AM}}+\underline{Z}_{2\mathrm{CM}}+\underline{Z}_{0\mathrm{AM}}+\underline{Z}_{0\mathrm{CM}}$ $\underline{Z}_{\mathrm{BB}}=\underline{Z}_{2\mathrm{BM}}+\underline{Z}_{2\mathrm{CM}}+\underline{Z}_{0\mathrm{BM}}+\underline{Z}_{0\mathrm{CM}}$ $\underline{Z}_{\mathrm{AB}}=\underline{Z}_{\mathrm{BA}}=\underline{Z}_{2\mathrm{CM}}+\underline{Z}_{0\mathrm{CM}}$
A: Erdkurzschluß des Leiters S B: Erdkurzschluß des Leiters T	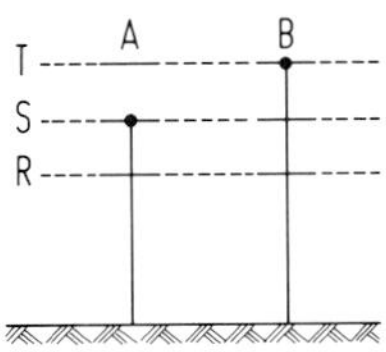	$\underline{Z}_{\mathrm{AA}}=\underline{Z}_{2\mathrm{AM}}+\underline{Z}_{2\mathrm{CM}}+\underline{Z}_{0\mathrm{AM}}+\underline{Z}_{0\mathrm{CM}}$ $\underline{Z}_{\mathrm{BB}}=\underline{Z}_{2\mathrm{BM}}+\underline{Z}_{2\mathrm{CM}}+\underline{Z}_{0\mathrm{BM}}+\underline{Z}_{0\mathrm{CM}}$ $\underline{Z}_{\mathrm{AB}}=\underline{a}\,\underline{Z}_{2\mathrm{CM}}+\underline{a}^2\,\underline{Z}_{0\mathrm{CM}}$ $\underline{Z}_{\mathrm{BA}}=\underline{a}^2\,\underline{Z}_{2\mathrm{CM}}+\underline{a}\,\underline{Z}_{0\mathrm{CM}}$ s. Gl. (13.55) (13.56)
A: Dreipoliger Kurzschluß B: Erdkurzschluß des Leiters R	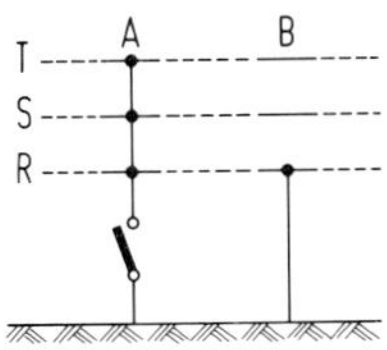	$\underline{Z}_{\mathrm{AA}}=\underline{Z}_{\mathrm{AB}}=\underline{Z}_{\mathrm{BA}}=0$ Dreipoliger Kurzschluß mit Erdberührung: $\underline{Z}_{\mathrm{BB}}=\underline{Z}_{2\mathrm{BM}}+\dfrac{\underline{Z}_{2\mathrm{AM}}\underline{Z}_{2\mathrm{CM}}}{\underline{Z}_{2\mathrm{AM}}+\underline{Z}_{2\mathrm{CM}}}+\underline{Z}_{0\mathrm{BM}}+\dfrac{\underline{Z}_{0\mathrm{AM}}\underline{Z}_{0\mathrm{CM}}}{\underline{Z}_{0\mathrm{AM}}+\underline{Z}_{0\mathrm{CM}}}$ Dreipoliger Kurzschluß ohne Erdberührung: $\underline{Z}_{\mathrm{BB}}=\underline{Z}_{2\mathrm{BM}}+\dfrac{\underline{Z}_{2\mathrm{AM}}\underline{Z}_{2\mathrm{CM}}}{\underline{Z}_{2\mathrm{AM}}+\underline{Z}_{2\mathrm{CM}}}+\underline{Z}_{0\mathrm{BM}}+\underline{Z}_{0\mathrm{CM}}$
A: Zweipoliger Kurzschluß B: Erdkurzschluß des Leiters R	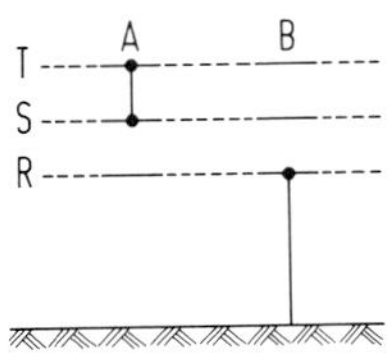	$\underline{Z}_{\mathrm{AA}}=\underline{Z}_{2\mathrm{AM}}+\underline{Z}_{2\mathrm{CM}}$ $\underline{Z}_{\mathrm{BB}}=\underline{Z}_{2\mathrm{BM}}+\underline{Z}_{2\mathrm{CM}}+\underline{Z}_{0\mathrm{BM}}+\underline{Z}_{0\mathrm{CM}}$ $\underline{Z}_{\mathrm{AB}}=-\underline{Z}_{2\mathrm{CM}}$ $\underline{Z}_{\mathrm{BA}}=-\underline{Z}_{2\mathrm{CM}}$
Berechnung der Ströme $\underline{I}_{1\mathrm{A}}$ und $\underline{I}_{1\mathrm{B}}$ s. Gl. (13.57) u. (13.58) ⟶		$\underline{I}_{1\mathrm{A}}=\underline{E}\dfrac{\underline{Z}_{1\mathrm{BM}}+\underline{Z}_{\mathrm{BB}}-\underline{Z}_{\mathrm{AB}}}{\underline{Z}_{\mathrm{D}}};\ \underline{I}_{1\mathrm{B}}=\underline{E}\dfrac{\underline{Z}_{1\mathrm{AM}}+\underline{Z}_{\mathrm{AA}}-\underline{Z}_{\mathrm{BA}}}{\underline{Z}_{\mathrm{D}}}$ mit $\underline{Z}_{\mathrm{D}}=(\underline{Z}_{1\mathrm{AM}}+\underline{Z}_{1\mathrm{CM}}+\underline{Z}_{\mathrm{AA}})(\underline{Z}_{1\mathrm{BM}}+\underline{Z}_{1\mathrm{CM}}+\underline{Z}_{\mathrm{BB}})$ $-(\underline{Z}_{1\mathrm{CM}}+\underline{Z}_{\mathrm{AB}})(\underline{Z}_{1\mathrm{CM}}+\underline{Z}_{\mathrm{BA}})$

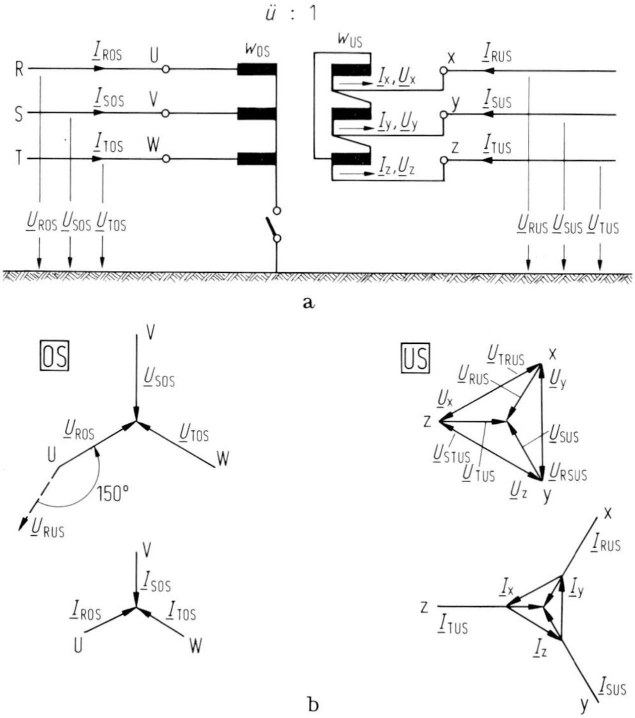

Bild 13.22. Übertragung von Strömen und Spannungen über einen Transformator Yd5 (Mitsystem). (**a**) Schaltung; (**b**) Zeigerdiagramme auf der OS- und US-Seite des Transformators

Die Übersetzung des Transformators wird mit $\ddot{u} \geqq 1$ bezeichnet. Ist k die Kennzahl der Schaltgruppe, so gilt mit der Vereinbarung entsprechend Tabelle 8.1 für den symmetrisch belasteten Transformator:

$$\underline{U}_{\text{ROS}} = \ddot{u}\,\underline{U}_{\text{RUS}}\,\mathrm{e}^{\mathrm{j}k30^\circ}; \qquad \underline{I}_{\text{ROS}} = \frac{1}{\ddot{u}}\underline{I}_{\text{RUS}}\,\mathrm{e}^{\mathrm{j}k30^\circ} \tag{13.62}$$

Multiplikation mit $\mathrm{e}^{\mathrm{j}k30^\circ}$ bedeutet eine Zeigerdrehung um $k \cdot 30^\circ$ (bei Yd5 z.B. um $5 \cdot 30^\circ = 150^\circ$) im mathematisch positiven Sinne (entgegen dem Uhrzeigersinn). Das Windungszahlverhältnis $w = w_{\text{OS}}/w_{\text{US}}$, wenn w_{OS} und w_{US} die Windungszahlen auf der OS- und US-Seite sind, weicht im allgemeinen von $\ddot{u}$ ab. Nur bei der Schaltgruppe Yy bzw. Dd ist $\ddot{u}$ identisch mit w.

Aus Bild 13.22 liest man ab:

$$\begin{bmatrix} \underline{I}_{\text{RUS}} \\ \underline{I}_{\text{SUS}} \\ \underline{I}_{\text{TUS}} \end{bmatrix} = w \begin{bmatrix} -1 & 1 & 0 \\ 0 & -1 & 1 \\ 1 & 0 & -1 \end{bmatrix} \begin{bmatrix} \underline{I}_{\text{ROS}} \\ \underline{I}_{\text{SOS}} \\ \underline{I}_{\text{TOS}} \end{bmatrix} \tag{13.63}$$

Führt man für den Spaltenvektor der US-Ströme $\mathbf{I}_{\text{RST US}}$, für den Spaltenvektor der OS-Ströme $\mathbf{I}_{\text{RST OS}}$ und für die Übertragungsmatrix $\ddot{\mathbf{U}}^{(i)}_{\text{RST Yd5}}$ ein, so geht Gl. (13.63) über in:

$$\mathbf{I}_{\text{RST US}} = \ddot{\mathbf{U}}^{(i)}_{\text{RST Yd 5}}\,\mathbf{I}_{\text{RST OS}} \tag{13.64}$$

Symmetriert man diese Gleichung, so findet man:

$$\ddot{\mathbf{U}}^{(i)}_{120\,\text{Yd 5}} = \mathbf{S}\ddot{\mathbf{U}}^{(i)}_{\text{RST Yd 5}}\mathbf{T}$$

$$= \frac{w}{3}\begin{bmatrix} 1 & \underline{a} & \underline{a}^2 \\ 1 & \underline{a}^2 & \underline{a} \\ 1 & 1 & 1 \end{bmatrix}\begin{bmatrix} -1 & 1 & 0 \\ 0 & -1 & 1 \\ 1 & 0 & -1 \end{bmatrix}\begin{bmatrix} 1 & 1 & 1 \\ \underline{a}^2 & \underline{a} & 1 \\ \underline{a} & \underline{a}^2 & 1 \end{bmatrix} = w\begin{bmatrix} \underline{a}^2-1 & 0 & 0 \\ 0 & \underline{a}-1 & 0 \\ 0 & 0 & 0 \end{bmatrix} \tag{13.65a}$$

Führt man $\underline{a}^2-1=\mathrm{j}\sqrt{3}\,\underline{a}$ und $\underline{a}-1=-\mathrm{j}\sqrt{3}\,\underline{a}^2$ in die Übertragungsmatrix der symmetrischen Komponenten $\ddot{\mathbf{U}}^{(i)}_{120\,\text{Yd}\,5}$ ein, so ergibt sich schließlich mit $\ddot{u}=\sqrt{3}\;\mathrm{w_{OS}}/\mathrm{w_{US}}=\sqrt{3}\,\mathrm{w}$:

$$\ddot{\mathbf{U}}^{(i)}_{120\,\text{Yd 5}} = \sqrt{3}\,w\begin{bmatrix} \mathrm{j}\underline{a} & 0 & 0 \\ 0 & -\mathrm{j}\underline{a}^2 & 0 \\ 0 & 0 & 0 \end{bmatrix} = \ddot{u}\begin{bmatrix} \mathrm{j}\underline{a} & 0 & 0 \\ 0 & -\mathrm{j}\underline{a}^2 & 0 \\ 0 & 0 & 0 \end{bmatrix} \tag{13.65b}$$

Die symmetrierte Gl. (13.63) schreibt man wie folgt:

$$\begin{bmatrix} \underline{I}_{1\,\text{US}} \\ \underline{I}_{2\,\text{US}} \\ \underline{I}_{0\,\text{US}} \end{bmatrix} = \ddot{u}\begin{bmatrix} \mathrm{j}\underline{a} & 0 & 0 \\ 0 & -\mathrm{j}\underline{a}^2 & 0 \\ 0 & 0 & 0 \end{bmatrix} \cdot \begin{bmatrix} \underline{I}_{1\,\text{OS}} \\ \underline{I}_{2\,\text{OS}} \\ \underline{I}_{0\,\text{OS}} \end{bmatrix} \tag{13.66}$$

Das Ergebnis bestätigt, daß der Strom $\underline{I}_{1\text{US}}$ des Mitsystems um

$$\mathrm{j}\,\underline{a} = \mathrm{e}^{\mathrm{j}(90^\circ+120^\circ)} = \mathrm{e}^{\mathrm{j}\,210^\circ} = \mathrm{e}^{-\mathrm{j}\,150^\circ}$$

d.h. um 150° gegenüber dem OS-Strom nacheilt, während der US-Strom des Gegensystems dem OS-Strom um

$$-\mathrm{j}\,\underline{a}^2 = \mathrm{e}^{\mathrm{j}(-90^\circ+240^\circ)} = \mathrm{e}^{+\mathrm{j}\,150^\circ}$$

voreilt. Nullströme werden bei einem Transformator der Schaltgruppe Yd 5 nicht auf die US-Seite übertragen.

Die Umkehrung für die Übertragung der Ströme von der US-Seite auf die OS-Seite liefert:

$$\mathbf{I}_{120\,\text{OS}} = \ddot{\mathbf{U}}^{(i)-1}_{120\,\text{Yd 5}}\,\mathbf{I}_{120\,\text{US}} \tag{13.67a}$$

und ausführlich geschrieben:

$$\begin{bmatrix} \underline{I}_{1\,\text{OS}} \\ \underline{I}_{2\,\text{OS}} \\ \underline{I}_{0\,\text{OS}} \end{bmatrix} = \frac{1}{\ddot{u}}\begin{bmatrix} -\mathrm{j}\underline{a}^2 & 0 & 0 \\ 0 & \mathrm{j}\underline{a} & 0 \\ 0 & 0 & 0 \end{bmatrix} \cdot \begin{bmatrix} \underline{I}_{1\,\text{US}} \\ \underline{I}_{2\,\text{US}} \\ \underline{I}_{0\,\text{US}} \end{bmatrix} \tag{13.67b}$$

Für die Spannungen ergibt sich aus Bild 13.22b:

$$\underline{U}_{\mathrm{RUS}} = \tfrac{1}{3}(\underline{U}_{\mathrm{y}} - \underline{U}_{\mathrm{x}}) = \frac{1}{3\,w}(\underline{U}_{\mathrm{SOS}} - \underline{U}_{\mathrm{ROS}}) \tag{13.68a}$$

$$\underline{U}_{\mathrm{SUS}} = \tfrac{1}{3}(\underline{U}_{\mathrm{z}} - \underline{U}_{\mathrm{y}}) = \frac{1}{3\,w}(\underline{U}_{\mathrm{TOS}} - \underline{U}_{\mathrm{SOS}}) \tag{13.68b}$$

$$\underline{U}_{\mathrm{TUS}} = \tfrac{1}{3}(\underline{U}_{\mathrm{x}} - \underline{U}_{\mathrm{z}}) = \frac{1}{3\,w}(\underline{U}_{\mathrm{ROS}} - \underline{U}_{\mathrm{TOS}}) \tag{13.68c}$$

In Matrizenform lautet Gl. (13.68):

$$\begin{bmatrix} \underline{U}_{\mathrm{RUS}} \\ \underline{U}_{\mathrm{SUS}} \\ \underline{U}_{\mathrm{TUS}} \end{bmatrix} = \frac{1}{3\,w} \begin{bmatrix} -1 & 1 & 0 \\ 0 & -1 & 1 \\ 1 & 0 & -1 \end{bmatrix} \cdot \begin{bmatrix} \underline{U}_{\mathrm{ROS}} \\ \underline{U}_{\mathrm{SOS}} \\ \underline{U}_{\mathrm{TOS}} \end{bmatrix} \tag{13.68d}$$

Führt man $\ddot{u} = \sqrt{3}\,w$ ein und symmetriert Gl. (13.68d), so findet man:

$$\begin{bmatrix} \underline{U}_{1\mathrm{US}} \\ \underline{U}_{2\mathrm{US}} \\ \underline{U}_{0\mathrm{US}} \end{bmatrix} = \frac{1}{\ddot{u}} \begin{bmatrix} \mathrm{j}\,\underline{a} & 0 & 0 \\ 0 & -\mathrm{j}\,\underline{a}^2 & 0 \\ 0 & 0 & 0 \end{bmatrix} \cdot \begin{bmatrix} \underline{U}_{1\mathrm{OS}} \\ \underline{U}_{2\mathrm{OS}} \\ \underline{U}_{0\mathrm{OS}} \end{bmatrix} \tag{13.69a}$$

Man erkennt, daß $\underline{U}_{1\mathrm{US}}$ der Spannung $\underline{U}_{1\mathrm{OS}}$ um 150° nacheilt, und daß $\underline{U}_{2\mathrm{US}}$ um 150° voreilt.

Schreibt man hier für die Übertragungsmatrizen der Spannungen $\ddot{\mathbf{U}}^{(u)}_{120\,\mathrm{Yd}\,5}$ und $\ddot{\mathbf{U}}^{(u)-1}_{120\,\mathrm{Yd}\,5}$, so gelten folgende Gleichungen:

$$\mathbf{U}_{120\,\mathrm{US}} = \ddot{\mathbf{U}}^{(u)}_{120\,\mathrm{Yd}\,5}\,\mathbf{U}_{120\,\mathrm{OS}} \tag{13.69b}$$

$$\mathbf{U}_{120\,\mathrm{OS}} = \ddot{\mathbf{U}}^{(u)-1}_{120\,\mathrm{Yd}\,5}\,\mathbf{U}_{120\,\mathrm{US}} \tag{13.70}$$

Die Matrizen $\ddot{\mathbf{U}}^{(i)}_{120\,\mathrm{Yd}\,5}$, $\ddot{\mathbf{U}}^{(i)-1}_{120\,\mathrm{Yd}\,5}$, $\ddot{\mathbf{U}}^{(u)}_{120\,\mathrm{Yd}\,5}$ und $\ddot{\mathbf{U}}^{(u)-1}_{120\,\mathrm{Yd}\,5}$ findet man auch in Tabelle 13.4 für den Transformator mit der Schaltgruppe Yd5. Dort werden dann $\mathbf{I}_{120\,\mathrm{OS}} = \mathbf{I}_{120\,\mathrm{Y}}$, $\mathbf{I}_{120\,\mathrm{US}} = \mathbf{I}_{120\,\mathrm{d}}$ sowie $\mathbf{U}_{120\,\mathrm{OS}} = \mathbf{U}_{120\,\mathrm{Y}}$ und $\mathbf{U}_{120\,\mathrm{US}} = \mathbf{U}_{120\,\mathrm{d}}$ eingeführt, um so die Indices an die Schaltgruppenbezeichnungen anzupassen.

Vergleicht man die Übertragungsmatrizen in Tabelle 13.4 für Transformatoren der Schaltgruppen Dy5, Yd5 und Yz5, so erkennt man, daß sich bei gleicher Kennzahl (hier 5) auch gleiche Übertragungsmatrizen ergeben. Bei Transformatoren der Schaltgruppe Yd11 eilen die Größen des Mitsystems der US-Seite den Größen der OS-Seite entsprechend der Tabelle 13.4 um 330° nach, während die Größen des Gegensystems um 330° voreilen.

Bei der praktischen Durchführung der Berechnungen bezieht man alle Impedanzen, Spannungen und Ströme auf die Spannung des fehlerbetroffenen Netzes. In den Ersatzschaltungen der symmetrischen Komponenten tauchen dann die Übersetzungen ü nicht auf. Bei der Anwendung der Übertragungsmatrizen nach Tabelle 13.4 ist darauf zu achten.

Das folgende Beispiel für die Netzschaltung nach Bild 13.23a soll die Anwendung dieser Überlegungen zeigen.

Tabelle 13.4. Übertragungsmatrizen zur Berechnung der symmetrischen Komponenten bei der Übertragung über Transformatoren; $\ddot{u} \geqq 1$; $\underline{a}, \underline{a}^2$ nach Gl. (2.30); $\mathbf{U}_{120}$ und $\mathbf{I}_{120}$ nach Gl. (2.43) und Gl. (2.41); Schaltgruppen und Zeigerbilder nach Tabelle 8.1

Nr.	Schalt-gruppe	Zeigerbild OS US	Primär (OS) ⟶ Sekundär (US)		Sekundär (US) ⟶ Primär (OS)	
1	Yy0	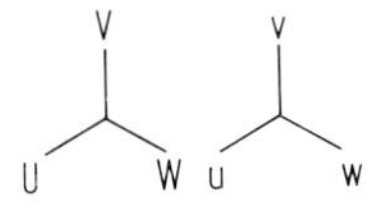	$\mathbf{U}_{120y} = \mathbf{\ddot{U}}^{(u)}_{120Yy0} \cdot \mathbf{U}_{120Y}$ $\mathbf{\ddot{U}}^{(u)}_{120Yy0} = \frac{1}{\ddot{u}} \begin{pmatrix} 1 & 0 & 0 \\ 0 & 1 & 0 \\ 0 & 0 & 1 \end{pmatrix}$	$\mathbf{I}_{120y} = \mathbf{\ddot{U}}^{(i)}_{120Yy0} \cdot \mathbf{I}_{120Y}$ $\mathbf{\ddot{U}}^{(i)}_{120Yy0} = \ddot{u} \begin{pmatrix} 1 & 0 & 0 \\ 0 & 1 & 0 \\ 0 & 0 & 1 \end{pmatrix}$	$\mathbf{U}_{120Y} = \mathbf{\ddot{U}}^{(u)-1}_{120Yy0} \cdot \mathbf{U}_{120y}$ $\mathbf{\ddot{U}}^{(u)-1}_{120Yy0} = \ddot{u} \begin{pmatrix} 1 & 0 & 0 \\ 0 & 1 & 0 \\ 0 & 0 & 1 \end{pmatrix}$	$\mathbf{I}_{120Y} = \mathbf{\ddot{U}}^{(i)-1}_{120Yy0} \cdot \mathbf{I}_{120y}$ $\mathbf{\ddot{U}}^{(i)-1}_{120Yy0} = \frac{1}{\ddot{u}} \begin{pmatrix} 1 & 0 & 0 \\ 0 & 1 & 0 \\ 0 & 0 & 1 \end{pmatrix}$
2	Dy5	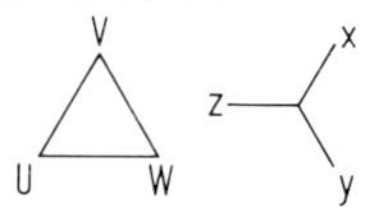	$\mathbf{U}_{120y} = \mathbf{\ddot{U}}^{(u)}_{120Dy5} \cdot \mathbf{U}_{120D}$ $\mathbf{\ddot{U}}^{(u)}_{120Dy5} = \frac{1}{\ddot{u}} \begin{pmatrix} \mathrm{j}\underline{a} & 0 & 0 \\ 0 & -\mathrm{j}\underline{a}^2 & 0 \\ 0 & 0 & 0 \end{pmatrix}$	$\mathbf{I}_{120y} = \mathbf{\ddot{U}}^{(i)}_{120Dy5} \cdot \mathbf{I}_{120D}$ $\mathbf{\ddot{U}}^{(i)}_{120Dy5} = \ddot{u} \begin{pmatrix} \mathrm{j}\underline{a} & 0 & 0 \\ 0 & -\mathrm{j}\underline{a}^2 & 0 \\ 0 & 0 & 0 \end{pmatrix}$	$\mathbf{U}_{120D} = \mathbf{\ddot{U}}^{(u)-1}_{120Dy5} \cdot \mathbf{U}_{120y}$ $\mathbf{\ddot{U}}^{(u)-1}_{120Dy5} = \ddot{u} \begin{pmatrix} -\mathrm{j}\underline{a}^2 & 0 & 0 \\ 0 & \mathrm{j}\underline{a} & 0 \\ 0 & 0 & 0 \end{pmatrix}$	$\mathbf{I}_{120D} = \mathbf{\ddot{U}}^{(i)-1}_{120Dy5} \cdot \mathbf{I}_{120y}$ $\mathbf{\ddot{U}}^{(i)-1}_{120Dy5} = \frac{1}{\ddot{u}} \begin{pmatrix} -\mathrm{j}\underline{a}^2 & 0 & 0 \\ 0 & \mathrm{j}\underline{a} & 0 \\ 0 & 0 & 0 \end{pmatrix}$
3	Yd5	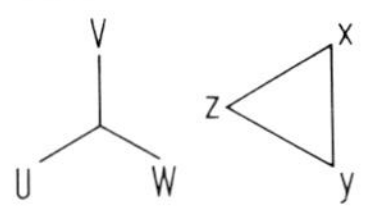	$\mathbf{U}_{120d} = \mathbf{\ddot{U}}^{(u)}_{120Yd5} \cdot \mathbf{U}_{120Y}$ $\mathbf{\ddot{U}}^{(u)}_{120Yd5} = \frac{1}{\ddot{u}} \begin{pmatrix} \mathrm{j}\underline{a} & 0 & 0 \\ 0 & -\mathrm{j}\underline{a}^2 & 0 \\ 0 & 0 & 0 \end{pmatrix}$	$\mathbf{I}_{120d} = \mathbf{\ddot{U}}^{(i)}_{120Yd5} \cdot \mathbf{I}_{120Y}$ $\mathbf{\ddot{U}}^{(i)}_{120Yd5} = \ddot{u} \begin{pmatrix} \mathrm{j}\underline{a} & 0 & 0 \\ 0 & -\mathrm{j}\underline{a}^2 & 0 \\ 0 & 0 & 0 \end{pmatrix}$	$\mathbf{U}_{120Y} = \mathbf{\ddot{U}}^{(u)-1}_{120Yd5} \cdot \mathbf{U}_{120d}$ $\mathbf{\ddot{U}}^{(u)-1}_{120Yd5} = \ddot{u} \begin{pmatrix} -\mathrm{j}\underline{a}^2 & 0 & 0 \\ 0 & \mathrm{j}\underline{a} & 0 \\ 0 & 0 & 0 \end{pmatrix}$	$\mathbf{I}_{120Y} = \mathbf{\ddot{U}}^{(i)-1}_{120Yd5} \cdot \mathbf{I}_{120d}$ $\mathbf{\ddot{U}}^{(i)-1}_{120Yd5} = \frac{1}{\ddot{u}} \begin{pmatrix} -\mathrm{j}\underline{a}^2 & 0 & 0 \\ 0 & \mathrm{j}\underline{a} & 0 \\ 0 & 0 & 0 \end{pmatrix}$
4	Yz5	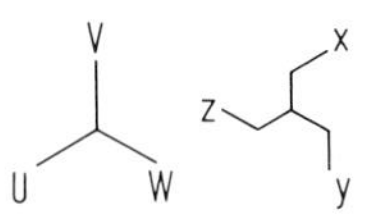	$\mathbf{U}_{120z} = \mathbf{\ddot{U}}^{(u)}_{120Yz5} \cdot \mathbf{U}_{120Y}$ $\mathbf{\ddot{U}}^{(u)}_{120Yz5} = \frac{1}{\ddot{u}} \begin{pmatrix} \mathrm{j}\underline{a} & 0 & 0 \\ 0 & -\mathrm{j}\underline{a}^2 & 0 \\ 0 & 0 & 0 \end{pmatrix}$	$\mathbf{I}_{120z} = \mathbf{\ddot{U}}^{(i)}_{120Yz5} \cdot \mathbf{I}_{120Y}$ $\mathbf{\ddot{U}}^{(i)}_{120Yz5} = \ddot{u} \begin{pmatrix} \mathrm{j}\underline{a} & 0 & 0 \\ 0 & -\mathrm{j}\underline{a}^2 & 0 \\ 0 & 0 & 0 \end{pmatrix}$	$\mathbf{U}_{120Y} = \mathbf{\ddot{U}}^{(u)-1}_{120Yz5} \cdot \mathbf{U}_{120z}$ $\mathbf{\ddot{U}}^{(u)-1}_{120Yz5} = \ddot{u} \begin{pmatrix} -\mathrm{j}\underline{a}^2 & 0 & 0 \\ 0 & \mathrm{j}\underline{a} & 0 \\ 0 & 0 & 0 \end{pmatrix}$	$\mathbf{I}_{120Y} = \mathbf{\ddot{U}}^{(i)-1}_{120Yz5} \cdot \mathbf{I}_{120z}$ $\mathbf{\ddot{U}}^{(i)-1}_{120Yz5} = \frac{1}{\ddot{u}} \begin{pmatrix} -\mathrm{j}\underline{a}^2 & 0 & 0 \\ 0 & \mathrm{j}\underline{a} & 0 \\ 0 & 0 & 0 \end{pmatrix}$
5	Yd11	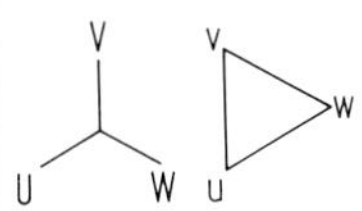	$\mathbf{U}_{120d} = \mathbf{\ddot{U}}^{(u)}_{120Yd11} \cdot \mathbf{U}_{120Y}$ $\mathbf{\ddot{U}}^{(u)}_{120Yd11} = \frac{1}{\ddot{u}} \begin{pmatrix} -\mathrm{j}\underline{a} & 0 & 0 \\ 0 & \mathrm{j}\underline{a}^2 & 0 \\ 0 & 0 & 0 \end{pmatrix}$	$\mathbf{I}_{120d} = \mathbf{\ddot{U}}^{(i)}_{120Yd11} \cdot \mathbf{I}_{120Y}$ $\mathbf{\ddot{U}}^{(i)}_{120Yd11} = \ddot{u} \begin{pmatrix} -\mathrm{j}\underline{a} & 0 & 0 \\ 0 & \mathrm{j}\underline{a}^2 & 0 \\ 0 & 0 & 0 \end{pmatrix}$	$\mathbf{U}_{120Y} = \mathbf{\ddot{U}}^{(u)-1}_{120Yd11} \cdot \mathbf{U}_{120d}$ $\mathbf{\ddot{U}}^{(u)-1}_{120Yd11} = \ddot{u} \begin{pmatrix} \mathrm{j}\underline{a}^2 & 0 & 0 \\ 0 & -\mathrm{j}\underline{a} & 0 \\ 0 & 0 & 0 \end{pmatrix}$	$\mathbf{I}_{120Y} = \mathbf{\ddot{U}}^{(i)-1}_{120Yd11} \cdot \mathbf{I}_{120d}$ $\mathbf{\ddot{U}}^{(i)-1}_{120Yd11} = \frac{1}{\ddot{u}} \begin{pmatrix} \mathrm{j}\underline{a}^2 & 0 & 0 \\ 0 & -\mathrm{j}\underline{a} & 0 \\ 0 & 0 & 0 \end{pmatrix}$

a

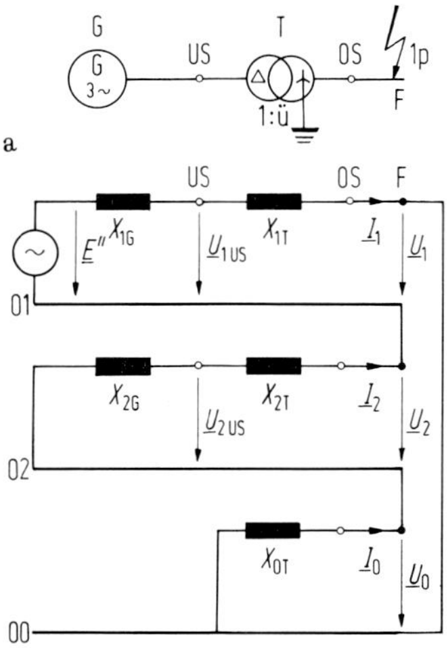

b

Bild 13.23. Beispiel zur Berechnung der Ströme und Spannungen bei einseitig einfach gespeistem einpoligen Erdkurzschluß an der Fehlerstelle F.

(**a**) Netzschaltung (Blockschaltung Generator-Transformator Yd5); (**b**) Schaltung der symmetrischen Komponenten (Mit-, Gegen- und Nullsystem mit $X_2 = X_1$)

Nach Gl. (13.31) gilt mit $X_2 = X_1$:

$$\underline{I}_1 = \underline{I}_2 = \underline{I}_0 = \frac{\underline{E}''}{\underline{Z}_1 + \underline{Z}_2 + \underline{Z}_0} = \frac{\underline{E}''}{2\mathrm{j}X_{1\mathrm{G}} + 2\mathrm{j}X_{1\mathrm{T}} + \mathrm{j}X_{0\mathrm{T}}} \tag{13.71}$$

Für die Spannungen $\underline{U}_1$, $\underline{U}_2$, $\underline{U}_0$ findet man:

$$\underline{U}_1 = \underline{E}'' - \underline{I}_1(\mathrm{j}X_{1\mathrm{G}} + \mathrm{j}X_{1\mathrm{T}}) \tag{13.72a}$$

$$\underline{U}_2 = \quad -\underline{I}_1(\mathrm{j}X_{1\mathrm{G}} + \mathrm{j}X_{1\mathrm{T}}) \tag{13.72b}$$

$$\underline{U}_0 = \quad -\underline{I}_1(\mathrm{j}X_{0\mathrm{T}}) \tag{13.72c}$$

Mit Berücksichtigung der Übersetzung $ü$ und der Schaltgruppe Yd5 ergibt sich, wenn man dann die Spannungen $\underline{U}_{1\mathrm{d}}, \underline{U}_{2\mathrm{d}}, \underline{U}_{0\mathrm{d}}$ und die Ströme $\underline{I}_{1\mathrm{d}}, \underline{I}_{2\mathrm{d}}, \underline{I}_{0\mathrm{d}}$ einführt mit $\underline{U}_{1\mathrm{US}} = \underline{E}'' - \underline{I}_1\,\mathrm{j}X_{1\mathrm{G}}$ und $\underline{U}_{2\mathrm{US}} = -\underline{I}_1\,\mathrm{j}X_{1\mathrm{G}}$ sowie $\mathbf{\ddot{U}}^{(u)}_{120\,\mathrm{Yd5}}$ und $\mathbf{\ddot{U}}^{(i)}_{120\,\mathrm{Yd5}}$ nach Tabelle 13.4:

$$\begin{aligned}\begin{bmatrix}\underline{U}_{1\mathrm{d}}\\ \underline{U}_{2\mathrm{d}}\\ \underline{U}_{0\mathrm{d}}\end{bmatrix} &= \frac{1}{ü}\begin{bmatrix}\mathrm{j}\underline{a} & 0 & 0\\ 0 & -\mathrm{j}\underline{a}^2 & 0\\ 0 & 0 & 0\end{bmatrix}\begin{bmatrix}\underline{U}_{1\mathrm{US}}\\ \underline{U}_{2\mathrm{US}}\\ \underline{U}_{0\mathrm{US}}\end{bmatrix}\\ &= \frac{1}{ü}\begin{bmatrix}\mathrm{j}\underline{a} & 0 & 0\\ 0 & -\mathrm{j}\underline{a}^2 & 0\\ 0 & 0 & 0\end{bmatrix}\begin{bmatrix}\underline{E}'' - \underline{I}_1\,\mathrm{j}X_{1\mathrm{G}}\\ -\underline{I}_1\,\mathrm{j}X_{1\mathrm{G}}\\ 0\end{bmatrix} = \frac{1}{ü}\begin{bmatrix}\mathrm{j}\underline{a}[\underline{E}'' - \underline{I}_1\,\mathrm{j}X_{1\mathrm{G}}]\\ \mathrm{j}\underline{a}^2\,\underline{I}_1\,\mathrm{j}X_{1\mathrm{G}}\\ 0\end{bmatrix}\end{aligned} \tag{13.73}$$

$$\begin{bmatrix}\underline{I}_{1\mathrm{d}}\\ \underline{I}_{2\mathrm{d}}\\ \underline{I}_{0\mathrm{d}}\end{bmatrix} = ü\begin{bmatrix}\mathrm{j}\underline{a} & 0 & 0\\ 0 & -\mathrm{j}\underline{a}^2 & 0\\ 0 & 0 & 0\end{bmatrix}\begin{bmatrix}\underline{I}_{1\mathrm{US}}\\ \underline{I}_{2\mathrm{US}}\\ \underline{I}_{0\mathrm{US}}\end{bmatrix} = ü\begin{bmatrix}\mathrm{j}\underline{a} & 0 & 0\\ 0 & -\mathrm{j}\underline{a}^2 & 0\\ 0 & 0 & 0\end{bmatrix}\begin{bmatrix}\underline{I}_1\\ \underline{I}_2\\ 0\end{bmatrix} \tag{13.74}$$

Ersetzt man $\underline{I}_1$ nach Gl. (13.71), so findet man schließlich nach der Rücktransformation:

$$\underline{U}_{\mathrm{Rd}}=\underline{U}_{1\mathrm{d}}+\underline{U}_{2\mathrm{d}}=\frac{1}{\ddot{u}}\underline{E}''\left[\mathrm{j}\,\underline{a}+\frac{\sqrt{3}\,X_{1\mathrm{G}}}{2X_{1\mathrm{G}}+2X_{1\mathrm{T}}+X_{0\mathrm{T}}}\right] \tag{13.75a}$$

$$\underline{U}_{\mathrm{Sd}}=\underline{a}^2\,\underline{U}_{1\mathrm{d}}+\underline{a}\,\underline{U}_{2\mathrm{d}}=\frac{1}{\ddot{u}}\underline{E}''\,\mathrm{j} \tag{13.75b}$$

$$\underline{U}_{\mathrm{Td}}=\underline{a}\,\underline{U}_{1\mathrm{d}}+\underline{a}^2\,\underline{U}_{2\mathrm{d}}=\frac{1}{\ddot{u}}\underline{E}''\left[\mathrm{j}\,\underline{a}^2-\frac{\sqrt{3}\,X_{1\mathrm{G}}}{2X_{1\mathrm{G}}+2X_{1\mathrm{T}}+X_{0\mathrm{T}}}\right] \tag{13.75c}$$

$$\underline{I}_{\mathrm{Rd}}=\underline{I}_{1\mathrm{d}}+\underline{I}_{2\mathrm{d}}\quad=\ddot{u}\,\mathrm{j}\frac{\sqrt{3}\,\underline{E}''}{2X_{1\mathrm{G}}+2X_{1\mathrm{T}}+X_{0\mathrm{T}}} \tag{13.76a}$$

$$\underline{I}_{\mathrm{Sd}}=\underline{a}^2\,\underline{I}_{1\mathrm{d}}+\underline{a}\,\underline{I}_{2\mathrm{d}}=0 \tag{13.76b}$$

$$\underline{I}_{\mathrm{Td}}=\underline{a}\,\underline{I}_{1\mathrm{d}}+\underline{a}^2\,\underline{I}_{2\mathrm{d}}=-\ddot{u}\,\mathrm{j}\frac{\sqrt{3}\,\underline{E}''}{2X_{1\mathrm{G}}+2X_{1\mathrm{T}}+X_{0\mathrm{T}}} \tag{13.76c}$$

Für $S_{\mathrm{nG}}=100$ MVA, $U_{\mathrm{nG}}=10{,}5$ kV, $I_{\mathrm{nG}}=5500$ A, $x_{\mathrm{d}}''=12\,\%$, $\cos\varphi_{\mathrm{nG}}=0{,}8$ sowie $S_{\mathrm{nT}}=100$ MVA, $U_{\mathrm{nOS}}/U_{\mathrm{nUS}}=230/10{,}5$ kV, $u_{\mathrm{kn}}=10\,\%$, $X_{0\mathrm{T}}/X_{1\mathrm{T}}=0{,}9$ findet man mit der Schaltung nach Bild 13.23b folgende Ergebnisse:

$$X_{1\mathrm{G}}=63{,}5\,\Omega,\; X_{1\mathrm{T}}=52{,}9\,\Omega,\; X_{0\mathrm{T}}=47{,}6\,\Omega,\; E''=142{,}4\text{ kV }(\underline{E}''=E'').$$

An der Fehlerstelle F auf der OS-Seite des Transformators gilt:

$\underline{I}_1=\underline{I}_2=\underline{I}_0=-\mathrm{j}\,0{,}508$ kA, $\underline{I}_{\mathrm{R}}=-\mathrm{j}\,1{,}524$ kA $(=\underline{I}_{\mathrm{k1p}}'')$, $\underline{I}_{\mathrm{S}}=\underline{I}_{\mathrm{T}}=0$,
$\underline{U}_1=0{,}585\,E''$, $\underline{U}_2=-0{,}415\,E''$, $\underline{U}_0=-0{,}170\,E''$
$\underline{U}_{\mathrm{R}}=0$, $\underline{U}_{\mathrm{S}}=(-0{,}255-\mathrm{j}\,0{,}867)\,E''$, $\underline{U}_{\mathrm{T}}=(-0{,}255+\mathrm{j}\,0{,}867)\,E''$, $\underline{U}_{\mathrm{S}}=\underline{U}_{\mathrm{T}}=0{,}904\,E''$.

Auf der Unterspannungsseite des Transformators (an den Generatorklemmen) ergibt sich mit $\ddot{u}=230\,\mathrm{kV}/10{,}5\,\mathrm{kV}=21{,}9$ nach den Gln. (13.75a) bis (13.76c):

$\underline{U}_{\mathrm{Rd}}=(-3{,}08-\mathrm{j}\,3{,}25)$ kV, $\underline{U}_{\mathrm{Sd}}=\mathrm{j}\,6{,}5$ kV, $\underline{U}_{\mathrm{Td}}=(3{,}08-\mathrm{j}\,3{,}25)$ kV mit
$\underline{U}_{\mathrm{Rd}}+\underline{U}_{\mathrm{Sd}}+\underline{U}_{\mathrm{Td}}=0$ und daraus $U_{\mathrm{Rd}}=U_{\mathrm{Td}}=4{,}48$ kV, $U_{\mathrm{Sd}}=6{,}5$ kV, sowie
$\underline{U}_{\mathrm{RSd}}=\underline{U}_{\mathrm{Rd}}-\underline{U}_{\mathrm{Sd}}=(-3{,}08-\mathrm{j}\,9{,}75)$ kV, $\underline{U}_{\mathrm{STd}}=\underline{U}_{\mathrm{Sd}}-\underline{U}_{\mathrm{Td}}=(-3{,}08+\mathrm{j}\,9{,}75)$ kV,
$\underline{U}_{\mathrm{TRd}}=\underline{U}_{\mathrm{Td}}-\underline{U}_{\mathrm{Rd}}=6{,}16$ kV, $U_{\mathrm{RSd}}=U_{\mathrm{STd}}=10{,}23$ kV, $U_{\mathrm{TRd}}=6{,}16$ kV.
$\underline{I}_{\mathrm{Rd}}=-\underline{I}_{\mathrm{Td}}=\mathrm{j}\,19{,}3$ kA, $\underline{I}_{\mathrm{Sd}}=0$, $\underline{I}_{\mathrm{Rd}}+\underline{I}_{\mathrm{Sd}}+\underline{I}_{\mathrm{Td}}=0$.

13.5 Admittanz-, Impedanz- und Hybridmatrix

13.5.1 Netznachbildung

Der Zusammenhang zwischen Impedanzen, Strömen und Spannungen eines Netzes läßt sich durch Admittanz-, Impedanz- oder Hybridgleichungen darstellen. Die zugehörigen Matrizen enthalten dann Admittanz-, Impedanz- oder Hybridelemente. Die Hybridmatrix ist eine gemischte Impedanz-Admittanz-Matrix. Ein Teil der Hybridelemente ist dimensionslos.

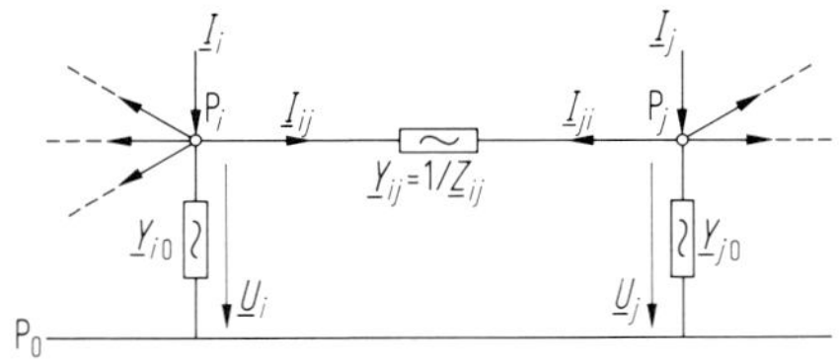

Bild 13.24. Masche zwischen den Knotenpunkten P_i und P_j (z.B. Π-Ersatzschaltung einer Leitung)

Die Netze der elektrischen Energieversorgung sind nur schwach vermascht. Bezeichnet L die Anzahl der Leitungen und K die Anzahl der Knotenpunkte (Sammelschienen) eines Netzes, so würde sich bei vollständiger Vermaschung des Netzes $L = K(K-1)/2$ ergeben. Bei einem Netz mit $K=20$ Knoten wären also bei vollständiger Vermaschung $L=190$ Leitungen vorhanden. Tatsächlich hat man jedoch im allgemeinen bei maschenförmig aufgebauten Netzen damit zu rechnen, daß L/K etwa im Bereich 1,1 bis 1,4 liegt. Bei reinen Strahlennetzen (Netzteilen) ergibt sich $L \approx K$.

Führt man nach Bild 13.24 die Admittanz $\underline{Y}_{ij} = 1/\underline{Z}_{ij}$ zwischen zwei beliebigen Punkten P_i und P_j eines Netzes ein, so ergibt sich unter Beachtung der Zählpfeile im Verbraucherzählpfeilsystem die folgende Maschengleichung:

$$\underline{I}_{ij} = \underline{Y}_{ij}(\underline{U}_i - \underline{U}_j) = -\underline{I}_{ji} \tag{13.77}$$

Vorausgesetzt werden kann, daß Bild 13.24 die Nachbildung einer Drehstromleitung (Freileitung oder Kabel) im Mitsystem darstellt. Die Admittanzen $\underline{Y}_{i0}$ und $\underline{Y}_{j0}$ stellen dann die Zusammenfassung der Kapazitäten im Mitsystem dar, wenn die einzelnen Leitungen jeweils durch Π-Glieder nachgebildet werden. Die Knotenpunktspannungen $\underline{U}_i$ und $\underline{U}_j$ sind Spannungen im Mitsystem. Der Index 1 zur Kennzeichnung des Mitsystems entfällt, um die Indizierung einfach zu halten. $\underline{I}_{ij}$ und $\underline{I}_{ji}$ sind die Zweigströme im Mitsystem. Die Ströme $\underline{I}_i$ und $\underline{I}_j$ sind von außen in die Knotenpunkte eingespeiste Ströme oder nach außen abgegebene Ströme.

Bild 13.25 zeigt das Beispiel eines kleinen Drehstromnetzes mit wenigen Knotenpunkten. Das Verhältnis L/K beträgt hier 7/6. Doppelleitungen zwischen den einzelnen Knoten sind zusammengefaßt.

Für jede der Maschen zwischen zwei Knotenpunkten in Bild 13.25 läßt sich eine Maschengleichung nach Gl. (13.77) aufstellen. Außerdem wird an jedem Knotenpunkt (außer dem Knotenpunkt 2) ein Strom eingespeist oder abgenommen (Zählpfeilfestlegung). Diese Ströme erhalten nur einen Index.

Für ein Netz mit n Knotenpunkten und beliebiger Vermaschung kann man Bild 13.26 zeichnen und alle Knotenpunkte P_1 bis P_n herausziehen. Für die Ströme $\underline{I}_1$ bis $\underline{I}_n$ sowie $\underline{I}_0$ werden gleiche Zählpfeilrichtungen gewählt.

Für das Netz nach Bild 13.26 mit $n+1$ Knotenpunkten gilt:

$$\sum_{i=0}^{n} \underline{I}_i = 0 \tag{13.78}$$

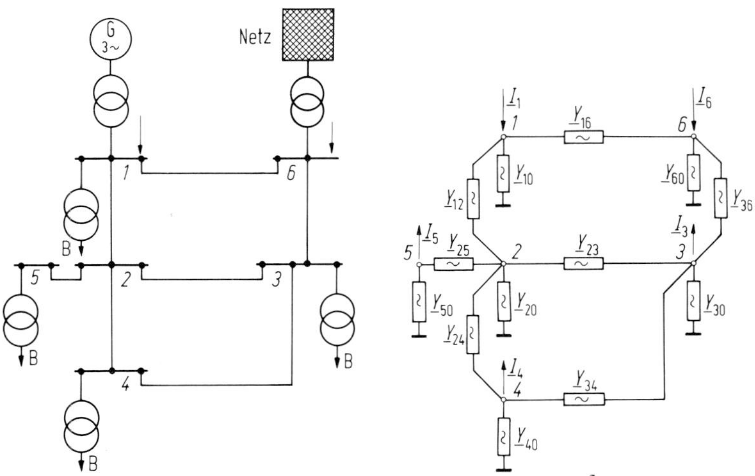

a b

Bild 13.25. Drehstromnetz mit 6 Knotenpunkten, 7 Leitungen, einer Kraftwerkseinspeisung und einer Netzeinspeisung sowie vier Knotenpunkte, an die Belastungen B angeschlossen sind (z.B. unterlagerte Verteilernetze).

(**a**) Netzaufbau; (**b**) Ersatzschaltung im Mitsystem

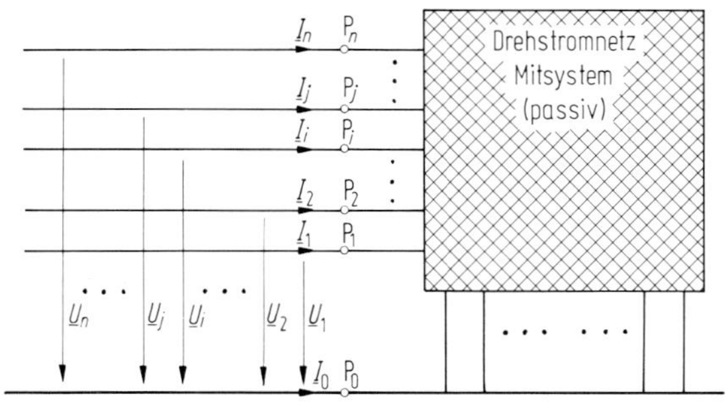

Bild 13.26. Drehstromnetz im Mitsystem mit n Knotenpunkten und einem Bezugsknoten P_0 (Nullschiene des Mitsystems)

Sind die Ströme $\underline{I}_1, \underline{I}_2, \ldots, \underline{I}_n$ bekannt, so ergibt sich $\underline{I}_0$ nach Gl. (13.78). Weiter gilt für jeden Strom $\underline{I}_i$:

$$\underline{I}_i = \sum_{\substack{j=0 \\ j \neq i}}^{n} \underline{I}_{ij} = \sum_{\substack{j=0 \\ j \neq 1}}^{n} \underline{Y}_{ij}(\underline{U}_i - \underline{U}_j) = \underline{U}_i \sum_{\substack{j=0 \\ j \neq i}}^{n} \underline{Y}_{ij} - \sum_{\substack{j=0 \\ j \neq i}}^{n} \underline{Y}_{ij} \underline{U}_j \tag{13.79}$$

mit $i = 0, 1, 2, \ldots, n$.

Einbezogen in Gl. (13.79) wurden auch die Admittanzen $\underline{Y}_{i0}$ mit $i = 1, 2, \ldots, n$ (Bild 13.24). Spaltet man diese Glieder ab, so ergibt sich aus Gl. (13.79):

$$\underline{I}_i = \underline{U}_i \underline{Y}_{i0} + \sum_{\substack{j=1 \\ j \neq i}}^{n} \underline{Y}_{ij}(\underline{U}_i - \underline{U}_j) \qquad \text{mit } i = 1, 2, \ldots, n \tag{13.80}$$

Die Admittanzgl. (13.80) lassen sich wie folgt schreiben, wenn man die Admittanzmatrix $\mathbf{A}$ einführt:

$$\mathbf{I}=\mathbf{A}\mathbf{U} \tag{13.81}$$

$\mathbf{I}$ und $\mathbf{U}$ sind Spaltenvektoren $[\underline{I}_i]$ und $[\underline{U}_i]$ mit $i=0, 1, 2, \ldots, n$. Die Knotenpunktadmittanzmatrix $\mathbf{A}=[\underline{a}_{ij}]$ enthält die Elemente

$$\left.\begin{aligned} \underline{a}_{ii} &= \sum_{\substack{j=0\\ j\neq i}}^{n} \underline{Y}_{ij} && (13.82)\\ \underline{a}_{ij} &= -\underline{Y}_{ij} \qquad (j\neq i) && (13.83) \end{aligned}\right\} \quad \text{mit } i,j=0,\ 1,\ 2, \ldots, n$$

Für das Netz nach Bild 13.25b ergibt sich damit:

$$\begin{bmatrix} \underline{I}_1\\ \underline{I}_2\\ \underline{I}_3\\ \underline{I}_4\\ \underline{I}_5\\ \underline{I}_6\\ \hline \underline{I}_0 \end{bmatrix} = \left[\begin{array}{cccccc|c} \underline{a}_{11} & \underline{a}_{12} & 0 & 0 & 0 & \underline{a}_{16} & \underline{a}_{10}\\ \underline{a}_{21} & \underline{a}_{22} & \underline{a}_{23} & \underline{a}_{24} & \underline{a}_{25} & 0 & \underline{a}_{20}\\ 0 & \underline{a}_{32} & \underline{a}_{33} & \underline{a}_{34} & 0 & \underline{a}_{36} & \underline{a}_{30}\\ 0 & \underline{a}_{42} & \underline{a}_{43} & \underline{a}_{44} & 0 & 0 & \underline{a}_{40}\\ 0 & \underline{a}_{52} & 0 & 0 & \underline{a}_{55} & 0 & \underline{a}_{50}\\ \underline{a}_{61} & 0 & \underline{a}_{63} & 0 & 0 & \underline{a}_{66} & \underline{a}_{60}\\ \hline \underline{a}_{01} & \underline{a}_{02} & \underline{a}_{03} & \underline{a}_{04} & \underline{a}_{05} & \underline{a}_{06} & \underline{a}_{00} \end{array}\right] \cdot \begin{bmatrix} \underline{U}_1\\ \underline{U}_2\\ \underline{U}_3\\ \underline{U}_4\\ \underline{U}_5\\ \underline{U}_6\\ \hline \underline{U}_0 \end{bmatrix}$$

Man erkennt, daß eine Reihe von Admittanzen Null sind. Berücksichtigt man weiter, daß bei symmetrischem Aufbau der Admittanzmatrix, also dann, wenn keine Schräg- oder Quertransformatoren vorhanden sind, $\underline{a}_{ij}=\underline{a}_{ji}$ gilt, so verbleiben nur noch die Admittanzen der Hauptdiagonale und der Dreiecksmatrix oberhalb der Hauptdiagonale. Das Netz wird dann, wenn wir die Elemente $\underline{a}_{10}$ bis $\underline{a}_{00}$ außer acht lassen, durch $(P+L)$ Elemente der Admittanzmatrix beschrieben.

Die Admittanzelemente jeder Zeile ergeben in ihrer Summe Null. Es gilt z.B.:

$$\underline{a}_{11}=\underline{Y}_{12}+\underline{Y}_{16}+\underline{Y}_{10}; \quad \underline{a}_{12}=-\underline{Y}_{12}; \quad \underline{a}_{16}=-\underline{Y}_{16};$$

$$\underline{a}_{10}=-\underline{Y}_{10} \quad \text{und damit} \quad \underline{a}_{11}+\underline{a}_{12}+\underline{a}_{16}+\underline{a}_{10}=0$$

Die Admittanzgleichung (13.81) wird inhomogen und damit lösbar, wenn man die Gleichung für $\underline{I}_0$ wegfallen läßt. Für die Admittanzmatrix gilt dann $\mathbf{A}=(\underline{a}_{ij})$ mit $i, j=1, 2, \ldots, n$. Die Determinante det $\mathbf{A}$ wird ungleich Null. Für die Spaltenvektoren gilt $(\underline{I}_i)$ und $(\underline{U}_i)$ mit $i=1, 2, \ldots, n$. Im obigen Beispiel ist eine strichpunktierte Abgrenzung eingetragen.

Die Knotenpunktadmittanzmatrix $\mathbf{A}$ ist eine schwach besetzte quadratische Matrix $n\times n$, wenn n die Anzahl der Knotenpunkte des Netzes ist. Sie ist in einfacher Weise aus den Admittanzen des Netzes zu bilden. Aus der Topologie des Netzes, also aus dem strukturellen Aufbau, ist sofort zu erkennen, welche Elemente nicht Null und welche Null werden.

Vernachlässigt man bei Netzberechnungen die Queradmittanzen $\underline{Y}_{i0}$ gegenüber den Längsadmittanzen $\underline{Y}_{ij}$, also alle Admittanzverbindungen zwischen den Knotenpunkten und dem Bezugsknoten P_0 in den Bildern 13.24 und 13.26, so ist ein

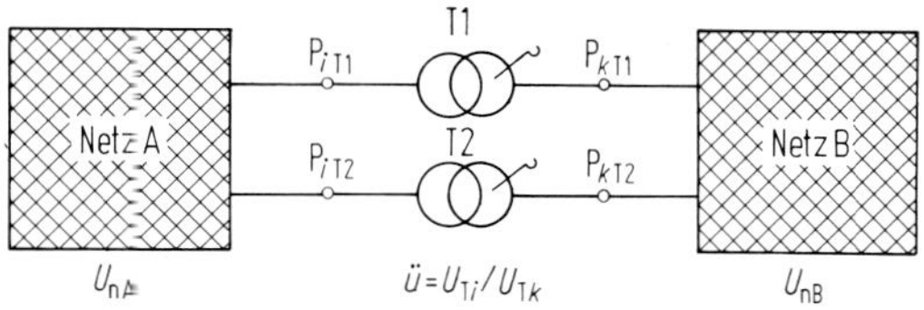

Bild 13.27. Kupplung der Netze A und B über Transformatoren. Bezugsspannung ist die Nennspannung U_{nB} des Netzes B

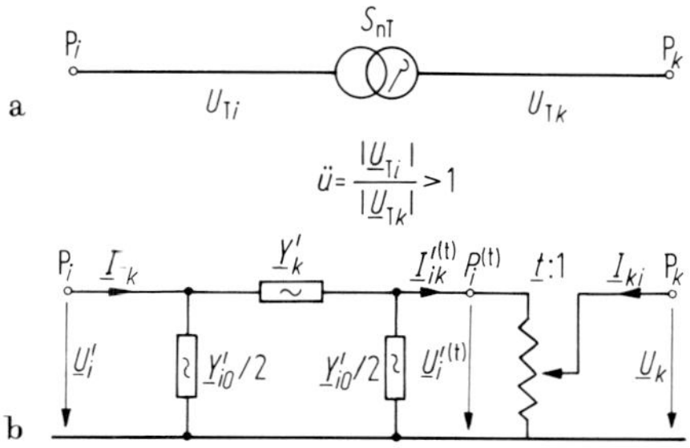

Bild 13.28. Ersatzschaltung eines Zweiwicklungstransformators im Mitsystem (Π-Ersatzschaltung)

neuer Bezugsknoten mit bekannter Spannung zu wählen, weil sonst wieder ein homogenes Gleichungssystem mit det $\mathbf{A}=0$ entsteht.

Neben der Nachbildung der Leitungsverbindungen in einem Netz, wie in Bild 13.24, spielt die Nachbildung der Transformatoren eine entscheidende Rolle, wenn das betrachtete Netz aus mehr als einer Spannungsebene besteht. Der speziellen Behandlung der Transformatoren muß eine Umrechnung der Impedanzen, Spannungen und Ströme auf eine gemeinsame Bezugsspannung vorausgehen. Als Bezugsspannung soll hier die Nennspannung U_{nB} des Netzes B gewählt werden. Die Netze A und B werden nach Bild 13.27 über Transformatoren gekuppelt. Für die Spannungen, Ströme und Impedanzen des Netzes A ergaben sich dann folgende Umrechnungsgleichungen:

$$\underline{U}'_A=\underline{U}_A\frac{U_{nB}}{U_{nA}} \tag{13.84}$$

$$\underline{I}'_A=\underline{I}_A\frac{U_{nA}}{U_{nB}} \tag{13.85}$$

$$\underline{Z}'_A=\underline{Z}_A\left(\frac{U_{nB}}{U_{nA}}\right)^2 \tag{13.86}$$

Bei diesen Umrechnungen wird vorausgesetzt, daß alle im Netz eingesetzten Betriebsmittel eine Nennspannung gleich der Netznennspannung haben. Ist dies nicht der Fall, so sind vor der Anwendung der Gln. (13.84) bis (13.86) Spannung, Strom und Impedanz eines solchen Betriebsmittels auf die Nennspannung des Netzes umzurechnen, in dem es eingesetzt ist.

Für die Ersatzschaltung eines Zweiwicklungstransformators im Mitsystem mit Kupfer- und Eisenverlusten soll Bild 13.28 gelten. Dabei wird die Π-Ersatzschaltung angewendet, die sich aus der üblichen T-Ersatzschaltung ableiten läßt. Neben der Π-Ersatzschaltung besteht dann der Transformator im allgemeinen Fall aus einem idealen verlustlosen Transformator mit der Übersetzung $\ddot{u}$. Bei einem Transformator mit reiner Längsverstellung wird $\underline{\ddot{u}} = \ddot{u}$.

Für die auf die ungeregelte Seite bezogene Kurzschlußimpedanz $\underline{Z}_k = R_k + j\,X_k$ ergibt sich:

$$\underline{Z}_k = R_k + j\,X_k = \frac{U_{\mathrm{T}i}^2}{S_{\mathrm{nT}}} \left(\frac{V_{\mathrm{Cu}}}{S_{\mathrm{nT}}} + j \sqrt{u_k^2 - \left(\frac{V_{\mathrm{Cu}}}{S_{\mathrm{nT}}} \right)^2} \right) \tag{13.87}$$

Die Kurzschlußadmittanz $\underline{Y}_k'$ wird dann

$$\underline{Y}_k' = \frac{1}{\underline{Z}_k'} = \frac{1}{\underline{Z}_k} \left(\frac{U_{\mathrm{nA}}}{U_{\mathrm{nB}}} \right)^2 \tag{13.88}$$

Die Leerlaufadmittanz bezogen auf die ungeregelte Seite ergibt:

$$\underline{Y}_{i0} = \frac{S_{\mathrm{nT}}}{U_{\mathrm{T}i}^2} \left(\frac{V_{\mathrm{Fe}}}{S_{\mathrm{nT}}} - j \sqrt{\left(\frac{I_{0\mathrm{T}}}{I_{\mathrm{nT}}} \right)^2 - \left(\frac{V_{\mathrm{Fe}}}{S_{\mathrm{nT}}} \right)^2} \right) \tag{13.89}$$

Nach der Umrechnung wird:

$$\underline{Y}_{i0}' = \underline{Y}_{i0} \left(\frac{U_{\mathrm{nA}}}{U_{\mathrm{nB}}} \right)^2 \tag{13.90}$$

Es bedeuten:

$U_{\mathrm{T}i}$	Nennspannung des Transformators auf der ungeregelten Seite (Dabei wird angenommen, daß $U_{\mathrm{nA}} = U_{\mathrm{T}i}$ ist).
S_{nT}	Nennscheinleistung des Transformators
$V_{\mathrm{Cu}}, V_{\mathrm{Fe}}$	Kupfer- und Eisenverluste bei der eingestellten Übersetzung des Transformators
u_k	Kurzschlußspannung bei der eingestellten Übersetzung
$I_{0\mathrm{T}}/I_{\mathrm{nT}}$	Verhältnis Leerlaufstrom zu Nennstrom des Transformators

Für die Leerlaufübersetzung des Transformators bei Verstellung auf der Seite k ist nicht mehr das tatsächlich eingestellte Verhältnis der Leerlaufspannungen, sondern das aus den bezogenen Spannungen gebildete Verhältnis einzusetzen:

$$\underline{t} = \frac{U_{\mathrm{T}i}'}{\underline{U}_{\mathrm{T}k}} = \frac{U_{\mathrm{T}i}}{\underline{U}_{\mathrm{T}k}} \cdot \frac{U_{\mathrm{nB}}}{U_{\mathrm{nA}}} = \underline{\ddot{u}}\,\frac{U_{\mathrm{nB}}}{U_{\mathrm{nA}}} \tag{13.91}$$

Angenommen wird ein Zweiwicklungstransformator, bei dem auf der geregelten Seite (k) eine Zusatzspannung $\underline{U}_z$ unter einem Winkel α eingeführt wird (z.B. ein 60°-Schrägregeltransformator). Für $u_z = U_z/U_{\mathrm{T}k\mathrm{M}}$ gilt nach Bild 13.29, wenn $U_{\mathrm{T}k\mathrm{M}}$ die Leerlaufspannung auf der geregelten Seite in der Mittelstellung angibt:

$$\underline{U}_{\mathrm{T}k} = U_{\mathrm{T}k\mathrm{M}} + \underline{U}_z = U_{\mathrm{T}k\mathrm{M}} + U_z\,e^{j\alpha} = U_{\mathrm{T}k\mathrm{M}}(1 + u_z\,e^{j\alpha}) \tag{13.92}$$

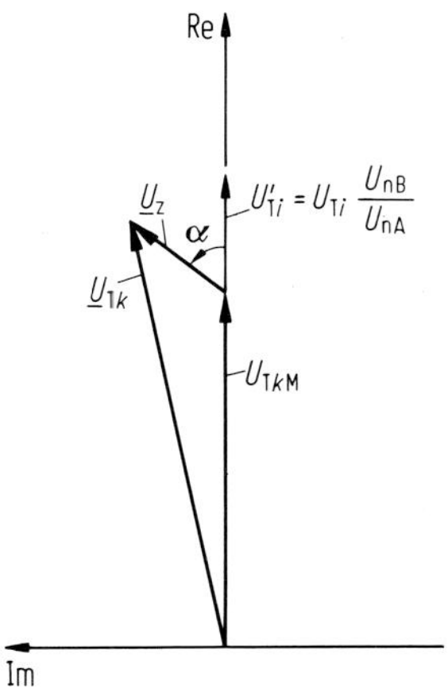

Bild 13.29. Zeigerdiagramm der Spannungen für einen idealen verlustlosen Transformator mit komplexer Zusatzspannung $\underline{U}_z$

Für die eingestellte Übersetzung $\ddot{u}$ gilt dann:

$$\underline{\ddot{u}} = \frac{\underline{U}_{Ti}}{\underline{U}_{Tk}} = \frac{\underline{U}_{Ti}}{U_{TkM}} \cdot \frac{1}{1 + u_z\, e^{j\alpha}} \tag{13.93}$$

Führt man $\underline{\ddot{u}}$ nach Gl. (13.93) in Gl. (13.91) ein, so wird:

$$\underline{t} = \frac{U_{Ti}}{U_{TkM}(1 + u_z\, e^{j\alpha})} \cdot \frac{U_{nB}}{U_{nA}} \tag{13.94}$$

Für die in Bild 13.28b dargestellte Ersatzschaltung ergibt sich:

$$\underline{I}'_{ik} = \underline{Y}'_k(\underline{U}'_i - \underline{U}'^{(t)}_i) + 0{,}5 \cdot \underline{Y}'_{i0}\underline{U}'_i \tag{13.95a}$$

$$\underline{I}'^{(t)}_{ik} = \underline{Y}'_k(\underline{U}'_i - \underline{U}'^{(t)}_i) - 0{,}5\, \underline{Y}'_{i0}\underline{U}'^{(t)}_i \tag{13.95b}$$

Weiter gilt nach Bild 13.28b:

$$\underline{t} = \frac{\underline{U}'^{(t)}_i}{\underline{U}_k} \tag{13.96}$$

und wegen $\underline{U}'^{(t)}_i\, \underline{I}'^{(t)*}_{ik} = -\underline{U}_k\, \underline{I}^*_{ki}$:

$$\underline{t}^* = -\frac{\underline{I}_{ki}}{\underline{I}'^{(t)}_{ik}} \tag{13.97}$$

Für die Transformatorströme $\underline{I}'_{ik}$ und $\underline{I}_{ki}$ findet man schließlich:

$$\begin{pmatrix} \underline{I}'_{ik} \\ \underline{I}_{ki} \end{pmatrix} = \begin{pmatrix} \underline{Y}'_k + 0{,}5\, \underline{Y}'_{i0} & -\underline{t}\, \underline{Y}'_k \\ -\underline{t}^*\, \underline{Y}'_k & +\underline{t}\,\underline{t}^*(\underline{Y}'_k + 0{,}5\, \underline{Y}'_{i0}) \end{pmatrix} \cdot \begin{pmatrix} \underline{U}'_i \\ \underline{U}_k \end{pmatrix} \tag{13.98}$$

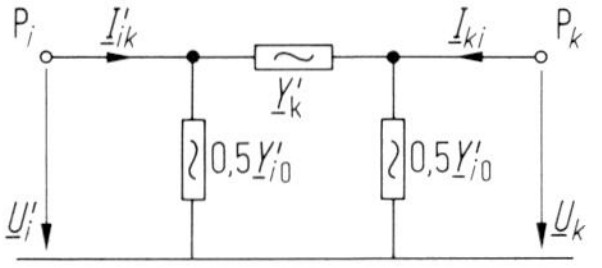

Bild 13.30. Ersatzschaltung eines Zweiwicklungstransformators im Mitsystem mit $\underline{t}=1$ bei Berücksichtigung der Leerlaufadmittanz nach Gl. (13.90)

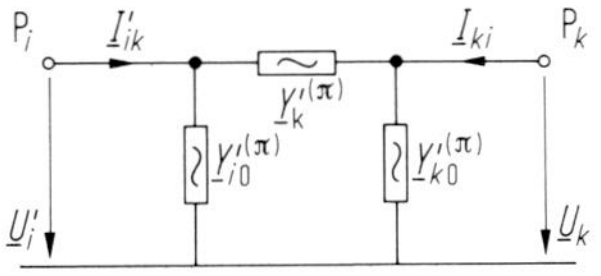

Bild 13.31. Ersatzschaltung eines Zweiwicklungstransformators im Mitsystem mit $\underline{t}=t\neq 1$ durch ein Π-Glied bei Vernachlässigung der Leerlaufadmittanz

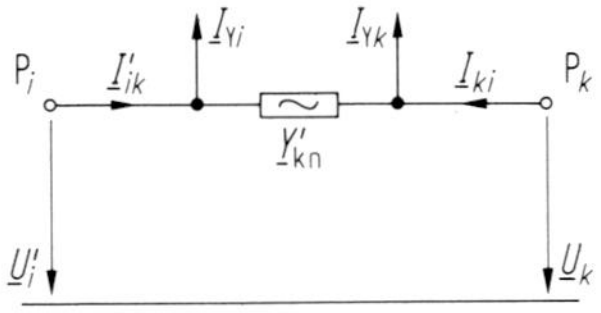

Bild 13.32. Ersatzschaltung eines Zweiwicklungstransformators im Mitsystem für $\underline{t}\neq\underline{t}^*$ (Schräg- oder Quertransformator). Y'_{kn} ist die Kurzschlußadmittanz für die Nennübersetzung des Transformators

Vernachlässigt man $\underline{Y}_{i0}\ll\underline{Y}_{\rm k}$, so geht Gl. (13.98) über in:

$$\begin{pmatrix}\underline{I}'_{ik}\\ \underline{I}_{ki}\end{pmatrix}=\underline{Y}'_{\rm k}\begin{pmatrix}1 & -\underline{t}\\ -\underline{t}^* & \underline{t}\,\underline{t}^*\end{pmatrix}\cdot\begin{pmatrix}\underline{U}'_i\\ \underline{U}_k\end{pmatrix}\tag{13.99}$$

Abhängig von den Transformatoreigenschaften sind folgende drei Fälle zu unterscheiden:

$\underline{t}=1$ Die Transformatorübersetzung $ü$ ist reell und dem Verhältnis der Nennspannungen der anschließenden Netze gleich: $U_{{\rm T}i}/U_{{\rm T}k}=U_{\rm nA}/U_{\rm nB}$. Der Transformator wird bei Vernachlässigung von $\underline{Y}_{i0}$ allein durch die Admittanz $\underline{Y}'_{\rm k}$ ersetzt. Dabei gilt $\underline{U}'^{(t)}_i=\underline{U}_k$ und $\underline{I}'^{(t)}_{ik}=-\underline{I}_{ki}$. Bei Berücksichtigung von $\underline{Y}'_{i0}$ gilt eine Ersatzschaltung nach Bild 13.30. Der Vierpol ist symmetrisch und umkehrbar.

$\underline{t}=t\neq 1$: Die Transformatorübersetzung ist reell (Längsregelung) aber ungleich dem Verhältnis der Nennspannungen der angrenzenden Netze. Wenn $\underline{t}=t$ wird, so läßt sich der Transformator durch ein passives Π-Glied ersetzen, wie in Bild 13.31 angegeben, wenn man $\underline{Y}'_{i0}$ vernachlässigt. Der Vierpol ist unsymmetrisch aber umkehrbar.

Die Admittanzen der Π-Ersatzschaltung nach Bild 13.31 ergeben sich wie folgt:

$$\underline{Y}_{\mathrm{k}}^{\prime(\Pi)} = t \cdot \underline{Y}_{\mathrm{k}}^{\prime} \tag{13.100a}$$

$$\underline{Y}_{i0}^{\prime(\Pi)} = (1-t)\,\underline{Y}_{\mathrm{k}}^{\prime} \tag{13.100b}$$

$$\underline{Y}_{k0}^{\prime(\Pi)} = t(t-1)\,\underline{Y}_{\mathrm{k}}^{\prime} \tag{13.100c}$$

Wie zu erwarten, ergibt sich für $t=1$: $\underline{Y}_{\mathrm{k}}^{\prime(\Pi)} = \underline{Y}_{\mathrm{k}}^{\prime}$ und $\underline{Y}_{i0}^{\prime(\Pi)} = \underline{Y}_{k0}^{\prime(\Pi)} = 0$

$\underline{t} \neq \underline{t}^*$: Die Transformatorübersetzung ist komplex. Dieser Fall tritt bei Schräg- und Quertransformatoren auf. Der Transformator kann nicht durch einen passiven Vierpol ersetzt werden. Es gilten die Gl. (13.98) oder (13.99). Bei Lastflußberechnungen wird die Nachbildung durch Zusatzströme an den Knotenpunkten erreicht, die dann gerade den zur Nachbildung notwendigen aktiven Elementen entsprechen.

Die Zusatzströme $\underline{I}_{Yi}$ und $\underline{I}_{Yk}$ zur Nachbildung eines Schräg- oder Quertransformators mit $\underline{t} \neq \underline{t}^*$ werden so bestimmt, daß die Ersatzschaltung nach Bild 13.32 gilt.

Ausgehend von Bild 13.32 gilt für die Admittanzgleichungen:

$$\begin{pmatrix} \underline{I}_{ik}^{\prime} \\ \underline{I}_{ki} \end{pmatrix} = \begin{pmatrix} \underline{Y}_{\mathrm{kn}}^{\prime} & -\underline{Y}_{\mathrm{kn}}^{\prime} \\ -\underline{Y}_{\mathrm{kn}}^{\prime} & \underline{Y}_{\mathrm{kn}}^{\prime} \end{pmatrix} \begin{pmatrix} \underline{U}_{i}^{\prime} \\ \underline{U}_{k} \end{pmatrix} + \begin{pmatrix} \underline{I}_{Yi} \\ \underline{I}_{Yk} \end{pmatrix} \tag{13.101}$$

Durch Vergleich der Gln. (13.101) und (13.98) findet man für die Zusatzströme $\underline{I}_{Yi}$ und $\underline{I}_{Yk}$:

$$\begin{pmatrix} \underline{I}_{Yi} \\ \underline{I}_{Yk} \end{pmatrix} = \begin{pmatrix} \underline{Y}_{\mathrm{k}}^{\prime} - \underline{Y}_{\mathrm{kn}}^{\prime} + 0{,}5\,\underline{Y}_{i0}^{\prime} & \underline{Y}_{\mathrm{kn}}^{\prime} - \underline{t}\,\underline{Y}_{\mathrm{k}}^{\prime} \\ \underline{Y}_{\mathrm{kn}}^{\prime} - \underline{t}^*\,\underline{Y}_{\mathrm{k}}^{\prime} & \underline{t}\,\underline{t}^*\,\underline{Y}_{\mathrm{k}}^{\prime} - \underline{Y}_{\mathrm{kn}}^{\prime} + \underline{t}\,\underline{t}^*\,0{,}5\,\underline{Y}_{i0}^{\prime} \end{pmatrix} \begin{pmatrix} \underline{U}_{i}^{\prime} \\ \underline{U}_{k} \end{pmatrix} \tag{13.102}$$

Vernachlässigt man die Leerlaufadmittanz ($\underline{Y}_{i0}^{\prime}=0$) und setzt man in erster Näherung $\underline{Y}_{\mathrm{k}}^{\prime} = \underline{Y}_{\mathrm{kn}}^{\prime}$, so vereinfacht sich Gl. (13.102) und man findet:

$$\begin{pmatrix} \underline{I}_{ik}^{\prime} \\ \underline{I}_{ki} \end{pmatrix} = \begin{pmatrix} \underline{Y}_{\mathrm{kn}}^{\prime} & -\underline{Y}_{\mathrm{kn}}^{\prime} \\ -\underline{Y}_{\mathrm{kn}}^{\prime} & \underline{Y}_{\mathrm{kn}}^{\prime} \end{pmatrix} \begin{pmatrix} \underline{U}_{i}^{\prime} \\ \underline{U}_{k} \end{pmatrix} + \begin{pmatrix} 0 & (1-\underline{t})\,\underline{Y}_{\mathrm{kn}}^{\prime} \\ (1-\underline{t}^*)\,\underline{Y}_{\mathrm{kn}}^{\prime} & (\underline{t}\,\underline{t}^*-1)\,\underline{Y}_{\mathrm{kn}}^{\prime} \end{pmatrix} \begin{pmatrix} \underline{U}_{i}^{\prime} \\ \underline{U}_{k} \end{pmatrix} \tag{13.103}$$

13.5.2 Hybridmatrix des Netzes

Im Abschnitt 13.5.1 wurde gezeigt, daß man die Admittanzmatrix **A** eines Drehstromnetzes im Mitsystem ausgehend von den Netzdaten und der Topologie des Netzes leicht aufstellen kann. Sind die Spannungen $\underline{U}_1, \underline{U}_2, \ldots, \underline{U}_n$ an allen Netzknotenpunkten bekannt, so kann man die Knotenpunktströme $\underline{I}_1, \underline{I}_2, \ldots, \underline{I}_n$ nach Gl. (13.81) leicht berechnen.

Bei Lastflußberechnungen sind jedoch die Spannungen $\underline{U}_i$ nicht bekannt, sie sollen ja gerade ermittelt werden, um dann daraus die Ströme $\underline{I}_{ij}$ zu bestimmen (Gl. 13.77). Bei Kurzschlußstromberechnungen sind die Spannungen $\underline{U}_i$ ebenfalls unbekannt bis auf die inneren Generatorspannungen. Bestimmt werden soll der Kurzschlußstrom an einem oder nacheinander an mehreren Knotenpunkten des Netzes und die Verteilung des Kurzschlußstromes (Teilkurzschlußströme) wieder ausgehend von Gl. (13.77), nachdem alle Werte $\underline{U}_i$ berechnet wurden.

Die Netznachbildung durch eine Admittanzmatrix erscheint deshalb für die genannten Aufgaben nicht besonders vorteilhaft. Die Impedanzmatrix **Z** oder die gemischte Impedanz-Admittanzmatrix, die hier Hybridmatrix **H** genannt wird, sind meist besser geeignet. Rechenzeit und Speicherplatz von Digitalrechnern, die zur Ermittlung von **Z** oder **H** benötigt werden, wenn man größere vermaschte Netze betrachtet, spielen heute nicht mehr die Rolle wie etwa um 1960, als nur verhältnismäßig kleine und langsame Digitalrechner für Netzberechnungen zur Verfügung standen. Im Vordergrund der Überlegungen stehen deshalb heute Verfahren, deren Programmierung einfach ist, die günstige Konvergenz bei Lastflußberechnungen erwarten lassen und „benutzerfreundlich" aufgebaut werden können. Bei sehr großen Netzen ist heute außerdem ein Vorgehen nach der Diakoptics-Methode möglich [14.12]. Kurze Rechenzeiten werden bei On-line-Prozeßrechnern gefordert.

Sind die Knotenpunktströme $\underline{I}_i$ (Generatorströme und Verbraucherströme) bekannt, so kann man die Knotenpunktspannungen aus den Impedanzgleichungen des Netzes berechnen. Ausgehend von Gl. (13.81) gilt:

$$\mathbf{U} = \mathbf{Z}\,\mathbf{I} = \mathbf{A}^{-1}\,\mathbf{I} \tag{13.104}$$

Im Gegensatz zur Admittanzmatrix sind bei der Impedanzmatrix **Z** im allgemeinen alle Elemente ungleich Null.

Bei der Durchführung von Kurzschlußstromberechnungen sind die wirksamen Spannungen der Generatoren bekannt oder zumindest eine wirksame Spannung. Bei Lastflußberechnungen muß ebenso mindestens an einem Knotenpunkt die Spannung vorgegeben sein (z.B. die geregelte Generatorspannung oder die Spannung am Anschlußpunkt eines überlagerten Netzes). Ausgehend von diesen Überlegungen teilt sich die Gesamtmenge der Knotenpunkte des Netzes in die Teilmenge 1, zu der die Knotenpunkte mit vorgegebenem Strom (Stromknoten) gehören, und in die Teilmenge 2, zu der die Knotenpunkte mit vorgegebener Spannung (Spannungsknoten) gehören. Nach Aufteilung der Knotenpunkte auf diese Teilmengen kann man Gl. (13.81) wie folgt schreiben:

$$\begin{pmatrix}\mathbf{I}_1\\ \mathbf{I}_2\end{pmatrix} = \begin{pmatrix}\mathbf{A}_{11} & \mathbf{A}_{12}\\ \mathbf{A}_{21} & \mathbf{A}_{22}\end{pmatrix}\begin{pmatrix}\mathbf{U}_1\\ \mathbf{U}_2\end{pmatrix} \tag{13.105}$$

$\mathbf{A}_{11}$, $\mathbf{A}_{12}$, $\mathbf{A}_{21}$ und $\mathbf{A}_{22}$ sind Untermatrizen der Admittanzmatrix **A**. Die Teilinvertierte von **A** ist die Hybridmatrix **H**, die auch als Betriebsmatrix bezeichnet wird.

$$\begin{pmatrix}\mathbf{U}_1\\ \mathbf{I}_2\end{pmatrix} = \begin{pmatrix}\mathbf{H}_{11} & \mathbf{H}_{12}\\ \mathbf{H}_{21} & \mathbf{H}_{22}\end{pmatrix}\begin{pmatrix}-\mathbf{I}_1\\ \mathbf{U}_2\end{pmatrix} \tag{13.106a}$$

$\mathbf{H}_{11}$, $\mathbf{H}_{12}$, $\mathbf{H}_{21}$ und $\mathbf{H}_{22}$ sind die Untermatrizen von **H**. Dabei ist $\mathbf{H}_{11}$ eine Impedanzmatrix, $\mathbf{H}_{22}$ eine Admittanzmatrix und $\mathbf{H}_{12}$ sowie $\mathbf{H}_{21}$ Matrizen mit Elementen ohne Dimension. Das negative Vorzeichen des Spaltenvektors $\mathbf{I}_1$ wurde willkürlich eingeführt, damit die Hybridmatrix symmetrisch bleibt.

Hat man $\mathbf{A}_{11}^{-1}$ berechnet, so ergeben sich die Untermatrizen von $\mathbf{H}$ durch Matrixmultiplikationen. Es gilt:

$$\begin{pmatrix}\mathbf{U}_1\\ \mathbf{I}_2\end{pmatrix}=\begin{pmatrix}-\mathbf{A}_{11}^{-1} & -\mathbf{A}_{11}^{-1}\,\mathbf{A}_{12}\\ -\mathbf{A}_{21}\,\mathbf{A}_{11}^{-1} & \mathbf{A}_{22}-\mathbf{A}_{21}\,\mathbf{A}_{11}^{-1}\,\mathbf{A}_{12}\end{pmatrix}\begin{pmatrix}-\mathbf{I}_1\\ \mathbf{U}_2\end{pmatrix} \tag{13.106b}$$

An Stelle der in Gl. (13.106b) vorgesehenen Berechnungsvorschrift für $\mathbf{H}_{12}$, $\mathbf{H}_{21}$ und $\mathbf{H}_{22}$ kann man diese Untermatrizen auch wie folgt bestimmen:

$$\mathbf{H}_{12}=\mathbf{H}_{11}\,\mathbf{A}_{12}$$

$$\mathbf{H}_{21}=\mathbf{H}_{12}^{\mathrm{T}} \quad \text{(dabei ist } \mathbf{H}_{12}^{\mathrm{T}} \text{ die Transponierte von } \mathbf{H}_{12}\text{)}$$

$$\mathbf{H}_{22}=\mathbf{A}_{22}+\mathbf{A}_{21}\,\mathbf{H}_{11}\,\mathbf{A}_{12}$$

13.5.3 Direkter Aufbau der Hybridmatrix

Beim Vorliegen der Hybridmatrix kann die Strom- und Spannungsverteilung des Netzes leicht ermittelt werden. Dies gilt insbesondere bei Kurzschlußstromberechnungen. Bei Lastflußberechnungen mit vorgegebenen Wirk- und Blindleistungen an den Knotenpunkten sind dann jedoch noch Iterationsschritte anzuschließen (Kapitel 14).

Der Berechnungsaufwand und damit die Rechenzeiten zur Bildung der Inversen der Knotenpunktadmittanzmatrix, also zur Bildung der Impedanzmatrix bzw. der Hybridmatrix, steigen bei Anwendung des Gaußschen Eliminationsalgorithmus etwa mit der dritten Potenz der Zahl der Knotenpunkte. Um den Rechenaufwand möglichst klein zu halten, wurden in den vergangenen Jahren eine Reihe von Verfahren entwickelt meist ausgehend von der Tatsache, daß die Knotenpunktadmittanzmatrizen der Energieversorgungsnetze schwach besetzt sind. Diese Verfahren beruhen zum großen Teil auf dem Gauß-Jordan-Eliminationsalgorithmus. Ihr Ziel ist in jedem Falle die Verringerung des Rechenzeitaufwandes und des Speicherplatzbedarfs von Digitalprogrammen [13.6, 13.12, 14.8 – 14.13, 14.17 – 14.19]. Hier sollen die geordnete Elimination mit Nullerkennung, die topologisch gesteuerte Elimination mit Nullerkennung, die Dreiecksfaktorisierung zusätzlich z.B. mit geordneter Elimination bzw. topologisch gesteuerter Elimination und Nullerkennung genannt werden. Das Verfahren zum direkten Aufbau der Hybridmatrix geht ebenfalls von dem geringen Vermaschungsgrad der Energieversorgungsnetze aus und kann als topologisch gesteuertes Verfahren angesehen werden. Man hat den Vorteil, daß die Gleichungen zum Aufbau der Matrix gleichzeitig zur Änderung der Matrix bei Netzänderungen verwendet werden können.

Beim direkten Aufbau der Hybridmatrix [13.10] eines Netzes nach dem Zweipolverfahren geht man von einem Bezugsknoten aus und fügt schrittweise Netzzweige an. Bei jedem Aufbauschritt entsprechend der Netztopologie erweitert sich die Hybridmatrix. Es werden so viele Schritte ausgeführt wie notwendig sind, um das gesamte Netz und die zugehörige Hybridmatrix aufzubauen. Ist nur ein Spannungsknoten als Bezugsknoten vorhanden, z.B. bei der Kurzschlußstromberechnung mit einer gemeinsamen Spannungsquelle, so wird die Hybridmatrix zur Impedanzmatrix.

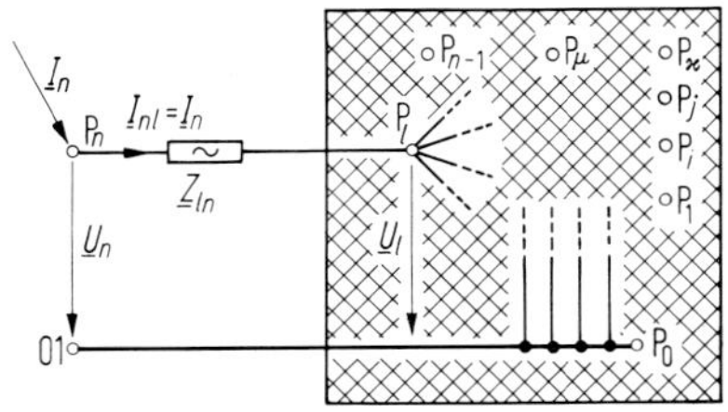

Bild 13.33. Hinzufügen eines neuen Knotenpunktes P_n an den vorhandenen Knoten P_l eines Netzes mit den Stromknoten $P_1, \dots, P_l, \dots, P_m$ und den Spannungsknoten $P_{m+1}, \dots, P_{n-1}$

Das betrachtete Netz habe im Mitsystem die Stromknoten $P_1, P_2, \dots, P_m$, die Spannungsknoten $P_{m+1}, P_{m+2}, \dots, P_{n-1}$ und den Bezugsknoten P_0. Bei jedem Aufbauschritt soll zu einem vorhandenen Knoten P_l ein neuer Knoten P_n hinzugefügt bzw. eine Masche zwischen den beiden vorhandenen Knoten P_L und P_N geschlossen werden. $P_l(P_L)$ und $P_n(P_N)$ können beide entweder Strom- oder Spannungsknoten sein. Sie werden jeweils über eine Impedanz $\underline{Z}_{ln}(\underline{Z}_{LN})$ verbunden.

Ausgehend von Bild 13.33 soll ein Knotenpunkt P_n neu angeschlossen werden.

Für die im bereits aufgebauten Netz vorhandenen Stromknoten P_κ und Spannungsknoten P_μ gelten folgende Hybridgleichungen:

$$\underline{U}_\kappa = -\sum_{i=1}^{m} \underline{h}_{\kappa i}\underline{I}_i + \sum_{j=m+1}^{n-1} \underline{h}_{\kappa j}\underline{U}_j \quad \text{mit } \kappa = 1, \dots, m \tag{13.107a}$$

$$\underline{I}_\mu = -\sum_{i=1}^{m} \underline{h}_{\mu i}\underline{I}_i + \sum_{j=m+1}^{n-1} \underline{h}_{\mu j}\underline{U}_j \quad \text{mit } \mu = m+1, \dots, n-1 \tag{13.108a}$$

Fügt man den neuen Knoten P_n angeschlossen über $\underline{Z}_{ln}$ hinzu, so gehen die Gln. (13.107a) und (13.108a) über in:

$$\underline{U}_\kappa = -\sum_{i=1}^{m} \underline{h}'_{\kappa i}\underline{I}_i + \sum_{j=m+1}^{n-1} \underline{h}'_{\kappa j}\underline{U}_j - \underline{h}'_{\kappa n}\underline{I}_n \quad \text{mit } \kappa = 1, \dots, m;\ \kappa = n \tag{13.107b}$$

$$\underline{I}_\mu = -\sum_{i=1}^{m} \underline{h}'_{\mu i}\underline{I}_i + \sum_{j=m+1}^{n-1} \underline{h}'_{\kappa j}\underline{U}_j - \underline{h}'_{\mu n}\underline{I}_n \quad \text{mit } \mu = m+1, \dots, n-1 \tag{13.108b}$$

Die Elemente der alten Matrix **H** werden mit $\underline{h}_{ij}$, die der neuen Matrix **H**′ mit $\underline{h}'_{ij}$ bezeichnet. Zur Bestimmung von $\underline{h}'_{ij}$ werden folgende Annahmen getroffen:

1. $\underline{I}_n = 0$:

   In dem neuen Zweig mit $\underline{Z}_{ln}$ fließt kein Strom. Der Zustand des Netzes mit den Knoten $P_1, P_2, \dots, P_{n-1}$ bleibt unverändert. Durch Koeffizientenvergleich ergibt sich:

   $\underline{h}'_{ij} = \underline{h}_{ij}$ für $i, j = 1, 2, \dots, n-1$

2. $\underline{U}_n = \underline{U}_l$:
Vergleicht man die n-te Zeile des Gleichungssystems (13.107b) mit der l-ten Zeile des Gleichungssystems (13.107a), so findet man:

$\underline{h}'_{ni} = \underline{h}_{li}$ für $i = 1, 2, \ldots, n-1$ und

$\underline{h}'_{in} = \underline{h}'_{ni}$ aus der Symmetrie der Hybridmatrix

3. $\underline{I}_1 = \underline{I}_2 = \cdots = \underline{I}_m = 0$; $\mathrm{U}_{m+1} = \mathrm{U}_{m+2} = \cdots = \mathrm{U}_{n-1} = 0$:
Bei dieser Voraussetzung ergibt sich aus der n-ten Zeile der Gl. (13.107b)

$$\underline{U}_n = -\underline{h}'_{nn} \underline{I}_n \tag{13.109a}$$

Mit $\underline{I}_{nl} = \underline{I}_n$ (Bild 13.33) gilt für die Masche zwischen den Knoten P_n und P_l:

$$\underline{U}_n = \underline{U}_l + \underline{Z}_{ln} \underline{I}_n \tag{13.109b}$$

Für das ursprüngliche Netz bedeutet dies eine Stromeinspeisung $\underline{I}_l = \underline{I}_n$ nur in den Knotenpunkt P_l (da $\underline{I}_1 = \underline{I}_2 = \cdots = \underline{I}_m = 0$). Aus der l-ten Zeile der Gl. (13.107a) findet man:

$$\underline{U}_l = -\underline{h}_{ll} \underline{I}_n \tag{13.110}$$

Setzt man Gl. (13.110) in Gl. (13.109b) ein, so ergibt sich durch Vergleich mit Gl. (13.109a):

$\underline{h}'_{nn} = \underline{h}_{ll} - \underline{Z}_{ln}$

Das Ergebnis dieser Überlegungen, das die neuen Elemente $\underline{h}'_{ij}$, $\underline{h}'_{in}$ und $\underline{h}'_{nn}$ liefert, ist als Fall 1 in Tabelle 13.5 aufgenommen. Die weiteren Ergebnisse der Tabelle 13.5 für die Fälle, daß P_n ein Stromknoten und P_l ein Spannungsknoten ist, und den Fall, daß P_n ein Spannungsknoten und P_l ein Stromknoten ist, gewinnt man ähnlich wie für den Fall 1 gezeigt. Weitere Fälle, die bei Berechnungen in Energieversorgungsnetzen nur selten vorkommen, findet man in [13.10]. Der am häufigsten vorkommende Fall ist Fall 1. Die Fälle 2 benötigt man meist am Anfang eines Aufbauvorganges. Der Fall 3 wird benötigt, wenn in einem Netz mehrere Spannungsknoten vorhanden sind.

Als weiterer Fall soll der für das Schließen einer Masche über $\underline{Z}_{LN}$ zwischen zwei der im bereits aufgebauten Netz liegenden Stromknoten P_L und P_N benötigte behandelt werden (Fall 4 in Tabelle 13.5). Das vorhandene Netz habe die Stromknoten $\mathrm{P}_1, \ldots, \mathrm{P}_m$ und die Spannungsknoten $\mathrm{P}_{m+1}, \ldots, \mathrm{P}_n$ $(1 \leqq L, N \leqq n)$. Die vorhandene Matrix wird durch das Schließen einer Masche in ihrer Größe nicht verändert ($n \times n$-Matrix).

Die Elemente der neuen Admittanzmatrix $\mathbf{A}'$ erhält man durch Verändern der vier Elemente $\underline{a}_{LL}$, $\underline{a}_{NN}$, $\underline{a}_{LN}$ und $\underline{a}_{NL}$ der alten Admittanzmatrix $\mathbf{A}$ des bereits aufgebauten Netzes in Bild 13.34:

$$\begin{aligned} \underline{a}'_{LL} &= \underline{a}_{LL} + \underline{Y}_{LN} \\ \underline{a}'_{NN} &= \underline{a}_{NN} + \underline{Y}_{LN} \\ \underline{a}'_{LN} = \underline{a}'_{NL} &= \underline{a}_{LN} - \underline{Y}_{LN} \end{aligned} \tag{13.111}$$

Tabelle 13.5. Berechnungsgleichungen für die Elemente der Hybridmatrix $\mathbf{H}'=(\underline{h}'_{ij})$.

Fälle 1 bis 3: (Bild 13.33) Bei Anschluß eines neuen Knotens P_n über eine Impedanz $\underline{Z}_{ln}$ ausgehend von Punkt P_l $(1\leqq l\leqq n-1)$.
Stromknoten: $P_1, \ldots, P_m$; Spannungsknoten: $P_{m+1}, \ldots, P_{n-1}$; Symmetrie: $\underline{h}'_{ij}=\underline{h}'_{ji}$; $\underline{h}'_{in}=\underline{h}'_{ni}$.

Fälle 4 und 5: (Bild 13.34) Beim Schließen einer Masche zwischen den vorhandenen Knotenpunkten P_L und P_N über eine Impedanz $\underline{Z}_{LN}$ $(1\leqq L,\ N\leqq n)$.
Stromknoten: $P_1, \ldots, P_m$; Spannungsknoten: $P_{m+1}, \ldots, P_n$; Symmetrie: $\underline{h}'_{ij}=\underline{h}'_{ji}$.

Fall	Strom-knoten	Spannungs-knoten	Berechnungsgleichungen für die Elemente der Hybridmatrix H′ (neue Matrix)		
			$i, j=1, 2, \ldots, n-1$	$i=1, 2, \ldots, n-1$	$i=j=n$
1	P_n, P_l	–	$\underline{h}'_{ij}=\underline{h}_{ij}$	$\underline{h}'_{in}=\underline{h}_{il}$	$\underline{h}'_{nn}=\underline{h}_{ll}-\underline{Z}_{ln}$
2a	P_n	P_l $(l=0)$	$\underline{h}'_{ij}=\underline{h}_{ij}$	$\underline{h}'_{in}=0$	$\underline{h}'_{nn}=-\underline{Z}_{ln}$
2b	P_n	P_l $(l\neq 0)$	$\underline{h}'_{ij}=\underline{h}_{ij}$	$\underline{h}'_{in}=0$ nur $\underline{h}'_{ln}=1$	$\underline{h}'_{nn}=-\underline{Z}_{ln}$
3	P_l	P_n	$\underline{h}'_{ij}=\underline{h}_{ij}+\dfrac{\underline{h}_{il}\underline{h}_{lj}}{\underline{Z}_{ln}-\underline{h}_{ll}}$	$\underline{h}'_{in}=-\dfrac{\underline{h}_{il}}{\underline{Z}_{ln}-\underline{h}_{ll}}$	$\underline{h}'_{nn}=\dfrac{1}{\underline{Z}_{ln}-\underline{h}_{ll}}$
4	P_N, P_L	–	i, j = 1, 2, …, n $\underline{h}'_{ij}=\underline{h}_{ij}+\dfrac{(\underline{h}_{iL}-\underline{h}_{iN})(\underline{h}_{Lj}-\underline{h}_{Nj})}{\underline{Z}_{LN}-\underline{h}_{NN}-\underline{h}_{LL}+2\underline{h}_{LN}}=\underline{h}_{ij}+\dfrac{\underline{v}_i\underline{v}_j}{\underline{x}_N}$ mit $\underline{v}_\kappa=h_{\kappa L}-h_{\kappa N}$ für $\kappa=1, \ldots, i, j, \ldots, n$ $\underline{x}_N=\underline{Z}_{LN}-\underline{h}_{NN}-\underline{h}_{LL}+2\underline{h}_{LN}$ für alle neuen Elemente $\underline{h}_{ij}$		
5a	P_N	P_L $(L=0)$	$\underline{h}'_{ij}=\underline{h}_{ij}+\dfrac{\underline{h}_{iN}\underline{h}_{Nj}}{\underline{Z}_{LN}-\underline{h}_{NN}}$		
5b	P_N	P_L $(L\neq 0)$	$\underline{h}'_{ij}=\underline{h}_{ij}+\dfrac{\underline{h}_{iN}\underline{h}_{Nj}}{\underline{Z}_{LN}-\underline{h}_{NN}}$; i, j = 1, …, n; i, j ≠ L $\underline{h}'_{iL}=\underline{h}_{iL}+\dfrac{\underline{h}_{iN}(\underline{h}_{LN}-1)}{\underline{Z}_{LN}-\underline{h}_{NN}}$; i = 1, …, n; i ≠ L $\underline{h}'_{LL}=\underline{h}_{LL}+\dfrac{(\underline{h}_{LN}-1)^2}{\underline{Z}_{LN}-\underline{h}_{NN}}$; i = j = L		

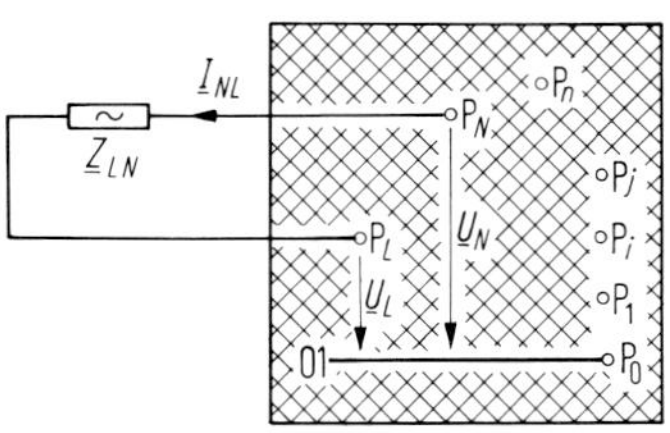

Bild 13.34. Schließen einer Masche zwischen den bereits vorhandenen Knotenpunkten P_L und P_N über die Impedanz $\underline{Z}_{LN}$ in einem Netz mit den Stromknoten $P_1, \ldots, P_L, P_N, \ldots, P_m$ und den Spannungsknoten $P_{m+1}, \ldots, P_n$

Diese einfache Änderung der Matrix **A** erfordert eine Umrechnung aller Elemente $\underline{h}_{ij}$ der Hybridmatrix **H**, wenn beide Knoten Stromknoten sind oder wenn einer Stromknoten und der andere Spannungsknoten ist. Sind beide Knoten Spannungsknoten, so ändern sich nur die vier zugehörigen Elemente von **H** (diese Fälle sind in Tabelle 13.5 nicht aufgenommen, weil sie praktisch nicht vorkommen [13.10]).

Für das Schließen einer Masche gilt: $\underline{Z}_{LN}=1/\underline{Y}_{LN}$. Dabei ist es zulässig, daß vor dem Einfügen von $\underline{Z}_{LN}$ schon eine Impedanz zwischen P_L und P_N vorhanden war. Für die Teilmatrix $\mathbf{A}'_{11}$ der neuen Matrix $\mathbf{A}'$ ergibt sich (Gl. (13.105)):

$$\mathbf{A}'_{11}=\mathbf{A}_{11}+\underline{Y}_{LN}\cdot\begin{array}{c}\begin{array}{ccccccc} & & L & & N & & \end{array}\\ \begin{bmatrix} 0 & \dots & 0 & \dots & 0 & \dots & 0 \\ \vdots & & & & & & \\ 0 & \dots & 1 & \dots & -1 & \dots & 0 \\ \vdots & & & & & & \\ 0 & \dots & -1 & \dots & 1 & \dots & 0 \\ \vdots & & & & & & \\ 0 & \dots & 0 & \dots & 0 & \dots & 0 \end{bmatrix}\end{array}=\mathbf{A}_{11}-\underline{Y}_{LN}\,\mathbf{S}_L\,\mathbf{S}_N^{\mathrm{T}} \qquad (13.112)$$

$\mathbf{S}_L$ und $\mathbf{S}_N$ sind die Spaltenvektoren der Spalten L und N der Korrekturmatrix in der Gl. (13.112). $\mathbf{S}_N^{\mathrm{T}}$ ist der transponierte Vektor des Spaltenvektors $\mathbf{S}_N$.

$$\mathbf{S}_L=\begin{bmatrix} 0 \\ \vdots \\ 1 \\ \vdots \\ -1 \\ \vdots \\ 0 \end{bmatrix} \quad (13.113\,\mathrm{a}); \qquad \mathbf{S}_N=\begin{bmatrix} 0 \\ \vdots \\ -1 \\ \vdots \\ 1 \\ \vdots \\ 0 \end{bmatrix} \qquad (13.113\,\mathrm{b})$$

$$\mathbf{S}_N^{\mathrm{T}}=[0\dots -1\dots 1\dots 0] \qquad (13.113\,\mathrm{c})$$

Die Teilmatrix $\mathbf{H}'_{11}$ läßt sich nach Woodbury [14.1] wie folgt angeben:

$$\mathbf{H}'_{11}=-\mathbf{A}'^{-1}_{11}=-(\mathbf{A}_{11}-\underline{Y}_{LN}\,\mathbf{S}_L\,\mathbf{S}_N^{\mathrm{T}})^{-1}=\mathbf{H}_{11}-\frac{(\mathbf{H}_{11}\,\mathbf{S}_L)(\mathbf{S}_N^{\mathrm{T}}\,\mathbf{H}_{11})}{\underline{Z}_{LN}+\mathbf{S}_N^{\mathrm{T}}\,\mathbf{H}_{11}\,\mathbf{S}_L} \qquad (13.114)$$

Bestimmt man die Matrizenprodukte im Zähler und Nenner des Korrekturgliedes, so ergibt sich für die Elemente $\underline{h}'_{ij}$ der Hybridmatrix

$$\underline{h}'_{ij}=\underline{h}_{ij}+\frac{(\underline{h}_{iL}-\underline{h}_{iN})(\underline{h}_{Lj}-\underline{h}_{Nj})}{\underline{Z}_{LN}-\underline{h}_{NN}-\underline{h}_{LL}+2\underline{h}_{LN}} \qquad (13.115)$$

Für die Untermatrizen $\mathbf{H}'_{12}=\mathbf{H}'_{11}\,\mathbf{A}'_{12}=\mathbf{H}'_{11}\,\mathbf{A}_{12}$, $\mathbf{H}'_{21}=\mathbf{H}'^{\mathrm{T}}_{12}$ und $\mathbf{H}'_{22}=\mathbf{A}'_{22}+\mathbf{A}'_{21}\,\mathbf{H}'_{11}\,\mathbf{A}'_{12}=\mathbf{A}_{22}+\mathbf{A}_{21}\,\mathbf{H}'_{11}\,\mathbf{A}_{12}$ ergeben sich bei entsprechender Ausrechnung mit der Woodbury-Formel Elemente nach Gl. (13.115), so daß Gl. (13.115) für $i,j=1,2,\dots,n$ verwendet werden kann (Tabelle 13.5).

Der Fall 5a in Tabelle 13.5 geht aus dem Fall 4 dadurch hervor, daß man in Gl. (13.115) die Hybridelemente mit dem Index L gleich Null setzt. Die Fälle 5 können bei Lastflußberechnungen auftreten, wenn man Spannungen an mehreren Knotenpunkten vorgibt.

Tabelle A.8 zeigt den schrittweisen direkten Aufbau der Hybridmatrix für ein einfaches Netz.

Die Aussage der Woodbury-Formel (z.B. für Fall 4 in Tabelle 13.5) erkennt man in einfachen Fällen, wenn man das bei Schließen einer Masche zwischen zwei Stromknoten entstehende Dreieck in einen Stern umwandelt (Tabelle 13.1). Bei Annahme des Kurzschlusses in einem Knotenpunkt führt die Summe zweier Sternimpedanzen zu den Hauptdiagonal-Elementen und einzelne Sternimpedanzen zu den Nebendiagonal-Elementen der Impedanzmatrix.

14. Lastfluß im Drehstromnetz

14.1 Aufgabe

Von der Elektrizitätsversorgung wird gefordert, daß elektrische Energie sicher, kostengünstig und ausreichend bereitgestellt wird. Diese Forderung gilt für den Normalbetrieb des Netzes. Um sie erfüllen zu können, muß neben der ausreichenden Erzeugung genügend Übertragungskapazität vorhanden sein. Bei diesen Überlegungen ist selbstverständlich zu berücksichtigen, daß der Leistungsbedarf im Laufe der Jahre wächst, und daß deshalb ein Ausbau der Netze in Stufen notwendig wird, so daß weder Engpässe in der Versorgung z.B. durch Überlastung von Leitungsverbindungen oder Transformatoren entstehen noch unwirtschaftliche Investitionen vorgenommen werden. Zur Einhaltung dieser Forderungen sind Überlegungen zur Lastverteilung notwendig.

Im Drehstromübertragungs- und Verteilungsnetz treten bis etwa 10% der erzeugten Wirkleistung als Verluste auf. Der größte Teil davon entfällt auf das Verteilungsnetz. Durch entsprechende Maßnahmen bei der Auslegung und beim Betrieb des Netzes und auch der Kraftwerke muß im Rahmen der Gesamtwirtschaftlichkeit des Netzes ein Minimum der Verluste angestrebt werden. Als Voraussetzung von Verlustberechnungen sind Lastflußüberlegungen durchzuführen.

14.2 Lastfluß auf Leitungen

Bei Lastflußberechnungen auf einzelnen Leitungen mit einer oder mehreren Abnahmen, ebenso wie bei Lastflußberechnungen in vermaschten Netzen wird vorausgesetzt, daß das Netz symmetrisch gespeist und symmetrisch aufgebaut ist. Grundsätzlich kann das Drehstromnetz dann durch sein Mitsystem ersetzt werden. Eine zusätzliche Indizierung zur Kennzeichnung der Größen im Mitsystem kann teilweise entfallen. Ausnahmen werden getroffen für die Spannungen, die als ersten Index jeweils eine 1 für das Mitsystem erhalten ($U_1 = U/\sqrt{3}$). Die Leistungen werden als Drehstromleistungen angegeben.

14.2.1 Vorgabe der Belastung als Impedanz

Als einfachster Fall soll die Leistungsübertragung über eine kurze Drehstromleitung behandelt werden. Bei symmetrischer Drehstromlast wird das Netz nach Bild 14.1a durch das Mitsystem nach Bild 14.1b ersetzt. Die Kapazitäten der

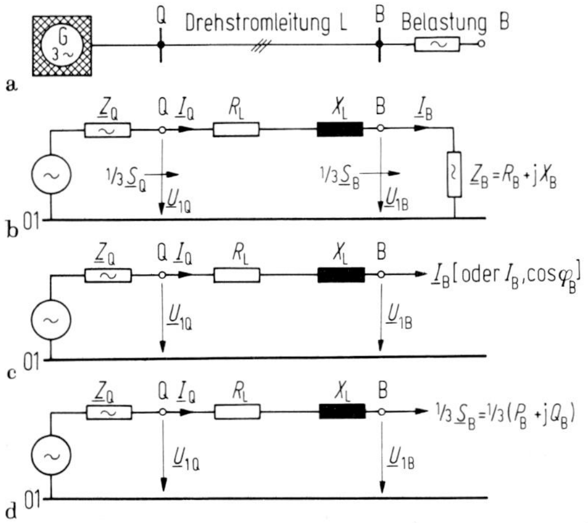

Bild 14.1. Leistungsübertragung über eine Drehstromleitung.
(**a**) Netzaufbau; (**b**) Ersatzschaltung im Mitsystem und konstante Belastungsimpedanz $\underline{Z}_B$; (**c**) Belastungsnachbildung durch konstanten Strom $\underline{I}_B$; (**d**) Belastungsnachbildung durch konstante Leistung $\underline{S}_B$

Leitung werden vernachlässigt. Es gelten folgende Beziehungen:

$$\underline{U}_{1B} = \underline{I}_B(R_B + jX_B) = \underline{I}_B\underline{Z}_B \tag{14.1}$$

$$\underline{U}_{1Q} = \underline{I}_Q(R_L + jX_L) + \underline{U}_{1B} = \underline{I}_Q\underline{Z}_L + \underline{U}_{1B} \tag{14.2}$$

$$\underline{I}_B = \underline{I}_Q \tag{14.3}$$

Hier soll vorausgesetzt werden, daß der Verbraucher als konstante Impedanz $\underline{Z}_B = R_B + jX_B$ nachgebildet werden kann. Diese Annahme bedeutet, daß die Verbraucherleistung sich dann abhängig von U_{1B}^2 ändert.

Mit den Gln. (14.1) bis (14.3) läßt sich das Zeigerdiagramm in Bild 14.2 konstruieren, wenn man $\underline{U}_{1B}$ in die reelle Achse der komplexen Zahlenebene legt und das Verbraucherzählpfeilsystem (Abschnitt 2.3.1) wählt.

Für die aus dem Netz am Anschlußpunkt Q gelieferte Drehstromscheinleistung $\underline{S}_Q$ und die Drehstromverbraucherleistung $\underline{S}_B$ gelten folgende Gleichungen:

$$\underline{S}_B = 3 \cdot \underline{U}_{1B}\underline{I}_B^* = 3 \cdot \underline{U}_{1B}I_B(\cos\varphi_B + j\sin\varphi_B) \tag{14.4}$$

$$\underline{S}_Q = 3 \cdot \underline{U}_{1Q}\underline{I}_Q^* = 3 \cdot \underline{U}_{1Q}I_Q(\cos\varphi_Q + j\sin\varphi_Q) \tag{14.5}$$

Ausgehend von den Gln. (14.1) bis (14.3) ermittelt man $\underline{I}_B$ und $\underline{U}_{1B}$

$$\underline{I}_B = \underline{U}_{1Q}\frac{1}{\underline{Z}_L + \underline{Z}_B} \tag{14.6}$$

$$\underline{U}_{1B} = \underline{U}_{1Q}\frac{\underline{Z}_B}{\underline{Z}_L + \underline{Z}_B} \tag{14.7}$$

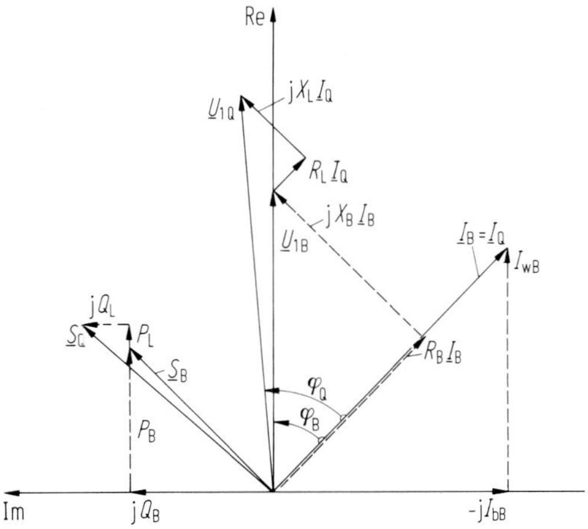

Bild 14.2. Zeigerdiagramm der Spannungen, Ströme und Leistungen für die Anordnung in Bild 14.1b

Will man $\underline{S}_B$ abhängig von $\underline{U}_{1B}$ ermitteln, so geht man günstig von der konjugiert komplexen Leistung $\underline{S}_B^*$ aus und erhält:

$$\underline{S}_B^* = 3 \cdot \underline{U}_{1B}^* \underline{I}_B = 3 \cdot \underline{U}_{1B}^* \frac{\underline{U}_{1Q}}{\underline{Z}_L + \underline{Z}_B} = 3 \frac{U_{1B}^2}{\underline{Z}_B} \tag{14.8}$$

Setzt man $\underline{Z}_B = R_B + \mathrm{j}\,X_B = Z_B\,(\cos\varphi_B + \mathrm{j}\sin\varphi_B)$ ein, so wird mit $\underline{Z}_B^*$ als konjugiert komplexer Wert von $\underline{Z}_B$:

$$\underline{S}_B = 3 \frac{U_{1B}^2}{\underline{Z}_B^*} = 3\,U_{1B}^2 \frac{1}{Z_B} (\cos\varphi_B + \mathrm{j}\sin\varphi_B) \tag{14.9}$$

Damit gilt für die Wirk- und Blindleistung:

$$P_B = 3\,U_{1B}^2 \frac{1}{Z_B} \cos\varphi_B = 3\,U_{1B}^2 \frac{R_B}{R_B^2 + X_B^2} = 3\,U_{1B}^2 \frac{R_B}{Z_B^2} \tag{14.10}$$

$$Q_B = 3\,U_{1B}^2 \frac{1}{Z_B} \sin\varphi_B = 3\,U_{1B}^2 \frac{X_B}{R_B^2 + X_B^2} = 3\,U_{1B}^2 \frac{X_B}{Z_B^2} \tag{14.11}$$

Die Differenz der Leistungen $\underline{S}_Q$ und $\underline{S}_B$ ist die von der Drehstromleitung aufgenommene Leistung $\underline{S}_L$, wobei dann der Realteil den Verlusten und der Imaginärteil dem Blindleistungsbedarf der Leitung entspricht:

$$\underline{S}_L = \underline{S}_Q - \underline{S}_B = 3(\underline{U}_{1Q} - \underline{U}_{1B})\,\underline{I}_Q^* \tag{14.12}$$

Führt man $\underline{U}_{1Q}$ nach Gl. (14.2) ein, so ergibt sich:

$$\underline{S}_L = 3(R_L + \mathrm{j}\,X_L)\,\underline{I}_Q \underline{I}_Q^* = 3\,R_L I_Q^2 + \mathrm{j}\,3\,X_L I_Q^2 = P_L + \mathrm{j}\,Q_L \tag{14.13}$$

P_L und j$\,Q_L$ sind in Bild 14.2 eingetragen.

Als Beispiel soll die Übertragung über eine 10-kV-Leitung behandelt werden mit folgenden Ausgangsdaten:

$U_Q = 10\,\text{kV}$; $\underline{U}_{1Q} = U_{1Q} = U_Q/\sqrt{3} = (5{,}774 + \text{j}\,0{,}0)\,\text{kV}$; Nennleistung der Belastung $\underline{S}_{nB} = P_{nB} + \text{j}Q_{nB} = (3+\text{j}2)\,\text{MVA}$ bei $U_{nB} = 10\,\text{kV}$; $\underline{Z}_L = R_L + \text{j}X_L = (1{,}2 + \text{j}\,1{,}6)\,\Omega$.

Ausgehend von Gl. (14.8) erhält man:

$$\underline{Z}_B = R_B + \text{j}\,X_B = \frac{3\,U_{1B}^2}{\underline{S}_B^*} = 3\,U_{1B}^2 \frac{P_B}{S_B^2} + \text{j}\,3\,U_{1B}^2 \frac{Q_B}{S_B^2} \tag{14.14}$$

und daraus mit $U_{1B} = U_{1nB} = U_{nB}/\sqrt{3}$ und $S_B = S_{nB}$: $R_B = 23{,}08\,\Omega$; $X_B = 15{,}39\,\Omega$ und $Z_B = 27{,}75\,\Omega$.

Mit den Gln. (14.7), (14.10) und (14.11) ergibt sich dann:

$U_{1B} = 5{,}41\,\text{kV}$ ($U_B = U_{1B}\sqrt{3} = 9{,}37\,\text{kV}$); $P_B = 2{,}64\,\text{MW}$; $Q_B = 1{,}76\,\text{Mvar}$; $S_B = 3{,}18\,\text{MVA}$.

Die tatsächlich aufgenommene Leistung S_B ist also kleiner als S_{nB}. Es gilt $S_B = S_{nB}(U_B/U_{nB})^2$.

14.2.2 Belastungsnachbildung durch konstanten Strom

Im einfachsten Fall wird wieder ein Netz nach Bild 14.1a vorausgesetzt. Am Anschlußpunkt der Belastung wird ein Strom nach Größe und Richtung vorgegeben oder der Absolutbetrag des Stromes und der Leistungsfaktor $\cos\varphi_B$, wobei φ_B der Winkel zwischen $\underline{I}_B$ und $\underline{U}_{1B}$ ist. Bei diesen Voraussetzungen kann man ausgehend von Gl. (14.2) die Spannung $\underline{U}_{1B}$ wie folgt berechnen.

$$\underline{U}_{1B} = \underline{U}_{1Q} - \underline{I}_B(R_L + \text{j}\,X_L) \tag{14.15}$$

Wenn I_B und $\cos\varphi_B$ vorgegeben werden, so findet man

$$\underline{U}_{1B} = \underline{U}_{1Q} - I_B(\cos\varphi_B - \text{j}\sin\varphi_B)(R_L + \text{j}\,X_L) \tag{14.16}$$

Sind P_B und Q_B bekannt und soll daraus $\underline{I}_B$ bestimmt werden, ohne daß $\underline{U}_{1B}$ vorgegeben ist, so gilt in grober Näherung mit U_{nB} anstelle von U_B:

$$\underline{U}_{1B} \approx \underline{U}_{1Q} - \left(\frac{P_B}{\sqrt{3}\,U_{nB}} - \text{j}\frac{Q_B}{\sqrt{3}\,U_{nB}}\right) \cdot (R_L + \text{j}\,X_L) \tag{14.17}$$

Die vorstehende Berechnungsgleichung kann lediglich als Näherungsgleichung gelten für die linearisierte Lastflußaufgabe. Im Abschnitt 14.2.3 wird gezeigt, wie bei vorgegebener Abnahmeleistung der Lastfluß durch einen Iterationsprozeß gelöst werden kann.

Wird auch hier wieder das Beispiel des Abschnittes 14.2.1 behandelt, so gilt: $\underline{S}_B = \underline{S}_{nB} = P_{nB} + \text{j}\,Q_{nB} = (3+\text{j}\,2)\,\text{MVA}$ bei $U_{nB} = 10\,\text{kV}$. Für den Strom $\underline{I}_B$ bestimmt man daraus:

$$\underline{I}_B = \frac{P_{nB}}{\sqrt{3}\,U_{nB}} - j\frac{Q_{nB}}{\sqrt{3}\,U_{nB}} = (0{,}173 - j\,0{,}115)\,\text{kA}$$

Setzt man $\underline{I}_B$ in Gl. (14.15) ein und wählt man wieder

$$\underline{U}_{1Q} = (5{,}774 + j\,0{,}0)\,\text{kV} \quad \text{und} \quad \underline{Z}_L = (1{,}2 + j\,1{,}6)\,\Omega,$$

so ergibt sich

$$\underline{U}_{1B} = (5{,}382 - j\,0{,}139)\,\text{kV und } U_{1B} = 5{,}384\,\text{kV } (U_B = U_{1B}\sqrt{3} \approx 9{,}32\,\text{kV}),$$
$$\underline{S}_B = 3\,\underline{U}_{1B}\underline{I}_B^* = (2{,}84 + j\,1{,}79)\,\text{MVA}, \; (S_B = 3{,}36\,\text{MVA}).$$

Vereinfacht man noch weiter und führt eine reelle Berechnung durch, wie z.B. auf einem Gleichstromnetzmodell, so wird man aus der Scheinleistung S_B einen Scheinstrom I_B ermitteln und die Leitungsimpedanz $Z_L = \sqrt{R_L^2 + X_L^2}$ benutzen. Es gelten dann folgende Beziehungen:

$$I_B = \frac{S_B}{\sqrt{3}\,U_{nB}} \tag{14.18}$$

$$U_{1B} = U_{1Q} - Z_L I_B \tag{14.19}$$

Für das vorliegende Beispiel mit $S_B = S_{nB} = 3{,}61$ MVA, $U_{1Q} = 10\,\text{kV}/\sqrt{3}$ und $U_{nB} = 10$ kV findet man für diese Näherung:

$$I_B = 0{,}208\,\text{kA};\; U_{1B} = (5{,}774 - 0{,}416)\,\text{kV} = 5{,}358\,\text{kV } (U_B = U_{1B}\sqrt{3} = 9{,}28\,\text{kV});$$
$$S_B = 3\,U_{1B} I_B = 3{,}34\,\text{MVA}.$$

14.2.3 Vorgabe konstanter Abnahmeleistungen

Gibt man, wie bei Lastflußberechnungen in Hochspannungsnetzen heute meist üblich, die Belastung nicht als konstante Impedanz oder als konstanten Strom vor, sondern in der Form konstanter abgegebener Wirk- und Blindleistungen P_B und Q_B, so gilt Bild 14.1d. Die Lastflußberechnung wird dann von einem linearen zu einem quadratischen Problem, das mit Hilfe einer geeigneten Iterationsrechnung zu lösen ist.

Benutzt man die Hybriddarstellung des Vierpols der Übertragungsleitung, so gilt für die Ersatzschaltung und die Zählpfeile nach Bild 14.1d:

$$\begin{pmatrix} \underline{U}_{1Q} \\ \underline{I}_B \end{pmatrix} = \begin{pmatrix} R_L + j\,X_L & 1 \\ 1 & 0 \end{pmatrix} \begin{pmatrix} \underline{I}_Q \\ \underline{U}_{1B} \end{pmatrix} \tag{14.20}$$

Für den Iterationsprozeß ergeben sich dann folgende Gleichungen, wenn man $\underline{I}_B = \underline{I}_Q$ und $\underline{S}_B^* = 3\,\underline{U}_{1B}^*\underline{I}_B$ nach Gl. (14.8) berücksichtigt:

$$\underline{U}_{1B\nu} = \underline{U}_{1Q} - (R_L + j\,X_L)\,\underline{I}_{B\nu} \tag{14.21}$$

$$\underline{I}_{B\nu} = \frac{\underline{S}_B^*}{3\,\underline{U}_{1B(\nu-1)}^*} \tag{14.22}$$

Der Index ν wird für die einzelnen Iterationsschritte gewählt. Im vorliegenden Fall kann man zur Vereinfachung außerdem $\underline{U}_{1Q} = U_{1Q}$ setzen.

Für die erste Näherung $\nu = 1$ der Iteration setzt man als Anfangswert $\underline{U}^*_{1B(\nu-1)} = U_{1Q}$ in Gl. (14.22) ein, um dann mit $\underline{I}_B = \underline{I}_{B1}$ aus Gl. (14.21) den neuen Wert $\underline{U}_{1B\nu} = \underline{U}_{1B1}$ zu berechnen. Beim zweiten Schritt setzt man $\underline{U}_{1B1}$ in Gl. (14.22) ein, um dann (für $\nu = 2$) $\underline{I}_{B2}$ und $\underline{U}_{1B2}$ zu bestimmen usw. Die beiden zusammengehörigen Größen $\underline{I}_{B\nu}$ und $\underline{U}_{1B\nu}$ (mit gleichen Indizes $\nu = 1, 2 \ldots, n$) erfüllen Gl. (14.21) bei jedem Iterationsschritt. Zur Prüfung, wann eine ausreichende Näherung gefunden wurde, berechnet man

$$\underline{S}_{B\nu} = 3\underline{U}_{1B\nu}\underline{I}^*_{B\nu} = P_{B\nu} + \mathrm{j}\,Q_{B\nu} \tag{14.23}$$

und vergleicht mit $\underline{S}_B = P_B + \mathrm{j}\,Q_B$. Dazu kann man z.B. die Abweichungen in der Wirk- und Blindleistung einzeln feststellen:

$$\left|\frac{P_{B\nu} - P_B}{P_B}\right| \leqq \varepsilon_P? \qquad \left|\frac{Q_{B\nu} - Q_B}{Q_B}\right| \leqq \varepsilon_Q? \tag{14.24}$$

Bei einem solchen Vorgehen erreicht man, daß mit zusammengehörenden Werten $\underline{U}_{1B\nu}$ und $\underline{I}_{B\nu}$ sowohl Gl. (14.21) erfüllt wird als auch $\underline{S}_{B\nu}$ genügend genau mit $\underline{S}_B$ übereinstimmt.

Auch hier soll wieder wie in den Abschnitten 14.2.1 und 14.2.2 der folgende einfache Fall behandelt werden:

$$U_Q = 10\,\mathrm{kV}; \qquad \underline{U}_{1Q} = U_{1Q} = (5{,}7735 + \mathrm{j}\,0{,}0)\,\mathrm{kV};$$

$$\underline{S}_B = P_B + \mathrm{j}\,Q_B = (3 + \mathrm{j}\,2)\,\mathrm{MVA}; \qquad \underline{Z}_L = R_L + \mathrm{j}\,X_L = (1{,}2 + \mathrm{j}\,1{,}6)\,\Omega.$$

Tabelle 14.1 enthält die Iterationsrechnung.

Tabelle 14.1 und Bild 14.3 zeigen, daß schon nach dem ersten Iterationsschritt ($\nu = 1$) eine Annäherung des Betrags $S_{B(\nu=1)}$ an S_B bis auf 93% erfolgt, während der zweite Iterationsschritt eine Annäherung auf 99,4% bringt. Weitere Iterationsschritte kann man zweckmäßig nur noch mit Rechenhilfsmitteln, die höhere Genauigkeit zulassen, durchführen. Bei Lastflußberechnungen für Netze

Tabelle 14.1. Iterationsrechnung bei einer Lastflußermittlung mit vorgegebener konstanter Abnahmeleistung $\underline{S}_B$ (einfaches Beispiel nach Bild 14.1)

Gl.	(14.21)	(14.22)	(14.23)	–
Iterationsschritt	$\underline{U}_{1B\nu}$ kV	$\underline{I}_{B\nu}$ kA	$\underline{S}_{B\nu}$ MVA	$S_{B\nu}/S_B$ –
$\nu-1=0$	$\underline{U}_{1Q} = 5{,}7735 + \mathrm{j}0{,}0$	–	–	–
$\nu=1$	5,3809 − j0,1385	0,1732 − j0,1155	2,8439 + j1,7925	0,9323
$\nu=2$	5,3487 − j0,1377	0,1825 − j0,1286	2,9815 + j1,9881	0,9939
$\nu=3$	5,3461 − j0,1385	0,1836 − j0,1294	2,9984 + j1,9991	0,9995
$\nu=4$	5,3459 − j0,1385	0,1837 − j0,1295	2,9999 + j2,0006	1,0001

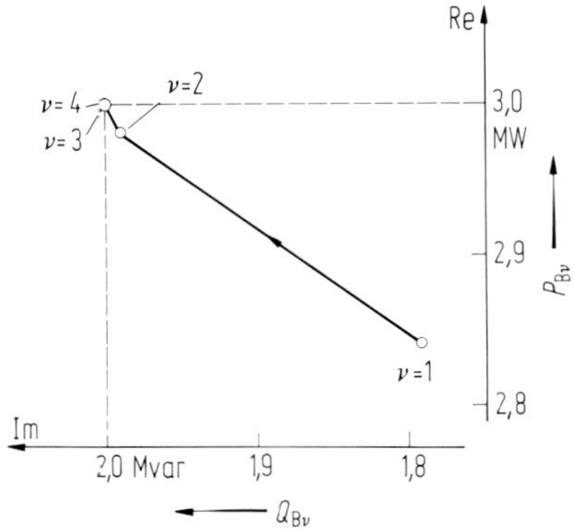

Bild 14.3. Annäherung der komplexen Leistung $\underline{S}_{B\nu} = P_{B\nu} + jQ_{B\nu}$ an die vorgegebene Leistung $\underline{S}_B = (3 + j2)$ MVA für das Beispiel nach Bild 14.1d und Tabelle 14.1

mit mehreren Knotenpunkten verwendet man heute entsprechende Digitalprogramme (Abschnitt 14.3.2).

14.2.4 Vorgabe der Abnahmeleistungen in Funktion der Spannung

Die bei Lastflußberechnungen an den einzelnen Knotenpunkten auftretenden Belastungen setzen sich meist aus einer Vielzahl von Einzelverbrauchern zusammen, z.B. aus Motoren, Beleuchtungseinrichtungen, Klimageräten, Haushaltgeräten, elektrochemische Verbraucher, Elektroöfen u.a. Die aufgenommenen Wirk- und Blindleistungen dieser Einzelverbraucher sind in unterschiedlicher Weise von der Spannung am Anschlußpunkt abhängig und damit auch von der Spannung der einzelnen Knoten des Netzes, selbst wenn die Verbraucher nicht unmittelbar dort angeschlossen sind, sondern über Transformatoren und Leitungsverbindungen an einer unterlagerten Spannungsebene.

Im Spannungsbereich von etwa 90 bis 110% der Nennspannung U_n ist z.B. die von Asynchronmotoren aufgenommene Wirkleistung nahezu konstant, während sich die Wirkleistung von Glühlampen etwa mit der 1,5-ten Potenz der Spannung ändert. Bei Elektrowärmegeräten ändert sich die Wirkleistung etwa mit der 2ten Potenz der Spannung. Der mögliche Einfluß von Frequenzänderungen auf die aufgenommene Leistung kann vernachlässigt werden, da im Normalbetrieb des Netzes und bei lokalen Störungen bzw. Ausfällen nur sehr geringe Abweichungen der Frequenz von der Nennfrequenz beobachtet werden.

Nach [14.14, 14.16] kann die Spannungsabhängigkeit der Lasten in dem bei Lastflußberechnungen interessierenden Bereich zwischen 80 und 120% der Nennspannung durch folgende Gleichungen nachgebildet werden:

$$P = P_n \cdot \left(\frac{U}{U_n}\right)^p \tag{14.25}$$

$$Q = Q_n \cdot \left(\frac{U}{U_n}\right)^q \tag{14.26}$$

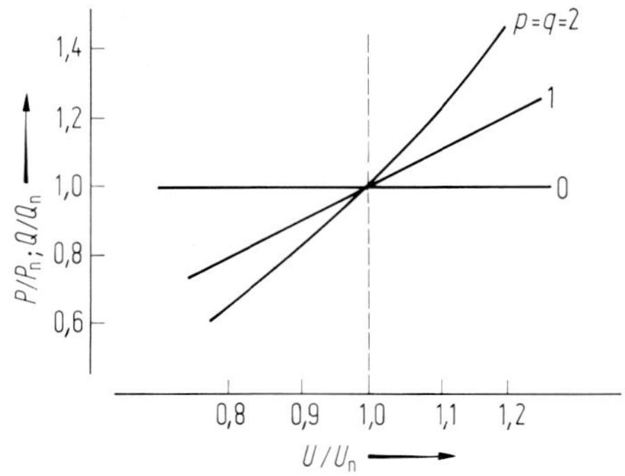

Bild 14.4. Verbraucherkennlinien abhängig von der Spannung für verschiedene Exponenten p und q nach Gl. (14.25) und (14.26).
$p=q=0$: konstante Leistungsabnahme;
$p=g=1$: konstante Stromabnahme;
$p=q=2$: konstante Belastungsimpedanz

Dabei kennzeichnet der Index n die Größen bei Nennbetrieb. Die Exponenten p und q sind die Spannungsexponenten für die Wirk- und Blindleistung. Je nach der Wahl der Exponenten p und q kann man nun erreichen, daß die Belastungen entweder als konstante Leistungen wirken oder daß konstante Stromabnahme vorgegeben wird, oder daß die Belastungen durch eine konstante Impedanz nachgebildet werden. Es gilt:

$p=q=0$: Lasten als konstante Leistung ($S=\text{const.}$)
$p=q=1$: Lasten nachgebildet durch konstanten Strom ($I=\text{const.}$)
$p=q=2$: Lasten als konstante Impedanzen ($Z=\text{const.}$)

Bild 14.4 enthält P/P_n und Q/Q_n abhängig von der bezogenen Spannung U/U_n für die Exponenten p und q.

Bei Messungen im Netz kann man Leistungsänderungen ΔP und ΔQ den gemessenen Spannungsänderungen ΔU zuordnen. Damit ergibt sich dann:

$$P=P_n+\Delta P, \qquad Q=Q_n+\Delta Q \quad \text{und} \quad U=U_n+\Delta U \tag{14.27}$$

Setzt man die Beziehungen nach Gl. (14.27) in die Gl. (14.25) und (14.26) ein und löst nach p und q auf, so ergibt sich näherungsweise für kleine Spannungsänderungen:

$$p \approx \frac{\Delta P/P_n}{\Delta U/U_n} = \frac{\Delta P\ \%}{\Delta U\ \%} \tag{14.28}$$

$$q \approx \frac{\Delta Q/Q_n}{\Delta U/U_n} = \frac{\Delta Q\ \%}{\Delta U\ \%} \tag{14.29}$$

Ergebnisse von Messungen in Netzen sind in [14.16] zusammengestellt.

Für die praktische Anwendung wird man bei Berücksichtigung der Verbrauchercharakteristik Mittelwerte der Exponenten auswählen müssen, um diese dann für alle Lasten eines Netzes gleichermaßen anzuwenden. In [14.16] wird ausgehend von Netzuntersuchungen deshalb vorgeschlagen, für die Spannungsexponenten $p=1$ und $q=2$ zu wählen.

Maßgeblich für die Auswahl von Lastexponenten ist neben der Zusammensetzung der Last auch der Spannungsbereich (Spannungsband), der im Normalbetrieb oder im Fehlerfalle auftritt. Bei schmalem Spannungsband kann man die Verbraucher entweder durch konstante Leistungs- oder Stromabnahme nachbilden oder z.B. durch Exponenten $p=1$, $q=2$ [14.16]. Bei Fehlerberechnungen im Netz dagegen mit einem breiten Spannungsband kann man die Belastungen nicht durch konstante Leistungsabnahmen nachbilden. Hier wählt man die Nachbildung durch konstante spannungsunabhängige Belastungsimpedanzen. Bei der Kurzschlußstromberechnung in Drehstromnetzen werden nichtmotorische Verbraucher meist vernachlässigt (Kapitel 15).

14.3 Lastfluß in vermaschten Netzen

14.3.1 Vermaschungsgrad

Netze der elektrischen Energieversorgung sind nur schwach vermascht. Man unterscheidet unvermaschte und vermaschte Netzteile. Liegen zwischen den Knotenpunkten eines Netzes (Sammelschienen) nur Einfachleitungen oder faßt man Doppel- und Mehrfachleitungen zu einer Ersatzleitung zwischen je zwei Knotenpunkten zusammen, so läßt sich der Vermaschungsgrad v aus der Anzahl der Leitungen L und der Anzahl der Knotenpunkte K wie folgt bestimmen:

$$v=\frac{L}{K-1} \tag{14.30}$$

Bild 14.5 zeigt einige Netzteile mit der Angabe ihres Vermaschungsgrads.

Bei einem vollständig vermaschten Netz, in dem jeder Knotenpunkt mit jedem anderen über Leitungen verbunden ist würde eine maximale Zahl von Leitungen vorhanden sein mit $L_m = K(K-1)/2$ und demzufolge nach Gl. (14.30) ein maximaler Vermaschungsgrad $v_m = K/2$. Dieser hohe Vermaschungsgrad wird in der Praxis keinesfalls erreicht. Die tatsächlich auftretenden Vermaschungsgrade liegen zwischen 1 und 2, meist jedoch unter 1,5 (Bild 14.5). Diese Tatsache wird von neueren Digitalprogrammen zur Lastfluß- und Kurzschlußstromberechnung in Netzen berücksichtigt.

Einseitig einfach gespeiste Netze mit einem Vermaschungsgrad $v=1$ bieten bei der Lastfluß- und Kurzschlußstromberechnung die geringsten Schwierigkeiten. Bei mehrseitig gespeisten Netzen mit dem Vermaschungsgrad $v=1$ (z.B. Bild 14.5b) ist der Berechnungsaufwand schon größer, bedingt durch unterschiedliche Einspeisespannungen. Bei der Kurzschlußstromberechnung wählt man eine Ersatzspannungsquelle an der Fehlerstelle (Kapitel 15) um dadurch den Berechnungsaufwand in Grenzen zu halten. Bei mehrfach gespeisten Netzen mit einem Vermaschungsgrad $v>1$ ist der Berechnungsaufwand groß. In vielen Fällen kann man eine Lösung nur mit Hilfe von Digitalprogrammen oder analogen Netzmodellen erreichen.

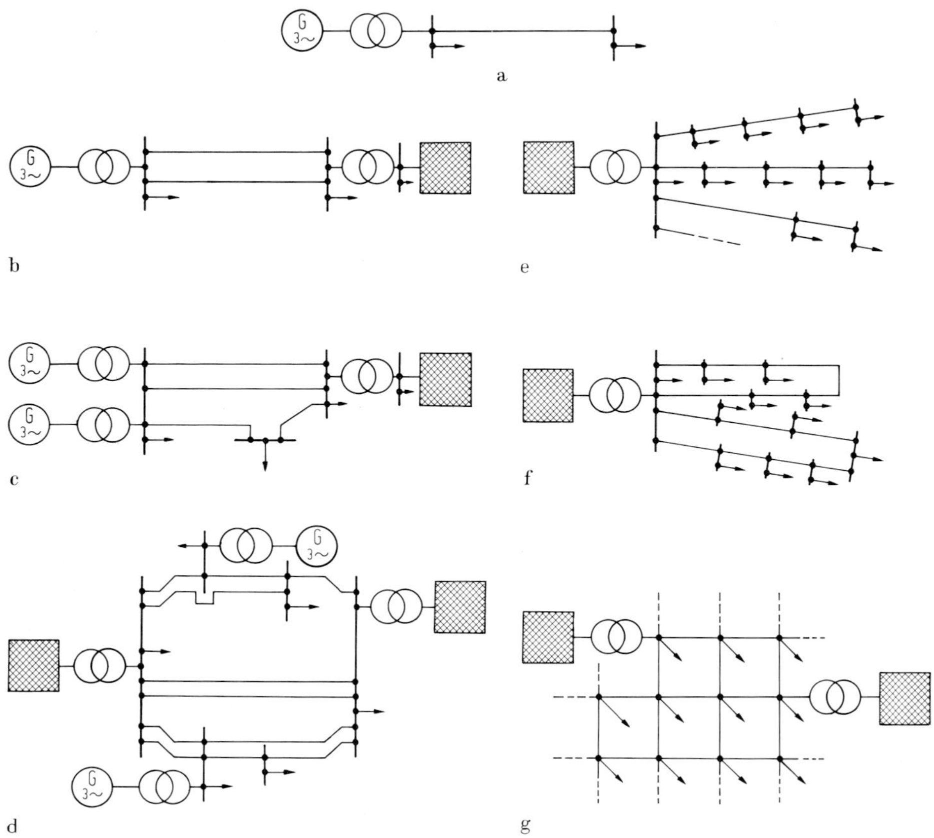

Bild 14.5. Netzteile mit unterschiedlichem Vermaschungsgrad.

(**a**) Stichleitung einseitig gespeist:	$L=1$;	$K=2$;	$v=1$
(**b**) Leitung zweiseitig gespeist:	$L=2$;	$K=3$;	$v=1$
(**c**) Schwach vermaschtes Netz:	$L=4$;	$K=4$;	$v=1{,}33$
(**d**) Stark vermaschtes Netz:	$L=9$;	$K=6$;	$v=1{,}8$
(**e**) Stichleitungsnetz (Mittelsp.):	$L=\mathrm{N}$;	$K=N+1$;	$v=1$
(**f**) Ringleitungsnetz (Mittelsp.):	$L=\mathrm{N}$;	$K=N+2$;	$v=\mathrm{N}/(\mathrm{N}+1)$
(**g**) Maschennetz (Niederspannung):	$L=\mathrm{N}$;	$K\geqq(2L/3)+1$;	$v\leqq 1{,}5$

14.3.2 Methoden der Lastflußberechnung – Einführung

Neben den Netzknotenpunkten, an denen Belastungen angeschlossen sind (Verbraucherknoten) unterscheidet man bei Netzberechnungen die Einspeiseknoten, an denen z.B. vorgegebene Wirk- und Blindleistungen eingespeist werden (Kraftwerksleistungen) und die Spannungsknoten, an denen die Spannungen bekannt sind oder vorgegeben werden (bei Lastflußberechnungen muß mindestens ein Spannungsknoten vorhanden sein). Diesen einen Knoten bezeichnet man auch als Knoten der Bezugsspannung oder als Knoten, an dem der „Slack-Generator" angeschlossen ist (Knoten an dem P und Q sich so einstellen, daß im ganzen Netz ein Gleichgewicht besteht zwischen den eingespeisten Leistungen und den

Tabelle 14.2. Einteilung der Knotenpunkte bei Lastflußberechnungen sowie Angabe der vorgegebenen und gesuchten Größen (Auswahl der meist verwendeten Knotenarten)

Bezeichnung der Knoten	Größen		Bemerkungen
	gegeben	gesucht	
Slack-Knoten	U, φ_u	P, Q	Bezugsknoten z.B. $\underline{U}_1 = U_1(1+j0)$
Einspeise-knoten	P, Q U, P	U, φ_u φ_u, Q	wahlweise möglich für Kraftwerks- oder Netzeinspeisungen
Verbraucher-knoten	P, Q I, φ_i R, X $P/P_n = (U/U_n)^p$ $Q/Q_n = (U/U_n)^q$	U, φ_u U, φ_u U, φ_u U, φ_u	Verbraucher mit konstanter Leistung Verbrauch mit konstantem Strom Verbrauch mit konstanter Impedanz Nachbildung der Verbraucher nach den Gln. (14.25) und (14.26)

Leistungsabnahmen der Verbraucher einschließlich der Netzverluste und des Blindleistungsbedarfs oder der Blindleistungsabgabe der Leitungen, Transformatoren, Drosseln und Kondensatoren). In Tabelle 14.2 ist die Einteilung der Knotenpunkte zusammengestellt.

Neben den Knotenarten der Tabelle 14.2 sind auch Knotenpunkte mit konstanten Leistungen P, Q und Spannungshaltung U möglich. Gesucht ist dann nur φ_u. Im Extremfall kann man an einzelnen Knoten auch P, Q, U, φ_u vorgeben. In den meisten Fällen jedoch werden zwei Größen vorgegeben und die beiden anderen gesucht (Tabelle 14.2).

Nur dann, wenn für alle Knotenpunkte im Netz I und φ_i vorgegeben werden, also für alle Einspeise- und Verbraucherknoten, ist eine Lastflußberechnung ohne Iteration möglich. In allen anderen Fällen muß zur Lastflußberechnung ein Iterationsprozeß herangezogen werden zur Lösung des nichtlinearen Gleichungssystems (die Leistungen sind quadratisch von der Spannung abhängig).

Zur Lösung geht man so vor, daß man das Gleichungssystem des Netzes linearisiert, um sich dann schrittweise in einem Iterationsprozeß an die Lösung des nichtlinearen Systems heranzuarbeiten. (Ein einfaches Beispiel eines Iterationsprozesses wurde bereits im Abschnitt 14.2.3 behandelt.)

In den vergangenen Jahren wurde eine Vielzahl von Verfahren zur Lastflußberechnung entwickelt (reelle oder komplexe Lastflußberechnung). Die Unterscheidungsmerkmale sind dabei zum Teil mathematischer Natur, zum Teil dadurch bedingt, daß man von den Maschengleichungen oder den Knotenpunktgleichungen ausgeht, und zum Teil dadurch, daß man den geringen Vermaschungsgrad ausnutzt und topologisch gesteuerte Verfahren anwendet. Weiterhin sind Einflüsse aus der Größe der Netze (Anzahl der Leitungen und Knoten) erkennbar, die zur hohen Speicherplatzausnutzung der Digitalrechner zwingen. Sehr große Netze spaltet man zur Berechnung u.U. in einzelne Teilnetze auf (Diakoptics-Verfahren) [14.12, 14.15].

Neben dem Maschenverfahren und den Funktionalmatrixverfahren hat das Knotenpunktverfahren (Ausgangspunkt sind die Knotenpunktadmittanzgleichungen eines Netzes (Abschnitt 13.5.1)) besondere Bedeutung bei digitalen

Netzberechnungen erlangt. Das lineare Gleichungssystem der Admittanzgleichungen für die Knotenpunkte des Netzes findet man ausgehend von den Netzdaten ohne besondere Berechnung (Abschnitt 13.5.1). Dieses lineare Gleichungssystem kann nun entweder direkt oder durch Iteration (man spricht dann vom inneren Iterationszyklus) gelöst werden. Zur direkten Lösung stehen z.B. die Matrixinversion, das Gaußsche Eliminationsverfahren (auch topologisch gesteuert) oder der direkte Aufbau der Impedanz- bzw. Hybridmatrix (Abschnitt 13.5.3) zur Verfügung. Zur iterativen Lösung benutzt man z.B. das Gesamtschritt- oder das Einzelschrittverfahren.

Am Anfang der Entwicklung von Digitalprogrammen wurden iterative Lösungen der Admittanzgleichunngen angewendet. Dabei ergab sich meist eine große Zahl von Iterationsschritten, insbesondere dann, wenn die Elemente der Hauptdiagonalen nicht oder nur wenig größer waren als die Nebendiagonalelemente. Teilweise wurden besondere Hilfen zur Konvergenzbeschleunigung eingeführt. In neuerer Zeit werden in zunehmendem Maße direkte Verfahren angewendet. Bei den direkten Verfahren ergibt sich der Vorteil, daß nach der Ermittlung der Impedanz- bzw. Hybridmatrix nur noch wenige Schritte für die äußere Iteration notwendig sind. Konvergenzschwierigkeiten sind selten. Wendet man das Gaußsche Eliminationsverfahren an, um die Inverse der Knotenpunktadmittanzmatrix zu bestimmen, so steigen die Rechenzeiten etwa mit der dritten Potenz der Zahl der Knotenpunkte. Verfahren mit Nullerkennung und topologischer Steuerung werden deshalb bei großen Netzen zwingend [13.12].

Bild 14.6 zeigt als einfaches Beispiel ein Flußbild (Strukturbild) für ein Digitalprogramm zur Lastflußberechnung. Bei Netzberechnungsprogrammen wird in steigendem Maße Wert auf Kontrollmöglichkeiten (Eingabedaten werden vollständig wieder ausgegeben) und eine benutzerorientierte Dateneingabe und Ergebnisausgabe gelegt. Vielfältige Abweichungen und Ergänzungen zu dem gezeigten Grundschema des Bildes 14.6 sind möglich.

Für die Knotenpunktleistungen sind eindeutige Vorzeichenfestlegungen notwendig. Eingespeiste Wirk- und induktive Blindleistungen werden z.B. positiv gezählt, während die eingespeiste kapazitive Blindleistung dann ein negatives Vorzeichen erhält. Für die abgegebenen Leistungen sind dann jeweils die entgegengesetzten Vorzeichen festzulegen.

14.3.3 Iterative Lösung der Knotenpunktadmittanzgleichungen

Die Knotenpunktadmittanzmatrix **A** kann man direkt aus den Netzdaten des Mitsystems ermitteln (Abschnitt 13.5.1).

$$\mathbf{I} = \mathbf{A}\,\mathbf{U} \tag{14.31}$$

Die Elemente der Admittanzmatrix ergeben sich nach den Gln. (13.82) und (13.83) direkt aus den Admittanzen $\underline{Y}_{ij}$ des Netzes. Durch Weglassen nicht interessierender Gleichungen wird Gl. (14.31) inhomogen und lösbar. Der Spaltenvektor **I** ist entweder gegeben oder während eines äußeren Iterationsprozesses (Bild 14.6) für den jeweiligen Iterationsschritt bekannt. Gesucht wird der Spaltenvektor **U** der Knotenpunktspannungen. Angewendet werden kann ein

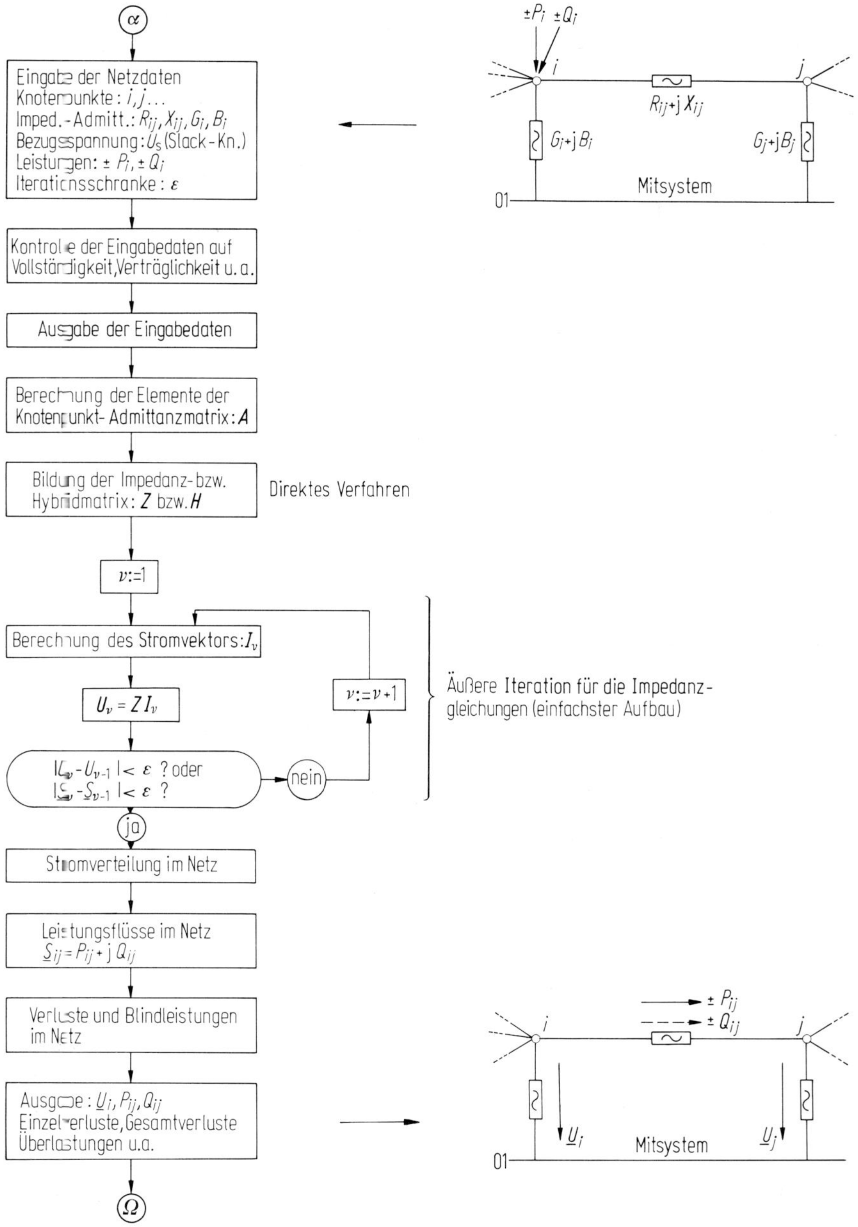

Bild 14.6. Aufbau des Flußbildes für ein Digitalprogramm zur Lastflußberechnung (einfaches Beispiel). Aufbau von **Z** oder **H** durch ein direktes Verfahren

Einzelschrittverfahren (Gauß-Seidel) oder ein Gesamtschrittverfahren. Die durchzuführende Iteration wird u.U. in einer innerhalb der Schleife des äußeren Iterationsprozesses liegenden Schleife durchgeführt (Bild 14.6) und deshalb auch innere Iteration genannt.

Betrachtet werden soll das Einzelschrittverfahren, das zu einer geringeren Schrittzahl führt als das Gesamtschrittverfahren. Die Spannung des $(v+1)$-ten Schrittes am Knotenpunkt i des Netzes ergibt sich aus der Matrizengleichung (14.31) für den Zustand, in dem der $(v+1)$-te Iterationsschritt bereits für die Knotenpunkte $j=1,\ldots,i-1$ durchgeführt wurde:

$$\begin{bmatrix} \underline{I}_1^{(v+1)} \\ \underline{I}_2^{(v+1)} \\ \vdots \\ \underline{I}_j^{(v+1)} \\ \vdots \\ \underline{I}_i^{(v)} \\ \vdots \\ \underline{I}_k^{(v)} \\ \vdots \\ \underline{I}_n^{(v)} \end{bmatrix} = \begin{bmatrix} \underline{a}_{11} & \underline{a}_{12}\cdots\underline{a}_{1j}\cdots\underline{a}_{1i}\cdots\underline{a}_{1k}\cdots\underline{a}_{1n} \\ \underline{a}_{21} & \underline{a}_{22}\cdots\underline{a}_{2j}\cdots\underline{a}_{2i}\cdots\underline{a}_{2k}\cdots\underline{a}_{2n} \\ \vdots & \\ \underline{a}_{j1} & \underline{a}_{j2}\cdots\underline{a}_{jj}\cdots\underline{a}_{ji}\cdots\underline{a}_{jk}\cdots\underline{a}_{jn} \\ \vdots & \\ \underline{a}_{i1} & \underline{a}_{i2}\cdots\underline{a}_{ij}\cdots\underline{a}_{ii}\cdots\underline{a}_{ik}\cdots\underline{a}_{in} \\ \vdots & \\ \underline{a}_{k1} & \underline{a}_{k2}\cdots\underline{a}_{kj}\cdots\underline{a}_{ki}\cdots\underline{a}_{kk}\cdots\underline{a}_{kn} \\ \vdots & \\ \underline{a}_{n1} & \underline{a}_{nz}\cdots\underline{a}_{nj}\cdots\underline{a}_{ni}\cdots\underline{a}_{nk}\cdots\underline{a}_{nn} \end{bmatrix} \begin{bmatrix} \underline{U}_1^{(v+1)} \\ \underline{U}_2^{(v+1)} \\ \vdots \\ \underline{U}_j^{(v+1)} \\ \vdots \\ \underline{U}_i^{(v)} \\ \vdots \\ \underline{U}_k^{(v)} \\ \vdots \\ \underline{U}_n^{(v)} \end{bmatrix} \tag{14.32}$$

Aus der i-ten Zeile der Gl. (14.32) findet man, wenn j der laufende Index für die bereits behandelten Knotenpunkte (hochgestellter Index $v+1$) und k der Index für die Knotenpunkte mit dem Stand der vorangegangenen Iteration (hochgestellter Index v) ist.

$$\underline{U}_i^{(v+1)} = \frac{1}{\underline{a}_{ii}} \left[\underline{I}_i^{(v)} - \sum_{j=1}^{i-1} \cdot \underline{a}_{ij} \underline{U}_j^{(v+1)} - \sum_{k=i+1}^{n} \underline{a}_{ik} \underline{U}_k^{(v)} \right] \tag{14.33}$$

Beim Gesamtschrittverfahren werden die Korrekturen jeweils nur am Ende eines Schrittes durchgeführt. Gl. (14.33) vereinfacht sich dadurch, so daß für das Gesamtschrittverfahren gilt:

$$\underline{U}_i^{(v+1)} = \frac{1}{\underline{a}_{ii}} \left[\underline{I}_i^{(v)} - \sum_{\substack{j=1 \\ j\neq i}}^{n} \underline{a}_{ij} \underline{U}_j^{(v)} \right] \tag{14.34}$$

Die numerische Durchführung des Einzelschrittverfahrens soll an dem folgenden einfachen Beispiel gezeigt werden. Die Berechnung wird mit reellen Zahlen durchgeführt.

$$\begin{aligned} 4 &= -2{,}2\,U_1 + 2\,U_2 \\ 8 &= -2\,U_1 - 4\,U_2 + 6\,U_3 \\ 2 &= 6\,U_2 - 7\,U_3 \end{aligned} \tag{14.35}$$

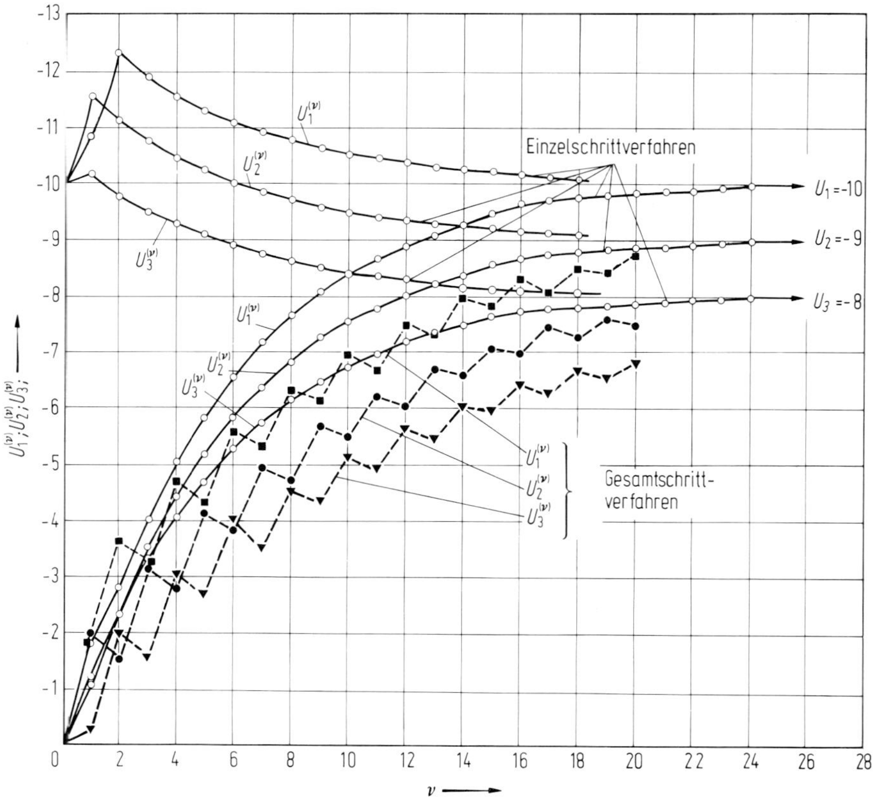

Bild 14.7. Iterationsrechnung ausgehend von den Admittanzgleichungen mit dem Einzelschrittverfahren (Gauß-Seidel) für das Zahlenbeispiel nach Gl. (14.35). Anfangswerte für $\nu=0$ einmal $U=0$ und zum anderen $U=-10$. Zum Vergleich Anfangsverlauf der Spannungen beim Gesamtschrittverfahren nach Gl. (14.34)

Aus den Gln. (14.35) ergibt sich:

$$U_1=\frac{-4+2\,U_2}{2{,}2}=-1{,}818+0{,}909\,U_2$$

$$U_2=\frac{-8-2\,U_1+6\,U_3}{4}=-2{,}0-0{,}5\,U_1+1{,}5\,U_3 \tag{14.36}$$

$$U_3=\frac{-2+6\,U_2}{7}=-0{,}286+0{,}857\,U_2$$

Beginnt man die Iterationsrechnung für das Einzelschrittverfahren mit $\nu=0$ und setzt man dafür $U_1^{(0)}=0$, $U_2^{(0)}=0$, $U_3^{(0)}=0$, so ergeben sich die Näherungen in Bild 14.7 abhängig von ν.

Man erkennt, daß in diesem Beispiel schon 25 Iterationsschritte notwendig sind, um eine genügend genaue Annäherung an die Endwerte zu erreichen. Geht man nicht von $U_1^{(0)}=U_2^{(0)}=U_3^{(0)}=0$ aus, sondern von einem Schätzwert in der

Nähe des zu erwartenden Ergebnisses, so ist eine raschere Konvergenz zu erreichen. Bei Netzberechnungen kann man dafür $U_{1n} = U_n/\sqrt{3}$ wählen. Für das Zahlenbeispiel nach Gl. (14.35) wurde als Schätzwert $U_1^{(0)} = U_2^{(0)} = U_3^{(0)} = -10$ eingeführt. Das Ergebnis dieser Einzelschrittiteration wurde ebenfalls in Bild 14.7 eingetragen. Weiter erkennt man aus dem Bild 14.7, daß beim Gesamtschrittverfahren die Konvergenz schlechter als beim Einzelschrittverfahren ist.

15. Kurzschlußströme und Kurzschlußbeanspruchungen in Drehstromnetzen

15.1 Einführung, Fehlerarten

Die Kurzschlußstromberechnung wurde bis 1962 nach VDE 0670 oder anderen Unterlagen durchgeführt. Entsprechend der Bedeutung der Kurzschlußstromberechnung wurden 1962/64 eigene Empfehlungen zur Kurzschlußstromberechnung im Rahmen der VDE-Bestimmungen herausgegeben: VDE 0102 [2.15, 2.17]. Bild 15.1 faßt den Aufgabenbereich von VDE 0102 zusammen und zeigt, wie vielfältig die Bedeutung der Kurzschlußstromberechnung ist.

Kurzschlüsse in Drehstromnetzen entstehen durch Überbrückung oder Durchschlag der Isolation zwischen den Leitern oder zwischen einem oder mehreren Leitern und Erde bzw. geerdeten Leitern oder geerdeten Anlageteilen.

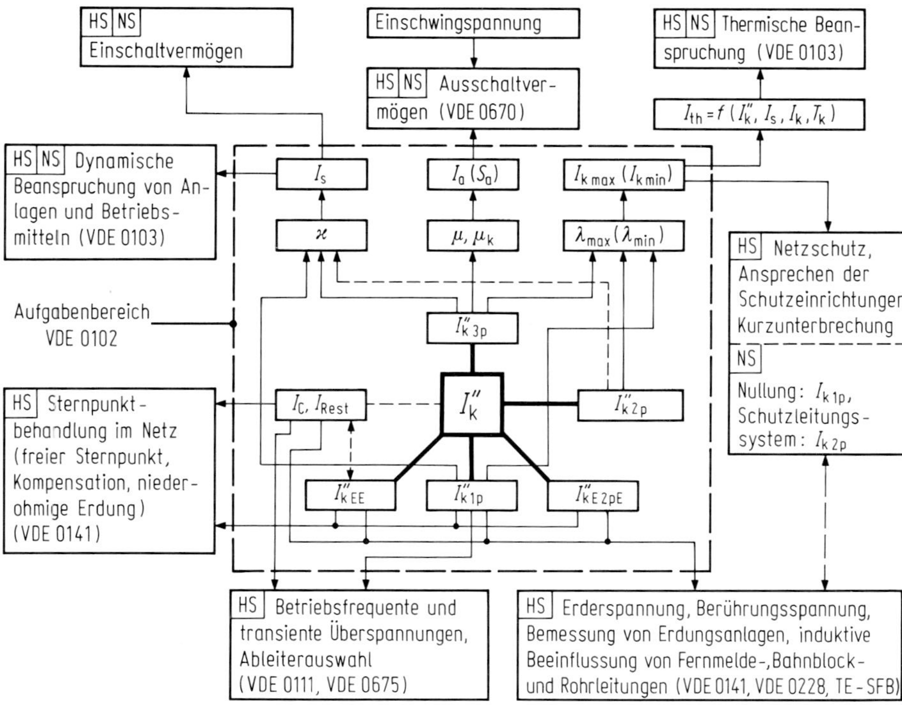

Bild 15.1. Bedeutung der Kurzschlußströme.
HS: Hochspannungsnetze; NS: Niederspannungsnetze

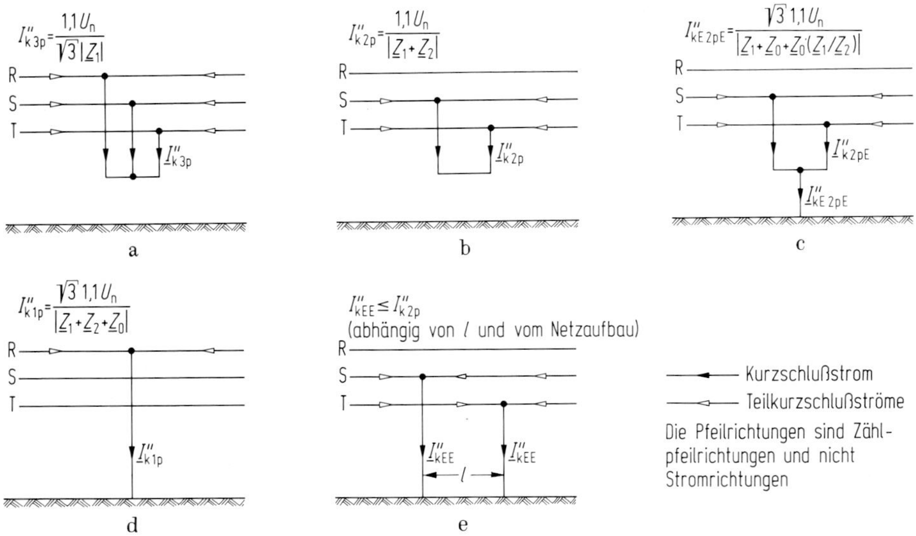

Bild 15.2. Bezeichnung der Fehlerarten und Anfangs-Kurzschlußwechselströme I''_k [2.15, 2.17] (Auch in den fehlerfreien Leitern können Teilkurzschlußströme fließen).

(**a**) Dreipoliger Kurzschluß; (**b**) zweipoliger Kurzschluß ohne Erdberührung; (**c**) zweipoliger Kurzschluß mit Erdberührung, meist wird nur I''_{kE2pE} benötigt; (**d**) einpoliger Erdkurzschluß; (**e**) Doppelerdschluß nur in Netzen mit freiem Sternpunkt oder mit Erdschlußlöschung

Bei der Berechnung der Kurzschlußströme nach VDE 0102 werden metallische Kurzschlüsse vorausgesetzt.

Behandelt werden folgende Fehlerarten und die zugehörigen Kurzschlußströme:

Dreipoliger Kurzschluß (Index k3p)
Zweipoliger Kurzschluß ohne Erdberührung (Index k2p)
Zweipoliger Kurzschluß mit Erdberührung (Index k2pE bzw. kE2pE)
Einpoliger Erdkurzschluß (Index k1p)
Doppelerdschluß (Index kEE)

In Netzen mit freiem Sternpunkt wird der bei einem Fehler mit Erdberührung über Erde fließende Strom als kapazitiver Erdschlußstrom I_C bezeichnet. In Netzen mit Erdschlußkompensation tritt bei Fehlern mit Erdberührung an der Fehlerstelle ein Erdschlußreststrom I_{Rest} auf (Kapitel 16). I_C und I_{Rest} sind Sonderfälle von I_{k1p}.

Bild 15.2 enthält Hinweise auf die an der Fehlerstelle auftretenden Kurzschlußströme bei symmetrischen und unsymmetrischen Fehlern im Drehstromnetz, sowie Angaben zur Berechnung der Anfangs-Kurzschlußwechselströme.

Für die praktische Durchführung der Berechnung von Kurzschlußströmen hat es sich als zweckmäßig erwiesen, zwischen einem generatornahen Kurzschluß, bei dem der Anteil des Anfangs-Kurzschlußwechselstromes (3p) mindestens bei einer Synchronmaschine (oder einer Asynchronmaschine) das Zweifache ihres Nennstromes überschreitet, und einem generatorfernen Kurzschluß zu unterscheiden, bei dem dieser Anteil des Anfangs-Kurzschlußwechselstromes (3p) bei keiner Synchronmaschine überschritten wird [2.15].

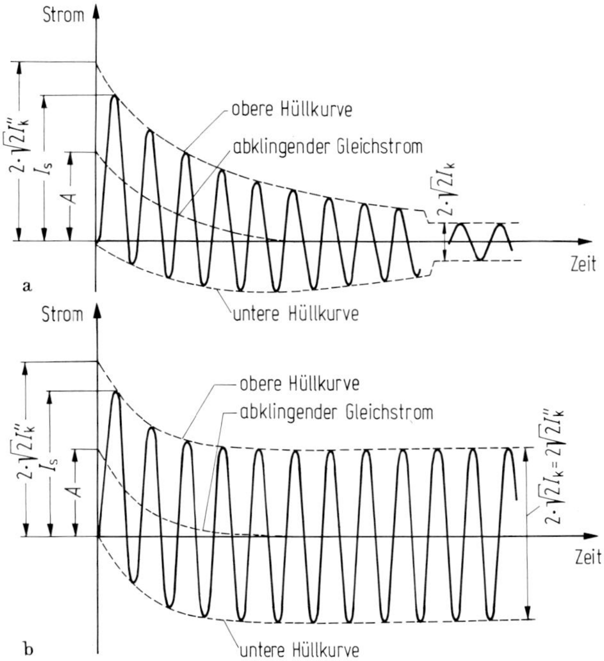

Bild 15.3. Zeitlicher Verlauf des Kurzschlußstromes (Prinzip) [2.15].
(**a**) Generatornaher Kurzschluß; (**b**) generatorferner Kurzschluß

Bild 15.3 zeigt den zeitlichen Verlauf des Kurzschlußstromes mit eingezeichneten Hüllkurven. Danach unterscheidet man den Anfangs-Kurzschlußwechselstrom I_k'', den Stoßkurzschlußstrom I_s (als Scheitelwert angegeben), den Dauerkurzschlußstrom I_k und den Anfangswert des Gleichstromes, dessen Höchstwert $A \approx \sqrt{2}\, I_k''$ gesetzt werden darf. Weiter ergibt sich der Ausschaltwechselstrom I_a als Effektivwert des im Zeitpunkt der ersten Kontakttrennung über den Schalter fließenden Kurzschlußwechselstromes.

Die dynamischen Beanspruchungen einzelner Betriebsmittel sind vom Quadrat des Stoßkurzschlußstromes I_s und anderen Einflußgrößen abhängig, während die thermischen Beanspruchungen vom Kurzzeitstrom I_{th}, der Anfangstemperatur des Leiters ϑ_a und der bei Kurzschluß zulässigen Endtemperatur des Leiters ϑ_e abhängen. Der Dauerkurzschlußstrom I_k wird im wesentlichen zur Bestimmung von I_{th} benötigt (Abschnitt 15.10).

15.2 Zeitlicher Verlauf des Kurzschlußstromes

15.2.1 Verlauf des Kurzschlußstromes beim Netzkurzschluß

Der zeitliche Verlauf des Kurzschlußstromes bei einem Netzkurzschluß wird bestimmt durch die wirksamen Impedanzen der Generatoren und des Netzes bis zur Fehlerstelle, sowie durch den Einfluß der Netzimpedanzen auf die Zeitkonstanten T'' und T' und T_a.

Weitere Einflußfaktoren sind die Art der Erregung und die Höhe der maximalen Erregerspannung, wobei die beiden letzten Einflüsse im subtransienten Bereich des Kurzschlußstromes vernachlässigbar sind, im transienten Bereich zunehmen und den Dauerkurzschlußstrom wesentlich bestimmen. Bei kompoundierten Niederspannungsgeneratoren mit hoher maximaler Erregerspannung kann auch bei Klemmenkurzschluß oder generatornahem Kurzschluß der Dauerkurzschlußstrom gleich hoch wie der Anfangs-Kurzschlußwechselstrom oder in Ausnahmefällen sogar höher werden. Bei generatorfernem Kurzschluß wird ohnehin $I_k \approx I_k''$ auch bei maximalen Erregerspannungen, die nicht sehr viel höher sind als die Nennerregerspannung (Bild 15.6).

Ausgehend von den Überlegungen im Abschnitt 5.3 (Gl. (5.41)) gilt für die Hüllkurve über die Scheitelwerte des Kurzschlußstromes I_{kH} (s. auch Gl. (5.44) und (5.45)):

$$\begin{aligned} I_{kH}(t) &= \sqrt{2}\, I_{k\sim}(t) + I_{k-}(t) \\ &= \sqrt{2}\left[(I_k'' - I_k')\,\mathrm{e}^{-t/T_d''} + (I_k' - I_k)\,\mathrm{e}^{-t/T_d'} + I_k\right] + I_{k-}\ \mathrm{e}^{-t/T_a} \end{aligned} \tag{15.1}$$

Tritt das maximale Gleichstromglied auf, so kann man für I_{k-} auch $\sqrt{2}\, I_k''$ schreiben. Aus Gl. (15.1) findet man dann für $t=0$: $I_{kH}(t=0)=2\sqrt{2}\, I_k''$. Bild 15.3 zeigt, daß dieser Strom nicht tatsächlich auftritt, sondern die Hüllkurve bei $t=0$ kennzeichnet. Der tatsächlich auftretende erste Scheitelwert des Kurzschlußstromes (Stoßkurzschlußstrom I_s) ergibt sich in 50-Hz-Netzen etwa 10 ms nach dem Kurzschlußeintritt. Aus Gl. (15.1) findet man (s. auch Gl. (5.40)):

$$I_{kH}(t=10\,\mathrm{ms}) = \sqrt{2}\left[(I_k'' - I_k')\,\mathrm{e}^{-10\,\mathrm{ms}/T_d''} + (I_k' - I_k)\,\mathrm{e}^{-10\,\mathrm{ms}/T_d'} + I_k\right] + \sqrt{2}\, I_k''\,\mathrm{e}^{-10\,\mathrm{ms}/T_a} \tag{15.2a}$$

$$I_{kH}(t=10\,\mathrm{ms}) = I_s = \kappa\sqrt{2}\, I_k'' \tag{15.2b}$$

Bei den Zeitkonstanten muß unterschieden werden zwischen den Zeitkonstanten bei Klemmenkurzschluß, die allein durch den Synchrongenerator bestimmt sind, und den Zeitkonstanten bei Netzkurzschluß.

Bei steigender Netzreaktanz x_N (in p.u. bezogen auf die Daten des Synchrongenerators) steigen auch die Wechselstromzeitkonstanten T'' und T'. Die Gleichstromzeitkonstante T_a fällt mit steigenden Werten x_N, da $r_N/r_G > x_N/x_d''$. Bezeichnet man die Zeitkonstanten bei Netzkurzschluß mit dem Zusatzindex N, so gilt:

$$T_{dN}'' \approx T_d'' \frac{1 + x_N/x_d''}{1 + x_N/x_d'} \tag{15.3a}$$

$$T_{qN}'' \approx T_q'' \frac{1 + x_N/x_q''}{1 + x_N/x_q} \tag{15.3b}$$

Die wirksame Zeitkonstante T_N'' bei Kurzschluß im Netz stellt sich etwa als Mittelwert zwischen T_{dN}'' und T_{qN}'' dar. Bild 15.4b zeigt die Ergebnisse von Analogrechner-Untersuchungen.

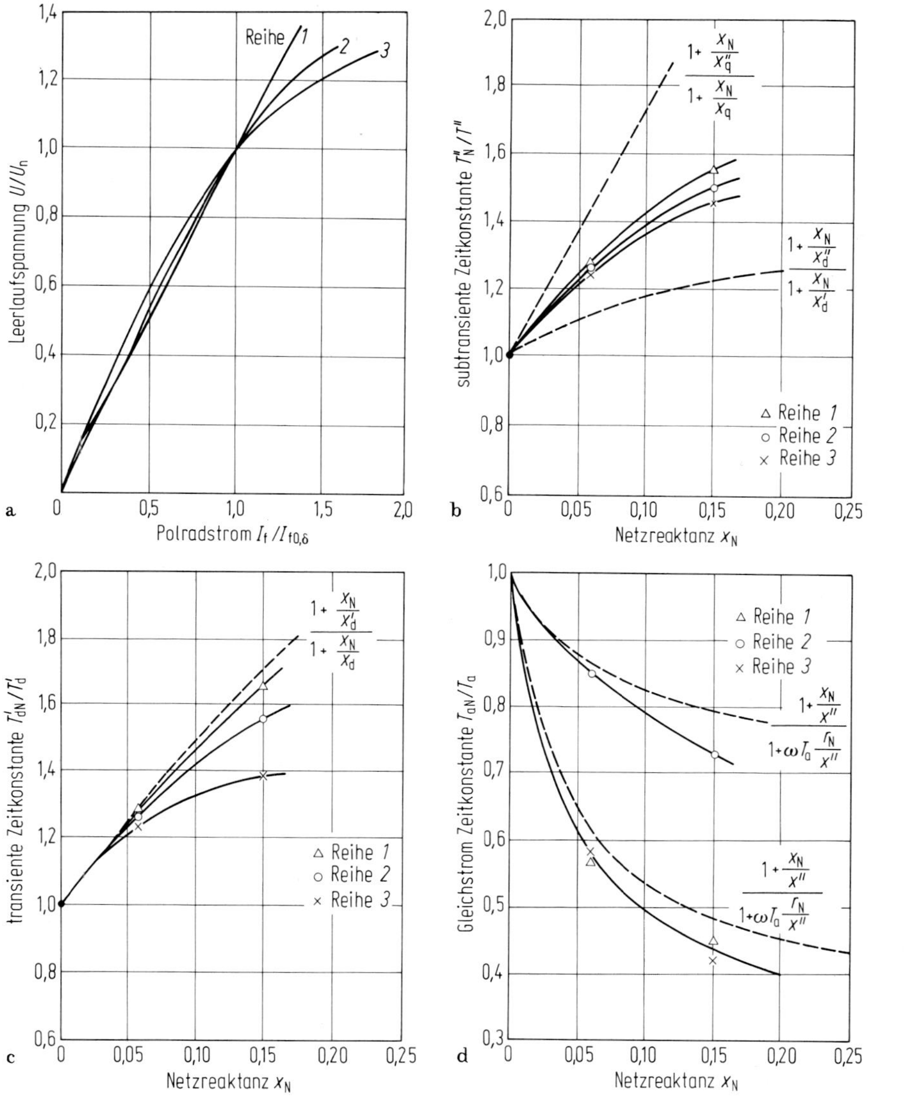

Bild 15.4. Wechselstromzeitkonstanten T''_N und T'_{dN} und Gleichstromzeitkonstante T_{aN} bei Netzkurzschluß (einseitig einfach gespeist) bezogen auf die Zeitkonstanten bei Klemmenkurzschluß [15.4]

Für die transiente Zeitkonstante bei Netzkurzschluß gilt mit guter Näherung (Bild 15.4c):

$$T'_{dN} \approx T'_d \frac{1+x_N/x'_d}{1+x_N/x_d} = T'_{d0} \frac{x'_d+x_N}{x_d+x_N} \tag{15.4}$$

Mit $T'_{d0}=12\,\text{s}$, $x'_d=0{,}24\,\text{p.u.}$, $x_d=1{,}78\,\text{p.u.}$ und $x_N=0{,}15\,\text{p.u.}$ ermittelt man z.B.: $T'_d=T'_{d0}(x'_d/x_d)=1{,}62\,\text{s}$, $T'_{dN}=2{,}42\,\text{s}$ und damit $T'_{dN}/T'_d=1{,}5$.
Für die Gleichstromzeitkonstante T_{aN} bei Netzkurzschluß gilt mit $T_a \approx x''_d/(\omega r_G)$

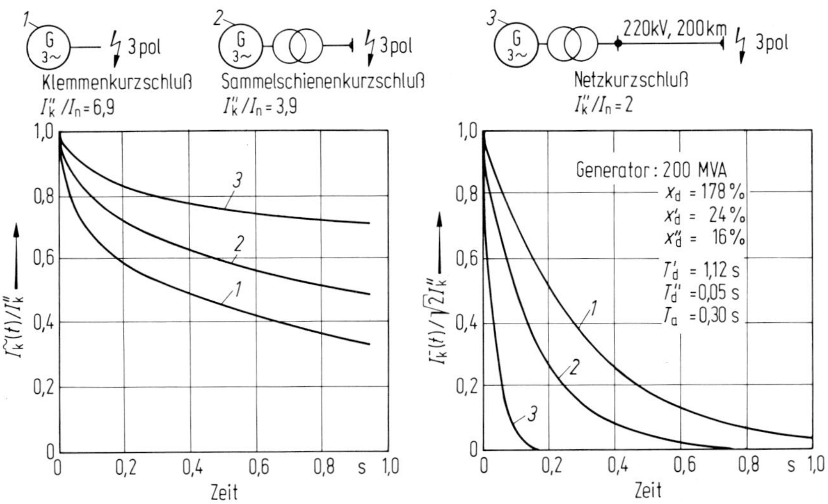

Bild 15.5. Zeitlicher Verlauf des Wechselstromgliedes und des Gleichstromgliedes im dreipoligen Kurzschlußstrom bei konstanter Erregung. Berechnung nach Gl. (15.1)

nach Gl. (15.6):

$$T_{aN} \approx T_a \frac{1 + x_N/x_d''}{1 + \omega\, T_a\, r_N/x_d''} = \frac{x_d'' + x_N}{\omega(r_G + r_N)} \tag{15.5}$$

Dabei ist r_G der Wirkwiderstand der Ständerwicklung der Synchronmaschine. Die Gleichstromzeitkonstante T_a steigt mit steigender Generatorleistung S_{nG}. Bei $S_{nG} = 10$ MVA ist T_a etwa 0,1 s, während bei $S_{nG} = 600$ MVA dagegen etwa $T_a = 0{,}6$ s gilt [15.13].

Bild 15.5 zeigt zur Veranschaulichung der Gl. (15.1) berechnete zeitliche Abklingkurven bei konstanter Erregung für das Wechselstromglied und das Gleichstromglied des Kurzschlußstromes bei Klemmenkurzschluß, bei Kurzschluß auf der OS-Seite des Blocktransformators und bei Netzkurzschluß mit der Bedingung $I_k''/I_{nG} = 2$.

Der Verlauf des Wechselstromgliedes wird im transienten Bereich und im Bereich des Dauerkurzschlußstromes durch die Art der Erregungseinrichtung und die maximale Erregerspannung $u_{f\,max}$ (Deckenspannung) beeinflußt. Bild 15.6 zeigt als Beispiel für diese Einflüsse die Ergebnisse einer Untersuchung mit Hilfe eines digitalen Synchronmaschinenprogramms einmal für $x_N = 0{,}10$ p.u. und zum anderen für $x_N = 0{,}30$ p.u. ($x_N = x_T + x_L$).

15.2.2 Gleichstromglied beim Netzkurzschluß

Bei der Auslegung von Stromwandlern und bei der Beurteilung der Abbildung der primären Kurzschlußströme auf der Sekundärseite der Stromwandler benötigt man die Zeitkonstante des Gleichstromgliedes beim Kurzschluß im Netz. Zu unterscheiden ist zwischen der Gleichstromzeitkonstante bei Klemmenkurz-

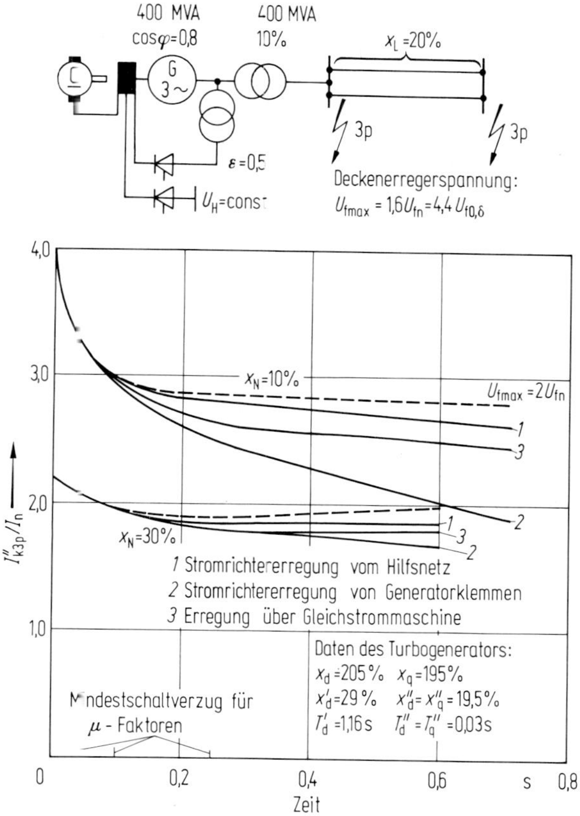

Bild 15.6 Einfluß der Erregereinrichtung auf das Abklingen des Kurzschlußwechselstromes bei dreipoligem Kurzschluß

schluß T_a und der Zeitkonstante bei Netzkurzschluß T_{aN}. Die Zeitkonstante T_{aN} läßt sich leicht bestimmen, wenn zwischen den Generatorklemmen und der Fehlerstelle eine oder mehrere in Reihe geschaltete Impedanzen liegen. Man spricht dann von einem einseitig einfach gespeisten Netzkurzschluß. Bei mehrseitig einfach gespeistem Fehler oder bei einem Kurzschluß in einem beliebig vermaschten Netz sind besondere Überlegungen notwendig zur Bestimmung von T_{aN}.

In Tabelle 15.1 sind Berechnungsgleichungen zusammengestellt. Die Fälle 2 und 3 folgen zwangsläufig aus der Erweiterung der Gl. (15.6).

Die Berechnung nach Gl. (15.9) geht davon aus, daß der Stoßkurzschlußstrom an der Fehlerstelle sich aus den Stoßkurzschluß-Teilströmen der einzelnen parallelen Zweige zusammensetzt $I_s = I_{s1} + I_{s2} + \cdots + I_{sm}$ (Gl. (15.39)) und daß die einzelnen Anteile jeweils mit eigenen Zeitkonstanten $T_{a1}, T_{a2}, \ldots, T_{am}$ abklingen.

Tabelle 15.1. Gleichungen zur Bestimmung der Zeitkonstante des Gleichstromgliedes im Kurzschlußstrom bei Netzkurzschluß

Nr.	Schaltung	Berechnungsgleichungen
1	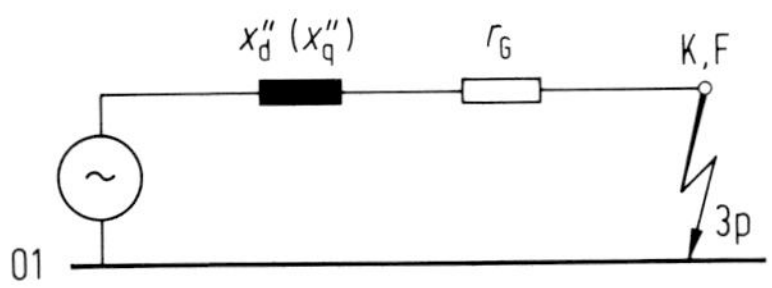 Klemmenkurzschluß	$$T_a \approx \frac{2}{\omega r_G} \frac{x''_d \cdot x''_q}{x''_d + x''_q} \approx \frac{x''_d}{\omega r_G} \quad (15.6)$$ r_G, x''_d, x''_q in p.u.; $\omega = 2\pi f$
2	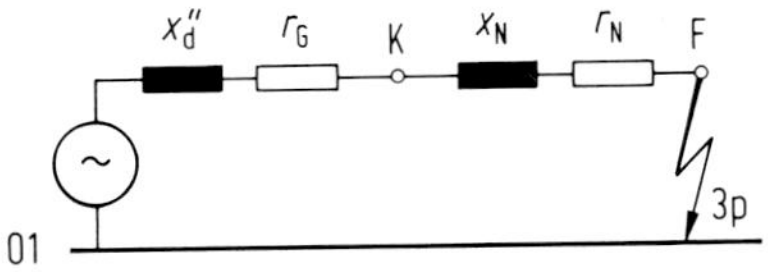 einseitig einfach gespeister Kurzschluß	$$T_{aN} = \frac{x''_d + x_N}{\omega(r_G + r_N)} = T_a \frac{1 + \frac{x_N}{x''_d}}{1 + \frac{r_N}{r_G}} \quad (15.7)$$ r_G, r_N, x''_d, x_N in p.u., Gl. (15.7) ≙ Gl. (15.5)
3	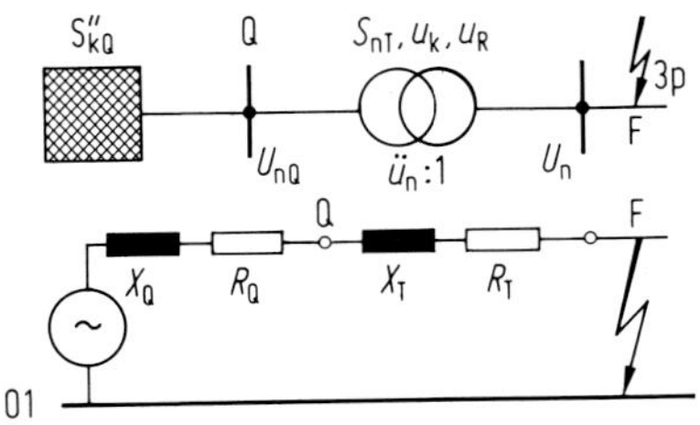 Netzkurzschluß über einen Transformator gespeist	$$T_{aN} = \frac{X_Q + X_T}{\omega(R_Q + R_T)} \quad (15.8)$$ mit: $X_Q = \frac{1{,}1\, U_{nQ}^2}{S''_{kQ}} \cdot \frac{1}{\ddot{u}_n^2}$; $R_Q \approx 0{,}1\, X_Q$ $X_T = x_T \frac{U_n^2}{S_{nT}}$; $R_T = r_T \frac{U_n^2}{S_{nT}}$ ($x_T = u_x/100\,\%$; $r_T = u_R/100\,\%$)
4	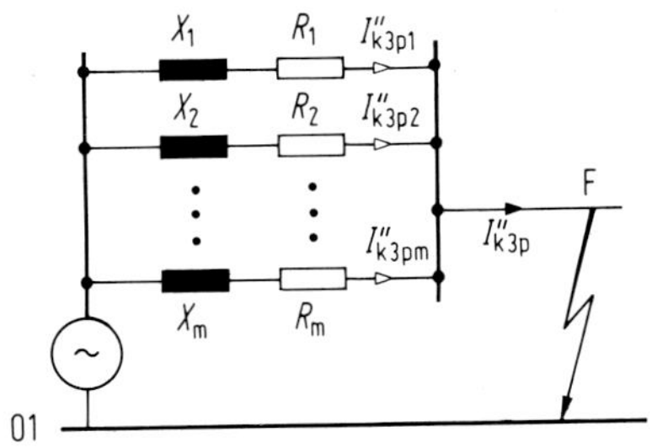 Mehrseitig einfach gespeister Kurzschluß. T_{aN} ist eine Funktion von t	$$e^{-\frac{t}{T_{aN}}} = \frac{I''_{k3p1}}{I''_{k3p}} e^{-\frac{t}{T_{a1}}} + \dots + \frac{I''_{k3pm}}{I''_{k3p}} e^{-\frac{t}{T_{am}}} \quad (15.9)$$ mit $T_{a1} \dots T_{am}$ nach Gl. (15.7) oder Gl. (15.8) $I''_{k3p1} \dots I''_{k3pm}$ Teilkurzschlußströme I''_{k3p} Kurzschlußstrom an der Fehlerstelle
5	Kurzschluß im beliebig vermaschten Netz. $T_{aN(f)}(t)$ ist eine Funktion von t. Der Zusatzindex f weist auf die Ersatzfrequenz nach Gl. (15.11) hin [15.18], die für $f = f_n = 50$ Hz gültig ist.	$$T_{aN(f)}(t) = \frac{X_f \cdot 50\,\text{Hz}}{\omega R_f f_e(t)} \quad (15.10)$$ mit $$\frac{f_e(t)}{\text{Hz}} = 0{,}97 \left(\frac{t}{s}\right)^{-2/3} = 0{,}97 \sqrt[3]{\left(\frac{t}{s}\right)^{-2}} \quad (15.11)$$ und $$\underline{Z}_f = R_f + \mathrm{j} X_f \quad (15.12)$$ $\omega = 2\pi f$ (bei $f = 50$ Hz: $\omega = 314\,\text{s}^{-1}$).

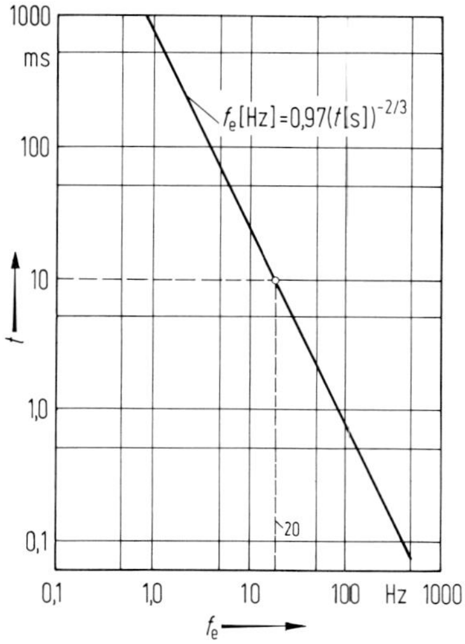

Bild 15.7. Ersatzfrequenz $f_e(t)$ bei $f = f_n = 50$ Hz [15.18]

Mit $\sqrt{2}\, I''_{k\,3pi} = \hat{i}_i$ und $\sqrt{2}\, I''_{k\,3p} = \sum_{i=1}^{m} \hat{i}_i$ kann man für $t=0$ die Zeitkonstante T_{aN} ausgehend von der differenzierten Gl. (15.9) explizit wie folgt darstellen:

$$T_{aN}(t=0) = T_{a1} \frac{1}{\dfrac{\hat{i}_1}{\sum\limits_{i=1}^{m} \hat{i}_i} + \dfrac{T_{a1}}{T_{a2}} \dfrac{\hat{i}_2}{\sum\limits_{i=1}^{m} \hat{i}_i} + \cdots + \dfrac{T_{a1}}{T_{am}} \dfrac{\hat{i}_m}{\sum\limits_{i=1}^{m} \hat{i}_i}} \tag{15.9a}$$

Sind nur zwei parallele Zweige vorhanden, so ergibt sich aus Gl. (15.9a);

$$\frac{T_{aN}(t=0)}{T_{a1}} = \frac{1}{\dfrac{\hat{i}_1}{\hat{i}_1 + \hat{i}_2} + \dfrac{T_{a1}}{T_{a2}} \left(1 - \dfrac{\hat{i}_1}{\hat{i}_1 + \hat{i}_2}\right)} \tag{15.9b}$$

Im allgemeinen Fall des beliebig vermaschten Netzes (Fall Nr. 5 in Tabelle 15.1) kann man $T_{aN}(t)$ mit der Methode der Ersatzfrequenz [15.18] ausrechnen. Dabei ist $f_e(t)$ nach Gl. (15.11) zu bestimmen. Bei $T_k = 10$ ms ergibt sich der in [15.18] zur Bestimmung von κ_f verwendete Wert $f_e(10\,\text{ms}) = 20$ Hz. In Bild 15.7 ist $f_e(t)$ aufgetragen. Nach Umrechnung aller Impedanzen des Netzes von ihrer Größe bei 50 Hz auf ihre Größe bei $f_e(t)$ bildet man die resultierende Impedanz $\underline{Z}_f = R_f + \mathrm{j}\, X_f$ und setzt in Gl. (15.10) ein.

15.3 Anfangs-Kurzschlußwechselstrom

15.3.1 Allgemeine Hinweise

Der Anfangs-Kurzschlußwechselstrom I''_k ist nach Bild 15.3 der Effektivwert des Kurzschlußwechselstromes im Augenblick des Kurzschlußeintritts ($t=0$). Unterschieden werden $I''_{k3p}=I''_k$, I''_{k2p}, I''_{k2pE}, I''_{kE2pE}, I''_{k1p}, I''_{kEE}. Zur klaren Unterscheidung wird beim dreipoligen Kurzschluß meist I''_{k3p} gewählt.

Für die Größe des Anfangs-Kurzschlußwechselstromes sind die Netzimpedanzen im Mit-, Gegen- und Nullsystem maßgebend sowie die Anfangsspannungen der Synchronmaschinen im Mitsystem. Um ein in den meisten Fällen brauchbares vereinfachtes Verfahren zu erhalten, wird zur Berechnung eine Ersatzspannungsquelle nach [2.15, 2.17] an der Fehlerstelle eingeführt. Die Ersatzspannungsquelle ist dann die einzige wirksame Spannung im Netz und in der Ersatzschaltung des Netzes mit Impedanzen der symmetrischen Komponenten. Die wirksamen Anfangsspannungen der Synchronmaschinen (und auch der Asynchronmotoren) werden bei diesem Berechnungsverfahren gleich Null gesetzt. Die Synchronmaschinen sind damit hinter ihren Anfangsreaktanzen bzw. Impedanzen als kurzgeschlossen zu denken.

Stoßkurzschlußströme, Ausschaltwechselströme und Dauerkurzschlußströme werden mit Hilfe der Faktoren κ, μ, λ (und q bei Asynchronmotoren) ausgehend von I''_k berechnet (Abschnitte 15.4 und 15.5).

15.3.2 Ersatzspannungsquelle

Die Bilder 15.8 und 15.9 zeigen ausgehend von zwei einfachen Netzschaltungen den Übergang auf die Ersatzschaltung im Mitsystem mit Einführung der Ersatzspannungsquelle an der Fehlerstelle.

Bild 15.8b zeigt das Mitsystem des Netzes. Ausgehend von der Anfangsspannung E'' (Gl. (15.21)) des Synchrongenerators gilt:

$$\underline{E}''=\underline{I}''_{k3p}[R_{1L}+\mathrm{j}(X''_d+X_{1L})] \tag{15.13}$$

Führt man nach Bild 15.8c eine Ersatzspannungsquelle an der Fehlerstelle F ein, so ergibt sich

$$c\frac{U_h}{\sqrt{3}}=\underline{I}''_{k3p}[R_{1L}+\mathrm{j}(X''_d+X_{1L})] \tag{15.14}$$

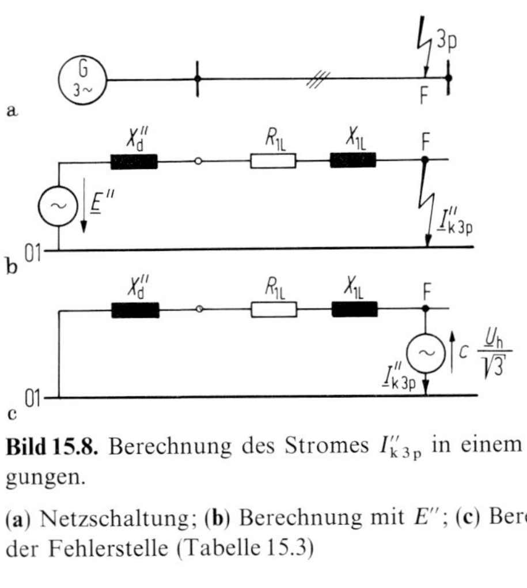

Bild 15.8. Berechnung des Stromes I''_{k3p} in einem einfachen einseitig gespeisten Netz ohne Verzweigungen.

(**a**) Netzschaltung; (**b**) Berechnung mit E''; (**c**) Berechnung mit der Ersatzspannungsquelle $cU_h/\sqrt{3}$ an der Fehlerstelle (Tabelle 15.3)

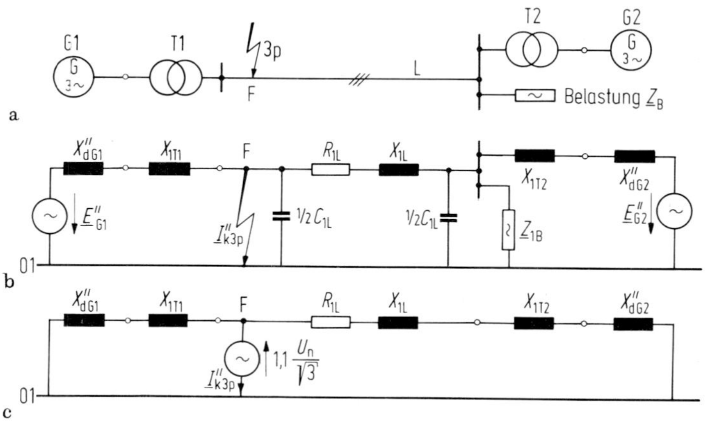

Bild 15.9. Berechnung des Stromes I''_{k3p} in einem mehrseitig gespeisten Netz mit Transformatoren. (**a**) Netzschaltung; (**b**) Berechnung mit wirksamen Generatorspannungen E''_{G1} und E''_{G2}; (**c**) Berechnung mit der Ersatzspannungsquelle $1{,}1\,U_n/\sqrt{3}$ an der Fehlerstelle (Tabelle 15.3)

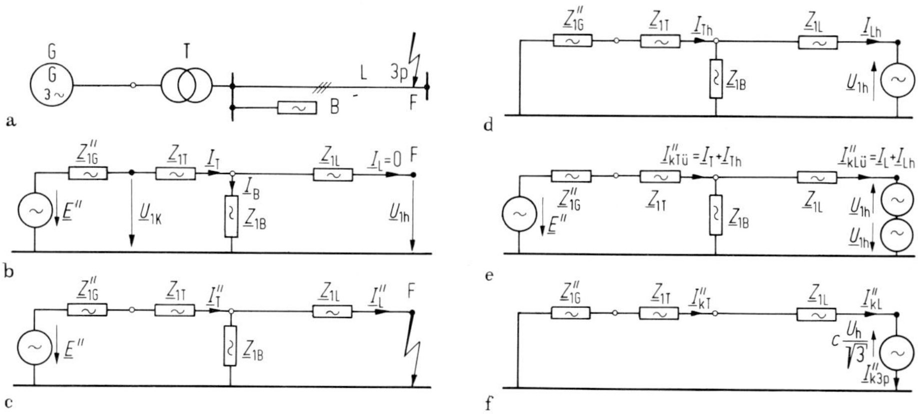

Bild 15.10. Beispiel für das Vorgehen bei der Kurzschlußstromberechnung mit dem Überlagerungsverfahren.

(**a**) Netzschaltung; (**b**) Ermittlung von $\underline{U}_{1h}$ an der Fehlerstelle; (**c**) Kurzschluß, treibende Spannung $\underline{E}''$; (**d**) Ersatzspannungsquelle an der Fehlerstelle; (**e**) Überlagerung von Bild 15.10b und 15.10d; (**f**) Ersatzspannungsquelle $c\,\underline{U}_h/\sqrt{3}$ ohne $\underline{Z}_{1B}$

Der Vergleich zeigt, daß hier die Spannung der Ersatzspannungsquelle gleich der Anfangsspannung des Synchrongenerators zu wählen ist (Tabelle 15.3, Gl. (15.21)).

Das Verfahren zur Kurzschlußstromberechnung mit Hilfe der Ersatzspannungsquelle an der Fehlerstelle ist aus dem Überlagerungsverfahren abgeleitet. Das Überlagerungsverfahren setzt lineare Impedanzen der Betriebsmittel ($\underline{Z}$ = const) des Netzes voraus. Am einfachen Beispiel des Netzes nach Bild 15.10 soll das Vorgehen beim Überlagerungsverfahren gezeigt werden.

Aus Bild 15.10b ergibt sich:

$$\underline{U}_{1\mathrm{h}}=\underline{E}''\frac{\underline{Z}_{1\mathrm{B}}}{\underline{Z}''_{1\mathrm{G}}+\underline{Z}_{1\mathrm{T}}+\underline{Z}_{1\mathrm{B}}} \tag{15.15a}$$

$$\underline{I}_{\mathrm{T}}=\underline{E}''\frac{1}{\underline{Z}''_{1\mathrm{G}}+\underline{Z}_{1\mathrm{T}}+\underline{Z}_{1\mathrm{B}}} \tag{15.15b}$$

$$\underline{I}_{\mathrm{L}}=0 \tag{15.15c}$$

Bild 15.10c mit Kurzschluß (3p) an der Fehlerstelle F liefert:

$$\underline{I}''_{\mathrm{T}}=\underline{E}''\frac{1}{\underline{Z}''_{1\mathrm{G}}+\underline{Z}_{1\mathrm{T}}+\dfrac{\underline{Z}_{1\mathrm{L}}\cdot\underline{Z}_{1\mathrm{B}}}{\underline{Z}_{1\mathrm{L}}+\underline{Z}_{1\mathrm{B}}}} \tag{15.16a}$$

$$\underline{I}''_{\mathrm{L}}=\underline{E}''\frac{1}{(\underline{Z}''_{1\mathrm{G}}+\underline{Z}_{1\mathrm{T}})\dfrac{\underline{Z}_{1\mathrm{B}}+\underline{Z}_{1\mathrm{L}}}{\underline{Z}_{1\mathrm{B}}}+\underline{Z}_{1\mathrm{L}}} \tag{15.16b}$$

Führt man die $\underline{U}_{1\mathrm{h}}$ nach Gl. (15.15a) an der Fehlerstelle als einzige Spannung ein und schließt $\underline{E}''$ kurz, so ergibt sich Bild 15.10d. Für $\underline{I}_{\mathrm{Th}}$ und $\underline{I}_{\mathrm{Lh}}$ berechnet man dann:

$$\underline{I}_{\mathrm{Th}}=\underline{U}_{1\mathrm{h}}\frac{1}{\underline{Z}''_{1\mathrm{G}}+\underline{Z}_{1\mathrm{T}}+\underline{Z}_{1\mathrm{L}}\dfrac{\underline{Z}_{1\mathrm{B}}+\underline{Z}''_{1\mathrm{G}}+\underline{Z}_{1\mathrm{T}}}{\underline{Z}_{1\mathrm{B}}}} \tag{15.17a}$$

$$\underline{I}_{\mathrm{Lh}}=\underline{U}_{1\mathrm{h}}\frac{1}{(\underline{Z}''_{1\mathrm{G}}+\underline{Z}_{1\mathrm{T}})\dfrac{\underline{Z}_{1\mathrm{B}}}{\underline{Z}_{1\mathrm{B}}+\underline{Z}''_{1\mathrm{G}}+\underline{Z}_{1\mathrm{T}}}+\underline{Z}_{1\mathrm{L}}} \tag{15.17b}$$

Durch Überlagerung der Bilder 15.10b und 15.10d ergibt sich Bild 15.10e. Die Spannung an der Fehlerstelle wird zu Null. Die Ströme findet man durch die Addition der Ströme aus den Bildern 15.10b und 15.10d. Im vorliegenden Sonderfall ist $\underline{I}_{\mathrm{L}}=0$ (Gl. 15.15c):

$$\underline{I}''_{\mathrm{kT\ddot{u}}}=\underline{I}_{\mathrm{T}}+\underline{I}_{\mathrm{Th}}=\underline{E}''\frac{1}{\underline{Z}''_{1\mathrm{G}}+\underline{Z}_{1\mathrm{T}}+\underline{Z}_{1\mathrm{B}}}+\underline{U}_{1\mathrm{h}}\frac{1}{\underline{Z}''_{1\mathrm{G}}+\underline{Z}_{1\mathrm{T}}+\underline{Z}_{1\mathrm{L}}\dfrac{\underline{Z}_{1\mathrm{B}}+\underline{Z}''_{1\mathrm{G}}+\underline{Z}_{1\mathrm{T}}}{\underline{Z}_{1\mathrm{B}}}} \tag{15.18a}$$

$$\underline{I}''_{\mathrm{kL\ddot{u}}}=\underline{I}_{\mathrm{L}}+\underline{I}_{\mathrm{Lh}}=\underline{U}_{1\mathrm{h}}\frac{1}{(\underline{Z}''_{1\mathrm{G}}+\underline{Z}_{1\mathrm{T}})\dfrac{\underline{Z}_{1\mathrm{B}}}{\underline{Z}_{1\mathrm{B}}+\underline{Z}''_{1\mathrm{G}}+\underline{Z}_{1\mathrm{T}}}+Z_{1\mathrm{L}}} \tag{15.18b}$$

Die Gleichungen werden einfach für $\underline{Z}_{1\mathrm{B}}\to\infty$:

$$\left.\begin{aligned}\underline{I}''_{\mathrm{kT\ddot{u}}}&=\underline{U}_{1\mathrm{h}}\frac{1}{\underline{Z}''_{1\mathrm{G}}+\underline{Z}_{1\mathrm{T}}+\underline{Z}_{1\mathrm{L}}}\\ \underline{I}''_{\mathrm{kL\ddot{u}}}&=\underline{U}_{1\mathrm{h}}\frac{1}{\underline{Z}''_{1\mathrm{G}}+\underline{Z}_{1\mathrm{T}}+\underline{Z}_{1\mathrm{L}}}\end{aligned}\right\}\quad \underline{I}''_{\mathrm{kT\ddot{u}}}=\underline{I}''_{\mathrm{kL\ddot{u}}}=\underline{I}''_{\mathrm{k\ddot{u}}} \tag{15.18c}$$

Für $\underline{Z}_{1\text{B}} \to \infty$ wird nach Gl. (15.15a) $\underline{U}_{1\text{h}} = \underline{E}''$. Man erhält dann aus Gl. (15.18c):

$$\underline{I}''_{\text{kü}} = \underline{E}'' \frac{1}{\underline{Z}''_{1\text{G}} + \underline{Z}_{1\text{T}} + \underline{Z}_{1\text{L}}} \tag{15.19}$$

Führt man in diesem Fall $\underline{E}'' = c\,\underline{U}_\text{h}/\sqrt{3}$ ein, so ergibt sich Bild 15.10f und setzt man weiter $\underline{Z}''_{1\text{G}} + \underline{Z}_{1\text{T}} + \underline{Z}_{1\text{L}} = \underline{Z}_1$, so wird aus Gl. (15.19):

$$\underline{I}''_{\text{k}\,3\text{p}} = \frac{\underline{E}''}{\underline{Z}_1} = \frac{c\,\underline{U}_\text{h}}{\sqrt{3}\sqrt{R_1^2 + X_1^2}} \tag{15.20}$$

Um der Forderung nach ausreichender Sicherheit der Berechnung der Kurzschlußströme gerecht zu werden, ohne jedoch zu einer unwirtschaftlichen Bemessung zu kommen, hat es sich auch durch Vergleich von Messungen und Berechnungen als ausreichend erwiesen, wenn man im allgemeinen, besonders im vermaschten Netz mit mehreren Einspeisungen, unterschiedlicher Stufenstellungen der Transformatoren u.a., $c\,U_\text{h}$ durch $1{,}1 \cdot U_\text{n}$ ersetzt, wobei U_n die verkettete Nennspannung des fehlerbetroffenen Netzes ist. Für dieses Vorgehen gilt dann Gl. (15.22) in Tabelle 15.3.

In einem Diskussionsbeitrag zu [15.13] sind Vergleiche zwischen den Ergebnissen der vereinfachten Kurzschlußstromberechnung mit dem Überlagerungsverfahren angegeben. Bis $U_\text{n} \leqq 380$ kV liefert die vereinfachte Berechnung Ergebnisse auf der sicheren Seite.

15.3.3 Ersatzschaltung im Mit-, Gegen- und Nullsystem

Bei der Durchführung von Kurzschlußstromberechnungen hat es sich in jedem Falle als nützlich erwiesen, vor dem Berechnungsbeginn die Ersatzschaltung im

Tabelle 15.2. Definition der Mit-, Gegen- und Nullimpedanzen an der Fehlerstelle bei der Kurzschlußstromberechnung mit einer Ersatzspannungsquelle [2.15]

Mitimpedanz $\underline{Z}_1$ von der Fehlerstelle aus gesehen	Die Mitimpedanz $\underline{Z}_1$ erhält man nach Bild 15.11a, wenn an der Fehlerstelle ein mitlaufendes Spannungssystem angelegt wird und alle Synchron- und Asynchronmaschinen hinter ihren Innenimpedanzen kurzgeschlossen werden. Leitungskapazitäten und nichtmotorische Querimpedanzen müssen unberücksichtigt bleiben.
Gegenimpedanz $\underline{Z}_2$ von der Fehlerstelle aus gesehen	Die Gegenimpedanz $\underline{Z}_2$ erhält man nach Bild 15.11b, wenn an der Fehlerstelle ein gegenlaufendes Spannungssystem angelegt wird. Bei der Berechnung unsymmetrischer Fehlerströme werden alle Leitungskapazitäten und nichtmotorischen Querimpedanzen vernachlässigt.
Nullimpedanz $\underline{Z}_0$ von der Fehlerstelle aus gesehen	Die Nullimpedanz $\underline{Z}_0$ erhält man nach Bild 15.11c, wenn an der Fehlerstelle drei in Betrag und Phase gleiche Spannungen zwischen den Leitern und den gemeinsamen Rückleitern (z.B. Erde, Erdungsanlage, Nulleiter, Sternpunktleiter, Erdseile, Kabelmäntel, Kabelbewehrung) angelegt wird. Bei der Berechnung unsymmetrischer Fehlerströme bei Fehlern mit Erdberührung müssen die Leitungskapazitäten und nichtmotorische Querzweige berücksichtigt werden.

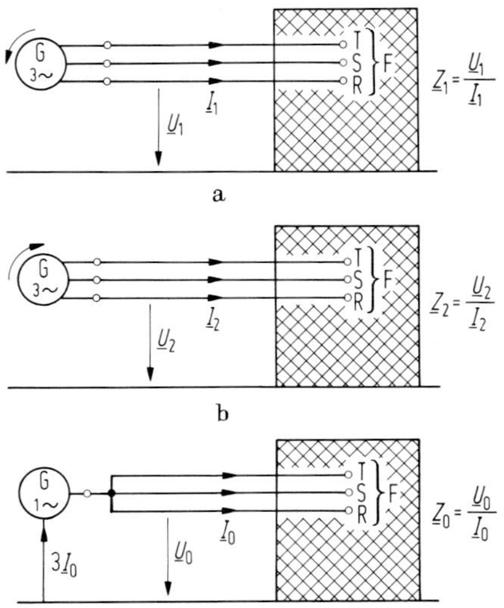

Bild 15.11. Messen der Mit-, Gegen- und Nullimpedanz an der Fehlerstelle eines Drehstromnetzes. Besondere Bedingungen in Tabelle 15.2.
(**a**) Mitsystem; (**b**) Gegensystem; (**c**) Nullsystem; F Fehlerstelle

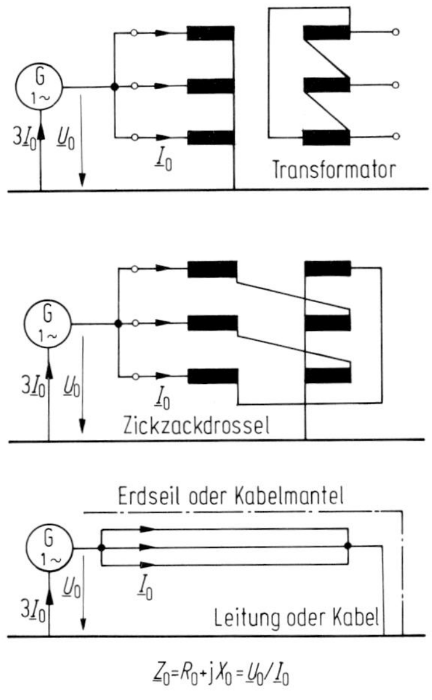

Bild 15.12. Beispiele zur Messung der Nullimpedanz von Betriebsmitteln

Mitsystem (dreipoliger Kurzschluß) oder auch die Ersatzschaltungen im Gegen- und Nullsystem aufzuzeichnen (unsymmetrische Fehler). Wird die Berechnung mit dem Verfahren der Ersatzspannungsquelle (Abschnitt 15.3.2) durchgeführt, so gilt für die Impedanzen $\underline{Z}_1$, $\underline{Z}_2$ und $\underline{Z}_0$ an der Fehlerstelle.

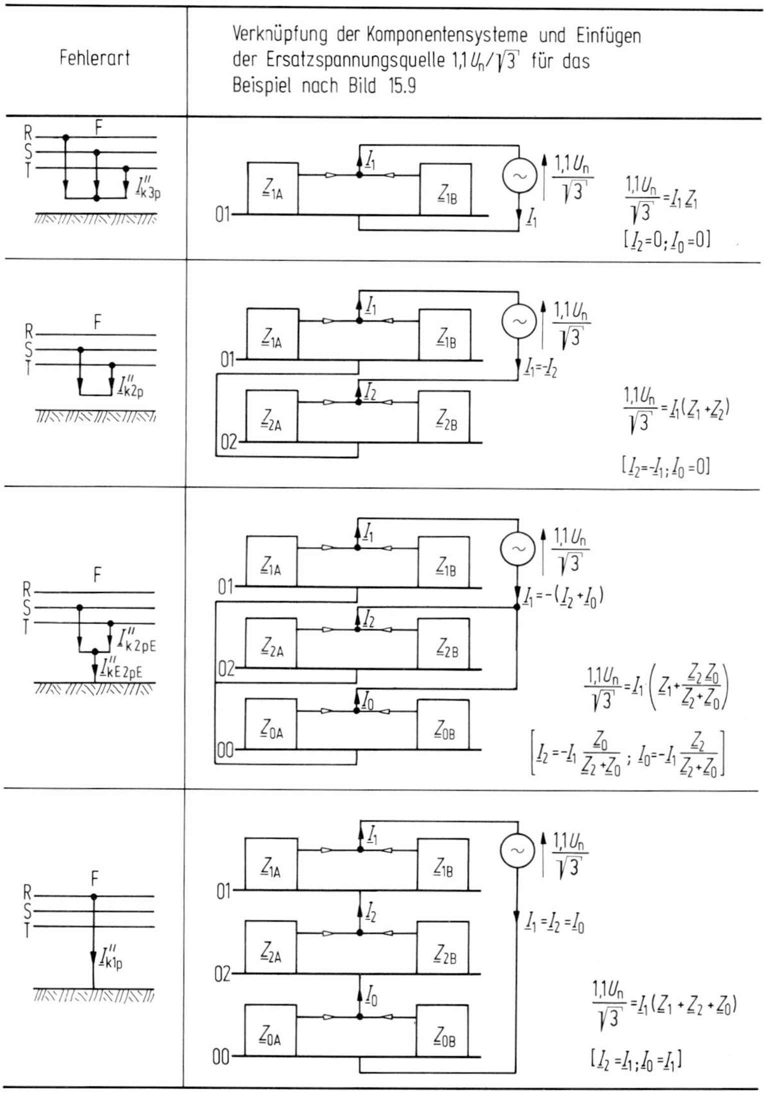

Bild 15.13. Komponentensysteme und Verknüpfung an der Fehlerstelle bei Einfachfehlern und der Ersatzspannungsquelle $1{,}1\,U_n/\sqrt{3}$ an der Fehlerstelle F

Drehstromnetze setzen sich aus einzelnen Betriebsmitteln zusammen. Die Größe der Impedanzen im Mit-, Gegen- und Nullsystem einzelner Betriebsmittel kann entweder rechnerisch oder durch Messung ermittelt werden. Bild 15.12 zeigt einige Beispiele für die Messung der Nullimpedanz.

Die Nullimpedanzen der Betriebsmittel weichen im allgemeinen von den Mit- und Gegenimpedanzen ab. Die Gegenimpedanzen dagegen weichen praktisch nur bei rotierenden Synchronmaschinen von den Mitimpedanzen ab. Bei Synchronmaschinen sind X''_d, X'_d und X_d Mitreaktanzen, während X_2 die Gegenreaktanz bezeichnet.

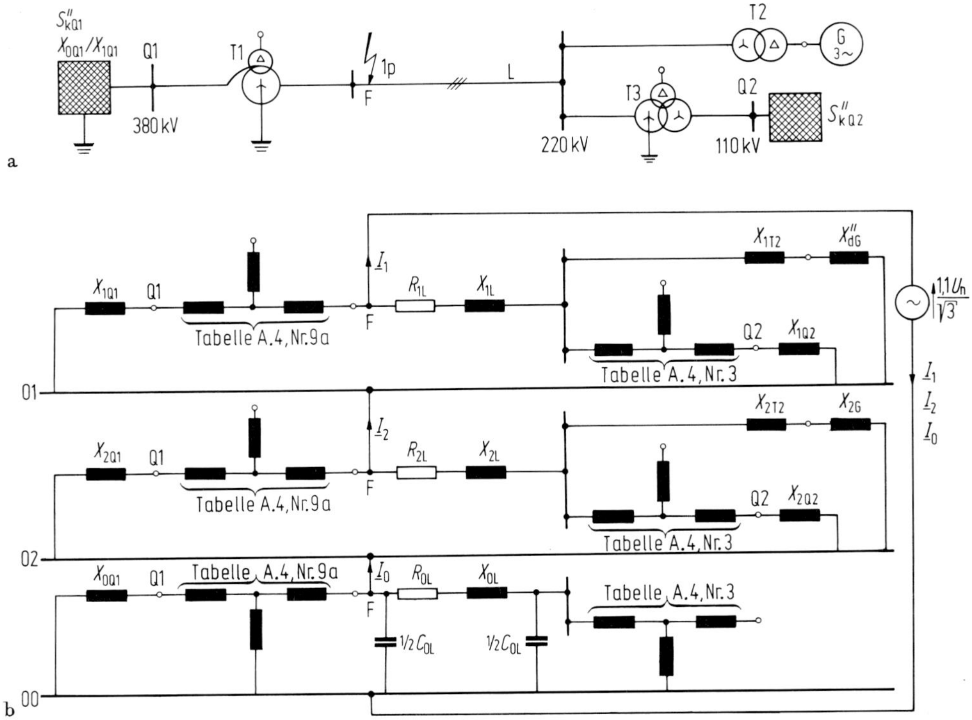

Bild 15.14. Berechnung des einpoligen Erdkurzschlußstromes in einem 220-kV-Netz mit Kupplung über Transformatoren mit dem 380-kV- und dem 110-kV-Netz.

(**a**) Netzschaltung; (**b**) Komponentenschaltbild mit Verknüpfung und Ersatzspannungsquelle an der Fehlerstelle

Die Bilder 15.8 und 15.9 enthalten die Ersatzschaltungen im Mitsystem. Bei unsymmetrischen Fehlern benötigt man daneben die Ersatzschaltungen im Gegen- und Nullsystem. Es gelten die Grundüberlegungen des Abschnittes 13.3. Dazu zeigt Bild 15.13 das Vorgehen bei drei-, zwei- und einpoligem Kurzschluß.

Bild 15.14 zeigt ein Beispiel für die Aufstellung des Komponentenschaltbildes aus der Netzschaltung. Die Komponentenschaltbilder der Transformatoren wurden Tabelle A.4 entnommen. Der geerdete Spartransformator zwischen dem 380- und dem 220-kV-Netz bringt eine Verbindung auch der Nullsysteme dieser beiden Spannungsebenen. Zur Berechnung von I''_{k1p} an der Fehlerstelle F im 220-kV-Netz muß deshalb neben X_{1Q1} auch X_{0Q1} bekannt sein.

15.3.4 Berechnungsgleichungen für Anfangs-Kurzschlußwechselströme I''_k

Berechnungsgleichungen für I''_k sind in Tabelle 15.3 zusammengestellt. Für die praktische Durchführung von Berechnungen müssen die Impedanzen der einzelnen Betriebsmittel bestimmt werden. Tabelle 15.4 enthält Hilfen dazu. Im Abschnitt 15.8 wird die Durchführung von Berechnungen im %/MVA-System behandelt.

Tabelle 15.3. Gleichungen zur Berechnung des Anfangs-Kurzschlußwechselstromes

Zeile Nr.	Fehlerart	Berechnungsgleichungen für I''_k	Gl.
1	*Dreipoliger Kurzschluß* $I''_k = I''_{k3p}$ Einfache Speisung des Netzes ohne Verzweigungen $x''_d > 20\,\%$ und ohne Transformator	$I''_{k3p} = \frac{E''}{Z_1} = \frac{c\,U_h}{\sqrt{3}\sqrt{R_1^2 + X_1^2}}$	(15.20)
		$E'' = \frac{c\,U_h}{\sqrt{3}} = U^v_{\curlywedge G} + I^v_G X''_d \sin\varphi^v$	(15.21)
	Vermaschtes Netz und einfache Speisung mit $x''_d < 20\,\%$ oder wenn ein oder mehrere Transformatoren zwischen Generator und Fehlerstelle liegen	$I''_{k3p} = \frac{1{,}1\,U_n}{\sqrt{3}\sqrt{R_1^2 + X_1^2}} = \frac{1{,}1\,U_n}{\sqrt{3}\,Z_1}$	(15.22)
	Anfangs-Kurzschluß-wechselstromleistung (Kurzschlußleistung)	$S''_k = \sqrt{3}\,U_n I''_k = \sqrt{3}\,U_n I''_{k3p}$	(15.23)
2	*Zweipoliger Kurzschluß* ohne Erdberührung	$I''_{k2p} = \frac{1{,}1\,U_n}{\lvert \underline{Z}_1 + \underline{Z}_2 \rvert} = \frac{\sqrt{3}}{2} I''_{k3p}$ (für $\underline{Z}_2 = \underline{Z}_1$)	(15.24)
	mit Erdberührung	I''_{k2pE}: Abschätzung nach Tabelle 15.5	
	über Erde und geerdete Leiter fließender Anteil von I''_{k2pE}	$I''_{kE2pE} = \frac{\sqrt{3} \cdot 1{,}1\,U_n}{\left\lvert \underline{Z}_1 + \underline{Z}_0 \left(1 + \frac{\underline{Z}_1}{\underline{Z}_2}\right) \right\rvert}$	(15.25)
3	*Einpoliger Erdkurzschluß*	$I''_{k1p} = \frac{\sqrt{3} \cdot 1{,}1\,U_n}{\lvert \underline{Z}_1 + \underline{Z}_2 + \underline{Z}_0 \rvert}$	(15.26)
4	*Doppelerdschluß* Fehlerstellen A u. B $\underline{M}_1$, $\underline{M}_2$: Koppelimpedanzen	$I''_{kEE} = \frac{3 \cdot 1{,}1\,U_n}{\lvert \underline{Z}_{1A} + \underline{Z}_{2A} + \underline{Z}_{1B} + \underline{Z}_{2B} + \underline{M}_1 + \underline{M}_2 + \underline{Z}_0 \rvert}$	(15.27)
	Niederspannungsnetze einseitig einfach gespeist.		
5	Dreipoliger Kurzschluß	$I''_{k3p} = \frac{c\,U_{nTUS}}{\sqrt{3}\sqrt{R_1^2 + X_1^2}}$	(15.28)
6	Zweipoliger Kurzschluß	$I''_{k2p} = \frac{c\,U_{nTUS}}{2\sqrt{R_1^2 + X_1^2}}$	(15.29)
7	Einpoliger Erdkurzschluß	$I''_{k1p} = \frac{\sqrt{3}\,c\,U_{nTUS}}{\sqrt{(2R_1 + R_0)^2 + (2X_1 + X_0)^2}}$	(15.30)
8	Vermaschte Nieder-spannungsnetze	Berechnung wie im Hochspannungsnetz mit $c\,U_h = c\,U_{nTUS}$ (Abschnitt 15.7.3)	

Tabelle 15.4. Impedanzen ($\underline{Z}=R\pm jX$) von Drehstrombetriebsmitteln zur Kurzschlußstromberechnung (Z, X, R in Ω; U_n in kV; S_n, S_k'' in MVA; u, x_d'' in %)

Nr.	Betriebsmittel	Impedanzen im Mitsystem[a]	Bemerkungen
1	Synchrongenerator Synchronmotor Phasenschieber 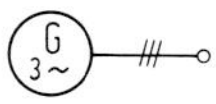	$X_G''=\frac{x_d''}{100\,\%}\cdot\frac{U_{nG}^2}{S_{nG}}$ $R_{sG}=0{,}05\,X_d''$: $S_{nG}\geqq 100$ MVA $R_{sG}=0{,}07\,X_d''$: $S_{nG}<100$ MVA $R_{sG}=0{,}12\,X_d''$	x_d'' gesättigte subtransiente Reaktanz in % Hochspannungsgeneratoren zur Berechnung von I_s Niederspannungsgeneratoren z. Berechnung von I_s
2	Transformator (2 Wicklungen) 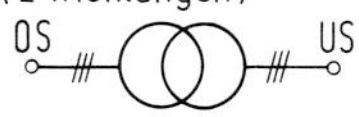 Mehrwicklungs-transformatoren: Tabelle A.4	$Z_T=\frac{u_{kn}}{100\,\%}\cdot\frac{U_{nT}^2}{S_{nT}}$ $R_T=\frac{u_{Rn}}{100\,\%}\cdot\frac{U_{nT}^2}{S_{nT}}$ $X_T=\sqrt{Z_T^2-R_T^2}$	U_{nT} Nennspannung auf der OS- oder US-Seite des Transformators. Bei Hochspannungstransformatoren gilt im allgemeinen $X_T\approx Z_T=\frac{u_{kn}}{100\,\%}\cdot\frac{U_{nT}^2}{S_{nT}}$
3	Leitungen (Freileitung oder Kabel) 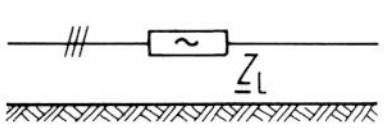	$X_L=X_L'\,l$ $R_L=R_L'\,l$ $\underline{Z}_L=(R_L'+jX_L')\,l$	X_L', R_L' in Ω/km und Stromkreis
4	Netz (Netzeinspeisung) 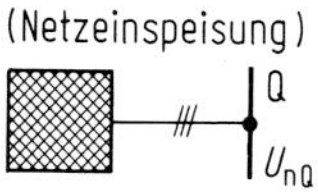	$X_Q=\frac{1{,}1\,U_{nQ}^2}{S_{kQ}''}$ $R_Q=0{,}1\,X_Q$	Am Anschlußpunkt Q des Netzes mit S_k'' nach Gl. (15.23) Wenn genauere Werte nicht bekannt sind
5	Kurzschlußstrom-Begrenzungs-drosselspule 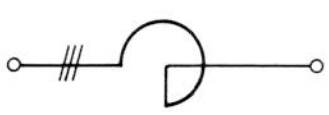	$X_D=\frac{u_n}{100\,\%}\cdot\frac{U_{nD}^2}{S_{nD}}$ mit $S_{nD}=\sqrt{3}\,U_{nD}\,I_D$	u_n Nennspannungsfall U_{nD} Nennspannung der Drossel S_{nD} Durchgangsleistung der Drossel
6	Paralleldrossel, Kondensator 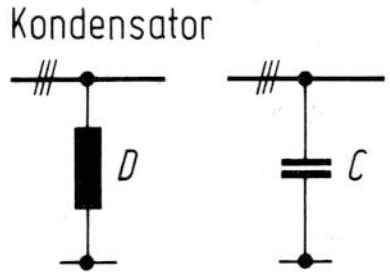	$X_D=\frac{U_n^2}{S_{nD}}$ $X_C=\frac{U_n^2}{S_{nC}}$	U_n Nennspannung S_{nD}, S_{nC} Drehstromleistungen

[a] Index zur Kennzeichnung des Mitsystems weggelassen.

Liegen Transformatoren zwischen der Fehlerstelle und den speisenden Generatoren bzw. den einspeisenden Netzen, so kann man nach Abschnitt 15.3.2 an der Fehlerstelle $c\,U_h=1{,}1\,U_n$ setzen, wobei U_n die Nennspannung des fehlerbetroffenen Netzes ist. Impedanzen der Betriebsmittel in über- und unterlagerten Netzen sind mit dem Quadrat der Transformator-Nennübersetzungen $\ddot{u}_n$ (Hauptanschluß) umzurechnen. Bei Stelltransformatoren mit einem Nenneinstellbe-

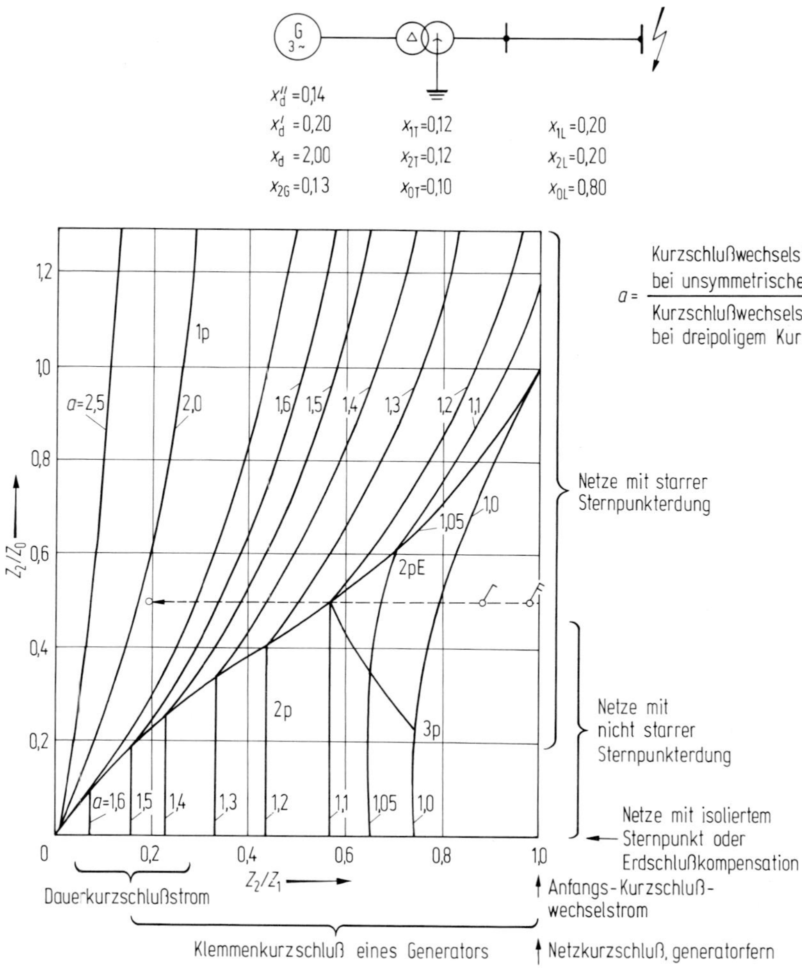

Reaktanz der Kurzschlußb.	Kurzschluß Augenblick	Übergangszustand	Dauerzustand
Mitsystem x_1	$x''_d + x_{1T} + x_{1L}$ =0,46	$x'_d + x_{1T} + x_{1L}$ =0,52	$x_d + x_{1T} + x_{1L}$ =2,32
Gegensystem x_2	$x_{2G} + x_{2T} + x_{2L}$=0,45		
Nullsystem x_0	$x_{0T} + x_{0L}$=0,90		
x_2/x_1	0,978	0,865	0,194
x_2/x_0	0,50		

Bild 15.15. Größte Kurzschlußströme bei unsymmetrischen Fehlern mit Beispiel zur Abschätzung des Anfangs-Kurzschlußwechselstromes und des Abklingens auf den Dauerkurzschlußstrom

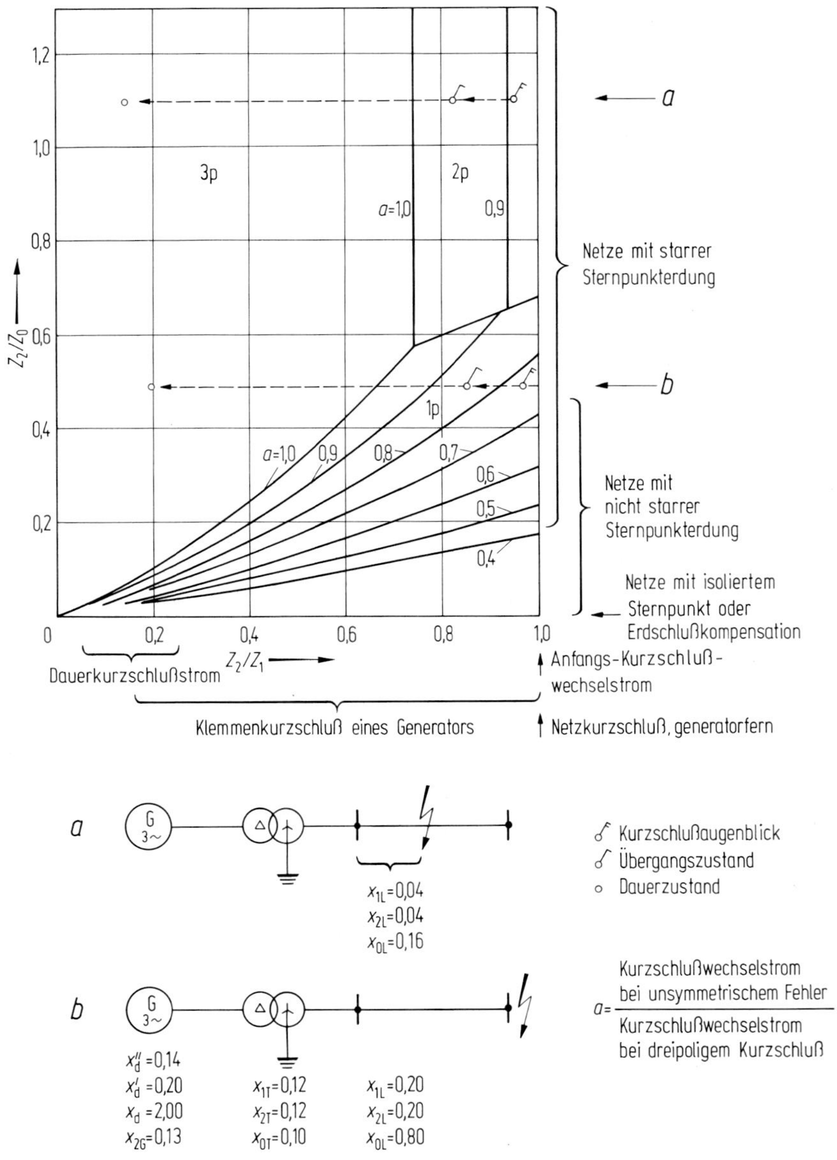

Bild 15.16. Kleinste Kurzschlußströme bei unsymmetrischen Fehlern mit eingezeichneten Beispielen

reich $p \geqq 10\%$ [VDE0532/8.69, § 21] ist als Transformatorreaktanz die durch 1 $+p/100\%$ dividierte Reaktanz bei Hauptanschluß [VDE 0532/8.69, § 10b) 1] in die Kurzschlußstromberechnung einzusetzen. Die Spannungen und Ströme sind mit den Transformatornennübersetzungen (Hauptanschluß) umzurechnen. Die Berücksichtigung des Einstellbereiches ist nur notwendig bei einseitig einfacher oder bei mehrseitig einfacher Speisung. Im vermaschten Netz darf mit $\ddot{u}_n$ gerechnet werden [2.15].

Tabelle 15.5. Zur Abschätzung des Anfangs-Kurzschlußwechselstromes I''_{k2pE} bei zweipoligem Kurzschluß mit Erdberührung [2.15]

Z_2/Z_1	Z_2/Z_0	I''_{k2pE}	
1	0 ... 1	$<I''_{k3p}$	$>I''_{k1p}$
1	1	$=I''_{k3p}$	$=I''_{k1p}$
1	1 ... 4,4	$>I''_{k3p}$	$<I''_{k1p}$
1	$>4{,}4$	$>I''_{k3p}$	$>I''_{k1p}$

Bei unsymmetrischen Fehlern sind die Berechnungsgleichungen (15.24), (15.25), (15.26) und (15.27) nach Tabelle 15.3 anzuwenden. Eine Abschätzung dazu, bei welcher Fehlerart die größten und die kleinsten Kurzschlußströme auftreten können, gelingt mit den Bildern 15.15 und 15.16, wobei annähernd gleiche Impedanzwinkel für $\underline{Z}_1$, $\underline{Z}_2$ und $\underline{Z}_0$ vorausgesetzt wurden. In der Diskussion zu [15.13] wird darauf hingewiesen, daß die Darstellung nach Bild 15.15 nur für Impedanzwinkel $\psi_{10} = (\arctan X_1/R_1 - \arctan X_0/R_0) \leqq 15°$ genügend genau (Fehler $\approx <5\,\%$) zutrifft. Bei Impedanzwinkelunterschieden $>15°$, wie sie zwischen Mit- und Nullsystem leicht auftreten können, ergeben sich u.U. erhebliche negative Fehler. Bei der Anwendung der Bilder 15.15 und 15.16 sollte man also bedenken, daß sie nur zur groben Orientierung dienen.

Man erkennt, daß die größten Anfangs-Kurzschlußwechselströme ($Z_2/Z_1 = 1$) bei dreipoligem Kurzschluß oder bei einpoligem Erdkurzschluß auftreten können abhängig vom Verhältnis Z_2/Z_0 (vgl. jedoch Tabelle 15.5 für

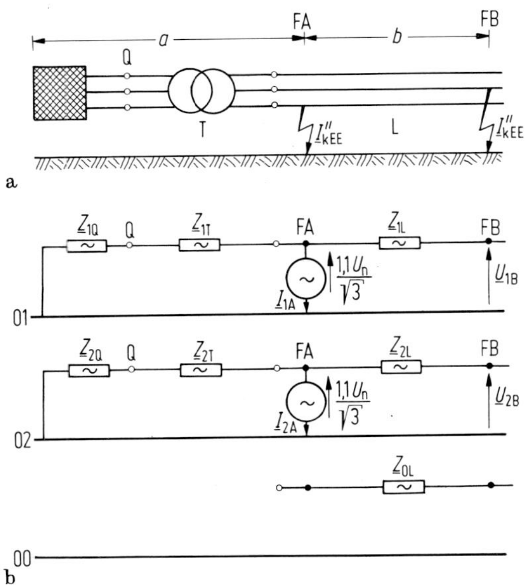

Bild 15.17. Doppelerdschluß auf einer einseitig einfach gespeisten Leitung in einem Netz mit isoliertem Sternpunkt.

(**a**) Netzschaltung und Fehlerstellen A und B; (**b**) Ersatzschaltungen im Mit-, Gegen- und Nullsystem mit Ersatzspannungsquellen mit Mit- und Gegensystem zur Ermittlung von $\underline{M}_1$ und $\underline{M}_2$

$Z_2/Z_0 > 4{,}4$; dieser Fall hat jedoch nur geringe praktische Bedeutung), während die kleinsten Kurzschlußströme, die besondere Bedeutung für die Auslegung des Netzschutzes haben, für $Z_2/Z_1 = 1$ beim einpoligen Kurzschluß oder beim zweipoligen Kurzschluß zu erwarten sind. Tabelle 15.5 dient zur Abschätzung des Anfangs-Kurzschlußwechselstromes $I''_{k\,2pE}$ bei zweipoligem Kurzschluß mit Erdberührung.

Doppelerdschlußströme werden im allgemeinen nur in isolierten oder über Erdschlußlöschspulen geerdeten Netzen berechnet [2.15, 15.26]. Für die Koppelimpedanzen $\underline{M}_1$ und $\underline{M}_2$ in Gl. (15.27) gilt:

$$\underline{M}_1 = \frac{\underline{U}_{1B}}{\underline{I}_{1A}} \quad \text{und} \quad \underline{M}_2 = \frac{\underline{U}_{2B}}{\underline{I}_{2A}} \tag{15.31}$$

Dabei sind $\underline{I}_{1A}$ bzw. $\underline{I}_{2A}$ die Ströme der Ersatzspannungsquelle an der Fehlerstelle A im Mit- bzw. Gegensystem und $\underline{U}_{1B}$ bzw. $\underline{U}_{2B}$ die sich dabei an der zweiten Fehlerstelle B ergebenden Spannungen im Mit- bzw. Gegensystem. Für den einfachen Netzaufbau nach Bild 15.17a ergibt sich für die Koppelimpedanzen $\underline{M}_1$ und $\underline{M}_2$ an der Stelle A:

$$\underline{M}_1 = \frac{\underline{U}_{1B}}{\underline{I}_{1A}} = \frac{1{,}1\, U_n/\sqrt{3}}{\dfrac{1{,}1\, U_n}{\sqrt{3}(\underline{Z}_{1Q} + \underline{Z}_{1T})}} = \underline{Z}_{1Q} + \underline{Z}_{1T}$$

$$\underline{M}_2 = \frac{\underline{U}_{2B}}{\underline{I}_{2A}} = \frac{1{,}1\, U_n/\sqrt{3}}{\dfrac{1{,}1\, U_n}{\sqrt{3}(\underline{Z}_{2Q} + \underline{Z}_{2T})}} = \underline{Z}_{2Q} + \underline{Z}_{2T}$$

Liegt ein generatorferner Fehler vor wie in diesem Beispiel, so gilt $\underline{Z}_1 = \underline{Z}_2$. Daher wird auch $\underline{M}_1 = \underline{M}_2$. Setzt man $\underline{Z}_{1A} = \underline{Z}_{2A} = \underline{Z}_{1Q} + \underline{Z}_{1T}$, $\underline{Z}_{1B} = \underline{Z}_{2B} = \underline{Z}_{1Q} + \underline{Z}_{1T} + \underline{Z}_{1L}$ sowie $\underline{M}_1$ und $\underline{M}_2$ und weiter $\underline{Z}_0 = \underline{Z}_{0L}$ in Gl. (15.27) ein, so ergibt sich für den Fall nach Bild 15.17:

$$\underline{I}''_{kEE} = \frac{3 \cdot 1{,}1\, U_n}{|6(\underline{Z}_{1Q} + \underline{Z}_{1T}) + 2\underline{Z}_{1L} + \underline{Z}_{0L}|}$$

Weitere Fälle zur Berechnung des Doppelerdschlußstromes bei einfachen Anordnungen sind in [2.15] und [15.7] angegeben.

15.4 Stoßkurzschlußstrom

15.4.1 Faktor κ

Der Stoßfaktor κ berücksichtigt das Abklingen des Gleichstromgliedes im Kurzschlußstrom. Er kann Bild 15.18 entnommen werden. Bei dreipoligem Kurzschluß in einem Netz ohne Verzweigungen gilt dann für den Stoßkurz-

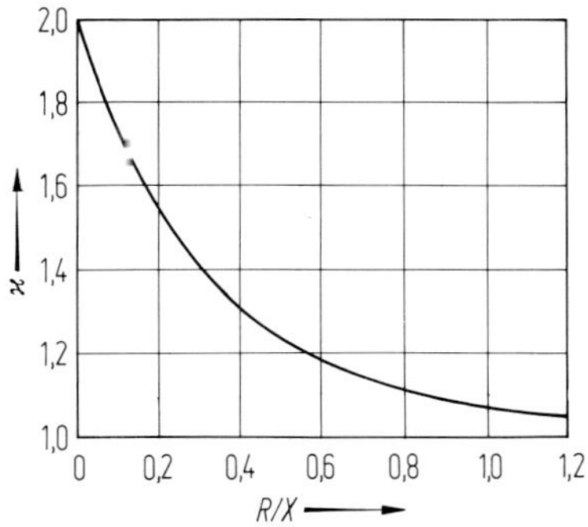

Bild 15.18. Faktor κ nach VDE 0102 [2.15]

schlußstrom (Scheitelwert) (Tabelle 15.6):

$$I_{s3p} = \kappa \sqrt{2}\, I''_{k\,3p} \tag{15.32}$$

Bei Synchrongeneratoren soll mit dem Faktor κ nicht nur das Abklingen des Gleichstromgliedes, sondern auch das Abklingen des Wechselstromgliedes nach dem Auftreten des Kurzschlusses bis zum Maximum des Augenblickswertes im Kurzschlußstrom berücksichtigt werden (Bild 15.3a). Für den Wirkwiderstand der Generatoren wird deshalb der fiktive Wert R_{sG} eingeführt. Der Wirkwiderstand der Ständerwicklung der Generatoren liegt wesentlich unter den Werten für R_{sG}. Nach [2.15, 2.17] sind folgende Werte einzusetzen:

$R_{sG} = 0{,}07\, X''_d$ bei Hochspannungsgeneratoren mit Nennleistungen unter 100 MVA

$R_{sG} = 0{,}05\, X''_d$ bei Hochspannungsgeneratoren mit Nennleistungen von und über 100 MVA

$R_{sG} = 0{,}12\, X''_d$ bei Niederspannungsgeneratoren

Der größte Augenblickswert des Kurzschlußstromes (I_s) tritt etwa 10 ms (1/2-Periode) nach dem Beginn des dreipoligen Kurzschlusses in einem Leiter des Drehstromsystems auf.

Bild 15.19 enthält aus Versuchen ermittelte κ-Faktoren für dreipoligen Klemmenkurzschluß von Turbogeneratoren. Hohe κ-Faktoren ergeben sich besonders beim Stoßkurzschluß aus dem Leerlaufbetrieb der Generatoren.

Vor allem bei Kurzschluß aus dem Leerlaufbetrieb wird $\kappa = 1{,}8$ bei großen Generatoren erheblich überschritten. Dies gilt auch bei Kurzschluß an den Oberspannungsklemmen der Blocktransformatoren. Da man während des größten Teils der Betriebszeit von Generatoren mit einer Vorbelastung rechnen kann, wird nach [2.15] bei Generatoren mit $S_{nG} \geqq 100$ MVA der Wert $\kappa \approx 1{,}86$ entsprechend $R_{sG} = 0{,}05\, X''_d$ vorgeschlagen.

Der Verlauf $\kappa(R/X)$ nach Bild 15.18 ergibt sich aus der Lösung der Differentialgleichung für den Ausgleichsvorgang. Nach Bild 15.20 gilt, wenn man den Kurzschluß zur Zeit $t = 0$ einleitet:

$$L \frac{\mathrm{d} i_k(t)}{\mathrm{d} t} + R\, i_k(t) = \frac{\sqrt{2} \cdot c\, U}{\sqrt{3}} \sin(\omega t + \varphi) \tag{15.33}$$

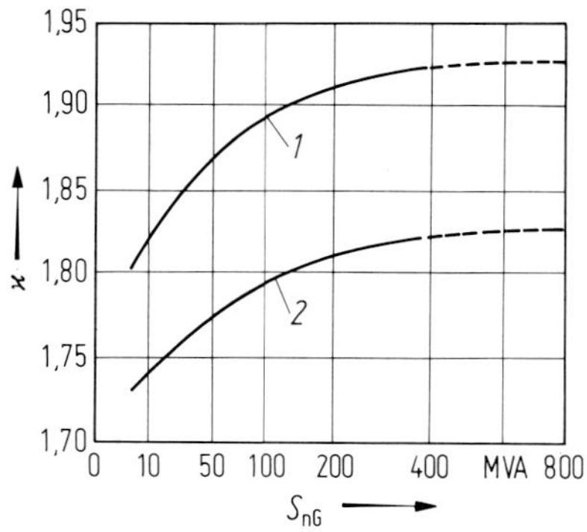

Bild 15.19. Faktor κ bei dreipoligen Klemmenkurzschlüssen von Turbogeneratoren, ungünstigster Augenblick des Kurzschlußeintritts [15.13].

1 Leerlaufbetrieb bei Nennspannung und Nenndrehzahl; *2* Vorbelastung des Generators mit $0{,}8 \cdot S_{\mathrm{nG}} \ldots 1{,}0 \cdot S_{\mathrm{nG}}$ und Nennleistungsfaktor

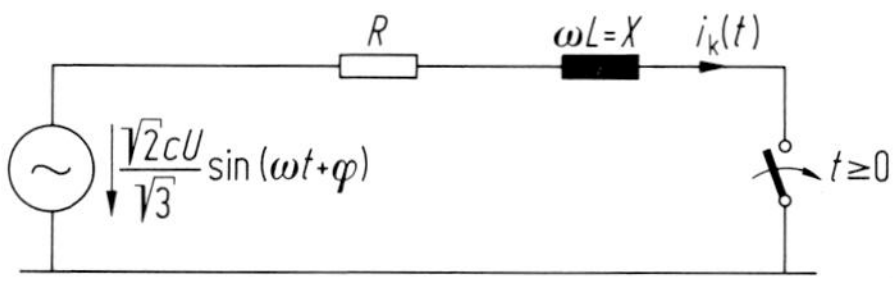

Bild 15.20. Anordnung zur Berechnung des Faktors κ

Als Lösung der Gl. (15.33) findet man:

$$i_{\mathrm{k}}(t)=\frac{\sqrt{2}\cdot c\,U}{\sqrt{3}\sqrt{R^2+X^2}}\left[\sin(\omega t+\varphi-\psi)-\mathrm{e}^{-t/T}\sin(\varphi-\psi)\right] \tag{15.34}$$

Dabei sind

$$I_{\mathrm{k}}''=\frac{c\,U}{\sqrt{3}\sqrt{R^2+X^2}} \quad \text{Anfangs-Kurzschlußwechselstrom}$$

$$T=\frac{L}{R}=\frac{X}{\omega R} \quad \text{Zeitkonstante}$$

$$\psi=\arctan\frac{X}{R} \quad \text{Impedanzwinkel}$$

Bezeichnet man das Verhältnis $i_{\mathrm{k}}(t)/\sqrt{2}\,I_{\mathrm{k}}''$ mit $\kappa(\omega t,\varphi,\psi)$, so gilt:

$$\kappa(\omega t,\varphi,\psi)=\left[\sin(\omega t+\varphi-\psi)-\mathrm{e}^{-t/T}\sin(\varphi-\psi)\right] \tag{15.35}$$

Maximalwerte von $\kappa(\omega t,\varphi,\psi)$ ergeben sich für $\varphi=0$ und für Werte $t \leqq 10$ ms (bei 50 Hz) abhängig von R/X. Bild 15.21 enthält eine Auswertung der Gl. (15.35) für $\varphi=0°$, 30°, 45°, 60° und 90°. Beim Beginn des Kurzschlusses im Maximum der Spannung ($\varphi=90°$) tritt kein Gleichstromglied auf, κ wird dann 1.

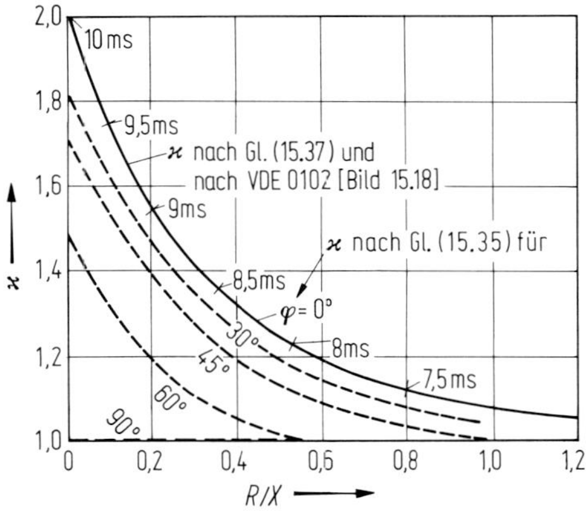

Bild 15.21. Faktor $\kappa(\omega t, \varphi, \psi)$ nach Gl. (15.35) für $\varphi=0°$, 30°, 45°, 60° und 90° (für die Kurve $\varphi=0°$ sind die Zeiten eingetragen zwischen dem Zeitpunkt des Kurzschlußeintritts und dem Auftreten von I_s)

Vernachlässigt man die Erscheinung, daß der Scheitelwert des Kurzschlußstromes $i_k(t)$ etwas früher erreicht wird als der erste Scheitelwert des Wechselstromgliedes (also etwas früher als 10 ms nach Kurzschlußbeginn, Bild 15.21), so ergibt sich aus Gl. (15.34) für $\varphi=0$, $\omega t=\pi/2+\psi$ der Scheitelwert [2.7]:

$$i_{k\,max} \approx \frac{\sqrt{2}\cdot c\,U}{\sqrt{3}\sqrt{R^2+X^2}}\left[1+\sin\psi\cdot e^{-\frac{R}{X}\left(\frac{\pi}{2}+\psi\right)}\right] \tag{15.36}$$

Für den Faktor κ ergibt sich dann mit $\sin\psi = X/\sqrt{R^2+X^2}$:

$$\kappa \approx 1+\frac{1}{\sqrt{1+\left(\frac{R}{X}\right)^2}}\,e^{-\frac{R}{X}\left(\frac{\pi}{2}+\arctan\frac{X}{R}\right)} \tag{15.37}$$

κ nach Gl. (15.37) abhängig von R/X ist zum Vergleich in Bild 15.21 eingetragen. Man erkennt, daß die Differenz zwischen der Auswertung der Gl. (15.35) und κ nach Gl. (15.37) gering ist.

Eine gute Näherung zur Berechnung von κ z.B. bei der Aufstellung eines Digitalprogramms für die Berechnung der Kurzschlußströme stellt die folgende e-Funktion dar:

$$\kappa = 1{,}0202 + 0{,}9798\,e^{-3{,}0182\,R/X} \tag{15.38}$$

Kann man ein Netz mit Mehrfachspeisung wie ein mehrseitig einfach gespeistes Netz nach Bild 15.22 behandeln, so können die Stoßkurzschlußströme der einzelnen Einspeisungen an der Fehlerstelle addiert werden. Es ergibt sich dann:

$$I_{s3p} = I_{s3p1} + I_{s3p2} + I_{s3p3} + \cdots \tag{15.39a}$$

$$I_{s3p} = \kappa_1\sqrt{2}\,I''_{k3p1} + \kappa_2\sqrt{2}\,I''_{k3p2} + \kappa_3\sqrt{2}\,I''_{k3p3} + \cdots \tag{15.39b}$$

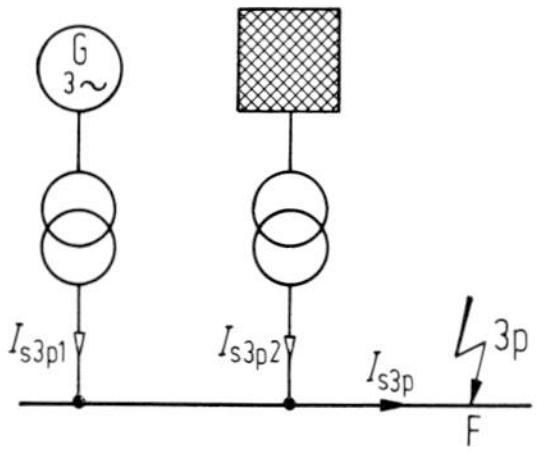

Bild 15.22. Mehrseitig einfach gespeiste Fehlerstelle. Der Stoßkurzschlußstrom wird durch Addition der Teilstoßkurzschlußströme gefunden

Zur Ermittlung des Faktors κ bei einem Kurzschluß in einem beliebig vermaschten Netz sind eine Reihe von Näherungsverfahren bekannt. Eine eingehende Untersuchung wurde in [15.18] vorgenommen. Nach [2.15] sind die folgenden drei Verfahren zulässig:

a) κ_z – Einheitliches Verhältnis R/X
Der Faktor κ, hier mit κ_z bezeichnet, wird einheitlich nach dem kleinsten vorkommenden Verhältnis R/X bestimmt. Dabei brauchen nur die Netzzweige z berücksichtigt zu werden, die im fehlerbetroffenen Netz liegen und die Teilkurzschlußströme führen. In Reihe geschaltete elektrische Betriebsmittel, z.B. Transformatoren mit Leitungen, sind wie ein einziger Netzzweig zu behandeln. Der Faktor κ_z braucht nicht größer als 1,8 gewählt zu werden. Es gilt:

$$I_{s3p} = \kappa_z \sqrt{2}\, I''_{k3p} \tag{15.40}$$

b) $1{,}15\,\kappa_k$ – Verhältnis $R/X = R_k/X_k$ an der Fehlerstelle
Der Stoßkurzschlußstrom I_{s3p} wird berechnet mit

$$I_{s3p} = 1{,}15\,\kappa_k \sqrt{2}\, I''_{k3p} \tag{15.41}$$

κ_k wird Bild 15.18 entnommen, wobei R_k/X_k aus der Netzimpedanz $\underline{Z}_k = R_k + \mathrm{j}\,X_k = \underline{Z}_1 = R_1 + \mathrm{j}\,X_1$ für die Fehlerstelle bei Nennfrequenz (50 Hz) gebildet wird. Für $1{,}15\,\kappa_k$ braucht kein größerer Wert als 1,8 eingesetzt zu werden.

c) κ_f – Ersatzfrequenz $f_e = 20$ Hz im Netz mit der Nennfrequenz 50 Hz
Der Stoßkurzschlußstrom I_{s3p} wird berechnet mit

$$I_{s3p} = \kappa_f \sqrt{2}\, I''_{k3p} \tag{15.42}$$

wobei κ_f dem Bild 15.18 entnommen wird, wenn man ermittelt hat:

$$\frac{R}{X} = \frac{R_f}{2\pi f_e L_f} \cdot \frac{f_e}{50\,\mathrm{Hz}} \tag{15.43}$$

Dabei ist $\underline{Z}_f = R_f + \mathrm{j}\,2\pi f_e L_f$ die Netzimpedanz an der Fehlerstelle, wenn dort eine Ersatzspannungsquelle mit der Frequenz $f_e = 20$ Hz wirkt. Für κ_f braucht kein größerer Wert als 1,8 eingesetzt zu werden.

Das Verfahren a wird man günstig verwenden können, wenn eine Kurzschlußstromberechnung per Hand durchgeführt wird und man bei der Berechnung nur die Reaktanzen der Betriebsmittel berücksichtigt. Das kleinste Verhältnis R/X ist dann leicht feststellbar ohne besondere Zusatzberechnungen.

Das Verfahren b bietet die Möglichkeit I_s zu bestimmen, wenn eine komplexe Kurzschlußstromberechnung vorliegt mit $\underline{Z}_1 = R_1 + \mathrm{j}\,X_1$ an der Fehlerstelle, z.B. ausgeführt mit Hilfe eines Digitalprogramms.

Das Verfahren c, das nach [15.18] ein Ergebnis liefert, das dem exakten Ergebnis genügend nahe kommt ($\pm 5\%$) kann nur angewendet werden, wenn neben der Berechnung von $\underline{Z}_1 = R_1 + \mathrm{j}\,X_1$ an der Fehlerstelle für 50 Hz eine zweite vollständige Berechnung durchgeführt wird zur Ermittlung von $\underline{Z}_f = R_f + \mathrm{j}\,X_f$ an der Fehlerstelle für $f_e = 20$ Hz. Der Berechnungsaufwand steigt gegenüber dem Verfahren b auf das Doppelte.

15.4.2 Berechnungsgleichungen für Stoßkurzschlußströme I_s

In Tabelle 15.6 sind die Gleichungen zur Berechnung des Stoßkurzschlußstromes zusammengestellt. Bei unsymmetrischen Fehlern wird κ so eingesetzt, wie

Tabelle 15.6. Gleichungen zur Berechnung des Stoßkurzschlußstromes

Zeile Nr.	Fehlerart	Berechnungsgleichungen für I_s	Gl.
1	*Dreipoliger Kurzschluß* Einfache, einseitige Speisung ohne Verzweigungen mit κ nach Bild 15.18:	$I_{s3p} = \kappa\sqrt{2}\,I''_{k3p}$	(15.32)
	Einfache, mehrseitige Speisung:	$I_{s3p} = I_{s3p1} + I_{s3p2} + I_{s3p3} + \cdots$	(15.39)
	Beliebig vermaschtes Netz: Einheitliches Verhältnis R/X	$I_{s3p} = \kappa_z\sqrt{2}\,I''_{k3p}$	(15.40)
	Verhältnis R/X an der Fehlerstelle	$I_{s3p} = 1{,}15\,\kappa_k\sqrt{2}\,I''_{k3p}$	(15.41)
	Ersatzfrequenz f_e (20 Hz) ($\underline{Z}_f = R_f + \mathrm{j}\,2\pi f_e L_f$)	$I_{s3p} = \kappa_f\sqrt{2}\,I''_{k3p}$ mit	(15.42)
		$\frac{R}{X} = \frac{R_f}{2\pi f_e L_f}\cdot\frac{f_e}{50\,\mathrm{Hz}}$	(15.43)
2	*Zweipoliger Kurzschluß* ohne Erdberührung:	$I_{s2p} = \kappa\sqrt{2}\,I''_{k2p}$ (κ wie beim dreipoligen Kurzschluß)	(15.44)
	mit Erdberührung:	Berechnung nicht erforderlich	
3	*Einpoliger Erdkurzschluß*	$I_{s1p} = \kappa\sqrt{2}\,I''_{k1p}$ (κ wie beim dreipoligen Kurzschluß)	(15.45)
4	*Doppelerdschluß*	$I_{sEE} = \kappa\sqrt{2}\,I''_{kEE}$ (κ wie beim dreipoligen Kurzschluß)	(15.46)

beim dreipoligen Kurzschluß. Die Ergebnisse werden dann auf der sicheren Seite liegen. Im allgemeinen gilt für den Wirkwiderstand des Gegensystems $R_2 = R_1$ und für den Wirkwiderstand des Nullsystems $R_0 > R_1$.

Gleichungen zur Berechnung des Stoßkurzschlußstromes beim Klemmenkurzschluß von Asynchronmotoren sind in den Tabellen 15.8 und 15.9 angegeben. Gleichzeitig findet man dort Angaben für die mittleren Verhältnisse $R_M/X_M = R_{1M}/X_{1M}$ und κ bei Hoch- und Niederspannungsmotoren.

Der Einfluß von Parallelkapazitäten (Kondensatorbatterien oder Kabelkapazitäten im Mitsystem) auf den Anfangs-Kurzschlußwechselstrom und den Stoßkurzschlußstrom kann meist vernachlässigt werden [2.15].

15.5 Ausschaltwechselstrom und Dauerkurzschlußstrom

15.5.1 Faktoren μ und λ

Bei einem generatornahen Kurzschluß klingt der Kurzschlußwechselstrom ab, während er bei einem generatorfernen Kurzschluß ($I''_k/I_n \leqq 2$) in erster Näherung als konstant angesehen werden kann. Das Abklingen des Wechselstromanteils $I_k(t)$ nach Gl. (15.1) wird durch die Zeitkonstanten T''_{dN} und T'_{dN} sowie durch die Erregung (Art der Erregungseinrichtung und Höhe der Deckenspannung) der Synchronmaschine bestimmt (Bilder 15.5 und 15.6).

Der Dauerkurzschlußstrom, der sich nach dem Abklingen der subtransienten und transienten Ausgleichsvorgänge einstellt, wird in seiner Größe von der gesättigten synchronen Reaktanz der Synchronmaschine und von der Höhe der Deckenspannung beeinflußt.

Als Ausschaltwechselstrom I_a wird der Effektivwert des Kurzschlußwechselstromes $I_k(t)$ bezeichnet, der im Zeitpunkt der ersten Kontakttrennung über den Schalter fließt ($t = t_{SV}$). Häufig, insbesondere bei einem generatorfernen Kurzschluß, wird es nicht notwendig, den beim Ausschalten noch vorhandenen kleinen Anteil des Kurzschlußgleichstromes $I_{k-}(t)$ zu berücksichtigen. In [2.15] wird deshalb nur die Berechnung von I_a angegeben.

Ausschaltwechselstrom und Dauerkurzschlußstrom werden mit Hilfe der Faktoren μ und λ bestimmt. Vorausgegangen sein muß dazu eine Berechnung des Anfangs-Kurzschlußwechselstromes und der Teilkurzschlußströme. Die Faktoren μ und λ kann man aus den Bildern 15.23 und 15.24 ablesen. Für einen einseitig einfach gespeisten dreipoligen Kurzschluß in einem Netz ohne Verzweigungen gilt:

$$I_a = \mu I''_k \tag{15.47}$$

$$I_{k\,max} = \lambda_{max} I_n \tag{15.48a}$$

$$I_{k\,min} = \lambda_{min} I_n \tag{15.48b}$$

Der Faktor μ ist abhängig vom Verhältnis $I''_{k\,3p}/I_n$ (bzw. $I''_{k\,2p}/I_n$ bei zweipoligem Kurzschluß) und vom Mindestschaltverzug t_{SV}. Dabei ist I_n der Nennstrom des speisenden Generators. Die μ-Kurven in Bild 15.23 nach [2.15] wurden rechnerisch bestimmt und so festgelegt, daß sie Ergebnisse auf der sicheren Seite liefern [15.13].

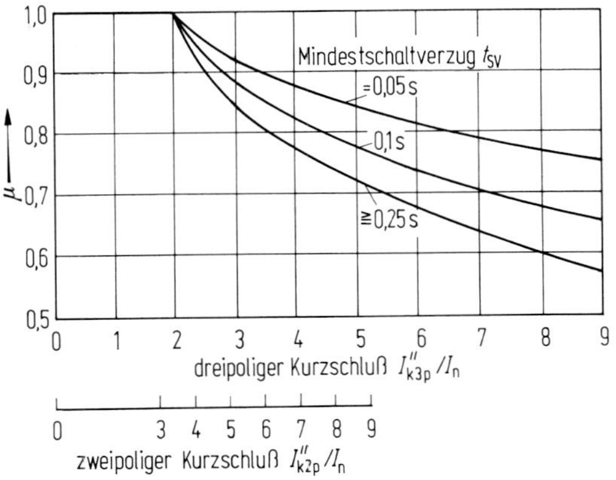

Bild 15.23. Faktor μ zur Berechnung des Ausschaltwechselstromes I_a bei dreipoligem und zweipoligem Kurzschluß (Abszissenmaßstab!). Bei $I''_{k\,3p}/I_n \leqq 2$ liegt ein generatorferner Kurzschluß vor

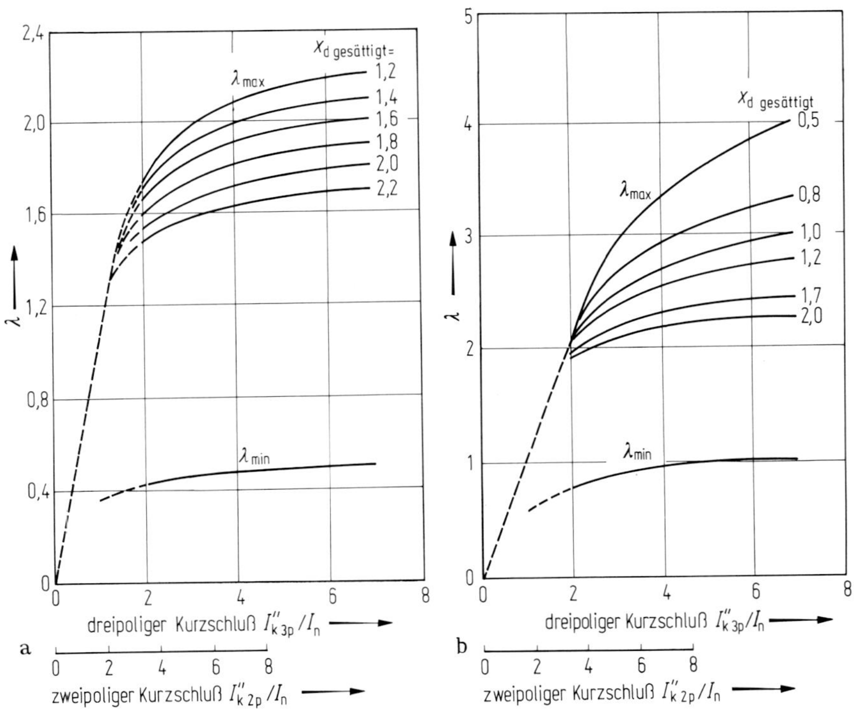

Bild 15.24. Faktoren λ_{max} und λ_{min} zur Berechnung des maximalen und minimalen Dauerkurzschlußstromes für Turbogeneratoren und Schenkelpolgeneratoren.

(**a**) Turbogeneratoren; (**b**) Schenkelpolgeneratoren; $x_{d\,gesättigt}$ ist der Kehrwert des Leerlauf-Kurzschlußverhältnisses K_C [VDE 0530 Teil 4/10.66 § 7a)]

Nach [2.15] darf man auch für Generatoren mit Stromrichtererregung die μ-Faktoren anwenden, wenn weder der Mindestschaltverzug 0,25 s übersteigt noch die größte Erregerspannung $U_{f\,max}$ (Deckenspannung) den 1,6fachen Wert der Erregerspannung bei Nennlast überschreitet. Bei Generatoren mit Kompounderregung sind jeweils beondere Berechnungen oder Messungen notwendig, oder es ist $\mu = 1$ zu setzen.

Da der Dauerkurzschlußstrom weitgehend von der Erregung abhängig ist, wurde in [2.15] eine obere ($I_{k\,max}$) und eine untere Grenze ($I_{k\,min}$) angegeben, wobei in Bild 15.24 die obere Grenze für die größtmögliche Erregung der Synchronmaschine und die untere Grenze für Leerlauferregung der Synchronmaschine gilt. Auch in den Gln. (15.48) ist I_n der Nennstrom der Synchronmaschine. Die λ_{max}-Kurven gelten für eine größtmögliche Erregerspannung vom 1,3fachen (Turbogeneratoren) bzw. vom 1,6fachen (Schenkelpolgeneratoren) der Nennerregerspannung bei Nennlast und Nennleistungsfaktor. Bei Abweichungen bis zu $\pm 20\,\%$ von diesen Werten darf nach [2.15] proportional zur Abweichung umgerechnet werden.

Wird der Kurzschluß in einem Netz mit Verzweigungen aus mehreren Spannungsquellen gespeist, so sind die Gln. (15.47) und (15.48) nicht mehr ohne weiteres brauchbar. Man hat dann zu unterscheiden zwischen den Fällen nach Bild 15.25 und Bild 15.26.

Vernachlässigt man in Bild 15.25 die Impedanz der Generatorableitung gegen die anderen Impedanzen, so ist es bei dreipoligem Kurzschluß an der Fehlerstelle F möglich, die Anteile des Generators (Index G), der Netzeinspeisung (Index N) und der Motoren des Eigenbedarfs (Index M) getrennt zu berechnen und durch Addition den Anfangs-Kurzschlußwechselstrom I_k'', den Stoßkurzschlußstrom I_s (Gl. (15.39)), den Ausschaltwechselstrom I_a und den Dauerkurzschlußstrom I_k an der Fehlerstelle zu bestimmen (s. Angaben in der Unterschrift zu Bild 15.25). Hat

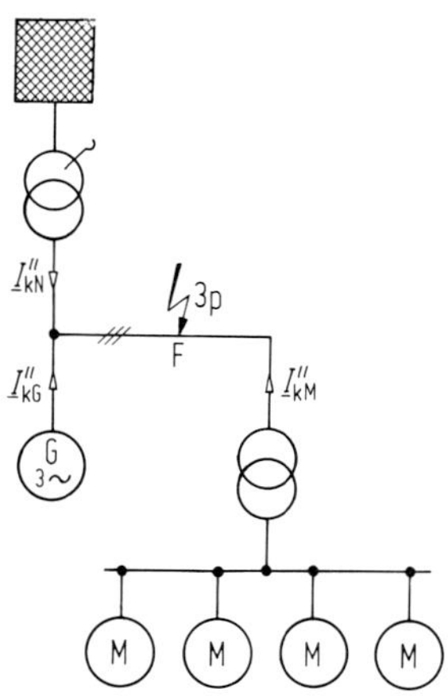

Bild 15.25. Beispiel zur Kurzschlußstromberechnung in einem verzweigten Netz nach der Methode der Netzteilung:

$I_k'' = I_{kG}'' + I_{kN}'' + I_{kM}''$; $I_s = I_{sG} + I_{sN} + I_{sM}$;
$I_a = I_{aG} + I_{aN} + I_{aM}$ mit $I_{aN} = I_{kN}''$;
$I_k = I_{kG} + I_{kN} + I_{kM}$ mit $I_{kN} = I_{kN}''$ und $I_{kM} = 0$.

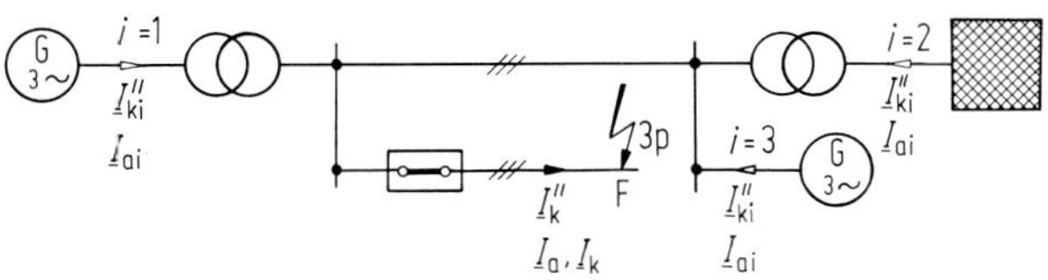

Bild 15.26. Beispiel zur Erläuterung der Berechnung des Ausschaltwechselstromes I_a (Faktor μ_k) und des Dauerkurzschlußstromes I_k bei Mehrfachspeisung und Verzweigung im Netz I_a nach Gl. (15.50) mit μ_k nach Gl. (15.51) und I_k nach Gl. (15.52)

der Synchrongenerator in Bild 15.25 eine subtransiente Längsreaktanz $x''_d > 20\,\%$, so sind die Teilkurzschlußströme dieses Generators ausgehend von den Gln. (15.20) und (15.21) zu berechnen. Für die Netzeinspeisung gilt $I_a = I_n = I''_k$ nach Gl. (15.49), (Tabelle 15.7).

Für das Beispiel nach Bild 15.26 ist keine Netztrennung mehr möglich. In diesem Fall muß man aus dem Anfangs-Kurzschlußwechselstrom I''_k an der Fehlerstelle die von den Generatoren und der Netzeinspeisung gelieferten Teilkurzschlußströme ermitteln. (Sind auch Motoren vorhanden, so sind deren Teilkurzschlußströme ebenfalls zu bestimmen.) Für den Ausschaltwechselstrom und den Dauerkurzschlußstrom gelten dann nach [2.15] für die Fehlerstelle folgende Berechnungsgleichungen:

$$I_{a\,3p} = \mu_k I''_{k\,3p} \tag{15.50}$$

mit

$$\mu_k = \frac{\sum_{i=1}^{m} (U_{n\,i} I_{a\,i})}{\sum_{i=1}^{m} (U_{n\,i} I''_{k\,i})} \tag{15.51}$$

$$I_{k\,3p} = \frac{\sum_{i=1}^{m} (\lambda_{\max\,i} I_{n\,i} U_{n\,i})}{U_n} + \frac{\sum_{j=1}^{n} (U_{n\,j} I''_{k\,j})}{U_n} \tag{15.52}$$

Dabei sind in der Gl. (15.51), (Bild 15.26):

$U_{n\,i}$ Nennspannung des Netzes, in das die Spannungsquelle i einspeist,

$I_{a\,i}$ Anteil des Ausschaltwechselstromes, der von der Spannungsquelle i geliefert wird, wobei
Gl. (15.47) für Synchronmaschinen,
Gl. (15.49) für Netzeinspeisungen und
Gl. (15.62) für Asynchronmotoren zu verwenden ist.

$I''_{k\,i}$ Anteil des Anfangs-Kurzschlußwechselstromes, der von der Spannungsquelle i geliefert wird,

und zusätzlich in der Gl. (15.52):

U_n Nennspannung des Netzes, in dem der Fehler auftritt

$U_{n\,j}$ Nennspannung des Einspeisenetzes j

$I_{n\,i}$ Nennstrom der Synchronmaschine i

I''_{kj}	Anteil des Anfangs-Kurzschlußstromes, der von der Netzeinspeisung j geliefert wird
$\lambda_{\max i}$	Faktor $\lambda_{\max}$ zur Berechnung des größten Dauerkurzschlußstromes der Synchronmaschine i (Bild 15.24) abhängig von I''_{ki}/I_{ni}
$i=1,\ldots,m$	Index für Synchronmaschinen [erster Teil Gl. (15.52)]
$j=1,\ldots,n$	Index für Netzeinspeisungen [zweiter Teil Gl. (15.52)]

Bei zweipoligem Kurzschluß ohne Erdberührung klingen der Ausschalt-Wechselstrom I_{a2p} und der Dauerkurzschlußstrom I_{k2p} einer Synchronmaschine langsamer ab als bei dreipoligem Kurzschluß. Für einpoligen Erdkurzschluß ist dies in noch stärkerem Maße der Fall. Die Faktoren μ und λ für unsymmetrische Fehler (2p und 1p) kann man aus den Bildern 15.23 und 15.24 ablesen, wenn man den Mitsystem-Anteil des Kurzschlußstromes für zwei- oder einpoligen Kurzschluß ermittelt. Es gilt:

bei zweipoligem Kurzschluß ohne Erdberührung:

$$\frac{I''_{k2p}}{I_n}=\frac{\sqrt{3}}{2}\,\frac{I''_{k3p}}{I_n}$$

$$I''_{k2p}=\sqrt{3}\,I''_{1k2p}$$

$$\frac{I''_{1k2p}}{I_n}=\frac{1}{2}\cdot\frac{I''_{k3p}}{I_n}$$

bei einpoligem Kurzschluß (Erdkurzschluß):

$$\frac{I''_{k1p}}{I_n}=\frac{3}{2+\underline{Z}_0/\underline{Z}_1}\cdot\frac{I''_{k3p}}{I_n}$$

$$I''_{k1p}=3\,I''_{1k1p}$$

$$\frac{I''_{1k1p}}{I_n}=\frac{1}{2+\underline{Z}_0/\underline{Z}_1}\cdot\frac{I''_{k3p}}{I_n}$$

Als Abszisse zur Ermittlung der μ- und λ-Faktoren bei zweipoligem Kurzschluß ohne Erdberührung und beim einpoligen Erdkurzschluß sind also verkleinerte Abszissenwerte zu wählen im Vergleich zu den Abszissenwerten für dreipoligen Kurzschluß in den Bildern 15.23 und 15.24. Zur Vereinfachung wurde ein zweiter Abszissenmaßstab I''_{k2p}/I_n eingeführt, der auf $1/\sqrt{3}$ gegenüber dem Maßstab für I''_{k3p}/I_n verkürzt ist. Bei $\underline{Z}_0/\underline{Z}_1=1$ müßte man einen Abszissenmaßstab I''_{k1p}/I_n einführen, der auf 1/3 gegenüber dem Maßstab für I''_{k3p}/I_n zu verkürzen wäre. Bei $\underline{Z}_0/\underline{Z}_1>1$ wäre eine weitere Verkürzung notwendig. Bei einpoligem Kurzschluß wird man dann in den meisten Fällen einen Abszissenwert erhalten wie bei generatorfernem dreipoligen Kurzschluß ($I''_{k3p}/I_n\leqq 2$). Auf einen dritten Abszissenmaßstab für I''_{k1p}/I_n kann deshalb verzichtet werden. Nach [2.15] darf gesetzt werden:

$$I_{a1p}=I_{k1p}=I''_{k1p} \tag{15.55}$$

15.5.2 Berechnungsgleichungen für I_a und I_k

In Tabelle 15.7 sind die Gleichungen zur Berechnung des Ausschaltwechselstroms und des Dauerkurzschlußstroms zusammengestellt. In Netzen mit Verzweigungen und in vermaschten Netzen tritt μ_k an die Stelle von μ [Gl. (15.51) anstelle von Gl. (15.47)].

Bei der Berechnung des Ausschaltwechselstroms und des Dauerkurzschlußstroms bei Doppelerdschluß nach den Gln. (15.56a) und (15.56b) wird vorausgesetzt, daß der Doppelerdschluß generatorfern ist. Bei generatornahem Doppelerdschluß sind besondere Untersuchungen notwendig.

Tabelle 15.7. Gleichungen zur Berechnung des Ausschaltwechselstromes und des Dauerkurzschlußstromes

Zeile Nr.	Fehlerart	Berechnungsgleichungen für I_a und I_k	Gl.
1	*Dreipoliger Kurzschluß* Einfache, einseitige Speisung ohne Verzweigungen: μ nach Bild 15.23 λ nach Bild 15.24	 $I_{a\,3p}=\mu\, I''_{k\,3p}$ $I_{k\,3p\,max}=\lambda_{max}\, I_n$ $I_{k\,3p\,min}=\lambda_{min}\, I_n$	 (15.47) (15.48c) (15.48b)
	Von einer Netzeinspeisung über eine Impedanz gespeister Kurzschluß	$I_a=I_k=I''_k$ $[I_{a\,3pQ}=I_{k\,3pQ}=I''_{k\,3pQ}]$	(15.49)
	Beliebig vermaschtes Netz:	$I_{a\,3p}=\mu_k\; I''_{k\,3p}$	(15.50)
	Ausschaltwechselstromanteil I_{ai} für Synchronmaschinen nach Gl. (15.47) Netzeinspeisung nach Gl. (15.49) Asynchronmotoren nach Gl. (15.62)	mit $\mu_k=\dfrac{\sum_{i=1}^{m}(U_{ni}\, I_{ai})}{\sum_{i=1}^{m}(U_{ni}\, I''_{ki})}$	(15.51)
	Asynchronmotoren liefern keinen Beitrag zu $I_{k\,3p}$	$I_{k\,3p\,max}=\dfrac{\sum_{i=1}^{m}(\lambda_{max\,i}\, I_{ni}\, U_{ni})}{U_n}+\dfrac{\sum_{j=1}^{n}(U_{nj}\, I''_{kj})}{U_n}$	(15.52)
2	*Zweipoliger Kurzschluß* Ohne Erdberührung (μ und λ für zweipoligen Kurzschluß) Mit Erdberührung	 $I_{a2p}=\mu\, I''_{k\,2p}$ [a] $I_{k2p}=\lambda\sqrt{3}\, I_n$ [b] Berechnung nicht erforderlich	 (15.53) (15.54)
3	*Einpoliger Erdkurzschluß*	$I_{a1p}=I''_{k\,1p}$ $I_{k1p}=I''_{k\,1p}$	(15.55a) (15.55b)
4	*Doppelerdschluß*	$I_{aEE}=I''_{kEE}$ $I_{kEE}=I''_{kEE}$	(15.56a) (15.56b)

[a] Im beliebig vermaschten Netz mit Mehrfachspeisung gilt $I_{a2p}=\mu_{k\,2p}\, I''_{k\,2p}$, wobei $\mu_{k\,2p}$ entsprechend Gl. (15.51) zu bilden ist mit I_{a2pi}, $I''_{k\,2pi}$ und μ_{2p} aus Bild 15.23 unter Verwendung der Abszisse für zweipoligen Kurzschluß.

[b] Im beliebig vermaschten Netz mit Mehrfachspeisung setzt sich der zweipolige Dauerkurzschlußstrom ebenso wie der dreipolige Dauerkurzschlußstrom nach Gl. (15.52) aus mehreren Teilen zusammen. λ_{2p} ist aus Bild 15.24 zu bestimmen unter Verwendung der Abszisse für zweipoligen Kurzschluß. Zu beachten ist, daß auch Asynchronmotoren Beiträge zum zweipoligen Dauerkurzschlußstrom liefern.

15.6 Kurzschlußströme von Motoren

Asynchronmotoren im Hoch- und Niederspannungsnetz liefern Anteile zum Anfangs-Kurzschlußwechselstrom, zum Stoßkurzschlußstrom, zum Ausschaltwechselstrom und bei zweipoligem Fehler auch zum Dauerkurzschlußstrom. Der Kurzschlußstrom von Asynchronmotoren klingt schneller ab als der von Synchronmaschinen. Bei der Berechnung des dreipoligen Ausschaltwechselstromes wird deshalb zusätzlich zu dem Faktor μ ein Faktor q eingeführt, abhängig von der Motorleistung pro Polpaar und vom Mindestschaltverzug.

Stromrichtergespeiste Gleichrichterantriebe (z.B. Fördermaschinenantriebe oder Antriebe in Walzwerken) sind bei drehstromseitigem Kurzschluß nur mit ihrem Beitrag zum Stoßkurzschlußstrom zu berücksichtigen, wenn durch die Schwungmassen ein vorübergehender Wechselrichterbetrieb möglich ist und der zusätzlich gelieferte Anteil I_{sGl} mehr als 5% des Stoßkurzschlußstroms I_{s} ohne Gleichstromantriebe beträgt. Zur Abschätzung von I_{sGl} dient [2.15]:

$$I_{\mathrm{sGl}} \approx 2\,\frac{P_{\mathrm{nGl}}}{S_{\mathrm{k}}''} \cdot I_{\mathrm{s}} \tag{15.57}$$

mit P_{nGl} als Nennleistung des Gleichstromantriebs, S_{k}'' als Anfangs-Kurzschlußwechselstrom des Netzes und I_{s} als Stoßkurzschlußstrom des Netzes.

15.6.1 Berücksichtigung von Asynchronmotoren bei Kurzschluß im Hochspannungsnetz

Asynchronmotoren mit Nennspannungen über 1 kV, die über Transformatoren mit dem fehlerbetroffenen Netz verbunden sind, dürfen nach [2.15] vernachlässigt werden, wenn sich ergibt:

$$\frac{\sum P_{\mathrm{nM}}}{\sum S_{\mathrm{nT}}} \leqq \frac{0{,}8}{\left|\dfrac{100 \sum S_{\mathrm{nT}}}{S_{\mathrm{kQ}}''} - 0{,}3\right|} \tag{15.58a}$$

Dabei sind (Bild 15.27a):

$\sum P_{\mathrm{nM}}$ Summe der Nennleistungen aller Motoren

$\sum S_{\mathrm{nT}}$ Summe der Nennleistungen aller Transformatoren zur Speisung der Motoren

S_{kQ}'' Anfangs-Kurzschlußwechselstromleistung des Netzes ohne Beitrag der Motoren (Sammelschiene Q)

Bei der Festlegung der Bedingung nach Gl. (15.58) wurden folgende für die Betriebsmittel häufig vorkommende Daten zugrunde gelegt; bei den Asynchronmotoren: $I_{\mathrm{an}}/I_{\mathrm{nM}} = 5$ und $\eta \cos\varphi_{\mathrm{n}} = 0{,}8$, wobei $\sqrt{3}\, U_{\mathrm{nM}} I_{\mathrm{nM}} = P_{\mathrm{nM}}/\eta \cos\varphi_{\mathrm{n}}$ gilt, und bei den Transformatoren: $u_{\mathrm{k}} = 6\%$, jedoch allgemein nur bei Zweiwicklungstransformatoren. Bei Dreiwicklungstransformatoren (z.B. im Kraftwerk nach Bild 7.1) ist Gl. (15.58a) nicht unmittelbar anzuwenden.

Für beliebige Werte von u_{k} abweichend von $u_{\mathrm{k}} = 6\%$ und $I_{\mathrm{an}}/I_{\mathrm{nM}}$ abweichend von $I_{\mathrm{an}}/I_{\mathrm{nM}} = 5$ kann man Gl. (15.58a) wie folgt umschreiben:

$$\frac{\sum P_{\mathrm{nM}}}{\sum S_{\mathrm{nT}}} \cdot \frac{I_{\mathrm{an}}/I_{\mathrm{nM}}}{5} \leqq \frac{0{,}8}{\left|\dfrac{100 \sum S_{\mathrm{nT}}}{S_{\mathrm{kQ}}''} - \dfrac{5 u_{\mathrm{k}}}{100\%}\right|} \tag{15.58b}$$

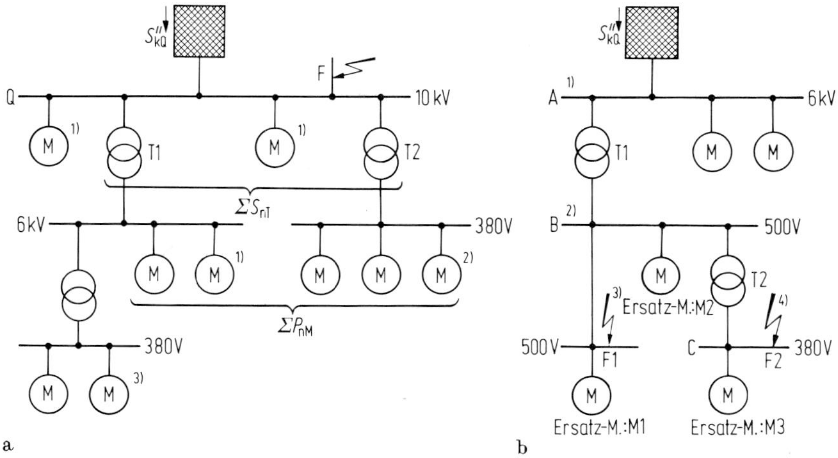

Bild 15.27. Berücksichtigung von Asynchronmotoren bei der Kurzschlußstromberechnung [2.15, 2.17]

(**a**) In Hochspannungsnetzen, sofern Gl. (15.58) nicht erfüllt ist.

[1]) Diese Motoren sind zu berücksichtigen; [2]) diese Motoren sind in Kraftwerkseigenbedarfsnetzen und in Industrienetzen zu berücksichtigen (s. dazu Fußnote a der Tabelle 15.8); [3]) diese Motoren brauchen bei Kurzschluß in F nicht berücksichtigt zu werden.

(**b**) In Niederspannungsnetzen, sofern Gl. (15.67) nicht erfüllt ist.

[1]) Zur Berechnung von S''_{kA} werden das einspeisende Netz (S''_{kQ}) und die Hochspannungsmotoren 6 kV berücksichtigt; [2]) zur Berechnung von S''_{kB} werden S''_{kA}, der Transformator T1 und die Ersatzmotoren M1 und M2 berücksichtigt; [3]) zur Berechnung von I''_k an der Fehlerstelle F1 werden S''_{kA}, der Transformator T1 und die Ersatzmotoren M1 und M2 herangezogen; [4]) zur Berechnung von I''_k an der Fehlerstelle F2 werden S''_{kB}, der Transformator T2 und der Ersatzmotor M3 herangezogen

Ist die Bedingung nach Gl. (15.58) nicht erfüllt, so sind die Asynchronmotoren, die an die fehlerbetroffene Sammelschiene angeschlossen sind, auf jeden Fall bei der Kurzschlußstromberechnung zu berücksichtigen. Ein Beispiel dazu zeigt Bild 15.27a. In Kraftwerkseigenbedarfsnetzen und Industrienetzen sind darüber hinaus auch die Asynchronmotoren bei der Kurzschlußstromberechnung einzubeziehen, die über einen Transformator Teilkurzschlußströme auf die Fehlerstelle einspeisen. Niederspannungsmotoren, die über zwei Transformatoren mit der fehlerbetroffenen Sammelschiene verbunden sind, brauchen nicht berücksichtigt zu werden (Bild 15.27a). Bei der Berechnung sind jedoch nur die Motoren zu berücksichtigen, die nach Art der Schaltung (Verriegelung) oder nach Art des Prozesses gleichzeitig in Betrieb sein können [2.15].

Tabelle 15.8 enthält eine Zusammenstellung der Berechnungsgleichungen für die Kurzschlußströme der Asynchronmotoren im Hochspannungsnetz bei Klemmenkurzschluß und weiterhin Angaben zu den bei Netzkurzschluß einzusetzenden Impedanzen im Mit- und Gegensystem.

Das Abklingen des Kurzschlußstromes geht um so langsamer vor sich, je größer die Motorleistung je Polpaar ist. Dies kommt auch darin zum Ausdruck, daß $\kappa_M = 1{,}75$ zu setzen ist bei $P_{nM}/p \geqq 1$, während $\kappa_M = 1{,}65$ für $P_{nM}/p < 1$ gilt.

Tabelle 15.8. Gleichungen zur Berechnung der Kurzschlußströme von Asynchronmotoren in Hochspannungsnetzen bei Klemmenkurzschluß oder Netzkurzschluß

Fehlerart	Berechnungsgleichung	Gl.
Klemmenkurzschluß bei Hochspannungsasynchronmotoren		
Dreipoliger Kurzschluß:	$I''_{k\,3pM} = \dfrac{1{,}1\,U_n}{\sqrt{3}\,X_M}$	(15.59)
	mit	
(I_{an} Motor-Anzugsstrom)	$X_M = \dfrac{1}{I_{an}/I_{nM}} \cdot \dfrac{U_{nM}}{\sqrt{3}\,I_{nM}}$	(15.60)
	$I_{s\,3pM} = \kappa_M \sqrt{2}\,I''_{k\,3pM}$	(15.61)
μ nach Bild 15.23, q nach Bild 15.28	$I_{a\,3pM} = \mu q\,I''_{k\,3pM}$	(15.62)
	$I_{k\,3pM} = 0$	
Zweipoliger Kurzschluß:	$I''_{k\,2pM} = \dfrac{\sqrt{3}}{2}\,I''_{k\,3pM}$	(15.63)
	$I_{s\,2pM} = \dfrac{\sqrt{3}}{2}\,I_{s\,3pM}$	(15.64)
	$I_{a\,2pM} = 0{,}6\,I''_{k\,3pM}$	(15.65)
	$I_{k\,2pM} = 0{,}5\,I''_{k\,3pM}$	(15.66)
Impedanzen zur Berücksichtigung der Asynchronmotoren bei Netzkurzschluß:	Mitsystem: | Gegensystem:	
I''_k	X_M nach Gl. (15.60) | X_M nach Gl. (15.60)	
I_s	R_M/X_M (im Mit- und Gegensystem) $=0{,}15$ bei Hochspannungsmotoren mit Motorleistungen je Polpaar <1 MW ($\kappa_M = 1{,}65$) $=0{,}10$ bei Hochspannungsmotoren mit Motorleistungen je Polpaar $\geqq 1$ MW ($\kappa_M = 1{,}75$) $=0{,}30$ bei Niederspannungsmotoren ($\kappa_M = 1{,}4$)[a]	
I_k	$X_M = \infty$ | X_M nach Gl. (15.60)	

[a] Bei Kurzschluß im Hochspannungsnetz genügt es meist, die zu berücksichtigenden Niederspannungsmotoren nach Bild 15.27a mit ihrem Beitrag zum Stoßkurzschlußstrom zu berücksichtigen ($I_{an}/I_{nM} = 5$, $\kappa_M = 1{,}4$). Der Beitrag dieser Motoren zum Ausschaltwechselstrom und zum Dauerkurzschlußstrom darf vernachlässigt werden [2.15].

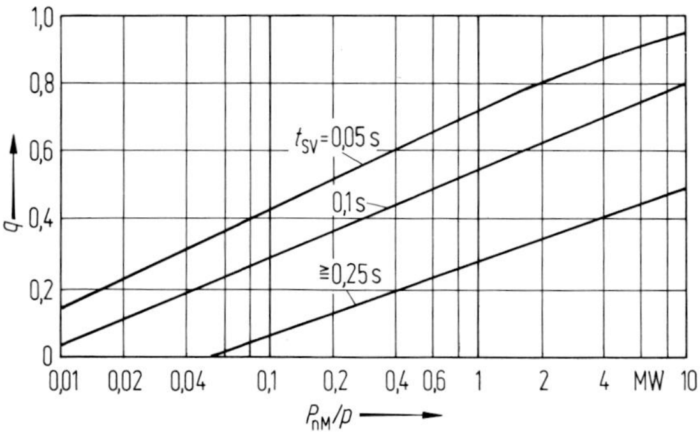

Bild 15.28. Faktor q zur Berechnung des Ausschaltwechselstromes von Hochspannungs-Asynchronmotoren [2.15].

P_{nM}/p Motorleistung je Polpaar; t_{SV} Mindestschaltverzug

15.6.2 Berücksichtigung von Asynchronmotoren bei Kurzschluß im Niederspannungsnetz

Das Vorgehen bei der Berücksichtigung von Niederspannungsasynchronmotoren für die Berechnung der Kurzschlußströme geht aus Tabelle 15.9 hervor. Für die Ersatzmotoren wird nach [2.17] eingesetzt:

X_M Kurzschlußreaktanz des Ersatzmotors nach Gl. (15.70)

I_{nM} Summe der Nennströme aller zu berücksichtigenden Einzelmotoren einer Motorengruppe (Nennstrom des Ersatzmotors)

$I_{an}/I_{nM}=5$ und $R_M/X_M=0{,}3$ entsprechend $\kappa_M=1{,}4$.

Bild 15.27b zeigt die Ersatzmotoren M1, M2 und M3 der Motorengruppen 1, 2 und 3 und das Vorgehen bei der Kurzschlußstromberechnung unter Berücksichtigung der Niederspannungsmotoren.

Niederspannungsmotoren dürfen bei der Kurzschlußstromberechnung vernachlässigt werden, wenn für die Motorengruppe gilt:

$$\sum I_{nM} < 0{,}01\, I''_{k\,3p}, \quad \text{ohne Motoren} \tag{15.67}$$

Dabei ist $\sum I_{nM}$ die Summe der Nennströme aller zu berücksichtigenden Einzelmotoren einer Motorengruppe. Wird die Bedingung nach Gl. (15.67) erfüllt, so kann man voraussetzen, daß der Kurzschlußstrom ohne Motoren durch den Motoreneinfluß um höchstens 5% erhöht wird.

Bei der Berechnung der kleinsten Kurzschlußströme (Abschnitt 15.7) dürfen Asynchronmotoren im Niederspannungsnetz nicht berücksichtigt werden.

Tabelle 15.9. Gleichungen zur Berechnung der Kurzschlußströme von Asynchronmotoren oder Ersatzmotoren für Gruppen von Asynchronmotoren in Niederspannungsnetzen bei Klemmenkurzschluß oder Kurzschluß an der gemeinsamen Sammelschiene (F1 bzw. F2 in Bild 15.27b)

Dreipoliger Kurzschluß		Zweipoliger Kurzschluß	
$I''_{k\,3pM}=\dfrac{U_{nM}}{\sqrt{3}\,X_M}$ mit	(15.68)	$I''_{k\,2pM}=\dfrac{\sqrt{3}}{2}\,I''_{k\,3pM}$	(15.69)
$X_M=\dfrac{1}{I_{an}/I_{nM}}\cdot\dfrac{U_{nM}}{\sqrt{3}\,I_{nM}}$ (15.70) I_{an} Motor-Anzugsstrom			
$I_{s3pM}=\kappa_M\sqrt{2}\,I''_{k\,3pM}$	(15.71)	$I_{s2pM}=\dfrac{\sqrt{3}}{2}\,I_{s3pM}$	(15.72)
mit $\kappa_M=1{,}4$ für Niederspannungsmotoren			
$I_{a3pM}=I''_{k\,3pM}$	(15.73)	$I_{a2pM}=\dfrac{\sqrt{3}}{2}\,I''_{k\,3pM}=I''_{k\,2pM}$	(15.74)
$I_{k\,3pM}=0$	(15.75)	$I_{k\,2pM}=0{,}5\,I''_{k\,3pM}$	(15.76)

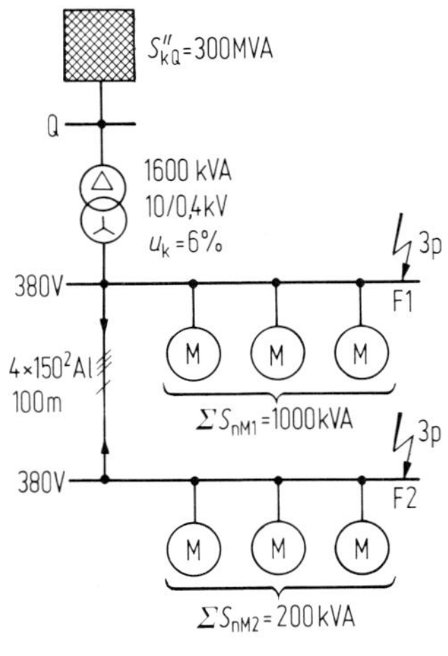

Ohne Asynchronmotoren:

Fehlerstelle		F1	F2
I_k''	kA	34,9 (1,0)	9,1 (1,0)
I_s	kA	77,5 (1,0)	12,9 (1,0)
I_k	kA	34,9 (1,0)	9,1 (1,0)

Mit Asynchronmotoren:

Fehlerstelle		F1	F2
I_k''	kA	44,0 (1,26)	10,9 (1,20)
I_s	kA	95,3 (1,23)	16,3 (1,26)
I_k	kA	34,9 (1,0)	9,1 (1,0)

Bild 15.29. Beispiel für die Berücksichtigung der Asynchronmotoren in einem Niederspannungsnetz der Industrie bei der Berechnung der größten Kurzschlußströme mit $I_{an}/I_{nM} = 5$ und $\kappa_M = 1{,}4$ [15.19]

Bild 15.29 zeigt ein Beispiel für den Einfluß der Asynchronmotoren auf die Kurzschlußströme bei dreipoligem Kurzschluß in einem Niederspannungsnetz der Industrie. Um diesen Einfluß deutlich zu machen, sind Berechnungsergebnisse ohne und mit Berücksichtigung der Asynchronmotoren (zwei Ersatzmotoren) angegeben.

15.7 Kurzschlußstromberechnung in Niederspannungsnetzen

15.7.1 Allgemeine Hinweise

Bei der Kurzschlußstromberechnung in Niederspannungsnetzen geht man grundsätzlich ähnlich vor, wie bei der Berechnung in Hochspannungsnetzen. Berechnungsverfahren findet man in [2.17]. Danach werden der dreipolige Kurzschluß, der zweipolige Kurzschluß ohne Erdberührung und der einpolige Erdkurzschluß berechnet. Man unterscheidet größte Kurzschlußströme zur Beurteilung der dynamischen und thermischen Beanspruchung sowie zur Ein- und Ausschaltbeanspruchung der Schaltgeräte der Betriebsmittel und weiter kleinste Kurzschlußströme zur Beurteilung der Ansprechsicherheit der Schutzeinrichtungen, dabei dient der kleinste einpolige Erdkurzschlußstrom zur Überprüfung der Ansprechsicherheit in Netzen mit der Schutzmaßnahme Nullung, während der kleinste zweipolige Kurzschlußstrom wichtig ist bei Anwendung der Schutzmaßnahme Schutzleitungssystem [VDE 0100].

Im Gegensatz zu Kurzschlußstromberechnungen in Hochspannungsnetzen, wo man häufig R_k gegen X_k vernachlässigen kann, sind bei Berechnungen im Niederspannungsnetz meist die Wirk- und Blindwiderstände zu berücksichtigen. Häufig übersteigen die Wirkwiderstände die Blindwiderstände beträchtlich, wie z.B. bei Kabeln mit kleinen Querschnitten. Zur Erleichterung enthält [2.17] Werte für die Impedanzen von Niederspannungsbetriebsmitteln im Mit- und Nullsystem, die verwendet werden dürfen, wenn genauere Werte nicht bekannt sind.

Nach [2.17] unterscheidet man den einfach gespeisten generatorfernen Kurzschluß, den von mehreren Seiten einfach gespeisten Kurzschluß und den Kurzschluß im vermaschten Netz (z.B. im Niederspannungsmaschennetz).

15.7.2 Einfach gespeister generatorferner Kurzschluß und von mehreren Seiten einfach gespeister Kurzschluß

Bild 15.30 zeigt ein Beispiel zur Berechnung des Anfangs-Kurzschlußwechselstromes I_k'' bei einfach gespeistem Kurzschluß. Die Kurzschlußimpedanz $\underline{Z}_k$ ergibt sich aus der Summe der Impedanzen $\underline{Z}_Q$ (Netzeinspeisung), $\underline{Z}_T$ (Transformator) und $\underline{Z}_L'$ (Leitung, Freileitung oder Kabel).

Aufgezeichnet ist in Bild 15.30b das Ersatzschaltbild im Mitsystem, das bei der Berechnung der dreipoligen Kurzschlußströme verwendet wird. Eingeführt wird auch hier wieder eine Ersatzspannungsquelle an der Fehlerstelle (Abschnitt 15.3.2), wobei U_{nT} die Nennspannung auf der Unterspannungsseite (Niederspannungsseite) des einspeisenden Transformators ist und der Faktor c unterschiedlich gewählt wird: $c=1{,}0$ bei der Berechnung der größten Kurzschlußströme, $c=0{,}95$ bei der Berechnung der kleinsten Kurzschlußströme. Im Bergbau wird bei der Berechnung der kleinsten Kurzschlußströme $c=0{,}8$ gewählt [VDE 0118].

Bei der Berechnung der größten Kurzschlußströme werden die Wirkwiderstände der Leitungen (R_L) bei der Leitertemperatur 20 °C eingesetzt, während bei der Berechnung der kleinsten Kurzschlußströme die Leitertemperatur 80 °C gewählt wird [2.17], so daß gilt:

Berechnung der größten Kurzschlußströme:	$c=1{,}0$,	R_{L20} bei 20 °C
Berechnung der kleinsten Kurzschlußströme:	$c=0{,}95$, ($c=0{,}8$ im Bergbau)	R_{L80} bei 80 °C, $R_{L80}=1{,}24\,R_{L20}$

Der Widerstandsbelag für Freileitungsseile bei $f=50$ Hz, die nach DIN 48201 gefertigt sind, kann aus $R_{L20}'=1/(\kappa Q_n)$ berechnet werden mit $\kappa_{Cu}=54{,}13\ \text{m}/\Omega\text{mm}^2$

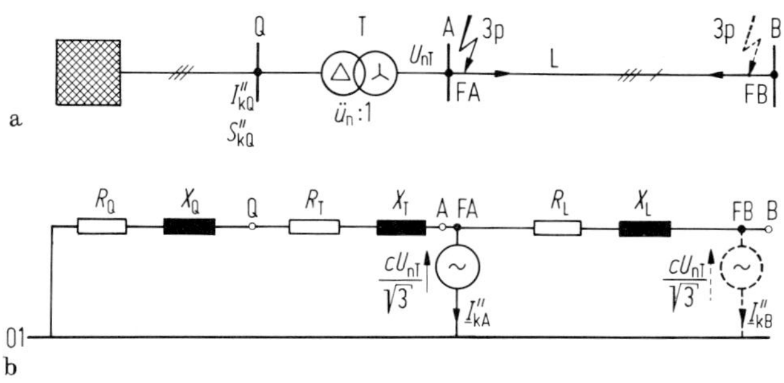

Bild 15.30. Beispiel zur Berechnung der Anfangs-Kurzschlußwechselströme I_{kA}'' und I_{kB}'' bei einfach gespeistem generatorfernem dreipoligen Kurzschluß entweder an der Fehlerstelle F_A oder an der Fehlerstelle F_B im Niederspannungsnetz.

(**a**) Netzschaltbild; (**b**) Ersatzschaltbild im Mitsystem mit der Ersatzspannungsquelle $c\,U_{nT}/\sqrt{3}$ an der Fehlerstelle als einzig wirksame Spannung im Netz ($U_{nT}=U_{nTUS}$), wahlweise bei F_A oder F_B

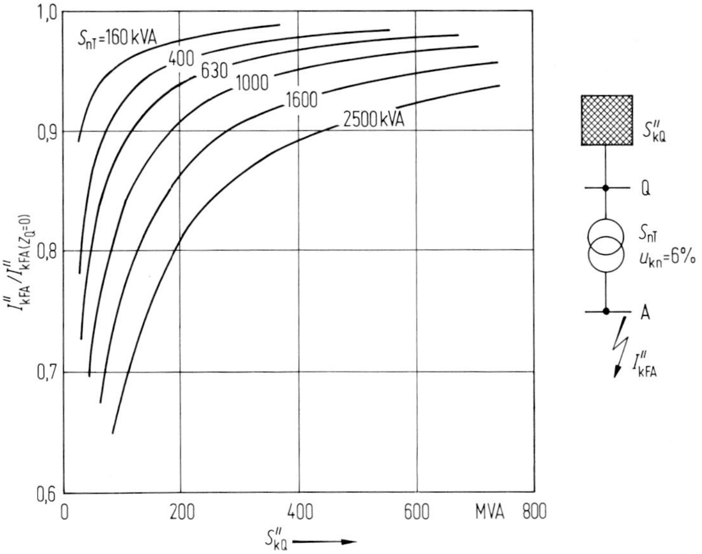

Bild 15.31. Einfluß der Impedanz Z_Q bzw. der Kurzschlußleistung S''_{kQ} auf die Höhe des Kurzschlußstromes I''_{kFA} im Niederspannungsnetz

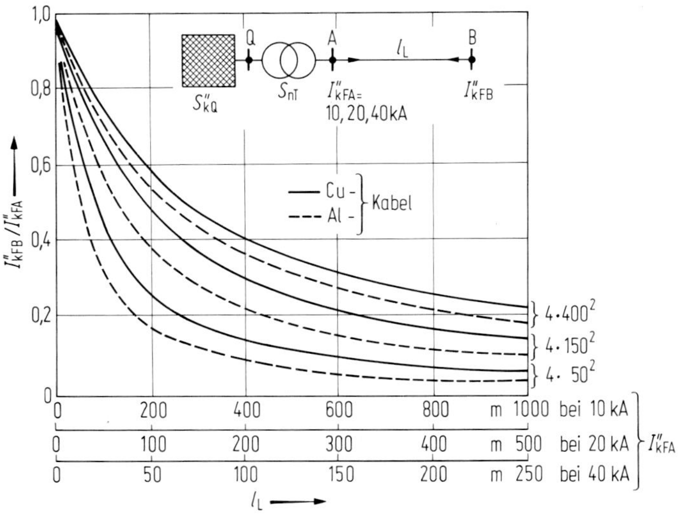

Bild 15.32. Einfluß der Kabel (Länge und Querschnitt) auf die Höhe des Kurzschlußstromes I''_{kFB} im Niederspannungsnetz

und $\kappa_{Al} = 34{,}15\,\mathrm{m}/\Omega\mathrm{mm}^2$. Die Widerstandsbeläge von Niederspannungskabeln sind in [2.17] angegeben.

Die Bilder 15.31 und 15.32 zeigen den Einfluß der Impedanz Z_Q der Netzeinspeisung und den Einfluß der Länge und des Querschnitts von Kabeln auf die Höhe des Kurzschlußstromes I''_k im Niederspannungsnetz. Man erkennt, daß Z_Q unabhängig von der Nennspannung des Niederspannungsnetzes insbesondere

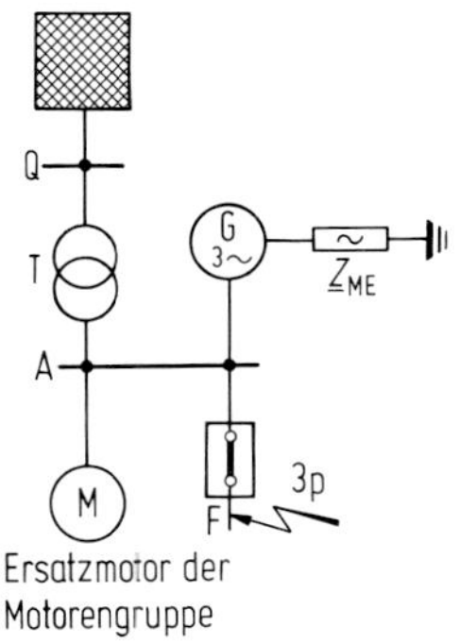

Bild 15.33. Netzschaltbild zur Erläuterung des von mehreren Seiten einfach gespeisten Kurzschlusses. In diesem Beispiel wird der Kurzschluß von drei Seiten unabhängig voneinander gespeist (von der Netzeinspeisung Q über den Transformator T, vom Generator G und vom Ersatzmotor M der Niederspannungs-Motorengruppe)

dann zu berücksichtigen ist, wenn Transformatoren mit großen Leistungen S_{nT} an ein Netz mit niedrigen Kurzschlußleistungen S''_{kQ} angeschlossen ist.

Bild 15.33 zeigt ein Beispiel für einen von mehreren Seiten einfach gespeisten Kurzschluß, wobei vorausgesetzt wird, daß die Impedanz zwischen der Fehlerstelle F und der Sammelschiene A vernachlässigt werden kann.

Zur Berechnung der Kurzschlußströme an der Fehlerstelle F in Bild 15.33 werden folgende Gleichungen verwendet:

Bei dreipoligem Kurzschluß (3p):

$$I''_k = I''_{kT} + I''_{kG} + I''_{kM} \tag{15.77}$$

$$I_s = I_{sT} + I_{sG} + I_{sM} \tag{15.78}$$

$$I_a = I_{aT} + I_{aG} + I_{aM} \tag{15.79a}$$

$$I_k = I_{kT} + I_{kG} \tag{15.79b}$$

Bei zweipoligem Kurzschluß (2p):

$$I''_{k2p} = I''_{k2pT} + I''_{k2pG} + I''_{k2pM} \tag{15.80}$$

I_{s2p}, I_{a2p} und I_{k2p} wie in einem vermaschten Netz (Abschnitt 15.7.3).

Bei einpoligem Erdkurzschluß (1p):

$$I''_{k1p} = I_{a1p} = I_{k1p} \tag{15.81}$$

I''_{k1p} und I_{s1p} wie in einem vermaschten Netz (Abschnitt 15.7.3).

15.7.3 Kurzschluß im vermaschten Netz

Die Berechnung der Kurzschlußströme in vermaschten Niederspannungsnetzen nimmt man wie in vermaschten Hochspannungsnetzen vor unter Beachtung

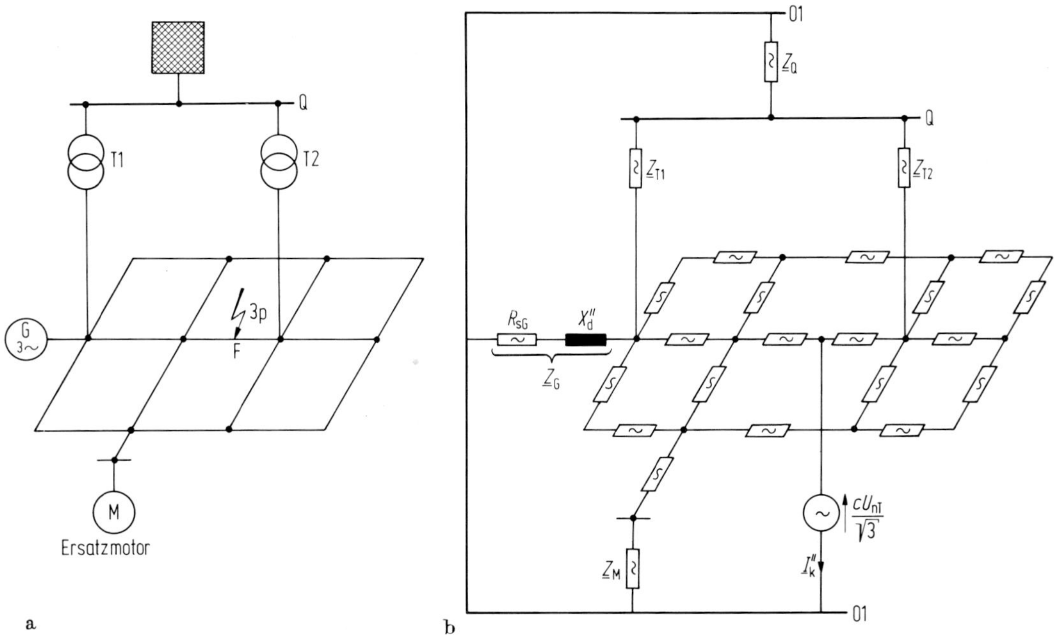

Bild 15.34. Erläuterung zur Berechnung des Anfangs-Kurzschlußwechselstromes I''_k in einem vermaschten Niederspannungsnetz mit mehreren Einspeisungen.
(**a**) Netzschaltbild; (**b**) Ersatzschaltbild mit Ersatzspannungsquelle im Mitsystem

folgender Punkte:

1,1 U_n wird ersetzt durch $c\,U_{nT}$
mit $c = 1{,}0$ und R_L bei 20 °C Leitertemperatur zur Berechnung der größten Kurzschlußströme,
mit $c = 0{,}95$ und R_L bei 80 °C Leitertemperatur zur Berechnung der kleinsten Kurzschlußströme.

Die Motoren und Generatoren werden mit den Angaben der Abschnitte 15.62. und 15.7.4 berücksichtigt.

Bild 15.34 zeigt ein Beispiel für ein vermaschtes Niederspannungsnetz mit mehreren Einspeisungen (Kurzschlußstromeinspeisungen aus dem Mittelspannungsnetz über zwei Transformatoren, aus einem Generator und einer Motorengruppe).

Hinweise zur Berechnung der Kurzschlußströme in einem gleichmäßig aufgebauten ausgedehnten vermaschten Niederspannungsnetz mit gleicher Maschenweite findet man in [15.24].

15.7.4 Kurzschlußstrom bei Generatoren im Niederspannungsnetz

Niederspannungssynchrongeneratoren werden in den Netzen der Industrie (z.B. in Papierfabriken, Farbenfabriken, Brauereien usw.) eingesetzt. Sie finden auch Anwendung als Notstromgeneratoren und auf Schiffen. Die Niederspannungsge-

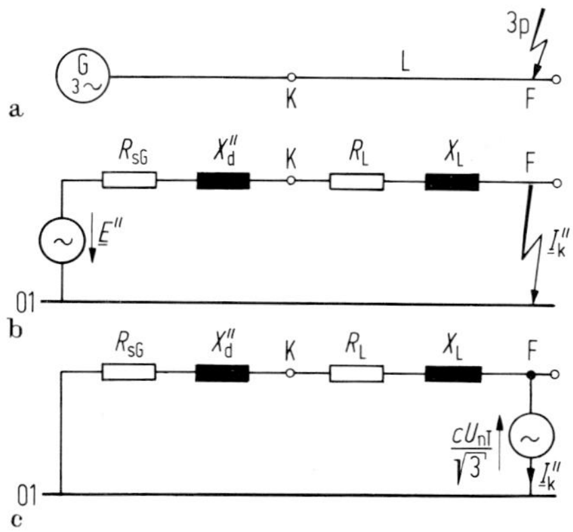

Bild 15.35. Zur Berechnung des Anfangs-Kurzschlußwechselstromes I''_k in einem Niederspannungsnetz ohne Verzweigungen, das durch einen Niederspannungs-Generator gespeist wird.
(**a**) Netzschaltbild; (**b**) Ersatzschaltbild im Mitsystem mit der Anfangsspannung $\underline{E}''$ nach Gl. (15.82); (**c**) Ersatzschaltbild im Mitsystem mit einer Ersatzspannungsquelle an der Fehlerstelle

neratoren sind häufig mit strom- oder spannungsgesteuerten Kompoundierungseinrichtungen ausgerüstet.

Dies hat – zusammen mit den kurzen Ausschaltzeiten der Niederspannungsschaltgeräte – zur Folge, daß der Anfangs-Kurzschlußwechselstrom I''_k und der Ausschaltwechselstrom I_a auch bei generatornahen Fehlern meist gleichgesetzt werden dürfen, also $I''_k = I_a$.

Wird ein Niederspannungsnetz ohne Verzweigungen durch einen Niederspannungsgenerator gespeist, liegt also ein einfach generatorgespeister Fehler vor, so führt man für das Netzschaltbild in Bild 15.35a das Ersatzschaltbild nach Bild 15.35b mit der Generator-Anfangsspannung E'' nach Gl. (15.82) ein. Angaben zur Berechnung von E'', zur Berechnung der Impedanzen und der Kurzschlußströme sind in Tabelle 15.10 zusammengestellt.

Die Angaben nach Tabelle 15.10 sind auch dann zu verwenden, wenn mehrere gleiche und gleichbelastete Generatoren auf ein Niederspannungsnetz einspeisen.

Als Näherung bei der Kurzschlußstromberechnung kann man E'' nach Gl. (15.82) auch dann als Ersatzspannung an der Fehlerstelle einführen, wenn ein oder mehrere Generatoren parallel zu einem überlagerten Netz betrieben werden [2.17].

Ein genaues Ergebnis der Kurzschlußstromberechnung erhält man bei Speisung aus mehreren Quellen mit unterschiedlichen wirksamen Spannungen, wenn man in einem ersten Berechnungsschritt die Ersatzspannungsquelle $U_{nN}/\sqrt{3}$ an der Fehlerstelle einsetzt und $I''_{k(N)}$ sowie $I''_{k\,i(N)}$ der Stromquelle i berechnet. Bild 15.36 zeigt dieses Vorgehen an einem Beispiel mit zwei unterschiedlichen Anfangsspannungen E''_i.

Zur Berechnung der Ersatzspannungsquelle E'' an der Fehlerstelle setzt man $I''_{k(N)}$ und $I''_{k\,i(N)}$ in die folgende Gleichung ein:

$$E'' = \frac{1}{I''_{k(N)}} \sum_{i=1}^{n} I''_{k\,i(N)}\, E''_i = \frac{U_{nN}}{\sqrt{3}} + \frac{1}{I''_{k(N)}} \sum_{i=1}^{n} I''_{k\,i(N)} \left(E''_i - \frac{U_{nN}}{\sqrt{3}} \right) \qquad (15.89)$$

Tabelle 15.10. Anfangsspannung, Impedanzen von Generatoren und Gleichungen zur Berechnung der Kurzschlußströme von Niederspannungsgeneratoren [2.17]

Generator-Anfangsspannung: $E'' = \frac{c\,U_{nG}}{\sqrt{3}} + X''_d I_G \sin\varphi$ (15.82)

bei der Berechnung des größten Stromes I''_k: $c = 1,0$; $I_G = I_{nG}$; $\sin\varphi = \sin\varphi_n$
bei der Berechnung des kleinsten Stromes I''_k: $c = 0,95$; $I_G = 0$

Generator-Impedanzen:

Mitsystem $\underline{Z}_G = R_{sG} + \mathrm{j}\,X''_d$ mit $R_{sG} = 0,15\,X''_d$ (15.83)

Nullsystem $\underline{Z}_{0G} = (R_{0G} + 3R_{ME}) + \mathrm{j}(X_{0G} + 3X_{ME})$ (15.84)
mit $\underline{Z}_{ME} = R_{ME} + \mathrm{j}\,X_{ME}$ nach Bild 15.33

Fehlerstelle F in Bild 15.35:

Größter Anfangs-Kurzschlußwechselstrom $I''_{k\,max} = \frac{E''}{\sqrt{(R_{sG}+R_L)^2 + (X''_d + X_L)^2}}$ (15.85a)

Kleinster Anfangs-Kurzschlußwechselstrom $I''_{k\,min} = \frac{0,95 \cdot U_{nN}}{\sqrt{3}\sqrt{(R_{sG}+R_L)^2 + (X''_d + X_L)^2}}$ (15.85b)

Ausschaltwechselströme für kompoundierte Generatoren $I_a = I''_{k\,max}$ (15.86)

Dauerkurzschlußstrom bei dreipoligem Kurzschluß und dreiphasig symmetrisch aufgebauter Erregereinrichtung $I_{k\,min} = \frac{0,95 \cdot U_{nN}}{\sqrt{3}\sqrt{R_L^2 + (X_{dK} + X_L)^2}}$ (15.87)

Dabei sind: I_{kK} Dauerkurzschlußstrom bei Klemmenkurzschluß des Generators nach Herstellerangaben und X_{dK} die wirksame Generator-Ersatzreaktanz

$$X_{dK} = \frac{0,95 \cdot U_{nG}}{\sqrt{3}\,I_{kK}} \tag{15.88}$$

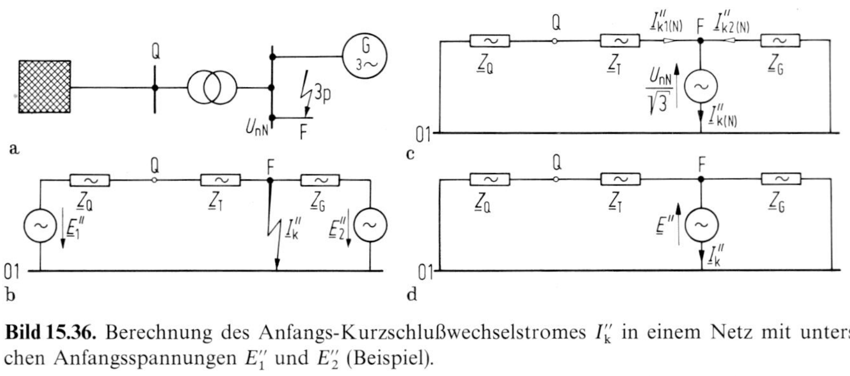

Bild 15.36. Berechnung des Anfangs-Kurzschlußwechselstromes I''_k in einem Netz mit unterschiedlichen Anfangsspannungen E''_1 und E''_2 (Beispiel).

(**a**) Netzschaltbild; (**b**) Ersatzschaltung im Mitsystem mit unterschiedlichen Anfangsspannungen E''_1 und $E''_2(E''_i)$; (**c**) Ersatzschaltung für den ersten Berechnungsschritt mit der Ersatzspannungsquelle $U_{nN}/\sqrt{3}$ (U_{nN} ist die Nennspannung des Netzes) an der Fehlerstelle zur Berechnung von $I''_{k(N)}$ und $I''_{k1(N)}$, $I''_{k2(N)}(I''_{ki(N)})$; (**d**) Berechnung des Anfangskurzschlußwechselstromes I''_k mit der Ersatzspannungsquelle E'' nach Gl. (15.89)

Mit der Ersatzspannungsquelle E'' nach Gl. (15.89) anstelle von $c\,U_{\mathrm{nT}}/\sqrt{3}$ wird dann I_k'' berechnet (z.B. nach Bild 15.36d).

In Gl. (15.89) ist $E_i'' - U_{\mathrm{nN}}/\sqrt{3}$ die Erhöhung der Anfangsspannung E_i'' gegenüber $U_{\mathrm{nN}}/\sqrt{3}$. Für die Netzeinspeisung über einen Transformator setzt man für E_i'' z.B. $c\,U_{\mathrm{nT}}/\sqrt{3}$ mit $c = 1{,}0$ ein, während man für einen Generator E_i'' nach Gl. (15.82) berechnet.

15.8 Berechnung der Kurzschlußströme mit Impedanzen des %/MVA-Systems

15.8.1 Physikalische, relative und semi-relative Größen

Kurzschlußstrom-Berechnungen werden meist mit den praktischen Einheiten kV, kA, Ω und MVA (für Hochspannungsnetze) oder V, kA, mΩ (für Niederspannungsnetze) durchgeführt. Die bisher angegebenen Berechnungsgleichungen sind Größengleichungen und somit invariant gegenüber einem Wechsel in den Einheiten.

Neben diesen Berechnungen werden auch Berechnungen mit relativen Größen (p.u.-System) und semi-relativen Größen ($\mathrm{N_{SW}}$-Potentialverfahren oder %/MVA-System) durchgeführt [15.9]. Das p.u.-System wird häufig im Zusammenhang mit elektrischen Maschinen verwendet. Die Reaktanzen einer Synchronmaschine, x_d, x_q, x_d', x_d'', werden z.B. in p.u. oder in % (p.u.-Größe multipliziert mit 100%) angegeben.

Berechnungen mit Größen des %/MVA-Systems eignen sich besonders gut für eine rasche Ermittlung der Anfangs-Kurzschlußwechselstromleistungen $S_k'' = \sqrt{3}\,U_n I_k''$. Impedanzen (Reaktanzen) lassen sich häufig leicht in %/MVA angeben.

Versteht man unter einer physikalischen Größe meßbare Eigenschaften physikalischer Objekte, Vorgänge oder Zustände, von denen physikalisch sinnvoll Summen und Differenzen gebildet werden können, so gilt als Rechenvorschrift:

$$\text{Größe} = \text{Zahlenwert} \cdot \text{Einheit} \tag{15.90}$$

Als Beispiel kann man schreiben: $U = \{U_V\} \cdot \mathrm{V}$, wobei die geschweifte Klammer den Zahlenwert kennzeichnet und der Index auf die Einheit hinweisen soll. Als relative Größe versteht man dann den Quotienten zweier gleichartiger physikalischer Größen. Die Einheit einer relativen Größe ist dadurch definitionsgemäß gleich Eins (1), weil die Gleichartigkeit voraussetzt, daß die physikalischen Größen mit gleicher Einheit angegeben sind. Die im Nenner stehende Größe wird als Bezugsgröße (Index B) bezeichnet:

$$\text{Relative Größe} = \frac{\text{Größe}}{\text{Bezugsgröße}} \tag{15.91}$$

Als Beispiel für eine relative Spannung läßt sich schreiben:

$$u = U/U_B = \{U_V\} \cdot V/\{U_{BV}\} \cdot V$$

Bei Netzberechnungen im eingeschwungenen Zustand benötigt man zur Kennzeichnung der physikalischen Zusammenhänge vier Größen (Grundgrößen). Gewählt werden meist die Spannung U, der Strom I, die Impedanz Z und die Scheinleistung S und die physikalischen Einheiten V, A, Ω und VA. Diese Größen sind über das Ohmsche Gesetz und die Leistungsgleichung gekoppelt, so daß man zur Bildung relativer Größen höchstens zwei Bezugsgrößen frei wählen kann. Meist werden U_B und S_B als Bezugsgrößen gewählt. Man erhält dann das Per-unit-System.

Bei den Systemen semi-relativer Größen wird von den zwei frei wählbaren Bezugsgrößen nur *eine* gewählt (hier nur U_B). In den Definitionsgleichungen der Systeme semi-relativer Größen tritt deshalb nur die Bezugsspannung U_B auf. Beim %/MVA-System wird dazu noch das %-Zeichen *formal* als Einheit benutzt, um zu erreichen, daß alle vier relativen Größen des %/MVA-Systems u, i, z und s unter sich und von 1 verschiedene Einheiten haben, um so Berechnungen Einheitenkontrollen zu ermöglichen [15.9].

Zur Umrechnung der praktischen Einheiten kV, kA, Ω und MVA in die Einheiten des %/MVA-Systems dienen die Angaben in Tabelle 15.11.

Die Einheiten der semi-relativen Größen sind dabei für die Spannung: %, für den Strom: MVA, für die Impedanz: %/MVA und für die Leistung: %·MVA.

15.8.2 Impedanzen und Kurzschlußströme im %/MVA-System

Verwendet man bei der Kurzschlußstromberechnung Größengleichungen, so gelten diese für physikalische Größen, relative Größen und auch für semi-relative Größen. Man muß dann nur darauf achten, daß die Ergebnisse auch als physikalische, relative und entsprechend auch als semi-relative Größen erscheinen und daß dann u.U. eine Umrechnung mit Hilfe der Beziehungen in Tabelle 15.11 notwendig wird. Praktisch geht man so vor, daß man die Impedanzen des Mit-, Gegen- und Nullsystems als semi-relative Größen in %/MVA berechnet und dann in Zahlenwertgleichungen des %/MVA-Systems nach Tabelle 15.12 einsetzt, um Ergebnisse mit den gewohnten Einheiten kA oder MVA zu erhalten.

Die Impedanzen im %/MVA-System werden zur Unterscheidung mit kleinen Buchstaben gekennzeichnet ($\underline{z} = r + \mathrm{j}\,x$). Tabelle 15.13 zeigt, wie man die Impedanzen bzw. Reaktanzen in %/MVA ermittelt, ausgehend von den Daten einzelner elektrischer Betriebsmittel.

Tabelle 15.11. Einheitengleichungen zur Umrechnung der praktischen Einheiten kV, kA, Ω und MVA in die Einheiten %, MVA, %/MVA und %·MVA des %/MVA-Systems. Der Zahlenwert der Bezugsspannung $\{U_B\}$ ist in kV einzusetzen

Spannung	$1\,\text{kV} = \frac{100}{\{U_B\}} \cdot \%$	$1\,\% = \frac{\{U_B\}}{100} \cdot \text{kV}$
Strom	$1\,\text{kA} = \{U_B\} \cdot \text{MVA}$	$1\,\text{MVA} = \frac{1}{\{U_B\}} \cdot \text{kA}$
Impedanz	$1\,\Omega = \frac{100}{\{U_B^2\}} \cdot \%/\text{MVA}$	$1\,\%/\text{MVA} = \frac{\{U_B^2\}}{100} \cdot \Omega$
Leistung	$1\,\text{MVA} = 100 \cdot \% \cdot \text{MVA}$	$1\,\% \cdot \text{MVA} = \frac{1}{100} \cdot \text{MVA}$

Tabelle 15.12. Gleichungen zur Berechnung der Anfangs-Kurzschlußwechselströme. Größengleichungen und Zahlenwertgleichungen, wenn die Impedanzen z in %/MVA vorliegen

Größengleichungen	Zahlenwertgleichungen des %/MVA-Systems	Gl.
$I''_{k3p} = \dfrac{1{,}1 \cdot U_n}{\sqrt{3}\,\underline{Z}_1}$	$I''_{k3p} = \dfrac{110}{\sqrt{3}\,z_1} \cdot \dfrac{1}{U_n}$	(15.92)
$S''_k = \sqrt{3}\,U_n\,I''_{k3p}$	$S''_k = \dfrac{110}{z_1}$	(15.93)
$I''_{k2p} = \dfrac{1{,}1 \cdot U_n}{\lvert \underline{Z}_1 + \underline{Z}_2 \rvert}$	$I''_{k2p} = \dfrac{110}{\lvert \underline{z}_1 + \underline{z}_2 \rvert} \cdot \dfrac{1}{U_n}$	(15.94)
$I''_{kE2pE} = \dfrac{\sqrt{3} \cdot 1{,}1 \cdot U_n}{\left\lvert \underline{Z}_1 + \underline{Z}_0 \left(1 + \dfrac{\underline{Z}_1}{\underline{Z}_2}\right) \right\rvert}$	$I''_{kE2pE} = \dfrac{\sqrt{3} \cdot 110}{\left\lvert \underline{z}_1 + \underline{z}_0 \left(1 + \dfrac{\underline{z}_1}{\underline{z}_2}\right) \right\rvert} \cdot \dfrac{1}{U_n}$	(15.95)
$I''_{k1p} = \dfrac{\sqrt{3} \cdot 1{,}1 \cdot U_n}{\lvert \underline{Z}_1 + \underline{Z}_2 + \underline{Z}_0 \rvert}$	$I''_{k1p} = \dfrac{\sqrt{3} \cdot 110}{\lvert \underline{z}_1 + \underline{z}_2 + \underline{z}_0 \rvert} \cdot \dfrac{1}{U_n}$	(15.96)

Für die Zahlenwertgleichungen (nur rechte Seite) gilt

$\{I''_k\}$	$\{S''_k\}$	$\{U_n\}$	$\{\underline{z}_1\}, \{\underline{z}_2\}, \{\underline{z}_0\}$
kA	MVA	kV	%/MVA

Die in Tabelle 15.13 zusammengestellten Berechnungsanweisungen gelten unter der Voraussetzung, daß die Transformator-Übersetzungen (Nennübersetzungen bei Hauptanzapfung) mit den Verhältnissen der Netznennspannungen übereinstimmen, und daß die zu einem Netz zusammengeschalteten Betriebsmittel gleiche Nennspannung haben. Wichtig ist, daß die Impedanzen bzw. Reaktanzen oder Wirkwiderstände nach Tabelle 15.13 jeweils bezogen auf die Nennscheinleistung oder aber bezogen auf die Nennspannung des Netzes, in dem sie eingesetzt werden, zu berechnen sind. Dies ist besonders bei der Berechnung von z_L zu beachten. Später wird gezeigt, daß Korrekturfaktoren eingeführt werden können, wenn diese Voraussetzungen nicht oder nur schlecht erfüllt sind.

Im folgenden Beispiel in Tabelle 15.14 soll die Berechnung des Anfangs-Kurzschlußwechselstromes I''_k für einen einfachen Fall gezeigt werden mit Reaktanzen in %/MVA (Tabelle 15.13), wenn $ü_n = U_{nTOS}/U_{nTUS} = U_{nQ}/U_n$ gilt. Zum Vergleich ist die Berechnung von $X_1 = X_k$ in Ohm gezeigt. Die Ergebnisse für das Beispiel sind jeweils in eckigen Klammern angegeben. Man erkennt, daß bei der Berechnung mit Impedanzen in %/MVA hier keine Umrechnung mit dem Quadrat der Transformatorenübersetzung notwendig wird.

Liegt die Reaktanz x_1 in %/MVA vor, so kann man zuerst S''_k berechnen und dann erst I''_{k3p} (Tabelle 15.12). Bei der Berechnung in Tabelle 15.14 wurde vorausgesetzt, daß der Nenneinstellbereich $p < 10\,\%$ bleibt. Bei $p \geqq 10\,\%$ müßte man nach [2.15] die durch $1 + p/100\,\%$ dividierte Reaktanz bei Hauptanschluß einsetzen für beide Methoden der Berechnung.

Fallen die Nennübersetzungen der Transformatoren $ü_n$ (Hauptanschluß) nicht mit den Nennspannungen der angrenzenden Netze zusammen, so sind bei der

Tabelle 15.13. Berechnung der Impedanzen bzw. Reaktanzen einzelner Betriebsmittel in %/MVA

Betriebsmittel	Impedanz bzw. Reaktanz in %/MVA		
Synchronmaschine (Generator, Motor, Phasenschieber) 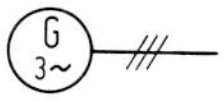	$x_G = \frac{x''_d}{S_{nG}}$	x''_d S_{nG}	Anfangsreaktanz in % Nennscheinleistung in MVA
Transformator 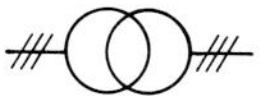	$z_T = \frac{u_{kn}}{S_{nT}}$	u_{kn} S_{nT}	Kurzschlußspannung in % Nennscheinleistung in MVA
Asynchronmotor 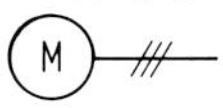	$x_M = \frac{1}{I_{an}/I_{nM}} \cdot \frac{100}{S_{nM}}$	I_{an} I_{nM}	Motor-Anzugsstrom Motor-Nennstrom $S_{nM} = \frac{P_{nM}}{\eta \cos \varphi_n}$
Strombegrenzungs-Drosselspule 	$x_D = \frac{u_D}{S_{nD}}$	u_D S_{nD}	Nennspannungsfall in % Durchgangsleistung in MVA ($S_{nD} = \sqrt{3} \cdot U_{nD} I_{nD}$)
Netz am Anschluß-punkt Q (Impedanz der Netz-einspeisung) 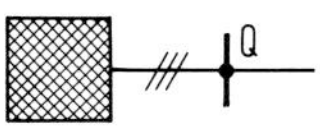	$x_Q = \frac{110}{S''_{kQ}}$ bei $z_Q \approx x_Q$	S''_{kQ}	Anfangs-Kurzschlußwechselstromleistung am Anschlußpunkt Q in MVA
Leitung (Freileitung oder Kabel) 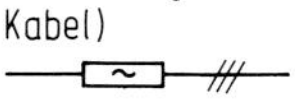	$\underline{z}_L = \underline{Z}_L \frac{100}{U_n^2}$	$\underline{Z}_L$ U_n	Leitungsimpedanz in Ω Nennspannung des Netzes, in dem sich die Leitung befindet!
Paralleldrosselspule Parallelkondensator 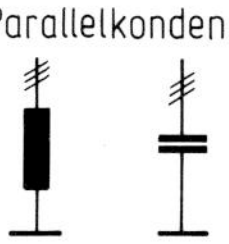	$x = \frac{100}{S_n}$	S_n	Nennscheinleistung Vorzeichen: $+\mathrm{j}x$ Drossel; $-\mathrm{j}x$ Kondensator
	Faktoren 100 und 110 in %		

Berechnung der Impedanzen einzelner Betriebsmittel in %/MVA, die nicht im fehlerbetroffenen Netzteil liegen, Korrekturfaktoren K_B [15.9] nach Bild 15.37 einzuführen.

Zur Bildung des Korrekturfaktors wählt man einen Umlauf, ausgehend von der Fehlerstelle F über die Transformatoren T1, T2, ..., Ti bis zum Betriebsmittel B mit seiner Nennspannung U_{nB} und dann direkt zurück zur Fehlerstelle im Netz mit der Nennspannung U_n.

$$K_B = \left(\frac{U_{nT1E}}{U_{nT1A}} \cdot \frac{U_{nT2E}}{U_{nT2A}} \cdot \ldots \cdot \frac{U_{nTiE}}{U_{nTiA}}\right)^2 \left(\frac{U_{nB}}{U_n}\right)^2 = t^2 \left(\frac{U_{nB}}{U_n}\right)^2 \tag{15.97}$$

Tabelle 15.14. Beispiel zur Kurzschlußstromberechnung mit Reaktanzen in %/MVA in einem Hochspannungsnetz mit Transformator bei $\ddot{u}_n = U_{nQ}/U_n$. Zum Vergleich Berechnung der Reaktanzen in Ω. Nenneinstellbereich des Transformators $p < 10\%$

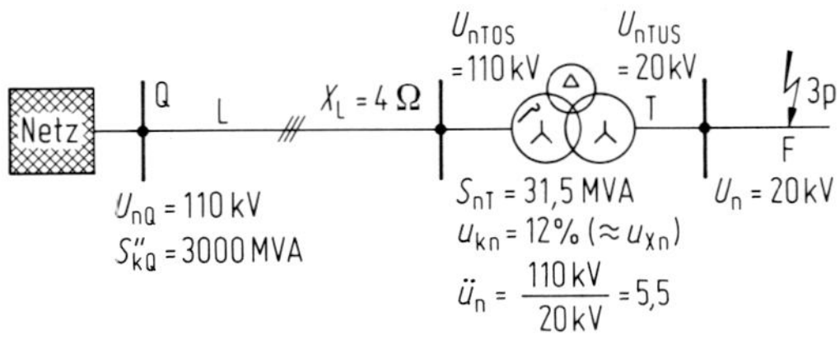

Berechnung mit Reaktanzen in %/MVA		Berechnung mit Reaktanzen in Ω	
$x_Q = \frac{110}{S''_{kQ}}$	$\left[=0{,}0367\frac{\%}{MVA}\right]$	$X^*_Q = \frac{1{,}1\,U^2_{nQ}}{S''_{kQ}} \cdot \frac{1}{\ddot{u}^2_n}$	$[=0{,}147\,\Omega]$
$x_L = X_L \frac{100}{U^2_{nQ}}$	$\left[=0{,}0331\frac{\%}{MVA}\right]$	$X^*_L = X_L \cdot \frac{1}{\ddot{u}^2_n}$	$[=0{,}132\,\Omega]$
$x_T = \frac{u_{Xn}}{S_{nT}}$	$\left[=0{,}381\frac{\%}{MVA}\right]$	$X_T = \frac{u_{Xn}}{100\%} \cdot \frac{U^2_{nTUS}}{S_{nT}}$	$[=1{,}525\,\Omega]$
$x_1 = x_Q + x_L + x_T$	$\left[=0{,}4508\frac{\%}{MVA}\right]$	$X_1 = X^*_Q + X^*_L + X_T$	$[=1{,}804\,\Omega]$
$S''_k = \frac{110}{x_1}$ [a]	$[=244\,MVA]$	$I''_{k3p} = \frac{1{,}1\,U_n}{\sqrt{3}\,X_1}$	$[=7{,}02\,kA]$
$I''_{k3p} = \frac{S''_k}{\sqrt{3}\,U_n}$	$[=7{,}02\,kA]$	$S''_k = \sqrt{3}\,U_n I''_{k3p}$	$[=244\,MVA]$
x_Q, x_L, x_T nach Tabelle 15.13 Zahlenwertgl. (15.93): $\{S''_k\}/MVA;\ \{x_1\}/\frac{\%}{MVA}$		$\ddot{u}_n = U_{nTOS}/U_{nTUS} = U_{nQ}/U_n$ $= 110\,kV/20\,kV = 5{,}5 > 1$ X^*_Q, X^*_L Reaktanzen umgerechnet mit $\ddot{u}^2_n$	

[a] Soll nur I''_{k3p} berechnet werden, so ist die Zahlenwertgl. (15.92) zu verwenden

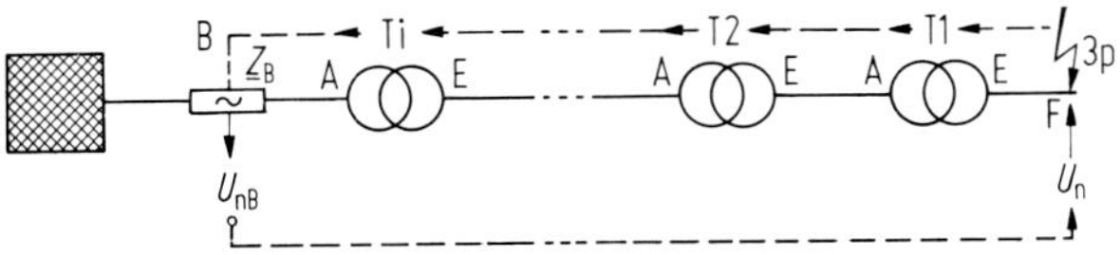

Bild 15.37. Zur Bildung des Korrekturfaktors K_B für ein Betriebsmittel B mit der Impedanz z_B in %/MVA, wenn die Nennübersetzungen der Transformatoren (Hauptanschluß) nicht mit den Verhältnissen der Nennspannungen der angrenzenden Netze übereinstimmen

Für die mit einem Korrekturfaktor versehene Impedanz des Betriebsmittels gilt dann:

$$z_{BK} = z_B K_B \tag{15.98}$$

Gilt $\ddot{u}_n = U_{nTOS}/U_{nTUS} = U_{nNOS}/U_{nNUS}$, so wird in Bild 15.37 $U_n = U_{nT1E}$, $U_{nT1A} = U_{nT2E}$ usw. und $U_{nTiA} = U_{nB}$, wenn man voraussetzt, daß auch U_{nB} mit der Nennspannung des Netzes übereinstimmt, in dem dieses Betriebsmittel B eingesetzt wird. In diesem Falle wird $K_B = 1$. Der Korrekturfaktor t^2, gebildet aus den Quadraten der Transformator-Nennübersetzungen ist übrigens immer anzuwenden, wenn die Berechnung mit Impedanzen in Ohm vorgenommen wird.

Hat das betrachtete Betriebsmittel keine Nennspannung, wie bei Leitungen, so ist anstelle von U_{nB} die Nennspannung des Netzes einzusetzen, in dem sich das Betriebsmittel befindet.

Die Korrekturfaktoren K_B liegen in den meisten Fällen sehr nahe bei 1, während t^2 meist stark von 1 abweicht. In vielen Fällen, insbesondere bei Planungsüberlegungen, kann man $K_B = 1$ setzen. Die Vorteile der Berechnung mit Größen des %/MVA-Systems kommen dann voll zur Geltung.

15.9 Begrenzung der Kurzschlußströme

Steigende Kurzschlußströme und Erdkurzschlußströme durch größere Netzvermaschung, durch Einspeisung großer Kraftwerksblöcke in das Netz u.a. führen dazu, daß die Investitionskosten neuer Anlagen steigen, daß ältere Anlagen in ihrer mechanischen und thermischen Kurzschlußfestigkeit ertüchtigt oder, wenn dies nicht möglich ist, sogar neu gebaut werden müssen, daß die Aufwendungen für den Einbau von Schutzmaßnahmen gegen induktive Beeinflussung steigen und daß die Zerstörung an und in der Umgebung der Fehlerstelle zunehmen. Es kann daher wirtschaftlich und in einigen Fällen sogar technisch notwendig sein, die Kurzschlußströme bei unsymmetrischen und symmetrischen Fehlern zu begrenzen.

Bei den Begrenzungsmaßnahmen für Kurzschlußströme kann man Maßnahmen im Netz, Maßnahmen in einzelnen Anlagen und die Begrenzung mit Hilfe einzelner elektrischer Betriebsmittel unterscheiden.

Maßnahmen im Netz:

- Wahl höherer Nennspannung für einzelne Netzteile unter Beibehaltung der Leistung einspeisender Transformatoren (z.B. im Verteilungsnetz, Wahl von 20 kV anstelle von 10 kV).
- Aufbau einer überlagerten Spannungsebene und damit Unterteilung des vorhandenen unterlagerten Netzes in einzelne Gruppen (z.B. Einführung von 380 kV bei vorhandenem 220-kV- oder 110-kV-Netz und Unterteilung in 220-kV- bzw. 110-kV-Gruppen).
- Verteilung der Kraftwerks- und Netzeinspeisungen in ein Netz auf möglichst viele Punkte (Verteilung der Einspeisungen in ein Niederspannungsmaschennetz oder Verteilung des Anschlusses mehrerer Blöcke eines Kraftwerkes auf verschiedene Netzknotenpunkte des Hochspannungsnetzes).
- Kupplung einzelner Netzteile nur an Punkten geringer Kurzschlußleistung (Bild 15.39 a), Einschleifung jeweils nur eines Stromkreises einer Doppelleitung in eine Umspannanlage.
- Netzaufbau dem Prinzip nach im Ring (Vielecknetz) und nicht in Strahlenform mit Zentralanlagen, um so die Leitungsdämpfung und dadurch bedingte Sättigungserscheinungen beim Anstieg des Kurzschlußstromes auszunutzen (Bild 15.38).

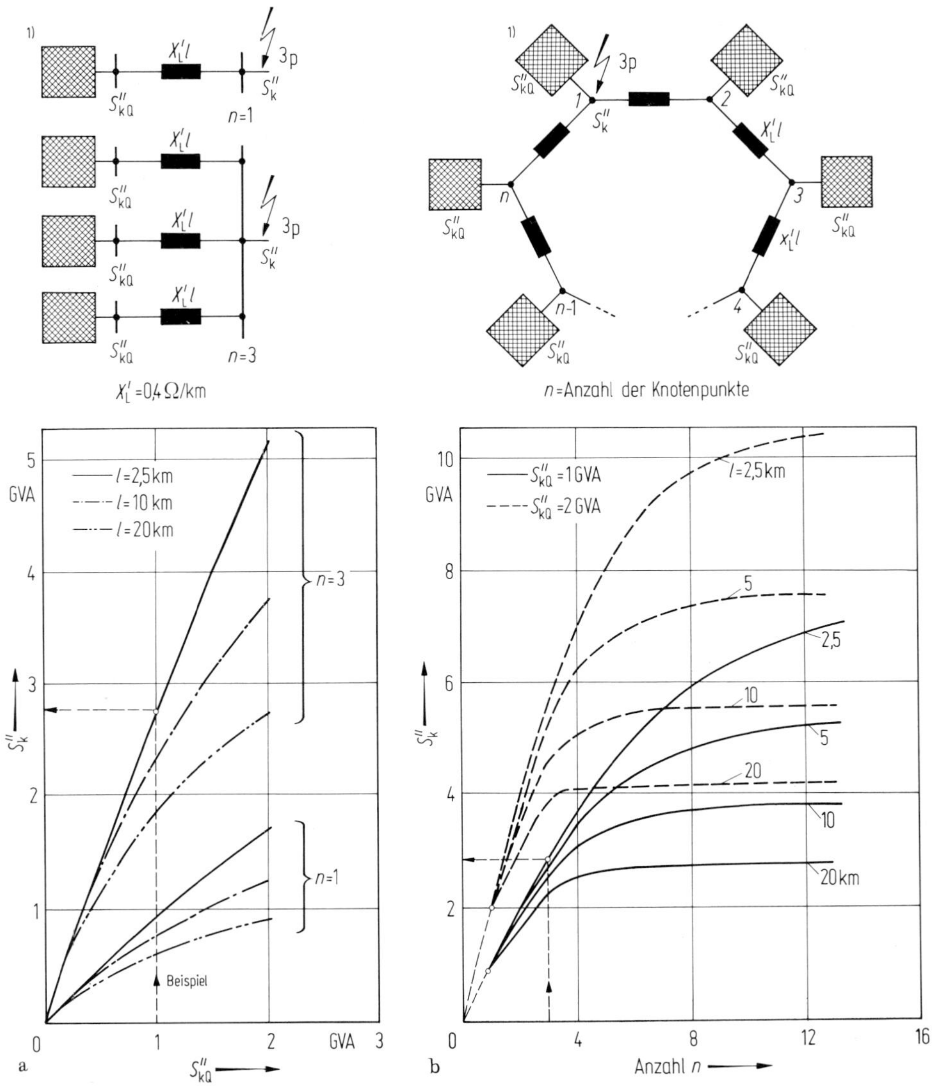

Bild 15.38. Kurzschlußstrombegrenzung durch Netzaufbau und Leitungsdämpfung. Beispiel 110-kV-Netz mit Einfachleitungen.
(**a**) Strahlennetz; (**b**) Vielecknetz;
[1]) An die Stelle der Netzeinspeisungen können auch Kraftwerksblöcke treten.

Maßnahmen in Anlagen:
- Betrieb mit Mehrfachsammelschienen (z.B. zwei Betriebssammelschienen und eine Reserve- oder Umgehungssammelschiene).
- Betrieb mit offener Längskupplung und verteilter Einspeisung auf die Sammelschienenabschnitte.
- Einsatz eines schnell öffnenden Kuppelschalters in einer Anlage (Bild 15.39b).

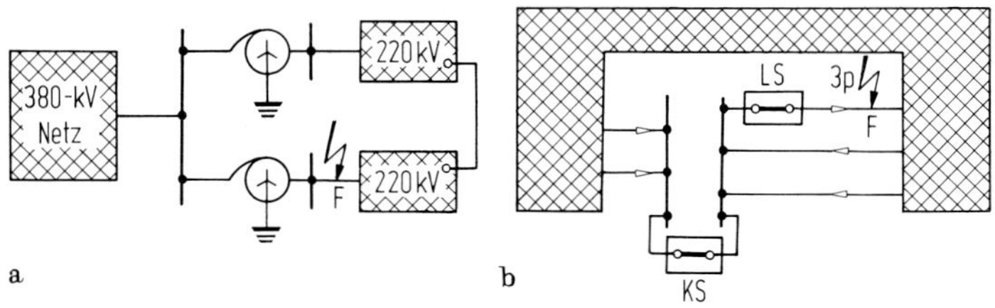

Bild 15.39. Maßnahmen zur Kurzschlußstrombegrenzung in Hochspannungsnetzen (Beispiele).
(**a**) Getrennte Sammelschiene (220 kV) in der Schwerpunktanlage und Verbindung (220 kV) an Punkten geringer Kurzschlußleistung; (**b**) Sammelschienenschnellentkupplung mit dem Schalter KS bei Kurzschluß in F, damit die von links zufließenden Teilkurzschlußströme nicht vom Schalter LS abgeschaltet werden müssen (Reduzierung von I_a, nicht aber von I_s). Anwendung nur in einer oder einigen Anlagen eines Netzes

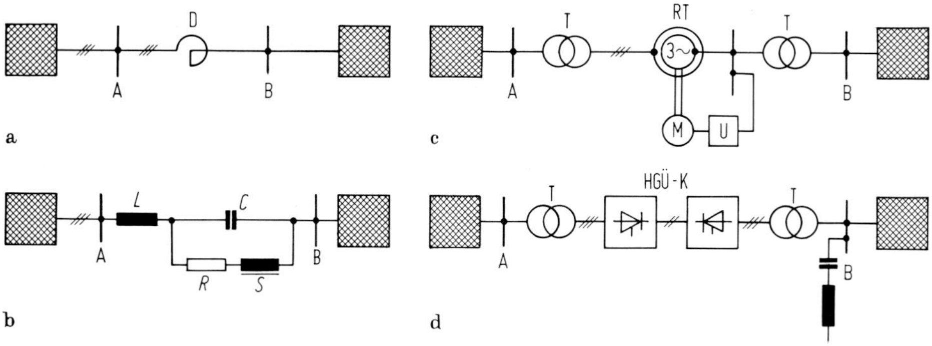

Bild 15.40. Kurzschlußstrombegrenzung im Hochspannungsnetz.
(**a**) Kurzschlußstrom-Begrenzungsdrosselspule D; (**b**) Begrenzungskupplung [15.10]; L Hauptdrosselspule; C Kondensator; R Dämpfungswiderstand; S Sättigungsdrosselspule; (**c**) Rotierender Transformator RT (Prinzip); M Antriebsmotor; U statischer Umrichter; (**d**) HGÜ-Kurzkupplung

- Einsatz von Kurzschlußstrom-Begrenzungsdrosselspulen (Bild 15.40a) in Abgängen oder im Zuge einer Sammelschiene (u.U. überbrückt mit einem I_s-Begrenzer).
- Einsatz von Sicherungen oder strombegrenzenden Schaltern (im Niederspannungsnetz). Bild 15.41 zeigt hierzu Beispiele. Beim Einsatz strombegrenzender Sicherungen und Schaltgeräte muß auf die Selektivität beim Ansprechen geachtet werden.

Maßnahmen mit Hilfe einzelner Betriebsmittel:

- Einsatz von Transformatoren mit hohen Kurzschlußspannungen u_k.
- Einsatz von Generatoren mit hohen Anfangs-Reaktanzen x''_d. (Die Verwendung eines Blocktransformators zum Anschluß großer Generatoren an das Netz ist ohnehin selbstverständlich.)
- Einsatz besonderer Einrichtungen zur Kurzschlußstrombegrenzung im Hochspannungsnetz, wie in Bild 15.40 gezeigt. Diese Einrichtungen, die erhebliche Investitionskosten verlangen, wird man zur Kurzschlußstrombegrenzung nur einsetzen, wenn andere Maßnahmen keinen ausreichenden Erfolg bringen.

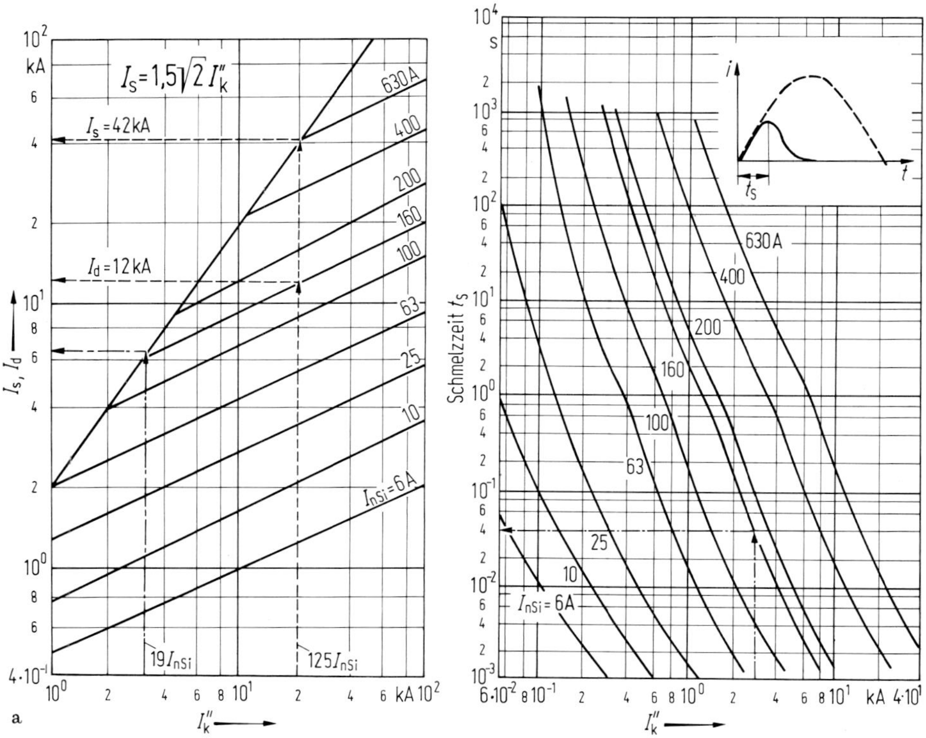

a

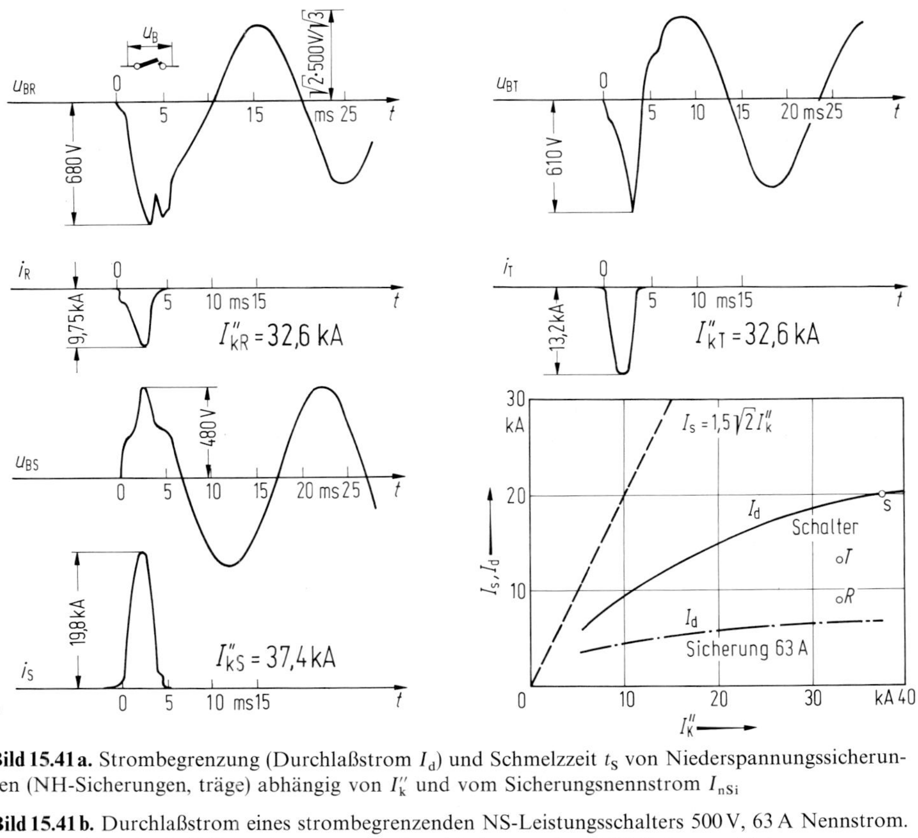

b

Bild 15.41 a. Strombegrenzung (Durchlaßstrom I_d) und Schmelzzeit t_S von Niederspannungssicherungen (NH-Sicherungen, träge) abhängig von I_k'' und vom Sicherungsnennstrom I_{nSi}

Bild 15.41 b. Durchlaßstrom eines strombegrenzenden NS-Leistungsschalters 500 V, 63 A Nennstrom. Zum Vergleich im Teilbild rechts unten der Durchlaßstrom einer NH-Sicherung 63 A

Maßnahmen zur Kurzschlußstrombegrenzung können sich nachteilig auf die Spannungshaltung, die Höhe der Verluste, die Übersichtlichkeit der Betriebsführung und die Aufrechterhaltung der dynamischen Stabilität auswirken. Wählt man z.B. Transformatoren mit hohen Werten u_k, so ist u.U. gleichzeitig der Stellbereich zu erhöhen.

In manchen Fällen, insbesondere beim Anschluß unruhiger Verbraucher der Industrie (z.B. Walzwerke, Lichtbogenöfen, Schweißmaschinen) ist es gerade erwünscht, eine möglichst hohe Kurzschlußleistung zu erreichen, um so Lichtflimmern zu vermeiden.

15.10 Mechanische und thermische Kurzschlußfestigkeit

15.10.1 Grundüberlegungen zur mechanischen Festigkeit

Betriebsmittel sind in ihrer mechanischen Festigkeit so auszulegen, daß gelegentliche im Netz außerhalb des Betriebsmittels auftretende Kurzschlüsse (3p, 2p) bis zu einem angegebenen Stoßkurzschlußstrom I_s (oder dem Durchlaßstrom I_d strombegrenzender Schaltgeräte bzw. Sicherungen) ohne Schaden ausgehalten werden.

Schienenbeanspruchungen (Sammelschienen in Schaltanlagen oder Generatorableitungen), Seilbeanspruchungen und Stützerbeanspruchungen in Anlagen kann man nach VDE 0103/5.74 [15.25] berechnen. Dabei ist ein Verfahren ohne Berücksichtigung der Leiterkennfrequenz und zur genaueren Berechnung ein Verfahren mit Berücksichtigung der Leiterkennfrequenz möglich, um eine Überdimensionierung in bestimmten Fällen zu vermeiden.

Bei Berechnungen oder der Prüfung durch Versuche sind die Einbau- und Betriebsbedingungen zu berücksichtigen (bei einer vollgekapselten Generatorableitung z.B. die Reduzierung der Stromkräfte auf die Hauptleiter durch die magnetische Abschirmung der Kapselung und z.B. die besonderen Bedingungen durch Einhaltung vorgegebener Netzschaltungen [s. auch VDE 0101/4.71 §§ 16b und 17b)2].

Bild 15.42 zeigt Beispiele für die Kräfte zwischen zwei gegensinnig stromdurchflossenen, langgestreckten, parallelen Leitern. Als Kraftbelag F' wird die Strom-

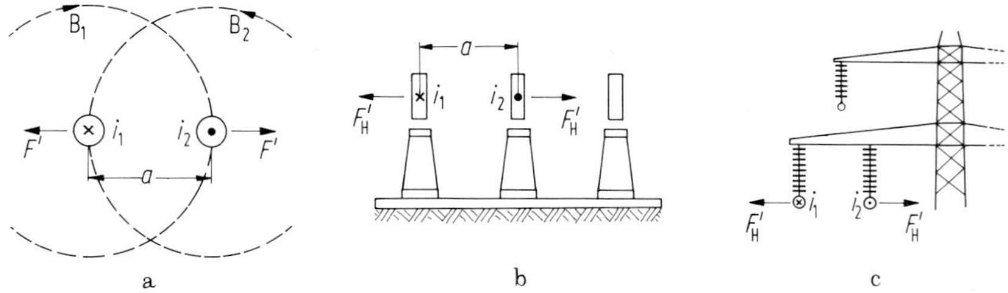

Bild 15.42. Kraftbeläge F′ zwischen gegensinnig stromdurchflossenen langgestreckten parallelen Leitern (Hauptleitern).

(**a**) Parallele runde Leiter mit eingezeichnetem magnetischem Feld; (**b**) Sammelschienenanordnung, Drehstrom bei Strömen i_1 und $i_2 = -i_1$ in benachbarten Hauptleitern (z.B. bei zweipoligem Kurzschluß); (**c**) Seilanordnung am Freileitungsmast kraft pro Längeneinheit bezeichnet. Sind nur zwei parallele Leiter vom Strom durchflossen mit $i_1 = -i_2$ (abstoßende Kraftwirkung) oder $i_1 = i_2$ (anziehende Kraftwirkung), so gilt für den Kraftbelag:

$$F' = i_1 B_2 = i_2 B_1 \tag{15.99}$$

Mit $B = \mu_r \mu_0 H$ (in Luft $\mu_r = 1$) und $H = i/(2\pi a)$ ergibt sich

$$F' = \frac{\mu_0}{2\pi} i_1 i_2 \frac{1}{a} \tag{15.100}$$

Führt man $i_1 = -i_2 = \sqrt{2}\, I_k'' \sin(\omega t - \varphi) + \sqrt{2}\, I_k'' \sin\varphi$ nach Gl. (5.41a) ein ohne Abklingen des Wechselstrom- und des Gleichstromgliedes, so findet man für die Kraft F bei einer Länge l:

$$F = \frac{\mu_0}{2\pi} (\sqrt{2}\, I_k'')^2 \frac{l}{a} [1 + \sin^2\varphi + 2\sin(\omega t - \varphi)\sin\varphi - \cos^2(\omega t - \varphi)] \tag{15.101}$$

Die ersten beiden Glieder in der eckigen Klammer ergeben eine Kraftkomponente mit 0 Hz, das dritte Glied eine Kraftkomponente mit 50 Hz und das letzte Glied eine 100-Hz-Kraftkomponente. Bei $\varphi = 0$, also ohne Gleichstromglied, erhält man nur Kräfte mit 0 Hz und 100 Hz. Die eckige Klammer in Gl. (15.101) wird mit $\omega t = \varphi = \pi/2$ zu 1. Bei $\varphi = \pi/2$ (90°) und damit maximalem Gleichstromglied ergibt sich mit $\omega t = \pi$ für die eckige Klammer der höchste Wert 4. Berücksichtigt man das Abklingen des Wechselstrom- und Gleichstromgliedes im Kurzschlußstrom, so kann man statt $(2\sqrt{2}\, I_k'')^2$ das Quadrat des Stoßkurzschlußstromes, also I_s^2 einführen. Für die Kraft ergibt sich dann:

$$F = \frac{\mu_0}{2\pi} \cdot I_s^2 \frac{l}{a} \tag{15.102}$$

Führt man $\mu_0 = 4\pi \cdot 10^{-7}$ Vs/Am und 1 VAs = 1 Nm ein, so ergibt sich folgende Zahlenwertgleichung:

$$F = 0{,}2 \cdot I_s^2 \frac{l}{a} \tag{15.103}$$

$\{F\}$	$\{I_s\}$	$\{l\}, \{a\}$
N	kA	cm

Bei Berechnungen in Drehstromanlagen wird häufig vereinfachend $i_1 = -i_2 = I_{s3p}$ gesetzt, also die ungünstigste Strombahn für zweipoligen Kurzschluß gewählt und der nicht zugehörige Strom I_{s3p}. Nach [15.25] darf man $I_s = 0{,}93\, I_{s3p}$ in den Gln. (15.121) und (15.122) verwenden. Man ermittelt dann die größtmögliche Kraft bei dreipoligem Kurzschluß, wenn der Kurzschluß im mittleren Leiter einer Einebenenanordnung 45 °el nach dem Nulldurchgang der Spannung $U_{LE} = U_{\perp}$ beginnt [15.2]. Der zeitliche Verlauf des Kraftbelages ist in diesem Falle verschieden vom Verlauf des Kraftbelages nach Gl. (15.101), wie Bild 15.43 zeigt.

15.10.2 Beanspruchung bei biegesteifen Leitern

Sammelschienen in Schaltanlagen werden durch die Stoßkurzschlußströme beansprucht. Dabei treten neben Querkräften auch Biegemomente auf. Die Durchbie-

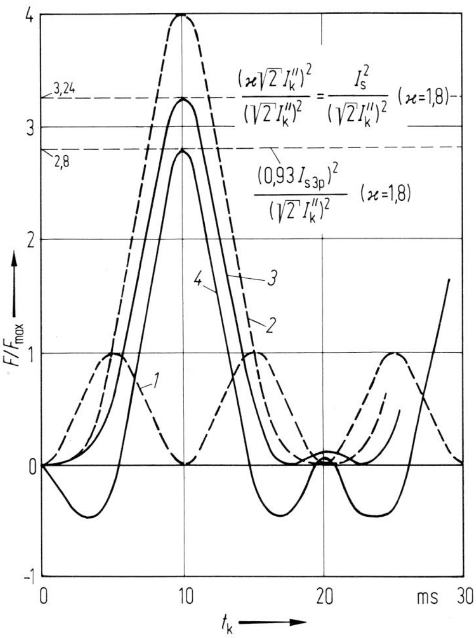

Bild 15.43. Zeitlicher Verlauf der Kraft F auf Stromleiter bezogen auf F_{max} nach Gl. (15.101) für $\varphi = \pi/2$ und $\kappa = 2$.
1 Kraftverlauf nach Gl. (15.101) für $\varphi = 0$; *2* Kraftverlauf nach Gl. (15.101) für $\varphi = \pi/2$; *3* Kraftverlauf nach Gl. (15.101) für $\varphi = \pi/2$ und $\kappa = 1{,}8$; *4* Kraftverlauf für $\kappa = 1{,}8$ und $I_s = 0{,}93\, I_{s3p}$ (Anordnung der Drehstromleiter in einer Ebene) [15.2]

gung soll ein gewisses Maß nicht überschreiten. Stützpunktbeanspruchungen und Leiterbeanspruchungen (Hauptleiter-, Teilleiter- und resultierende Leiterbeanspruchungen) können in einfachen Fällen nach [15.25] bestimmt werden. Unterscheiden muß man verschiedene Fälle der Lagerung und davon abhängig verschiedene Fälle der Auflagerkräfte und der Leiterbeanspruchungen. Bei Mehrfachlagerung und Einspannung ergeben sich ein- oder mehrfach statisch unbestimmte Lagerungen. Die Berechnung der statisch unbestimmten Auflagerkräfte oder Einspannmomente nimmt man dann nach dem Satz vom Minimum der Formänderungsarbeit (Castigliano) vor.

Für die statisch bestimmte gelenkige Lagerung eines Hauptleiters (Balkens) auf zwei Stützern nach Bild 15.44 können an den Auflagerpunkten keine Biegemomente M übertragen werden. Aus Symmetriegründen gilt für die Auflagerkräfte F_A und F_B in Bild 15.44a:

$$F_A = F_B = 0{,}5\, F_H = 0{,}5\, F_H'\, l \tag{15.104}$$

Den Biegemomentenverlauf M an der Stelle x erhält man, wenn Momente im Uhrzeigersinn positiv gezählt werden, an einer Schnittstelle (S) nach Bild 15.44a bei Blickrichtung von der Schnittstelle aus nach links:

$$M = F_A\, x - \int_0^x F_H'\, x\, \mathrm{d}x = 0{,}5 \cdot F_H\, x - F_H \frac{x^2}{2l} \tag{15.105}$$

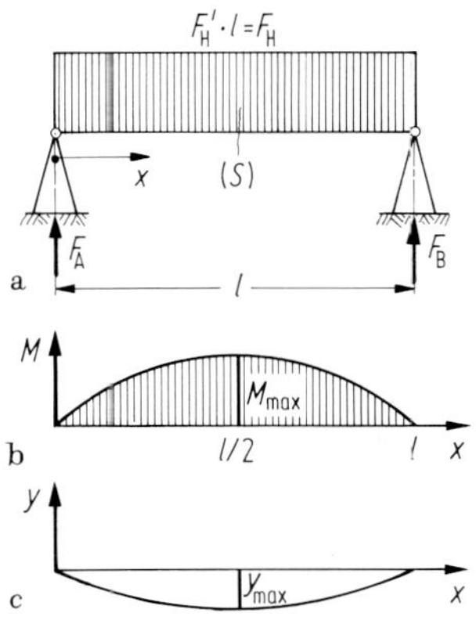

Bild 15.44. Hauptleiter auf zwei Stützen gelenkig gelagert ($M_A = M_B = 0$).
(**a**) Kraft $F'_H l = F_H$ und Auflagerkräfte F_A und F_B; (**b**) Biegemomentenverlauf mit $M_{max} = F_H \cdot l/8$; (**c**) Biegelinie mit $y_{max} = -5 F_H l^3/(384 EJ)$

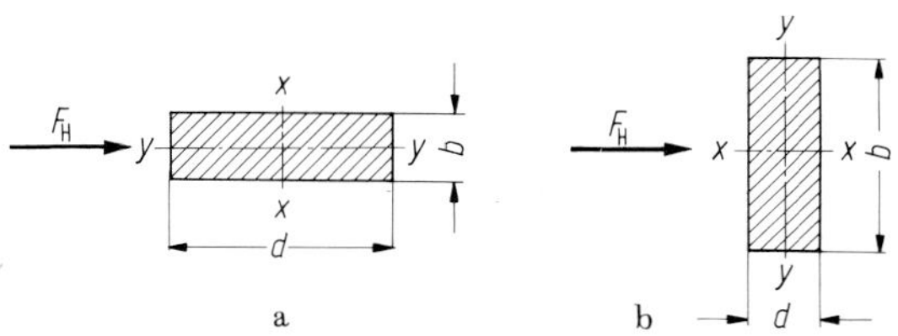

Bild 15.45. Biegeachsen zur Berechnung des Widerstandsmomentes.
(**a**) Biegeachse $x-x$; (**b**) Biegeachse $y-y$.
d Leiterabmessung in Kraftrichtung; b Leiterabmessung senkrecht zur Kraftrichtung

Für $x = 0$ und $x = l$ wird $M = 0$ (Bild 15.44b). Bei $x = 0{,}5\,l$ erreicht das Biegemoment sein Maximum:

$$M(x = 0{,}5\,l) = M_{max} = \frac{F_H l}{8} = \frac{F'_H l^2}{8} \tag{15.106}$$

Die Beanspruchung σ ist vom Biegemoment M und vom Widerstandsmoment W abhängig, wobei zwischen einem Hauptleiter-Widerstandsmoment und einem Teilleiter-Widerstandsmoment zu unterscheiden ist. Allgemein gilt:

$$\sigma = \frac{M}{W} \tag{15.107}$$

Im vorliegenden Fall nach Bild 15.44 mit einem Hauptleiter folgt damit für die maximale Beanspruchung:

$$\sigma_{max} = \frac{M_{max}}{W_H} = \frac{F_H \cdot l}{8\,W_H} \tag{15.108}$$

Das Widerstandsmoment W_H ist ein axiales Widerstandsmoment um die Biegeachse. Bild 15.45 zeigt zwei Beispiele für einen Rechteckleiter. In beiden Fällen soll d

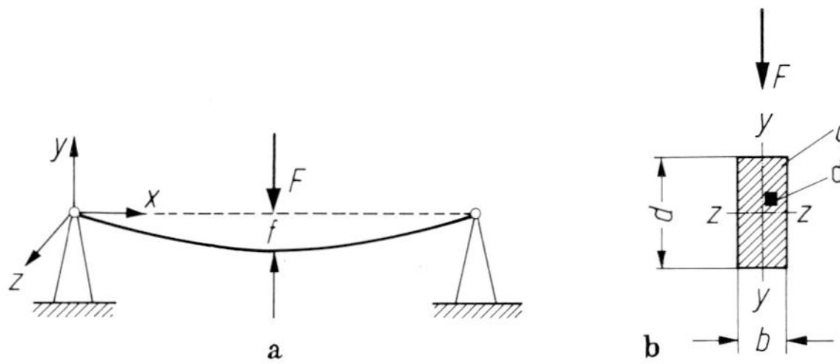

Bild 15.46. Zur Berechnung der Formänderungsarbeit durch eine Einzelkraft F.
(**a**) Anordnung; f Durchbiegung an der Stelle der Kraft F; (**b**) Hauptleiter mit Querschnittsfläche q und $J_{zz}=\int\limits_q y^2\,\mathrm{d}q=\frac{1}{12}\,b\,d^3$

die Leiterabmessung in Kraftrichtung (senkrecht zur Biegeachse) und b die Leiterabmessung senkrecht zur Kraftrichtung sein. Das axiale Widerstandsmoment erhält man aus dem Flächenträgheitsmoment J in bezug auf die Nullinie (Nullinie trennt das Gebiet der Dehnungen von den Kürzungen) und dem Abstand e der Nullinie von der Außenkante des Querschnitts. Für das Widerstandsmoment der Querschnittsfläche in Bild 15.45a gilt mit $e=d/2$:

$$W=\frac{1}{e}\cdot J=\frac{2}{d}\cdot\int\limits_{-d/2}^{+d/2} y^2\,b\,\mathrm{d}y=\frac{1}{6}\,b\,d^2 \tag{15.109}$$

Für das Widerstandsmoment der Querschnittsfläche in Bild 15.45b gilt ebenfalls Gl. (15.109). Zu achten ist auf die Wahl der Größen b und d in bezug auf die Kraftrichtung.

Sammelschienen mit mehreren Auflagern (Abstützungen) nach Bild 15.48 werden am höchsten in den Endfeldern beansprucht. Ihre Biegelinie hat für die mittleren Felder eine waagrechte Tangente an den Stützpunkten. Die Beanspruchung in den Endfeldern kann deshalb so wie bei einem einseitig eingespannten und auf der anderen Seite gelenkig gelagerten Balken berechnet werden, während die Beanspruchung in den Mittelfeldern wie bei einem beidseitig eingespannten Balken auftritt. In beiden Fällen liegen statisch einfach unbestimmte Lagerungen vor, bei denen die unbestimmte Größe über das Minimum der Formänderungsarbeit zu ermitteln ist.

Bei Biegung (ohne Schubbeanspruchungen) gilt nach Bild 15.46 für die Formänderungsarbeit A_F bei Durchbiegung f an der Stelle der Einzelkraft F:

$$A_\mathrm{F}=\frac{1}{2}F\cdot f=\iiint\limits_{x\,y\,z}\frac{\sigma^2}{2E}\,\mathrm{d}x\,\mathrm{d}y\,\mathrm{d}z \tag{15.110}$$

Mit $\mathrm{d}y\cdot\mathrm{d}z=\mathrm{d}q$ und $\sigma=(M/J)\,y$ ergibt sich:

$$A_\mathrm{F}=\int\limits_{x=0}^{l}\int\limits_q\frac{M^2}{2EJ^2}\,\mathrm{d}x\,y^2\,\mathrm{d}q=\frac{1}{2EJ^2}\int\limits_q y^2\,dq\int\limits_{x=0}^{l}M^2\,\mathrm{d}x \tag{15.111}$$

$$A_\mathrm{F}=\frac{1}{2EJ}\int\limits_{x=0}^{l}M^2\,\mathrm{d}x \tag{15.112}$$

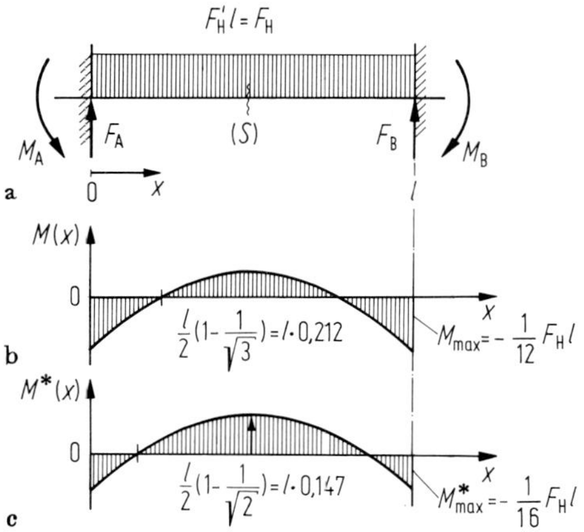

Bild 15.47. Beidseitig eingespannter Hauptleiter (statisch einfach unbestimmte Lagerung).
(**a**) Auflagerkräfte und Einspannmomente; (**b**) Momentenverlauf $M(x)$ bei starrer Einspannung; (**c**) Momentenverlauf $M^*(x)$ bei einer Einspannung, für die das maximale Moment ein Minimum annimmt

Dabei ist E der Elastizitätsmodul, J das Flächenträgheitsmoment und σ die Biegebeanspruchung. Die partielle Ableitung der Formänderungsarbeit nach der Einzelkraft F ist proportional zur Durchbiegung an der Stelle dieser Kraft. Wählt man für F eine Auflagerkraft F_A, so gilt $\partial A_F/\partial F_A = 0$, weil die Durchbiegung an der Stelle der Kraft F_A Null wird.

Setzt sich das Moment $M = M(x)$ z.B. aus zwei Anteilen zusammen

$$M(x) = M_0(x) + M_{FA} = M_0(x) + F_A \cdot m_A(x) \tag{15.113}$$

so findet man

$$\frac{\partial A_F}{\partial F_A} = \frac{1}{2EJ} \int_{x=0}^{l} M(x) \frac{\partial M(x)}{\partial F_A} \mathrm{d}x = \frac{1}{2EJ} \int_{x=0}^{l} M(x)\, m_A(x)\, \mathrm{d}x \tag{15.114}$$

mit $m_A(x)$ als Moment durch die Kraft 1 N (Einflußfunktion).

Für das Beispiel des beidseitig eingespannten Hauptleiters nach Bild 15.47 sollen die Auflagerkräfte und der Momentenverlauf nach dieser Methode bestimmt werden.

Nach Bild 15.47a gilt für das Gleichgewicht der Kräfte $\Sigma F = 0$ und das Moment an der Stelle x des Hauptleiters:

$$F_H - F_A - F_B = 0 \qquad \text{mit } F_A = F_B = \tfrac{1}{2} F_H = \tfrac{1}{2} F'_H l \tag{15.115}$$

$$M(x) = F_A x - M_A - F_H \frac{x^2}{2l} \tag{15.116}$$

Führt man $M(x)$ und $m_A(x)$ in Gl. (15.114) ein, so findet man:

$$\frac{\partial A_F}{\partial F_A}=0=-\frac{1}{2EJ}\int\limits_{x=0}^{l}\left(M_A+F_H\frac{x^2}{2l}\right)x\,dx+\frac{1}{2EJ}\int\limits_{x=0}^{l}F_A x^2\,dx \quad (15.117a)$$

$$\frac{\partial A_F}{\partial F_A}=0=-\frac{M_A}{4EJ}l^2-\frac{F_H}{16EJ}l^3+\frac{F_A}{6EJ}l^3 \quad (15.117b)$$

Für $F_A=\frac{1}{2}F_H$ ergibt sich für das Einspannmoment

$$M_A=\tfrac{1}{12}F_H l \qquad (\text{aus Symmetriegründen } M_A=M_B) \quad (15.118)$$

Für $M(x)$ nach Gl. (15.116) wird dann

$$M(x)=\frac{1}{2}F_H x-\frac{1}{2}F_H\frac{x^2}{l}-\frac{1}{12}F_H l \quad (15.119)$$

Der Momentenverlauf ist in Bild 15.47b aufgezeichnet mit

$$M(x=0)=M(x=l)=M_{max}=-\tfrac{1}{12}F_H\cdot l \text{ und } M(x=0{,}5\,l)=\tfrac{1}{24}F_H\cdot l$$

sowie

$$M(x)=0 \quad \text{für } x=0{,}212\,l \quad \text{und} \quad x=0{,}788\,l.$$

Das Moment M_{max} wird dann am kleinsten, wenn

$$M_A=M_B=-\tfrac{1}{16}F_H\cdot l$$

wird. Für $M(x)$ nach Gl. (15.116) gilt dann

$$M(x)=\frac{1}{2}F_H x-\frac{1}{2}F_H\frac{x^2}{l}-\frac{1}{16}F_H l \quad (15.120)$$

Hier ist

$$M(x=0)=M(x=l)=-\tfrac{1}{16}F_H l \quad \text{und} \quad M(x=0{,}5\,l)=\tfrac{1}{16}F_H\cdot l$$

sowie

$$M(x)=0 \quad \text{für } x=0{,}147\,l \quad \text{und} \quad x=0{,}853\,l\cdot M_{max}=\tfrac{1}{16}F_H l$$

wird nach [15.25] zur Berechnung der Beanspruchung eines beidseitig eingespannten Hauptleiters im Mittelfeld bei Mehrfachlagerung verwendet. Ebenso wird dieses Biegemoment zur Ermittlung der Teilleiterbeanspruchung σ_T herangezogen, weil auch hier keine starre Einspannung der Teilleiter am Ort der Zwischenstücke angenommen werden kann.

Ähnliche Überlegungen wie für den zweiseitig eingespannten Hauptleiter gelten auch für den einseitig eingespannten und auf der anderen Seite gelenkig gelagerten Hauptleiter (Endfeld einer mehrfach gestützten Sammelschiene) nach Bild 15.48.

Bei starrer Einspannung gilt

$$F_A=\tfrac{5}{8}F_H, \qquad F_B=\tfrac{3}{8}F_H$$

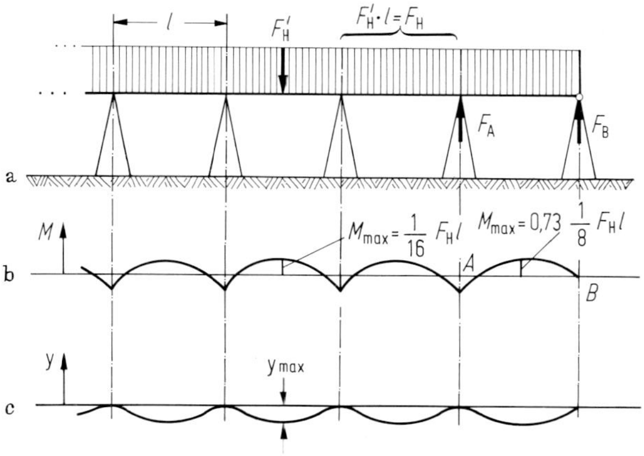

Bild 15.48. Mehrfach gelagerter Hauptleiter (Balken) bei gleichmäßig verteiltem Lastangriff. (**a**) Kraft $F_H' l = F_H$; (**b**) Biegemomentenverlauf; (**c**) Biegelinie

und für das maximale Moment an der Stelle der Einspannung $M_{max} = \frac{1}{8} F_F l$. Auch hier kann man wieder eine solche Art der Einspannung in A voraussetzen, daß das kleinste maximale Moment auftritt. Nach [15.25] wird dafür auf der sicheren Seite liegend

$$M_{max} = 0{,}73 \tfrac{1}{8} F_H l$$

gesetzt.

Tabelle 15.15 enthält eine Zusammenstellung der Leiter- und Stützpunktbeanspruchungen für verschiedene Träger- und Befestigungsarten (Lagerungen), wobei die Berechnungen für die Mehrfeldträger aus den Grundüberlegungen für die Einfeldträger abgeleitet werden können.

Läßt man für den Faktor q der Plastizität in der Gl. (15.127a) Werte größer als 1 bis 1,5 zu und $\sigma_T \approx \sigma_{0,2}$, so ist nach Auftreten des größtmöglichen Kurzschlußstromes eine gewisse bleibende plastische Verformung der Leiter möglich, die jedoch die Betriebssicherheit erfahrungsgemäß nicht beeinträchtigt. Weitere Berechnungshinweise findet man in [15.25].

Die Berechnung mit den Angaben in Tabelle 15.15 kann in bestimmten Fällen eine Überdimensionierung der Leiter und der Befestigungsmittel ergeben. Eine genauere Berechnung erfordert die Bestimmung der Leiterkennfrequenz $f_L = c f_0$, wobei die Leitergrundfrequenz f_0 nach Gl. (15.129) von der Lagerung bzw. Einspannung der Stromschienen (Faktor γ in Tabelle 15.15), vom Stützabstand l, vom Elastizitätsmodul E, vom Flächenträgheitsmoment des Teilleiters J_T und von der Teilleitermasse je Längeneinheit $m_T' = m_T/l$ abhängt. Der Faktor c (ohne Zwischenstücke: $c = 1$) ist von der Anzahl k und der Masse der Zwischenstücke m_Z sowie der Anordnung der Schienen in bezug auf die Kraftrichtung abhängig (Bild 15.49).

$$f_L = c f_0 \quad \text{mit} \quad f_0 = \frac{\gamma}{l^2} \sqrt{\frac{E J_T}{m_T'}} \tag{15.129}$$

Tabelle 15.15. Berechnungsgleichungen für Hauptleiter-, Teilleiter- und Stützpunktbeanspruchungen von Drehstromsammelschienen, sowie Faktoren α und β [15.25]

Anordnung und Bezeichnungen (Dreileiter-Drehstrom-Sammelschiene)

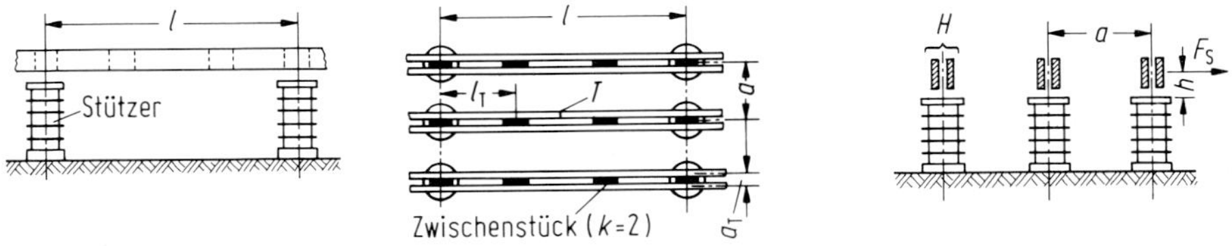

Hauptleiterbeanspruchung	Teilleiterbeanspruchung	Stützpunktbeanspruchung
$F_H = \frac{\mu_0}{2\pi} I_s^2 \frac{l}{a}$ (15.121)	$F_T = \frac{\mu_0}{2\pi} \left(\frac{I_s}{t}\right)^2 \frac{l_T}{a_T}$ (15.123)	$F_S = v_F\, \alpha\, F_H$ (15.125)
		mit
$\sigma_H = \beta \frac{F_H\, l}{8\, W_H}$ (15.122)	$\sigma_T = \frac{F_T\, l_T}{16\, W_T}$ (15.124)	$v_F = 1$ für $\sigma_{res} \geqq 0{,}8\, \sigma'_{0,2}$
		oder
		$v_F = \frac{0{,}8\, \sigma'_{0,2}}{\sigma_{res}}$
	t Anzahl der Teilleiter	für $\sigma_{res} < 0{,}8\, \sigma'_{0,2}$
mit $I_s = 0{,}93\, I_{s3p}$ für Gl. (15.121) u. Gl. (15.122) und $I_s = I_{s3p}$ für Gl. (15.123) u. Gl. (15.124) (I_{s2p} nur bei Berücksichtigung der Eigenfrequenzen, s. Text)		$\sigma'_{0,2}$ nach DIN 40500, 40501 (Höchstwert der Streckgrenze)

Resultierende Leiterbeanspruchung $\sigma_{res} = \sigma_H + \sigma_T$ (15.126)

Zulässige Leiterbeanspruchung und Stützpunktbeanspruchung

$\sigma_{res} = \sigma_H + \sigma_T \leqq q\, \sigma_{0,2} \leqq 1{,}5\, \sigma_{0,2}$ (15.127a)

$\sigma_T \leqq \sigma_{0,2}$ (Mindestwert der Streckgrenze) (15.127b)

$F_S \leqq$ Mindestbruchlast der Isolatoren unter Beachtung des Kraftangriffspunktes (15.128)

Faktor β für die Hauptleiterbeanspruchung	Träger- und Befestigungsart sowie Faktor γ		Faktor α für die Stützpunktbeanspruchung
$\beta = 1{,}0$	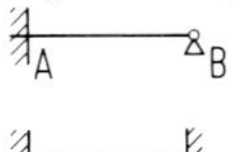	$n = 1,\ \gamma = 1{,}57$	$\alpha_A = \alpha_B = 0{,}5$
$\beta = 0{,}73$	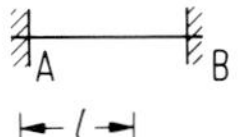	$n = 1,\ \gamma = 2{,}46$	$\alpha_A = 0{,}625;\ \alpha_B = 0{,}375$
$\beta = 0{,}50$	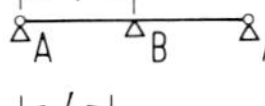	$n = 1,\ \gamma = 2{,}57$	$\alpha_A = \alpha_B = 0{,}5$
$\beta = 0{,}73$	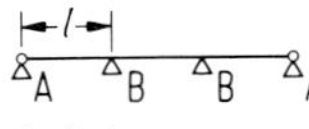	$n = 2,\ \gamma = 2{,}46$	$\alpha_A = 0{,}375;\ \alpha_B = 1{,}25$
Innenfeld $\beta = 0{,}5$	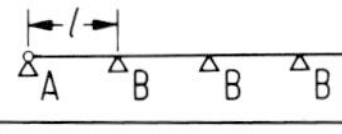	$n = 3,\ \gamma = 3{,}57$	$\alpha_A = 0{,}40;\ \alpha_B = 1{,}1$
Außenfeld $\beta = 0{,}73$		$n \geqq 4,\ \gamma = 3{,}57$	$\alpha_A = 0{,}50;\ \alpha_B = 1{,}0$

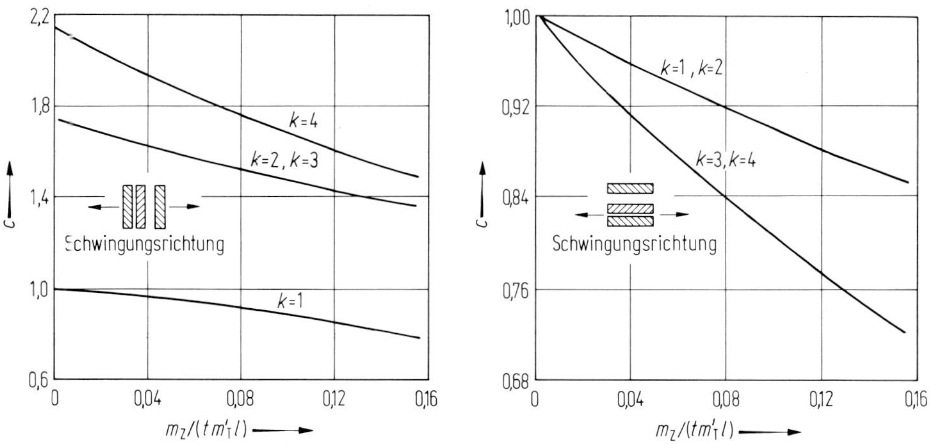

Bild 15.49. Faktor c zur Ermittlung des Zwischenstückeinflusses auf die Leiterkennfrequenz nach Gl. (15.129) [15.25]

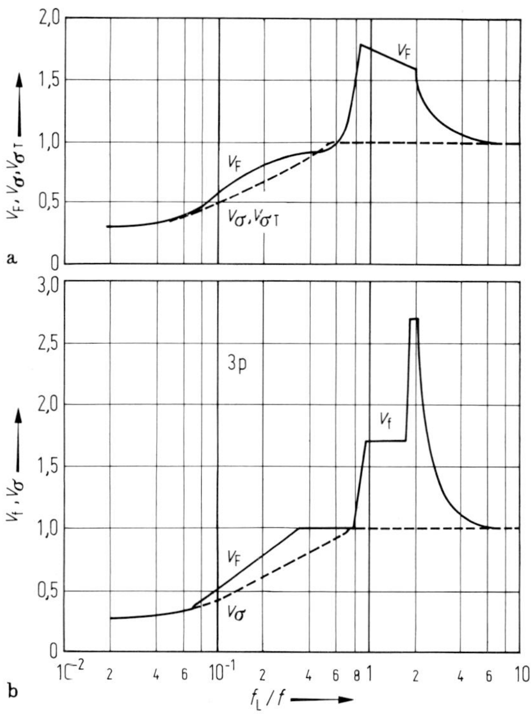

Bild 15.50. Faktoren v_F, v_σ und $v_{\sigma T}$ abhängig von f_L/f in Drehstromanlagen.

(**a**) v_F und v_σ bei zweipoligem Kurzschluß, $v_{\sigma T}$ bei zwei- und dreipoligem Kurzschluß; (**b**) v_F und v_σ bei dreipoligem Kurzschluß

Bildet man f_L/f (f Betriebsfrequenz, z.B. 50 Hz), so kann man Faktoren v_F, v_σ und $v_{\sigma T}$ aus Bild 15.50 ablesen. An die Stelle der Gln. (15.122) und (15.124) treten dann Gleichungen mit den Zusatzfaktoren v_σ und $v_{\sigma T}$:

$$\sigma_H = v_\sigma \beta \frac{F_H l}{8 W_H} \tag{15.130}$$

$$\sigma_T = v_{\sigma T} \frac{F_T l_T}{16 W_T} \tag{15.131}$$

Bei der Ermittlung von $v_{\sigma T}$ nach Bild 15.50 wird in Gl. (15.129) $c=1$ und $l=l_T$ gesetzt.

Eine zusätzliche Beanspruchung der Stützpunkte durch Resonanzen zwischen der anregenden Stromkraft und den Leitern ist nur so lange möglich, wie das Leitermaterial mit weniger als 80% der Streckgrenze beansprucht wird.

15.10.3 Thermische Kurzschlußfestigkeit

Bei der Ermittlung der thermischen Beanspruchung von Betriebsmitteln und Leitungen geht man nach [15.25] vom thermisch wirksamen Kurzzeitstrom I_{th} aus. Der thermisch wirksame Kurzzeitstrom ist der betriebsfrequente Wechselstrom (Effektivwert), der bei einer Stromflußdauer von der Größe der Kurzschlußdauer T_k die gleiche Wärmemenge erzeugt, wie der in seinen Gleich- und Wechselstromanteilen veränderliche Kurzschlußstrom $I_k(t)$. Die Kurzschlußdauer T_k ist dabei die Zeit vom Beginn des Kurzschlusses bis zum Ende des Kurzschlußstromflusses in allen Polen des den Kurzschlußstrom ausschaltenden Schaltgerätes. Danach gilt:

$$\int_0^{T_k} I_k^2(t)\,\mathrm{d}t = I_{th}^2\, T_k = I_k''^2 (m+n)\, T_k \tag{15.132}$$

und damit für den wirksamen Kurzzeitstrom

$$I_{th} = I_k'' \sqrt{m+n} \tag{15.133}$$

Der Faktor m nach Bild 15.51a berücksichtigt dabei die Wärmewirkung des Gleichstromgliedes und der Faktor n nach Bild 15.51b die Wärmewirkung des Wechselstromgliedes bei dreipoligem Kurzschluß. Bei einem Kurzschlußstrom ohne Gleichstromglied ($\kappa=1$) und ohne Abklingen des Wechselstromgliedes ($I_k = I_k''$) wird $m=0$ und $n=1$, so daß dann $I_{th}=I_k''$ gilt.

Durch den Strom I_{th} wird in einem Widerstand R in der Zeitspanne $\mathrm{d}t$ folgende elektrische Energie in Wärme umgesetzt:

$$\mathrm{d}A_W = I_{th}^2 R\,\mathrm{d}t \tag{15.138}$$

Dabei ist der Widerstand R temperaturabhängig:

$$R = \frac{l}{\kappa_{20} Q}[1+\alpha_{20}(\vartheta - 20\,°\mathrm{C})] \tag{15.139}$$

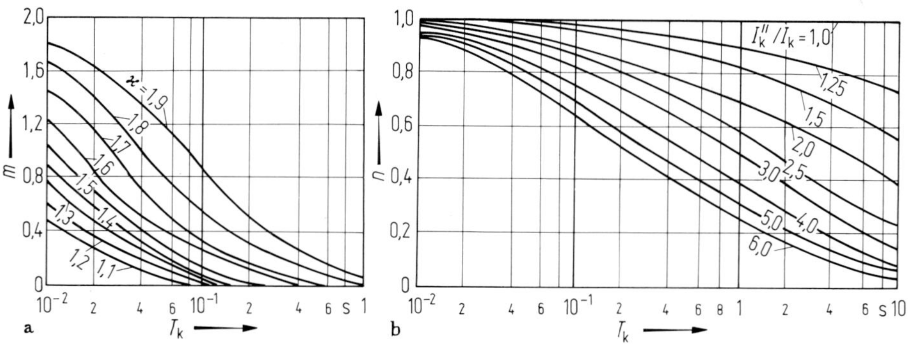

Bild 15.51. Faktoren m und n zur Berechnung des Kurzzeitstromes I_{th} nach Gl. (15.133) [15.25]. (**a**) Faktor m für die Wärmewirkung des Gleichstromgliedes; (**b**) Faktor n für die Wärmewirkung des Wechselstromgliedes bei dreipoligem Kurzschluß

Tabelle 15.16. Gleichungen zur Berechnung des thermischen wirksamen Kurzzeitstromes und Angaben zur Überprüfung des zulässigen Kurzzeitstromes bzw. der zulässigen Kurzzeitstromdichte [15.25]

Thermisch wirksamer Kurzzeitstrom (bei dreipoligem Kurzschluß):

$$I_{th} = I''_k \sqrt{m+n} \tag{15.133}$$

mit $m = f(\kappa, T_k)$ und $n = f(I''_k/I_k, T_k)$ nach Bild 15.51.
Bei mehreren kurz aufeinander folgenden Kurzschlußvorgängen mit den Kurzschlußdauern T_{ki} der einzelnen Vorgänge i (z.B. bei Schnellwiedereinschaltung)

$$I_{th} = \sqrt{\frac{1}{T_k} \sum_{i=1}^{n} I_{th\,i}^2 T_{ki}} \quad \text{mit} \quad T_k = \sum_{i=1}^{n} T_{ki} \tag{15.134}$$

$$S_{th} = I_{th}/Q \tag{15.135}$$

Zulässiger Kurzzeitstrom bzw. zulässige Kurzzeitstromdichte:
Elektrische Betriebsmittel:

$$I_{th} \leqq I_{thn} \quad \text{bei} \quad T_k \leqq T_{kn} \tag{15.136a}$$

$$I_{th} \leqq I_{thn} \sqrt{\frac{T_{kn}}{T_k}} \quad \text{bei} \quad T_k \geqq T_{kn} \tag{15.136b}$$

Stromleiter (z.B. Freileitungsseile und Kabel):

$$S_{th} \leqq S_{thn} \frac{1}{\sqrt{\eta}} \cdot \sqrt{\frac{T_{kn}}{T_k}} \tag{15.137}$$

S_{thn} nach Bild 15.52 für $T_{kn} = 1\,s$ abhängig von ϑ_a und ϑ_e
η nach Bild 15.53 für Massekabel (für andere Fälle $\eta = 1$).

Zulässige Leitertemperaturen ϑ_e bei Kurzschluß:

Stromschienen und Leitungsseile	$\vartheta_e = 200\,°C$
Kabel und Leitungen mit Papier- und Kunststoffisolierung	ϑ_e ist den VDE-Bestimmungen zu entnehmen

---

Richtwerte für Massekabel, Ölkabel, PVC-, PE- und VPE-Kabel nach Tabelle 10.2.

Setzt man bei kurzen Zeiten T_k voraus, daß während der Kurzschlußdauer vom Leiter keine Wärme nach außen abgegeben wird, so dient $\mathrm{d}A_W$ nach Gl. (15.138) allein zur Temperaturerhöhung um $\mathrm{d}\vartheta$.

$$\mathrm{d}A_W = m\,c\,\mathrm{d}\vartheta = I_{th}^2\,R\,\mathrm{d}t \tag{15.140}$$

Dabei ist m die Masse und c die spezifische Wärme des Leiters mit dem Widerstand R. Führt man R nach Gl. (15.139) ein und $m = \varrho\,l\,Q$. wobei ϱ die auf das Volumen $l \cdot Q$ (Länge · Querschnitt) bezogene Masse (Dichte) ist, so ergibt sich für den Temperaturanstieg $\mathrm{d}\vartheta$ in der Zeit $\mathrm{d}t$:

$$\mathrm{d}\vartheta = \frac{I_{th}^2}{Q^2} \cdot \frac{1+\alpha_{20}(\vartheta - 20\,°\mathrm{C})}{\varrho \cdot c \cdot \kappa_{20}}\,\mathrm{d}t \tag{15.141}$$

Für den Anstieg der Temperaturen von ϑ_a auf ϑ_e am Ende der Kurzschlußdauer T_k gilt:

$$\int_{\vartheta_a}^{\vartheta_e} \frac{1}{1+\alpha_{20}(\vartheta - 20\,°\mathrm{C})}\,\mathrm{d}\vartheta = \left(\frac{I_{th}}{Q}\right)^2 \frac{1}{\varrho\,c\,\kappa_{20}} \int_0^{T_k} \mathrm{d}t \tag{15.142a}$$

$$\frac{1}{\alpha_{20}} \ln \frac{1+\alpha_{20}(\vartheta_e - 20\,°\mathrm{C})}{1+\alpha_{20}(\vartheta_a - 20\,°\mathrm{C})} = \left(\frac{I_{th}}{Q}\right)^2 \frac{1}{\varrho\,c\,\kappa_{20}}\,T_k \tag{15.142b}$$

Führt man $T_k = T_{kn} = 1\,\mathrm{s}$ und zugehörig $S_{thn} = I_{thn}/Q$ ein, so findet man für die Nenn-Kurzzeitstromdichte (Einsekunden-Stromdichte):

$$S_{thn} = \sqrt{\frac{\varrho\,c\,\kappa_{20}}{\alpha_{20}\,T_{kn}} \ln \frac{1+\alpha_{20}(\vartheta_e - 20\,°\mathrm{C})}{1+\alpha_{20}(\vartheta_a - 20\,°\mathrm{C})}} \tag{15.143}$$

Mit den Materialkonstanten ϱ, c, κ_{20} und α_{20} für das Leitermaterial ergibt sich das Bild 15.52 und daraus S_{thn} ausgehend von der Temperatur ϑ_a des Stromleiters bei Kurzschlußbeginn und der Temperatur ϑ_e des Leiters am Ende des Kurzschlußvorganges (ohne Wärmeabgabe).

Hat man S_{thn} für $T_{kn} = 1\,\mathrm{s}$ ermittelt, so berechnet man die rechte Seite der Gl. (15.137) mit T_k und u.U. η nach Bild 15.53 für Massekabel. In anderen Fällen setzt man $\eta = 1$, wenn genauere Werte nicht bekannt sind. Mit S_{th} nach Gl. (15.135) ausgehend von Gl. (15.133) für I_{th} ist es dann nach Gl. (15.137) möglich, die Zulässigkeit der Kurzzeitstromdichte zu prüfen (Tabelle 15.16).

Für Betriebsmittel, wie Transformatoren, Drosselspulen, Stromwandler und Schalter wird entweder der zulässige Kurzzeitstrom I_{thn} bei $T_{kn} = 1\,\mathrm{s}$ (Einsekundenstrom) oder aber die zulässige Kurzschlußdauer T_k beim Nennkurzzeitstrom I_{thn} angegeben. Die Prüfung auf Zulässigkeit der thermischen Belastung bei Kurzschluß nimmt man dann nach Gl. (15.136) vor.

Bei Kurzschlußstrom-Begrenzungsdrosselspulen darf der Nenn-Kurzzeitstrom I_{thn} das 25fache des Nennstromes während einer maximalen Dauer von $T_k = 3\,\mathrm{s}$ nicht überschreiten [8.23].

Bei Stromwandlern wird der thermische Grenzstrom (Einsekundenstrom) auf dem Leistungsschild angegeben. Für die thermische Kurzschlußfestigkeit bei f

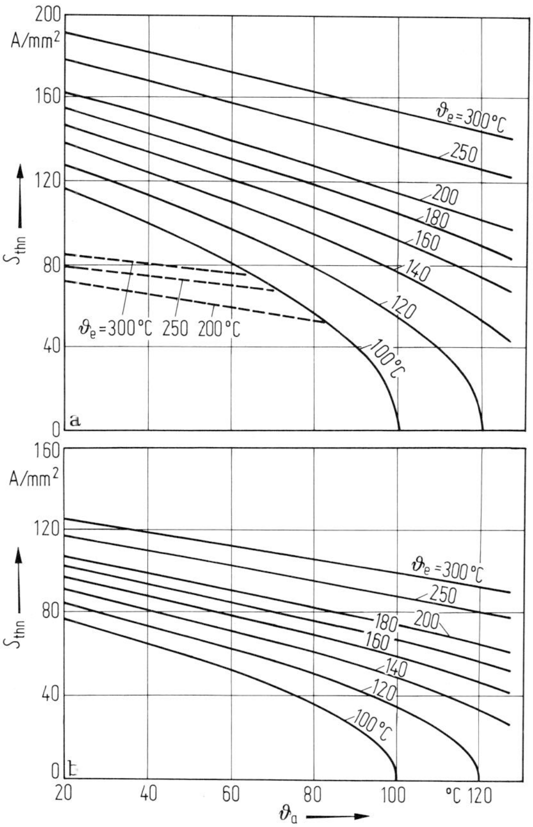

Bild 15.52. Nenn-Kurzzeitstromdichte S_{thn}.
(**a**) Ausgezogene Kurven: Kupfer; gestrichelte Kurven: flache Bänder und Profile aus Bandstahl, sowie Stahlseile; (**b**) Aluminium, Aldrey und Al/St-Seile

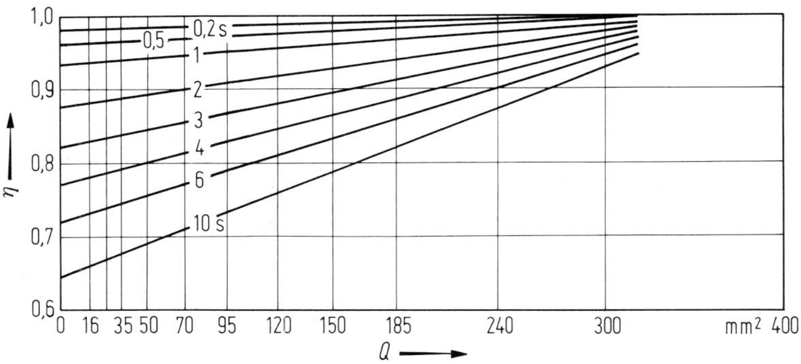

Bild 15.53. Faktor η für die Kurzzeiterwärmung von Massekabeln mit Al- und Cu-Leitern, Gl. (15.137) [15.25]

$=50$ Hz gilt:

$$I_{\text{th}} < I_{\text{thn}} \sqrt{I_{\text{kn}}/(T_{\text{k}} + 0{,}05\ \text{s})}\,.$$

Dabei ist I_{thn} der thermische Grenzstrom bei $T_{\text{kn}} = 1$ s. Wird bei $T_{\text{k}} < 1$ s der zulässige Kurzzeitstrom $I_{\text{th}} > I_{\text{thn}}$, so ist aus Gründen der dynamischen Festigkeit des Wandlers außerdem die Bedingung $I_{\text{th}} \leqq 0{,}4\, I_{\text{s}}$ einzuhalten [11.26].

Bei Schaltgeräten wird gefordert, daß der Nenn-Kurzzeitstrom I_{thn} für $T_{\text{kn}} = 1$ s größer oder mindestens gleich dem symmetrischen Nennausschaltstrom I_{an} ist.

15.11 Beispiele zur Kurzschlußstromberechnung

An zwei Beispielen wird das praktische Vorgehen bei der Berechnung der Kurzschlußströme gezeigt.

Gegeben sind:

$S_{\text{nG1}} = 100$ MVA; $U_{\text{nG1}} = 10{,}5$ kV; $I_{\text{nG1}} = 5{,}5$ kA; $x''_{\text{d}} = 14\,\%$; $x_{\text{d gesättigt}} = 200\,\%$;
$S_{\text{nG2}} = 50$ MVA; $U_{\text{nG2}} = 10{,}5$ kV; $I_{\text{nG2}} = 2{,}75$ kA; $x''_{\text{d}} = 12\,\%$; $x_{\text{d gesättigt}} = 180\,\%$;
$S''_{\text{kQ}} = 15$ GVA; $U_{\text{nQ}} = 220$ kV;
$S_{\text{nT1}} = 100$ MVA; $u_{\text{knT1}} = 13\,\%$; $U_{\text{nOST1}}/U_{\text{nUST1}} = 115\ \text{kV}/10{,}5\ \text{kV}$; $\ddot{u}_{\text{nT1}} = 10{,}95$;
$S_{\text{nT2}} = 50$ MVA; $u_{\text{knT2}} = 11{,}5\,\%$; $U_{\text{nOST2}}/U_{\text{nUST2}} = 110\ \text{kV}/10{,}5\ \text{kV}$; $\ddot{u}_{\text{nT2}} = 10{,}48$;
$S_{\text{nT3}} = 150$ MVA; $u_{\text{knT3}} = 16\,\%$; $U_{\text{nOST3}}/U_{\text{nUST3}} = 230\ \text{kV}/110\ \text{kV}$; $\ddot{u}_{\text{nT3}} = 2{,}09$;
$X_{1\text{L1}} = 3\,\Omega$; $X_{1\text{L2}} = 1\,\Omega$; (Drehstromdoppelleitungen);
Mindestschaltverzug $t_{\text{SV}} = 0{,}1$ s

Berechnet werden:

Anfangs-Kurzschlußwechselstrom I''_{k}, Ausschaltwechselstrom I_{a}, Dauerkurzschlußstrom I_{k}. Die Berechnung der Reaktanzen wird in Tabellenform (Tabelle 15.17) durchgeführt, um eine gute Übersicht zu erreichen. Dabei muß auf die

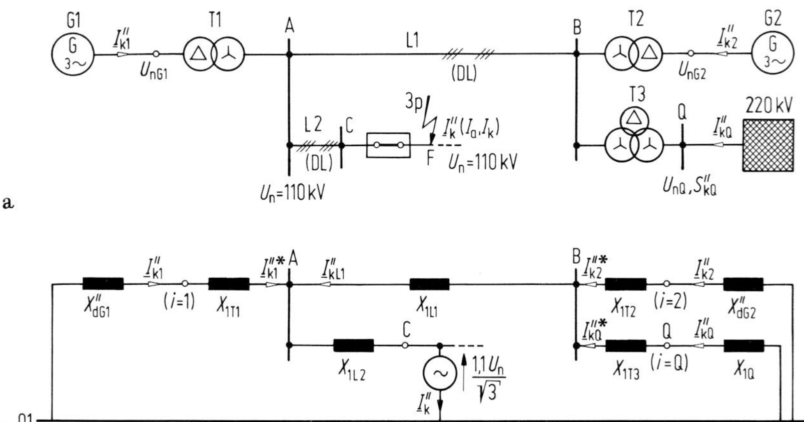

Bild 15.54. Netzschaltung und Ersatzschaltbild zur Berechnung des Anfangs-Kurzschlußwechselstromes, des Ausschaltwechselstromes und des Dauerkurzschlußstromes bei dreipoligem Kurzschluß an der Fehlerstelle F im mehrseitig gespeisten 110-kV-Netz.

(**a**) Netzschaltbild; (**b**) Ersatzschaltung im Mitsystem mit Ersatzspannungsquelle an der Fehlerstelle

Tabelle 15.17. Tabellarische Berechnung von I_k'', I_a und I_k für das Beispiel 1. Bei der Berechnung werden nur Reaktanzen berücksichtigt

1	2	3	4	5	6	7	8	9	10
Nr.	Betriebsmittel	X	$1/X$	I_k'', $I_{ki}''^*$	$I_{ki}''(I_{ki}''/I_{ni})$	$\mu_{0,1}$	λ_{max}	I_{ai}	I_{ki}
		Ω	$1/\Omega$	kA	kA(−)	—	—	kA	kA
				[a]	[b]	[c]	[d]	[e]	[f]
1	220 kV-N	$X_{1Q} = 0{,}81$							
2	T3	$X_{1T3} = 12{,}91$							
3	1+2	13,72	→ 0,0729	$I_{kQ}'' = 3{,}65$ →	$I_{kQ}'' = 1{,}75$	1	—	1,75	1,75
4	G2	$X_{dG2}'' = 29{,}06$		↑ [g]					
5	T2	$X_{1T2} = 27{,}83$							
6	4+5	56,89	→ 0,0176	$I_{k2}'' = 0{,}88$ →	$I_{k2}'' = 9{,}22$	0,87	1,76	8,02	4,84
7	3 ∥ 6	11,05	← 0,0905	↑ [g]	(3,35)				
8	L1	$X_{1L1} = 3{,}00$							
9	7+8	14,05	→ 0,0712	($I_{kL1}'' = 4{,}53$)					
10	G1	$X_{dG1}'' = 18{,}51$		↑ [g]					
11	T1	$X_{1T1} = 17{,}19$							
12	10+11	35,70	→ 0,0280	$I_{k1}'' = 1{,}78$ →	$I_{k1}'' = 19{,}49$	0,85	1,69	16,57	9,30
13	9 ∥ 12	10,08	← 0,0992	↑ [g]	(3,54)				
14	L2	$X_{1L2} = 1{,}00$				$\mu_k = 0{,}94$ →		→ $I_a = $ **5,93**	$I_k = $ **4,85**
15	13+14	$X_1 = 11{,}08$	→ 0,0903	→ $I_k'' = 6{,}31$					

[a] $I_{k1}''^*$, $I_{k2}''^*$ und $I_{kQ}''^*$ sind die Ströme auf der 110-kV-Seite der Transformatoren T1, T2 und T3 (Bild 15.54).

[b] Mit $\ddot{u}_{nT}$ umgerechnete Ströme ($I_{k1}''/I_{nG1} = 3{,}54$; $I_{k2}''/I_{nG2} = 3{,}35$).

[c] $\mu_{0,1}$ nach Bild 15.23; μ_k nach Gl. (15.51).

[d] λ_{max} nach Bild 15.24a) für Turbogeneratoren.

[e] $I_{aQ} = I_{kQ}''$, $I_{a1} = \mu_1\, I_{k1}''$; $I_{a2} = \mu_2\, I_{k2}''$, $I_a = \mu_k\, I_k''$.

[f] I_k nach Gl. (15.52).

[g] Stromaufteilung: $I_{k1}''^* = I_k'' \dfrac{0{,}0280 \cdot 1/\Omega}{0{,}0992 \cdot 1/\Omega}$; $\quad I_{kL1}'' = I_k'' \dfrac{0{,}0712 \cdot 1/\Omega}{0{,}0992 \cdot 1/\Omega}$

und weiter $\quad I_{k2}''^* = I_{kL1}'' \dfrac{0{,}0176 \cdot 1/\Omega}{0{,}0905 \cdot 1/\Omega}$; $\quad I_{kQ}''^* = I_{kL1}'' \dfrac{0{,}0729 \cdot 1/\Omega}{0{,}0905 \cdot 1/\Omega}$.

Umrechnung der Teilkurzschlußströme mit der Nennübersetzung der Transformatoren geachtet werden. Für die Reaktanzen im Mitsystem findet man:

$$X_{1Q} = \frac{1{,}1 \cdot (220\,\mathrm{kV})^2}{15000\,\mathrm{MVA}} \cdot \frac{1}{\ddot{u}_{nT3}^2} = 0{,}81\,\Omega;$$

$$X_{dG1}'' = \frac{14\,\%}{100\,\%} \cdot \frac{(10{,}5\,\mathrm{kV})^2}{100\,\mathrm{MVA}} \cdot \ddot{u}_{nT1}^2 = 18{,}51\,\Omega;$$

$$X_{dG2}'' = \frac{12\,\%}{100\,\%} \cdot \frac{(10{,}5\,\mathrm{kV})^2}{50\,\mathrm{MVA}} \cdot \ddot{u}_{nT2}^2 = 29{,}06\,\Omega;$$

$$X_{1\mathrm{T}1}=\frac{13\,\%}{100\,\%}\cdot\frac{(115\,\mathrm{kV})^2}{100\,\mathrm{MVA}}=17{,}19\,\Omega;$$

$$X_{1\mathrm{T}2}=\frac{11{,}5\,\%}{100\,\%}\,\frac{(110\,\mathrm{kV})^2}{50\,\mathrm{MVA}}=27{,}83\,\Omega;$$

$$X_{1\mathrm{T}3}=\frac{16\,\%}{100\,\%}\cdot\frac{(110\,\mathrm{kV})^2}{150\,\mathrm{MVA}}=12{,}91\,\Omega.$$

Beispiel 2. Kurzschlußströme bei einem Fehler auf der Eigenbedarfs-Sammelschiene eines Blockkraftwerks 400 MVA.

Für die Fehlerstelle F (6-kV-Schiene A1) in der Eigenbedarfs-Schaltanlage eines 400-MVA(300-MW-)Blockes sollen I_k'', I_s, I_a und I_k bei dreipoligem Kurzschluß sowie im Vergleich dazu $I_{k\,2p}''$, $I_{s\,2p}$, $I_{a\,2p}$ und $I_{k\,2p}$ berechnet werden. Die an die 6-kV-Schiene A1 angeschlossenen Hochspannungsmotoren sind einzeln zu berücksichtigen. Der Einfluß der an die Teilschiene A2 angeschlossenen Motoren und der Einfluß der 500-V-Motoren auf die Kurzschlußströme ist festzustellen. Bild 15.55 zeigt den Aufbau des Netzes. Die Berechnung wird als Überschlagsberechnung im %/MVA-System (Abschnitt 15.8.2) durchgeführt. Kabelverbindungen werden bei dieser Berechnung vernachlässigt.

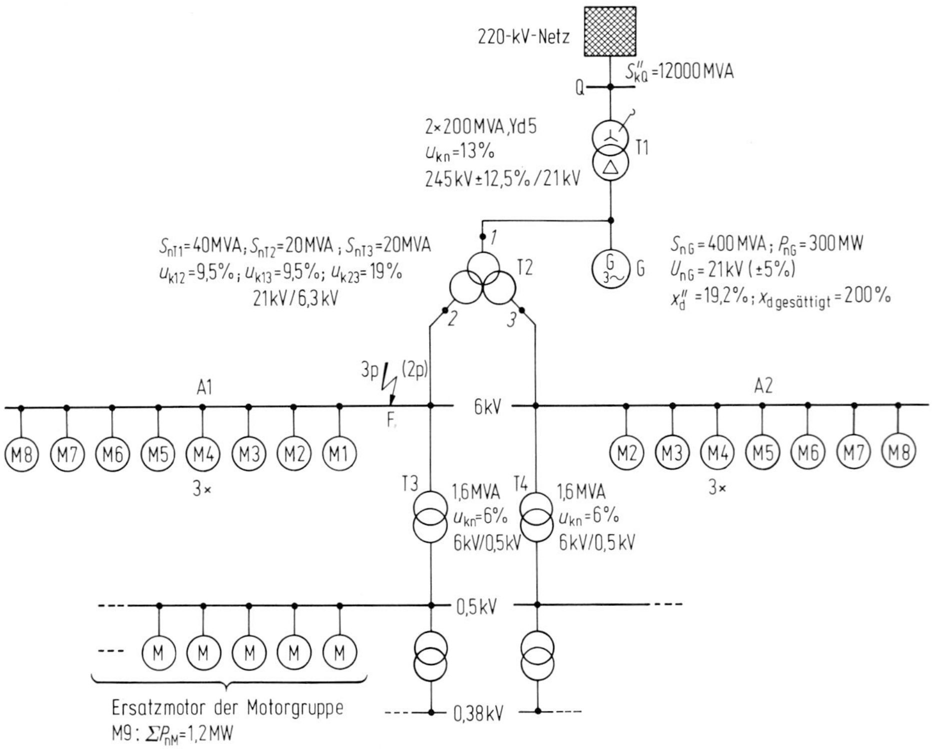

Bild 15.55. Netzschaltbild zur Kurzschlußstromberechnung an der Fehlerstelle F im Eigenbedarf eines Blockkraftwerkes mit Daten (Beispiel). Der Hochspannungsmotor M4 (Kohlemühle) ist mehrmals vorhanden angeschlossen an A1 und A2

Tabelle 15.18. Tabellarische Berechnung der Ströme I''_k, I_s, I_a und I_k bei dreipoligem Kurzschluß für die Fehlerstelle F in Bild 15.55. Näherungsberechnung mit Reaktanzen in %/MVA (Abschnitt 15.8.2). Erläuterungen im Text

Nr.	Spalte	1	2	3	4	5	6	7	8	9	10	11	12
	Betriebsmittel	x[a]	$\frac{1}{x}$	$S''_{k,\text{Anteil}}$	$I''_{k,\text{Anteil}}$ $(U_n = 6\,\text{kV})$	$\frac{S''_{k,\text{Anteil}}}{S_n}$	μ $t_{SV} = 0{,}1\,\text{s}$	q $t_{SV} = 0{,}1\,\text{s}$	λ_{max}	$S_{a,\text{Anteil}}$	$I_{k,\text{Anteil}}$	κ	$I_{s,\text{Anteil}}$
		%/MVA	MVA/%	MVA	kA	–	–	–	–	MVA	kA	–	kA
1	220 kV-Netz (110%/12000 MVA)	0,0092		118,3 ↑	11,38 ↑		1			118,3 ↓	11,38		
2	T1 (2 × 200 MVA)	0,0325											
3	1 + 2	0,0417 →	23,98										
4	G (400 MVA)	0,0480 →	20,83	102,8 →	9,89 →	0,257[d]	1		0,257	102,8 ↓	9,89		
5	3 ∥ 4	0,0223 ←	44,81 →	(4929) ↑	↑								
6	T2 (9,5%/20 MVA)	0,4750											
7	5 + 6 (Fehlerstelle F)	0,4973 →	2,01 →	221,1 →	21,27					221,1	21,27	1,8[b] →	54,14
8	M1 (S_{nM} = 8,7 MVA)	2,30 →	0,435 →	47,85 →	4,60	↑	↑	0,70	–	25,12	–	1,75	11,38
9	M2 (3,08 MVA)	6,49 →	0,154 →	16,94 →	1,63			0,47	–	5,97	–	1,65	3,80
10	M3 (2,79 MVA)	7,17 →	0,139 →	15,29 →	1,47			0,52	–	5,99	–	1,65	3,45
11	3 × M4 (3 × 2,87 MVA)	2,32 →	0,431 →	47,41 →	4,56			0,56	–	19,89	–	1,75	11,26
12	M5 (0,74 MVA)	27,03 →	0,037 →	4,07 →	0,39	5,5	0,75	0,43	–	1,31	–	1,65	0,91
13	M6 (1,57 MVA)	12,74 →	0,078 →	8,58 →	0,83			0,37	–	2,40	–	1,65	1,94
14	M7 (0,54 MVA)	37,04 →	0,027 →	2,97 →	0,29			0,38	–	0,85	–	1,65	0,68
15	M8 (0,56 MVA)	35,71 →	0,028 →	3,08 →	0,30	↓	↓	0,38	–	0,88	–	1,65	0,70
16	8 bis 15 parallel (F)	0,752	1,329	146,19									
17	7 ∥ 16 (x_k)	0,2993 ← x_k	3,339 → $1/x_k$	367,29 → S''_k	35,34 I''_k					283,51 S_a[c]	21,27 I_k		88,26 I_s

$I''_{k\,2p} = 0{,}866 \cdot I''_k = 30{,}6\,\text{kA}$; $I_{s\,2p} = 0{,}866 \cdot I_s = 76{,}4\,\text{kA}$; $I_{a\,2p} \approx 26{,}86\,\text{kA}$; $I_{k\,2p} \approx 25{,}45\,\text{kA}$ (Ermittlung siehe Text).

[a] Berücksichtigt werden nur die Reaktanzen ($R/X < 0{,}3$) mit den Bezeichnungen in Bild 15.55.
[b] Es wurde $\kappa = 1{,}8$ gesetzt (Abschnitt 15.4.1).
[c] $I_a = S_a/(\sqrt{3}\,U_n) = 283{,}5\,\text{MVA}/(\sqrt{3}\,6\,\text{kV}) = 27{,}3\,\text{kA}$.
[d] Generatorferner Kurzschluß.

Die Berechnung zur Ermittlung der dreipoligen Kurzschlußströme wird in Tabelle 15.18 durchgeführt. Man geht dabei wie folgt vor:

In die Spalte 1 der Tabelle trägt man die Reaktanzen in %/MVA ein. Bei Parallelschaltungen von Reaktanzen addiert man die Suszeptanzen ($1/x$ in MVA/%) der Spalte 2.

Der Kurzschlußstrom I_k'' an der Fehlerstelle F setzt sich zusammen aus den Anteilen, die über den Eigenbedarfstransformator und aus den Asynchronmotoren M1 bis M8 eingespeist werden. Weiter unten wird gezeigt, daß die Motoren der Sammelschiene A2 und die 500-V-Motoren vernachlässigt werden dürfen.

Der vom 220-kV-Netz und vom Generator G über den Transformator T2 gelieferte Anteil der Ströme I_k'' ergibt sich zu 21,27 kA (Spalte 4, Zeile 7). Die Aufteilung dieses Anteils auf das 220-kV-Netz und den Generator findet man mit den Suszeptanzen der Spalte 2 (s. auch Beispiel 1).

Die Anteile I_k'' der Asynchronmotoren, die direkt auf die Fehlerstelle F speisen, ergeben sich direkt aus Spalte 1 bzw. Spalte 2.

In der Spalte 5 bildet man den Quotienten $S''_{k,\,\text{Anteil}}$ (S_n unabhängig von der Spannung), um damit μ und λ_{max} bei $t_{SV} = 0{,}1$ s (angenommen) zu bestimmen.

Die Nennscheinleistungen der Asynchronmotoren sind in Tabelle 15.18 angegeben. Weiter gilt für die Asynchronmotoren $I_{an}/I_{nM} = 5$ und zur Ermittlung von q:

Motor		M1	M2	M3	M4	M5	M6	M7	M8
P_{nM}	MW	7,5	2,6	2,3	2,4	0,62	1,20	0,44	0,45
p	–	2	5	3	2	2	6	2	2

Der Motor M1 ist z.B. ein Kesselspeisepumpen-Motor, der Motor M2 ein Saugzug-Motor, der Motor M3 ein Frischlüfter-Motor, die Motoren M4 sind Kohlemühlen-Motoren usw.

Für die Asynchronmotoren mit $I_{an}/I_{nM} = 5$ ergibt sich mit Gl. (15.93) und x_M nach Tabelle 15.13 das Verhältnis $S''_{kM}/S_{nM} = 5{,}5$ (Spalte 5). Der Faktor q (Spalte 7) ergibt sich aus Bild 15.28. Zur Berechnung des Anteils des Stromes I_s (Spalte 12) über den Transformator T2 wurde $\kappa = 1{,}8$ gesetzt (Abschnitt 15.4.1) (mit der Methode der Ersatzfrequenz ermittelt man $\kappa_f = 1{,}85$). Die κ-Faktoren für die Asynchronmotoren ergeben sich abhängig von der Motorleistung pro Polpaar (Tabelle 15.8).

Die Ströme bei zweipoligem Kurzschluß ohne Erdberührung sind ebenfalls in Tabelle 15.18 (unten) angegeben. $I''_{k\,2p}$ ergibt sich nach Gl. (15.24). Den Stoßkurzschlußstrom I_{s2p} findet man nach Gl. (15.44). Mit $\mu = 1$ und Gl. (15.53) sowie Gl. (15.65) für die Asynchronmotoren ergibt sich

$$I_{a2p} \approx I''_{k\,2pT2} + 0{,}6\, I''_{k\;3pM} = 0{,}866 \cdot 21{,}27\ \text{kA} + 0{,}6 \cdot 14{,}07\ \text{kA} = 26{,}86\ \text{kA}.$$

Für den Generator ist der Fehler in F(2p) ein generatorferner Fehler, so daß für den Anteil des Dauerkurzschlußstromes über T2 gilt: $I_{kT2} = I''_{k\,2pT2}$. Die Asynchronmotoren liefern bei zweipoligem Klemmenkurzschluß $I_{k2pM} = 0{,}5\, I''_{k\,3pM}$ nach

Gl. (15.66), so daß sich

$$I_{k\,2p} \approx 0{,}866 \cdot 21{,}27\,\mathrm{kA} + 0{,}5 \cdot 14{,}07\,\mathrm{kA} = 25{,}45\,\mathrm{kA}$$

ergibt.

Wendet man Gl. (15.58b) für den Mittelpunkt der Sternersatzschaltung des Dreiwicklungs-Transformators T2 an, so ergibt sich mit $\sum P_{nM} = 14{,}81$ MW (Motoren an der Sammelschiene A2), $I_{an}/I_{nM} = 5$, $S_{nT} = 20$ MVA, $u_k = 9{,}5\,\%$ und $S''_{kQ} = 4929$ MVA (Spalte 3, Zeile 5), daß die Motoren an der Sammelschiene A2 bei der Berechnung der Ströme an der Fehlerstelle F in Bild 15.55 vernachlässigt werden dürfen, weil ihr Beitrag unter 5 % bleibt.

Die Notwendigkeit zur Berücksichtigung der 500-V-Motoren wird nach Gl. (15.67) geprüft. Für die Motorengruppe M9 wird aus $\sum P_{nM}$ abgeschätzt $\sum S_{nM} = 1{,}6$ MVA und damit bei $U_n = 6$ kV an der Fehlerstelle $\sum I_{nM} = 0{,}154$ kA. Ohne diese Motoren gilt nach Tabelle 15.18 für die Fehlerstelle $I''_k = 35{,}34$ kA und damit $\sum I_{nM} < 0{,}01\; I''_{k\,3p}$.

16. Sternpunktbehandlung und Erdung in Hochspannungsnetzen

16.1 Überblick

Die Projektierung und der Betrieb von Hochspannungsnetzen erfordern Überlegung und Maßnahmen zur Sternpunktbehandlung. Die Art der Sternpunktbehandlung hat wesentlichen Einfluß auf die Größe der bei Fehlern mit Erdberührung auftretenden Ströme, auf betriebsfrequente Spannungserhöhungen und transiente Überspannungen (Kapitel 17). Weiterhin müssen insbesondere bei großen Erdkurzschlußströmen Schutzmaßnahmen getroffen werden, um eine Gefährdung des Menschen auszuschließen. Die Bestimmungen VDE 0141 [16.44] enthalten Angaben zur Ausführung von Erdungen in Wechselstromanlagen für Nennspannungen über 1 kV.

Für die Bemessung von Erdungsanlagen und zur Beurteilung ihrer Güte werden unterschiedliche Methoden angewendet. Sie lassen sich nach vier Merkmalen ordnen [16.22]:

a) Vorgabe der Form der Erdungsanlagen und der Anschlüsse der Geräte,
b) Vorgabe der zulässigen Erderspannung,
c) Vorgabe der zulässigen Schritt- und Berührungsspannung,
d) Vorgabe des höchstzulässigen Stromes durch den menschlichen Körper.

Die Bestimmungen VDE 0141 z.B. bauen im wesentlichen auf den Merkmalen a bis c auf. Die amerikanischen Empfehlungen [16.21] benutzen das Merkmal d.

Die Bedeutung der Begriffe „Erderspannung", „Schrittspannung" und „Berührungsspannung" erkennt man aus Bild 16.1.

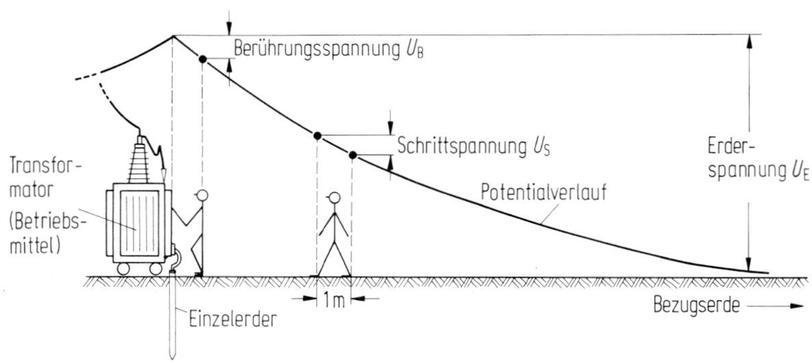

Bild 16.1. Potentialverlauf um einen Einzelerder an einem fehlerbetroffenen Gerät. Definition der Erder-, Schritt- und Berührungsspannung [16.44]

Bei der Sternpunktbehandlung in Hochspannungsnetzen unterscheidet man nach Tabelle 16.1 Netze mit isoliertem Sternpunkt, Netze mit Erdschlußkompensation und Netze mit niederohmiger Sternpunkterdung, d.h. Sternpunkterdung entweder über strombegrenzende ohmsche bzw. induktive Widerstände oder direkte Sternpunkterdung. In den beiden letzten Fällen (Spalte 3 und 4 der Tabelle 16.1) wird die Wirksamkeit der Sternpunkterdung durch den Erdfehlerfaktor $\delta = \varepsilon\sqrt{3}$ beschrieben.

16.2 Sternpunktbehandlung

16.2.1 Einführung

Einpolige Fehler (Erdschlüsse, Erdkurzschlüsse) sind die häufigsten Fehler in Hochspannungsnetzen. Unterschiede im Verhalten der Netze abhängig von der Sternpunktbehandlung treten bei einpoligen Fehlern besonders deutlich in Erscheinung. Die nachfolgenden Überlegungen gehen deshalb jeweils vom einpoligen Fehler aus.

Durch die Art der Sternpunktbehandlung werden die Höhe der Fehlerströme bei einpoligen Fehlern, die Höhe der betriebsfrequenten Spannungserhöhungen und auch die Höhe der transienten Überspannungen wesentlich bestimmt. In Mittelspannungsnetzen bis 110 kV mit freiem Sternpunkt oder mit Erdschlußkompensation sind die transienten Erdschlußüberspannungen meist die höchsten auftretenden Überspannungen, höher als die Überspannungen bei Schalthandlungen. Besonders ungünstige Verhältnisse können in Netzen mit freiem Sternpunkt dann auftreten, wenn ein Erdschluß durch wiederholtes Löschen und Neuzünden zu einem intermittierenden Erdschluß wird.

Tabelle 16.1 gibt einen Überblick über die Merkmale der verschiedenen Arten der Sternpunktbehandlung in Hochspannungsnetzen. Kleine Fehlerströme an der Erdschlußstelle in einem Netz mit freiem Sternpunkt oder mit Erdschlußkompensation sind mit hohen betriebsfrequenten und transienten Überspannungen der nicht vom Fehler betroffenen Leiter („gesunde Leiter") verbunden. Im Gegensatz dazu treten hohe Erdkurzschlußströme und geringe betriebsfrequente und transiente Überspannungen bei niederohmiger Sternpunkterdung mit $\delta \leqq 1{,}4$ auf.

Netze mit freiem Sternpunkt oder mit Erdschlußkompensation kann man nach dem Auftreten eines einpoligen Fehlers, auch wenn dieser nicht selbstlöschend ist, noch eine gewisse Zeitlang weiter betreiben, um zweckmäßige Maßnahmen zur Sicherstellung der Versorgung zu ergreifen. Bei diesem Vorgehen läuft man jedoch Gefahr, daß der einfache Fehler sich zu einem Doppelerdschluß ausweitet, mit einem zweiten einpoligen Fehler an einem anderen meist entfernten Netzpunkt, so daß dann ein größerer Teil des Netzes ausfallen kann. In Netzen mit niederohmiger Sternpunkterdung dagegen spielt der Doppelerdschluß keine Rolle, weil der erste Fehler mit Erdberührung rasch erfaßt und ausgeschaltet wird (Tabelle 16.1).

Tabelle 16.1. Sternpunktbehandlung in Drehstromhochspannungsnetzen – Merkmale und Anwendungsgebiete

Spalte →	1	2	3	4
Sternpunktbehandlung im Netz	Freier Sternpunkt 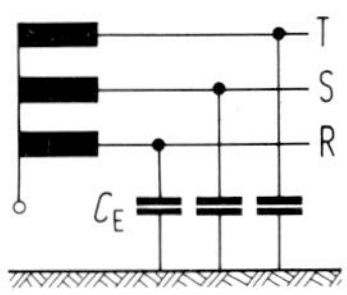	Kompensation (Löschspule) 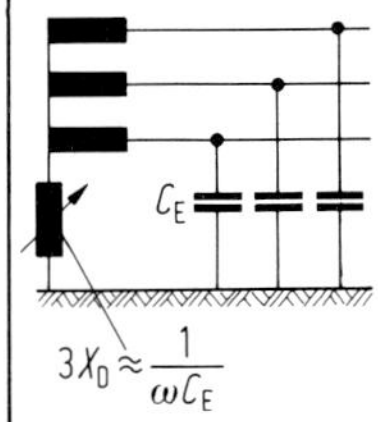	strombegrenzend geerdet 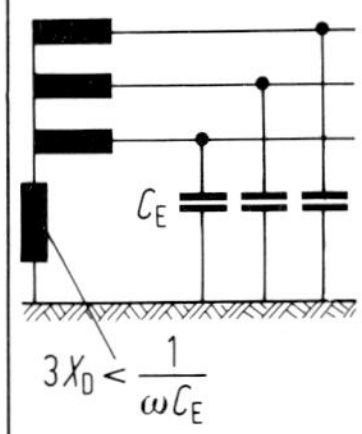	niederohmig geerdet 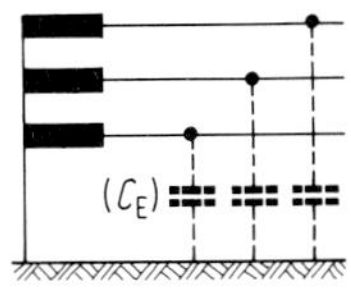
Anwendung	Netze geringer Ausdehnung; Kraftwerks-Eigenbedarf	Freileitungsnetze 10 … 110 kV	Kabelnetze 10 … 110 kV z.B. in Städten	Hochspannungsnetze 110 kV und darüber
$\lvert\underline{Z}_0/\underline{Z}_1\rvert$ an der Fehlerstelle	$\left\lvert\frac{1/(\mathrm{j}\,\omega\, C_E)}{\underline{Z}_1}\right\rvert$	sehr hochohmig ($\rightarrow \pm\infty$)	$\gtrapprox 4$	2 … 4 (Abschnitt 13.3.5)
Strom an der Fehlerstelle bei einpoligem Fehler	kapazitiver Erdschlußstrom $I_{CE} \approx \sqrt{3}\,\omega\, C_E U_n$	Erdschlußreststrom $I_{Rest} \approx \sqrt{3}\omega C_E \lvert\delta_0 + \mathrm{j}v\rvert U_n$ δ_0 Verlustwinkel v Verstimmungsgrad	Erdkurzschlußstrom $I''_{k1p} = \frac{\sqrt{3}\cdot 1{,}1\, U_n}{\lvert 2\underline{Z}_1 + \underline{Z}_0\rvert}$ $\frac{I''_{k1p}}{I''_{k3p}} \approx \frac{3X_1}{2X_1 + X_0} = \frac{3}{2 + X_0/X_1}$	
I''_{k1p}/I''_{k3p}	I_{CE}/I''_{k3p}	I_{Rest}/I''_{k3p}	0,05 … 0,5	0,5 … 0,75
$U_{LE\,max}/U_n$	$\approx 1{,}0$	$\approx 1{,}0$ (… 1,1)	0,8 … 1,0	0,75 … $\leqq 0{,}80$
$U_{0\,max}/U_n$	$\approx 0{,}6$	$\approx 0{,}6$	$\approx 0{,}45$ … 0,6	$\approx 0{,}3$ … 0,45
Spannungsanhebung der gesunden Leiter im gesamten Netz	ja	ja	nein	nein
Fehlerdauer	ohne selbsttätige Löschung oder vorübergehende niederohmige Sternpunkterdung ≈ 10 … 60 min		< 1 s Schnellausschaltung $t_k \leqq 0{,}5$ s [16.44]	< 1 s
Erdschlußlichtbogen in Luft	selbstlöschend bis zu einigen Ampere	häufig selbstlöschend, wenn Löschgrenze nicht überschritten	meist stehend	stehend
Erfassung	Suchen durch Teilausschaltung, Erdschlußrelais oder bei vorübergehender niederohmiger Sternpunkterdung Ausschaltung durch Netzschutz		Selektive Ausschaltung durch Schutz im Nullkreis oder in den Leitern	Kurzschlußschutz
Doppelerdschlußgefahr	ja	ja	nein	nein
Erdungsmaßnahmen	Erderspannung $U_E \leqq 125$ V Berührungsspannung $U_B \leqq$ 65 V [16.44]		Erderspannung $U_E > 125$ V zulässig, Berührungsspannung U_B nach Bild 16.19	
Maßnahmen gegen unzulässige Beeinflussung (Abschnitt 16.5)	im allgemeinen nicht erforderlich Ausnahmen bei Bahnblockleitungen	nicht erforderlich	bei längerer Näherung zu Freileitungen u.U. erforderlich. In Kabelnetzen mit geringem Reduktionsfaktor im allgemeinen nicht erforderlich	

16.2.2 Netze mit isoliertem (freiem) Sternpunkt

Mittelspannungsnetze mit geringer Ausdehnung und geringem kapazitivem Erdschlußstrom I_{CE} können mit freiem Sternpunkt betrieben werden. Die Eigenbedarfsnetze in Kraftwerken werden z.B. meist so betrieben. In Freileitungsnetzen kann man mit Selbstlöschung des Lichtbogens rechnen, wenn der kapazitive Erdschlußstrom einige Ampere nicht überschreitet. Die Witterungsbedingungen, insbesondere die Windgeschwindigkeit, spielen eine entscheidende Rolle für die Lichtbogenlöschung.

Zur Berechnung des einpoligen Fehlerstromes (Leiter R) gilt unabhängig von der Sternpunktbehandlung die Gl. (13.35). Vernachlässigt man die Mit- und Gegenimpedanzen $\underline{Z}_1$ und $\underline{Z}_2$ des Netzes, sowie den Lichtbogenwiderstand $\underline{Z}_F$ an der Fehlerstelle gegen den kapazitiven Widerstand im Nullsystem, so ergibt sich mit Bild 16.2:

$$\underline{I}_R = \underline{I}_{CE} = 3\underline{I}_0 \approx \frac{3\underline{E}}{\underline{Z}_0} = \mathrm{j}\,3\,\omega\,C_E\,\underline{E} \tag{16.1}$$

Führt man $\underline{E} = E''$ ein und setzt man in erster Näherung $E'' \approx U/\sqrt{3}$, so ergibt sich:

$$I_{CE} \approx \sqrt{3}\,\omega\,C_E\,U \tag{16.2}$$

Bild 16.3 zeigt die drei Leitererdspannungen U_R, U_S und U_T bei einem Erdschluß des Leiters R in einem Netz mit freiem Sternpunkt. Angenommen wird, daß der Erdschluß beim Scheitelwert der Spannung auftritt, nach einer 50-Hz-Halbwelle erlischt und dann u.U. beim nächsten Scheitelwert der Spannung U_R neu zündet. Bild 16.3a zeigt den zeitlichen Verlauf der drei Spannungen u_R, u_S und u_T, während in den Bildern 16.3b und 16.3c die Effektivwertzeiger der drei Spannungen $\underline{U}_R$, $\underline{U}_S$ und $\underline{U}_T$ vor und nach dem Eintritt des Erdschlusses aufgezeichnet sind. Nach dem Fehlereintritt (Erdschluß mit $\underline{Z}_F = 0$) gilt $\underline{U}_S \approx \underline{U}_T \approx U$. Die Anhebung der Spannungen von $U/\sqrt{3}$ auf U bezeichnet man als betriebsfrequente Spannungserhöhung.

Die transiente Überspannung wird durch einen Überspannungsfaktor k_{LE} ausgedrückt, wobei die Überspannung $u_ü$ auf den Scheitelwert der betriebsfrequenten Leitererdspannung im fehlerfreien Zustand des Netzes $\hat{U}_{\perp}$ bezogen wird ($\hat{U}_{\perp} = \sqrt{2}\,U/\sqrt{3}$). Es gilt dann $k_{LE} = u_ü/\hat{U}_{\perp}$. Bezeichnet man das Verhältnis der ersten Amplitude der gedämpften Ausgleichsschwingung zu der Amplitude der ungedämpften Ausgleichsschwingung mit d, so ergibt sich für den Überspan-

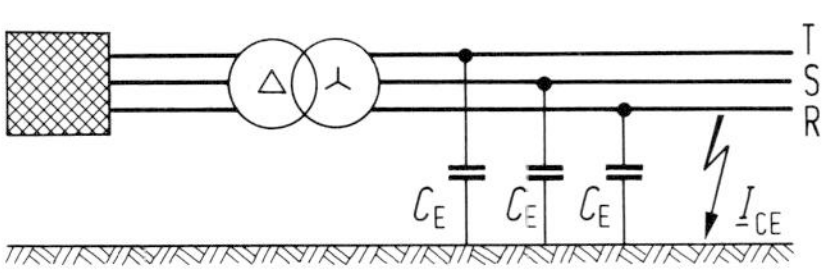

Bild 16.2. Erdschluß des Leiters R in einem Netz mit freiem Sternpunkt. Die verteilten Leitererdkapazitäten sind zu Ersatzkapazitäten $C_E = C_0$ zusammengefaßt

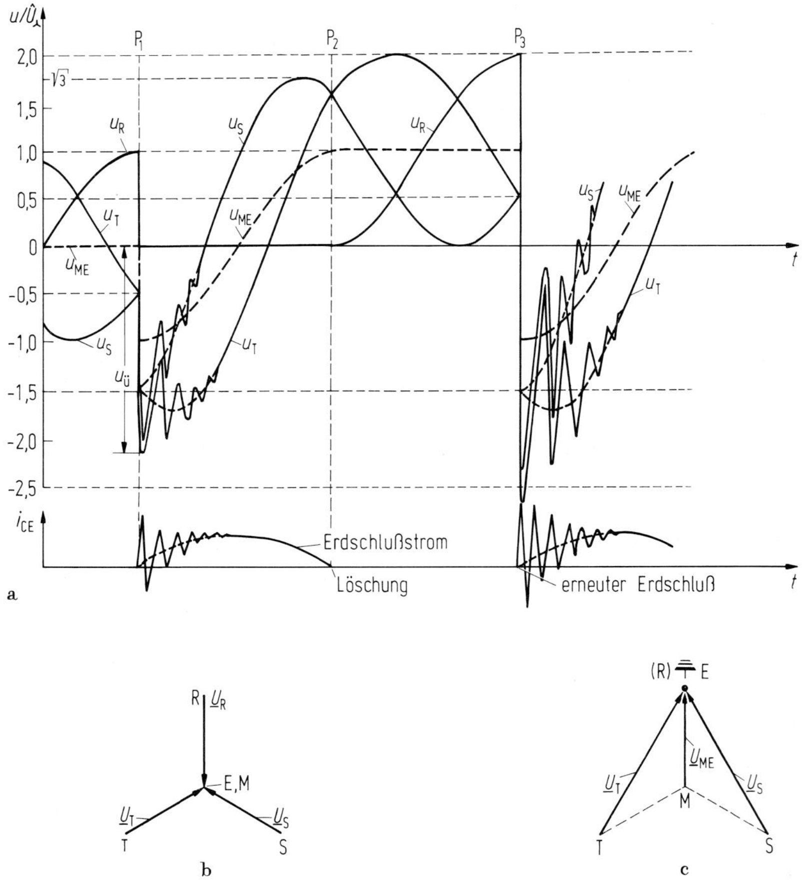

Bild 16.3. Spannungen der drei Leiter eines Drehstromnetzes mit freiem Sternpunkt bei Erdschluß des Leiters R [17.9].

(**a**) Zeitlicher Spannungsverlauf mit Dämpfung bei Erdschluß im Spannungsmaximum (P_1), Erlöschen (P_2) und Wiederzünden (P_3); (**b**) Zeigerdiagramm vor dem Erdschluß; (**c**) Zeigerdiagramm nach dem Eintritt des ersten Erdschlusses (P_1) bis zur Löschung (P_2)

nungsfaktor beim Eintritt des ersten Erdschlusses (P_1):

$$k_{\mathrm{LE(P_1)}} = \frac{u_{\ddot{u}}}{\hat{U}_{\perp}} = 0{,}5 + 2d \tag{16.3}$$

Ohne Dämpfung der Ausgleichsschwingung wird $d=1$ und $k_{\mathrm{LE}}=2{,}5$. Beim Wiederzünden des Erdschlusses im Punkt P_3 des Bildes 16.3a ergibt sich ein entsprechend größerer Überspannungsfaktor:

$$k_{\mathrm{LE(P_3)}} = \frac{u_{\ddot{u}}}{\hat{U}_{\perp}} = 1{,}5 + 2d \tag{16.4}$$

Ohne Dämpfung ($d=1$) wird $k_{LE}=3{,}5$. Die tatsächlichen Verhältnisse im Netz liegen dadurch günstiger, daß $d \leqq 0{,}75$ wird und weiterhin dadurch, daß Neuzündungen meist nicht im Spannungsmaximum, sondern zeitlich danach auftreten.

Für die Frequenz der Ausgleichsschwingung nach dem Eintreten des Erdschlusses gilt näherungsweise $f_C \approx 1/(2\pi\sqrt{3 L_1 C_0})$, wobei L_1 die Induktivität des Mitsystems an der Fehlerstelle und $C_0 = C_E$ die Erdkapazität des fehlerbetroffenen Netzes ist.

16.2.3 Netze mit Erdschlußkompensation (Erdschlußlöschung)

In Netzen mit Erdschlußkompensation werden ein oder mehrere Transformatorsternpunkte über Löschspulen geerdet. Die Löschspulen haben entweder keine Verstellmöglichkeit oder einen Stufenschalter bzw. einen Tauchkern zur Veränderung der Induktivität. Bei einer Abstimmung der Induktivität der Löschspule oder der Löschspulen auf die Kapazität des Netzes gegen Erde fließt bei einpoligem Fehler nur der Erdschlußreststrom I_{Rest} an der Fehlerstelle. Bei einer Anwendung der Erdschlußkompensation in Freileitungsnetzen oder gemischten Freileitungs- und Kabelnetzen gelingt es dadurch, daß die überwiegende Zahl der Erdschlüsse selbsttätig löscht. Eine Betriebsunterbrechung wird dann vermieden. In Kabelnetzen dagegen ist meist nur eine Begrenzung des Fehlerstromes möglich, jedoch keine Selbstlöschung. In reinen Kabelnetzen erscheint es deshalb günstiger, eine Sternpunkterdung über strombegrenzende Reaktanzen oder ohmsche Widerstände vorzunehmen (Spalte 3 in Tabelle 16.1).

Bei einer Anordnung nach Bild 16.4 und Abstimmung der Löschspule auf die Kapazität C_E gilt:

$$3 X_D = 3\omega L_D = \omega L_{0D} = \frac{1}{\omega C_E} \tag{16.5}$$

Vernachlässigt man X_{0L} und X_{0T} gegen $3 X_D$, so ergibt sich aus Bild 16.4b für den Leitwert des Nullsystems an der Fehlerstelle:

$$\underline{Y}_0 = j\omega C_E + \frac{1}{R_{0D} + j X_{0D}} \tag{16.6}$$

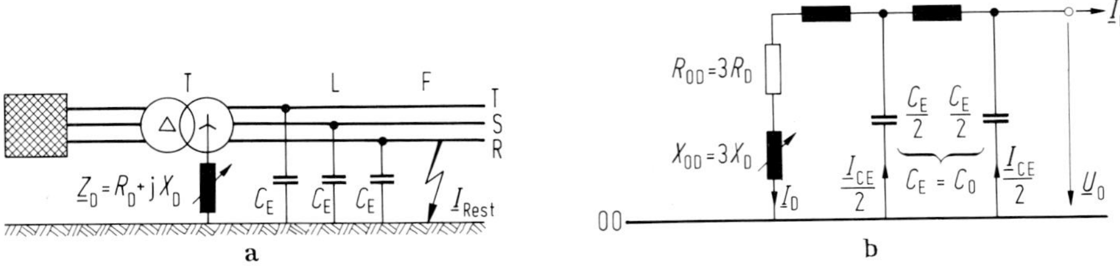

Bild 16.4. Erdschluß des Leiters R in einem Netz mit Erdschlußkompensation.
(**a**) Netzschaltung (vereinfacht); (**b**) Ersatzschaltung im Nullsystem

Durch Umformung erhält man mit $X_{0\mathrm{D}} = \omega L_{0\mathrm{D}}$

$$\underline{Y}_0 = \mathrm{j}\,\omega\, C_{\mathrm{E}} \left[1 - \frac{1}{\omega^2 L_{0\mathrm{D}} C_{\mathrm{E}} \left(1 - \mathrm{j}\dfrac{R_{0\mathrm{D}}}{\omega L_{0\mathrm{D}}}\right)}\right] \tag{16.7}$$

Führt man für den Verlustwinkel im Nullsystem

$$\delta_0 = \arctan \frac{R_{0\mathrm{D}}}{\omega L_{0\mathrm{D}}}$$

ein, so findet man da $R_{0\mathrm{D}} \ll \omega L_{0\mathrm{D}}$ anstelle der Gl. (16.7):

$$\underline{Y}_0 \approx \mathrm{j}\,\omega\, C_{\mathrm{E}} \left[1 - \frac{1}{\omega^2 L_{0\mathrm{D}} C_{\mathrm{E}}} \cdot \frac{1}{1 - \mathrm{j}\,\delta_0}\right] \tag{16.8}$$

Liegt keine vollständige Abstimmung vor, so kann man dies durch den Verstimmungsgrad v ausdrücken, für den mit $R_{0\mathrm{D}} \ll \omega L_{0\mathrm{D}}$ gilt:

$$v = \frac{I_{\mathrm{CE}} - I_{\mathrm{D}}}{I_{\mathrm{CE}}} = 1 - \frac{I_{\mathrm{D}}}{I_{\mathrm{CE}}} = 1 - \frac{1}{\omega^2 L_{0\mathrm{D}} C_{\mathrm{E}}} \tag{16.9}$$

Führt man den Verstimmungsgrad in Gl. (16.8) ein, so ergibt sich für den Leitwert des Nullsystems:

$$\underline{Y}_0 = \mathrm{j}\,\omega\, C_{\mathrm{E}} \left[1 - \frac{1 - v}{1 - \mathrm{j}\,\delta_0}\right] \approx \mathrm{j}\,\omega\, C_{\mathrm{E}} [1 - (1 - v)(1 + \mathrm{j}\,\delta_0)] \approx \omega\, C_{\mathrm{E}} (\delta_0 + \mathrm{j}\, v) \tag{16.10}$$

Damit findet man näherungsweise den Reststrom an der Fehlerstelle ($\underline{Z}_1$ und $\underline{Z}_2 \ll \underline{Z}_0 = 1/\underline{Y}_0$) ausgehend von Gl. (13.35) mit $\underline{E} = \underline{E}''$:

$$\underline{I}_{\mathrm{Rest}} = 3\,\underline{E}''\,\underline{Y}_0 = 3\,\underline{E}''\,\omega\, C_{\mathrm{E}} (\delta_0 + \mathrm{j}\, v) \tag{16.11}$$

Wird $v = 0$, also $\omega^2 L_{0\mathrm{D}} C_{\mathrm{E}} = 1$ nach Gl. (16.9), so ist der Reststrom ein Wirkstrom. In der Praxis auftretende Oberschwingungsströme sind hier vernachlässigt.

In Freileitungsnetzen kann der Reststrom meist kleiner als 10% des kapazitiven Erdschlußstromes gehalten werden. Vorausgesetzt werden müssen dabei jedoch etwa gleichgroße Leitererdkapazitäten für die drei Leiter des Netzes. Bei großer kapazitiver Unsymmetrie scheitert eine Abstimmung der Löschspulen. In Kabelnetzen erreicht man z.B. $I_{\mathrm{Rest}} \approx (0{,}03 \ldots 0{,}04)\, I_{\mathrm{CE}}$.

Bild 16.5 zeigt eine Magnetbandaufzeichnung der drei Leitererdspannungen eines 60-kV-Freileitungsnetzes bei Erdschluß im Leiter T, wobei der Fehler in unmittelbarer Nähe der Registriereinrichtung auftrat. Die Ausgleichsschwingung ist nur schwach ausgeprägt.

Bild 16.6 zeigt Magnetbandaufzeichnungen der drei Leitererdspannungen beim Erlöschen eines Erdschlusses, einmal bei genauer und zum Vergleich einmal bei ungenauer Kompensation. Bei ungenauer Kompensation stimmt die

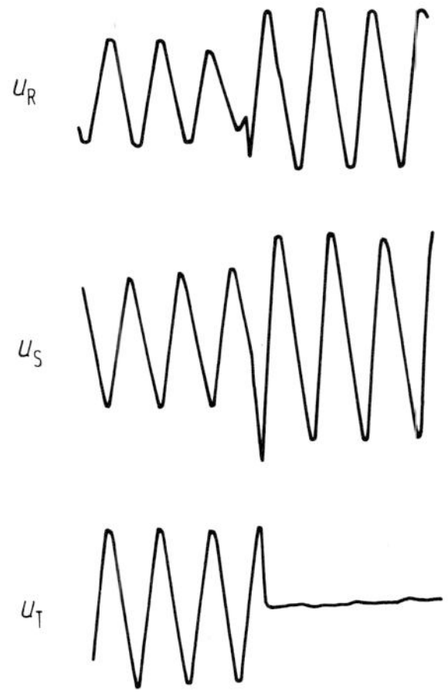

Bild 16.5. Erdschluß des Leiters T in einem 60-kV-Freileitungsnetz. Die Spannungen der Leiter R und S gehen auf den verketteten Wert [16.27]

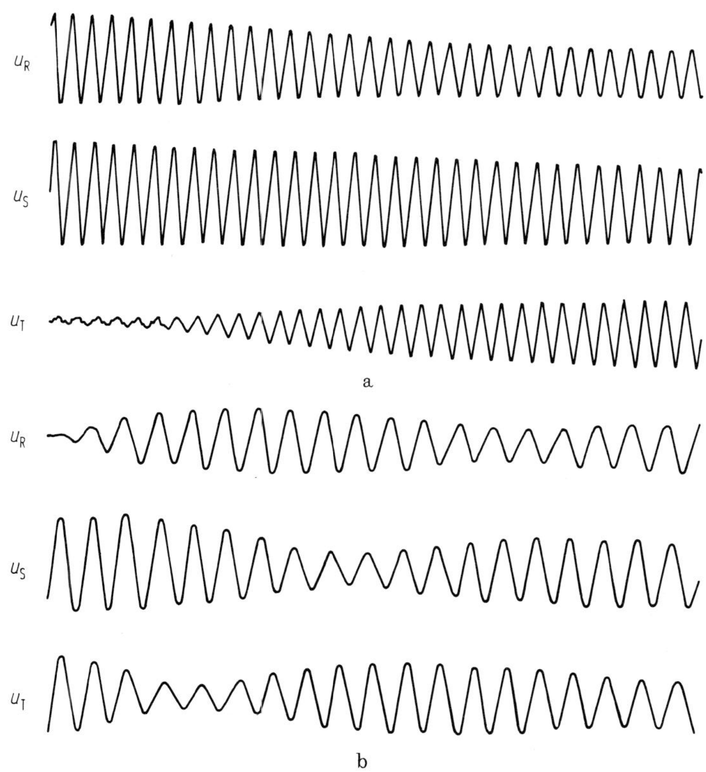

Bild 16.6. Löschvorgänge nach Erdschlüssen in Netzen mit Erdschlußkompensation (Beispiele) [16.27].

(**a**) Erlöschen des Erdschlusses in T bei genauer Kompensation; (**b**) Erlöschen des Erdschlusses in R bei ungenauer Kompensation

Eigenfrequenz des aus der Löschspule und der Netzkapazität C_E gebildeten Schwingkreises nicht mit der Netzfrequenz 50 Hz überein. Der Löschvorgang zeigt deshalb eine Schwebung mit der Differenzfrequenz. Die Spannung der gesunden Leiter sinkt dabei kurzzeitig sogar unter ihren Normalwert ab (kein erneuter Erdschluß!).

Der Verlauf der transienten Überspannungen nach einem Erdschluß in einem Netz mit Erdschlußlöschung ist im ersten Augenblick ähnlich wie in einem Netz mit freiem Sternpunkt (Bild 16.3a). Der weitere Verlauf der Spannung wird dadurch anders, daß die Gleichspannungsladung des Netzes nicht erhalten bleibt, sondern über die Löschspule abfließen kann. Ein Aufschaukeln der Spannung bei intermittierendem Erdschluß tritt deshalb nicht ein. Wieder abhängig von d rechnet man mit einem Überspannungsfaktor $k_{LE} = 1{,}5 + d$, wobei dies unabhängig davon gilt, ob der Erdschluß nach einer 50-Hz-Halbwelle erlischt oder aber schon nach der ersten Ausgleichsschwingung. Erfahrungsgemäß liegt d bei Werten $\leqq 0{,}75$.

16.2.4 Netze mit direkt oder über strombegrenzende Impedanzen geerdeten Sternpunkten (niederohmige Sternpunkterdung)

Nach [16.44] liegt ein Netz mit niederohmiger Sternpunkterdung dann vor, wenn der Sternpunkt eines oder mehrerer Transformatoren oder Sternpunktbildner unmittelbar (direkt) oder über strombegrenzende Impedanzen (Wirkwiderstände oder induktive Blindwiderstände) geerdet ist und der Netzschutz so ausgebildet wird, daß es bei einem Erdkurzschluß an beliebiger Stelle des Netzes zur selbsttätigen Ausschaltung kommen muß. Die Wirksamkeit der niederohmigen Sternpunkterdung kann durch die Erdungszahl ε oder durch den Erdfehlerfaktor δ beschrieben werden:

$$\varepsilon = \frac{U_{\mathrm{LE\,max}}}{U} = \delta/\sqrt{3} \tag{16.12a}$$

$$\delta = \frac{U_{\mathrm{LE\,max}}}{U/\sqrt{3}} \tag{16.12b}$$

Dabei ist $U_{\mathrm{LE\,max}}$ der höchste an der Fehlerstelle bei Erdkurzschluß (oder einem anderen Fehler mit Erdberührung) im Netz auftretende Wert der betriebsfrequenten Spannungen Leiter gegen Erde, während für U die verkettete Spannung des Netzes an der Fehlerstelle vor dem Fehlereintritt einzusetzen ist.

Ein ausgezeichneter Fall der niederohmigen Sternpunkterdung ist die „starre Sternpunkterdung“ mit einem Erdfehlerfaktor $\delta \leqq 1{,}39$ ($\varepsilon \leqq 0{,}8$). Dieser Fall wird für Netze mit $U_n \geqq 220$ kV angestrebt (Abschnitt 17.5).

Eine ausführliche Darstellung der Berechnung des einpoligen Erdkurzschlußstromes und der Spannungen der nicht vom Fehler betroffenen Leiter findet man im Abschnitt 13.3.5. Vernachlässigt man die Impedanz $\underline{Z}_F$ und setzt man $\underline{Z}_2 = \underline{Z}_1$ für den ersten Augenblick nach dem Eintritt des Erdkurzschlusses im

Leiter R, so ergibt sich aus den Gln. (13.34):

$$\underline{U}_S = -\tfrac{1}{2}\sqrt{3}\,\underline{E}''\left(\frac{\sqrt{3}}{1+2\underline{Z}_1/\underline{Z}_0}+\mathrm{j}\right) \tag{16.13a}$$

$$\underline{U}_T = -\tfrac{1}{2}\sqrt{3}\,\underline{E}''\left(\frac{\sqrt{3}}{1+2\underline{Z}_1/\underline{Z}_0}-\mathrm{j}\right) \tag{16.13b}$$

Um den Erdfehlerfaktor bei Berechnungen entsprechend der Forderung in [17.72] von der vor dem Eintritt des Fehlers gerade herrschenden Spannung unabhängig zu machen und als rein numerisches Verhältnis angeben zu können, dividiert man die Gln. (16.13a) und (16.13b) auf beiden Seiten durch $\underline{E}''$ und findet so:

$$\delta_S = \sqrt{3}\,\varepsilon_S = \left|\frac{\underline{U}_S}{\underline{E}''}\right| = \tfrac{1}{2}\sqrt{3}\left|\frac{\sqrt{3}}{1+2\underline{Z}_1/\underline{Z}_0}+\mathrm{j}\right| \tag{16.14a}$$

$$\delta_T = \sqrt{3}\,\varepsilon_T = \left|\frac{\underline{U}_T}{\underline{E}''}\right| = \tfrac{1}{2}\sqrt{3}\left|\frac{\sqrt{3}}{1+2\underline{Z}_1/\underline{Z}_0}-\mathrm{j}\right| \tag{16.14b}$$

Der Erdfehlerfaktor δ ist der größere der beiden Werte δ_S bzw. δ_T. Wird der Quotient $\underline{Z}_0/\underline{Z}_1$ reell, so gilt $\delta = \delta_S = \delta_T$. Wählt man als Beispiel $\underline{Z}_0/\underline{Z}_1 = X_0/X_1 = 4$, so ergibt sich nach Gl. (13.36b) $I''_{k1p}/I''_{k3p} = 0{,}5$ und aus den obigen Gln. (16.14) $\delta = \delta_S = \delta_T \approx 1{,}32$.

Bild 16.7 gibt einen Überblick über die Größe des Erdfehlerfaktors und zugehörig das Verhältnis I''_{k1p}/I''_{k3p} abhängig von X_0/X_1 bei $X_2 = X_1$, $R_2 = R_1 = 0$ und $\underline{Z}_F = 0$.

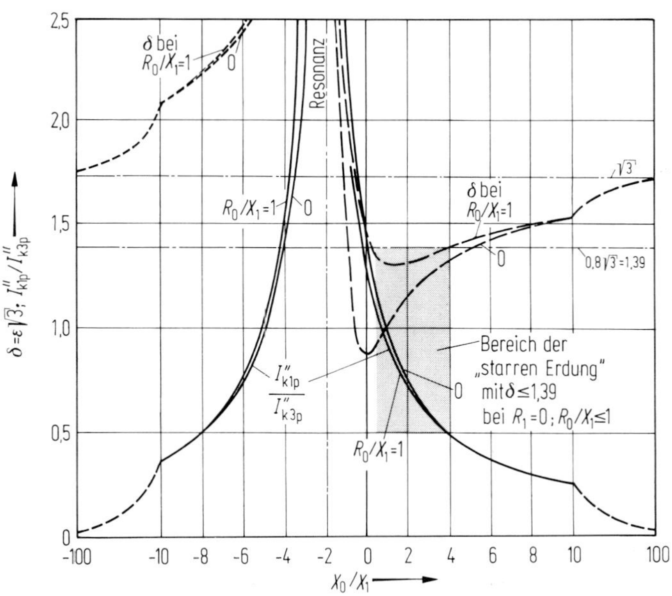

Bild 16.7. Erdfehlerfaktor δ und Verhältnis I''_{k1p}/I''_{k3p} abhängig von X_0/X_1. $R_1 = R_2 = 0$; $X_1 = X_2$; $R_0/X_1 = 0$ oder 1; $\underline{Z}_F = 0$; $\delta = \delta_{max} = \delta_T$ nach Gl. (16.14b)

16.3 Sternpunktbehandlung auf der OS- und US-Seite eines Yy0-Transformators mit Dreieckausgleichswicklung

Ein Netztransformator der Schaltgruppe YNyn0 mit Dreieckausgleichswicklung, bemessen für 1/3 der Transformatornennscheinleistung, bei dem sowohl der Sternpunkt auf der OS-Seite als auch auf der US-Seite entweder direkt oder über Erdschlußlöschspulen geerdet wird, kann bei einem einpoligen Fehler im Netz auf der Oberspannungsseite eine Nullspannung auf die Unterspannungsseite übertragen, durch die ein Erdschluß im US-Netz vorgetäuscht wird, und die weiterhin die Isolation des US-Netzes bis zum Überschlag oder Durchschlag gefährden kann. Einer gleichzeitigen Erdung bzw. einem gleichzeitigen Anschluß von Löschspulen an beide Sternpunkte ein und desselben Transformators muß deshalb in jedem Falle die Prüfung der Zulässigkeit einer solchen Maßnahme vorausgehen. Tabelle 16.2 gibt dazu einige Hinweise. Bei einem Transformator Yy0 ohne Dreieckausgleichswicklung wird die übertragene Nullspannung meist größer als bei einem Transformator mit Ausgleichswicklung.

Ausgehend von Bild 16.8 soll die Größe der übertragenen Nullspannung $U_{0\mathrm{US}}$ bestimmt werden. Mit $X_\mathrm{a}=X_{01\mathrm{T}}+3X_\mathrm{DOS}$ und $X_\mathrm{b}=X_{02\mathrm{T}}+3X'_\mathrm{DUS}$ ($X_{01\mathrm{T}}$, $X_{02\mathrm{T}}$ und $X_{03\mathrm{T}}$ sind auf die OS-Spannung des Transformators bezogene Reaktanzen der Ersatzschaltung im Nullsystem, Abschnitt 8.3.4) ermittelt man:

$$\underline{U}_{0\mathrm{US}}=\frac{1}{\ddot{u}}\underline{U}_0\frac{\mathrm{j}X_{03\mathrm{T}}\underline{Z}_\mathrm{US}}{-X_\mathrm{a}X_\mathrm{b}-X_\mathrm{a}X_{03\mathrm{T}}-X_\mathrm{b}X_{03\mathrm{T}}+\mathrm{j}\underline{Z}_\mathrm{US}(X_\mathrm{a}+X_{03\mathrm{T}})} \qquad (16.15)$$

$\underline{Z}_\mathrm{US}$ ergibt sich aus der Parallelschaltung von $1/\mathrm{j}\,\omega\,C'_{0\mathrm{US}}=-\mathrm{j}X'_{\mathrm{C0US}}$ und $R'_{0\mathrm{US}}$, wobei für Freileitungsnetze $X'_{\mathrm{C0US}}/R'_{0\mathrm{US}}\approx 0{,}1$ und für Kabelnetze $X'_{\mathrm{C0US}}/R'_{0\mathrm{US}}\approx 0{,}05$ angesetzt werden kann. Durch Umformung findet man:

$$\underline{U}_{0\mathrm{US}}=\frac{1}{\ddot{u}}\cdot\frac{-\underline{E}''}{1+2\underline{Z}_1/\underline{Z}_0}$$

$$\cdot\frac{X'_{\mathrm{C0US}}X_{03\mathrm{T}}}{X'_{0\mathrm{US}}(X_\mathrm{a}+X_{03\mathrm{T}})-(X_\mathrm{a}X_\mathrm{b}+X_\mathrm{a}X_{03\mathrm{T}}+X_\mathrm{b}X_{03\mathrm{T}})\left(1-\mathrm{j}\dfrac{X'_{\mathrm{C0US}}}{R'_{0\mathrm{US}}}\right)} \qquad (16.16)$$

Das Maximum der Nullspannung $U_{0\mathrm{US}}$ ergibt sich, wenn der Nenner auf der rechten Seite der vorstehenden Gleichung minimal wird. Man erhält:

$$\underline{U}_{0\mathrm{US\,max}}=\frac{1}{\ddot{u}}\cdot\frac{-\underline{E}''}{1+2\underline{Z}_1/\underline{Z}_0}\cdot\frac{X_{03\mathrm{T}}}{X_{01\mathrm{T}}+X_{03\mathrm{T}}+3X_\mathrm{DOS}}\left(1-\mathrm{j}\frac{1}{X'_{\mathrm{C0US}}/R'_{0\mathrm{US}}}\right) \qquad (16.17)$$

Bei direkter Erdung des Sternpunktes auf der OS-Seite des Transformators setzt man $3X_\mathrm{DOS}=0$ und $\underline{Z}_1/\underline{Z}_0\approx X_{1\mathrm{Q}}/X_{0\mathrm{Q}}$ (Bild 16.8).

Führt man die Verstimmung v für das Netz auf der US-Seite des Transformators mit v nach Gl. (16.9) ein, so findet man:

$$\frac{1}{1-v}=\frac{X_{02\mathrm{T}}+X_{03\mathrm{T}}+3X'_\mathrm{DUS}}{X'_{\mathrm{C0US}}} \qquad (16.18)$$

Tabelle 16.2. Möglichkeiten und Beurteilung der Sternpunktbehandlung auf der OS- und US-Seite eines Netztransformators in Yy0-Schaltung mit Dreieckausgleichswicklung

Fall	Sternpunktbehandlung	Beurteilung	Bemerkungen
1	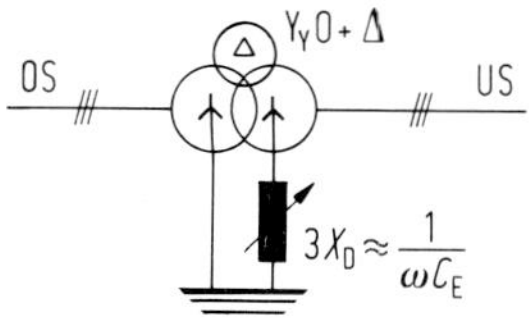	wenig empfehlenswert bis verboten bei großem Wert $\ddot{u}_T$	Nullspannungsübertragung auf die US-Seite bei Erdkurzschluß im OS-Netz (kurzzeitig)
2	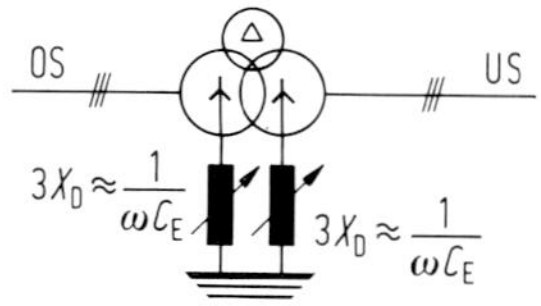	nicht empfehlenswert bei großem Wert $\ddot{u}_T$	Nullspannungsübertragung auf die US-Seite bei Erdschluß im OS-Netz (langdauernd)
3	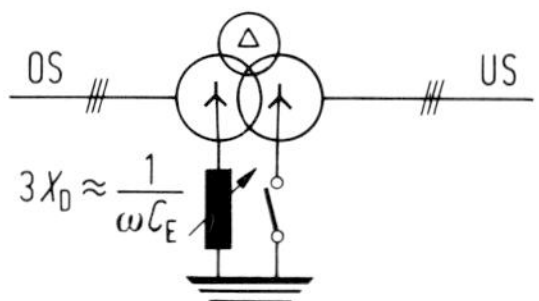	möglich bei vorübergehender niederohmiger Sternpunkterdung auf der US-Seite	
4	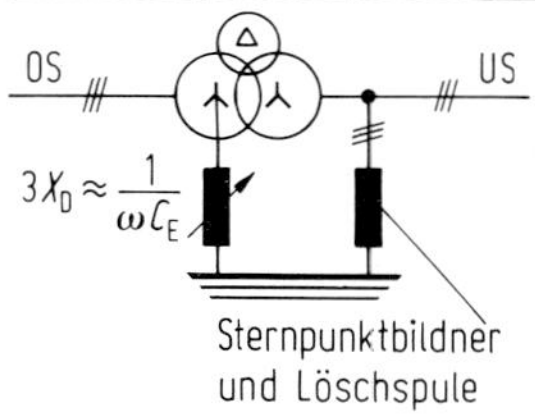	empfehlenswert auch bei direkter oder niederohmiger Erdung des OS-Sternpunktes	keine Nullspannungsübertragung auf die US-Seite bei Erdschluß oder Erdkurzschluß im OS-Netz
5	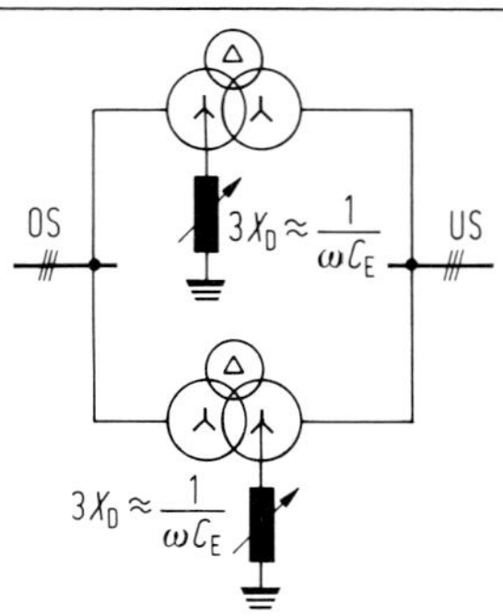	empfehlenswert auch bei direkter oder niederohmiger Erdung des OS-Sternpunktes	keine Nullspannungsübertragung auf die US-Seite bei Erdschluß oder Erdkurzschluß im OS-Netz

und damit die Größe von $U_{0\,\mathrm{US}}$ abhängig von der Verstimmung im Netz auf der US-Seite, wobei angenommen werden darf, daß $X'_{\mathrm{C0\,US}} \gg X_{03\mathrm{T}}$ gilt und $E''/\ddot{u} \approx U_{\mathrm{n\,US}}/\sqrt{3}$ eingeführt werden kann:

$$U_{0\,\mathrm{US}} \approx \frac{U_{\mathrm{n\,US}}}{\sqrt{3}\,|1+2\underline{Z}_1/\underline{Z}_0|} \cdot \frac{1}{\left(1+\dfrac{X_{01\mathrm{T}}+3X_{\mathrm{DOS}}}{X_{03\mathrm{T}}}\right)\dfrac{1}{1-v}\sqrt{v^2+\left(\dfrac{X_{\mathrm{C0\,US}}}{R_{0\,\mathrm{US}}}\right)^2}} \tag{16.19}$$

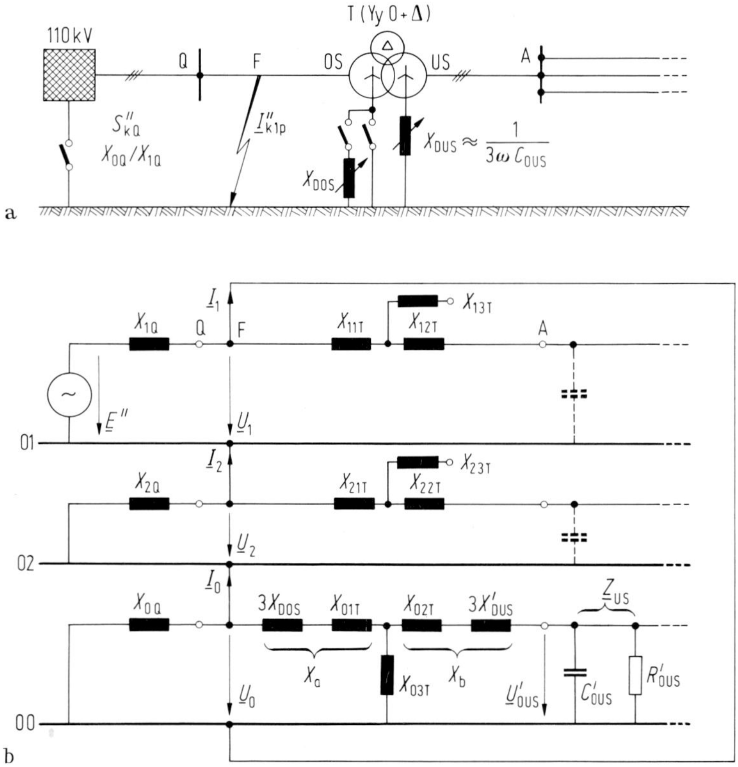

Bild 16.8. Transformator der Schaltgruppe Yy0 mit Dreieckausgleichswicklung im Netz und direkter Erdung auf der OS-Seite (bzw. Anschluß einer Löschspule) sowie Anschluß einer Löschspule auf der US-Seite (Transformatorersatzschaltung in Tabelle A.4).

(**a**) Netzschaltung (vereinfacht); (**b**) Ersatzschaltung mit symmetrischen Komponenten bei einpoligem Erdschluß oder Erdkurzschluß an der Fehlerstelle F.

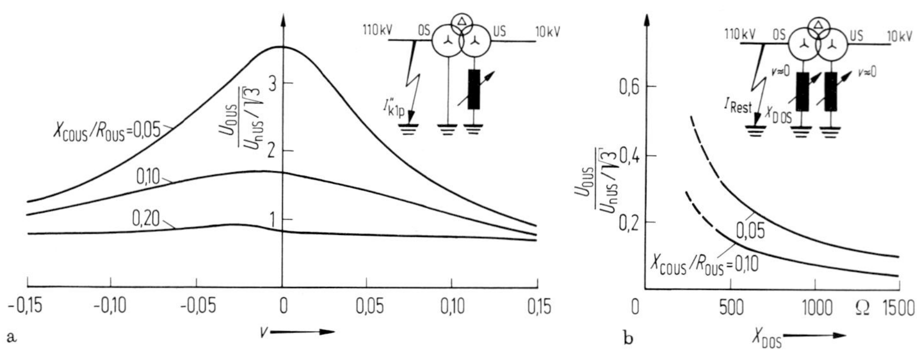

Bild 16.9. Nullspannung im Netz auf der US-Seite des Transformators bei Erdkurzschluß oder Erdschluß im Netz auf der OS-Seite.

(**a**) OS-Sternpunkt direkt geerdet, Löschspule am US-Sternpunkt; (**b**) Einsatz von Löschspulen an den OS- und US-Sternpunkten eines Transformators ($v \approx 0$). Transformatordaten: 25 MVA; 108 kV $\pm 22\%/10{,}5$ kV; YNyn0 + Dreieckausgleichswicklung für 1/3 Nennleistung; $X_{01T} = 54{,}29\,\Omega$; $X_{02T} = -1{,}79\,\Omega$; $X_{03T} = 22{,}21\,\Omega$ bezogen auf $U_{nT} = 108$ kV

Bild 16.9 zeigt einige Ergebnisse für $U_{0\,\mathrm{US}}$ bezogen auf $U_{\mathrm{n\,US}}/\sqrt{3}$ im oberen Teil des Bildes bei direkter Erdung des OS-Sternpunktes und im unteren Teil des Bildes bei gleichzeitigem Anschluß von Erdschlußlöschspulen an beide Transformatorsternpunkte. Daten des Transformators für das Beispiel sind in der Bildunterschrift angegeben (Abschnitt 8.3.4).

16.4 Erdung in Hochspannungsnetzen

16.4.1 Über Erde fließende Teilkurzschlußströme

Über Erdungsanlagen und Erde fließende Ströme können in Netzen mit freiem Sternpunkt oder mit Erdschlußlöschung durch Erdschlüsse oder Doppelerdschlüsse verursacht werden. In Netzen mit niederohmiger Sternpunkterdung treten Ströme über Erde als Folge von einpoligen Erdkurzschlüssen oder

Tabelle 16.3. Ströme für die Bemessung in Erdungsanlagen und einzuhaltende Erder- und Berührungsspannungen [16.44]

Spalte	1	2	3
Sternpunktbehandlung im Netz	Freier Sternpunkt	Erdschluß-kompensation (Löschung)	Netze mit niederohmiger Sternpunkterdung[a]
Maßgebend für:			
Erderspannung (Berührungsspannung)	I_{CE}	mit Spule[b] $\sqrt{I_{\mathrm{nD}}^2+I_{\mathrm{Rest}}^2}$ ohne Spule[c] I_{Rest}	I_{E}[d]
Thermische Belastung der Erder und Erdungssammelleitungen	I''_{kEE}	I''_{kEE}	I''_{k1p}
Erdungsleitungen	I_{CE}	mit Spule[b] $\sqrt{I_{\mathrm{nD}}^2+I_{\mathrm{Rest}}^2}$ ohne Spule[c] I_{Rest}	I''_{k1p}
Einzuhaltende Erder- und Berührungsspannungen U_{E} und U_{B}	$U_{\mathrm{E}} \leqq 125\,\mathrm{V}$: keine Maßnahmen erforderlich		
	$U_{\mathrm{E}} > 125\,\mathrm{V}$ dann $U_{\mathrm{B}} \leqq 65\,\mathrm{V}$ oder Ersatzmaßnahmen nach Abschnitt 16.4.4		$U_{\mathrm{E}} > 125\,\mathrm{V}$ dann U_{B} nach Bild 16.19 oder Schnellausschaltung und Ersatzmaßnahmen nach Abschnitt 16.4.4

[a] Auch für Netze mit Erdschlußlöschung und vorübergehender niederohmiger Sternpunkterdung in den Anlagen, in denen vorübergehend geerdet wird.

[b] In Anlagen mit Erdschlußspulen bei I_{nD} als Summe der Nennströme der Löschspulen, meist ist

$$\sqrt{I_{\mathrm{nD}}^2+I_{\mathrm{Rest}}^2} \approx I_{\mathrm{nD}}.$$

[c] In Anlagen ohne Erdschlußspulen.

[d] Erdungsstrom, der über die Erdungsimpedanz $\underline{Z}_{\mathrm{E}}$ fließt (Bilder 16.10 und 16.11).

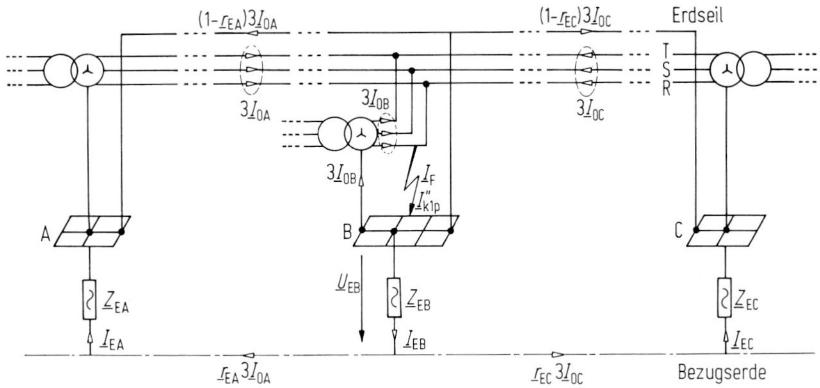

Bild 16.10. Teilkurzschlußströme bei Erdkurzschluß in der Anlage B (Umspannwerk) eines Netzes mit niederohmiger Sternpunkterdung.

A, B, C Umspannwerke und Erdungsanlagen; $3\underline{I}_{0A}$, $3\underline{I}_{0B}$, $3\underline{I}_{0C}$ dreifache Nullströme in den Leitern des Drehstromnetzes; $\underline{r}_{EA}$, $\underline{r}_{EC}$ Erdseilreduktionsfaktoren; $\underline{Z}_{EA}$, $\underline{Z}_{EB}$, $\underline{Z}_{EC}$ Erdungsimpedanzen (Gesamtausbreitungswiderstände einschließlich der Kettenleiterimpedanzen $\underline{W}_{\neg}$ der angeschlossenen Erdseile); $\underline{I}_{EA}$, $\underline{I}_{EB}$, $\underline{I}_{EC}$ Erdungsströme (z.B. $\underline{U}_{EB}=\underline{I}_{EB}\cdot\underline{Z}_{EB}$)

zweipoligen Kurzschlüssen mit Erdberührung auf. Bei $X_0/X_1>1$ ist I''_{k1p} größer als I''_{kE2pE}, so daß zur Auslegung der Erdungsanlagen meist nur I''_{k1p} zugrunde gelegt werden muß. Tabelle 16.3 enthält eine Zusammenstellung der Ströme, die maßgebend sind für die Erder-, Berührungs- und Schrittspannungen auf der einen Seite und die thermische Belastung der Erder, Erdungssammelleitungen und Erdungsleitungen auf der anderen Seite.

In Netzen mit niederohmiger Sternpunkterdung tritt I''_{k1p} bei Erdkurzschluß an der Fehlerstelle auf (Abschnitte 13.3.5 und 15.3.4). Dieser Strom an der Fehlerstelle fließt jedoch nur zum Teil über den Gesamtausbreitungswiderstand einer Erdungsanlage. Die Erderspannung U_E wird hervorgerufen durch den Erdungsstrom I_E (Teil des Stroms an der Fehlerstelle), der über die Erdungsimpedanz Z_E (Gesamtausbreitungswiderstand einer Erdungsanlage einschließlich der Ausläufererdungen z.B. in Form von angeschlossenen Erdseilen, Kabelmänteln oder anderen metallischen Leitern) fließt [2.15].

Das Bild 16.10 für einen Erdkurzschluß in einem Umspannwerk mit abgehenden Freileitungen soll das Vorgehen zur Ermittlung der Teilkurzschlußströme zeigen.

Der Erdkurzschlußstrom an der Fehlerstelle (dreifacher Wert des Nullstroms) in Bild 16.10 setzt sich aus drei Anteilen (Beispiel) zusammen:

$$\underline{I}_F=\underline{I}''_{k1p}=3\underline{I}_{0A}+3\underline{I}_{0B}+3\underline{I}_{0C} \tag{16.20}$$

Ein Teil des Fehlerstroms ($3\underline{I}_{0B}$) fließt über das Erdermaschennetz der Anlage B direkt zum Transformator B zurück. Er belastet das Erdermaschennetz thermisch, fließt aber nicht über die Erdungsimpedanz $\underline{Z}_{EB}$ und trägt auch somit nicht zur Erderspannung $\underline{U}_{EB}$ bei. Für den Erdungsstrom der Anlage B gilt somit, wenn man berücksichtigt, daß die Stromanteile $(1-\underline{r}_{EA})\ 3\underline{I}_{0A}$ und

$(1-\underline{r}_{EC})\,3\underline{I}_{0C}$ durch Induktionswirkung in den Erdseilen fließen und nicht über Erde:

$$\underline{I}_{EB}=3\underline{I}_{0A}+3\underline{I}_{0C}-(1-\underline{r}_{EA})\,3\underline{I}_{0A}-(1-\underline{r}_{EC})\,3\underline{I}_{0C}=\underline{r}_{EA}\,3\underline{I}_{0A}+\underline{r}_{EC}\,3\underline{I}_{0C} \qquad (16.21)$$

Aus Bild 16.10 erkennt man, daß auch Teilerdkurzschlußströme über die Erdungsimpedanzen $\underline{Z}_{EA}$ und $\underline{Z}_{EC}$ fließen, so daß bei einem Erdkurzschluß in der Anlage B auch Erderspannungen in den benachbarten Anlagen A und C ($\underline{U}_{EA}$ und $\underline{U}_{EC}$) auftreten.

Für ein Beispiel werde $I''_{k1p}=15\,\text{kA}$ angenommen, wobei $3I_{0A}=3I_{0B}=3I_{0C}=5\,\text{kA}$ gelten möge. Die Erdseile (Al/St 240/40) sollen einen Reduktionsfaktor $r_{EA}=r_{EC}=0{,}67$ (Bild 16.13) haben. Nach Gl.(16.21) ergibt sich dann, wenn man in erster Näherung mit den Beträgen rechnet: $I_{EB}=0{,}67\cdot 5\,\text{kA}+0{,}67\cdot 5\,\text{kA}=6{,}7\,\text{kA}$ und damit $I_{EB}/I''_{k1p}\approx 0{,}45$.

Für die Erderspannung der Anlage B gilt:

$$\underline{U}_{EB}=\underline{I}_{EB}\underline{Z}_{EB}=\underline{I}_{AB}R_{AB} \qquad (16.22)$$

Dabei sind:

$\underline{I}_{EB}$ Erdungsstrom, der über die Erdungsimpedanz $\underline{Z}_{EB}$ fließt.
$\underline{Z}_{EB}$ Erdungsimpedanz nach Gl. (16.23)
$\underline{I}_{AB}$ Strom über den Ausbreitungswiderstand des Maschenerders
R_{AB} Ausbreitungswiderstand des Maschenerders der Anlage B (Abschnitt 16.4.3)

Für die Erdungsimpedanz einer Anlage mit einem Maschenerder ergibt sich aus der Parallelschaltung des Ausbreitungswiderstandes R_A des Maschenerders mit den Kettenleiterwiderständen $\underline{W}_\neg$ der angeschlossenen Freileitungserdseile und den Wellenwiderständen $\underline{W}$ angeschlossener Kabelmäntel, Rohrleitungen u.ä.:

$$\underline{Z}_E=\frac{1}{\dfrac{1}{R_A}+\sum\dfrac{1}{\underline{W}_\neg}+\sum\dfrac{1}{\underline{W}}} \qquad (16.23)$$

Die Erdungsimpedanz $\underline{Z}_{EM}$ eines Mastes mit aufgelegtem Erdseil ergibt sich aus der Parallelschaltung des Ausbreitungswiderstandes R_M eines Freileitungsmastes mit den Kettenleiterwiderständen $\underline{W}_\neg$ der Erdseile rechts und links des fehlerbetroffenen Mastes:

$$\underline{Z}_{EM}=\frac{1}{\dfrac{1}{R_M}+2\dfrac{1}{\underline{W}_\neg}}=\frac{R_M\cdot\underline{W}_\neg}{2R_M+\underline{W}_\neg} \qquad (16.24)$$

Neben den durch Induktionswirkung im Erdseil fließenden Teilkurzschlußströmen $(1-\underline{r}_E)\,3I_0$ (Bilder 16.10 und 16.11) fließen in der Nähe der Fehlerstelle zusätzliche Ströme in den Erdseilen entsprechend der Aufteilung des Erdungsstroms auf die Anteile der Erdungsimpedanz. Dies gilt besonders bei Verwendung von gutleitfähigen Erdseilen Al/St oder bei Verwendung von Erd- und Bodenseilen. Für die Anordnung nach Bild 16.11 bei Erdkurzschluß an einem

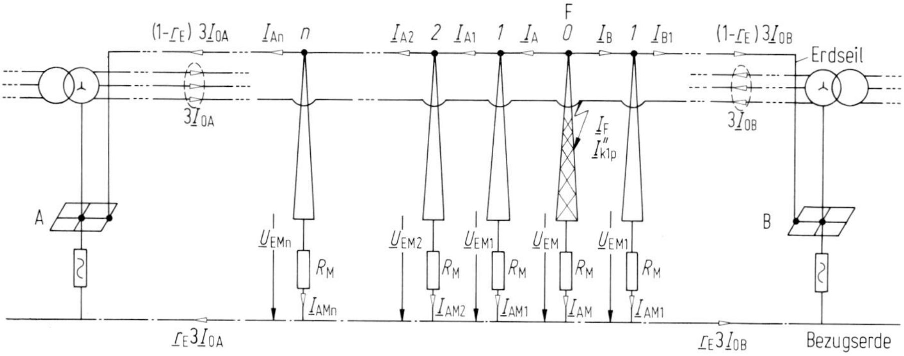

Bild 16.11. Stromverteilung im Erdseil und über die Mastausbreitungswiderstände in der Nähe der Fehlerstelle bei Erdkurzschluß an einem stationsfernen Mast

stationsfernen Mast ergibt sich mit den dort eingetragenen Bezeichnungen:

$$\underline{I}_{\mathrm{F}}=\underline{I}''_{\mathrm{k\,1p}}=3\underline{I}_{0\mathrm{A}}+3\underline{I}_{0\mathrm{B}}=\underline{I}_{\mathrm{A}}+\underline{I}_{\mathrm{B}}+\underline{I}_{\mathrm{AM}} \tag{16.25}$$

mit

$$\underline{I}_{\mathrm{A}}=(1-\underline{r}_{\mathrm{E}})\,3\underline{I}_{0\mathrm{A}}+\underline{r}_{\mathrm{E}}\underline{I}''_{\mathrm{k\,1p}}\frac{1}{\underline{W}_{\neg}}\underline{Z}_{\mathrm{EM}} \tag{16.26}$$

$$\underline{I}_{\mathrm{B}}=(1-\underline{r}_{\mathrm{E}})\,3\underline{I}_{0\mathrm{B}}+\underline{r}_{\mathrm{E}}\underline{I}''_{\mathrm{k\,1p}}\frac{1}{\underline{W}_{\neg}}\underline{Z}_{\mathrm{EM}} \tag{16.27}$$

$$\underline{I}_{\mathrm{AM}}=\underline{r}_{\mathrm{E}}\underline{I}''_{\mathrm{k\,1p}}\frac{1}{R_{\mathrm{M}}}\underline{Z}_{\mathrm{EM}} \tag{16.28}$$

Wird die Fehlerstelle nur einseitig von der Anlage A gespeist, so bleibt Gl.(16.25) $\underline{I}_{\mathrm{F}}=\underline{I}_{\mathrm{A}}+\underline{I}_{\mathrm{B}}+\underline{I}_{\mathrm{AM}}$ erhalten. In Gl. (16.27) entfällt das Glied $(1-\underline{r}_{\mathrm{E}})\,3\underline{I}_{0\mathrm{B}}$. Für die Erdseilströme in den dem fehlerbetroffenen Mast benachbarten Spannfeldern und die Erderspannungen der Nachbarmaste mit gleichen Mastausbreitungswiderständen R_{M} findet man für die Kette ausgehend vom fehlerbetroffenen Mast in Richtung zur Anlage A [16.23]:

$$\underline{I}_{\mathrm{A}}=(1-\underline{r}_{\mathrm{E}})\,3\underline{I}_{0\mathrm{A}}+\frac{\underline{U}_{\mathrm{EM}}}{\underline{W}_{\neg}} \tag{16.29}$$

$$\underline{I}_{\mathrm{A}n}=(1-\underline{r}_{\mathrm{E}})\,3\,\underline{I}_{0\mathrm{A}}+\frac{\underline{U}_{\mathrm{EM}}}{\underline{W}_{\neg}}\cdot\underline{k}^{n} \quad \text{für } n=0,1,2,\ldots \tag{16.30}$$

$$\underline{U}_{\mathrm{EM}1}=\underline{U}_{\mathrm{EM}}\left(1-\frac{\underline{Z}_{\mathrm{v}}}{\underline{W}_{\neg}}\right)=\underline{U}_{\mathrm{EM}}\underline{k} \tag{16.31}$$

$$\underline{U}_{\mathrm{EM}n}=\underline{U}_{\mathrm{EM}}\underline{k}^{n} \quad \text{für } n=0,1,2\ldots \tag{16.32}$$

mit dem Ausbreitungsfaktor $\underline{k}$, für den unter Beachtung des Ansatzes zur Gl. (16.40) gilt:

$$\underline{k}=1-\frac{\underline{Z}_v}{\underline{W}_\neg}=\frac{R_M}{R_M+\underline{W}_\neg} \tag{16.33}$$

Mit $\underline{U}_{EMn}$ läßt sich dann auch der Strom über den Mastausbreitungswiderstand R_{AMn} bestimmen und so die Stromverteilung entlang der Mastkette. Für genügenden Abstand des Mastes n vom fehlerbetroffenen Mast geht I_{An} auf $(1-\underline{r}_E)\,3\underline{I}_{0A}$ zurück, $\underline{U}_{EMn}$ und $\underline{I}_{AMn}$ werden zu Null. Um die aufwendige Rechnung mit dem komplexen Ausbreitungsfaktor $\underline{k}$ zu umgehen kann man nach [16.23] die Längenkonstante L einführen, die die Entfernung angibt, in der die Erderspannung U_{EMn} nur noch 37% des Anfangswertes U_{EM} beträgt. Für U_{EMn} läßt sich dann schreiben:

$$U_{EMn}=|\underline{U}_{EMn}|\approx|\underline{U}_{EM}|\,e^{-\frac{S}{L}n} \tag{16.34}$$

mit

$$L=\frac{S}{\mathrm{Re}\{\sqrt{\underline{Z}_v/R_M}\}}=\sqrt{R_M}\,\frac{S}{\mathrm{Re}\{\sqrt{\underline{Z}_v}\}} \tag{16.35a}$$

$$\mathrm{Re}\{\sqrt{\underline{Z}_v}\}=\tfrac{1}{2}\left(\sqrt{|\underline{Z}_v|+\mathrm{Im}\{\underline{Z}_v\}}+\sqrt{|\underline{Z}_v|-\mathrm{Im}\{\underline{Z}_v\}}\right) \tag{16.35b}$$

Dabei sind S die Entfernung zwischen je zwei Masten (Spannfeldlänge) und $\underline{Z}_v$ die Schleifenimpedanz des Erdseils mit Rückleitung über Erde für ein Spannfeld. Bei einem spezifischen Erdwiderstand $\varrho=100\,\Omega\mathrm{m}$ gilt für ein Stahlerdseil St 70: $\underline{Z}'_v=(3{,}9+\mathrm{j}\,1{,}16)\,\Omega/\mathrm{km}$ und für ein Erdseil Al/St 240/40: $\underline{Z}'_v=(0{,}172+\mathrm{j}\,0{,}730)\,\Omega/\mathrm{km}$. Für die Längenkonstanten gilt dann z.B. bei $R_M=5\,\Omega$ und $S=300$ m für St 70 etwa $L=0{,}6$ km und für Al/St 240/40 etwa $L=1{,}8$ km.

Nach Tabelle A.9 können Erderspannungen berechnet werden bei Erdkurzschlüssen in oder in der Nähe einer Anlage.

16.4.2 Schleifenimpedanzen, Erdseilreduktionsfaktoren und Kettenleiterimpedanzen

In Netzen mit niederohmiger Sternpunkterdung und Stahlgittermasten (110 kV und darüber) sollen Erdseile vorhanden sein [16.44], die mit den Stationserdungsanlagen verbunden werden. Häufig werden gut leitfähige Erdseile Al/St aufgelegt, bei Leitungen mit Bündelleitern z.B. häufig ein teilleitergleiches Erdseil. Neben dem weitgehenden Schutz der Leitung gegen direkten Blitzeinschlag erreicht man bei gut leitfähigen Erdseilen, daß hohe Ströme bei Erdkurzschluß ohne Beschädigung aufgenommen werden können, und daß die Erdungsverhältnisse der Freileitungen und der Stationen verbessert werden.

Bild 16.12 zeigt schematisch die Anordnung mit einem stromdurchflossenen Leiterseil als Ersatz für die drei Leiter einer Drehstromleitung, in der $3\underline{I}_0$ fließt (Bild 16.10) und parallel dazu drei geerdete Leiter eines Spannfeldes (z.B. zwei

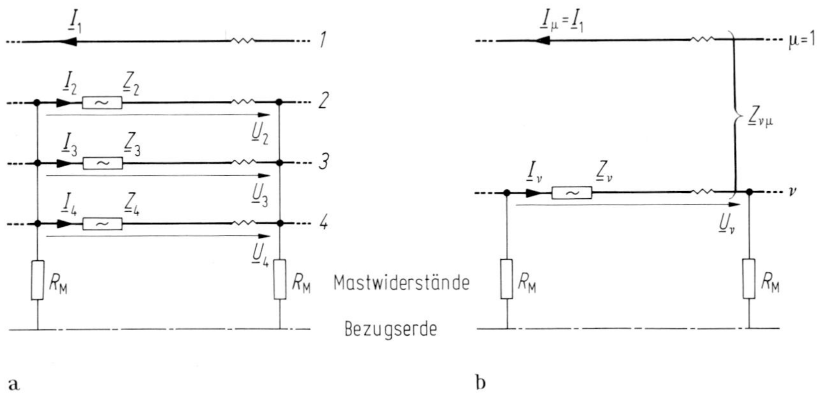

Bild 16.12. Erd- und Bodenseilanordnung in einem Freileitungsspannfeld.
(**a**) Schema: *1* Leiterseil oder drei Leiter eines Drehstromsystems; *2*, *3* Erdseile; *4* Bodenseil; (**b**) Ersatzschaltung: μ Leiterseil oder drei Leiter eines Drehstromsystems; ν Ersatzleiter für die Leiter 2, 3 und 4

Erdseile und ein Bodenseil oder Luftkabel). Aus Bild 16.12 liest man ab:

$$\begin{aligned}\underline{U}_2+\underline{I}_1\underline{Z}_{12}&=\underline{I}_2\underline{Z}_2+\underline{I}_3\underline{Z}_{23}+\underline{I}_4\underline{Z}_{24}\\ \underline{U}_3+\underline{I}_1\underline{Z}_{13}&=\underline{I}_2\underline{Z}_{23}+\underline{I}_3\underline{Z}_3+\underline{I}_4\underline{Z}_{34}\\ \underline{U}_4+\underline{I}_1\underline{Z}_{14}&=\underline{I}_2\underline{Z}_{24}+\underline{I}_3\underline{Z}_{34}+\underline{I}_4\underline{Z}_4\end{aligned} \tag{16.36}$$

Die drei Gl. (16.36) enthalten die Unbekannten $\underline{I}_2$, $\underline{I}_3$, $\underline{I}_4$ und $\underline{U}_\nu=\underline{U}_2=\underline{U}_3=\underline{U}_4$. Der Strom $\underline{I}_1=\underline{I}_\mu$ ist vorgegeben. Durch Umformung ergibt sich:

$$\underline{U}_\nu+\underline{I}_\mu\underline{Z}_{\nu\mu}=(\underline{I}_2+\underline{I}_3+\underline{I}_4)\underline{Z}_\nu=\underline{I}_\nu\underline{Z}_\nu \tag{16.37}$$

$\underline{Z}_\nu$ und $\underline{Z}_{\nu\mu}$ sind Ersatzimpedanzen eines Spannfeldes. Sie setzen sich aus den Schleifenimpedanzen eines Leiters mit Rückleitung über Erde und aus den Koppelimpedanzen zweier Schleifen mit Rückleitung über Erde zusammen. Für die Schleifenimpedanz eines Leiters mit Rückleitung über Erde (z.B. $\underline{Z}_2$, $\underline{Z}_3$ oder $\underline{Z}_4$) gilt Gl. (9.29). Für die Koppelimpedanz mit Rückleitung über Erde (z.B. $\underline{Z}_{12}$, $\underline{Z}_{13}$ usw.) gilt Gl. (9.34). Berechnungsgleichungen für $\underline{Z}'_\nu$ und $\underline{Z}'_{\nu\mu}$ sind in Tabelle 16.4 zusammengestellt.

Setzt man $\underline{U}_\nu=0$, so bedeutet das, daß zwei benachbarte Maste gleiches Potential haben, so daß dann der induzierte Strom nur in den Längsimpedanzen und in der Bezugserde fließt und nicht in die Mastwiderstände eintritt (Bild 16.12). Mit $\underline{U}_\nu=0$ ergibt sich aus Gl. (16.37):

$$\underline{I}_\nu=\underline{I}_\mu\frac{\underline{Z}_{\nu\mu}}{\underline{Z}_\nu}=\underline{I}_\mu(1-\underline{r}_E) \tag{16.38}$$

Tabelle 16.4. Schleifenimpedanz $\underline{Z}'_\nu$ und Koppelimpedanz $\underline{Z}'_{\nu\mu}$ (pro km Länge) und Erdseil- bzw. Erdseil-Bodenseilreduktionsfaktoren $\underline{r}_E$

Fall	Erdseil Nr.	Bodenseil Nr.	Voraussetzungen	Schleifenimpedanz $\underline{Z}'_\nu$	Koppelimpedanz $\underline{Z}'_{\nu\mu}$	Reduktionsfaktor $\underline{r}_E$
1	2	–	1 Erdseil	$\underline{Z}'_2$	$\underline{Z}'_{12}$	$1-\dfrac{\underline{Z}'_{12}}{\underline{Z}'_2}$
2a	2,3	–	2 Erdseile $\underline{Z}'_2=\underline{Z}'_3;\ \underline{Z}'_{12}\neq\underline{Z}'_{13}$	$\dfrac{\underline{Z}'_2+\underline{Z}'_{23}}{2}$	$\dfrac{\underline{Z}'_{12}+\underline{Z}'_{13}}{2}$	$1-\dfrac{\underline{Z}'_{12}+\underline{Z}'_{13}}{\underline{Z}'_2+\underline{Z}'_{23}}$
2b	2,3	–	2 Erdseile $\underline{Z}'_2=\underline{Z}'_3;\ \underline{Z}'_{12}=\underline{Z}'_{13}$	$\dfrac{\underline{Z}'_2+\underline{Z}'_{23}}{2}$	$\underline{Z}'_{12}$	$1-\dfrac{2\underline{Z}'_{12}}{\underline{Z}'_2+\underline{Z}'_{23}}$
3a	2	4	1 Erdseil; 1 Bodenseil $\underline{Z}'_2\neq\underline{Z}'_4;\ \underline{Z}'_{12}\neq\underline{Z}'_{14}$	$\dfrac{\underline{Z}'_2\underline{Z}'_4-\underline{Z}'_{24}}{\underline{Z}'_2+\underline{Z}'_4-2\underline{Z}'_{24}}$	$\dfrac{\underline{Z}'_{12}(\underline{Z}'_4-\underline{Z}'_{24})+\underline{Z}'_{14}(\underline{Z}'_2-\underline{Z}'_{24})}{\underline{Z}'_2+\underline{Z}'_4-2\underline{Z}'_{24}}$	$1-\dfrac{\underline{Z}'_{12}(\underline{Z}'_4-\underline{Z}'_{24})+\underline{Z}'_{14}(\underline{Z}'_2-\underline{Z}'_{24})}{\underline{Z}'_2\underline{Z}'_4-\underline{Z}'^2_{24}}$
3b	2	4	1 Erdseil, 1 Bodenseil $\underline{Z}'_2=\underline{Z}'_4;\ \underline{Z}'_{12}=\underline{Z}'_{14}$	$\dfrac{\underline{Z}'_2+\underline{Z}'_{24}}{2}$	$\underline{Z}'_{12}$	$1-\dfrac{2\underline{Z}'_{12}}{\underline{Z}'_2+\underline{Z}'_{24}}$

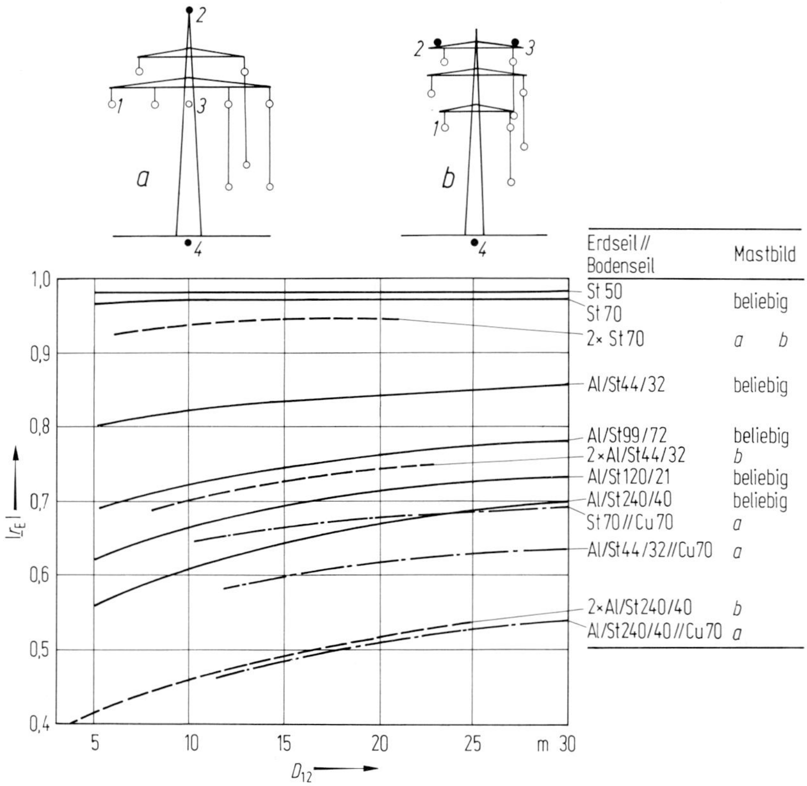

Bild 16.13. Erdseilreduktionsfaktoren $|\underline{r}_E|$ abhängig vom Abstand Leiterseil – Erdseil $D_{LE} = D_{12}$ bei $\varrho = 100\,\Omega\text{m}$ (Berechnung nach Tabelle 16.4)

und

$$\underline{r}_E = \frac{\underline{I}_\mu - \underline{I}_v}{\underline{I}_\mu} = 1 - \frac{\underline{Z}_{v\mu}}{\underline{Z}_v} = \frac{\text{Fehlerstromanteil im Erdreich: } \underline{r}_E\, 3\underline{I}_0}{\text{Fehlerstrom: } 3\underline{I}_0} \tag{16.39a}$$

$$1 - \underline{r}_E = \frac{\underline{I}_v}{\underline{I}_\mu} = \frac{\underline{Z}_{v\mu}}{\underline{Z}_v} = \frac{\text{Fehlerstromanteil im Erdseil: } (1-\underline{r}_E)\, 3\underline{I}_0}{\text{Fehlerstrom: } 3\underline{I}_0} \tag{16.39b}$$

Bild 16.13 enthält Reduktionsfaktoren für verschiedene Erdseil- und Erdseil-Bodenseil-Anordnungen abhängig vom Abstand Leiterseil-Erdseil für eine spezifischen Erdwiderstand $\varrho = 100\,\Omega\text{m}$.

Der Erdseilreduktionsfaktor ist unabhängig vom Mastausbreitungswiderstand und von der Spannweite. Die jeweils größten Werte des Reduktionsfaktors erhält man für den größten Abstand Leiterseil – Erdseil (D_{LE}). Bei einem Donaumastbild mit einem Erdseil gilt etwa $D_{LE} \approx 13$ m für 110 kV, $D_{LE} \approx 20$ m für 220 kV und $D_{LE} \approx 30$ m für 380 kV. Bei Leitungen mit zwei Erdseilen kann man einen geringeren Reduktionsfaktor als bei Leitungen mit einem Erdseil erreichen. Entsprechendes gilt bei Verlegung eines Bodenseils.

Der Kettenleiterwiderstand $\underline{W}_\urcorner$ beginnend mit einem Längsglied $\underline{Z}_v$ ergibt sich aus der Kette Erdseil – Maste nach Bild 16.14 aus dem Ansatz

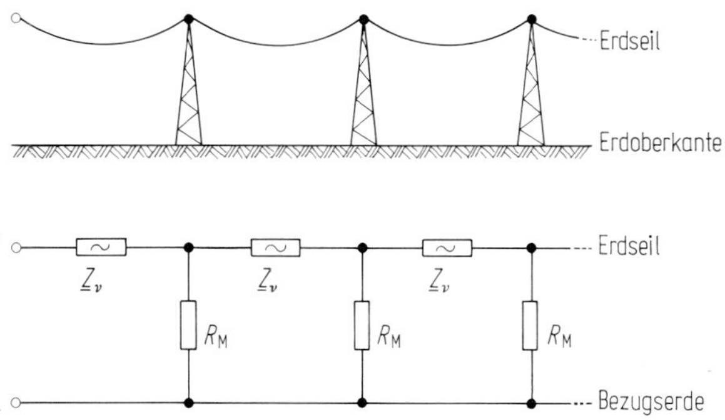

Bild 16.14. Kettenleiterwiderstand (Erdseil – Maste $\underline{W}_{\neg}$ beginnend mit einer Längsimpedanz $\underline{Z}_v$)

$\underline{W}_{\neg} = \underline{Z}_v + (R_M \underline{W}_{\neg})/(R_M + \underline{W}_{\neg})$.

$$\underline{W}_{\neg} = \frac{\underline{Z}_v}{2} + \sqrt{\frac{\underline{Z}_v^2}{4} + \underline{Z}_v R_M} \approx \frac{\underline{Z}_v}{2} + \sqrt{\underline{Z}_v R_M} \qquad (16.40)$$

Vorausgesetzt wurden gleiche Werte $\underline{Z}_v$ und R_M für jedes Spannfeld bzw. jeden Mast der Kette. Die Größe von $\underline{W}_{\neg}$ wird merklich durch die Spannfeldlänge S beeinflußt, während der Einfluß von ϱ auf $\underline{W}_{\neg}$ gering ist [16.23].

In der Praxis haben Freileitungen unterschiedliche Ausbreitungswiderstände R_M für die einzelnen Masten und unterschiedliche Entfernungen S zwischen den einzelnen Masten. In diesem Fall ermittelt man dann $\underline{W}_{\neg}$ aus den Mittelwerten R_M und S oder mit Hilfe eines geeigneten Digitalprogramms durch schrittweisen Aufbau des Kettenleiterwiderstandes.

16.4.3 Ausbreitungswiderstände von Erdern

Für die Ausbreitungswiderstände von Einzel- oder Mehrfacherdern unterscheidet man die 50-Hz-Ausbreitungswiderstände R_A bei Durchgang eines betriebsfrequenten Erdungsstromes als Folge eines Fehlers mit Erdberührung und die Stoßausbreitungswiderstände bei Durchgang eines Stoßstromes als Folge einer atmosphärischen Entladung.

Der Ausbreitungswiderstand R_A von Einzel- oder Mehrfacherdern ist direkt proportional dem spezifischen Erdwiderstand ϱ (Tabelle 16.5).

Häufig gemessene Werte liegen in den folgenden Bereichen:

Moorboden (5…40) Ωm; Lehm, Ton, Humus (20…200) Ωm; Sand (200…2500) Ωm; Kies (2000…3000) Ωm und Gebirge (500…3000) Ωm [16.23, 16.44].

Maschenerder ergeben sich bei der Erdung von Schalt-, Umspann- und Kraftwerksanlagen. Die Maschenweite wird durch den Aufbau der Anlage und den Anschluß der einzelnen Geräte bestimmt. In 110-kV-Freiluftschaltanlagen erhält man meist eine Maschenweite von etwa 10 m. Der Ausbreitungswiderstand R_A eines Maschenerders wird zwischen dem Ausbreitungswiderstand eines Plattenerders gleicher Fläche und dem Ausbreitungswiderstand eines Ringerders mit gleichem Umfang liegen. In erster Näherung verwendet man

Tabelle 16.5. Berechnungsgleichungen (Näherungen) für einfache Erderanordnungen bei homogenem Erdreich mit einem spezifischen Erdwiderstand ϱ

Erder		Berechnungsgleichung	Näherungsgleichung
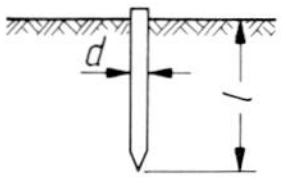	Tiefenerder	$R_A = \frac{\varrho}{2\pi l} \ln \frac{4l}{d}$	$R_A \approx \frac{\varrho}{l}$
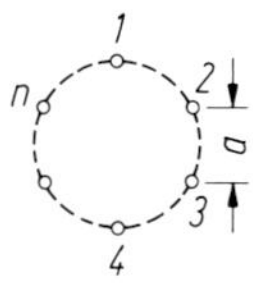	Mehrfachtiefenerder $a \geqq l$	$R_A \approx k \frac{1}{n} R_{A\,\text{Einzelerder}}$ $a/l = 3$: $n = 5$: $k \approx 1{,}2$;	mit $k = (1 \ldots 1{,}5)$ $n = 10$: $k \approx 1{,}25$
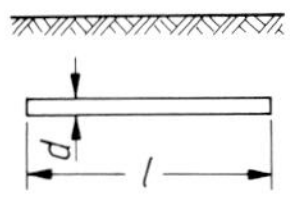	Banderder (Oberflächenerder)	$R_A = \frac{\varrho}{\pi l} \ln \frac{2l}{d}$	$R_A \approx \frac{2\varrho}{l}$
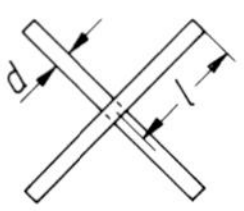	Vierstrahlerder (gekreuzter Banderder)	–	$R_A \approx \frac{\varrho}{2\pi l} \left(\ln \frac{4l}{d} + 2{,}5\right)$
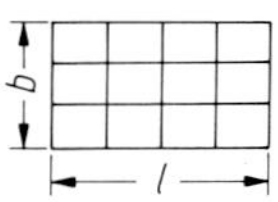	Maschenerder $D = \sqrt{\frac{4b \cdot l}{\pi}}$	$R_A \approx \frac{\varrho}{2D} + \frac{\varrho}{l_{ges}}$	$R_A \approx \frac{\varrho}{2D}$
		l_{ges} Gesamtlänge des verlegten Erders	

$R_A = \varrho/(2D)$, (Tabelle 16.5). Eine weitere Näherung stellt die von Laurent [16.4] aus praktischen Messungen abgeleitete Gleichung dar.

$$R_A = \frac{\varrho}{2D} + \frac{\varrho}{l_{ges}} \tag{16.41}$$

Bei einer Maschenerdungsanlage 50×100 m mit einer Maschenweite 10×10 m ergibt sich z.B. bei $\varrho = 100\,\Omega\text{m}$: $R_A = 100\,\Omega\text{m}/(2 \cdot 80\text{ m}) + 100\,\Omega\text{m}/1150\text{ m} = 0{,}625\,\Omega + 0{,}087\,\Omega \approx 0{,}71\,\Omega$. Das zweite Glied der Gl. (16.41) ist häufig vernachlässigbar. Man erkennt weiterhin, daß der Versuch, R_A durch enge Maschen herabzusetzen, nicht zweckmäßig ist. Entsprechende Überlegungen zeigen, daß auch zusätzlich in einem Maschenerder angebrachte Tiefenerder nur wenig zur Erniedrigung von R_A beitragen können. Zusätzliche Tiefenerder sind nur zweckmäßig an den Stellen, an denen Stoßströme direkt eingeleitet werden (z.B. an den Anschlußpunkten der Überspannungsableiter).

Die Maschenweite eines Maschennetzes hat dagegen einen erheblichen Einfluß auf die Maschenspannung U_M und damit auf die innerhalb der Anlage auftretenden Schritt- und Berührungsspannungen, wie Bild 16.15 nach einer Untersuchung von Koch [16.3] zeigt. Die Maschenspannung U_M ist etwa

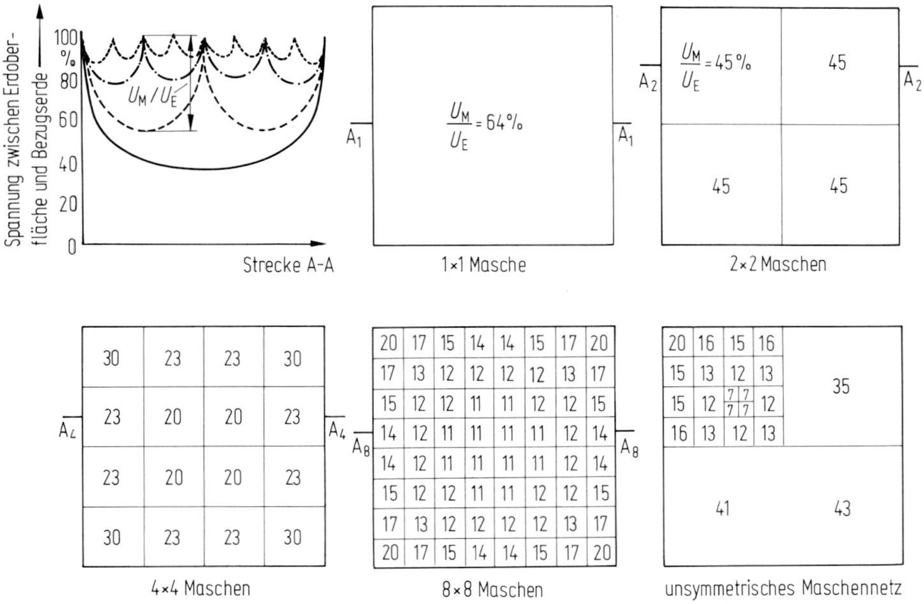

Bild 16.15. Maschenspannung U_M in Prozenten der Erderspannung U_E von Erdermaschennetzen [16.3]

proportional $\varrho I_A/l_{ges}$. Mit $U_E \approx \varrho I_A/(2D)$ ergibt sich für die Abschätzung der Maschenspannung eines gleichmäßig unterteilten Erdermaschennetzes

$$\frac{U_M}{U_E} \approx \frac{2D}{l_{ges}} \tag{16.42}$$

Für ein Maschennetz 50×100 m mit $l_{ges} = 1150$ m ist also $U_M/U_E \approx 0{,}14$ zu erwarten. Die ungünstigsten Verhältnisse für Berührungs- und Schrittspannungen treten jeweils am Rand des Maschennetzes auf.

Die Unsicherheit in der Berechnung von R_A für ein Erdermaschennetz liegt bei der Bestimmung des wirksamen spezifischen Erdwiderstandes ϱ. Nimmt man eine Messung von ϱ vor, z.B. nach der Methode von Wenner [16.1], so darf man nicht nur den Wert an der Oberfläche bestimmen.

Eine schlecht leitfähige Schicht an der Oberfläche (ϱ_1) mit der Dicke D_1 nach Bild 16.16 kann man in grober Näherung durch das zweite Glied der Gl. (16.43) berücksichtigen. Praktische Erfahrungen haben gezeigt, daß man in der Bundesrepublik Deutschland meist $\varrho_2 = (50 \ldots 100)\,\Omega$m einsetzen darf. Für ein Erdermaschennetz 50×100 m ergibt sich dann bei $D_1 = 5$ m, $\varrho_1 = 500\,\Omega$m und $\varrho_2 = 100\,\Omega$m nach Gl. (16.43) etwa $R_A \approx 100\,\Omega\text{m}/(2 \cdot 80\,\text{m}) + 500\,\Omega\text{m} \cdot 5\,\text{m}/5000\,\text{m}^2 \approx 1{,}13\,\Omega$.

Stoß-Erdungswiderstand

Bei Blitzeinschlag in geerdete Teile elektrischer Anlagen (z.B. Erdseile, Stahlgittermaste, Stahlgerüste in Freiluftschaltanlagen) kann es zwischen den geerdeten

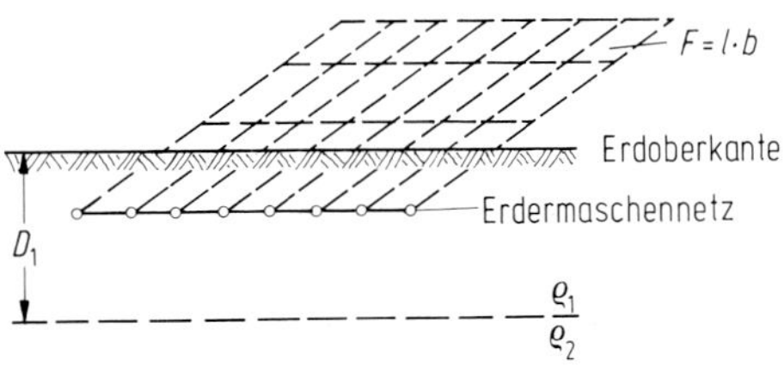

$$R_A = \frac{\varrho_2}{2D} + \frac{\varrho_1 D_1}{F} \tag{16.43}$$

Bild 16.16. Erdermaschennetz mit $F = l \cdot b$ eingebettet in einer Schicht an der Erdoberfläche mit ϱ_1 und der Dicke D_1

Teilen und den Leitern des Betriebsstromkreises zu Überschlägen kommen, die dann als rückwärtige Überschläge bezeichnet werden. Rückwärtige Überschläge sind dann zu erwarten, wenn der Stoß-Erdungswiderstand R_{ASt} und der Blitzstrom hohe Werte annehmen. Nach [16.44] wird ein rückwärtiger Überschlag vermieden, wenn folgende Bedingung erfüllt ist:

$$R_{ASt} \leqq \frac{U_{St}}{I_{Bl}} \tag{16.44}$$

Dabei sind:

R_{ASt} Stoß-Erdungswiderstand (stromabhängige Impedanz)
U_{St} Stehstoßspannung der Isolation (Abschnitt 17.5)
I_{Bl} Blitzstromstärke (Scheitelwert) (Tabelle 16.6)

Tabelle 16.6 zeigt die Häufigkeit der Höhe von Blitzströmen, mit der bei Blitzeinschlag in eine Freileitung gerechnet werden kann.

Bei Erdern geringer räumlicher Ausdehnung (z.B. Mastfüße von Freileitungen, Tiefenerder bis 10 m Länge und Strahlenerder bis 20 m Länge) können die Stoß-Erdungswiderstände in erster Näherung den 50-Hz-Ausbreitungswiderständen gleichgesetzt werden. Allgemein kann man mit dem Faktor α_{St} setzen:

$$R_{ASt} = \alpha_{St} R_A \tag{16.45}$$

Bei $\alpha_{St} < 1$ tritt für einen räumlich eng begrenzten Erder durch hohe Austrittsstromdichte und Durchschläge im Erdboden eine ionisierte Zone in unmittelbarer Umgebung des Erders auf und verursacht so eine scheinbare Vergrößerung des Erders. Bei $\alpha_{St} > 1$ tritt eine Vergrößerung von R_{ASt} gegen R_A auf bedingt durch die bei größerer Ausdehnung des Erders nicht mehr vernachlässigbare Induktivität bei der Ableitung von Stoßströmen.

Blitzschutzanlagen in elektrischen Netzen (Kraftwerksanlagen – z.B. Schornsteine –, Umspannwerksanlagen usw.) werden grundsätzlich mit den Hochspannungs-Erdungsanlagen verbunden.

Tabelle 16.6. Häufigkeit der Blitzströme in Masten von Freileitungen mit Erdseil [16.44]

Blitzstrom I_{Bl} im Mast bis	kA	20	30	40	50	60
Summenhäufigkeit aller Blitzeinschläge	%	80	90	95	98	99

16.4.4 Ausführung von Erdungsanlagen und Erdungsmessungen

Bei der Ausführung von Erdungsanlagen stehen die Gesichtspunkte der ausreichenden thermischen Festigkeit und die Einhaltung der Erder- und Berührungsspannungen im Vordergrund. Daneben ist auf ausreichende mechanische Festigkeit und mögliche Querschnittverminderung durch Korrosion zu achten. In [16.44] sind deshalb Mindestabmessungen von Erdern angegeben. Erder aus Stahl mit leitender Auflage – z.B. Zink – sollen einen Mindestquerschnitt von 100 mm^2 haben, während bei Kupferband 50 mm^2, bei Kupferseil und Rundkupfer 35 mm^2 gefordert werden. Diese Mindestabmessungen gelten für Erdungsleitungen (Leitung zur Verbindung eines zu erdenden Anlageteils oder Betriebsmittels mit einem Erder). Bei Erdungssammelleitungen ist die Bemessung nach dem Doppelerdschlußstrom ($I''_{\mathrm{kEEmax}} \leqq 0{,}86\, I''_{\mathrm{k3p}}$) oder nach dem einpoligen Erdkurzschlußstrom ($I''_{\mathrm{k1p}} \geqq I''_{\mathrm{kE2pE}}$) vorzunehmen (Tabelle 16.3).

Als Material für Erdungsleitungen, Erdungssammelleitungen und Erder in Hochspannungsnetzen mit freiem Sternpunkt oder mit Erdschlußkompensation wird verzinktes Stahlband (z.B. 4×40 mm^2) verwendet, während man in niederohmig geerdeten Netzen als Erdermaterial häufig Kupfer vorsieht, um hohe über die Erder fließende Ströme aufnehmen zu können und um eine lange Lebensdauer der Erdungsanlagen zu erreichen.

Der Überzug des Kupfers mit Blei oder Zinn (z.B. bleiumpreßtes Kupferseil oder verzinntes Kupferband) soll verhindern, daß andere Stahlteile im Erdboden (Erder aus verzinktem Stahlband oder Stahlrohre) durch elektrolytische Korrosion angegriffen werden. Die Erfahrung hat gezeigt, daß diese Vorsichtsmaßnahme jedoch nur dann notwendig ist, wenn elektrolytisch ungünstiger Boden vorhanden ist.

Anordnung und Ausführung der Erdung in Anlagen

Anordnung und Ausführung von Erdern und Erdungsleitungen sind nach [16.44] vorzunehmen. Oberflächenerder (Banderder, Strahlenerder und Erdermaschennetze) z.B. aus verzinktem Stahlband oder aus Kupferseil in elektrischen Anlagen (Umspannanlagen, Kraftwerksanlagen u.a) sind in einer Tiefe von 0,5 m bis 1,0 m (häufig wird etwa 0,8 m Tiefe gewählt) in Erde zu verlegen. Auffüllen der Gräben mit Steinen oder Schotter ist zu vermeiden.

Bei der Projektierung eines Erdermaschennetzes in Freiluftanlagen sind die Erder so zu führen, daß ein möglichst einfacher Anschluß der geerdeten Teile aller Geräte (Schaltgeräte, Transformatoren, Wandler, Überspannungsableiter usw.) möglich wird. Die sich dabei ergebende Maschenform und Maschenweite ist von untergeordneter Bedeutung. Nach [16.44] wird nur gefordert, daß ein geschlossener äußerer Ring vorhanden ist, und daß die Maschen kleiner als 10 m × 50 m bleiben.

Bei Verwendung von Seilen sollte man möglichst wenig schneiden und an den Geräten für Seilschlaufen geeignete Befestigungsschellen verwenden. Verbleite Kupferseile sind an den Verbindungsstellen abzumanteln, um eine gut leitfähige Verbindung durch Hülsenverbinder zu erreichen. Bei Erdern aus Stahlband sind entweder Schweiß- oder Schraubverbindungen zu verwenden. Schalter, Sicherungen oder leicht ohne Werkzeuge lösbare Verbindungen dürfen in Erdern oder Erdungsleitungen nicht eingebaut werden, um eine unbeabsichtigte Abtrennung einzelner Teile einer Erdungsanlage auf jeden Fall zu vermeiden. Aus diesem Grunde ist auch der Zusammenschluß der Erdungsanlagen zweier elektrischer Anlagen, die nebeneinander liegen (z.B. Kraftwerk und Schaltanlage oder Schaltanlagen verschiedener Spannung), mit mehreren Verbindungen herzustellen (Beispiel in Bild 16.18).

Als Grundsatz für die Erdung der Geräte in Anlagen mit Nennspannungen über 1 kV gilt, daß alle Metallteile der Anlage, die nicht zum Betriebsstromkreis gehören, zu erden sind (Anschluß über Erdungsleitungen an die Erdungsanlage). Beispiele dafür sind: Gerätefüße, Geräterahmen, Geräteschlitten bei Schaltwagenanlagen, Durchführungsflansche, Füße von Stützisolatoren, erdseitige Armatur von Überspannungsableitern (Überwachungsfunkenstrecken und Zählwerke dürfen in die Erdungsleitung eingebaut werden) und Wandlern, Schutzgitter und Verkleidungen, Betätigungsorgane von Steuereinrichtungen, Sekundärkreise von Meßwandlern (mindestens 4 mm^2 Cu), Nulleiter im Niederspannungsnetz (Eigenbedarfsnetz), Fundamenterder von Gebäuden in Anlagen, die zu einem Netz mit niederohmiger Sternpunkterdung gehören, Mäntel, Bewehrungen und Schirme von Starkstromkabeln (Erdung mindestens an einem Ende u.U. mit Zwischenschaltung einer Durchschlagsicherung), Mäntel von Fernmeldekabeln [15.26], Bahnanschlußgleise in der Anlage und metallische Rohrleitungen (Isolierstücke dürfen am Rand und außerhalb der Anlage eingebaut werden, um Potentialverschleppungen zu vermeiden).

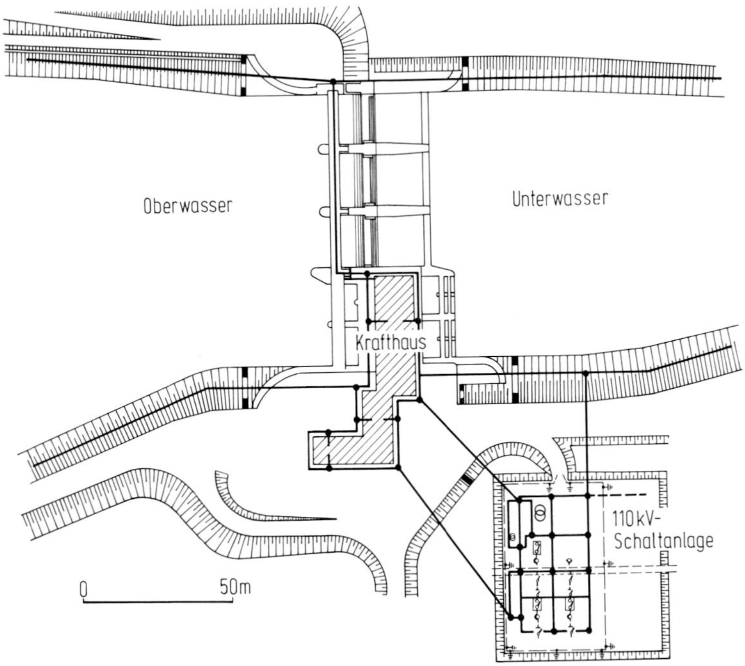

Bild 16.17. Erdungsanlage eines Laufwasserkraftwerkes. Zusammenschluß der Erder der 110-kV-Schaltanlage und des Krafthauses. Ausläufererder in den Böschungen von Ober- und Unterwasser

Eine Ausnahme stellen metallene Außenzäune von Anlagen dar. Sie sind gesondert durch Tiefen- oder Banderder (≈ 1 m Länge) zu erden und nicht an die Erdungsanlage der Umspannwerke oder Kraftwerke anzuschließen.

Bei äußeren Umzäunungen aus kunststoffummantelten Maschendraht und Betonpfosten sind keine Maßnahmen zur Erdung und Potentialsteuerung erforderlich [16.44]. Für Tore in äußeren Umzäunungen muß eine Potentialsteuerung oder eine Standortisolierung vorgesehen werden.

Die Bilder 16.17 und 16.18 zeigen Beispiele für die Ausführung von Erdermaschennetzen. Dabei gibt Bild 16.17 einen Überblick über die Erdungsanlage eines Laufwasserkraftwerks mit benachbarter 110-kV-Schaltanlage in einem Netz mit niederohmiger Sternpunkterdung. Die Erdungsanlagen des Krafthauses und der Schaltanlage sind verbunden. Ausläufererder sind in den Böschungen auf der Oberwasser- und Unterwasser-Seite eingebracht.

Bild 16.18 gibt einen Überblick über die Erdungsanlage eines Kraft- und Umspannwerkes 220/110 kV bei niederohmiger Erdung im 220-kV-Netz und Erdschlußkompensation im 110-kV-Netz. Das Erdermaschennetz der 110-kV-Schaltanlage besteht aus verzinktem Stahlband, während für das Maschennetz der 220-kV-Schaltanlage blankes Kupferband verlegt wurde (die 220-kV-Anlage wurde erst mehrere Jahre nach der 110-kV-Anlage errichtet). Untersuchungen mehrerer Jahre nach der Verlegung des Maschennetzes in der 220-kV-Anlage haben gezeigt, daß die Korrosionserscheinungen an den Stahlrohrerdern und dem verzinkten Stahlband sich im üblichen Rahmen halten, wie er bei Stahl im Erdboden immer zu erwarten ist.

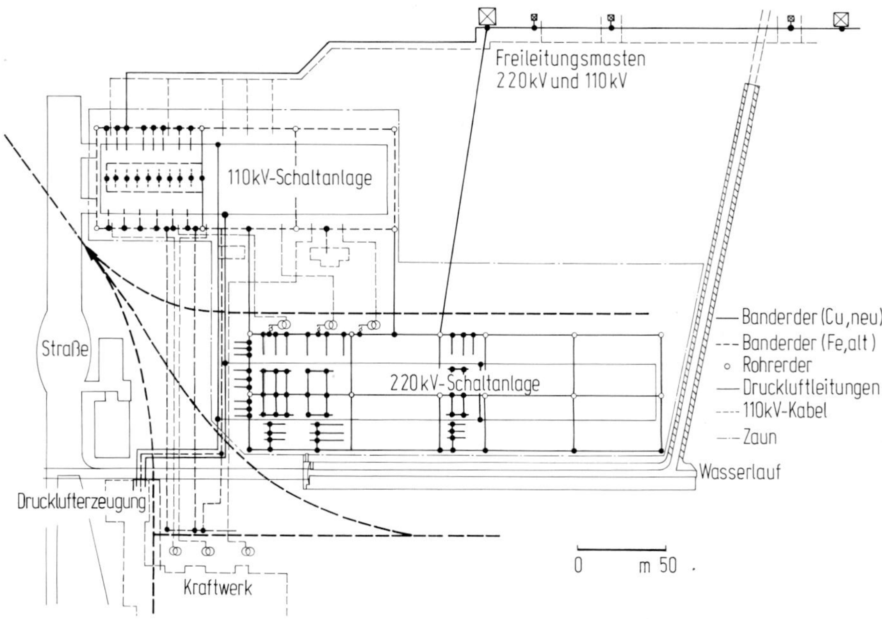

Bild 16.18. Erdungsanlage eines Kraft- und Umspannwerks 220/110 kV bei niederohmiger Erdung im 220-kV-Netz. Erdungsanlage 110 kV (verzinktes Stahlband), Erdungsanlage 220 kV (Kupferband und zusätzliche Rohrerder), Anschluß der Mäntel der 110-kV-Kabel, der Rohre der Druckluftversorgungsanlage (Cu) und der Eisenbahnschienen (Trennstücke am Rand der Anlage)

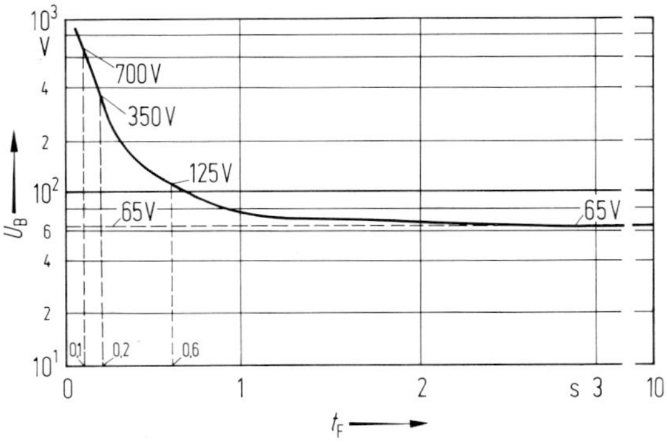

Bild 16.19. Zulässige Berührungsspannung U_B abhängig von der Dauer des Fehlerstroms t_F in Netzen mit niederohmiger Sternpunkterdung und in Anlagen in denen vorübergehend geerdet wird (in einem Netz mit Erdschlußkompensation und vorübergehender niederohmiger Erdung bis 10 s) [16.44]

Die Erdung von Stahlgittermasten und Stahlbetonmasten wird als durch den Mastfuß gegeben angesehen. Ein 1-m-Erdungsring wird gefordert für Stahl- oder Stahlbetonmasten mit Mastschaltern [16.44].

In Netzen mit isoliertem Sternpunkt oder Erdschlußkompensation wird die Einhaltung einer Berührungsspannung $U_B \leqq 65\,\mathrm{V}$ gefordert [16.44]. Dies gilt als erfüllt, wenn die Erderspannung $U_E \leqq 125\,\mathrm{V}$ bleibt. Für die Erdungsimpedanz Z_{EM} eines Mastes muß deshalb eingehalten werden:

$$Z_{EM} \leqq \frac{125\,\mathrm{V}}{I_{CE}} \quad \text{bzw.} \quad Z_{EM} \leqq \frac{125\,\mathrm{V}}{I_{\mathrm{Rest}}} \tag{16.46}$$

Ist die Forderung nach Gl. (16.46) nicht einzuhalten, sind Ersatzmaßnahmen nach [16.44] anzuwenden, z.B. Isolatoren Typ A [VDE 0446 Teil 1/3.71] oder Kappenisolatoren aus vorgespanntem Glas.

In Netzen mit niederohmiger Sternpunkterdung sind besondere Maßnahmen an Masten zur Einhaltung der Berührungsspannung U_B nach Bild 16.19 erforderlich, wenn diese Masten im Gelände von Freibädern oder Campingplätzen stehen und man damit rechnen kann, daß sich Personen am Mastfuß oder in der Nähe des Mastes längere Zeit aufhalten. Hier wird dann sogar gefordert, daß U_B zwischen beliebigen 1,5 m voneinander entfernten Punkten eingehalten wird. Als Maßnahmen kann man die Standortisolierung [16.22] oder eine Potentialsteuerung [16.23] oder die Abgrenzung durch einen Zaun anwenden.

Erder- und Berührungsspannung (Messung)

Kann man eine Erderspannung $U_E \leqq 125\,\mathrm{V}$ einhalten, so sind, unabhängig von der Sternpunktbehandlung des Netzes, keine Sondermaßnahmen notwendig, weil dann vorausgesetzt werden kann, daß $U_B \leqq 65\,\mathrm{V}$ bleibt.

In Netzen mit isoliertem Sternpunkt oder mit Erdschlußkompensation kann man $U_E = (125 \ldots 250)\,\mathrm{V}$ zulassen, wenn $U_B \leqq 65\,\mathrm{V}$ bleibt oder wenn entsprechende Ersatzmaßnahmen durchgeführt werden oder wenn günstige Voraussetzungen vorliegen (gehen z.B. mindestens zwei Kabel mit metallischen Mänteln ohne äußere Kunststoffhülle, also Kabel mit Erderwirkung, von einer Anlage auf verschiedenen Trassen aus und bleibt die Summe der Nennströme I_{nD} der Erdschlußspulen in einem Netz unter 100 A, so kann der Nachweis $U_B \leqq 65$ V entfallen) [16.44].

In Netzen mit niederohmiger Sternpunkterdung ist $U_B > 125$ V zulässig, wenn man U_B nach Bild 16.19 einhält, oder wenn man in verschiedenen Teilen einer Anlage unterschiedliche Ersatzmaßnahmen durchführt (z.B. Verlegung von Steuererdern außerhalb von Gebäuden oder außerhalb von metallenen Zäunen, Standortisolierung, Verlegung eines Maschennetzes in Stahlbetongebäuden mit 10 m Maschenweite in Innenraumanlagen).

Zur Feststellung der Erderspannung z.B. nach Gl. (16.22) ist es notwendig, den Ausbreitungswiderstand oder die Erderimpedanz zu berechnen oder zu messen. Bei Einzelerdern und Erdungsanlagen geringer Ausdehnung (z.B. einzelne Staberder, Banderder oder Ringerder um Freileitungsmaste bei abgehobenem Erdseil) kann man eine Erdungsmeßbrücke (Frequenz kleiner 150 Hz) zur Bestimmung von R_A benutzen. Zur Messung des Ausbreitungswiderstandes R_M eines Mastes einer Freileitung kann man auch ein Hochfrequenzerdungsmeßgerät z.B. nach [16.36] verwenden. Die Frequenz des Meßstromes liegt so hoch, daß $\underline{W}_{\neg}$ hochohmig wird gegen R_M, so daß $Z_{EM} \approx R_M$ wird, Gl. (16.24).

Bei ausgedehnten Erdungsanlagen für Kraft- und Umspannwerke verwendet man die Strom- und Spannungsmessung zur Ermittlung der Erdungsimpedanz Z_E. Bild 16.20 zeigt dazu ein Beispiel für eine Freiluftanlage mit abgehenden Freileitungen und der Einspeisung eines Versuchsstromes I_V über einen Drehstromtransformator. Verwendet man die Leiter einer Drehstromfreileitung als Verbindung zum Gegenerder, so muß man in diesem Beispiel den im Erdseil induzierten Strom $(1-\underline{r}_E)\underline{I}_V$ berücksichtigen. Nach Bild 16.20 muß man ausgehend vom gemessenen Versuchsstrom $\underline{I}_V$ den Erdungsstrom bei der Messung $\underline{I}_{EV} = \underline{r}_E \underline{I}_V$ berechnen ($\underline{r}_E$ nach Tabelle 16.4). Für die Erdungsimpedanz und die

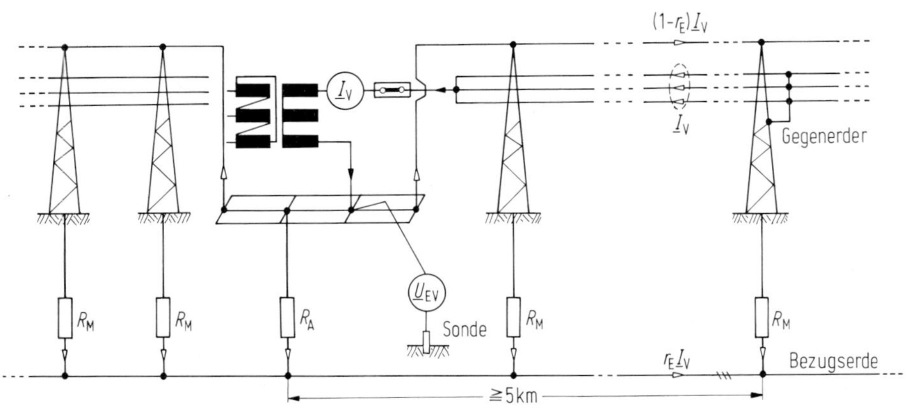

Bild 16.20. Ermittlung der Erdungsimpedanz durch Strom- und Spannungsmessung bei angeschlossenen Ausläufererdungen (Beispiel). $\underline{U}_{EV}$ Erderspannung beim Versuch; $\underline{I}_V$ Versuchsstrom; Erdungsimpedanz $\underline{U}_{EV}$ Erderspannung beim Versuch; $\underline{I}_V$ Versuchsstrom; Erdungsimpedanz $\underline{Z}_E = \underline{U}_{EV}/(\underline{r}_E \underline{I}_V)$

Erderspannung im Fehlerfall ergibt sich dann, wenn $\underline{I}_E$ der Erdungsstrom im Fehlerfall ist:

$$\underline{Z}_E = \frac{\underline{U}_{EV}}{\underline{r}_E \underline{I}_V} \tag{16.47}$$

$$\underline{U}_E = \underline{U}_{EV} \frac{\underline{I}_E}{\underline{r}_E \underline{I}_V} \tag{16.48}$$

Für den Versuch wählt man abhängig von Z_E Ströme von 50 A und darüber, so daß U_{EV} möglichst oberhalb von vorhandenen Störspannungen, jedoch nicht höher als 65 V liegt. Der Innenwiderstand des Spannungsmessers für U_{EV} sollte größer als das Zehnfache des Ausbreitungswiderstandes der Sonde sein.

Führt man eine Strom- und Spannungsmessung zur Ermittlung von Z_E und U_E aus, so kann man auch Berührungsspannungen in und am Rand der Anlage bestimmen. Dazu verwendet man einen Spannungsmesser mit einem Innenwiderstand von etwa 1 kΩ. Meßelektroden zur Nachbildung der Füße und des Körpergewichts eines Menschen sollen eine Fläche von insgesamt 400 cm^2 und eine Mindestgewichtskraft von insgesamt 500 N haben. Teilweise ist es auch praktisch, Metallsohlen [16.23] zu verwenden.

Zusammenschluß oder Trennung von Erdungen in Hoch- und Niederspannungsanlagen

Werden aus einer Hochspannungsanlage (Nennspannung über 1 kV) nur solche Niederspannungsanlagen (Nennspannungen bis 1000 V) versorgt, die innerhalb der Hochspannungsanlage und damit innerhalb des Gebiets der Hochspannungserdungsanlage liegen, so sind die Hoch- und Niederspannungserdungen (Schutz- und Betriebserdungen) zu einer gemeinsamen Erdungsanlage zusammenzuschließen, wie Bild 16.21 zeigt.

Werden Niederspannungsanlagen außerhalb der Hochspannungsanlagen versorgt und liegen diese Anlagen in Gebieten mit geschlossener Bebauung oder in Industriewerken, so wird man eine wirksame Trennung nicht durchführen können bedingt durch vielfältige Verbindungen über Elektrizitäts-, Gas-, Wasser- und Fernmeldeleitungen mit Erderwirkung. Hier wird man einen Zusammenschluß der Erdungen vornehmen, um so eine niedrige Erdungsimpedanz zu erreichen (Bild 16.21). Ein Zusammenschluß ist ebenfalls zulässig bei $U_E \leqq 125$ V, weil dann vorausgesetzt werden kann, daß $U_B \leqq 65$ V bleibt.

In allen anderen Fällen mit $U_E > 125$ V in Netzen mit freiem Sternpunkt oder mit Erdschlußkompensation darf nur zusammengeschlossen werden, wenn $U_B \leqq 65$ V bleibt und diese Spannung nicht länger als eine Sekunde ansteht.

Bei Anlagen in Hochspannungsnetzen mit niederohmiger Sternpunkterdung und Anwendung der Schutzmaßnahme Nullung in Niederspannungsnetzen muß bei $U_E > 125$ V eine Trennung zwischen Hochspannungserde und Niederspannungsbetriebserde vorgenommen werden. Dabei wird die Niederspannungsschutzerde mit der Hochspannungserde zusammengeschlossen [16.44].

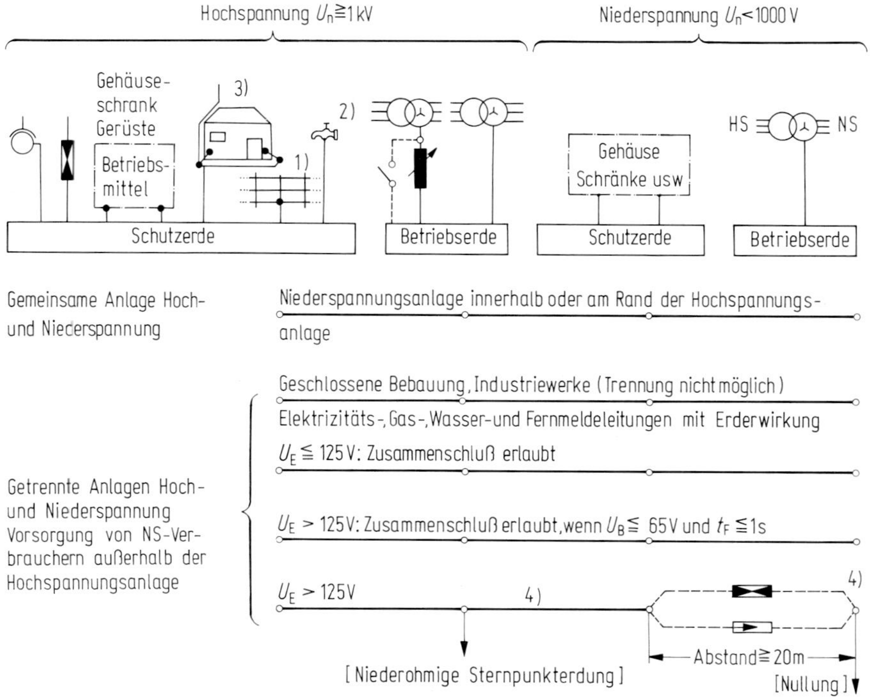

Bild 16.21. Zusammenschluß oder Trennung von Erdungsanlagen Hochspannung und Niederspannung (Schutz- und Betriebserden) [16.22, 16.44]

[1]) Bei Außenzaun. Trennung meist zweckmäßig (Potentialsteuerung lokal); [2]) Trennung am Rand der Anlage bei großen Werten U_E und U_B; [3]) Blitzschutzanlage; [4]) Trennung.

16.5 Beeinflussung

16.5.1 Überblick über Beeinflussungsarten

Bei einer gegenseitigen Näherung zwischen Starkstromanlagen (insbesondere Drehstromhochspannungsleitungen) und Fernmeldeanlagen (insbesondere Fernmeldeleitungen) können induktive und kapazitive Beeinflussungen ausgehend vom Drehstromnetz zu einer Gefährdung führen. Gefährdung ist dabei nach [15.26] die Möglichkeit der Schädigung von Personen oder der Beschädigung der Fernmeldeanlagen durch elektrische Einwirkungen der Starkstromanlagen. Tabelle 16.7 gibt eine Übersicht über die Möglichkeiten der Beeinflussung. Die induktive Beeinflussung wird z.B. bei Doppelerdschluß in Netzen mit Erdschlußkompensation nur dann untersucht, wenn die Löschgrenze nach Bild 16.22 überschritten wird.

Die Grenzen der zugelassenen Beeinflussungsspannungen gegen Erde bei induktiver und ohmscher Beeinflussung sind in Tabelle 16.8 angegeben.

Zu den Schutzeinrichtungen von Fernmeldeanlagen gegen induktive Beeinflussung gehören der Einbau von Überspannungsableitern, z.B. an den Enden der Beeinflussungsstrecke, der Einsatz von Schutz- und Trennübertragern und

Tabelle 16.7. Übersicht über die Beeinflussungsmöglichkeiten von Drehstromnetzen auf Fernmeldenetze und die nach [15.26] durchzuführenden Untersuchungen, um Gefährdungen zu vermeiden

Drehstromnetz mit Freileitungen (F) oder Kabeln (K)			*Fernmeldenetz* mit Freileitungen (F) oder Kabeln (K)					
Betriebsweise des Netzes (Sternpunktbehandlung)	Betriebszustand		Beeinflussungsmöglichkeiten und Untersuchungen nach [15.26]					
			induktiv		kapazitiv		ohmsch	
			(F)	(K)	(F)	(K)	(F)	(K)
Niederohmige Sternpunkterdung	ohne Fehler	[F]	+ [a]	+ [a]	+ [a]	–	–	–
		[K]	–	–	–	–	–	–
	I''_{k1p}, I''_{kE2pE}	[F]	+	+	–	–	–	+
		[K]	–	+ [a]	–	–	–	–
Isolierter (freier) Sternpunkt, Erdschlußkompensation oder vorübergehende niederohmige Sternpunkterdung	ohne Fehler	[F]	+ [a]	+ [a]	+ [a]	–	–	–
		[K]	–	–	–	–	–	–
	Erdschluß oder Erdkurzschluß	[F]	–	–	+	–	–	+ [b]
		[K]	–	–	–	–	–	+ [b]
	Doppelerdschluß [d]	[F]	+ [c]	+ [c]	–	–	–	+ [c]
		[K]	–	–	–	–	–	–

– Keine Untersuchung notwendig.
\+ Untersuchung notwendig, wenn Abstand kleiner als Grenzabstand (Tabelle 16.8 für induktive Beeinflussung).
\+ [a] Untersuchung in ungünstigen Fällen notwendig, z.B. bei einer Fernmeldeleitung (Freileitung oder Luftkabel) auf gleichem Gestänge wie die Hochspannungsfreileitung.
\+ [b] Untersuchung nur in den Anlagen der Netze, in denen vorübergehende niederohmige Sternpunkterdung durchgeführt wird.
\+ [c] Untersuchung nur dann, wenn die Löschgrenze nach Bild 16.22 überschritten wird.
[d] Die induktive Beeinflussung wird bei Parallelführung mit erdungssymmetrischen Bahnblockleitungen immer berücksichtigt.

der Einsatz von Kabeln mit verbessertem Reduktionsfaktor. Zu den Schutzeinrichtungen gegen kapazitive Beeinflussung gehört z.B. der Einbau von Drosseln gegen Erde, über die die kapazitive Ladung abfließen kann. Bei ohmscher Kupplung sind die Schutzeinrichtungen wie bei induktiver Beeinflussung zu verwenden. Zusätzlich kann man eine hochwertige Mantelisolierung anwenden für Kabel, die den Spannungstrichter einer Anlage durchlaufen. Der Kabelmantel darf in diesem Fall nicht mit der Erdungsanlage verbunden sein.

16.5.2 Berechnung induktiver Beeinflussung

Nach [15.26] kann man die in einem Abschnitt der zur fehlerbetroffenen Hochspannungsleitung parallel verlaufenden Fernmeldeleitung induzierte

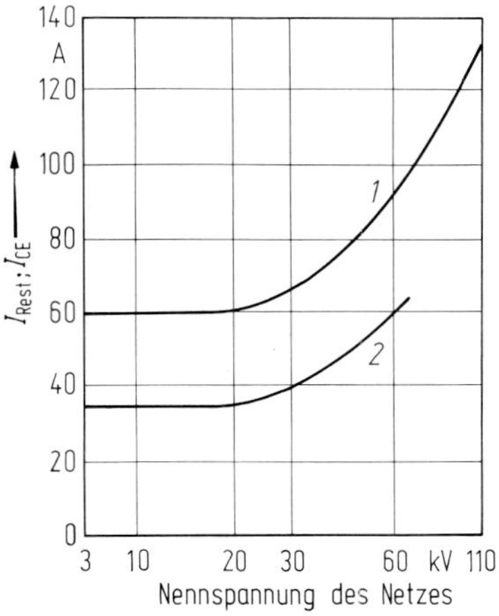

Bild 16.22. Löschgrenze für Erdschluß-Reststrom bzw. kapazitiven Erdschlußstrom [15.26].
1 Reststrom I_{Rest} in Netzen mit Erdschlußkompensation; *2* kapazitiver Erdschlußstrom I_{CE} in Netzen mit isoliertem Sternpunkt.

Tabelle 16.8. Grenzwerte der zugelassenen Beeinflussungsspannungen gegen Erde bei induktiver und ohmscher Kopplung [15.26]

Fernmelde-leitung	Schutzein-richtungen	Grenzwerte der Beeinflussungsspannungen (Effektivwerte)	
		Langzeitbeeinflussung U_{LB} [a] V	Kurzzeitbeeinflussung U_{KB} [b] V
Freileitung (F)	ohne mit	65 125	300[c] 500 500
Kabel (K)	ohne mit	65 250	300[c] 500 1200[d]

[a] Langzeitbeeinflussung U_{LB} im Normalbetrieb (fehlerfreier Betrieb) des Drehstromnetzes.
[b] Kurzzeitbeeinflussung U_{KB} bei Fehlern im Drehstromnetz. Nach CCITT [16.5] wird eine Ausschaltzeit von $t_a = (0{,}2 \ldots 0{,}5)$ s vorausgesetzt.
[c] Der Grenzwert 300 V gilt für Fernmeldeanlagen der Deutschen Bundespost; er entspricht dem Grenzwert 430 V des CCITT [16.5], wenn man den Erwartungsfaktor $w = 0{,}7$ berücksichtigt.
[d] Dieser Wert entspricht 60% der Prüfwechselspannung 2000 V zwischen Adern und Metallmantel bzw. Schirm. Bei Kabeln und Garnituren mit höheren Prüfwechselspannungen sind höhere Werte zulässig (beim Arbeiten sind besondere Schutzmaßnahmen erforderlich).

Längs-EMK E_{ik} in guter Näherung wie folgt berechnen:

$$\frac{E_{ik}}{\mathrm{V}} = 2\pi \frac{f}{\mathrm{Hz}} \cdot w \cdot r \frac{I_{0k}}{\mathrm{kA}} \cdot \frac{M'_{Ee}}{\mathrm{mH/km}} \cdot \frac{l}{\mathrm{km}} \tag{16.49}$$

Dabei sind:

E_{ik} induzierte Längs-EMK, die durch den über Erde fließenden Teil des Kurzschlußstromes in der Fernmeldeleitung induziert wird.

f Nennfrequenz des Hochspannungsnetzes (50 Hz, 60 Hz, $16\frac{2}{3}$ Hz).

I_{0k} in Drehstromnetzen: $I_{0k}=3I_0=I''_{k1p}$ oder I''_{kE2pE} oder I''_{kEE} bei einpoligem Erdkurzschluß oder bei zweipoligem Kurzschluß mit Erdberührung oder bei Doppelerdschluß; in Bahnstromfernleitungsnetzen: $I_{0k}=2I_0$ (Wechselstromnetz); in Fahrleitungsnetzen $I_{0k}=I_{kF}$ (I_{kF} Kurzschlußstrom in der Fahrleitung).

$w=0{,}7$ der im allgemeinen mit 0,7 eingesetzte Erwartungsfaktor berücksichtigt nach [15.26] die Tatsache, daß der Berechnung von I_{0k} die ungünstigsten Verhältnisse zugrunde gelegt werden.

M'_{Ee} Koppelinduktivität (gegenseitige Induktivität) pro km bei Betriebsfrequenz zwischen der Hochspannungsleitung und der Fernmeldeleitung, abhängig vom Abstand a und vom spezifischen Erdwiderstand (Bild 16.24).

l wirksame Länge der Näherung (bei einzelnen Abschnitten ist l_1, l_2, ... einzusetzen).

r resultierender Reduktionsfaktor bei Nennfrequenz. Der resultierende Faktor r setzt sich u.U. aus mehreren Einzelreduktionsfaktoren zusammen (r_E Reduktionsfaktor von Erdseilen [16.23]; r_K Reduktionsfaktor von Kabelmänteln; r_S Reduktionsfaktor von Bahnschienen; r_X Reduktionsfaktor anderer benachbarter parallellaufender metallener Leiter – z.B. Wasserrohre oder Gasrohre).

Sind mehrere Näherungsabschnitte (l_1, l_2, l_3 in Bild 16.23) vorhanden, so sind die einzelnen Längs-EMK zu addieren. Bei entgegengesetztem Verlauf kann auch eine Subtraktion notwendig werden.

Aus Bild 16.24 ist M'_{Ee} in Abhängigkeit vom Abstand a der Parallelführung, vom spezifischen Erdwiderstand ϱ und von der Frequenz f abzulesen (Teilbild a: $M'_{Ee}=\varphi(x)$). Bei $f=50$ Hz kann man ohne Berechnung von x die Koppelinduktivität M'_{Ee} direkt ausgehend von a ermitteln (beim eingezeichneten Beispiel für $a=100$ m, $\varrho=50\,\Omega$m und $x=100$ findet man $M'_{Ee}\approx 0{,}4$ mH/km). Ist

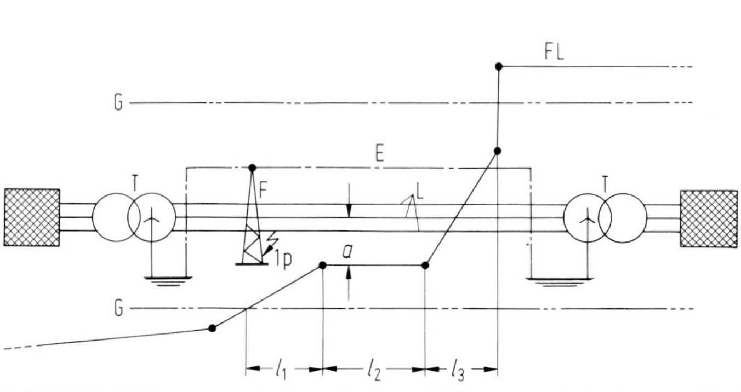

Bild 16.23. Näherung zwischen Fernmeldeleitung und Drehstrom-Hochspannungsfreileitung mit Erdseil (Prinzip).

T Transformatoren mit Sternpunkterdung; L Drehstromfreileitung; FL Fernmeldeleitung (Freileitung oder Kabel); G Grenze bestimmt durch den Grenzabstand von L; E Erdseil der Hochspannungsfreileitung; F Fehlerstelle (z.B. I''_{k1p}); l_1, l_2, l_3 Näherungsabschnitte, mit l_1, l_3 als schräge Näherung und l_2 als Parallelführung

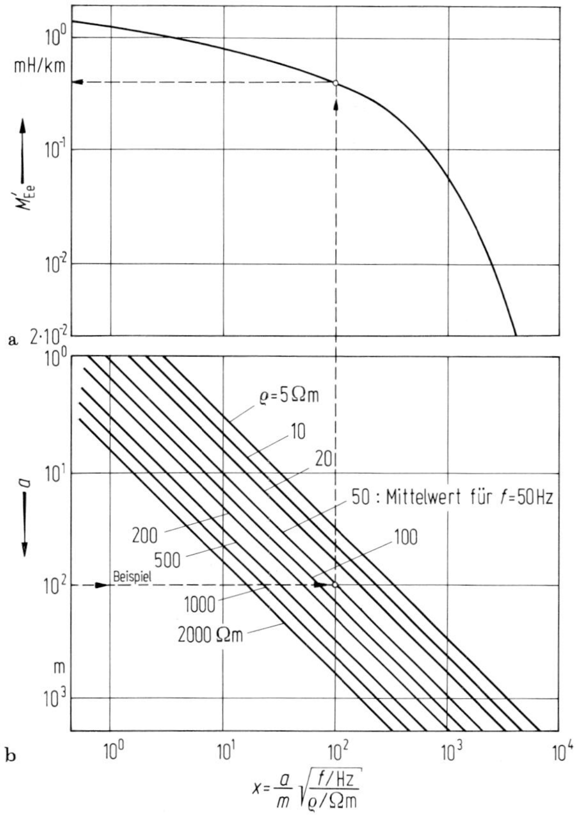

Bild 16.24. Koppelinduktivität M'_{Ee} in Abhängigkeit vom Abstand a, dem spezifischen Erdwiderstand ϱ und der Frequenz f.
(**a**) $M'_{Ee}=\varphi(a,\varrho,f)$; (**b**) gilt nur für $f=50$ Hz

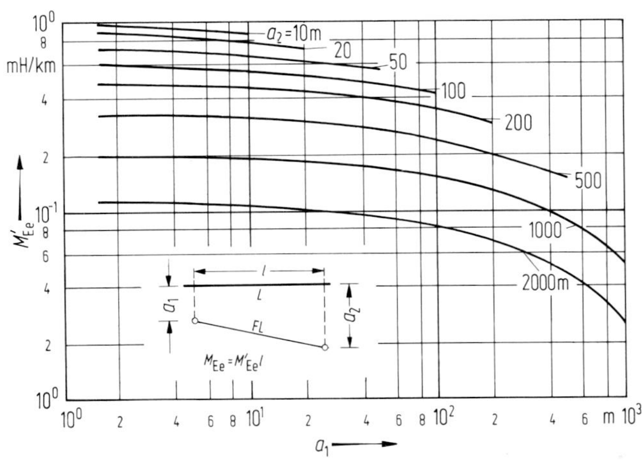

Bild 16.25. Mittlere Koppelinduktivität M'_{Ee} bei $f=50$ Hz für schräge Näherungen mit den Endabständen a_1 und a_2 und bei $\varrho=50\,\Omega$m

die Bodenbeschaffenheit nicht bekannt und auch kein Wert für ϱ so rechnet man für das mitteleuropäische Flachland häufig mit $\varrho = 50\,\Omega\text{m}$ [15.26]. Als Kehrwert von ϱ findet man teilweise auch die spezifische Bodenleitfähigkeit $\sigma = 1/\varrho$ angegeben in µS/cm oder in cgs-Einheiten. Dabei gilt: $\sigma/(\mu\text{S/cm}) = \sigma/(10^{-15}$ elektromagnetische cgs-Einheiten$) = 10^4\,\Omega\text{m}/\varrho$.

Bild 16.25 erlaubt die Ermittlung von M'_{Ee} bei schräger Näherung mit den Endabständen a_1 und a_2 der Näherung.

In Stadtgebieten, besonders in Großstädten, wird der wirksame spezifische Erdwiderstand ϱ stark durch die im und auf dem Erdboden vorhandenen Leiter wie Rohrleitungen, Kabel und Straßenbahnschienen, beeinflußt. Der wirksame spezifische Erdwiderstand kann dann sogar Werte im Bereich $0{,}1\,\Omega\text{m}$ bis $1\,\Omega\text{m}$ annehmen. Diese Erscheinung wird manchmal auch durch einen eigenen Reduktionsfaktor, den sogenannten Zivilisationsfaktor, berücksichtigt, M'_{Ee} wird in diesem Fall für $\varrho = 50\,\Omega\text{m}$ bestimmt.

17. Überspannungen und Isolationskoordination

17.1 Aufgabe der Isolation

Die Betriebssicherheit der elektrischen Netze wird durch das Auftreten von Überspannungen stark beeinflußt. Eine Rolle spielen dabei die Höhe, die Form und die Häufigkeit der auftretenden Überspannungen und die unterschiedliche Wirkung auf die verwendete feste, flüssige und gasförmige Isolation.

Für die elektrische Beanspruchung der Isolation gilt in Abhängigkeit von der Zeit und in Abhängigkeit von der Höhe der Spannung etwa folgende Einteilung, wenn man Spannungserhöhungen und Überspannungen (Scheitelwerte) jeweils auf den Scheitelwert der Sternspannung bezieht:

a) Betriebsfrequente dauernd vorhandene Wechselspannung. Zugrunde gelegt werden muß die höchste dauernd zulässige Betriebsspannung U_m. Für die Isolation eines symmetrisch betriebenen Drehstromnetzes Leiter gegen Leiter gilt U_m und für die Isolation Leiter gegen Erde $U_m/\sqrt{3}$. Die Isolation muß auch bei den in Betracht zu ziehenden Fremdschichten mindestens der Sternspannung $U_{\curlywedge m} = U_m/\sqrt{3}$ standhalten.

b) Betriebsfrequente Spannungserhöhungen der fehlerfreien Leiter bei Erdschluß in kompensierten oder mit freiem Sternpunkt betriebenen Netzen, die maximal bis zu einigen Stunden anstehen können ($\delta \approx \sqrt{3}$) oder betriebsfrequente Spannungserhöhungen der fehlerfreien Leiter bei Erdkurzschluß in Netzen mit niederohmiger Sternpunkterdung, die bis zu einigen Sekunden anstehen können ($\delta \approx 1{,}3 \ldots 1{,}7$). Einzubeziehen sind u.U. betriebsfrequente Spannungserhöhungen bei Lastabwurf besonders bei hohen Betriebsspannungen und großen Leitungslängen. Bei Leitungslängen von z.B. 200 km muß man infolge des Ferrantieffektes mit einem Zusatzfaktor 1,1 rechnen.

c) Vorübergehende innere Überspannungen (transiente Erdschlußüberspannungen oder Schaltüberspannungen) im Bereich von Millisekunden. Hier kann man abhängig von der Sternpunktbehandlung mit folgenden Überspannungsfaktoren $k_{LE} = u_{ü}/(\sqrt{2}\, U_{\curlywedge m})$ rechnen:

Netze mit isoliertem Sternpunkt:	k_{LE} bis 3,5	Maximalwerte als Richtwerte
Netze mit Erdschlußkompensation:	k_{LE} bis 3,0	
Netze mit niederohmiger Sternpunkterdung:	k_{LE} bis 2,5	

d) Vorübergehende äußere Überspannungen durch Blitzeinschlag (direkten Leiterseileinschlag oder rückwärtigen Überschlag) im Bereich von Mikrosekunden. Die Höhe der Überspannungen durch Blitzeinschlag ergibt sich als Produkt aus dem Blitzstrom und der Stoßimpedanz an der Einschlagstelle. Eine Begrenzung kann durch Überschlag oder durch das Ansprechen von Überspannungsschutzeinrichtungen eintreten.

17.2 Isolationsminderung durch Verschmutzung

Die Entwicklung der Schaltertechnik und der Netztechnik (z.B. niederohmige Sternpunkterdung) ebenso wie die Entwicklung der Ableitertechnik hat zur Herabsetzung der Spannungsbeanspruchungen der Netze durch innere und äußere Überspannungen geführt, so daß die Bedeutung der Isolationsminderung durch Verschmutzung in den letzten Jahren zugenommen hat. Das Verhalten gegenüber Verschmutzung steht deshalb teilweise im Vordergrund der Diskussion um die Bemessung der Isolation von Freileitungen und Freiluftschaltanlagen.

Bild 17.1 zeigt das 10-Jahresmittel der Schadensanlässe in Schaltanlagen und bei Freileitungen. Man erkennt, daß Fremdschichtüberschläge bei Spannungen von 110 kV und darüber eine bedeutende Rolle spielen können.

Bild 17.2 zeigt einen Isolator mit eingetragener Kennzeichnung der Isolierstrekken. Neben der Baulänge l_B unterscheidet man die Isolierlänge l_I als Abstand zwischen den Armaturen, die Durchschlaglänge l_D der inneren Isolierstrecke, den Überschlagsweg $l_Ü$ und den Kriechweg l_K.

Bei Isolatoren zum Einsatz in Gebieten mit Salzverschmutzung (Küste) oder mit Industrieverschmutzung sucht man ein günstiges Verhältnis zwischen Kriechweg l_K und Baulänge l_B oder Isolierlänge l_I unter Berücksichtigung der Formgebung der Isolatoren.

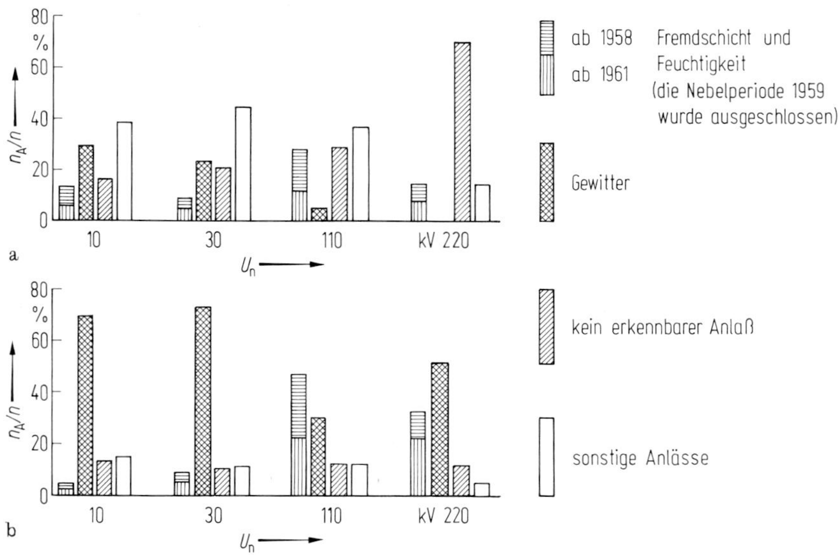

Bild 17.1. Schadensanlässe in Schaltanlagen und bei Freileitungen in der BR Deutschland 1958 bis 1967 (10-Jahresmittel) [17.49].

(**a**) Prozentualer Anteil n_A für verschiedene Schadensanlässe in Schaltanlagen bezogen auf die jeweilige Anzahl n, wobei n die Schadensanzahl je 100 Zellen in 10 Jahren ist. $U_n = 10$ kV: $n \approx 10$; $U_n = 30$ kV: $n \approx 35$; $U_n = 110$ kV: $n \approx 70$; $U_n = 220$ kV: $n \approx 115$.

(**b**) Prozentualer Anteil n_A für verschiedene Schadensanlässe bei Freileitungen bezogen auf die jeweilige Anzahl n, wobei n die Schadenszahl je 100 km Leitung in 10 Jahren ist. $U_n = 10$ kV: $n \approx 85$; $U_n = 30$ kV: $n \approx 70$; $U_n = 110$ kV: $n \approx 12$; $U_n = 220$ kV: $n \approx 12$

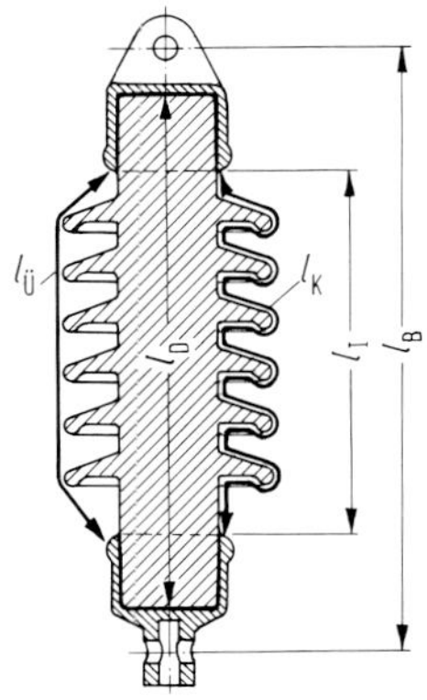

Bild 17.2

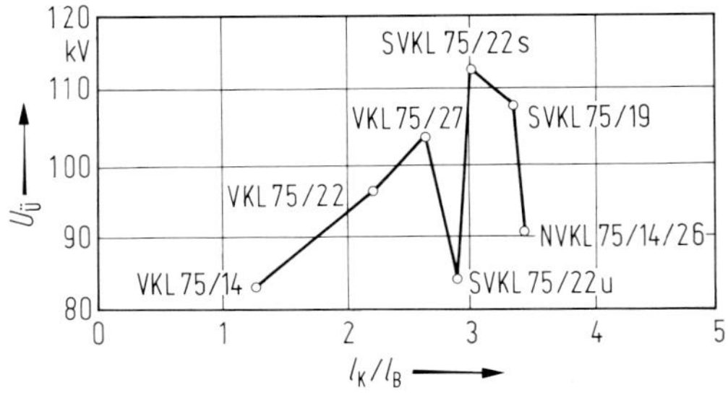

Bild 17.3

Bild 17.2. Längenbezeichnung und Isolierstrecken von Isolatoren (Beispiel: Langstab). l_B Baulänge; l_I Isolierlänge; $l_Ü$ Überschlagsweg; l_K Kriechweg; l_D Durchschlaglänge

Bild 17.3. Überschlagwechselspannung $U_Ü$ natürlich verschmutzter Langstabisolatoren verschiedener Bauform aber gleicher Baulänge ($l_B = 127$ cm) bei künstlicher Vernebelung (Mittelwert aus 7 Versuchsreihen in drei Laboratorien) [17.24, 17.46]

Bild 17.3 zeigt die Überschlagwechselspannung verschiedener Langstabisolatoren gleicher Baulänge ($l_B = 127$ cm). Man erkennt daraus, daß es nicht einfach allein genügt, bei gleicher Baulänge den Kriechweg zu erhöhen z.B. durch Anbringen von mehr Schirmen bei entsprechend geringerem Schirmabstand, sondern daß noch weitere Eigenschaften wichtig sind, wozu u.a. auch die Ausbildung der Schirme, die Selbstreinigungseigenschaften des Isolators und der mittlere Durchmesser abhängig vom Formfaktor gehören.

Tabelle 17.1 enthält zwei Vorschläge zur Einteilung der in der Natur vorkommenden Verschmutzung in Verschmutzungsklassen bzw. Verschmutzungsgrade. Der erste Vorschlag zur Einteilung in vier Klassen [9.9] ist vor allem für die Industrieverschmutzung gedacht, während der zweite neuere Vorschlag [17.72] sowohl Industrie- als auch Salzverschmutzung berücksichtigt. Die den Verschmutzungsklassen a bis d zugeordneten spezifischen Kriechwege haben sich bei richtiger Einschätzung der Verschmutzungssituation für Langstäbe zur Leiterisolation von Freileitungen und für Geräteisolatoren in Schaltanlagen in der Praxis bewährt.

Um eine Beurteilung des Verschmutzungsproblems von Isolatoren vor dem Einbau an Freileitungen oder in Freiluftanlagen (neue Isolatorformen, neue Geräteisolierung) möglich zu machen, und um eine Rangfolge von Isolatoren zu ermitteln bezüglich des Einsatzes in verschiedenen Verschmutzungsgebieten wurden verschiedene Prüfverfahren mit künstlichen Fremdschichten entwickelt. Dabei unterscheidet man Prüfverfahren mit haftenden und mit fließenden Fremdschichten [17.57, 17.71].

Als Beispiel für das Ergebnis von Fremdschichtuntersuchungen in Laboratorien zeigt Bild 17.4 die Fremdschicht-Stehspannungskennlinie $U_{F90} = f(\kappa_{F20°})$ für vier Isolatoren nach [17.57].

Tabelle 17.1. Einteilung der in den Netzen vorkommenden Verschmutzung in Klassen bzw. Verschmutzungsgrade der Umgebung nach [9.9] bzw. [17.72]. U_b ist die Betriebsspannung (verkettete Spannung)

Verschmutzungsklasse	Nach Glöyer/Vogelsang [9.9]	zugeordneter spez. Kriechweg l_K/U_b	Verschmutzungsgrad	IEC TC 28 (C.O.) 42 November 1973 [17.72]
a	Land- und forstwirtschaftliche Bodennutzung, keine Industrie, saubere Atmosphäre	(1,7 ... 2,0) cm/kV	keine merkliche Verschmutzung (no significant pollution)	Gebiete ohne Industrie und Gebiete mit geringer Bebauung mit Hauseinzelheizung. Gebiete mit geringer Industriedichte und Bebauung, aber mit häufig auftretendem Wind und/oder Regenfällen. Alle Gebiete müssen entfernt von der Meeresküste liegen oder in größerer Höhe und dürfen in keinem Falle Seewinden ausgesetzt sein.
b	Schwache Verschmutzung (Randzonen großer Industriegebiete), häufige und starke Nebel (Flußtäler)	(2,2 ... 2,5) cm/kV	leichte Verschmutzung (light pollution)	Gebiete mit Industrie, die keine besonderen Staub- und Abgase auswerfen und/oder Gebiete mit mittlerer Bebauung und Hauseinzelheizung; Gebiete mit dichter Bebauung und großen Industrien, aber mit reinigendem Wind und/oder Regenfällen. Gebiete nicht zu nahe an der Küste (Abstand mindestens 1 km).
c	Starke Industrieverschmutzung (z.B. Ruhrgebiet, Kölner und Mannheimer Industriegebiet)	(2,6 ... 3,2) cm/kV	schwere Verschmutzung (heavy pollution)	Gebiete mit großer Industriedichte und Vororte großer Städte mit hoher Dichte von Heizungen, die Verschmutzung hervorrufen. Gebiete nahe an der Küste oder Gebiete, die starken Winden von der See ausgesetzt sind.
d	Sehr starke und leitfähige Verschmutzung (Nähe von Großkraftwerken, chemischen Industrie- und Hüttenwerken)	$\geqq 3{,}8$ cm/kV	sehr schwere Verschmutzung (very heavy pollution)	Gebiete allgemein mäßiger Ausdehnung mit starker Industrieverschmutzung, wobei dichte und leitfähige Schichten auf den Isolatoren abgelagert werden; Gebiete mäßiger Ausdehnung nahe an der Küste mit starken salzhaltigen Winden.

Trotz erfolgversprechender Ansätze [17.61, 17.68] ist es bis heute noch nicht in allen Fällen gelungen, die Ergebnisse bei künstlichen und natürlichen Fremdschichten in ausreichendem Maße in Übereinstimmung zu bringen, weil nicht alle Einflüsse quantitativ ausreichend festzulegen sind und weil es an Unterlagen mangelt, nach denen einzelne Gebiete den Verschmutzungsklassen (Tabelle 17.1) zuzuordnen sind.

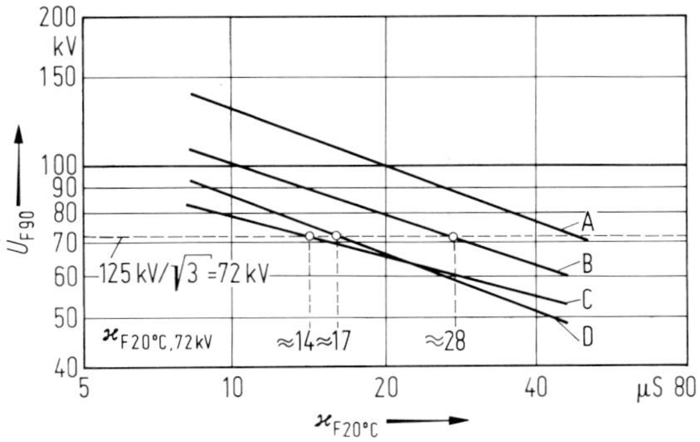

Bild 17.4. Fremdschicht-Stehspannungskennlinien nach dem Kieselgur-Prüfverfahren [17.57], $U_{F90} = f(\kappa_{F20°})$ – bzw. 10%-Überschlagsspannung.
A Kette aus 9 Kappenisolatoren T9336 (Bullers; 14/28 cm), $l_B/l_K = 1260$ mm/3900 mm;
B Langstabisolator LG 75/18+18; $l_B/l_K = 1270$ mm/4250 mm;
C Langstabisolator LG 75/27; $l_B/l_K = 1270$ mm/2770 mm;
D Langstabisolator LG 75/22; $l_B/l_K = 1270$ mm/2490 mm

Tabelle 17.2. Bewertung von Langstabisolatoren zur Feststellung der Rangfolge bei gleicher Bau- und Isolierlänge (l_B und l_I) jedoch unterschiedlicher Schirmzahl und unterschiedlichen Schirmdurchmessern [17.61]

Langstabisolator (Strunkdurchmesser 75 mm)		LG 75/22 1270	LG 75/27 1270	LG 75/22 s 1270	LG 75/18 + 18 1270
Baulänge l_B	cm	127	127	127	127
Isolierlänge l_I	cm	107	107	107	107
Schirmzahl	–	22	27	22	18 + 18
Schirmdurchmesser	cm	15	15	17,5	16,8 + 18,7
Mindest-Kriechweg $l_{K\,min}$	cm	234	264	280	400
$l_{K\,min}/l_I$	–	2,18	2,46	2,62	3,74
Formfaktor f [17.71]	–	7,8	8,5	8,5	12
mittlerer Durchmesser $\bar{D} = l_K/\pi f$	cm	9,5	9,9	10,5	10,6
Überschlagshäufigkeit unter natürlicher Fremdschicht auf der Friesenheimer Insel[a]	%	6,5	5,3	4,5	1,9
Rangfolge	–	4	3	2	1
Steh-Schichtleitfähigkeit[b] κ_F	μs	17	14	23	28
Rangfolge	–	3	4	2	1
Äquivalente Steh-Schicht-leitfähigkeit κ_F^* [c]	μs	34	37	61	105
Rangfolge	–	4	3	2	1
Steh-Salzgehalt[d] γ_S	g/l	7	20	28	28
Rangfolge	–	3	2	1	1

[a] Nach [17.53] bei $U_p = 125$ kV.
[b] Nach [17.57] bei $U_p = 125\,\text{kV}/\sqrt{3} = 72$ kV. Prüfung mit haftender Fremdschicht (Kieselgur-Prüfverfahren) nach VDE 0448, Teil 1.
[c] κ_F^* nach Gl. (17.1).
[d] Prüfung nach VDE 0448, Teil 2 mit $U_p = 125\,\text{kV}/\sqrt{3} = 72$ kV, durchgeführt von der FGH (1972).

Tabelle 17.2 enthält einen Vergleich zur Rangfolge von Langstabisolatoren bei natürlicher Verschmutzung und künstlicher Verschmutzung nach dem Kieselgur-Verfahren [17.71]. Dabei wird eine äquivalente Steh-Schichtleitfähigkeit κ^*_F eingeführt, die rechnerisch ausgehend von κ_F, l_K/l_I und $\bar{D}/D_0$ ermittelt werden kann:

$$\kappa_F^* = \kappa_F \frac{l_K}{l_I} \sqrt{\frac{\bar{D}}{D_0}}; \qquad \text{bei Langstäben } \kappa_F^* \approx \kappa_F \frac{l_K}{l_I} \tag{17.1}$$

$\bar{D}$ ist der mittlere Durchmesser gebildet aus $\bar{D} = l_K/(\pi f)$, wobei f der Formfaktor nach [17.71] ist und D_0 ein Bezugsdurchmesser ($D_0 \approx 10$ cm). Bei Langstäben wird $\bar{D} \approx 10$ cm und damit $\sqrt{\bar{D}/D_0} \approx 1$.

Aus Tabelle 17.2 erkennt man, daß die Rangfolge nach der äquivalenten Stehschichtleitfähigkeit κ_F^* gut mit den Ergebnissen während 14 Monaten auf der Friesenheimer Insel (starke Industrieverschmutzung) [17.53] übereinstimmt. Die Rangfolge bei der Prüfung nach dem Salznebel-Prüfverfahren [17.71] zeigt dagegen schlechte Übereinstimmung mit den Ergebnissen der Friesenheimer Insel. Insbesondere schneidet der Groß-Klein-Schirmisolator LG 75/18 + 18 verhältnismäßig schlecht ab.

17.3 Innere Überspannungen

17.3.1 Überblick

Innere Überspannungen werden hervorgerufen durch Fehler im Netz (Erdschlüsse, Erdkurzschlüsse, Leiterbrüche u.ä.) oder durch das Ein- und Ausschalten von Betriebsmitteln (Leitungen, Transformatoren, Kondensatoren u.ä.). Die Bezeichnung „innere Überspannungen" wird dadurch gerechtfertigt, daß nur das Netz selbst an der Entstehung beteiligt ist im Gegensatz zu den äußeren Überspannungen, die durch äußere Einwirkungen (atmosphärische Entladungen) entstehen.

Aus der Vielzahl der Ursachen für innere Überspannungen verdienen einige besondere Beachtung entweder wegen ihrer Höhe oder ihrer Spannungsform:

a) Erdschlußüberspannungen in Netzen mit niederohmiger Sternpunkterdung, oder in Netzen mit Erdschlußkompensation oder in Netzen begrenzter Ausdehnung mit freiem Sternpunkt. Besonders zu beachten sind die Fälle, in denen Netze mit Erdschlußkompensation weit unterkompensiert betrieben werden (in diesen Fällen erscheint es dann u.U. besser, mit freiem Sternpunkt zu fahren).

b) Schaltüberspannungen beim Unterbrechen kleiner induktiver Ströme (Ströme klein gegenüber den Nennausschaltströmen der Leistungsschalter) z.B. beim Ausschalten von Transformatoren und Drosselspulen oder besonders beim Ausschalten induktiv belasteter Transformatoren.

   Als besonders kritisch können sich unter bestimmten Bedingungen Rushausschaltungen (Ausschalten von Transformatoren kurze Zeit nach der Einschaltung eines leerlaufenden Transformators) erweisen.

c) Ausschalten von Kondensatoren, Saugkreisen oder leerlaufenden Leitungen (Schalten von kapazitiven Strömen). Hohe Schaltüberspannungen können entstehen, wenn die verwendeten Schalter nicht rückzündungsfrei unterbrechen.

d) Einschalten von langen Höchstspannungsfreileitungen. Hier ist besonders der Fall der Wiedereinschaltung nach einer kurzen Pause (z.B. 0,4 bis 0,8 s) auf eine noch geladene Leitung zu beachten. In Höchstspannungsnetzen 500 kV und darüber wird dieser Fall zu den höchsten inneren Überspannungen führen, wenn nicht besondere Begrenzungsmaßnahmen (Ladestromdrosseln direkt an der Leitung und Einschaltwiderstände) durchgeführt werden.
e) Ausschalten von Lichtbogenofenanlagen mit Mittelspannungs- oder Hochspannungsofenschaltern. Diese Fälle können dann besonders kritisch werden, wenn zwischen Ofentransformator und Schalter eine Kabelverbindung vorhanden ist. Hier sind dann Überspannungsschutzmaßnahmen auf der Eingangsseite des Ofentransformators, im Zwischenkreis – wenn dieser herausgeführt ist – und auf der Unterspannungsseite zwingend oder der Einbau eines geerdeten Schirms im Transformator, um die Spannungen auf der US-Seite zu begrenzen.
f) Ausschalten von in der Leistung kleinen Hochspannungsmotoren in Industrienetzen oder in Netzen des Kraftwerkseigenbedarfs insbesondere dann, wenn Wieder- oder Rückzündungen im Schalter zu einer stoßartigen Spannungsbeanspruchung der Motorwicklungen führen.
g) Ausschaltüberspannungen beim Ansprechen von Hochspannungssicherungen bei hohen Strömen.

In Netzen bis 220 kV sind im allgemeinen die atmosphärischen Überspannungen für die Isolationsbemessung maßgebend, während in Netzen über 380 kV die Isolationsbemessung in starkem Maße Rücksicht nehmen muß auf die inneren Überspannungen (Abschnitt 17.5.2). Trotzdem muß natürlich auch in Netzen bis 220 kV die Isolation den inneren Überspannungen angepaßt werden. In Sonderfällen sind sogar Schutzmaßnahmen gegen hohe innere Überspannungen in Mittelspannungsnetzen notwendig. Hier soll z.B. auf kapazitives Schalten mit Rückzündungen, Schalten von Lichtbogenofen-Transformatoren und das Auftreten von intermittierenden Erdschlüssen in Netzen mit freiem Sternpunkt hingewiesen werden.

Weiter ist in diesem Zusammenhang hinzuweisen auf die Übertragung von atmosphärischen Überspannungen oder Schaltüberspannungen über Transformatoren [17.69, 17.72], die im Mittel- oder Niederspannungsnetz zu unzulässig hohen Überspannungen führen können.

17.3.2 Transiente Erdschlußüberspannungen

Ebenso wie die betriebsfrequenten Erdschlußüberspannungen von der Art der Sternpunktbehandlung beeinflußt werden, so gilt dies auch für die transienten Erdschlußüberspannungen. Ausführlich wird diese Frage in [16.2, 16.8, 17.9, 17.34] besprochen.

Bild 17.5 zeigt den Aufbau eines Netzes ohne gegenseitige Kapazitäten zwischen den Leitern (vereinfacht) und zugehörig dazu den Ausgleichsvorgang bei Erdschluß des Leiters R (Zusammenbruch der Spannung u_R auf Null). Der Übergang auf den stationären Erdschlußzustand (eingeschwungener Zustand) verläuft mit einer Ausgleichsschwingung, die um den auszugleichenden Spannungswert $\hat{U}_{\perp} = \sqrt{2}\, U/\sqrt{3}$ überschwingen kann. Da im Erdschlußaugenblick die

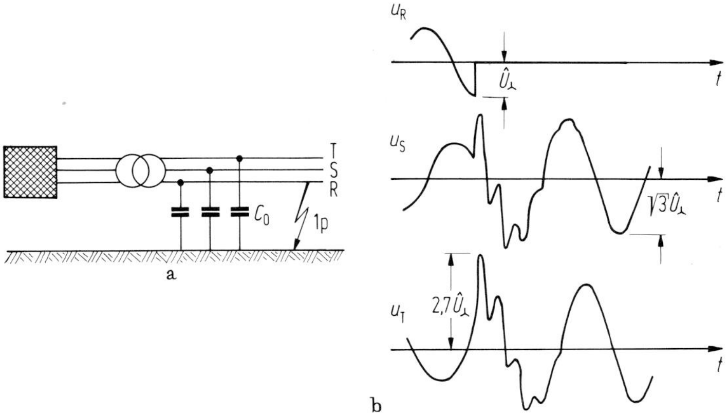

Bild 17.5. Erdschluß des Leiters R im Scheitelwert der Spannung bei einer Einschwingfrequenz des Netzes von etwa 300 Hz (vereinfacht).

(**a**) Vereinfachte Netzschaltung ohne Koppelkapazitäten zwischen den Leitern; (**b**) Ausgleichsvorgang der Spannungen u_R, u_S und u_T

betriebsfrequente Spannung im Leiter T ansteigt und kurz nach dem Erdschluß auf $\sqrt{3}\,\hat{U}_\perp$ geht, kann sich bei einer Einschwingfrequenz des Netzes von etwa 300 Hz ein Scheitelwert der Spannung im Leiter T von $(\sqrt{3}+1)\,\hat{U}_\perp \approx 2{,}7\,\hat{U}_\perp$ ergeben und ein Überspannungsfaktor $k \approx 2{,}7$. Wie im Abschnitt 16.2.2 wird der Überspannungsfaktor durch Division des Scheitelwertes der Überspannung mit $\hat{U}_\perp = \sqrt{2}\,U/\sqrt{3}$ gebildet. Hier gilt dann $k = k_{LE}$.

Abgeleitet aus den Überlegungen des Bildes 17.5 wird angenommen, daß Erdschlußüberspannungen mit $k > 2{,}7$ Ausnahmefälle sind und in der Praxis nur mit geringer Häufigkeit vorkommen, z.B. bei Folgefehlern (intermittierender Erdschluß) oder an den Ausläufern eines Netzes durch die Spannungserhöhung im Nullsystem der Ausläuferleitung.

Bei Berücksichtigung der gegenseitigen Kapazitäten zwischen den Leitern des Drehstromnetzes ergeben sich geringere Erdschlußüberspannungen wie Bild 17.6 zeigt, bei dem $C_{LL}/(C_0 + C_{LL}) = 0{,}2$ also 20% Kopplung angenommen wurde. Ein Teil des Ausgleichsvorganges entsteht sprungartig als Koppelwelle im Netz. Die Amplitude der Ausgleichsschwingung geht dann von $\hat{U}_\perp$ auf $0{,}8\,\hat{U}_\perp$ zurück. Als Überspannung findet man $u_{ü} = (\sqrt{3}+0{,}8)\,\hat{U}_\perp \approx 2{,}5\,\hat{U}_\perp$. Dämpfungseinflüsse des Netzes (ohmscher Widerstand der Leitungen, Ausbreitungswiderstand über Erde, Belastung des Netzes und Widerstand an der Fehlerstelle) werden diese Amplitude noch weiter erniedrigen (z.B. um 10%).

Bild 17.7 zeigt die Auswertung von Überspannungsmessungen in 110-kV- und 20-kV-Netzen mit Hilfe von Magnetbandstörschreibern aus den Jahren 1957 bis 1965 [17.31]. Aufgezeichnet sind in Bild 17.7 die Summenhäufigkeiten im Wahrscheinlichkeitspapier. Ergibt sich annähernd eine Gerade, wie bei den Kurven *1* und *2*, so spricht man von einer Normalverteilung. Bei den Kurven *3*, *4* und *5* in Bild 17.7 erkennt man ein starkes Abknicken im oberen Bereich. Für die höheren Werte der Überspannungsfaktoren sind zusätzliche Einflüsse zur Erklärung

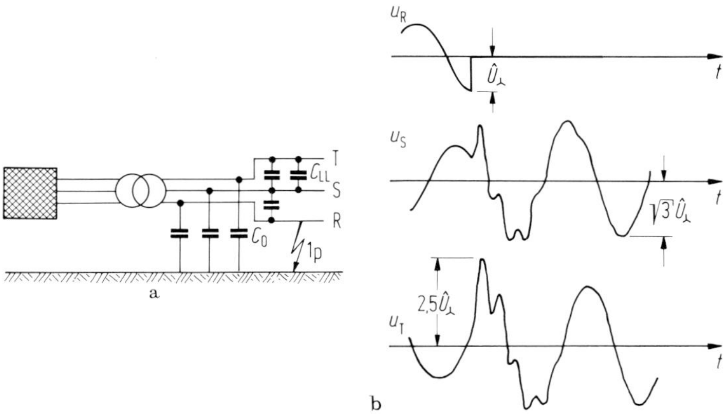

Bild 17.6. Erdschluß des Leiters R im Scheitelwert der Spannung bei einer Einschwingfrequenz des Netzes von etwa 300 Hz (mit Kapazitäten C_{LL} zwischen den Leitern).
(**a**) Netzschaltung mit $C_{LL}/(C_0 + C_{LL}) = 0{,}2$; (**b**) Ausgleichsvorgang der Spannungen u_R, u_S und u_T

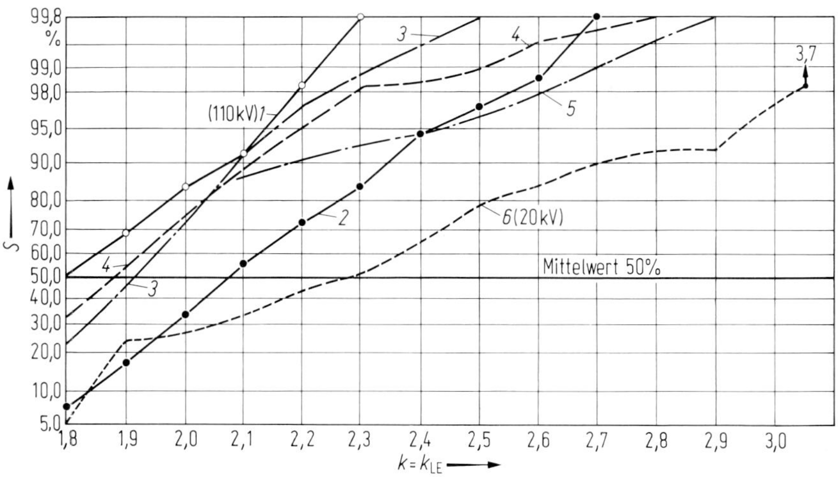

Bild 17.7. Summenhäufigkeit S der Überspannungsfaktoren $k = k_{LE}$ für drei verschiedene 110-kV-Netze der BR Deutschland mit Erdschlußkompensation und ein 20-kV-Netz (nur Auswertung von Folgefehlern) [17.31].
1 Meßstelle Nördlingen im 110-kV-Netz der EVS, 58 Erdschlüsse, $k_{max} = 2{,}3$; *2* Meßstelle Krünkraut an einem Ausläufer des 110-kV-Netzes der EVS, 79 Erdschlüsse, $k_{max} = 2{,}7$;
3 Meßstelle Karlsfeld im 110-kV-Netz der Bayernwerke, 217 Erdschlüsse, $k_{max} = 2{,}5$;
4 Meßstelle Aschaffenburg im 110-kV-Netz der Bayernwrke, 208 Erdschlüsse, $k_{max} = 2{,}8$;
5 110-kV-Netz der Pfalzwerke, 98 Erdschlüsse, $k_{max} = 2{,}9$;
6 Auswertung von 41 Folgefehlern in einem 20-kV-Netz, $k_{max} = 3{,}7$ (die Auswertung von 121 einfachen Erdschlüssen im gleichen Netz hat nur einen Mittelwert $k = 1{,}9$ ergeben und $k_{max} = 2{,}9$)

heranzuziehen, wie aussetzender Erdschluß, Auftreten von Folgefehlern und Spannungserhöhungen im Nullsystem auf Ausläuferleitungen. Der höchste registrierte Wert $k_{max} = 2{,}9$ der Verteilung 5 in Bild 17.7 trat z.B. im Verlauf eines aussetzenden Erdschlusses auf (Erdschluß als Folge eines Durchschlages in fester oder flüssiger Isolierung, z.B. in einem Spannungswandler).

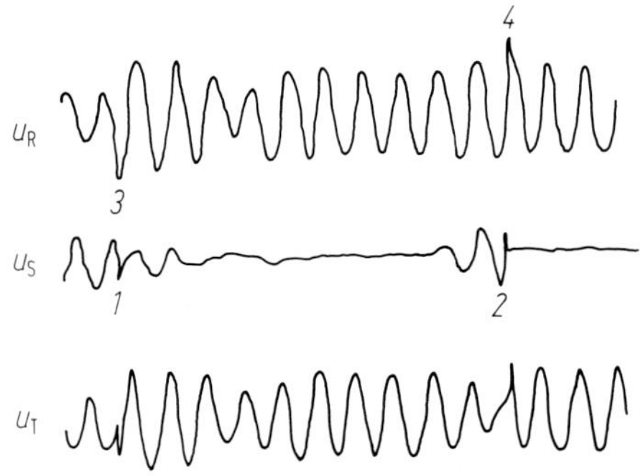

Bild 17.8. Aussetzender Erdschluß in einem Netz mit starker Verstimmung der Erdschlußkompensation.

1 Erster Erdschluß im Leiter *S*; *2* zweiter Erdschluß im Leiter S; *3* $k=2{,}3$; *4* $k=2{,}6$

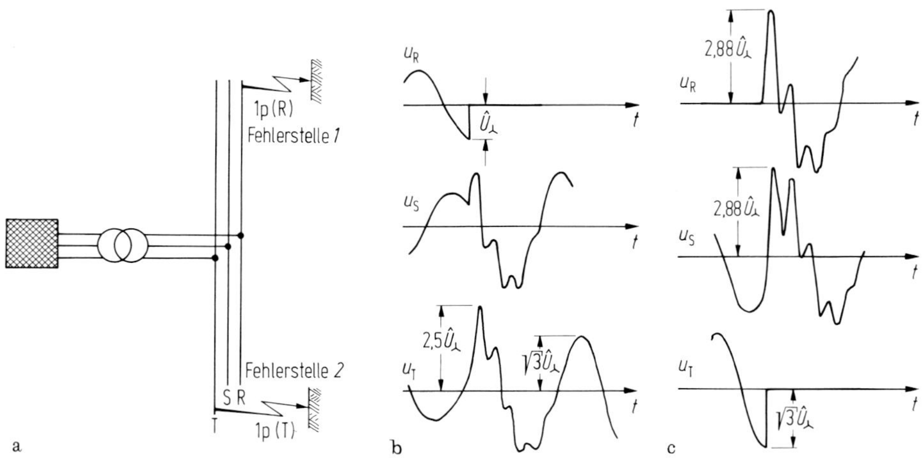

Bild 17.9. Transiente Erdschlußüberspannungen beim Übergang vom Erdschluß in einen Doppelerdschluß (Folgefehler an der Fehlerstelle 2).

(**a**) Netzschaltung mit Fehlerstelle 1 und Fehlerstelle 2; (**b**) Spannungsverlauf u_R, u_S, u_T bei Erdschluß in R an der Fehlerstelle 1 (Bild 17.5); (**c**) Spannungsverlauf u_R, u_S, u_T beim Folgefehler in T an der Fehlerstelle 2, wobei der Fehler in R an der Fehlerstelle 1 noch vorhanden ist

Ein Oszillogrammbeispiel für einen aussetzenden Erdschluß im Leiter S zeigt Bild 17.8. Beim zweiten Erdschluß im Netz mit starker Verstimmung ergibt sich ein Überspannungsfaktor $k=2{,}6$.

In Bild 17.9 ist der Vorgang des Doppelfehlers vereinfacht aufgezeichnet mit ungünstigen Annahmen. Ausgangspunkt ist hier, wie bereits in Bild 17.5 aufgezeichnet, ein einfacher Erdschluß im Leiter R, wobei sich ohne Dämpfung und mit $C_{LL}/(C_0+C_{LL})=0{,}2$ ein Überspannungsfaktor $k=2{,}5$ ergibt. Tritt der zweite Erdschluß im Leiter T auf, während der Erdschluß in R noch besteht und haben die beiden Leiter S und T verkettete Spannung gegen Erde, so kann im Leiter R und S eine Überspannung

$$u_ü=(0{,}86\sqrt{3}+0{,}8\sqrt{3})\,\hat{U}_\perp=1{,}66\cdot\sqrt{3}\cdot\hat{U}_\perp\approx 2{,}88\,\hat{U}_\perp$$

auftreten wieder bei einer Einschwingfrequenz des Netzes von etwa 300 Hz. Bei Dämpfung der Ausgleichsschwingung treten entsprechend kleinere Überspannungsfaktoren auf. Bei Einschwingfrequenzen von etwa 150 Hz und schwacher Dämpfung sind die höchsten Überspannungen bis etwa 3,1 $\hat{U}_{\perp}$ zu erwarten. Bei Doppelerdschluß im Netz treten an den einzelnen Punkten des Netzes verschieden hohe Überspannungsfaktoren auf.

In Netzen mit niederohmiger Sternpunkterdung und einem Erdfehlerfaktor $\delta = (\sqrt{3}\,\varepsilon) = 1{,}4$ hat die Ausgleichsschwingung auch eine kleinere Amplitude als in Netzen mit $\delta \approx \sqrt{3}$ (Netze mit Erdschlußkompensation). Die Überspannungsfaktoren für den transienten Ausgleichsvorgang sind entsprechend geringer. In einem 220-kV-Netz mit niederohmiger Sternpunkterdung wurde während einer Beobachtungszeit von fünf Jahren maximal $k = 1{,}7$ gemessen.

Für Netze mit Erdschlußkompensation ist nur in 0,5% aller Fälle mit einem Überspannungsfaktor größer als 2,8 zu rechnen. Nach [17.31] ergaben sich bei rd. 1250 Messungen folgende Fälle mit $k > 2{,}8$: In 110-kV-Netzen ein Fall mit $k = 2{,}9$ bei aussetzendem Erdschluß, ein Fall mit $k = 3{,}0$ bei Erdschluß im unterkompensierten Netz und ein Fall mit $k = 3{,}3$ bei einem Folgefehler und weiter in 20-kV-Netzen zwei Fälle mit $k = 3{,}0$ und ein Fall mit $k = 3{,}7$ (Bild 17.7, Kurve 6) bei Folgefehlern. Man kann daraus schließen, daß in Netzen mit langen Ausläuferleitungen und in Netzen mit starker Fehlkompensation relativ hohe Überspannungsfaktoren zu erwarten sind, wenn damit auch nicht alle „Ausreißer" zu erklären sind. In Netzen mit niederohmiger Sternpunkterdung ergeben sich bei Erdkurzschluß Überspannungsfaktoren < 2, so daß hier andere innere Überspannungen, z.B. Schaltüberspannungen, maßgebend werden für die höchste Beanspruchung mit inneren Überspannungen.

17.3.3 Aus- und Einschaltüberspannungen bei kleinen induktiven Strömen und Transformatoren

Behandelt werden soll die Ausschaltung kleiner induktiver Ströme im Bereich von einigen Ampere bis zu 100 Ampere, wie sie beim Ausschalten leerlaufender Transformatoren, beim Ausschalten unterspannungsseitig mit Ladestromspulen belasteten Transformatoren und z. B. beim Ausschalten von Ladestromspulen mit direktem Anschluß an die Hochspannungsleitung oder aber auch beim Ausschalten von Hochspannungsmotoren auftreten können. Auch die höchsten Ströme bei diesen Ausschaltungen sind klein gegenüber den Kurzschlußströmen. Der wesentliche Unterschied bei der Ausschaltung kleiner und großer Ströme besteht darin, daß große Ströme (Kurzschlußströme) im natürlichen Nulldurchgang (oder in unmittelbarer Nähe desselben) unterbrochen werden, während kleine Ströme (stromschwache Lichtbögen im Schalter) unterbrochen werden, noch ehe sie den natürlichen Nulldurchgang erreichen. Diese rasche Unterbrechung außerhalb des natürlichen Nulldurchgangs wird häufig als „Abreißen" bezeichnet, weil es auf den Oszillogrammen besonders bei geringer Ablaufgeschwindigkeit so aussieht, als ob der Strom senkrecht zu Null geht, während tatsächlich noch eine endliche Zeit notwendig wird.

Die grundsätzlichen Überlegungen zur Entstehung der Ausschaltüberspannungen beim Schalten kleiner induktiver Ströme lassen sich anhand des Bildes

17.10 durchführen. Dabei wird angenommen, daß keine Verluste auftreten und daß der abzuschaltende Strom rein induktiv ist. Unterbricht der Schalter den Strom i bei der Amplitude i_0 (Höhe des Abreißstromes), so tritt sowohl auf der Speiseseite des Schalters als auch auf der abgeschalteten Seite ein Ausgleichsvorgang auf, wobei die Ausgleichsschwingung auf der Speiseseite meist nur eine kleine Amplitude hat, wenn i bzw. i_0 und L_1 klein sind, während die Ausgleichsschwingung auf der abgeschalteten Seite mit der Kreisfrequenz $\omega_B = 1/\sqrt{L_2 C_2}$ (Größenordnung häufig einige hundert Hz) entsprechend hohe Amplituden aufweisen kann, wenn i_0 und der Schwingungswiderstand $\sqrt{L_2/C_2}$ groß sind. In der Praxis kann der Augenblickswert der Spannung u_A an der Schalterklemme A beim Abreißen des Stromes während des Ausgleichsvorganges mit $\omega_B \gg \omega_A$ annähernd als konstant angenommen werden. Die Spannung u_B nach der Ausschaltung ändert sich dann wie folgt:

$$u_B = i_0 \sqrt{\frac{L_2}{C_2}} \sin \omega_B t + u_{B0} \cos \omega_B t \tag{17.2}$$

Für $t = 0$, also zu Beginn des Ausgleichsvorgangs ist $u_B = u_A = u_{B0}$. Wird der Strom i_0 in der Induktivität L_2 unterbrochen und hat die Kapazität C_2 vor der Unterbrechung eine Ladung entsprechend der Spannung u_{B0}, so erreicht die Spannung u_B den Maximalwert $u_{B\max}$. Ausgehend von

$$\tfrac{1}{2} C_2 u_{B\max}^2 = \tfrac{1}{2} L_2 i_0^2 + \tfrac{1}{2} C_2 u_{B0}^2 \tag{17.3a}$$

erhält man

$$u_{B\max} = \sqrt{i_0^2 \frac{L_2}{C_2} + u_{0B}^2} \tag{17.3b}$$

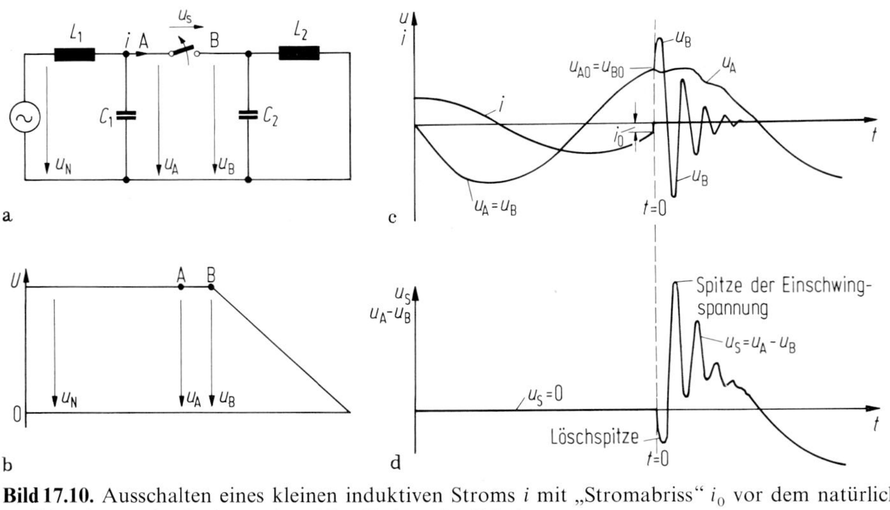

Bild 17.10. Ausschalten eines kleinen induktiven Stroms i mit „Stromabriss" i_0 vor dem natürlichen Nulldurchgang des Stromes ohne Neuzündung im Schalter.

(**a**) Schaltbild; (**b**) Effektivwerte der Spannungen vor der Ausschaltung ($U_N \approx U_A = U_B$); (**c**) zeitlicher Verlauf von i, u_A und u_B ohne Neuzündung im Schalter; (**d**) zeitlicher Verlauf der Spannung u_S über der Schaltstrecke: $u_S = u_A - u_B$

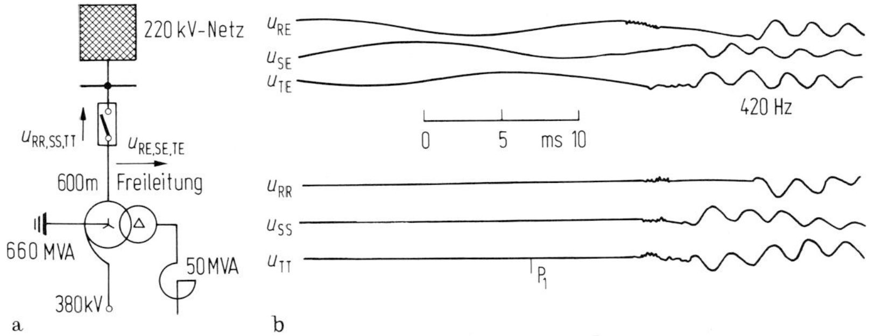

Bild 17.11. Spannungen Leiter gegen Erde und Spannungen über dem Schalter beim Ausschalten eines mit einer 50-MVA-Ladestromspule belasteten Spartransformators 660 MVA (3 × 220 MVA). Ausschaltstrom etwa 145 A ohne Durchzünden der Schaltstrecken. P_1 galvanische Trennung des ersten Schalterpols. Oszillogramm nach [17.63]

Für $u_A = u_{A0} = u_{B0}$ (konstant) und $u_S = u_A - u_B$ nach Bild 17.10a ergibt sich für die Spannung u_S über dem Schalter:

$$u_S = u_{B0}(1 - \cos \omega_B t) - i_0 \sqrt{\frac{L_2}{C_2}} \sin \omega_B t \tag{17.4}$$

Der Verlauf von u_S ist in Bild 17.10d aufgezeichnet, wobei allerdings wie auch in Bild 17.10c ein schnelles Abklingen (Dämpfung) der Ausgleichsschwingung u_B angenommen wurde.

Bild 17.11 zeigt als Beispiel ein Oszillogramm für die Ausschaltung eines Drehstrom-Spartransformators 3 × 220 MVA, 400/231/30 kV auf der 220-kV-Seite bei Belastung mit einer 50 MVA Ladestromspule, angeschlossen an die Dreieckausgleichswicklung.

Ausgeschaltet wurde mit dem 220-kV-Druckluftschalter etwa ein Strom von 145 A in der Nähe des natürlichen Nulldurchganges. Als maximaler Überspannungsfaktor ergab sich $k_{LE} \approx 1{,}65$ bezogen auf $\sqrt{2}\,U/\sqrt{3}$ und ebenfalls $k_{LL} \approx 1{,}65$ bezogen auf $\sqrt{2}\,U$. Die Überspannungen werden bei den niedrigen Frequenzen (420 Hz) etwa linear auf die 380-kV- und die 30-kV-Seite des Transformators übertragen, so daß auch dort entsprechende Überspannungsfaktoren ermittelt wurden.

Tritt nun durch Änderung des Ausschaltaugenblicks in bezug auf die Sinuswelle der Speisespannung eine Ausschaltung mit einem höheren Abreißstrom i_0 auf, so erreicht die Einschwingspannung über den Schalterpolen u.U. so hohe Werte, daß es zu Neuzündungen nach kurzen stromlosen Pausen (eine bis einige Millisekunden) in den Schaltkammern kommt. Bei einer solchen Neuzündung wird die Spannung an der Kapazität C_2 (Bild 17.10a) auf die Netzspannung u_A erniedrigt. Energie wird an das Netz abgegeben. Die Frequenz des Ausgleichsvorgangs nach der Neuzündung ist verhältnismäßig hoch (häufig einige kHz). Der Lichtbogen im Schalter kann im ersten folgenden Nulldurchgang dieser hochfrequenten Ausgleichsschwingung erneut löschen. Die noch vorhandene magnetische Energie der Induktivität L_2 führt aber erneut zum Spannungsanstieg an C_2 und

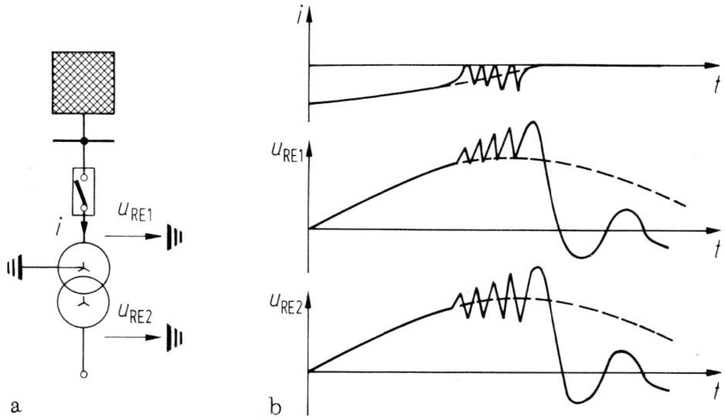

Bild 17.12. Ausschalten eines leerlaufenden Transformators mit geerdetem Sternpunkt bei mehrmaligem Durchzünden im Schalter. Vereinfachte Darstellung [17.16]

u.U. zur erneuten Durchzündung. Dieses Durchzündspiel, das man am „sägezahnförmigen" Verlauf der Spannung Leiter gegen Erde auf der abgeschalteten Seite erkennt (Bild 17.12 und 17.14), wird bei steigenden Amplituden der Spannung solange fortgesetzt, bis durch Abbau der magnetischen Energie die Spannung über der Schaltstrecke kleiner wird als ihre Durchschlagspannung. Das Durchzünden des Schalters ist in diesem Fall durchaus erwünscht, um die Überspannungen herabzusetzen.

Bild 17.12 zeigt dazu den prinzipiellen Verlauf der sägezahnförmigen Spannungen Leiter gegen Erde an einem Transformator mit niederohmiger Sternpunkterdung bei mehrfachen Durchzündungen der Schaltstrecke.

Durch die Erdung des Transformatorsternpunkts können die Ströme in den einzelnen Leitern unabhängig voneinander fließen, so daß ein einpoliger Ersatzkreis ausreicht, um den Vorgang wie in Bild 17.12 zu beschreiben. Die Ausgleichsschwingung, die durch die magnetische Energie der Wicklung beim Abreißen des Magnetisierungsstromes auftritt, wird in ihrer Frequenz und Höhe durch die Transformatorhauptinduktivität L_μ, die Kapazität der Zuleitung zwischen Schalter und Transformator, sowie durch die Kapazitäten des Transformators selbst ($\sum C$) bestimmt und liegt in der Größenordnung von einigen hundert Hertz. Bezeichnet man diese Frequenz mit f_a als die Frequenz der Ausgleichsschwingung des Hauptfeldes und nimmt man weiter an, daß der Abreißstrom i_0 dem Scheitelwert des Magnetisierungsstroms $\sqrt{2}\,I_\mu$ entspricht, so findet man als größtmögliche Ausgleichsspannung:

$$u_{a\max}=\frac{\sqrt{2}\,U}{\sqrt{3}}\cdot\frac{f_a}{f_n} \quad \text{mit } f_a=\frac{1}{2\pi\sqrt{L_\mu\cdot\Sigma C}} \tag{17.5}$$

Dabei ist U die verkettete Betriebsspannung und f_n die Nennfrequenz des Netzes. Die Ausgleichsspannung entspricht dem ersten Glied der Gl. (17.2). Nach der Durchzündung im Schalter tritt an die Stelle der Transformatorhauptinduktivität die Streuinduktivität des Transformators. Die Frequenz dieser Ausgleichsschwingung erreicht einige kHz und bedingt dadurch die schnelle Folge von Durchzündung und Löschung (Bild 17.12). Baut sich die sägezahnförmige Spannung entsprechend hoch auf, so kann es zu Überschlägen Leiter – Erde kommen oder bei einem Überschlag Leiter – Leiter u.U. zur selten beobachteten Umschlagstörung, bei der ein zweipoliger Fehler über durchgezündete Schaltkammern ans Netz geschaltet wird in einer Stellung des Schalters, in der u.U. keine Kurzschlußstromunterbrechung mehr möglich ist.

Besonders wichtig ist die Beschränkung von Ausschaltüberspannungen bei Transformatoren hoher Spannung, weil hier die Prüfspannungen im Verhältnis zur Nennspannung kleiner sind als bei Transformatoren im Mittelspannungsnetz (Abschnitt 17.5.2). Ableiter an den Transformatorklemmen können im allgemeinen neben der Aufgabe des Schutzes gegen atmosphärische Überspannungen auch den Schutz gegen unzulässig hohe Schaltüberspannungen übernehmen.

Das in früheren Jahren viel diskutierte Problem der Ausschaltung leerlaufender Transformatoren hat heute weitgehend an Bedeutung verloren, weil die in den letzten Jahren verwendeten kalt gewalzten Bleche nur noch einen Bruchteil des Magnetisierungsstromes der früher verwendeten Bleche haben und somit I_μ klein wird, so daß auch die Frequenz der Ausgleichsschwingung und damit der Maximalwert der Ausgleichsspannung entsprechend zurückgehen, Gl. (17.5), auch wenn der Leerlaufstrom im Scheitelwert abgerissen wird. Bei Transformatoren hoher Spannung und großer Leistung ist darüber hinaus auch die Eigenkapazität der Transformatoren entsprechend hoch [17.60].

Hohe Überspannungen bei großen Transformatoren mit Spannungen von 380 kV und darüber sind nur noch beim Ausschalten induktiv belasteter Transformatoren (z.B. Belastung durch Ladestromspulen), beim Ausschalten im Rush oder beim Ausschalten übererregter Transformatoren (z.B. Blocktransformatoren im Kraftwerk) möglich. Dies zeigen auch in den Jahren 1967 bis 1971 durchgeführte Ein- und Ausschaltversuche bei 380/220-kV-Transformatoren [17.63, 17.67] zum Teil mit Belastung durch Ladestromspulen. Die Ausschaltungen der unbelasteten, leerlaufenden Transformatoren ergaben keine erkennbaren Überspannungen. Die wichtigsten Ergebnisse dieser Versuche an zwei Transformatorbänken 3×220 MVA $= 660$ MVA sind in Tabelle 17.3 zusammengestellt. Netzaufbau und Meßstellen erkennt man aus Bild 17.13. Die Schaltspannungen wurden über kapazitive Teiler mit einem Elektronenstrahloszillographen und die Ströme über Stromwandler mit einem Lichtstrahloszillographen gemessen (Meßwagen der FGH) [17.67].

Aus Tabelle 17.3 erkennt man, daß beim Einschalten unbelasteter Transformatoren 380/220 kV, 660 MVA Überspannungsfaktoren bis maximal 2,3 ermittelt wurden (bei $k_{\mathrm{LE}2} = 2{,}3$ wurden Eigenschwingungen der freien Wicklungsteile angeregt), während beim Ausschalten keine Überspannungen auftraten. Beim Schalten induktiv belasteter Transformatoren dagegen sind sowohl beim Ein- als auch beim Ausschalten Überspannungsfaktoren bis maximal 2,75 bzw. 2,85 aufgetreten und in einem Falle sogar ein Überschlag an einer 380-kV-Abspannkette beim Ausschalten auf der 220-kV-Seite. Die Spannungen Leiter – Erde bei diesem Versuch für den Leiter R auf der 220-kV- und 380-kV-Seite sind in Bild 17.14 wiedergegeben [17.63]. Allgemein war festzustellen, daß die Überspannungsfaktoren auf der nicht geschalteten 380-kV-Seite sogar größer waren als die Überspannungsfaktoren auf der geschalteten 220-kV-Seite.

Tabelle 17.3. Schaltüberspannungen beim Ein- und Ausschalten von unbelasteten und induktiv mit Ladestromspulen auf der US-Seite belasteten Transformatorbänken aus Einphasen-Spartransformatoren 3 × 220 MVA, $400/\sqrt{3}$ kV/$231/\sqrt{3}$ kV ± 18 %/30 kV, Dreieckausgleichswicklungen 3 × 66 MVA [17.63]. Die Versuchsschalter 220 kV und 380 kV sind jeweils Druckluftschalter. Der Anlagenaufbau für die Schaltungen in Daxlanden und Dollern geht aus Bild 17.13 hervor

Schaltung	Ort	Anzahl der Versuche	Maximale Überspannungsfaktoren an den Meßstellen nach Bild 17.13: 220 kV	380 kV		30 kV		$\frac{i_{Rush}}{I_n}$	I_a A
			k_{LE1}	k_{LE2}	k_{LL2}	k_{LE3}	k_{LL3}		
Einschaltung des unbelasteten Transformators 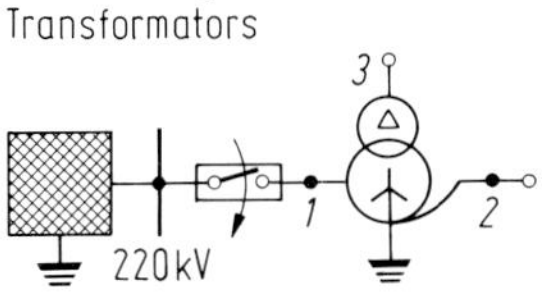	Daxlanden	16	1,45	1,45	1,4	1,85	1,7	1,05	–
	Dollern	7	1,5	2,3	+	2,05	+	2,2	–
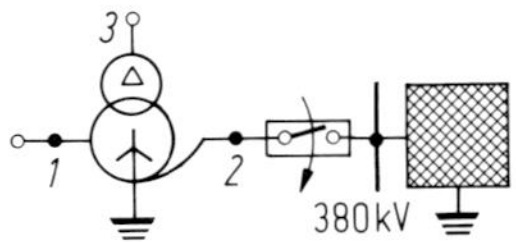	Daxlanden	15	1,55	1,45	1,4	+	1,6	0,95	–
Einschaltung des induktiv belasteten Transformators 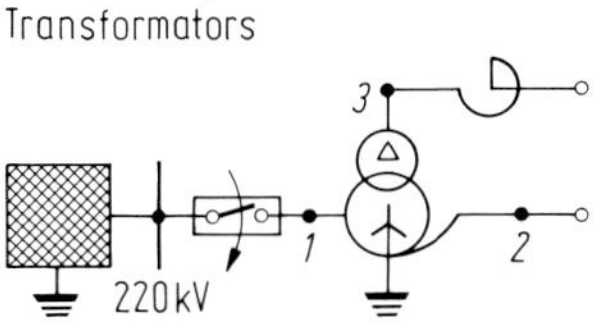	Daxlanden	11	1,35	1,35	1,45	1,75	1,65	1,35	–
	Dollern	5	1,5	2,3	+	2,75	+	2,05	–
Ausschaltung des induktiv belasteten Transformators 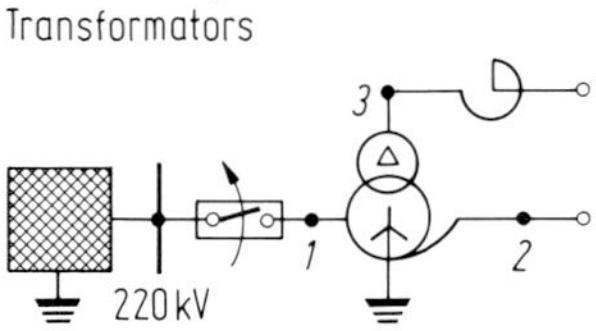	Daxlanden[a]	12	2,8	2,85	2,55	2,25	2,5	–	≈ 150
	Dollern[b]	1	2,4	2,85	+	2,1	+	–	≈ 104
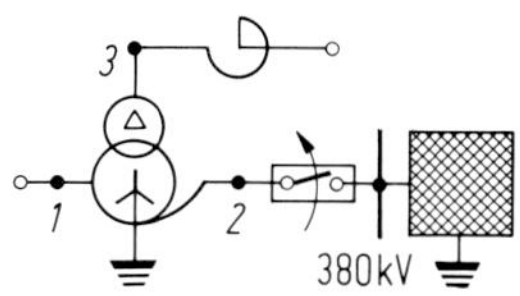	Daxlanden[c]	5	2,45	2,5	2,6	+	2,4	–	≈ 73

[a] Bei einem Versuch Überschlag an einer 380-kV-Abspannkette, bei mehreren Versuchen Ansprechen von Ableitern auf der 30-kV-Seite und an den Regelwicklungen (Oszillogramm eines Versuchs in Bild 17.11 und eines weiteren in Bild 17.14).

[b] Ansprechen eines 380-kV-Ableiters.

[c] Ansprechen von Ableitern auf der 30-kV-Seite und an der Regelwicklung.

Meßstellen 1, 2 und 3 nach Bild 17.13; + nicht gemessene Werte; Indizes: LE: Leiter-Erde; LL: Leiter-Leiter.

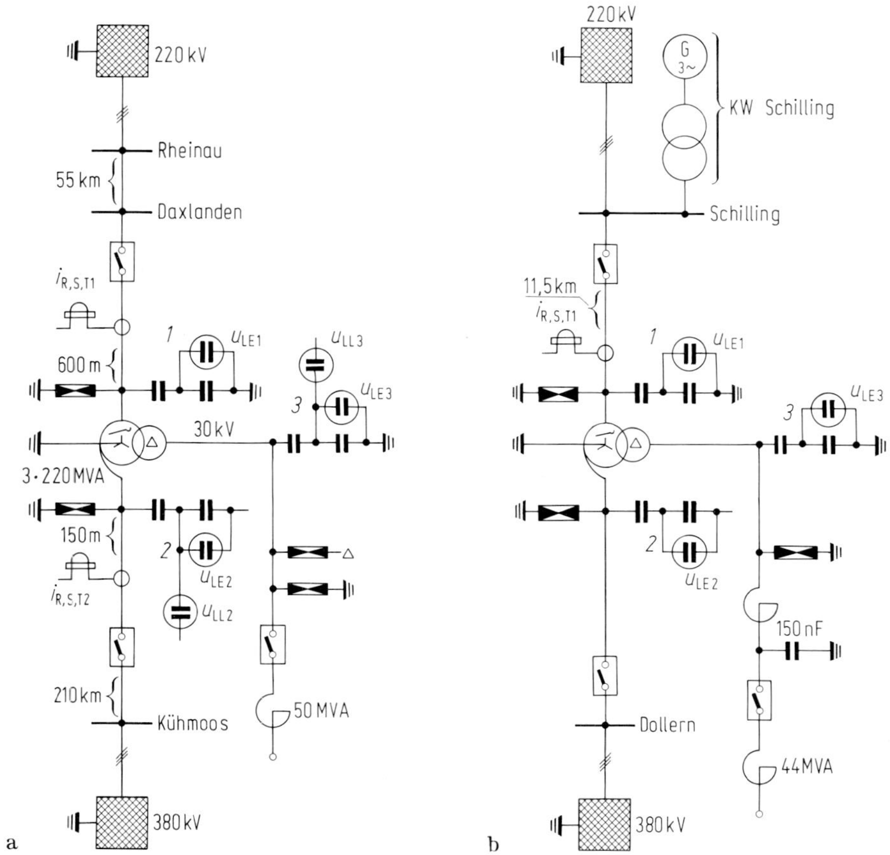

Bild 17.13. Netzaufbau und Meßstellen zur Ermittlung der Ein- und Ausschaltüberspannungen für unbelastete (leerlaufende) und mit Ladestromspulen belastete Spartransformatoren 3 × 220 MVA, $400/\sqrt{3}$ kV/$231/\sqrt{3}$ kV ± 18 %/30 kV, Dreieckausgleichswicklungen 3 × 66 MVA, $u_{knOS-MS} = 10\,\%$ [17.63].

(**a**) Versuchsanordnung Daxlanden, Ableiterlöschspannungen: 228 kV, 406 kV, 44 kV und 36 kV (Dreieck-Ableiter während der Versuche); (**b**) Versuchsanordnung Dollern, Ableiterlöschspannungen: 209 kV; 361 kV, 37 kV

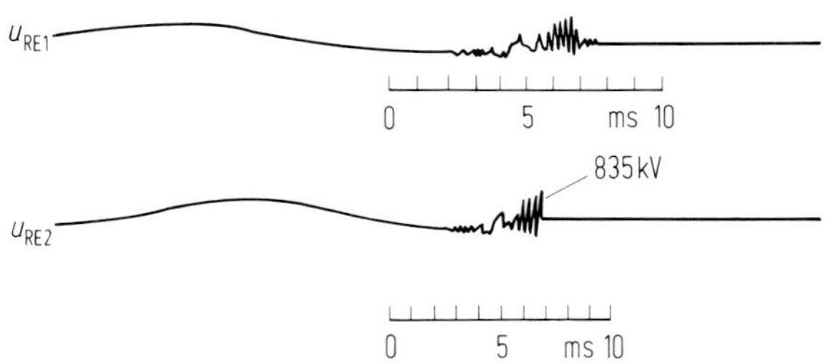

Bild 17.14. Ausschalten des induktiv belasteten Transformators bei der Anordnung nach Bild 17.13a auf der 220-kV-Seite mit Durchzündungen im Schalterpol R und Überschlag einer 380-kV-Abspannkette bei 835 kV. Oszillogrammauszug [17.63]. Die zeitlichen Abstände der Durchzündungen betragen etwa 300 µs

Ausgehend von diesen Versuchen wurden folgende Schlußfolgerungen für Bemessung und Betrieb von Anlagen mit Netztransformatoren 400/231 kV gezogen [17.67]:

„Das betriebsmäßige Aus- und Einschalten eines leerlaufenden Netztransformators soll nur dann durchgeführt werden, wenn die an die Tertiärseite anzuschließenden Ladestromspulen abgeschaltet sind.

Um Schaltüberspannungen bei entsprechenden Ausschaltungen durch den Schutz oder durch Fehlbedienung zu vermeiden, wird geprüft, ob der 30-kV-Schalter vor den 220-kV- bzw. 380-kV-seitigen Schaltern geöffnet werden kann. Dies sollte möglichst durch einen schnellen 30-kV-Schalter gewährleistet werden.

Wegen der höheren Wahrscheinlichkeit von Schutzauslösungen sollten längere Freileitungen nicht ohne Zwischenschaltung eines Leistungsschalters mit 380/220-kV-Transformatoren verbunden werden, sofern an diese Transformatoren Ladestromspulen angeschaltet sind.

Jeder Überschlag einer Pegelfunkenstrecke der Transformatordurchführungen ist mit einem ungedämpften, steilen Spannungszusammenbruch verbunden und bedeutet für die Wicklung des Transformators eine Beanspruchung mit abgeschnittener Schaltspannung. Um die Transformatoren nicht zu gefährden wurden in den Anlagen nach Bild 17.13 vorhandene Pegelfunkenstrecken an den 220-kV- und 380-kV-Durchführungen sowie am Sternpunkt nach Rücksprache mit den Transformatorherstellern abgebaut.

Die Schaltspannungswerte der verwendeten 220-kV- und 380-kV-Ableiter sollen zuverlässig bekannt sein, da diese Ableiter zum Schutz der Transformatorisolierung gegen Schaltspannungen unerläßlich sind. Im räumlichen Bereich der Transformatoren sind die Schaltspannungswerte der äußeren Isolierung denjenigen der Ableiter anzupassen."

17.3.4 Aus- und Einschaltüberspannungen von Kondensatoren und Leitungen

Können Schalter ohne Durchzündungen der Schaltstrecke Kondensatorbatterien oder leerlaufende Leitungen ausschalten, so sind keine transienten Schaltüberspannungen zu erwarten. Schaltüberspannungen in erheblichem Maße sind dagegen bei einmaligen und besonders bei mehrmaligen Wiederzündungen möglich. Bei der Auswahl der Schalter besonders zum Ausschalten von Kondensatorbatterien wird man deshalb solche auswählen, bei denen sich die Schaltstrecke schnell verfestigt und somit keine Neigung zum Durchzünden besteht. Beim Ausschalten leerlaufender Leitungen in Netzen mit Erdschlußkompensation besteht dazu noch die Forderung, daß auch die leerlaufende Leitung mit einpoligem Erdschluß rückzündungsfrei ausgeschaltet werden kann.

Bild 17.15 zeigt die Spannungen bei der Ausschaltung einer im Stern geschalteten Kondensatorbatterie, wobei einmal der Sternpunkt der Batterie geerdet ist und zum anderen gegen Erde isoliert bleibt. In beiden Fällen wurde niederohmig geerdeter Sternpunkt des Einspeisetransformators angenommen. Ähnliche Verhältnisse ergeben sich bei Erdschlußkompensation.

Beim Nulldurchgang wird der kapazitive Strom unterbrochen. Die augenblickliche Spannung $u_{RB}=\sqrt{2}\,U/\sqrt{3}$ in Bild 17.15a an der Kapazität bleibt erhalten

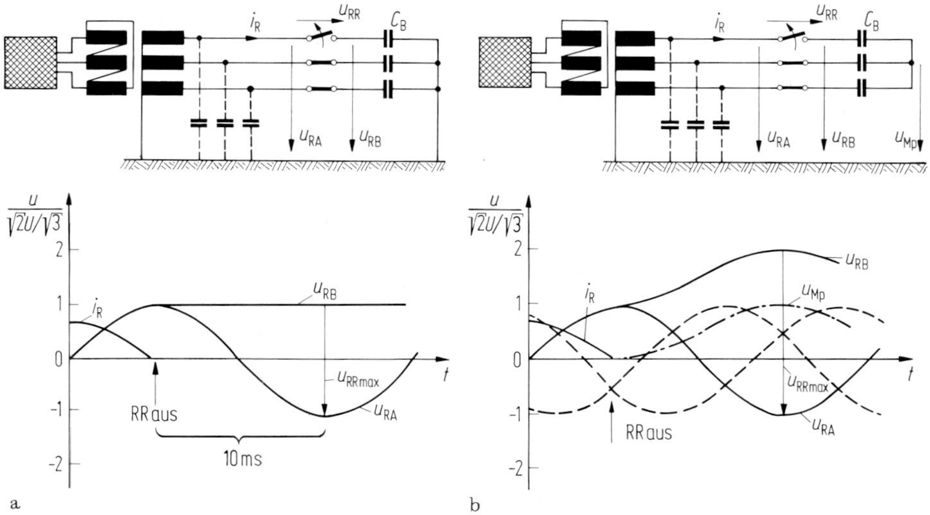

Bild 17.15. Ausschalten einer Kondensatorbatterie C_B ohne Durchzündung der Schaltstrecke. Schalterpol R öffnet, die Pole S und T bleiben geschlossen. Für die Spannung über dem Schalter gilt $u_{RR} = u_{RA} - u_{RB}$.
(**a**) Sternpunkt der Kondensatorbatterie geerdet; (**b**) Sternpunkt der Kondensatorbatterie nicht geerdet

(ohne Entladewiderstände verliert der Kondensator seine Ladung nur langsam). Die Spannung auf der Netzseite des Schalters verläuft auch nach der Stromunterbrechung weiter sinusförmig, so daß sich über dem Schalter die Spannung u_{RR} ergibt:

$$u_{RR} = u_{RA} - u_{RB} = \frac{\sqrt{2}\,U}{\sqrt{3}}(\cos\omega t - 1) \tag{17.6}$$

Das Maximum der Spannung über dem Schalter wird $u_{RR\,max} = 2\sqrt{2}\,U/\sqrt{3}$. Die drei Leiter können im Fall des Bildes 17.15a unabhängig voneinander betrachtet werden. Die Ausschaltung der Schalterpole S und T verläuft wie die Ausschaltung des Schalterpols R.

Bei nicht geerdetem Sternpunkt der Kondensatorbatterie in Bild 17.15b tritt eine Verlagerung des Sternpunktes M der Kondensatorbatterie auf. Als höchste Spannung über dem Schalterpol R tritt deshalb $u_{RR\,max} = 3\sqrt{2}\,U/\sqrt{3}$ auf. Tatsächlich werden jedoch die Schalterpole S und T den Strom schon unterbrechen ehe $u_{RR\,max}$ erreicht wird, wie Bild 17.16 zeigt.

Bei dieser Ausschaltung einer im Sternpunkt nicht geerdeten Kondensatorbatterie werden die Ströme i_S und i_T etwa 5 ms nach der Unterbrechung von i_R gleichzeitig unterbrochen. Zwischen *1* und *2* steigt die Spannung u_{RB} von $\sqrt{2}\,U/\sqrt{3}$ auf $1{,}5\sqrt{2}\,U/\sqrt{3}$. Bei der Ausschaltung von i_S und u_T erreichen die Spannungen u_{SB} und u_{TB} gerade $0{,}87\sqrt{2}\,U/\sqrt{3}$ ($\sin 60° = \sqrt{3}/2 = 0{,}87$). Für die höchste Spannung über dem Schalterpol R gilt $u_{RR\,max} = 2{,}5\sqrt{2}\,U/\sqrt{3}$. Bei Durchzündungen der Schaltstrecken bei kapazitiven Ausschaltungen können Überspannungen auftre-

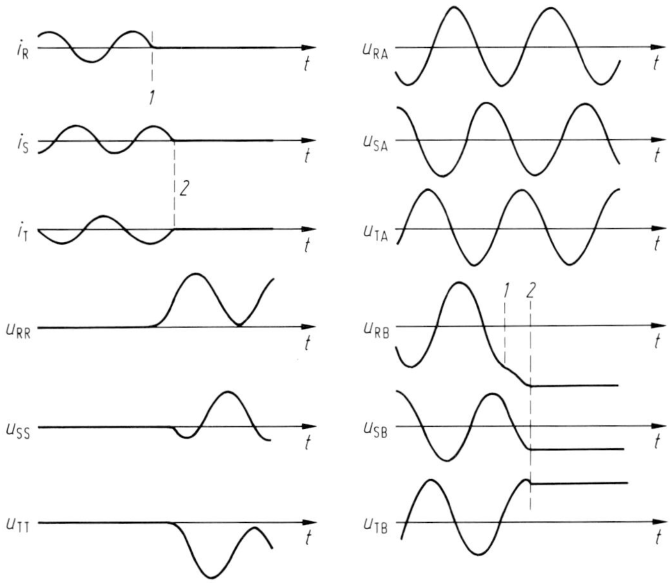

Bild 17.16. Ausschalten einer Kondensatorbatterie im 10-kV-Netz mit $I \approx 200$ *A* ohne Durchzünden der Schaltstrecken.

1 Strom i_R wird unterbrochen; *2* Ströme i_S und i_T werden 5 ms später gleichzeitig unterbrochen (Sternpunkt der Kondensatorbatterie nicht geerdet)

ten, die u.U. zu Überschlägen an anderen Anlagenteilen im Netz führen. Bild 17.17 zeigt ein Oszillogramm von der Ausschaltung einer 3,79-MVA-Kondensatorbatterie im 10-kV-Netz mit einem ungeeigneten ölarmen Leistungsschalter.

Das Ausschalten leerlaufender Leitungen geht grundsätzlich ähnlich vor sich wie das Ausschalten von Kondensatorbatterien, nur ist bei Leitungen zu beachten, daß Kapazitäten Leiter – Erde und Kapazitäten zwischen den Leitern vorhanden sind.

Neben dem Ausschalten von Kondensatorbatterien und Leitungen ist auch das Einschalten von Kondensatorbatterien, wegen der damit verbundenen Einschaltströme (insbesondere beim Zuschalten einer Kondensatorbatterie zu einer bereits vorhandenen) und das Einschalten langer Hochspannungsleitungen (bei Spannungen von 380 kV und besonders darüber) wegen der damit verbundenen Einschaltüberspannungen zu beachten. Bei der Einführung der Spannungsebene 765 kV und bei Überlegungen zu höheren Spannungen über 765 kV sind die Einschaltüberspannungen von entscheidender Bedeutung bei der Festlegung der Isolationskoordination (Auswahl der Prüfspannungen) und damit für die Konstruktion und die Kosten der Betriebsmittel.

Bild 17.18 zeigt ein Oszillogramm von der Einschaltung einer 140 km langen leerlaufenden 380-kV-Leitung. Der Ausgleichsvorgang zur Aufladung der Leitung ist nach etwa 100 ms abgeschlossen und hat zu einer Überspannung von maximal 495 kV geführt. Bezogen auf $\sqrt{2} \cdot 380\,\text{kV}/\sqrt{3} = 310\,\text{kV}$ Scheitelwert würde das einem Überspannungsfaktor $k_{LE} = 1{,}6$ entsprechen und damit bei der heute

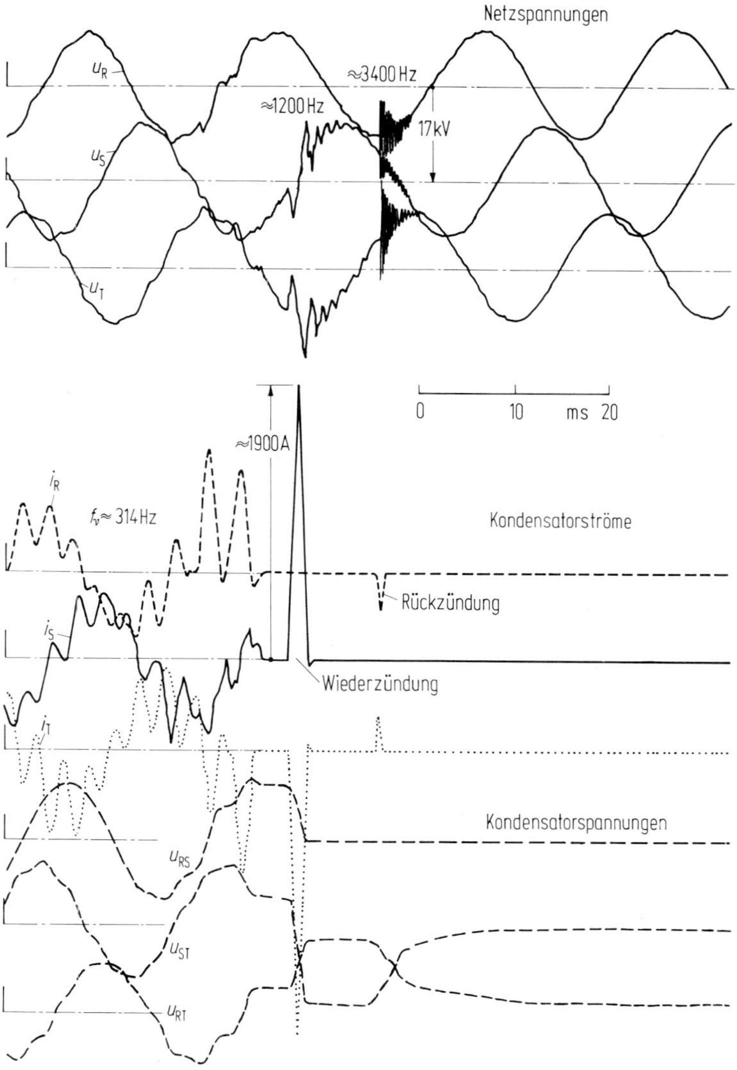

Bild 17.17. Ausschalten einer 3,79-MVA-Kondensatorbatterie durch einen ölarmen Leistungsschalter mit Wieder- und Rückzündungen und dadurch bedingte hohe Stromstöße und Überspannungen. Anordnung nach Bild 12.43. u_R, u_S, u_T Netzspannungen, i_R, i_S, i_T Kondensatorströme, u_{RS}, u_{ST}, u_{RT} Kondensatorspannungen

üblichen Isolation der Betriebsmittel im 380-kV-Netz keine gravierende Beanspruchung darstellen. Erst beim Erreichen von Schaltüberspannungsfaktoren über 2,5 wäre mit Schwierigkeiten zu rechnen (s.a. Tabelle 17.3).

In 765-kV-Netzen dagegen ist man bemüht die Überspannungsfaktoren bei inneren Überspannungen und damit auch beim Einschalten leerlaufender Leitungen und beim Einschalten von Leitungen mit angeschlossenem Transformator kleiner als 2 zu halten. Bei Spannungen über 765 kV besteht die Vorstellung,

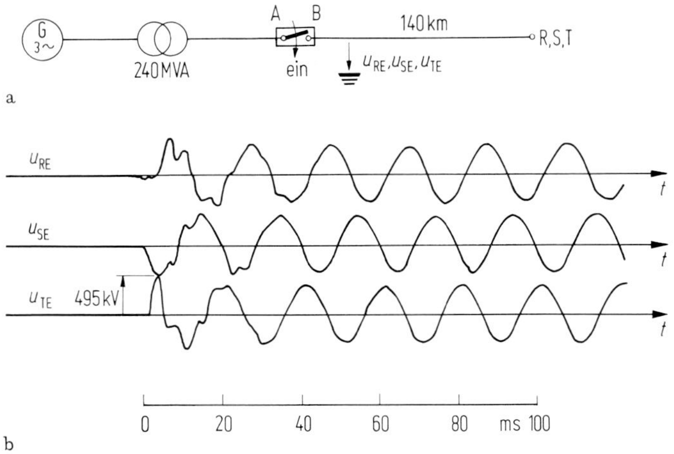

Bild 17.18. Spannungen am Anfang einer 380-kV-Leitung (Länge 140 km) beim Einschalten. Maximale Überspannungen an der Meßstelle B für den Leiter T mit 495 kV (bezogen auf $\sqrt{2}\,380\,\text{kV}/\sqrt{3}$ ergibt sich ein Überspannungsfaktor $k_{LE}=1{,}6$) [12.34]

Überspannungsfaktoren noch merklich unter zwei zu erreichen. Zur Verminderung der Einschaltüberspannungen werden z.B. Einschaltwiderstände an den Leistungsschaltern und Ladestromspulen mit direktem Anschluß an die Hochspannungsleitung eingesetzt, wobei die Ladestromspulen beim Anstieg der Spannung über $\sqrt{2}\,U_m/\sqrt{3}$ in Sättigung gehen und damit zusätzliche Begrenzungswirkungen ausüben [12.34].

Bild 17.19 zeigt die statistische Auswertung gemessener Überspannungen beim Einschalten und Wiedereinschalten nach kurzer Unterbrechung auf die noch geladene Leitung im AEP-Netz (Bild 12.7). Die 765-kV-Leitung mit einem Stromkreis und horizontaler Anordnung der Leiterseile (4er-Bündel) hatte eine Länge von 109 km und war am Ende mit einer Transformatorbank 3 × 500 MVA und Ladestromspulen 3 × 50 MVA abgeschlossen. Die Zuschaltung wurde über Druckluftschalter mit Einschaltwiderständen 350 Ω vorgenommen.

Die höchsten Einschaltüberspannungen sind am Ende der leerlaufenden Leitung zu erwarten, wenn am Anfang zugeschaltet wird, weil sich dann die betriebsfrequente Überspannung (Spannungsanhebung durch den Ferranti-Effekt) mit der transienten Überspannung des Ausgleichsvorgangs zur Gesamtüberspannung zusammensetzt. Teilweise ist es daher üblich, den gesamten Überspannungsfaktor $k=k_{\sim}\,k_{tr}$ als Produkt aus dem Überspannungsfaktor der betriebsfrequenten Überspannung $k_{\sim}$ und dem transienten Überspannungsfaktor k_{tr} darzustellen [17.60]. Da die transienten Überspannungen proportional zu den betriebsfrequenten sind, führt der Einsatz von Ladestromspulen mit direktem Anschluß an die Leitung im allgemeinen auch zur Erniedrigung des gesamten Überspannungsfaktors k. Die betriebsfrequenten Überspannungen ergeben sich aus den Leitungsgleichungen, wenn man entsprechende Randbedingungen für das speisende Netz und den Anschluß von Ladestromspulen berücksichtigt.

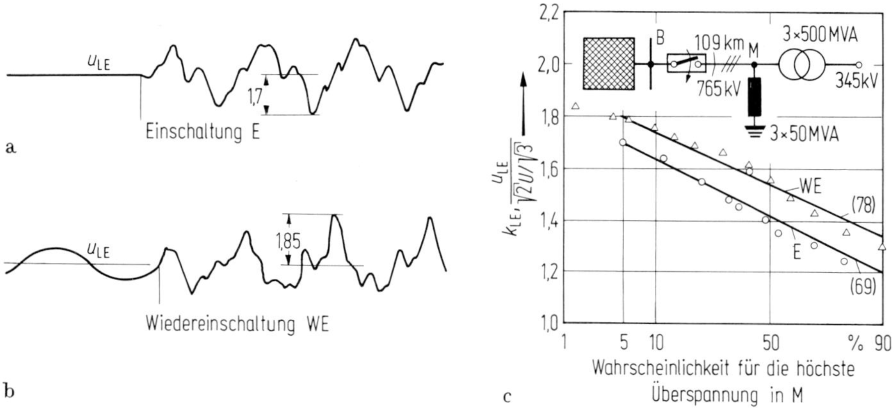

Bild 17.19. Einschaltüberspannungen einer 765-kV-Leitung (AEP) zwischen Baker (B) und Marquis (M) mit Transformator und Ladestromspulen am Ende der Leitung. Einschaltwiderstände des Druckluftschalters: 350 Ω [17.62].

(**a**) Spannungsverlauf eines Leiters in M beim Einschalten in B ($k_{LEmax}=1{,}7$); (**b**) Spannungsverlauf eines Leiters in M beim Wiedereinschalten (dreipolig) auf eine noch geladene Leitung in B ($k_{LEmax}=1{,}85$); (**c**) Wahrscheinlichkeit für die höchste Überspannung in M beim Einschalten (E) und Wiedereinschalten (WE) ermittelt aus 69 bzw. 78 Einzelwerten sowie Schaltplan der Anordnung (Transformator auf der 345-kV-Seite offen)

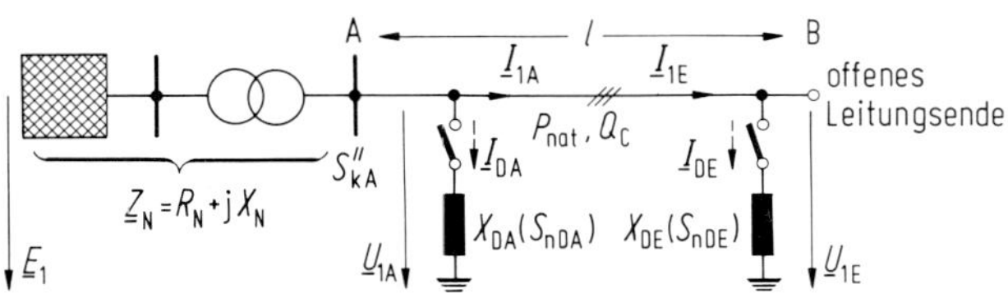

Bild 17.20. Hochspannungs-Freileitungsübertragung, leerlaufende Leitung (380 kV, 700 kV) gespeist aus einem Netz mit der Innenimpedanz $\underline{Z}_N$ und der Kurzschlußleistung S''_{kA} am Anschlußpunkt A der Freileitung. Ladestromspulen X_{DA} und X_{DE} wahlweise angeschlossen mit $X_D = U_n^2/S_{nD}$. P_{nat} natürliche Leistung; Q_C kapazitive Ladeleistung

Für die Anordnung nach Bild 17.20 mit den dort eingetragenen Bezeichnungen findet man für die Spannungsanhebung am Ende der leerlaufenden Leitung ohne Ladestromspulen bezogen auf die Spannung am Anfang der Leitung (Ferranti-Effekt) bei $I_{1E}=0$:

$$\frac{\underline{U}_{1E}}{\underline{U}_{1A}} = \frac{1}{\cosh \underline{\gamma}_1 l} \tag{17.7a}$$

$$\frac{U_{1E}}{U_{1A}} = \frac{1}{\cos \beta_1 l} \tag{17.7b}$$

Gl. (17.7a) gilt für die verlustbehaftete Leitung. Für die verlustlose Leitung, die daneben der Einfachheit halber betrachtet werden soll, wird $\underline{\gamma}_1 = j\beta_1 = j\omega\sqrt{L'_1 C'_1}$, so daß $\cosh \underline{\gamma}_1 l$ durch $\cos \beta_1 l$ ersetzt werden kann, mit $\beta_1 \approx 2\pi/6000$ km $=0{,}00105$/km bei $f=50$ Hz. Resonanz tritt bei $\beta_1 l = \pi/2$, also bei $l=1500$ km auf.

Bezieht man die Spannung $\underline{U}_{1\,\mathrm{E}}$ auf die innere Spannung des Netzes $\underline{E}_1$ nach Bild 17.20, um die zusätzliche Spannungserhöhung am Ende durch die endliche Kurzschlußleistung S''_{kA} zu berücksichtigen, so ergibt sich nach Einführung von $\underline{U}_{1\,\mathrm{A}} = \underline{E}_1 - \underline{I}_{1\,\mathrm{A}}(R_\mathrm{N} + \mathrm{j}\,X_\mathrm{N})$ und $\underline{I}_{1\,\mathrm{E}} = 0$ in die Vierpolgleichung (9.85) bzw. (9.88):

$$\frac{\underline{U}_{1\,\mathrm{E}}}{\underline{E}_1} = \frac{1}{\cosh \underline{\gamma}_1 l + \dfrac{R_\mathrm{N} + \mathrm{j}\,X_\mathrm{N}}{\underline{Z}_{\mathrm{W}1}} \sinh \underline{\gamma}_1 l} \tag{17.8a}$$

$$\frac{U_{1\,\mathrm{E}}}{E_1} = \frac{1}{\cos \beta_1 l - 1{,}1 \dfrac{P_\mathrm{nat}}{S''_{\mathrm{kA}}} \sin \beta_1 l} \tag{17.8b}$$

Gl. (17.8b) ist wieder die vereinfachte Gleichung für die verlustlose Leitung und $R_\mathrm{N} = 0$. Eingeführt wurde zusätzlich $X_\mathrm{N} = 1{,}1\; U_\mathrm{n}^2/S''_{\mathrm{kA}}$ und $Z_{\mathrm{W}1} = U_\mathrm{n}^2/P_\mathrm{nat}$, Gl. (9.99), mit $Z_{\mathrm{W}1} = \sqrt{L'_1/C'_1}$, Gl. (9.89). Setzt man $\underline{U}_{1\,\mathrm{E}}$ nach Gl. (17.7a) bzw. $U_{1\,\mathrm{E}}$ nach Gl. (17.7b) in die Gl. (17.8) ein so findet man die Spannung am Anfang der Leitung bezogen auf E_1, die kleiner ist als die Spannung am Leitungsende, weil die Spannungserhöhung durch den Ferranti-Effekt fehlt:

$$\frac{\underline{U}_{1\,\mathrm{A}}}{\underline{E}_1} = \frac{\cosh \underline{\gamma}_1 l}{\cosh \underline{\gamma}_1 l + \dfrac{R_\mathrm{N} + \mathrm{j}\,X_\mathrm{N}}{\underline{Z}_{\mathrm{W}1}} \sinh \underline{\gamma}_1 l} \tag{17.9a}$$

$$\frac{U_{1\,\mathrm{A}}}{E_1} = \frac{\cos \beta_1 l}{\cos \beta_1 l - 1{,}1 \dfrac{P_\mathrm{nat}}{S''_{\mathrm{kA}}} \sin \beta_1 l} \tag{17.9b}$$

$U_{1\,\mathrm{A}}/E_1$ und $U_{1\,\mathrm{E}}/E_1$ sind in Bild 17.21 über der Leitungslänge aufgetragen mit dem Parameter $S''_{\mathrm{kA}}/P_\mathrm{nat}$. Für $S''_{\mathrm{kA}} = \infty (X_\mathrm{N} = 0)$ wird $U_{1\,\mathrm{E}}/E_1 = U_{1\,\mathrm{E}}/U_{1\,\mathrm{A}}$ nach Gl. (17.7b). $S''_{\mathrm{kA}}/P_\mathrm{nat} = 2{,}5$ kann sich z.B. ergeben, wenn die Leitung an ein einzelnes Kraftwerk angeschlossen ist. Bild 17.21 gilt unabhängig von der Spannung.

Ordnet man am Ende der Leitung eine Ladestromspule an (z.B. drei einpolige Spulen oder eine Drehstromspule mit der Drehstromleistung $S_{\mathrm{nDE}} = U_\mathrm{n}^2/X_\mathrm{DE}$), so findet man wieder ausgehend von Gl. (9.85) mit $\underline{U}_{1\,\mathrm{E}} = \mathrm{j}\,X_\mathrm{DE}\,\underline{I}_{1\,\mathrm{E}}$:

$$\frac{\underline{U}_{1\,\mathrm{E}}}{\underline{E}_1} = \frac{1}{\left(1 + \dfrac{R_\mathrm{N} + \mathrm{j}\,X_\mathrm{N}}{\mathrm{j}\,X_\mathrm{DE}}\right) \cosh \underline{\gamma}_1 l + \left(\dfrac{R_\mathrm{N} + \mathrm{j}\,X_\mathrm{N}}{\underline{Z}_{\mathrm{W}1}} + \dfrac{\underline{Z}_{\mathrm{W}1}}{\mathrm{j}\,X_\mathrm{DE}}\right) \sinh \underline{\gamma}_1 l} \tag{17.10a}$$

für die verlustlose Leitung und $R_\mathrm{N} = 0$ ergibt sich daraus vereinfacht:

$$\frac{U_{1\,\mathrm{E}}}{E_1} = \frac{1}{\left(1 + 1{,}1 \dfrac{S_{\mathrm{nDE}}}{S''_{\mathrm{kA}}}\right) \cos \beta_1 l - \left(1{,}1 \dfrac{P_\mathrm{nat}}{S''_{\mathrm{kA}}} - \dfrac{S_{\mathrm{nDE}}}{P_\mathrm{nat}}\right) \sin \beta_1 l} \tag{17.10b}$$

Wählt man eine Spulenleistung S_{nDE} proportional zur kapazitiven Ladeleistung $Q_C = U_\mathrm{n}^2\, \omega\, C'_1\, l$ der Drehstromleitung, so findet man Bild 17.22a mit dem Parameter

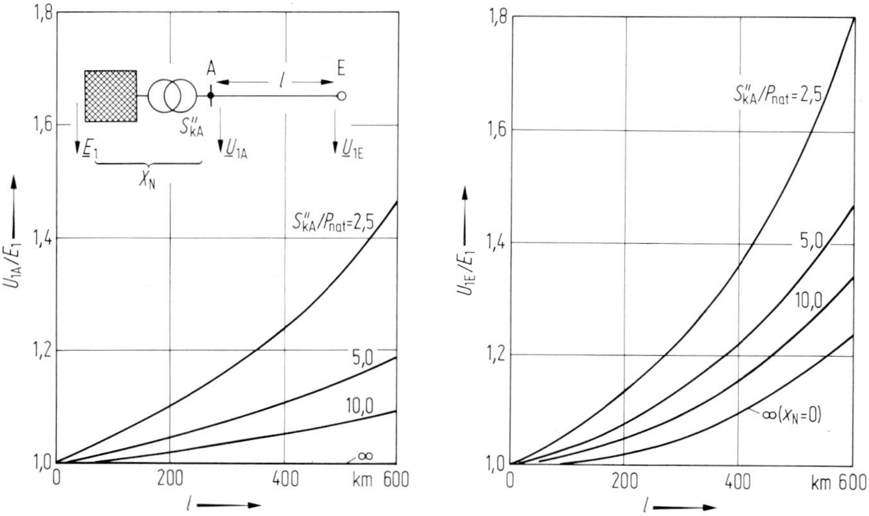

Bild 17.21. Spannung am Anfang (A) und Ende (E) einer leerlaufenden Leitung, gespeist aus einem Netz mit S''_{kA} am Anschlußpunkt ohne Ladestromspulen

S_{DE}/Q_C. Für diese Darstellung wurde $S''_{kA}/P_{nat}=5$ gewählt, d.h. bei 380 kV etwa $S''_{kA}=3000$ MVA und bei 750 kV etwa $S''_{kA}=1100$ MVA.

Zur Berechnung der Spannung am Leitungsende bei Anordnung gleich großer Ladestromspulen am Anfang und Ende der Leitung verwendet man Gl. (17.11):

$$\frac{\underline{U}_{1E}}{\underline{E}_1} = \frac{1}{\left(1+\frac{R_N+jX_N}{jX_{DE}}+\frac{R_N+jX_N}{jX_{DA}}\right)\cosh\underline{\gamma}_1 l+\left(\frac{R_N+jX_N}{\underline{Z}_{W1}}+\frac{\underline{Z}_{W1}}{jX_{DE}}\left\{1+\frac{R_N+jX_N}{jX_{DA}}\right\}\right)\sinh\underline{\gamma}_1 l} \tag{17.11a}$$

$$\frac{U_{1E}}{E_1} = \frac{1}{\left(1+1{,}1\frac{S_{nDE}}{S''_{kA}}+1{,}1\frac{S_{nDA}}{S''_{kA}}\right)\cos\beta_1 l-\left(1{,}1\frac{P_{nat}}{S''_{kA}}-\frac{S_{nDE}}{P_{nat}}-1{,}1\frac{S_{nDE}S_{nDA}}{S''_{kA}P_{nat}}\right)\sin\beta_1 l} \tag{17.11b}$$

Aus Gl. (17.11b) erkennt man leicht, daß in den Klammern jeweils ein Zusatzglied auftritt gegenüber Gl. (17.10b) abhängig von S_{nDA}. Ist die Spule A nicht vorhanden, also $X_{DA}\to\infty$ und damit $S_{nDA}\to 0$ gehen die Gln. (17.11) in die Gl. (17.10) über.

Ladestromspulen beeinflussen die Spannung einer Leitung nicht nur wenn am Ende keine Leistung abgegeben wird, sondern z.B. auch dann, wenn die Leitung ihre natürliche Leistung überträgt mit $\cos\varphi_E=1$.

Für diesen Fall soll Bild 17.23a betrachtet werden mit einer Kraftwerksleistung $S_n=2500$ MVA, die sich aus den Leistungen mehrerer Blöcke zusammensetzt, die z.B. auf ein 220-kV- oder 380-kV-Netz einspeisen, das dann seinerseits z.B. über

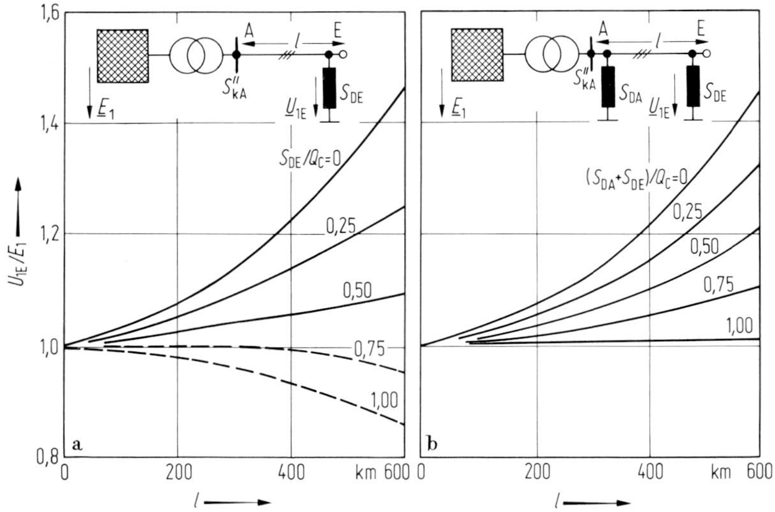

Bild 17.22. Spannung am Ende (E) einer am Ende oder am Anfang und Ende mit Ladestromspulen ($S_{nDE} = S_{nDA}$) belasteten Leitung, gespeist aus dem Netz mit $S''_{kA}/P_{nat} = 5$

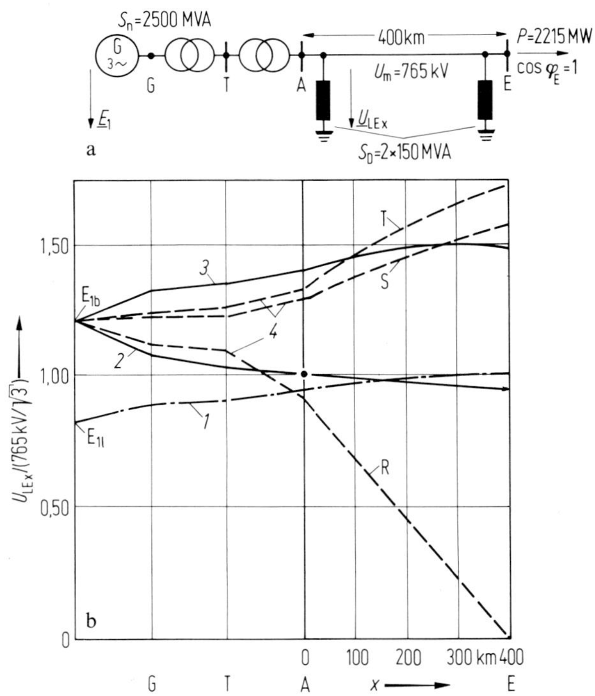

Bild 17.23. Betriebsfrequente Spannungen Leiter gegen Erde bei einer 400 km langen 765-kV-Leitung [12.34].

(**a**) Netzplan; (**b**) Betriebsfrequente Spannungen Leiter gegen Erde bezogen auf $765\,\text{kV}/\sqrt{3}$.

1 Leerlauf; *2* Abgabe von $P = 2215$ MW am Leitungsende mit $\cos\varphi_E = 1$; *3* Lastabwurf mit E_{1b} wie für Kurve *2*; *4* Lastabwurf mit Erdkurzschluß des Leiters R am Leitungsende mit E_{1b} wie für Kurve *2* für die Leiter R, S, T zwei parallele Transformatoren mit je 1250 MVA die Leistung auf eine Übertragungsleitung 765 kV mit 400 km Länge einspeist. Block- und Netztransformatoren sind dadurch in Bild 17.23 in Reihe geschaltet. Die Kurzschlußleistung S''_{kA} erreicht in einem solchen Fall nur das 2,5- bis 3fache der natürlichen Leistung der 765-kV-Leitung. Ladestromspulen werden am Anfang und Ende der Leitung fest angeschlossen. Bild 17.23b enthält den Verlauf der Spannungen für verschiedene Betriebszustände [12.34], wobei die Kurve *1* für die leerlaufende Leitung gilt, wenn man fordert, daß die Spannung Leiter – Erde den Maximalwert $U_m/\sqrt{3} = 765\,\text{kV}/\sqrt{3}$ nicht dauernd überschreitet.

Bei Abgabe reiner Wirklast am Ende der Leitung in der Größe der natürlichen Leistung der Leitung mit $\cos\varphi_E = 1$ ergibt sich Kurve *2* in Bild 17.23b mit $U_{LEA} = 765\,\text{kV}/\sqrt{3}$ am Anfang der Leitung und einer inneren Generatorspannung E_{1b} hinter der transienten Reaktanz, die bezogen auf die 765-kV-Seite des Blocktransformators merklich über $765\,\text{kV}/\sqrt{3}$ liegt.

Kurve *3* gibt ebenfalls ausgehend von E_{1b} die Spannungsverteilung nach einem Lastabwurf nach dem Abklingen der transienten Überspannungen, also für die Zeit etwa 0,1 bis 0,5 s nach dem Lastabwurf ehe der Spannungsregler wirksam eingreift. Der transiente Ausgleichsvorgang ist etwa 0,1 s nach dem Lastabwurf beendet, ähnlich wie der transiente Vorgang beim Einschalten nach Bild 17.18. Es ergibt sich $U_{1E}/E_{1b} \approx 1{,}25$ aber bezogen auf $765\,\text{kV}/\sqrt{3}$ etwa $U_{1E}/(765\,\text{kV}/\sqrt{3}) \approx 1{,}5$. Für die Isolationskoordination ist die Spannungserhöhung am Leitungsende bezogen auf $U_m/\sqrt{3} = 765\,\text{kV}/\sqrt{3}$ wichtig, auch wenn dieser Zustand nur verhältnismäßig kurzzeitig vorliegt.

Die Kurven *4* für die Leiter R, S und T gelten bei Lastabwurf mit gleichzeitigem Erdkurzschluß des Leiters R am Leitungsende. Dieser Fall liefert für die maximale Spannung Leiter gegen Erde bezogen auf $765\,\text{kV}/\sqrt{3}$ etwa 1,7.

Bild 17.24 zeigt den Einfluß der Größe der Ladestromspulen auf die Höhe der betriebsfrequenten Überspannungen [12.34]. Bei $S_{DA} + S_{DE} = 300\,\text{MVA}$ und $l = 400\,\text{km}$ (Bild 17.23) ergibt sich 75 MVA/100 km.

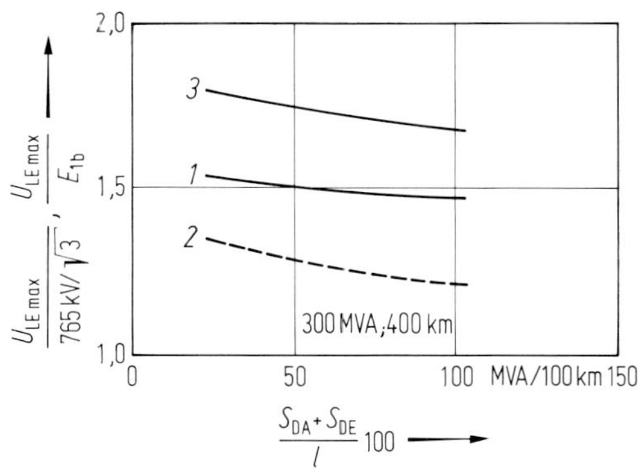

Bild 17.24. Maximale betriebsfrequente Spannungen Leiter-Erde bei Lastabwurf für die Anordnung nach Bild 17.23a bei unterschiedlicher Leistung der Ladestromspulen ($P = 2215$ MW, $\cos\varphi_E = 1$).

1 Lastabwurf bezogen auf $765\,\text{kV}/\sqrt{3}$; *2* Lastabwurf bezogen auf E_{1b}; *3* Lastabwurf mit Erdkurzschluß bezogen auf $765\,\text{kV}/\sqrt{3}$

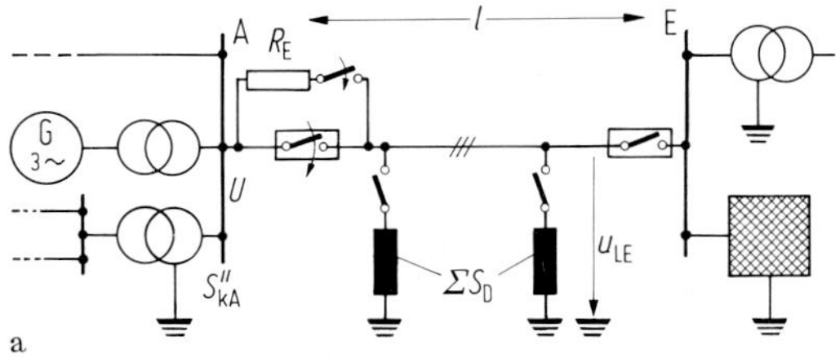

b

	R_E Ω	S''_{kA}/P_{nat} —	$\Sigma S_D/Q_C$ —
a	300	1,7	0
b	600	5	0
c	300	5	0
d	600	1,3	0,6
e	300	1,7	0,7
f	600	10	0,7
g	300	10	0,7

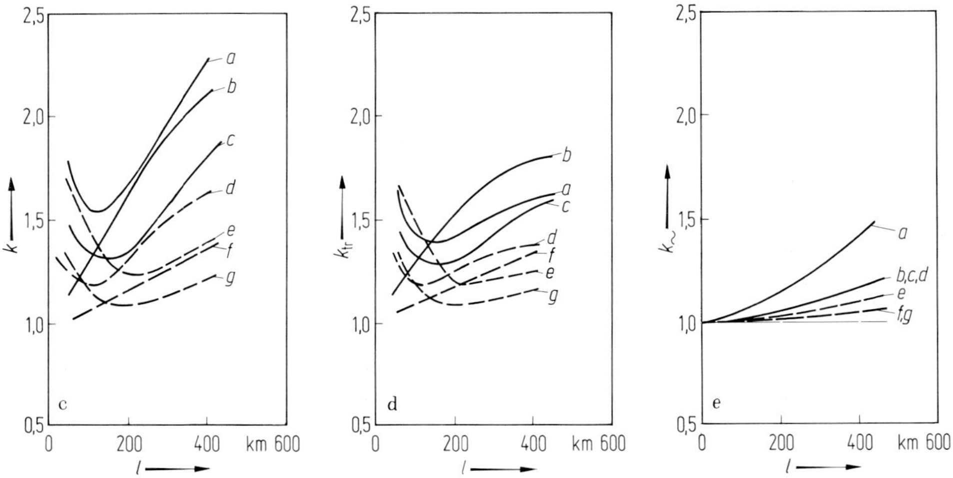

Bild 17.25. Überspannungsfaktoren beim Einschalten von 765-kV-Freileitungen über Einschaltwiderstände (80 ms Einschaltzeit) [17.60].

(**a**) Aufbau der Übertragung;

(**b**) Voraussetzungen: R_E Einschaltwiderstand; S''_{kA} Kurzschlußleistung des speisenden Netzes an der Sammelschiene A; P_{nat} natürliche Leistung der Leitung; $\sum S_D$ Summe der Leistungen der Ladestromspulen der Leitung; Q_C kapazitive Ladeleistung der Leitung;

(**c**) gesamter Überspannungsfaktor $k = \dfrac{u_{LE}}{\sqrt{2}\,U/\sqrt{3}} = k_\sim\, k_{tr}$;

(**d**) transienter Überspannungsfaktor $k_{tr} = k/k_\sim$;

(**e**) Überspannungsfaktor der betriebsfrequenten Überspannung $k_\sim = \dfrac{\hat{U}_{LE}}{\sqrt{2}\,U/\sqrt{3}}$

Die Höhe der betriebsfrequenten Überspannung bei Lastabwurf und gleichzeitigem Erdkurzschluß hängt von der Nullreaktanz ab und damit auch von der Nullreaktanz der Ladestromspulen. Für Einphasen-Spulen ohne Zusatzwicklung gilt $X_{0D}/X_{1D} = 1$, während bei einer zusätzlichen Dreieckswicklung oder aber bei Drehstromspulen $X_{0D}/X_{1D} < 1$ möglich wird.

Mit steigender Länge der Freileitung steigt nicht nur die betriebsfrequente Überspannung, sondern auch die gesamte Überspannung beim Einschalten, dabei wird aber der Anstieg von $k = k_\sim \cdot k_{tr}$ nur wesentlich durch den Anstieg von $k_\sim$ bestimmt [17.60]. Für k_{tr} ergibt sich keine ausgeprägte Abhängigkeit von der Leitungslänge, sondern eher eine Abhängigkeit von S''_{kA}/P_{nat}, wobei höhere Werte zu niedrigeren Faktoren k_{tr} führen.

Neben dem Einfluß der Ladestromspulen zur Herabsetzung der Einschaltüberspannungen spielen Einschaltwiderstände eine wichtige Rolle. Die Einschaltwiderstände in der Größe vom einfachen bis zum doppelten des Wellenwiderstandes werden parallel zur Hauptschaltstrecke angeordnet und für eine Dauer von etwa 10 bis 80 ms eingeschaltet vor der Einschaltung der Hauptkontakte der Schalter. Bei Leitungen bis etwa 600 km Länge gelingt es damit zusammen mit Ladestromspulen den Überspannungsfaktor k kleiner als etwa 2 zu halten, wie verschiedene Untersuchungen zeigen [17.25, 17.41, 17.60, 17.62].

Die Ergebnisse von Untersuchungen nach [17.60] über den Einfluß von Einschaltwiderständen bei 765-kV-Leitungen zeigt Bild 17.25. Dabei werden auch die Überspannungsfaktoren $k_\sim$ auf den Scheitelwert der stationären Betriebsspannung $\sqrt{2}\,U/\sqrt{3}$ bezogen. Die Überspannungsfaktoren k_{tr} und damit auch k werden durch die Einschaltwiderstände merklich herabgesetzt.

17.3.5 Einschwingspannung nach Kurzschlußausschaltung

Das Schaltvermögen eines Leistungsschalters wird sowohl durch die Größe und Phasenlage des auszuschaltenden Stromes (Kurzschlußstromes) als auch durch die Größe und den zeitlichen Verlauf der unmittelbar nach der Unterbrechung des Stromes über der Schaltstrecke des Schalters auftretenden Einschwingspannung bestimmt. Die Einschwingspannung kann man sich als Überlagerung der betriebsfrequenten wiederkehrenden Spannung und dem transienten Anteil der Einschwingspannung vorstellen. Größe und zeitlicher Verlauf der Einschwingspannung werden durch Fehlerart, Fehlerstelle und das Netz auf beiden Seiten des Schalters mit verteilten Induktivitäten und Kapazitäten bestimmt. Darüber hinaus besteht noch eine Wechselwirkung zwischen den Schaltereigenschaften und dem Netz. Ohne Berücksichtigung der Schaltereigenschaften, also bei Annahme eines idealen Schalters, spricht man von der unbeeinflußten Einschwingspannung.

Bild 17.26 zeigt schematisch den Vorgang, der zum Auftreten der Einschwingspannung über einem Schalter führt. Dabei wird ein Kurzschluß in einem Abgang

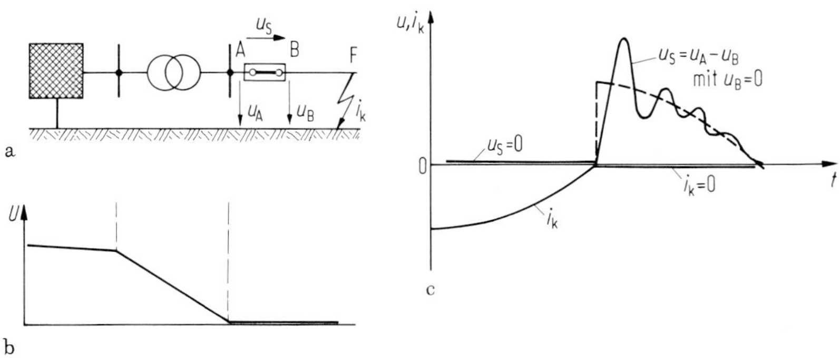

Bild 17.26. Kurzschluß im Netz (Sammelschienenkurzschluß) und Einschwingspannung nach der Kurzschlußausschaltung (schematisch).

(**a**) Netzaufbau; (**b**) Spannungsverlauf im Netz während des Kurzschlusses; (**c**) Einschwingspannung über dem Schalter nach der Unterbrechung des Kurzschlußstromes i_k (im Nulldurchgang) unmittelbar hinter dem Schalter angenommen. Im Gegensatz zum Abstandskurzschluß wird dieser Fall auch als Sammelschienenkurzschluß bezeichnet (Impedanz zwischen Fehlerstelle F und Sammelschiene ist vernachlässigbar klein).

Während des Kurzschlusses fließt der Kurzschlußstrom über den Schalter, wobei sich im Netz ein Verlauf des Effektivwertes der Spannung nach Bild 17.26b ergibt. Der Schalter unterbricht den Kurzschlußstrom im natürlichen Nulldurchgang (die Lichtbogenspannung des Schalters wird vernachlässigt). Unmittelbar danach ergibt sich über den Schalterklemmen die Einschwingspannung u_S nach Bild 17.26c:

$$u_S = u_A - u_B \tag{17.12}$$

Die Spannungen $u_A = u_A(t)$ und $u_B = u_B(t)$ sind dabei die zeitlich veränderlichen Spannungen auf beiden Seiten des Schalters nach Bild 17.26a. Bei den Annahmen in Bild 17.26 gilt $u_B = 0$. Gestrichelt eingezeichnet in Bild 17.26c ist die betriebsfrequente wiederkehrende Spannung. Ihre Amplitude ist im Drehstromnetz für den erstlöschenden Schalterpol abhängig vom Verhältnis $\underline{Z}_0/\underline{Z}_1$ des Netzes auf beiden Seiten des Schalters (Abschnitt 13.3.6). Bei $\underline{Z}_0/\underline{Z}_1 > 1$ ist die Amplitude der betriebsfrequenten wiederkehrenden Spannung größer als $\sqrt{2}\,U/\sqrt{3}$, wenn U die Netzspannung am Schalter vor dem Kurzschluß bezeichnet.

In einfachen Fällen ergibt sich die Einschwingspannung als einfrequente gedämpfte Schwingung, während sich allgemein mehrere Schwingungen unterschiedlicher Frequenz überlagern und zur mehrfrequenten Einschwingspannung führen. Die einfrequente Einschwingspannung kann man in einfacher Weise durch den Überschwingfaktor (Scheitelwert der Einschwingspannung bezogen auf den Scheitelwert der betriebsfrequenten wiederkehrenden Spannung) und die Einschwingfrequenz kennzeichnen, während sich bei der mehrfrequenten Einschwingspannung das Vierparameterverfahren anbietet [17.10], das jedoch nicht immer erfolgreich anzuwenden ist. Von besonderer Bedeutung ist dabei neben dem Aufschwingfaktor, dem Überschwingfaktor und der Frequenz (Ersatzfrequenz) die Anfangssteilheit der Einschwingspannung und die Amplitude, bis zu welcher die Anfangssteilheit gilt. Dieser Parameter ist besonders wichtig beim Abstandskurzschluß.

Bei hoher Einschwingfrequenz bzw. hoher Anfangssteilheit der Einschwingspannung kann es zur Überschreitung der Grenzwerte eines Schalters kommen, so daß dann der Kurzschlußlichtbogen im Schalter nicht endgültig gelöscht wird und eine Zerstörung des Schalters eintreten kann, auch wenn der Nennausschaltstrom nicht überschritten wurde.

Die Berechnung der Einschwingspannung in Netzen, die durch konzentrierte Induktivitäten und Kapazitäten nachzubilden sind, durch Lösung der Differentialgleichungen gelingt bei Kreisen mit einer oder zwei Eigenfrequenzen. Bei Kreisen mit drei Eigenfrequenzen wird bereits ein erheblicher Rechenaufwand notwendig [17.70].

Für die Ersatzschaltung nach Bild 17.27b, in der das Netz und der Transformator durch R und L ersetzt wird und die Leitung durch ihre Kapazität C, ergibt sich für die Impedanz $\underline{Z}$ von der Spannungsquelle $\underline{E}$ aus betrachtet:

$$\underline{Z} = R + \mathrm{j}\,\omega L + \frac{1}{\mathrm{j}\,\omega C} = \frac{1}{\mathrm{j}\,\omega C}(1 - \omega^2 LC + \mathrm{j}\,\omega RC) \tag{17.13}$$

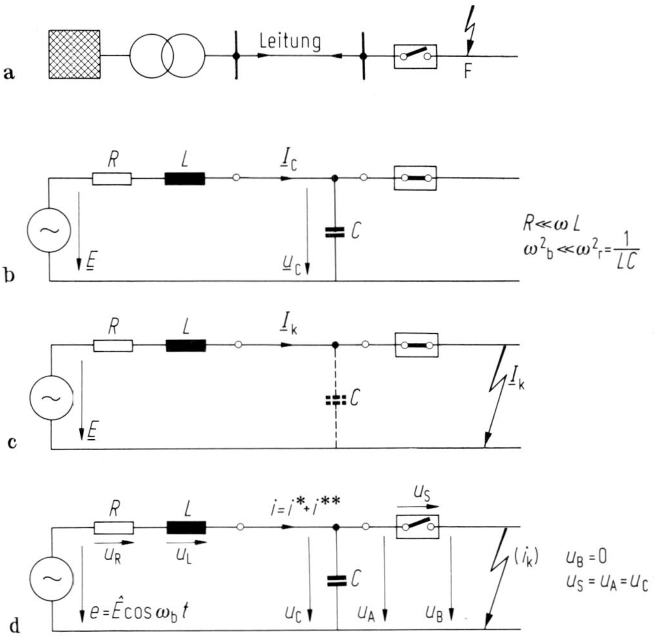

Bild 17.27. Berechnung der Einschwingspannung in einem einpoligen einfrequenten Kreis nach der Unterbrechung des Kurzschlußstromes.

(**a**) Netzschaltung; (**b**) Ersatzschaltung, ohne Fehler; (**c**) Kurzschluß an der Fehlerstelle F; (**d**) Einschwingspannung $u_S = u_A = u_C$ nach der Unterbrechung des Kurzschlußstromes

Resonanz liegt vor für $\underline{Z} = R$ bei

$$\omega = \omega_0 = 2\pi f_0 = \frac{1}{\sqrt{LC}} \tag{17.14}$$

Für den Strom $\underline{I}_C$ und die Spannung $\underline{U}_C$ an der Kapazität C in Bild 17.27b gilt bei $R \ll \omega L$ und $\omega_b^2 = (2\pi\, 50\,\text{Hz})^2 \ll \omega_0^2$:

$$\underline{I}_C \approx \mathrm{j}\,\omega_b\, C \underline{E} \tag{17.15}$$

$$\underline{U}_C = \underline{I}_C \frac{1}{\mathrm{j}\,\omega_b\, C} \approx \underline{E} \tag{17.16}$$

Bei Kurzschluß an der Fehlerstelle F ergibt sich (Bild 17.27c):

$$\underline{I}_k = \frac{\underline{E}}{R + \mathrm{j}\,\omega_b L} \approx -\mathrm{j} \frac{\underline{E}}{\omega_b L} \tag{17.17}$$

Mit $S_k = U_C I_k = E^2/\omega_b L$ und $S_C = U_C I_C = E^2\, \omega_b\, C$ findet man für die Resonanzfrequenz $f_0 = \omega_0/2\pi$ und $f_b = \omega_b/2\pi$:

$$f_0 = \frac{1}{2\pi\sqrt{LC}} = f_b \sqrt{\frac{S_k}{S_C}} \tag{17.18}$$

Zur Berechnung der Einschwingspannung $u_S = u_A = u_C$ bei $u_B = 0$ nach Bild 17.27d geht man von der Differentialgleichung des Kreises aus:

$$u_R + u_L + u_C = e \rightarrow R\,i + L\frac{\mathrm{d}i}{\mathrm{d}t} + \frac{1}{C}\int i\,\mathrm{d}t = \hat{E}\cos\omega_b t \tag{17.19}$$

Durch Differentiation der Gl. (17.19) und Division durch L ergibt sich eine vollständige Differentialgleichung zweiter Ordnung mit konstanten Koeffizienten

$$\frac{\mathrm{d}^2 i}{\mathrm{d}t^2} + \frac{R}{L}\frac{\mathrm{d}i}{\mathrm{d}t} + \frac{1}{LC}\,i = -\frac{1}{L}E\,\omega_b \sin\omega_b t \tag{17.20}$$

deren Lösung man näherungsweise wie folgt angeben kann:

$$i = i^* + i^{**} \approx -\hat{E}\,\omega_b C \sin\omega_b t + K\,\mathrm{e}^{-t/T}\sin\omega t \tag{17.21}$$

Dabei sind $\omega \approx \omega_0$ die Kreisfrequenz der Ausgleichsschwingung, $T = 2\,L/R$ die Abklingzeitkonstante des Ausgleichsvorganges sowie i^* die Bezeichnung für den betriebsfrequenten Anteil des Stromes und i^{**} die Bezeichnung für den höherfrequenten Ausgleichsstromanteil. Entsprechend i^* und i^{**} unterscheidet man in der Spannung $u_C(=u_S)$ auch den betriebsfrequenten Anteil u_C^* und den transienten Anteil u_C^{**}, so daß sich mit $u_C^{**} = -u_R^{**} - u_L^{**}$ ergibt:

$$u_C = u_C^* + u_C^{**} = \frac{1}{C}\int i^*\,\mathrm{d}t - R\,i^{**} - L\frac{\mathrm{d}i^{**}}{\mathrm{d}t} \tag{17.22}$$

Mit i^* und i^{**} nach Gl. (17.21) findet man dann:

$$u_C = \hat{E}\cos\omega_b t - RK\,\mathrm{e}^{-t/T}\sin\omega t - LK\left(\mathrm{e}^{-t/T}\omega\cos\omega t - \frac{1}{T}\mathrm{e}^{-t/T}\sin\omega t\right) \tag{17.23a}$$

Zur Bestimmung der Konstanten K setzt man $u_C(t=0)=0$ und daraus $u_C^*(t=0) = -u_C^{**}(t=0) \rightarrow \hat{E} = K\,\omega\,L$, so daß man mit $K = \hat{E}/(\omega\,L)$ findet:

$$u_C = \hat{E}\left[\cos\omega_b t - \mathrm{e}^{-t/T}\left(\cos\omega t + \frac{1}{\omega T}\sin\omega t\right)\right] \tag{17.24}$$

Führt man $\omega \approx \omega_0$ ein, so wird $\omega_0 T = 2\,\omega_0 L/R$, wobei $\omega_0 L/R$ die Güte des Schwingkreises bei Resonanzfrequenz ist. In Hochspannungsnetzen rechnet man mit einer Güte in der Größe von etwa 20, so daß man dann als Näherung für Gl. (17.24) schreiben kann:

$$u_C \approx \hat{E}[\cos\omega_b t - \mathrm{e}^{-t/T}\cos\omega_0 t] \tag{17.25}$$

Der Maximalwert u_{Cm} tritt auf für $t = t_m \approx \pi/\omega_0$, so daß man für den Überschwingfaktor γ ermittelt:

$$\gamma = \frac{u_{Cm}}{\hat{E}} = \cos\omega_b t_m + \mathrm{e}^{-t_m/T} \tag{17.26}$$

In einem 220-kV-Netz mit $\hat{E}=\sqrt{2}\ 230\,\text{kV}/\sqrt{3}$ und $S_k''=10\,\text{GVA}$ sowie einer kapazitiven Ladeleistung $S_C=50\,\text{MVA}$, das man näherungsweise einpolig wie in Bild 17.27 und einfrequent darstellen kann, ergibt sich mit Gl. (17.18): $f_0 = 50\,\text{Hz}\,\sqrt{10000\,\text{MVA}/50\,\text{MVA}} = 707\,\text{Hz}$ und damit $\omega_0 = 2\pi f_0 = 4440\,\text{s}^{-1}$, sowie $t_m = \pi/\omega_0 = 0{,}707\,\text{ms}$. Mit einer Güte $\omega_0\, L/R = 20$ wird $T = 2\cdot 20/4440\,\text{s}^{-1} = 9\,\text{ms}$, so daß man $u_{C\text{m}} = 357\,\text{kV}$, $\gamma \approx 1{,}9$ nach Gl. (17.26) und für die Steilheit $S = u_{C\text{m}}/t_\text{m} \approx 0{,}5\,\text{kV}/\mu\text{s}$ berechnet.

Die einpolige Netznachbildung und einfrequente Ersatzschaltung wie in der vorangegangenen Darstellung sind in der Praxis meist nicht anwendbar. Im Drehstromnetz muß man vielmehr den erstlöschenden Schalterpol betrachten und berücksichtigen, daß ein Netz meist mehrfrequent einschwingt. Bei Berechnungen dazu werden entweder sogenannte Schwingungsnetzmodelle (Wechselstromnetzmodelle mit Π-Glied-Nachbildung der Leitungen und hoher Güte [17.11]) oder Digitalprogramme nach dem Π-Glieder-Verfahren [17.19] bzw. dem Bergeronverfahren [17.18, 17.22] eingesetzt. Zur Ermittlung der Einschwingspannung von in Betrieb befindlichen Netzen wurden besondere Meßverfahren entwickelt [17.3, 17.15].

Zur Berechnung des betriebsfrequenten Anteils der Einschwingspannung für den erst-, zweit- oder drittlöschenden Schalterpol nach der Ausschaltung eines drei- oder zweipoligen Kurzschlußstromes bildet man das Drehstromnetz beiderseits des Schalters durch symmetrische Komponenten nach. Als Beispiel soll hier der erstlöschende Schalterpol eines Schalters zwischen den Netzen A und B nach Bild 17.28 behandelt werden bei dreipoligem Kurzschluß mit Erdberührung an der Fehlerstelle C.

Den beiden passiven Netzteilen A und B wird der Strom i an den beiden Schalterklemmen des erstlöschenden Schalterpols eingeprägt (Current-Injection-Methode). Dieser eingeprägte Strom i ergänzt den Kurzschlußstrom i_k zu Null [17.3, 17.19]. Für die Ströme in den drei Leitern und die Spannungen liest man aus Bild 17.28 folgende Gleichungen ab (linke Seite) und erhält dann entsprechende Gleichungen (rechte Seite) in symmetrischen Komponenten mit Hilfe der Gl. (2.40) bis (2.43):

$$i_{RA} = i_{RB} \quad (17.27\text{a}) \qquad i_{1A} = i_{1B} \quad (17.27\text{b})$$
$$i_{SA} = i_{SB} \qquad i_{2A} = i_{2B}$$
$$i_{TA} = i_{TB} \qquad i_{0A} = i_{0B}$$
$$i = -i_{RA} = -i_{RB} \quad (17.28\text{a}) \qquad i = -i_{1A} - i_{2A} - i_{0A} = -i_{1B} - i_{2B} - i_{0B} \quad (17.28\text{b})$$
$$u_{SA} = u_{SB} \quad (17.29\text{a}) \qquad \underline{a}^2 u_{1A} + \underline{a}\, u_{2A} + u_{0A} = \underline{a}^2 u_{1B} + \underline{a}\, u_{2B} + u_{0B} \quad (17.29\text{b})$$
$$u_{TA} = u_{TB} \qquad \underline{a}\, u_{1A} + \underline{a}^2 u_{2A} + u_{0A} = \underline{a}\, u_{1B} + \underline{a}^2 u_{2B} + u_{0B}$$
$$u_S = u_{RA} - u_{RB} \quad (17.30\text{a}) \qquad u_S = u_{1A} + u_{2A} + u_{0A} - u_{1B} - u_{2B} - u_{0B} \quad (17.30\text{b})$$

Für die Fehlerstelle C gelten bei dreipoligem Kurzschluß mit Erdberührung folgende Gleichungen:

$$u_{RC} = u_{SC} = u_{TC} = 0 \quad (17.31\text{a}) \qquad u_{1C} = u_{2C} = u_{0C} = 0 \quad (17.31\text{b})$$

Für die Netzvierpole in symmetrischen Komponenten beiderseits des Schalters lassen sich jeweils Vierpolgleichungen im Mit-, Gegen- und Nullsystem angeben,

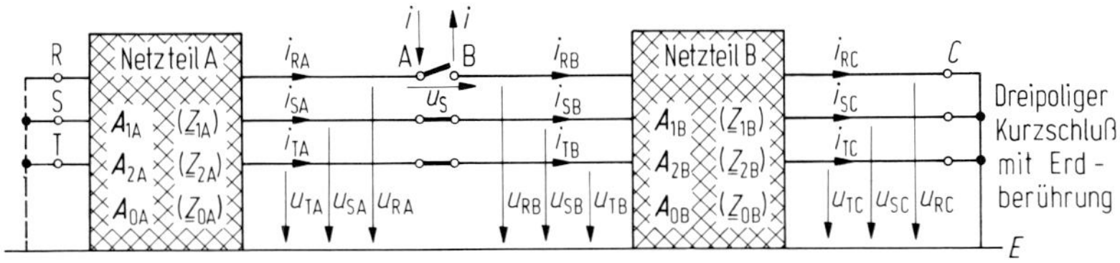

Bild 17.28. Anordnung zur Berechnung der betriebsfrequenten wiederkehrenden Spannung (bzw. der Einschwingspannung) des erstlöschenden Schalterpols R in einem Drehstromnetz mit den Teilen A und B

wobei z. B. für das Mitsystem des Netzes zwischen B und C in Bild 17.28 gilt:

$$\begin{pmatrix} u_{1B} \\ i_{1B} \end{pmatrix} = \begin{pmatrix} A_{1B}^{(11)} & A_{1B}^{(12)} \\ A_{1B}^{(21)} & A_{1B}^{(22)} \end{pmatrix} \cdot \begin{pmatrix} u_{1C} \\ i_{1C} \end{pmatrix} = A_{1B} \begin{pmatrix} u_{1C} \\ i_{1C} \end{pmatrix} \tag{17.32}$$

Beachtet man Gl. (17.31 b), so ergeben sich für das Teilnetz B folgende Beziehungen ausgehend von Gl. (17.32) und entsprechenden Vierpolgleichungen im Gegen- und Nullsystem:

$$u_{1B} = A_{1B}^{(12)} i_{1C}; \qquad i_{1B} = A_{1B}^{(22)} i_{1C}; \qquad u_{1B} = \frac{A_{1B}^{(12)}}{A_{1B}^{(22)}} i_{1B} \tag{17.33a}$$

$$u_{2B} = A_{2B}^{(12)} i_{2C}; \qquad i_{2B} = A_{2B}^{(22)} i_{2C}; \qquad u_{2B} = \frac{A_{2B}^{(12)}}{A_{2B}^{(22)}} i_{2B} \tag{17.33b}$$

$$u_{0B} = A_{0B}^{(12)} i_{0C}; \qquad i_{0B} = A_{0B}^{(22)} i_{0C}; \qquad u_{0B} = \frac{A_{0B}^{(12)}}{A_{0B}^{(22)}} i_{0B} \tag{17.33c}$$

Setzt man die Gl. (17.33) und die entsprechenden Gleichungen für das Teilnetz A unter Beachtung der Zählpfeilrichtung in Bild 17.28 in die Gl. (17.29 b) und (17.30 b) ein und beachtet Gl. (17.27), so erhält man die Bestimmungsgleichungen für die Ströme i_{1A}, i_{2A} und i_{0A}. Benutzt man ferner Gl. (17.28 b), so ergibt sich folgende Beziehung für den Zusammenhang zwischen dem eingeprägten Strom i und der Spannung u_S über den Schalterklemmen A und B des erstlöschenden Schalterpols:

$$\frac{i}{u_S} = \frac{1}{3} \cdot \left(\frac{1}{\frac{A_{1A}^{(12)}}{A_{1A}^{(22)}} + \frac{A_{1B}^{(12)}}{A_{1B}^{(22)}}} + \frac{1}{\frac{A_{2A}^{(12)}}{A_{2A}^{(22)}} + \frac{A_{2B}^{(12)}}{A_{2B}^{(22)}}} + \frac{1}{\frac{A_{0A}^{(12)}}{A_{0A}^{(22)}} + \frac{A_{0B}^{(12)}}{A_{0B}^{(22)}}} \right) \tag{17.34}$$

Aus Gl. (17.34) läßt sich die in Bild 17.29 a dargestellte Ersatzschaltung ableiten. Gl. (17.34) ist die allgemeine Gleichung zur Berechnung der betriebsfrequenten wiederkehrenden Spannung und außerdem kann sie als Ausgangspunkt zur Berechnung der Einschwingspannung verwendet werden. Im ersten Fall sind die Vierpolkoeffizienten durch die Netzimpedanzen bei 50 Hz zu ersetzen, während im zweiten Fall die Wanderwellenwiderstände der Betriebsmittel einzuführen sind. Hier ist dann die geschlossene Berechnung jedoch beschränkt auf die Zeit bis die erste reflektierte Wanderwelle zu den Schalterklemmen zurückkehrt.

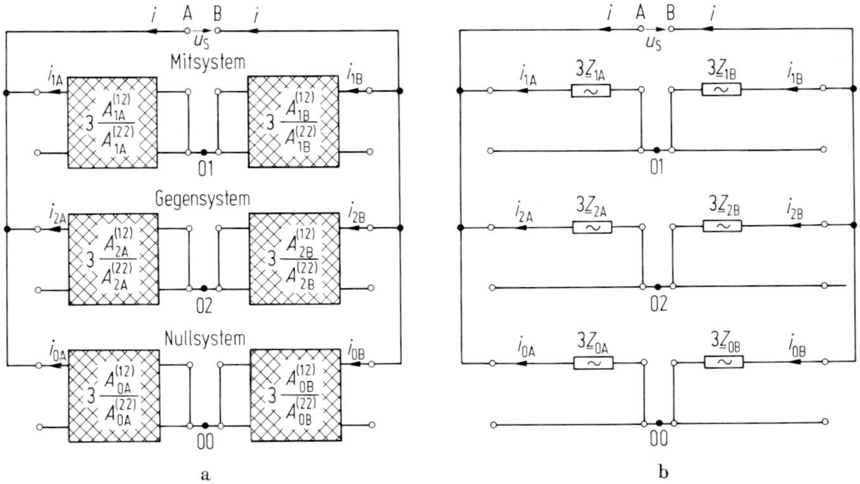

Bild 17.29. Ersatzschaltung zur Berechnung der Einschwingspannung u_S über dem erstlöschenden Schalterpol bei dreipoligem Kurzschluß mit Erdberührung im Punkt C des Bildes 17.28.
(**a**) Vierpolersatzschaltung; (**b**) Ersatzschaltung (vereinfacht) mit Impedanzen im Mit-, Gegen- und Nullsystem

Führt man anstelle allgemeiner Vierpole solche mit reiner Längsimpedanz ein, so wird z.B. $A_{1A}^{(12)} = \underline{Z}_{1A}$ und $A_{1A}^{(22)} = 1$ usw. Bild 17.29a geht dann in Bild 17.29b über.

Führt man Impedanzen in Gl. (17.34) ein mit der Voraussetzung $\underline{Z}_1 = \underline{Z}_2$, so kann man Gl. (17.34) zur Berechnung der betriebsfrequenten wiederkehrenden Spannung umschreiben. Eingeführt werden dabei $\underline{U}_S$ für u_S und $\underline{I}$ für i.

$$\underline{U}_S = \underline{I}(\underline{Z}_{1A} + \underline{Z}_{1B}) \frac{3}{2 + \dfrac{\underline{Z}_{1A} + \underline{Z}_{1B}}{\underline{Z}_{0A} + \underline{Z}_{0B}}} = \underline{I}(\underline{Z}_{1A} + \underline{Z}_{1B})\, \underline{a}_{st} \qquad (17.35)$$

Der Faktor a_{st} wird als stationärer Polfaktor bezeichnet. Führt man für $\underline{I}$ den Kurzschlußstrom bei dreipoligem Kurzschluß in C mit $\underline{I}_k = \underline{E}_\curlywedge / (\underline{Z}_{1A} + \underline{Z}_{1B})$ ein, so gilt:

$$\underline{U}_S = \underline{U}_{RA} - \underline{U}_{RB} = \underline{E}_\curlywedge\, \underline{a}_{st} \qquad (17.36)$$

Tabelle 17.4 zeigt den stationären Polfaktor $|\underline{U}_S / \underline{E}_\curlywedge| = a_{st}$ des erstlöschenden Schalterpols beim Ausschalten eines dreipoligen Kurzschlußstromes abhängig von $(\underline{Z}_{0A} + \underline{Z}_{0B})/(\underline{Z}_{1A} + \underline{Z}_{1B}) = \underline{Z}_0 / \underline{Z}_1$ bei gleichen Impedanzwinkeln im Mit- und Nullsystem.

Tabelle 17.4. Stationärer Polfaktor $a_{st} = |\underline{U}_S / \underline{E}_\curlywedge|$ des erstlöschenden Schalterpols beim Ausschalten eines dreipoligen Kurzschlußstromes

$\lvert(\underline{Z}_{0A} + \underline{Z}_{0B})/(\underline{Z}_{1A} + \underline{Z}_{1B})\rvert = \lvert\underline{Z}_0 / \underline{Z}_1\rvert$	0,5	1	2	3	4	5	10	20	∞
$\lvert\underline{U}_S / \underline{E}_\curlywedge\rvert = a_{st}$	0,75	1,00	1,20	1,29	1,33	1,36	1,43	1,46	1,50

Tabelle 17.5. Gleichungen zur Berechnung des Bezugswertes der wiederkehrenden Spannung und zur Berechnung des Anfangsverlaufs der Einschwingspannung bei dreipoligen Kurzschlüssen ohne und mit Erdberührung für den erstlöschenden Schalterpol ($Z_1 = Z_2$), Erläuterungen im Text

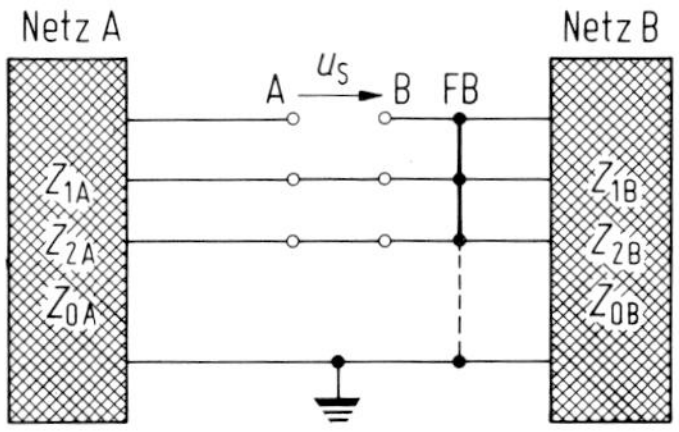

ohne Erdberührung:

$$u_S = i\frac{3Z_{1A}(Z_{0A}+Z_{0B})}{Z_{1A}+2(Z_{0A}+Z_{0B})} \tag{17.37}$$

$Z_{0A}/Z_{1A}=3$; $Z_{0B}/Z_{1B}=3$: $u_S < 1{,}5\, iZ_{1A}$
$Z_{0A}\to\infty$ oder $Z_{0B}\to\infty$: $u_S = 1{,}5\, iZ_{1A}$

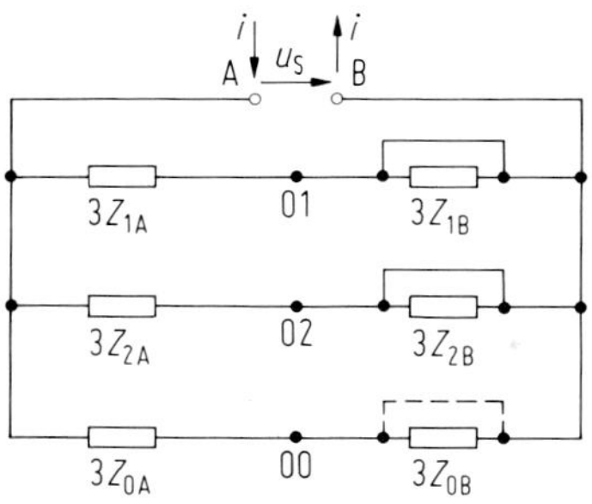

mit Erdberührung:

$$u_S = i\frac{3Z_{1A}Z_{0A}}{Z_{1A}+2Z_{0A}} \tag{17.38}$$

$Z_{0A}/Z_{1A}=3$: $u_S \approx 1{,}3\, iZ_{1A}$
$Z_{0A}\to\infty$: $u_S = 1{,}5\, iZ_{1A}$

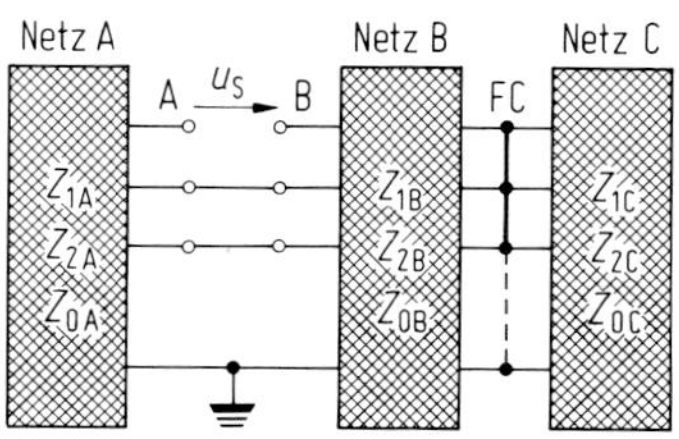

ohne Erdberührung:

$$u_S = i\frac{3(Z_{1A}+Z_{1B})(Z_{0A}+Z_{0B}+Z_{0C})}{(Z_{1A}+Z_{1B})+2(Z_{0A}+Z_{0B}+Z_{0C})} \tag{17.39}$$

$Z_{0A}/Z_{1A}=3$; $Z_{0B}/Z_{1B}=3$; $Z_{0C}/Z_{1C}=3$: $u_S < 1{,}5\, i(Z_{1A}+Z_{1B})$
$Z_{0A}\to\infty$ oder $Z_{0B}\to\infty$ oder $Z_{0C}\to\infty$: $u_S = 1{,}5\, i(Z_{1A} + Z_{1B})$

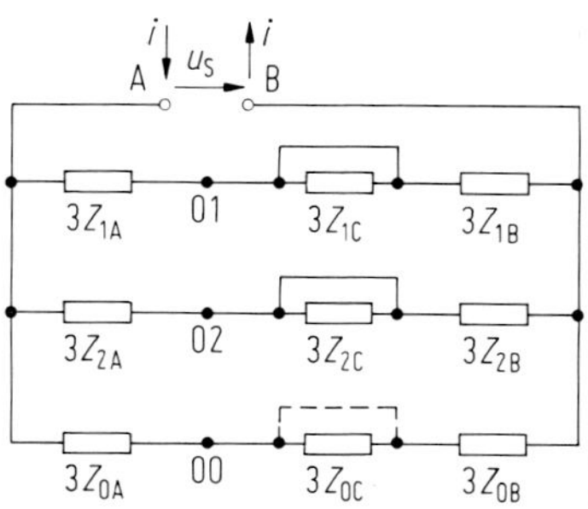

mit Erdberührung:

$$u_S = i\frac{3(Z_{1A}+Z_{1B})(Z_{0A}+Z_{0B})}{(Z_{1A}+Z_{1B})+2(Z_{0A}+Z_{0B})} \tag{17.40}$$

$Z_{0A}/Z_{1A}=3$; $Z_{0B}/Z_{1B}=3$: $u_S \approx 1{,}3\, i(Z_{1A}+Z_{1B})$
$Z_{0A}\to\infty$ oder $Z_{0B}\to\infty$: $u_S = 1{,}5\, i(Z_{1A}+Z_{1B})$

In Netzen mit freiem Sternpunkt oder mit Erdschlußkompensation ebenso wie bei dreipoligem Kurzschluß ohne Erdberührung ergibt sich ein Polfaktor $a_{st} = 1{,}5$, während man in niederohmig geerdeten Netzen bei $|\underline{Z}_0/\underline{Z}_1| \approx 3$ mit $a_{st} \approx 1{,}3$ rechnen kann.

Berücksichtigt man, daß der zweitlöschende Schalterpol den zweipoligen Kurzschlußstrom mit Erdberührung und der drittlöschende Schalterpol nur noch den einpoligen Erdkurzschlußstrom auszuschalten hat, so ergibt sich, daß der erstlöschende Schalterpol gegen die höchste betriebsfrequente wiederkehrende Spannung zu löschen hat, und daß die Beanspruchungen des zwei- und drittlöschenden Schalterpols entsprechend geringer werden [17.33].

Berechnungsgleichungen für die wiederkehrende Spannung des erstlöschenden Schalterpols und den Anfangsverlauf der Einschwingspannung bei dreipoligem Kurzschluß ohne und mit Erdberührung sind in Tabelle 17.5 zusammengestellt. Dabei wird unterschieden zwischen der Fehlerstelle B direkt am Schalter und der Fehlerstelle C zwischen den Netzteilen B und C.

Die Berechnung des Anfangsverlaufes der Einschwingspannung in einem Freileitungsnetz mit Hilfe der Wellenwiderstände im Mit- und Nullsystem soll ausgehend von Bild 17.30 gezeigt werden. Eingeführt wird $i = \sqrt{2}\, I''_{\mathrm{k\,3p}} \sin \omega t \approx \sqrt{2}\, I''_{\mathrm{k\,3p}}\, \omega t$, wobei die Vereinfachung bis zu einer Gesamtlaufzeit von etwa 1500 µs gültig ist, was bei einer Laufgeschwindigkeit der Wanderwellen im Freileitungsnetz von etwa 0,3 km/µs einer Laufstrecke von 450 km entspricht.

Für das Berechnungsbeispiel in Bild 17.30 werden für die 50 km lange Verbindung zwischen Q und A einmal eine Freileitung mit einem Stromkreis und zum anderen eine Freileitung mit zwei parallel betriebenen Stromkreisen 380 kV

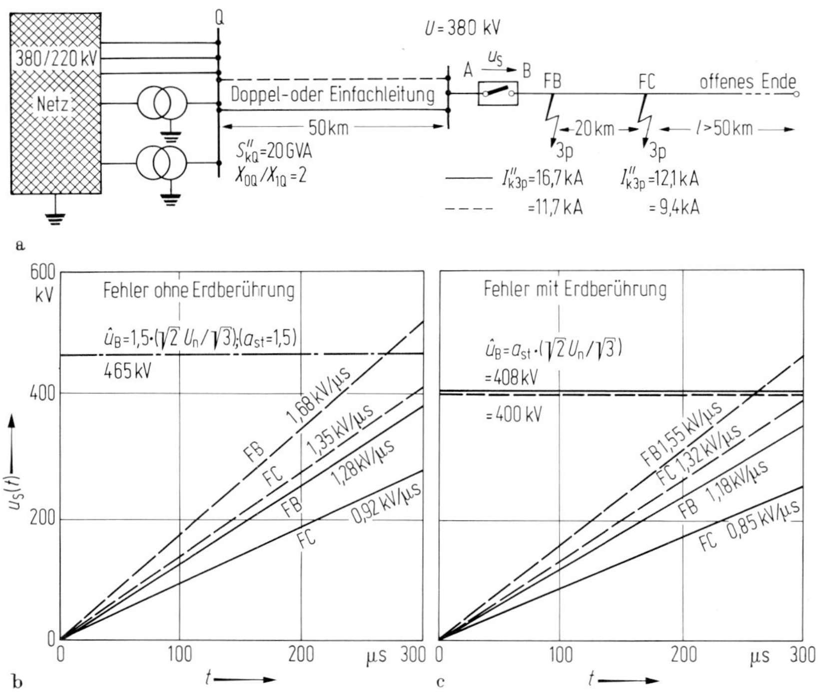

Bild 17.30. Anfangsverlauf der Einschwingspannung des erstlöschenden Schalterpols bei der Ausschaltung eines dreipoligen Kurzschlußstromes ohne oder mit Erdberührung entweder an der Fehlerstelle FB oder an der Fehlerstelle FC (Leitungsdaten im Text).

(**a**) Netzaufbau; (**b**) $u_S(t)$ bei Fehlern ohne Erdberührung, $a_{st} = 1{,}5$; (**c**) $u_S(t)$ bei Fehlern mit Erdberührung
—— Freileitung mit zwei parallelen Stromkreisen zwischen Q und A
--- Freileitung mit einem Stromkreis zwischen Q und A

gewählt mit folgenden Reaktanzen und Wellenwiderständen pro Stromkreis:

Leitung mit einem Stromkreis: $X'_{1L} = 0{,}255\,\Omega/\text{km}$; $X'_{0L} = 0{,}921\,\Omega/\text{km}$
$Z_{W1} = 237\,\Omega$; $Z_{W0} = 614\,\Omega$

Leitung mit zwei Stromkreisen: $X'_{1L} = 0{,}26\,\Omega/\text{km}$; $X'_{0L} = 1{,}41\,\Omega/\text{km}$
$Z_{W1} = 242\,\Omega$; $Z_{W0} = 832\,\Omega$

Als Beispiel ergibt sich ausgehend von Gl. (17.38) für einen dreipoligen Kurzschluß mit Erdberührung an der Fehlerstelle B, wenn zwischen Q und A nur eine Einfachleitung in Betrieb ist:

$$I''_{k3pB} = \frac{1{,}1\,U_n}{\sqrt{3}\,X_{1A}} = 11{,}7\,\text{kA}$$

mit $U_n = 380\,\text{kV}$ und $X_{1A} = 20{,}7\,\Omega (X_{0A} = 62\,\Omega)$

$$\hat{u}_B = \frac{\sqrt{2}\,U_n}{\sqrt{3}} \frac{3}{2 + X_{1A}/X_{0A}} = \frac{\sqrt{2}\,U_n}{\sqrt{3}} \cdot 1{,}29 = 400\,\text{kV}, \qquad (a_{st} = 1{,}29)$$

$$u_S(t) = \sqrt{2}\,I''_{k3pB}\,\omega\,t \frac{3\,Z_{W1A}}{2 + Z_{W1A}/Z_{W0A}} = \sqrt{2}\,I''_{k3pB}\,\omega\,t \cdot 298\,\Omega = 1{,}55 \cdot t \frac{\text{kV}}{\mu\text{s}}$$

Der berechnete Anfangsverlauf der Einschwingspannung gilt bis zu einer Gesamtlaufzeit von

$$2 \frac{50\,\text{km}}{0{,}3\,\text{km}/\mu\text{s}} = 333\,\mu\text{s}$$

Abstandskurzschluß

Als Abstandskurzschluß wird ein Kurzschluß bezeichnet, der in geringer Entfernung von z.B. nur einem oder nur einigen Kilometern vor der Station auftritt und bei dem der Kurzschlußstrom nur wenig niedriger liegt als bei Kurzschluß unmittelbar am Schalter. Für die Beanspruchung des Schalters beim Ausschalten hat dieser Fehler insbesondere bei hohen Ausschaltströmen Bedeutung gewonnen [17.14, 17.21, 17.27, 17.33, 17.39], weil sich der im allgemeinen langsam ansteigenden Einschwingspannung auf der Netzseite eine schnell ansteigende dreiecksförmige Spannung der Leitungsseite überlagert und so für die erste Zeit nach der Trennung eine steil ansteigende Einschwingspannung über dem erstlöschenden Schalterpol zustande kommt. Bild 17.31 zeigt schematisch die dreiecksförmige Spannungsschwingung auf der Leitungsseite bei dreipoligem Kurzschluß im Abstand l vom Schalter und dazu die Überlagerung mit der verhältnismäßig langsam ansteigenden Einschwingspannung der Netzseite.

Der dreiecksförmige Spannungsverlauf der Spannungsschwingung hat eine Periodendauer 4τ mit $\tau = l/v$, eine ungedämpfte Amplitude $\hat{u}_B$ und eine Steilheit $S_B = \hat{u}_B/2\tau$:

$$\hat{u}_B = \sqrt{2}\,I_a\,\omega\,2\tau\,Z_W \tag{17.41}$$

$$S_B = \frac{\hat{u}_B}{2\tau} = \sqrt{2}\,I_a\,\omega\,Z_W \tag{17.42}$$

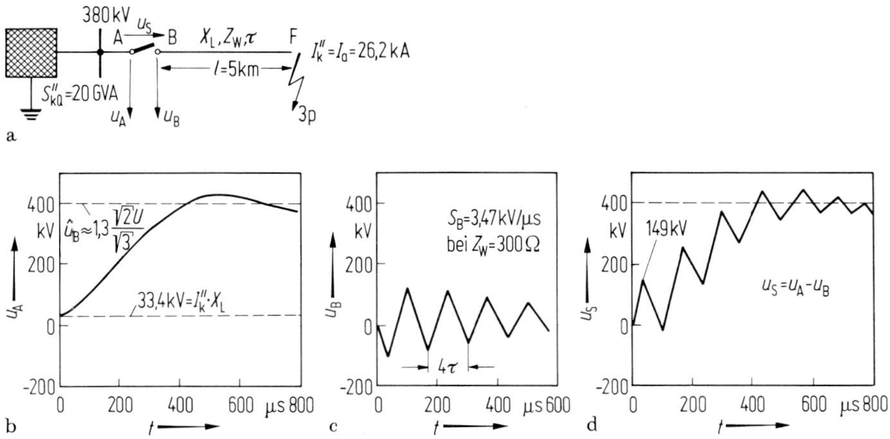

Bild 17.31. Einschwingspannung des erstlöschenden Schalterpols beim Ausschalten eines dreipoligen Abstandskurzschlusses mit Erdberührung in 5 km Entfernung vor der Schaltanlage.

(**a**) Netzaufbau und Daten, $X'_{1L}=0{,}255\,\Omega/\text{km}$; $Z_W=300\,\Omega$; $\tau=16{,}7\,\mu s$;

(**b**) Einschwingspannung Leiter gegen Erde auf der Netzseite des Schalters, mittlere Steilheit $\bar{S}_A=0{,}73\,\text{kV}/\mu s$;

(**c**) Einschwingspannung Leiter gegen Erde auf der Leitungsseite des Schalters $S_B=\sqrt{2}\,I_a Z_W \omega = \sqrt{2}\cdot 26{,}2\,\text{kA}\cdot 300\,\Omega\cdot 314\,\text{s}^{-1}=3{,}47\,\text{kV}/\mu s$;

(**d**) Einschwingspannung über dem erstlöschenden Schalterpol, Anfangssteilheit $S_S=149\,\text{kV}/33{,}3\,\mu s = 4{,}47\,\text{kV}/\mu s$

Z_W ist der wirksame Wellenwiderstand, der sich aus dem Wellenwiderstand im Mit- und Nullsystem zusammensetzt und abhängig ist von der Fehlerart sowie dem betrachteten Schalterpol. Für den erstlöschenden Schalterpol nach dreipoligem Kurzschluß mit Erdberührung gilt z.B. $Z_W=3Z_{W1}Z_{W0}/(Z_{W1}+2Z_{W0})$. Weiter ist zu berücksichtigen, daß bei Bündelleitern die Teilleiter während des Fehlers zusammenschlagen, so daß sich dann höhere Wellenwiderstände ergeben als für den Fall, bei dem die Teilleiter des Bündels in ihrer ursprünglichen Lage verbleiben.

17.4 Äußere (atmosphärische) Überspannungen

17.4.1 Überblick

Äußere Überspannungen, auch als atmosphärische Überspannungen bezeichnet, treten durch direkten Blitzeinschlag in das Leiterseil einer Freileitung, durch Blitzeinschlag in ein geerdetes Anlagenteil (z.B. Erdseil einer Freileitung) mit rückwärtigem Überschlag auf den Betriebsstromkreis oder durch induzierte Spannungen infolge von nahen Blitzeinschlägen auf. Sie können ohne entsprechende Schutzmaßnahmen zu Isolationsschäden im Netz führen.

Bei einem Direkteinschlag in ein Leiterseil einer Freileitung mit 400 Ω Wellenwiderstand (Z_W) werden Wanderwellenspannungen von 200 kV je kA Blitzstrom i_B erzeugt, die sich nach Bild 17.32a nach beiden Seiten etwa mit Lichtgeschwindigkeit ausbreiten. Die Stirnsteilheit der Spannungswellen kann

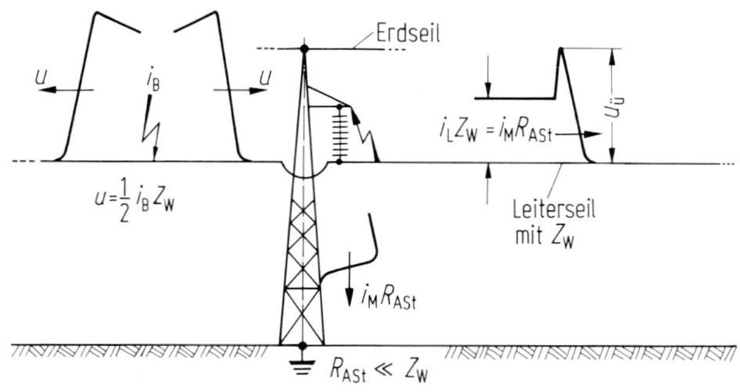

a

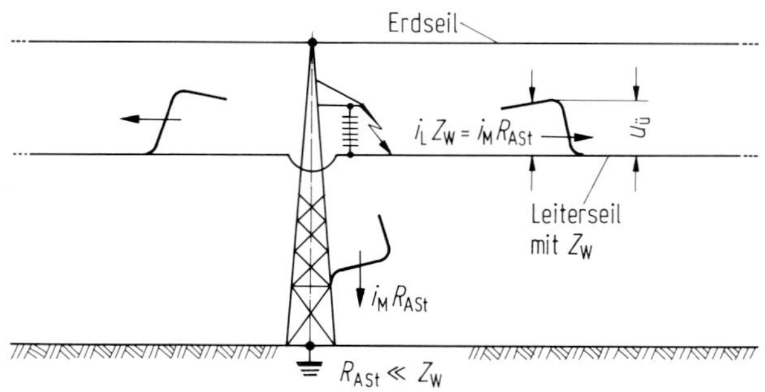

b

Bild 17.32. Verlauf der Wanderwellenspannungen bei Blitzeinschlag in eine Freileitung (schematisch). (**a**) Einschlag in ein Leiterseil; (**b**) Einschlag in einen Mast oder das Erdseil mit rückwärtigem Überschlag zum Leiterseil

entsprechend der Stirnsteilheit des Blitzstroms sehr hoch sein und einige 1000 kV/µs betragen. Überschreitet die Wanderwellenspannung die Überschlagsspannung $u_{ü}$ der Leitungsisolation, so kommt es wie in Bild 17.32a schematisch gezeichnet zu einem Überschlag vom Leiterseil zum Mast. Im Mast fließt der Strom i_M, an ihm baut sich die Mastspannung $i_M \cdot R_{ASt}$ auf, wobei R_{ASt} der Stoß-Erdungswiderstand des Mastes ist. Die auf der Leitung weiterlaufende Wanderwelle wird durch diesen Vorgang auf die Stehstoßspannung der Leitungsisolation begrenzt, die dann z.B. in eine Umspannstation einläuft und dort zu einer Stoßspannungsbeanspruchung der Transformatoren führt.

Bild 17.32b zeigt die Wanderwellenspannung auf dem Leiterseil bei Einschlag in einen Freileitungsmast mit rückwärtigem Überschlag zum Leiterseil, für den Fall, daß $R_{ASt}\, i_M$ größer als die Stehstoßspannung der Leitungsisolation wird.

Bei direktem Leiterseileinschlag mit Überschlag der Isolation oder bei rückwärtigem Überschlag folgt dem Blitzstrom ein 50-Hz-Strom (Folgestrom).

Direkte Leiterseileinschläge kann man bei Hochspannungsleitungen ($U_n \geqq 60$ kV) mit Stahlgittermasten durch ein oder auch zwei Erdseile (Blitzschutzseile) weitgehend vermeiden, wenn für den Erdseilschutzwinkel etwa 20 bis 30° gewählt werden. Rückwärtige Überschläge vermeidet man weitgehend dadurch, daß der Stoß-Erdungswiderstand unter dem für die Stehstoßspannung der Leitung zulässigen Wert bleibt (Abschnitt 16.4.3).

17.4.2 Atmosphärische Entladung und Blitzeinschlag

Zur Entstehung der Blitze und die diesen vorausgehende Ladungstrennung in Gewitterwolken (Gewitterzellen) hat Baatz in seinem Buch [17.9] und in [17.24] einen historischen Rückblick und einen Überblick über den heutigen Erkenntnisstand gegeben zusammen mit zahlreichen Hinweisen auf das Schrifttum. Der historischen Entwicklung der Ansichten über den Blitz geht Prinz in seiner Darstellung „Feuer, Blitz und Funke" [17.29] nach. Die Ergebnisse der umfangreichen Blitzforschung auf dem Monte San Salvatore in der Schweiz wurden in den letzten Jahren von Berger veröffentlicht [17.54].

Bild 17.33a zeigt die Häufigkeit der Scheitelwerte von Blitzströmen $i_B \geqq 10$ kA nach [17.9], während Bild 17.33b die von Müller-Hillebrand zusammengestellten Häufigkeiten der Stirnzeiten T_S und der Rückenhalbwertzeiten T_H für den ersten stromstarken Teil der Hauptentladung enthält.

Im Bild 17.33a sind nur Blitzströme mit $i_B \geqq 10$ kA berücksichtigt. Werden auch Ströme < 10 kA einbezogen, angefangen bei Werten von 1 bis 3 kA, so liegen 60 bis 80 % aller Blitze über 10 kA. Bei diesen Messungen sind nur die jeweils höchsten Teilentladungen der Blitze berücksichtigt. In Amerika und Deutschland wurden Messungen vielfach mit Magnetstäbchen (Stahlstäbchen) durchgeführt, die im magnetischen Feld eines Stromes magnetisiert werden und eine Remanenz behalten, aus der man dann später die Größe des Stroms bestimmen kann [17.9, S. 33]. In Deutschland wurden in früheren Jahren z.B. 2000 km Hochspannungsfreileitungen mit solchen Stäbchen ausgerüstet. Sie lieferten die Ergebnisse nach Bild 17.33a [17.9]. Messungen in Amerika haben ebenfalls wie in Bild 17.33b 50-%-Werte der Stirnzeit von etwa 2,5 µs ergeben, jedoch Halbwertzeiten nicht von etwa 15 µs sondern von 40 µs.

Für Prüfzwecke wird eine Blitzstoßspannung von 1,2/50 µs gewählt, d.h. eine Welle mit einer Stirnzeit $T_S = 1{,}2$ µs und einer Rückenhalbwertzeit $T_R \approx 50$ µs mit entsprechenden Toleranzen [17.35].

Bei Freileitungen wird die Höhe der Überspannungen durch das Isolierungsvermögen der Leitungsisolation gegen Blitzstoßspannungen begrenzt. Naturge-

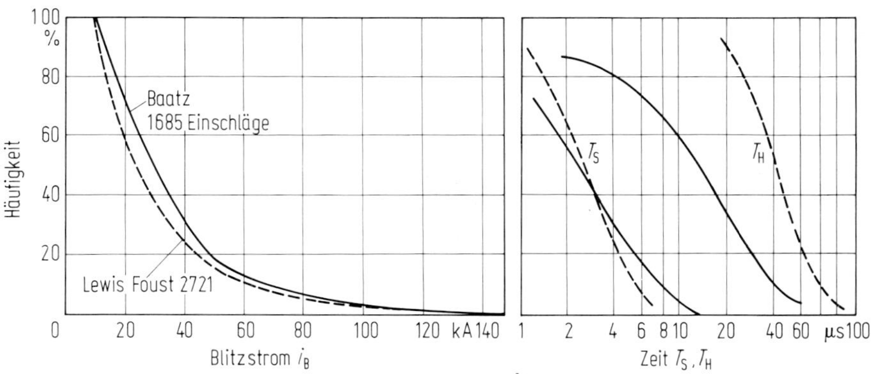

Bild 17.33. Häufigkeit der Scheitelwerte und der Form von Blitzströmen.

(**a**) Häufigkeit der Scheitelwerte der Blitzströme $i_B \geqq 10$ kA im Blitzkanal (Anzahl der Blitzströme, die mit ihrem Scheitelwert den Wert der Abszisse überschreiten); (**b**) Häufigkeiten der Stirnzeiten T_S und Halbwertszeiten T_H von Blitzströmen, die den Wert der Abszisse überschreiten [17.9] mäß sind deshalb an Holzmastleitungen die höchsten Überspannungen zu erwarten. An einer Holzmastleitung ohne Erdseil wurden z.B. mit einem Kathodenstrahloszillographen rd. 5000 kV gemessen. Die Ausbreitung der Überspannung entlang der Leitungen wird weitgehend von der Dämpfung, den Koronaverlusten und den Reflexionbedingungen (Abschnitt 17.4.3) bestimmt. Die mittlere Geschwindigkeit der Überspannungswellen auf Freileitungen liegt etwas unterhalb der Lichtgeschwindigkeit, bei Kabeln dagegen bei wesentlich geringeren Werten z.B. bei nur 150 m/μs. Die Überspannungswellen erfahren auf ihrem Weg Dämpfung und Verformung, so daß die Amplitude und auch die Stirnsteilheit abnehmen, so lange keine Reflexionsvorgänge am offenen Leitungsende oder an Transformatoren auftreten, die zu einem Aufbau der Überspannung bis zum Überschlag nach Erde führen können.

Angaben zur Gewitterhäufigkeit in der BR Deutschland (Gewittertage pro Jahr) findet man in [17.37, 17.43]. Danach ist im größten Teil des Bundesgebietes mit 21 bis 25 Gewittertagen pro Jahr zu rechnen, in Schleswig-Holstein dagegen nur mit 16 bis 20 Gewittertagen. Im Mittelgebirge (z.B. Schwarzwald, Rhön, Weserbergland) und in Teilen Bayerns sind 26 bis 30 Gewittertage pro Jahr zu erwarten. Die Anzahl der Blitzeinschläge in eine Freileitung ist proportional zu den Gewittertagen pro Jahr. Bei Freileitungen ohne Erdseil wird etwa die Hälfte der Blitzeinschläge die Leiterseile treffen, während der Rest in die Maste geht. Bei Freileitungen mit einem Erdseil dagegen werden nur etwa 5 % aller Blitzeinschläge direkte Leiterseileinschläge sein [17.5]. Darüber hinaus ist die Anzahl der Leiterseileinschläge abhängig vom Erdseilschutzwinkel und von der Masthöhe [17.17, 17.30, 17.40, 17.45, 17.51].

17.4.3 Wanderwellen auf Leitungen, Reflexion und Brechung

Ausführliche Darstellungen zur Wanderwellentheorie findet man in [17.6, 17.9, 17.23] so daß hier eine abgekürzte Darstellung ausreichend ist. Setzt man konstante Leitungsbeläge R', L', G' und C' voraus, so lassen sich die allgemeinen Leitungsgleichungen mit Hilfe der Laplace-Transformation in den Bildbereich transformieren und man erhält dann Gleichungen für Spannung und Strom, die nur noch vom Ort und den Laplace-Variablen abhängen. Führt man Randbedingungen ein und transformiert zurück in den Zeitbereich, so erkennt man, daß sich die Spannung und der Strom durch vorlaufende Wellen u_v und i_v sowie durch zurücklaufende Wellen u_r und i_r darstellen lassen.

Für die verlustlose Leitung mit dem Wellenwiderstand $Z_W = \sqrt{L'/C'}$ gilt dann:

$$u = u_v + u_r \tag{17.43}$$

$$i = i_v + i_r \tag{17.44}$$

und weiter:

$$u_v = i_v \sqrt{\frac{L'}{C'}} = i_v Z_W \tag{17.45}$$

$$u_r = -i_r \sqrt{\frac{L'}{C'}} = -i_r Z_W \tag{17.46}$$

Vor- und rücklaufende Wellen bewegen sich mit der Geschwindigkeit $v = 1/\sqrt{L'C'}$.

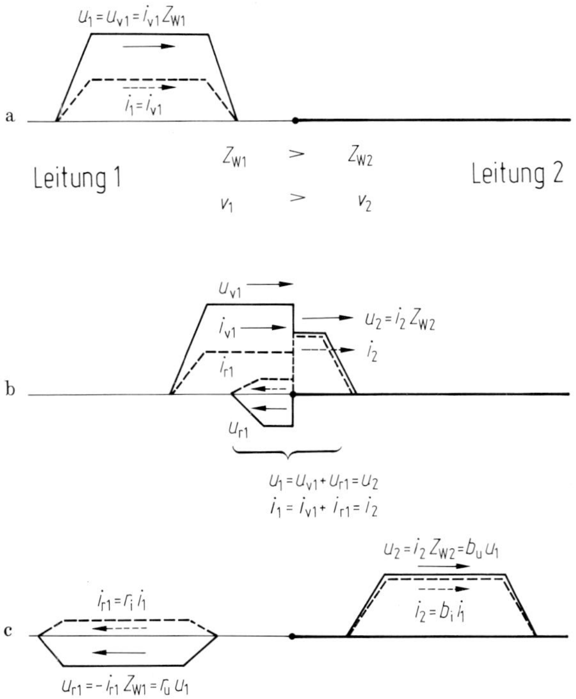

Bild 17.34. Übergang von Wanderwellen u und i von einer Leitung 1 (Z_{W1}, v_1) auf eine Leitung 2 (Z_{W2}, v_2) mit Brechung und Reflexion von Spannung und Strom für Rechteckwellen (Tabelle 17.6, Fall Nr. 1). (**a**) Vor dem Übergang; (**b**) während des Übergangs; (**c**) nach dem Übergang

Bild 17.34 zeigt auf der Leitung 1 (Freileitung) mit Z_{W1} vorlaufende Wellen u_{v1} und i_{v1} mit der Geschwindigkeit v_1, die z.B. durch einen rückwärtigen Überschlag nach Bild 17.32b hervorgerufen wurden. Sie sollen auf eine Leitung 2 mit Z_{W2} und v_2 treffen, wobei die Leitung 2 ein Kabel sein kann. Es gilt dann $Z_{W2} < Z_{W1}$ und $v_2 \langle v_1$. Angenommen werden Wellen mit steiler Stirn und waagrechtem Rücken (Rechteckwellen) und eine Ausbreitung auf verlustlosen Leitungen ($R' = 0$; $G' = 0$), weil die Übersicht so vereinfacht wird.

Läuft die Spannungswelle $u_1 = u_{v1} = i_{v1} Z_{W1}$ in Bild 17.34a auf die Übergangsstelle zu, so gilt $i_1 = i_{v1} = u_{v1}/Z_{W1}$. Die Leitung 2 ist vor dem Eintreffen der Welle u_{v1} an der Übergangsstelle (Brechungs- und Reflexionspunkt) spannungs- und stromlos. An der Übergangsstelle gilt mit den Bezeichnungen in Bild 17.34b ausgehend von Gl. (17.43) und Gl. (17.44):

$$u_1 = u_{v1} + u_{r1} = u_2 = i_2 Z_{W2} \tag{17.47}$$

$$i_1 = i_{v1} + i_{r1} = i_2 = u_2/Z_{W2} \tag{17.48}$$

Mit den Gln. (17.45) und (17.46) gilt weiterhin:

$$u_{v1} - u_{r1} = (i_{v1} + i_{r1}) Z_{W1} = i_1 Z_{W1} \tag{17.49}$$

Setzt man $i_1 = u_2/Z_{W2}$ nach Gl. (17.48) in Gl. (17.49) ein, so wird:

$$u_{v1} - u_{r1} = u_2 \frac{Z_{W1}}{Z_{W2}} \tag{17.50}$$

Addiert man $u_{v1} + u_{r1} = u_2$ nach Gl. (17.47) dazu, so findet man:

$$u_2 = u_{v1} \frac{2Z_{W2}}{Z_{W1} + Z_{W2}} = u_1 \frac{2Z_{W2}}{Z_{W1} + Z_{W2}} = u_1 \cdot b_u \tag{17.51}$$

Subtrahiert man $u_{v1} + u_{r1} = u_2$ von der Gl. (17.50), so ergibt sich mit Hilfe von Gl. (17.51) für die rückwärts laufende (reflektierte) Welle:

$$u_{r1} = u_{v1} \frac{Z_{W2} - Z_{W1}}{Z_{W1} + Z_{W2}} = u_1 \frac{Z_{W2} - Z_{W1}}{Z_{W1} + Z_{W2}} = u_1 \cdot r_u \tag{17.52}$$

Dabei sind b_u der Brechungsfaktor für die Spannung und r_u der Reflexionsfaktor für die Spannung (Index u).

Für die Ströme i_2 und i_{r1} findet man entsprechend:

$$i_2 = u_1 \frac{2}{Z_{W1} + Z_{W2}} = i_{v1} \frac{2Z_{W1}}{Z_{W1} + Z_{W2}} = i_1 \cdot b_i \tag{17.53}$$

$$i_{r1} = -\frac{u_{r1}}{Z_{W1}} = -i_{v1} \frac{Z_{W2} - Z_{W1}}{Z_{W1} + Z_{W2}} = i_1 \cdot r_i \tag{17.54}$$

b_i und r_i sind Brechungs- und Reflexionsfaktoren für den Strom. Man erkennt, daß $b_u \neq b_i$ und $r_u \neq r_i$ sind.

Für den Zeitraum, während dem u_{v1} noch einläuft auf den Übergangspunkt zwischen den Leitungen 1 und 2, aber u_{r1} und i_{r1} bereits ungleich Null geworden sind, gilt nach Bild 17.34b die Überlagerung, so daß wie in den Gln. (17.47) und (17.48) wird:

$$u_1 = u_{v1} + u_{r1} = u_{v1} \frac{2Z_{W2}}{Z_{W1} + Z_{W2}} = u_2 \tag{17.55}$$

$$i_1 = i_{v1} + i_{r1} = i_{v1} \frac{2Z_{W1}}{Z_{W1} + Z_{W2}} = i_2 \tag{17.56}$$

Ähnliche Überlegungen wie für den vorstehenden Fall lassen sich durchführen für Kurzschluß am Ende einer Leitung ($Z_{W2} = 0$) oder Leerlauf am Ende ($Z_{W2} = \infty$) oder beim Übergang von einer auf n Leitungen in einer Schaltanlage ($Z_{W2} = Z_{W1}/n$) oder bei einem Abschluß der Leitung mit R bzw. L bzw. C, wie das Tabelle 17.6 zeigt. Angegeben sind in der Tabelle nur die Reflexions- und Brechungsfaktoren r und b für Spannung und Strom. Der Fall Nr. 6 mit Abschluß durch einen spannungsabhängigen Widerstand $R = f(i)$ mag einen Hinweis geben auf die Wirkungsweise eines Überspannungsableiters mit nichtlinearem Widerstand. Dieser Fall wird in Bild 17.35 behandelt. Für den Abschluß mit L und C wird in Tabelle 17.6 eine einlaufende Rechteckwelle angenommen. Für alle anderen Fälle der Tabelle gelten die angegebenen Lösungen für beliebige Wellenform.

Tabelle 17.6. Reflexionsfaktoren und Brechungsfaktoren für Wanderwellen; Index u: Spannungswellen; Index i: Stromwellen; Wanderwellenwiderstand $Z_\mathrm{W}=\sqrt{L'/C'}\,(R'=0,\ G'=0)$

Nr.	Schaltung	Reflektierte Welle $u_{\mathrm{r}1}=r_u u_1;\ i_{\mathrm{r}1}=r_i i_1$	Gebrochene Welle $u_2=b_u u_1;\ i_2=b_i i_1$
1	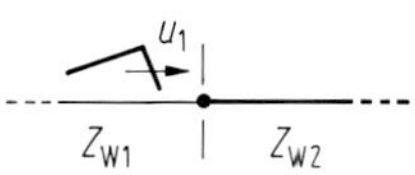	$r_u=\frac{Z_{\mathrm{W}2}-Z_{\mathrm{W}1}}{Z_{\mathrm{W}1}+Z_{\mathrm{W}2}}$ $r_i=-\frac{Z_{\mathrm{W}2}-Z_{\mathrm{W}1}}{Z_{\mathrm{W}1}+Z_{\mathrm{W}2}}=-r_u$	$b_u=\frac{2Z_{\mathrm{W}2}}{Z_{\mathrm{W}1}+Z_{\mathrm{W}2}}$ $b_i=\frac{2Z_{\mathrm{W}1}}{Z_{\mathrm{W}1}+Z_{\mathrm{W}2}}$
2	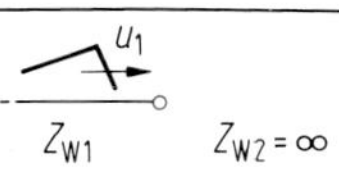	$r_u=1$ $r_i=-1=-r_u$	$b_u=2$ $b_i=0$
3	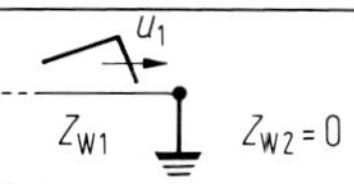	$r_u=-1$ $r_i=1=-r_u$	$b_u=0$ $b_i=2$
4	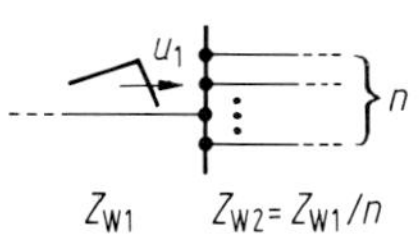	$r_u=\frac{1-n}{1+n}$ $r_i=-\frac{1-n}{1+n}=-r_u$	$b_u=\frac{2}{1+n}$ $b_i=\frac{2n}{1+n}$
5	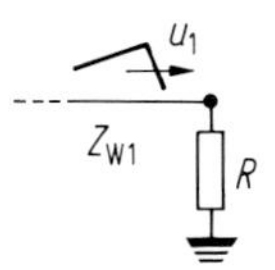	$r_u=\frac{R-Z_{\mathrm{W}1}}{R+Z_{\mathrm{W}1}}$ $r_i=-\frac{R-Z_{\mathrm{W}1}}{R+Z_{\mathrm{W}1}}=-r_u$	$b_u=\frac{2R}{R+Z_{\mathrm{W}1}}$ $b_i=\frac{2Z_{\mathrm{W}1}}{R+Z_{\mathrm{W}1}}$
6	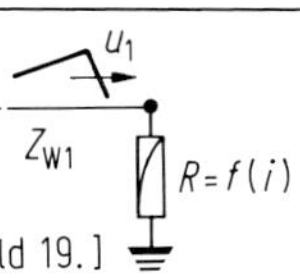 [Bild 19.]	$u_{\mathrm{r}1}=\frac{1}{2}(u_2-Z_{\mathrm{W}1}\,i_2)$ $i_{\mathrm{r}1}\ =i_1-i_2$	$u_2=2u_1-Z_{\mathrm{W}1}\,i_2$ $i_2\ =f(u_2)$
7	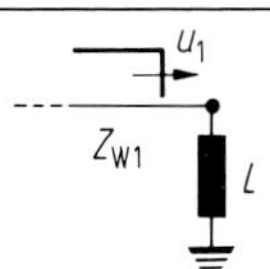	$r_u=2\,\mathrm{e}^{-\frac{Z_{\mathrm{W}1}}{L}t}-1$ $r_i=2\,\mathrm{e}^{-\frac{Z_{\mathrm{W}1}}{L}t}-1$ u_1 ist eine Rechteckwelle	$b_u=2\,\mathrm{e}^{-\frac{Z_{\mathrm{W}1}}{L}t}$ $b_i=2\left(1-\mathrm{e}^{-\frac{Z_{\mathrm{W}1}}{L}t}\right)$
8	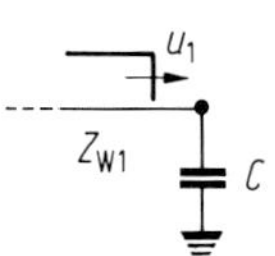	$r_u=1-2\,\mathrm{e}^{-\frac{1}{Z_{\mathrm{W}1}C}t}$ $r\ =1-2\,\mathrm{e}^{-\frac{1}{Z_{\mathrm{W}1}C}t}$ u_1 ist eine Rechteckwelle	$b_u=2\left(1-\mathrm{e}^{-\frac{1}{Z_{\mathrm{W}1}C}t}\right)$ $b_i=2\,\mathrm{e}^{-\frac{1}{Z_{\mathrm{W}1}C}t}$

Für die Fälle Nr. 1 bis Nr. 5 in Tabelle 17.6 gelten die Beziehungen $r_u=b_u-1$ und $r_i=b_i-1$.

Zur zeichnerischen Lösung des Falles Nr. 6 der Tabelle 17.6 in Bild 17.35 benutzt man die beiden grundlegenden Beziehungen für die Ausbreitung von Wanderwellen: $2u_1=u_2+Z_{\mathrm{W}1}\,i_2$ für die einlaufende Welle und $2u_{\mathrm{r}1}=u_2-Z_{\mathrm{W}1}\,i_2$ für die rücklaufende Welle. Man zeichnet zuerst $u_2=f(i_2)$ und $u_1(t)$, dann bildet

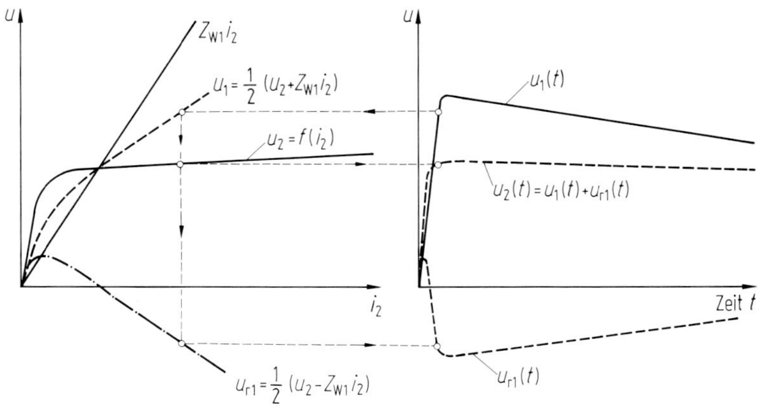

Bild 17.35. Zeichnerische Ermittlung des zeitlichen Spannungsverlaufs $u_2(t)$ an einem nichtlinearen Abschlußwiderstand $R=f(i)$ am Ende einer Leitung mit Z_{W1} nach den Angaben in Tabelle 17.6, Fall Nr. 6 bei vorgegebener Kennlinie $u_2=f(i_2)$ und vorgegebenem Verlauf der Wanderwelle $u_1(t)$

man $u_1 = 1/2\,(u_2 + Z_{W1}\, i_2)$ und $u_{r1} = 1/2(u_2 - Z_{W1}\, i_2)$ mit Hilfe der Geraden $Z_{W1} \cdot i_2$. Jedem Wert $u_1(t)$ lassen sich dann durch einfache Verbindungslinien $u_2(t)$- und $u_{r1}(t)$-Werte zuordnen und im rechten Teil des Bildes eintragen.

Die Brechung und die Reflexion von Wanderwellen bei einfachen Anordnungen mit mehreren Übergängen (Brechungs- und Reflexionspunkten) kann man häufig nach dem Verfahren des Wellengitters von Bewley [17.6, 17.9] veranschaulichen. Dabei dient das zu zeichnende Wellengitter zur Bestimmung der Startzeiten der einzelnen gebrochenen und reflektierten Teilwellen, aus deren Überlagerung man dann den Spannungsverlauf an einzelnen ausgezeichneten Punkten zeichnerisch ermittelt. Bild 17.36 zeigt als Beispiel für diese Methode die Ermittlung der Spannung am Kabeleingang (Kabelendmast) und am Transformator bei einer Anordnung „Transformator mit direkt eingeführtem Kabel". Angenommen wird, daß durch rückwärtigen Überschlag der Freileitung eine Rechteckspannung der Amplitude U_0 aufgeprägt wird, 600 m vom Kabelendmast entfernt. Die Berechnung mit Hilfe des Wellengitters wird dann verglichen mit einer Berechnung mit Hilfe eines Wanderwellen-Digitalprogramms, bei der auch ein Ableiter am Kabeleingang berücksichtigt wurde [17.20]. Die Berechnung ausgehend vom Wellengitter liefert die Spannungsverläufe ohne Ableiter am Kabeleingang. Der Transformator hat einen Eingangswiderstand, der groß ist gegenüber dem Wellenwiderstand des Kabels, so daß Leerlauf am Kabelende angenommen werden kann (Fall Nr. 2 in Tabelle 17.6). An der Überschlagstelle am Mast M wird Kurzschluß vorausgesetzt (Fall Nr. 3 in Tabelle 17.6).

Aus dem Wellengitter nach Bild 17.36b bestimmt man die Zeitpunkte, in denen sich eine Änderung von u_K/U_0 und u_T/U_0 ergibt. Ausgehend von der Amplitude 1 der einlaufenden Welle auf den Übergang Freileitung – Kabel gewinnt man durch Multiplikation mit den Reflexions- und Brechungsfaktoren die Amplituden in den gekennzeichneten Zeitpunkten. Bei der Angabe der Brechungsfaktoren an der Übergangsstelle Freileitung – Kabel wurde von der Beziehung $b=r+1$ Gebrauch gemacht.

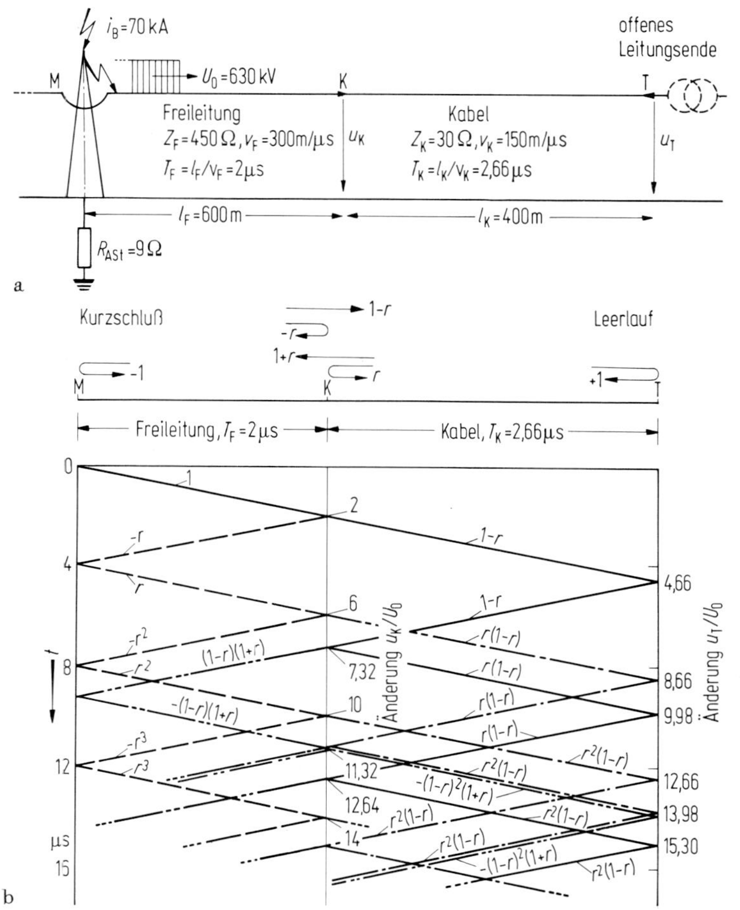

Bild 17.36. Ermittlung des Wellengitters bei nahem Blitzeinschlag in eine Freileitung ($l_F = 600$ m) und direkter Kabeleinführung ($l_K = 400$ m) in einen Transformator (Beispiel für das Laufzeitverhältnis $\tau = T_F/T_K = 0{,}75$).
(**a**) Daten der Anlage; (**b**) Wellengitter für $\tau = 0{,}75$ mit $r = -r_u$ nach Tabelle 17.6 bei einem Transformatoreingangswiderstand $\rightarrow \infty$

Die rechnerische Auswertung zur Ermittlung des zeitlichen Verlaufs von u_K/U_0 und u_T/U_0 wird in Tabelle 17.7 durchgeführt. Setzt man für die einlaufende Spannungswelle $U_0 = 70\,\text{kA} \cdot 9\,\Omega = 630$ kV nach Bild 17.36a voraus, so kann man den zeitlichen Verlauf von u_K und u_T in Bild 17.37 zeichnen. Zum Vergleich sind in Bild 17.37 die Ergebnisse einer Digitalberechnung für u_K, u_T und den Ableiterstrom i_{Abl} eingetragen. Man erkennt verhältnismäßig gute Übereinstimmung bis zum Ansprechen des Ableiters bei 375 kV. Bei der Digitalberechnung wurde eine einlaufende Welle ebenfalls mit $U_0 = 630$ kV vorausgesetzt, aber nicht mit unendlich steiler Stirn sondern einer Stirnzeit von 1 µs.

Will man anstelle der Rechteckwelle mit konstanter Amplitude eine Stoßwelle verwenden, so läßt sich die Stoßwelle durch Subtraktion zweier Exponential-

Tabelle 17.7. Faktoren zur Berechnung der Spannung u_K am Kabeleingang und u_T am Transformator für die Anordnung nach Bild 17.36a ausgehend vom Wellengitter nach Bild 17.36b

Zeitpunkt (μs)	Berechnungsgleichungen für		$\frac{u_K}{U_0}$	$\frac{u_T}{U_0}$
	u_K/U_0	u_T/U_0		
0	0	0	0	0
2,0	$1-r$	0	0,125	0
4,66	$1-r$	$2(1-r)$	0,125	0,250
6,0	$1-r^2$	$2(1-r)$	0,234	0,250
7,32	$2(1-r^2)$	$2(1-r)$	0,469	0,250
8,66	$2(1-r^2)$	$2(1-r^2)$	0,469	0,469
9,98	$2(1-r^2)$	$2+2r-4r^2$	0,469	0,688
10,0	$2-r^2-r^3$	$2+2r-4r^2$	0,565	0,688
11,32	$1+2r-3r^3$	$2+2r-4r^2$	0,740	0,688
12,64	$1+3r-4r^3$	$2+2r-4r^2$	0,945	0,688
12,66	$1+3r-4r^3$	$2+2r-2r^2-2r^3$	0,945	0,879
13,98	$1+3r-4r^3$	$4r+2r^2-6r^3$	0,945	1,012
14,0	$1+3r-3r^3-r^4$	$4r+2r^2-6r^3$	1,033	1,012
15,3	–	$4r+4r^2-8r^3$	–	1,203

Reflexionsfaktor $r=\frac{Z_F-Z_K}{Z_F+Z_K}=\frac{450\,\Omega-30\,\Omega}{450\,\Omega+30\,\Omega}=0{,}875$ mit $r=-r_u$ nach Tabelle 17.6

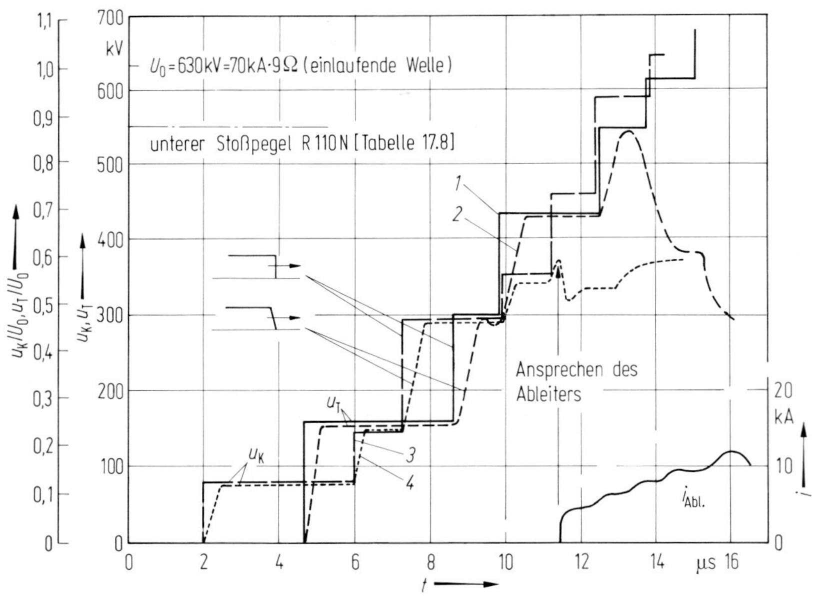

Bild 17.37. Spannungsverlauf u_K und u_T nach Tabelle 17.7 bei einer einlaufenden Welle $U_0=630$ kV (Scheitelwert der Rechteckwelle) für die Anordnung nach Bild 17.36a) und Vergleich mit den Ergebnissen einer Digitalberechnung.

u_K Spannung am Übergang Freileitung – Kabel auf der Kabelseite;
u_T Spannung am Transformator;
i_{Abl} Strom durch den Ableiter am Kabeleingang nach seinem Ansprechen.

1 u_T nach Tabelle 17.7; *3* u_K nach Tabelle 17.7;
2 u_T Digitalrechnung; *4* u_K Digitalrechnung.

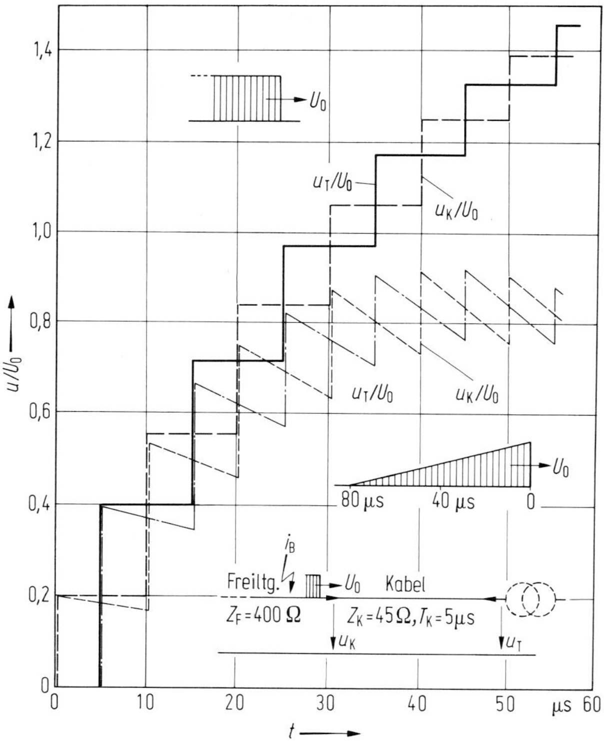

Bild 17.38. Direkter Leiterseileinschlag (Naheinschlag) bei direkter Kabeleinführung in einen Transformator (Beispiel). Zeitlicher Verlauf der Spannungen u_K und u_T bezogen auf U_0 für eine Rechteckwelle und im Vergleich dazu für eine Keilwelle mit 40 µs Halbwertzeit $(Z_F - Z_K)/(Z_F + Z_K) = 0{,}8$

Funktionen nachbilden: $u_1 \approx U_0(\exp(-\alpha t) - \exp(-\beta t))$. Im einfachsten Fall wählt man eine Stoßwelle mit unendlich steiler Stirn und exponentiell abfallendem Rücken in der Form $u_1 = U_0 \exp(-\alpha t)$.

Als Beispiel für die Auswirkung des exponentiell abfallenden Rückens der Stoßwelle gegenüber dem Fall der Rechteckwelle zeigt Bild 17.38 den zeitlichen Spannungsverlauf am Kabeleingang und am Transformator bei einem Naheinschlag auf eine Anordnung mit direkter Kabeleinführung in einen Transformator.

Zur Berechnung von Wanderwellenvorgängen in komplizierten Fällen mit Reflexion und Brechung an mehreren Punkten sowie Betriebsmitteln mit nichtlinearer Kennlinie verwendet man Digitalprogramme nach der Wanderwellenmethode von Schnyder-Bergeron [17.18, 17.20], die ursprünglich von Schnyder und Bergeron als graphische Methode zur Berechnung von Ausgleichsvorgängen in Druckrohrleitungen entwickelt wurde.

Die Bergeron-Methode für Wanderwellenvorgänge auf Leitungen geht von den partiellen Differentialgleichungen der verlustlosen Leitung ($R' = 0$, $G' = 0$) aus, die hier ohne Indizes für das Mitsystem geschrieben werden sollen mit $u = u(x, t)$ und $i = i(x, t)$:

$$-\frac{\partial u}{\partial x} = L' \frac{\partial i}{\partial t}; \qquad -\frac{\partial i}{\partial x} = C' \frac{\partial u}{\partial t} \tag{17.57}$$

Durch Elimination von u bzw. i findet man:

$$\frac{\partial^2 u}{\partial x^2}-\frac{1}{v^2}\frac{\partial^2 u}{\partial t^2}=0; \quad \frac{\partial^2 i}{\partial x^2}-\frac{1}{v^2}\frac{\partial^2 i}{\partial t^2}=0 \tag{17.58}$$

Dabei ist $v=1/\sqrt{L'C'}$ die Ausbreitungsgeschwindigkeit (Fortpflanzungsgeschwindigkeit) von Spannung und Strom auf der Leitung mit $v=\omega/\beta_1$ nach Gl. (9.90) für die verlustlose Leitung. Bei Freileitungen gilt $v\approx c$, bei Kabeln mit $\mu_r=1$ und $\varepsilon_r\approx 4$ (Tabelle 10.1) wird $v\approx 0{,}5\,c$.

Die beiden Funktionen

$$u=ZF(x-v\,t)-Zf(x+v\,t) \tag{17.59}$$

$$i=F(x-v\,t)+f(x+v\,t) \tag{17.60}$$

befriedigen jede für sich die entsprechende Gl. (17.58) sowie zusammen die Gl. (17.57). Sie sind also die allgemeinen Lösungen. Die Funktion $F(x-v\,t)$ beschreibt eine in positiver x-Richtung laufende Welle, während die Funktion $f(x+v\,t)$ die in negativer x-Richtung laufende Welle beschreibt.

Multipliziert man Gl. (17.60) mit Z und addiert bzw. subtrahiert man sie zur Gl. (17.59), so findet man:

$$u+Z\,i=2ZF(x-v\,t) \tag{17.61}$$

$$u-Z\,i=-2Zf(x+v\,t) \tag{17.62}$$

Für $x-v\,t=\text{const}$ ist die linke Seite der Gl. (17.61) konstant, das Entsprechende gilt für Gl. (17.62), wenn $x+v\,t=\text{const}$ ist.

Nach Bergeron kann man sich einen Beobachter vorstellen, der sich nach Bild 17.39a mit gleichbleibender Geschwindigkeit v in positiver x-Richtung bewegt, wobei er z.B. zur Zeit t am Leitungsanfang im Punkt A startet. Dabei wird dann $v-x\,t=\text{const}$. Der Beobachter bewegt sich auf der Geraden $u+Z\,i$ mit dem Neigungswinkel $\alpha_-=\arctan(-Z)$ im u, i-Diagramm. Ist der Ausganszustand im Punkt A der Leitung durch die Koordinaten u_t und i_t des Punktes A_t gegeben, so sind alle Zustandsänderungen der in die Leitung in positiver x-Richtung einlaufenden Welle durch die Koordinaten einzelner Punkte auf der Geraden mit der Neigung $\tan\alpha_-=-Z$ durch A_t gegeben. Entsprechende Überlegungen gelten für einen Beobachter, der mit v^* in negativer x-Richtung vom Punkt B aus in Bild 17.39b auf der Leitung läuft. Ist der Ausgangszustand in B zum Zeitpunkt t^* durch die Koordinaten des Punktes B_{t^*} gegeben, so erscheinen alle Zustandsänderungen der vom Leitungsende B in negativer x-Richtung laufenden Welle auf einer durch B_{t^*} gehenden Geraden mit der Neigung $\tan\alpha_+^*=Z^*$.

In der Bergeron-Darstellung verschwindet somit die Zeitkoordinate, was dadurch verständlich wird, daß man mit Beobachtern arbeitet, die sich mit der Wanderwelle fortbewegen. Die Zeit erscheint nur noch als Parameter.

Betrachtet man Bild 17.39c mit zwei Leitungsabschnitten bei unterschiedlichen Längen l und l^* sowie unterschiedlichen Wellenwiderständen Z und Z^* und unterschiedlichen Geschwindigkeiten v und v^* der Wanderwellen, so arbeitet man zum Auffinden des u, i-Zustandes im Treffpunkt der beiden Leitungen mit zwei

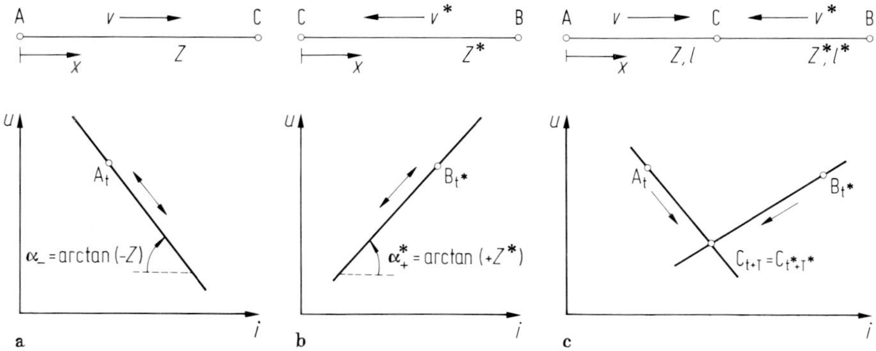

Bild 17.39. Bergeron-Geraden im u, i-Diagramm.
(**a**) Vorlaufende Welle mit $x - v\,t = \text{const}$ auf der Geraden $u + i\,Z = \text{const}$;
(**b**) rücklaufende Welle mit $x + v\,t = \text{const}$ auf der Geraden $u - Z\,i = \text{const}$;
(**c**) vor- und rücklaufende Wellen auf zwei Leitungsabschnitten mit dem Treffpunkt C

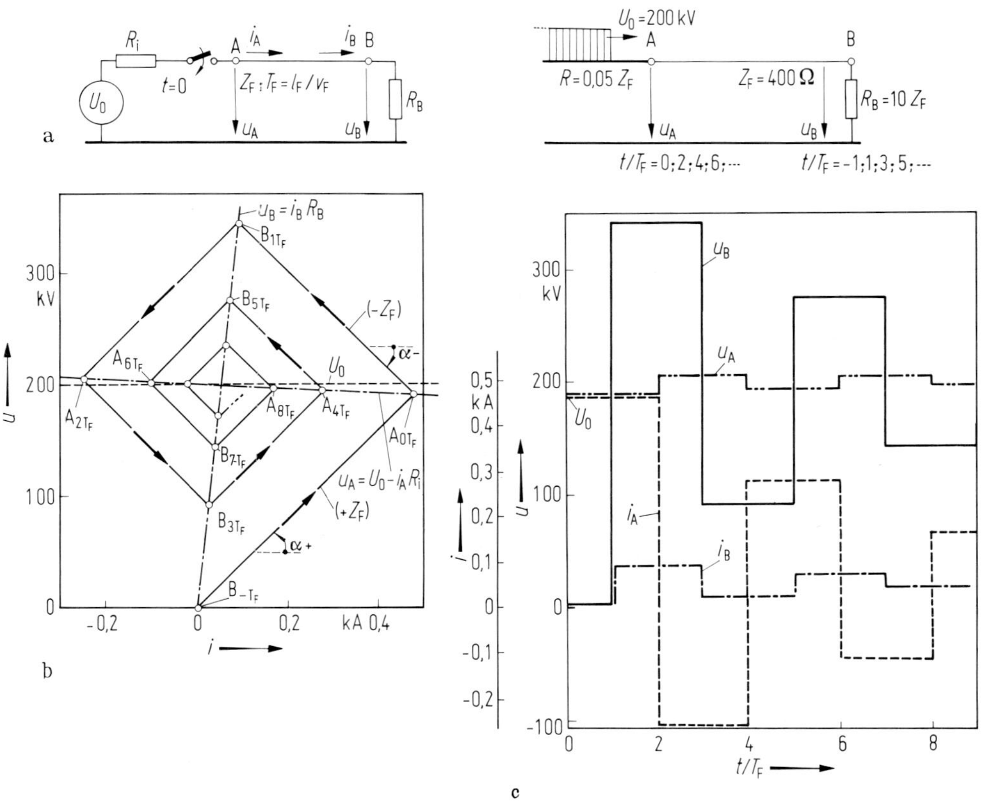

Bild 17.40. Wanderwellenverlauf auf einer Leitung nach Bergeron mit einem Beobachter (Wellenreiter [17.22]).
(**a**) Anordnung und Daten; (**b**) Bergeron-Diagramm mit den Bergeron-Geraden $(+Z_F)$ und $(-Z_F)$; (**c**) Spannungs- und Stromverlauf, wobei für jeden Zeitpunkt $u_A = U_0 - i_A R_i$ und $u_B = i_B R_B$ gilt

Beobachtern, die zu unterschiedlichen Zeiten in den Punkten A und B starten und sich in C treffen. Dies ist dann der Fall, wenn $t+T=t^*+T^*$ gilt, wobei T bzw. T^* die Laufzeiten zwischen A und C bzw. B und C bezeichnen mit $T=l/v$ bzw. $T^*=l^*/v^*$. Im Punkt C gilt dann $u_C(t+T)=u_C(t^*+T^*)$ und $i_C(t+T)=i_C(t^*+T^*)$.

Als einfaches Beispiel mit einem Beobachter soll die Anordnung nach Bild 17.40a betrachtet werden, bei der eine Spannungsquelle $U_0=\text{const}$ über einen Widerstand $R_i=0{,}05\,Z_F$ auf eine verlustlose Freileitung mit Z_F und $T_F=l_F/v_F$ geschaltet wird. Die Freileitung ist abgeschlossen mit einem Widerstand $R_B=10\,Z_F$. Nach [17.22] zeichnet man in das u, i-Diagramm nach Bild 17.39b zuerst die beiden Geraden $u_A=U_0-i_A R_i$ und $u_B=i_B R_B$. Dann trägt man die Bergeron-Gerade $(-Z_F)$ ein mit dem Winkel $\alpha_-=\arctan(-Z_F)$. Der Beobachter startet zum Zeitpunkt $t=-T_F$ am Leitungsende in Punkt B und läuft auf der Leitung zum Anfangspunkt A. Am Punkt B zur Zeit $-T_F$ gilt $u=0$ und $i=0$, so daß die Bergeron-Gerade durch den Koordinatenursprung geht. Der Beobachter erreicht den Punkt A zur Zeit $t=0=0\,T_F$ und läuft dann wieder zurück zum Punkt B, also in Bild 17.40b auf der Geraden $(+Z_F)$ durch den Punkt A_{0T_F} bis zum Schnittpunkt mit $u_B=i_B R_B$. Die weitere Konstruktion erkennt man leicht aus Bild 17.40b. Zugehörig zum Bergeron-Diagramm sind im Bild 17.40c die Spannungen und Ströme am Anfang und Ende der Leitung in ihrem zeitlichen Verlauf aufgezeichnet.

17.5 Isolationskoordination

17.5.1 Aufgabe der Isolationskoordination

Die Aufgabe der Isolationskoordination ist die Auswahl der Isolationspegel der Betriebsmittel im Verhältnis zu den in einem Netz, in dem die Betriebsmittel eingesetzt werden sollen, auftretenden Spannungen (Spannungen im Normalbetrieb und Überspannungen). Dabei sind die Eigenschaften der Überspannungs-Schutzeinrichtungen so zu berücksichtigen, daß die Wahrscheinlichkeit eines Schadens für die Isolation der Betriebsmittel oder die Wahrscheinlichkeit der Beeinträchtigung der Betriebskontinuität auf ein wirtschaftlich und betriebsmäßig vertretbares Maß herabgesetzt wird.

Bei dieser Aufgabe sind die folgenden Arten von Spannungsbeanspruchungen, die während des Netzbetriebes für die Betriebsmittel auftreten können, angemessen zu berücksichtigen:

Betriebsfrequente Spannungen unter normalen Betriebsbedingungen, die die höchste dauernd zulässige Spannung U_m für Betriebsmittel nicht überschreiten.

Zeitweilige Spannungserhöhungen (als zeitweilige Spannungserhöhungen werden die an einem bestimmten Ort auftretenden ungedämpften oder schwach gedämpften Überspannungen Leiter gegen Erde oder Leiter gegen Leiter mit verhältnismäßig langer Dauer bezeichnet mit einer Frequenz wie oder ähnlich wie die Betriebsfrequenz).

Schaltüberspannungen – innere Überspannungen-(Schaltüberspannungen sind Überspannungen Leiter gegen Erde oder Leiter gegen Leiter, die durch eine Schalthandlung, einen Fehler im Netz oder durch einen anderen Vorgang im Inneren des Netzes hervorgerufen werden).

Blitzüberspannungen – atmosphärische Überspannungen oder äußere Überspannungen (Blitzüberspannungen sind Überspannungen Leiter gegen Erde oder Leiter gegen Leiter, die durch eine atmosphärische Entladung oder einen direkten Blitzeinschlag, also äußere Entladungsvorgänge, hervorgerufen werden).

Bei der Vielfalt der im Netzbetrieb auftretenden Betriebs- und Fehlerzustände und der Vielfalt der in Form und Höhe unterschiedlichen Spannungsbeanspruchungen ist es nicht möglich, jedem Fall der Spannungsbeanspruchung eine eigens in der Form, der Dauer und der Höhe angepaßte Prüfspannung zuzuordnen. Es ist vielmehr notwendig, eine möglichst beschränkte Zahl von Prüfungen auszuwählen, so daß die Aufgabe der Isolationskoordination möglichst zuverlässig erfüllt wird [17.9, 17.32, 17.46, 17.72].

Diese Prüfungen, die man auch als dielektrische Prüfungen bezeichnet, sind Langzeit-Wechselspannungsprüfungen, Kurzzeit-Wechselspannungsprüfungen (1-Minuten-Prüfungen), Schaltstoßspannungsprüfungen und Blitzstoßspannungsprüfungen.

Die Auswahl der notwendigen dielektrischen Prüfungen richtet sich nach der Höhe der Spannung U_m und nach der Art des betrachteten Betriebsmittels (Abschnitt 17.5.2). Bei neueren Überlegungen zur Isolationskoordination wird deshalb der Auswahl der Prüfungen je nach der Art der Betriebsmittel erhöhte Bedeutung beigemessen und empfohlen, daß die Prüfbestimmungen unter Beachtung der Grundsätze der Isolationskoordination jeweils angepaßt an die Eigenart der einzelnen Betriebsmittel festgelegt werden [17.72].

Bei Betriebsmitteln mit höchsten dauernd zulässigen Spannungen U_m über 1 kV und bis einschließlich 245 kV wird das Verhalten der Isolation unter Betriebswechselspannung, zeitweiligen Spannungserhöhungen und Schaltüberspannungen im allgemeinen durch eine Kurzzeit-Wechselspannungsprüfung (1-Minuten-Prüfung) ausreichend überprüft. Das Verhalten bei Blitzüberspannungen wird durch eine Blitzstoßspannungsprüfung festgestellt. Wird das Isolationsverhalten bei Betriebswechselspannungen und zeitweiligen Spannungserhöhungen durch Alterung (innere Isolation) oder durch Verschmutzung (äußere Isolation) beeinflußt, so kann neben der 1-Minuten-Prüfwechselspannung zusätzlich eine Langzeit-Wechselspannungsprüfung oder eine Verschmutzungsprüfung notwendig werden.

Dieses Vorgehen fand bisher auch erfolgreich Anwendung bei Spannungen bis einschließlich $U_m = 420$ kV [17.32]. Bei Betriebsspannungen dieser Höhe und darüber tritt jedoch die Schaltspannungsbeanspruchung als dimensionierende Größe zunehmend in den Vordergrund.

Wenn die Kurzzeit-Prüfwechselspannungen in einer Höhe gefordert werden, die unter normalen Netzbedingungen nicht auftreten kann, so soll damit ausreichende Sicherheit gegen zeitweilige Spannungserhöhungen und Schaltüberspannungen erreicht werden. Durch diesen Kompromiß wird es möglich, daß eine besondere Schaltspannungsprüfung im allgemeinen entbehrlich wird.

Bei Betriebsmitteln mit $U_m \geqq 300$ kV wird man nach [17.72] das Verhalten der Isolation bei Betriebswechselspannungen und zeitweiligen Überspannungen durch Langzeit-Wechselspannungsprüfungen untersuchen, um die angemessene Auslegung eines Betriebsmittels im Hinblick auf Alterung und Verschmutzung zu zeigen. Das Verhalten der Betriebsmittel in diesem Spannungsbereich bei Blitz- bzw.

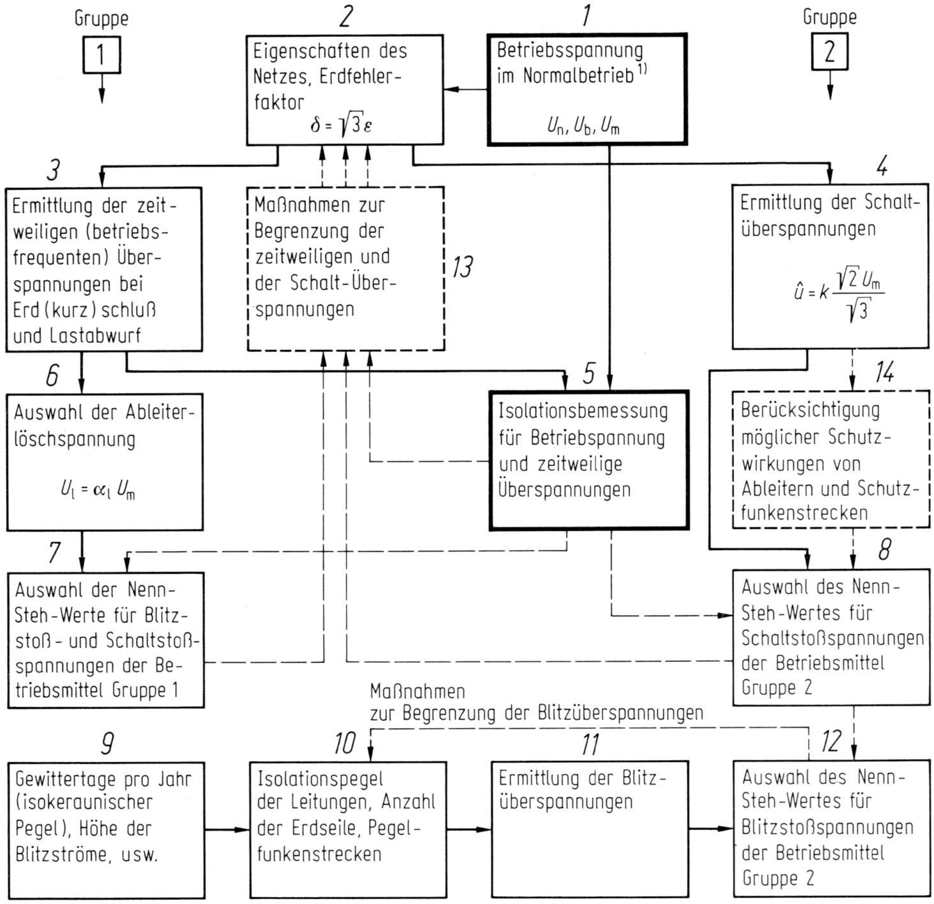

Bild 17.41. Ablaufplan zur Festlegung der Isolationskoordination und Isolationsbemessung in Hochspannungsnetzen [17.72].

1 Gruppe der Betriebsmittel mit direktem Ableiterschutz (Transformatoren, Ladestromdrosseln, vollgekapselte Schaltanlagen);

2 Gruppe der Betriebsmittel ohne direkten Ableiterschutz (Freileitungen, Schaltgeräte und offene Schaltanlagen);

→ Hauptrichtungen, – → Rückführungen;

1 ... 14 s. weitere Hinweise im Text (Abschnitt 17.5.1)

Schaltüberspannungen wird durch Blitzstoß- bzw. Schaltstoßspannungsprüfungen überprüft.

Zur Verknüpfung der Spannungsbeanspruchungen mit den Prüfspannungen unter Einbeziehung von Überspannungs-Schutzeinrichtungen kann Bild 17.41 nach [17.72] dienen. Unterschieden werden zwei Gruppen, wobei Gruppe 1 die Betriebsmittel mit Ableiterschutz (z.B. also Transformatoren mit Ableitern an den Klemmen oder in der Nähe der Klemmen) und Gruppe 2 die Betriebsmittel ohne Ableiterschutz (oder Ableiter nur in größerer Entfernung) enthält. Überlegungen dieser Art sind im allgemeinen nur notwendig für hohe Spannungen (z.B.

$U_m \geqq 420$ kV). Bei kleineren Netzspannungen werden meist Pegel verwendet, die U_m eindeutig zugeordnet sind (Abschnitt 17.5.2).

Am Anfang der Überlegungen zur Isolationskoordination nach Bild 17.41 steht die Frage der Isolationsbemessung für den normalen Betrieb (Block 5) und zeitweilige Spannungserhöhungen (z.B. durch Erdkurzschluß und Lastabwurf) gemeinsam für alle Betriebsmittel. Zu diesen Überlegungen gehört auch die Frage der Verschmutzung. Zum Block 5 gelangt man von Block 1 direkt und auf einem zweiten Wege über die Blöcke 2 und 3. Unter Umständen muß man Zusatzüberlegungen nach Block 13 einschalten. Hat man z.B. die Durchführung eines Transformators oder die Freileitungsisolatoren für eine bestimmte Verschmutzung ausgelegt so halten diese auch eine bestimmte Blitzstoß- oder Schaltstoßspannung (gestrichelte Linie von Block 5 zu den Blöcken 7 und 8).

Die weiteren Betrachtungen für die Betriebsmittel der Gruppe 1 und 2 werden nach Bild 17.41 auf getrennten Wegen durchgeführt.

Bei den Betriebsmitteln der Gruppe 1 wählt man die Ableiterlöschspannung (Block 6), wobei der Ableiterfaktor α_l u.U. größer ist als die Erdungszahl ε (s. auch Abschnitt 17.5.3). Damit ist dann der Schutzpegel für Blitz- und Schaltstoßspannungen festgelegt. Da zwischen den Schutzpegeln und den Isolationspegeln der Betriebsmittel für Blitzstoß- und Schaltstoßspannungen eine Pegelsicherheit eingerechnet wird, erhält man auf diese Weise die zu fordernden Nenn-Steh-Blitzstoßspannungen (1,2/50 µs) und Nenn-Steh-Schaltstoßspannungen (250/2500 µs: Scheitelwert/Rückenhalbwertszeit) nach Block 7. Bei der Auswahl ist auf die genormten Werte für Blitz- und Schalt-Stoßspannungen Rücksicht zu nehmen. Bei diesem Vorgehen werden also nicht die tatsächlich zu erwartenden

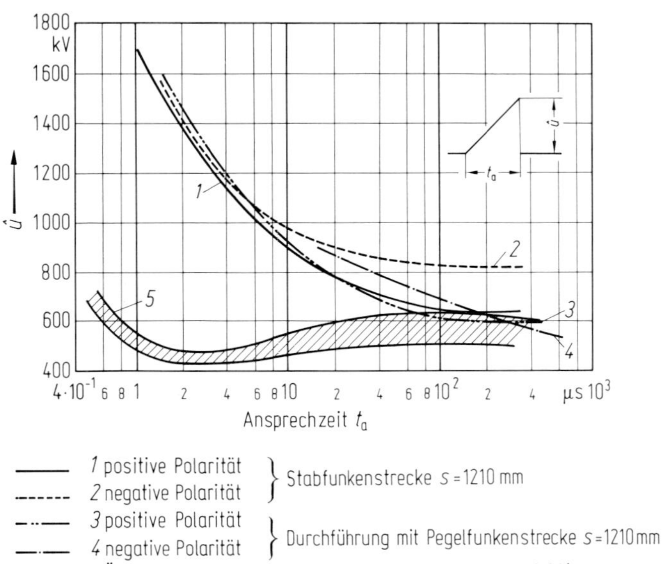

Bild 17.42. Stoßkennlinien einer Stabfunkenstrecke und einer Durchführung mit Pegelfunkenstrecke im Vergleich zur Ansprechspannung eines Ableiters abhängig von der Ansprechzeit t_a

Überspannungen zugrunde gelegt für die Nenn-Isolationspegel sondern die Isolationspegel, die auf den Schutzpegeln der Ableiter aufbauen.

Stellt man Überlegungen zum Schutz der Betriebsmittel der Gruppe 1 an, so muß man darauf achten, daß Funkenstrecken in einer Schaltanlage oder Pegelfunkenstrecken an einer Transformatordurchführung mit ihren Kennlinien u.U. einen Schnittpunkt bilden mit der Ansprechkennlinie der eingesetzten Ableiter, wie in Bild 17.42 gezeigt, so daß dann bei Schaltüberspannungen die Funkenstrecke u.U. allein anspricht und eine für die Isolation des Transformators hohe Beanspruchung durch eine abgeschnittene Welle erzeugt.

Bei der Isolationskoordination für Betriebsmittel der Gruppe 2, insbesondere für Betriebsmittel mit selbstheilender Isolation, geht man von der statistischen Verteilung der Überspannungen und von der statistischen Verteilung der Überschlagswahrscheinlichkeit des Betriebsmittels aus und gelangt so mit statistischen Überlegungen zur Auswahl der Nenn-Steh-Schaltstoßspannung [17.72]. Dieses Vorgehen für $U_m \geqq 300$ kV setzt jedoch sowohl Untersuchungen am Netz oder am geplanten Netz als auch statistische Untersuchungen zum Überschlagsverhalten der Betriebsmittel im Labor voraus. Untersuchungen und Vorschläge zur Bemessung der Luftabstände abhängig von den gewählten Nenn-Isolationspegeln bei $U_m \geqq 300$ kV findet man in [17.66].

17.5.2 Isolationspegel

Tabelle 17.8 enthält eine Auswahl der Nenn-Steh-Wechselspannungen, der Nenn-Steh-Blitzstoßspannungen und der Nenn-Steh-Schaltstoßspannungen je nach Spannungsbereich abhängig von der höchsten dauernd zulässigen Spannung für Betriebsmittel [17.72]. Zu unterscheiden sind drei Spannungsbereiche:

$1\,\text{kV} \leqq U_m < 52\,\text{kV}$ (Bereich A), $52\,\text{kV} \leqq U_m < 300\,\text{kV}$ (Bereich B) und $U_m \geqq 300\,\text{kV}$ (Bereich C).

In den Bereichen A und B sind nur Wechselspannungs- und Blitzstoßspannungs-Prüfungen vorgesehen, während beim Bereich C eine Schaltstoßspannungsprüfung eingeführt wird und die Wechselspannungsprüfung soweit erforderlich von den zuständigen Komitees für Betriebsmittel festzulegen ist.

Im Spannungsbereich A kann man Nenn-Steh-Blitzstoßspannungen nach Liste 1 oder Liste 2 wählen, je nach der Gefährdung durch Blitzüberspannungen entsprechend Reihe S oder N in [17.32]. In den Bereichen B und C wählt man Isolationspegel abhängig vom Erdfehlerfaktor, vom Netzaufbau und von den Eigenschaften der Überspannungsschutzeinrichtungen aus. Im Bereich C benutzt man dazu Bild 17.41.

Bei der Anwendung von Ventilableitern muß der Schutzpegel um ein angemessenes Maß (15% bis 40%) kleiner sein als der Isolationspegel des zu schützenden Betriebsmittels. Der Schutzpegel bei Blitzstoßspannungen ergibt sich als der höchste der drei Werte an den Klemmen des Ableiters: Maximale Ansprechblitzstoßspannung, maximale Restspannung bei festgelegtem Nennableitstoßstrom und maximale Stirnansprechspannung geteilt durch 1,15 [17.72]. Der Schutzpegel bei Schaltstoßspannungen ist der Höchstwert der Ansprechschaltstoßspannung an den Klemmen des Ableiters. Hier ist meist eine Pegelsicherheit von 15% ausreichend.

Tabelle 17.8. Nenn-Steh-Wechselspannungen, Nenn-Steh-Blitzstoßspannungen und Nenn-Steh-Schaltstoßspannungen (Auswahl nach [17.72]) zur Isolationskoordination

U_n	U_m [a]	Nenn-Steh-Wechsel-spannung U_{nW} (Effektivwert)	Nenn-Steh-Blitz-stoßspannung U_{nB} (Scheitelwert) Liste 1 [b]	Liste 2 [c]	Nenn-Steh-Schaltstoß-spannung U_{nS} (Scheitelwert)	Bemerkungen
kV	kV	kV	kV	kV	kV	–
10	12	28	60	75	–	Werte der Liste 1 entsprechen Reihe S, Werte der Liste 2 entsprechen Reihe N [17.32]
20	24	50	95	125	–	
30	36	70	145	170	–	
60	72,5	140	325		–	Reihe 60 N [17.32]
110	123	185	450		–	Reihe 110 NE [17.32]
110	123	230	550		–	Reihe 110 N [17.32]
220	245	360	850		–	[d] Auswahl möglicher Zuordnungen von Nenn-Steh-Stoßspannungen
220	245	395	950		–	[d]
220	245	460	1050		–	[d]
380	420	–	1300		950	[e]
380	420	–	1425		1050	[e]

[a] Höchste Spannungen für Betriebsmittel, allein maßgebend für die Isolationskoordination.
[b] Liste 1 für Betriebsmittel in Anlagen, die nicht durch Blitzüberspannungen gefährdet sind – entsprechend Reihe S in [17.32].
[c] Liste 2 entsprechend Reihe N in [17.32].
[d] Nach [17.32] gilt für Reihe 220 NE: $U_{nW} = 395$ kV (Isolationsgruppe F), $U_{nB} = 900$ kV und für Reihe 220 N: $U_{nW} = 460$ kV, $U_{nB} = 1050$ kV.
[e] Auswahl von U_{nB} und U_{nS} auch in anderer Zuordnung möglich [17.72], stark abhängig vom Erdfehlerfaktor, vom Schutzpegel der Ableiter und vom betrachteten Betriebsmittel.

17.5.3 Auswahl und Einsatz von Ventilableitern

Ventilableiter (Ableiter oder Überspannungsableiter) bestehen im wesentlichen aus in Reihe geschalteten Funkenstrecken und spannungsabhängigen Widerständen. Die Funkenstrecken können magnetisch beblasen sein. Ableiter sollen andere Betriebsmittel, insbesondere Transformatoren, gegen Überspannungen schützen. Um die ordnungsgemäße Funktion eines Ableiters zu gewährleisten, ist eine sachgerechte Auswahl vorzunehmen. Hier sollen einige Hinweise zur Auswahl und zum Einsatz zusammengestellt werden [17.59].

Ableiterauswahl

Ein Ableiter wird im wesentlichen durch folgende Größen gekennzeichnet:

Löschspannung U_l }
Nennableitstoßstrom } auf dem Leistungsschild angegeben

Langwellen-Stoßstrom	(Prüfung nur für Ableiter mit nicht strombegrenzenden Funkenstrecken)
Kurzschlußfestigkeit	(Prüfströme für Druckentlastung: 5, 10, 20 oder 40 kA)

Von der Löschspannung eines Ableiters hängen seine Ansprechwechselspannung U_{aW} und seine Restspannung U_r ab. Mit Rücksicht auf das Löschverhalten kann ein bestimmtes Verhältnis $U_{aW\,min}/U_l \approx (1{,}5 \ldots 1{,}7)$ (bei kleinen Löschspannungen $U_{aW\,min}/U_l \approx 1{,}7$, bei großen Löschspannungen über etwa 100 kV $U_{aW\,min}/U_l \approx 1{,}5$) nicht unterschritten werden. Der Höchstwert ($\approx 100\,\%$-Wert) der Ansprechblitzstoßspannung $U_{aB\,100}$ und die obere Grenze der Ansprechwechselspannung $U_{aW\,max}$ (und damit auch die Löschspannung) stehen meist in einem bestimmten Verhältnis (Tabelle 17.9). Ebenso hängt der Höchstwert ($\approx 100\,\%$-Wert) der Ansprechschaltstoßspannung $U_{aS\,100}$ mit der Ansprechwechselspannung zusammen $\left(U_{aS} = k\sqrt{2}\,U_{aW\,max}\text{, mit } k = (1 \ldots 1{,}2)\right)$. Der Höchstwert der Restspannung bei einem Ableitstrom von 10 kA (Welle 8|20) entspricht häufig dem Höchstwert der Ansprechblitzstoßspannung. Bei einem bestimmten Ableitertyp und einer bestimmten Höhe der Löschspannung sind also folgende Größen an die Löschspannung gekoppelt:

Ansprechwechselspannung	$U_{aW\,min} \cdots U_{aW\,max}$
Ansprechblitzstoßspannung	$U_{aB\,100}$
Ansprechschaltstoßspannung	$U_{aS\,100}$
Restspannung	U_r (Höchstwert der Spannung am Ableiter beim Durchgang des Nennableitstoßstromes)

U_l und U_{aW} werden als Effektivwerte angegeben, während U_{aB}, U_{aS} und U_r und die Stirnansprechspannungen als Scheitelwerte angegeben werden.

Die Löschspannung ist die wichtigste Größe zur Kennzeichnung eines Ableiters. Ableiter werden deshalb nach ihrer Löschspannung benannt.

Da die Löschspannung die höchste Spannung mit Betriebsfrequenz am Ableiter ist, bei der der Folgestrom nach einem Ansprechen noch unterbrochen wird, muß die Löschspannung im Hinblick auf ein einwandfreies Löschverhalten so gewählt werden, daß sie gleich oder größer ist wie die höchste an seinen Klemmen im Betrieb auftretende betriebsfrequente Spannung. Spannungserhöhungen im Netz durch Entlastung (z.B. Lastabwurf eines Kraftwerks) oder durch Erdschlüsse bzw. Erdkurzschlüsse oder andere Betriebsbedingungen sind zu berücksichtigen. In Ausnahmefällen wird jedoch ein mögliches Überschreiten der Löschspannung durch betriebsfrequente Spannungserhöhungen bewußt in Kauf genommen, wenn sonst kein Schutz durch den Ableiter erreicht werden kann. Man muß in diesem Fall besonders auf die Kurzschlußfestigkeit des Ableiters achten und u.U. Reserveableiter bereitstellen.

Ableiter können zwischen Leiter und Erde, zwischen dem Sternpunkt eines Transformators und Erde und in seltenen Fällen zwischen den Leitern eingesetzt werden (z.B. zum Schutz einer Dreieckswicklung).

Für Ableiter zwischen Leiter und Erde in einem Drehstromnetz wird die Löschspannung abhängig von der höchsten betriebsfrequenten Spannung Leiter

Tabelle 17.9. Gebräuchliche Werte von Ableitern Leiter gegen Erde (Auswahl) in der BR Deutschland [17.59]. Für die Höchstwerte der Ansprechschaltstoßspannung gilt etwa $U_{aS100} \approx (1{,}0 \dots 1{,}2)\sqrt{2}\, U_{aWmax}$

Zeile	Reihe	U_m kV	U_l kV	$U_{aWmin} \dots U_{aWmax}$ kV	U_{aB100} [a] kV	U_r [a] kV	Sternpkt.-Behandlg. [b] –
1	10 N	12	12	$(1{,}67 \dots 2{,}08)\, U_l$	$3{,}33\, U_l$	$3{,}33\, U_l$	F, K
2	20 N	24	24				
3	30 N	36	36				
4	110 N, S	125	132 ... 144	$(1{,}5 \dots 1{,}83)\, U_l$	$2{,}35\, U_l$	$2{,}6\, U_l$	K
5	110 NE	125	108 ... 120				E
6	220 NE	250	216 ... 234 [c]	$(1{,}5 \dots 1{,}83)\, U_l$	$2{,}22\, U_l$	$2{,}6\, U_l$	E
7	380 NE	420	360	$(1{,}5 \dots 1{,}78)\, U_l$	$2{,}14\, U_l$	$2{,}5\, U_l$	E
8	380 NE	420	408 ... 426 [c]				E

[a] Die Faktoren enthalten $\sqrt{2}$ für den Übergang vom Effektivwert auf den Scheitelwert.
[b] F: Netze mit freiem Sternpunkt; K Netze mit Erdschlußkompensation; E: Netze mit niederohmiger Erdung: $\delta \leqq 1{,}4$.
[c] Höhere Werte für Blocktransformatoren mit freiem Sternpunkt.

gegen Erde gewählt. Für die Ableiterauswahl gilt damit in erster Näherung:

$$U_l \gtrapprox U_{LEmax} \approx \delta U_{\curlywedge m} = \delta U_m/\sqrt{3} = \varepsilon U_m, \qquad (U_l = \alpha_l U_m) \tag{17.63}$$

Der Erdfehlerfaktor $\delta = \sqrt{3}\,\varepsilon$ (mit ε als Erdungszahl) ist abhängig von der Sternpunktbehandlung des Netzes (Netze mit freiem Sternpunkt oder Erdschlußkompensation: $\delta = \sqrt{3}$, Netze mit niederohmiger Sternpunkterdung bei $X_0/X_1 \leqq 3$: $\delta \leqq 1{,}4$). Diese Auswahl gilt dann, wenn keine betriebsfrequente Spannungserhöhung durch Entlastung vorkommt oder berücksichtigt werden soll. Andernfalls ist anzusetzen $U_l \gtrapprox \delta\, \delta_L\, U_m/\sqrt{3}$, wobei dann δ_L der Faktor zur Berücksichtigung der Entlastung ist. Wählt man für ein 220-kV-Netz mit $U_m = 245$ kV und $\delta = 1{,}4$ einen Ableiter mit $U_l = 230$ kV, so gilt $U_l > 1{,}4 \cdot 245\,\text{kV}/\sqrt{3} = 198$ kV. Ein Faktor $\delta_L = 1{,}16$ ist noch zulässig ohne daß das Löschvermögen überschritten wird.

Tabelle 17.9 zeigt in der BR Deutschland gebräuchliche Werte für Ableiter Leiter gegen Erde abhängig von der Sternpunktbehandlung der Netze.

Die Auswahl der Sternpunktableiter richtet sich nach der Sternpunktisolation der Transformatoren. Bei voller Sternpunktisolation, wie sie bei Mittelspannungstransformatoren und 110-kV-Transformatoren meist vorhanden ist, werden Ableiter mit einer Löschspannung von 80% derjenigen der Ableiter Leiter gegen Erde gewählt. Wählt man z.B. in einem 110-kV-Netz mit niederohmiger Sternpunkterdung Ableiter Leiter gegen Erde mit einer Löschspannung $U_l = 108$ kV so passen dazu Sternpunktableiter mit $U_l \approx 85$ kV, die an den Transformatoren eingesetzt werden, deren Sternpunkte nicht direkt geerdet werden.

Bei Blocktransformatoren isoliert nach Reihe 380 NE mit freiem Sternpunkt und einer Sternpunktisolation nach Reihe 150 N wählt man z.B. als Sternpunktableiter:

$U_l = 170\,\text{kV}$; $U_{\text{aWmin}} \ldots U_{\text{aWmax}} = 235 \ldots 270\,\text{kV}$; $U_{\text{aB100}} = 360\,\text{kV}$;

$U_r(\text{bei } 1\,\text{kA}) = 330\,\text{kV}$; $U_{\text{aS100}} = 400\,\text{kV}$; Kurzschlußfestigkeit 40 kA

Bei der Auswahl der Sternpunktableiter kann man berücksichtigen, daß am Sternpunkt nur flache Stoßwellen auftreten mit Strömen bis zu 1 kA (die Restspannung bei einem Ableitstoßstrom von 1 kA ist kleiner als bei 10 kA). Wählt man niedrige Werte U_{aW} und damit niedrige Werte U_{aS} kann der Sternpunktableiter Schaltüberspannungen am Sternpunkt (Sternpunktschwingungen) wirkungsvoll begrenzen und damit eine Entlastung für die Ableiter Leiter gegen Erde bringen. Man nimmt in Kauf, daß der Sternpunktableiter verhältnismäßig häufig beansprucht wird.

Ableiter für besondere Anwendungsfälle (z.B. Ableiter für den Einsatz Leiter – Leiter oder über den Stufenwicklungen von Transformatoren oder Ableiter zur Begrenzung von Schaltüberspannungen in Kabelnetzen) sind besonders auszuwählen. In gewissen Grenzen lassen sich auch die Ansprechspannungen der Schutzaufgabe anpassen. Setzt man Ableiter zur Begrenzung von Schaltüberspannungen ein z.B. an Transformatoren für Lichtbogenöfen oder an Hochspannungsmotoren kleiner Leistung, so muß man damit rechnen, daß diese Ableiter verhältnismäßig häufig ansprechen, wenn die Betriebsmittel häufig ein- und ausgeschaltet werden.

Ableitereinbau und Überwachung

Ableiter sind nach Möglichkeit in geringer Entfernung vom Schutzobjekt einzubauen, bei Transformatoren z.B. möglichst unmittelbar neben dem Transformatorkessel (unter Einhaltung des notwendigen Spannungsabstandes) oder auch auf dem Kessel (z.B. bei Ableitern an einer Tertiärwicklung). Bei direkt eingeführten Kabeln in Transformatoren sind besondere Überlegungen notwendig (Abschnitt 17.4.3). Bei sehr steilem Anstieg einer einlaufenden Stoßspannung z.B. nach direktem Leiterseileinschlag in unmittelbarer Nähe eines Transformators kann jedoch ein sicherer Schutz nicht immer erreicht werden, auch wenn die Ableiter unmittelbar am Transformator eingebaut sind. Schaltanlagen mit ihren einlaufenden Freileitungen oder Freileitungen mit direktem Transformatoranschluß sind deshalb ausreichend gegen Naheinschlag in die Leiterseile zu schützen.

In der Praxis (insbesondere bei höheren Betriebsspannungen) ist es jedoch nicht immer möglich die Ableiter möglichst nahe am Schutzobjekt aufzustellen. Aus diesem Grunde wird es notwendig einen Ableiter-Schutzbereich abzuschätzen [17.59].

Ausgehend von Bild 17.43 findet man für die maximale Leitungslänge l_{Smax} zwischen den Ableitern und dem Schutzobjekt (Schutzbereich):

$$l_{\text{Smax}} \approx \frac{U_{\text{Smax}} - (U_r + U_Z)}{2\,s} \cdot v \tag{17.64}$$

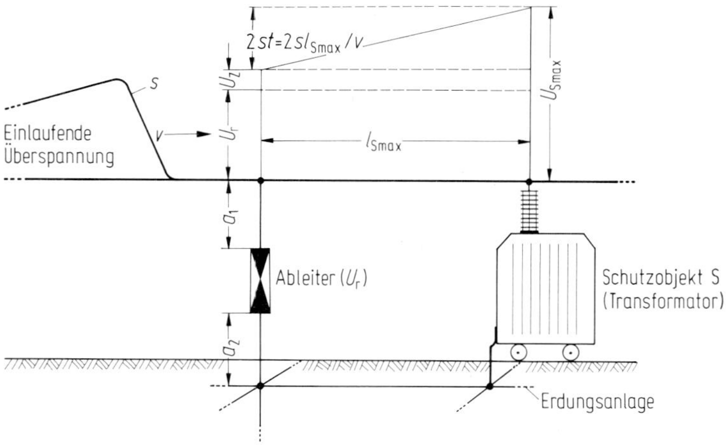

Bild 17.43. Ableiter-Schutzbereich l_{Smax}.

l_{Smax} Maximale Leitungslänge zwischen Ableiter und Schutzobjekt S;
U_{Smax} maximal zulässige Überspannung am Schutzobjekt;
s Steilheit der einlaufenden Überspannungswelle ($\Delta u/\Delta t$);
v Geschwindigkeit der Überspannungswelle;
U_r Restspannung des Ableiters;
U_Z Zusatzspannung (Spannungsabfall der Ableiteranschlußleitung);
a Länge der Ableiteranschlußleitung ($a = a_1 + a_2$)

Für die Zusatzspannung U_Z ergibt sich in erster Näherung, wenn $L' \approx 1\,\mu H/m$ die Induktivität der Anschlußleitung mit der Länge a ist:

$$U_Z \approx a L' \frac{di}{dt} \tag{17.65}$$

Dabei ist di/dt die Steilheit des Ableiterstoßstromes.

Für die Laufgeschwindigkeit v der Überspannungswelle ist bei Freileitungen $v_F \approx 300\,m/\mu s$ und bei Kabeln $v_K \approx 150\,m/\mu s$ einzusetzen. Die Steilheit s der Überspannungswelle kann an der Blitzeinschlagstelle mehrere 1000 kV/µs betragen. Während der Ausbreitung der Blitzüberspannung auf Leitungen tritt jedoch eine Verformung und rasche Abflachung der Überspannungswelle ein. Tabelle 17.10 gibt einige Anhaltswerte für l_{Smax}, die man auch dann nicht überschreiten sollte, wenn Maßnahmen zur Verhinderung eines Direkteinschlags oder rückwärtigen Überschlages im Anlagenbereich getroffen wurden.

Tabelle 17.10. Schutzbereich l_{Smax} zwischen Ableiter und Schutzobjekt [17.59]

Netznennspannung U_n kV	Schutzbereich l_{Smax} m
10 – 30	10 – 15
45 – 110	15 – 20
220 – 380	20 – 30

Die maximal zulässige Spannung $U_{S\max}$ eines Schutzobjekts ist hier die Steh-Blitz-Stoßspannung der Isolation für die betrachtete Steilheit s. Für $U_{S\max}$ kann man z.B. näherungsweise den Stoßpegel nach Tabelle 17.8 einsetzen.

Ableiter Leiter gegen Erde werden auf der einen Seite an die Drehstromleiter angeschlossen und auf der anderen Seite geerdet. Der Erdanschluß des Ableiters ist direkt oder indirekt über eine zweckmäßig ausgebildete Erdungsanlage mit dem zu schützenden Betriebsmittel zu verbinden [17.59]. Bei direkter Verbindung wirkt sich der Spannungsabfall am Stoßausbreitungswiderstand der Erdungsanlage nicht als zusätzliche Spannungsbeanspruchung für die zu schützende Isolation aus. Beim Anschluß des Ableiters an die Erdungsanlage, an die auch die zu erdenden Teile des Schutzobjektes angeschlossen werden, ist für einen möglichst geringen Stoßausbreitungswiderstand der Erdungsanlage an der Anschlußstelle des Ableiters zu sorgen, z.B. durch Mehrfachanschluß und zusätzliche Tiefenerder. Die Erdanschlußleitung des Ableiters ist eine Erdungsleitung [16.44]. Beim Anschluß von Ansprechzählern und/oder Überwachungsfunkenstrecken, die man einbaut, um die Häufigkeit des Ansprechens und bei den Überwachungsfunkenstrecken auch die Höhe des Ableitstromes festzustellen, ist die Leitung zwischen den Kontrolleinrichtungen und Erde zu isolieren (Isolation für 1 kV Nennspannung ist meist ausreichend). Kontrolleinrichtungen baut man insbesondere in gewitterreichen Gebieten ein und bei Ableitern zur Begrenzung von Schaltüberspannungen, bei denen häufiges Ansprechen zu erwarten ist oder bereits beobachtet wurde. Bei Ableitern zum Schutz von Lichtbogen-Transformatoren wurden z.T. mehrere hundert Ansprechvorgänge aufgezeichnet, wobei meist geringe Ströme über die Ableiter geflossen sind.

Ableitereinsatz

In Hochspannungsfreileitungsnetzen findet man Ableiter meist an den Eingangsklemmen der Transformatoren, häufig sowohl auf der OS-Seite als auch auf der US-Seite der Transformatoren, wie das Bild 17.44a als Beispiel zeigt, wobei der Schutz für Spartransformatoren ähnlich ausgeführt wird wie für Volltransformatoren. Die Tertiärseite (Ausgleichswicklung) wird entweder durch Ableiter zwischen den Leitern oder durch Ableiter gegen Erde geschützt, insbesondere dann, wenn dort keine Verbraucher angeschlossen werden. In manchen Fällen werden auch Überspannungsschutzkondensatoren gegen Erde eingesetzt. Ableiter zum Schutz der Tertiärwicklung werden insbesondere dann notwendig, wenn die Sternpunkte nicht geerdet werden.

Bei Spartransformatoren werden Ableiter über die Zusatzwicklungen zur Längs- und Schrägregulierung geschaltet (Bild 8.26).

Transformatoren mit direkt eingeführten Kabeln mit einer Länge bis zu einigen hundert Metern können durch Ableiter am Kabeleingang und durch einen Ableiter am OS-Sternpunkt meist zufriedenstellend geschützt werden, wenn durch Zusatzmaßnahmen Naheinschläge oder rückwärtige Überschläge verhindert werden (Abschnitt 17.4.3). Bei Kabellängen von einigen Kilometern Länge tritt ein Selbstschutz auf, so daß Überspannungsschutzmaßnahmen für den Transformator entfallen können.

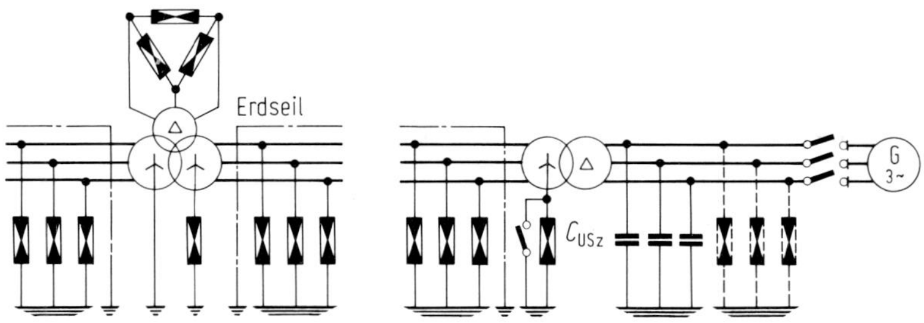

a b

Bild 17.44. Ableitereinsatz an Hochspannungsnetztransformatoren und Blocktransformatoren mit Anschluß an das Freileitungsnetz.

(**a**) Netztransformator YNyn + Dreieckausgleichswicklung, Ableiter an der Dreieckausgleichswicklung entweder in Dreieckschaltung (gezeichnet) oder in Sternschaltung gegen Erde (u.U. mit zusätzlichen Überspannungsschutzkondensatoren);

(**b**) Blocktransformator YNd, Sternpunktableiter, wenn der Sternpunkt nicht direkt geerdet wird, zusätzliche Überspannungschutzkondensatoren C_{USz} und in manchen Fällen auch Ableiter auf der US-Seite

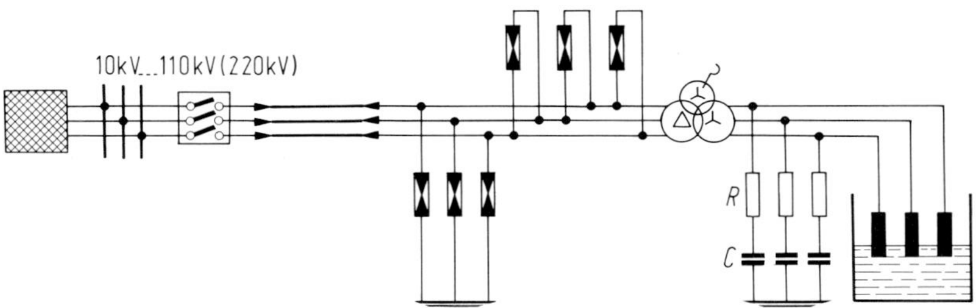

Bild 17.45. Ableiterschutz eines Lichtbogenofen-Transformators (Sechs-Ableiter-Schaltung) und *RC*-Beschaltung auf der US-Seite

Bei ausgedehnten Hochspannungsfreiluftanlagen mit Transformatoren kann es in gewitterreichen Gebieten notwendig werden, auch Ableiter an den einlaufenden Freileitungen anzuordnen. In Anlagen geringer Ausdehnung ist es auf der anderen Seite auch möglich, daß Ableiter am Eingang auch den Schutz der Transformatoren mit übernehmen. Voraussetzung ist die Einhaltung des Schutzbereiches.

Vollgekapselte SF_6-Schaltanlagen im Freileitungsnetz werden durch Ableiter an den Freileitungseingängen geschützt. Diese Ableiter können häufig auch den Schutz angeschlossener Transformatoren mit übernehmen. Wenn in Sonderfällen zwischen der SF_6-Anlage und den Transformatoren (z.B. Blocktransformatoren in einem Kraftwerk) eine Freiluftverbindung von einigen 10 bis 200 m besteht, so ist es zweckmäßig, Ableiter am Eingang der SF_6-Anlage und am Transformator anzuordnen.

Sternpunktableiter an Transformatoren werden in Netzen mit Spannungen von 110 kV und darüber eingesetzt, wenn die Sternpunkte nicht oder nur zeitweise geerdet werden. Diese Ableiter ergeben einen Schutz bei atmosphärischen und bei inneren Überspannungen. Sie sind besonders dann unentbehrlich, wenn die

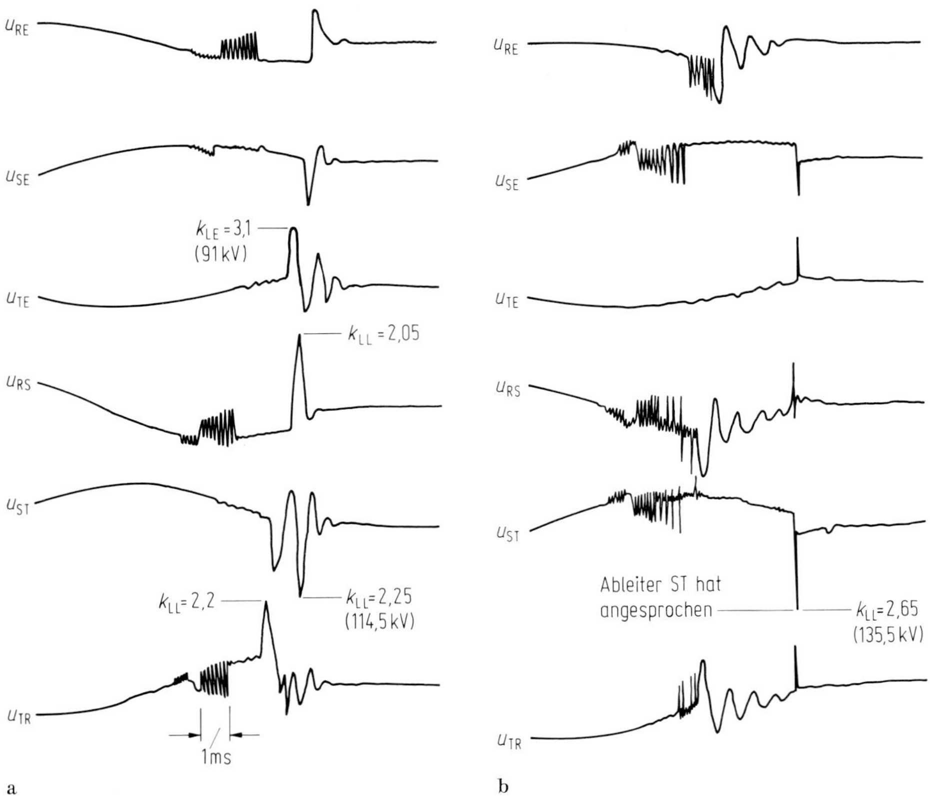

Bild 17.46. Ausschaltvorgänge eines Ofentransformators 1,8 MVA an einem 35-kV-Netz (Isolation nach Reihe 30 N), u_{RE}, u_{SE}, u_{TE} Spannungen gegen Erde, u_{RS}, u_{ST}, u_{TR} Spannungen zwischen den Leitern, Ableiter mit $U_l = 40$ kV zwischen den Leitern. (Die Überspannungsfaktoren k_{LE} bzw. k_{LL} sind auf $\sqrt{2}\,36\,\text{kV}/\sqrt{3}$ bzw. $\sqrt{2}\,36$ kV bezogen).

(**a**) Ausschaltvorgang ohne Ansprechen der Ableiter; (**b**) Ausschaltvorgang mit Ansprechen des Ableiters zwischen S und T

Transformatoren im Sternpunkt mit einer geringeren Isolation ausgeführt werden als an den Eingangsklemmen. In Netzen mit Erdschlußkompensation werden Sternpunktableiter auch parallel zu den Löschspulen eingesetzt. Der Schutz von freien Transformatorsternpunkten ist besonders für Transformatoren am Ende einer Stichleitung wichtig.

Nur in besonderen Fällen, z.B. bei Einspeisetransformatoren von großen Lichtbogenofenanlagen oder für die Ofentransformatoren selbst kann es notwendig werden, auch Ableiter oder nur Ableiter zwischen den Drehstromleitern anzuordnen. In manchen Fällen muß man Sechs-Ableiter-Schaltungen wählen. Bild 17.45 zeigt dazu ein Beispiel.

Die Ableiter in Bild 17.45 übernehmen den Schutz gegen Schaltüberspannungen. Die Ableiter zwischen den Drehstromleitern können entfallen, wenn man Einphasentransformatoren einsetzt oder einen höheren Isolationspegel für die Hauptisolation im Drehstromtransformator wählt.

Bild 17.46 zeigt den Ausschaltvorgang eines Ofentransformators, einmal ohne und einmal mit Ableiteransprechen. Eingebaut sind nur Ableiter zwischen den Leitern an den Klemmen des Ofentransformators 1,8 MVA, 35 kV.

Zur Reduzierung der übertragenen Schaltüberspannungen bei Ofentransformatoren setzt man teilweise auch Ableiter an der Zwischenkreiswicklung (Regulierwicklung) ein und RC-Beschaltungen ($R = 1\,\Omega$; $C = 10\,\mu\text{F}$) auf der US-Seite (Bild 17.45).

18. Stabilität der Drehstromübertragung

18.1 Einführung, Begriff der Stabilität

Bei der elektrischen Energieversorgung durch große Synchrongeneratoren (angetrieben durch Dampfturbinen oder Wasserkraftmaschinen), die über Blocktransformatoren auf ein Hochspannungsnetz speisen, treten eine Reihe von Erscheinungen auf, die man unter dem Begriff der Stabilität zusammenfassen kann. In diesem Abschnitt sollen einige allgemeine Gesichtspunkte der Stabilität betrachtet werden, um anschließend jeweils an Beispielen besondere Erscheinungsformen der Stabilität zu zeigen. Stabilitätsfragen spielen nicht nur bei der Fernübertragung eine wichtige Rolle, sondern auch in verhältnismäßig eng vermaschten Netzen wie z.B. im westeuropäischen Verbundnetz insbesondere dann, wenn mit steigender Generatorleistung die transienten Reaktanzen zunehmen und bei hoher Ausnutzung der Maschinen die Anlaufzeitkonstanten sinken.

Im Verbundbetrieb arbeiten eine Vielzahl individuell angetriebener Synchrongeneratoren unterschiedlicher Leistung und unterschiedlicher Daten parallel. Die unumgängliche Forderung zum sinnvollen Betrieb besteht darin, daß alle Synchronmaschinen die gleiche Frequenz haben, also synchron laufen. Müßte der Synchronismus durch die Drehzahlregler der einzelnen Maschinen aufrechterhalten werden, so wäre kein Verbundbetrieb, wie wir ihn heute kennen, mit mehr als 100000 MW paralleler Maschinenleistung, zustande gekommen. Dazu beigetragen hat vielmehr, daß zwischen den einzelnen Synchronmaschinen sogenannte synchronisierende Momente bestehen bzw. synchronisierende Leistungen ausgetauscht werden, die im Sinne der Erhaltung des einmal bestehenden Synchronismus wirken. Die synchronisierenden Momente halten jedoch nicht nur ein Netz in Tritt, sondern sie können, nach vorübergehendem Verlust des Synchronismus, auch so wirken, daß die Maschinen sich wieder in Tritt ziehen. Dies gilt jedoch nur unter günstigen Bedingungen. Es sind folgende Einschränkungen zu machen:

Es ist möglich, daß die synchronisierenden Momente ihre Eigenschaft verlieren und anstatt das Netz zusammenzuhalten dieses auseinandertreiben. Man sagt dann, daß das Netz statisch nicht stabil ist und spricht in diesem Zusammenhang vom Verlust der *statischen Stabilität* (steady-state stability).

Auch wenn die statische Stabilität in einem Netz gegeben ist, so können trotzdem die synchronisierenden Momente für einen sicheren Netzbetrieb nicht ausreichen, weil man auch dann Netzstabilität erwartet, wenn kleinere oder größere Gleichgewichtsstörungen im Netz auftreten. Die stärksten Störungen sind im allgemeinen bei dreipoligem Kurzschluß im Netz zu erwarten. Sie können darüber hinaus auch durch plötzlichen Ausfall oder plötzliche Zuschaltung (z.B. bei Trennung von Netzteilen oder Umschaltung) einer im Verhältnis zur Gesamterzeugerleistung beträchtlichen Kraftwerksleistung entstehen [18.9]. Bei empfindlichen Gleichgewichtsstörungen im Netz, wobei sich die Flüsse in Synchronmaschinen zeitlich ändern, spricht man von Vorgängen der *dynamischen Stabilität* (transient stability). Arbeiten Synchronmaschinen als Antriebsmotoren am Netz, so können Stabilitätsprobleme entstehen entweder durch Spannungsabsenkungen im Netz, oder durch Momentenstöße der angetriebenen Arbeitsmaschine.

Die Spannungsregelung der Generatoren (u.U. mit zusätzlicher Aufschaltung von Signalen) wirkt im allgemeinen günstig auf die Stabilität des Netzes. Eine besondere Ausbildung der Regelung und des Erregersystems wird notwendig, wenn man einen ohne Regelung instabilen Betrieb stabilisieren will. In diesem Falle spricht man von *künstlicher statischer Stabilität.* Sie spielt eine besondere Rolle bei der Energieübertragung über große Entfernungen und beim Betrieb von Generatoren im untererregten Betriebsbereich der Synchronmaschine. Untererregter Betrieb mit starker induktiver Blindleistungsaufnahme kommt z.B. in Betracht bei Phasenschieberbetrieb in Pumpspeicherwerken und für Generatoren in Netzen mit großem Kabelanteil während der Schwachlast. Bei künstlich stabilisiertem Betrieb kann ein Generator dann bei einem Polradwinkel größer als 90° stationär arbeiten.

18.2 Statische Stabilität

18.2.1 Statische Stabilität ohne Regelung

Im einfachsten Fall bei der Untersuchung der statischen Stabilität betrachtet man nach Bild 18.1 eine Synchronmaschine am Netz. Statische Stabilität liegt dann vor, wenn der Generator nach einer kleinen Störung (z.B. ΔU oder ΔP) in den stationären Betrieb zurückkehrt. Dabei unterscheidet man die natürliche Stabilität ohne Regelung also bei konstanter Erregerspannung und die künstliche Stabilität durch den Einfluß der Generatorregelung.

Die Synchronmaschine wird im nichtstationären Betrieb durch ein System linearer Gleichungen und Differentialgleichungen beschrieben [18.1, 18.2]. Die wichtigste Gleichung ist die Differentialgleichung der Polradwinkelbewegung. Bei der Untersuchung der statischen Stabilität ist es nicht unbedingt notwendig den Bewegungsablauf zu berechnen. Meist reicht eine Aussage über den Charakter der Bewegung. Diese Aussage ergibt sich, wenn man die Bewegungsdifferentialgleichung linearisiert und die Wurzeln der charakteristischen Gleichung

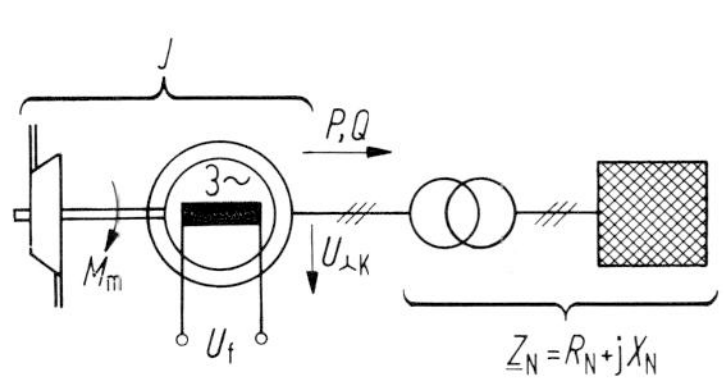

Bild 18.1. Eine Synchronmaschine am Netz zur Untersuchung der statischen Stabilität

bestimmt. Für die Bewegungsdifferentialgleichung ohne Berücksichtigung des Dämpfungsmoments gilt für die zweipolige Maschine (Polpaarzahl $p=1$) oder für eine vielpolige Maschine bei Umrechnung auf $p=1$, indem man J in Gl. (18.1) durch J/p^2 ersetzt:

$$J\frac{d^2\vartheta}{dt^2}=M_m-M_e \tag{18.1}$$

Dabei sind

J	Trägheitsmoment des Maschinensatzes (Turbine + Generator)	
ϑ	Polradwinkel des Generators	
$M_m=P_m/\omega$	mechanisches Antriebsmoment der Turbine	$\omega=2\pi f$
$M_e=P/\omega$	elektrisches Moment des Generators	

Im stationären Zustand (Polradwinkel $\vartheta=\vartheta_0$) ist die rechte Seite der Gl. (18.1) gleich Null ($M_m=M_e$). Setzt man für das elektrische Moment der Synchronmaschine mit $X_d=X_q$

$$M_e=\frac{P}{\omega}=\frac{3U_\curlywedge E}{\omega X_d}\sin\vartheta \tag{18.2}$$

so ergibt sich aus Gl. (18.1)

$$J\frac{d^2\vartheta}{dt^2}=\frac{3U_\curlywedge E}{\omega X_d}(\sin\vartheta_0-\sin\vartheta) \tag{18.3}$$

Führt man den Linearisierungsprozeß mit $\vartheta=\vartheta_0+\Delta\vartheta$ durch für kleine Änderungen $\Delta\vartheta$, so findet man mit $\sin\Delta\vartheta\approx\Delta\vartheta$:

$$Jp^2\Delta\vartheta+\frac{3U_\curlywedge E}{\omega X_d}\cos\vartheta_0\,\Delta\vartheta=0 \tag{18.4}$$

Bezeichnet man das synchronisierende Moment mit M_s und gilt

$$\frac{\partial M_e}{\partial\vartheta}=\frac{\partial}{\partial\vartheta}\left(\frac{3U_\curlywedge E}{\omega X_d}\sin\vartheta_0\right)=\frac{3U_\curlywedge E}{\omega X_d}\cos\vartheta_0=M_s \tag{18.5}$$

so wird Gl. (18.4) zu:

$$Jp^2\Delta\vartheta+M_s\Delta\vartheta=0 \tag{18.6}$$

Die charakteristische Gleichung $Jp^2+M_s=0$ hat die beiden Wurzeln:

$$p_{1,2}=\pm\sqrt{-\frac{M_s}{J}} \tag{18.7}$$

Ist das synchronisierende Moment positiv, so werden beide Wurzeln imaginär. Für die Polradwinkelbewegung ergibt sich dann:

$$\Delta\vartheta=e^{\pm j\gamma t} \tag{18.8a}$$

Die halbe reelle Summe als auch die halbe imaginäre Differenz dieser e-Funktion ergeben folgende Lösung der Differentialgleichung

$$\Delta\vartheta = C_2 \cos\gamma t + C_1 \sin\gamma t = C\sin(\gamma t + \psi) \tag{18.8b}$$

mit

$$\gamma = \sqrt{\frac{M_s}{J}}; \qquad C = \sqrt{C_1^2 + C_2^2}; \qquad \psi = \arctan\frac{C_2}{C_1}$$

Bild 18.2 zeigt den Verlauf des Polradwinkels für $\underline{p}_{1,2} = \pm\mathrm{j}\gamma$ und dazu einen Vergleich bei komplexen Wurzeln mit negativem durch die Verluste verursachten Realteil $\underline{p}_{1,2} = -\alpha \pm \mathrm{j}\beta$.

Betrachtet man die Betriebspunkte a und b in Bild 18.3 auf der Kurve für den Momentenverlauf über dem Polradwinkel, so ist Punkt a ein statisch stabiler und Punkt b ein statisch instabiler Betriebspunkt.

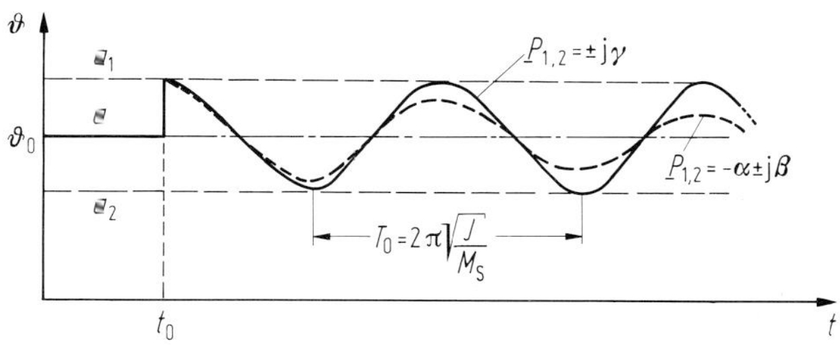

Bild 18.2. Verlauf des Polradwinkels bei positivem synchronisierendem Moment M_s ohne Verluste ($\underline{p}_{1,2} = \pm\mathrm{j}\gamma$) und zum Vergleich mit Verlusten ($\underline{p}_{1,2} = -\alpha \pm \mathrm{j}\beta$). *a*, a_1, a_2 s. Bild 18.3; T_0 Periodendauer der Schwingung

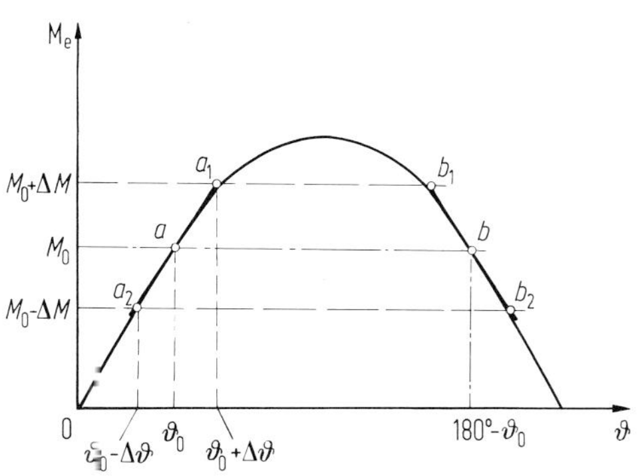

Bild 18.3. Momentverlauf einer Vollpolmaschine über dem Polradwinkel ϑ.

Punkt a: $\mathrm{d}M_e/d\vartheta > 0$: M_s positiv;

Punkt b: $\mathrm{d}M_e/\mathrm{d}\vartheta < 0$: M_s negativ

Für den Fall, daß das synchronisierende Moment M_s negativ wird ergeben sich aus Gl. (18.7) zwei reelle Wurzeln. Für die Polradwinkelbewegung gilt dann:

$$\Delta\vartheta = C_1\,e^{p_1 t} + C_2\,e^{p_2 t} \qquad \text{mit } p_{1,2} = \pm\sqrt{\frac{M_s}{J}} \tag{18.9}$$

Der Vorgang des Außertrittfallens verläuft aperiodisch.

Zusammenfassend kann man aus den vorstehenden Überlegungen Bild 18.4 angeben für das charakteristische Verhalten eines Generators bei Zustandsänderungen.

Der Einfluß des Ständerwiderstands kleiner Synchronmaschinen (insbesondere kleiner Schenkelpolmaschinen) kann zusammen mit dem ohmschen Widerstand des Netzes zu selbsterregten Schwingungen führen. Das Auftreten der Schwingungen wird unterstützt, wenn die Maschine schwache asynchrone Dämpfung aufweist, wenn also keine oder eine zu schwach ausgebildete Dämpferwicklung vorhanden ist und auch das Eisen des Läufers nur ungenügende Dämpfung bewirkt.

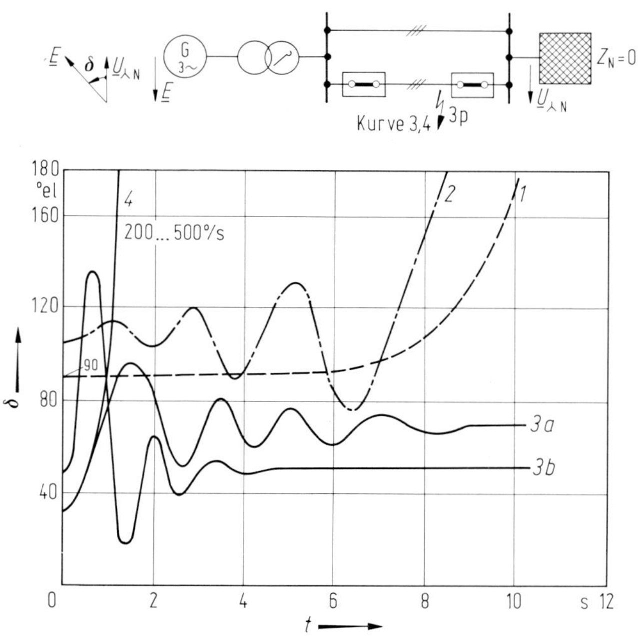

Bild 18.4. Polradwinkelbewegung eines Synchrongenerators bei Zustandsänderungen (schematisch). *1* Verlust der statischen Stabilität eines Generators am starren Netz ($d\delta/dt \approx (0{,}5\ldots2)°/s$; *2* Verlust der künstlichen statischen Stabilität bei $\delta_0 > 90°$ ($p_{1,2} = +\alpha \pm j\beta$); *3* gedämpfte Pendelung bei positivem synchronisierendem Moment M_s ($d\delta/dt \approx (100\ldots200)°/s$); *3a* Pendelung nach dreipoligem Kurzschluß ohne KU; *3b* stark gedämpfte Pendelung nach dreipoligem Kurzschluß mit KU; *4* Verlust der dynamischen Stabilität z.B. bei dreipoligem nahen Kurzschluß mit einer Kurzschlußdauer länger als zulässig für die dynamische Stabilität ($d\delta/dt \approx (200\ldots500)°/s$)

18.2.2 Stabilität bei kapazitiver Belastung

Bei kapazitiver Belastung eines Synchrongenerators kann die Spannungsstabilität der Synchronmaschine verloren gehen. Bei hoher kapazitiver Last tritt langsame Selbsterregung auf für $x_C < x_d$ und schnelle Selbsterregung für $x_C < x_q$ [18.4]. Während des Selbsterregungsvorganges steigt die Spannung auf unzulässige Werte, die nur durch die Eisensättigung begrenzt werden. Dieser Vorgang kann z.B. auftreten bei Anordnungen nach Bild 18.5.

Im allgemeinen Fall für $x_d \neq x_q$ findet man für die transiente Zeitkonstante der Synchronmaschine mit Vorimpedanz folgende Beziehung, wobei die kleinen Buchstaben p.u.-Werte des Mitsystems bezeichnen:

$$T'_{dN} = T'_{d0} \frac{(x_N + x_q)(x_N + x'_d) + (r_G + r_N)^2}{(x_N + x_q)(x_N + x_d) + (r_G + r_N)^2} \tag{18.10}$$

Für $r_N = r_T + r_L$ und $x_N = x_T - x_C$ (Bild 18.5) erhält man aus Gl. (18.10) folgende Bedingungsgleichung für stabiles Betriebsverhalten:

$$T'_{dN} = T'_{d0} \frac{(x_q + x_T - x_C)(x'_d + x_T - x_C) + (r_G + r_T + r_L)^2}{(x_q + x_T - x_C)(x_d + x_T - x_C) + (r_G + r_T + r_L)^2} > 0 \tag{18.11}$$

Ist das Ergebnis kleiner als Null, so können selbsterregte Schwingungen auftreten.

Die langsame Selbsterregung im Bereich c des Bildes 18.6 für $x_q < x_C - x_T < x_d$ ist praktisch unabhängig von der transformatorischen Kopplung zwischen

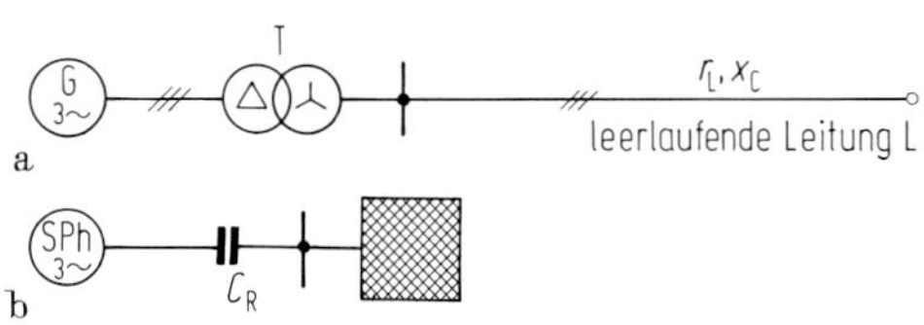

Bild 18.5. Anordnungen, die zu selbsterregten Schwingungen Anlaß geben können.
(**a**) Generator mit kapazitiver Last; (**b**) Synchronphasenschieber mit Reihenkondensator zur Erhöhung der dynamischen Regelfähigkeit

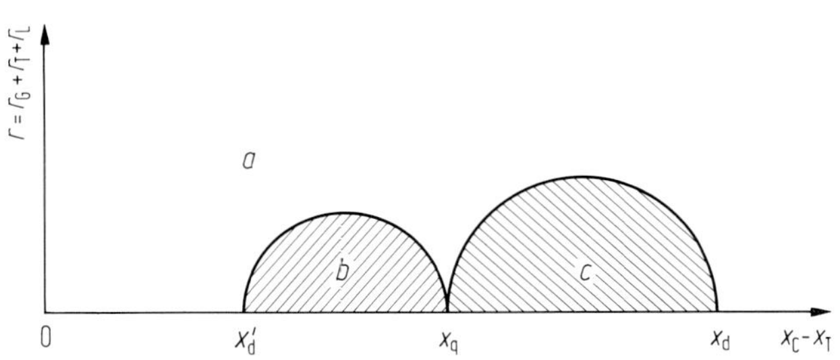

Bild 18.6. Selbsterregungsbereiche eines Synchrongenerators ohne Dämpferwicklung bei kapazitiver Belastung.
a Stabiler Bereich; *b* Schnelle Selbsterregung; *c* Langsame Selbsterregung

Ständer- und Läuferwicklung, während der transformatorische Effekt bei der schnellen Selbsterregung wichtig ist und den Bereich der Instabilität beeinflußt. Beim Übergang von der stabilen Zone zur schnellen Selbsterregung ist diese zunächst asynchron mit Schwingungsfrequenzen von einigen Zehntel Hz. Bei Zunahme der kapazitiven Last ($x_C - x_T < x_q$) nimmt die Selbsterregungsgeschwindigkeit zu. Die langsame Selbsterregung kann durch normal ausgelegte Spannungsregler mit genügender Verstärkung und geringer Zeitkonstante des Erregersystems unterdrückt werden [18.7], während eine Unterdrückung der schnellen Selbsterregung für $x'_d < x_C - x_T < x_q$ nicht oder nur schwer möglich ist. Der Bereich der schnellen Selbsterregung muß also auf jeden Fall vermieden werden.

18.2.3 Statische Stabilität der Synchronmaschine mit Regelung

Zur digitalen Berechnung der statischen Stabilitätsgrenze eines Synchrongenerators im untererregten Betriebsbereich geht man aus vom linearisierten Parkschen Gleichungssystem der Synchronmaschine. Die Differentialgleichungen des Erregersystems und des Reglers werden in gleicher Weise linearisiert, so daß sich zusammen mit den Maschinengleichungen ein System linearer Gleichungen für jeden Betriebspunkt der Maschine ergibt. Als Modell wird wieder eine Maschine am Netz nach Bild 18.1 benutzt.

Bild 18.7 zeigt den Aufbau eines Erregersystems mit einer Drehstromerregermaschine und Dioden und zugehörig die Übertragungsfunktion für einen PID-Regler und die Erregermaschine, nachgebildet durch die Leerlaufkennlinie und eine Ersatzzeitkonstante T_E (wobei $T'_d < T_E < T'_{d0}$ gilt) (Abschnitt 6.2.3).

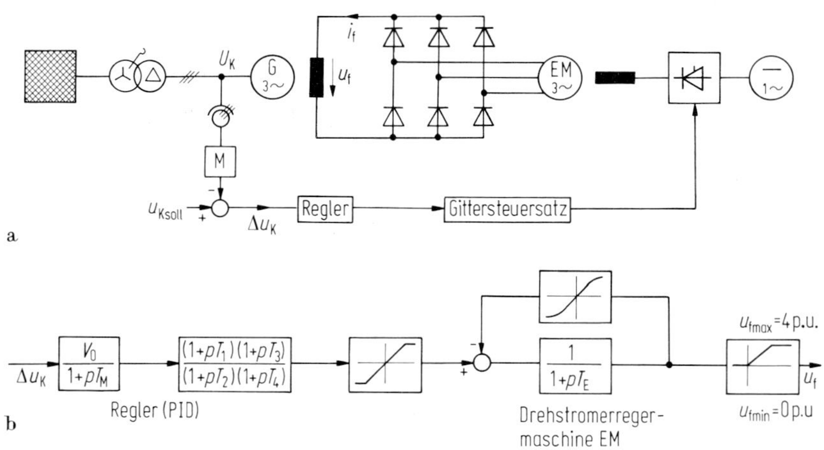

Bild 18.7. Erregersystem mit Drehstromerregermaschine und Dioden.

(**a**) Anordnung – Generator am Netz;

(**b**) Übertragungsfunktion des Reglers und der Erregungseinrichtung. $T_E = 0{,}5$ s; $T_M = 0{,}05$ s; $T_1 = 1$ s; $T_2 = 7{,}5$ s; $T_3 = 0{,}375$ s; $T_4 = 0{,}05$ s. V_0 ist die Verstärkung des offenen Regelkreises

Die Ergebnisse der Berechnung sind für die Anordnung nach Bild 18.7 in Bild 18.8 aufgetragen einmal für einen Proportionalregler und zum anderen für den zusätzlichen Einsatz eines PID-Filters. Die Darstellung wird im Leistungsdiagramm vorgenommen (Abschnitt 5.2).

Wählt man ein Erregersystem mit Thyristoren gespeist über einen Stromrichtertransformator an den Generatorklemmen nach Bild 18.9, so ergibt sich zusätzlich zur Beschaltung des Spannungsreglers noch die Möglichkeit der zusätzlichen Aufschaltung von Signalen proportional zum Schlupf ($d\vartheta/dt=\dot{\vartheta}$) und zur Beschleunigung ($d^2\vartheta/dt^2=\ddot{\vartheta}$) des Synchrongenerators. Eine Zusatzaufschaltung von $\dot{\vartheta}$ und $\ddot{\vartheta}$, die durch Integration aus der gemessenen Wirkleistung P gebildet werden und über Verstärker $V_{\dot{\vartheta}}$ und $V_{\ddot{\vartheta}}$ wirken (Bild 18.9), ist dann nützlich, wenn der Generator über eine hohe Netzreaktanz x_N speist (Bild 18.10b).

Bei der Festlegung der Reglerbeschaltung zur Erhöhung der statischen Stabilität muß man darauf achten, daß daneben die Forderung nach schneller Ausregelung von Spannungsänderungen besteht, z.B. nach Vollastabwurf. Eine hohe Proportionalverstärkung, die günstig ist für die Spannungsausregelung wirkt z.B. ungünstig für die statische Stabilität. Diese Zusammenhänge sollen am Beispiel eines Wasserkraftgenerators in einem Pumpspeicherwerk

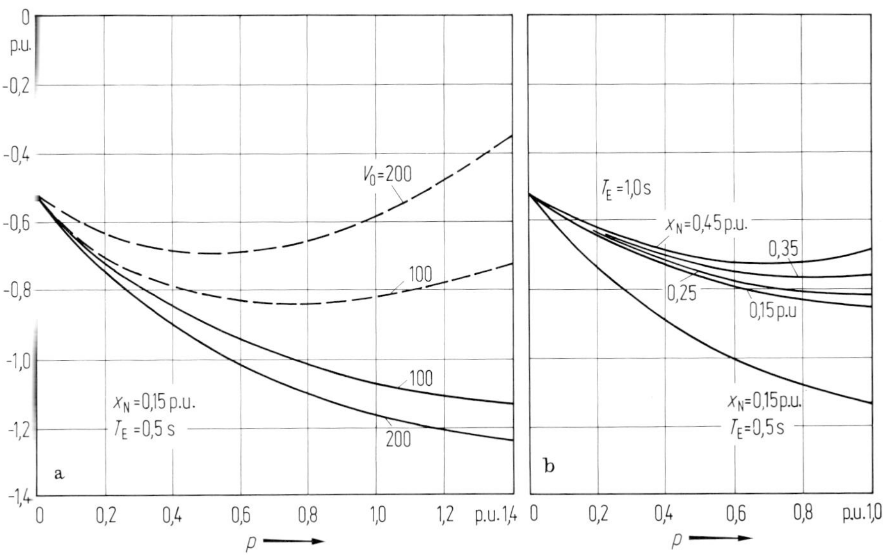

Bild 18.8. Grenzen der statischen Stabilität im Leistungsdiagramm [18.18].

(**a**) Einfluß des PID-Filders nach Bild 18.7; — — — ohne PID-Filter; —— mit PID-Filter.

(**b**) Einfluß der Netzreaktanz x_N und der Ersatzzeitkonstante T_E der Erregermaschine bei $V_0=200$. Generatordaten: $S_n=2\times 750$ MVA (Turbinen in Cross-compound-Schaltung); 60 Hz; $U_n=26$ kV; $\cos\varphi_n=0{,}9$; $x_d=193\,\%$; $x_q=183\,\%$; $x_s=12{,}4\,\%$; $x'_d=25{,}2\,\%$; $x''_d=x''_q=18{,}1\,\%$; $T'_d=0{,}62$ s; $T''_d=T''_q=0{,}03$ s; $T_J=2H=7{,}5$ s

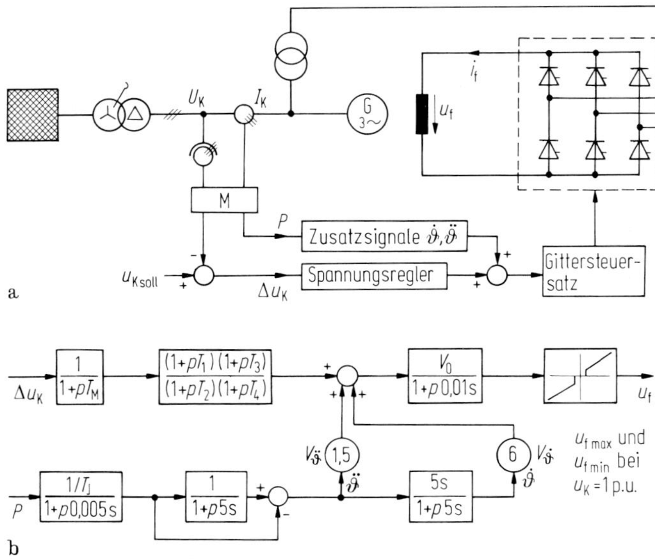

Bild 18.9. Erregersystem mit Thyristoren gespeist von den Klemmen.

(**a**) Anordnung – Generator am Netz;

(**b**) Übertragungsfunktion des Spannungsreglers mit zusätzlichem PID-Filter und zusätzlicher Aufschaltung von Signalen proportional zum Schlupf ($\dot{\vartheta}$) und zur Beschleunigung ($\ddot{\vartheta}$) sowie der Thyristorbrücke

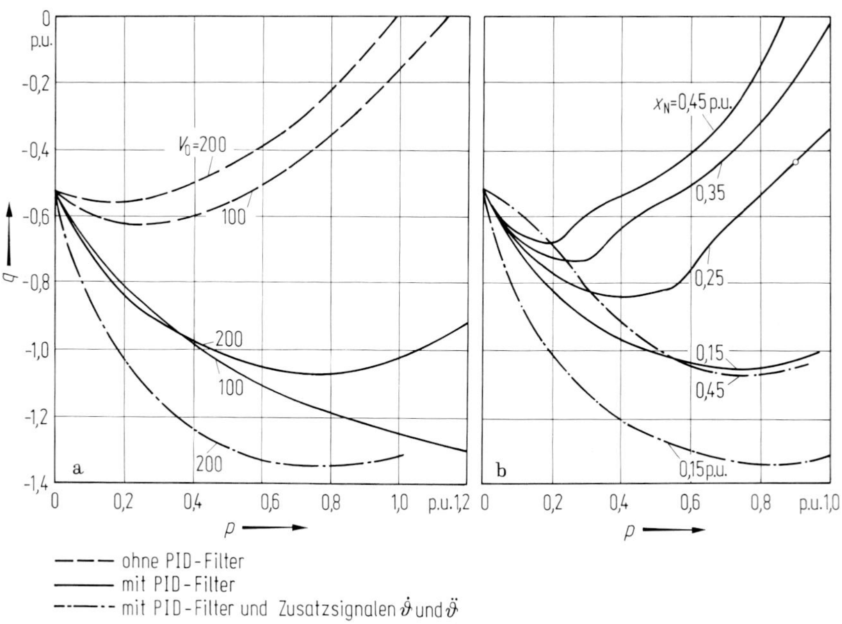

Bild 18.10. Grenzen der statischen Stabilität bei einem Turbogenerator mit $x'_d = 34\,\%$ und Thyristorerregung nach Bild 18.9 [18.18].

(**a**) Einfluß des PID-Filters und der Aufschaltung von Zusatzsignalen $\dot{\vartheta}$ und $\ddot{\vartheta}$ bei $x_N = 0{,}15$ p.u.; (**b**) Einfluß der Zusatzsignale bei hohen Werten für die Netzreaktanz x_N.

Generatordaten: $S_n = 2 \times 750$ MVA (Turbinen in Cross-Compound-Schaltung); 60 Hz; $U_n = 26$ kV; $\cos\varphi_n = 0{,}9$; $x_d = 192\,\%$; $x_q = 183\,\%$; $x_s = 19{,}2\,\%$; $x'_d = 34\,\%$; $x''_d = x''_q = 26\,\%$; $T'_d = 0{,}725$ s; $T''_d = T''_q = 0{,}03$ s; $T_J = 2H = 7{,}2$ s

(118 MVA; $\cos\varphi_n = 0{,}7$; $600\,\text{min}^{-1}$) gezeigt werden. Dazu ist in Bild 18.11 die Spannungsausregelung bei Abschaltung einer Blindleistung in Höhe der Nennscheinleistung (118 MVA, $\cos\varphi_ü = 0$) aufgezeichnet für verschiedene Reglerbeschaltungen. Die Erregung der Schenkelpolmaschine erfolgt über eine Gleichstromerregermaschine mit zwei Feldwicklungen jeweils gespeist über Magnetverstärker, so daß auch negative Polradspannungen U_f möglich sind.

Bild 18.12 zeigt die statischen Stabilitätsgrenzen für den Wasserkraftgenerator 118 MVA für $U_K = 1{,}0$ p.u. bei unterschiedlicher Reglerbeschaltung.

Eingezeichnet sind in Bild 18.12 zusätzlich die Stabilitätsgrenze ohne Regelung (Abschnitt 5.2) und die Stabilitätsgrenze bei konstanter Flußverkettung.

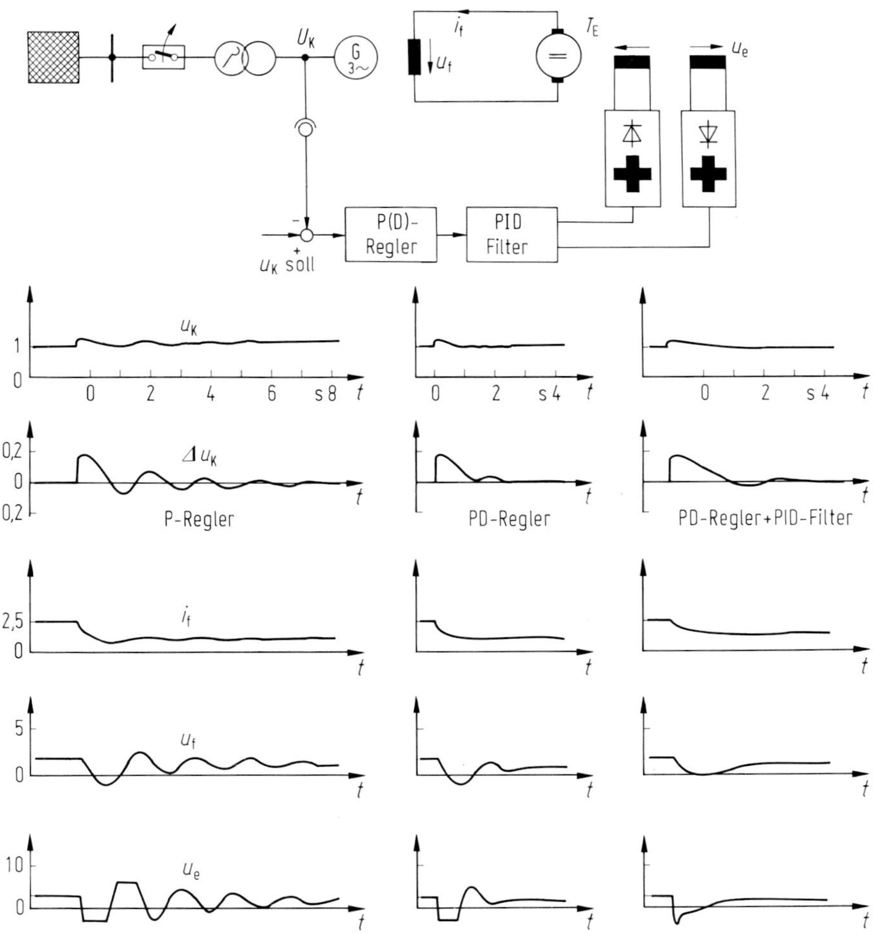

Bild 18.11. Ausregelung der Klemmenspannung eines Wasserkraftgenerators 118 MVA bei Abschaltung von 118 MVA, $\cos\varphi_ü = 0$.

Generatordaten: $S_n = 118$ MVA; $\cos\varphi_n = 0{,}7$; $n_n = 600\,\text{min}^{-1}$; $x_d = 111\,\%$; $x_q = 71\,\%$; $x'_d = 21\,\%$; $x''_d = 15\,\%$; $x''_q = 20\,\%$; $T'_d = 1{,}4$ s; $T''_d = T''_q = 0{,}05$ s; $T_J = 2H = 5{,}2$ s; mittlere Zeitkonstante der Erregermaschine $T_E \approx 0{,}9$ s

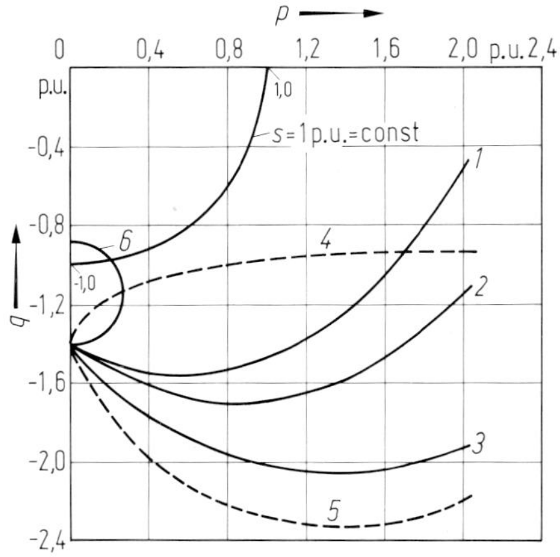

Bild 18.12. Statische Stabilitätsgrenzen im untererregten Betrieb eines 118-MVA-Wasserkraftgenerators in einem Pumpspeicherwerk (Netzanschluß, Erregersystem und Daten wie in Bild 18.11).

1 Grenze bei P-Regler mit $V_0 = 200$; *2* Grenze bei PD-Regler mit $V_0 = 200$; *3* Grenze bei PD-Regler und zusätzlichem PID-Filter mit $V_0 = 200$; *4* Stabilitätsgrenze ohne Regelung; *5* Stabilitätsgrenze bei konstanter Flußverkettung; *6* Reaktionskreis

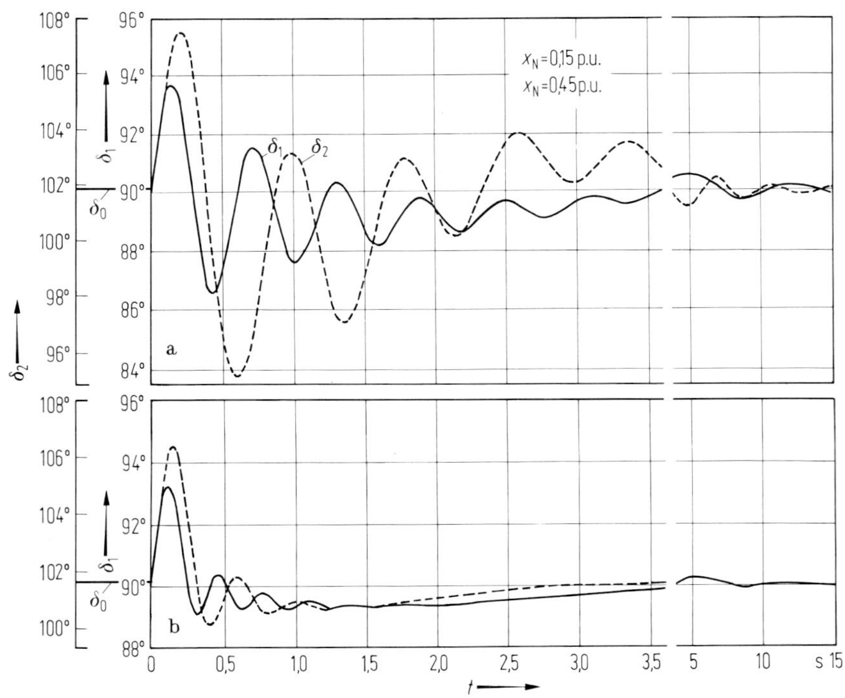

Bild 18.13. Dämpfung kleiner Polradpendelungen bei Betrieb von Turbogeneratoren im untererregten Betriebsbereich ($P = 0{,}9$ p.u.; $Q = -0{,}436$ p.u.) für $x_N = 0{,}15$ und 0,45 p.u.

(**a**) Turbogenerator 750 MVA ($x'_d = 24{,}2\,\%$) mit einer Erregeranordnung nach Bild 18.7 ($V_0 = 200$); (**b**) Turbogenerator 750 MVA ($x'_d\ 34\,\%$) mit einer Erregeranordnung nach Bild 18.9 ($V_0 = 200$) bei Aufschaltung von Zusatzsignalen proportional zu $\dot{\delta}$ und $\ddot{\delta}$

Man erkennt, daß die statische Stabilitätsgrenze in die Nähe der Grenze konstanter Flußverkettung verschoben werden kann auch bei $V_0 = 200$, wenn man einen PD-Regler mit zusätzlichem PID-Filter vorsieht.

Eine weitere Möglichkeit zur Feststellung der statischen Stabilität liegt in der Untersuchung der Dämpfung kleiner Polradwinkelbewegungen bei Betrieb eines Synchrongenerators im untererregten Betriebsbereich bei stationären Polradwinkeln in der Nähe von 90°. Bild 18.13 zeigt die Ergebnisse einer solchen Untersuchung für große Turbogeneratoren ($S_n = 750$ MVA).

18.3 Dynamische Stabilität

18.3.1 Einflußgrößen und Untersuchungsmethode

Die dynamische Stabilität eines Synchrongenerators am Netz wird beeinflußt durch:

- Fehlerart (Kurzschluß 3p, 2p oder 1p), Fehlerdauer (t_k) und die Dauer der Kurzunterbrechung (t_p: Pausenzeit).
- Netzaufbau (z.B. Anschluß eines Generators über eine kurze Stichleitung an ein Netz hoher Kurzschlußleistung oder Anschluß eines Generators über lange Hochspannungsleitungen bei standortgebundenen Wasser- oder Kohlekraftwerken) und Lage der Fehlerstelle im Netz.
- Generatorauslegung (u.a. transiente Reaktanz x'_d) und Wahl des Erregersystems.
- Vorbelastung des Generators (Vollast oder Teillast, übererregter oder untererregter Betrieb).
- Einfluß von Nachbargeneratoren unterschiedlicher Auslegung (z.B. Unterschiede in der Generatorgröße, der transienten Reaktanz, des Erregersystems u.a.). (Hier spricht man von der Stabilität eines Multimaschinensystems.)

Bei der Untersuchung der dynamischen Stabilität z.B. in ihrer Abhängigkeit von der Fehlerart, der Fehlerdauer, der Generatorauslegung, der Wahl des Erregersystems und der Vorbelastung ist es häufig ausreichend, eine Maschine am Netz zu betrachten, wobei das Netz entweder als starre Spannungsquelle oder als großer Ersatzgenerator (Zweimaschinensystem) nachgebildet wird. Untersuchungen dieser Art werden entweder mit Hilfe von Analog- oder Digitalrechnern durchgeführt [18.3, 18.5].

Für ein Stabilitätsprogramm einer Maschine am Netz geht man von der Anordnung nach Bild 18.14 aus.

Für das Parksche Gleichungssystem [18.1] werden die in Tabelle 18.1 zusammengestellten Größen und Indices verwendet. Als vereinfachende Voraussetzung (um die Darstellung noch übersichtlich zu halten) wird eingeführt, daß die Sättigung der Synchronmaschine vernachlässigt wird.

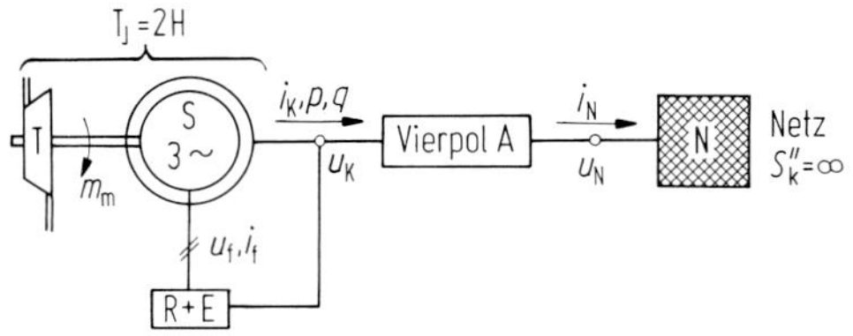

Bild 18.14. Anordnung zur Berechnung der dynamischen Stabilität einer Synchronmaschine am Netz. S Synchronmaschine; m_m mechanisches Antriebsmoment; R+E Erregeranordnung und Regelung; Vierpol mit der Kettenmatrix **A** für verschiedene Netzzustände wie z.B. Normalbetrieb, Kurzschluß, Pausenzeit u.a.; N starres Netz mit $S_k''=\infty$

Tabelle 18.1. Größen und Indices für die Nachbildung der Synchronmaschine nach der Zweiachsentheorie (s. auch Bild 18.14)

Ströme, Spannungen Flüsse, Zeitkonstanten	Indizes	Bemerkungen
i_i	$i\ =$ d, q, f, D, Q	p.u. bezogen auf I_n und $I_{f0,\delta}$
u_i	$i\ =$ d, q, f, D, Q	$u_D, u_Q=0$; p.u. bezogen auf U_n und $U_{f0,\delta}$
ψ_i	$i\ =$ d, q, f, D, Q	Flußverkettungen
T_i	$i\ =$ f, D, Q	Zeitkonstanten der Läuferwicklungen
$l_{i,j}$	$i,j=$ d, q, f, D, Q	Induktionskoeffizienten
u_K	K: Klemme	$u_K=\sqrt{u_d^2+u_q^2}$
u_N	N: Netz	$\lvert \underline{u}_N\rvert=u_N$

Indizes: d d-Achse des Ständers;
q q-Achse des Ständers;
f Erregerwicklung (Feldwicklung);
D Dämpferwicklung und Eisen in der d-Achse;
Q Dämpferwicklung und Eisen in der q-Achse.

Mit den Bezeichnungen nach Tabelle 18.1 und den Bildern 5.9, 18.14 und 18.15 kann man die Gleichungen der Synchronmaschine und des Netzvierpols wie folgt schreiben:

$$u_d=-\frac{1}{\omega_n}\cdot\frac{d\psi_d}{dt}-\frac{\psi_q}{\omega_n}\left(\omega_n+\frac{d\vartheta}{dt}\right) \tag{18.12a}$$

$$u_q=-\frac{1}{\omega_n}\cdot\frac{d\psi_q}{dt}+\frac{\psi_d}{\omega_n}\left(\omega_n+\frac{d\vartheta}{dt}\right) \tag{18.12b}$$

$$u_f=i_f+T_f\frac{d\psi_f}{dt}; \qquad u_D=0=i_D+T_D\frac{d\psi_D}{dt}; \qquad u_Q=0=i_Q+T_Q\frac{d\psi_Q}{dt} \tag{18.13}$$

$$\psi_i=\sum_{j=d,q,f,D,Q} l_{ij}\,i_j \quad \text{mit } i=d,q,f,D,Q \tag{18.14}$$

$$\frac{T_J}{\omega_n}\cdot\frac{d^2\vartheta}{dt^2}=m_m-(i_q\,\psi_d-i_d\,\psi_q)=m_m-m_e \tag{18.15}$$

Die ersten Ausdrücke auf der rechten Seite der Gln. (18.12a) und (18.12b) beschreiben die transformatorische Wirkung der Stromänderungen im Läufer auf die Spannungen des Ständers (transformatorischer Effekt). Bei Stabilitätsuntersuchungen werden diese Glieder häufig weggelassen. Vernachlässigt man weiter $d\vartheta/dt$ gegen die Nennkreisfrequenz ω_n, so wird $u_d = -\psi_q$ und $u_q = +\psi_d$ (p.u.-Gleichungen).

Für den Netzvierpol (Kettenmatrix **A**) gilt:

$$\begin{bmatrix} \underline{u}_K \\ \underline{i}_K \end{bmatrix} = \begin{bmatrix} \underline{A}_{11} & \underline{A}_{12} \\ \underline{A}_{21} & \underline{A}_{22} \end{bmatrix} \cdot \begin{bmatrix} \underline{u}_N \\ \underline{i}_N \end{bmatrix} \tag{18.16}$$

Mit $|\mathbf{A}| = 1$, also $\underline{A}_{11}\underline{A}_{22} - \underline{A}_{12}\underline{A}_{21} = 1$ findet man

$$\underline{u}_K = \frac{1}{\underline{A}_{22}} \underline{u}_N + \frac{\underline{A}_{12}}{\underline{A}_{22}} \underline{i}_K \tag{18.17}$$

und weiter, wenn man $1/\underline{A}_{22} = a + jb$, $\underline{A}_{12}/\underline{A}_{22} = r + jx$ und δ der Winkel zwischen dem Zeiger $\underline{u}_N$ und dem Zeiger $\underline{e} = \underline{u}_p$ (reelle Achse) ist:

$$u_d = r\, i_d + x\, i_q + (a \sin\delta + b \cos\delta)\, u_N \tag{18.18a}$$

$$u_q = r\, i_q - x\, i_d + (a \cos\delta - b \sin\delta)\, u_N \tag{18.18b}$$

Arbeitet die Synchronmaschine direkt am starren Netz, dann gilt anstelle der Gl. (18.18): $u_d = -u_K \sin\vartheta$ und $u_q = u_K \cos\vartheta$. Bei Anschluß der Synchronmaschine über den Netzvierpol wird auch in den Gln. (18.12) und (18.15) ϑ durch δ ersetzt.

Führt man

$$s = \frac{1}{\omega_n} \cdot \frac{d\delta}{dt}$$

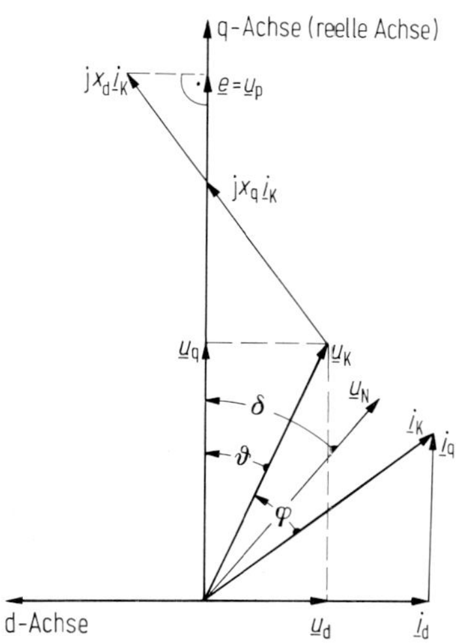

Bild 18.15. Zeigerdiagramm der Synchronmaschine (Schenkelpolgenerator übererregt – vgl. Bild 5.9) in p.u.-Größen mit

$\underline{u}_K = \underline{U}_{\curlywedge K}/(U_{nK}/\sqrt{3})$ und $\underline{i}_K = \underline{I}_K/I_{nK}$

ein, wobei s die auf die Synchrondrehzahl (ω_n) bezogene Drehzahlabweichung bei dynamischen Vorgängen ist, so kann man Gl. (18.15) in zwei Differentialgleichungen erster Ordnung zerlegen und erhält dann mit den Gln. (18.13) ein Differential-Gleichungssystem 5. Ordnung. Differentialgleichungen für das Erregersystem und den Regler kommen noch hinzu. Die schrittweise Integration des Gleichungssystems liefert den zeitlichen Verlauf des Polradwinkels, des Klemmenstromes, der Klemmenspannung, der Wirk- und Blindleistung der Synchronmaschine, der Erregergrößen u_f und i_f und wenn notwendig, auch den zeitlichen Verlauf anderer Größen (z.B. Schlupf). Ausgehend von diesem Ergebnis läßt sich die dynamische Stabilität beurteilen und z.B. auch das Verhalten der Synchronmaschine nach einem Stabilitätsverlust.

Als weiteres Kriterium, insbesondere dann, wenn man mehrere Ergebnisse vergleichen will, kann auch die zulässige Kurzschlußdauer dienen, oder die Größe der zulässigen Wirkleistung (bezogen auf die Nennscheinleistung des Generators), die vor dem Fehler übertragen werden darf, ohne daß während oder nach dem Fehler im Netz ein Verlust der Stabilität auftritt (vgl. Bild 18.27).

Zur Festlegung der Anfangsbedingungen ($t<0$) für die Variablen des Differentialgleichungssystems ist es notwendig, den stationären Betrieb festzulegen. Bei der Untersuchung der Stabilität für ein Mehrmaschinensystem muß deshalb eine Lastflußberechnung vorausgehen.

18.3.2 Dynamische Stabilität abhängig von der Fehlerart, der Fehlerdauer und dem Netzaufbau

Haupteinflußgrößen für die dynamische Stabilität der Synchrongeneratoren sind die Fehlerart und die Fehlerdauer (Abschnitt 18.3.1). Bei Überlegungen zur Grenze der Stabilität wird meist Vollastbetrieb der Synchronmaschine (S_n, $\cos\varphi_n$) vor dem Fehlereintritt vorausgesetzt. Bei Teillastbetrieb oder Leerlauf ist die zulässige Störungsdauer größer als bei einem Fehler nach vorausgegangener Vollast. Abhängig vom Netzaufbau und der Fehlerstelle im Netz kann die Technik der Kurzunterbrechung (ein- oder dreipolig) die dynamische Stabilität verbessern. Einpolige Fehler mit einpoliger Kurzunterbrechung (KU) führt in den meisten Fällen nicht zum Stabilitätsverlust auch wenn die Fehlerdauer und die KU-Zeit länger sind als bei dreipoligem Fehler im Netz.

In einfachen Fällen, z.B. bei dreipoligem Kurzschluß in der Nähe eines Synchrongenerators nach Bild 18.16a oder bei Lastabwurf nach Bild (18.16b) kann man den zeitlichen Verlauf des Polradwinkels ausgehend von Gl. (18.1) oder Gl. (18.15) bestimmen. Bild 18.16c zeigt dies für ausgewählte Werte von P^v und T_J, wobei der hochgestellte Index v Größen vor dem Kurzschluß bezeichnet. Vorausgesetzt wird bei den Fällen nach Bild 18.16, daß das mechanische Antriebsmoment konstant bleibt, während das elektrische Gegenmoment Null wird.

$$\frac{T_J}{\omega_n}\cdot\frac{d^2\delta}{dt^2}=m_m \tag{18.19}$$

Dabei sind T_J die Nennanlaufzeit, $\omega_n=2\pi f_n$ die Nennkreisfrequenz, δ der Winkel zwischen $\underline{U}_{1N}$ und $\underline{E}$ und m_m das mechanische Antriebsmoment der Turbine, bezogen auf das Nennmoment S_n/ω_n.

Die Gl. (18.19), s.a. Gl. (18.15), entstand durch Einführung der Nennanlaufzeit in die Bewegungsgleichung (18.1). Anlaufzeit ist die für den Hochlauf von der Drehzahl Null bis zur Nenndrehzahl erforderliche Zeit bei konstanter Beschleunigung a der Masse m mit dem Trägheitsradius r_J und der mechanischen Winkelgeschwindigkeit ω_m. Mit der Geschwindigkeit $v = r_J\,\omega_m$ und der Antriebskraft F sowie dem Massenträgheitsmoment $J = \int_i m_i\, r_i^2 = m\, r_J^2$ ergibt sich:

$$a = \frac{v}{t}; \qquad F = m\,a = m\frac{v}{t}; \qquad P = F\,v = m\frac{v^2}{t} = m\,r_J^2\frac{\omega_m^2}{t} = J\frac{\omega_m^2}{t}$$

und damit am Ende des Hochlaufs:

$$t = T_A = \frac{J\,\omega_m^2}{P}$$

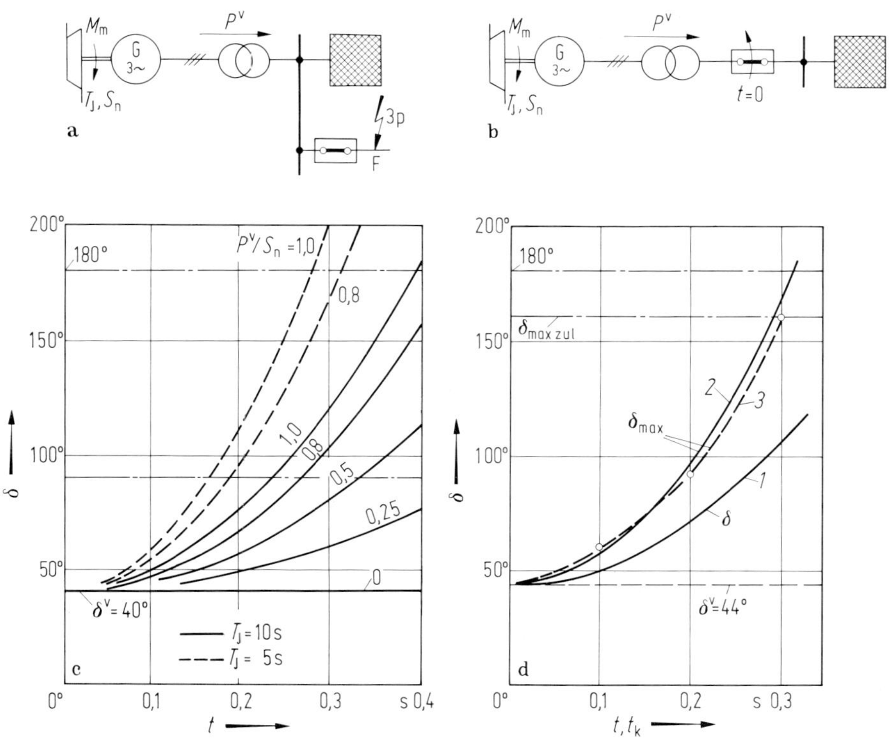

Bild 18.16. Zeitlicher Verlauf des Polradwinkels δ bei generatornahem dreipoligem Kurzschluß (während der Kurzschlußdauer) oder bei Lastabwurf (Abschätzung).

(**a**) Anordnung mit generatornahem dreipoligem Kurzschluß; (**b**) Lastabwurf; (**c**) δ nach Gl. (18.23) abhängig von t, T_J und P^v bei $\delta^v = 40°$ (Beispiele); (**d**) Kurve 1: δ nach Gl. (18.23) bei $P^v = 0{,}75\,S_n$, $T_J = 10$ s und $\delta^v = 44°$; Kurve 2: δ_{max} nach Gl. (18.25a) bei $P^v = 0{,}75\,S_n$, $T_J = 10$ s; $\delta^v = 44°$ und $\gamma = 2$ (s. auch Bild 18.17); Kurve 3: δ_{max} aus Berechnungen mit einem Einmaschinen-Stabilitätsprogramm bei $P^v = 0{,}75\,S_n$, $T_J = 9{,}73$ s; $\delta^v = 44°$ (vgl. auch Bild 18.19)

Bei Maschinensätzen (Generator + Turbine) wird die Nennanlaufzeit T_J für eine Wirkleistung gleich der Nennscheinleistung bei $\cos\varphi = 1$ ermittelt. Für die synchrone Drehzahl gilt $\omega_n = 2\pi f_n = 2\pi p n = \omega_m p$. Ersetzt man ω_m durch

$$\frac{\omega_n}{p} = \frac{2\pi f_n}{p},$$

so erhält man für die Nennanlaufzeit:

$$T_J = \frac{\omega_n^2 J}{p^2 S_n} \tag{18.20a}$$

Die Trägheitskonstante H (inertia constant) ist das Verhältnis der kinetischen Energie der rotierenden Masse bei synchroner Drehzahl zur Nennscheinleistung und somit:

$$H = \frac{\omega_n^2 J}{2p^2 S_n} = \frac{T_J}{2} \quad \text{bzw.} \quad T_J = 2H$$

Zur Berechnung von T_J verwendet man auch folgende Zahlenwertgleichung:

$$T_J = \left(\frac{\pi}{60}\right)^2 \cdot \frac{n^2 GD^2}{S_n} \quad \text{mit } m d_J^2 = 4m \cdot r_J^2 \quad \text{und} \quad n = f_n 60/p \tag{18.20b}$$

$\{T_J\}$	$\{n\}$	$\{S_n\}$	$\{f_n\}$	$\{GD^2\}$
s	min^{-1}	kVA	Hz	tm^2

Man findet z.B. für $m d_J^2$ (häufig auch mit GD^2 bezeichnet) $= 173{,}5 \cdot 10^3\ \text{kg m}^2 = 173{,}5\ \text{t m}^2$, $S_n = 440000$ kVA, $n = 3000\ \text{min}^{-1}$ nach Gl. (18.20b): $T_J = 9{,}73$ s.

Integriert man Gl. (18.19) zweimal so ergibt sich:

$$\frac{d\delta}{dt} = \int_0^t m_m \frac{\omega_n}{T_J} dt = m_m \frac{\omega_n}{T_J} t + C_1 \tag{18.21}$$

$$\delta = \int_0^t \frac{d\delta}{dt} dt = \frac{1}{2} m_m \frac{\omega_n}{T_J} t^2 + C_1 t + C_2 \tag{18.22}$$

Für die Anfangsbedingungen $t = 0$: $\delta = \delta^v$ und $t = 0$: $d\delta/dt = 0$ findet man $C_1 = 0$ und $C_2 = \delta^v$. Aus Gl. (18.22) wird:

$$\delta = \delta^v + \frac{1}{2} \frac{P^v}{S_n} \cdot \frac{\omega_n}{T_J} t^2 = \delta^v + \Delta\delta \tag{18.23}$$

Eingeführt wurde $m_m^v = m_e^v = P^v/\omega_n : S_n/\omega_n = P^v/S_n$. Den Winkel δ^v berechnet man wie folgt:

$$\tan\delta^v = \frac{I^v (X_q + X_N) \cos\varphi_N^v}{U_{\curlywedge N}^v + I^v (X_q + X_N) \sin\varphi_N^v} \tag{18.24}$$

Für $X_N = 0$ und damit $U_{\curlywedge N} = U_{\curlywedge}$ sowie $\varphi_N = \varphi$ geht δ in ϑ über, so daß dann Gl. (18.24) in die Gl. (5.6) übergeht.

Gl. (18.23) ist zur Berechnung des zeitlichen Verlaufs von δ nach dem Eintritt eines nahen dreipoligen Kurzschlusses (Bild 18.16a) nur bis zur Ausschaltung des Kurzschlusses gültig. Nach der Ausschaltung kann der Generator wieder Wirkleistung ins Netz abgeben. Hat sich der Winkel δ am Ende des Kurzschlusses um $\Delta\delta(t=t_k)$ gegen δ^v erhöht (Gl. (18.23)), so muß man nach Bild 18.17 mit einem Überschwingen auf δ_{max} rechnen, so daß sich zur Abschätzung der zulässigen Kurzschlußdauer t_k ergibt:

$$\delta_{max} \approx \delta^v + \gamma\, \Delta\delta(t=t_k) \tag{18.25a}$$

$$t_{k\,zul} \approx \sqrt{2 \frac{S_n}{P^v} \frac{T_J}{\omega_n} \cdot \frac{\delta_{max\,zul} - \delta^v}{\gamma}} \tag{18.25b}$$

Mit $\delta^v = 44°$ (0,767 im Bogenmaß), $\delta_{max} = 160° = (\pi - 0{,}35)$, $S_n = 440$ MVA; $P^v = 330$ MW, $\omega_n = 314\,s^{-1}$, $T_J = 9{,}73$ s und dem gewählten Überschwingfaktor $\gamma = 2{,}0$ (abhängig vom Netzaufbau, der Lage der Fehlerstelle, dem Polradwinkel vor dem Kurzschluß und den Eigenschaften des Generators) ergibt sich z.B. nach Gl. (18.25b) $t_{k\,zul} \approx 0{,}29$ s. Bei der Berechnung mit einem Einmaschinen-Stabilitätsprogramm wurde $t_{k\,zul} \approx 0{,}3$ s ermittelt, für $S_n = 440$ MVA, $P^v = 330$ MW, $x_d' = 30\,\%$ bei Einspeisung über einen Blocktransformator 440 MVA, $u_{kn} = 13{,}5\,\%$ und eine 25 km lange 220-kV-Doppelleitung auf ein Netz hoher Kurzschlußleistung (Bild 18.16d, Kurve 3).

Bild 18.18 zeigt das Ergebnis der Stabilitätsuntersuchung für einen 440-MVA-, 330-MW-Turbosatz, der über einen Blocktransformator 440 MVA (2 × 220 MVA, $u_{kn} = 13{,}5\,\%$) und eine 220-kV-Doppelleitung von 25 km Länge auf das Verbundnetz speist. Bei einem dreipoligen Kurzschluß mit $t_k = 0{,}1$ s auf einem Stromkreis der Doppelleitung mit nachfolgender dreipoliger KU erreicht der Polradwinkel den Maximalwert $\delta_{max} = 61°$ ausgehend von $\delta^v = 44°$ (vgl. dazu Bild 18.16d, Kurve 3 für $t_k = 0{,}1$ s). Die wichtigsten Generatordaten sind: $x_d = x_q = 283\,\%$, $x_d' = 30\,\%$, $x_d'' = x_q'' = 19{,}2\,\%$, $T_d' = 0{,}85$ s, $T_J = 9{,}73$ s. Die Erregung ist eine von den Generatorklemmen gespeiste Thyristorerregung mit $u_{f\,4/4} = i_{f\,4/4} = 3{,}6$ p.u. (ungesättigt). Es ist deshalb verständlich, daß die Spannung u_f wäh-

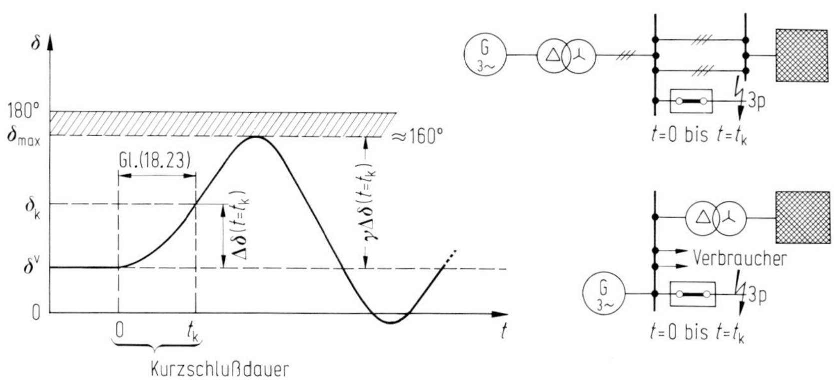

Bild 18.17. Zur Abschätzung der zulässigen Kurzschlußdauer t_k bei dreipoligem generatornahem Fehler nach Gl. (18.25)

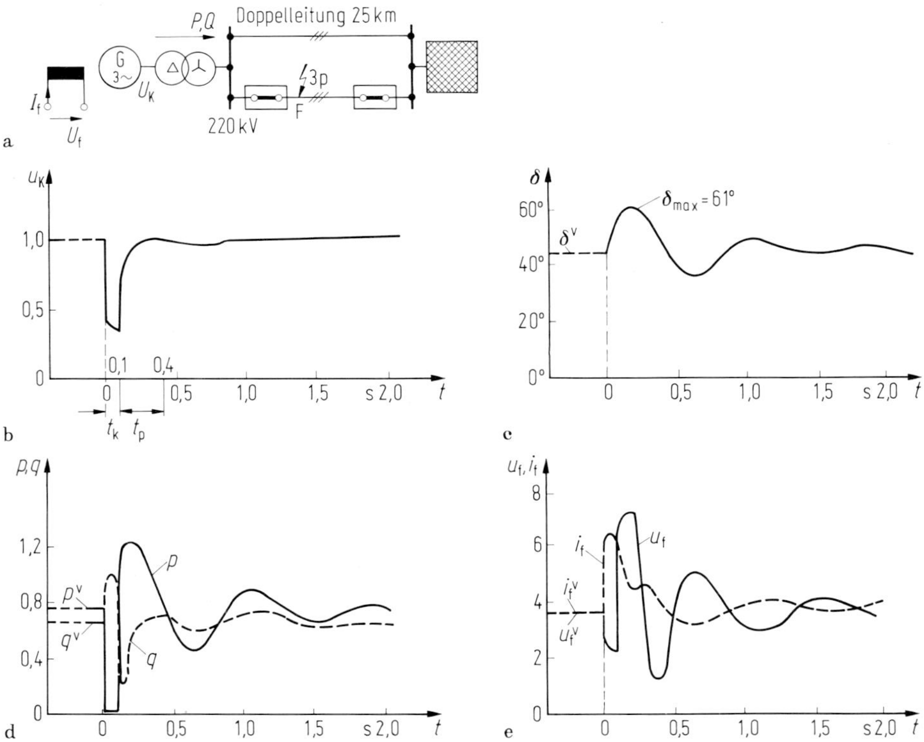

Bild 18.18. Dreipoliger Kurzschluß ($t_k = 0{,}1$ s) mit anschließender dreipoliger KU (Pausenzeit $t_p = 0{,}3$ s), Generator 440 MVA, $\cos\varphi = 0{,}75$ mit Stromrichtererregung von den Klemmen (Bild 6.4).

(**a**) Netzanschluß des Blockes; (**b**) Generator Klemmenspannung u_K; (**c**) Polradwinkel δ; (**d**) Wirk- und Blindleistung des Generators, p und q; (**e**) Polradspannung und Polradstrom u_f und i_f bezogen auf die Leerlaufwerte

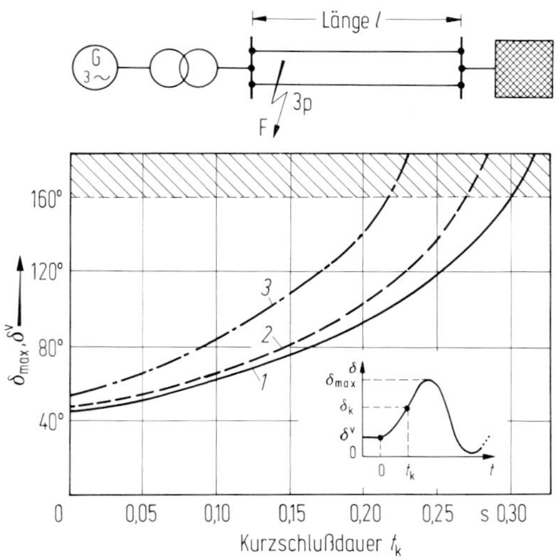

Bild 18.19. Einfluß der Übertragungsentfernung (Länge l der Drehstromdoppelleitung) auf δ_{max} abhängig von der Kurzschlußdauer t_k bei dreipoligem Kurzschluß mit nachfolgender dreipoliger KU ($t_p = 0{,}3$ s). Generator 440 MVA mit Thyristorerregung von den Klemmen (P-Regler, $V_0 = 200$).

1 Doppelleitung 220 kV, $R_1' = 0{,}06\,\Omega$/km, $X_1' = 0{,}315\,\Omega$/km, $C_1' = 11{,}3 \cdot 10^{-9}$ F/km, $l = 25$ km, Trafo 440 MVA, 245 kV ± 16 %/21 kV, $u_{kn} = 13{,}5$ %; *2* wie *1*, jedoch $l = 68$ km; *3* wie *1*, jedoch $l = 200$ km rend der Kurzschlußdauer absinkt entsprechend der Deckenspannung der Erregung, die hier 50% über dem gesättigten Wert der Erregerspannung bei Vollast liegt.

Den Einfluß des Netzanschlusses über längere Leitungen auf das dynamische Stabilitätsverhalten zeigt Bild 18.19. Maschinendaten und Erregersystem für Bild 18.19 sind die gleichen wie für Bild 18.18. Man erkennt, daß Leitungen von 200 km Länge den maximalen Polradwinkel δ_{max} stark anheben bei sonst gleichen Bedingungen. Die für eine Stabilitätserhaltung zulässige Kurzschlußdauer t_k sinkt von etwa 0,3 s auf etwa 0,21 s, also auf etwa 70% ab. Dieser Einfluß läßt sich durch die einfache Abschätzung nach Gl. (18.25) nicht erfassen.

Bild 18.20 zeigt Ergebnisse einer Stabilitätsuntersuchung für einen Pumpspeichersatz 118 MVA, wobei ein Richtbetrieb über einen oder zwei Stromkreise

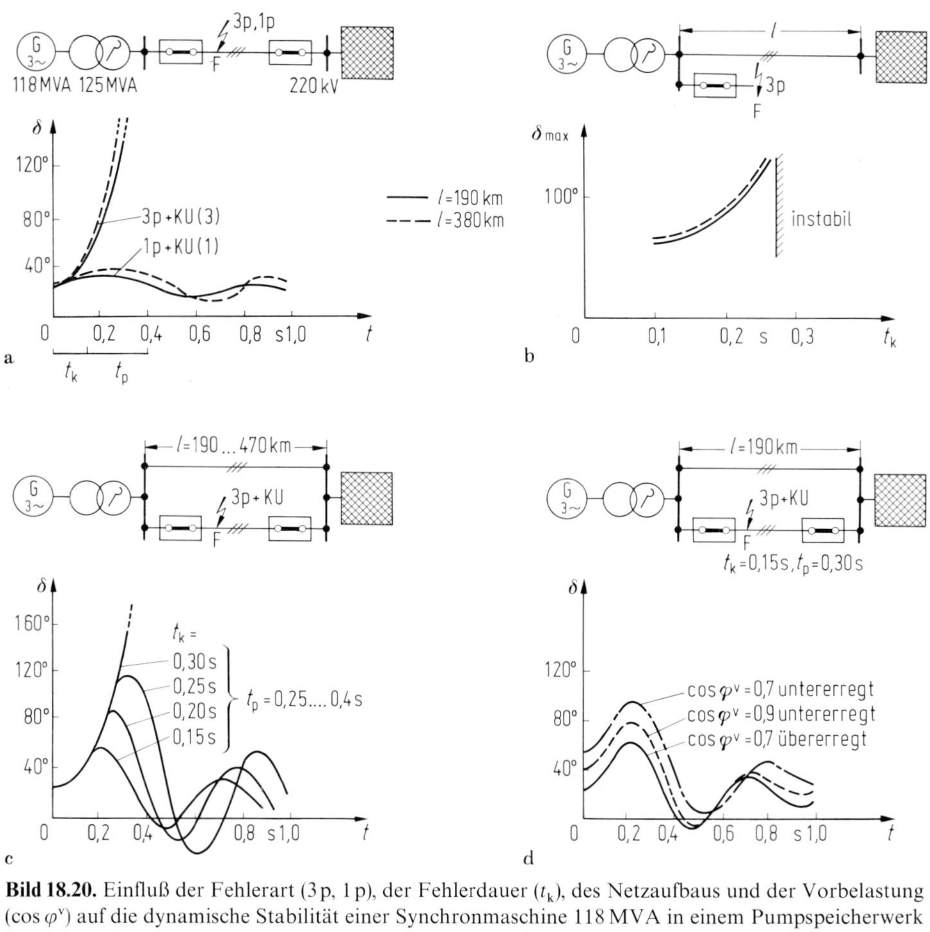

Bild 18.20. Einfluß der Fehlerart (3p, 1p), der Fehlerdauer (t_k), des Netzaufbaus und der Vorbelastung ($\cos \varphi^v$) auf die dynamische Stabilität einer Synchronmaschine 118 MVA in einem Pumpspeicherwerk (Daten der Synchronmaschine und der Erregung wie in Bild 18.11).

(**a**) Dreipoliger und einpoliger Kurzschluß mit $t_k = 0{,}15$ s und einer KU-Pausenzeit $t_p = 0{,}25$ s; (**b**) dreipoliger Kurzschluß ohne KU, $\delta_{max} = f(t_k)$; (**c**) Polradwinkelverlauf abhängig von t_k; (**d**) Polradwinkelverlauf abhängig von der Vorbelastung ($\cos \varphi^v$) bei $P = P_n = \text{const}$

220 kV betrachtet wurde mit Längen zwischen 190 km bis 380 km und zum Teil bis 470 km. Aus Bild 18.20a erkennt man, daß auch bei einer Länge bis 380 km die Stabilität erhalten bleibt, wenn man bei einpoligem Erdkurzschluß einpolige KU anwendet, während bei dreipoligem Kurzschluß mit $t_k = 0{,}15$ s rascher Stabilitätsverlust auftritt. Die Daten des Pumpspeichersatzes, der hier untersucht wurde, sind dieselben wie bei den Untersuchungen in den Bildern 18.11 und 18.12. Man erkennt hier schon, daß die Forderungen nach guter Spannungsausregelung bei Laständerungen (z.B. Vollastabwurf) und die Forderung nach ausreichender statischer und dynamischer Stabilität bei der Auslegung in Einklang zu bringen sind. Dies gelingt häufig dadurch, daß dem Spannungsregler ein PID-Verhalten gegeben und in schwierigen Fällen zusätzlich eine Signalaufschaltung proportional zum Schlupf und zur Beschleunigung vorgenommen wird (Bild 18.9). Weiter wird zur Verbesserung der dynamischen Stabilität in USA die Anwendung schnell schließender Turbineneinlaßventile (fast valving) diskutiert (Abschnitt 18.3.4).

Bild 18.20c zeigt, daß auch hier bei Kurzschlußdauern t_k über 0,25 s ein Stabilitätsverlust bei dreipoligen Fehlern auftreten wird, wobei der Polradwinkel δ^v, wie allgemein bei Wasserkraftgeneratoren im übererregten Betrieb, sehr viel günstiger liegt als beim Turbogenerator. Aus Bild 18.20d erkennt man den Einfluß der Vorbelastung ($\cos\varphi^v$) auf den Anfangspolradwinkel δ^v und die Polradwinkelbewegung bei dreipoligem Kurzschluß. Wie bei der statischen Stabilität ist der untererregte Betriebszustand auch hier als ungünstig für die dynamische Stabilität anzusehen.

18.3.3 Stabilitätsverlust, Resynchronisierung und Grobsynchronisierung

Tritt nach einem Fehler im Netz (z.B. dreipoliger Kurzschluß mit t_k größer als $t_{k\,zul}$) Stabilitätsverlust auf, so sind große elektrische und mechanische Beanspruchungen für Generator und Turbine zu erwarten. Darüber hinaus kann die Klemmenspannung des Generators beim Asynchronlauf nicht mehr auf den Sollwert ausgeregelt werden. In günstigen Fällen kann nach einem kurzen Asynchronlauf Resynchronisation auftreten, während in ungünstigen Fällen und bei längerer Dauer des Asynchronlaufs keine Aussicht auf Resynchronisation mehr besteht. Allgemein kann mit Rücksicht auf die Generatorbeanspruchung (Erwärmung der Dämpferwicklung und der Polkappen) ein Asynchronlauf von einigen Sekunden zugelassen werden. Der Generatorschutz muß deshalb den Generator nicht unmittelbar nach dem Stabilitätsverlust vom Netz trennen. Es kann vielmehr abgewartet werden, ob eine Resynchronisation eintritt.

Bild 18.21 zeigt ein Beispiel für den Asynchronlauf nach einem dreipoligen Fehler mit dreipoliger KU auf der Einfachleitung zwischen dem Blocktransformator und dem Netz. Tatsächlich wird man bei einem mehrpoligen Fehler in diesem Fall keine Wiederzuschaltung vornehmen, weil ein Außertrittfallen unvermeidlich ist und auch keine Resynchronisation erwartet werden kann. Der gezeichnete Klemmenstrom i_K enthält nur das Wechselstromglied. Je nach Kurzschlußaugenblick wird noch ein zusätzliches Gleichstromglied auftreten. Mit den angegebenen Daten berechnet man näherungsweise:

$$I''_{\mathrm{kK}} = \frac{c\,U_{\mathrm{nG}}}{\sqrt{3}(X''_{\mathrm{d}} + X_{\mathrm{T}})} = \frac{1{,}15 \cdot 21\,\mathrm{kV}}{\sqrt{3}\,(0{,}244 + 0{,}137)\,\Omega} = 36{,}5\,\mathrm{kA}$$

Daraus ergibt sich mit $I_{\mathrm{nG}} = 11\,\mathrm{kA}$:

$$i''_{\mathrm{kK}} = \frac{I''_{\mathrm{kK}}}{I_{\mathrm{nG}}} = \frac{36{,}5\,\mathrm{kA}}{11\,\mathrm{kA}} = 3{,}32$$

Für den maximalen Strom am Anfang des Asynchronlaufs unmittelbar nach der Wiederzuschaltung erhält man näherungsweise:

$$I''_{\mathrm{asK}} \approx \frac{U_{\mathrm{nG}} + U_{\mathrm{nQ}}/\ddot{u}_{\mathrm{nT}}}{\sqrt{3}\,(X''_{\mathrm{d}} + X_{\mathrm{T}} + X_{\mathrm{L}} + X_{\mathrm{Q}})} = \frac{21\,\mathrm{kV} + 220\,\mathrm{kV}/11{,}7}{\sqrt{3}\,(0{,}244 + 0{,}137 + 0{,}0502 + 0{,}0355)\,\Omega} = 49\,\mathrm{kA}$$

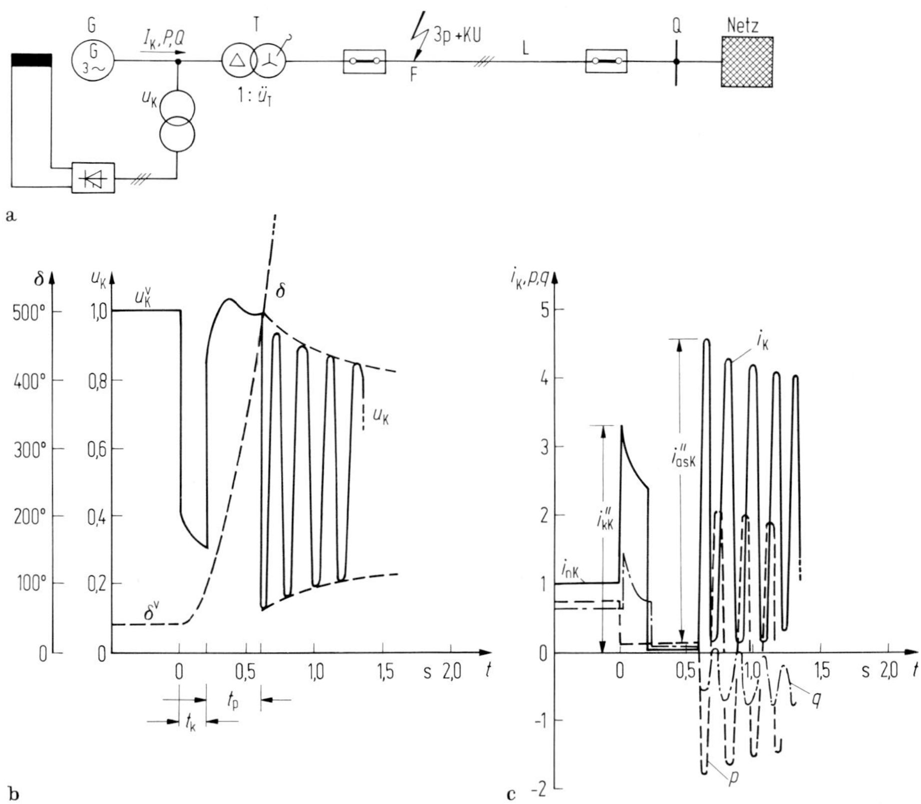

Bild 18.21. Dreipoliger Kurzschluß mit erneuter Zuschaltung und nachfolgendem Asynchronlauf.

(**a**) Netzaufbau mit folgenden Daten: Generator: $S_{\mathrm{n}} = 400\,\mathrm{MVA}$, $P_{\mathrm{n}} = 300\,\mathrm{MW}$, $U_{\mathrm{n}} = 21\,\mathrm{kV}$, $x'_{\mathrm{d}} = 0{,}3$, $x''_{\mathrm{d}} = 0{,}22$, $T'_{\mathrm{d}} = 0{,}83\,\mathrm{s}$; $T_{\mathrm{J}} = 5{,}16\,\mathrm{s}$; Transformator: $S_{\mathrm{nT}} = 400\,\mathrm{MVA}$ $(2 \times 200\,\mathrm{MVA})$, $u_{\mathrm{kn}} = 12{,}5\,\%$, $\ddot{u}_{\mathrm{nT}} = 245\,\mathrm{kV}/21\,\mathrm{kV}$; Freileitung: $X'_{1\mathrm{L}} = 0{,}295\,\Omega/\mathrm{km}$, $l = 23{,}3\,\mathrm{km}$; Netz: $S''_{\mathrm{kQ}} = 11\,\mathrm{GVA}$, $X_{1\mathrm{Q}} = 4{,}84\,\Omega$; Fehlerdauer $t_{\mathrm{k}} = 0{,}2\,\mathrm{s}$; Pausenzeit $t_{\mathrm{p}} = 0{,}4\,\mathrm{s}$. (**b**) Polradwinkel und Generatorklemmenspannung; (**c**) Generatorklemmenstrom ($I''_{\mathrm{kK}} \approx 37\,\mathrm{kA}$; $I''_{\mathrm{asK}} \approx 50\,\mathrm{kA}$), Wirk- und Blindleistung

Daraus ergibt sich mit $I_{nG} = 11\,\text{kA}$:

$$i''_{asK} = \frac{I''_{asK}}{I_{nG}} = \frac{49\,\text{kA}}{11\,\text{kA}} = 4{,}45$$

Beide Werte i''_{kK} und i''_{asK} erkennt man auch in Bild 18.21c. Für den ersten Spannungseinbruch nach der Wiederzuschaltung kann man abschätzen $\Delta u''_K \approx i''_{asK} \cdot x''_d = 0{,}98$ p.u. Nach Bild 18.21b beträgt dieser Einbruch nur etwa 0,87 p.u.

Bild 18.22 soll die Spannungsverteilungen veranschaulichen, die im ersten Augenblick des dreipoligen Kurzschlusses und zu Beginn des Asynchronlaufes auftreten. Am Ende der Pausenzeit ($t_k = 0{,}2$ s und $t_p = 0{,}4$ s) erreicht der Polradwinkel δ nach Gl. (18.23) etwa 515°. Unmittelbar danach ($t = 0{,}61$ s) ist dann die innere Spannung der Synchronmaschine in Phasenopposition zur Netzspannung. Beide Spannungen addieren sich und treiben den Ausgleichsstrom I''_{as} des Asynchronbetriebes. Die Spannung an den Generatorklemmen geht bis auf einen geringen Restwert zurück (Bild 18.21b). Bild 18.22 gibt diesen Vorgang nur grob wieder, wobei man sich leicht vorstellen kann, wie mit weiter zunehmendem Polradwinkel die Spannung an den Generatorklemmen und der Strom stark schwanken (Bilder 18.21b und c).

Bild 18.23 zeigt ein Beispiel für die Resynchronisation nach einem dreipoligen Kurzschluß im Netz mit $t_k = 0{,}6$ s, wobei der Polradwinkel auf $\delta_{13} = \delta^v_{13} + 2 \cdot 180°$ $\approx 400°$ einschwingt. Die entsprechenden Größen des Generators G2 verlaufen ähnlich wie beim Generator G1. Die Gefahr, daß G1 und G2 gegenseitig außer Tritt fallen, besteht nicht.

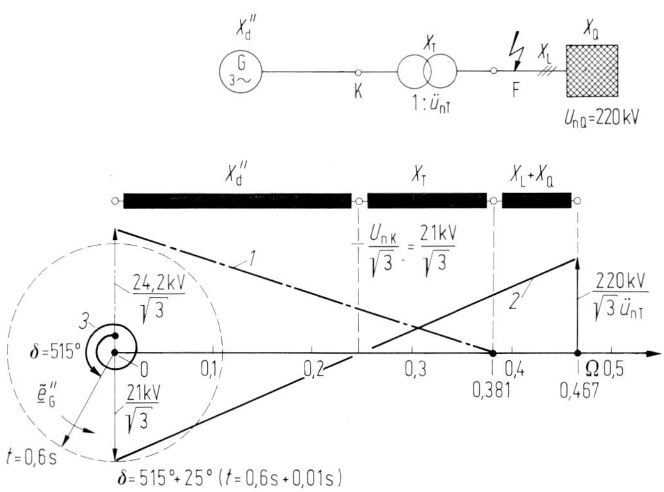

Bild 18.22. Spannungsverteilung bei Kurzschluß und am Beginn des Asynchronlaufs (Anordnung und Daten nach Bild 18.21).

1 Spannungsverteilung bei Kurzschluß in F(3p);

2 Spannungsverteilung für i''_{asK} zu Beginn des Asynchronlaufes (Phasenopposition zwischen der inneren Spannung des Generators e''_G und der Netzspannung, umgerechnet mit $\ddot{u}_{nT}$);

3 Polradwinkel δ nach Gl. (18.23) für $t = 0{,}6$ s mit $\delta^v = 45°$: $\delta = \delta^v + \Delta\delta(t = 0{,}6\,\text{s}) = 45° + 470° = 515°$

Bei Stromrichtererregung eines am Netz asynchron laufenden Generators mit einem mittleren Schlupf von einigen Prozent muß auf die Spannungsbeanspruchung der Dioden oder Thyristoren geachtet werden. Bild 18.24 zeigt hierzu ein Beispiel [18.8].

Ähnliche Überlegungen wie beim Vorgang der Resynchronisation gelten auch bei der Grobsynchronisierung eines Generators. Der Unterschied besteht darin, daß bei der Resynchronisation die Erregung auch zur Zeit des vorangehenden asynchronen Betriebes wirksam ist, während sie bei der Grobsynchronisation

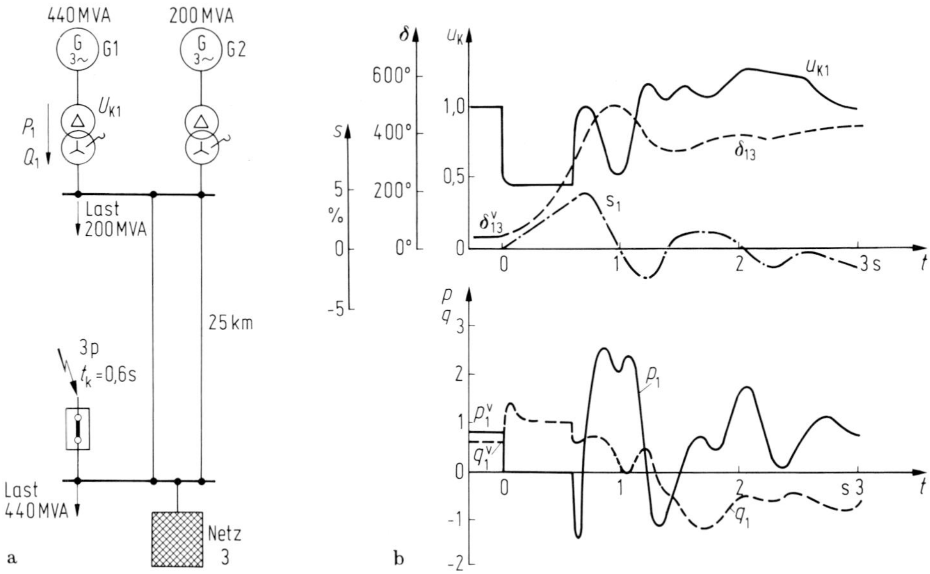

Bild 18.23. Außertrittfallen und Resynchronisation bei $\delta = \delta^{v} + 360°$ nach einem dreipoligen Fehler im Netz mit $t_k = 0{,}6$ s (zweite Stufe des Distanzschutzes im Netz). Berechnung mit Mehrmaschinen-Stabilitätsprogramm.

(**a**) Anordnung mit Nachbildung des Netzes durch einen großen Ersatzgenerator 3; (**b**) Ergebnisse der Berechnung, wobei nur die Größen des Generators G1 aufgezeichnet sind

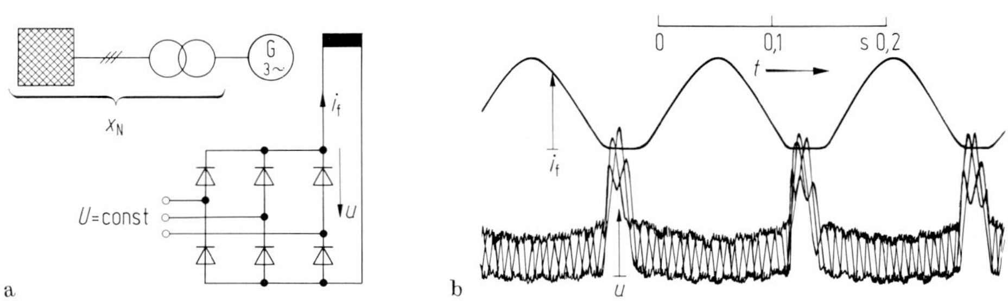

Bild 18.24. Strom und Spannung im Polradkreis eines stromrichtererregten Schenkelpolgenerators bei asynchronem Betrieb am Netz mit 8 % Schlupf.

(**a**) Anordnung; $x_d = 120\%$, $x_d' = 24\%$, $x_d'' = 9\%$, $x_N = 14\%$; (**b**) Messung von i_f und u am Netzmodell

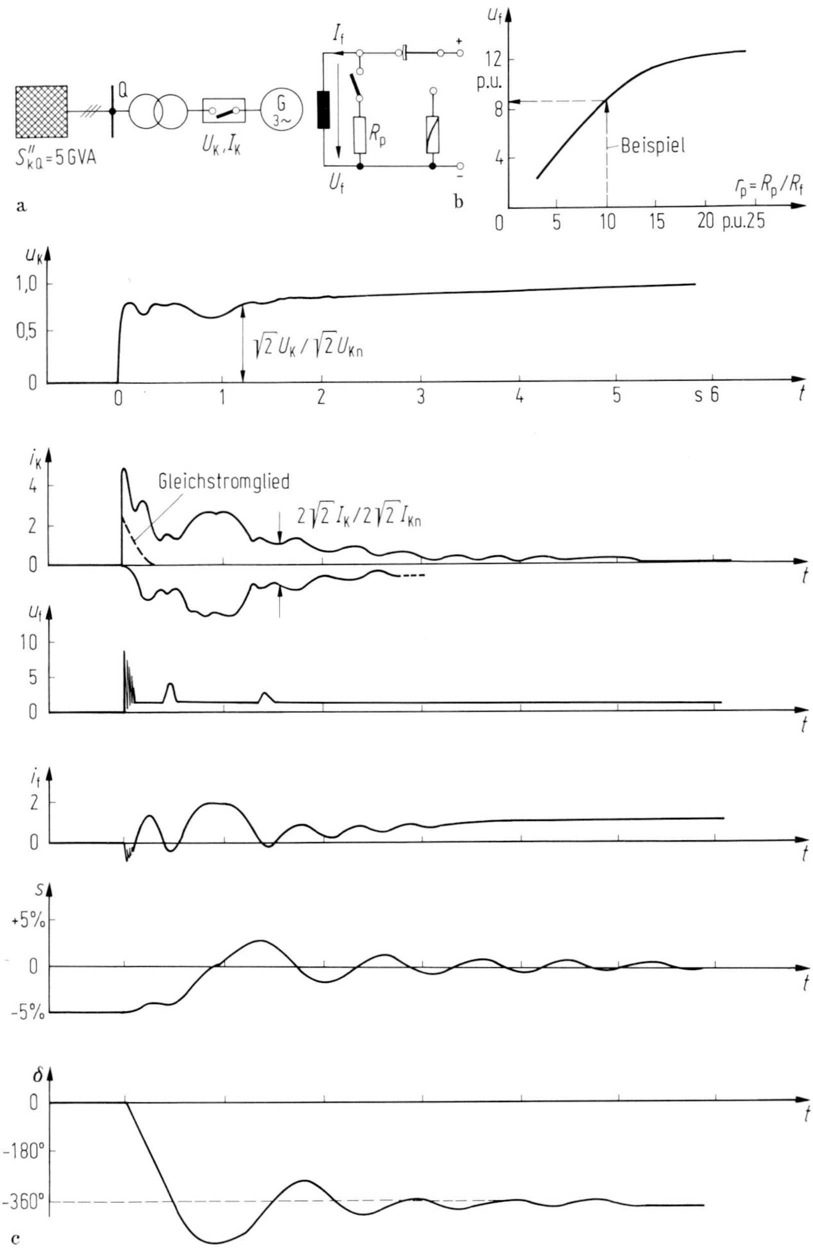

Bild 18.25. Grobsynchronisierung (Analogrechner-Untersuchung) eines Wasserkraftgenerators 33 MVA, $\cos\varphi = 0{,}91$, 10,5 kV, 50 Hz, $n = 750\,\text{min}^{-1}$, $x_d = 104\,\%$, $x_q = 66\,\%$, $x'_d = 36\,\%$, $x''_d = 25\,\%$, $x''_q = 36\,\%$, $T'_d = 1{,}06$ s, $T''_d = 0{,}032$ s, $T_J = 8$ s, $U_{f0} = 147$ V, $I_{f0} = 320$ A, $R_f = 0{,}46\,\Omega$.

(**a**) Anordnung, Generator mit Stromrichtererregung und linearem Parallelwiderstand R_p im Feldkreis; (**b**) Maximalwert u_f abhängig von r_p; (**c**) Analogrechner Ergebnisse, s Schlupf ($s^v = -5\,\%$), δ Polradwinkel ($\delta^v = 0°$) bei $r_p = 10$ p.u.

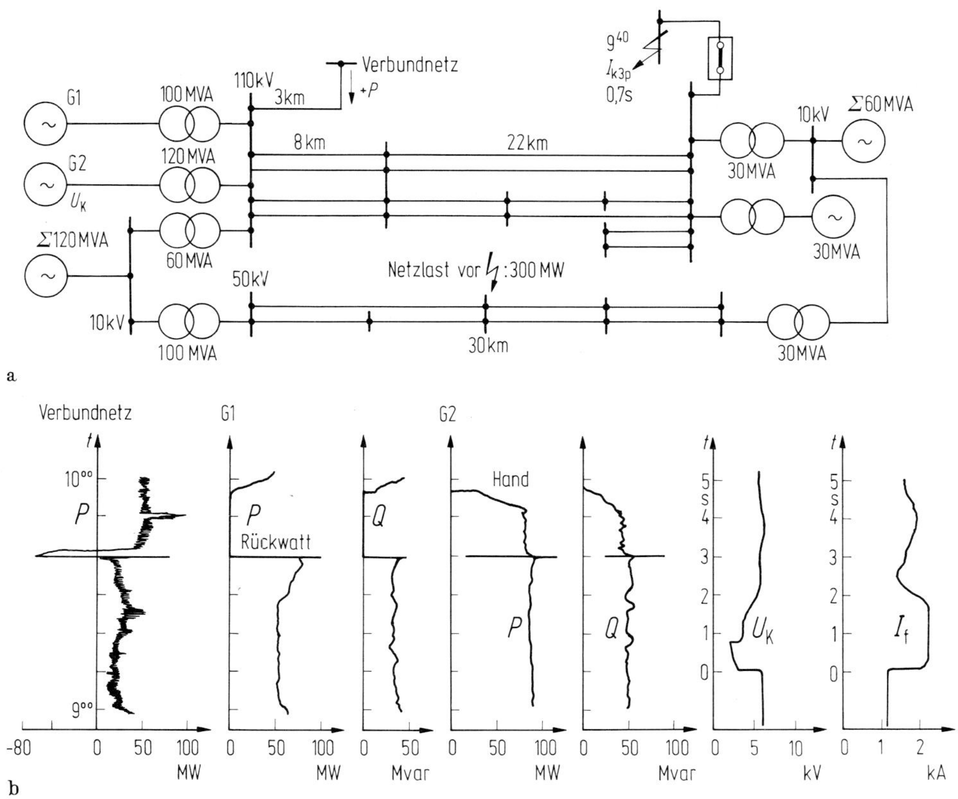

Bild 18.26. Vorübergehender Stabilitätsverlust in einem 110-kV-Netz nach einem dreipoligen Kurzschluß mit $t_k = 0{,}7$ s.

(**a**) Netzaufbau; (**b**) Registrierstreifen für die Übergabeleistung zum Verbundnetz, die Wirk- und Blindleistung des Generators G1, die Wirk- und Blindleistung sowie die Klemmenspannung und den Erregerstrom für den Generator G2

gleichzeitig mit dem Generator zugeschaltet wird oder kurz danach. Bild 18.25 zeigt ein Beispiel dazu für die Grobsynchronisierung eines 33-MVA-Wasserkraftgenerators ausgehend von 5% Schlupf und einem Anfangspolradwinkel $\delta^v = 0$ (ungünstigster Fall für die Spannungsbeanspruchung der Polradwicklung). Bei einem Anfangsschlupf $s^v < -5\,\%$ erfolgt die Synchronisierung u.U. direkt bei δ^v, während bei größeren Werten des Anfangsschlupfes die Synchronisation bei $\delta = \delta^v + n \cdot 2\pi$ vor sich geht, für $n = 2, 3, \ldots$. Die Spannungsbeanspruchung der Polradwicklung wird bei dem Beispiel in Bild 18.25 auf den zehnfachen Wert der Leerlauferregerspannung begrenzt, wenn man während der Grobsynchronisierung einen hochohmigen Widerstand R_p einschaltet, der später dann wieder abgetrennt wird.

Bild 18.26 zeigt beobachtete Auswirkungen eines vorübergehenden Stabilitätsverlustes in einem Netz mit mehreren Generatoren nach einem dreipoligen Kurzschluß mit $t_k = 0{,}7$ s (zweite Zeitstufe des Netzschutzes nach irrtümlichem Zuschalten eines wegen Reparaturarbeiten geerdeten Sammelschienenabschnittes einer 110-kV-Schaltanlage). Während des Normalbetriebes vor der Störung wird zusätzliche Leistung aus dem Verbundnetz geliefert. In den Registrierstreifen für die Wirk- und Blindleistung der Generatoren und die Übergangsleistung zum Verbundnetz zeigt sich der vorübergehende Stabilitätsverlust lediglich durch Anschläge der Schreibspur bis zu den Rändern des Schreibpapiers. Generator G1 fällt durch Rückwattauslösung aus. Generator G2 läuft nach Resynchronisation weiter am Netz. Wegen des Verdachtes auf Lagerschäden als Folge des vorübergehenden Asynchronlaufs wurde G2 von Hand abgeschaltet. Durch die Spannungsabsenkung während des Fehlers im Netz wurde die Verbraucherleistung im Netz stark reduziert (Unterspannungsauslösung bei motorischen Industrieantrieben), so daß nach dem Ende des Fehlers Wirkleistung ins Verbundnetz geliefert wird.

18.3.4 Einfluß der Generatorauslegung und des Erregersystems auf die dynamische Stabilität und die Ausregelung von Spannungsänderungen

Bild 18.27 enthält einige einfache Zusammenhänge zwischen der Generatorauslegung (x'_d und $\cos\varphi$), dem Netzanschluß (x_L) und den Grenzen der dynamischen Stabilität, zum Teil ausgedrückt durch die übertragbare Wirkleistung P, wobei vorzugsweise die Fernübertragung betrachtet wird ($x_L = 40\,\%$ bei 380 kV bedeutet etwa eine Leitungslänge von 320 bis 370 km bei $S_{nG} = 600$ MVA) und $x'_d = 40\,\%$, während die Leitungslänge bei $S_{nG} = 1200$ MVA und $x'_d = 40\,\%$ auf etwa 160 bis 180 km zurückgeht).

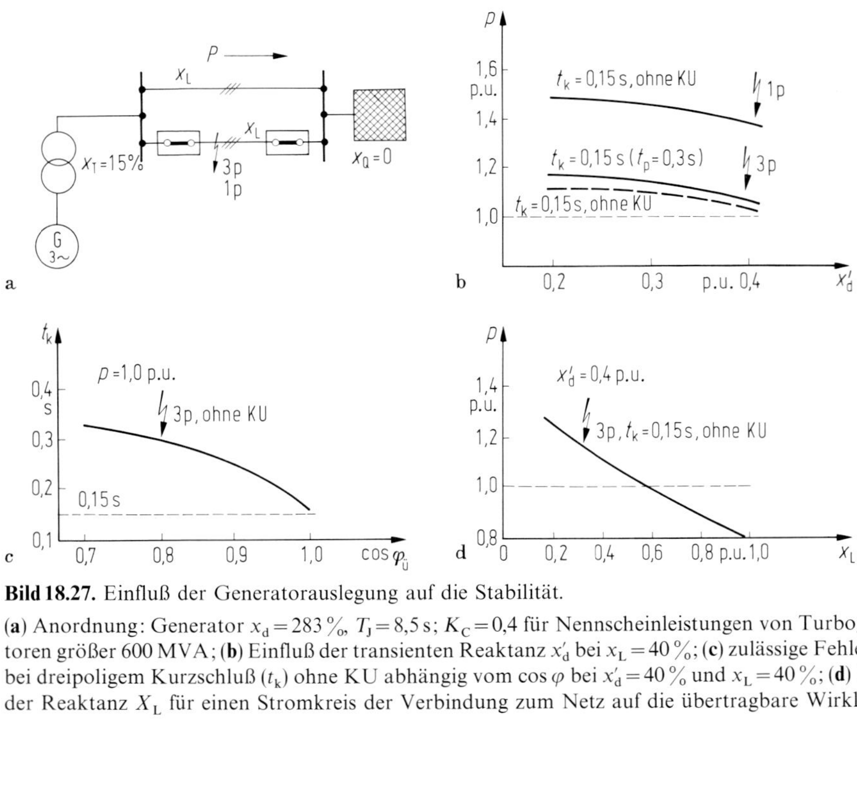

Bild 18.27. Einfluß der Generatorauslegung auf die Stabilität.

(**a**) Anordnung: Generator $x_d = 283\,\%$, $T_J = 8{,}5$ s; $K_C = 0{,}4$ für Nennscheinleistungen von Turbogeneratoren größer 600 MVA; (**b**) Einfluß der transienten Reaktanz x'_d bei $x_L = 40\,\%$; (**c**) zulässige Fehlerdauer bei dreipoligem Kurzschluß (t_k) ohne KU abhängig vom $\cos\varphi$ bei $x'_d = 40\,\%$ und $x_L = 40\,\%$; (**d**) Einfluß der Reaktanz X_L für einen Stromkreis der Verbindung zum Netz auf die übertragbare Wirkleistung

Aus Gl. (18.19) und dem Zusammenhang nach Gl. (18.22) erkennt man, daß eine wirksame Stabilitätsstützung dann möglich wird, wenn es nach dem Eintreten eines dreipoligen Fehlers ($m_e = 0$) gelingt, das mechanische Antriebsmoment m_m mit möglichst geringem Zeitverzug herabzusetzen. Bild 18.28 zeigt dazu das Ergebnis einer Untersuchung nach [18.22]. Dabei wurde vorausgesetzt, daß das mechanische Antriebsmoment in etwa einer Sekunde von 0,9 p.u. auf etwa 0,25 p.u. (bezogen auf $S_n = 1$ p.u.) herabgesetzt wird. Ausschlaggebend ist dabei eine kurze Verzögerungszeit bis zum Anfang der Herabsetzung der Antriebsleistung.

Das Zusammenwirken einer zusätzlichen Schlupf- und Beschleunigungsaufschaltung auf den Spannungsregler mit PID-Verhalten bei Thyristorerregung an den Klemmen (Bild 18.9) für große Generatoren zeigt Bild 18.29. Im Vergleich dazu zeigt Bild 18.29 auch das Verhalten von Generatoren verschiedener Auslegung mit einer Erregung über Drehstromerregermaschine und Dioden (Bild 18.7). Der Netzaufbau für dieses Beispiel ist in Bild 18.29a wiedergegeben. Angenommen wird ein einpoliger Erdkurzschluß ($t_k = 0{,}2$ s) mit nachfolgender erfolgreicher einpoliger KU ($t_p = 0{,}4$ s).

Aus dem Vergleich der Teilbilder 18.29b2 (Erregung nach Bild 18.7) und 18.29b3 (Erregung nach Bild 18.9) erkennt man den stark unterschiedlichen Verlauf der Erregerspannung u_f und die dadurch bedingte rasche Dämpfung der Polradpendelung im Bild 18.29b3. Der maximale Polradwinkel beim ersten Ausschwingen wird nur verhältnismäßig wenig reduziert.

Als weiterer Vergleich ist in Bild 18.30 das Verhalten der Generatoren untersucht, wenn die Netzeinspeisung über lange Leitungen erfolgt und auf einer der beiden Verbindungsleitungen ein dreipoliger Kurzschluß auftritt mit einer

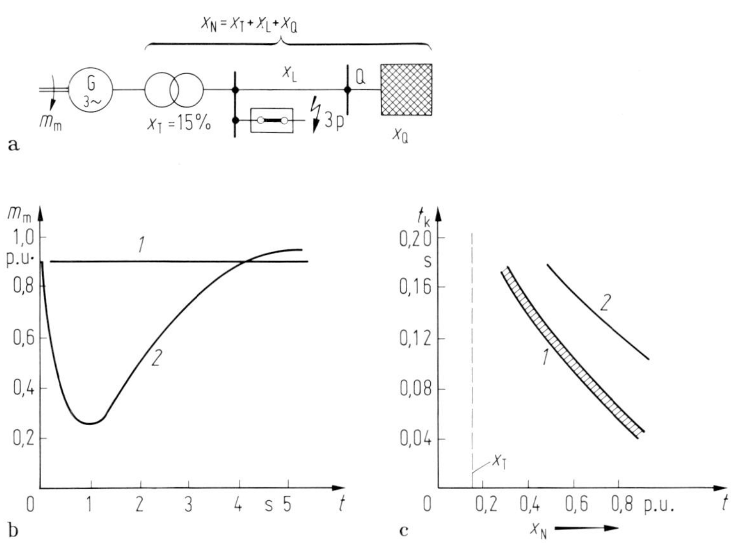

Bild 18.28. Grenze der dynamischen Stabilität bei schnell schließenden Turbinen-Einlaßventilen [18.22].
(**a**) Netzanschluß eines großen dreipoligen Turbogenerators: $n = 1800\,\text{min}^{-1}$, $f = 60$ Hz, $x_d = 172\,\%$, $x'_d = 45\,\%$, $T'_{d0} = 6{,}3$ s, $T_J = 8$ s, $\cos\varphi^v = 0{,}9$; (**b**) zeitlicher Verlauf des mechanischen Antriebsmomentes: *1* ohne schnellschließende Turbinenventile, *2* mit schnellschließenden Turbinenventilen; (**c**) zulässige Fehlerdauer t_k abhängig von x_N, *1* und *2* wie im Teilbild b

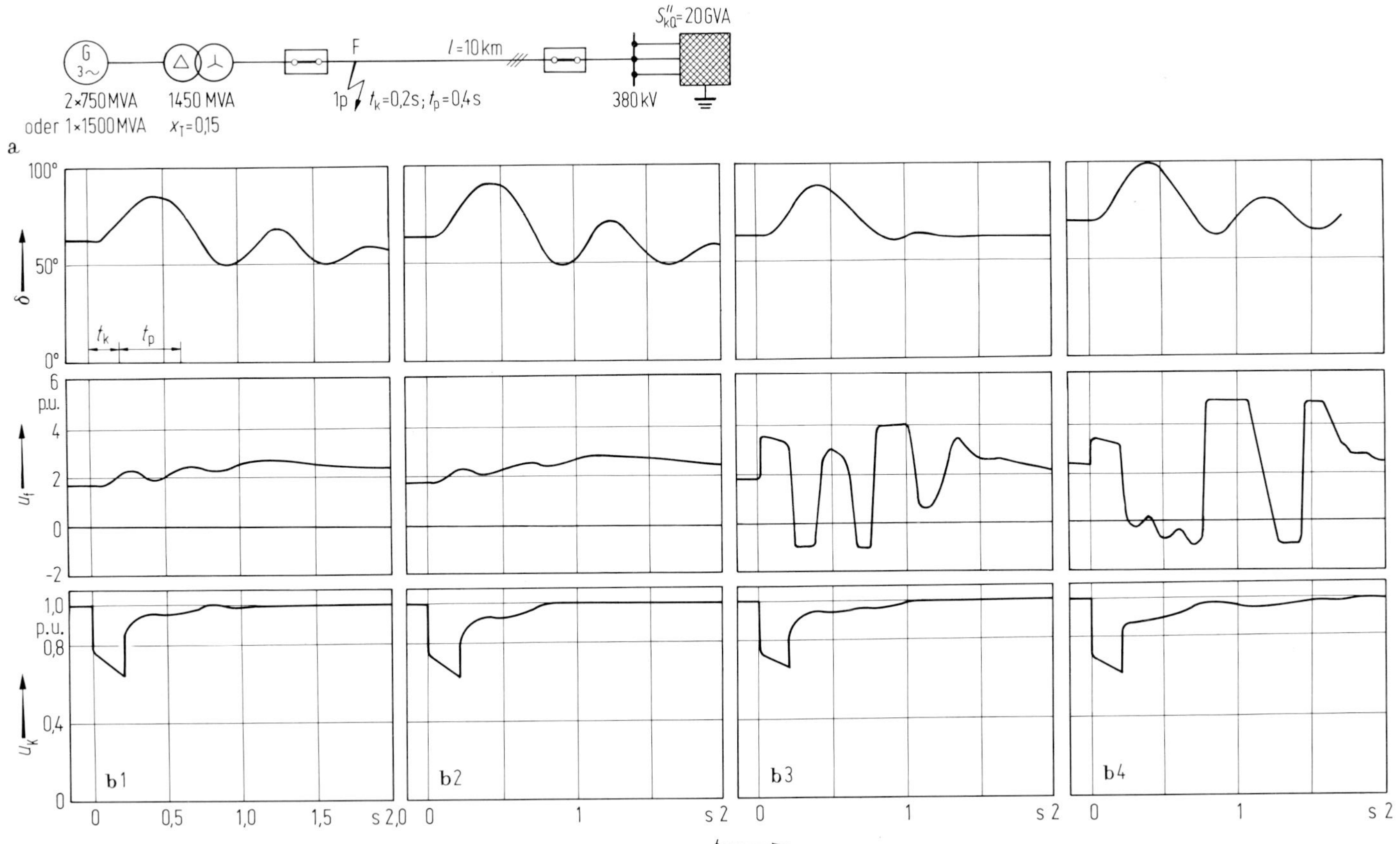

Bild 18.29. Dynamisches Verhalten großer Drehstromgeneratoren 2×750 MVA (Turbinen in Cross-Compound-Schaltung) und im Vergleich dazu eines 1500-MVA-Generators bei einpoligem Erdkurzschluß mit nachfolgender einpoliger erfolgreicher KU [18.18] jeweils nach Vollastbetrieb vor dem Fehler.

(**a**) Netzanschluß, $t_k = 0{,}2$ s, $t_p = 0{,}4$ s; (**b1**): 2×750 MVA, $x_d = 1{,}925$, $x'_d = 0{,}252$, $x''_d = 0{,}181$, $T'_d = 0{,}62$ s, $T_J = 7{,}5$ s, Erregung nach Bild 18.7; (**b2**): 2×750 MVA, $x_d = 1{,}92$, $x'_d = 0{,}34$, $x''_d = 0{,}26$. $T''_d = 0{,}725$ s; $T_J = 7{,}2$ s, Erregung nach Bild 18.7; (**b3**): wie bei (**b2**), jedoch Erregung nach Bild 18.9; (**b4**): 1500-MVA-Generator, $x_d = 2{,}39$; $x'_d = 0{,}45$, $x''_d = 0{,}32$, $T'_d = 1{,}79$, $T_J = 7{,}0$ s, Erregung nach Bild 18.9

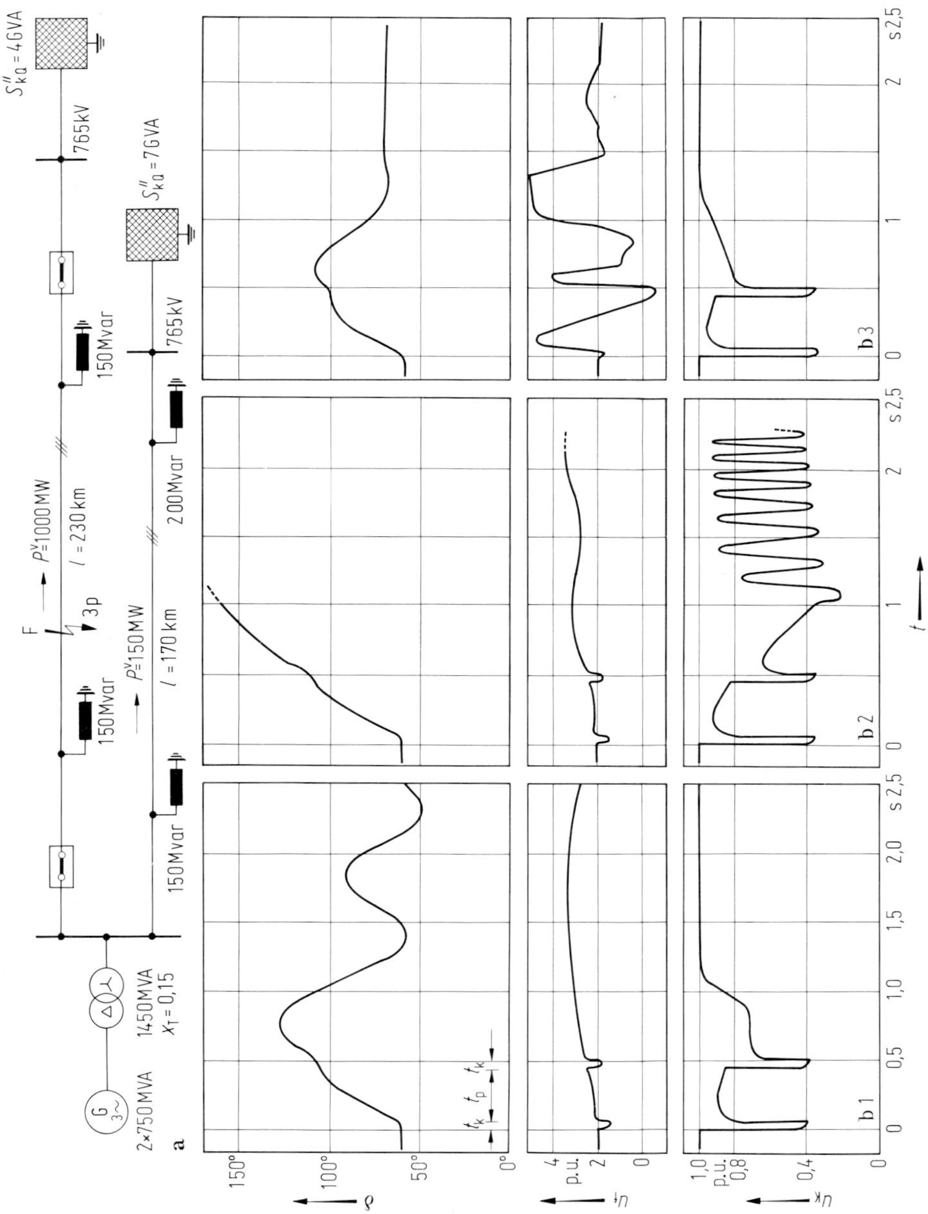

Bild 18.30. Dynamisches Verhalten von großen Drehstromgeneratoren 2×750 MVA (Turbinen in Cross-Compound-Schaltung) bei dreipoligem Kurzschluß mit nachfolgender erfolgloser dreipoliger KU [18.18].

(**a**) Netzanschluß, $t_k = 0{,}05$ s, $t_p = 0{,}4$ s, $t_k = 0{,}05$ s, $t_p \Rightarrow \infty$; (**b1**) Generator und Erregung wie in Bild 18.29 b1; (**b2**) Generator und Erregung wie in Bild 18.29 b2; (**b3**) Generator und Erregung wie in Bild 18.29 b3

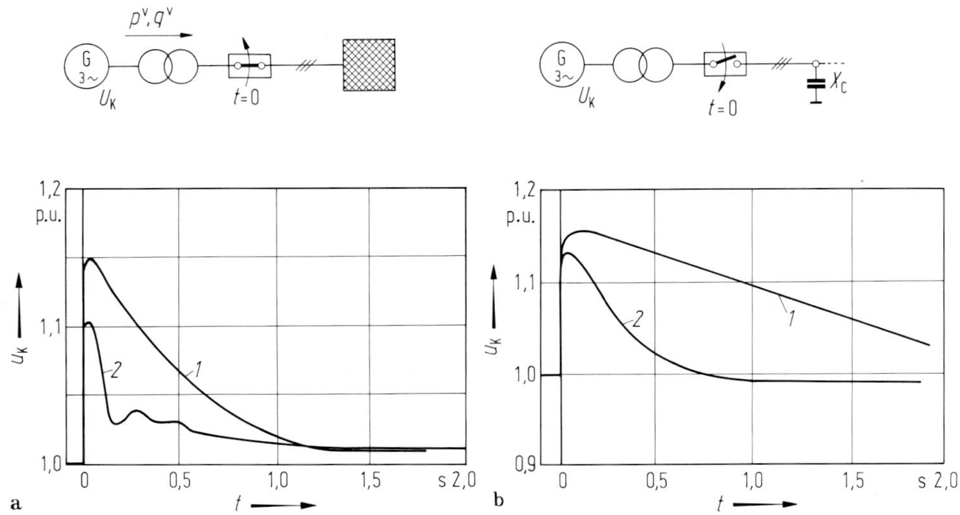

Bild 18.31. Spannungsausregelung nach Vollastabwurf und Zuschaltung einer kapazitiven Last für Generatoren 2×750 MVA, $x_d = 1{,}92$; $x'_d = 0{,}34$, $x''_d = 0{,}26$, $T'_d = 0{,}725$ s, $T_J = 7{,}2$ s.
(**a**) Vollastabwurf ($p^v = 0{,}9$ p.u., $q^v = 0{,}436$ p.u.); *1* Erregung nach Bild 18.7; *2* Erregung nach Bild 18.9; (**b**) kapazitive Zuschaltung bei $q = -0{,}4$ p.u. mit ungeladener Kapazität vor der Zuschaltung: *1* und *2* wie im Teilbild a

Kurzschlußdauer $t_k = 0{,}05$ s und nachfolgender erfolgloser dreipoliger KU. Die Dauer des dann wieder vorliegenden Kurzschlusses beträgt ebenfalls 0,05 s mit nachfolgender endgültiger Ausschaltung.

Neben den Unterschieden im Verlauf des Polradwinkels bei Unterschieden im Erregersystem und im Regler (Bilder 18.29b2 und 18.29b3 sowie 18.30b2 und 18.30b3) ergeben sich nach Bild 18.31 auch erhebliche Unterschiede bei der Ausregelung der Spannung nach einem Vollastabwurf und nach der Zuschaltung einer kapazitiven Last (Zuschaltung einer leerlaufenden Leitung).

19. Hochspannungs-Gleichstrom-Übertragung

Die Hochspannungs-Gleichstrom-Übertragung (HGÜ) hat sich neben der Drehstrom-Hochspannungs-Übertragung (DHÜ) einen festen Platz innerhalb der Möglichkeiten der elektrischen Energieübertragung erobert, insbesondere für Übertragungen über sehr große Entfernungen und als Seekabelübertragung. Darüber hinaus bietet die HGÜ in bestimmten Anwendungsfällen technische Vorteile, wie z.B. die Einspeisung von Wirkleistung in ein Drehstromnetz, ohne damit gleichzeitig die Kurzschlußleistung zu erhöhen, oder die willkürliche Begrenzung der Austauschleistungen auf Kuppelleitungen zwischen zwei Netzteilen, oder die Kupplung zwischen Netzen unterschiedlicher Frequenz bzw. unterschiedlicher Leistungs-Frequenzregelung. In den folgenden Abschnitten werden deshalb einige Angaben zur Wirkungsweise, den technischen Eigenschaften und der Entwicklung der HGÜ gemacht.

19.1 Wirkungsweise

Das Prinzip einer HGÜ ist in Bild 19.1 dargestellt. Die in den Drehstromnetzen A und B vorhandenen Spannungen werden zunächst in den Transformatoren T1 und T2 auf einen für die Übertragung geeigneten Wert umgespannt und anschließend in den Stromrichtern S1 und S2 umgerichtet. Der über die Leitung fließende Gleichstrom wird durch die Differenz der Spannungen an den beiden Enden bestimmt.

$$I_\mathrm{d}=(U_{\mathrm{d}1}-U_{\mathrm{d}2})/R \tag{19.1}$$

Für die übertragene Gleichstromleistung (Wirkleistung) gilt damit:

$$P_\mathrm{d}=U_{\mathrm{d}1}I_\mathrm{d}=U_{\mathrm{d}1}(U_{\mathrm{d}1}-U_{\mathrm{d}2})/R \tag{19.2}$$

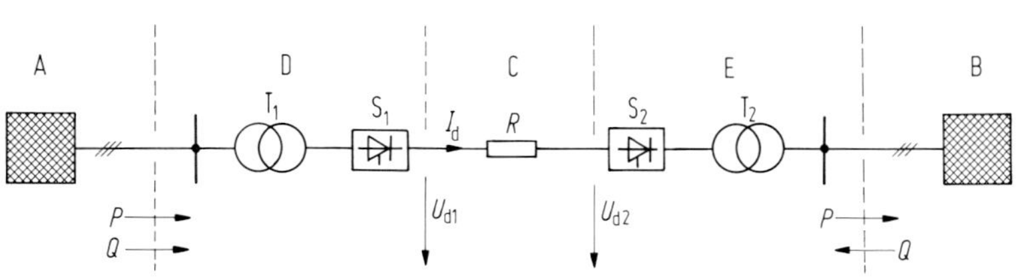

Bild 19.1. Prinzip einer Hochspannungs-Gleichstrom-Übertragung (HGÜ).

P Wirkleistung; *Q* Blindleistung; T1, T2 Stromrichtertransformatoren; S1, S2 Stromrichterventile (Quecksilberdampfgefäße oder Thyristoren); A, B Drehstromnetze; D, E Stromrichterstationen; C HGÜ-Leitung (Freileitung oder Kabel)

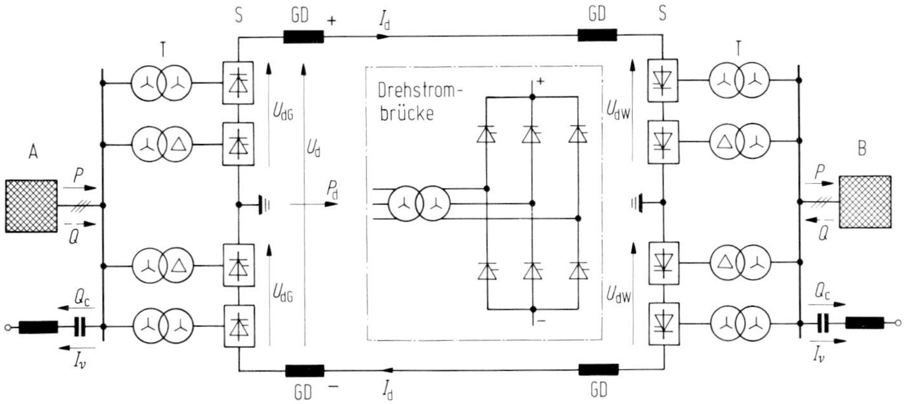

Bild 19.2. Prinzip-Schaltbild einer HGÜ (AB-Übertragung) mit Gleichrichter- und Wechselrichterstation (Darstellung für Thyristorenventile in Drehstrombrückenschaltung).

P_d Gleichstromleistung; I_d Gleichstrom; U_d Gleichspannung (Spannung zwischen den Leitern der Gleichstromleitung); U_{dG} treibende Spannung der Gleichrichterstation; U_{dW} Gegenspannung der Wechselrichterstation; P, Q Wirk-, Blindleistungen auf der Drehstromseite; I_ν Oberschwingungsströme der Ordnungszahl ν; T Stromrichtertransformatoren; S Stromrichterventile in Drehstrombrückenschaltung; GD Glättungsdrosseln auf der Gleichstromseite

Der Stromrichter S1 auf der Sendeseite arbeitet als Gleichrichter, d.h. er entnimmt dem Drehstromnetz A Wirkleistung und gibt diese an die Gleichstromseite ab. Der Stromrichter S2 auf der Empfangsseite arbeitet als Wechselrichter, d.h. er übernimmt die von der Gleichstromleitung übertragene Gleichstromleistung und gibt diese als Wirkleistung an das Drehstromnetz B ab. Die lokal bereitgestellten oder aus den Drehstromnetzen A und B entnommenen Blindleistungen Q auf der Sende- und Empfangsseite werden als Steuerblindleistungen und Kommutierungsblindleistungen zum Betrieb der Stromrichter S1 und S2 benötigt. Bei üblicher Größe der Spannungsreserve und des induktiven Gleichspannungsabfalls erreichen die Grundschwingungsblindleistungen auf beiden Seiten der HGÜ etwa 50% der übertragenen Wirkleistung ($Q/P \approx 0{,}5$) [19.6].

Die Betriebsweise der Stromrichter als Gleichrichter oder Wechselrichter wird allein durch die Anschnittsteuerung der Stromrichterventile festgelegt; damit ist es auch möglich, die Energierichtung umzukehren.

Bild 19.2 zeigt die prinzipielle Schaltung einer HGÜ-Übertragung mit den Stationen A und B (AB-Übertragung), wie sie bisher in den meisten Fällen gewählt wurde.

Für die übertragene Gleichstromleistung P_d ergibt sich mit den Bezeichnungen in Bild 19.2 ohne Berücksichtigung der Verluste:

$$P_d = U_d I_d \tag{19.3}$$

Dabei ist U_d die Gleichspannung zwischen den Leitern der HGÜ-Leitung (positiver Leiter U_{d+} gegen Erde, negativer Leiter U_{d-} gegen Erde) und I_d der Gleichstrom im Leiter entsprechend Gl. (19.1).

19.2 Technische Besonderheiten der HGÜ gegenüber der DHÜ

Bei Gleichstrom erfolgt im stationären Betrieb keine Umladung von elektrischer und magnetischer Energie zwischen den Leitungskapazitäten und den Leitungsinduktivitäten. Aus diesem Grunde wird bei der Gleichstromübertragung im Gegensatz zur Drehstromübertragung keine Blindleistung, sondern nur Wirkleistung übertragen. Das bedeutet, daß die HGÜ auch keine Kurzschlußleistung zwischen zwei gekuppelten Drehstromnetzen überträgt. Da bei HGÜ die Übertragungsleistung durch die Spannungsdifferenz zwischen den Leitungsenden nach Gl. (19.2) und nicht wie bei Drehstrom durch den Leitungswinkel zwischen der Anfangs- und Endspannung bestimmt ist, gibt es hier auch keine natürliche Leistung und keine Stabilitätsprobleme, auch nicht bei größten Entfernungen. Kompensationsmittel, wie z.B. Ladestromdrosselspulen oder Reihenkondensatoren sind bei der HGÜ nicht notwendig.

Bei Gleichstrom gibt es keine Stromverdrängung im Leiter, deshalb kann der Querschnitt voll ausgenutzt werden. In der Isolation von Kabeln entstehen keine dielektrischen Verluste, und die Bewehrung wird keiner induktiven Erwärmung unterworfen. Daraus ergibt sich besonders für Kabel ein weitaus geringerer Isolationsaufwand als bei Drehstrom und bei gleicher Übertragungsleistung eine geringere Erwärmung.

Durch die Einführung einer HGÜ zwischen zwei Drehstromnetzen, auch dann, wenn die beiden Stromrichter in einer Station ohne die Zwischenschaltung einer Leitung aufgestellt sind, werden die beiden Drehstromnetze weitgehend entkoppelt. Die HGÜ bietet damit folgende Möglichkeiten:

- Die gekuppelten Drehstromnetze können unterschiedliche Frequenzen haben oder nach verschiedenen Leistungs-Frequenz-Regelverfahren betrieben werden
- Die gewünschte Übertragungsleistung kann innerhalb des Bereiches bis zur Nennleistung unabhängig von den Vorgängen in den angeschlossenen Drehstromnetzen genau eingehalten werden. (Diesem Vorteil steht allerdings der Nachteil gegenüber, daß die HGÜ im allgemeinen nur kurzzeitig und in geringem Maße überlastet werden kann.)
- Die Regelung der Übertragungsleistung kann beliebigen Abhängigkeiten unterworfen werden.
- Durch die elektronische Ansteuerung der Stromrichter ist eine schnelle Änderung der Übertragungsleistung möglich.

HGÜ-Stationen benötigen, wie jeder Stromrichter, für ihren Betrieb Blindleistung Q, die sich aus der Steuerblindleistung und der Kommutierungsblindleistung zusammensetzt. Sie ist mit 50 bis 60% der Wirkleistung, bei den hier in Frage kommenden Übertragungsleistungen, so groß, daß sie im allgemeinen vom Drehstromnetz nicht zur Verfügung gestellt werden kann, sondern am Ort durch Kompensationsmittel aufgebracht werden muß. Dies geschieht durch Kondensatorbatterien und z.T. Synchronphasenschieber. Die Kondensatorbatterien werden durch Reihenschaltung mit Drosselspulen zu Saugkreisen für die Oberschwingungsströme I_ν ausgebildet (Bild 19.2). Bei der in HGÜ-Anlagen üblichen Drehstrombrückenschaltung treten Oberschwingungsströme der Ordnungszahl $n\,p \pm 1$

auf, mit $n = 1, 2 \ldots$ und $p = 6$. Durch abwechselnde Stern/Stern- und Stern/Dreieck-Schaltung der Stromrichtertransformatoren (Bild 19.2) kann 12-pulsiger Betrieb erreicht werden ($p = 12$). Angestrebt wird eine Absaugung der Oberschwingungsströme soweit, daß der Effektivwert der Oberschwingungsspannungen in den Drehstromnetzen 1% der Netzspannung nicht überschreitet, so daß unzulässige Verzerrungen der Netzspannung und Telefonstörungen vermieden werden [19.7].

19.3 Entwicklung der HGÜ

Der erste Vorläufer der HGÜ war die 1882 erbaute, 57 km lange, Übertragung von Miesbach nach München mit einer Übertragungsspannung von 2 kV. Zwischen 1890 und 1910 wurden eine Reihe von Energieübertragungsanlagen mit hochgespanntem Gleichstrom nach dem Konstantstrom-Prinzip errichtet für Entfernungen zwischen 70 und 200 km mit Leistungen von 150 bis 4500 kW bei Gleichspannungen von 6 bis 60 kV [19.1]. Da man zur damaligen Zeit außer der angewendeten Maschinenlösung keine Möglichkeit fand, für die Übertragung größerer Leistungen eine entsprechend hohe Gleichspannung zu erzeugen und am Verbrauchsort in geeigneter Weise auf die benötigte Verbraucherspannung zu verringern, war der Gleichstromübertragung gegenüber der Wechselstrom- und Drehstromübertragung keine Zukunft gegeben.

Wegen der im Abschnitt 19.2 geschilderten technischen Eigenschaften der HGÜ ist jedoch der Gleichstrom als Mittel für die Energieübertragung nie ganz in Vergessenheit geraten. Mit der Entwicklung der Quecksilberdampf-Stromrichtertechnik in den dreißiger Jahren schien es dann möglich, hochgespannten Gleichstrom durch Umformung aus hochgespanntem Wechselstrom zu gewinnen und umgekehrt. In Deutschland und der Schweiz wurden deshalb zu dieser Zeit Entwicklungsarbeiten für die HGÜ aufgenommen, besonders für Hochspannungs-Stromrichterventile. In diesem Zusammenhang soll auf einige bahnbrechende Großversuche hingewiesen werden.

Von E. Marx wurden zwischen 1937 und 1945 Versuchsanlagen mit Hochdruck-Lichtbogenventilen errichtet und erprobt. Eine HGÜ-Versuchsanlage für 16 MW bei 80 kV Gleichspannung kam 1944 zwischen Lehrte und Misburg bei Hannover in Betrieb [19.2].

Die AEG errichtete im Jahre 1935 auf dem Gelände des Kraftwerkes Henningsdorf der Märkischen Elektrizitätswerke eine Leistungsprüfanlage, die im Endzustand auch im Kreisbetrieb als Gleichrichter und Wechselrichter mit etwa 50 kV, 100 A, 5 MW gefahren werden konnte. Brown Boveri hatte 1939 zwischen dem Kraftwerk Wettingen und der schweizerischen Landesausstellung Zürich eine kleine Versuchsanlage über 30 km Entfernung in Betrieb mit 50 kV und 30 A. 1944 wurden Stromrichterventile für 100 kV, 400 A, 40 MW im Kreisbetrieb geprüft. Siemens errichtete in Berlin zwischen den Kraftwerken Charlottenburg und Moabit eine Versuchsübertragung mit 100 kV, 140 A, 14 MW.

Die Vorkriegsentwicklung der HGÜ-Technik mündete in den Bau der ersten kommerziellen Übertragung der Welt, einer Kabelverbindung von 115 km Länge zwischen dem Kraftwerk Elbe der Elektrowerke AG und dem Netz der Berliner

Tabelle 19.1. HGÜ-Anlagen im Betrieb, im Bau oder in der Planung

Nr.	Bezeichnung	P_d MW	$\pm U_d$ kV	I_d A	Freileitung km	Kabel km	Bemerkungen Inbetriebnahme
1	Elbe-Berlin Kashira-Moskau	(60) 30	(±200) 200	(150) 150	–	(115)	Demontage, 1945 Versuchsanlage, 1950
2	Schweden-Gotland	20 30	−100 −150	200 200	– –	100	Seekabel, 1954 Thyristoren, 1970
3	England-Frankreich	160	±100	800	–	64	Seekabel, 1961
4	Wolgograd-Donbass	750	±400	938	475	–	ab 1964 stufenweise
5	Neuseeland	600	±250	1200	570	40	Seekabel, 1965
6	Sakuma (Japan)	300	2×125	1200	–	–	50/60 Hz Kupplung, 1965
7	Kontiskan Jütland-Schweden	250	−250	1000	95	85	Seekabel, 1965
8	Sardinien-Italien	200	−200	1000	292	121	Sardinien-Korsika-Italien, 1967
9	Pacific-Intertie Columbia River-Los Angeles	1440	±400	1800	1350	–	reine Freileitungsübertragung über große Entfernung, 1969/1971
10	Vancouver (Stufe I + II)	312	260	1200	42	33	Seekabel, 1970/71
11	Kingsnorth-London	640	±266	1200	–	59 + 26	Stadteinspeisung, 1975
12	New Brunswick (Eel-River)	320	2×80	2000	–	–	Kurzkupplung mit Thyristoren, 1973
13	Nelson River (Kanada), Bipol 1	1600	±450	1800	89	–	1973 bis 1977
14	Cabora Bassa (Sambesi-Johannesburg)	1920	±533	1800	1410	–	Thyristoren, 1977 – 1979
15	Skagerak; Norwegen-Jütland	500	±250	1000	100	130	Thyristoren, 1977
16	Stegall (USA)	100	2×25	2000	–	–	Kurzkupplung mit Thyristoren, 1976
17	Square Butte (USA)	500	±250	1000	734	–	Thyristoren, 1977
18	Nelson River (Kanada), Bipol 2	1800	±500	1800	895	–	Thyristoren, 1978 – 1983
19	Underwood-Minneapolis (USA)	1000	±400	1250	660	–	Thyristoren, 1978
20	Inga-Shaba (Zaire)	560	±500	560	1700	–	Thyristoren, 1979

Elektrizitätswerke AG (BEWAG). Es sollten 60 MW bei einer Spannung von ±200 kV übertragen werden. Die Anlage war bis zum Kriegsende im wesentlichen fertiggestellt, wurde dann jedoch demontiert und in die UdSSR gebracht. Hier diente sie als Grundlage zum Aufbau der Übertragung Kashira-Moskau [19.3], s. dazu Anlage Nr. 1 in Tabelle 19.1.

Die Arbeiten zur HGÜ wurden in Deutschland nach dem 2. Weltkrieg zunächst nicht weitergeführt, von der ASEA in Schweden aber konsequent fortgesetzt. Auf der dort entwickelten Quecksilberdampf-Technik basieren viele der bis heute ausgeführten Anlagen.

Einen Überblick über die derzeit in Betrieb, im Bau und in der Planung befindlichen Übertragungen gibt Tabelle 19.1.

Die Entwicklung der HGÜ-Technik wurde anläßlich der Wiederaufnahme der HGÜ-Forschung in Deutschland gewürdigt [1.9]. Wie in der allgemeinen Stromrichtertechnik hat sich auch in der Technik der HGÜ-Ventile in den letzten Jahren der Wandel von den Quecksilberdampf-Gefäßen zu Thyristor-Stromrichtern vollzogen. Beispiele für HGÜ-Anlagen mit Thyristoren sind die Kurzkupplung New Brunswick und die Fernübertragung Cabora Bassa, sowie die HGÜ-Seekabelverbindung Norwegen-Jütland. Seit 1968 wurden ausschließlich Anlagen in Thyristortechnik in Auftrag gegeben.

19.4 Bauteile von HGÜ-Übertragungen

19.4.1 Vorhandene Übertragungen

Die Bilder 19.3 bis 19.8 zeigen den Aufbau einzelner HGÜ-Anlagen. Die Stromrichter der Anlagen in den Bildern 19.3 bis 19.6 und 19.8 sind Quecksilberdampf-Stromrichter. Im folgenden sollen einige Stichworte zur Aufgabenbeschreibung gegeben werden.

Bei der 1954 in Betrieb genommenen HGÜ-Verbindung zur schwedischen Insel Gotland wird die Tatsache ausgenutzt, daß Gleichstrom im Gegensatz zu Drehstrom auch durch die Erde übertragen werden kann. Die Verbindung mit einer Gleichstromleistung von 20 MW (100 kV, 200 A) hat nur ein Kabel für den Minuspol. Der Pluspol ist über das Erdreich und das Meer gebildet. Auf beiden Seiten der HGÜ müssen entsprechend ausgedehnte Spezial-Elektroden vorhanden sein, die den Nennstrom dauernd ohne Schwierigkeiten führen können. Korrosionsschäden an metallischen Leitern in der Erde in der Nähe der Elektroden müssen durch die Wahl des Ortes und die Ausbildung der Elektroden vermieden

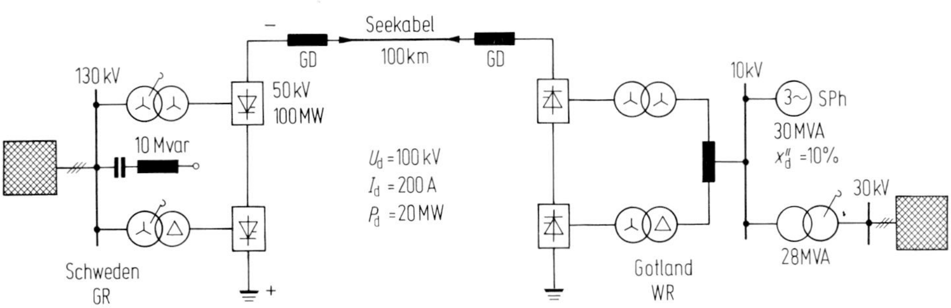

Bild 19.3. HGÜ Schweden-Gotland, Inbetriebnahme 1954

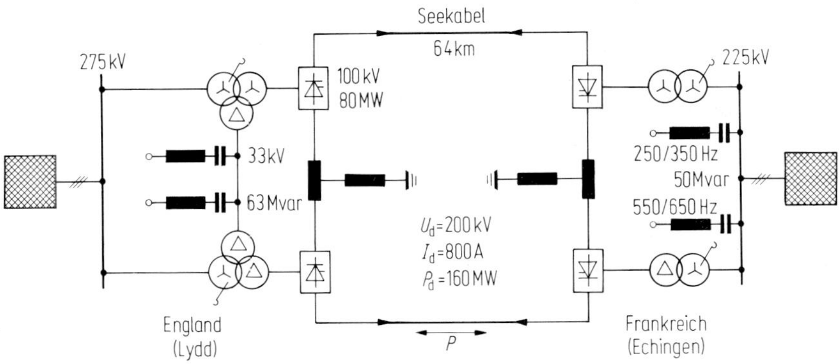

Bild 19.4. HGÜ England-Frankreich durch den Ärmelkanal. Leistungsübertragung P in beiden Richtungen wechselweise. Seekabel eng zusammenverlegt auf dem Meeresgrund

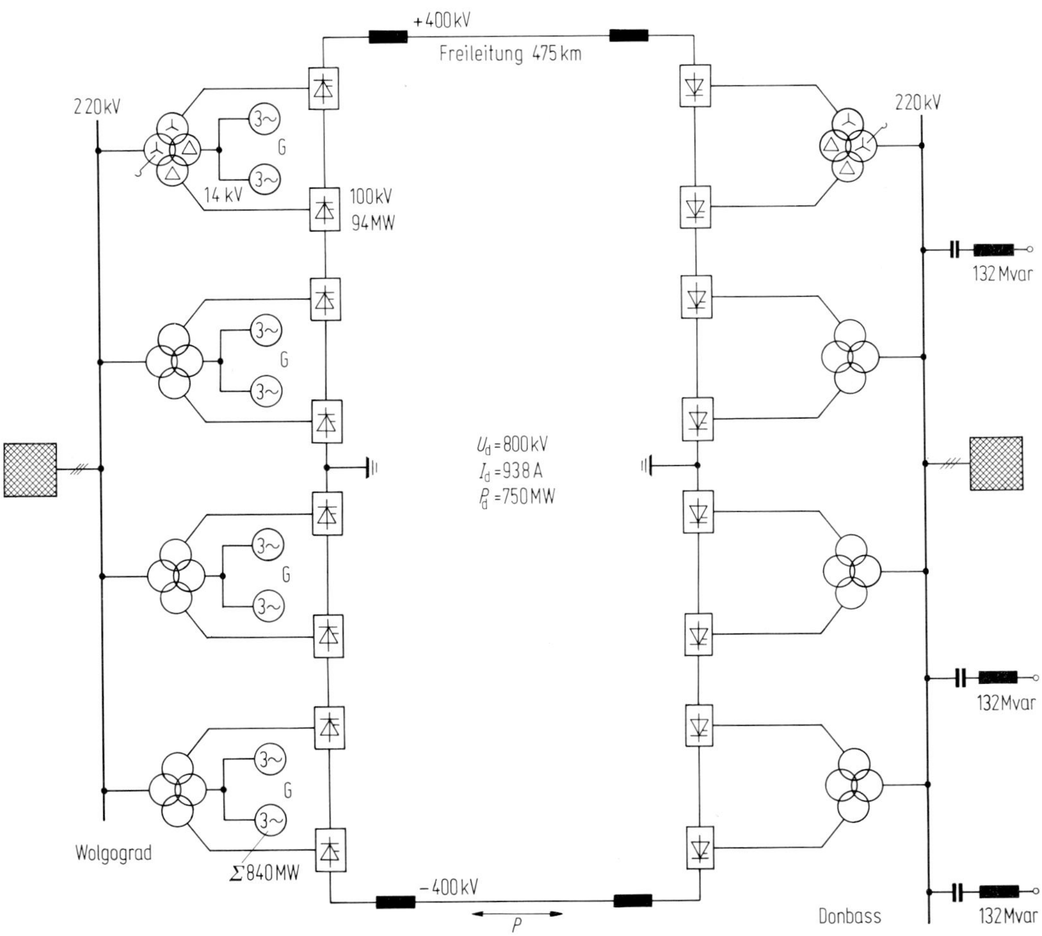

Bild 19.5. HGÜ Wolgograd-Donbass zwischen dem Wasserkraftwerk Wolgograd und dem Donezbekken [19.4]

werden. In Schweden, in den USA und in der BR Deutschland sind zu dieser Frage intensive Untersuchungen durchgeführt worden. Bei der Stromübertragung durch das Meer tritt neben der Korrosionsgefährdung auch die Frage der Kompaßabweichung und damit die Gefährdung der Schiffahrt auf. Für die HGÜ durch den Ärmelkanal zwischen England und Frankreich nach Bild 19.4 mußten deshalb zwei Seekabel in geringem Abstand verlegt werden.

Bei den HGÜ-Anlagen Sardinien (−200 kV, 1000 A, 200 MW) und Kontiskan zwischen Jütland und Schweden (−250 kV, 1000 A, 250 MW) wurde jeweils, wie bei der Anlage Gotland, nur ein Pol (Kabel und Freileitungen) ausgeführt. Die Rückleitung geht über Erde.

Die HGÜ-Anlage Wolgograd-Donbass nach Bild 19.5 [19.4] ist die erste der Freileitungs-Fernübertragungen. Sie hat eine Übertragungsleistung von 750 MW bei einer Spannung von 800 kV (±400 kV) und dient zum saisonalen Lastausgleich zwischen zwei Netzen. Die Gleichspannung wird durch jeweils vier in Reihe geschaltete Brücken mit je 100 kV für jede Hälfte der Gleich- und Wechselrichterstation erreicht. Eine Besonderheit ist, daß je Zweig der Drehstrombrücke zwei Quecksilberdampf-Stromrichterventile in Reihe geschaltet sind. In die Stromrichterstation Wolgograd speisen acht große Wasserkraftmaschinen mit zusammen 840 MW ein. Die benötigte Blindleistung wird in Wolgograd aus den Generatoren bereitgestellt, während sie in der Station Donbass durch die Siebkreise geliefert wird, die eine Grundschwingungs-Blindleistung von zusammen 396 Mvar aufweisen, entsprechend 53% der HGÜ-Übertragungsleistung $P_d = 750$ MW.

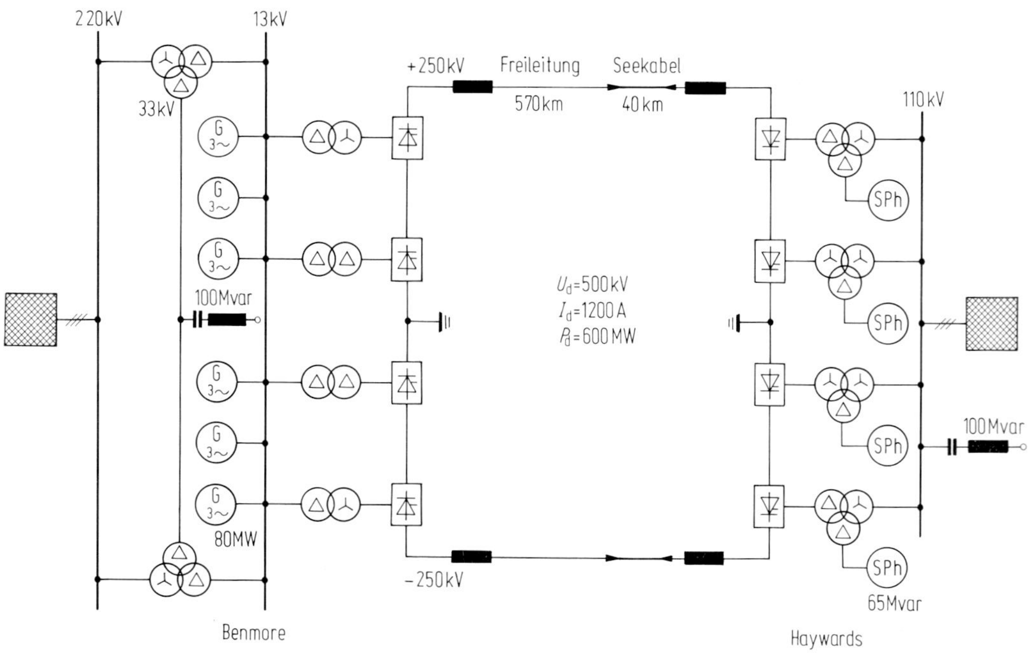

Bild 19.6. HGÜ Neuseeland (Nordinsel-Südinsel) mit Synchronphasenschiebern (SPh) je 65 Mvar in Haywards

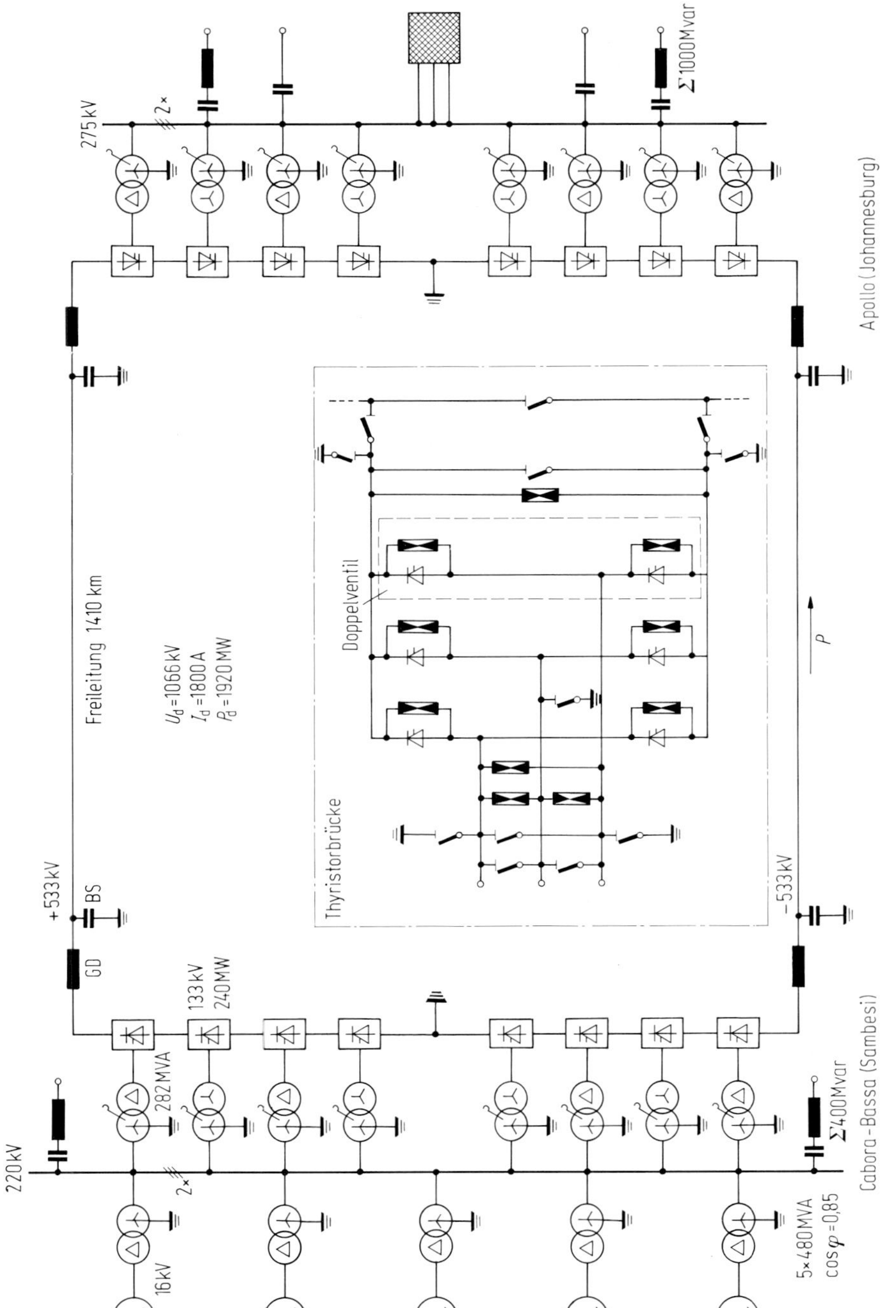

Bild 19.7. HGÜ Cabora Bassa-Apollo. Freileitungsübertragung mit zwei auf getrennten Trassen verlaufenden einpoligen Freileitungen (Viererbündel Al/St $4 \times 565\ mm^2$)

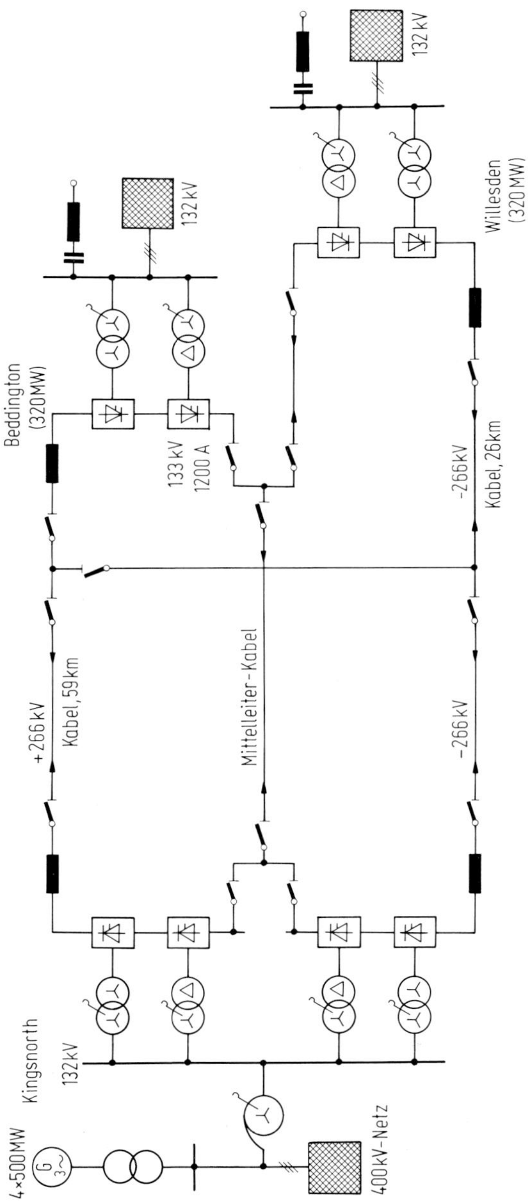

Bild 19.8. HGÜ-Kabelverbindungen zwischen dem Kraftwerk Kingsnorth und London (Beddington und Willesden) für ± 266 kV, 640 MW [19.9]

Bei der Übertragung Neuseeland nach Bild 19.6, die außer einem Seekabel auch noch eine lange Freileitung enthält, ist in der Empfangsstation an jedem Stromrichtertransformator über eine Tertiärwicklung ein Synchronphasenschieber zur Blindleistungsbereitstellung angeschlossen.

Die bisher größte HGÜ-Anlage ist die im Bau befindliche Übertragung zwischen dem Wasserkraftwerk Cabora Bassa am Sambesi in Mozambique und Südafrika in der Nähe von Johannesburg (Apollo) nach Bild 19.7 [19.17]. Der

Ausbau erfolgt in drei Stufen. Die erste Stufe mit drei Maschinen 480 MVA ist Anfang 1977 in Betrieb gegangen. Die letzte Stufe mit dem fünften Generator soll 1979 fertiggestellt sein. Vorgesehen ist ein möglicher weiterer Ausbau des Wasserkraftwerkes mit etwa 1200 MW zusätzlicher Leistung. Die Richtung der Wirkleistungsübertragung soll im Normalfall von Cabora Bassa nach Apollo gehen. Die Anlagen werden jedoch so ausgelegt, daß später auch eine Energierichtungsumkehr möglich ist, wenn ein HGÜ-Verbundsystem in Afrika verwirklicht werden sollte. Die Freileitung wird so ausgelegt, daß beim Ausfall einer der beiden einpoligen HGÜ-Leitungen die andere Leitung nahezu die Nennleistung übernehmen kann. Hierzu können die beiden Pole der Stromrichterstationen parallelgeschaltet werden. Die Erdelektroden können 3300 A über 72 Std und 1800 A dauernd führen.

Im Gegensatz zu allen übrigen HGÜ-Anlagen, bei denen die Stromrichterventile in einer eigenen Halle aufgestellt sind, werden bei Cabora Bassa erstmals Halbleiterventile mit Ölkühlung und Ölisolation in Kesseln für Freiluftaufstellung verwendet (Abschnitt 19.4.2).

Bild 19.8 zeigt den Aufbau der HGÜ-Anlage zwischen dem Kraftwerk Kingsnorth und zwei Stromrichterstationen in London. Diese Kabelübertragungsanlage speist vornehmlich Kraftwerksleistung in das Drehstromnetz, ohne die Kurzschlußleistung zu erhöhen. Es ist jedoch auch möglich, einen Energieaustausch zwischen den beiden Drehstromnetzteilen auf der Empfangsseite über die HGÜ-Stationen Beddington und Willesden vorzunehmen.

19.4.2 HGÜ-Stationen

Den Kern jeder HGÜ-Station bilden die Stromrichterbrücken. Die hierfür früher ausschließlich verwendeten Quecksilberdampf-Stromrichterventile wurden inzwischen durch Thyristorventile verdrängt. In der BR Deutschland wurden Thyristorventile von der Arbeitsgemeinschaft HGÜ (AEG, BBC, Siemens) entwikkelt [19.8, 19.15]. Neben größerer Betriebssicherheit bieten Thyristorventile den Vorteil, daß sie in einen ölgefüllten Kessel eingebaut werden können und damit eine Freiluftstellung ermöglichen. Bild 19.9 zeigt HGÜ-Doppelventile mit Thyristoren für eine Brückenspannung von 133 kV und einem Brückenstrom von 1800 A. Drei solcher Doppelventile bilden eine Drehstrom-Brückenschaltung.

Der innere Aufbau eines Thyristorventils besteht aus einzelnen Baugruppen, die in Etagen angeordnet und in Reihe geschaltet werden. Jede Baugruppe enthält neben den Einrichtungen zur Zündung der Thyristoren auch ohmsch-kapazitive Beschaltungselemente zur gleichmäßigen Verteilung der Spannung auf die einzelnen Thyristoren.

Besondere Beachtung verdient die Tatsache, daß infolge der bei hohen Gleichspannungen notwendigen gleichstromseitigen Reihenschaltung von Stromrichterbrücken die Ventile isoliert aufgestellt werden müssen. Dies erfordert, daß Hilfsenergie, Kühlmittel und Steuerimpulse von Erdpotential auf das jeweilige Ventilpotential gebracht werden müssen. Um den Aufwand hierfür gering zu halten und zu kleinen Abmessungen zu kommen, wird die Hilfsenergie bei neueren Entwicklungen aus der RC-Beschaltung der Thyristoren ausgekoppelt. Bild 19.10 zeigt Beschaltung und Signalübertragung für ein Thyristorventil.

Bild 19.9. Thyristordoppelventile in der HGÜ-Anlage Apollo (Freiluftaufstellung). Entwicklung der Arbeitsgemeinschaft HGÜ (AEG, BBC, Siemens)

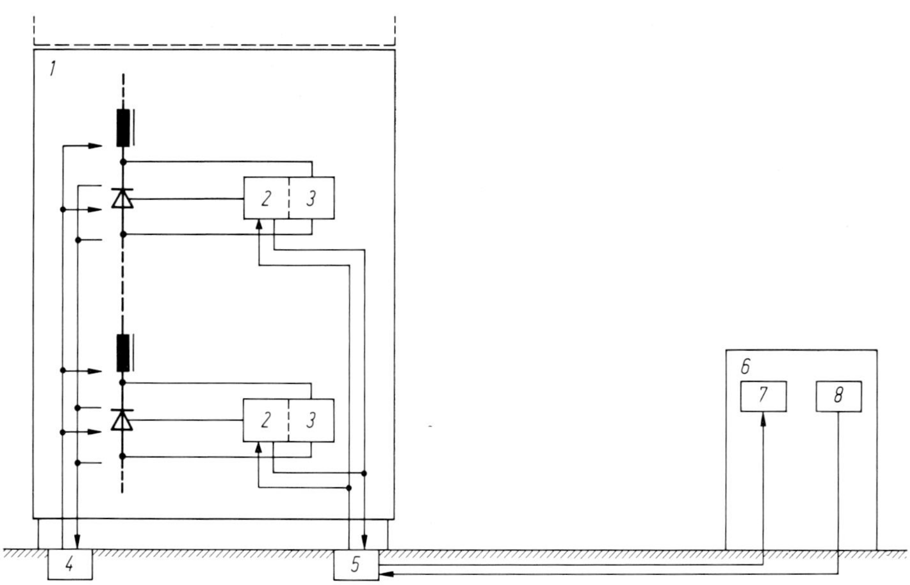

Bild 19.10. Beschaltung und Signalübertragung für ein Thyristorventil.

1 Ventil (Teil eines Thyristorventilturms); *2* optisch-elektrischer Signalwandler; *3* RC-Beschaltung der Thyristoren; *4* Kühlkreislauf; *5* elektrisch-optischer Signalwandler; *6* Warte; *7* Fehlerüberwachung; *8* Regelung und Gittersteuersatz

Bild 19.11. HGÜ-Vierfachventilturm Nelson River, Bipol 2 mit wassergekühlten Thyristoren. Drei Ventiltürme bilden eine zwölfpulsige Gruppe, 250 kV, 1800 A.
Entwicklung der Arbeitsgemeinschaft HGÜ (AEG, BBC, Siemens)

Luftisolierte Innenraumventile können übereinander angeordnet werden, so daß ein Isoliertisch nach Bild 19.9 entfallen kann. Dies ist z.B. bei der Übertragung Nelson River, Bipol 2 der Fall. Dort werden zwei Drehstrombrücken mit um 30° versetzter Schaltgruppe der Transformatoren unter einem gemeinsamen Leistungsschalter zusammengefaßt. Es entsteht eine Stromrichtergruppe mit zwölfpulsiger Netzrückwirkung. Vier Ventile einer solchen Gruppe, angeschlossen an den gleichen Leiter des Drehstromnetzes, können konstruktiv in einem gemeinsamen Gestell übereinander angeordnet werden, Bild 19.11.

Thyristoren sind empfindlich gegen Überschreiten der zulässigen Stoßströme und gegen Überspannungen. In der Anfangszeit der Thyristortechnik wurden deshalb z.T. Überstromableiter (Kurzschließer) eingesetzt, die bei unzulässigen Ventilströmen das Ventil in wenigen Millisekunden überbrücken und damit vom speisenden Drehstromnetz entkoppeln [19.24]. Durch Verbesserung wurde es möglich Thyristorventile so auszulegen, daß sie die bei einem Kurzschluß auftretenden Überströme führen und abschalten können. Zum Überspannungsschutz werden den Ventilen Überspannungsableiter parallelgeschaltet (Bild 19.7). Deren Ansprechspannung muß so bemessen sein, daß sie bei betriebsmäßig vorkommenden Spannungserhöhungen nicht ansprechen. Die Spannungsbemessung des HGÜ-Thyristorventils richtet sich dann nach der oberen Ansprechgrenze der Ableiter. Bei dem Ventil nach Bild 19.9 zum Beispiel, das für eine Brückennennspannung von 133 kV ausgelegt ist, wurden 280 Thyristoren mit einer Sperrspannung von jeweils 1,65 kV in Reihe geschaltet. Die Gesamtsperrspannung von $280 \times 1{,}65\,\text{kV} = 462\,\text{kV}$ liegt damit fast um den Faktor 3,5 über der Nennspannung.

Zur Regelung der Übertragungsleistung werden die Gittersteuerung der Stromrichterventile und die Stufenschalter der Stromrichtertransformatoren herangezogen. In den bisher ausschließlich gebauten Zweipunktverbindungen wird der Löschwinkel in der Wechselrichterstation mit der Gittersteuerung geregelt. Damit ist bei konstanter Netzspannung und konstantem Gleichstrom auch eine etwa konstante Gleichspannung gegeben. Auftretende Differenzen zum Sollwert werden durch die Stufenschalter der Wechselrichter-Stromrichtertransformatoren ausgeglichen. Mit der Gittersteuerung der Gleichrichterstation wird dagegen der Gleichstrom geregelt. Hierbei wird durch die Stufenschalter der Stromrichtertransformatoren der Zündwinkel in einem bezüglich Blindleistungsbedarf, Oberschwingungsströmen und Regelreserve optimalen Bereich gehalten. Der Stromsollwert und damit die übertragene Leistung kann beliebigen Einflüssen unterworfen werden. So ist es z.B. möglich, neben der Einhaltung eines bestimmten Programms der Übertragungsleistung die Frequenz eines der angeschlossenen Drehstromnetze als Störgröße aufzuschalten, ebenso wie den Phasenwinkel zwischen den Spannungen der Sammelschienen der angeschlossenen Drehstromnetze. Unter bestimmten Voraussetzungen kann auch auf konstante Blindleistung oder konstante Spannung an der Drehstrom-Sammelschiene geregelt werden [19.18].

An der Ventilwicklung der Stromrichtertransformatoren einer HGÜ-Station liegt bei der Reihenschaltung von Brücken betriebsmäßig eine hohe Gleichspannung. Dies erfordert besondere Maßnahmen bei der Auslegung der Transformator-Hauptisolation, da die Spannungsverteilung im geschichteten Öl-Papier-Dielektrikum bei Gleichspannung anderen Gesetzmäßigkeiten folgt als bei Wechselspannung.

Die HGÜ-Stationskosten werden neben den Kosten für die Stromrichterventile auch durch die Anschlußbedingungen auf der Drehstromseite bestimmt (Netzanschluß, Kraftwerksanschluß u.a.). Durch die Anschlußbedingungen ergeben sich damit auch unterschiedliche Grenzentfernungen im Vergleich zur Drehstromtechnik, bei denen die HGÜ wirtschaftlich überlegen wird (Abschnitt 19.5).

19.4.3 HGÜ-Freileitungen

Die HGÜ-Anlagen Wolgograd-Donbass, Pacific Intertie, Nelson-River und Cabora Bassa (Tabelle 19.1), sind Fernübertragungen mit Gleichstrom-Freileitungen.

Zweipolige HGÜ-Einfachleitungen lassen sich kostengünstiger bauen als Drehstrom-Doppelleitungen für gleiche Übertragungsleistung, denen sie auch im Hinblick auf die Sicherheit der Übertragung wegen der Möglichkeit des Stromflusses über Erde bei Ausfall eines Leiters gleichwertig sind. Das liegt an dem geringeren erforderlichen Aufwand für Leitermaterial, Isolatoren, Armaturen und Masten und führt dazu, daß oberhalb von bestimmten Übertragungsentfernungen die Mehrkosten für die Stromrichterstationen durch die Einsparungen an den Übertragungsleitungen kompensiert werden. Bild 19.12 zeigt Beispiele von HGÜ-Freileitungen.

Wie bei den Drehstrom-Freileitungen (Kapitel 9) lassen sich auch für HGÜ-Freileitungen Kostenformeln zur Abschätzung der Errichtungskosten angeben bei einer Trassenführung ohne besondere Schwierigkeiten [1.9, 19.16]. Wenn $K'_{\mathrm{F,B}}$ die Errichtungskosten einer bipolaren Gleichstrom-Freileitung pro Kilometer z.B. nach Bild 19.12a oder 19.2c sind und $K'_{\mathrm{F,M}}$ die Errichtungskosten einer monopolaren Gleichstrom-Freileitung z.B. nach Bild 19.12b, so gelten für den Kostenstand 1.1.1974 bei Bedingungen des Leitungsbaus in der BR Deutschland folgende Gleichungen:

$$\frac{K'_{\mathrm{F,B}}}{\mathrm{TDM/km}} \approx 14{,}4 + 0{,}276\,\frac{U_{\mathrm{d}\pm}}{\mathrm{kV}} + 72\,\frac{Q}{1000\,\mathrm{mm}^2} \tag{19.4}$$

$$K'_{\mathrm{F,M}} \approx 0{,}63\,K'_{\mathrm{F,B}} \tag{19.5}$$

Dabei sind:

$K'_{\mathrm{F,B}}$ Errichtungskosten der bipolaren Gleichstrom-Freileitung, $U_{\mathrm{d}\pm} = \pm 200\,\mathrm{kV}$ bis $\pm 600\,\mathrm{kV}$.

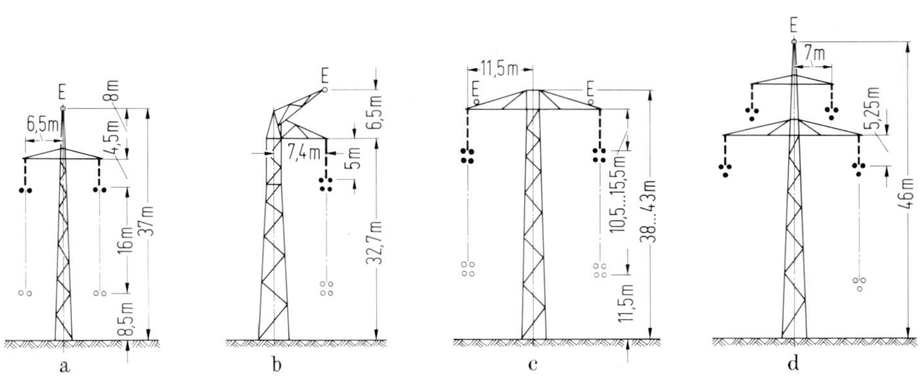

Bild 19.12. Beispiele für HGÜ-Freileitungen.

(**a**) ±400-kV-Einfachleitung [19.16]; (**b**) 533-kV-HGÜ-Leitung, einpolig, $I_{\mathrm{d}} = 3300\,\mathrm{A}$; (**c**) ±750-kV-Einfachleitung 4 × 943/53 Al/St, geplant [19.25]; (**d**) ±400-kV-Doppelleitung [1.9]

$K'_{F,M}$ Errichtungskosten der monopolaren Gleichstrom-Freileitung

$U_{d\pm}$ Gleichspannung Leiter gegen Erde (Spannung des Plus- oder Minuspols gegen Erde).

Q Gesamtquerschnitt (Aluminium) je Pol, Al/St-Seile (auch Bündel mit $n=2$ bis $n=4$ und $Q=800\,mm^2$ bis $4000\,mm^2$).

Die Erfahrungen zeigen, daß die Errichtungskosten der Freileitungen mit der Anzahl der Teilleiter ansteigen. Der Einfluß daraus, der über die Berücksichtigung des Aluminium-Gesamtquerschnittes Q hinausgeht, wie bei der Drehstrom-Freileitung (Gl. (9.1)), ist jedoch für Gleichstrom-Freileitungen gering (etwa 1 bis 3 %) [19.16] und liegt unter der Genauigkeitsgrenze der Kostenberechnungen. Bei einer Gleichstromleitung mit zwei bipolaren Stromkreisen z.B. nach Bild 19.12d liegen die Kosten etwa um den Faktor 1,67 höher als die Kosten nach Gl. (19.4) [1.9]. Die wirtschaftliche Stromdichte wird ähnlich wie bei der Drehstrom-Freileitung berechnet (Abschnitt 9.5.3). Die Ergebnisse zeigen kaum Unterschiede gegenüber den Ergebnissen der wirtschaftlichen Stromdichte bei Drehstromleitungen. Folgende Punkte sind bei Gleichstrom-Freileitungen besonders zu beachten:

Die Isolationsbemessung der Gleichstrom-Freileitung muß in viel stärkerem Maße als bei der Drehstrom-Freileitung an die zu erwartende Verschmutzung angepaßt werden. Für die Freileitung Cabora Bassa sind spezifische Kriechwege von 2,3 bis 2,7 cm/kV abhängig von den örtlichen Verhältnissen vorgesehen, wobei vorausgesetzt wird, daß Isolatoren gewählt werden, deren Formgebung günstig ist unter den Bedingungen der Gleichstromverschmutzung. Bei einer Gleichspannung von 400 kV gegen Erde rechnet man mit einer Isolatorlänge von etwa 4,5 m (Bild 19.12a), während bei 750 kV gegen Erde Isolatorlängen von 10,5 m bis 15,5 m geplant sind (Bild 19.12c). Bild 19.13 zeigt einige weitere Überlegungen zu dieser

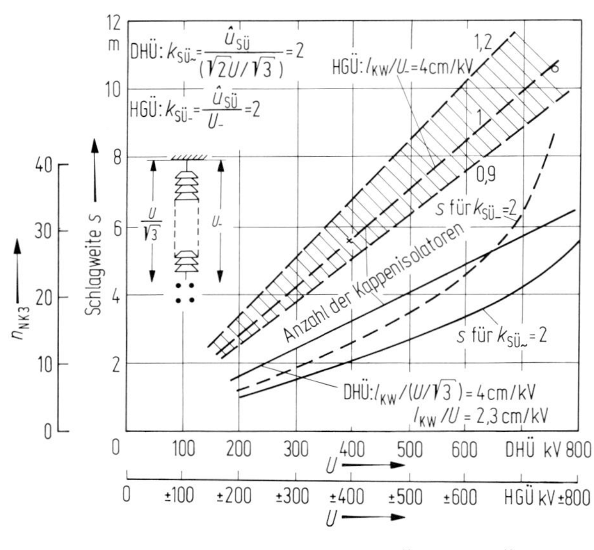

Bild 19.13. Vergleich der Isolation bei HGÜ und DHÜ für spezifische Kriechwege von 4 cm/kV und Schaltüberspannungsfaktoren $k_{SÜ}=2$.

x Schlagweite $s=5{,}25$ m bei HGÜ ± 400 kV (Bild 19.12a); ○ Schlagweite $s=10{,}50$ m bei HGÜ ± 750 kV (Bild 19.12c); n_{NK3} Anzahl der Isolatoren NK 3 (Beispiel)

Frage [12.23]. Für die Darstellung wurde sowohl für HGÜ als auch für DHÜ ein spezifischer Kriechweg von 4 cm/kV gewählt, in beiden Fällen bezogen auf die im Normalbetrieb an den Isolatoren liegende Spannung.

Die Randfeldstärke darf ähnlich angenommen werden wie bei Drehstrom-Freileitungen. Dem Richtwert von $17{,}4\,\mathrm{kV_{eff}/cm}$ in der BR Deutschland entspricht dann bei HGÜ: $\sqrt{2}\cdot 17{,}4 \approx 24{,}6\,\mathrm{kV/cm}$.

Die Störfeldstärke bei HGÜ darf etwa 10 dB höher liegen als bei Drehstrom-Freileitungen; erst dann wird der gleiche Effekt erwartet.

19.4.4 HGÜ-Kabel

HGÜ-Kabel haben gegenüber Drehstromkabeln den Vorteil, daß keine Ladeleistung benötigt wird und weder Skineffekt noch dielektrische Verluste auftreten. Daher ist bei HGÜ-Kabeln ein weitaus geringerer Aufwand an Leitermaterial und Isolation notwendig als bei Drehstromkabeln. Die Dicke der Isolation kann bei HGÜ-Kabeln für 400 kV ähnlich wie bei Drehstrom-Einleiterkabeln für 110/63 kV gewählt werden. Eine Ausführung als Massekabel ist bei dieser Spannung noch möglich. Da HGÜ-Kabel ohne Zwischenstationen mit Ladestrom-Kompensationseinrichtungen auch über größere Längen verlegt werden können, ist die HGÜ bei Seekabelverbindungen größerer Längen als einzige technische Lösung anzusehen (Tabelle 19.1).

Zur Entwicklung und Prüfung von HGÜ-Kabeln für 400 kV wurden in den vergangenen Jahren umfangreiche Arbeiten in der BR Deutschland durchgeführt [19.29]. In einem HGÜ-Kabelprüffeld der FGH (früher 400-kV-FG) wurden drei unterschiedlich ausgelegte 400-kV-Massekabel einer mehr als zweijährigen Prüfung unterzogen bei zeitlich unterschiedlich gestaffeltem Wärmezyklus mit 1000 A. Bild 19.14a zeigt den einfachen Aufbau eines HGÜ-Massekabels. Bild 19.14b gibt einen Überblick über die HGÜ-Kabelversuchsanlage der FGH.

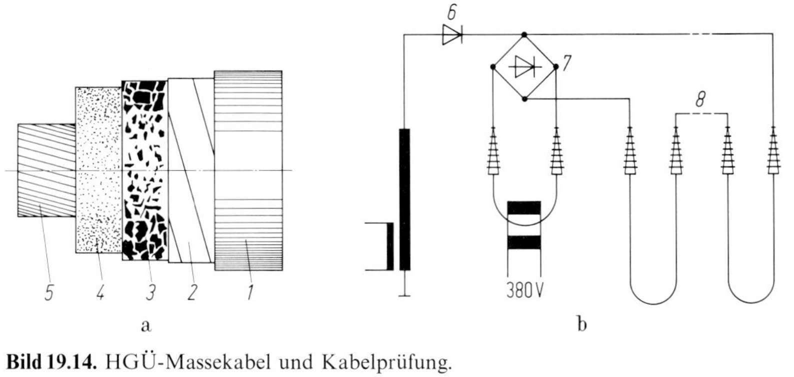

Bild 19.14. HGÜ-Massekabel und Kabelprüfung.

(**a**) Massekabel für 400 kV mit einem Leiterquerschnitt 1000 mm² für 1000 A und einer Isolation von 16 mm Dicke; (**b**) Prüfschaltung für HGÜ-Kabel mit Belastungsstromerzeuger; *1* PVC-Mantel; *2* Bandeisen; *3* Bleimantel; *4* Isolation; *5* Leiter; *6* Gleichspannungserzeuger 400 kV; *7* Belastungsstromerzeuger für 1000 A Gleichstrom; *8* Prüfkabel

Bei Spannungen $U_{d\pm}$ über etwa 300 kV wird man HGÜ-Kabel nicht mehr als Massekabel, sondern als Gasdruckkabel ausführen, um Hohlraumbildung im Dielektrikum infolge von Belastungsschwankungen zu vermeiden.

19.5 Kostenvergleich HGÜ mit DHÜ

Vergleiche zwischen den Kosten für die Übertragung elektrischer Leistung mit HGÜ oder mit DHÜ sind in den vergangenen Jahren mehrfach durchgeführt worden auf nationaler und internationaler Ebene [1.9, 19.10, 19.26]. Bei diesen Vergleichen soll festgestellt werden, bei welcher Entfernung (Freileitung oder Kabel) eine HGÜ-Übertragung gleich wirtschaftlich wird wie eine Drehstromübertragung (Kostenschnittpunkt). Die Vergleiche sind selbstverständlich stark beeinflußt von den Voraussetzungen und dem technischen Entwicklungsstand der HGÜ und der DHÜ. Einige veröffentlichte Ergebnisse sollen hier in den Bildern 19.15 und 19.16 wiedergegeben werden.

Im linken Teil des Bildes 19.15 werden Mittelwertkurven und Grenzen für den wirtschaftlichen Einsatz von Drehstromübertragungen mit verschiedener Span-

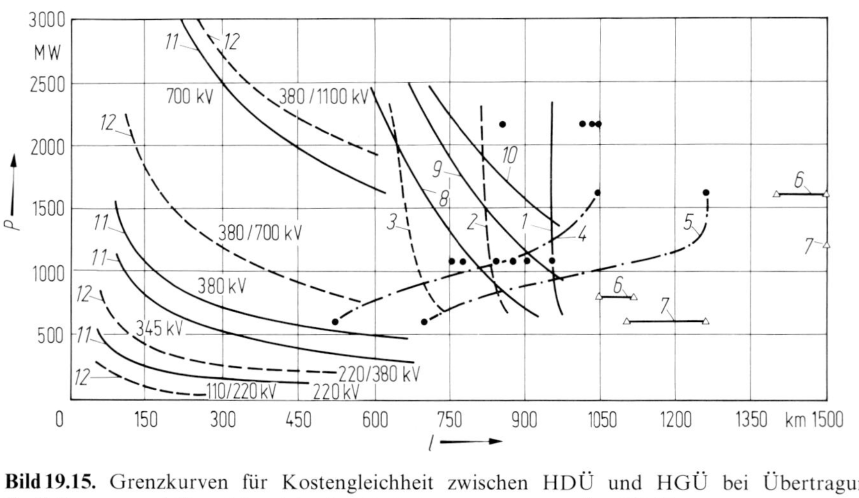

Bild 19.15. Grenzkurven für Kostengleichheit zwischen HDÜ und HGÜ bei Übertragung mit Freileitungen und Einsatzbereiche der Drehstromspannungsstufen [12.3].

K_A bedeuten die Kosten der Stromrichteranlagen nach [19.10] bezogen auf die Kosten im Jahr 1965. ● Einzelergebnisse der Länder USA, Kanada, Großbritannien, Schweden, Frankreich, Schweiz [19.10].

1 $K_A = 100\%$; *2* $K_A = 80\%$; *3* $K_A = 60\%$; *4* Verbindung Kraftwerk – 220-kV-Netz, Preisbasis 1960 [1.9]; *5* Verbindung Kraftwerk – 380-kV-Netz, Preisbasis 1960 [1.9]; *6* Verbindung eines 380-kV-Netzes mit einem 380-kV-Netz über HGÜ mit Leitungen ±400 kV bei 3500 bis 7000 Vollaststunden im Jahr, Preisbasis 1960 [1.9]; *7* Verbindung eines 380-kV-Netzes mit einem 380-kV-Netz über HGÜ mit Leitungen ±300 kV bei 3500 bis 7000 Vollaststunden im Jahr, Preisbasis 1960 [1.9]; *8* AB-Verbindung [19.5]; *9* AB-Verbindung mit einer Zwischenabnahme [19.5]; *10* AB-Verbindung mit zwei Zwischenabnahmen [19.5]; *11* Mittelwertkurven für den wirtschaftlichen Einsatz von Drehstrom-Spannungsstufen; *12* wirtschaftliche Grenzen zwischen zwei Drehstrom-Spannungsstufen nung angegeben. Man erkennt, daß bei Freileitungsübertragungen (AB-Übertragungen) der Entfernungsbereich bis etwa 600 km eindeutig wirtschaftlich durch die Drehstromtechnik beherrscht wird, unabhängig von der übertragenen Leistung. Bei größeren Entfernungen folgt zuerst ein Mischgebiet DHÜ – HGÜ. Im rechten Teil des Bildes 19.15 erkennt man dann die Grenzentfernungen DHÜ – HGÜ, wobei die Schnittpunkte sich mit größeren Leistungen zu größeren Entfernungen verschieben können. Neuere Untersuchungen nach [19.26] haben z.B. gezeigt, daß Kostengleichheit für die Übertragung von 500 MW etwa bei 700 km erreicht werden kann, während sich der Kostenschnittpunkt bei der Übertragung von 2000 MW auf etwa 1000 km verschiebt. Als erste grobe Begründung dafür kann die quadratische Zunahme der übertragenen Leistung mit zunehmender Spannung bei großen Entfernungen angegeben werden, während die Kosten nur etwa linear mit der Spannung und dem Leitungsquerschnitt anwachsen [19.26].

Aus dem Bild 19.16 erkennt man, daß HGÜ-Kabelverbindungen (Landkabel und Seekabel) schon im Bereich von 40 bis 150 km wirtschaftlicher als Drehstrom-Kabelverbindungen werden. Die HGÜ-Landkabelverbindung Kingsnorth – London (Bild 19.8) liegt am unteren Rand des wirtschaftlichen Bereichs der HGU.

Die wirtschaftlichen Grenzen zwischen HGÜ und DHÜ können sich zu geringeren Übertragungsentfernungen verschieben, wenn es gelingt, die Kosten

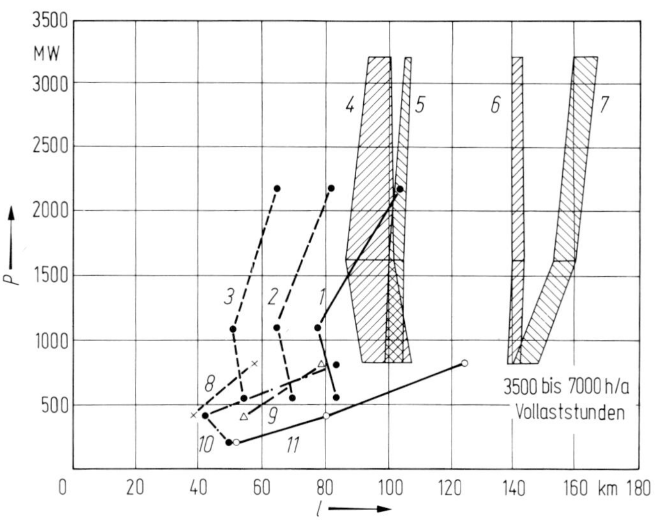

Bild 19.16. Grenzkurven für Kostengleichheit zwischen DHÜ und HGÜ bei Übertragung mit Kabeln [12.23].

K_A bedeuten die Kosten der Stromrichteranlagen bezogen auf die Kosten im Jahr 1965 [19.10]; *1* $K_A = 100\%$, Landkabelverbindung Kraftwerk-Netz; *2* $K_A = 80\%$, Landkabelverbindung Kraftwerk-Netz; *3* $K_A = 60\%$, Landkabelverbindung Kraftwerk-Netz; *4* bis *11* nach [1.9]: *4* Verbindung Kraftwerk – 220-kV-Netz über Landkabel; *5* Verbindung Kraftwerk – 380-kV-Netz über Landkabel; *6* Verbindung eines 220-kV-Netzes mit einem 220-kV-Netz über Landkabel; *7* Verbindung eines 380-kV-Netzes mit einem 380-kV-Netz über Landkabel; *8* Verbindung Kraftwerk – 220-kV-Netz über Seekabel; *9* Verbindung Kraftwerk – 380-kV-Netz über Seekabel; *10* Verbindung eines 220-kV-Netzes mit einem 220-kV-Netz über Seekabel; *11* Verbindung eines 380-kV-Netzes mit einem 380-kV-Netz über Seekabel der HGÜ-Stationen zu senken, z.B. durch die weitere Erhöhung der Sperrspannung der Thyristoren und die kostengünstige Bereitstellung der benötigten Blindleistung.

19.6 Anwendungsmöglichkeiten und Weiterentwicklung der HGÜ

Während die HGÜ in der Vergangenheit dort eingesetzt wurde, wo sie technisch konkurrenzlos war, nämlich bei langen Seekabelverbindungen und zur Kupplung von Netzen unterschiedlicher Frequenz, findet sie heute ihr Hauptanwendungsgebiet dort, wo sie die wirtschaftlichste Lösung darstellt. Dies ist der Fall bei der Übertragung großer Energiemengen über weite Entfernungen mit Freileitungen, z.B. zum Anschluß großer Wasserkraftwerke über Entfernungen von 800 bis 1000 km und mehr. Beide Anwendungsgebiete werden auch in Zukunft von Bedeutung sein. Dazu kommen Überlegungen für Freileitungsverbindungen mit einer Kapazität von einigen GW über Entfernungen von einigen 1000 Kilometern, um einen saisonalen oder tageszeitlichen Spitzenlastausgleich zu erreichen (Ost-West-Verbindungen in USA, Kanada, UdSSR) [19.14].

Die HGÜ kann darüber hinaus an Bedeutung gewinnen zur asynchronen Kupplung von Netzen, die aus Stabilitäts- oder Kurzschlußgründen nicht synchron gekuppelt werden können, in denen man sich aber die Möglichkeiten zur Einsparung von Reserveleistungen beim Verbundbetrieb nutzbar machen möchte. Eine Weiterführung der asynchronen Kupplung von Netzen kann das überlagerte HGÜ-Verbundnetz sein, für das z.B. in den USA Überlegungen angestellt wurden [19.14]. Weiterhin kann die HGÜ im Parallelbetrieb mit einem Drehstromnetz infolge ihrer guten Regeleigenschaften zur Verbesserung der Netzstabilität herangezogen werden [19.19, 19.23].

Ein weiteres Anwendungsfeld für die HGÜ könnte die Versorgung von Großstädten und Ballungsräumen werden, weil es mit der HGÜ zum einen möglich ist, die Leistung großer Kraftwerke ohne Erhöhung der Kurzschlußleistung in die Drehstromnetze einzuspeisen und zum anderen bei der oft notwendigen Verkabelung den Preisvorteil und geringen Trassenbedarf des Gleichstromkabels auszunutzen. In diesem Zusammenhang kann man auch die Entwicklungsarbeiten zum supraleitenden Gleichstromkabel sehen.

Aus den geschilderten zukünftigen Anwendungsmöglichkeiten der HGÜ lassen sich unterschiedliche Richtungen für die Weiterentwicklung der HGÜ erkennen: Für die Fernübertragung großer Leistungen z.B. wird man u.U. zu noch höheren Übertragungsspannungen kommen (Leiter-Leiter-Spannung ca. 1600 kV gegenüber heute 1066 kV). In Verbindung damit wird sich auch die Spannung der Stromrichterbrücken vergrößern. Für die Versorgung von Ballungsgebieten dagegen bei nur verhältnismäßig geringen Entfernungen besteht keine Notwendigkeit zu sehr hohen Spannungen. Hier ergibt sich jedoch die Forderung nach geringstem Platzbedarf der Stromrichterstationen, die ähnlich wie im Drehstromschaltanlagenbau zu einer vollgekapselten Bauweise führen könnte. Sowohl für die Versorgung von Ballungsgebieten (wenn es sich nicht nur um Zweipunktverbindungen handelt) als auch für ein überlagertes HGÜ-Verbundnetz werden HGÜ-Schalter benötigt.

Anhang

Verzeichnis der Tabellen des Anhangs

Tabelle A.1. Schaltkurzzeichen (Auswahl verwendeter Zeichen) in Anlehnung an DIN 40710 bis 40715

Zeichen	Bedeutung
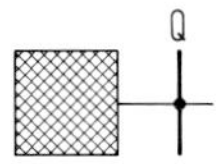	Drehstromnetz mit Anschlußpunkt Q
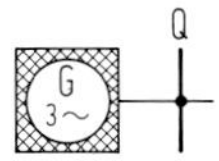	Drehstromnetz mit besonderem Hinweis auf die einspeisenden Kraftwerke
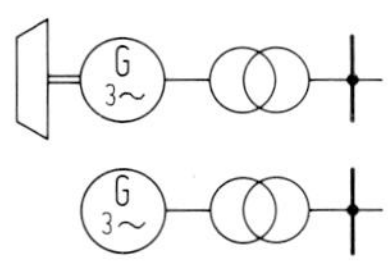	Kraftwerk "Blockschaltung"
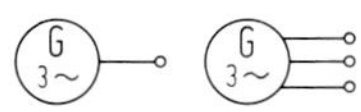	Generator
	Transformator mit Schaltung der Wicklungen
	Transformator mit Stufenschalter
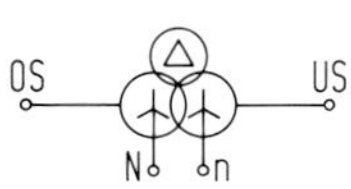	Transformator mit Dreieckausgleichswicklung und Klemmenbezeichnungen
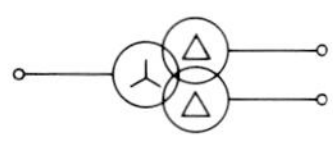	Dreiwicklungstransformator
	Spartransformator mit geerdetem Sternpunkt, mit Stufenschalter und mit Dreieckwicklung
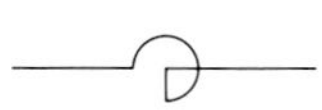	Drosselspule, z.B. Kurzschlußstrombegrenzungsdrosselspule
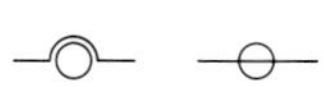	Stromwandler
	Spannungswandler
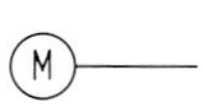	Motor (Asynchronmotor)
	Leitung
	Drehstromfreileitung
	Drehstromkabel
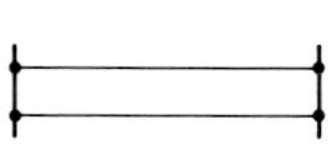	Doppelleitung Doppelfreileitung
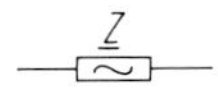	Impedanz $\underline{Z}$
	Resistanz R und Reaktanz X: $\underline{Z}=R+\mathrm{j}X$
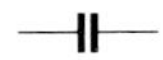	Kapazität, kapazitiver Blindwiderstand
	Trennschalter (auch dreipolig)
	Lastschalter (allgemein)
	Lasttrennschalter
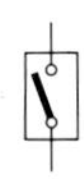	Leistungsschalter
	Sicherung, Schmelzsicherung
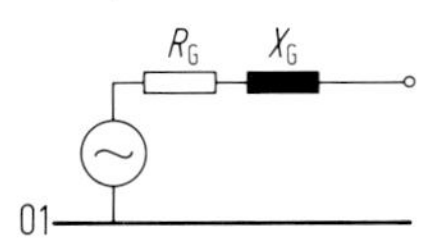	Generator-(Kraftwerks-) Ersatzschaltung im Mitsystem R_G (R_{sG}); X_G(X''_d, X'_d, X_d)
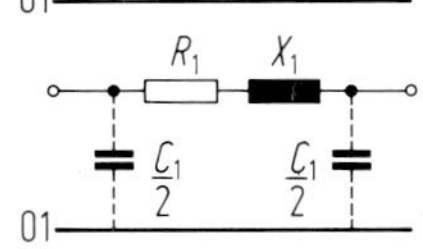	π-Ersatzschaltung im Mitsystem (z.B. für eine Freileitung)
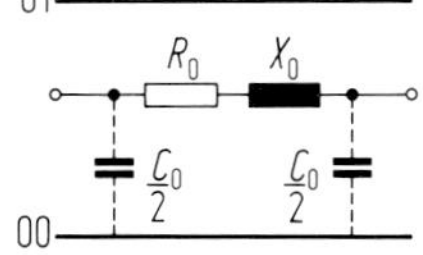	π-Ersatzschaltung im Nullsystem (z.B. für eine Freileitung)
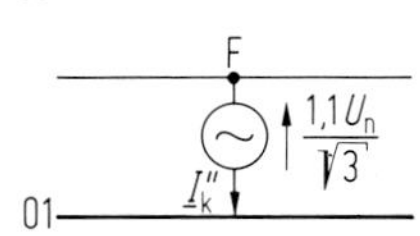	Ersatzspannungsquelle an der Fehlerstelle (F) z.B. bei der Kurzschlußstromberechnung (Mitsystem)
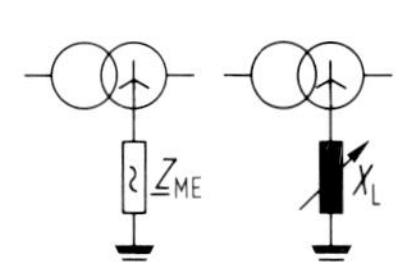	Sternpunkterdung über eine Impedanz oder eine Erdschlußlöschspule
	Ventilableiter (Überspannungsableiter)
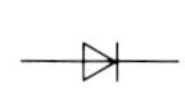	Diode
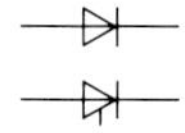	Thyristor

Tabelle A.2. Kennwerte von Synchrongeneratoren

Reaktanzen und Zeitkonstanten		Turbo-generatoren	Schenkelpol-generatoren mit Dämpfer-Wicklung	Bemerkungen
Subtransiente Längsreaktanz (gesättigt)	x''_d %	$9 \ldots 22$[a]	$12 \ldots 30$[b]	[a] große Werte bei großen Nennleistungen. NS-Gen.: $x''_d = 9 \ldots 16\,\%$ [b] hohe Werte bei Langsamläufern großer Leistung.
Subtransiente Querreaktanz (gesättigt)	x''_q %	$(1 \ldots 1{,}1)\,x''_d$	$(1 \ldots 1{,}2)\,x''_d$[c]	häufig wird $x''_q = x''_d$ gesetzt [c] auch $x''_q < x''_d$
Transiente Längsreaktanz	x'_d %	$14 \ldots 35$[d]	$20 \ldots 45$	[d] Richtwert: $x'_d = (1{,}4 \ldots \mathit{1{,}5} \ldots 1{,}7)\,x''_d$ Bei Maschinen über 1000 MVA: x'_d bis $(40 \ldots 45)\,\%$
Synchrone Längsreaktanz (ungesättigt)[e]	x_d %	$140 \ldots 300$	$80 \ldots 140$	[e] gesättigte Werte für x_d sind 5 bis 20 % kleiner. Leerlauf-Kurzschlußverhältnis:
Synchrone Querreaktanz (ungesättigt)	x_q %	$(0{,}9 \ldots 1{,}0)\,x_d$	$(0{,}6 \ldots 0{,}7)\,x_d$	$K_C = \frac{1}{x_{d\,\text{gesättigt}}}$
Gegenreaktanz	x_2 %	$x_2 \approx \frac{1}{2}(x''_d + x''_q) \approx x''_d$		
Nullreaktanz	x_0 %	$3 \ldots 10$	$5 \ldots 20$	$x_0 \approx (0{,}4 \ldots 0{,}8)\,x''_d$ je nach Sehnung der Wicklg.
Subtransiente Zeitkonstante	T''_d s	$0{,}02 \ldots \mathit{0{,}03} \ldots 0{,}05$	$0{,}02 \ldots \mathit{0{,}05} \ldots 0{,}07$	$T''_q \approx T''_d$ $T''_d = T''_{d0} \cdot \frac{x''_d}{x'_d}$
Transiente Zeitkonstante	T'_d s	$0{,}8 \ldots 1{,}5$	$0{,}7 \ldots 2{,}2$	$T'_d = T'_{d0} \cdot \frac{x'_d}{x_d}$
Transiente Leerlauf-zeitkonstante	T'_{d0} s	$5 \ldots \mathit{10} \ldots 15$	$4 \ldots \mathit{6} \ldots 10$	$T'_{d0} = \frac{x_f}{\omega r_f} + \frac{x_D}{\omega r_D} - T''_{d0} \approx T_f = \frac{x_f}{\omega r_f}$
Gleichstrom-zeitkonstante	T_a	$0{,}05 \ldots 0{,}4$[f]	$0{,}1 \ldots 0{,}4$	$T_a = \frac{x''_d}{\omega r_1}$; r_1 Wirkwiderstand der Ständerwicklung [f] bei großen Generatoren.
Nennanlaufzeit	T_J s	$5 \ldots 10$		einschließlich Turbinenläufer

Tabelle A.3. Korrespondenzentabelle für Carson- und Laplace-Transformation (Auswahl)

Carson-Transformation: $g(\underline{s}) = \underline{s}\int_0^\infty F(t)\,\mathrm{e}^{-\underline{s}t}\,\mathrm{d}t = \mathscr{L}_\mathrm{C}\{F(t)\}$: $g(\underline{s}) \bullet\!\!-\!\!\circ F(t)$

Laplace-Transformation: $f(\underline{s}) = \int_0^\infty F(t)\,\mathrm{e}^{-\underline{s}t}\,\mathrm{d}t = \mathscr{L}\{F(t)\}$: $f(\underline{s}) \bullet\!\!-\!\!\circ F(t)$

Nr.	Carson Bildfunktion $g(\underline{s})$	Laplace Bildfunktion $f(\underline{s})$	Originalfunktion; t-Bereich $F(t)$
0	$\mathscr{L}_\mathrm{C}\{F(t)\} = g(\underline{s})$	$\mathscr{L}\{F(t)\} = f(\underline{s})$	$F(t)$
1	1	$\frac{1}{\underline{s}}$	1 (Einheitssprung)
2	$\frac{1}{\underline{s}}$	$\frac{1}{\underline{s}^2}$	t
3	$\frac{1}{\underline{s}^{n-1}}$	$\frac{1}{\underline{s}^n}$	$\frac{1}{(n-1)!}t^{n-1}$ ($n>0$, ganzzahlig)
4	$\frac{\underline{s}}{\underline{s}\mp a}$	$\frac{1}{\underline{s}\mp a}$	$\mathrm{e}^{\pm at}$
5	$\frac{\underline{s}}{1+\underline{s}T}$	$\frac{1}{1+\underline{s}T}$	$\frac{1}{T}\mathrm{e}^{-t/T}$
6	$\frac{1}{1+\underline{s}T}$	$\frac{1}{\underline{s}(1+\underline{s}T)}$	$1-\mathrm{e}^{-t/T}$
7	$\frac{\underline{s}\,n!\,T^{n+1}}{(1+\underline{s}T)^{n+1}}$	$\frac{n!\,T^{n+1}}{(1+\underline{s}T)^{n+1}}$	$t^n\,\mathrm{e}^{-t/T}$
8	$\frac{1}{(1+\underline{s}T)^2}$	$\frac{1}{\underline{s}(1+\underline{s}T)^2}$	$1-\frac{T+t}{T}\mathrm{e}^{-t/T}$
9	$\frac{\underline{s}}{(1+\underline{s}T_1)(1+\underline{s}T_2)}$	$\frac{1}{(1+\underline{s}T_1)(1+\underline{s}T_2)}$	$\frac{1}{T_1-T_2}(\mathrm{e}^{-t/T_1}-\mathrm{e}^{-t/T_2})$
10	$\frac{\underline{s}^2}{(1+\underline{s}T_1)(1+\underline{s}T_2)}$	$\frac{\underline{s}}{(1+\underline{s}T_1)(1+\underline{s}T_2)}$	$\frac{T_1\,\mathrm{e}^{-t/T_2}-T_2\,\mathrm{e}^{-t/T_1}}{T_1\,T_2(T_1-T_2)}$
11	$\frac{\underline{s}^2}{\underline{s}^2+\omega^2}$	$\frac{\underline{s}}{\underline{s}^2+\omega^2}$	$\cos\omega t$
12	$\frac{\omega^2}{\underline{s}^2+2D\omega\underline{s}+\omega^2}$	$\frac{\omega^2}{\underline{s}(\underline{s}^2+2D\omega\underline{s}+\omega^2)}$	$1-\frac{1}{\sqrt{1-D^2}}\mathrm{e}^{-D\omega t}\sin[\omega\sqrt{1-D^2}\,t+\tau]$ $\tau=\arctan\frac{\sqrt{1-D^2}}{D}$; $(D^2<1)$
13a	$\underline{s}\,g(\underline{s})-\underline{s}\,F(0)$	$\underline{s}f(\underline{s})-F(0)$	$F'(t)$ } Differentiation
13b	$\underline{s}^2\,g(\underline{s})-\underline{s}^2\,F(0)-\underline{s}\,F'(0)$	$\underline{s}^2 f(\underline{s})-\underline{s}\,F(0)-F'(0)$	$F''(t)$ } Differentiation
14	$\frac{1}{\underline{s}}g(\underline{s})$	$\frac{1}{\underline{s}}f(\underline{s})$	$\int_0^t F(t)\,\mathrm{d}t$ Integration

Tabelle A.4. Transformatorersatzschaltungen im Mit-, Gegen- und Nullsystem. Die Reaktanzen können auch durch die entsprechenden Impedanzen ersetzt werden

Nr.	Schaltung	Ersatzschaltung im Mitsystem (Gegensystem)	Ersatzschaltung im Nullsystem
1	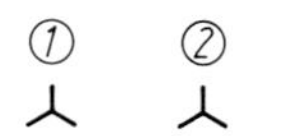	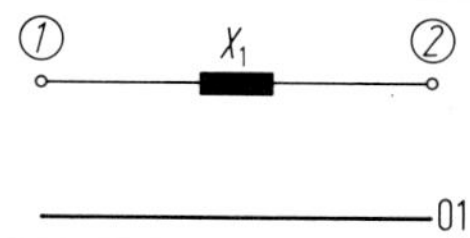	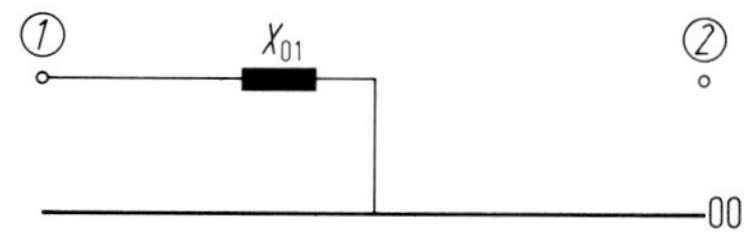
1a	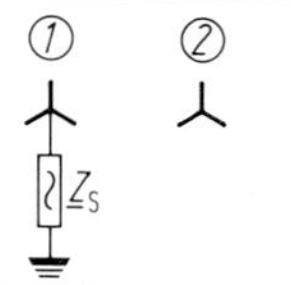	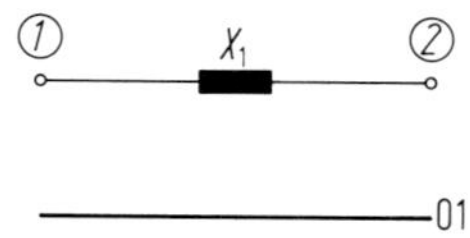	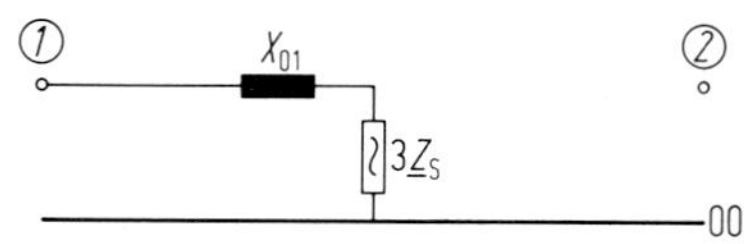
2	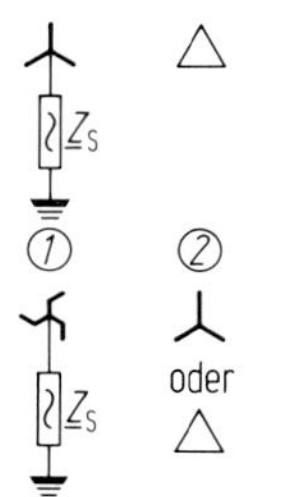	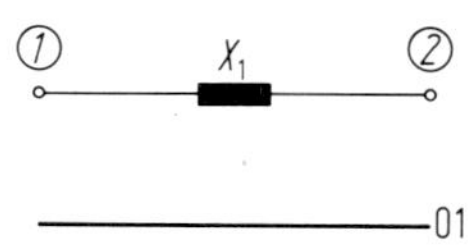	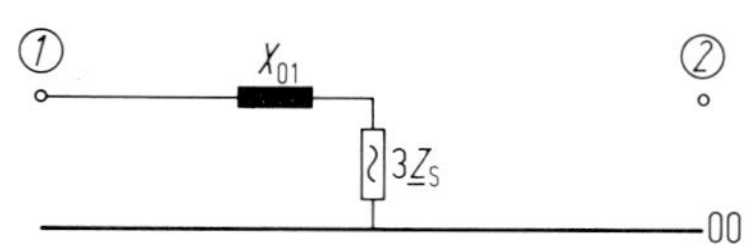
3	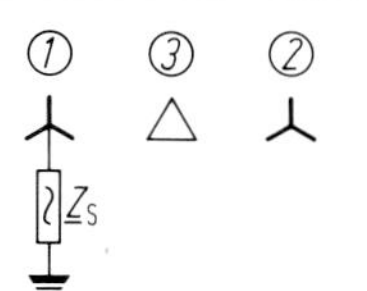	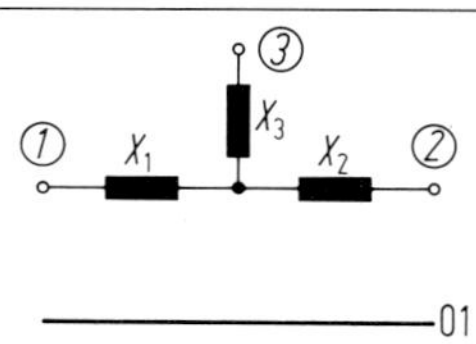	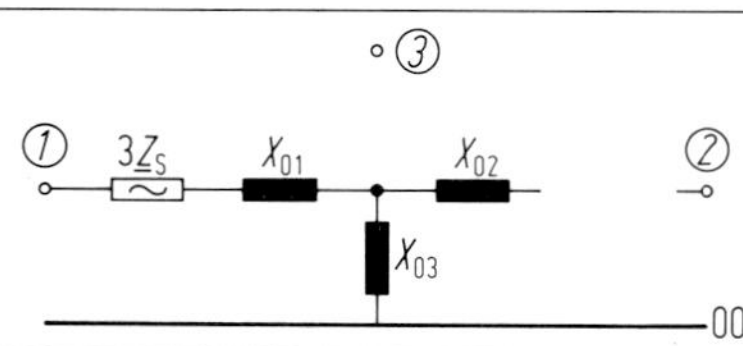
4	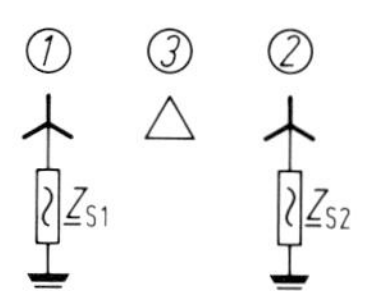	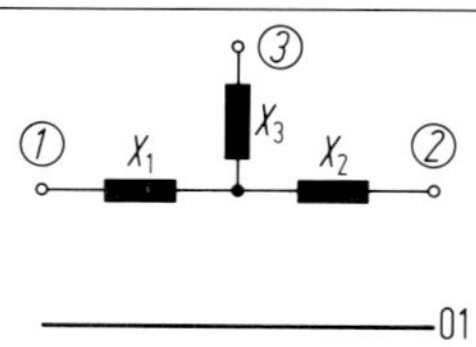	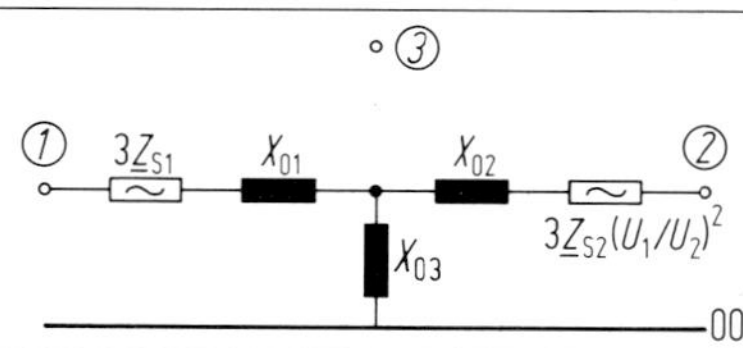
5	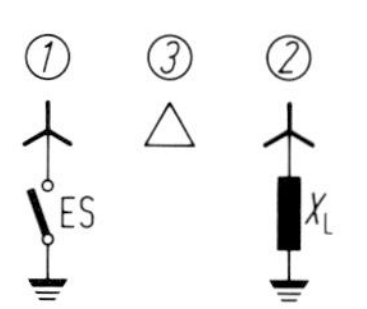	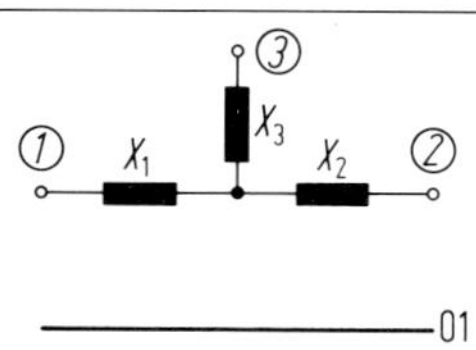	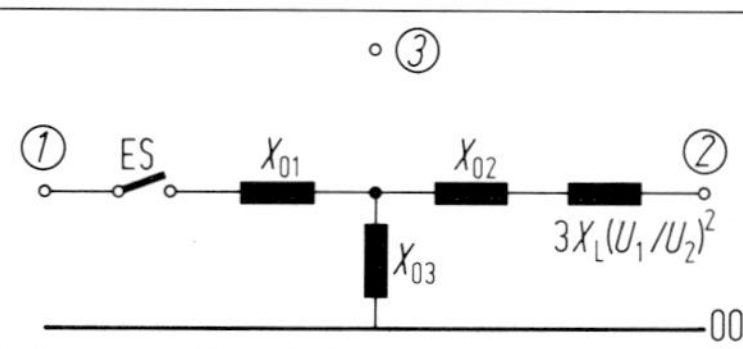
6	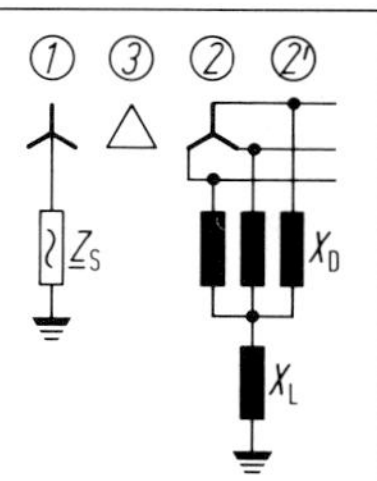	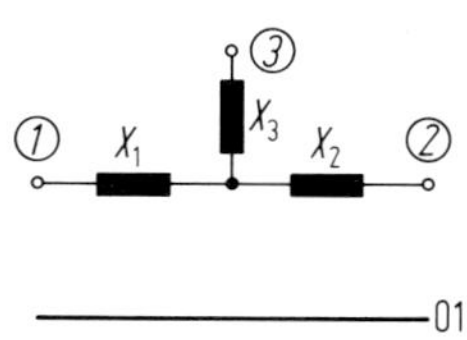	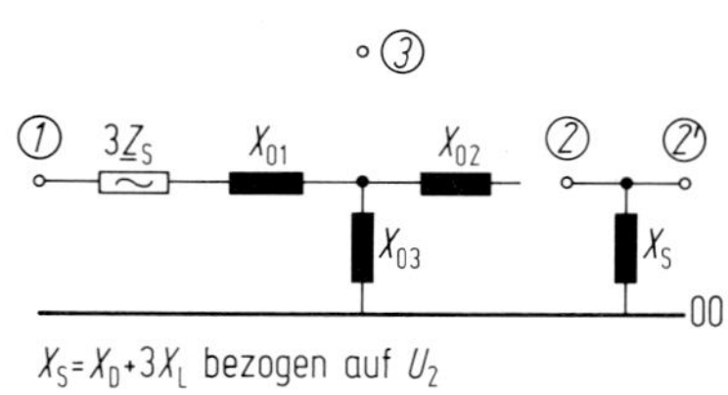

Tabelle A.4. (Fortsetzung)

Nr.	Schaltung	Ersatzschaltung im Mitsystem (Gegensystem)	Ersatzschaltung im Nullsystem
7	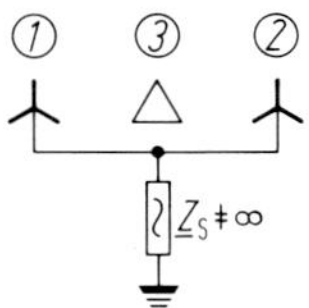	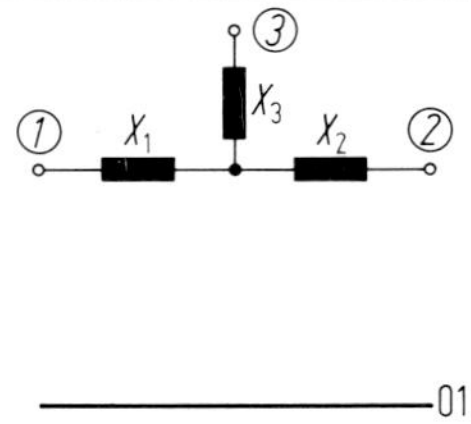	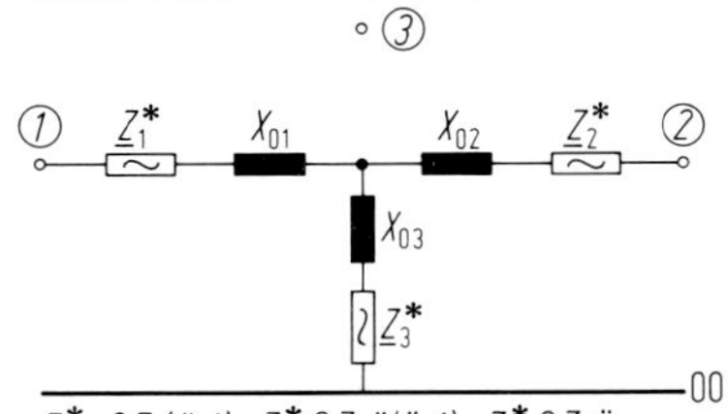 $\underline{Z}_1^* = -3\underline{Z}_S(ü-1)$; $\underline{Z}_2^* = 3\underline{Z}_S ü(ü-1)$; $\underline{Z}_3^* = 3\underline{Z}_S ü$ $ü = U_1/U_2$; Bezugsspannung U_1
8	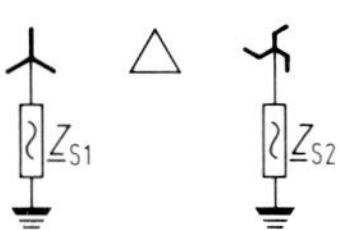	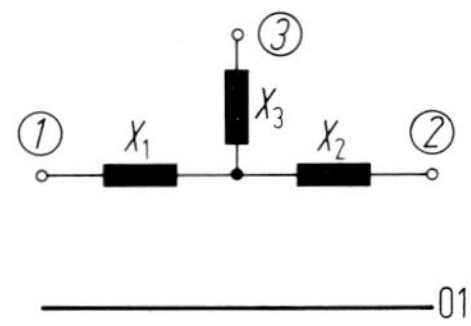	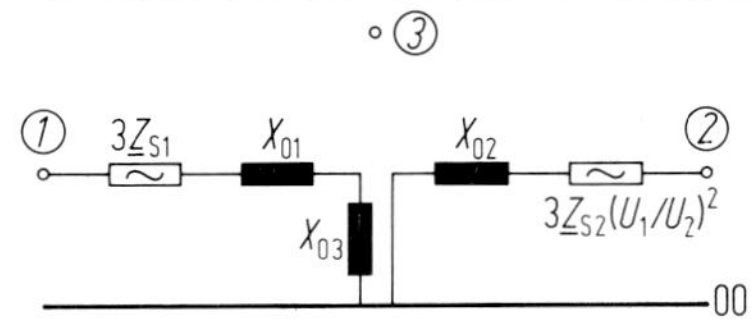
9a	3 Einphaseneinheiten Spartransformator 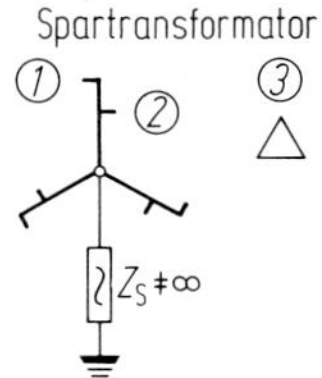	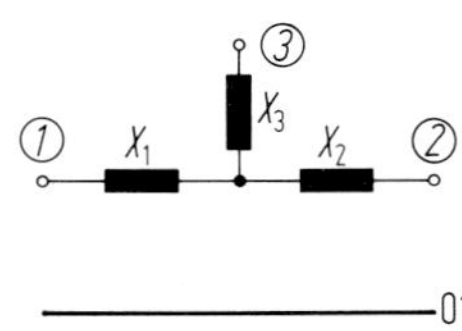 X_1, X_2, X_3 Mitreaktanzen bezogen auf U_1 $ü = (U_1/U_2) > 1$	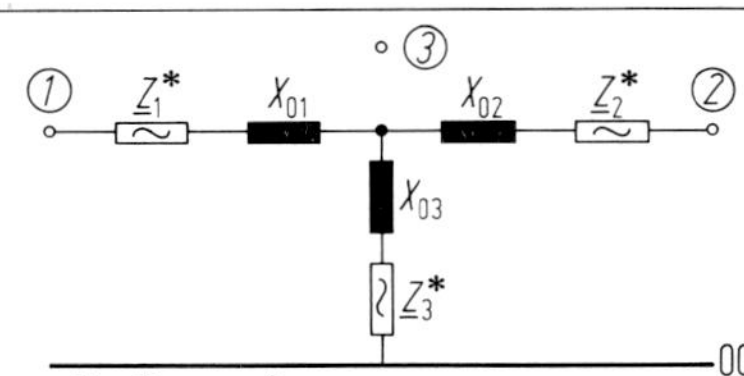 $\underline{Z}_1^*$, $\underline{Z}_2^*$ und $\underline{Z}_3^*$ wie bei Fall Nr. 7 $X_{01} = X_1$; $X_{02} = X_2$; $X_{03} = X_3$
9b	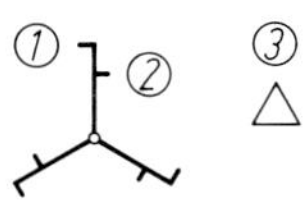 (freier Sternpunkt)		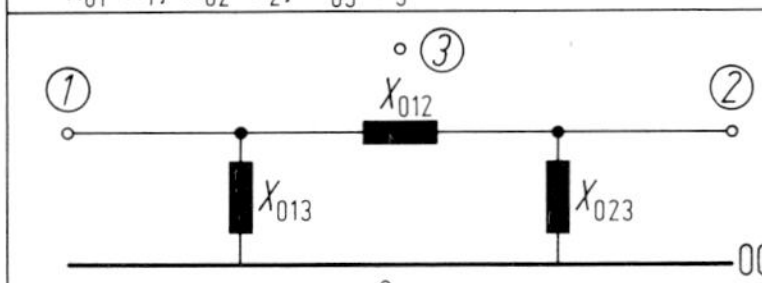 $X_{012} = üX_1 + \frac{1}{ü}X_2 + \frac{(ü-1)^2}{ü}X_3$ $X_{013} = \frac{ü}{ü-1}X_1 + \frac{1}{ü(ü-1)}X_2 + \frac{ü-1}{ü}X_3$ $X_{023} = -\left[\frac{ü^2}{ü-1}X_1 + \frac{1}{ü-1}X_2 + (ü-1)X_3\right]$ $X_{012} + X_{013} + X_{023} = 0$ (Resonanzdreieck)
10	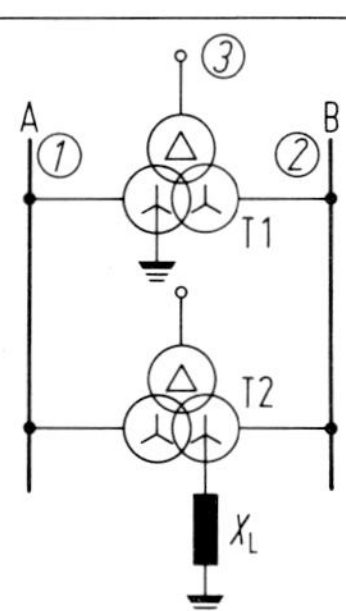 Anwendungsbeispiel	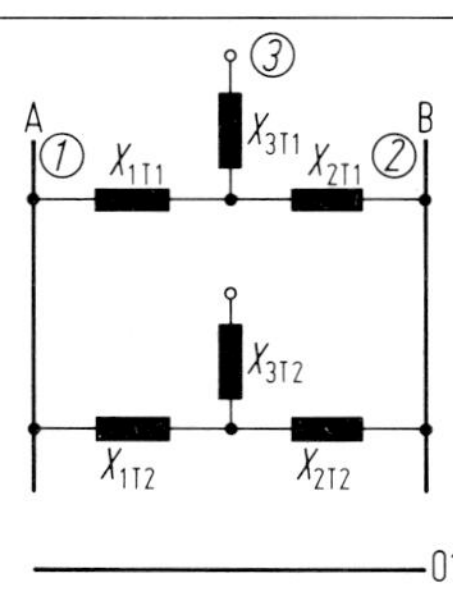	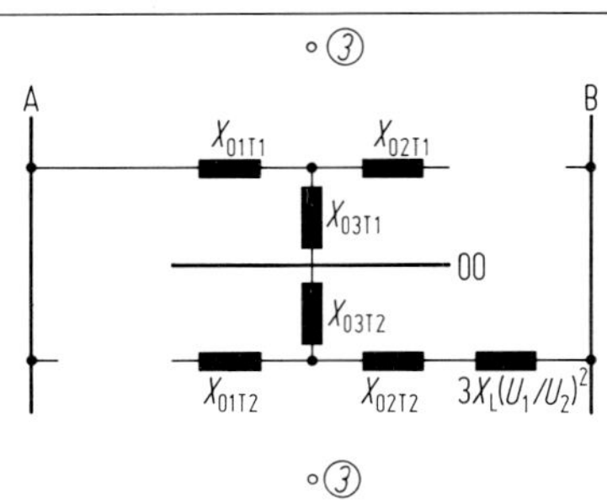

Tabelle A.5. Kennwerte von Drehstromfreileitungen mit Donaumastbild und einem Erdseil (Bild 9.1d) für 220, 380 und 700 kV bei Betrieb mit einem oder mit zwei Stromkreisen (berechnet mit Gleichungen des Kapitels 9)

Kennwerte		Doppelleitungen, Donaumastbild					
		220/245 kV		380/420 kV		700/765 kV	
Anzahl der Stromkreise	–	1	2	1	2	1	2
Leiterseile	–	2 × Al/St 185/30		4 × Al/St 240/40		4 × Al/St 644,5/81,7	
Bündel, Teilleiterabstand	mm	··,400		::,400		::,400	
Teilleiterdurchmesser	mm	19		21,9		35,36	
Hauptleiterquerschnitt	mm^2	368		972		2578	
r_B	mm	61,6		177		200	
Erdseil	–	1 × Al/St 185/30		1 × Al/St 240/40		1 × Al/St 644,5/81,7	
$D=\sqrt[3]{D_{RS}D_{RT}D_{ST}}$	m	6,25		9,50		14,00	
$D_{mRr}=\sqrt[3]{D_{Rr}D_{Ss}D_{Tt}}$	m	15,70		21,85		27,15	
$D_{mRs}=\sqrt[3]{D_{Rs}D_{Rt}D_{St}}$	m	17,00		24,00		30,80	
$D_{aq}=\sqrt[3]{D_{Rq}D_{Sq}D_{Tq}}$	m	17,12		25,00		37,90	
$D'=\sqrt[3]{D_{RS'}D_{RT'}D_{ST'}}$	m	32,00		40,40		55,10	
$D''=\sqrt[3]{D_{Rs'}D_{St'}D_{Tr'}}$	m	32,75		40,70		55,20	
$D_{aq'}=\sqrt[3]{D_{Rq'}D_{Sq'}D_{Tq'}}$	m	43,70		52,50		83,80	
$h=\sqrt[3]{h_R h_S h_T}$ bei $f_{max\,40°}$	m	13,70		16,40		22,70	
h_q	m	29,00		39,50		59,10	
U_m	kV	245		420		765	
$R'_{1(20°C)}$	Ω/km	0,08		0,032		0,0119	
L'_1	mH/km	0,948	0,965	0,809	0,828	0,863	0,888
$X'_1=\omega L'_1$ (50 Hz)	Ω/km	0,298	0,303	0,254	0,260	0,271	0,279
C'_1	10^{-9} F/km	12,78	12,53	14,51	14,18	13,60	13,20
$X'_{1C}=1/\omega C'_1$	10^3 Ωkm	254	259	220	225	234	241
$\underline{Z}'^{Iq}_0$ ($\varrho=100\,\Omega m$)	Ω/km	0,2+j0,983		0,14+j0,901		0,099+j0,889	
$\underline{Z}'^{IIq}_0$ ($\varrho=100\,\Omega m$)	Ω/km		0,319+j1,488		0,248+j1,383		0,185+j1,373
C'_0(+6 %(*), +4 %(+) M.Z.)	10^{-9} F/km	6,69(*)	5,61(*)	7,8(*)	6,57(*)	7,55(+)	6,2(+)
X'^{Iq}_0/X'_1; X'^{IIq}_0/X'_1	–	3,3	4,91	3,55	5,32	3,28	4,92
C'_0/C'_1	–	0,523	0,448	0,538	0,464	0,555	0,470
$I'_C=U_m\omega C'_1/\sqrt{3}$	A/km	0,551	0,540	1,11	1,08	1,88	1,83
$Q'_C=U_m^2\omega C'_1$	Mvar/km	0,231	0,226	0,805	0,785	2,50	2,43
$Z_{W1}\approx\sqrt{L'_1/C'_1}$	Ω	272	276	236	242	252	259
$Z_{W0}\approx\sqrt{L'_0/C'_0}$	Ω	684	920	606	819	612	840
Z_{W0}/Z_{W1}	–	2,52	3,34	2,57	3,38	2,43	3,24
$P_{nat}=U_m^2/Z_{W1}$	MW	215	212	748	730	2320	2260
$S_{th}=\sqrt{3}\,U_m I_d$	MVA	455	910	1880	3760	5900	11800
$E_{r\,max}$ bei U_m (Mittelwerte)	kV_{eff}/cm	17,7	17,5	16,2	15,8	18,2	17,6

Tabelle A.6. Bauarten von Starkstromkabeln (Nieder- und Hochspannungskabel mit Hinweisen auf die Anwendung und Kurzbezeichnungen) – Auswahl.

1–4: Niederspannungskabel 1 kV; 5–8: Mittelspannungskabel bis 45 kV;
9–11: Thermisch stabilisierte Hochspannungskabel 110 kV und darüber;
12 u. 13: Spezialkabel und Kabelentwicklungen

Nr.	Aufbauform	Nenn-spannung $U_\perp/U$	Hinweise zur Bauart und zur Anwendung	Kurz-bezeich-nungen
1		Nieder-spannungs-kabel 0,6/1 kV	Aluminiummantelkabel, meist mit sektorförmigen Al-Leitern (NAKLEYse). Al-Mantel dient als Mp- oder Nulleiter. Kabel für Ortsnetze in Erde.	NKLEY NAKLEY (VDE 0255)
2	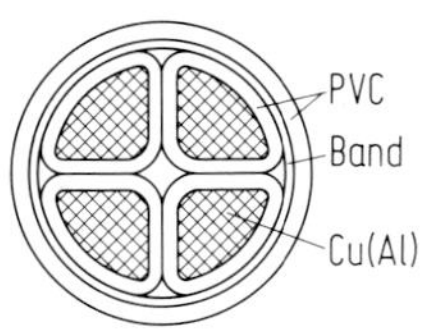	0,6/1 kV Vierleiter-kabel	Kunststoffkabel für Verlegung in Erde, im Innenraum und in Kabelkanälen in Kraftwerken und in der Industrie. Zusätzliche Schutzmaßnahmen, wenn mech. Beschädigungen zu erwarten sind.	NYY NAYY (VDE 0271) [NYY gilt auch als Bezeichnung für PVC-Steuerkabel].
3	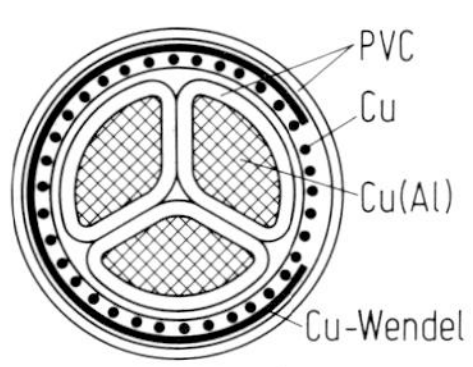	0,1/1 kV Dreileiter-kabel	Kunststoffkabel mit konzentrischem, mäanderförmig aufgebrachtem Kupferleiter (Schutz- oder Mittelpunktleiter) bestehend aus Cu-Drähten und einer gegenläufigen Kupferblech-Wendel für Ortsnetze in Erde, für Innenräume und im Freien	NYCWY NAYCWY (NYCY) (VDE 0271)
4	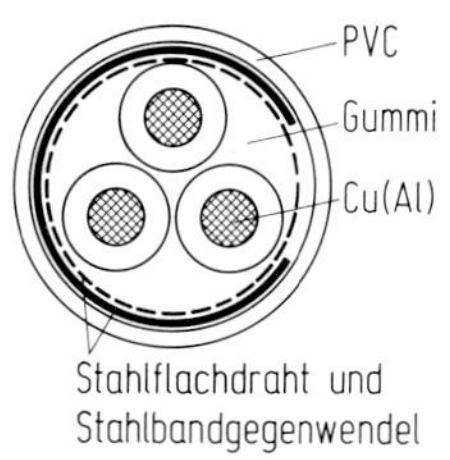	0,6/1 kV Dreileiter-kabel	Kunststoffkabel mit Stahlflachdrahtbewehrung für uneingeschränkte Verwendung in Innenräumen und in Erde (NYFGbY)	NYFGbY NAYFGbY oder NYHFGbY NAYHFGbY (VDE 0271)

Tabelle A.6. (Fortsetzung)

Nr.	Aufbauform	Nennspannung $U_\perp/U$	Hinweise zur Bauart und zur Anwendung	Kurzbezeichnungen
5	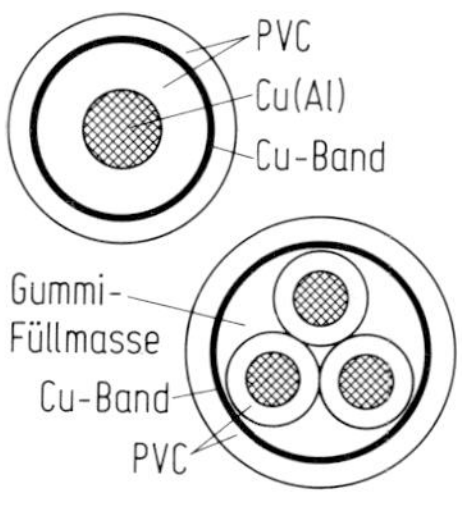	bis 5,8/10 kV Einleiter- und Dreileiterkabel	Kunststoffkabel mit Cu-Schirm für Innenräume (in Kraftwerken und Schaltanlagen) und Erdverlegung. Bei der Wahl des Schirmquerschnitts ist der Erdkurzschlußstrom oder der Doppelerdschlußstrom zu berücksichtigen (Einleiterkabel bei kleinen Biegeradien)	NYSY NAYSEY (VDE 0271)
6	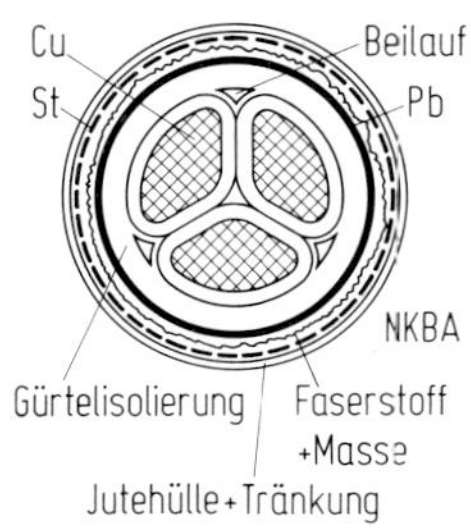	bis 5,8/10 kV Gürtelkabel	Papierisolierte Kabel verschiedener Ausführung mit Bleimantel, die sich durch Bewehrung und äußere Hülle unterscheiden. Beim Kabel NKRA besteht die Bewehrung aus Stahlrunddrähten (u.U. Fluß- und Seekabel).	NKBA NAKBA NKBY NAKBY NKRA NAKRA
7	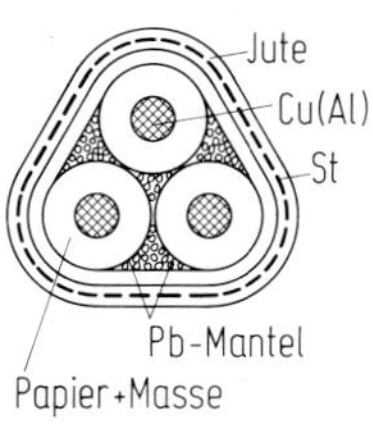	bis 17,3/30 kV Radialfeldkabel	Dreimantel-Papierkabel (Massekabel) mit Pb-Mänteln um jede Ader (im Gegensatz zu Gürtelkabeln mit Gürtelisolation und gemeinsamem Bleimantel für alle drei Leiter). Verlegung in Erde, Kabel NEKBY auch im Innenraum. Bei großen Höhenunterschieden in der Kabelstrecke sind Haft-Massekabel oder besser ein Kunststoffkabel zu verwenden.	NEKBA NAEKBA [NEKBY] [NAEKBY] (VDE 0255)
8	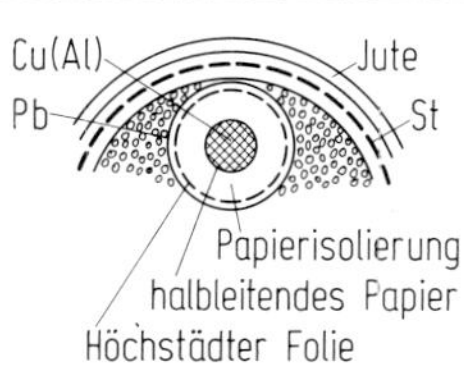	bis 17,3/30 kV und ähnlich für höhere Spannungen	Unbewehrte PE- bzw. VPE-Kabel mit Kupferband-Abschirmung und PVC-Außenmantel. Verlegung in Erde. Bei der Wahl des Querschnitts für den Cu-Schirm ist die Größe des Erdschluß- bzw. Doppelerdschlußstromes zu berücksichtigen.	N2YSY NA2YSY N2XSY NA2XSY (VDE 0273)

Tabelle A.6. (Fortsetzung)

Nr.	Aufbauform	Nenn- spannung $U_{\perp}/U$	Hinweise zur Bauart und zur Anwendung	Kurz- bezeich- nungen
9	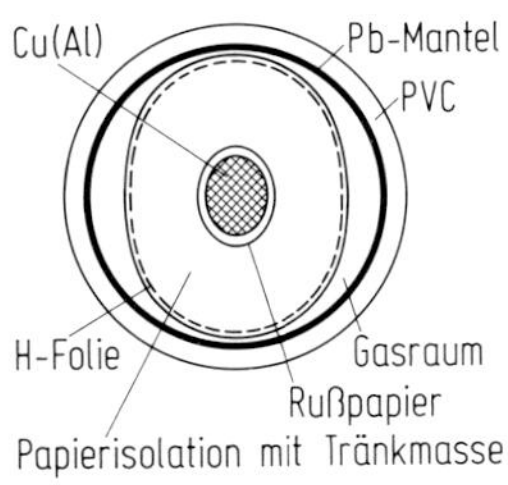	–/ 60 kV –/110 kV	Gasinnendruckkabel werden für Spannungen von 60 kV und 110 kV angewendet als Einleiter- und Dreileiter-kabel. Einsatz im öffentlichen Netz (Stadtnetze) und in Industrienetzen.	NIKLEY NIAKLEY NIvFSt2Y NIAvFSt2Y (VDE 0278)
10	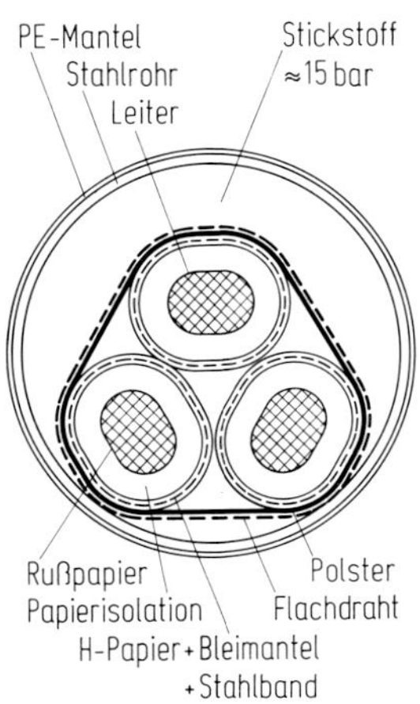	bis –/220 kV	Gasaußendruck-Kabel, Dreileiterkabel (Beispiel). Die drei Leiter mit ihrer Isolation werden einzeln von Bleimänteln umgeben und darüber liegendem unmagnetischem Stahlband. Die drei Leiter werden in ein vorher verlegtes Stahlrohr mit äußerem Korrosionsschutz (PE) eingezogen. Durch das Stahlrohr sind die Kabel weitgehend gegen Beschädigung von außen geschützt.	NPKDrFSt2Y NPAKDrFSt2Y (VDE 0257)
11	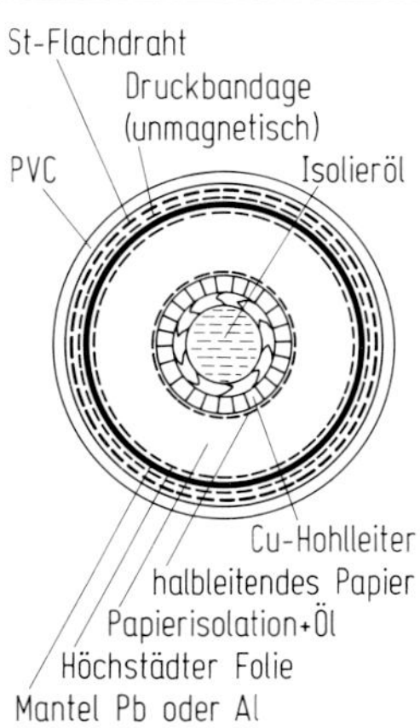	bis –/380 kV (und darüber)	Einleiter-Ölkabel. Höchstspannungskabel mit Hohlleiter. Über dem Metallmantel wird eine unmagnetische Druckschutzwendel notwendig. 220- und 380-kV-Kabel bisher nur in verhältnismäßig kurzen Längen verlegt in Kraftwerken, Umspannanlagen (und Städten). (Zur Erhöhung der Übertragungsleistung u. U. mit äußerer Wasserkühlung.)	NÖKuDEY NÖAKuDEY (VDE 0256)

Tabelle A.6. (Fortsetzung)

Nr.	Aufbauform	Nenn-spannung $U_{\perp}/U$	Hinweise zur Bauart und zur Anwendung	Kurz-bezeich-nungen
12	Wassergekühlte Hochspannungskabel, SF_6-Rohrkabel und Tieftemperaturkabel (Abschnitt 10.5).	Bereich –/110 kV bis –/380 kV (und darüber)	*Entwicklung:* noch nicht abgeschlossen *Anwendung:* Kraftwerke (z.B. Pumpspeicherkraft-werke), Umspannanlagen, Versorgung von Ballungsgebieten usw.	–
13	HGÜ-Kabel (Abschnitt 19.4.4)	bis ±600 kV	HGÜ-Massekabel bis ≈300 kV, HGÜ-Ölkabel bis 600 kV, HGÜ-Seekabel (Tabelle 19.1)	–

Tabelle A.7. Ströme und Spannungen an der Fehlerstelle bei verschiedenen Fehlerarten in 120-Komponenten und in RST-Komponenten (Größen im Drehstrom-System), wenn an der Fehlerstelle eine Impedanz $\underline{Z}_F$ wirksam ist.

Fehlerart	Ströme an der Fehlerstelle	
	120-Komponenten	RST-Komponenten
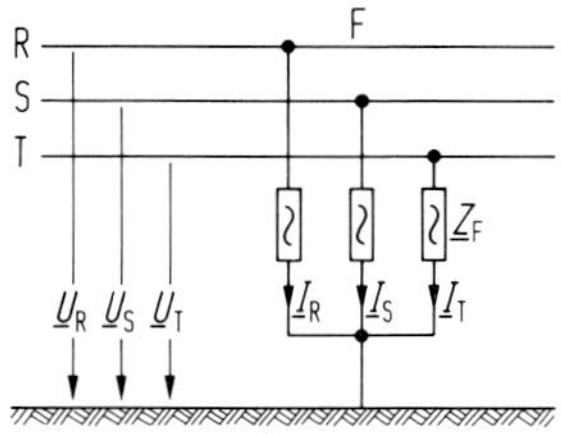 3p	$\underline{I}_1 = \frac{c\,\underline{U}_h}{\sqrt{3}(\underline{Z}_1 + \underline{Z}_F)}$ $\underline{I}_2 = 0$ $\underline{I}_0 = 0$	$\underline{I}_R = \frac{c\,\underline{U}_h}{\sqrt{3}(\underline{Z}_1 + \underline{Z}_F)}$ $\underline{I}_S = \frac{\underline{a}^2\,c\,\underline{U}_h}{\sqrt{3}(\underline{Z}_1 + \underline{Z}_F)}$ $\underline{I}_T = \frac{\underline{a}\,c\,\underline{U}_h}{\sqrt{3}(\underline{Z}_1 + \underline{Z}_F)}$
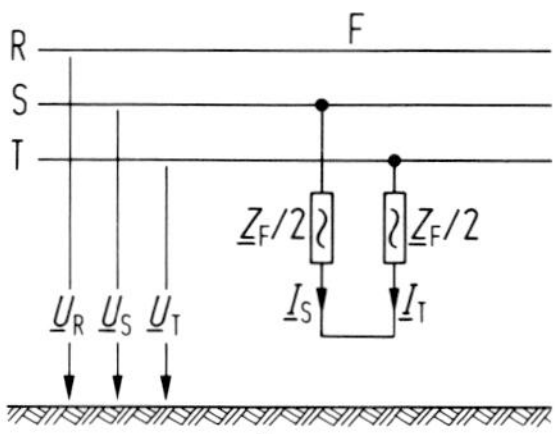 2p	$\underline{I}_1 = \frac{c\,\underline{U}_h}{\sqrt{3}(\underline{Z}_1 + \underline{Z}_2 + \underline{Z}_F)}$ $\underline{I}_2 = -\underline{I}_1$ $\underline{I}_0 = 0$	$\underline{I}_R = 0$ $\underline{I}_S = -\mathrm{j}\frac{c\,\underline{U}_h}{\underline{Z}_1 + \underline{Z}_2 + \underline{Z}_F}$ $\underline{I}_T = +\mathrm{j}\frac{c\,\underline{U}_h}{\underline{Z}_1 + \underline{Z}_2 + \underline{Z}_F}$
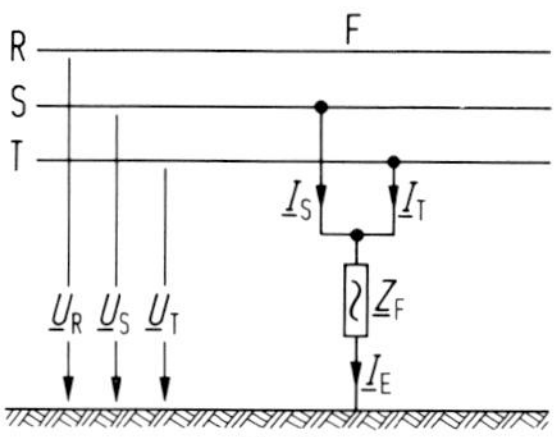 2pE	$\underline{I}_1 = \frac{c\,\underline{U}_h}{\sqrt{3}\left[\underline{Z}_1 + \frac{\underline{Z}_2(\underline{Z}_0 + 3\underline{Z}_F)}{\underline{Z}_2 + \underline{Z}_0 + 3\underline{Z}_F}\right]}$ $\underline{I}_2 = -\underline{I}_1\frac{\underline{Z}_0 + 3\underline{Z}_F}{\underline{Z}_2 + \underline{Z}_0 + 3\underline{Z}_F}$ $\underline{I}_0 = -\underline{I}_1\frac{\underline{Z}_2}{\underline{Z}_2 + \underline{Z}_0 + 3\underline{Z}_F}$	$\underline{I}_R = 0$ $\underline{I}_S = -\mathrm{j}\frac{c\,\underline{U}_h(\underline{Z}_0 + 3\underline{Z}_F - \underline{a}\,\underline{Z}_2)}{\underline{Z}_1\underline{Z}_2 + (\underline{Z}_1 + \underline{Z}_2)(\underline{Z}_0 + 3\underline{Z}_F)}$ $\underline{I}_T = +\mathrm{j}\frac{c\,\underline{U}_h(\underline{Z}_0 + 3\underline{Z}_F - \underline{a}^2\,\underline{Z}_2)}{\underline{Z}_1\underline{Z}_2 + (\underline{Z}_1 + \underline{Z}_2)(\underline{Z}_0 + 3\underline{Z}_F)}$ $\underline{I}_E = \underline{I}_S + \underline{I}_T$
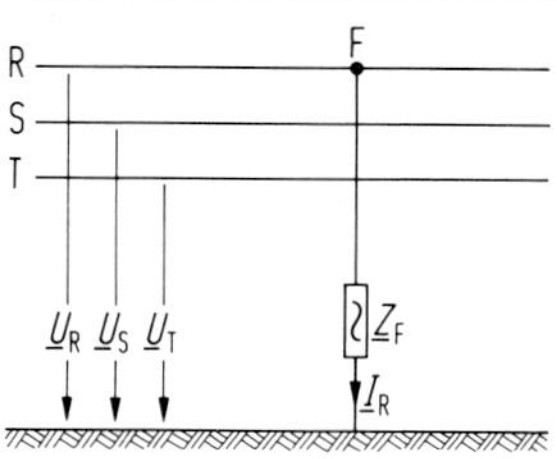 1p	$\underline{I}_1 = \frac{c\,\underline{U}_h}{\sqrt{3}(\underline{Z}_1 + \underline{Z}_2 + \underline{Z}_0 + 3\underline{Z}_F)}$ $\underline{I}_2 = \underline{I}_1$ $\underline{I}_0 = \underline{I}_1$	$\underline{I}_R = \frac{\sqrt{3}\,c\,\underline{U}_h}{\underline{Z}_1 + \underline{Z}_2 + \underline{Z}_0 + 3\underline{Z}_F}$ $\underline{I}_S = 0$ $\underline{I}_T = 0$

Spannungen an der Fehlerstelle		
120-Komponenten	RST-Komponenten	
$\underline{U}_1=\underline{I}_1\underline{Z}_F$ $\underline{U}_2=0$ $\underline{U}_0=0$	$\underline{U}_R=\frac{c\,\underline{U}_h\underline{Z}_F}{\sqrt{3}(\underline{Z}_1+\underline{Z}_F)}$ $\underline{U}_S=\frac{\underline{a}^2 c\,\underline{U}_h\underline{Z}_F}{\sqrt{3}(\underline{Z}_1+\underline{Z}_F)}$ $\underline{U}_T=\frac{\underline{a}\, c\,\underline{U}_h\underline{Z}_F}{\sqrt{3}(\underline{Z}_1+\underline{Z}_F)}$	$\underline{U}_{RS}=-\mathrm{j}\frac{\underline{a}\,c\,\underline{U}_h\underline{Z}_F}{\underline{Z}_1+\underline{Z}_F}$ $\underline{U}_{ST}=-\mathrm{j}\frac{c\,\underline{U}_h\underline{Z}_F}{\underline{Z}_1+\underline{Z}_F}$ $\underline{U}_{TR}=-\mathrm{j}\frac{\underline{a}^2 c\,\underline{U}_h\underline{Z}_F}{\underline{Z}_1+\underline{Z}_F}$
$\underline{U}_1=\underline{U}_2+\underline{I}_1\underline{Z}_F=\underline{I}_1(\underline{Z}_2+\underline{Z}_F)$ $\underline{U}_2=-\underline{I}_2\underline{Z}_2=\underline{I}_1\underline{Z}_2$ $\underline{U}_0=0$	$\underline{U}_R=\frac{c\,\underline{U}_h(2\underline{Z}_2+\underline{Z}_F)}{\sqrt{3}(\underline{Z}_1+\underline{Z}_2+\underline{Z}_F)}$ $\underline{U}_S=\frac{c\,\underline{U}_h(\underline{a}^2\underline{Z}_F-\underline{Z}_2)}{\sqrt{3}(\underline{Z}_1+\underline{Z}_2+\underline{Z}_F)}$ $\underline{U}_T=\frac{c\,\underline{U}_h(\underline{a}\,\underline{Z}_F-\underline{Z}_2)}{\sqrt{3}(\underline{Z}_1+\underline{Z}_2+\underline{Z}_F)}$	$\underline{U}_{RS}=-\mathrm{j}\frac{c\,\underline{U}_h(\underline{a}\,\underline{Z}_F+\mathrm{j}\sqrt{3}\,\underline{Z}_2)}{\underline{Z}_1+\underline{Z}_2+\underline{Z}_F}$ $\underline{U}_{ST}=-\mathrm{j}\frac{c\,\underline{U}_h\underline{Z}_F}{\underline{Z}_1+\underline{Z}_2+\underline{Z}_F}$ $\underline{U}_{TR}=-\mathrm{j}\frac{c\,\underline{U}_h(\underline{a}^2\underline{Z}_F-\mathrm{j}\sqrt{3}\,\underline{Z}_2)}{\underline{Z}_1+\underline{Z}_2+\underline{Z}_F}$
$\underline{U}_1=\underline{I}_1\frac{\underline{Z}_2(\underline{Z}_0+3\underline{Z}_F)}{\underline{Z}_2+\underline{Z}_0+3\underline{Z}_F}$ $\underline{U}_2=\underline{I}_1\frac{\underline{Z}_2(\underline{Z}_0+3\underline{Z}_F)}{\underline{Z}_2+\underline{Z}_0+3\underline{Z}_F}$ $\underline{U}_0=\underline{I}_1\frac{\underline{Z}_2\underline{Z}_0}{\underline{Z}_2+\underline{Z}_0+3\underline{Z}_F}$ $\underline{U}_1=\underline{U}_2=\underline{U}_0-3\underline{I}_0\underline{Z}_F$	$\underline{U}_R=\frac{\sqrt{3}\,c\,\underline{U}_h\underline{Z}_2(\underline{Z}_0+2\underline{Z}_F)}{\underline{Z}_1\underline{Z}_2+(\underline{Z}_1+\underline{Z}_2)(\underline{Z}_0+3\underline{Z}_F)}$ $\underline{U}_S=\frac{-\sqrt{3}\,c\,\underline{U}_h\underline{Z}_2\underline{Z}_F}{\underline{Z}_1\underline{Z}_2+(\underline{Z}_1+\underline{Z}_2)(\underline{Z}_0+3\underline{Z}_F)}$ $\underline{U}_T=\frac{-\sqrt{3}\,c\,\underline{U}_h\underline{Z}_2\underline{Z}_F}{\underline{Z}_1\underline{Z}_2+(\underline{Z}_1+\underline{Z}_2)(\underline{Z}_0+3\underline{Z}_F)}$ $\underline{U}_S=\underline{U}_T$	$\underline{U}_{RS}=\underline{U}_R-\underline{U}_S$ $\underline{U}_{ST}=0$ $\underline{U}_{TR}=\underline{U}_T-\underline{U}_R=-\underline{U}_{RS}$
$\underline{U}_1=-(\underline{U}_2+\underline{U}_0)+\underline{I}_1 3\underline{Z}_F$ $=\underline{I}_1(\underline{Z}_2+\underline{Z}_0+3\underline{Z}_F)$ $\underline{U}_2=-\underline{I}_2\underline{Z}_2=-\underline{I}_1\underline{Z}_2$ $\underline{U}_0=-\underline{I}_0\underline{Z}_0=-\underline{I}_1\underline{Z}_0$	$\underline{U}_R=\frac{\sqrt{3}\,c\,\underline{U}_h\underline{Z}_F}{\underline{Z}_1+\underline{Z}_2+\underline{Z}_0+3\underline{Z}_F}$ $\underline{U}_S=\frac{c\,\underline{U}_h[\sqrt{3}\,\underline{a}^2\underline{Z}_F-\mathrm{j}(\underline{Z}_2-\underline{a}\,\underline{Z}_0)]}{\underline{Z}_1+\underline{Z}_2+\underline{Z}_0+3\underline{Z}_F}$ $\underline{U}_T=\frac{c\,\underline{U}_h[\sqrt{3}\,\underline{a}\,\underline{Z}_F+\mathrm{j}(\underline{Z}_2-\underline{a}^2\underline{Z}_0)]}{\underline{Z}_1+\underline{Z}_2+\underline{Z}_0+3\underline{Z}_F}$	$\underline{U}_{RS}=-\mathrm{j}\frac{c\,\underline{U}_h[\underline{a}(3\underline{Z}_F+\underline{Z}_0)-\underline{Z}_2]}{\underline{Z}_1+\underline{Z}_2+\underline{Z}_0+3\underline{Z}_F}$ $\underline{U}_{ST}=-\mathrm{j}\frac{c\,\underline{U}_h[3\underline{Z}_F+\underline{Z}_0+2\underline{Z}_2]}{\underline{Z}_1+\underline{Z}_2+\underline{Z}_0+3\underline{Z}_F}$ $\underline{U}_{TR}=-\mathrm{j}\frac{c\,\underline{U}_h[\underline{a}^2(3\underline{Z}_F+\underline{Z}_0)-\underline{Z}_2]}{\underline{Z}_1+\underline{Z}_2+\underline{Z}_0+3\underline{Z}_F}$

Tabelle A.8. Beispiel zur Ermittlung der Betriebsmatrix (Hybridmatrix) eines Netzes durch direkten Aufbau der Hybridmatrix (Abschnitt 13.5.3)

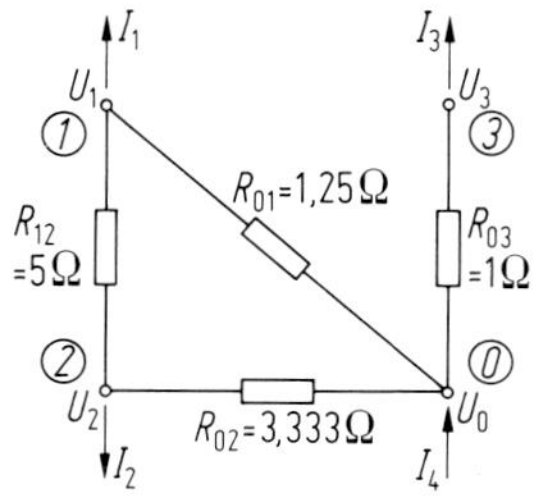

Knoten 1, 2 und 3: Stromknoten
Knoten 4 : Spannungsknoten

Die Impedanzen (hier nur ohmsche Widerstände) werden in Ω eingesetzt.

Gegeben sind: I_1, I_2, I_3 und $U_4 = U_0$
Gesucht sind: U_1, U_2, U_3 und I_4

Durch direkte Aufbauschritte soll $\mathbf{U} = \mathbf{ZI}$ nach Gl. (13.104) gefunden werden. Da nur ein Spannungsknoten (Knoten 4) vorhanden ist, wird die Hybridmatrix $\mathbf{H}$ zur Impedanzmatrix $\mathbf{Z}$. Zur Berechnung der Elemente der schrittweise aufzubauenden Matrix werden die Gleichungen nach Tabelle 13.5 verwendet.

$$\mathbf{H}^{(1)} = [-1{,}25]$$

1. Schritt: Fall 2a; $n=1$; $l=0$

$$\mathbf{H}^{(2)} = \begin{bmatrix} -1{,}25 & -1{,}25 \\ -1{,}25 & -6{,}25 \end{bmatrix}$$

2. Schritt: Fall 1; $n=2$; $l=1$

$$\mathbf{H}^{(3)} = \begin{bmatrix} -1{,}0870 & -0{,}4348 \\ -0{,}4348 & -2{,}1738 \end{bmatrix}$$

3. Schritt: Fall 5a; $N=2$; $L=0$
[Schließen der Masche ⓪ – ① – ② – ⓪]

$$\mathbf{H}^{(4)} = \begin{bmatrix} -1{,}0870 & -0{,}4348 & 0 \\ -0{,}4348 & -2{,}1738 & 0 \\ 0 & 0 & -1 \end{bmatrix}$$

4. Schritt: Fall 2a; $n=3$; $l=0$

Berechnung der Elemente für den dritten Schritt:

$$h'_{11} = h_{11} + \frac{h_{12} \cdot h_{21}}{R_{02} - h_{22}} = -1{,}25 + \frac{1{,}25 \cdot 1{,}25}{3{,}333 + 6{,}25} = -1{,}25 + 0{,}1630 = -1{,}0870$$

$$h'_{12} = h_{12} + \frac{h_{12} \cdot h_{22}}{R_{02} - h_{22}} = -1{,}25 + \frac{1{,}25 \cdot 6{,}25}{3{,}333 + 6{,}25} = -1{,}25 + 0{,}8152 = -0{,}4348$$

$$h'_{22} = h_{22} + \frac{h_{22} \cdot h_{22}}{R_{02} - h_{22}} = -6{,}25 + \frac{6{,}25 \cdot 6{,}25}{3{,}333 + 6{,}25} = -6{,}25 + 4{,}0761 = -2{,}1739$$

Hybridgleichungen (Impedanzgleichungen):

$$\begin{bmatrix} U_1 - U_0 \\ U_2 - U_0 \\ U_3 - U_0 \end{bmatrix} = \begin{bmatrix} -1{,}0870 & -0{,}4348 & 0 \\ -0{,}4348 & -2{,}1739 & 0 \\ 0 & 0 & -1 \end{bmatrix} \cdot \begin{bmatrix} -I_1 \\ -I_2 \\ -I_3 \end{bmatrix}$$

Tabelle A.9. Ströme $\underline{I}_A$ über den Ausbreitungswiderstand R_A und Erderspannungen $\underline{U}_{EA}$ in einer Anlage A bei direkter Sternpunkterdung oder freiem Sternpunkt für Erdkurzschlüsse in der Anlage A und in der Nähe der Anlage A

1a

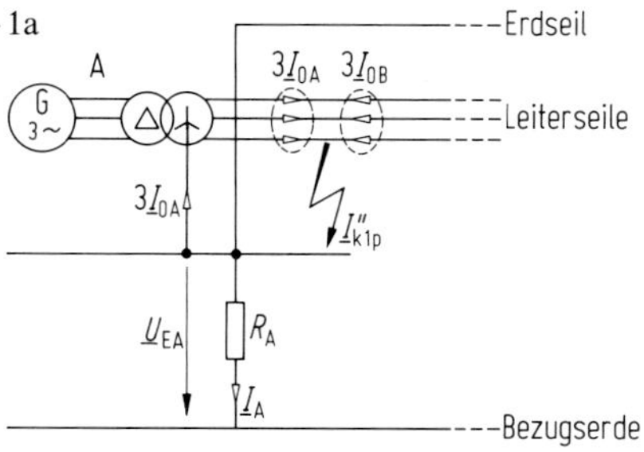

$\underline{I}''_{k1p} = 3\,\underline{I}_{0A} + 3\,\underline{I}_{0B}$

$\underline{I}_A = \underline{r}_E\, 3\,\underline{I}_{0B} \dfrac{\underline{W}_\neg}{R_A + \underline{W}_\neg}$

$\underline{U}_{EA} = \underline{r}_E\, 3\,\underline{I}_{0B} \dfrac{R_A \underline{W}_\neg}{R_A + \underline{W}_\neg}$

1b

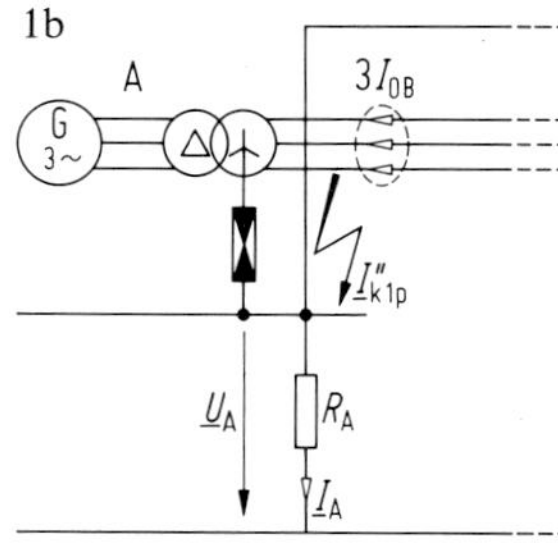

$\underline{I}''_{k1p} = 3\,\underline{I}_{0B}$

$\underline{I}_A = \underline{r}_E\, 3\,\underline{I}_{0B} \dfrac{\underline{W}_\neg}{R_A + \underline{W}_\neg}$

$\underline{U}_{EA} = \underline{r}_E\, 3\,\underline{I}_{0B} \dfrac{R_A \cdot \underline{W}_\neg}{R_A + \underline{W}_\neg}$

2a

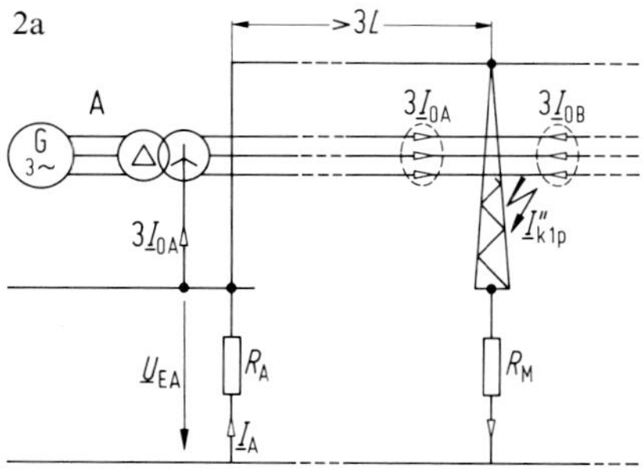

$\underline{I}''_{k1p} = 3\,\underline{I}_{0A} + 3\,\underline{I}_{0B}$

$\underline{I}_A \leqq \underline{r}_E\, 3\,\underline{I}_{0A} \dfrac{\underline{W}_\neg}{R_A + \underline{W}_\neg}$

$\underline{U}_{EA} \leqq \underline{r}_E\, 3\,\underline{I}_{0A} \dfrac{R_A \cdot \underline{W}_\neg}{R_A + \underline{W}_\neg}$

$\underline{U}_{EA}$ größer als im Fall 1a und 1b, wenn $3\underline{I}_{0A}$ größer als $3\underline{I}_{0B}$ ist.

2b

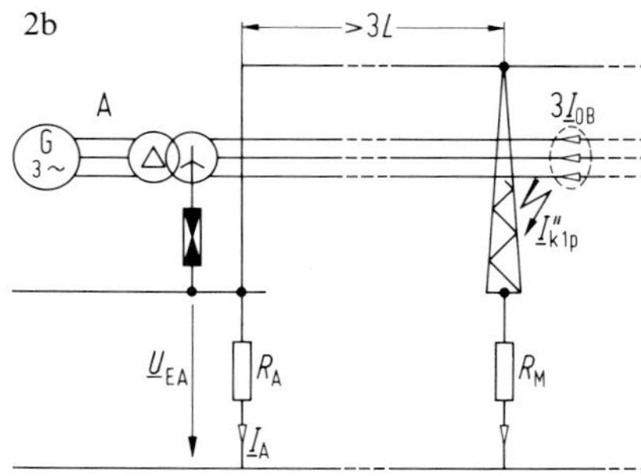

$\underline{I}''_{k1p} = 3\,\underline{I}_{0B}$

$\underline{I}_A \approx 0$

$\underline{U}_{EA} \approx 0$

Bei geringer Entfernung der Fehlerstelle von der Anlage A liegt $\underline{U}_{EA}$ zwischen dem Wert 0 und dem Ergebnis des Falles 1b [Sonderfall 3b: Fehler am 1. Mast].

Tabelle A.9. (Fortsetzung)

3a

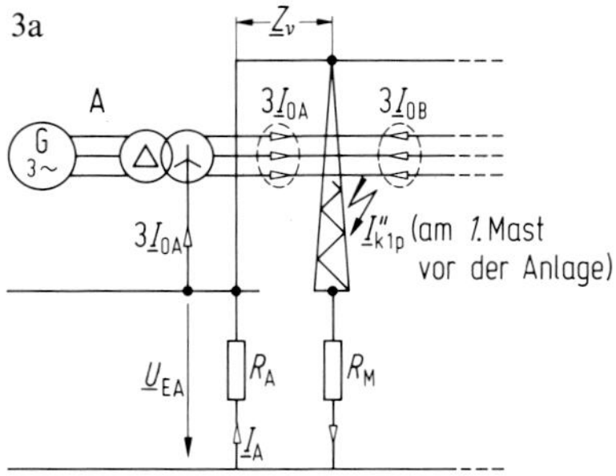

$$\underline{I}''_{k1p} = 3\underline{I}_{0A} + 3\underline{I}_{0B}$$

$$\underline{I}_A = \underline{r}_E\, 3\underline{I}_{0A} - \underline{r}_E (3\underline{I}_{0A} + 3\underline{I}_{0B}) \frac{1}{1 + (R_A + \underline{Z}_v)\left(\frac{1}{R_M} + \frac{1}{\underline{W}_{\neg}}\right)}$$

$$\underline{U}_{EA} = \underline{r}_E\, 3\underline{I}_{0A} R_A - \underline{r}_E (3\underline{I}_{0A} + 3\underline{I}_{0B}) \frac{R_A}{1 + (R_A + \underline{Z}_v)\left(\frac{1}{R_M} + \frac{1}{\underline{W}_{\neg}}\right)}$$

3b

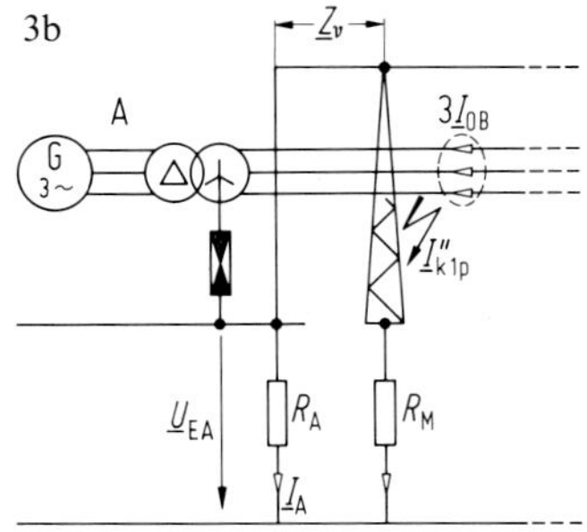

$$\underline{I}''_{k1p} = 3\underline{I}_{0B}$$

$$\underline{I}_A = \underline{r}_E\, 3\underline{I}_{0B} \frac{1}{1 + (R_A + \underline{Z}_v)\left(\frac{1}{R_M} + \frac{1}{\underline{W}_{\neg}}\right)}$$

$$\underline{U}_{EA} = \underline{r}_E\, 3\underline{I}_{0B} \frac{R_A}{1 + (R_A + \underline{Z}_v)\left(\frac{1}{R_M} + \frac{1}{\underline{W}_{\neg}}\right)}$$

Tabelle A.10. Physikalische Größen und Einheiten im internationalen Einheitensystem (SI) (1970)

Größe	Formelzeichen (DIN 1304) (DIN 4897)	Definitionsgleichung	SI-Einheit
Länge (Radius, Wegelänge)	$l(r, s)$	–	m (Meter)
Flächen (Querschnittsfläche)	$A(Q, q)$	$A = l^2$ (Quadrat)	m^2
Volumen	V	$V = l^3$ (Würfel)	m^3
Masse	m	–	kg (Kilogramm)
Dichte	ϱ	$\varrho = m/V$	kg/m^3
Zeit (Periodendauer, Zeitkonstante)	$t(T, \tau)$	–	s (Sekunde)
Geschwindigkeit	v	$v = s/t$	m/s
Beschleunigung (Fallbeschleunigung, Normfallbeschleunigung)	$a(g, g_n)$	$a = v/t$	m/s^2
Frequenz	f	$f = 1/T$	Hz = 1/s
Winkelgeschwindigkeit (Kreisfrequenz)	ω	$\omega = \varphi/t = 2\pi/T = 2\pi f$	1/s (rad/s)
Kraft (Gewichtskraft)	$F(G)$	$F = m \cdot a$; $(G = m \cdot g)$	N (Newton) = kgm/s^2
Druck	p	$p = F/A$	Pa = N/m^2
Wichte (früher spez. Gewicht)	γ	$\gamma = \varrho \cdot g$	N/m^3
Elastizitätsmodul	E	$E = (F/q) : (\Delta l/l)$	N/m^2
Drehmoment	M	$M = rF$	Nm
Massenträgheitsmoment (Massenmoment 2. Grades)	J	$J = \sum_i r_i^2 \cdot m_i$	kgm^2
Arbeit, Energie	W	$W = F \cdot s$	J (Joule) = Nm
Leistung	P	$P = W/t = (A/t)$	W (Watt) = J/s
Temperatur (thermodynamisch)	T	–	K (Kelvin)
Celsius-Temperatur	ϑ	$\vartheta = T - T_0$	°C ($T_0 = 273{,}15$ K)
Wärmemenge	Q	–	J
Ladung, elektr. (Elektrizitätsmenge)	Q	–	C (Coulomb) = As
Stromstärke (DIN 1357)	I	$I = Q/t$	A (Ampere) = C/s
Stromdichte	S	$S = I/A$	A/m^2
Spannung	U	$U = W/Q$	V (Volt) = J/C
Widerstand	R	$R = U/I$	Ω (Ohm) = V/A
Spez. elektr. Widerstand	ϱ	$\varrho = R \cdot q/l$	$\Omega mm^2/m$
Arbeit	A	$A = U \cdot Q = U \cdot I \cdot t$	J = Ws = VAs
Wirkleistung	P	$P = U \cdot I$	W = VA
Verschiebungsdichte	D	$D = Q/A$	C/m^2
Kapazität	C	$C = Q/U$	F (Farad) = C/V = s/Ω
Elektrische Feldstärke	E	$E = dU/ds = F/Q$	V/m = N/C
Magnetische Flußdichte (Induktion)	B	$B = \Phi/A$	T (Tesla) = Vs/m^2 [$1\ Vs/m^2 = 10^4$ Gauß]
Magnetische Feldstärke	H	$H = w \cdot I/l$	A/m
Magnetischer Fluß	Φ	$\Phi = B \cdot A$; $d\Phi = U \cdot dt$	Wb (Weber) = Tm^2 = Vs
Induktivität	L	$L = U/(dI/dt) = d\Phi/dI$	H (Henry) = Vs/A = Ωs

Tabelle A.11. Einheitenumrechnungen und Konstanten

Einheitenumrechnungen für Kraft, Druck, Energie (Arbeit) und Leistung

Krafteinheiten

Einheiten		N
1 N = 1 kgm/s^2	=	1
1 kp (≈ 1 daN)	=	9,80665
1 dyn = 1 gcm/s^2	=	10^{-5}

Druckeinheiten

Einheiten		Pa(N/m^2)	bar
1 Pa (N/m^2) = 10^{-5} bar	=	1	10^{-5}
1 at = 1 kp/cm^2	=	$0{,}980665 \cdot 10^5$	0,980665
1 bar	=	10^5	1

Energieeinheiten

Einheiten		J (Nm; Ws)
1 J = Nm = 1 Ws	=	1 (= 10^7 erg)
1 kWh	=	$3{,}6 \cdot 10^6$
1 kcal	=	$4{,}187 \cdot 10^3$
1 kpm	=	9,80665

Leistungseinheiten

Einheiten		W (J/s)
1 W = 1 J/s = Nm/s	=	1
1 PS	=	735,5
1 kcal/h	=	1,163
1 kpm/s	=	9,80665

Vielfache und Teile von Einheiten

10^{-12}	10^{-9}	10^{-6}	10^{-3}	10^{-2}	10^{-1}	10^1	10^2	10^3	10^6	10^9	10^{12}
p	n	µ	m	c	d	da	h	k	M	G	T
Pico	Nano	Mikro	Milli	Zenti	Dezi	Deka	Hekto	Kilo	Mega	Giga	Tera

Konstanten

Elektrische Feldkonstante $\varepsilon_0 = 8{,}854 \cdot 10^{-12}$ F/m (F/m = As/Vm)
Magnetische Feldkonstante $\mu_0 = 1{,}257 \cdot 10^{-6} = 4\pi \cdot 10^{-7}$ H/m (H/m = Vs/Am)
Vakuumgeschwindigkeit des Lichtes $c_0 = 299\,792\,458$ m/s ≈ 300000 km/s
Normfallbeschleunigung $g_n = 9{,}80665$ m/s^2

Formelzeichen und Indizes

Formelzeichen

A Arbeit
A Fläche, allgemein
$\mathbf{A}$ Admittanzmatrix
a Abstand
B Blindleitwert (Suszeptanz)
B Induktion
b Brechungsfaktor
C Kapazität
c Ausnutzungsziffer
c Federkonstante
c Lichtgeschwindigkeit
c spezifische Wärme
D Dämpfungsgrad
D elektrische Verschiebungsdichte
D, d Durchmesser, Leiterabstand, Leiterseilabstand
E Elastizitätsmodul
E elektrische Feldstärke
E elektromotorische Kraft (EMK)
E'' Anfangsspannung einer Synchronmaschine (subtransiente Spannung)
E_{ik} induzierte EMK bei Kurzschluß
F Frequenzgang
F Kraft
$F(t)$ Zeitfunktion (Laplace)
f Frequenz
f Durchhang, Durchbiegung
$f(\underline{s})$ Bildfunktion (Laplace)
f_0 Eigenfrequenz
G Gewichtskraft
G Wirkleitwert (Konduktanz)
g, g_{n} Fallbeschleunigung, Norm-
g mittl. geometrischer Abstand
$g(\underline{s})$ Bildfunktion (Carson)
H Fallhöhe
$\mathbf{H}$ Hybridmatrix
h Höhe
h spezifische Enthalpie
I_{a} Ausschaltwechselstrom
I_{an} Anzugsstrom
I_C Kapazitiver Ladestrom
I_{CE} Kapazitiver Erdschlußstrom
I_{d} Gleichstrom
I_{f} Polradstrom (Feldstrom)
$I_{\mathrm{f\,0}}$ Leerlauferregerstrom (mit Sättigung)
$I_{\mathrm{f\,0},\delta}$ Leerlauferregerstrom, ungesättigt
I_{k} Dauerkurzschlußstrom
I''_{k} Anfangs-Kurzschlußwechselstrom bei dreipoligem Kurzschluß ($I''_{\mathrm{k}} = I''_{\mathrm{k\,3p}}$)
$I''_{\mathrm{k\,2p}}$ Anfangs-Kurzschlußwechselstrom bei zweipoligem Kurzschluß ohne Erdberührung
$I''_{\mathrm{k\,2pE}}$ Anfangs-Kurzschlußwechselstrom bei zweipoligem Kurzschluß mit Erdberührung
I''_{kE2pE} über Erde fließender Anteil des zweipoligen Anfangs-Kurzschlußwechselstromes mit Erdberührung
I'_{k} transienter (Übergangs-) Kurzschlußwechselstrom
I_{l} Leerlaufstrom
I_{n} Nennstrom
I_{Rest} Reststrom bei Erdschlußkompensation
I_{s} Stoßkurzschlußstrom
J Trägheitsmoment
K Kapazität (Teilkapazität)
K Kosten
K Leistungszahl
K_C Leerlauf-Kurzschlußverhältnis
k Überspannungsfaktor
L Induktivität
L Längenkonstante
l Länge
M, m Moment, bezogenes Moment
M Koppelinduktivität (-impedanz)
M_{k} Kurzschlußmoment ($M_{\mathrm{k\,3p}}$, $M_{\mathrm{k\,2p}}$)
M_{m} mechanisches Moment (Antriebsmoment)
M_{s} synchronisierendes Moment
M_{T} Antriebsmoment der Turbine
M_{TK} Torsionsmoment der Welle im Bereich der Kupplung
m Masse
n Drehzahl
n_{q} spezifische Drehzahl von Wasserturbinen
P Wirkleistung (meist Drehstromleistung)

P_{nat}	natürliche Leistung
p	Druck
p	Polpaarzahl
Q	Blindleistung (meist Drehstromleistung)
Q	elektrische Ladung, Elektrizitätsmenge
Q, q	Querschnittsfläche
Q_C	Kapazitive Blindleistung (Ladeleistung)
Q_L	Induktive Blindleistung
q	Faktor zur Berechnung des Ausschaltwechselstromes von Asynchronmotoren
q	spezifischer Wärmeverbrauch
R	Widerstand (Resistanz)
R_-	Gleichstromwiderstand
$R_\sim$	Wechselstromwirkwiderstand (Wirkwiderstand)
R_M	Mastausbreitungswiderstand
R_A	Ausbreitungswiderstand
r	Reflexionsfaktor
r, R	Radius
r_E	Erdseilreduktionsfaktor
S	Scheinleistung (meist Drehstromleistung)
S	Stromdichte
$\mathbf{S}$	Symmetrierungsmatrix
S''_k	Anfangs-Kurzschlußwechselstromleistung (Kurzschlußleistung) bei dreipoligem Kurzschluß
S''_{kQ}	Kurzschlußleistung eines Netzes am Anschlußpunkt Q
S_n	Nennscheinleistung
s	Schlupf
s	spezifische Entropie
T	Laufzeit
T	Temperatur (Kelvin)
T	Wärmewiderstand (thermal resistance)
T	Zeitkonstante, Schwingungsdauer
T_A	Anlaufzeit
T_a	Gleichstromzeitkonstante
T'_d	Transiente Zeitkonstante in der d-Achse
T'_{dB}	Lastzeitkonstante
T''_d, T''_q	Subtransiente Zeitkonstante in der d- bzw. q-Achse
T'_{d0}	Leerlaufzeitkonstante
T''_{d0}	Subtransiente Leerlaufzeitkonstante in der d-Achse
T_J	Nennanlaufzeit
T_k, t_k	Kurzschlußdauer (Fehlerdauer)
$\mathbf{T}$	Entsymmetrierungsmatrix
t	Celsiustemperatur
t	Zeit, Zeitspanne, Zeitdauer
t_{SV}	Mindestschaltverzug

U	Spannung (verkettete Spannung)
$U_\curlywedge$	Sternspannung, Spannung Leiter gegen Erde $U_\curlywedge = U/\sqrt{3}$
U_B	Berührungsspannung
U_b	Betriebsspannung
U_d	Gleichspannung
U_{di0}	ideelle Leerlaufgleichspannung
U_E	Erderspannung
U_h	Netzbetriebsspannung, örtlicher und zeitlicher Mittelwert
u_k, u_{kn}	Kurzschlußspannung, Nenn-
U_l	Löschspannung
U_m	Höchste dauernd zulässige Spannung (höchste Spannung) für Betriebsmittel
U_n	Nennspannung
U_Q	Spannung am Anschlußpunkt Q
U_p	Polradspannung
$u_ü$	Augenblickswert einer Überspannung
U_S	Schrittspannung
$ü$	Übersetzung (bei Trafos $ü \geqq 1$)
V, v	Volumen, spezifisches Volumen
v	Verstimmungsgrad
W	Energie, Arbeit
W	Widerstandsmoment
$W_\urcorner$	Kettenleiterwiderstand
w	Windungszahl
X	Blindwiderstand (Reaktanz)
X_d, X_q	Synchrone Reaktanz in der d- bzw. q-Achse
X'_d	Transiente Reaktanz in der d-Achse
X''_d, X''_q	Subtransiente Reaktanz in der d- bzw. q-Achse
X_M	Koppelreaktanz
X_M	Motorreaktanz
X_2	Gegenreaktanz
Y	Scheinleitwert (Admittanz)
$\mathbf{Y}$	Admittanzmatrix
Z	Scheinwiderstand (Impedanz)
$\mathbf{Z}$	Impedanzmatrix
Z_E	Erdungsimpedanz
Z_M	Koppelimpedanz
Z_M	Motorimpedanz
Z_N	Netzimpedanz (Netzinnenimpedanz)
Z_W	Wellenwiderstand (Z_{W1}, Z_{W0} Wellenwiderstand im Mit-, Nullsystem)
α	Dämpfungskonstante
α	Temperaturkoeffizient des elektrischen Widerstandes (Widerstandszunahme-Koeffizient)
β	Phasenkonstante
γ	Impedanzwinkel (auch φ_z)
γ	Übertragungskonstante (Ausbreitungskoeffizient)
γ	spezifische Masse
γ	Bessel-Konstante

δ	Polradwinkel, Leitungswinkel
δ	Verlustwinkel
δ	Statik
δ	Erdstromtiefe
δ	Luftspalt der Synchronmaschine
δ	Erdfehlerfaktor ($\delta=\sqrt{3}\,\varepsilon$)
δ_E	Eindringtiefe
ε	Permittivität, Dielektrizitätskonstante
ε_0	elektrische Feldkonstante
ε_r	Dielektrizitätszahl
ε	Erdungszahl
η	Wirkungsgrad
Θ	Durchflutung
ϑ	Arbeitsverlustfaktor
ϑ	Polradwinkel der Synchronmaschine
ϑ	Celsiustemperatur
κ	elektrische Leitfähigkeit
κ	Stoßfaktor (Berechnung von I_s)
Λ	Induktivität
λ	Eigenwert
λ	Wellenlänge
λ	Faktor zur Berechnung des Dauerkurzschlußstromes
μ	Permeabilität
μ_0	magnetische Feldkonstante
μ_r	Permeabilitätszahl
μ	Faktor zur Berechnung des Ausschaltwechselstromes (auch μ_k)
ν	Ordnungszahl einer Teilschwingung, Oberschwingung
ϱ	Dichte
ϱ	spezifischer elektrischer Widerstand
ϱ	spezifischer Erdwiderstand
σ	spezifischer Wärmewiderstand
σ	Streukoeffizient
σ	Zugspannung
Φ	magnetischer Fluß
φ	Phasenwinkel, Phasenverschiebungswinkel (Leistungsfaktor bei sinusförmigem Verlauf: $\cos\varphi$)
ψ	magnetischer Fluß
Ω	mechanische Winkelgeschwindigkeit
Ω_0, ω_0	Eigenkreisfrequenz (mech., el.)
ω	elektr. Winkelgeschwindigkeit, Kreisfrequenz: $\omega=2\pi f$
ω_e	Eckkreisfrequenz
ω_d	gedämpfte Eigenkreisfrequenz

Besondere Kennzeichnungen

(Beispiele für U):

U	Effektivwert einer sinusförmig zeitabhängigen Größe
$\underline{U}$	komplexe Größe
$\underline{U}^*$	konjugiert komplexe Größe
$\lvert\underline{U}\rvert=U$	Betrag der komplexen Größe
$\mathrm{Re}\{\underline{U}\}$	Realteil der komplexen Größe
$\mathrm{Im}\{\underline{U}\}$	Imaginärteil der komplexen Größe
$\tilde{\underline{U}}$	Drehzeiger
$\hat{U}, \hat{u}$	Scheitelwert
$\mathbf{U}$	Matrix oder Vektor
$u, u(t)$	zeitlich veränderliche Größe
u	Augenblickswert
u	bezogene Größe (z.B. $u=U/U_n$)
$U_-, U_\sim$	Gleich-, Wechselgröße

Indizes, tiefgestellt

A	Ausgang (Regelkreisglied)
Al	Aluminium
a	Ansprechwert
a	Ausschaltwert
an	Anzug (Anlauf)
B	Belastung, Verbraucher
B	Bewehrung
b	Betriebswert (ungestörter Betrieb)
b	Blindkomponente
C	kapazitiv, Kapazität
Cu	Kupfer
D	Drosselspule (Kurzschlußstrombegrenzungs-)
D	Dämpferwicklung in der d-Achse
d	Achsenkomponente (dq0-Komponenten)
d	Dauerwert, Dauerzustand
d	Gleichstrom
E	Eingang (Regelkreisglied)
E	Erde, Erdpunkt, mit Erdberührung
E	Erdschluß
e	elektrisch
F	Freileitung
Fe	Eisen
f	Feldwicklung (Erregerwicklung)
G	Generator
g, ges	gesamt
H	Hauptleiter
h	Hochlauf
i	innen
ist	Istwert
K	Klemme
K	Kabel
k	Kurzschluß (ohne Zusatz dreipolig)
k3p	dreipoliger Kurzschluß
k2p	zweipoliger Kurzschluß ohne Erdberührung
k1p	einpoliger Erdkurzschluß
k2pE	zweipoliger Kurzschluß mit Erdberührung
kEE	Doppelerdschluß, Doppelerdkurzschluß

L	induktiv, Induktivität	S	Scheinleistung
L	Leiter	S	Schirm
L	Leitung (Freileitung oder Kabel)	SM	Synchronmaschine
LE	Leiter-Erde	s	Stoßwert (Stoßkurzschlußstrom)
LL	Leiter-Leiter	T	Teilleiter
l	Leerlaufzustand	T	Transformator
l	Löschung	T	Turbine
M	Mantel bei Kabeln	th	thermisch
M	Motor (Motorengruppe $\sum$M)	US	Unterspannungsseite
ME	Mittelpunkt-Erde	u	Unterbrechung
m, max	maximal	V	Verluste
m	mechanisch	v	vorwärts
min	minimal	w	Wirkkomponente
N	Netz[1]	zul	zulässig
n	Nennwert[1], Nennzustand[1]	δ	Luftspalt
O	Oberfläche	0	Eigenwert
OS	Oberspannungsseite	0	Leerlaufzustand
p	Pause	1	primär
Q	Anschlußpunkt (Netzanschlußpunkt)	2	sekundär
Q	Dämpferwicklung in der q-Achse	R, S, T	Leiter des Dreileiter-Drehstromnetzes (Leiterströme und Leiterspannungen)
q	Achsenkomponente (dq0-Komponenten)	1, 2, 0	symmetrische Komponenten
R	ohmsch	d, q, 0	Achsenkomponenten einer Drehstrommaschine (dq0-Komponenten)
r	Restwert		
r	rückwärts		
S	Schaltstrecke		

Indizes, hochgestellt

n	nachher
v	vorher
′	transient
′	bezogene Größe (mit $\ddot{u}$ oder $\ddot{u}^2$ umgerechnete Größe)
′	längenbezogene Größe
″	subtransient

Indizes, Reihenfolge

Bezeichnung der Komponenten:	1. Stelle; z.B.: U_1
Betriebszustand:	2. Stelle; z.B.: U_{11}
Betriebsmittel:	3. Stelle; z.B.: $U_{1\mathrm{l}\mathrm{T}}$
Unterscheidung gleicher Betriebsmittel:	4. Stelle; z.B.: $U_{1\mathrm{lT}7}$
Ortsbezeichnung:	5. Stelle; z.B.: $U_{1\mathrm{lT}7\mathrm{OS}}$
Zusatzkennzeichnung:	6. Stelle; z.B.: $U_{1\mathrm{lT}7\mathrm{OSzul}}$

---

[1]) Die Betriebszustände werden mit kleinen Indizes gekennzeichnet, der Nennzustand also mit dem Index n (abweichend von DIN 4897). Der Index N wird zur Kennzeichnung von Netzgrößen verwendet.

Literatur

1. Allgemeines zur Elektrizitätsversorgung

1.1. v. Miller, O.: Über die verschiedenen Systeme der Stromverteilung zur Beleuchtung und Kraftübertragung in den Städten, mit anschließenden Erläuterungen seitens der Aussteller. ETZ 12 (1891) 613–618.
1.2. Gleichstrom-Hochspannungs-Kraftübertragung Moutiers-Lyon. ETZ 27 (1906) 1091–1094.
1.3. Schöller, H.: Großraum-Verbundwirtschaft. Essen, Kettwig: West-Verlag 1948.
1.4. Deutsche Verbundgesellschaft e.V. Heidelberg: Die Planung des 380-kV-Netzes in der Deutschen Verbundgesellschaft. Heidelberg: 1957.
1.5. Roser, H.: Die 380-kV-Übertragung Rommerskirchen-Hoheneck. ETZ-A 79 (1958) 1–9.
1.6. Hillebrand, F.: Zur Geschichte des Drehstromes. ETZ-A 80 (1959) 409–421.
1.7. Cahill, L.: La première transmission d'énergie électrique à 735 kV: Manicouagan-Montreal. Bull. SEV 55 (1964) 519–528.
1.8. Jancke, G.: Grundsätzliche Gesichtspunkte bei der Projektierung von Höchstspannungsübertragungen. Bull. SEV 55 (1964) 420–424.
1.9. 400 kV-Forschungsgemeinschaft e.V. Heidelberg: Energieübertragung mit hochgespanntem Gleichstrom (HGÜ), Wiederaufnahme der Forschung in der Bundesrepublik Deutschland. Ber. 20a, April 1966.
1.10. Boll, G.: Geschichte des Verbundbetriebes. Frankfurt am Main: VWEW 1969.
1.11. VDEW: Verzeichnis der Hochspannungsleitungen von 60 kV und darüber – und der Kraftwerke von 1 MW und darüber in Westdeutschland und West-Berlin. Frankfurt am Main: VWEW 1970.
1.12. Aspekte künftiger Energieübertragung (Themenheft). ETZ-A 92 (1971) Heft 12.
1.13. Barnes, H.C., Thoren, B.: Three years results from the AEP-ASEA UHV research project. CIGRE 31–03 (1972).
1.14. Energiewirtschaft der Schweiz im Jahre 2000. Elektrizitätsverwertung 47 (1972) 242–245.
1.15. Hofmann, A., Lezenik, B., Lottes, G.: Gestaltung künftiger Erzeugungs- und Übertragungsanlagen für elektrische Energie in der Bundesrepublik Deutschland bis 1985. Elektrizitätswirtschaft 71 (1972) 727–737.
1.16. Engelhardt, H.: Aspekte künftiger Energieverteilung. VDE-Fachber. 27 (1972) 59–69.
1.17. Deutsche Verbundgesellschaft e.V. Heidelberg: Planung Deutsches Verbundnetz, Stand: Januar 1976 (Pl.Nr. 0191 y und U.C.P.T.E.-Plan 1976).

2. Berechnungen im Drehstromnetz, mathematische Grundlagen

2.1. Fortescue, C.L.: Method of symmetrical coordinates applied to the solution of polyphase networks. Trans. AIEE, Part 2, 37 (1918) 1027–1140.
2.2. Falk, S.: Neue Verfahren zur direkten Lösung algebraischer Eigenwertprobleme. Abh. Braunschw. Wiss. Ges. 6 (1954) 166–194.
2.3. Hochrainer, A.: Symmetrische Komponenten in Drehstromsystemen. Berlin, Göttingen, Heidelberg: Springer 1957.
2.4. Clarke, E.: Circuit Analysis of AC-Power Systems. 6. Ed. New York: John Wiley 1958.
2.5. Zurmühl, R.: Matrizen. 3. Aufl. Berlin, Göttingen, Heidelberg: Springer 1961.
2.6. Tropper, A.M.: Matrizenrechnung in der Elektrotechnik. Mannheim: Bibliogr. Inst. 1962.
2.7. Funk, G.: Der Kurzschluß im Drehstromnetz. München: Oldenbourg 1962.

2.8. Edelmann, H.: Berechnung elektrischer Verbundnetze. Berlin, Göttingen, Heidelberg: Springer 1963.
2.9. Kübler, E., Werr, Th.: Wechselstrommaschinen. 6. Aufl. Stuttgart: Teubner 1964.
2.10. Zurmühl, R.: Praktische Mathematik. 5. Aufl. Berlin, Heidelberg, New York: Springer 1965.
2.11. Denzel, P.: Grundlagen der Übertragung elektrischer Energie. Berlin, Heidelberg, New York: Springer 1966.
2.12. Koettnitz, H., Pundt, H.: Berechnung elektrischer Energieversorgungsnetze, Bd I, Mathematische Grundlagen und Netzparameter. Leipzig: VEB Deutscher Verlag für Grundstoffindustrie 1968.
2.13. Roeper, R.: Kurzschlußströme in Drehstromnetzen. 5. Aufl. Berlin, München: 1970.
2.14. Schultheiß, F., Wessnigk, K.-D.: Berechnung elektrischer Energieversorgungsnetze, Bd II, Übertragungsberechnung. Leipzig: VEB Deutscher Verlag für Grundstoffindustrie 1971.
2.15. VDE 0102, Teil 1/11.71: Leitsätze für die Berechnung der Kurzschlußströme. Drehstromanlagen mit Nennspannungen von 1 kV und darüber.
2.16. Böning, W.: Über die IEC-Empfehlungen zur Beschreibung von Synchronmaschinen. ETZ-A 93 (1972) 87–90.
2.17. VDE 0102, Teil 2/11.75: Leitsätze für die Berechnung der Kurzschlußströme. Drehstromanlagen mit Nennspannungen bis 1000 V.

3. Wärmekraftwerke

3.1. Dzung, L.S., Rohrbach, W.: Enthalpie-Entropie-Diagramme für Wasserdampf und Wasser. Berlin, Göttingen, Heidelberg: Springer 1955.
3.2. v. Weizsäcker, C.F.: Energieerzeugung durch Wasserstoff-Fusion. ETZ-A 79 (1958) 829–836.
3.3. Schröder, K.: Große Dampfkraftwerke, Planung, Ausführung und Bau. Berlin, Göttingen, Heidelberg, New York: Springer 1959 bis 1966.
3.4. Kraftwerke für Spitzenlastdeckung. BBC-Nachr. 48 (1966) 328–410.
3.5. Musil, L., Knizia, K.: Die Gesamtplanung von Dampfkraftwerken. 3. Aufl. Bd. 1, Die Thermodynamik als Dampfkraftprozeß. Berlin, Heidelberg, New York: Springer 1966.
3.6. Frewer, H., Keller, E.: Das 660-MW-Kernkraftwerk Stade mit Siemens Druckwasserreaktor. Atomwirtschaft 12 (1967) 568–573.
3.7. v. Horlacher, H.H.: Kernkraftwerke. AEG-Mitt. 57 (1967) 151–167.
3.8. Denzel, P.: Dampf- und Wasserkraftwerke. Mannheim: Bibliogr. Inst. 1968.
3.9. Faux, F.: Die Verwendung von Gasturbinen zur Erzeugung von elektrischer Energie. Bull. SEV 59 (1968) 75–84, 105–113.
3.10. Buchwald, K.: Zur Abfangsicherheit von Turbinen. Elektrizitätswirtschaft 70 (1971) 150–152.
3.11. Frewer, H.: Energieverbund zwischen nuklearen und konventionellen Kraftwerken. Atomwirtschaft 16 (1971) 345–353.
3.12. Heeren, H., Holly, L.: Trockenkühler entlasten Gewässer. Energie 23 (1971) 298–305, 385–393.
3.13. McGee, D.A.: Present status and future outlook of uranium reserves. Bericht Nr. 2.1–154, Welt-Energie-Konferenz 1971, Bukarest.
3.14. Ringeis, W., u.a.: Das 670-MW-Kernkraftwerk Würgassen. Atom u. Strom 17 (1971) 173–192.
3.15. Roggendorf, A., Schoch, W.: Die im Großkraftwerk Mannheim angewandte Kraftwerkstechnik. Elektrizitätswirtschaft 70 (1971) 673–678.
3.16. Die Elektrizitätswirtschaft der Bundesrepublik Deutschland im Jahre 1970. Elektrizitätswirtschaft 70 (1971) 453–486.
3.17. Krolewski, H.: Die gegenwärtige Kühlwassersituation in der Bundesrepublik. Techn. Mitt. 65 (1972) 193–200.
3.18. Energiewirtschaft und Umwelt. Tagungsber. des Energiewirtschaftlichen Inst. an der Univ. Köln, Heft 16. München: Oldenbourg 1972.
3.19. Baehr, H.D.: Thermodynamik. 3. Aufl. Berlin, Heidelberg, New York: Springer 1973.
3.20. Peter, F., Schüller, K.-H.: Thermische Kraftwerke zur Deckung von Spitzen- und Mittellast. ETZ-A 94 (1973) 133–141.

3.21. Kalide, W.: Kraftanlagen und Energiewirtschaft. München, Wien: Hauser 1974.
3.22. Meyer, E.: Über einige aktuelle Einflüsse auf den Kraftwerksbau in der Bundesrepublik Deutschland. BBC-Nachr. 57 (1975) 223–231.
3.23. Schmidt, E., Stephan, K., Mayinger, F.: Technische Thermodynamik. 11. Aufl. Bd. 1. Berlin, Heidelberg, New York: Springer 1975.

4. Wasserkraftwerke

4.1. Happoldt, H.: Neuzeitliche Generatoren für Rohrturbinen. BBC-Nachr. 41 (1959) 89–91.
4.2. Hutarew, G.: Wasserturbinen, Speicherpumpen und Wasserturbinenregler. VDI-Z. 101 (1959) 1029.
4.3. Andres, E.: Beschreibung und Anwendung des elektrischen Turbinenreglers. Bull. SEV 52 (1961) 304–312.
4.4. Theilsiefje, K.: Ein Beitrag der wirtschaftlichen Ausnutzung großer Speicherseen zur Energieerzeugung. ETZ-A 82 (1961) 538–545.
4.5. Bauer, H., Theilsiefje, K.: Zur Planung eines optimalen Speicher-Kraftwerks für wirtschaftlichen hydrothermischen Verbundbetrieb. Elektrizitätswirtschaft 61 (1962) 292–299.
4.6. Happoldt, H., Hartmann, O.J., Wiedemann, E.J.: The present state of pump storage in Europe. AIEE Winter Power Meeting New York 1962, CP 62–259.
4.7. Christaller, H.: Ausbau von Wasserkraftwerkspeicherwerken im Hinblick auf die Entwicklung der elektrischen Verbundwirtschaft. Wasserwirtschaft 53 (1963) 135–142.
4.8. Pfleiderer, C., Petermann, H.: Strömungsmaschinen. 3. Aufl. Berlin, Göttingen, Heidelberg, New York: 1964.
4.9. Wiedemann, E.: Wasserkraftgeneratoren mit Flüssigkeitskühlung im Stator und Rotor. Brown Boveri Mitt. 51 (1964) 267–273.
4.10. Leussen, G.: Pumpspeicherwerk Vianden, Luxembourg: Selbstverlag SEU, 1965.
4.11. Meier, W.: Getrennte hydraulische Maschinen oder reversible Pumpenturbine für Pumpspeicherwerke. Escher Wyss Mitt. 39 (1966) 31–37.
4.12. Canay, M.: Anlaufverfahren bei Synchronmaschinen. Brown Boveri Mitt. 54 (1967) 618–629.
4.13. Frohnholzer, J.: Die Pumpspeicherwerke mit Tages- oder Jahresspeicherbetrieb und ihre voraussichtliche Rolle in der Bundesrepublik Deutschland. Energie 19 (1967) 4–14.
4.14. v. Gersdorff, B., Lottes, G.: Das Pumpspeicherwerk Rönkhausen. Elektrizitätswirtschaft 66 (1967) 725–734.
4.15. Siegrist, H.R.: Energiewirtschaft und Atomkraftwerke. Wasser- und Energiewirtschaft 59 (1967) 7–11.
4.16. Lottes, G.: Pumpspeicherwerke in der künftigen Elektrizitätswirtschaft. Siemens-Z. 42 (1968) 979–989.
4.17. Østby, E., Gamlesäter, K.: Vollständig wassergekühlte 190-MVA-Generatoren für das Wasserkraftwerk Tonstad in Norwegen. Brown Boveri Mitt. 56 (1969) 380–385.
4.18. Abegg, K., Rauhut, P.: Elektrische Großmaschinen gestern, heute und morgen. Bull. SEV 62 (1971) 865–874.
4.19. Alwers, E.: Das Anfahren von Gasturbinen im Frequenzanlauf nach Unger. ETZ-A 92 (1971) 563–566.
4.20. Kroms, A.: Ein Großkraftwerk im hohen Norden. Österr. Z. f. Elektrizitätswirtschaft 24 (1971) 489–502.
4.21. Alwers, E., Baltisberger, K., Grabitz, R.: Der asynchrone Anlauf großer Synchronmaschinen für Pumpspeicherwerke. Brown Boveri Mitt. 59 (1972) 60–67.
4.22. Canay, M.: Asynchronous starting of synchronous machines with or without rectifiers in the field circuit. Proc. IEE 119 (1972) 1701–1708.
4.23. Cuénod, M.: Entwicklungstendenzen beim Bau und Betrieb von Pumpspeicherwerken. Bull. SEV 64 (1973) 95–99.
4.24. Kroms, A.: Wasserkraft im Westen Kanadas, Bull. SEV 64 (1973) 38–48.
4.25. Seoni, R.M., u.a.: Review of trends of large hydroelectric generating equipment. Proc. IEE Reviews 123 (1976) 1138–1162.

5. Drehstromgeneratoren

5.1. Richter, R.: Elektrische Maschinen Bde 1–5. Berlin: Springer; Basel/Stuttgart, Birkhäuser: 1950 bis 1963.
5.2. Concordia, Ch.: Synchronous Machines. New York: John Wiley 1951.
5.3. Laible, Th.: Die Theorie der Synchronmaschine im nichtstationären Betrieb. Berlin, Göttingen, Heidelberg: Springer 1952.
5.4. Laible, Th.: Reaktanzen und andere Konstanten der Synchronmaschine. Bull. Oerlikon 300 (1953) 59–71.
5.5. Hosemann, G.: Der Turbogenerator beim Netzkurzschluß. BBC-Nachr. 40 (1958) 255–267.
5.6. Hosemann, G., Coroller, P.: Neue Ergebnisse von Generatorkurzschluß-Untersuchungen auf einem Analogrechner. VDE-Fachber. 20 (1958) 163–169.
5.7. Sonderbauformen elektrischer Maschinen (VDE-Buchreihe Bd 1). Berlin: VDE-Verlag 1958.
5.8. Calvi, G.: Berechnung der Stoßmomente bei Fehlsynchronisation und Kurzschluß einer Synchronmaschine. E&M 77 (1960) 407–411.
5.9. Doljak, B., Moravec, M., Wohlfahrt, O.: Micadur – eine neue Isolation für Statorwicklungen elektrischer Maschinen. Brown Boveri Mitt. 47 (1960) 352–360.
5.10. Happoldt, H.: Computation of additional losses arising as a function of the reactive power to be supplied by turbogenerators. CIGRE 143, Anhang IV (1960).
5.11. Bonfert, K.: Betriebsverhalten der Synchronmaschine. Berlin, Göttingen, Heidelberg: Springer 1962.
5.12. Happoldt, H.: Die Bedeutung der Kennwerte von Turbogeneratoren. BBC-Nachr. 44 (1962) 475–480.
5.13. Wiedemann, E.: Wasserkraftgeneratoren mit Flüssigkeitskühlung im Stator und Rotor. Brown Boveri Mitt. 51 (1964) 267–273.
5.14. Canay, M.: Gleichstrommessungen zur Bestimmung charakteristischer Größen von Synchronmaschinen. Bull. SEV 56 (1965) 943–949.
5.15. Noser, R., Kranz, R.-D.: Turbo-alternator with liquid-cooled rotor. CIGRE 111 (1966).
5.16. Wanke, K.: Die Entwicklung größter Stromerzeuger. VDE-Fachber. 24 (1966) 89–100.
5.17. Wiedemann, E.: Großturbogeneratoren mit ausschließlicher Wasserkühlung. Brown Boveri Mitt. 53 (1966) 501–512.
5.18. Arndt, L., Jäger, K.: Die 400-MVA-Turbogeneratoren für das Kraftwerk Weisweiler. BBC-Nachr. 49 (1967) 551–560.
5.19. Wiedemann, E., Kellensberger, W.: Konstruktion elektrischer Maschinen. Berlin: Springer 1967.
5.20. Canay, M.: Ersatzschemata der Synchronmaschine sowie Vorausberechnung der Kenngrößen mit Beispielen. These Ecole Polytech. de l'Univ. Lausanne 1968.
5.21. Neidhöfer, G.: Innenkühlung von Roebelstäben und Maßnahmen zur Vermeidung der Zusatzverluste. Scientia Electrica 14 (1968) 49–72.
5.22. Weh, H.: Elektrische Netzwerke und Maschinen in Matrizendarstellung. Mannheim: Bibliogr. Inst. 1968.
5.23. Wiedemann, E.: Internationale Entwicklung von Großturbogeneratoren. Elektrizitätswirtschaft 67 (1968) 249–255.
5.24. Krick, N.: Entwicklungsstand der Turbogeneratoren. Brown Boveri Mitt. 56 (1969) 368–379.
5.25. Grgic, A.: Leistungsgrenzen für zwei- und vierpolige Turbogeneratoren auf Grund mechanischer Beanspruchungen. Brown Boveri Mitt. 56 (1969) 394–415.
5.26. Lambrecht, D.: Die Entwicklung wassergekühlter Läufer für große Turbogeneratoren. Tech. Mitt. AEG-Telefunken 59 (1969) 11–30.
5.27. Wanke, K.: Turbogeneratoren für Kernkraftwerke. Tech. Mitt. AEG-Telefunken 59 (1969) 1–10.
5.28. Kranz, R.-D.: Der Gang der Entwicklung zum Groß-Turbogenerator. ETZ-A 91 (1970) 668–675.
5.29. Krick, N., Hiebler, H.: Generatoren für Atomkraftwerke. Brown Boveri Mitt. 57 (1970) 208–222.
5.30. Bödefeld, Th., Sequenz, H.: Elektrische Maschinen. 8. Aufl. Wien: Springer 1971.
5.31. Noser, R., Pohl, H.: Cooling large turbogenerators without hydrogen. IEEE Trans. PAS 90 (1971) 2101–2107.

5.32. Oliver, J.A., Ware, B.J., Carruth, R.C.: 345 MVA fully watercooled synchronous condenser for Dumont Station, Part I: Application considerations. IEEE Trans. PAS 90 (1971) 2758–2764; Part II: Landhult, H.A., Nordberg, B.: Design, construction and testing. IEEE Trans. PAS 90 (1971) 2765–2777.
5.33. VDE 0530: Bestimmungen für umlaufende elektrische Maschinen (Teil 1/11.72, Teil 2/8.66, Teil 3/1.66, Teil 4/10.66).
5.34. Hiebler, H.: Der 1333-MVA-Turbogenerator für das Kernkraftwerk „Donald C. Cook" der AEP. Brown Boveri Mitt. 59 (1972) 20–29.
5.35. Weghaupt, E.: Großturbogeneratoren, Entwicklungstendenzen und Kühlsysteme. Tech. Rundschau Nr. 20 vom 12. 5. 1972 und Nr. 24 vom 9. 6. 1972.
5.36. VDE-Fachtagung „Elektrische Maschinen und Antriebe in thermischen Kraftwerken". Berlin: VDE-Verlag 1974 (Diskussion).
5.37. Läge, K., Lambrecht, D.: Die Auswirkung dreipoliger Netzkurzschlüsse mit Kurzschlußfortschaltung auf die mechanische Beanspruchung von Turbosätzen. ETZ-A 95 (1974) 508–514.
5.38. Vickers, V.J.: Recent trends in turbogenerators. Proc. IEE 121 (1974) 1273–1306.
5.39. Torsionsmomente in Turbinen- und Generatorwellen (Sechs Aufsätze zu diesem Thema) ETZ-A 96 (1975) 164–201.
5.40. Lorenzen, H.W., Sergl, J.: Supraleitung bei Grenzleistungssynchronmaschinen. Stand, Entwicklungsrichtung, Probleme. VDE-Fachber. 29 (1976) 47–60.

6. Generatorerregung und Regelung in Kraftwerken

6.1. Doetsch, G.: Anleitung zum praktischen Gebrauch der Laplace-Transformation. München: Oldenbourg 1956.
6.2. Venikow, W.A., Schukow, L.A.: Ausgleichsvorgänge in elektrischen Systemen, Theorie und Berechnung. Berlin: Verlag Technik 1956.
6.3. Frey, W.: Die Frequenz-Leistungsregulierung. Scientia Electrica 3 (1957) 54–65.
6.4. Boll, G.: Frequenz-Leistungs-Regelung im Verbundnetz. ETZ-A 79 (1958) 894–902.
6.5. Hosemann, G.: Messung und Kennlinienbildung bei der Spannungsregelung von Synchrongeneratoren und Transformatoren. ETZ-A 81 (1960) 274–281.
6.6. Happoldt, H.: Regelung von großen Turbogeneratoren. ETZ-A 81 (1960) 240–246.
6.7. Laible, Th.: Grundlegende Betrachtungen über das Problem der Spannungsregelung von Generatoren. Bull. SEV 52 (1961) 114–120.
6.8. Gräf, W.: Betriebserfahrungen mit schnellaufenden Grenzleistungs-Erregermaschinen. Elektrizitätswirtschaft 61 (1962) 327–340.
6.9. Hosemann, G., Andres, E.: Elektrische Drehzahlregler für Dampfturbinen im Netzbetrieb. VDE-Fachber. 1962 I/152-I/158.
6.10. U.C.P.T.E.: Jahresbericht 1962–1963. Maßnahmen zur Verhinderung und Begrenzung von Großstörungen im internationalen Verbundbetrieb.
6.11. Hosemann, G.: Die stromrichtererregte Synchronmaschine im Netzbetrieb. Elektrizitätswirtschaft 62 (1963) 591–599.
6.12. Stühlen, H.: Alte und neue Kraftwerke in der Sicht des Verbundbetriebes. Tech. Mitt. 57 (1964) 30–39.
6.13. U.C.P.T.E.: Quartalsbericht I, 1965. Maßnahmen zur Frequenzhaltung und Vorkehrungen zum Absinken der Frequenz.
6.14. Pressler, G.: Regelungstechnik Bd. I, Grundelemente. Mannheim: Bibliogr. Inst. 1965.
6.15. Abolins, A., Heinrichs, F.: Bürstenlose Erreger mit rotierenden Gleichrichtern für große Turbogeneratoren. ETZ-A 81 (1966) 1–8.
6.16. Merz, L.: Grundkurs der Regelungstechnik. 3. Aufl. München: Oldenbourg 1967.
6.17. Profos, P.: Betrachtungen über künftige Regelaufgaben und Regelprobleme in Dampfkraftwerken. VGB-Mitt. 109 (1967) 224–232.
6.18. Delwig, H.A., Oeding, D.: Stromrichtererregung eines Generators in einem Industriekraftwerk für Netz- und Inselbetrieb. Elektrizitätswirtschaft 66 (1967) 210–218.
6.19. Wöhrle, G.: Erregeranordnungen für große Turbogeneratoren. Elektrizitätswirtschaft 66 (1967) 152–164.

6.20. Lokay, H.E., Bustuyk, V.: Developing automatic load-shedding programs with underfrequency relais. Westinghouse Eng. 28 (1968) 52–57.
6.21. Schwarz, H.: Frequenzgang- und Wurzelortskurvenverfahren. Mannheim: Bibliogr. Inst. 1968.
6.22. Anders, H.: Kreislaufschaltungen zur Modifizierung des Gleitdruckbetriebs (Sonderdruck BBC, GEE/TM 1063/S (970.5A) 1969).
6.23. Oeding, D., Schmidt, H.: Anforderungen des Netzes an die Wirkleistungs-Regelung von Kraftwerksblöcken (Sonderdruck BBC, GEE/TM 1063/S (970.5A) 1969).
6.24. Haller, W.: Erregungsbegrenzungen bei Synchrongeneratoren. Brown Boveri Mitt. 57 (1970) 60–65.
6.25. Glavitsch, H., Galiana, F.D.: Load-Frequency Control with Particular Emphasis on Thermal Power Stations in Real-Time Control of Electric Power Systems. Amsterdam: Elsevier 1972.

7. Eigenbedarfsanlagen in Kraftwerken

7.1. Roggendorf, A.: Der Eigenbedarf mittlerer und großer Kraftwerks-Eigenbedarfs- und Industrieanlagen. Berlin, Göttingen, Heidelberg: Springer 1952.
7.2. Fieguth, H.O.: Schnellumschaltung in Kraftwerks-Eigenbedarfsanlagen. ETZ-A 74 (1953) 647–650.
7.3. Böcker, H.: Sicherheit der Energieversorgung von wichtigen Betrieben in Kraftwerken und Industrieanlagen durch Schnellumschaltung. VDE-Fachber. (1954) II/21–II/25.
7.4. Hosemann, G.: Phasengerechte Schnellumschaltung wichtiger Antriebe in Kraftwerken und Industrieanlagen. Elektrizitätswirtschaft 56 (1957) 149–153.
7.5. Hartmann, A.: Neue Gesichtspunkte für die Schnellumschaltung von Eigenbedarfsanlagen in Kraftwerken. BBC-Nachr. 45 (1963) 475–482.
7.6. Stein, H.: Elektrische Eigenbedarfsversorgung von Kernkraftwerken. VDE-Fachber. (1966) 104–107.
7.7. U.C.P.T.E.: Quartalsbericht IV, 1966. Maßnahmen gegen Großstörungen im Verbundbetrieb.
7.8. Groenewald, W., Brackmann, W.: Automatische Schnellumschaltung mit einem neuen, elektronischen Phasenvergleichsgerät. BBC-Nachr. 49 (1967) 651–657.
7.9. U.C.P.T.E.: Jahresberichte 1968/69, 1969/70, 1970/71. Sicherstellung der Eigenbedarfsversorgung von Stationen sowie von Wasser- und Wärmekraftwerken.
7.10. Brackmann, W.: Anwendungen von Umschaltautomatiken. BBC-Nachr. 51 (1969) 475–479.
7.11. U.C.P.T.E.: Quartalsbericht IV, 1969. Betrieb von Wärmekraftwerken bei Frequenz- und Spannungsrückgang.
7.12. Denkes, R.: Einsatz von EDV-Anlagen zur Planung und Projektierung von Kraftwerksanlagen am Beispiel der Elektrotechnik. VDE-Fachber. (1972) 51–58.
7.13. Trojak, J.: Consideration on protection and automation problems for large turbogenerators. CIGRE 34–07 (1972).

8. Transformatoren

8.1. Drabeck, J., Küchler, R., Schlosser, K.: Die 380 kV-Transformatoren in Rommerskirchen und Hoheneck. ETZ-A 79 (1958) 207–216.
8.2. VDE-Fachtagung Transformatoren. ETZ-A 81 (1960).
8.3. Schlosser, K.: Große Spartransformatoren. ETZ-A 81 (1960) 59–67.
8.4. Schmidt, W.: Über den Einschaltstrom bei Drehstromtransformatoren. ETZ-A 82 (1961) 471–474.
8.5. Schlosser, K.: Vergleich der Ersatzschaltungen des Voll- und des Spartransformators bei symmetrischer Belastung. BBC-Nachr. 44 (1962) 3–8.
8.6. Schlosser, K.: Eine auf physikalischer Grundlage ermittelte Ersatzschaltung für Transformatoren mit mehreren Wicklungen. BBC-Nachr. 45 (1963) 107–132; Anwendung der Ersatzschaltung eines Transformators mit mehreren Wicklungen. BBC-Nachr. 45 (1963) 318–333.
8.7. Huber, F.: Einschaltstromstöße von Verteiltransformatoren. Brown Boveri Mitt. 52 (1965) 908–916.
8.8. Rabus, W.: Transformatoren. ETZ-A 86 (1965) 436–444.

8.9. Küchler, R.: Die Transformatoren. Berlin, Göttingen, Heidelberg: Springer 1966.
8.10. Dietrich, W., Klotz, H.: 1000-MVA-Drehstrombänke mit 380-kV-Einphasen-Spartransformatoren. Siemens-Z. 41 (1967) 23–31.
8.11. Holmgrem, B., Jenkins, R.S., Riubrugent, J.: Transformer inrush current. CIGRE 12–03 (1968).
8.12. Brandes, D.: Bauformen von 700-kV-Transformatoren. Techn. Mitt. AEG-Telefunken 59 (1969) 130–133.
8.13. Broszat, G.: Moderne Isolationsaufbauten. Tech. Mitt. AEG-Telefunken 59 (1969) 134–136.
8.14. Elsner, R., Dietrich, W.: Die ersten deutschen 700-kV-Transformatoren für die Energieübertragung der Quebec Hydro-Electric-Commission. ETZ-A 90 (1969) 1–7.
8.15. Specht, T.R.: Transformer inrush and rectifier transient currents. IEEE Trans. PAS 88 (1969) 269–276.
8.16. Casper, W. u.a.: Isolationsbemessung von Höchstspannungstransformatoren. ETZ-A 91 (1970) 226–229.
8.17. Povh, D., Webs, A.: Parallelbetrieb zweier Drehstrom-Zweiwicklungstransformatoren mit ungleichen Kenndaten. Siemens-Z. 45 (1971) 100–107.
8.18. Baehr, R., Edlinger, A.: Der Bau von Größttransformatoren. Brown Boveri Mitt. 59 (1972) 384–389.
8.19. Dobša, J.: Transformatoren für Längs-, Schräg- und Querregelung. Brown Boveri Mitt. 59 (1972) 376–383.
8.20. Elsner, R.: Vorstellungen und Probleme beim Bau von Höchstspannungsformatoren. SfH Techn. Ber. 227 (1972).
8.21. Gerth, J.: Drehstrom-Maschinentransformator für 725 MVA. BBC-Nachr. 55 (1973) 17–22.
8.22. DIN 42501 bis 42515: Normen für Leistungstransformatoren.
8.23. VDE 0532, Teil 1/11.71: Bestimmungen für Transformatoren und Drosselspulen, Teil 1 Transformatoren. VDE 0532, Teil 2/7.72: Drosselspulen und Sternpunktbildner.

9. Freileitungen

9.1. Pollaczek, F.: Über das Feld einer unendlich langen wechselstromdurchlossenen Einfachleitung. Elektr. Nachr.-Technik 3 (1926) 339–359.
9.2. v. Mangoldt, W., u.a.: Bündelleitungen. Berlin: Siemens-Schuckert AG. 1942.
9.3. Megede, W.: Zur Fortleitung elektrischer Energie längs Leitungen in Starkstrom- und Fernmeldetechnik. Berlin, Göttingen, Heidelberg: Springer 1950.
9.4. Girkmann, K., Königshofer, E.: Die Hochspannungsfreileitungen. Wien: Springer 1952.
9.5. Behrens, P., Meyer, H., Nefzger, J.: Aluminiumfreileitungen. Düsseldorf: Aluminium-Verlag 1954.
9.6. Brüderlink, R.: Induktivität und Kapazität der Starkstrom-Freileitungen. Karlsruhe: Braun 1954.
9.7. Schumann, W.O., Prinz, H.: Fortschritte der Hochspannungstechnik. Leipzig: Akad. Verlagsges. 1954.
9.8. Die 400 kV-Forschungsanlage Rheinau I, II, III: 400 kV-Forschungsgemeinschaft e.V. Heidelberg: 1955, 1958, 1960.
9.9. Glöyer, H., Vogelsang, Th.: Freiluftisolation in Verschmutzungsgebieten. ETZ-A 77 (1957) 252–257.
9.10. Rieger, H.: Der Freileitungsbau. Berlin, Göttingen, Heidelberg: Springer 1960.
9.11. Boll, G., Karrer, K.: Betriebswirtschaftliche Gesichtspunkte für die Anwendung des Bündelleiters in der Technik der Höchstspannungsübertragungen. ÖZE 14 (1961) 449–456.
9.12. Engelhardt, H.: Einfluß der Beseilung auf die Höchstspannungsübertragung mit Freileitungen. Elektrizitätswirtschaft 60 (1961) 911–918.
9.13. Fischoeder, G.: Die Berücksichtigung der Blindleistung beim Betrieb von Freileitungsnetzen. VDE-Buchreihe Bd 10 (1963) 35–56.
9.14. Baatz, H., u.a.: New field experience with outdoor insulators in pollution areas and methods of assessing the performance of insulation under conditions of pollution. CIGRE 212 (1964).
9.15. Leibfried, W., Mors, H.: Die Bündelleiter-Versuchsanlage Hornisgrinde. Karlsruhe: Badenwerk AG. 1964.

9.16. Oeding, D., Feser, K.: Mittlere geometrische Abstände von rechteckigen Leitern. ETZ-A 86 (1965) 525–533.
9.17. Bartenstein, R., Hirsch, F., Schäfer, E.: Corona measurements on a four-conductor bundle for 700 kV three-phase overhead lines. CIGRE 426 (1966).
9.18. Plaper, M.: Wirkungsgrad bei Übertragung natürlicher Leistung. ETZ-A 88 (1967) 503–507.
9.19. Mors, H.: Höchstspannungs-Freileitungen. ETZ-A 89 (1968) 493–500.
9.20. Mors, H.: Ortbeton-Rammpfahl der Bauart BBC. BBC-Nachr. 50 (1968) 41–44.
9.21. Nölker, A.: Versuchserfahrungen mit der BBC-Prüfstation für Hochspannungsmaste. BBC-Nachr. 50 (1968) 641–645.
9.22. VDE 0210/5.69: Bestimmungen für den Bau von Starkstromfreileitungen über 1 kV.
9.23. Jansen, J.: EHV lines in the Federal Republic of Germany. IEEE Spectrum 89 (1970) 33–40.
9.24. Paris, L.: Considération sur les lignes à très haute tension de l'avenir. Revue Gén. de l'Électr. 79 (1970) 211–224.
9.25. VDE 0446, Teil 1/3.71: Bestimmungen für Isolatoren für Freileitungen, Fahrleitungen und Fernmeldeleitungen.
9.26. Flug, R., Schnakenberg, D.: Überlegungen bei der Projektierung einer neuen 380 kV-Freileitung. Elektrizitätswirtschaft 70 (1971) 606–610.
9.27. Mors, H.: Entwicklungsrichtungen im Freileitungsbau-Isoliertraversen. Elektrizitätswirtschaft 70 (1971) 253–257.
9.28. Möcks, L.: Mechanische Schwingungen des Leiterseiles einer Freileitung. ETZ-A 93 (1972) 451–456.
9.29. Halbig, A.: Beitrag zur Durchhangsermittlung bei Hochspannungsfreileitungen. Exakte Berechnung der Auslenkungen der Isolatorenketten in einem Abspannabschnitt bei Zustandsänderungen. ETZ-Report Nr. 10, 1973.
9.30. Küpfmüller, K.: Einführung in die theoretische Elektrotechnik. 10. Aufl. Berlin, Heidelberg, New York: Springer 1973.

10. Kabel

10.1. Schmidt, B.: Gasinnendruck-Kabel mit Aluminiummantel. BBC-Nachr. 43 (1961) 208–220.
10.2. Süddeutsche Kabelwerke Mannheim: Taschenbuch Kabel und Leitungen. 1962.
10.3. Geiling, L.: Die Veränderlichkeit des spezifischen Wärmewiderstands des Erdbodens und ihre Berücksichtigung bei Planung und Betrieb von Kabelanlagen. VDE-Fachber. 22 (1962) I/73–I/82.
10.4. Barnes, C.C., Hollingworth, P.M., Orchard, R.S.: Britain extending water cooling to 400 kV underground circuity. Electr. World (1965) 56–59.
10.5. Lücking, H.W.: Druckkabel für 220 kV. ETZ-B 19 (1967) 633–637.
10.6. Calculation of the continuous current rating of cables. IEC Publ. 287, Genf 1969 und CIGRE 233 (1964).
10.7. Heinhold, L.: Kabel und Leitungen für Starkstrom. 3. Aufl. Berlin, München: Siemens 1969.
10.8. Fukuda, S.: Ampacity of direct-buried EHV cables insulated with SF_6 gas. IEEE Trans. PAS 89 (1970) 486–491.
10.9. Bogner, G., Schmidt, F.: Supraleitende Kabel für Drehstromübertragung. ETZ-A 92 (1971) 740–745.
10.10. Brückner, P.: SF_6-isolierte Leitersysteme für Hochleistungsübertragung. ETZ-A 92 (1971) 733–739.
10.11. Mainka, G.: Berechnung der Belastbarkeit von in Erde verlegten Starkstromkabeln unter Berücksichtigung von Belastungsfaktor und Bodenaustrocknung. ETZ-A 92 (1971) 125–130.
10.12. Petry, W.: Thermische Dauerbelastbarkeit von Kabeln und Grenzen der konventionellen Kabeltechnik. ETZ-A 92 (1971) 725–731.
10.13. Abilgaard, E.: Zur Verlegung SF_6-isolierter Hochspannungsrohrkabel. Energie und Technik 24 (1972) 127–133.
10.14. Haubrich, H.-J.: Thermisch zulässige Dauerbelastbarkeit in Erde verlegter Rohrgaskabel mit SF_6-Isolation. ETZ-A 93 (1972) 504–508.

10.15. Nabholz, H., u.a.: Einsatzmöglichkeiten von SF_6-isolierten Leitungen für die Hochspannungsübertragung. Internationales Symposium Hochspannungstechnik (1972) 550–556.
10.16. Peschke, E.F.: Hochleistungsübertragung mit Kabeln. Internationales Sympoisum Hochspannungstechnik (1972) 558–564.
10.17. Heinemann, H.-J.: Derzeitiger Stand und Entwicklungstendenzen bei Starkstrom- und Nachrichtenkabeln. VDE-Fachber. (1974) 28–42.
10.18. AEG-Kabel, Technische Mitteilungen Juli 1974: Referat über 13 Berichte der CIGRE 1974.
10.19. Lanfranconi, G.M., Maschino, G., Oechini, E.: Self contained oil-filled cables for high power transmission in the 750–1200 kV range. IEEE Trans. PAS 93 (1974) 1535–1545.
10.20. Mainka, G.: Dosierte Bodenaustrocknung bei erdverlegten Energiekabeln. ETZ-A 95 (1974) 279–282.
10.21. Mainka, G.: Häufung erdverlegter Energiekabel. ETZ-A 95 (1974) 517–519.
10.22. Rasquin, W.: Hochleistungskabel mit Öl-Papier-Isolierungen für 765 kV und 1100 kV. Elektrizitätswirtschaft 73 (1974) 780–785.
10.23. Schmidt, B., Steckel, R.-D.: 110 kV-Hochspannungskabel mit Isolierung aus vernetztem Polyäthylen. Elektrizitätswirtschaft 73 (1974) 687–692.
10.24. Scheid, F., Schmidt, B.: VPE-Europa-Kabel: Ein Programm kunststoffisolierter Kabel für 1 bis 110 kV. BBC-Nachr. 57 (1975) 270–273.

11. Leistungsschalter und Schalteranlagen

11.1. Kesselring, F.: Theoretische Grundlagen zur Berechnung der Schaltgeräte. Berlin: de Gruyter 1950.
11.2. Fleck, B.: Hochspannungs- und Niederspannungsschaltanlagen. Essen: Girardet 1958.
11.3. Spriegel, W.: Kapazitive Spannungswandler: Aufbau und Anwendung. Elektrizitätswirtschaft 58 (1959) 803–806.
11.4. Gertsch, G.A.: Fortschritte auf dem Gebiete der kapazitiven Spannungswandler. Scientia Electrica VI, (1960) Heft 1.
11.5. Gertsch, G.A.: Capacitiv voltage transformers and their operation in conjunction with system protection relays. CIGRE 318 (1960).
11.6. Christoffel, M.: Moderne Tendenzen beim Überspannungsschutz, insbesondere bei hohen Spannungen. Brown Boveri Mitt. 48 (1961) 546–554.
11.7. Schulze, H.: Technik der Wechselstrom-Hochspannungsschalter. Berlin: VEB Verlag Technik 1961.
11.8. VDE-Fachtagung: Drehstrom-Hochspannungsanlagen. ETZ-A 83 (1962) H. 6, 161–193, H. 7, 201–249.
11.9. Steiniger, E.: Die dielektrische Festigkeit von Schwefelhexafluorid im inhomogenen Feld bei Gleich-, Wechsel- und Stoßspannungsbeanspruchung. Diss. TU Berlin, 1964.
11.10. Szente-Varga, H.P., Hoffmann, W.: Neue ölarme Innenraum-Leistungsschalter Typ SB. Brown Boveri Mitt. 51 (1964) 258–262.
11.11. Brückner, P., Flöth, H.: Vollisolierte gekapselte Schaltanlagen für Reihe 110 mit sehr kleinem Raumbedarf. ETZ-A 86 (1965) 198–204.
11.12. Hoppner, A.: Handbuch für Planung, Konstruktion und Montage von Schaltanlagen. Essen: Girardet 1965, 1973, 1975.
11.13. Frowein, A., Szente-Varga, H.P.: Gekapselte Hochspannungsanlagen mit SF_6-Isolation. Brown Boveri Mitt. 53 (1966) 340–349.
11.14. Lager, P., Rimpp, F., Wegener, J.: Vollisolierte 110-kV-Schaltanlagen. Siemens-Z. 40 (1966) 263–266.
11.15. Raimbault, J., u.a.: Electricity supply to large towns and metal clad equipment for 225 kV networks. CIGRE 136 (1966).
11.16. Rosenberger, G.: Betriebseigenschaften kapazitiver Spannungswandler. ETZ-A 87 (1966) 556–560.
11.17. Slamecka, E.: Prüfung von Hochleistungsschaltern. Berlin, Heidelberg, New York: Springer 1966.
11.18. Wegesin, H.: Isolierte Hochspannungsschaltanlagen: Stand und Entwicklungstendenzen. VDE-Fachber. 24 (1966) 176–184.

11.19. Bay, H.H., u.a.: Verhalten von Stromwandlern und Distanzrelais bei Kurzschlußströmen mit Gleichstromglied. ETZ-A 88 (1967) 113–120.
11.20. Hochspannungsschalter und Hochspannungsanlagen. Brown Boveri Mitt. 54 (1967) 737–816.
11.21. Kolar, A.: Leitungs- und Netzschutz. 1. Teil, Bull. Oerlikon (1967) H. 372, 1–16; 2. Teil, Bull. Oerlikon (1967) H. 373/374, 26–46; 3. Teil, Bull. Oerlikon (1967) H. 377/378, 24–43; 4. Teil, Bull. Oerlikon (1968) H. 382, 17–25.
11.22. Szente-Varga, H.P., Acker, J.: Das Unterwerk Sempersteig des Elektrizitätswerkes der Stadt Zürich. Neue Züricher Zeitung, 15. 2. 1967.
11.23. Korponay, H.: Transientes Verhalten und Einsatzmöglichkeiten von Stromwandlern verschiedener Bauart. Brown Boveri Mitt. 66 (1969) 597–608.
11.24. Szente-Varga, H.P.: Die metallgekapselten Hochspannungsschaltanlagen mit SF_6-Isolation für 72–525 kV Nennspannung. Brown Boveri Mitt. 56 (1969) 570–580.
11.25. Ritz, H.: ABC der Meßwandler. 2. Aufl. Hamburg: Dr.-Ing. H. Ritz, Meßwandlerwerk GmbH, 1972.
11.26. VDE 0414 ab 1970: Bestimmungen für Meßwandler.
11.27. Boeck, W., u.a.: Einheitsendverschlüsse zum direkten Einführen von Kabeln in vollisolierte 110-kV-Kompakt-Schaltanlagen. Elektrizitätswirtschaft 70 (1971) 202–205.
11.28. Heise, W., Karrenbauer, H.: Vollisolierte Schaltanlagen von 110 bis 380 kV. Tech. Mitt. AEG-Telefunken 61 (1971) 48–52.
11.29. Hermann, G.: Vollgekapselte 220-kV-Schaltanlage (SF_6) im Großkraftwerk Mannheim. Elektrizitätswirtschaft 70 (1971) 434–435.
11.30. Leber, R.: Entwicklungslinien in der Energieverteilung. Tech. Mitt. AEG-Telefunken 61 (1971) 1–4.
11.31. Müller, L.: Selektivschutz elektrischer Anlagen. Frankfurt a. Main: VWEW 1971.
11.32. Spitta, A.F.: Elektrische Installationstechnik. Berlin, München: Siemens 1971.
11.33. Boeck, W.,Troger, H.: SF_6 insulated metalclad switchgear for ultra-high voltages (UHV). CIGRE 23–08 (1972).
11.34. Högg, P., Schmidt, W., Strasser, H.: Dimensioning of SF_6 metalclad switchgear ensure high reliability. CIGRE 23–10 (1972).
11.35. Schmitz, W.: SF_6-Gas im Schaltanlagenbau: Problemlösung für Isolierung und Lichtbogenlöschung. ETZ-B 24 (1972) 131–135.
11.36. Takagi, T., u.a.: Development of 500 kV miniclad (minitype metalclad substation). CIGRE 23–02 (1972).
11.37. Troger, H., u.a.: The compilation of the international experience of installation and operation with metalclad substations. CIGRE 23–04 (1972).
11.38. Garbari, R., u.a.: Ober- und unterirdische, SF_6-isolierte Hochspannungsschaltanlagen in Stadtzentren. Elektrizitätswirtschaft 72 (1973) 256–262.
11.39. Spendal, E., Menon, K.V.: Die erste metallgekapselte 245-kV-Schaltanlage mit SF_6-Isolation in Deutschland. Brown Boveri Mitt. 60 (1973) 108–116.
11.40. Schiweck, L., Zimmer, E.: Schaltgeräte und Schaltanlagen über 1 kV Nennspannung für Übertragungs- und Verteilungsnetze. BBC-Nachr. 57 (1975) 291–295.
11.41. Eichordnung vom 24. 1. 1942, 8. Änderungsverordnung vom 27. 7. 1961, Allgemeine Vorschriften und Abschnitt XV der Besonderen Vorschriften (Meßgeräte für Elektrizität), §979, II, (4). VWEW Frankfurt/M. 2. ergänzte Ausgabe August 1961 und neue Eichordnung vom 15. 1. 1975, Band 10, Anlage 20, Braunschweig: Deutscher Eichverlag.
11.42. VDE 0670, Bestimmungen für Wechselstromschaltgeräte für Spannungen über 1 kV. Teil 1/1.64 Leistungsschalter; Teil 2/2.65 Trennschalter und Erdungsschalter; Teil 3/2.66 Lastschalter; Teil 4/3.67 Sicherungen; Teil 5/...69 Typengeprüfte Schaltanlagen und Neubearbeitung VDE 0670 Teil 101 bis Teil 108/...76.
11.43. Garrard, C.J.O.: High-voltage switchgear. Proc. IEE Reviews 123 (1976) 1053–1080.

12. Das Drehstromübertragungs- und Verteilungsnetz

12.1. Schwabe, F.: Untersuchungen über die Störanfälligkeit von Glühlampen durch den Betrieb von Lichtbogenöfen. Elektrowärme 6 (1939) 127–130.

12.2. Gogolin, A.A., u.a.: The Kuibishev-Moscow 400 kV transmission line and 400 kV substation. CIGRE 413 (1956).
12.3. Jancke, G., Lalander, S.: Transmission at 400 kV or higher voltages in Sweden. CIGRE 411 (1956).
12.4. Akopjan, A.A., u.a.: The development of 400–500 kV systems in the Soviet Union. CIGRE 410 (1958).
12.5. v. Geijer, G., Jancke, G., Holmgren, B.: Choise of Insulation level in networks containing long high voltage power lines. CIGRE 414 (1958).
12.6. Concordia, C.: Summary of the results of an inquiry carried out in the U.S.A. on fluctuating loads. CIGRE 331)1960), Appendix II.
12.7. Grafström, E., u.a.: The Swedish 380 kV System. Swedish State Power Board, Stockholm. Kungl. Boktryckeriet P.A. Norstedt & Söner, 1960.
12.8. Blindleistung (VDE-Buchreihe Band 10) Berlin: VDE-Verlag 1963.
12.9. Bornitz, E.: Leistungskondensatoren und Blindleistungsmaschinen. München, Wien: Oldenbourg 1965.
12.10. Levitov, V.I., u.a.: Operational experience on 500 kV networks in the U.S.S.R. CIGRE 416 (1966).
12.11. Schutzrelais für elektrische Anlagen (Themenheft). Brown Boveri Mitt. 53 (1966) 739–859.
12.12. Müller, L.: Reihenkondensatoren in elektrischen Netzen. Gräfelfing: Techn. Verlag Resch 1967.
12.13. Ewelt, K.P.: Zur Bestimmung der Versorgungssicherheit von Stromverteilungsnetzen. Elektrizitätswirtschaft 68 (1969) 293–298.
12.14. Dotzenrath, W.: Versorgungssicherheit und moderne Netzgestaltung. Energie 21 (1969) 428–434.
12.15. Nagel, H.: Wirtschaftliche Belastung und Bemessung von Umspannwerken 110/10 kV und deren 10 kV-Netze. Energie 21 (1969) 337–343.
12.16. Stauch, B.: 765 kV als neue Spannungsebene im Netz der American Electric Power Service Corporation. ETZ-A 90 (1969) 372–376.
12.17. Technical papers on the American Electric Power 765 kV-System. Winter-Power-Meeting New York, N.Y., 26.–31. 1. 1969. Neun Beiträge von verschiedenen Autoren.
12.18. Barnes, H.C., Caleca, V.: Initial experience on the 765 kV system of the American Electric Power Company (U.S.A.). CIGRE 31-06 (1970).
12.19. Busch, H.G., u.a.: The importance of the 380 kV voltage level for the systems in Western Germany. CIGRE 32-04 (1970).
12.20. Jansen, J., Meinert, J., Ewelt, K.P.: Two problems of the German power suppl. EHV lines and power supply of a big city. IEEE Winter Power Meeting, New York, N.Y. 1970, 70 CP 198-PWR.
12.21. Kaufmann, W.: Fortschritte im Bau von Mittelspannungs-Schaltanlagen bei der TWS. Energiewirtschaftliche Tagesfragen 20 (1970) 394–399.
12.22. Lalander, S., Gustafsson, L., Mattsson, B.: Seventeen year's experience of service reliability in the Swedish 400 kV transmission system. CIGRE 31-02 (1970).
12.23. Oeding, D.: Prinzipien und Grenzen der elektrischen Energieübertragung. ETZ-A 91 (1970) 29–36.
12.24. Erche, M.: Stromversorgung von Ballungszentren. Techniken der Zukunft (1971) H.3, 99–103.
12.25. Ewelt, K.P.: Langfristige Rahmenplanung für die Stromversorgung von Hamburg. Energie 23 (1971) 110–116.
12.26. Lemmenmeier, J.: Einflüsse des Lichtbogenofens auf die speisenden Netze. Elektrizitätsverwertung 46 (1971) 339–352.
12.27. Verteilungsnetze in der öffentlichen und industriellen Stromversorgung, Kurzfassung der Vorträge der VDE-Arbeitsgemeinschaft 1971 des VDE Bezirksvereins Frankfurt a.M. (8.11.–6.12.1971). Frankfurt a.M.: VDE Bezirksverein.
12.28. Baril, G.A., Roy, J.C.: Optimization of Hydro-Quebec's 735 kV transmission system. CIGRE 31-10 (1972).
12.29. Barnes, H.C., Caleca, V., Knudson, L.: Long-line 765 kV test results and analysis. CIGRE 31-09 (1972).
12.30. Jancke, G., Johansson, T., Edberg, O.: Studies regarding future transmission voltage in Sweden. CIGRE 31-04 (1972).

12.31. Kühnisch, H.-J.: Planungskonzepte für ein großstädtisches Inselnetz. VDE-Fachber. 27 (1972) 70–79.
12.32. Lipken, H.: Wirtschaftliche Netzformen städtischer 10 kV- und 110 kV-Netze. Elektrizitätswirtschaft 71 (1972) 625–635.
12.33. Elektrische Hochleistungsübertragung. Vorstudie, im Auftrag des Bundesministeriums für Bildung und Wissenschaft verfaßt vom Sonderausschuß „Hochleistungsübertragung" und herausgegeben von der 400 kV-Forschungsgemeinschaft e.V., 1972.
12.34. Glavitsch, H.: Über die Verwendung von Drosselspulen mit begrenzter linearer magnetischer Charakteristik zur Kompensation von Höchstspannungsleitungen. Diss. Aachen, 1974.

13. Rechnerische Behandlung des Drehstromnetzes

13.1. Edelmann, H.: Normierte Komponentensysteme zur Behandlung von Unsymmetrieaufgaben in Drehstrom- und Zweiphasennetzen. Arch. f. Elektrotech. 42 (1956) 317–331.
13.2. Edelmann, H.: Vorteile beim Arbeiten mit $\alpha\beta 0$-Komponenten und deren wichtige Eigenschaften. ETZ-A 78 (1957) 600–606.
13.3. Dommel, H.: Die Darstellung des Transformators in der elektronischen Netzberechnung. Elektrizitätswirtschaft 59 (1960) 271–275.
13.4. Hosemann, G.: Der Doppelerdschluß in einem beliebig vermaschten Netz. ETZ-A 81 (1960) 563–566.
13.5. Erche, M.: Schaltungen für den Übergang zwischen Komponentensystemen für Drehstromnetze. Diss. T.H. Stuttgart, 1962.
13.6. Hosemann, G.: Stern-Vieleck-Umwandlung in Zweipol- und Vierpolnetzen. Arch. f. Elektrotech. 47 (1962) 61–79.
13.7. Dommel, H.: Die Berechnung von Leitungsunterbrechungen bei gleichzeitigem Kurzschluß. Arch. f. Elektrotech. 49 (1964) 73–82.
13.8. Webs, A.: Nachbildung von Drehstromtransformatoren mit Längs- und Schrägregelung beim Arbeiten mit symmetrischen Komponenten. Siemens-Z. 38 (1964) 8–14.
13.9. Koettnitz, H.: Berechnung der Fehlerströme und Fehlerspannungen von Quer-, Längs-Doppelfehlern auf Leitungen innerhalb vermaschter Energieversorgungsnetze. Mitt. d. IfE (1965) H. 69, 511–524.
13.10. Oeding, D., Althammer, P.: Direkter Aufbau von Hybridmatrizen nach dem Zweipolverfahren zur digitalen Kurzschlußstromberechnung in Hochspannungsnetzen. BBC-Nachr. 49 (1967) 147–155.
13.11. Hosemann, G.: Drehstromnetze in Zwei-Achsen-Komponenten. ETZ-A 92 (1971) 618–622.
13.12. PSCC (Power System Computation Conference) – Berichte ab 1963 (London) bis 1975 (Cambridge).

14. Lastfluß im Drehstromnetz

14.1. Housholder, A.S.: Principles of numerical analysis. New York: McGraw-Hill, 1953.
14.2. Schneider, W.: Rechnerische Ermittlung von Verlusten in elektrischen Netzen zur Erzielung einer optimalen Lastverteilung. Elektrizitätswirtschaft 55 (1956) 184–190.
14.3. Lipken, H.: Verlustoptimale 60°-Schrägregelung. Elektrizitätswirtschaft (1961) 329–334, 345–351.
14.4. Baumann, R., Zollenkopf, K.: Lastflußberechnung in mehrstufigen Netzen mit variablen Übersetzungsverhältnissen der Kupplungstransformatoren. ETZ-A 83 (1962) 303–307.
14.5. Bubenkov, J.A., Johansson, T.: Belastningens statistika karakteristikor i nett kraftnät (Die statistischen Charakteristiken der Belastung in einem Kraftnetz). Elteknik 5 (1962) 77–88.
14.6. Dommel, H.: Digitale Rechenverfahren für elektrische Netze. Diss. TH München 1962.
14.7. Baumann, R.: Lastflußberechnungen in Hochspannungsnetzen bei optimaler Blindleistungsverteilung. Arch. Elektrotech. 48 (1973) 213–224.
14.8. Canal, M.: „Eliminations ordonnées", un processus diminuant le volume des calculs dans la résolution des systemes linéaires à matrice creuse. PSCC, London 1963 Report 3.3 und Carpentier, J.: Ordered eliminations. PSCC, London 1963.

14.9. Sato, N., Tinney, W.F.: Technique for exploiting the sparsity of the network admittance matrix. IEEE Trans. PAS 82 (1963) 944–950.
14.10. Baumann, R.: Some new aspects on load flow calculation. IEEE Trans. PAS 85 (1965) 1164–1176.
14.11. Baumann, R.: Load flow iterative techniques using sparse hybrid matrices. PSCC, Stockholm 1966, Report 4.14.
14.12. Brameller, A.: The application of diacoptics to network analysis. PSCC, Stockholm 1966, Report 4.6.
14.13. Tinney, W.F., Walker, J.W.: Direct solutions of sparse network equations by optimally ordered triangular factorisation. Proc. IEE 55 (1967) 1801–1809.
14.14. Laible, Th.: Abhängigkeit der Wirk- und Blindleistungsaufnahme passiver Netze von Spannungs- und Frequenzschwankungen. Bull. SEV 59 (1968) 49–65.
14.15. Happ, H.H.: Diakoptics and piecewise methods. IEEE Trans. PAS 89 (1970) 1373–1382.
14.16. Funk, G.: Der Einfluß von Netzimpedanzen auf die Spannungsabhängigkeit von Drehstromlasten. Wiss. Ber. AEG-Telefunken 44 (1971) 1–5.
14.17. Reid, J.K.: Large sparse sets of linear equations. London, New York: Academic Press, 1971 (19 Einzelbeiträge von verschiedenen Verfassern: Zollenkopf: Bi-Factorisation; Baumann: Sparseness in Power Systems).
14.18. Tinney, W.F., Powell, W.L., Walker, J.W.: Programming of sparsity-directed ordering schemes. PSCC, Cambridge 1975, Report 3.1/1.
14.19. Zollenkopf, K.: Sparse nodal impedance matrix generated by the Bi-Faktorisation method and applied to short circuit studies. PSCC, Cambridge 1975, Report 3.1/3.

15. Kurzschlußströme und Kurzschlußbeanspruchungen in Drehstromnetzen

15.1. Wilson, W.R., Mankoff, L.L.: Short circuit forces in isolated-phase busses. AIEE Trans. PAS 73 (1954) 382–396.
15.2. Lehmann, W.: Elektrodynamische Beanspruchung paralleler Leiter. ETZ-A 76 (1955) 481–488.
15.3. Prinz, H., Müller, W.: Kurzschlußberechnung vermaschter Netze mit Hilfe des N_{sw}-Potentialverfahrens. Elektrizitätswirtschaft 55 (1956) 321–326.
15.4. Hosemann, G., Coroller, P.: Neue Ergebnisse von Generatorkurzschlußuntersuchungen auf einem Analogrechner. VDE-Fachber. 20 (1958) 163–169.
15.5. Hosemann, G.: Der Turbogenerator beim Netzkurzschluß. BBC-Nachr. 40 (1958) 255–267.
15.6. Brückner, P.: Schaltprobleme und Betriebserfahrungen mit I_s-Begrenzern. ETZ-B 11 (1959) 65–69.
15.7. Hosemann, G.: Der Doppelerdschluß in einem beliebig vermaschten Netz. ETZ-A 81 (1960) 563–566.
15.8. Kloeppel, F.W., Fiedler, H.: Kurzschluß in elektrischen Anlagen und Netzen. Berlin: VEB-Verlag Technik, 1965.
15.9. Oeding, D., Schünemann, H.D.: Berechnungen von Kurzschlußströmen in Hochspannungsnetzen mit Impedanzen des %/MVA-Systems. BBC-Nachr. 47 (1965) 603–614.
15.10. Kalkner, B.: Die Begrenzungskupplung, ein Beitrag zum Kurzschlußproblem des Verbundbetriebes. ETZ-A 87 (1966) 681–685.
15.11. Körner, G.: Hinweis zur Bemessung von Schaltanlagen mit Leitungsseilen auf mechanische Kurzschlußfestigkeit. VDE-Fachber. 24 (1966) 154–160.
15.12. Lehmann, W., Sieber, P.: Mechanische Kurzschlußbeanspruchungen durch Leiterseile in Schaltanlagen. VDE-Fachber. 24 (1966) 149–153.
15.13. Webs, A.: Sonderprobleme bei Kurzschlüssen in Drehstromnetzen. VDE-Fachber. 24 (1966) 138–145, Diskussionen 145–148.
15.14. Mavromaras, D., Sieber, D.: Beitrag zur Ermittlung der bei Kurzschlüssen für Stromleiter zulässigen mechanischen Beanspruchung. ETZ-A 89 (1968) 34–38.
15.15. Ballus, H.: Beitrag zur Berechnung elektromagnetischer Kräfte zwischen stromführenden Leitern. ETZ-A 90 (1969) 539–544.
15.16. Schröder, E., Witt, H.: Die Höhe der Stoßkurzschlußströme in Netzen mit großer Nullimpedanz bei ungleichzeitiger Einleitung von Kurzschlüssen. ETZ-A 90 (1969) 14–17.

15.17. Goly, G., Schultz, W., Webs, A.: Netzversuche zum Ermitteln der Ausgleichsvorgänge in Industrienetzen mit einer Vielzahl von Asynchronmotoren. Siemens-Z. 44 (1970) 358–363.

15.18. Koglin, H.-J.: Der abklingende Gleichstrom beim Kurzschluß in Energieversorgungsnetzen. Diss. TH Darmstadt 1971.

15.19. Oeding, D.: Kurzschlußstromberechnung und Beanspruchungen in Niederspannungsnetzen (Industrienetzen). In: Verteilernetze in der öffentlichen und industriellen Stromversorgung. VDE-Bezirksverein Frankfurt/M. 1971.

15.20. Ott, G., Webs, A.: Beitrag von Hochspannungs-Asynchronmotoren zum Kurzschlußstrom bei dreipoligem Kurzschluß. ETZ-Report 6 Berlin: VDE-Verlag, 1971.

15.21. Buter, J.: Kurzschluß- und Abschaltprobleme in Hochspannungsnetzen. Energiewirtschaftl. Tagesfragen 22 (1972) 18–24.

15.22. Webs, A.: Einfluß von Asynchronmotoren auf die Kurzschlußstromstärken in Drehstromanlagen. VDE-Fachber. 27 (1972) 86–92.

15.23. Funk, G.: Kurzschlußstromberechnung. Berlin: Elitera 1974.

15.24. Oeding, D., Seele, W., Zimmermann, W.S.: Berechnung der Kurzschlußströme in gleichmäßig vermaschten ausgedehnten Drehstromnetzen. Elektrizitätswirtschaft 73 (1974) 662–666.

15.25. VDE 0103/5.74: Leitsätze für die Bemessung von Starkstromanlagen auf mechanische und thermische Kurzschlußfestigkeit.

15.26. VDE 0228/7.75: Bestimmungen für Maßnahmen bei Beeinflussung von Fernmeldeanlagen durch Starkstromanlagen.

16. Sternpunktbehandlung und Erdung in Hochspannungsnetzen

16.1. Wenner, F.: A method of measuring earth resistivity. Scientific Papers of the Bureau of Standards (1917) Nr. 258, 469–478.

16.2. Wilheim, R.: Das Erdschlußproblem in Hochspannungsnetzen. Berlin: Springer 1936.

16.3. Koch, W.: Erdungsmaßnahmen für Höchstspannungsanlagen mit geerdetem Sternpunkt. ETZ-A 71 (1950) 89–91.

16.4. Laurent, P.G.: Les bases générales de la technique des mises à la terre dans les installations électriques. Bull. Soc. Fr. Elect. (1951) 367–402.

16.5. CCIF (CCITT): Directives concernant la protection des lignes de télécommunication contre les actions unisibles des lignes électriques industrielles. Genf: Union Internationale des Télécommunications 1952.

16.6. Langer, H.: Messungen von Erderspannungen in einem 220-kV-Umspannwerk. ETZ-A 75 (1954) 97–105.

16.7. Erbacher, W.: Probleme der Erdung von Höchstspannungsstationen unter besonderer Berücksichtigung der Messung. ÖZE 8 (1955) 1–12.

16.8. Wilheim, R., Waters, M.: Neutral grounding in high-voltage transmission. New York: Elsevier 1956.

16.9. SfH: Sternpunktbehandlung von Hochspannungsnetzen. Tech. Ber. 181 (1957).

16.10. Erche, M.: Untersuchung über die Entstehung hoher Erdschluß-Überspannungen in gelöschten oder mit freiem Sternpunkt betriebenen Hochspannungsnetzen. VDE-Fachber. 20 (1958) 52–60.

16.11. Feist, K.-H.: Der Einfluß der Sternpunktbehandlung auf die Bemessung der Erdungsanlagen in Hochspannungsnetzen. Elektrizitätswirtschaft 57 (1958) 105–112.

16.12. Funk, G.: Erdungsanlagen für Netze mit starrer Sternpunkterdung. AEG-Mitt. 48 (1958) 375–383.

16.13. Sailer, K.: Die Schutzwirkung des Erdseils im Fehlerfall. E&M 76 (1959) 25–31.

16.14. Technische Empfehlung Nr. 1–7 ab Januar 1959. Schiedsstelle für Beeinflussungsfragen, Frankfurt a.M.: VWEW.

16.15. Engels, T., Waste, W., Zaduk, H.: Erdschlußüberspannungen in einem 110-kV-Netz. ETZ-A 81 (1960) 592–596.

16.16. Fritsch, V.: Elektrische Messungen an räumlich ausgedehnten Leitern. Karlsruhe: Braun 1960.

16.17. Hosemann, G., Oeding, D.: Bemessung von Erdgasanlagen, besonders bei starrer Sternpunkterdung. Elektrizitätswirtschaft 59 (1960) 213–218.
16.18. Schulze, E.: Sternpunktbehandlung von Hochspannungs-Kabelnetzen. V.I.K.-Ber. 101 (1960).
16.19. Mestermann, R.: Die Behandlung des Sternpunktes in städtischen Kabelnetzen. ETZ-A 82 (1961) 656–668.
16.20. Koch, W.: Erdungen in Wechselstromanlagen. Berlin, Göttingen, Heidelberg: Springer 1961.
16.21. Voltage gradients through the ground under fault condition. AIEE Committee Report, Trans. AIEE Part III, (1958) 669–692; Guide for safety in alternating-current substation grounding. Am. Inst. Electr. Eng. 1961.
16.22. Hosemann, G.: Projektierung und Ausführung von Erdungsanlagen. ETZ-A 83 (1962) 231–236.
16.23. Oeding, D., Ufermann, J.: Erdung von Hochspannungsfreileitungsmasten. BBC-Nachr. 44 (1962) 367–394.
16.24. VDEW: Technische Richtlinien für Erdungen in Starkstromnetzen. Frankfurt a.M.: 1962.
16.25. Will, E.: Zum Problem der Starkstrom-Beeinflussung von Fernmeldekabeln. Elektrizitätswirtschaft 61 (1962) 823–833.
16.26. Erich, M., Heinze, H.: Löschung von Erdschlußlichtbögen in Mittelspannungsnetzen. ETZ-A 84 (1963) 158–160.
16.27. SfH: Aufzeichnungen von Störungen in Hochspannungsnetzen mit dem Magnetbandstörschreiber. Tech. Ber. 205 (1963).
16.28. Buckel, R.: Probleme der Beeinflussung im Bereich elektr. Bahnen. Elektr. Bahnen 35 (1964) 246–255.
16.29. Feist, K.-H.: Einflußgrößen der Drehstrom-Hochspannungsnetze für die Induzierung mit ohmscher Einkopplung von Spannungen in Fernmeldekreisen. ETZ-A 85 (1964) 641–646.
16.30. Klos, G.: Untersuchungen an Masterdern und deren Näherungen mit Fernmeldekabeln. ETZ-A 85 (1964) 651–657.
16.31. Kuhnert, E.: Erfahrungen mit der Sternpunkterdung im 110-kV-Netz der Bayernwerke AG. Elektrizitätswirtschaft 63 (1964) 746–758.
16.32. Böcker, H., Oeding, D.: Induktionsspannungen an Pipelines in Trassen von Hochspannungsleitungen. Elektrizitätswirtschaft 65 (1966) 157–170.
16.33. Hirsch, F.: Versuche zur Gleichstrom-Rückleitung über Erde in den USA. ETZ-B 18 (1966) 1–7.
16.34. Loser, A.: Die Beeinflussung von Fernmeldeleitungen durch Starkstromleitungen bei gegenseitiger Näherung. BBC-Nachr. 48 (1966) 419–426.
16.35. SfH: Aufzeichnungen innerer Überspannungen bei Fehlern in einem erdkurzschlußkompensierten 110-kV-Netz. Tech. Ber. 214 (1966).
16.36. Ufermann, J.: Messen des Ausbreitungswiderstandes von Freileitungsmasterdungen. Elektrizitätswirtschaft 66 (1967) 87–88.
16.37. Feist, K.-H.: Erdungsmessungen in öffentlichen und industriellen Stromversorgungsanlagen. Siemens-Z. 42 (1968) 486–491.
16.38. Kahnt, R., Körner, H.: Niederohmige Sternpunkterdung in Mittelspannungs-Kabelnetzen. Elektrizitätswirtschaft 67 (1968) 336–342.
16.39. Feist, K.-H.: Erfordernisse der Erdung bei Kabeln mit äußerer isolierender Schutzhülle. Elektrizitätswirtschaft 68 (1969) 361–364.
16.40. Pundt, H.: Zur Wahl der Sternpunkterdung in Mittelspannungsnetzen. Elektrie 23 (1969) 106–109.
16.41. Muckenhuber, R.: Die Berechnung von Erderspannungen in Netzen mit starrer Sternpunkterdung. E&M 87 (1970) 78–82.
16.42. Bernd, D.: Dimensionierung von Erdungsanlagen für den Blitzschutz. Energietechnik 21 (1971) 363–365.
16.43. Wawretschek, B.: Messungen von Beeinflussungsspannungen an einem Fernmeldekabel im Fehlerfall, hervorgerufen durch eine 220-kV-Freileitung. Elektrizitätswirtschaft 71 (1972) 542–549.
16.44. VDE 0141/5.76: Bestimmungen für Erdungen in Wechselstromanlagen für Nennspannungen über 1 kV.

17. Überspannungen und Isolationskoordination

17.1. Wanger, W., Brown, J.K.: Die Berechnung des Schwingungsverlaufs der wiederkehrenden Spannung nach Kurzschluß-Abschaltungen. Brown Boveri Mitt. 24 (1937) 283–302.
17.2. Wagner, C.F., McCann, G.D., Lear, C.M.: Shielding of substations. Electrical Engineering 61 (1942) 96–100.
17.3. Hammarlund, P.: Transient recovery voltage. Acta Polytech. 4 (1947) Ellectr. Eng. Ser. 1 Nr. 1 (General Litografiska Anstalts Förlag, Stockholm).
17.4. Bergeron, L.: Du coup de bélier en hydraulique au coup de foudre en électricité. Paris Dunod 1950.
17.5. Baatz, H.: Blitzeinschlagmessungen in Freileitungen. ETZ-A 72 (1951) 191–198.
17.6. Bewley, L.-V.: Traveling Waves on Transmission Systems. New York: John Wiley 1951.
17.7. Langrehr, H.: Der Schutzraum der Erdseile. AEG-Mitt. 41 (1951) 295–298.
17.8. Baltensperger, P., Mayer, H.: Überspannungen beim Abschalten von Hochspannungsmotoren. Brown Boveri Mitt. 40 (1953) 342–350.
17.9. Baatz, H.: Überspannungen in Energieversorgungsnetzen. Berlin, Göttingen, Heidelberg: Springer 1956.
17.10. Hochrainer, A.: Das Vier-Parameterverfahren zur Kennzeichnung der Einschwingspannung in Netzen. ETZ-A 78 (1957) 689–693.
17.11. Kriechbaum, K.: Netzanalysator zur Messung der Einschwingspannung. ETZ-A 78 (1957) 593–599.
17.12. Dorsch, H.: Spannungserhöhung und Ausgleichspannung auf einer 380 kV-Übertragung. Siemens-Z. (1958) 476–483.
17.13. Gert, R., u.a.: Contribution to the study of overvoltages. Results obtained in Czecho-Slovak systems. CIGRE 336 (1958).
17.14. Baltensperger, P., Ruoss, E.: Der Abstandskurzschluß in Hochspannungsnetzen. Brown Boveri Mitt. 47 (1960) 329–339.
17.15. Leber, R.: Meßverfahren zur Ermittlung der Einschwingspannung von in Betrieb befindlichen Hochspannungsnetzen. Diss. RWTH Aachen, 1960.
17.16. Baltensperger, P.: Form und Größe der Überspannungen beim Schalten kleiner induktiver sowie kapazitiver Ströme in Hochspannungsnetzen. BBC-Nachr. 43 (1961) 24–51.
17.17. Golde, R.H.: Theoretische Betrachtungen über den Schutz von Blitzableitern. ETZ-A 82 (1961) 273–277.
17.18. Frey, W., Althammer, P.: Die Berechnung elektromagnetischer Ausgleichsvorgänge auf Leitungen mit Hilfe eines Digitalrechners. Brown Boveri Mitt. 48 (1961) 344–355.
17.19. Hosemann, G., Frey, W., Oeding, D.: Digitale Berechnung der wiederkehrenden Spannung in Hochspannungsnetzen. BBC-Nachr. 43 (1961) 55–70.
17.20. Christoffel, M., Fischer, E., Hosemann, G.: Überspannungsschutz von Transformatoren mit direkt eingeführtem Kabel bei Blitzeinschlag in die vorgelagerte Freileitung. ETZ-A 83 (1962) 761–772.
17.21. Hochrainer, A.: Der dreiphasige Abstandskurzschluß. ETZ-A 83 (1962) 1–7.
17.22. Prinz, H., Zaengl, W., Völcker, O.: Das Bergeron-Verfahren zur Lösung von Wanderwellenaufgaben. Bull. SEV 53 (1962) 725–739.
17.23. Rüdenberg, R.: Elektrische Wanderwellen 4. Aufl. Berlin, Göttingen, Heidelberg: Springer 1962.
17.24. Baatz, H.: Elektrische Blitzentladung und Durchschlag. AIF Jahreshauptvers. 1963, Bad Godesberg.
17.25. Althammer, P., Petitpierre, R.: Schaltvorgänge und Schaltüberspannungen in Höchstspannungsnetzen. Brown Boveri Mitt. 51 (1964) 33–46.
17.26. Christoffel, M.: Überspannungsableiter und Wahl des Isolationsniveaus. Bull. SEV 55 (1964) 541–544.
17.27. Eidinger, A., Jussila, J.: Die transienten Einschwingvorgänge bei dreiphasigen Abstandskurzschlüssen. Brown Boveri Mitt. 51 (1964) 303–319.
17.28. Glavitsch, H.: Betriebsfrequente Überspannungen. Brown Boveri Mitt. 51 (1964) 21–32.
17.29. Prinz, H.: Feuer, Blitz und Funke. München: F. Bruckmann 1965.
17.30. Schwab, F.: Berechnung der Schutzwirkung von Blitzableitern und Türmen. Bull. SEV 56 (1965) 678–683.

17.31. SfH: Isolationsbemessung in Netzen. Tech. Ber. 212 (1965).
17.32. VDE 0111/12.66: Bestimmungen für die Bemessung und Prüfung elektrischer Anlagen und Betriebsmittel für Wechselspannungen über 1 kV.
17.33. Köppl, G., Geng, P.: Zur Ermittlung der transienten wiederkehrenden Spannung in symmetrischen Dreiphasensystemen. Brown Boveri Mitt. 53 (1966) 311–325.
17.34. Sirotinsky, L.I.: Hochspannungstechnik, innere Überspannungen. Berlin: VEB Verlag Technik 1966.
17.35. VDE 0433, Teil 3/4.66: Erzeugung und Messung von Hochspannungen, Bestimmungen für die Erzeugung und Anwendung von Stoßspannungen und Stoßströmen für Prüfzwecke.
17.36. Waste, W.: Beanspruchung der Isolation durch Überspannungen. ETZ-A 87 (1966) 56–64.
17.37. Frühauf, G., Amberg, H.U.: Ergebnisse von Blitzzählungen in Bayern und Schleswig-Holstein. ETZ-B 19 (1967) 505–508.
17.38. Andrä, W., u.a.: Schaltversuche im Netz und im Prüffeld mit SF_6-Leistungsschaltern für 220 kV. ETZ-A 89 (1968) 349–355.
17.39. Andrä, W., Schultz, W.: Der umgekehrte Abstandskurzschluß: Ergebnisse von Netz- und Modellversuchen. ETZ-A 89 (1968) 378–381.
17.40. Armstrong, H.R., Whitehead, E.R.: Field and analytical studies of transmission line shielding: Part I. IEEE Trans. PAS 87 (1968) 270–281.
17.41. Glavitsch, H.: Petitpierre, R., Ruoss, E.: Einfluß des Schalters auf die Einschaltüberspannungen in Höchstspannungsnetzen. Brown Boveri Mitt. 55 (1968) 167–174.
17.42. Weinmann, T.: Beitrag zur Normierung der Fremdschichtprüfung von Hochspannungsisolatoren. Brown Boveri Mitt. 55 (1968) 351–358.
17.43. Bär, G., Tischer, G.: Die Erdungsanlage für das Kavernenkraftwerk Säckingen und die 220/380-kV-Umspannanlage Kühmoos. Elektrizitätswirtschaft 68 (1969) 394–401.
17.44. Brown, G.W., Whitehead, E.R.: Field and analytical studies of Transmission line shielding: Part II. IEEE Trans. PAS 88 (1969) 617–626.
17.45. Burgsdorf, W.W.: Der Überspannungsschutz von Freileitungen. Archiv f. Energiewirtschaft 23 (1969) 947–955.
17.46. Baatz, H.: Beanspruchungen der Freiluftisolierungen im Betrieb. ETZ-A 91 (1970) 370–376.
17.47. Barnes, H.C., Caleca, V.: Initial experiences on the 765 kV system of the American Electric Power Company (U.S.A.). CIGRE 31–06 (1970).
17.48. Dorsch, H., Rabus, W.: Allgemeine Gesichtspunkte für die Isolationsbemessung von Drehstrom-Höchstspannungsanlagen. ETZ-A 91 (1970) 193–201.
17.49. Kiwit, W.: Praktische Erfahrungen mit Freiluftisolatoren. ETZ-A 91 (1970) 397–403.
17.50. Lambeth, P.J.: Researches in Great Britain using the salt fog artifical pollution technique. ETZ-A 91 (1970) 413–414.
17.51. Stein, B.: Schirmeigenschaften des Erdseils. ETZ-A 91 (1970) 543–546.
17.52. Albrecht, G., Ohlig, E.: Ventilableiter Typ AVT. Tech. Mitt. AEG-Telefunken 61 (1971) 20–23.
17.53. Verma, M.P.: Isolierverhalten von Hochspannungs-Langstabisolatoren verschiedener Bauform unter natürlichen Fremdschichtbedingungen. ETZ-A 92 (1971) 407–413.
17.54. Berger, K.: Methoden und Resultate der Blitzforschung auf dem Monte San Salvatore bei Lugano in den Jahren 1963–1971. Bull. SEV 63 (1972) 1403–1422.
17.55. Burger, U.: Das Brown Boveri Überspannungsableiter-Sortiment: Aufbau und Einsatz. Brown Boveri Mitt. 59 (1972) 155–162.
17.56. Dorsch, H., Völcker, O.: Sternpunkterdung und Isolationsbemessung von Maschinentransformatoren in Höchstspannungsnetzen. Elektrizitätswirtschaft 71 (1972) 441–446.
17.57. Heise, W., u.a.: Assessment of the solid layer artifical pollution test. CIGRE 33–09 (1972).
17.58. Lambeth, P.J., Auxel, H., Verma, P.: Methods of measuring the severity of natural pollution as it effects H.V. insulator performance. Electra 20 (1972) 37–52.
17.59. VDE 0675, Teil 1/5.72 und Teil 2 8/75: Richtlinien für Überspannungsschutzgeräte.
17.60. CIGRE Working Group 13.02: Switching overvoltages in EHV and UHV systems with special reference to closing and reclosing transmission lines. Electra 30 (1973) 70–122.
17.61. Dorsch, H.: Beitrag zur Bemessung und Bewertung von Freileitungsisolatoren unter Fremdschichteinfluß. ETZ-A 94 (1973) 190–195.
17.62. Garrity, T.F., u.a.: Experience with the AEP 765-kV-system, Part V: Overvoltage and staged fault test analysis. IEEE Trans. PAS 92 (1973) 1074–1084.

17.63. Hoffmann, E., u.a.: Schaltversuche mit unbelasteten und induktiv belasteten 220-kV- und 380-kV-Transformatoren. Elektrizitätswirtschaft 72 (1973) 753–761.
17.64. Jakszt, W.: Das Verhalten des Überspannungsableiters mit strombegrenzenden Funkenstrekken bei Schaltüberspannungen. Diss. TU Berlin 1973.
17.65. Kawai, M.: Research at Project UHV on the performance of contaminated insulators. IEEE PAS 92 (1973) 1102, 1111–1120.
17.66. Paris, L., u.a.: Phase-to-ground and phase-to-phase air clearances in substations. Electra 29 (1973) 29–44.
17.67. Sowade, H.-J.: Zusammenfassung einer Diskussion über „Schaltversuche mit unbelasteten und induktiv belasteten 220-kV- und 380-kV-Transformatoren". Elektrizitätswirtschaft 72 (1973) 762–764.
17.68. Verma, P.: Höchster Ableitstromimpuls als Kenngröße für das Isolierverhalten verschmutzter Isolatoren. ETZ-A 94 (1973) 302–303.
17.69. Oeding, D., Stenzel, J.: Schutz von Generatoren und Blocktransformatoren gegen Überspannungen. VDE-Fachtagung München. Ber. 3.8, Berlin: VDE-Verlag 1974.
17.70. Rüdenberg, R.: Elektrische Schaltvorgänge. 5. Aufl. Berlin, Heidelberg, New York: Springer 1974.
17.71. VDE 0448, Teil 1/10.75 und Teil 2/9.77: Prüfung von Isolatoren für Betriebs-Wechselspannungen über 1 kV unter Fremdschichteinfluß.
17.72. IEC: Publ. 71-1, 6. Aufl. (1976); TC 28 (C.0.)42; TC 28 (C.O.)73 (1975).

18. Stabilität der Drehstromübertragung

18.1. Laible, Th.: Theorie der Synchronmaschine im nichtstationären Betrieb. Berlin, Göttingen, Heidelberg: Springer 1952.
18.2. Frey, W.: Die Stabilitätsprobleme des Parallelbetriebes. Diss. ETH Zürich. Zürich: Ed. Truninger 1956.
18.3. Coroller, P.: Simulation einer Synchronmaschine mit einer Analogierechenmaschine. Brown Boveri Mitt. 46 (1959) 299–306.
18.4. Frey, W.: Sonderprobleme beim Betrieb der Generatoren am Netz im untererregten Zustand in hydraulischen Kraftwerken. Bull. SEV 52 (1961) 149–152.
18.5. Frey, W., Althammer, P.: Untersuchungen über die dynamische Stabilität von Synchronmaschinen mit Hilfe eines Digitalrechners. Brown Boveri Mitt. 48 (1961) 356–366.
18.6. Glavitsch, H.: Theoretische Untersuchungen über die statische Stabilität von Synchronmaschinen. Brown Boveri Mitt. 49 (1962) 95–105.
18.7. Crastan, V.: Zur Theorie der Selbsterregung von Synchronmaschinen. Brown Boveri Mitt. 49 (1962) 80–94.
18.8. Hosemann, G.: Die stromrichterregte Synchronmaschine im Netzbetrieb. Elektrizitätswirtschaft (1963) 591–597.
18.9. Venikov, V.A.: Transient Phenomena in Electrical Power System. Oxford: Pergamon Press 1964.
18.10. Concordia, C.: Dynamic performance of large interconnected power systems following disturbances. Missouri Valley Electric Association Engineering Conf. Kansas City, Missouri 1966.
18.11. El-Serafi, A.M.: Selbsterregte Schwingungen der Synchronmaschine unter dem Einfluß von ohmschen Reihenwiderständen und von Reihenkondensatoren. ETZ-A 87 (1966) 17–24.
18.12. Panis, L.M., Pröll, E.: Die Gleichrichter-Erregung von Großturbogeneratoren. Brown Boveri Mitt. 54 (1967) 69–75.
18.13. Concordia, Ch., Lalander, S., Clade, J.: Progress report of Study Committee No. 13: System planing and operation. CIGRE 32–01 (1968).
18.14. Glavitsch, H.: Möglichkeiten der Verbesserung der Stabilität und der Spannungsregelung von Synchronmaschinen mit Hilfe der Gleichrichtererregung. E&M 85 (1968) 58–65.
18.15. Shier, R.M., Blythe, A.L.: Fieldtests of dynamic stability using a stabilizing signal and computer program verification. IEEE Trans. PAS 87 (1968) 315–322.
18.16. de Mello, F.P., Concordia, Ch.: Concepts of synchronous machine stability as affected by excitation control. IEEE Trans. PAS 88 (1969) 326–329.

18.17. Brown, P.G., u.a.: Effects of excitation, turbine energy control and transmission on transient stability. IEEE Trans. PAS 89 (1970) 1247–1252.

18.18. Oeding, D., Nemetz, P.: Stability and voltage regulation of large turbo-alternators in power systems; effect of machine data and excitation system. IEEE Winter Power Meeting 1970, Paper 70 CP 199-PWR.

18.19. Concordia, Ch., Brown, P.G.: Effects of trends in large steam turbine driven generator parameters on power system stability. IEEE Trans. PAS 90 (1971) 2211–2218.

18.20. Dineley, J.L., Morris, A.J.: The dynamic interaction of closely coupled synchronous generators. IEEE Trans. PAS 90 (1971) 2158–2165.

18.21. Morgan, W.A., u.a.: Modern stability aids for Calvert Cliff units. IEEE Trans. PAS 90 (1971) 1–10.

18.22. Cushing, E.W., u.a.: Fast valving as an aid to power system transient stability and prompt resynchronisation and rapid reload after full load rejection. IEEE Trans. PAS 91 (1972) 1624–1636.

18.23. Oeding, D., Wittwer, H., Stenzel, J.: Dynamisches Verhalten von Sofortbereitschaftsanlagen mit synchronen Umkehrmaschinen. Elektrizitätswirtschaft 72 (1973) 834–841.

19. Hochspannungs-Gleichstrom-Übertragung

19.1. Thury, R.: Transmission de force motrice à grande distance par courant continu à haute tension. Bull. SEV 21 (1930) 157–177.

19.2. Erk, A.: Versuchsanlagen für die Gleichstrom-Hochspannungs-Übertragung unter Verwendung von Hochdruck-Lichtbogenventilen nach Marx. Bull. SEV 38 (1947) 295–308.

19.3. Nekrasov, A.M., Pimenow, V.P.: Development work in the U.S.S.R. on d.c. power transmission. Direct Current 2 (1956) 199–207.

19.4. Groiss, E.S., Posse, A.V., Touvetzki, V.E.: 800 kV DC Transmission Systems Stalingrad-Donbass. CIGRE 414 (1960).

19.5. Neimann, L.R.: Grundsätzliche Gedanken zum Aufbau eines Großverbundnetzes und die damit zusammenhängenden wissenschaftlichen Aufgaben in russischer Sicht. Arch. Energiewirtschaft 15 (1961) 148–162.

19.6. Hölters, F.: Bedeutung der Blindleistung bei der Hochspannungs-Gleichstrom-Übertragung. In Blindleistung. VDE-Buchreihe Bd 10. Berlin: VDE-Verlag 1963.

19.7. Beriger, C., Kehrberg, W.D., Schraudolph, M.: Blindleistungsbedarf und Filterkreise der Hochspannungs-Gleichstrom-Übertragung. ETZ-A 89 (1968) 197–205.

19.8. Bosch, M., u.a.: Results in H.V.D.C. converter testing and utilization of the Rheinau research laboratory facilities. CIGRE 43-05 (1968).

19.9. Calverley, T.E., u.a.: The Kingsnorth-Bedington-Willesden D.C. link. CIGRE 43-04 (1968).

19.10. Casson, W., u.a.: A technical and economic comparison between ac and dc transmission. CIGRE 42/43-01 (1968).

19.11. Hölters, F., Kanngießer, K.W., Ziegler, W.: Technik und Einsatzmöglichkeiten der Hochspannungs-Gleichstrom-Übertragung. ETZ-A 89 (1968) 170–176.

19.12. Jötten, R., Foerst, R.: Model plant tests on the behaviour of a h.v.d.c. transmission during a.c. and d.c. system disturbances. CIGRE 43-08 (1968).

19.13. Kind, D., u.a.: Circuit-breaker for HVDC-transmission. CIGRE 13-08 (1968).

19.14. U.S. Department of the Interior: Transmission Study 190, 1968.

19.15. Hengsberger, J., Wüthrich, R., Scherbaum, F.: An oil-cooled HVDC thyristor valve for outdoor installation. CIGRE 14-04 (1970).

19.16. Herzig, K., u.a.: Optimierungsuntersuchung von Kostenformeln für HGÜ-Freileitungen. ETZ-A 91 (1970) 99–104.

19.17. Hofmann, A.: Das Kraftwerk Cabora Bassa und die Höchstspannungs-Gleichstrom-Übertragung nach Südafrika. ETZ-A 91 (1970) 65–72.

19.18. Kanngießer, K.W., Lips, H.P.: Control methods for improving the reactive power characteristic of HVDC links. IEEE Trans. PAS 89 (1970) 1120–1125.

19.19. Käuferle, J., Rumpf, E.: The influence of HVDC transmission systems und their control on the stability of associated ac networks. CIGRE 32–15 (1970).

19.20. Käuferle, J., Mey, R., Rogowsky, Y.: H.V.D.C.-Stations connected to weak AC systems. IEEE Trans. PAS 89 (1970) 1610–1619.

19.21. Kluge, D.: Regelung einer Hochspannungs-Gleichstrom-Übertragung bei verschiedenen Anwendungsmöglichkeiten. BBC-Nachr. 52 (1970) 295–302.

19.22. Rumpf, E., Mey, R.: Möglichkeiten für den Leitungsschutz einer HGÜ. ETZ-A 91 (1970) 88–93.

19.23. Uhlmann, E.: A.C. network stabilisation by D.C. links. CIGRE 32-01 (1970).

19.24. Koetzold, B.R., u.a.: Schutz von Thyristorventilen in einer Hochspannungs-Gleichstrom-Übertragung durch Überstromableiter. Tech. Mitt. AEG-Telefunken 61 (1971) 233–236.

19.25. Lyskov, Yu.I.: Manikonyants, L.C., Rokotyan, S.S.: The development of long transmission lines for EHV and UHV in the U.S.S.R. ASEA-J. 44 (1971) 129–134.

19.26. Martensson, H., Ahgreen, G., Danfors, P.: Application of HVDC in power systems. ASEA-J. 44 (1971) 165–170.

19.27. Kanngießer, K.W., u.a.: HVDC circuit breaker in intermeshed multi-terminal HVDC systems. CIGRE 31-08 (1972).

19.28. Rumpf, E., Wess, T.: Model tests on the behaviour of integrated or superimposed three-terminal HVDC systems. CIGRE 32-04 (1972).

19.29. Sorms, R.: Dauerversuche an 400-kV-Gleichspannungskabeln. Tech. Ber. 2-29 der FGH (1973).

19.30. Heise, W., u.a.: The Cabora Bassa D.C. transmission system: Overvoltage protection and insulation coordination. Trans. IEEE PAS 93 (1974) 1096–1104.

19.31. Uhlmann, E.: Power Transmission by Direct Current. Berlin, Heidelberg, New York: Springer 1975.

19.32. HGÜ-Technik. (Themenheft) ETZ-A 97 (1976) Heft 7.

Sachverzeichnis